国家出版基金项目
NATIONAL PUBLICATION FOUNDATION

"十四五"国家重点出版物
出版规划项目

中国兽药
研究与应用全书

COMPREHENSIVE SERIES
ON VETERINARY DRUG
RESEARCH AND APPLICATION
IN CHINA

兽用生物制品
研究及应用

廖明 主编

化学工业出版社
·北京·

内容简介

本书详细阐述了兽用疫苗发展概况、兽用生物制品的免疫学原理、三类兽用生物制品介绍；分门别类详细介绍了多种动物共患传染病生物制品、猪的传染病生物制品、牛羊的传染病生物制品、禽的传染病生物制品、犬猫的传染病生物制品、其他动物传染病生物制品等；然后深入介绍了兽用生物制品生产中选址布局要求、空气净化系统、生产过程控制、质量控制、废弃物处理、生产管理与生物安全等关键内容；最后详细说明了兽用生物制品的存储和运输及兽用生物制品的应用等。

本书内容全面、系统，理论指导性、创新性和应用性较强，是高校及科研院所相关专业科研人员、教师、研究生，兽药研发和生产企业人员以及养殖企业生产人员、兽医技术人员的良好工具书和重要参考读物。

图书在版编目（CIP）数据

兽用生物制品研究及应用 / 廖明主编 . -- 北京：
化学工业出版社，2025. 1. -- （中国兽药研究与应用全
书）. -- ISBN 978-7-122-46589-4

Ⅰ. S859. 79

中国国家版本馆 CIP 数据核字第 20245DD465 号

责任编辑：邵桂林　　　　　　　文字编辑：刘洋洋　张熙然
责任校对：赵懿桐　　　　　　　装帧设计：尹琳琳

出版发行：化学工业出版社
　　　　　（北京市东城区青年湖南街 13 号　邮政编码 100011）
印　　装：北京建宏印刷有限公司
787mm×1092mm　1/16　印张 37¾　字数 953 千字
2025 年 6 月北京第 1 版第 1 次印刷

购书咨询：010-64518888　　　　售后服务：010-64518899
网　　址：http：//www.cip.com.cn

《中国兽药研究与应用全书》编辑委员会

本书编写人员名单

主　编　廖　明

编写人员（按姓名汉语拼音排序）

陈晓春（中国兽医药品监察所）

代曼曼（华南农业大学）

胡顺林（扬州大学）

扈荣良（军事医学研究院军事兽医研究所）

蒋桃珍（中国兽医药品监察所）

李　昌（军事医学研究院军事兽医研究所）

卢　宇（江苏省农业科学院动物免疫工程研究所）

亓文宝（华南农业大学）

孙敏华（广东省农业科学院动物卫生研究所）

万春和（福建省农业科学院畜牧兽医研究所）

王晓虎（广东省农业科学院动物卫生研究所）

杨傲冰（广东永顺生物制药股份有限公司）

张建峰（广东省农业科学院动物卫生研究所）

郑海学（中国农业科学院兰州兽医研究所）

我国是世界养殖业第一大国。兽药作为不可或缺的生产资料，对保障和促进养殖业健康发展至关重要，对保障我国动物源性食品安全具有重大战略意义，在我国国民经济的发展中起着不可替代的重要作用。党和政府高度重视兽药科研、生产、应用和管理，要求大力发展和推广使用安全、有效、质量可控、低残留兽药，除了要求保障我国畜牧养殖业健康发展外，进一步保障人民群众"舌尖上的安全"。国家发布的《"十四五"全国畜牧兽医行业发展规划》中明确规定，要继续完善兽药质量标准体系、检验体系等；同时提出推动兽药产业转型升级，加快兽用中药产业发展，加强中兽药饲料添加剂研发，支持发展动物专用原料药及制剂、安全高效的多价多联疫苗、新型标记疫苗及兽医诊断制品。以 2020 年《兽药管理条例》修订、突出"减抗替抗"为标志，我国兽药生产、管理工作和行业发展面临深刻调整，进入全新的发展时代。

兽药创新发展势在必行，成果的产业化应用推广是行业发展的关键。在国家科技创新政策的支持下，广大兽药从业人员深入实施创新驱动发展战略，推动高水平农业科技自立自强，兽药创制能力得到了大幅提升，取得了相当成效，特别是针对重大动物疾病和新发病的预防控制的兽药（尤其是疫苗）创制开发取得了丰硕的成果。我国兽药科技创新平台初具规模、兽药创制体系形成并稳步发展，取得一系列自主研发的新兽药品种，已经成为世界上少数几个具有新兽药创制能力的国家，为我国实现科技强国、加快建设农业强国提供坚实保障。

为了系统总结新中国成立以来兽药工业的研究与应用发展状况和取得的成果，尤其是介绍近年来我国在新兽药研究、创制与应用过程中取得的新技术、新成果和新思路，包括兽药安全评价、管理和贸易流通等，在化学工业出版社的邀请和提议下，沈建忠院士、金宁一院士组织了国内兽药教学、科研、生产、应用和管理等各领域知名专家编写了《中国兽药研究与应用全书》。参与编写的专家在本领域学术造诣深厚、取得了丰硕的成果、具有丰富的经验，代表了当前我国兽药学科领域的水平，保证了本套全书内容的权威性。

《中国兽药研究与应用全书》包含 10 卷，紧紧围绕党中央提出的新五大发展理念，结合国家兽药施用"减量增效"方针、最新修订的《兽药管理条例》和农业农村部"减抗限抗"政策，分别从中国兽药产业发展、兽用化学药物及应用、中兽药及应用、兽用疫苗及应用、兽用诊断试剂及应用、兽用抗生素替代物及应用、兽药残留与分析、兽药管理与国际贸易、兽药安全性与有效性评价、新兽药创制等方面给予了深入阐述，对学科和行业发展具有重要的参考价值和指导价值。

我相信，《中国兽药研究与应用全书》的顺利出版必将对推动我国兽药技术创新，提升兽药行业竞争力，保障畜牧养殖业的绿色和良性发展、动物和人类健康，保护生态环境等方面起到重要和积极作用。

祝贺《中国兽药研究与应用全书》顺利出版，是为序。

中国工程院院士

国家兽药安全评价中心主任、兽医公共卫生安全全国重点实验室主任

沈建忠

前言

作为能够预防、治疗、诊断动物疫病或者有目的地调节动物生理功能的兽药，兽用生物制品对保障动物健康、提升生长性能乃至维护人类健康起着至关重要的作用。然而，随着现代养殖业的发展，兽用生物制品的类型、抗原含量和纯度、佐剂类型和副反应、免疫方式已经不能完全适应当前的生产实际需求。在此背景下，我们组织编写了《兽用生物制品研究及应用》一书。本书汇集了本领域众多专家的智慧与成果，对兽用生物制品的发展历史、产品现状、创新方向和应用方式进行了归纳总结，将有助于读者了解国内外兽用生物制品的发展现状和趋势，以期为政策制定者、科研工作者和畜牧兽医行业从业者提供一部全面的参考书。

书中以生物制品的概念开篇，介绍了国内外生物制品发展历史、发展现状和管理办法；同时对免疫学原理和兽用生物制品分类进行了知识更新；随后分别对多种动物共患病，猪、牛、羊、禽、犬、猫和其他动物用生物制品进行了详细描述并介绍了使用方法和注意事项；接下来从兽用生物制品的生产环节介绍了选址、厂房建设要求、生产过程控制、质量控制、废弃物处理、生产管理与生物安全，以期提供产品质量的源头标准化管控理念；最后介绍了生物制品的存储、运输和应用过程中应注意的事项，为产品的正确、合理使用提供参考。

在本书出版之际，诚挚感谢所有参与编写的工作人员以及在本书编写和出版过程中给予支持和帮助的领导和专家们。他们的辛勤工作和卓越贡献使本书得以顺利出版。

由于编者水平所限，书中难免存在不足和疏漏之处，恳请广大同行、专家们给予批评指正，以便我们今后不断修正和更新本书内容。我们相信通过政府主管部门、研发人员、生物制品生产企业、养殖企业和广大从业人员的共同努力，一定能够有效提升我国兽用生物制品的安全性、有效性、适用性和创新性，实现兽用生物制品产业高质量可持续健康发展，促进畜牧业降本增效，保障动物源性食品的安全和人类健康。

廖明

2024 年 12 月

目录

第 1 章
兽用生物制品概论

1.1

兽用生物制品发展概况

1.1.1 兽用生物制品学的概念和应用

1.1.1.1 兽用生物制品学的概念

（1）兽用生物制品学概念　兽用生物制品学是以预防兽医学和生物工程学理论为基础，研究动物传染病和寄生虫病的免疫预防、诊断和治疗用生物性制品的制造理论和技术、生产工艺、制品质量检验与控制及保藏和使用方法，以增强动物机体特异性和非特异性免疫力，及时准确诊断动物疫病，并给予特异性治疗，防止疫病传播的综合性应用学科。

（2）研究内容　一是生物制品的生物学，即主要讨论如何根据动物疫病病原理化特性、培养特点、致病机理及免疫机理，获得合乎生物制品质量要求，适于防治动物疫病的疫苗、诊断液和生物治疗制剂。二是生物制品的工艺学，主要研究生物制品的生产制造工艺、保藏条件和使用方法等，并保证生产优良制品，不断提高制品的质量，防止可能存在的有害因素经生物制品对动物健康造成危害和动物疫病的传播，促进养殖业的发展。

（3）兽用生物制品（veterinary biologics）概念　是根据免疫学原理，利用微生物、寄生虫及其代谢产物或免疫应答产物制备的一类物质，专供相应的疫病诊断、治疗或预防之用。

（4）相关学科　兽用生物制品学与微生物学、病毒学、免疫学、实验动物学、生物化学、细胞学、遗传学、分子生物学、制药学、生物工程学和管理科学等有一定联系，是一门涉及多种学科领域的应用科学。

1.1.1.2 兽用生物制品学的应用

（1）免疫预防　兽用生物制品是防治动物疫病的主要手段之一，也是保障人兽健康的必要条件。由于有些病原体在不同流行时期，其致病力和抗原性会发生变化，有必要不断研究和开发新的有效疫苗。

（2）诊断　动物疫病诊断水平是衡量一个国家兽医水平的主要标志之一。随着免疫学和生物技术的迅速发展，很多国家已研制成功相应疫病的血清学和分子生物学诊断试剂盒，如猪瘟、猪伪狂犬病、鸡新城疫及传染性法氏囊病等 ELISA 抗体检测试剂盒已在发达国家普遍使用，通过监测免疫动物抗体水平，为制定免疫程序提供依据。猪伪狂犬病病毒 gE 重组蛋白 ELISA 抗体检测试剂盒则可用于临床诊断。我国研制的鸡副伤寒玻片凝集抗原、布鲁氏菌病诊断抗原、牛结核菌素、鸡马立克病琼脂扩散试验抗原及鸡新城疫血凝抗原也已得到广泛使用。

（3）治疗　有些动物传染病的高免血清、痊愈血清和卵黄抗体等生物制品能够帮助动物机体杀死病原体、抑制或消除病原体致病作用，因而成为减少经济损失的重要手段。该类制品具有特异性高和疗效快等特点。一般在正确诊断的基础上，只要尽早使用该类制品，疗效较好。

当然，一个国家在防治动物疾病、维护畜禽生产和增进人民健康福祉上所采取的措施是多方面的，兽用生物制品只是在预防兽医学理论和实践的角度直接为畜牧业和人类健康事业服务的一个方面。它无论是作为一门学科还是用于具体实践，目的都是保证动物健康生长。其主要任务是研究制造安全高效疫苗、诊断液和生物性治疗制剂，杜绝生物性和化学性有害因子的污染和扩散，预防控制动物疫病的发生和传播，维护并提高国家声誉。

1.1.2 兽用生物制品的分类与简介

1.1.2.1 兽用生物制品的分类

（1）按生物制品性质分类

① 疫苗（细菌性菌苗、病毒性疫苗和寄生虫性虫苗）。根据疫苗抗原的性质和制备工艺，疫苗分为活疫苗（live vaccine）、灭活疫苗（inactived vaccine）和基因工程疫苗（genetic engineering vaccine）；按疫苗抗原种类和数量，疫苗分为单（价）疫苗、多价疫苗和多联（混合）疫苗；按疫苗病原菌（毒）株的来源，疫苗分同源疫苗和异源疫苗。

② 类毒素。

③ 诊断制品（诊断菌液、诊断毒液或抗原、诊断血清和定型血清、标记抗体、诊断用毒素和菌素以及核酸探针和 PCR 诊断液等）。

④ 抗病血清。

⑤ 微生态制剂。

⑥ 副免疫制品。

（2）按制造方法分类

① 普通制品　指一般生产方法制备的、未经浓缩或纯化处理，或者仅按毒（效）价标准稀释的制品。如无毒炭疽芽孢疫苗、猪瘟兔化弱毒疫苗、普通结核菌素等。

② 精制生物制品　将普通制品（原制品）经物理或化学方法除去无效成分，进行浓缩和提纯处理制成的制品，其毒（效）价均高于普通制品，效力更好。如精制破伤风类毒素和精制结核菌素等。

（3）按物理性状分类

① 液状制品　与干燥制品相对而言的湿性生物制品。一些灭活疫苗（如猪肺疫氢氧化铝疫苗、猪瘟兔化弱毒组织湿苗等）、诊断制品（如抗原、血清、溶血素、豚鼠血清补体等）为液状制品。液状制品多数既不耐高温和阳光，又不宜低温冻结或反复冻融，否则其效价会受到影响，故只能在低温暗处保存。

② 干燥制品　生物制品经冷冻真空干燥后能长时间保持活性和抗原效价，活疫苗、抗原、血清、补体、酶制剂和激素制剂均如此。将液状制品根据其性质加入适当冻干保护剂或稳定剂，经冷冻真空干燥处理，将 96％以上水分除去后剩留疏松、呈海绵状多孔的物质，即为干燥制品。冻干制品应在 8℃下运输，在 0～5℃保存，如猪瘟兔化弱毒冻干疫苗、鸡马立克病火鸡疱疹病毒冻干疫苗等。有些菌体生物制品经干燥处理后可制成粉状物，成为干粉制剂，十分有利于运输、保存，且可根据具体情况配制成混合制剂，例如羊梭菌病五联干粉活疫苗。

1.1.2.2 六种兽用生物制品简介

（1）**疫苗** 凡接种动物后能产生自动免疫和预防疾病的一类生物制剂均称为疫苗（vaccine）。但现代疫苗的用途有了新发展，除可用于预防传染性疾病外，已扩展到预防非传染性疾病（如自身免疫性疾病和肿瘤等），出现了治疗性疫苗（肿瘤、过敏和一些传染性疾病）及生理调控疫苗（如促进生长和控制生殖等）。

① 弱毒疫苗（attenuated vaccine） 是由微生物自然强毒株通过物理（温度、射线等）、化学（乙酸铊、吖啶黄等）或生物（非敏感动物、细胞、鸡胚等）方法处理，并经连续传代和筛选，培养而成的丧失或减弱对原宿主动物致病力，但仍保存良好免疫原性和遗传特性的毒株，或从自然界筛选的具有良好免疫原性的自然弱毒株，经培养增殖后制备的疫苗。目前，市场上大部分活疫苗是弱毒疫苗。如猪瘟兔化弱毒疫苗、牛肺疫兔化弱毒疫苗及鸡痘鹌鹑化弱毒疫苗等。

② 重组活疫苗（recombinant live vaccine） 通过基因工程技术，将病原微生物致病性基因进行修饰、突变或缺失，从而获得弱毒株。由于这种基因变化一般不是点突变（经典技术培育的弱毒株基因常为点突变），故其毒力更为稳定，反突变概率更小，如猪伪狂犬病基因缺失疫苗。

③ 基因工程活载体疫苗（genetic engineering live vector vaccine） 是指用基因工程技术将致病性微生物的免疫保护基因插入载体病毒或细菌［通常为疫苗毒（菌）株］的非必需区，构建成重组病毒（或细菌），经培养后制备的疫苗。该类疫苗不仅具有活疫苗和死疫苗的优点，而且对载体病毒或细菌以及插入基因相关病原体的侵染均有保护力。同时，一个载体可表达多个免疫基因，可获得多价或多联疫苗。目前，常用的载体病毒或细菌有痘病毒、腺病毒、疱疹病毒、大肠杆菌和沙门氏菌等。

④ 病毒-抗体复合物疫苗（virus-antibody complex vaccine） 该类疫苗由特异性高免血清或抗体与适当比例的相应病毒组成。其特点是可以延缓病毒释放，提高疫苗安全性和免疫效果，其制备的关键是病毒与抗体的比例要适度。目前，已研制成功并被批准投放市场的有传染性法氏囊病毒-抗体复合物疫苗（美国）。

⑤ 灭活疫苗（inactived vaccine） 该类疫苗由完整病毒（或细菌）经灭活剂灭活后制成，其制备的关键是病原体灭活。既要使病原体彻底死亡，丧失感染性或毒性，又要保持其免疫原性。目前，常用的灭活剂有甲醛、乙酰乙烯亚胺、二乙烯亚胺和 β-丙酰内酯等。该类疫苗历史较久，制备工艺比较简单。目前我国已有很多商品化灭活疫苗，如用于预防猪口蹄疫、鸡减蛋综合征和兔出血症等的灭活疫苗。

⑥ 亚单位疫苗（subunit vaccine） 是指病原体经物理或化学方法处理，除去其无效的毒性物质，提取其有效抗原部分制备的一类疫苗。病原体的免疫原性结构成分包含多数细菌的荚膜和鞭毛、多数病毒的囊膜和衣壳蛋白，以及有些寄生虫虫体的分泌和代谢产物，这些成分经提取纯化，或根据这些有效免疫成分分子组成，通过化学合成，制成不同的亚单位疫苗。该类疫苗具有明确的生物化学特性、免疫活性且无遗传性的物质。人工合成物纯度高，使用安全。如肺炎球菌多糖疫苗、流感血凝素疫苗及牛和犬的巴贝斯虫病疫苗等。

⑦ 基因工程亚单位疫苗（genetic engineering subunit vaccine） 将病原体免疫保护基因克隆于原核或真核表达系统，实现体外高效表达，利用获得的重组免疫保护蛋白所制造的一类疫苗。其制备的关键是重组表达蛋白应颗粒化。目前，该类疫苗尚不多，人乙肝重组蛋白疫苗是成功的典范。此外，该类疫苗在非传染病领域有了较大应用，如胰 β 细胞自身抗原重组蛋白可用于治疗糖尿病，人精子表面特异重组蛋白可用于妇女恢复性生殖节育

免疫等。

⑧ 抗独特型疫苗（anti-idiotypic vaccine） 根据免疫网络学说原理，利用第一抗体分子中的独特抗原决定簇（抗原表位）制备出具有抗原的"内影像"（internal image）结构的第二抗体。该抗体具有模拟抗原的特性，故用其制成的疫苗称为抗独特型疫苗。它可诱导机体产生体液免疫和细胞免疫，主要适用于预防目前尚不能培养或很难培养的病毒，以及直接用病原体制备疫苗有潜在危险的疫病。

⑨ 基因疫苗（genetic vaccine） 又称 DNA 疫苗（DNA vaccine）或核酸疫苗（nucleic acid vaccine）。是将编码某种抗原蛋白的基因置于真核表达元件的控制之下，构成重组表达质粒 DNA，将其直接导入动物体内，通过宿主细胞的转录翻译系统合成抗原蛋白，从而诱导宿主产生对该抗原蛋白的免疫应答，以达到预防和治疗疾病的目的。该类疫苗具有所有类型疫苗的优点，有很大的应用前景。

⑩ 单价疫苗（univalent vaccine） 利用同一种微生物菌（毒）株或同一种微生物中的单一血清型菌（毒）株的增殖培养物制备的疫苗称为单价疫苗。单价疫苗对单一血清型微生物所致的疫病有免疫保护效力。但单价疫苗仅能对多血清型微生物所致疾病中的对应血清型有保护作用，而不能使免疫动物获得完全的免疫保护。如猪肺疫氢氧化铝灭活疫苗，系由 6:B 血清型猪源多杀性巴氏杆菌强毒株灭活后制造而成，对由 A 型多杀性巴氏杆菌引起的猪肺疫无免疫保护作用。

⑪ 多价疫苗（polyvalent vaccine） 指用同一种微生物中若干血清型菌（毒）株的增殖培养物制备的疫苗。多价疫苗能使免疫动物获得完全的保护力，且可在不同地区使用。如钩端螺旋体二价及五价活疫苗和口蹄疫 A、O 型鼠化弱毒疫苗等。

⑫ 混合疫苗（mixed vaccine） 又称多联疫苗，是利用不同微生物增殖培养物，按免疫学原理和方法组合而成。接种动物后，能产生对相应疾病的免疫保护，具有减少接种次数和使用方便等优点，是一针防多病的生物制剂。混合疫苗又可根据实际疫病流行情况和组合的微生物多少，有三联疫苗和四联疫苗等之分，如猪瘟-猪丹毒-猪肺疫三联活疫苗等。

⑬ 同源疫苗（homologous vaccine） 指利用同种、同型或同源微生物株制备，又应用于同种类动物免疫预防的疫苗。如猪瘟兔化弱毒疫苗，用于各种品种的猪以预防猪瘟；牛肺疫兔化弱毒疫苗，能使各种品种的牛获得抵抗牛肺疫的免疫力。

⑭ 异源疫苗（heterlogous vaccine） 包含：a. 用不同种微生物的菌（毒）株制备的疫苗，接种动物后能使其对疫苗中并未含有的病原体产生抵抗力。如犬在接种麻疹疫苗后，能产生对犬瘟热病毒的抵抗力；兔接种兔纤维瘤病毒疫苗后能使其抵抗兔黏液瘤病毒。b. 用同一种中一个种型（生物型或动物源型）微生物的菌（毒）株制备的疫苗，接种动物后能使其获得对异型病原体的抵抗力。如接种猪型布鲁氏菌弱毒菌苗后，能使牛获得对牛型和使羊获得对羊型以及使绵羊获得对绵羊型布鲁氏菌的免疫力。

（2）**类毒素** 类毒素（toxoid）又称脱毒毒素，是指细菌生长繁殖过程中产生的外毒素，经化学药品（甲醛）处理后，成为无毒性而保留免疫原性的生物制剂。接种动物后能产生自动免疫，也可用于注射动物制备抗毒素血清。类毒素中加入适量磷酸铝或氢氧化铝等吸附剂吸附的类毒素即为吸附精制类毒素。精制类毒素注入动物体后，能延缓吸收，长久地刺激机体产生抗体，增强免疫效果。如破伤风类毒素和明矾沉降破伤风类毒素等。

（3）**诊断制品** 诊断制品（diagnostic preparation）是利用微生物、寄生虫及其代谢代物，或动物血液、组织，根据免疫学和分子生物学原理制备，可用于诊断疾病、群体检疫、监测免疫状态和鉴定病原微生物等的一类生物制剂。包含诊断菌液、诊断毒液或抗原、诊断血清和定型血清、标记抗体、诊断用毒素和菌素以及核酸探针和 PCR 诊断液等。多数诊断制品属于体外试验诊断用品，如布鲁氏菌补体结合反应抗原与其阴阳性血清，猪瘟荧光抗体和炭疽沉淀素血清等；少数属于体内试验用品，如鼻疽菌素和布鲁氏菌水解素等。随着免疫化学和分子技术的发展，多数诊断制剂纯度更高并制成标记抗原、抗体和基因探针，从而大大地提高了特异性和敏感性，且可组合成诊断试剂盒，使用十分方便。

诊断液大体分为下列几类：

① 凝集试验用抗原与阴阳性血清；

② 补体结合试验用抗原与阴阳性血清；

③ 沉淀试验用抗原与阴阳性血清；

④ 琼脂扩散试验用抗原与阴阳性血清；

⑤ 标记抗原与标记抗体，如荧光素标记、酶标记、同位素标记抗原或抗体等及相应试剂盒；

⑥ 定型血清及因子血清；

⑦ 溶血素及补体、致敏血细胞；

⑧ 分子诊断试剂盒。

（4）抗血清　抗血清（antiserum）又称抗病血清、高免血清，为含有高效价特异性抗体的动物血清制剂，能用于治疗或紧急预防相应病原体所致的疾病，所以又称为被动免疫制品。通常通过给适当动物以反复多次注射特定的病原微生物或其代谢产物，促使动物不断产生免疫应答，在血清中含有大量对应的特异性抗体而制成。如抗猪瘟血清、破伤风抗毒素血清等。在生产上，有同源动物抗血清和异源动物抗血清之别，但为了增加产量、降低成本，多选择马属动物以生产各种抗血清。

（5）微生态制剂　微生态制剂（probiotics）又称益生素、活菌制剂或生菌剂。用非病原性微生物，如乳酸杆菌、蜡样芽孢杆菌、地衣芽孢杆菌或双歧杆菌等活菌制剂，通过口服给药治疗畜禽正常菌群失调引起的下痢。目前，该类制剂已在临床上应用并用作饲料添加剂。

（6）副免疫制品　副免疫制品（paraimmunity prepations）是通过刺激动物机体，提高特异性和非特异性免疫力，从而使动物机体对其他抗原物质的特异性免疫力更强更持久的免疫制品。如脂多糖、多糖、免疫刺激复合物、缓释微球、细胞因子、重组细菌毒素（如霍乱菌毒素和大肠杆菌 LT 毒素等）及 CpG 寡核苷酸等。

1.1.3　生物制品命名原则

根据原农业部制定的《兽用生物制品通用名命名指导原则》，生物制品命名原则如下。

（1）基本命名原则　兽用生物制品的通用名采用规范的汉字进行命名，标注微生物的群、型、亚型、株名和毒素的群、型、亚型等时，可以使用字母、数字或其他符号。采用的病名、微生物名、毒素名等应为其最新命名或学名。采用的译名应符合国家有关规定。

（2）兽用疫苗的命名　兽用疫苗的通用名一般采用"病名＋制品种类"的形式命名。例如：马传染性贫血活疫苗，猪萎缩性鼻炎灭活疫苗，猪瘟、猪丹毒、猪多杀性巴氏杆菌病三联活疫苗。

当通用名中涉及微生物的型（血清型、亚型、毒素型、生物型等）时，采用"微生物名＋X型（亚型）＋制品种类"的形式命名。例如：牛口蹄疫病毒O型灭活疫苗。

由属于相同种的两个或两个以上型（血清型、毒素型、生物型或亚型等）的微生物制成的一种疫苗，采用"微生物名＋若干型名＋X价＋制品种类"的形式命名。例如：牛口蹄疫病毒O型、A型二价灭活疫苗。

当疫苗中含有两种或两种以上微生物，其中一种或多种微生物含有两个或两个以上型（血清型或毒素型等）时，采用"微生物名1＋微生物名2（型别1＋型别2）＋X联＋制品种类"的形式命名。例如：鸡新城疫病毒、副鸡嗜血杆菌（A型、C型）二联灭活疫苗。

对用转基因微生物制备的疫苗，采用"微生物名（或毒素等抗原名）＋修饰词＋制品种类＋（株名）"的形式命名。例如：猪伪狂犬病病毒基因缺失活疫苗（C株），禽流感病毒H5亚型重组病毒灭活疫苗（Re1株），禽流感病毒H5亚型禽痘病毒载体活疫苗（FPV-HA-NA株），大肠杆菌ST毒素、产气荚膜梭菌B毒素大肠杆菌载体灭活疫苗（EC-2株）。

对类毒素疫苗，采用"微生物名＋类毒素"的形式命名。例如：破伤风梭菌类毒素。

当一种疫苗应用于两种或两种以上动物时，采用"动物＋病名（微生物名等）＋制品种类"的形式命名。例如：猪、牛多杀性巴氏杆菌病灭活疫苗，牛、羊口蹄疫病毒O型灭活疫苗。

（3）**用于预防或治疗的抗血清、抗体的命名**　对于抗血清，采用"微生物名＋抗血清"的形式命名。例如：多杀性巴氏杆菌抗血清、猪瘟病毒抗血清、B型产气荚膜梭菌抗血清。

对于抗体，采用"微生物名＋抗体"的形式命名，必要时，在抗体前标明特殊生产工艺和来源。例如：鸡传染性法氏囊病病毒纯化卵黄抗体、鸡传染性法氏囊病病毒单克隆抗体。

（4）**活菌制剂的命名**　对含有一种细菌的活菌制剂，采用"微生物名＋活菌制剂"的形式命名，必要时，在活菌制剂后标明菌株名。例如：蜡样芽孢杆菌活菌制剂（SA38株）。

对含有两种或两种以上细菌的活菌制剂，采用"若干微生物名＋复合活菌制剂"的形式命名。必要时，在活菌制剂后标明菌株名。例如：嗜酸乳杆菌、粪链球菌、蜡样芽孢杆菌复合活菌制剂。

（5）**诊断制品的命名**　诊断制品的通用名，一般采用"病名＋试验名称＋制品种类"的形式，这里的制品种类包括抗原、抗原与阴阳性血清等。例如：猪支原体肺炎微量间接血凝试验抗原、布鲁氏菌病试管凝集试验抗原与阴阳性血清。

当通用名中涉及微生物特征（群、亚群、型、亚型、生物型、抗原种类）时，采用"微生物名＋型别＋试验名称＋制品种类"的形式命名。例如：禽流感病毒H5亚型血凝抑制试验抗原与阴、阳性血清，大肠杆菌K88纤毛抗原定型血清。

对抗体检测试剂盒的命名，采用"微生物名＋试验名称＋抗体检测试剂盒"的形式。例如：猪瘟病毒ELISA抗体检测试剂盒、鸡传染性法氏囊病病毒ELISA抗体检测试剂盒。

对抗原检测试剂盒的命名，采用"微生物名＋试验名称＋检测试剂盒"的形式。例如：鸡传染性法氏囊病病毒夹心ELISA检测试剂盒。

按照上述原则进行抗原、抗体检测试剂盒命名时，如果检测的对象为特殊的抗原或抗体，可在微生物名后适当增加说明。例如：锥虫循环抗原ELISA检测试剂盒、口蹄疫病毒O型非结构蛋白ELISA抗体检测试剂盒。

对试纸条的命名，采用"微生物名＋检测试纸条"的形式，如用于检测抗体，则在微生物名后加"抗体"二字。例如：传染性法氏囊病病毒检测试纸条、传染性法氏囊病病毒抗体检测试纸条。

对不能标明或无须标明试验方法的诊断制品的命名，可在上述原则的基础上适当简化。例如：猪瘟病毒酶标抗体、猪瘟病毒荧光抗体。

（6）其他兽用生物制品的命名　对细胞因子、干扰素等，参考通行学术名进行命名，必要时增加动物品种、特殊生产工艺等。例如：猪白细胞干扰素（冻干型）。

1.1.4　兽用生物制品发展简史

1.1.4.1　经典生物技术阶段兽用生物制品的发展

有记载我国早在宋真宗时期就有人用天花病人的痂皮接种儿童鼻内或皮肤划痕以预防天花，创立了种痘技术，被视为创制生物制品的雏形。明朝隆庆年间（1567—1572 年）种痘法有了重大改进，并得到广泛应用，此后很快传入俄国、朝鲜及日本、英国等国。

1796 年，英国医生爱德华·詹纳（Edward Jenner）受种痘技术的启发，用牛痘浆或痘痂给人接种预防天花，并于 1798 年就此发表了论文，发明了牛痘苗。中国的种痘技术是人工免疫的先驱，而詹纳的牛痘苗是最早的生物制品——疫苗，而且是用异源疫苗进行人工免疫的首创，为免疫学在传染病的预防方面的应用开辟了广阔的前景。全世界能在20 世纪 70 年代末消灭天花，接种牛痘苗发挥了巨大作用。

法国学者、免疫学的创始人之一路易斯·巴斯德（Louis Pasteur）研究人和动物的传染病时，分析了免疫现象。1878 年，巴斯德发明了禽霍乱菌疫苗。1881 年，他发明用减毒炭疽杆菌苗株制成疫苗，预防动物的炭疽病。1885 年，他用减毒狂犬病毒株制成疫苗，预防人类的狂犬病。爱德华·詹纳被称为免疫学之父，路易斯·巴斯德常被称为微生物学之父。

德国细菌学家、免疫学家贝林于 1890 年发现免疫血清中有抗白喉毒素的抗毒素存在，日本细菌学家北里柴三郎也发现抗破伤风毒素的抗毒素，两人共同研究血清疗法并获得成功，对治疗白喉和破伤风患者具有良好效果，开辟了血清疗法，为制备各种免疫血清提供了科学依据。

进入 20 世纪，生物制品得到了很快的发展。20 世纪 20 年代，阿尔伯特·卡尔米特（Albert Calmette）和卡米尔·盖林（Guerin Camille）研制出卡介苗，亚历山大·格兰尼（Alexander Glenny）发明了铝佐剂，加斯顿·拉蒙（Gaston Ramon）发现甲醛溶液可以使毒素脱毒成为类毒素，随后，在 20 世纪 40 年代，弗罗因德（Freund）和他的同事开发出了油包水乳剂，并由此诞生了 Freund 佐剂，又称弗氏佐剂。

这一阶段仍然属于手工业生产阶段，但产量逐步增大，质量也不断改进和提高。肉汤培养物已逐渐为菌体悬液所取代，半合成及全合成培养基甚至综合培养基开始采用，选种工作受到重视，动物效力试验趋于完善，其他鉴定方法也开始建立或走向统一。比浊管的应用使菌苗计数方法得到了简化，代替了原来的称重法。在此期间，疫苗的免疫方法也得到了改进。

1.1.4.2　现代生物技术阶段兽用生物制品的发展

1975 年英国人 Kohler 和 Milestein 又创建了淋巴细胞杂交瘤技术，从而使单克隆抗体的研制得到了蓬勃发展。20世纪60年代以后，基础科学的飞速发展，推动了微生物学和免疫学的研究，也促进了生物制品学的发展；发酵工业的兴起带动了菌苗生产，使之走向工业化的生产规模。近20年，分子生物学技术发展迅猛，开创了研制重组疫苗的新方法。兽用生物制品生产得到迅速发展，生产方法发生了变革，从手工操作变为机械化、自动化和连续化生产，逐渐形成规模化生产。菌苗生产大多改为深层培养，培养基组成方面改进为半综合或综合培养基，筛选出了新的免疫增强效应更好的佐剂，出现了联苗和多价苗，冻干制品得到普遍应用，新型疫苗不断涌现，加强了国际标准及国家标准的建立及检定工作。

20世纪80年代基因工程技术迅速发展，自从基因工程引入疫苗研究领域后，疫苗的生产发生了根本变化，出现了第二代疫苗——基因工程疫苗，如大肠杆菌K88、K99工程疫苗和乙肝疫苗，把生物制品的研制推向了现代高科技领域。合成肽疫苗为第三代疫苗，免疫原用分子生物学和生物化学方法人工合成，并连接于蛋白载体上，使疫苗由基因工程进入分子工程时代，生物制品的研制又上了一个新的台阶。

1.1.4.3 我国兽用生物制品的发展进程

20世纪以来，特别是中华人民共和国成立后的70多年间，随着科学技术的飞速发展，兽用生物制品发生了翻天覆地的变化，新技术新方法的出现和广泛推广应用，为我国兽用生物制品研制技术的进步提供了力量源泉。

我国兽用生物制品的研究、生产和应用为保障养殖业健康发展发挥了重要作用，现代化、标准化、规模化养殖业的快速发展又显著促进了兽用生物制品研发技术的进步。我国兽用生物制品研究和生产起步于20世纪初，20世纪50年代以来取得了明显进展，尤其是近十几年，随着化学、免疫学、生物技术等相关领域新技术、新方法的飞速发展及其推广应用，兽用生物制品事业呈现出加速发展的势头。

（1）起步发展阶段（20世纪初~20世纪40年代）　20世纪初，我国经济和科学文化相对落后，畜牧业和养殖业很不发达，相关记载较少。1918年，青岛商品检验局血清所成立，这是我国最早的兽用生物制品专业研究机构。1919年，北平中央防疫处成立。1932年上海商品检验局成立了上海血清制造所。1936年在南京建立中央农业实验所兽医系。这一段时期近20年中生产的兽用生物制品有牛瘟抗血清、猪瘟抗血清、猪肺疫抗血清、牛出血性败血症抗血清、禽霍乱抗血清等治疗制剂，牛瘟脏器苗、炭疽芽孢苗、狂犬病疫苗、牛肺疫疫苗、猪肺疫疫苗等疫苗，以及马鼻疽菌素、牛结核菌素、炭疽沉降素等诊断制剂。因为生产条件的限制，生物制品产量不大。当时的行业发展水平较低，没有统一的产品质量标准。灭活疫苗主要通过将发病动物的脏器灭活作为抗原制成，生产工艺非常简单。

1931年后，中国相继进入抗日战争和解放战争时期，当时畜禽疫病流行非常严重。如牛瘟每隔3~5年就暴发一次大流行，仅在1938—1941年，在四川、青海、西藏、甘肃等部分地区即有至少100万头牛病死；鸡的死亡情况更为严重，死亡率高达60%以上。即使是在抗日战争时期最困难的年代，我国兽用生物制品的研究与生产也没有停止过。中央农业实验所兽医系从南京迁至四川荣昌后恢复生产。1941年，重庆国民政府成立农林部中央畜牧实验所，设立荣昌血清厂，研制及生产牛瘟脏器苗、猪瘟疫苗、抗猪瘟血清、抗出血性败血症血清、抗猪丹毒血清、鸡新城疫疫苗和猪出血性败血症疫苗等。

抗日战争结束前后，为了控制畜禽疾病流行，国民党政府相继成立了西南、东南、华北、华西、西北五个兽疫防治处，负责生产各辖区内及陕、甘、宁、青、内蒙古等地区所需兽用生物制品。该时期生产的兽用生物制品种类和产量都有所增加，但因缺少相关技术人员，且硬件水平很低，加上当时物资匮乏，又缺少统一的兽用生物制品质量标准，因而，那时的生物制品质量和技术水平都不高，防疫效果并不显著。此后，上述5个兽疫防治处被撤，同时建立了7个兽医生物药品厂，生产少数几种畜禽疫苗和抗血清。这一阶段，兽用生物制品生产设备简陋，制品品种少，生产数量低，无法应对众多疫病的流行。

（2）快速发展阶段（20世纪50～80年代）　1949年，中华人民共和国成立后，我国畜牧养殖规模迅速扩大，对兽用生物制品行业的发展也提出更高要求，迫切需要政府和有关企业为保障畜牧业发展提供数量充足、品种更多、质量更高的兽用生物制品，在政策引导和技术支持下，我国兽用生物制品得到迅速发展。

1949年9月召开的中国人民政治协商会议第一届全体会议通过的《中国人民政治协商会议共同纲领》第34条规定"保护和发展畜牧业，防止兽疫"。各级政府对消除动物疫病危害高度重视，把消除动物疫病作为保护农牧业生产发展、促进国民经济恢复的重要任务对待。兽用生物制品作为消除动物疫病危害的有力工具，也受到高度重视。

1949年，中央人民政府设农业部，内设畜牧兽医司。1952年，农业部在华北农业科学研究所家畜防疫系的基础上建立了中央人民政府农业部兽医药品监察所（1984年改为中国兽医药品监察所，简称"中监所"）。农业部和中监所十分重视兽用生物制品质量，通过加强技术人员培训，促进生产技术交流，积极开展新产品研究，改进生产工艺，努力提高生物制品效力。1952年1月，中央人民政府农业部组织召开全国兽医生物药品制造人员讲习会，到会的37名兽医专家和兽医工作者来自全国11个兽医生物药品制造厂等有关单位，他们在苏联兽医专家伊瓦诺夫博士的帮助下，广泛开展学习、研究、总结和交流，立足于当时国内外兽用生物制品技术水平，制定出我国历史上第一部《兽医生物药品制造及检验规程》，从而统一了36种畜禽疫苗和诊断试剂制造工艺、检验方法和标准、用法和用量，建立了全国兽用生物制品监察制度，制定了兽用生物制品生产和检验用菌毒种制备、保存和发放等制度。第一部《兽医生物药品制造及检验规程》的颁布和实施首次统一了我国兽用生物制品的生产工艺和质量标准，为保证兽用生物制品供应和产品安全奠定了基础，同时也极大地促进了各地区畜禽疫病的防治研究和新产品研制。在《兽医生物药品制造及检验规程》颁布、实施后几年内，多种新型活疫苗和含有不同佐剂的灭活疫苗连续研制成功；利用现代免疫学原理和生物学新技术，培育成功国际领先的猪瘟兔化弱毒疫苗株和牛瘟兔化弱毒疫苗株，针对马传染性贫血、牛传染性胸膜肺炎、布鲁氏菌病、仔猪副伤寒、猪气喘病、鸭瘟、猪丹毒、猪肺疫等疫病的毒力稳定且具有良好免疫原性的弱毒疫苗株亦先后问世。

20世纪50年代，中央政府对原有的兰州、江西、广西、南京、开封、成都、哈尔滨7个兽医生物药品厂进行了调整和改造。又在新疆、西藏、内蒙古等地区新建了兽医生物药品制造厂，使得全国兽医生物药品厂总数达到28个。

在此期间，我国组织兽用生物制品专家赴苏联和民主德国考察兽医生物药品制造技术，学习先进经验，并首次按国际标准制定了我国的鼻疽菌素、结核菌素和布鲁氏菌病诊断抗原检验标准。各生物药品厂和部分兽医研究所也不断加强生物制品生产研究，改进生产技术，提高疫苗质量。通过创造性地用牛瘟病毒兔化弱毒株就地制苗，并用此疫苗开展普遍预防接种，1956年在全国范围内消灭了危害严重的牛瘟。猪瘟兔化弱毒乳兔组织冻干苗大量生产后，在全国范围内通过大力推广春秋两季全面免疫接种，猪瘟的流行得到明显控制。在口蹄疫疫苗的研制中，将口蹄疫病毒流行毒株通过非靶动物传代，获得了口蹄疫病毒兔化毒株，在使其感染性降低的同时保留了良好的免疫原性，用此毒株接种乳兔进行大批量生产的口蹄疫乳兔组织苗，经推广应用后，较快控制了口蹄疫，此种技术处于当时的国际领先水平。其后，通过非靶动物传代或利用异常培养条件进行培养的微生物诱变技术，被广泛应用于我国生物制品的研制，成功选育了一批毒力下降但免疫原性良好的制苗菌毒株，用于畜禽疫苗制造。例如，用添加锥黄素的培养基进行培养，结合动物诱变方法，成功选育出猪丹毒 GC42 和 G4T10 弱毒株；通过添加乙酸铊等化学试剂或通过逐步提高培养温度进行细菌培养，成功选育出仔猪副伤寒 C500 弱毒菌株和羊链球菌、猪链球菌弱毒株；将鸡痘病毒通过鹌鹑传代获得鸡痘病毒鹌鹑化弱毒株；将猪肺炎支原体强毒株经乳兔交替传代减毒，培育出猪肺炎支原体弱毒株；将 O 型口蹄疫病毒强毒株通过乳兔传代、A 型口蹄疫病毒强毒株通过鸡胚传代，分别获得用于活疫苗制备的口蹄疫病毒兔化弱毒株和鸡胚化弱毒株。

20 世纪 50 年代后，兽用生物制品生产工艺也取得显著进展，如疫苗冷冻真空干燥设备得到有效改造，冻干技术取得明显进步。60 年代末，在细菌疫苗的生产中，大瓶通气培养技术逐渐被发酵罐培养技术取代，从而进一步提高了细菌培养效率，细菌产品的质量和数量得以成倍提高，更好地满足了畜禽疫病防治工作的需要。70 年代初，兽用生物制品生产布局得到进一步调整。诊断制品的生产和供应主要由成都厂和吉林厂负责，抗血清主要由成都厂与兰州厂负责。

中华人民共和国成立之后的 20 多年中，兽用生物制品的供应能力得到显著提升。1972 年，我国正式生产的兽用生物制品种类达到 85 种，产量为 38 亿 mL，另外还有 12 种试制产品。新技术被相继应用于多种畜禽疫苗的研制与生产。例如，通气培养技术在炭疽芽孢苗生产中得到应用；采用驴白细胞培养方法对马传染性贫血病毒进行培育，成功获得了马传染性贫血病毒弱毒株，使得以疫苗开发为目的的微生物诱变技术由动物水平提高到了细胞水平，该技术的应用使得我国兽用生物制品的研发又一次达到国际领先水平。此后，采用细胞培养技术，又先后成功选育了鸭瘟、羊痘等弱毒疫苗株；猪瘟活疫苗、鸡新城疫活疫苗、牛环形泰勒虫白细胞疫苗等的生产中均采用了细胞培养技术。冻干技术和冻干保护剂的不断改进和应用，使冻干疫苗的质量得到提升。联苗的研制和生产，大大提高了防疫工作效率。例如，猪丹毒、猪肺疫二联活疫苗，猪瘟、猪丹毒、猪肺疫三联活疫苗等多联疫苗的生产和使用，使一针防多病得以实现。灭活疫苗的佐剂由初期使用明胶，逐步由氢氧化铝胶取代，部分疫苗的氢氧化铝胶佐剂又进一步被矿物油佐剂取代，这明显提高了灭活疫苗效力，延长了免疫期。

与此同时，诊断方法研究和诊断试剂制造方面也取得显著进展。传统的血清学诊断方法和诊断试剂得到进一步完善，如凝集反应试验、沉淀反应试验、补体结合试验和中和试验等的操作技术和方法得到统一，成为抗原或抗体检测的主要手段，用于畜禽传染病的诊断和血清定型。20 世纪 70 年代后期，免疫荧光技术、酶联免疫吸附试验等标记放大技术的应用，大大提高了诊断方法的敏感性。

1966—1976 年，全国动物疫病防控工作出现倒退，口蹄疫、猪瘟、鸡新城疫等疫病再次流行。1970 年，国务院设农林部，内设农业组，组内设畜牧小组。1973 年，农林部恢复畜牧局建制。党的十一届三中全会后，兽医工作紧紧围绕以经济建设为中心，重新确定以"预防为主"的方针，通过积极恢复兽医机构、落实知识分子政策、组建技术队伍、加强法制建设等，狠抓动物疫病防治，使得全国兽医工作出现转机，兽用生物制品工作也再次迎来发展机遇。

1979 年 2 月，第五届全国人大常委会第六次会议决定再次成立农业部。农业部内设畜牧总局。1982年国务院设农牧渔业部，部内设畜牧局，局内设药政药械管理处等。1984年，全国畜牧兽医总站与农牧渔业部畜牧兽医司合署办公。此后，兽药管理法规、制度不断完善，兽医兽药工作逐步纳入法治化轨道。1988年国家机构改革中，第七届全国人大一次会议决定将农牧渔业部改为农业部。农业部内设畜牧兽医司，司内设药政药械管理处等。

（3）飞速发展阶段（20世纪80年代后）　改革开放后，兽用生物制品的生产、监督管理和质量水平等均取得飞速发展。20世纪80年代后，除了我国原有的28家兽用生物制品厂专职从事兽用生物制品生产外，全国各农业大专院校、畜牧兽医研究所等单位都积极开展兽用生物制品研究、开发和中试产品田间试验和区域试验，部分研究所还依法建造了兽用生物制品中试车间，开展了较大规模的生产和经营活动。为了规范兽药生产活动，提高兽药生产质量管理水平，2002年农业部发布并实施《兽药生产质量管理规范》（简称"兽药GMP"），并经数年过渡，于2006年1月1日采取"零点行动"，对未通过兽药GMP验收的兽用生物制品生产企业及其他任何单位，执行禁止生产兽用生物制品的规定。从那时起，建立兽用生物制品生产企业的门槛显著提高，企业建设成本明显增加。但是，这些限制并未阻止全国兽用生物制品企业的兴建热潮。原有28家兽用生物制品厂中的大部分企业纷纷按照最新标准改建、原址扩建或易址扩建现代化GMP车间。很多研究单位依托其技术优势独立组建或联合民营资本合建新的兽用生物制品生产企业。有的兽用化学药品生产企业或其他资本力量投资兴建了兽用生物制品公司。2006年以后的10年间，兽用生物制品企业建设飞速发展。据中国兽医药品监察所统计数据，截至2023年7月31日，我国兽用生物制品企业已达195家（含诊断制品企业82家）。2022年底，生药企业总资产超700亿元，年总销售额近170亿元，毛利润约91亿元。但生产产能利用率低，其中活疫苗的产能利用率约22%，灭活苗的产能利用率约为29%。

兽用生物制品生产企业投资和建设规模不断扩大的同时，生产质量管理和制品质量水平也迅速提升。《中华人民共和国兽用生物制品规程》（简称《兽用生物制品规程》）自1952年发布第一版后，相关部门不断根据技术进步要求和实际需要组织开展修订工作，截至目前已经发布实施共8版。1992年版（第7版）规程的发布实施，为引进西方先进的兽用生物制品生产组织模式做出了重大贡献。与前6版《兽用生物制品规程》相比，第7版规程除在体例上做出重大调整外，还引入了种子批管理制度，强化了对基础种子的鉴定，全面提高了成品检验标准，尤其是在病毒活疫苗成品检验标准中引入支原体检验和外源病毒检验。上述调整使得我国兽用生物制品质量标准越来越接近国际水平。针对兽用生物制品生产用原材料，第7版规程首次规定禽用活疫苗生产和检验用鸡和鸡胚应符合SPF级标准，为我国禽用活疫苗SPF化打下了良好基础。2000年，农业部颁布实施第8版《兽用生物制品规程》后，我国兽用生物制品质量标准得到进一步完善，禽用活疫苗生产全面实施SPF化。自1990年至2020年间共编制了6版《中华人民共和国兽药典》（简称《兽药典》），也在一定程度上推动了我国兽用生物制品质量控制水平的提升。

2004年，国务院发布并实施新的《中华人民共和国兽药管理条例》（以下简称《兽药管理条例》）。随后农业部又发布和实施了《兽药产品批准文号管理办法》《兽药注册办法》《兽药生产质量管理检查验收办法》《兽药生产企业飞行检查管理办法》等配套规章，建立了全新的兽药产品批准文号发放制度、新药研制和审批要求、兽药生产企业验收和日常监管制度。在对兽用生物制品的监管中，还借鉴发达国家相关经验建立和实施了批签发管理制度。农业部门和中监所每年均有计划地实施大规模兽用生物制品监督抽检计划和飞行检查制度。

兽用生物制品企业生产条件的迅速改善、国家监管措施的严格到位、标准化水平的不断提高，有力推动了我国兽用生物制品质量水平的迅速提高。

随着我国养殖业的迅速发展，养殖业对兽用生物制品的需求越来越旺盛，这促进了兽用生物制品研究水平的快速发展。为了及时加强管理，农业部不断完善对新生物制品的管理制度。1983 年 5 月 16 日，农牧渔业部发布了《新兽药管理办法》；1984 年 8 月 31 日，农牧渔业部发布了《兽用生物制品新制品管理办》；1987 年 5 月 15 日，农牧渔业部发布了《新兽药审批程序》；1984 年 12 月 27 日，农牧渔业部畜牧局发布了《关于兽药中间试制产品的补充规定》；1987 年 4 月 18 日，农牧渔业部畜牧局发布《兽药试产品管理规定》。1989 年，农业部发布《兽用新生物制品管理办法》。2004 年 11 月 24 日，农业部发布了《兽药注册办法》，并自 2005 年 1 月 1 日起施行。2004 年 12 月 22 日，农业部又发布了《兽用生物制品注册分类及注册资料要求》和《兽医诊断制品注册分类及注册资料要求》。2005 年 8 月 31 日，农业部发布了《新兽药研制管理办法》，并自 2005 年 11 月 1 日起施行。为了进一步统一和规范兽用生物制品研究技术，2006 年 7 月 12 日，农业部以683 号公告发布了 11 个兽用生物制品模究技术指导原则。上述法律法规和技术指导规范的不断完善，对保证兽用生物制品沿着正确的方向快速发展起到强有力的推动作用。

随着时代的进步，在计划经济时代由国家政府统一组织开展生物制品研究并由国有生物制品企业组织生产的局面发生了巨变。生产企业技术和资金实力的不断壮大，大力推动了上述局面的改变，以及我国兽用生物制品研究水平大踏步前进。全国各农业大专院校、畜牧兽医研究所等事业单位积极开展兽用生物制品研究的同时，兽用生物制品生产企业在研究方面投入的人力和财力越来越多，兽用生物制品研发主体逐渐呈现由科研单位单独研发向科研单位与企业联合研发或企业独立研发转移的趋势。

兽用生物制品研究活动的日趋活跃带来了丰硕成果。自 1991 年农业部成立兽药审评委员会，2006 年成立兽药评审中心后，新生物制品的研制和审批步入互相促进的良性循环轨道，新的制品品种不断出现，转基因、合成肽等技术和悬浮培养等现代生产工艺不断应用，制品质量不断提高，满足了我国动物疫病防控工作的需要。

1991 年，分别由军事医学科学院、中国农业科学院研究的仔猪大肠杆菌腹泻 K88-LTB 双价基因工程活疫苗、仔猪腹泻基因工程 K88 和 K99 双价灭活疫苗通过审批，转基因技术在兽用生物制品研究中开始得到应用。此后，该类新制品层出不穷。例如，2003 年四川农业大学等研究的猪伪狂犬病活疫苗（SA215 株）获得国家新兽药证书 [（2003）新兽药证字 37 号]，2005 年中国农业科学院哈尔滨兽医研究所研究的重组禽流感病毒灭活疫苗（H5N1 亚型，Re-1 株）获得批准 [（2005）新兽药证字 03 号]，2007 年长江大学、青岛易邦生物工程有限公司等研究的鸡传染性法氏囊病基因工程亚单位疫苗获得批准 [（2007）新兽药证字 22 号]。

1997 年 1 月，四川省乐至县生物技术公司研究的猪白细胞干扰素获得批准，并投入生产。这是我国批准商业化生产的第一个副免疫制品。此后，类似的产品也获得批准。例如，2008 年 8 月，内蒙古神元生物工程股份有限公司研究的羊胎盘转移因子获得批准；2009 年 6 月，山东信得科技股份有限公司研究的转移因子口服溶液获得批准。

2000 年 8 月，四川畜牧兽医学院研究的鸡传染性法氏囊病蛋黄抗体获得批准。此后，有关单位研究的小鹅瘟卵黄抗体、鸭病毒性肝炎卵黄抗体、抗小鹅瘟牛血清、驴抗犬细小病毒免疫球蛋白注射液也相继获得批准。

2001 年 6 月，南京农业大学研究的嗜水气单胞菌灭活疫苗获得批准，我国历史上第一个水产专用疫苗成功面世。

2002年3月，河南农业大学研究的鸡新城疫、传染性支气管炎、减蛋综合征、传染性法氏囊病四联灭活疫苗获得批准，并投入生产，大规模抗原浓缩技术得到应用。

2004年11月，中牧实业股份有限公司、申联生物医药（上海）有限公司研究的猪口蹄疫O型合成肽疫苗获得批准，合成肽疫苗在我国成功面世。

2004年12月，北京海淀中海动物保健科技公司研究的鸡新城疫耐热保护剂活疫苗等6个产品获得批准，标志着新型保护剂技术在我国国产活疫苗生产中开始得到应用。

2005年1月，中国农业科学院特产研究所研究的水貂犬瘟热活疫苗获得批准，我国历史上第一个毛皮动物专用疫苗成功面世。

2006年11月，北京卓越海洋生物科技有限公司等研究的牙鲆溶藻弧菌、鳗弧菌、迟缓爱德华菌病多联抗独特型抗体疫苗获得批准，抗独特型抗体疫苗这一新概念疫苗在我国首次面世。

2010年5月，金宇保灵生物药品有限公司首次采用悬浮培养技术研究的猪口蹄疫病毒O型灭活疫苗获得批准。

2012年1月，中国兽医药品监察所等研究的猪瘟活疫苗（传代细胞源）获得批准，传代细胞在我国首次正式获准用于生产活疫苗。

2014年，扬州大学等单位研制的重组新城疫病毒灭活疫苗（A-Ⅶ株）获得批准，这是国内首个将减少排毒作为效检质量标准的ND疫苗，且是与流行株完全匹配的新型新城疫疫苗。

2014年，武汉中博生物股份有限公司研发的猪圆环病毒2型杆状病毒载体灭活疫苗（CP08株），是首个猪用重组杆状病毒分泌型表达亚单位疫苗。

2017年，中国农业科学院兰州兽医研究所等研制的猪口蹄疫O型病毒3A3B表位缺失灭活疫苗（O/rV-1株），是国际上首例注册的口蹄疫O型、A型二价标记疫苗。

2018年，中国农业科学院哈尔滨兽医研究所等研制的禽流感DNA疫苗（H5亚型，pH5-GD）是我国获得批准的首个DNA疫苗产品。

经过近20年的蓬勃发展，我国兽用生物制品领域众多空白被一一填补，与国际先进水平间的差距也迅速缩小。现有兽用生物制品的品种和数量已基本满足我国养殖业需求。今后，随着现代生物技术的继续进步和推广应用，生产企业的精细化管理水平进一步提高，规模化和标准化养殖业的持续发展，兽用生物制品市场的逐步完善，我国兽用生物制品行业必将迎来质量水平大比拼、大提升的时代。

目前，与世界发达国家相比，我国兽用生物制品领域存在的主要问题和差距在于活疫苗耐热保护剂尚未普遍应用、灭活疫苗佐剂单一、抗原纯化工艺相对落后、过多使用强毒株进行生产和检验等。

冻干活疫苗保护剂配方和质量是确保冻干活疫苗稳定性的最重要因素。2003年前，冻干保护剂常使用牛奶蔗糖或明胶蔗糖配方，这些保护剂成分简单，容易配制，成本低廉，工艺固定。但是，用此类保护剂制成的冻干制品只能在−20～−15℃条件下保存，有效期仅12～18个月。这类疫苗的保存和运输成本高，在疫苗使用终端物流链条中通常采用在疫苗包装中放置冰块或冰袋的方式维持低温环境，存在降低活疫苗效价的风险。世界发达国家和地区的冻干活疫苗普遍使用耐热冻干保护剂，这种疫苗在2～8℃条件下保存，有效期可达24个月，如此一来，因运输和保存环节的温度升高而使疫苗效力严重下降的问题即可基本解决。2003年9月，我国的第一个耐热保护剂活疫苗——鸡新城疫耐热保护剂活疫苗（LaSota株）［（2003）新兽药证字第60号］获得农业部批准，弥补了这一短板。此后，国内其他科研机构和疫苗生产企业也陆续开发了一些耐热保护剂活疫苗，其中江苏省农业科学院于2013年前后系统开展佐剂研究并实现转化，提升了我国活疫苗耐热保护剂研究水平和质量。

在灭活疫苗佐剂研究方面，我国已取得一定进步。我国普遍使用的灭活疫苗佐剂为矿物油佐剂、铝盐佐剂。前者使用更普遍，多用于病毒灭活疫苗，后者用于细菌灭活疫苗和部分病毒灭活疫苗。铝盐佐剂价格低廉、工艺成熟，但也存在一定的缺点，如注射部位的红肿、过敏反应，不能诱导细胞免疫应答等，以进口铝盐佐剂质量更加稳定。矿物油佐剂可以使抗原免疫时间延长，减少免疫次数。但其存在因黏度大导致的注射困难和注射部位炎症反应的问题。芳烃、重金属含量以及矿物油粒子的均一性对疫苗免疫效果和炎症反应均有影响，以法国产矿物油使用居多，国内也有替代产品。此外，蜂胶、中药成分、纳米佐剂、细胞因子佐剂、寡聚核苷酸等作为灭活疫苗佐剂也有研究和应用。纳米佐剂、脂质体佐剂、细胞因子佐剂等技术手段相对复杂，面临材料选取、剂量控制以及成本控制难题。我国广大兽用生物制品研制和生产企业仍然在具有本企业特色和自主知识产权的、满足疫苗安全和免疫效力要求的疫苗佐剂研制方面持续努力。

抗原纯化是灭活疫苗生产过程中必不可少的工序，因为大量无效抗原成分的存在会干扰动物机体针对主要抗原诱导产生有效的免疫反应。但是，抗原纯化工序必然会带来生产成本的提高和部分有效抗原的丢失。因此，兽用生物制品生产企业对抗原进行有效纯化的意愿在很大程度上受其产品价格的影响。众所周知，我国市场上国产兽用疫苗长期以来一直处于低价销售甚至恶性竞争的状态。低廉的疫苗价格和粗糙的生产工艺长期处于一种恶性循环状态。此前，我国多数企业、多数兽医疫苗的抗原纯化工艺一直较为落后。大部分灭活疫苗直接由病毒培养物或细菌全菌液灭活后与佐剂配制而成，大量的细胞成分、培养基组分、菌体抗原混杂在疫苗中。这类疫苗的安全性和效力都必然受到显著影响。十多年来，各种多联灭活疫苗相继研发成功，这些联苗在生产中，必须经过浓缩后再行混合。浓缩的同时，抗原亦得到初步纯化。在口蹄疫疫苗的生产中，由于多毒株的普遍使用及国家标准中关于总蛋白含量的限制，抗原的初步纯化工艺已经得到普遍应用。但在其他单苗的生产中，特别是细菌灭活疫苗的生产中，抗原纯化工艺仍应用得比较少。

1.1.5 兽用生物制品的研究现状

生物制品的研究历史可以追溯到11世纪，那时我国民间医生应用良性天花痘痂预防天花，从而创立了种痘术。尽管当时尚未有免疫学这门科学，但却最早印证了生物制品学与免疫学之间的天然联系。现代生物制品学的每个进展都是在免疫学等相关学科和技术进步下取得的。在经典免疫学理论的指导下，我国创制了大量安全有效的传统疫苗，以其为主要工具，并结合其他综合防治措施，使得一些极具危害性的动物传染病得到有效控制或消灭，如猪瘟、牛瘟、牛肺疫等。

近20年来，现代生物技术发展连续取得新突破，成为推动兽用生物制品发展的最大动力。一批基于现代生物技术的新型疫苗、治疗药物、诊断试剂研制成功，极大丰富了兽用生物制品的内涵，改变了兽用生物制品的面貌。

通常认为现代生物技术主要包括基因工程、细胞工程、发酵工程和分离纯化工程四个部分。基因工程是现代生物技术的核心。基因工程技术是指在体外操作基因，通过无性繁殖和基因表达获得所需核酸、蛋白质或生物新品种的技术，其主要内容就是目的基因在微生物、动植物细胞中的表达。根据蛋白质结构和功能的关系对基因进行定点突变等使得表达的蛋白质具有新的结构和功能，甚至通过化学合成方法创造新的基因和新的蛋白质，这一技术称为第二代基因工程或蛋白质工程技术。基因组学、功能基因组学和蛋白质组学的不断发展，将基因工程技术不断推向新阶段。我国农业农村部已经审批的兽用生物制品中，基因工程疫苗已不在少数，包括基因缺失活疫苗和灭活疫苗、基因工程亚单位疫苗、载体活疫苗，有些核酸疫苗正在研究和审批中。上述几种类型的基因工程疫苗，与遗传重组疫苗（主要为高致病性禽流感 H5 亚型重组灭活疫苗）、合成肽疫苗（主要为口蹄疫合成肽疫苗）、抗独特型抗体疫苗一起，构成了我国现有兽医生物技术疫苗（或称兽医高技术疫苗）的主体。

细胞工程技术在兽用生物制品学上的应用目前主要是指单克隆抗体技术。将单克隆抗体技术用于兽医诊断试剂研究以提高诊断方法的特异性已经非常普遍，用作治疗药物的单克隆抗体也已获得批准。

发酵工程也称为微生物工程，包括微生物的遗传育种、生理代谢、发酵动力学、生物反应器和传感器、连续培养、固定化培养、发酵培养的自动控制等。近几年来，大规模、高密度细胞悬浮培养技术已成为发酵工程的主要内容，并将成为今后一段时期内我国兽用生物制品生产水平提升的最重要突破点。

分离纯化工程技术是决定兽用疫苗等制品纯度、效力、质量安全水平的关键技术，同时也决定着产品生产成本。分离纯化工程技术的发展不仅取决于物理化学技术的发展水平，更取决于其与其他现代生物技术的结合度，需针对特定培养工艺、特定抗原结构和特性开发出具有实用价值的分离纯化新工艺新技术。

在现代生物技术大发展的推动下，我国兽用生物制品的研究在近 20 年内呈现一些新特点和新趋势。我国兽用生物制品研发活动日趋活跃，新制品问世速度不断加快，由传统疫苗向联苗和多价苗发展。由于动物的饲养期缩短、疫病种类增多、生产工艺的进步、联苗和多价苗的生产需求，以及满足需求的能力均在不断提高，这些疫苗已成为我国兽用疫苗的主体。这一现象在禽用疫苗中表现尤为突出。现代生物技术在兽用生物制品研究中应用越来越广泛。在兽用疫苗研究中使用淋巴细胞杂交瘤技术、基因缺失技术、转基因技术、人工合成多肽技术已经越发普遍，基于聚合酶链反应（PCR）技术和淋巴细胞杂交瘤技术的诊断试剂也已被人们广为接受。我国已经成为全世界现代兽医疫苗研发和生产技术应用的主战场。兽用生物制品多样性趋势明显，兽用疫苗、诊断试剂以外的兽用生物制品，如用于疫病治疗的抗血清或抗体制品、既可用于动物疫病预防又可用于治疗的微生态制剂、用于提高动物免疫力的干扰素及转移因子等均已商品化。

1.1.6 兽用生物制品的生产现状

中国动物疫苗产品种类繁多，但产品种类不齐全，且主要以常规疫苗为主，新型疫苗较少。未来一段时间，常规疫苗仍将在动物疫病防控中扮演重要角色，但随着畜牧业规模养殖程度的提高，中国兽用疫苗生产要改进常规疫苗生产工艺，加强生产质量监控，提高产品质量，降低生产成本。相信未来常规疫苗生产工艺的改进、现代生物技术新型疫苗的研发将备受关注，高新技术新型疫苗定将逐步取代常规疫苗并发挥市场主导作用。

近几年，随着非洲猪瘟等烈性传染疫病的流行，养殖业对生物安全的要求越来越高，为减少接种次数，联苗成为研发生产趋势，2010 年 1 月至 2023 年 12 月间批准或变更注册的兽用疫苗中，联苗、多价苗有 138 种，约占兽用生物制品的三分之一，超过兽用疫苗总种类的一半：

鸡新城疫、禽流感（H9 亚型）、传染性法氏囊病三联灭活疫苗（La Sota 株＋cs 株＋C-VP2 蛋白）

水貂犬瘟热、细小病毒性肠炎二联活疫苗（CDV3-CL 株＋FPV-A 株）

小反刍兽疫、山羊痘二联灭活疫苗（Clone9 株＋AV41 株）

重组禽流感病毒（H5＋H7）三价灭活疫苗（H5N2 rSD57 株＋rFJ56 株，H7N9 rGD76 株）

鸡新城疫、传染性支气管炎二联活疫苗（ZM10 株＋H120 株）

重组禽流感病毒（H5＋H7）三价灭活疫苗（细胞源，H5N1 Re-11 株＋Re-12 株，H7N9 H7-Re2 株）

仔猪水肿病三价蜂胶灭活疫苗（O138 型 SD04 株＋O139 型 HN03 株＋O141 型 JS01 株）

猪圆环病毒 2 型、猪肺炎支原体二联灭活疫苗（重组杆状病毒 DBN01 株＋DJ-166 株）

鸡新城疫、传染性支气管炎、禽流感（H9 亚型）、传染性法氏囊病四联灭活疫苗（N7a 株＋M41 株＋SZ 株＋rVP2 蛋白）

副猪嗜血杆菌病三价灭活疫苗（4 型 H4L1 株＋5 型 H5L3 株＋12 型 H12L3 株）

猪链球菌病、传染性胸膜肺炎二联灭活疫苗（2 型 ZY-2 株＋1 型 SC 株）

鸭传染性浆膜炎、大肠杆菌病二联灭活疫苗（1 型 CZ12 株＋O78 型 SH 株）

重组禽流感病毒 H5 亚型二价灭活疫苗（R2346 株＋R232V 株）

鸡新城疫、禽流感（H9 亚型）、禽腺病毒病（I群 4 型）三联灭活疫苗（La Sota 株＋YBF13 株＋YBAV-4 株）

鸡新城疫、多杀性巴氏杆菌病二联灭活疫苗（La Sota 株＋1502 株）

水貂出血性肺炎三价灭活疫苗（G 型 RH01 株＋B 型 PL03 株＋C 型 RH12 株）

牛口蹄疫 O 型、A 型二价合成肽疫苗（多肽 0506＋0708）

猪流感二价灭活疫苗（H1N1 DBN-HB2 株＋H3N2 DBN-HN3 株）

高致病性猪繁殖与呼吸综合征、伪狂犬病二联活疫苗（TJM-F92 株＋Bartha-K61 株）

牛病毒性腹泻/黏膜病、牛传染性鼻气管炎二联灭活疫苗（1 型，NM01 株＋LN01/08 株）

兔病毒性出血症、多杀性巴氏杆菌病、产气荚膜梭菌病（A 型）三联灭活疫苗（VP60 蛋白＋SC0512 株＋LY 株）

猪圆环病毒 2 型、猪肺炎支原体二联灭活疫苗（Cap 蛋白＋SY 株）

副猪嗜血杆菌病三价灭活疫苗（4 型 SH 株＋5 型 GD 株＋12 型 JS 株）

猪口蹄疫 O 型、A 型二价合成肽疫苗（多肽 PO98＋PA13）

鸡新城疫、传染性支气管炎、禽流感（H9 亚型）三联灭活疫苗（N7a 株＋M41 株＋SZ 株）

番鸭细小病毒病、小鹅瘟二联活疫苗（P1 株＋D 株）

鸡马立克氏病病毒、传染性法氏囊病病毒火鸡疱疹病毒载体重组病毒二联活疫苗（CVI988/Rispens 株＋vHVT-013-69 株）

鸡新城疫、禽流感（H9 亚型）二联灭活疫苗（N7a 株＋SZ 株）

猪链球菌病、副猪嗜血杆菌病二联亚单位疫苗

鸡传染性鼻炎（A 型、C 型）二价灭活疫苗（YT 株+JN 株）

鸡传染性鼻炎（A 型、C 型）二价灭活疫苗（HN3 株+SD3 株）

鸡新城疫、传染性支气管炎二联耐热保护剂活疫苗（La Sota 株+H120 株）

猪圆环病毒 2 型、副猪嗜血杆菌二联灭活疫苗（SH 株+4 型 JS 株+5 型 ZJ 株）

鸡新城疫、传染性法氏囊病二联灭活疫苗（La Sota 株+DF-1 细胞源，BJQ902 株）

猪圆环病毒 2 型、猪肺炎支原体二联灭活疫苗（重组杆状病毒 CP08 株+JM 株）

猪口蹄疫 O 型、A 型二价灭活疫苗（OHM/02 株+AKT-Ⅲ株）

牛口蹄疫 O 型、亚洲 1 型二价合成肽疫苗（多肽 7101+7301）

鸡球虫病四价活疫苗（柔嫩艾美耳球虫 ETGZ 株+毒害艾美耳球虫 ENHZ 株+堆型艾美耳球虫 EAGZ 株+巨型艾美耳球虫 EMPY 株）

重组禽流感病毒（H5+H7）二价灭活疫苗（H5N1 Re-8 株+H7N9 H7-Re1 株）

鸡新城疫、传染性支气管炎二联活疫苗（La Sota 株+LDT3-A 株）

水貂出血性肺炎、多杀性巴氏杆菌病、肺炎克雷伯杆菌病三联灭活疫苗（血清 G 型 DL1007 株+RC1108 株+ZC1108 株）

鸡新城疫、禽流感（H9 亚型）、减蛋综合征三联灭活疫苗（La Sota 株+Re-9 株+京 911 株）

重组新城疫病毒、禽流感病毒（H9 亚型）二联灭活疫苗（aSG10 株+G 株）

猪口蹄疫 O 型、A 型二价灭活疫苗（O/MYA98/BY/2010 株+O/PanAsia/TZ/2011 株+Re-A/WH/09 株）

副猪嗜血杆菌病三价灭活疫苗（4 型 H25 株+5 型 H45 株+12 型 H31 株）

猪口蹄疫 O 型、A 型二价合成肽疫苗（多肽 2700+2800+MM13）

鸡传染性鼻炎（A 型+B 型+C 型）三价灭活疫苗

鸡新城疫、传染性法氏囊病二联灭活疫苗（A-Ⅶ株+S-VP2 蛋白）

猪圆环病毒 2 型、猪肺炎支原体二联灭活疫苗（SH 株+HN0613 株）

重组新城疫病毒、禽流感病毒（H9 亚型）二联灭活疫苗（A-Ⅶ株+WJ57 株）

水貂犬瘟热、病毒性肠炎二联活疫苗（JTM 株+JLM 株）

猪传染性胃肠炎、猪流行性腹泻二联活疫苗（SD/L 株+LW/L 株）

鸡新城疫、传染性支气管炎二联活疫苗（La Sota 株+QXL87 株）

鸡新城疫、传染性法氏囊病、病毒性关节炎三联灭活疫苗（La Sota 株+B87 株+S1133 株）

小反刍兽疫、山羊痘二联活疫苗（Clone9 株+AV41 株）

副猪嗜血杆菌病三价灭活疫苗（4 型 BJ02 株+5 型 GS04 株+13 型 HN02 株）

猪传染性胃肠炎、猪流行性腹泻二联活疫苗（SCJY-1 株+SCSZ-1 株）

猪传染性胃肠炎、猪流行性腹泻二联活疫苗（WH-1R 株+AJ1102-R 株）

禽脑脊髓炎、鸡痘二联活疫苗（YBF02 株+鹌鹑化弱毒株）

猪口蹄疫 O 型、A 型二价灭活疫苗（Re-O/MYA98/JSCZ/2013 株+Re-A/WH/09 株）

猪流感二价灭活疫苗（H1N1LN 株+H3N2HLJ 株）

水貂犬瘟热、病毒性肠炎二联活疫苗（CL08 株+NA04 株）

鸡新城疫、禽流感（H9 亚型）二联灭活疫苗（La Sota 株+JD 株）

鸭瘟、禽流感（H9 亚型）二联灭活疫苗（AV1221 株+D1 株）

仔猪大肠杆菌病（K88＋K99＋987P）、产气荚膜梭菌病（C 型）二联灭活疫苗

鸡新城疫、传染性法氏囊病、禽流感（H9 亚型）三联灭活疫苗（La Sota 株＋BJQ902 株＋WD 株）

鸡新城疫、传染性支气管炎、传染性法氏囊病、病毒性关节炎四联灭活疫苗（La Sota 株＋M41 株＋S-VP2 蛋白＋AV2311 株）

犬瘟热、细小病毒病二联活疫苗（BJ/120 株＋FJ/58 株）

鸡马立克氏病 I 型、Ⅲ型二价活疫苗（814 株＋HVTFc-126 克隆株）

鸡新城疫、禽流感（H9 亚型）、传染性法氏囊病三联灭活疫苗（La Sota 株＋SZ 株＋rVP2 蛋白）

鸭传染性浆膜炎、大肠杆菌二联灭活疫苗（2 型 RABYT06 株＋O78 型 ECBYT101 株）

鸡新城疫、禽流感（H9 亚型）二联灭活疫苗（La Sota 株＋SZ 株）

鸭病毒性肝炎二价（1 型＋3 型）灭活疫苗（YB3 株＋GD 株）

猪链球菌病、副猪嗜血杆菌病二联灭活疫苗（LT 株＋MD0322 株＋SH0165 株）

猪传染性胃肠炎、猪流行性腹泻二联灭活疫苗（WH-1 株＋AJ1102 株）

牛病毒性腹泻/黏膜病、传染性鼻气管炎二联灭活疫苗（NMG 株＋LY 株）

牛口蹄疫 O 型、亚洲 1 型二价合成肽疫苗（多肽 0501＋0601）

鸡新城疫、传染性支气管炎二联耐热保护剂活疫苗（La Sota 株＋H52 株）

水貂出血性肺炎二价灭活疫苗（G 型 DL15 株＋B 型 JL08 株）

鸡新城疫、传染性支气管炎、禽流感（H9 亚型）、传染性法氏囊病四联灭活疫苗（La Sota 株＋M41 株＋SZ 株＋rVP2 蛋白）

鸡新城疫、禽流感（H9 亚型）二联灭活疫苗（La Sota 株＋HN106 株）

重组禽流感病毒（H5 亚型）二价灭活疫苗（细胞源，Re-6 株＋Re-4 株）

副猪嗜血杆菌病二价灭活疫苗（4 型 JS 株＋5 型 ZJ 株）

鸡新城疫、传染性支气管炎、减蛋综合征、传染性法氏囊病四联灭活疫苗（La Sota 株＋M41 株＋Z16 株＋HQ 株）

鸡多杀性巴氏杆菌病、大肠杆菌病二联蜂胶灭活疫苗（A 群 BZ 株＋O78 型 YT 株）

鸡新城疫、传染性支气管炎、传染性法氏囊病三联灭活疫苗（La Sota 株＋M41 株＋HQ 株）

猪传染性胃肠炎、猪流行性腹泻二联活疫苗（HB08 株＋ZJ08 株）

鸡新城疫、传染性支气管炎、禽流感（H9 亚型）三联灭活疫苗（La Sota 株＋M41 株＋Re-9 株）

副猪嗜血杆菌病二价灭活疫苗（1 型 LC 株＋5 型 LZ 株）

鸡新城疫、传染性支气管炎二联耐热保护剂活疫苗（La Sota 株＋H120 株）

鸡新城疫、传染性支气管炎、减蛋综合征三联灭活疫苗（Clone30 株＋M41 株＋AV127 株）

高致病性猪繁殖与呼吸综合征、猪瘟二联活疫苗（TJM-F92 株＋C 株）

鸡新城疫、减蛋综合征、禽流感（H9 亚型）三联灭活疫苗（La Sota 株＋HSH23 株＋WD 株）

重组禽流感病毒 H5 亚型二价灭活疫苗（细胞源，Re-6 株＋Re-4 株

水貂出血性肺炎二价灭活疫苗（G 型 WD005 株＋B 型 DL007 株）

鸡新城疫、传染性法氏囊病二联灭活疫苗（La Sota 株＋HQ 株）

兔病毒性出血症、多杀性巴氏杆菌病二联蜂胶灭活疫苗（YT 株＋JN 株）

鸭传染性浆膜炎三价灭活疫苗（1 型 YBRA01 株＋2 型 YBRA02 株＋4 型 YBRA04 株）

猪传染性胃肠炎、猪流行性腹泻、猪轮状病毒（G5 型）三联活疫苗（弱毒华毒株＋弱毒 CV777 株＋NX 株）

鸡新城疫、传染性支气管炎、减蛋综合征、禽流感（H9 亚型）四联灭活疫苗（La Sota 株＋M41 株＋HS25 株＋HZ 株）

鸡新城疫、传染性支气管炎、减蛋综合征、禽流感（H9 亚型）四联灭活疫苗（La Sota 株＋M41 株＋K-11 株＋SS/94 株）

猪传染性胸膜炎二价灭活疫苗（1 型 GZ 株＋7 型 ZQ 株）

鸡新城疫、传染性支气管炎二联灭活疫苗（La Sota 株＋Jin13 株）

鸭传染性浆膜炎二价灭活疫苗（1 型 SG4 株＋2 型 ZZY7 株）

口蹄疫 O 型、亚洲 1 型、A 型三价灭活疫苗（O/MYA98/BY/2010 株＋Asial/JSL/ZK/06 株＋Re-A/WH/09 株）

鸡新城疫、传染性支气管炎二联灭活疫苗（Clone30 株＋M41 株）

兔病毒性出血症、多杀性巴氏杆菌病二联灭活疫苗（LQ 株＋C51-17 株）

鸡新城疫、传染性支气管炎、减蛋综合征、禽流感（H9 亚型）四联灭活疫苗（La Sota 株＋M41 株＋HE02 株＋HN106 株）

口蹄疫 O 型、A 型、亚洲 1 型三价灭活疫苗（OHM/02 株＋AKT-Ⅲ株＋Asia1KZ/03 株）

鸭传染性浆膜炎三价灭活疫苗（1 型 ZJ01 株＋2 型 HN01 株＋7 型 YC03 株）

鸡新城疫、传染性支气管炎、减蛋综合征、禽流感（H9 亚型）四联灭活疫苗（La Sota 株＋M41 株＋NE4 株＋YBF003 株）

鸡新城疫、禽流感（H9 亚型）、传染性法氏囊病三联灭活疫苗（La Sota 株＋YBF003 株＋S-VP2 蛋白）

鸭传染性浆膜炎二价灭活疫苗（1 型 RAf63 株＋2 型 RAf34 株）

鸡新城疫、禽流感（H9 亚型）二联灭活疫苗（La Sota 株＋SY 株）

鸡新城疫、传染性支气管炎、禽流感（H9 亚型）三联灭活疫苗（La Sota 株＋M41 株＋SY 株）

鸡球虫病三价活疫苗（柔嫩艾美耳球虫 PTMZ 株＋巨型艾美耳球虫 PMHY 株＋堆型艾美耳球虫 PAHY 株）

鸡新城疫、传染性支气管炎、禽流感（H9 亚型）三联灭活疫苗（La Sota 株＋M41 株＋SY 株）

猪传染性胸膜肺炎二价蜂胶灭活疫苗（1 型 CD 株＋7 型 BZ 株）

鸡新城疫、传染性支气管炎、传染性法氏囊病三联灭活疫苗（La Sota 株＋M41 株＋S-VP2 蛋白）

兔病毒性出血症、多杀性巴氏杆菌病、产气荚膜梭菌病三联灭活疫苗（SD-1 株＋QLT-1 株＋LTS-1 株）

兔病毒性出血症、多杀性巴氏杆菌病二联灭活疫苗（AV-34 株＋QLT-1 株）

鸡新城疫、传染性支气管炎、禽流感（H9 亚型）三联灭活疫苗（La Sota 株＋M41 株＋HZ 株）

鸡新城疫、传染性支气管炎、禽流感（H9 亚型）三联活疫苗（La Sota 株＋M41 株＋

SS/94 株)

鸡新城疫、传染性支气管炎、减蛋综合征三联活疫苗（La Sota 株＋M41 株 HE02 株）

鸡新城疫、传染性支气管炎、减蛋综合征、禽流感（H9 亚型）四联活疫苗（La Sota 株＋M41 株＋AV127 株＋NJ02 株）

鸡新城疫、传染性支气管炎、减蛋综合征、禽流感（H9 亚型）四联灭活疫苗（La Sota 株＋M41 株＋AV-127 株＋S2 株）

鸡新城疫、传染性支气管炎、禽流感（H9 亚型）、传染性法氏囊病四联灭活疫苗（La Sota 株＋M41 株＋YBF003 株＋SVP-2 蛋白）

鸡新城疫、传染性支气管炎、禽流感（H9 亚型）三联灭活疫苗（La Sota 株＋M41 株＋SS 株）

鸡新城疫、禽流感（H9 亚型）二联灭活疫苗（La Sota 株＋JY 株）

鸡新城疫、传染性支气管炎、禽流感（H9 亚型）三联灭活疫苗（La Sota 株＋M41 株＋LG1 株）

鸡新城疫、传染性支气管炎、禽流感（H9 亚型）三联灭活疫苗（La Sota 株＋M41 株＋WD 株）

鸡新城疫、传染性支气管炎、禽流感（H9 亚型）三联灭活疫苗（La Sota 株＋M41 株＋HN106 株）

鸡新城疫、传染性支气管炎、禽流感（H9 亚型）三联灭活疫苗（La Sota 株＋M41 株＋NJ02 株）

兔病毒性出血症、多杀性巴氏杆菌病、产气荚膜梭菌病（A 型）三联灭活疫苗（AV33 株＋C51-2 株＋C57-1 株）

鸡新城疫、传染性支气管炎、禽流感（H9 亚型）三联灭活疫苗（La Sota 株＋M41 株＋HP 株）

口蹄疫 O 型、A 型、亚洲 1 型三价灭活疫苗（O/HB/HK/99 株＋AF/72 株＋Asia-1/XJ/KLMY/04 株）

鸡新城疫、禽流感（H9 亚型）二联灭活疫苗（La Sota 株＋LG1 株）

鸡新城疫、传染性支气管炎、减蛋综合征三联灭活疫苗（La Sota 株＋M41 株＋HSH23 株）

《"十四五"全国畜牧兽医行业发展规划》要求推进动物疫病净化，强化疫情监测预警。近年来兽医诊断制品研发生产发展迅猛，2010 年至 2022 年 6 月，有 92 种兽医诊断制品获批新兽药注册证书：

猪 δ 冠状病毒胶体金检测试纸条

马传染性贫血病毒 cELISA 抗体检测试剂盒

副鸡禽杆菌（C 型）血凝抑制试验抗原、阳性血清与阴性血清

副鸡禽杆菌（B 型）血凝抑制试验抗原、阳性血清与阴性血清

副鸡禽杆菌（A 型）血凝抑制试验抗原、阳性血清与阴性血清

禽白血病病毒 J 亚群 ELISA 抗体检测试剂盒

非洲猪瘟病毒 ELISA 抗体检测试剂盒

犬细小病毒胶体金检测试纸条

番鸭小鹅瘟胶乳凝集抑制试验抗原、致敏胶乳、阳性血清与阴性血清

禽白血病病毒 p27 抗原夹心 ELISA 检测试剂盒

猪圆环病毒 2 型 cELISA 抗体检测试剂盒

布鲁氏菌荧光偏振抗体检测试剂盒

非洲猪瘟病毒 ELISA 抗体检测试剂盒

犬细小病毒胶体金检测试纸条

口蹄疫病毒非结构蛋白 3ABC 阻断 ELISA 抗体检测试剂盒

鸭坦布苏病毒 ELISA 抗体检测试剂盒

非洲猪瘟病毒荧光微球检测试纸条

鸡毒支原体 ELISA 抗体检测试剂盒

猪链球菌 2、7、9 型 PCR 检测试剂盒

猪圆环病毒 2 型 ELISA 抗体检测试剂盒

口蹄疫 A 型病毒抗体胶体金检测试纸条

猪瘟病毒化学发光 ELISA 抗体检测试剂盒

犬腺病毒 2 型胶体金检测试纸条

水貂阿留申病毒抗体胶体金检测试纸条

禽白血病病毒群特异抗原检测试纸条

猫杯状病毒胶体金检测试纸条

犬狂犬病病毒抗体检测试纸条

猪传染性胃肠炎病毒胶体金检测试纸条

口蹄疫病毒 O 型竞争 ELISA 抗体检测试剂盒

山羊支原体山羊肺炎亚种抗体检测试纸条

鸭坦布苏病毒血凝抑制试验抗原、阳性血清与阴性血清

牛支原体环介导等温扩增检测试剂盒

猪传染性胃肠炎病毒胶体金检测试纸条

犬副流感病毒胶体金检测试纸条

猫泛白细胞减少症病毒胶体金检测试纸条

犬瘟热病毒胶体金检测试纸条

牛结核病 IFN-γ 夹心 ELISA 检测试剂盒

牛结核病 γ-干扰素 ELISA 检测试剂盒

非洲猪瘟病毒荧光 PCR 检测试剂盒

非洲猪瘟病毒荧光等温扩增检测试剂盒

猪伪狂犬病毒 gB 竞争 ELISA 抗体检测试剂盒

猪瘟病毒阻断 ELISA 抗体检测试剂盒

禽流感病毒 H7 亚型荧光 RT-PCR 检测试剂盒

犬腺病毒（血清 1、2 型）胶体金检测试纸条

猪肺炎支原体等温扩增检测试剂盒

犬腺病毒 1 型胶体金检测试纸条

非洲猪瘟病毒荧光 PCR 检测试剂盒

犬细小病毒胶体金检测试纸条

口蹄疫 O 型病毒抗体胶体金检测试纸条

犬细小病毒酶免疫层析检测试纸条

猪肺炎支原体 ELISA 抗体（sIgA）检测试剂盒

猪流行性腹泻病毒胶体金检测试纸条

鸡传染性支气管炎病毒 ELISA 抗体检测试剂盒

副猪嗜血杆菌病间接血凝试验抗原、阳性血清与阴性血清

猪圆环病毒 2 型 ELISA 抗体检测试剂盒

猪轮状病毒胶体金检测试纸条

猪圆环病毒 2 型阻断 ELISA 抗体检测试剂盒

鸡传染性法氏囊病病毒 ELISA 抗体检测试剂盒

犬狂犬病病毒 ELISA 抗体检测试剂盒

布鲁氏菌竞争 ELISA 抗体检测试剂盒

猪乙型脑炎病毒 ELISA 抗体检测试剂盒

猪瘟病毒间接 ELISA 抗体检测试剂盒

猪口蹄疫病毒 O 型 VP1 合成肽 ELISA 抗体检测试剂盒

狂犬病竞争 ELISA 抗体检测试剂盒

猪圆环病毒 2 型 ELISA 抗体检测试剂盒

猪肺炎支原体 ELISA 抗体检测试剂盒

禽白血病病毒 ELISA 群特异抗原检测试剂盒

牛布鲁氏菌间接 ELISA 抗体检测试剂盒

狂犬病病毒巢式 RT-PCR 检测试剂盒

山羊传染性胸膜肺炎间接血凝试验抗原、阳性血清与阴性血清

口蹄疫病毒非结构蛋白 2C3AB 抗体检测试纸条

猪繁殖与呼吸综合征病毒 ELISA 抗体检测试剂盒

猪口蹄疫 O 型抗体检测试纸条

马流感病毒 H3 亚型血凝抑制试验抗原、阳性血清与阴性血清

牛分枝杆菌 ELISA 抗体检测试剂盒

猪流感病毒（H1 亚型）ELISA 抗体检测试剂盒

狂犬病病毒 ELISA 抗体检测试剂盒

鸡传染性支气管炎病毒（M41 株）血凝抑制试验抗原、阳性血清与阴性血清

布鲁氏菌 cELISA 抗体检测试剂盒

狂犬病免疫荧光抗原检测试剂盒

禽白血病病毒 ELISA 抗原检测试剂盒

牛分枝杆菌 MPB70/83 抗体检测试纸条

猪链球菌 2 型 ELISA 抗体检测试剂盒

绵羊肺炎支原体 ELISA 抗体检测试剂盒

蓝舌病病毒核酸 RT-PCR 检测试剂盒

蓝舌病病毒核酸荧光 RT-PCR 检测试剂盒

猪胸膜肺炎放线杆菌 ApxⅣ-ELISA 抗体检测试剂盒

猪伪狂犬病病毒 gE 蛋白 ELISA 抗体检测试剂盒

绵羊支原体肺炎间接血凝试验抗原与阴、阳性血清

鹦鹉热衣原体抗体胶体金检测试纸条

禽流感病毒检测试纸条

新城疫病毒抗血清

1.1.7 兽用生物制品的管理概况

兽医诊断制品在动物疫病防控中具有重要作用，在当今我国动物疫病从有效控制向净化、消灭并重转变的关键时期，要做到对动物疫病的"检测准确、诊断清楚、预免有力、防控科学"，先要保障兽医诊断制品的质量和有效供应。

1.1.7.1 我国兽医诊断制品管理概况及现状

根据《兽药管理条例》，我国将兽医诊断制品纳入兽用生物制品管理，但施行与预防、治疗用生物制品略有差别的管理。在研发方面，施行注册管理，除《兽用生物制品注册分类及注册资料要求》外专门制定了《兽医诊断制品注册分类及注册资料要求》，之后又于2015年对《兽医诊断制品注册分类及注册资料要求》进行了修订，并调整了临床试验靶动物数量，以便有别于预防、治疗用兽用生物制品。在企业准入方面，实施GMP和兽药生产许可证管理，且于2015年发布实施《兽医诊断制品生产质量管理规范》，以便有别于现行《兽药生产质量管理规范》。2022年3月，为深入贯彻落实国务院"放管服"改革精神，进一步提高新兽用生物制品临床试验审批效率和规范性，畜牧兽医局组织起草了《预防类兽用生物制品临床试验审批资料要求（征求意见稿）》和《治疗类兽用生物制品临床试验审批资料要求（征求意见稿）》。对申请批准文号的，依据已有诊断制品国家标准进行审查和核发，对申请批签发的按批签发程序进行审核，进口产品需取得"进口兽药注册证书"。

1.1.7.2 国内外诊断制品管理比较

（1）我国兽医诊断制品管理概况　随着我国对兽医诊断制品需求的不断增加和面临的新问题的不断涌现，兽医诊断制品注册相关管理法规也在进行着更新迭代。兽医诊断制品注册相关管理法规包括：《兽药管理条例》（国务院令2004年第404号公布，国务院令2014年第653号部分修订，国务院令2016年第666号部分修订），《病原微生物实验室生物安全管理条例》（国务院令2004年第424号公布），《新兽药研制管理办法》（农业部令2005年第55号公布），《兽药注册办法》（农业部令2002年第44号公布），以及农业部公告第442号、449号、2223号、2335号、2336号、2337号、2368号、2464号和农业农村部公告第75号等。2020年，为进一步提高兽医诊断制品研制积极性，促进商业化生产和应用，提高制品质量，进一步满足动物疫病诊断和监测等工作需要，农业农村部组织修订了《兽医诊断制品注册分类及注册资料要求》，自10月15日起施行。产品准入方面，按照风险程度对产品进行分级，与致病性病原体抗原、抗体以及核酸等检测相关的试剂均纳入第三类管理。第一类体外诊断试剂实行备案管理（境内向市级食品药品监督管理部门备案，进口的向国家食品药品监督管理总局备案），第二类、第三类体外诊断试剂实行注册管理（境内第二类由省级食品药品监督管理部门审查，境内第三类，进口第二类、第三类由国家食品药品监督管理总局审查），校准品、质控品可以与配合使用的体外诊断试剂合并申请注册，也可以单独申请注册，且医疗器械产品注册可以收取费用办理。

第一类体外诊断试剂备案，不需进行临床试验。申请第二类、第三类体外诊断试剂注册，应当进行临床试验，且需在取得资质的临床试验机构内进行。

（2）美国兽医诊断制品管理概况　在美国，用于动物传染性疾病诊断检测的商品化试剂盒，按兽用生物制品进行管理，属兽用生物制品中的一种。美国兽用生物制品中心

（CVB）对整个试剂盒（即检测所需的、与使用说明和结果判读说明一起包装的所有关键试剂）进行监管，但有"三个不监管"：对单个试剂、非疫病检测的试剂盒和合同检测服务机构内部开发和使用的检测试剂不进行监管。美国允许诊断制品生产用抗原、PCR引物、抗体从已获得许可的其他单位采购。根据《美国农业部兽医备忘录》，对用于美国联邦和/或州疫病净化、防控项目的诊断试剂盒，CVB在许可前将预注册批次产品（中试试制产品）提交给国家兽医服务实验室（NVSL）进行评估。获得注册或许可的诊断产品可限制发放给动植物卫生检疫局（APHIS）批准的实验室。获得美国兽用生物制品注册或许可，也不能保证该诊断试剂盒一定能用于官方的疫病净化项目。因为在一定的时间段内，疫病的流行病学变化，可能会影响诊断试剂盒的检测结果，从而影响诊断试剂盒在疫病净化、防控项目中的作用。

（3）欧盟兽医诊断制品管理概况　欧盟法规中没有关于兽用诊断试剂盒的统一要求。欧盟各成员国对兽用诊断试剂盒的要求不一样。在某些国家，仅需贴欧盟强制性合格标志（CE标）；而德国、法国等一些国家要求相对比较严格，其管理措施基本与其他兽用生物制品相同，需要取得上市许可。德国对产品上市许可收取费用2500欧元或3750欧元，批量放行费用为340欧元或510欧元。

1.1.7.3　兽医诊断制品监管中存在的主要问题

（1）标准物质缺乏与市场需要的矛盾　部分国产兽医诊断制品质量参差不齐，批间重复性、敏感性、特异性和有效期等多项性能指标均可能存在一定问题。不同企业生产的甚至同一企业生产的不同批次的兽医诊断制品，对同一样品检测结果存在差异；有的企业在研发、生产中将进口诊断试剂作为"标尺"来衡量自己研发的产品；诊断制品招标采购时，有的要求用进口诊断制品作为衡量拟采购产品是否符合要求的"标尺"。标准物质作为诊断制品的质量标尺，其缺失是上述问题出现的主要原因。企业自己研发标准物质难度大、成本高，外购有时无物可购。标准物质匮乏已是制约我国兽医诊断制品健康发展的瓶颈。

（2）市场产品不规范与产品准入周期长　由于诊断制品的特殊性，一方面市场产品不规范，非GMP企业与GMP企业并存，有合法手续产品与无合法手续产品一起流通，这种情况持续存在将削弱GMP企业的积极性。另一方面，兽医诊断制品研发和生产企业反映，目前诊断制品准入（注册、批准文号）周期长，具有批准文号的产品少，针对新发疫病或"老病新面孔"的诊断制品不能及时投入市场，无法适应病原变异快、诊断反应迅速准确的要求。

（3）国标方法与诊断产品不协调的矛盾　兽医诊断检测"国家标准"只规定方法，对试剂无规定，实际开展工作时，很多机构使用的是商品化诊断制品，在使用时会产生不协调，如23家动物疫病预防控制中心和39家养殖场2018年度采购的1120个产品中有820个产品是参照国标方法，245个产品检测结果与已有国标方法检测结果不一致，差异表现在样品提取、检测步骤、成分含量、判定标准等方面。不协调可以总结为：一是有标准无诊断制品，如由于市场上没有动物棘球蚴病间接血球凝集试验及酶联免疫吸附试验的诊断制品，《动物棘球蚴病诊断技术》（NY/T 1466—2018）国标实际无法执行；二是诊断制品的制备方法与标准要求不一致，如采用酶联免疫吸附试验进行诊断的标准规定了包被抗原浓度及包被时间等条件，但诊断制品在制备过程中包被抗原浓度及包被时间与标准要求可能不一致；三是标准自身存在问题，实际工作中标方法无法操作；四是在中国合格评定国家认可委员会（CNAS）或中国计量认证（CMA）质量体系内使用产品检测前，要求先进行比对试验验证产品检测结果与方法的等效性，由于缺少标准物质，比对实际无法进行，或不同来源产品对同一样品检测结果可能不同，检测质量无法有效保证。

1.1.7.4 兽用生物制品监管建议

（1）**实施国产诊断制品发展战略**　诊断制品在动物疫病防控中发挥着重要作用，是依法防疫的物质基础，在动物疫病防控、公共卫生安全等方面具有重要意义，因此实施国产诊断制品发展战略具有重要意义。建议通过资金、政策支持和引导，扶持一批在国内影响力较大、产品种类较全的企事业单位，提高国产诊断制品的质量和供应能力，防范意外风险，为我国动物疫病防控筑起坚实的第一道技术防线。

（2）**多策并举保障标准物质的品种、质量与供应**　质量可靠的诊断制品标准物质涉及品种多、制备难度大且成本高，但标准物质的质量可靠和稳定供应具有重要的社会效益，解决好该问题，其他现存的表象问题就会迎刃而解。建议将标准物质管理纳入国家层面，做到统一评审、统一标定、统一管理，逐步建立全国统一的兽医诊断试剂共用的抗原、抗体及核酸样品盘，用于兽医实验室评估及试剂盒标定，建立长效、畅通的标准物质研究、制造和流通机制。一是发挥全行业力量。有疫病国家参考实验室的，其相应的疫病诊断制品标准物质由国家参考实验室制备；已注册的商品化和进口注册的诊断制品，研制单位和注册单位负责该标准物质的制备；或采用市场化办法，由具备能力的单位制备标准物质，中国兽医药品监察所进行标定合格后，统一对外提供。二是联合各参考实验室（或权威实验室），制定各诊断用标准物质的制备技术标准，并建立管理办法，强制执行。

（3）**调整诊断制品现有注册要求**　简化申报技术要求，对诊断制品与预防、治疗用生物制品实施差别化管理，考虑到体外诊断制品特异性、灵敏性等指标有别于疫苗安全、有效、稳定的要求，建议修改诊断制品注册技术要求，进一步简化菌毒种与常用细胞的研究资料；统一或明确原辅料质量标准；将中试产品批数由原来的5～10批减少为3～5批；取消抗体消长规律试验。此外，对于引物变更、包装规格变更等可由变更注册改为备案管理。不强制要求必须"在国家兽医参考实验室或农业农村部指定的专业实验室比对"，将现行规定中"承担比对试验的3家实验室应为农业农村部考核合格的省级以上兽医主管部门设置的兽医实验室"修改为"3家比对实验室至少应含1家农业农村部或省级以上兽医主管部门设立的兽医实验室，或国家参考实验室，其他两家比对实验室应为通过CNAS或CMA认证的机构"。

（4）**实施新的比对试验注册或备案**　对已有国家标准物质动物疫病诊断制品的新兽药注册，可简化注册申报资料要求与申报流程，通过标准物质比对合格后，即可完成注册。或实施备案管理，借鉴人用《体外诊断试剂注册管理办法》分类实行注册与备案管理相结合的管理机制。

（5）**对部分病种产品实施快速评价和指定范围使用**　借鉴美国有关规定，国家或地方动物疫病监测计划所需的试剂，在现行注册基础上，同时由国家参考实验室开展比对评价，批准后仅在农业农村部指定的兽医实验室用于国家或地方动物疫病监测活动。

（6）**简化或取消对体外诊断制品的批签发管理**　从实际看，过去很多诊断制品出厂前实际上没有申请批签发。体外诊断制品与疫苗的指标侧重点不同，前者强调特异性、敏感性、重复性，且诊断制品组分多、产量少，需根据市场需要迅速上市，疫苗偏重于安全、有效。因此，可取消对体外诊断制品的批签发，或将诊断试剂批签发划归省级兽药监督部门管理，以提高时效性和实用性。

（7）分两步清理规范市场　为有效规范目前市场现状，建议分两步逐渐清理市场。一是先规范企业，现在开始要求上市流通产品应取得 GMP 证书和兽药生产许可证，对市场上无兽药生产许可证企业生产的产品进行清理；同时调整兽医诊断制品准入政策，加大标准物质供应力度，为第二步规范产品提供物质保障。二是规范产品，第一步调整到位后，再要求市场上流通产品必须取得合法手续，无合法手续的不得流通。

（8）理顺国标方法与诊断产品关系　鉴于目前已有国标方法与产品尚不能完全一一对应，建议对国标方法与产品并存的，或虽无国标方法但有诊断产品的，可以优先使用产品，认可使用合法产品出具的数据。

1.2
兽用生物制品的免疫学原理

1.2.1　免疫系统

免疫系统（immune system）由动物机体内参与免疫应答并执行免疫功能的一系列免疫器官、免疫细胞和免疫分子组成，具有免疫监视、防御、调控的作用，与机体其他系统相互协调以维持机体内环境稳定和生理平衡。

1.2.1.1　免疫器官

免疫器官（immune organs）是淋巴细胞和其他免疫细胞发生、分化成熟、定居和增殖以及产生免疫应答反应的场所。根据其功能的不同可分为中枢免疫器官和外周免疫器官。

（1）中枢免疫器官　中枢免疫器官（central immune organs）又称初级或一级免疫器官（primary immune organs），是淋巴细胞等免疫细胞发生、分化和成熟的场所，包括骨髓、胸腺和禽类的法氏囊。它们的共同特点是在胚胎早期出现，青春期后逐渐退化，为淋巴上皮结构，是诱导淋巴细胞增殖分化为免疫活性细胞的器官，切除新生动物的中枢免疫器官后，可造成淋巴细胞缺乏，影响免疫功能[1]。

① 骨髓　骨髓（bone marrow）是体内重要的造血器官，也是各种免疫细胞发生和分化的场所。骨髓造血干细胞具有分化成不同血细胞的能力，故被称为多能造血干细胞。骨髓多能造血干细胞通过不对称细胞分裂分化形成髓系共同祖细胞和淋巴系共同祖细胞。髓系共同祖细胞进一步分化为巨核细胞/红细胞系前体细胞或粒细胞/单核细胞系前体细胞：巨核细胞/红细胞系前体细胞最终形成红细胞和血小板；粒细胞/单核细胞系前体细胞最终形成巨噬细胞及各类粒细胞。淋巴系共同祖细胞则发育成各种淋巴细胞的前体细胞：一部分淋巴干细胞分化为 T 细胞的前体细胞，随血流进入胸腺，被诱导并分化为成熟的淋巴细胞，称为胸腺依赖性淋巴细胞，简称 T 细胞，参与细胞免疫；一部分淋巴干细胞分化

为 B 细胞的前体细胞，在哺乳动物体内，这些前体细胞在骨髓内进一步分化发育为成熟的 B 细胞；此外，NK 祖细胞分化发育为 NK 细胞。树突状细胞（DC）则有髓系与淋巴系两种来源[2,3]。在鸟类体内，B 细胞的前体细胞随血流进入法氏囊发育为成熟的 B 细胞，又称囊依赖性淋巴细胞[2]。这些 B 细胞经血液循环迁至外周免疫器官，参与体液免疫。

骨髓也是 B 细胞应答的场所，尤其在再次免疫应答中，外周免疫器官生发中心的记忆 B 细胞在特异性抗原刺激下活化，经淋巴和血液进入骨髓，分化成熟为浆细胞，并产生大量抗体（主要是 IgG，其次为 IgA），释放至血液。再次免疫应答中，外周免疫器官的抗体产生过程持续时间短，而骨髓可缓慢持久地产生大量抗体，成为血清抗体的主要来源，这表明骨髓是发生再次体液免疫应答的主要部位。因此，骨髓既是中枢免疫器官，又是外周免疫器官。骨髓破坏将导致严重的免疫缺陷。

② 胸腺　哺乳动物的胸腺（thymus）位于胸腔前部纵隔内，猪、马、牛、鼠等动物的胸腺可伸展至颈部直达甲状腺[2]。家禽胸腺与迷走神经和颈内静脉平行，在颈部两侧各呈 7～8 个相对独立的腺叶。畜禽的胸腺随年龄增大而增长，到性成熟期为最大，之后胸腺实质萎缩，皮质为脂肪组织所取代。除了随年龄增长而逐渐退化外，长期应激、严重营养不良、久病都会导致胸腺较快地萎缩，影响胸腺的功能，引起细胞免疫缺陷。动物幼年期的胸腺对 T 细胞成熟至关重要，此时切除胸腺会造成严重的细胞免疫缺陷。而成年动物在胸腺切除几个月后，细胞免疫功能才逐渐减弱。

胸腺是淋巴干细胞发育为成熟 T 细胞的场所。骨髓中的淋巴干细胞随血流进入胸腺，首先在外皮质层进入胸腺哺育细胞（thymic nurse cell，TNC）内增殖和分化，随后移出 TNC 进入深皮质层继续增殖，通过与此处胸腺基质细胞接触后发生选择性分化过程，绝大部分（>95%）胸腺细胞在原处死亡，只有少数（<5%）能继续分化发育为较成熟的胸腺细胞，并向髓质移动。进入髓质的胸腺细胞与此处的胸腺上皮细胞和树突状细胞等接触后再进一步分化为成熟的具有不同功能的 T 细胞亚群。最后，成熟的 T 细胞从髓质随血流迁移到外周免疫器官，参与细胞免疫应答，外周成熟的 T 细胞极少返回胸腺[2]。胸腺上皮细胞表面的一些免疫相关抗原对 T 细胞的成熟分化起到了选择诱导作用，使这一过程中许多能对自身抗原反应的 T 细胞得以清除，从而实现成熟 T 细胞识别自身抗原和异己抗原。

胸腺还有内分泌腺的功能，胸腺上皮细胞可产生多种小分子的肽类胸腺激素，如胸腺血清因子、胸腺素、胸腺生成素和胸腺体液因子等，它们对诱导 T 细胞成熟有重要作用，对外周成熟的 T 细胞也有一定作用，可增强或调节其功能[2]。

雏禽胸腺具有一定的外周淋巴器官的功能，主要表现为小鸡出壳后，一些后法氏囊细胞转移至胸腺，产生浆细胞和生发中心。如果此时进行免疫接种，则胸腺内会产生特异的抗体生成细胞。对雏禽胸腺的早期手术切除或破坏，不仅会引起严重的细胞免疫缺陷，也会明显影响 B 细胞的免疫功能。

③ 法氏囊　法氏囊（bursa of Fabricius）亦称腔上囊（bursa），是禽类特有的淋巴器官，位于泄殖腔和骶骨之间，形似樱桃。鸡法氏囊为球形或椭球形状囊，鸭、鹅法氏囊呈圆筒形囊。禽类法氏囊的大小在性成熟前到达峰值，之后逐渐萎缩退化至完全消失[2]。

法氏囊是禽类 B 细胞分化和成熟的场所，也是免疫球蛋白基因分化以及基础抗体库形成和扩展所必需的。来自骨髓的淋巴干细胞在其内被诱导分化为成熟的囊诱导（bursa derived）细胞，也简称 B 细胞，其特性和免疫作用与哺乳动物骨髓中成熟的 B 细胞相同，经淋巴和血液循环到外周淋巴器官参与体液免疫。法氏囊分泌的囊素对 B 细胞的分化、成熟具有重要的作用。由法氏囊向其他淋巴器官迁移的淋巴细胞群统称为后法氏囊细胞，这些后法氏囊细胞包括成熟的 B 细胞和后法氏囊干细胞，前者能对特异性的启动信号做出免疫应答，后者是法氏囊退化后 B 细胞库自我更新的结构基础。法氏囊分泌性树突状细胞仅见于髓质；至少有 98％的法氏囊淋巴细胞为 B 细胞，在皮质和髓质中均可增殖；而 T 细胞主要散布于皮质中，很少进入髓质中。当鸡长到 8～10 周龄时，髓质内的淋巴细胞数量开始减少，提示法氏囊将退化。越早破坏法氏囊，造成的危害越大，切除或破坏雏鸡的法氏囊，会使 B 细胞成熟受到影响，浆细胞减少或消失，进而使体液免疫应答受到严重抑制，接种抗原后不能产生抗体。但切除法氏囊对细胞免疫的影响很小，被切除法氏囊的雏禽仍能排斥皮肤移植。某些病毒感染（如传染性法氏囊病）及某些化学药物（如睾酮）等均能使法氏囊萎缩，严重影响体液免疫应答，使疫苗免疫失败。

（2）外周免疫器官　外周免疫器官（peripheral immune organs）又称次级或二级免疫器官（secondary immune organs），是成熟的 T 细胞和 B 细胞定居、增殖和对抗原刺激进行免疫应答的场所。它包括脾脏、淋巴结以及消化道、呼吸道和泌尿生殖道的淋巴小结和禽哈德腺等。这类器官或组织富含捕捉和处理抗原的巨噬细胞、树突状细胞和朗格汉斯细胞，能迅速捕获抗原，并为处理后的抗原与免疫活性细胞的接触提供最大机会[1]。这些器官与一级免疫器官不同，它们都起源于胚胎晚期的中胚层并持续地存在于整个成年期[2]。

① 淋巴结　淋巴结（lymph node）呈圆形或豆状，哺乳类动物机体有许多淋巴结，遍布于全身淋巴循环路径的各个部位，以便捕获血液-淋巴液中的抗原。它由网状组织构成支架，外有结缔组织包膜，其内充满淋巴细胞、巨噬细胞和树突状细胞。

如图 1-1 所示，家畜的淋巴结分皮质区、髓质区及两个区域间的副皮质区（猪淋巴结的构造相反）[4]。皮质区也称初级淋巴小结，又称非胸腺依赖区，主要聚居 B 细胞，B 细胞受抗原刺激后分裂增殖形成生发中心，又称二级淋巴小结，内含处于不同分化阶段的 B 细胞和浆细胞（浆细胞是 B 细胞经抗原刺激转化后的终末细胞）。皮质区也存在少量 T 细胞，分散于各生发中心之间。皮质区周围和副皮质区是 T 细胞主要集中区，故称胸腺依赖区，在该区也有树突状细胞和巨噬细胞等。髓质区由髓索和髓窦组成。髓索中含有 B 细胞、浆细胞和巨噬细胞等。髓窦位于髓索之间，为淋巴液通道，与输出淋巴管相通，髓窦内有许多巨噬细胞，能吞噬和清除细菌等异物，具有过滤和清除淋巴液中异物的作用，但对病毒和癌细胞的清除能力低。此外，淋巴结内免疫应答生成的致敏 T 细胞及特异性抗体可汇集于髓窦中，随淋巴液循环进入血液循环而分布到全身发挥作用。淋巴结是产生免疫应答的场所，进入淋巴结的抗原，被髓质内的巨噬细胞和树突状细胞捕捉、吞噬、加工，并呈递给副皮质区的 T 细胞，引起其活化增殖，形成致敏 T 细胞进行细胞免疫应答，并辅助皮质区的 B 细胞对抗原进行体液免疫应答，使生发中心增大。因此，细菌等异物侵入机体后引起的淋巴结肿大与淋巴细胞受抗原刺激后大量增殖有关，是产生免疫应答的表现。

猪淋巴结的结构与其他哺乳动物淋巴结的结构不同，其组织学图像呈现相反的结构，淋巴小结在淋巴结的中央，相当于髓质的部分在淋巴结外层，淋巴由淋巴结门进入淋巴结，流经中央的皮质和四周的髓质，最后由输出管流出淋巴结[2]。

鹅、鸭等水禽有两对淋巴结，即颈胸淋巴结和腰淋巴结。水禽淋巴结无门部结构，也无皮质、髓质之分，实质由中央窦、淋巴小结、弥散淋巴组织、淋巴组织索和周围淋巴组织窦等构成。中央窦形状不规则，有分支与周围淋巴窦相通，弥散淋巴组织内有丰富的毛

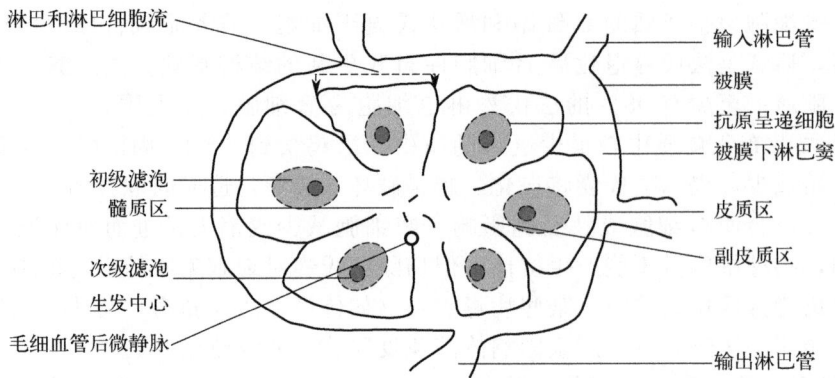

图1-1　家畜淋巴结构造示意图（猪除外）[5]

细血管和毛细血管后尾静脉，此区相当于哺乳动物的副皮质区。鸡等其他禽类无淋巴结，但体内广布分散的淋巴组织，呈弥散状、小结状等形态分布，有的形成淋巴集结。

② 脾脏　脾脏（spleen）是家畜的造血、贮血、滤血和淋巴细胞分布及进行免疫应答的器官，而禽类的脾较小，贮血作用很小，主要参与免疫功能。脾脏外包被膜，实质分为两部分，一部分捕获抗原、生成并储存红细胞，称为红髓；另一部分发生免疫应答，称为白髓。红髓量多，位于白髓周围。红髓由脾索和脾窦组成。脾索为彼此吻合成网状的淋巴组织索，含大量B细胞和浆细胞以及巨噬细胞和树突状细胞等；由脾索围成的脾窦内充满血液。脾索中和脾窦壁上的巨噬细胞能吞噬和清除循环血液中的细菌等有害异物和衰残的血细胞，具有血液滤过作用。白髓包括淋巴鞘和脾小结。淋巴鞘主要由T细胞组成，为胸腺依赖区；脾小结含大量B细胞，为非胸腺依赖区，受抗原刺激后也形成生发中心。脾小结外周的白髓区仍以T细胞分布为主，而在白髓与红髓交界的边缘区则以B细胞为多。

脾脏具有滞留淋巴细胞的作用。当抗原进入脾脏或淋巴结以后，会引起淋巴细胞的滞留，即在正常情况下能在这些器官中自由通过淋巴细胞被滞留而不离去，从而使抗原敏感细胞集中到抗原集聚的部位附近，增强免疫应答的效应。许多免疫佐剂能触发这种滞留，所以滞留作用可能是佐剂发挥作用的原理之一。

脾脏也是体内产生抗体的主要器官。血流中的大部分抗原在脾脏中被巨噬细胞吞噬、加工、传递给T细胞，可诱发T细胞和B细胞的活化和增殖，产生致敏T细胞和浆细胞进行体液免疫应答。此外，脾脏产生的含苏氨酸-赖氨酸-脯氨酸-精氨酸的四肽激素，能增强巨噬细胞及中性粒细胞的吞噬作用[2]。

禽类脾脏的基本结构和哺乳动物较为相似，分为红髓和白髓两个部分，但是其界限并不十分清楚。禽脾脏的红髓占40%～45%，其余为白髓。对于家禽而言，尽管脾脏不是淋巴细胞抗原依赖的分化和增殖的主要位点，但脾脏在胚胎淋巴系统发育中起到重要作用，因为脾脏中的B细胞前体在定植于法氏囊之前已经历了抗体（Ig）基因的重排。而到孵出时，脾脏已发育为外周免疫器官，为淋巴和非淋巴细胞的互作提供了不可缺少的微环境。相较于哺乳动物而言，家禽因没有发育良好的淋巴管和淋巴结，其脾脏的重要性更加凸显。

③ 黏膜相关淋巴组织　黏膜相关淋巴组织（mucosa-associated lymphoid tissue，MALT）亦称黏膜免疫系统（mucosal lymphoid system，MLS），是无被膜的淋巴组织，

主要指呼吸道、肠道及泌尿生殖道黏膜固有层和上皮细胞下散在的淋巴组织，以及某些带有生发中心的器官化的淋巴组织，如扁桃体、小肠的派尔集合淋巴结（Peyer's patch）、阑尾等。MALT是病原微生物等抗原性异物入侵机体的主要门户，也是机体重要的防御屏障，含有丰富的 T 细胞、B 细胞及巨噬细胞等，其中的 T 细胞、B 细胞含量超过脾脏和淋巴结。黏膜下层的淋巴组织中 B 细胞数量比 T 细胞多，且多是能产生分泌型 IgA 的 B 细胞，能将 IgA 分泌于黏膜表面，形成第一道特异性免疫保护防线；T 细胞则多为具有抗菌作用的 γδ T 细胞。黏膜免疫的抗感染作用至关重要，尤其对于经呼吸道、消化道感染的病原微生物而言[2,4]。

鸡没有典型的淋巴结，但是淋巴组织在鸡体内广泛分布，尤其是鸡的肠道内分布着大量的肠道相关淋巴组织，它们以弥散状（如消化道管壁中的淋巴组织）、小结状、孤结状等形态分布，还有的呈淋巴集结（如食管扁桃体、盲肠扁桃体、幽门扁桃体、旁氏结、梅克尔憩室等）；咽顶、盲肠尖和泄殖腔等区域也有淋巴样积聚物分布。绝大多数肠道相关淋巴组织在小鸡孵出前已经发育形成，但是其成熟需要抗原的进一步刺激，其中有些还能形成生发中心。

此外，禽类呼吸系统的构成与哺乳动物存在明显不同，比如家禽没有横膈肌，但是有 9 个气囊，这也导致家禽有其独特呼吸生理和免疫学的特点。鸡的支气管相关淋巴组织数量多于其他动物，主要见于一级支气管的联结点和次级支气管的尾端以及气囊口，3～4 周龄鸡才可见其清晰结构。6 周龄鸡的支气管相关淋巴组织发育成熟，环绕于次级支气管的开口处，其覆盖一层独特的上皮细胞层，即滤泡相关上皮，内有大量的淋巴细胞。6～8 周龄鸡的支气管相关淋巴组织中有大量的 B 细胞滤泡，主要含 IgM+ 细胞，而 IgY+ 细胞和 IgA+ 细胞数量较少。大多数鸡支气管相关淋巴组织中有生发中心，被 CD4+ T 细胞层覆盖。有研究表明，鸡支气管相关淋巴组织的发育受环境刺激物的影响。

④ 禽类眼相关淋巴组织 禽类主要的眼相关淋巴组织在哈德腺和下眼睑的结膜处，在泪腺和眼睛周围的其他结缔组织中也能找到分散存在的淋巴细胞和浆细胞。

禽哈德腺又称瞬膜腺，是禽类特有的外周免疫器官。位于眼窝中腹部，眼球后的中央，是外分泌管状腺，能分泌眼泪，润滑保护瞬膜。哈德腺的淋巴组织可分为两个不同区域——头部和躯体部，其中含有大量处于不同发育阶段的浆细胞。腺体头部呈典型的外周淋巴器官的结构，包括 B 细胞依赖性生发中心、滤泡相关上皮以及零星分布有 T 细胞和巨噬细胞的 T 细胞依赖叶间区。腺体躯体部有大量的 B 淋巴细胞和浆细胞，能接受抗原刺激，分泌特异性抗体，并通过泪液将抗体带入上呼吸道黏膜分泌物，是口腔、上呼吸道的抗体来源之一，在上呼吸道免疫方面起着非常重要的作用。哈德腺中的浆细胞能进行原位增殖，6～8 周龄鸡的浆细胞增殖速度最明显。

哈德腺既可在局部形成坚实的屏障，又能激发全身免疫系统，协调体液免疫。在雏鸡免疫时，它能对疫苗产生免疫应答，且不受母源抗体的干扰，对提高免疫效果起着非常重要的作用[2]。

1.2.1.2 免疫细胞

凡是参与免疫应答或者与免疫应答相关的细胞均称为免疫细胞。免疫细胞主要分为两大类：一类是淋巴细胞，主要参与特异性免疫反应，在免疫应答反应中起核心作用，包括 T 细胞、B 细胞、自然杀伤细胞（NK cell）与自然杀伤 T 细胞（NKT cell）；另一类是髓样细胞，即由髓样前体细胞分化而来的非淋巴细胞群，主要作用是吞噬和消灭微生物、呈递抗原、分泌细胞因子等，包括血液中的单核细胞（monocyte）、中性粒细胞（neutrophil）、嗜酸性粒细胞（eosinophil）、嗜碱性粒细胞（basophil），骨髓中的巨核细胞（megakaryocyte）与红细胞前体细胞（erythroid progenitor），以及组织中的巨噬细胞（macrophage）等[6]。

（1）淋巴细胞　淋巴细胞（lymphocyte）是构成免疫器官的基本单位，在体内广泛分布，占机体白细胞总数的20%～40%。除中枢神经系统、角膜和眼前房等血液达不到的组织外，都有淋巴细胞存在。正常血液中只存在小、中淋巴细胞，无大淋巴细胞。大淋巴细胞常见于脾脏和淋巴结的生发中心，是由机体受到抗原刺激后，由静止状态的淋巴细胞转变成的一种形态。血液中小淋巴细胞数量较多，约占淋巴细胞总数的90%，核染色质粗大而紧密、细胞质较少，在核周围形成一窄带。中淋巴细胞的细胞质比较丰富，有时难与单核细胞相区分[5]。

淋巴细胞随血液或者淋巴液在体内循环，进出淋巴结和局部组织，发挥免疫功能。根据细胞功能和细胞膜的组成，淋巴细胞大致可分为 T 细胞、B 细胞、NK 细胞、NKT 细胞与γδT 细胞。淋巴细胞的表面抗原是在细胞分化过程中产生的，因而称为分化抗原。要识别和区分淋巴细胞发育的不同阶段，可以通过特异性单克隆抗体识别细胞膜表面的特定抗原[6]。

① T 细胞　T 淋巴细胞也称为胸腺依赖性淋巴细胞（thymus-dependent lymphocyte），在胸腺中随着发育成熟，从外皮质进入内皮质，再从内皮质进入髓质的胸腺基质，并发育为表面带 CD4 或 CD8 单阳性抗原的成熟 T 细胞。T 细胞表面重要标志物是 T 细胞抗原受体以及与抗原受体形成复合物的 CD3 分子。此外，还有细胞分化抗原 CD4、CD8、细胞上的整合素（integrins）以及其他一些辅助分子，这些细胞表面分子对 T 细胞的功能及 T 细胞与其他细胞之间的相互关系起着重要作用[6]。

T 细胞根据不同的分类方法可以分为很多亚群，比如根据 CD 抗原及其在免疫应答中功能的不同，可以分为 $CD4^+$ T 细胞和 $CD8^+$ T 细胞。$CD4^+$ T 细胞与 $CD8^+$ T 细胞功能不一样，最主要的区别是 $CD4^+$ T 细胞参与识别 MHC Ⅱ类抗原而 $CD8^+$ T 细胞参与识别 MHC Ⅰ类抗原[5]。

② B 细胞　B 淋巴细胞也称为骨髓依赖性的淋巴细胞，简称 B 细胞。哺乳动物胚胎期的 B 细胞来自胎肝和胎脾，在成体中，B 细胞来自骨髓的原淋巴细胞。禽的 B 细胞在法氏囊中发育成熟[7]。

成熟的 B 细胞，在细胞膜上含有抗原受体，称为 BCR（B cell receptor），起识别抗原的作用。B 细胞表面除了表达 BCR 分子外，还有 MHC Ⅱ、B220、CR1（CD35）、CD40、B7-2（CD86）、B7-1（CD80）等分子，这些分子与 B 细胞的功能有重要关系[6]。鸡 B 细胞重要标志分子是 Bu-1、BCL11A 和 MHC Ⅱ。

③ NK 细胞　NK 细胞（natural killer cell）是一种大颗粒淋巴细胞，细胞膜没有典型的 T 细胞或 B 细胞的表面标志，不需要抗原刺激即可杀伤靶细胞，因而称为自然杀伤细胞。哺乳动物的 NK 细胞占外周血中淋巴细胞总数的5%～10%[6]；在成年鸡外周血中，NK 细胞的含量非常低，占外周血中淋巴细胞总数的0.5%～1%，而在肠上皮组织含量丰富[8]。虽然 NK 细胞没有类似于 TCR 或 BCR 等的抗原识别受体，但可以通过两种方式识别靶细胞：a.NK 细胞可以通过识别肿瘤细胞或病毒感染细胞表面 MHC 分子表达量的降低或表达特殊抗原来识别靶细胞；b.NK 细胞通过机体对肿瘤或病毒感染细胞产生的抗体识别靶细胞。由于 NK 细胞表达 CD16，而 CD16 是 IgG 分子 Fc 片段羧基端受体。

因此，NK 细胞可以通过结合到靶细胞上的抗体杀灭靶细胞，这一过程称为抗体依赖性细胞介导的细胞毒作用（antibody-dependent cell-mediated cytotoxicity，ADCC）。

NK 细胞杀伤靶细胞的作用方式有两种：释放穿孔素（perforin）和颗粒酶（granzyme）；通过膜结合受体，即通过 NK 细胞膜上的 FASL 和 TRAIL 配体与靶细胞膜上的 FAS 和细胞凋亡受体（DRs）结合诱导靶细胞凋亡。NK 细胞除了具有杀伤靶细胞的作用外，还具有免疫调节的作用，NK 细胞活化后分泌 IFN-γ、TNF-α、GM-CSF 等细胞因子，以及 CCL3、CCL4、CCL5 等趋化因子（chemokine），这些物质在免疫应答中起着重要的调节作用[5]。

④ NKT 细胞　NKT 细胞（natural killer T cell）是一类细胞表面既有 T 细胞受体（TCR）又有 NK 细胞受体（NKR-P1），即具有两种受体的特殊细胞类群。它们多数表达 Va14 TCR，能识别 CD1 抗原，而 NKR-P1 还能识别糖脂质。NKT 细胞能产生 IL-4、IFN-γ，同时参与 Th1 和 Th2 细胞分化的抑制[6]。NKT 细胞的活化还伴随着 T 细胞、B 细胞及 NK 细胞的活化。NKT 细胞能接受 CD1d 呈递的脂类抗原，在自然免疫中发挥作用，因此，NKT 细胞也是联系自然免疫与适应免疫的桥梁之一。NKT 细胞可以分为三类，即 $CD4^-$ NKT、$CD8^+$ NKT 和 DN^- NKT 细胞[5]。

⑤ γδ T 淋巴细胞　γδ T 淋巴细胞（γδ T lymphocyte）属于一类非经典的 T 细胞亚群，以细胞表面特异性表达 γδ 异源二聚体 T 细胞受体（TCRγδ）为特征。γδ T 细胞是一群介于固有免疫与特异性免疫细胞之间的独特细胞亚群，是联系固有免疫应答和特异性免疫应答的桥梁。γδ T 细胞在胸腺发育中不经过阴性和阳性选择，因此保留着对自身抗原的应答潜力。这类细胞在经典免疫器官中存在，参与外周血液循环和淋巴循环的 γδ T 细胞仅占 T 淋巴细胞的 1%～5%。大部分发育成熟的 γδ T 细胞直接定植到表皮、肠、肺、脾等组织[5]。人 γδ T 细胞根据其 δ 链可以分为 δ1 和 δ2 两个亚群，δ1 亚群主要分布于外周器官的黏膜和皮下，δ2 群主要分布于外周血中，占 T 淋巴细胞的 0.5%～10%[9]。猪 γδ T 根据其 CD2 和 CD8 的表达差异可以分为三个亚群，包括 $CD2^-CD8^-$、$CD2^+$ $CD8^-$、$CD2^+CD8^+$ 细胞，不同亚群有不同的归巢特征和细胞毒活性[10]。

哺乳动物胸腺和外周血中 γδ T 细胞均为 $CD4^-CD8^-$ 细胞。与哺乳动物不同的是，鸡的 γδ T 细胞可同时表达 $CD4^+$、$CD8^+$ 抗原。其中，鸡胸腺中约 5%～15% γδ T 细胞为 $CD4^-CD8^+$ 细胞，不到 1% 的 γδ T 细胞为 $CD4^+CD8^+$ 细胞。其脾 T 细胞中约 75% 的 γδ T 细胞表达 $CD8^+$ 抗原，约 70% 的肠 γδ T 细胞表达 $CD8^+$ 抗原[11]。

（2）髓样细胞　髓样细胞（myeloid cell）主要包括中性粒细胞、嗜酸性粒细胞、嗜碱性粒细胞、单核/巨噬细胞、树突状细胞、巨核细胞和红细胞等。中性粒细胞和巨噬细胞有强大的吞噬、杀灭和清除病原的能力。

① 单核/巨噬细胞　单核/巨噬细胞是血液中单核吞噬细胞（mononuclear phagocyte）的统称。这类细胞体积较大，具有吞噬功能，但当吞噬细胞移行至局部组织时，进一步分化为组织相关性吞噬细胞，体积增大至 5 倍以上，拥有不同的名称，如在肝脏中称为库普弗细胞（Kupffer cell），在肺脏中称为肺泡巨噬细胞（alveolar macrophage），在脾脏中称为巨噬细胞，在脑组织中称为小胶质细胞（microglial cells）。

单核/巨噬细胞除了具有吞噬作用外，还产生大量细胞因子（TNF、IL-1、IL-6、IL-12 等），TNF 与 IL-12 共同作用活化 NK 和 NKT 细胞，活化的 NK 和 NKT 细胞通过产生 Th1 和 Th2 细胞因子，调节适应性免疫应答。巨噬细胞表面具有所有的模式受体（TLRs、NLRs、RLRs、CLRs），能够识别各类病原特异成分，根据模式分子的类型启动相应的免疫应答。另外，巨噬细胞又是职业抗原呈递细胞，通过 MHC 分子将抗原表位呈递给 CD4 和/或 CD8 T 淋巴细胞，激活获得性免疫应答[5]。

单核/巨噬细胞主要的表面标志汇总见表 1-1。

表 1-1　单核/巨噬细胞主要的表面标志分子

物种	名称
人	CD68、CD14、CD163、CD80、CD11c、CD11b、CD11a、CD86、CD54、CD16、CD83、CD71、CD64、CCL2、HLA-DR、CXCL10、HLA class Ⅱ
小鼠	CD11b、Ly6C、Csfl1、Ccr2、F13a1、Ctss、Gr-1、Lyz2、S100a4、CD115、CD48、CD14、CD11c、CD19、CD68、CD7、CD3
猪	CD11c、CD68、CD80、CD86、CD25、CD36、CD163、CD204、CD206、CD301、TLR、IL-1R1[12-15]
牛	CD11a、CD11b、CD11c、CD18、CD14[16,17]
鸡	KUL01、CD11b、MHC Ⅱ、CSF1R、K1、MRC1L-B、74.2、68.2[18-20]

注：人和小鼠数据来源于 cell marker 数据库。

② 树突状细胞　树突状细胞（dentritic cell，DC）可以起源于来自骨髓中多能造血干细胞（multipotent hematopoietic stem cell）的髓系祖细胞与淋巴系祖细胞，属于职业抗原呈递细胞，其在体内广泛分布，尤其是与外界接触的组织，如皮下、黏膜组织分布较多。DC 有长长的纤突，有利于捕获抗原快速迁移至附近淋巴结，将抗原呈递给淋巴细胞。

在免疫稳定状态下，分布于外周血淋巴组织的 DC 处于未成熟状态，主要功能是识别和摄取抗原，高表达一系列受体以便于识别与病原体相关的物质。一旦发生感染或组织损伤，未成熟 DC 向炎性部位迁移，摄取加工抗原，同时释放大量炎性因子，激发天然免疫应答。同时，未成熟的 DC 发生一系列变化，获得成熟表型及功能，成熟 DC 的趋化因子受体表达谱发生变化，从而使 DC 从外周组织沿输入淋巴管迁移至邻近的次级淋巴组织，进而使 DC 与抗原特异性的初始 T 细胞相遇，并诱导其活化和增殖成为效应 T 细胞，从而启动免疫应答。此外，DC 是连接天然免疫与获得性免疫的桥梁，可以通过分泌大量的细胞因子和直接接触，对天然免疫产生重要的影响[6]。

树突状细胞主要的表面标志汇总见表 1-2。

表 1-2　树突状细胞主要的表面标志分子

物种	名称
人	CD83、CD86、CD80、CD4、CD1a、CD1b、CD1c、CD11c、CD11b、CD40、CD141、CD205、CD207、CD209、CD304、CD303、CD273、CCR6、HLA class Ⅱ
小鼠	MHC Ⅱ、CD11c、CD103、CD8、Tlr9、CD83、CD80、Mycl、Batf3、Slamf7、Ifi205、CD16、CD14、Ly6d、Bst2
猪	CD83、CD86、CD135、CD172、MHC Ⅱ、CD303、CD115、CD1、CD123、CD163、CD103、CDC2、PDC、CADM1[21-24]
牛	CD1b、CD11a、CD11b、CD11c、CD5、CD13、CD26、CD172a、CD206、BoCD1、BoCD2、BoCD3[25-27]
鸡	CD11c、CD40、CD86、CD83、MHC Ⅱ、CD45、DEC205、NIC2[13,28-30]

注：人和小鼠数据来源于 cell marker 数据库。

③ 中性粒细胞　中性粒细胞是吞噬性粒细胞中的主要细胞，在骨髓中生成，在血液中的数量较多。中性粒细胞吞噬病原菌的功能十分强大，吞噬病原后依靠细胞内吞噬体中的消化酶将病原菌消灭。细胞表面有补体受体和免疫球蛋白受体（Fc receptor），这些受体可以增强吞噬细胞的吞噬能力。然而，禽类没有中性粒细胞，取而代之的是异嗜性细胞

（heterophil），这种异嗜性细胞缺少中性粒细胞功能强大的多种消化酶，因此禽类对细菌性疾病较易感[5]。

④嗜酸性粒细胞　嗜酸性粒细胞产生于骨髓，在脾脏中进一步发育成熟。嗜酸性粒细胞同样具有吞噬和清除病原的功能，但不含溶解酶。当寄生虫感染后，趋化因子吸引嗜酸性粒细胞迁移至感染部位，嗜酸性粒细胞释放颗粒物质，包括阳离子短肽、磷脂溶酶等，能够有效杀灭寄生虫[5]。

⑤嗜碱性粒细胞　嗜碱性粒细胞是数量最少的吞噬细胞，细胞内含有大量嗜碱性颗粒，经 HE 染色为蓝色颗粒。嗜碱性粒细胞主要在局部炎症和过敏性反应中发挥作用。在炎性反应中，嗜碱性粒细胞释放具有血管活性的颗粒物质，包括五羟色胺、组胺等，具有增加血管通透性的作用[5]。

（3）细胞因子　细胞因子（cytokine，CK）主要由活化的免疫细胞（单核/巨噬细胞、T 细胞、B 细胞、NK 细胞等）或基质细胞（血管内皮细胞、上皮细胞、成纤维细胞等）所合成、分泌，具有调节细胞生长、分化、成熟，调节免疫应答，参与炎症反应，促进创伤愈合，参与肿瘤消长等功能。抗原刺激、微生物感染、炎症反应等许多因素都可刺激细胞因子的产生，而且各细胞因子之间也可彼此促进合成和分泌。

①细胞因子的种类与功能　细胞因子的种类繁多，生物学活性广泛。具体包括白细胞介素（interleukin，IL）、集落刺激因子（colony stimulating factor，CSF）、干扰素（interferon，IFN）、肿瘤坏死因子（tumor necrosis factor，TNF-α）等四大系列。

a. 白细胞介素。由单核吞噬细胞和淋巴细胞分泌的，能诱导造血干细胞生长分化，淋巴细胞分化增殖及分泌的细胞因子，称为白细胞介素，按其发现的次序编号为 IL-1、IL-2、IL-3 等。

b. 集落刺激因子（CSF）。这类因子由 T 细胞、上皮细胞、成纤维细胞等产生，其功能主要是刺激造血干细胞分化发育成某一细胞谱系。主要包括粒细胞集落刺激因子（G-CSF）、巨噬细胞集落刺激因子（M-CSF）、粒细胞-巨噬细胞集落刺激因子（GM-CSF）和干细胞因子（SCF）等。

c. 干扰素。干扰素（IFN）是一种高度物种特异性的糖蛋白，分为三个家族（表 1-3），其生物学活性包括：（a）广谱抗病毒作用，干扰素产生后，通过旁分泌与邻近细胞干扰素受体结合，诱导成百上千的干扰素刺激基因表达，作用于病毒生命周期的各个阶段，产生抗病毒作用；（b）抗肿瘤作用，有些肿瘤是由肿瘤病毒持续感染细胞引起的，干扰素的持续作用，可不断使细胞产生抗病毒蛋白，干扰肿瘤病毒的复制，此外干扰素能激活和增强 Mφ 和 NK 细胞对肿瘤细胞的杀伤作用；（c）调节免疫作用，据试验，小剂量干扰素可明显增强 T 细胞、B 细胞的功能，大剂量则可抑制 T 细胞、B 细胞的 DNA 合成，抑制细胞免疫和体液免疫。

表 1-3　干扰素家族及其家族成员 [31, 32]

干扰素家族	家族成员
Ⅰ型干扰素	哺乳动物：IFN-α、IFN-β、IFN-ε、IFN-κ、IFN-ω、IFN-δ、IFN-τ 鸡：IFN-α、IFN-β、IFN-κ
Ⅱ型干扰素	IFN-γ
Ⅲ型干扰素	哺乳动物：IFN-λ1、IFN-λ2、IFN-λ3、IFN-λ4 鸡：IFN-λ

d. 其他细胞因子。包括肿瘤坏死因子（TNF）、转化生长因子-β（TGF-β）、表皮生长因子（EGF）、成纤维细胞生长因子（FGF）、神经细胞生长因子（NGF）、血管内皮生长因子（VEGF）、肝细胞生长因子（HGF）、血小板衍生生长因子（PDGF）等。

依据其生物学活性，将细胞因子归纳于表1-4中[1]。

表1-4 不同生物学活性的细胞因子

生物学活性	细胞因子
抗病毒活性	主要是 IFN-α 和 IFN-λ
免疫调节活性	主要是 TGF-β 和 IL，包括 IL-2、IL-4、IL-5、IL-7、IL-9、IL-10、IL-12、IL-13、IL-14、IL-15、IL-16、IL-17 等
炎症介导活性	主要是 IL-1、IL-6、IL-8 和 TNF 等
造血生长活性	主要有 IL-3、IL-11、CSF、EPO 以及干细胞因子

研究细胞因子有助于从分子水平阐明免疫应答及其调节机制，有助于疾病预防、诊断和治疗，而细胞因子制剂具有广阔的应用前景，特别是在医学领域。人类医学方面已批准 IFN、IL-1、IL-3、IL-4、IL-6、TNF、TGF 等十多种细胞因子进行临床试验。兽医领域也在努力开展畜禽各类细胞因子的研究及临床试验，如通过检测细胞因子评价动物机体的免疫功能状态、分析细胞因子在病原微生物感染中的生物学意义，IFN-γ、IL-1、IL-2、IL-4、IL-6、TNF-α、CSF、EPO 等细胞因子已被开发为免疫增强剂或疫苗佐剂[1]。

② 细胞因子的共同特性

a. 产生特点。

（a）分子量小：绝大多数细胞因子为低分子量（小于25）的分泌型糖蛋白，多数以单体形式存在，少数如 IL-5、IL-12、M-CSF 和 TGF-β 等以双体形式发挥生物学作用。大多数编码细胞因子的基因为单拷贝基因（IFN-α 除外），并由 4～5 个外显子和 3～4 个内含子组成。

（b）多影响因素：多种因素可通过不同机制影响细胞因子的产生。这些因素包括神经-内分泌网络、细胞因子自身及其他细胞因子、抗原/丝裂原刺激、各种药物等。

（c）多细胞来源：一种细胞因子可由多种细胞在不同条件下产生，如 IL-1 除由单核/巨噬细胞产生外，某些条件下 B 细胞、NK 细胞、成纤维细胞、内皮细胞、表皮细胞等也可分泌 IL-1；单一刺激（如 LPS、病毒感染等）也可使同一种细胞产生多种细胞因子。

（d）瞬时性：细胞内无细胞因子前体储存，细胞接受刺激后从激活基因开始至合成、分泌细胞因子是一个快速的过程，刺激结束后细胞因子的产生随即停止。

b. 作用特点。

（a）微量高效性：生物学效应强，具有激素样活性。即细胞因子的产量非常微小，却具有极高的生物学活性，在 $10^{-10}\sim10^{-13}$ mol/L 浓度下即可发挥极强的生物学效应。

（b）非特异性：细胞因子对靶细胞发挥功能为非特异性，也不受 MHC 限制。

（c）拮抗性和协同性：一种细胞因子的效应可抑制或抵消其他细胞因子的效应；两种细胞因子对细胞活性的联合作用要大于单个细胞因子效应的累加。

（d）多效性和重叠性：一种细胞因子可以作用于不同的靶细胞，表现出不同的生物学效应，如 IL-6 可诱导 B 细胞增殖和产生抗体，也可诱导肝细胞产生急性期蛋白；两种或多种细胞因子可介导相似的生物学功能，如 IL-2、IL-4、IL-7、IL-9 和 IL-12 均可维持和促进 T 细胞增殖。

（e）多样性和网络性：细胞因子在体内构成十分复杂的调节网络，并显示功能的多样性。表现为：诱导或抑制另一细胞因子的产生；调节同一细胞因子受体表达；诱导、抑制其他细胞因子受体表达；与激素、神经肽、神经递质共同组成细胞间信息分子系统，调节体内细胞因子平衡；介导和调节免疫应答，参与炎症反应，影响反应的强度和持续时间的长短；促进细胞增殖、分化成熟，刺激造血等多种功能。

（f）通过与相应受体结合而发挥作用：细胞因子受体与细胞因子间具有高亲和力，是抗原-抗体亲和力的 100～1000 倍，比 MHC 与抗原多肽的亲和力大 10000 倍以上。

（g）自分泌或旁分泌：大多通过自分泌方式（作用于自身产生细胞）和旁分泌方式（即作用于邻近的靶细胞）短暂性地产生并在局部发挥作用；但在一定条件下，某些细胞因子（如 IL-1、IL-6、TNF-α 等）也可以内分泌方式通过循环作用于远端靶细胞[1,4]。

1.2.2 抗感染免疫

1.2.2.1 抗原的处理和呈递

T 细胞通过 T 细胞识别受体（TCR）识别抗原肽-MHC 复合物，抗原呈递细胞将抗原蛋白加工处理为能与 MHC 结合并形成复合物的肽段的过程，称为抗原加工（antigen processing）。将抗原肽-MHC 复合物运输到细胞膜表面被 T 细胞识别的过程，称为抗原呈递（antigen presentation）[33]。

1.2.2.2 主要组织相容性复合体

大量的研究表明，在各种脊椎动物的某染色体上都含有一个具有多态性且功能相似的基因区域，这一区域中的基因主要编码与免疫识别、排斥、免疫应答相关的蛋白，被称为主要组织相容性复合体（major histocompatibility complex，MHC）。该复合体在抗原的处理和呈递中发挥着重要作用[33]。

（1）MHC 的发现　目前普遍认为，关于主要组织相容性复合体的认识最早起源于20 世纪 30 年代，Peter Gorer 等人发现小鼠血细胞上具有 4 组编码血型抗原的基因。随后，Snell（1980 年诺贝尔奖得主）等利用皮肤移植等经典免疫遗传学技术，证明小鼠体内存在多个参与组织和肿瘤移植排斥的基因，其中 *H-2* 基因复合体发挥的作用最大，因此将 *H-2* 命名为小鼠的主要组织相容性复合体基因[33]。20 世纪 50 年代，Briles 等发现鸡体内存在着两种不同的红细胞抗原，其中一种与鸡的排斥、免疫识别以及淋巴细胞反应密切相关，这种抗原被命名为 B 复合物，编码这种复合物的基因即鸡的主要组织相容性复合体基因[34]。1970 年，Vaiman 等首次报道了猪的 MHC 分子[35]。到目前为止，大量脊椎动物的 MHC 被报道和研究，极大地推动着免疫学的发展。

（2）MHC 的命名　在脊椎动物中，从鱼到非人灵长类动物都和人类具有结构和功能相似的 MHC 遗传区域。不同物种的 MHC 的名称不同，部分动物 MHC 公认命名如表1-5 所示。目前，越来越多物种的 MHC 分子被鉴定与研究，考虑到使用通用名称容易出现物种间的混淆，Klein 等人提议，以属名的前两个字母和种名的前两个字母来对 MHC进行命名。目前该方法正在逐步推广[36]。

表1-5 部分动物 MHC 公认命名[33]

物种	MHC 名称	MHC 所处的染色体编号
人	HLA	6
小鼠	H-2	17
大鼠	RT-1	20
猪	SLA	7
牛	BoLA	23
犬	DLA	12[37]
兔	RLA	12
马	ELA	20[38]
鸡	B	16[39]
绵羊	OLA	20[40]
山羊	CLA/GoLA	23[41]
猫	FLA	B2

（3）不同动物 MHC 的基因组结构特点　MHC 基因群结构的研究，大部分是在小鼠和人类基因组中完成的，随后才扩大到其他动物如鸡、猪、牛等。动物的 MHC 基因组成和结构与人类非常类似，但同时也存在一定差异，表现在不同动物基因组中 MHC 的大小、MHC 基因分布和排列情况，每类 MHC 基因的位点数及其等位基因数存在较大差异。

（4）不同动物 MHC 基因组比较　不同动物的 MHC 分别位于不同的染色体上，具体见表1-5。大多数哺乳动物的 MHC 通常覆盖在大约 3000kb 长的 DNA 上。相比之下，猪的 MHC 在哺乳动物中最小，只有 2000kb。鸡的 MHC 比哺乳动物的更加紧凑。MHC 基因按结构、功能和组织分布等可以分为Ⅰ、Ⅱ和Ⅲ类，分别编码表达三类蛋白分子。如图1-2 所示，在不同动物中，它们相互间及其与基因组其他成分间的分布关系也各不相同。

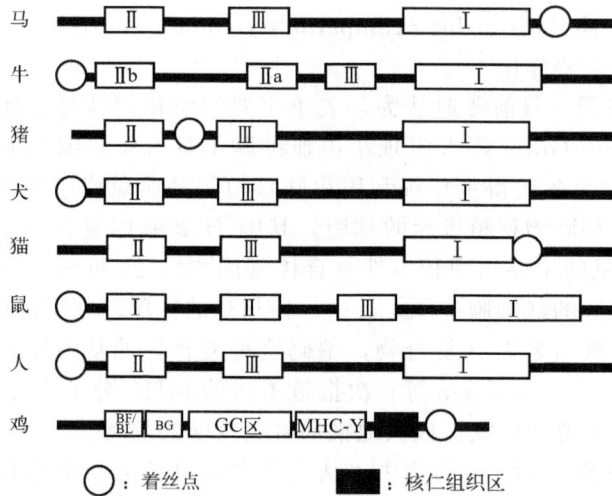

图1-2　不同动物 MHC 基因组结构[44, 45]

绝大部分哺乳动物Ⅰ、Ⅱ、Ⅲ类 MHC 基因都分布在着丝点的一侧，但猪的Ⅱ类

MHC 基因则被着丝点分隔开来。

与哺乳动物相比，鸡的 MHC 不仅小，而且结构更加特殊。它的 MHC 被染色体上的一段 GC 富集区分隔成两部分，分别称为 MHC-B 和 MHC-Y。MHC-B 包括 BF/BL 和 BG 两个区域，和哺乳动物相比，BF/BL 区域更加类似于经典的 MHC 基因区域，目前扩展到 242kb，有 46 个基因[42]。BG 区域编码特有的Ⅳ类分子，决定了红细胞抗原，但也有学者认为该区域与鸡对某些疾病存在抗病性相关，具体功能还待进一步研究。MHC-Y 包括 Rfp-Y、12.3 等区域，与 MHC-B 之间相对独立，有报道称该部分在移植排斥过程中同样发挥着作用[42,43]。

（5）不同物种 MHC Ⅰ、Ⅱ类基因区的基因位点比较　鸡的 MHC Ⅰ类分子称 BF，有两个位点 BF1 和 BF2，其中 BF2 是优势表达位点；鸡的 MHC Ⅱ类分子 β 链基因称为 BL，有两个位点 BLB1 和 BLB2，其中 BLB2 的表达量要显著大于 BLB1，是起决定作用的位点[42]（图 1-3）。

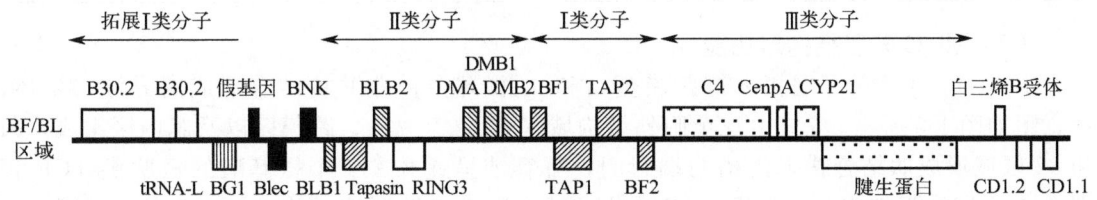

图 1-3　鸡 MHC 基因组结构（仅含Ⅰ、Ⅱ类分子）

鸭的 MHC Ⅰ类分子 α 链有 5 个多拷贝基因位点 UAA、UBA、UCA、UDA、UEA，UAA 高表达，UDA 低表达，其他位点不表达[46]；鸭的 MHC Ⅱ类分子 β 链同样有 5 个多拷贝基因位点，目前尚不清楚表达模式是共表达还是和鸡类似[47]。

猪的Ⅰ类分子包括 13 个基因座，其中 SLA-1、SLA-2、SLA-3 为功能位点，表达经典的Ⅰ类分子，SLA-4、SLA-5、SLA-9、SLA-11 为假基因，SLA-6、SLA-7、SLA-8 表达非经典 MHC Ⅰ类分子。猪 MHC Ⅱ类区域至少包含 4 个 α 链基因和 4 个 β 链基因，分别是 DOA、DMA、DQA、DRA 和 DMB、DOB1、DQB1、DRB1[48]（图 1-4）。

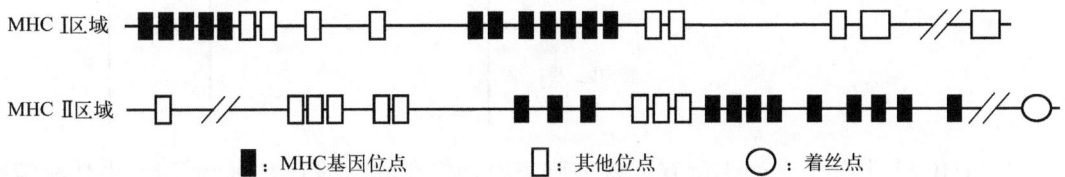

图 1-4　猪 MHC 基因组结构（仅含Ⅰ、Ⅱ类分子）

其他动物 MHC Ⅰ、Ⅱ类基因区的基因位点比较见表 1-6。

（6）MHC Ⅲ类基因区　Ⅲ类基因在所有动物中相对保守，主要编码补体成分（C2、C4、B 因子）、肿瘤坏死因子（TNF）、淋巴毒素（LT）、羟化酶（21-OHA、21-OHB）和热休克蛋白（HSP）等。

表 1-6　不同物种 MHC Ⅰ、Ⅱ类基因区的基因位点比较[45]

物种	MHC Ⅰ	MHC Ⅱ
鸡	两个位点 BF1 和 BF2,BF2 优势表达	两个位点 BLB1 和 BLB2,BLB2 优势表达
鸭	5 个多拷贝基因位点,UAA 高表达	5 个多拷贝基因位点
猪	共 13 个基因座,其中 SLA-1、SLA-2、SLA-3 为功能位点	4 个 α 链基因位点和 4 个 β 链基因位点
牛	至少有 6 个可表达的基因位点	含 2 个可表达的蛋白质,即 DQ 和 DR,DQ 位点可有不同重复
马	至少有 7 个可表达的基因位点	含 2 个可表达的蛋白质,即 DQ 和 DR,DQ 有 2 个功能性位点,DR 有 3 个功能性位点[49-51]
小鼠	存在 H-2K、H-2D、H-2L 3 个位点	有 2 个可表达的蛋白质,即 IA 和 IE
绵羊	至少有 8 个基因位点	已鉴定出 DR、DQ、DY 等基因位点
犬	至少有 4 个可表达的基因位点,其中只有 DLA-88 位点具有多态性	已鉴定出 DRA、DRB、DQA、DQB 等基因位点,其中多数呈现高度多态性
猫	存在 FLA-E、FLA-H 和 FLA-K 3 个表达经典 MHC Ⅰ 分子的位点	有 1 个高度多态性的 DR 位点,内含 2 个 DRB 基因和 3 个 DRA 基因

（7）MHC 分子结构与功能

① MHC Ⅰ类分子是由 α 链跨膜蛋白和 β_2-微球蛋白非共价结合形成的异源二聚体,示意图如图 1-5 所示。α 链由三个胞外结构域（α1、α2、α3）、跨膜区以及胞内区组成,α1 和 α2 区域形成肽结合槽,沟槽两端封闭,可容纳呈递 8～11 个氨基酸的短肽供 TCR 识别,α3 区域靠近细胞膜,负责与 CD8 分子结合激活下游调控通路。β 链没有跨膜区,也不参与形成肽结合槽,但对 MHC Ⅰ类分子的表达是必需的。

图 1-5　MHC Ⅰ类分子和 MHC Ⅱ类分子的结构示意图

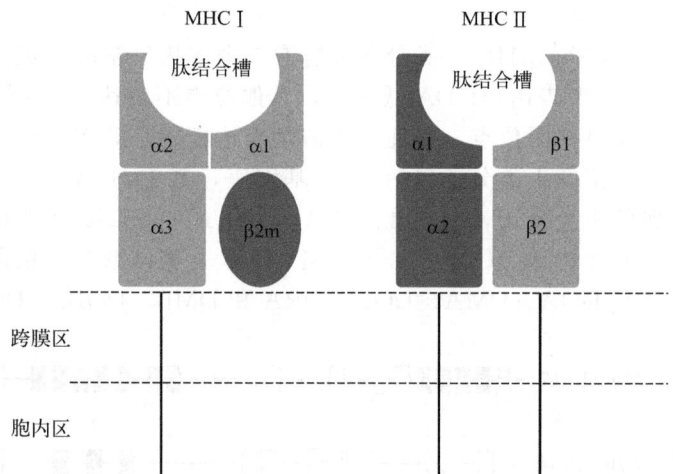

② MHC Ⅰ类分子表达于所有有核细胞表面,但在淋巴细胞、DC 细胞及中性粒细胞表面高表达,在肺细胞、心细胞、肾细胞、肝细胞、肌肉细胞、成纤维细胞以及神经细胞表面低表达。

③ MHC Ⅰ类分子的功能主要有:a. 参与胸腺 CD8 T 细胞的发育和成熟。b. 参与内源性抗原呈递,包括来自细胞内的自身抗原、病毒抗原、肿瘤抗原。这一过程具有 MHC 限制性,即特异性的 TCR 必须同时识别结合抗原多肽与 MHC 分子的复合物才能产生进一步的 T 细胞应答激活信号。c. 参与免疫调节,主要体现在对 KIR 受体作用的制约。d. 参与同种移植排斥反应[33]。

④ MHCⅡ类分子同样是由 α 链和 β 链以非共价结合形成的异二聚体，两条链各有两个胞外结构域（α1、α2 和 β1、β2）、跨膜结构域以及胞内区。α1 和 β1 结构域共同构成了Ⅱ类分子的肽结合槽，沟槽两端开放，一般可容纳呈递 13～18 个氨基酸的短肽。α2 和 β2 结构域负责与 CD4 分子结合，与Ⅰ类分子的 α3 结构域功能相似。

⑤ MHCⅡ分子仅表达于 B 细胞、DC 细胞、激活的 T 细胞和单核细胞等抗原呈递细胞表面，以及胸腺上皮细胞、血管内皮细胞等。

⑥ MHCⅡ类分子的功能有：a. 参与胸腺 CD4 T 细胞的发育和成熟；b. 参与外源性抗原呈递，这一过程同样具有 MHC 限制性；c. 参与免疫调节；d. 参与同种移植排斥反应[33]。

（8）不同物种 MHC 与疾病之间的关系　前面提到，MHC 具有多态性，染色体中存在的一组等位基因组合称为 MHC 单倍型，目前已经发现，不同 MHC 单倍型与某些动物疾病的发生密切相关。以鸡为例，目前研究较多的是各种致瘤病毒病与 MHC 单倍型的相关性：B2、B11、B21、B23 单倍型鸡对由鸡马立克病病毒引起的肿瘤具有抗性，B4、B12 单倍型则表现出易感性[52]；B2、B12 单倍型鸡对劳氏肉瘤病毒具有较强的抵抗性，而 B4、B5 等单倍型则表现出易感性[53]；B2 单倍型鸡在一定程度上具有抵抗禽白血病病毒的能力[52]。另外，也有一些关于其他疾病的研究，如 B21 单倍型鸡对螨感染的抵抗力明显高于 B15 单倍型鸡[54]；纯合 B4 单倍型和 B12 单倍型鸡比其他纯合单倍型和杂合子更容易发生受细菌诱导的跛行[55]；B18 单倍型鸡和 B15 单倍型鸡被沙门氏菌感染后死亡率更高[56]；在用 NDV 免疫后，B13 单倍型鸡比 B21 产生更多的抗体；传染性法氏囊病病毒疫苗接种后能对 B2 和 B12 单倍型鸡产生更好的保护作用[57]。

某些哺乳动物 MHC 单倍型与一些疾病相关性的关系见表 1-7。

表 1-7　某些哺乳动物 MHC 单倍型（或等位基因）与一些疾病相关性的关系 [48, 58, 59]

物种	疾病	单倍型（或等位基因）	效应
猪	旋毛虫	Hp-3.3	抵抗
	黑色素瘤	Hp-2.2	易发
牛	牛白血病	DA7、A8、A14、A13、DRB3	抵抗
		DA12、DA3、A6、Eu28R、A12、A15	易发病
	乳房炎	A2、A11	抵抗
		A16、A11、DQ1A、CA42	易发病
	酮血症	A2、A13	抵抗
	脊髓性后肢麻痹	A8	易感
马	库蠓叮咬引发过敏反应	EA-Aw7	具有相关性
	肉瘤性肿瘤	ELA-A3、ELA-A15、DW13	具有相关性
绵羊	腐蹄病	DQA2*F,L	抵抗
	线虫病	DRB1*0201	抵抗
		DRB1*03411	易感
	乳房炎	DQB1-B、DRB1-D、DQB1-A、DQB1-K	易感
	布鲁氏菌病	DRB1(SNP 109C＞T)	易感

1.2.2.3　抗原呈递细胞分类

免疫应答的启动是从抗原呈递细胞（antigen presenting cells，APC）对抗原的摄取、加工并呈递给淋巴细胞开始的。按照细胞表面的主要组织相容性复合体Ⅰ类和Ⅱ类分子，可把抗原呈递细胞分为两类，一类是带有 MHCⅡ类分子的细胞，另一类是带有 MHCⅠ类分子的细胞。专职抗原呈递细胞是指能表达 MHCⅡ类分子并能将抗原加工呈递给免疫应答细胞的细胞，主要有树突状细胞、单核细胞、巨噬细胞、B 细胞、活化的 T 细胞及内皮细胞等。

树突状细胞是一类非常重要的抗原呈递细胞，分为髓样树突状细胞（myeloid dendritic cell，mDC）［也称常规树突状细胞（conventional dendritic，cDC）］、浆细胞样树突状细胞（plasmacytoid dendritic cell，pDC）。成熟的树突状细胞表面表达较高密度的 MHC Ⅰ 和 MHC Ⅱ 类分子，且由于有较多树状突起，表面积较大，有利于抗原呈递给 T 细胞。树突状细胞可持续表达高水平的 MHC Ⅱ 类分子和共刺激分子 B7（CD80），未成熟的树突状细胞是高度专门化的抗原捕获细胞，能利用胞吞等机制高效捕获微生物抗原、细胞碎片和凋亡细胞；未成熟的树突状细胞的寿命较短，如果没有抗原刺激将在数天内死亡。未成熟的树突状细胞具有一系列功能相关受体，在捕获和加工抗原后，将抗原携带到能被 T 细胞识别的部位。在趋化因子、感染或组织损伤等因素的作用下，激活的树突状细胞开始向淋巴器官移行，一旦进入淋巴器官，树突状细胞就会更加迅速地成熟。通过分泌趋化因子，成熟的树突状细胞将 T 细胞吸引到周围，以便进行相互识别和抗原呈递。成熟的树突状细胞是唯一能激活幼稚型 T 细胞的抗原呈递细胞，对诱导初次免疫应答具有关键作用。

多数家畜都有树突状细胞。其中，马、反刍动物、猪和犬的髓样树突状细胞，马、反刍动物、猪、犬和猫的朗格汉斯细胞，以及猪浆细胞样树突状细胞都已被明确鉴定[60]。在鸡中，不同 DC 亚群包括朗格汉斯细胞[61]、呼吸吞噬细胞[62] 和常规树突状细胞也都已经被鉴定。

巨噬细胞只将抗原加工呈递给致敏 T 细胞；由于其与幼稚型 T 细胞接触时间短，所以不能直接激活幼稚型 T 细胞，对记忆细胞和效应细胞的活化能力也很弱，静止的巨噬细胞膜上仅能表达很少的 MHC Ⅱ 类分子或 B7 分子[63]，活化后上调表达 MHC Ⅱ 类分子或共刺激 B7 分子发挥作用。另外，巨噬细胞加工抗原的效率也不高，因为其溶酶体内的 pH 比树突状细胞低得多，多数抗原被其溶酶体内的蛋白酶和氧化剂消化降解，仅一小部分能发挥呈递作用[64]。

巨噬细胞在抗原呈递过程中可释放多种因子，如释放 IL-1，影响 T 细胞和 B 细胞的活化。鸡巨噬细胞的这些功能明显受到不同品系鸡的 MHC 基因差异的影响，鸡的巨噬细胞也可产生 IL-1、IL-6 和肿瘤坏死因子（TNF-2），参与免疫调节作用。

B 细胞与巨噬细胞一样，也不能激活幼稚型 T 细胞，但其表面 IgM 可以作为特异性抗原的受体，因此能捕获和加工大量的特异抗原，并将其呈递给致敏 T 细胞。在初次免疫应答中，由于特异克隆 B 细胞的数量有限，所以抗原呈递作用较弱，但在再次免疫应答中，不仅抗原特异 B 细胞数量增多，且 T 细胞容易被它激活，所以其抗原呈递能力显著增强。

1.2.2.4　内源性抗原呈递

内源性抗原呈递指肿瘤蛋白、病毒或细菌在感染细胞内产生的蛋白质等内源性抗原（endogenous antigen）经泛素化后，通过蛋白酶体加工处理，降解为 8～11 个氨基酸的抗原肽，通过抗原加工相关转运体（transporter associated with antigen processing，TAP）进入内质网与 MHC Ⅰ 类分子结合并呈递到细胞表面的过程。该过程呈递的抗原一定是在细胞质内，形成的抗原肽-MHC Ⅰ 类分子复合物，在细胞膜表面与 CD8$^+$ T 细胞的 TCR 结合形成 TCR-抗原肽-MHC Ⅰ 类分子三元复合体被识别（图 1-6）。

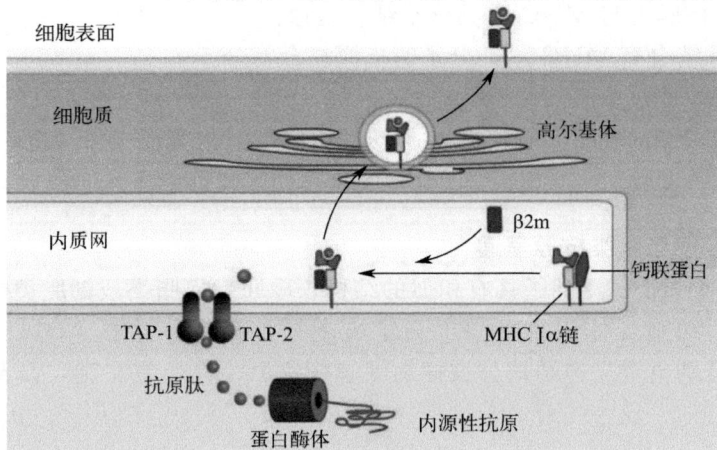

图 1-6　内源性抗原呈递示意图[3]

1.2.2.5　外源性抗原呈递

外源性抗原（exogenous antigen）是由吞噬或内吞途径摄入并经内吞途径加工的抗原。经细胞吞噬的抗原在内体中降解成 13～18 个氨基酸的短肽，与分泌泡中的 MHC Ⅱ类分子结合成复合物，在细胞膜表面与 CD4$^+$T 细胞的 TCR 结合形成 TCR-抗原肽-MHC Ⅱ类分子三元复合体被识别。外源性抗原始终被质膜包裹，因此不能进入细胞质内，但如果由于某种因素使抗原物质进入细胞质内，则会通过内源性抗原呈递途径呈递抗原（图1-7）。

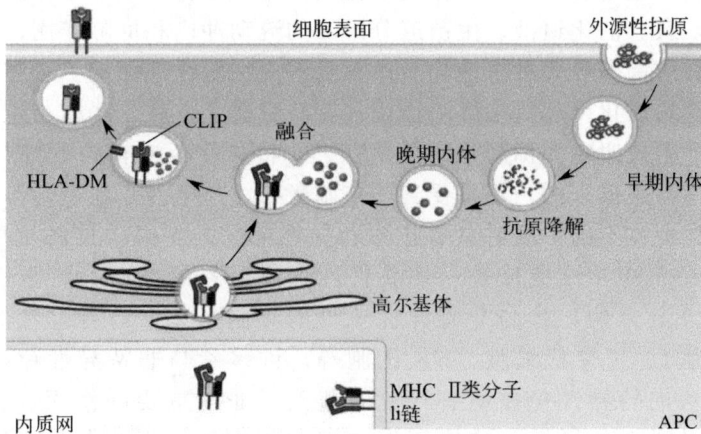

图 1-7　外源性抗原呈递示意图[3]

1.2.2.6　交叉抗原呈递

目前已证实，MHC 分子对抗原的呈递存在交叉呈递现象，即 MHC Ⅰ类分子也能呈递外源性抗原，而内源性抗原也能通过 MHC Ⅱ类途径被呈递，这种现象称为交叉抗原呈递。抗原交叉呈递对免疫功能的实现是重要的。交叉呈递常见的方式有如下几种：

① 抗原在内体膜上与 MHC Ⅰ类分子结合呈递。

② APC 内吞结合有 MHC Ⅰ类分子的抗原复合物分子。

③ 内体中外源性抗原渗入细胞质中。

④ APC 表面空载 MHC 分子可外加不同性质的抗原肽实现交叉呈递。

⑤ 一些分子可介导交叉呈递，如 HSP 可介导外源性抗原渗入内源性通路。

1.2.2.7　CD1 分子与脂类抗原呈递

CD1 分子与 MHC Ⅰ类分子具有相似的结构，专职呈递脂类或糖脂类抗原，这类抗原由 NKT 或 γδ T 细胞受体识别，CD1 分子有不同的亚类，包括 CD1a、CD1b、CD1c、CD1d 分子等，分别负责呈递结核分枝杆菌细胞壁抗原、神经节苷脂，以及某些磷脂、人工合成的糖脂等。

1.2.2.8　免疫应答

免疫系统的主要功能是识别自身和非自身的抗原物质，并对识别了的物质产生免疫应答，从而保证机体内环境的稳定。机体对外来侵染物（包括病原生物和其他外来抗原）的抵抗能力有先天具有的也有后天获得的。机体的免疫应答分为非特异性免疫（non-specific immunity）和特异性免疫（specific immunity），非特异性免疫应答是先天的免疫或固有免疫（innate immunity）；获得性免疫（acquired immunity）又称为适应性免疫（adaptive immunity），是特异性免疫。特异性免疫应答又可分为体液介导的和细胞介导的两类免疫应答。

（1）非特异性免疫应答　机体生来就具有一定的免疫性即自然免疫性，是生物在长期进化过程中形成的一系列特有的自然防御机制。自然免疫的物质基础和形成机制在不同生物体中各有不同，主要有机械屏障作用、化学作用、生物拮抗作用及自然免疫细胞的吞噬作用等。例如，痰、消化道液、生殖道分泌液的流动冲刷和屏障作用；胃酸体液具有杀菌物质；黏液含有溶菌酶等多种杀菌物质；黏膜上皮细胞纤毛摆动、管腔蠕动，可将微生物清除；上皮组织角质化可起机械屏障作用；有些黏膜、皮肤、肠道、生殖道寄生着许多正常菌群，可以产生代谢物而抑制致病菌生存。非特异性免疫有如下特点：没有特异性，防御广谱；是机体与生俱来的，不是受到外来刺激后才产生的，能遗传给后代；没有记忆反应，这与获得性免疫不同，后者具有抗原特异性记忆，当再次接触抗原时，记忆细胞会快速进行反应；非特异性免疫是一切获得性免疫应答的基础，特异性免疫是在自然免疫的基础上建立起来的，参与非特异性免疫的细胞众多，有吞噬细胞（如单核巨噬细胞和中性粒细胞）、树突状细胞、NK 细胞等。许多参与非特异性免疫应答的细胞在非特异性免疫应答向特异性免疫应答过渡时起到了非常重要的作用，它们对特异性抗原的加工与呈递及激活特异性免疫应答细胞起到了重要作用。在非特异性免疫中发现鸡 γδ T 细胞代表了一个主要的细胞毒性淋巴细胞亚群，以 MHC 不受限制的方式裂解靶细胞[65]。

（2）特异性免疫应答　特异性免疫应答是由抗原特异性的 B 细胞和 T 细胞参与的过程。当机体受到抗原刺激后，产生一系列免疫反应，包括抗原加工与呈递，抗原识别，T、B 淋巴细胞的活化，细胞因子、抗体与效应性 T 细胞的产生，以及抗原清除等过程。这类免疫应答反应因为抗原呈递细胞对抗原进行限制性加工处理及特异性呈递给 T 细胞，以使相应的 T 细胞克隆和 B 细胞产生特异性识别，所以称为特异性免疫应答。正是因为它具有针对不同抗原（包括病原生物）的侵入能做出相应的应答这一特征，所以特异性免疫应答又称适应性免疫应答。

在特异性免疫应答中，B 细胞上的抗原受体识别抗原，诱发产生抗体的应答称为体液免疫应答（humoral immune response）。在免疫应答中由抗原呈递和 T 细胞特异识别开始，经过效应性 T 细胞等发挥杀灭作用的应答即为细胞免疫应答（cellular immune response），又称 T 细胞介导的免疫应答。针对禽类病毒的免疫保护主要有适应性体液免疫和细胞免疫介导[66]。

① 细胞免疫应答　有研究证明细胞免疫在控制禽类传染病中起关键作用[67]，如细胞毒性 CD8+ T 细胞在对抗流感病毒感染时发挥重要作用[68]，H9N2 AIV 特异性 CD8+ T 细胞被证明可提供针对 H5N1 感染的交叉保护[69]；细胞毒性 CD8+ T 细胞在清除体内的鸡传染性支气管炎病毒（IBV）时起主要作用[70]，因此，了解细胞免疫应答的过程对疾病防控具有重要意义。细胞免疫应答是一个连续不可分割的过程，但可人为地分为三个阶段，即致敏阶段、反应阶段和效应阶段。

a. 致敏阶段。致敏阶段是 T 淋巴细胞特异性识别抗原的过程。参与此过程的表面分子可分为两大类：一类是 TCR 及信号转导分子（CD3/CD4/CD8）；另一类是协同刺激物，包括共刺激分子（如 CD154 和 CD28）、共刺激细胞因子（如 IL-2 和 IL-12）以及黏附分子等，这两大类分子共同提供了 T 细胞活化所需要的信号。以 CD4+ T 细胞为例，CD4+ T 细胞表面的 TCR 能识别抗原肽-MHC Ⅱ 类分子复合物，与此同时，CD3 分子将抗原的信息传递到细胞内，启动细胞内的活化过程。此外，CD4+ T 细胞上的 CD4 分子作为 MHC Ⅱ 类分子的受体，对 TCR 与抗原肽的结合起到巩固作用。另外，一些免疫黏附分子如 CD4+ T 细胞上的 CD2 能与 APC 上的 CD58 分子相互作用，参与信号传递。这些分子间的相互作用启动了 CD4+ T 细胞的活化。

CD8+ T 细胞识别内源性抗原呈递细胞呈递的抗原，致敏过程与 CD4+ T 细胞类似，主要是一些信号分子存在差异。

b. 反应阶段。反应阶段又称为增殖分化阶段，指抗原特异性 T 淋巴细胞与抗原肽-MHC 复合物结合后活化、增殖、分化的过程。经历了致敏阶段后，T 细胞和 APC 上的抗原结合并形成免疫突触（图 1-8），活化信号开始传递。第一信号由结合了抗原的 TCR 向 CD3 传递，接着 CD3 上的 ITAM 基序活化 Src 家族酪氨酸激酶，引起多分子近端信号分子复合体形成。复合体通过钙依赖磷酸酶产生钙信号激活活化 T 细胞核因子，进一步激活 MAPK 途径、蛋白激酶 C（PKC）依赖途径和 NF-κB 等途径，产生一系列细胞因子引发 T 细胞的活化。

图 1-8　免疫突触[33]

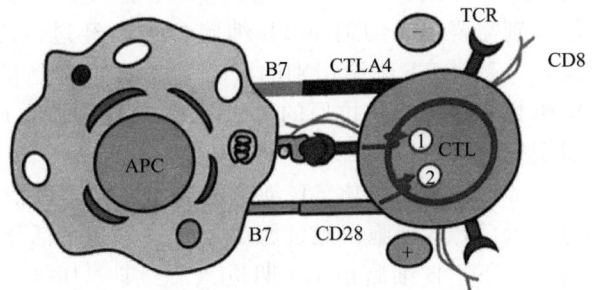

T 细胞活化主要有两种表现，一种是增生，导致特定淋巴细胞克隆增殖；另一种是分化，识别抗原后的 T 细胞转变为效应 T 细胞并执行各种功能。效应 T 细胞主要有 CD4$^+$ T 细胞分化成的辅助性 T 细胞（helper T cell，Th）和 CD8$^+$ T 细胞分化成的细胞毒性 T 淋巴细胞（CTL）两大类。以前者为例，CD4$^+$ T 细胞活化的信号通过上述的级联反应转导到细胞核上后，细胞迅速增殖，并在局部环境中由不同种类的细胞因子调控分化成三个亚群，即 Th1、Th2、Th17。初始 CD4$^+$ T 细胞可在髓样树突状细胞和巨噬细胞分泌的 IL-12 等细胞因子促进下向 Th1 细胞极化；而不分泌 IL-12 的树突状细胞优先促进初始 CD4$^+$ T 细胞向 Th2 细胞极化；在 IL-6、TGF-β、IL-23、IL-21 的促进下，初始 CD4$^+$ T 细胞向 Th17 极化。初始 CD4$^+$ T 细胞的极化方向决定机体免疫应答的类型，其中，Th1 细胞主要介导细胞免疫应答。

与 CD4$^+$ T 细胞不同，CD8$^+$ T 细胞的分化还必须有 IL-2 的存在。分化后的 CD8$^+$ T 细胞称为 CTL，可分为 Tc1 和 Tc2 亚群。初始 CD8$^+$ T 细胞除分泌少量 IFN-γ 外不产生任何其他细胞因子，也无细胞毒性，受抗原刺激后大多继续分化为 Tc1 亚群，只有在大量 IL-4 的作用下才分化成 Tc2 亚群。

c. 效应阶段。活化后的 T 细胞及其分泌的细胞因子发挥细胞免疫效应的过程即为效应阶段，主要由 CTL 和 Th 细胞执行。

CTL 具有细胞毒性，可高效地直接杀伤靶细胞，其介导靶细胞溶解和破坏有两种途径：一是释放细胞毒性蛋白（如穿孔素和颗粒酶）造成靶细胞裂解；二是细胞膜上的 FASL 与靶细胞表面的 Fas 受体相互作用，从而引起靶细胞裂解。

Th1 细胞可分泌 IL-2、IFN-γ、TNF-α、TNF-β 等细胞因子，从而诱导 CTL 发挥细胞毒性作用和活化迟发型变态反应 T 细胞（delayed-type hypersensitivity T cell，TDTH）。TDTH 同样属于 CD4$^+$ Th 细胞，可趋化和激活巨噬细胞，通过激活的巨噬细胞发挥防御细胞内病原体的作用。

细胞因子是细胞免疫的重要介质，能非特异性地召集、活化单核巨噬细胞、白细胞，造成炎症反应，共同发挥消灭抗原的作用。

② 体液免疫应答　抗原诱导 B 细胞成熟为浆细胞，浆细胞合成和分泌特异性抗体，抗体结合相应抗原进而促进机体中该抗原的消灭，这种由 B 细胞介导的免疫应答称为体液免疫应答。类似细胞免疫应答，体液免疫应答大致也可以分为三个阶段。

a. B 细胞对抗原的识别。B 细胞识别抗原的物质基础是 BCR 中的 mIg。B 细胞通过不同的机制识别非胸腺依赖性抗原（TI）和胸腺依赖性抗原（TD），前者又分为 1 型和 2 型。TI-1 型抗原有细菌的脂多糖和多聚鞭毛素等，TI-2 型抗原有肺炎球菌多糖和 D-氨基酸聚合物等。这些抗原都不需要 Th 细胞的帮助就能刺激 B 细胞产生抗体。反观 TD 抗原则需要巨噬细胞处理后呈递给 Th 细胞，然后才能被 B 细胞识别，因此 B 细胞对 TD 抗原的识别需要巨噬细胞和 Th 细胞参加。经过巨噬细胞处理和呈递的抗原肽上含有两种表位，一是供 Th 细胞识别的 T 细胞表位，二是供 B 细胞识别的 B 细胞表位。Th 细胞和 B 细胞相互作用，将抗原的信息传递给 B 细胞，B 细胞对 B 细胞表位加以识别，形成连接识别。

b. B 细胞的活化。B 细胞的活化需要两种信号，一是抗原决定簇，即 B 细胞与 Th 细胞接触后，B 细胞识别抗原决定簇；二是由活化的 Th 细胞分泌的 IL-2 和 IL-4。在双信号的刺激下，B 细胞由 G0 期进入 G1 期，IL-4 可诱导静止的 B 细胞体积增大，并刺激其 DNA 和蛋白质的合成。活化的 B 细胞表面可依次表达 IL-2、IL-5、IL-6 等受体，分别与活化的 T 细胞所释放的 IL-2、IL-5、IL-6 结合，然后进入 S 期，并开始增殖分化成成熟的浆细胞，合成并分泌免疫球蛋白，一部分 B 细胞在分化过程中变为记忆性 B 细胞（Bm）。作为 APC 的 B 细胞在呈递抗原的同时自身也活化。

c. B 细胞发挥体液免疫效应。体液免疫应答过程中抗原首次进入机体刺激免疫系统会引起初次免疫应答（primary immune response），具有以下特点：有一定的潜伏期，长短视抗原的种类而异，如细菌抗原潜伏期一般为 5～7d，病毒性抗原为 3～4d，潜伏期结束后为抗体的对数上升期，然后为高峰持续期，最后为下降期；最早产生的抗体为 IgM，之后发生抗体型别转换，开始产生 IgG，最后还会产生 IgA，抗原剂量低的情况下可能只产生 IgM；产生的抗体总量较低，维持时间也较短，其中 IgM 的维持时间最短，IgG 相对存在较长时间，含量也比 IgM 高；具有记忆性，能形成记忆细胞。

当经过初次免疫应答的动物再次受到相同抗原刺激时，会产生异常强烈而持久的免疫应答，这一过程称为再次免疫应答（secondary immune response）。由于初次免疫应答后，动物体内含有一定数量的记忆细胞，因此当同种抗原再次进入机体后会立即被记忆细胞识别、增殖产生抗体，诱导潜伏期短，血液中抗体浓度高，上升快，抗体高峰持续时间长，主要的抗体类型为 IgG。抗原进入机体后，抗体的产生如图 1-9 所示。

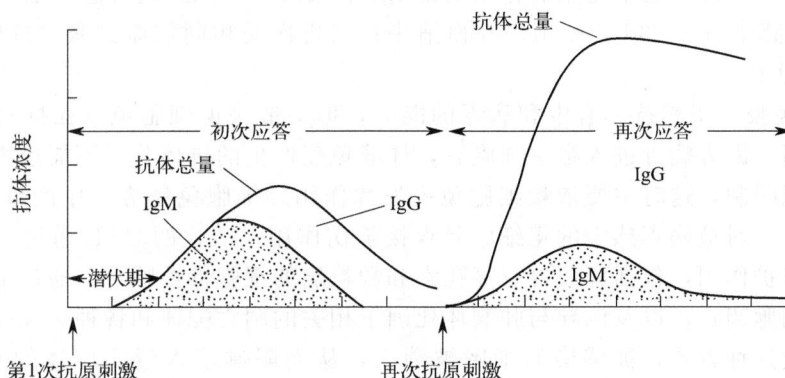

图 1-9　抗体产生

1.2.3　抗病毒感染免疫、抗细菌感染免疫、抗真菌感染免疫和抗寄生虫感染免疫

感染是指病原体侵入机体，在体内繁殖并释放出毒素、酶，或侵入细胞组织引起细胞组织乃至器官发生病理变化的过程。引起感染的病原体包括细菌、病毒、真菌、寄生虫等，这些病原体均有较强的抗原性，能刺激机体产生免疫应答。抗感染免疫是指畜禽机体受到病原微生物或寄生虫入侵、感染时，发挥先天性免疫应答和特异性免疫应答，抵抗感染、消灭病原体的过程。机体抗感染的结局取决于机体的天然防御和适应性免疫应答功能，以及入侵病原体的毒力和数量。结局可能是病原体被消灭，感染消除；或病原体长期存在，形成慢性感染；或感染扩散，发生传染病，严重的导致机体死亡。本小节主要介绍机体抵抗各类病原体感染的免疫机制。

1.2.3.1 抗病毒感染免疫

病毒是严格寄生于宿主活细胞内的病原体。病毒通过与宿主表面细胞受体结合吸附，将病毒核酸释放进入宿主细胞内进行复制。病毒通常由一种或几种蛋白质构成的衣壳包裹，有些病毒还覆盖有囊膜，囊膜包含来自宿主细胞的脂蛋白。机体的免疫系统接受这些蛋白刺激后可产生免疫应答，保护机体。

（1）**先天性免疫应答**　先天性免疫反应为抵抗病毒入侵提供了第一道防线，在随后抗病毒反应的激活中起关键作用。宿主感染病毒后，病毒直接刺激感染细胞产生干扰素、炎症细胞因子和趋化因子，干扰病毒的复制。同时，这些免疫因子的激活又能招募和激活巨噬细胞、树突状细胞（DC）和自然杀伤（NK）细胞等固有免疫细胞，去控制病毒传播并激活和调节适应性免疫反应。快速、强大的先天性免疫应答能在早期中断病毒复制和传播，从而抑制了许多病毒的感染[71]。

（2）**特异性免疫应答**　机体必须通过体液免疫应答和细胞免疫应答的联合作用，才能彻底消灭入侵的病毒。

① 体液免疫　体液免疫应答产生的特异抗体主要对感染早期尚未进入细胞内的病毒，以及感染细胞释放出的病毒起效应作用。抗体发挥中和作用、调理作用和激活补体作用等消灭病毒。在抗病毒免疫中起主要作用的是 IgG、IgM 和 IgA。病毒感染后最先出现的是 IgM，一般在感染后 2～3d 开始出现在血清中；当再次受相同抗原刺激，抗体急剧增加，主要以 IgG 为主。

② 细胞免疫　虽然抗体有中和病毒的能力，但一般来说细胞免疫在抗病毒感染中起着重要的作用。因为病毒进入宿主细胞后，体液免疫产生的抗体分子不能进入细胞内从而使其作用受到限制，这时主要依赖细胞免疫发挥作用。细胞免疫应答中的细胞毒性 T 淋巴细胞（CTL）对被病毒感染的靶细胞起直接杀伤作用。活化的 CTL 通过一系列的诱导机制发挥其保护作用，包括释放含有穿孔素和颗粒酶的细胞毒性颗粒、通过 Fas/Fas-L 相互作用诱导细胞凋亡，以及诱导与肿瘤坏死因子相关的凋亡配体和各种炎性相关细胞因子的产生。通过这种方式，被感染的细胞被消灭，从而限制了入侵病原体的复制和传播，CTL 同时还能分泌 IFN-γ 抑制病毒复制[72-74]。

③ 病毒的免疫逃逸和免疫耐受　病毒侵入机体后，也可以经过多种途径逃避宿主防御：抵抗吞噬细胞吞噬、抗原变异、抑制或损伤免疫功能、诱导免疫耐受[51]。如流感病毒、口蹄疫病毒抗原经常发生变异，使原有抗体或 CTL 的作用减弱，导致传染病的不断流行[75]。此外，许多病毒还以不同的机制造成宿主的免疫抑制。例如，鸡传染性法氏囊病病毒感染破坏法氏囊，抑制体液免疫，造成持续性感染[76]。

1.2.3.2 抗细菌感染免疫

不同种类的病原体其结构、生物学特性、致病因素及致病机制各不相同，故机体抵御不同微生物侵袭的免疫学机制既有共性，亦有个性。

（1）**抗胞外菌的感染免疫**　胞外菌对宿主的致病机制主要是两个方面：一是产生毒素，二是在感染部位造成组织破坏，引起炎症反应。

① 先天性免疫　机体抗胞外菌的天然免疫主要包括机械屏障以及巨噬细胞、补体固定、溶菌酶和细胞因子介导的局部炎症。侵入体内的胞外菌将受到中性粒细胞、单核细胞、巨噬细胞的吞噬，但是有荚膜的细菌，其荚膜有抵抗吞噬的作用。

② 特异性免疫　机体对胞外菌感染主要通过体液免疫应答产生特异性抗体，发挥抗体

的作用将其消除。胞外菌的细胞壁、荚膜等多糖是 TI 抗原，能直接刺激相应 B 细胞产生特异的 IgM 抗体。胞外菌的蛋白抗原是 TD 抗原，需 APC 加工、呈递，在辅助性 T 细胞帮助下，才能刺激相应 B 细胞，产生特异的 IgM、IgG、分泌型 IgA（sIgA）或 IgE 抗体。

③ 胞外菌的免疫逃逸　胞外菌可通过不同机制逃避机体天然免疫和特异性免疫效应。某些胞外菌能在吞噬作用的不同环节抵抗吞噬细胞的吞噬与杀伤。例如，白喉杆菌外毒素能麻痹吞噬细胞，阻止其移动和趋化。另外，胞外菌还可以通过改变抗原，避开特异性抗体的作用。例如，淋球菌通过基因转换使菌毛蛋白抗原不断改变，从而逃避机体对菌毛黏附的抑制效应。

（2）抗胞内菌的感染免疫

① 先天性免疫　先天性免疫在控制细菌感染方面很重要，黏膜表面，如胃肠道，简单的物理屏障可以防止许多细菌感染。胞内菌不仅能直接激活 NK 细胞，还可以刺激巨噬细胞产生 IL-12，进一步活化 NK 细胞。当 NK 细胞识别并与靶细胞结合后，经靶细胞的作用而被活化，分泌并释放杀伤靶细胞的物质，使靶细胞溶解。一个 NK 细胞可反复杀伤多个靶细胞。活化的 NK 细胞产生的 IFN-γ 又可以激活巨噬细胞产生活性氧和酶去清除被吞噬的细菌[3]。

② 特异性免疫　虽然先天免疫系统能有效地限制细菌感染，但机体需要通过细胞免疫应答来消除细胞内的细菌。细胞免疫应答的作用，一是产生淋巴因子，如产生 IFN-γ 激活巨噬细胞后可杀灭吞入的胞内菌；二是细胞毒性 T 细胞（Tc）杀伤裂解被胞内菌感染的细胞，释放出细菌，经特异抗体调理后，再由吞噬细胞吞噬消灭，或激活补体使细菌裂解[3]。

③ 胞内菌的免疫逃避　胞内菌之所以能够在机体内长期存在，主要是因为它具有抵抗吞噬细胞杀伤的能力。胞内菌抵抗吞噬细胞杀伤的机制是多方面的：一方面，胞内菌可躲避或破坏吞噬细胞的杀伤性介质；另一方面，有些胞内菌还能产生超氧化物歧化酶（SOD）和过氧化氢酶，分别对 O_2^- 和 H_2O_2 有解毒作用，过氧化氢酶还能间接抑制活性氮物质（RNI）的产生[45]。

④ 胞内菌诱导细胞凋亡　细菌进入胞内，通过被胞内凋亡相关的受体识别，激发细胞凋亡，引起细胞主动死亡。细胞凋亡发生依赖含半胱氨酸的天冬氨酸蛋白水解酶（caspase）家族蛋白切割 gasdermins（GSDMs）家族蛋白，在细胞膜上打孔，大量成熟的 IL-1β、IL-18 及其他细胞内容物被释放出去，强烈的炎症反应被激活[77]。

1.2.3.3　抗真菌免疫

感染畜禽的真菌有毛癣菌、念珠菌和曲霉菌等。真菌感染常发生在不能产生有效免疫的个体，相对于抗细菌免疫和抗病毒免疫而言，人们对真菌感染的发病机制和机体对其防御的机制了解相对较少。

（1）**先天性免疫**　完整的皮肤、黏膜是一个有效的抗真菌屏障，这些天然屏障的结构和理化性质有一定的抑制真菌作用，上皮组织可产生防御素，皮肤分泌的脂肪酸和阴道的酸性分泌物均有抗真菌作用。中性粒细胞能有效吞噬消化入侵体内的真菌[50]。

（2）**特异性免疫**　细胞免疫是抗真菌免疫的主要防御机制。真菌感染可刺激机体产生特异性细胞免疫，活化 T 细胞产生并释放 IFN-γ 和 IL-2 等细胞因子，激活巨噬细胞、NK 细胞和 CTL 等，参与对真菌的杀伤。

1.2.3.4　抗寄生虫免疫

寄生虫引起的感染多为慢性感染。许多寄生虫生活史复杂，在不同发育阶段所表达的特异性抗原不同。从某种意义上来讲，在动物疾病的控制方面，对寄生虫病的防治比对传染病的防治更为艰难。

（1）**抗原虫免疫**　原虫是单细胞动物，其免疫原性的强弱取决于入侵宿主组织的强度。原虫和其他抗原一样，既能刺激机体产生体液免疫应答，也能刺激机体产生细胞免疫应答。抗体通常作用于血液和组织液中游离的原虫，而细胞免疫则主要作用于细胞内寄生的原虫。

（2）**抗蠕虫免疫**　蠕虫是多细胞动物，同一蠕虫在不同发育阶段，既有共同的抗原，也可以有某一阶段的特异性抗原。蠕虫在宿主体内寄生于细胞外的组织中，宿主的免疫应答以体液免疫、IgE 抗体的效应为主。蠕虫可刺激 Th 细胞向 Th2 细胞转化，分泌 IL-4 和 IL-5。IL-4 诱导 B 细胞向分泌 IgE 的浆细胞分化，大量分泌 IgE；IL-5 则促进嗜酸性粒细胞的发育分化。IgE 的 Fab 与蠕虫表面抗原结合，Fc 片段与嗜酸性粒细胞的 Fc 受体结合，嗜酸性粒细胞被激活，脱出胞质中的颗粒，释放出颗粒中的碱性蛋白，主要针对性地杀死发育中的幼虫，但是对蠕虫的成虫作用不显著[45]。

1.2.3.5　变态反应

变态反应是指已免疫的机体，再次接触相同抗原时出现生理功能紊乱或组织损伤的再次免疫反应，又称超敏反应。引起变态反应的抗原性物质称为变应原（allergen）。它可以是完全抗原（异种动物血清、组织细胞、微生物、寄生虫、植物花粉、兽类皮毛等），也可以是半抗原（如青霉素、磺胺、非那西汀等一些药物，或低分子物质）；可以是外源性的，也可以是内源性的。根据变态反应的发生机制，通常将其分为四种类型。其中前三种物质引发的变态反应是由体液免疫造成的，即与抗原-抗体有关；而第四种类型与细胞免疫的局部反应有关，又称为迟发型变态反应（DTH）。变态反应分为Ⅰ、Ⅱ、Ⅲ、Ⅳ四个类型。Ⅰ型为 IgE 介导的变态反应；Ⅱ型为 IgG、IgM 等抗体介导的变态反应；Ⅲ型为免疫复合物介导的变态反应；Ⅳ型为细胞介导的变态反应。

（1）**Ⅰ型变态反应**　Ⅰ型变态反应又称过敏反应（anaphylactic response）或速发型变态反应（immediate allergy）。该型反应的特点是致敏机体内产生大量 IgE 抗体，再次接触同种变应原后，反应迅速，几秒至几分钟内可出现症状，消退也快，有明显的个体差异和遗传倾向，一般仅造成生理功能紊乱而无严重的组织损伤。

① 发生机制　与正常免疫应答不同的是，过敏原诱导浆细胞产生的抗体主要是 IgE，而 IgE 的 Fc 片段与肥大细胞及嗜碱性粒细胞再次遇到同种过敏原时，嵌合在细胞表面的 IgE 与过敏原结合导致细胞破裂，释放的颗粒中含有大量的活性物质，这些活性物质具有引起毛细血管扩张、血管壁通透性增加、平滑肌收缩和腺体分泌增加等作用。严重者迅速发生全身过敏性休克，呼吸困难、窒息。轻者迅速发生局部皮肤荨麻疹、瘙痒，或呼吸道过敏性鼻炎、哮喘，或胃肠道的恶心、呕吐、腹痛、腹泻，以及眼结膜炎、流泪等症状。

② 常见疾病及防治　由于鸟类和其他低等脊椎动物没有 IgE，不会发生Ⅰ型变态反应。豚鼠、家兔、大鼠、小鼠、猫、犬、牛、马、羊、猪等动物均可发生Ⅰ型变态反应[45]。

a. 吸入变态反应。犬和猫的过敏性皮炎，主要是吸入霉菌、植物花粉、灰尘、动物皮屑、木棉和毛纺织品等变应原引起的。马的喘息病，可能有一部分是因吸入灰尘中的霉菌，引起支气管、肺部的过敏反应。

b. 食物变态反应。食物变态反应的临床病症表现于消化道和皮肤。轻微的肠道反应只表现粪便变软，严重者发生呕吐、痉挛、剧烈或出血性腹泻。皮肤反应表现在脚、眼、耳、腋窝或肛门周围瘙痒，或荨麻疹性、红斑性皮炎。据统计，犬的过敏性皮炎30%是由食物变态反应引起的。通常引起过敏反应的食物是牛乳、鱼、肉、蛋、小麦粉等。此外，野燕麦、白三叶草和苜蓿等常是马的变应原，鱼粉和苜蓿常是猪的变应原。为检出饲料中的变应原，可更换一切可疑饲料，在这基础上逐项加入可疑饲料，直至再现过敏症状时，即可查出变应原。

c. 疫苗、免疫血清和药物的变态反应。给动物注射疫苗或免疫血清，都可能引起过敏反应，曾出现过接种狂犬疫苗出现严重过敏反应的病例。重复注射免疫血清、抗毒素时常出现过敏反应，称为血清过敏症。通常，药物分子小，无过敏原性。但有些药物，如青霉素，在体内降解后的产物青霉酰胺与过敏体质机体内的组织蛋白结合后，可引起产生IgE的免疫应答。这一机体再次接触青霉素时即可发生程度不同的过敏反应，这在人类中常见，在动物中也有出现。例如，给动物饲喂被青霉素污染的牛乳时，可因过敏出现严重的腹泻[78]。

d. Ⅰ型变态反应的防治。防控Ⅰ型变态反应首先要清楚变应原，避免与变应原接触。免疫治疗可以采取多次注射变应原的方法，注射剂量应逐渐增大，达到脱敏的状态，如过敏性鼻炎采取这种治疗方法效果很好。除了免疫治疗外，临床上常用化学药物阻断组胺受体，起到抗组胺的活性作用。过敏性休克时，可采用肾上腺素注射进行紧急治疗，肾上腺素与气管平滑肌的β-肾上腺素能受体结合促进气管平滑肌舒缓和松弛，也可与肥大细胞上的β-肾上腺素能受体结合抑制细胞脱颗粒。糖皮质激素可抑制免疫应答，因此也可以用于治疗变态反应。

（2）Ⅱ型变态反应　Ⅱ型变态反应又称细胞溶解型（cytolytic type）或细胞毒型（cytotoxic type）变态反应，是IgG、IgM抗体与相应细胞上的抗原特异结合，在补体、单核/吞噬细胞等参与下，造成的细胞溶解反应。

① 发生机制　Ⅱ型变态反应的发生，是机体血液内天然存在的血型抗体IgM与输进的相应红细胞特异结合，或进入体内的抗原或半抗原，如磺胺类、青霉素等药物，与血细胞或血浆蛋白结合成完全抗原，诱导产生IgM或IgG抗体，与相应的靶细胞（带药物半抗原的血细胞）结合，经补体系统参与并激活，或单核/吞噬细胞通过Fc受体发挥抗体依赖的细胞介导的细胞毒性作用（ADCC），造成细胞溶解。

② 常见疾病及防治　Ⅱ型变态反应性疾病常见的有溶血性输血反应、新生幼畜溶血症、药物引起的溶血和传染病引起的贫血。

a. 溶血性输血反应。红细胞可以从一个动物输给另一个动物（如利用输血治疗犬的细小病毒病）。如果供体红细胞与受体红细胞的血型一致则不引起免疫反应。但如果受体含有针对供体红细胞抗原的抗体，则会引起输血反应。此种抗体通常为IgM，当它与外来红细胞结合时，立即引起对输入红细胞的凝集、免疫溶血、免疫调理和吞噬作用。没有天然抗体的个体，输入血型不合的同种异体红细胞，可引起机体对该红细胞的免疫应答。输入的细胞可以在血液循环中生存一定时间，直至抗体产生和免疫清除开始。此时如再用这种血型的红细胞输血，即可引起如上所述的急性输血反应。虽然机体能不断清除少量衰老的红细胞，但大量外来红细胞的迅速破坏往往造成严重的病理损害。常表现溶血性黄疸、震颤、偏瘫、惊厥、发热和血红蛋白尿等症状；有些动物还可出现呼吸困难、咳嗽和下痢等。

输血反应的治疗措施主要为停止输血和使用利尿剂等。因为血红蛋白在肾脏中的积聚将导致肾小管阻塞，在清除了全部外来红细胞后即可康复。输血反应的急救首选药为盐酸肾上腺素，直接静脉注入，结合用异丙嗪、地塞米松等抗过敏药及采取强心利尿措施，多数能救活。

b. 新生幼畜溶血症。经产母畜生下的幼畜，在吸吮初乳几小时后，出现虚弱、委顿、黄疸和血红蛋白尿症状，严重者未见黄疸便死亡，称为初生幼畜溶血症。这是由母畜与体内的胎儿血型不同所致。致敏母畜的初乳中含有很高浓度的抗胎儿红细胞抗体，初生幼畜从初乳中摄入母源抗体，经肠壁吸收而到达血液循环，此抗体与初生幼畜红细胞上的抗原结合，在补体作用下迅速裂解红细胞，导致初生幼畜的溶血症。本病常见于新生骡驹，有8%～10%的骡驹发病，这是由于公马与母驴之间的血型抗原差异大。纯种马驹发病少，仅占0.05%～1%。

对新生幼畜溶血症应及早诊断和预防。诊断时应检查怀孕母畜血清中的血型抗体。如果预判可能会出现新生幼畜溶血症，那么幼畜出生后24～36h内，应禁止其吸吮母畜的初乳，由其他母畜哺乳。急性病例必须进行输血，最好输入处理的亲生母畜红细胞，方法是采3～4L母畜抗凝血，离心去血浆，用生理盐水清洗一次后分2次缓慢输给幼畜。

c. 药物引起的血细胞减少症。某些药物可以牢固地与细胞（特别是与血细胞）结合，如青霉素、奎宁、L-多巴、磺胺药、氨基水杨酸和某些中药成分。可吸附于红细胞、粒细胞或血小板表面，变成完全抗原，引起Ⅱ型变态反应溶血性贫血，粒细胞减少，或血小板减少。有这些药物变态反应的患畜应避免用这些药物，已使用的应停止用药。

d. 传染病的Ⅱ型变态反应。一些病原体，例如，沙门氏菌脂多糖可吸附于细胞，马传染性贫血病毒、边虫、锥虫和巴贝斯焦虫等感染的红细胞，带有异种抗原，将诱发Ⅱ型变态反应，导致溶血性贫血。

（3）Ⅲ型变态反应　Ⅲ型变态反应是由IgG、IgM、IgA抗体与可溶性抗原形成中等大小的免疫复合物引起的，以血管炎及邻近组织损伤为特征的变态反应，所以又称免疫复合物型变态反应（immune complex allergy）。

① 局部性Ⅲ型变态反应（local type Ⅲ allergy）　如果动物体内有高水平的抗过敏原抗体，那么经皮内或皮下注射过敏原4～8h后会引起免疫复合物局部沉积，中性粒细胞浸润，局部出现水肿、出血斑等炎症反应，局部组织外观红肿，甚至坏死。这种注射免疫原引起的局部过敏反应称为Arthus反应[79]。某些细菌孢子、真菌或者干燥的含蛋白粉尘被吸入肺脏后，会引起肺部Arthus反应。

② 全身性Ⅲ型变态反应（generalized type Ⅲ allergy）　当大量抗原进入体内时，由于抗原过量，抗原-抗体不能形成大的复合物，很难被吞噬细胞清除。这些小的复合物沉积于组织引起组织损伤。最常见的是注射异种动物抗毒素血清后，几天后有的个体出现多种症状综合征，包括发热、全身性红疹、水肿、淋巴结肿、关节炎、肾小球肾炎等，这种因注射血清引起的疾病，称为"血清病"。血清病的严重程度主要取决于抗原-抗体复合物的大小、数量，以及沉积的部位。此外，抗原-抗体复合物如果不能及时清除会引起多种疾病过程，也包括某些自身免疫病，如红斑狼疮、风湿性关节炎、肺出血-肾炎综合征等。

（4）Ⅳ型变态反应　Ⅳ型变态反应的特征是特异性 Th 细胞接触抗原释放细胞因子，引起大量的炎性细胞（主要是巨噬细胞）浸润，导致局部炎症反应。与前三种变态反应相比，病原引发Ⅳ型超敏反应及组织损伤的时间有些延迟，机体再次接触同种抗原后一般需48～72h 才出现以单核细胞浸润和细胞变性、坏死为特征的局部性炎症，因此又称为迟发型超敏性（DTH）反应。引起 DTH 反应的病原主要为胞内寄生病原，如结核分枝杆菌、单核细胞增生李斯特菌、流产布鲁氏菌、白色念珠菌、荚膜组织胞浆菌、新型隐球菌、利什曼原虫、单纯疱疹病毒、痘病毒、麻疹病毒等。此外，某些接触性抗原也能引起 DTH 反应，如三硝基氯苯、镍盐、毒蔓藤等[33]。

① 发生机制　Ⅳ型变态反应的发生过程与细胞免疫应答过程基本一致，产生的各种淋巴因子，使血管通透性增强，单核细胞、淋巴细胞集聚于抗原存在部位，单核细胞吞噬、消化抗原的同时，释放出溶酶体酶，引起邻近组织局部炎症、坏死。

② 常见疾病

a. 传染性变态反应。由患某种传染病而引起的迟发型变态反应称为传染性变态反应。例如，结核分枝杆菌侵入动物体内，一方面可在单核吞噬细胞内繁殖，另一方面引起细胞免疫应答。一旦细胞免疫形成后，被淋巴因子活化并武装的巨噬细胞能大量吞噬结核分枝杆菌并将其消化杀灭。残存的结核分枝杆菌则被包围在局部形成结节。结节的外部是大量聚集起来的巨噬细胞，它们有的在吞噬过程中死亡，有的则互相融合成多核巨噬细胞。在结节内部包含着大量被杀死的结核分枝杆菌和少数活菌，以及坏死组织团块。包围在外层的巨噬细胞称为上皮样细胞，持续存在的结节可发展为肉芽肿或钙化灶。这种局灶性的慢性炎症过程，其实质都是迟发型变态反应。

b. 变态反应性皮炎。某些过敏体质的机体与青霉素、磺胺药、农药等小分子半抗原物质接触后，这些小分子半抗原与表皮蛋白结合成完全抗原，被当作异物，引起机体细胞免疫应答，当再次接触相应变应原后，经24～96h 出现皮炎，表现局部皮肤红肿、硬结、水痘、奇痒，由于抓伤，可至皮肤脱落、糜烂和继发感染化脓。犬常发生这类皮炎。

c. 异体组织移植排斥反应。不同动物或同种动物不同个体之间进行组织器官移植，受体通过细胞免疫应答使移植的组织器官发生炎症、坏死，称为异体组织移植排斥反应。这是供体和受体的组织相容性抗原（MHC Ⅰ类分子）不同，移植的组织成为变应原，引起受体发生Ⅳ型变态反应的结果。所以，要进行异体移植时，事先要进行组织配型试验，并在移植时给受体用免疫抑制药物，控制受体的细胞免疫应答功能。

1.2.4　常用免疫学实验技术

1.2.4.1　抗原抗体检测技术

（1）凝聚性试验　抗原与相应抗体结合形成复合物，在有电解质存在的情况下，复合物相互凝聚形成肉眼可见的凝聚小块或沉淀物，根据是否产生凝聚现象来判定相应抗体或抗原，称为凝聚性试验。根据参与反应的抗原性质不同，分为由可溶性抗原参与的沉淀试验和由颗粒性抗原参与的凝集试验两大类。

① 沉淀试验　可溶性抗原，如细菌的外毒素、内毒素、菌体裂解液，病毒的可溶性抗原，血清，组织浸出液等，与相应抗体结合，在有适量电解质存在的情况下，形成肉眼

可见的白色沉淀，称为沉淀试验（precipitation test）。沉淀试验可以分为环状沉淀试验、琼脂免疫扩散试验和免疫电泳技术。

a. 环状沉淀试验。环状沉淀试验（ring precipitation test）主要用于抗原的定性检测，如用于炭疽诊断的 Ascoli 试验。在小口径试管内先加入已知抗血清，然后沿管壁加入待检抗原于血清表面，使之成为分界清晰的两层。数分钟后，两层液面交界处出现白色环状沉淀，即为阳性反应。

b. 琼脂免疫扩散试验。琼脂是一种含有硫酸基的多糖，琼脂凝胶呈多孔结构，因此可允许各种抗原抗体在琼脂凝胶中扩散，当抗原抗体在合适比例处相遇，即可形成肉眼可见的沉淀带，此种反应称为琼脂免疫扩散，又简称琼脂扩散或免疫扩散。琼脂免疫扩散试验又可分为单向琼脂扩散试验和双向琼脂扩散试验。

单向琼脂扩散试验是一种常用的定量检测抗原的方法。将适量抗体与琼脂混匀，浇注成板，凝固后，在板上打孔，孔中加入抗原，抗原就会向孔的四周扩散，边扩散边与琼脂中的抗体结合。一定时间后，在两者比例适当处形成白色沉淀环。沉淀环的直径与抗原的浓度成正比。如果事先用不同浓度的标准抗原制成标准曲线，则可根据曲线求出标本中抗原的含量。

双向琼脂扩散试验是将半固体琼脂倾注于平皿内或玻片上，待其凝固后，在琼脂板上打多个小孔，将抗原、抗体分别注入小孔内，使两者相互扩散。一定时间后抗原、抗体会在相互对应的浓度和比例处出现清晰可见的沉淀线。双向琼脂扩散法可用来分析溶液中的多种抗原。一对抗原、抗体系统只能形成一条沉淀线，不同的抗原、抗体系统在琼脂中扩散的速度不同，因此可在琼脂中形成不同的沉淀线。当两个抗原完全一致时，两条沉淀线会完全融合；如果两个抗原无共同抗原决定簇而抗血清中有针对两种抗原的抗体时，沉淀线则互不干扰，呈交叉状；当两个抗原只是部分抗原决定簇相同，则沉淀线在后者一方会形成突出的小刺（图 1-10）。

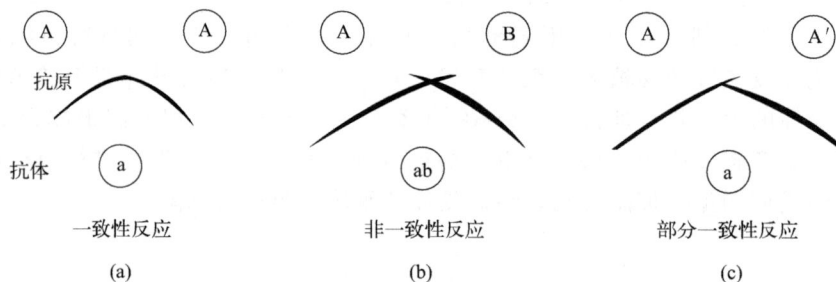

图 1-10　双向琼脂扩散试验
（a）相邻两孔的抗原相同；（b）抗原不同；（c）抗原有部分相同

c. 免疫电泳技术。包括免疫电泳、对流免疫电泳、火箭免疫电泳等技术。其中，对流免疫电泳技术最为常用，可用于抗原或抗体的检测。

对流免疫电泳又称电渗析。抗原会在电场作用下向正极迁移，而抗体会在同样的电场环境中，因电渗作用向负极移动，两者在两孔之间形成抗原抗体沉淀线。该法较琼脂双向扩散更加敏感，对流免疫电泳法有微量快速的特点。

② 凝集试验　细菌、红细胞等颗粒性抗原与相应抗体结合，在有适当电解质存在下，

经过一定时间形成肉眼可见的凝集团块，称为凝集试验（agglutination test）。凝集试验可用于检测抗原或抗体。凝集试验可根据抗原的性质、反应的方式分为直接凝集试验（简称凝集试验）和间接凝集试验（图 1-11）。

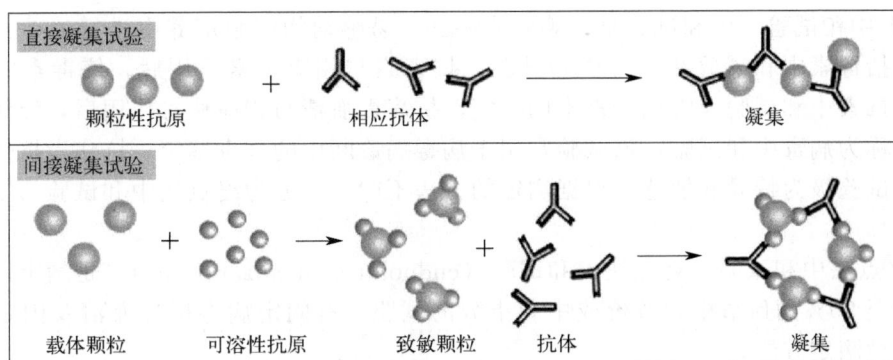

图 1-11　凝集试验

a. 直接凝集试验。颗粒性抗原与凝集素直接结合并出现凝集现象的试验称为直接凝集试验，可分玻片法和试管法两种。

玻片法是一种定性试验，即将含有已知抗体的诊断血清与待检菌悬液各一滴在玻片上混合，数分钟后，如出现颗粒状或絮状凝集，即为阳性反应。此法简便快速，细菌的鉴定、血型的鉴定等多采用此法。该法也可用于已知的诊断抗原检测待检血清中是否存在相应抗体，如布鲁氏菌的玻板凝集试验和鸡白痢全血平板凝集试验等。

试管法则为一种定量试验，可检测待测血清中是否存在相应抗体和测定该抗体的含量。具体方法是在试管中倍比稀释待检血清，然后加入已知颗粒性抗原进行凝集反应。进行试管法凝集反应时，使抗原抗体结合出现明显可见反应的最大的抗血清或抗原制剂稀释度称为效价，又称滴度。该方法可定量检测抗体。常用于临床诊断和流行病学调查。

b. 间接凝集试验。将可溶性抗原（或抗体）先吸附于一种与免疫无关的、一定大小的不溶性颗粒（载体颗粒）的表面形成致敏颗粒，然后与相应抗体（或抗原）作用，在有电解质存在的适宜条件下，所出现的特异性凝集反应称为间接凝集反应。由于载体颗粒增大了可溶性抗原的反应面积，当颗粒上的抗原与微量抗体结合后，就足以出现肉眼可见的反应，其敏感性一般也要比直接凝集反应敏感多倍，但特异性较差。常用的载体有红细胞（O 型人红细胞、绵羊红细胞）、聚苯乙烯胶乳颗粒等。抗原多为可溶性蛋白质如细菌、立克次体及病毒的可溶性抗原等。

（2）补体反应　补体参与的试验可大致分为两类，一类是补体与细胞的免疫复合物结合后，直接引起细胞溶解的可见反应，如溶血反应、溶菌反应、杀菌反应、免疫黏附反应等。另一类是补体与抗原抗体复合物结合后不引起可见反应（可溶性抗原与抗体），但借助指示系统如溶血反应来测定补体是否已被结合，从而间接地检测反应系统是否存在抗原抗体复合物，如补体结合试验等。补体结合试验（complement fixation test）是诊断畜传染病常用的血清学诊断方法之一，该试验以溶血反应作为指示系统，检测抗原抗体反应系统中是否存在相应的抗原或抗体，通常是利用已知抗原检测未知抗体。参与补体结合反应的抗体称为补体结合抗体，补体结合抗体主要为 IgG 和 IgM。本法不仅可用于诊断传染病，如鼻疽、牛肺疫、马传染性贫血、乙型脑炎、布鲁氏菌病、钩端螺旋体病、血锥虫病等，也可用于鉴定病原体，如对马流行性乙型脑炎病毒的鉴定和口蹄疫病毒的定型等。

（3）中和试验　中和试验是在鸡胚或鸭胚、易感动物细胞培养中进行的一类血清学试验，包括毒素中和试验和病毒中和试验。抗毒素与相应毒素作用后，使毒素的毒力消失，称为毒素中和试验，常用于毒素的鉴定。抗病毒血清与相应病毒作用后，使病毒失去感染力，称为病毒中和试验，该试验常用于病毒病诊断中的病毒鉴定、抗病毒抗体的检测等。中和试验极为特异和敏感，根据测定的方法不同，可分为终点法中和试验与空斑减少试验两种。

① 终点法中和试验　终点法中和试验（endpoint neutralization test）是滴定使病毒感染力减少至 50% 的血清中和效价或中和指数的试验。有固定病毒稀释血清及固定血清稀释病毒两种滴定方法。

a. 固定病毒稀释血清法。将已知的病毒量固定而血清作倍比稀释，常用于测定抗血清的中和效价。病毒毒价的滴定以毒力或毒价单位作为指标，采用半数致死量（LD_{50}）表示；以感染发病作为指标，采用半数感染量（ID_{50}）表示；以体温反应作指标，采用半数反应量（RD_{50}）表示。若采用鸡胚测定，可用鸡胚半数致死量（ELD_{50}）或鸡胚半数感染量（EID_{50}）表示；若采用细胞培养测定，可用组织培养半数感染量（$TCID_{50}$）表示。半数剂量测定时，通常将病毒原液 10 倍递进稀释，选择 4~6 个稀释倍数接种一定体重的试验动物（或细胞、鸡胚），每组 3~6 只（管）。接种后，观察一定时间内的死亡（或细胞病变）数和存活数。根据累计死亡数和存活数计算致死百分率。按 Reed 和 Muench 法、内插法或 Karber 法计算半数剂量。其中以 Karber 法最为方便。

以测定某种病毒的 $TCID_{50}$ 为例，病毒以 10^{-7}~10^{-4} 稀释，记录其出现细胞病变（CPE）的情况。按 Karber 法计算，其公式为 $\lg TCID_{50} = L + d(S - 0.5)$。式中，$TCID_{50}$ 用对数计算；L 为病毒最低稀释度的对数；d 为组距，即稀释系数，10 倍递进稀释时，d 为 -1；S 为死亡比值之和（计算固定病毒稀释血清法中和效价时，S 应为保护比值之和），即各组死亡（感染）数/试验数相加。表 1-8 例子中，$S = 6/6 + 5/6 + 2/6 + 0/6 = 2.17$，代入上式：$\lg TCID_{50} = -4 + (-1) \times (2.17 - 0.5) = -5.67$。$TCID_{50} = 10^{-5.67}/0.1mL$。

表 1-8　病毒毒价的测定（接种剂量为 0.1mL）

病毒稀释	CPE		
	阳性数	阴性数	致死百分率/%
10^{-4}	6	0	100
10^{-5}	5	1	83
10^{-6}	2	4	33
10^{-7}	0	6	0

以 $TCID_{50}$ 为毒价的单位，表示该病毒经稀释至 $10^{-5.67}$ 时，每孔细胞接种 0.1mL，可使 50% 的细胞孔出现 CPE。而病毒的毒价通常以每毫升或每毫克含多少 $TCID_{50}$（或 LD_{50} 等）表示。如上述病毒的毒价为 $10^{-5.67}TCID_{50}/0.1mL$，即 $10^{-6.67}TCID_{50}/mL$。

正式试验：将病毒原液稀释成每一单位剂量含 100~200LD_{50}（或 EID_{50}、$TCID_{50}$），与等量的递进稀释的待检血清混合，37℃孵育 1h。每一稀释度接种 3~6 只试验动物（或鸡胚、细胞），记录每组动物的存活数和死亡数，同样按 Reed 和 Muench 法或 Karber 法计算其半数保护量（PD_{50}），即该血清的中和效价。

b. 固定血清稀释病毒法。将病毒原液作 10 倍递进稀释，分装两列无菌试管，第一列加等量正常血清（对照组），第二列加待检血清（中和组），混合后置 37℃，孵育 1h，再分别接种实验动物（或鸡胚、细胞），记录每组死亡数和累计死亡数和累计存活数，用上述 Reed 和 Muench 法或 Karber 法计算 LD_{50}，然后计算中和指数。中和指数＝中和组 LD_{50}/对照组 LD_{50}。通常待检血清的中和指数＞50 者即为阳性，10～49 可疑，＜10 为阴性。

② 空斑减少试验　空斑减少试验（plague reduction test）是应用空斑计数，以使空斑数减少 50% 的血清量作为中和滴度。试验时，将已知空斑单位的病毒稀释成每一接种剂量含 100 空斑单位（PFU），加等量递进稀释的血清，37℃孵育 1h。每一稀释度接种 3 个已形成单层细胞的空斑瓶，每瓶 0.2～0.5mL。置于 37℃孵育 1h，使病毒吸附，然后加入在 44℃水浴预温的营养琼脂 10mL，平放 1h 凝固，将细胞面向上放无灯光照射的 37℃温箱。同时用稀释的病毒加等量 Hank's 液同样处理作为病毒对照。数天后分别计算空斑数，用 Reed 和 Muench 法或 Karber 法或内插法计算血清的中和滴度。

1.2.4.2　标记抗体技术

抗原与抗体能特异性结合，但抗体、抗原分子小，在含量低时形成的抗原抗体复合物难以检测。有一些具备高敏感性的物质，即使在超微量时也能通过特殊的方法被检测出来，如果将这些物质标记在抗体分子上，可以通过检测标记分子来显示抗原抗体复合物的存在，这种根据抗原抗体结合的特异性和标记分子的敏感性建立的技术，称为标记抗体技术。

高敏感性的标记分子主要有荧光素、酶分子、放射性同位素、胶体金等，由此建立了高特异性和高敏感性的荧光抗体技术、酶标抗体技术、同位素标记技术和胶体金标记技术，广泛应用于病原的生物鉴定、传染病的诊断、分子生物学中的基因表达产物分析等各个领域。其中，以荧光抗体技术、酶标抗体技术、胶体金标记技术应用最广。

（1）荧光抗体技术　荧光抗体技术（fluorescent-labelled antibody technique）是指用荧光素对抗体进行标记，然后用荧光显微镜观察所标记的荧光素，更可与新兴的流式细胞术相结合以分析示踪相应的抗原或抗体。主要应用于免疫荧光和流式细胞术。

可用于标记的荧光素有异硫氰酸荧光素（fluorescein isothiocyanate，FITC）、藻红蛋白（phycoerythrin，PE）和碘化丙啶（propidium iodide，PI）等，应用最广的是 FITC。FITC 呈明亮的黄绿色荧光，其分子中含有异硫氰基，在碱性（pH9.0～9.5）条件下主要与 IgG 分子中赖氨酸的氨基结合，形成 FITC-IgG 结合物，从而形成荧光抗体。抗体被荧光素标记后，其结合抗原的能力和特异性不受影响，因此当荧光抗体与相应的抗原结合时，就形成带有荧光性的抗原抗体复合物，可在荧光显微镜下检出抗原或抗体的存在。

（2）酶标抗体技术　酶标抗体技术是根据抗原抗体反应的特异性和酶催化反应的高敏感性而建立起来的免疫检测技术，应用在细胞或亚细胞水平上显示抗原或抗体的所在部位，或在微克、纳克水平上进行定量。鉴于酶的催化效率很高，故可极大地放大反应效果，从而使测定方法达到很高的敏感度。

酶标抗体技术基本原理是将酶与抗原或抗体共价结合形成酶标抗体，此种结合既不改变抗体的免疫反应活性，也不影响酶的催化活性。再使此酶标抗体与存在于组织细胞或吸附于固相载体上的抗原或抗体发生特异性结合，洗去未结合的物质。滴加底物溶液后，底物在酶作用下水解呈色；或底物本身不呈色，但在底物水解过程中由另外的供氢体提供氢离子，使供氢体由无色的还原型变为有色的氧化型，呈现颜色，借此根据底物溶液的颜色变化来判定有无相应的免疫反应。有色产物可用肉眼或在显微镜下观察到，还可借助分光光度计加以测定，颜色反应的深浅与标本中相应抗体或抗原的量成正比。

用于标记的酶有辣根过氧化物酶（horseradish peroxidase，HRP）、葡萄糖氧化酶、碱性磷酸酶等，其中以 HRP 应用最广。HRP 可用戊二醛法或过碘酸钠氧化法将其标记于抗体上制成酶标抗体，其作用底物为过氧化氢，催化时可使不同的供氢体产生不同颜色。可溶性供氢体邻苯二胺（O-phenylenylen diamine，OPD）为橙色，3,3′,5,5′-四甲基联苯胺（tetramethylbenzidine，TMB）呈蓝色，用硫酸终止会显黄色；不溶性产物供氢体 3,3′-二氨基联苯胺（3,3′-diaminobenzidine，DAB）会形成不溶性棕色吩嗪衍生物。

① 免疫酶组织化学　免疫酶组织化学是研究中常用的技术。先制备和处理标本，包括组织切片（冷冻切片和低温石蜡切片）、组织压印片、涂片以及细胞培养的单层细胞盖片等；再染色，将被酶标记的抗体与组织或细胞作用，可用直接法、间接法、抗抗体搭桥法、杂交抗体法、酶抗体法、增效抗体法等多种方法；然后加入酶的底物显色，生成有色的不溶性产物或具有一定电子密度的颗粒，通过光镜或电镜观察，借此对组织或细胞内的相应抗原进行定位或定性研究。

② 酶联免疫吸附试验（ELISA）　ELISA 是将可溶性的抗原或抗体结合到聚苯乙烯等固相载体上，利用抗原抗体特异性结合进行免疫反应的定性和定量检测方法。ELISA 是免疫学中的经典实验。抗原或抗体结合到聚苯乙烯等固相载体表面，并保持其免疫活性，再使酶连接其上形成酶标抗原或抗体，这种酶标抗原或抗体既保留其免疫活性，又保留酶活性。受检标本（测定其中的抗体或抗原）和酶标抗原或抗体按不同的步骤与固相载体表面的抗原或抗体反应。通过洗涤使未结合在固相载体上的其他物质脱落，结合在固相载体上的酶量与标本中受检物质的量成一定的比例。加入酶反应的底物后，底物被酶催化变为有色产物，产物的量与标本中受检物质的量直接相关，故可根据颜色反应的深浅进行定性或定量分析（图 1-12）。

ELISA 试验方法多样，主要包括间接法、夹心法、双夹心法、阻断 ELISA 和竞争 ELISA 等。间接法用于测定抗体；夹心法又称双抗体法，用于测定大分子抗原；双夹心法是采用酶标抗体检查多种大分子抗原；阻断 ELISA 是用酶（HRP）标记单克隆抗体制备成酶标单克隆抗体，以抗原包被，加入待检血清，洗涤后加入酶标单克隆抗体，洗涤后加入底物显色，呈色反应的深浅与样本中的抗体含量成反比，通过计算阻断率确定样本的阴、阳性；竞争 ELISA 可用于测定抗原，也可用于测定抗体。

③ 胶体金标记技术　胶体金标记技术（colloidal gold-labelled technique）是利用胶体金颗粒为示踪标记物或显色剂，标记抗原或抗体，作为探针检测或定位分析抗体或抗原。利用胶体金标记物，可进行胶体金免疫凝集试验、胶体金免疫电镜染色法和胶体金免疫色谱法。其中，胶体金免疫色谱法应用最广，已发展成为诊断试纸条，用于抗原或抗体的检测，使用十分方便。

1.2.4.3　细胞免疫检测技术

（1）流式细胞术　流式细胞术（flow cytometry，FCM）是一种在液流系统中快速

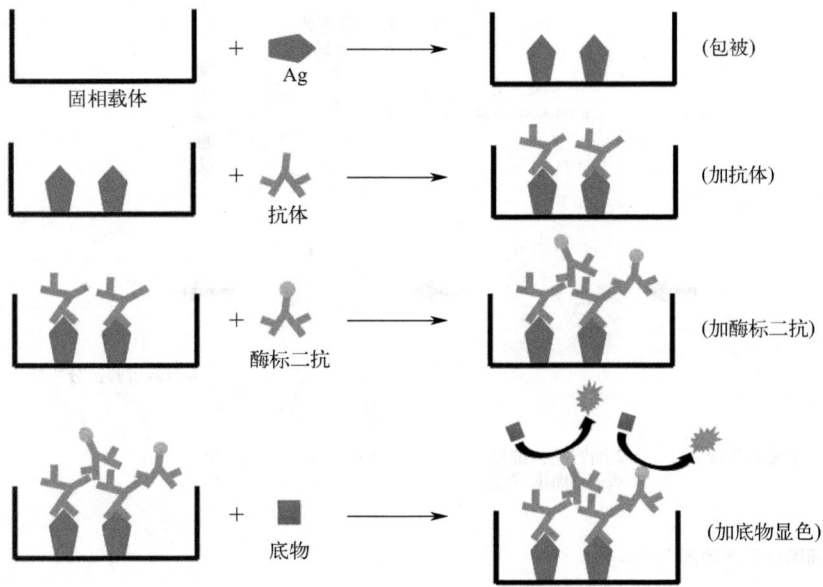

图 1-12 ELISA 基本过程[80]

测定单个细胞或细胞器的生物学性质（数量、比例、细胞大小），并把特定的细胞或细胞器从群体中加以分类收集的技术。其原理是将待测样品（如细胞、细菌等）结合荧光抗体技术，经荧光染料染色后制成样品悬液，在一定压力下通过鞘液包围的进样管而进入流动室，排成单列的细胞，由流动室的喷嘴喷出而成为细胞液流，并与入射激光束相交。细胞被激发而产生荧光，并由放在与入射的激光束和细胞液流成 90°处的光学系统收集（图 1-13）。测定的结果可用单参数直方图、双参数散点图、三维立体图和轮廓（等高）图来表示。

流式染色的具体操作是取一定细胞数量的细胞悬液于流式管中，清洗细胞，再在避光条件下孵育荧光抗体，孵育完成后洗去未结合的抗体并用流式缓冲液重悬，最后用流式细胞仪进行分析。在免疫应答检测实验中，流式细胞术主要有两个最基本的用途：第一是进行淋巴细胞表型分析，可以定量分析鉴定活细胞表面表达的特异分子；第二是进行特定的活细胞群的分离和纯化。

① 淋巴细胞表型分析 淋巴细胞之间从其外观形态难以区分，但这些细胞的确是由功能各异的不同细胞亚群所组成，各种细胞亚群表达各自特殊的表面分子。例如，成熟的 T 淋巴细胞表面表达特异的 CD3 分子。可通过流式细胞术检测这些特征性的表面标志，将细胞分为不同的群或亚群，并对其比例变化进行分析。

② 淋巴细胞功能和分化状态分析 免疫细胞在不同因素的影响下，其表达的分子也会发生变化。通过检测这些分子的变化，可分析细胞功能以及细胞分化状态等。例如未成熟树突状细胞不表达或低水平表达 CD1.1、CD86、CD40 等分子；而一经活化，其表达数量明显增加[82]。因此，可通过检测这些活化标志物的变化来判定细胞状态以及研究影响细胞活化状态的因素。

③ 免疫细胞的分离 在研究免疫细胞功能时，常常需要把某些特异的细胞进行分离

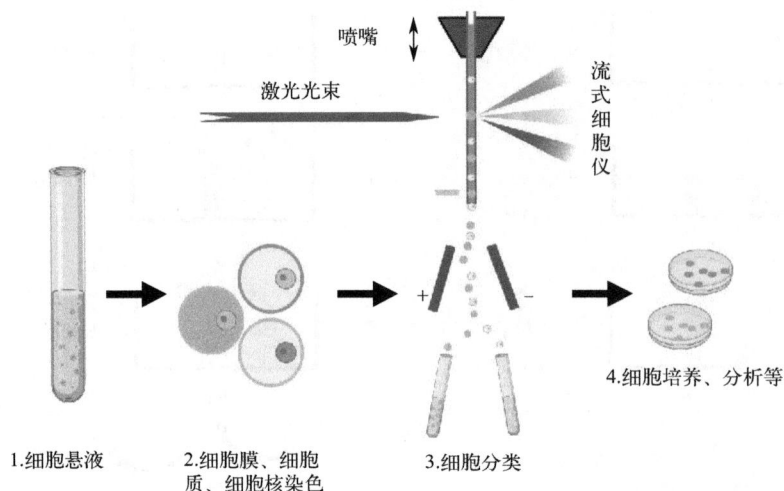

图 1-13　流式细胞仪工作原理[81]

和纯化，流式细胞分选技术（FACS）是目前最为有效和方便的手段。用相应的单克隆抗体与目的细胞结合，再用 FACS 进行分离，就能得到纯度很高的目的淋巴细胞群。

（2）**细胞内因子染色**　细胞内因子染色（ICS）是一种非常有用且广泛使用的基于流式细胞术的检测方法，可检测细胞受刺激后细胞内细胞因子的产生和积累。如用 ICS 检测 Th1 细胞分泌的 IFN-γ、IL-2、TNF-α，Th2 细胞分泌的 IL-4、IL-10 等。该方法具有快速、灵敏度高、高效的特点，可以在同一个细胞内同时检测两种或更多种的细胞因子，也可用于研究不同群体中的单个细胞，以及区分不同的细胞亚群。

具体实验步骤是先用蛋白转运抑制剂（布雷菲德菌素 A 或莫能菌素）处理刺激活化后细胞，使新产生的细胞因子滞留在细胞内；再进行细胞表面分子染色；然后用多聚甲醛对细胞进行固定，破膜剂（皂苷）渗透破膜，用抗细胞因子抗体进行细胞内染色，最后通过流式细胞术检测细胞因子的产生，从而分析相应细胞的功能。

（3）**淋巴细胞转化试验**　淋巴细胞转化试验（lymphocyte transformation test）是体外检测 T 细胞功能的常用方法之一。其原理是：T 细胞膜上具有植物凝集素（PHA）、刀豆素 A（conA）等非特异性丝裂原的受体，当淋巴细胞在体外与 PHA、conA（或 T 细胞与特异性抗原）共同培养时，T 细胞受到刺激，转化为代谢旺盛、蛋白质和核酸合成增加、细胞体积变大的淋巴母细胞，转化率的高低反映机体细胞免疫功能的高低。

淋巴细胞转化试验方法有两种：形态学法和 ^{3}H-胸腺嘧啶核苷（^{3}H-thymidine，简称 ^{3}H-TdR）掺入法。

形态学法的试验结果直接用油镜检查 200 个淋巴细胞和计算转化率，此法简便，无需特殊设备，但判断过渡型细胞时常带主观性，因而准确度较差。

掺入法是在试验中加入 ^{3}H-TdR，转化细胞中均会掺入 ^{3}H-TdR，试验结果用液体闪烁计数器测定，以试验管（加 PHA）与对照管（不加 PHA）的每分钟的脉冲数（cpm）计算刺激指数（SI）。此法结果准确，但需专门仪器。

（4） T 细胞增殖检测试验

① CFSE 标记　荧光染料羟基荧光素二醋酸盐琥珀酰亚胺酯（CFSE），是一种可穿透细胞膜的荧光染料，具有可与细胞特异性结合的琥珀酰亚胺酯基团和具有非酶促水解作用的羟基荧光素二醋酸盐基团，这使得 CFSE 成为一种良好的细胞标记物。

当 CFSE 染料在细胞外时，不具有荧光性质，其能在活细胞内被水解，在 488nm 激发光下产生绿色荧光。当细胞进行分裂增殖时，细胞上标记的荧光会被平均分配至子代细胞中，与亲代细胞相比，荧光强度便会减弱至一半。随着细胞增殖，荧光强度会随着细胞的分裂逐级递减。利用这一特性，CFSE 常被用来检测细胞增殖，监测抗原特异性 T 细胞反应。

CFSE 的具体操作是取一定细胞数量的待测细胞悬液，用预热过的 PBS 清洗，在避光条件下与 CFSE 悬液混合孵育，待孵育完成后用完全培养基终止染色并洗去未结合的 CFSE 染料，细胞重悬后铺板培养。随后根据时间点收集细胞，通过流式细胞仪检测细胞荧光强度的变化，从而分析得出细胞分裂增殖的情况（图 1-14）。

图 1-14　CFSE 标记原理图

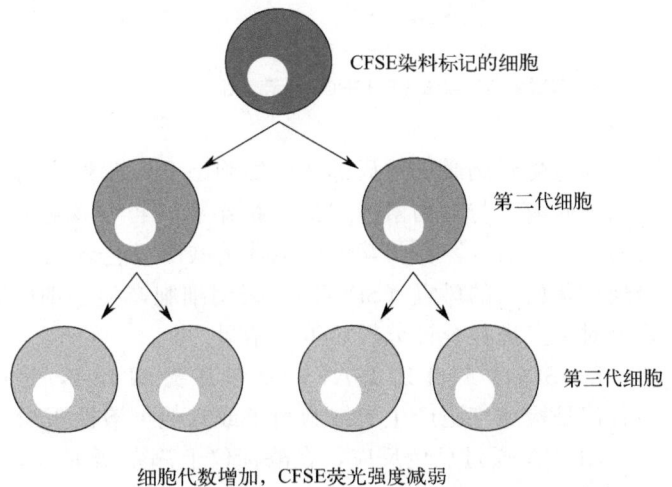

② MTT 法　MTT 是一种黄色的甲氮唑盐，活细胞线粒体中的脱氢酶能将外源性的 MTT 还原为非水溶性的蓝黑色的甲瓒（formazane）产物并沉积在细胞中，二甲基亚砜（DMSO）能溶解细胞中的甲瓒，用酶标检测仪（595nm）测量该产物的光吸收值，可间接反映活细胞数量。该方法可用于 T 细胞增殖试验。该试验不用同位素，是一种敏感、较准确的细胞免疫检测方法。

③ CCK-8 法　CCK-8（cell counting kit）试剂含有 WST-8，其是一种类似于 MTT 的化合物，能被细胞线粒体内的脱氢酶还原为水溶性的橙黄色的甲瓒。细胞增殖越快，则颜色越深；细胞毒性越大，则颜色越浅。对于同样的细胞，颜色的深浅与细胞数目成正比。

CCK-8 法的原理与 MTT 法相同，但与 MTT 法相比，CCK-8 产生的甲瓒是水溶性的，不需要有机溶剂溶解，因此操作更简单，误差更小，重复性更好，但 MTT 更加便宜。

（5）酶联免疫斑点试验（ELISPOT）　ELISPOT 可在单细胞水平检测淋巴细胞对特异性抗原的反应能力及计数特异性抗原刺激下分泌性淋巴细胞产生的情况（图 1-15）。

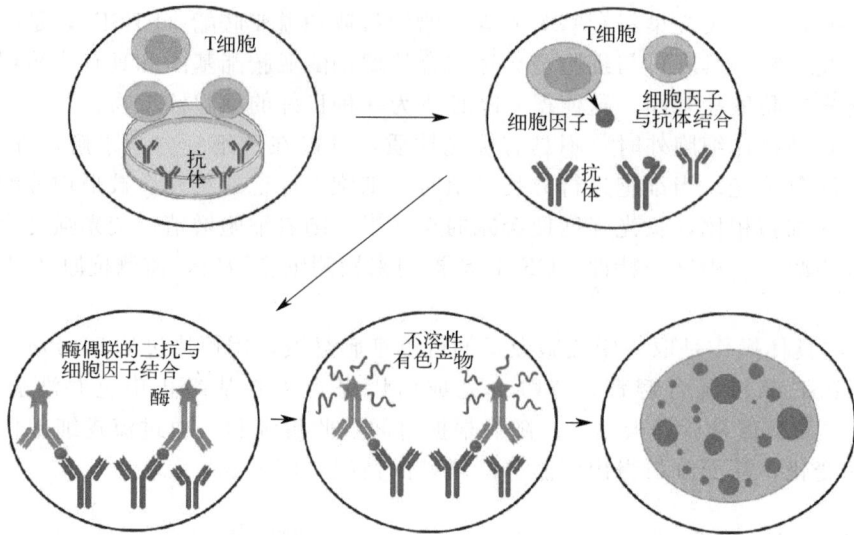

图 1-15 酶联免疫斑点法（ELISPOT）示意图

细胞受到刺激后可局部产生细胞因子，此细胞因子可被特异性单克隆抗体捕获。被捕获的细胞因子与生物素标记的二抗结合，再与辣根过氧化物酶（HRP）或碱性磷酸酶标记的亲和素结合，在与紫色的碱性磷酸酶显色试剂（BCIP/NBT）孵育后，PVDF 孔板会出现"紫色"的斑点（SPOT），表明细胞产生了细胞因子，通过 ELISPOT 酶联斑点分析系统对斑点进行统计分析后得出结果。

ELISPOT 源自 ELISA，又突破传统 ELISA，是定量 ELISA 技术的延伸和新的发展。两者都是检测细胞产生的细胞因子或其他可溶性蛋白。

ELISA 通过显色反应，在酶标仪上测定吸光度，与标准曲线比较得出可溶性蛋白总量，ELISPOT 也是通过显色反应，在细胞分泌某种可溶性蛋白的相应位置上显现清晰可辨的斑点，可通过 ELISPOT 分析系统或人工对斑点进行计数，1 个斑点代表 1 个细胞，从而计算出分泌该蛋白的细胞的数量。由于是单细胞水平检测，ELISPOT 比 ELISA 更灵敏，能从 $2 \times 10^5 \sim 3 \times 10^5$ 个细胞中检出 1 个分泌该蛋白的细胞，且捕获抗体为高亲和力、高特异性、低内毒素单抗，激活细胞时，不会影响活化细胞分泌细胞因子。

参考文献

[1] 姜平. 兽医生物制品学[M]. 3 版. 北京：中国农业出版社，2015.

[2] 罗满林. 兽医生物制品学[M]. 北京：中国农业大学出版社，2019.

[3] 丁明孝. 细胞生物学[M]. 5 版. 北京：高等教育出版社，2020.

[4] 宁宜宝. 兽用疫苗学[M]. 2 版. 北京：中国农业出版社，2019.

[5] 于善谦. 免疫学导论[M]. 3 版. 北京：高等教育出版社，2019.

[6] 曹雪涛. 免疫学前沿进展[M]. 4 版. 北京：人民卫生出版社，2017.

[7] 罗克. 动物的免疫器官、免疫细胞与免疫分子（续）[J]. 福建畜牧兽医，2005（02）：62-69.

[8] 杨超，张晓娜，张园华，等．鸡自然杀伤细胞的分离与免疫表型分析[J]．中国预防兽医学报，2014，36（03）：236-238.

[9] 丁柳，石彬，白冰．γδ T 细胞及其受体多样性的研究进展[J]．细胞与分子免疫学杂志，2020，36（07）：645-650.

[10] 李玩生，曾爽，陈国华，等．猪 γδ T 淋巴细胞亚群的研究进展[J]．中国兽医科学，2011，41（06）：646-650.

[11] 刘胜旺．鸡 T 淋巴细胞表面受体研究进展[J]．国外医学（免疫学分册），1997（06）：323-326.

[12] 吕静，刘文波，刘畅，等．稳定表达猪 CD163 受体的 MARC-145 细胞系的构建[J]．中国兽医学报，2022，42（03）：529-534.

[13] Sun N，Sun P，Lv H，et al. Matrine displayed antiviral activity in porcine alveolar macrophages co-infected by porcine reproductive and respiratory syndrome virus and porcine circovirus type 2[J]. Sci Rep, 2016, 6: 24401.

[14] Wu J，Peng X，Qiao M，et al. Genome-wide analysis of long noncoding RNA and mRNA profiles in PRRSV-infected porcine alveolar macrophages[J]. Genomics, 2020, 112 (2): 1879-1888.

[15] Bordet E，Maisonnasse P，Renson P，et al. Porcine Alveolar Macrophage-like cells are pro-inflammatory Pulmonary Intravascular Macrophages that produce large titers of Porcine Reproductive and Respiratory Syndrome Virus[J]. Sci Rep, 2018, 8 (1): 10172.

[16] Ishikawa S，Miyazawa M，Zibiki Y，et al. Flow cytometric analysis of bronchoalveolar lavage fluid immune dynamics in calves[J]. J Vet Med Sci, 2022.

[17] Ishikawa S，Miyazawa M，Tanaka C，et al. Interferon gamma, lipopolysaccharide, and modified-live viral vaccines stimulation alter the mRNA expression of tumor necrosis factor alpha, inducible nitric oxide synthase, and interferon beta in bovine alveolar macrophages[J]. Vet Immunol Immunopathol, 2022, 244: 110378.

[18] 孙一帆，陆小龙，王晓泉，等．基因 Ⅲ 型新城疫病毒感染鸡外周血单个核细胞后的靶细胞分析[J]．病毒学报，2022，38（01）：168-174.

[19] Boodhoo N，Shojadoost B，Alizadeh M，et al. Ex vivo differential responsiveness to *Clostridium perfringens* and *Lactococcus lactis* by avian small intestine macrophages and T cells[J]. Front Immunol, 2022, 13: 807343.

[20] Peng L，van den Biggelaar R，Jansen C A，et al. A method to differentiate chicken monocytes into macrophages with proinflammatory properties [J]. Immunobiology, 2020, 225 (6): 152004.

[21] 张韬，付钰广，李宝玉，等．猪树突状细胞表面分子 CD103 的表达及其抗血清的制备[J]．畜牧与兽医，2021，53（12）：85-91.

[22] 李红，刘成倩，孙凤萍，等．NMHC-ⅡA 在 PRRSV 感染 Marc-145 细胞过程中的作用[J]．上海农业学报，2018，34（02）：71-75.

[23] 杨倩，周维依，于红欣，等．猪圆环病毒 2 型减少猪肺泡巨噬细胞中伪狂犬病疫苗载量和 CD80-CD86 基因转录[J]．北京农学院学报，2016，31（04）：52-55.

[24] 巩栋梁，雍艳红，韦美兰，等．猪骨髓源树突状细胞体外诱导培养与鉴定[J]．中国预防兽医学报，2018，40（05）：443-446.

[25] Wyatt C R，Brackett E J，Perryman L E，et al. Identification of gamma delta T lymphocyte subsets that populate calf ileal mucosa after birth[J]. Vet Immunol Immunopathol, 1996, 52 (1-2): 91-103.

[26] Howard C J，Sopp P，Parsons K R，et al. Distinction of naive and memory BoCD4 lymphocytes in calves with a monoclonal antibody, CC76, to a restricted determinant of the bovine leukocyte-common antigen, CD45[J]. Eur J Immunol, 1991, 21 (9): 2219-2226.

[27] Zanna M Y，Yasmin A R，Omar A R，et al. Review of dendritic cells, their role in clinical immunology, and distribution in various animal species[J]. Int J Mol Sci, 2021, 22 (15).

[28] 丁伟，刘婷婷，邹映雪，等．HD11 来源 NDV Ex 对鸡骨髓源树突状细胞活化和细胞因子水平的

影响[J]. 中国兽医学报, 2022, 42（01）: 33-40.

[29] 南福龙. 新城疫病毒调节树突状细胞 IL-12 表达及其抑制抗原递呈机制研究 [D]. 吉林大学, 2021.

[30] 孙志永, 姚海飞, 陈奇, 等. 黄曲霉素 B1 对鸡骨髓源树突状细胞成熟能力的影响[J]. 山东畜牧兽医, 2016, 37（09）: 24-25.

[31] Santhakumar D, Iqbal M, Nair V, et al. Chicken IFN Kappa: A novel cytokine with antiviral activities[J]. Sci Rep, 2017, 7（1）: 2719.

[32] Santhakumar D, Rubbenstroth D, Martinez-Sobrido L, et al. Avian interferons and their antiviral effectors[J]. Front Immunol, 2017, 8: 49.

[33] 郑世军. 动物分子免疫学[M]. 北京: 中国农业出版社, 2015.

[34] BRILES W E, McGIBBON W H, IRWIN M R. On multiple alleles effecting cellular antigens in the chicken[J]. Genetics, 1950, 35（6）: 633-652.

[35] Vaiman M, Renard C, LaFage P, et al. Evidence for a histocompatibility system in swine （SL-A）[J]. Transplantation, 1970, 10（2）: 155-164.

[36] Klein J, Bontrop R E, Dawkins R L, et al. Nomenclature for the major histocompatibility complexes of different species: a proposal[J]. Immunogenetics, 1990, 31（4）: 217-219.

[37] Wagner J L. Molecular organization of the canine major histocompatibility complex[J]. J Hered, 2003, 94（1）: 23-26.

[38] Viluma A, Mikko S, Hahn D, et al. Genomic structure of the horse major histocompatibility complex class Ⅱ region resolved using PacBio long-read sequencing technology[J]. Sci Rep, 2017, 7: 45518.

[39] Yuan Y, Zhang H, Yi G, et al. Genetic diversity of MHC B-F/B-L region in 21 chicken populations[J]. Front Genet, 2021, 12: 710770.

[40] Ali A O, Stear A, Fairlie-Clarke K, et al. The genetic architecture of the MHC class II region in British Texel sheep[J]. Immunogenetics, 2017, 69（3）: 157-163.

[41] Grossen C, Keller L, Biebach I, et al. Introgression from domestic goat generated variation at the major histocompatibility complex of Alpine ibex [J]. PLoS Genet, 2014, 10（6）: e1004438.

[42] Miller M M, Taylor R J. Brief review of the chicken Major Histocompatibility Complex: the genes, their distribution on chromosome 16, and their contributions to disease resistance[J]. Poult Sci, 2016, 95（2）: 375-392.

[43] Goto R M, Wang Y, Taylor R L, et al. BG1 has a major role in MHC-linked resistance to malignant lymphoma in the chicken[J]. Proceedings of the National Academy of Sciences of the United States of America, 2009, 106（39）: 16740-16745.

[44] Kaufman J. Innate immune genes of the chicken MHC and related regions[J].Immunogenetics, 2022, 74（1）: 167-177.

[45] 崔治中. 兽医免疫学[M]. 第 2 版. 北京: 中国农业出版社, 2016.

[46] Moon D A, Veniamin S M, Parks-Dely J A, et al. The MHC of the duck （Anas platyrhynchos）contains five differentially expressed class I genes[J]. J Immunol, 2005, 175（10）: 6702-6712.

[47] Taniguchi Y, Matsumoto K, Matsuda H, et al. Structure and polymorphism of the major histocompatibility complex class Ⅱ region in the Japanese Crested Ibis, Nipponia nippon[J]. PLoS One, 2014, 9（9）: e108506.

[48] Lunney J K, Ho C S, Wysocki M, et al. Molecular genetics of the swine major histocompatibility complex, the SLA complex[J]. Dev Comp Immunol, 2009, 33（3）: 362-374.

[49] Viluma A, Mikko S, Hahn D, et al. Genomic structure of the horse major histocompatibility complex class Ⅱ region resolved using PacBio long-read sequencing technology[J]. Sci Rep, 2017, 7: 45518.

[50] Salazar F, Brown G D. Antifungal innate immunity: a perspective from the last 10 years[J]. J

Innate Immun, 2018, 10（5-6）：373-397.

[51] Loo Y M, Gale M J. Viral regulation and evasion of the host response[J]. Curr Top Microbiol Immunol, 2007, 316: 295-313.

[52] Bacon L D, Witter R L, Crittenden L B, et al. B-haplotype influence on Marek's disease, Rous sarcoma, and lymphoid leukosis virus-induced tumors in chickens[J]. Poult Sci, 1981, 60（6）：1132-1139.

[53] Wallny H J, Avila D, Hunt L G, et al. Peptide motifs of the single dominantly expressed class I molecule explain the striking MHC-determined response to Rous sarcoma virus in chickens[J]. Proceedings of the National Academy of Sciences of the United states of America, 2006, 103（5）：1434-1439.

[54] Owen J P, Delany M E, Cardona C J, et al. Host inflammatory response governs fitness in an avian ectoparasite, the northern fowl mite (*Ornithonyssus sylviarum*) [J]. International Journal for Parasitology, 2009, 39（7）：789-799.

[55] Joiner K S, Hoerr F J, van Santen E, et al. The avian major histocompatibility complex influences bacterial skeletal disease in broiler breeder chickens[J]. Vet Pathol, 2005, 42（3）：275-281.

[56] Cotter P F, Taylor R J, Abplanalp H. B-complex associated immunity to Salmonella enteritidis challenge in congenic chickens[J]. Poult Sci, 1998, 77（12）：1846-1851.

[57] Silva A, Gallardo R A. The chicken MHC: Insights into genetic resistance, immunity, and inflammation following infectious bronchitis virus infections[J]. Vaccines (Basel), 2020, 8（4）.

[58] Sayers G, Good B, Hanrahan J P, et al. Major histocompatibility complex DRB1 gene: its role in nematode resistance in Suffolk and Texel sheep breeds[J]. Parasitology, 2005, 131 (Pt 3)：403-409.

[59] 宋晓越, 屈雷, 史雷, 等. 羊 MHC 基因与疾病相关性研究进展[J]. 中国兽医杂志, 2019, 55（08）：59-63.

[60] Jamin A, Gorin S, Le Potier M F, et al. Characterization of conventional and plasmacytoid dendritic cells in swine secondary lymphoid organs and blood[J]. Vet Immunol Immunopathol, 2006, 114（3-4）：224-237.

[61] Igyarto B Z, Lacko E, Olah I, et al. Characterization of chicken epidermal dendritic cells[J]. Immunology, 2006, 119（2）：278-288.

[62] de Geus E D, Jansen C A, Vervelde L. Uptake of particulate antigens in a nonmammalian lung: phenotypic and functional characterization of avian respiratory phagocytes using bacterial or viral antigens[J]. J Immunol, 2012, 188（9）：4516-4526.

[63] Trombetta E S, Mellman I. Cell biology of antigen processing in vitro and in vivo[J]. Annu Rev Immunol, 2005, 23: 975-1028.

[64] de Geus E D, Jansen C A, Vervelde L. Uptake of particulate antigens in a nonmammalian lung: phenotypic and functional characterization of avian respiratory phagocytes using bacterial or viral antigens[J]. J Immunol, 2012, 188（9）：4516-4526.

[65] Fenzl L, Gobel T W, Neulen M L. gammadelta T cells represent a major spontaneously cytotoxic cell population in the chicken[J]. Dev Comp Immunol, 2017, 73: 175-183.

[66] Koutsakos M, Kedzierska K, Subbarao K. Immune responses to avian influenza viruses[J]. J Immunol, 2019, 202（2）：382-391.

[67] Chen X, Liu S, Goraya M U, et al. Host immune response to influenza A virus infection[J]. Front Immunol, 2018, 9: 320.

[68] Hamada H, Bassity E, Flies A, et al. Multiple redundant effector mechanisms of CD8+ T cells protect against influenza infection[J]. J Immunol, 2013, 190（1）：296-306.

[69] Seo S H, Webster R G. Cross-reactive, cell-mediated immunity and protection of chickens from lethal H5N1 influenza virus infection in Hong Kong poultry markets[J]. J Virol, 2001, 75（6）：2516-2525.

[70] Collisson E W, Pei J, Dzielawa J, et al. Cytotoxic T lymphocytes are critical in the control of infectious bronchitis virus in poultry[J]. Dev Comp Immunol, 2000, 24（2-3）：187-200.

[71] Grant E J, Chen L, Quinones-Parra S, et al. T-cell immunity to influenza A viruses[J]. Crit Rev Immunol, 2014, 34（1）：15-39.

[72] Dai M, Xu C, Chen W, et al. Progress on chicken T cell immunity to viruses[J]. Cell Mol Life Sci, 2019, 76（14）：2779-2788.

[73] Zheng Y, Guo Y, Li Y, et al. The molecular determinants of antigenic drift in a novel avian influenza A（H9N2）variant virus[J]. Virol J, 2022, 19（1）：26.

[74] Hirai K, Shimakura S, Kawamoto E, et al. The immunodepressive effect of infectious bursal disease virus in chickens[J]. Avian Dis, 1974, 18（1）：50-57.

[75] Zhou Z, He H, Wang K, et al. Granzyme A from cytotoxic lymphocytes cleaves GSDMB to trigger pyroptosis in target cells[J]. Science, 2020, 368（6494）.

[76] 姜平. 兽医生物制品学[M]. 北京：中国农业出版社，2015.

[77] Peng B, Wei M, Zhu F, et al. The vaccines-associated Arthus reaction[J]. Human Vaccines & Immunotherapeutics, 2019, 15（11）：2769-2777.

[78] Sedgwick J D, Holt P G. A solid-phase immunoenzymatic technique for the enumeration of specific antibody-secreting cells[J]. J Immunol Methods, 1983, 57（1-3）：301-309.

[79] 古晶晶，杨继辉，杨婷婷，等. 多参数流式细胞术分选人骨骼肌源性血管内皮细胞和血管外膜细胞的方法[J]. 中国组织工程研究，2018，22（21）：3357-3364.

[80] Wu Z, Rothwell L, Young J R, et al. Generation and characterization of chicken bone marrow-derived dendritic cells[J]. Immunology, 2010, 129（1）：133-145.

[81] van den Biggelaar R, Arkesteijn G, Rutten V, et al. In vitro chicken bone marrow-derived dendritic cells comprise subsets at different states of maturation[J]. Front Immunol, 2020, 11：141.

[82] Dalgaard T S, Norup L R, Rubbenstroth D, et al. Flow cytometric assessment of antigen-specific proliferation in peripheral chicken T cells by CFSE dilution[J]. Vet Immunol Immunopathol, 2010, 138（1-2）：85-94.

1.3

三类兽用生物制品介绍

1.3.1　疫苗

疫苗（vaccine）来自拉丁语"*vaccinus*"，为纪念英国医生 Edward Jenner，法国微生物学家 Louis Pasteur 将疫苗一词命名为"vaccine"，寓意为可免除瘟疫的武器。事实上，中国古代智者发明的"人痘"及"种痘"技术是疫苗和疫苗接种的鼻祖，英国改良制备的"牛痘"是人工疫苗接种的开端。牛痘疫苗的接种使得烈性传染病"天花"在全世界被消灭，是人类医学史上非常伟大的成就，成为疫苗免疫学的应用典范[1]。

1.3.1.1 疫苗的种类

疫苗是用各类病原微生物制作的用于预防接种的生物制品，接种动物后可产生主动免疫和预防疾病的效果。通常兽用疫苗根据抗原种类，可大致划分为细菌性疫苗、病毒性疫苗和寄生虫性疫苗；根据抗原的性质和制备工艺，又可分为活疫苗、灭活疫苗、基因工程疫苗、核酸疫苗和病毒抗体复合物疫苗等[2]。

（1）活疫苗 活疫苗是指一种病原致病力减弱但仍具有活力的完整病原疫苗，也就是用人工致弱或自然筛选的弱毒株，经培养后制备的疫苗，又常称为弱毒疫苗。其优点是抗原可在免疫动物体内繁殖，能够刺激机体产生全身免疫和局部免疫应答；免疫期长，有利于清除局部野毒；用量小，成本低，使用方便。缺点是弱毒株的毒力易返强，对一些极易感动物存在一定的危险性，其免疫效果易受多种因素的影响，且运输和保存有一定的条件限制，要求在低温、冷暗条件下运输和储存。为了延长保存期，常采用真空冷冻干燥工艺制备，又称冻干活疫苗。现代的基因缺失活疫苗、基因工程活载体疫苗等也属于活疫苗范畴。

（2）灭活疫苗 灭活疫苗是指病原微生物经理化方法灭活后制造的疫苗，灭活后的病原微生物仍然保持免疫原性，接种后使动物产生特异免疫力，因为病原被灭活，不能在动物体内繁殖，因而又被称为死疫苗。其优点是病原微生物被灭活，比较安全，无毒力返祖现象；有利于制备多价或多联等混合疫苗；制品稳定，受外界环境影响小，便于运输和储存。缺点是免疫剂量大，生产成本高，需要多次免疫，动物接种后免疫反应较大；而且该类疫苗一般只能诱导机体产生体液免疫和免疫记忆，通常需要使用佐剂来增强免疫效果。

（3）基因工程疫苗[3] 基因工程疫苗是用分子生物学技术对病原微生物的基因组进行改造，以降低其致病性，提高其免疫原性，该类疫苗不能在机体增殖，但可有效诱导机体产生体液免疫应答，并且可激活细胞毒性 T 淋巴细胞而诱导细胞免疫应答。主要包括基因工程亚单位疫苗、基因工程活载体疫苗、转基因疫苗和口服疫苗等。

亚单位疫苗（subunit vaccine）是利用单一蛋白质抗原分子来诱导免疫反应的，因此，在研制亚单位疫苗时，首先要明确编码具有免疫活性的特定抗原的 DNA，一般选择病原体表面糖蛋白编码基因；而对于易变异的病毒（如 A 型流感病毒），则可选择各亚型共有的核心蛋白的主要保护性抗原基因序列。过去认为，只有能诱导中和抗体的表面抗原才具有保护性，现在已知有些内部抗原如乙肝病毒的核心抗原，甚至某些非结构蛋白，如乙型脑炎病毒的 NS1 蛋白也有保护作用。目前应用于亚单位疫苗生产的表达系统主要有大肠杆菌、枯草杆菌、酵母、昆虫细胞、哺乳动物细胞等，猪圆环病毒亚单位疫苗现已商品化。

基因工程活载体疫苗（genetic engineering live vector vaccine）是指利用基因工程技术使非致病性微生物（病毒或细菌）携带并表达某种特定病原的保护性抗原基因的活疫苗。该类疫苗诱导动物产生的免疫较为广泛，包括体液免疫和细胞免疫，甚至黏膜免疫，因此可以避免重组亚单位疫苗的很多缺点。如果载体中同时插入多个不同病原的外源基因，就能制备成多联或多价疫苗，实现一针防多病的目的。该类疫苗兼具灭活疫苗的安全性好及活疫苗的免疫效果好、成本低等优点，是基因工程疫苗中最具发展意义的疫苗之一。目前，常用的载体病毒或细菌有痘病毒、腺病毒、疱疹病毒、大肠杆菌和沙门氏菌等。

① 痘病毒活载体疫苗 痘病毒是研究最早成功的载体病毒之一，它具有宿主范围

广、增殖滴度高、稳定性好、基因容量大以及非必需区基因多等特点。目前，应用痘病毒载体已成功表达了人类免疫缺陷病毒（HIV）、流感病毒、鸡新城疫病毒、传染性支气管炎病毒、鸡马立克病毒、传染性喉气管炎病毒和小反刍兽疫病毒等的保护性抗原基因，且免疫后攻毒保护效果良好。哈尔滨兽医研究所研制的鸡传染性喉气管炎重组鸡痘病毒基因工程疫苗和禽流感重组鸡痘病毒载体活疫苗（H5 亚型）已通过新兽药注册。

② 腺病毒活载体疫苗 腺病毒作为活载体具有许多优点：腺病毒粒子稳定性良好，安全性较好，可以插入较大的外源基因，宿主细胞较为广泛，表达的蛋白质具有天然活性。因此，腺病毒作为活载体用于基因工程疫苗的研发和肿瘤的治疗具有良好的应用前景。目前已有许多病毒的抗原保护性基因通过腺病毒载体表达成功，如鸡传染性法氏囊病病毒的 *VP2* 基因、鸡传染性支气管炎病毒的 *S1* 基因和禽流感病毒的 *HA* 基因，并且都能起到良好的免疫保护效果。有关腺病毒作为活载体表达口蹄疫病毒、伪狂犬病毒、猪瘟病毒和猪繁殖与呼吸综合征病毒的保护性抗原基因的研究报道也较多。

③ 疱疹病毒活载体疫苗 疱疹病毒的基因组较大（约 150kb），可以插入多个外源基因。利用疱疹病毒构建的活载体疫苗可诱导特异性黏膜免疫。作为载体用于基因工程疫苗研究的疱疹病毒主要包括伪狂犬病毒、火鸡疱疹病毒、Ⅰ型牛疱疹病毒、单纯疱疹病毒、河马疱疹病毒Ⅰ型。其中，伪狂犬病毒活载体疫苗是病毒基因工程疫苗研究中的热点，火鸡疱疹病毒作为活载体在禽病基因工程疫苗的研究中应用较多。

④ 沙门氏菌活载体疫苗[4] 减毒沙门氏菌是良好的细菌活疫苗载体，减毒后的沙门氏菌保持了较好的侵入巨噬细胞和树突状细胞的能力。因此，重组沙门氏菌疫苗能够有效刺激机体的全身免疫和局部黏膜免疫，且可以采用口服或滴鼻等非注射的方式进行免疫，具有良好的应用前景。以减毒沙门氏菌为载体成功表达的猪病原外源抗原包括猪繁殖与呼吸综合征病毒的 gp5 蛋白、猪流行性腹泻病毒的 S 蛋白、猪圆环病毒的 Cap 蛋白和猪瘟病毒的 E2 蛋白等，动物实验结果表明这些口服的重组减毒沙门氏菌活疫苗均能诱导机体产生较强的细胞免疫应答，表现出良好的应用前景。

⑤ 转基因植物疫苗 转基因植物疫苗（transgenic plant vaccine），或可食疫苗，是利用植物作"工厂"生产疫苗，即利用转基因植物技术生产疫苗的新技术。该疫苗将编码免疫原的基因克隆进入含有能启动基因表达和表达终止的植物调节序列的表达框，然后进行植物转染。能自动复制的植物病毒也可在植物中表达外源基因，可将免疫原的表位融合在植物病毒表面外膜蛋白末端（或在其内）。由于这个外源基因没有重组到植物基因组中，所产生的植物后代并不含有这个外源遗传基因。因此，生产这类疫苗时必须将宿主植物和嵌合病毒一起接种。其优点是：能在较短的时间（8～9 周）内表达出高量的外源蛋白。转基因用植物以香蕉、苹果、番茄、黄瓜、香瓜和马铃薯等为好，人、畜食（饲）用转基因瓜果蔬菜后，即可获得免疫原，产生免疫力。目前已有多种疫苗在转基因植物中得以表达成功，并且血清中和试验表明能发生免疫沉淀反应，这些转基因疫苗包括乙肝表面抗原、大肠杆菌热敏肠毒素亚单位抗原、口蹄疫病毒抗原、狂犬病毒糖蛋白以及霍乱毒素等。

⑥ 分泌抗原疫苗 代谢分泌抗原是虫体（弓形虫）在入侵宿主细胞及细胞内外增殖游离过程中向体外释放的可溶性抗原成分，包括致密颗粒蛋白、棒状体蛋白和微线体蛋白等，较其他可溶性抗原和包囊抗原能更好地诱导细胞免疫反应，是研制寄生虫疫苗的一种较好策略方法，如抗弓形虫疫苗。

（4）**核酸疫苗**　核酸疫苗包括 mRNA 疫苗和 DNA 疫苗。mRNA 是一种天然存在的分子，可以产生靶标蛋白或免疫原，激活体液免疫及 T 细胞免疫反应，以对抗各种病原体。mRNA 疫苗利用的是病毒的基因序列而不是病毒本身，因此，mRNA 疫苗具有不带有病毒成分，没有感染风险的优势。由于 mRNA 分子量较大且带负电，无法通过细胞膜的阴离子脂质双层；在体内 mRNA 会被先天性免疫系统的细胞吞噬，并被核酸酶降解，因此，制备 mRNA 递送载体是关键瓶颈之一。目前，已经为此开发了许多基于创新材料的解决方案，常见的有脂质纳米颗粒（LNP）、聚合物和聚合物纳米颗粒等其他递送系统。目前 mRNA 疫苗的制剂形式主要有液体制剂和冻干制剂，已上市的两款 mRNA-LNP 疫苗均为溶液制剂，并需要超低温储存。

DNA 疫苗是通过基因工程技术，将病原微生物的保护性抗原基因定向插入能在动物细胞内表达的质粒载体，构建的重组真核表达质粒作为疫苗直接注入动物体内，在动物细胞内产生功能性蛋白并激发免疫系统产生免疫应答[5]。DNA 疫苗的作用过程类似于病原的自然感染，并能通过 MHC Ⅰ类分子和 MHC Ⅱ类分子的途径呈递所表达的抗原，可同时活化 CD4$^+$ T 细胞、CD8$^+$ T 细胞。但也存在潜在威胁：如果外源 DNA 整合到宿主染色体中可能引起插入突变；外源抗原的长期表达及在体细胞的转移可能导致免疫病理反应；可能产生抗 DNA 抗体，导致自身免疫反应；所表达的抗原也可能具有其他的生物活性等。目前进入临床试验的核酸疫苗有艾滋病 DNA 疫苗和疟疾 DNA 疫苗。我国动物疫苗中唯一获得新兽药注册的 DNA 疫苗为禽流感 DNA 疫苗（H5 亚型，Ph5-GD）。

（5）**病毒-抗体复合物疫苗**　病毒-抗体复合物疫苗（virus-antibody complex vaccine）是由特异性高免血清或抗体与适当比例的相应病毒组成。其特点是可以延缓病毒释放，提高疫苗安全性和免疫效果。其制造关键是病毒与抗体的比例要适度，一般以"延缓病毒释放"为度。目前，已研制成功并被批准投放市场的有传染性法氏囊病毒-抗体复合疫苗（美国），其显著优点是突破母源抗体的干扰。

（6）**化学合成疫苗**　采用化学方法合成的具有抗原决定簇表位的疫苗，常见的有合成肽疫苗。抗原的核心结构是一种仅含免疫决定簇组分的小肽，即用人工方法按天然蛋白质的氨基酸顺序合成保护性短肽，与载体连接后加佐剂所制成的疫苗，是研制预防和控制感染性疾病和恶性肿瘤的新型疫苗的主要方向之一。合成肽疫苗分子由多个 B 细胞抗原表位和 T 细胞抗原表位共同组成，大多需与一个载体骨架分子相耦联。口蹄疫病毒（FMDV）合成肽疫苗是首个商品化的兽用合成肽疫苗，是将 FMDV 的 B 细胞抗原表位（VPI 环）与 T 细胞抗原表位结合而成。目前国内现有该类兽用疫苗有一类新兽药 1 种[猪圆环病毒 2 型合成肽疫苗（多肽 0803＋0806）]和 9 种三类新兽药（均为口蹄疫合成肽疫苗）。

1.3.1.2　疫苗的组成

疫苗的基本成分包括抗原、佐剂、免疫调节剂、冻干保护剂、防腐剂、灭活剂及其他相关成分。这些基本成分保证疫苗能够有效刺激机体，产生针对病原微生物的特异性免疫反应，同时确保疫苗在制备和保存过程中的稳定性[2,6]。

（1）**抗原**　在体内能刺激免疫系统发生免疫应答，并诱导机体产生可与其起特异反应的抗体或效应细胞的物质，称为抗原（Ag）。抗原是疫苗中最重要的有效活性成分，免疫原性和反应原性是抗原的两个基本特性。

抗原通常可以分为两类：完全抗原（complete antigen），指具有免疫原性和免疫反应性（反应原性）的抗原物质，如微生物和异种蛋白质；半抗原（hapten），又称不完全抗原（incomplete antigen），指本身只有反应原性而无免疫原性的简单小分子抗原物质，如某些多糖、类脂和药物等。半抗原单独作用时无免疫原性，当与蛋白质载体结合形成半抗原-载体复合物时，即可获得免疫原性。这种复合物不但可刺激机体产生针对半抗原的抗体，也可刺激机体产生针对蛋白质载体的抗体。

抗原决定簇（antigenic determinant）指存在于抗原性物质表面的能够决定抗原特异性的特殊化学基团，又称表位（epitope）。抗原可通过表面抗原决定簇与相应淋巴细胞表面抗原受体结合而激发免疫应答，也可通过表面抗原决定簇与相应抗体和/或致敏淋巴细胞特异性结合而诱发免疫反应。因此，抗原决定簇是免疫应答和免疫反应具有特异性的物质基础。有功能性（抗原）决定簇和隐蔽的（抗原）决定簇两类。存在于抗原分子表面，能被淋巴细胞识别，启动免疫应答，同时能与抗体和/或致敏（效应）淋巴细胞特异性结合而诱发免疫反应的抗原决定簇，称为功能性（抗原）决定簇。存在于抗原分子内部，不能被淋巴细胞识别，无法触发免疫应答的抗原决定簇，称为隐蔽的（抗原）决定簇。

医学上重要的抗原包括病原微生物、细菌外毒素、类毒素、嗜异性抗原、血型抗原和自身抗原、肿瘤抗原等。病原微生物，如细菌、病毒、支原体等均为良好的抗原，这些微生物虽然结构简单，但其化学组成相当复杂，含有多种性质不同的蛋白质以及与蛋白质结合的多糖和类脂，因此是由多种不同抗原成分组成的复合体。以细菌为例，其主要抗原又包括表面抗原、菌体抗原、鞭毛抗原和菌毛抗原。外毒素（extoxin）是某些细菌在生长代谢过程中分泌到菌体外的毒性物质，其主要成分为蛋白质，有很强的抗原性；外毒素经 0.3%～0.4% 甲醛溶液处理后，丧失毒性作用而保留原有抗原性，即为类毒素（toxoid）。

兽用生物制品抗原成分主要来源于动物器官组织、细胞培养产物和微生物发酵培养产物等。其中，动物器官组织主要包括鸡胚，兔、猪、牛、羊等动物的脾脏、淋巴结、肝脏、肺脏和脑组织等。细胞培养产物主要包括用于病毒培养的动物传代细胞、原代细胞和昆虫细胞等。微生物发酵培养产物主要包括真菌（酵母）发酵培养产物和细菌发酵培养产物等。

（2）佐剂　佐剂（adjuvant）一词来源于拉丁语，原为辅助之意，在免疫学和生物制品学上又称为免疫佐剂（immunologic adjuvant）。传统的概念为：当一种物质先于抗原或与抗原混合或同时注射于动物体内，能非特异性地改变或增强机体对该抗原的特异性免疫应答，发挥其辅佐作用的，都称为佐剂。最新的概念为：凡是可以增强抗原特异性免疫应答的物质均称为佐剂。其作用特点是：①能明显增强多糖或多肽等抗原性微弱的物质诱导机体产生特异性免疫应答；②用最少量的抗原和最少的接种次数刺激机体可产生足够的免疫应答和高滴度的抗体，在血流或黏膜表面能维持较长的时间，发挥持久的作用效果[1]。

佐剂加强免疫反应的机理非常复杂，至今尚不完全清楚。佐剂的作用主要包括：①改变正常免疫机能，吸引大量抗原呈递细胞加工处理抗原；②改变抗原的构型，使抗原物质降解并加强其免疫原性；③延长抗原在组织内的贮存时间，使抗原缓慢降解和释放，并发挥免疫系统的细胞间协同作用（抗原呈递细胞与T细胞，T细胞与B细胞）。

目前，佐剂的种类有很多，已被证实有免疫增强作用的物质多达百种以上，但在佐剂的分类上尚无一致意见。按佐剂物理性质，通常可把佐剂分为两大类：颗粒型佐剂和非颗粒型佐剂；按佐剂的生物学性质（即 Ballanti 分类法），可分为微生物及其组分与非微生物物质两大类；按佐剂在体内存留的时间，则可分为贮存型佐剂（depot type adjuvant）和非贮存型佐剂（non-depot type adjuvant）。颗粒型佐剂多半属于贮存型的，非颗粒型佐剂大多属于非贮存型佐剂。兽用常用佐剂如下。

① 油佐剂　白油（white oil），别名石蜡油（paraffin oil）是兽用疫苗应用最广泛的佐剂，是石油经过特殊的深度精制后的矿物油，为态体烃类的混合物。白油无色、无味、化学惰性、光稳定性能好，基本组成为饱和烃结构，主要成分为 C16～C31 的正异构烷烃的混合物。早在 1916 年，法国学者 Le Miognac 和 Pinoy 以羊毛脂作为乳化剂，制备了石蜡油和鼠伤寒沙门氏菌悬液乳化实验疫苗，并且获得了增效效果。乳化剂和乳化技术是制备白油佐剂的关键，常用的乳化剂主要为甘露醇单油酸酯系列衍生物，如 Span80、Span85、Tween80 和 Tween85 等。以白油为主要成分的代表佐剂包括弗氏佐剂（Freund's adjuvant）、Montanide ISA 206 佐剂等。由于白油不容易代谢，用角鲨烯替代研发的佐剂如 MF59，AS01 已逐渐应用于人用疫苗的制作。MF59 的成分包含 1％鲨烯、0.5％ Tween80 和 0.5％三油酸聚山梨酯，是经高压均质后形成的稳定水包油乳液，它是第一个被列入人用新型疫苗的佐剂，是欧洲第一个被批准的添入流感疫苗的佐剂。添加免疫增强剂是油佐剂的另一研究方向，如 MPL 和 QS-21，在带状疱疹病毒疫苗的生产中实现了商业化应用。

② 铝佐剂　铝佐剂是第一个被批准用于人类疫苗的佐剂，其对于胞外繁殖的细菌及寄生虫抗原是良好的无机盐类佐剂，目前也广泛应用于兽用疫苗的制备。铝佐剂主要包括氢氧化铝胶、各种明矾和磷酸铝等。此类佐剂与蛋白质抗原混合后成为凝胶状态，可较长时间存留在体内，即形成抗原"贮存库"，持续释放抗原并发挥刺激作用。主要诱导体液免疫应答，可刺激机体迅速产生持久的高水平抗体，抗体以 IgG1 类为主，刺激产生 Th2 型反应。兽用细菌性疫苗、毛皮动物用的疫苗常用此佐剂。

③ 脂质体　脂质体（liposome，LS）是一种新型免疫佐剂，已在免疫学中得到广泛应用，主要作为抗原、淋巴因子的载体。LS 是由人工合成的双分子层磷脂单层或多层微球体，直径 25～1000nm 不等。脂质体能将抗原传递给合适的淋巴细胞，促进抗原对 APC 的定向作用。脂质体的佐剂效应主要来源于接种局部的仓库效应，使抗原缓慢释放，促进抗原向巨噬细胞的有效呈递，同时增强机体介导的体液免疫应答和细胞免疫应答，增强对试验动物的保护作用，也可以作为半抗原载体，诱发半抗原特异的免疫反应。LS 对强酸强碱稳定，通过胃肠道时，其结构和性能不会受到太大影响。

④ 细胞因子佐剂　细胞因子在调节先天性免疫和特异性免疫中发挥着关键作用，能增强疫苗的特异性免疫反应。它是免疫原、丝裂原或其他刺激剂诱导多种细胞产生的低分子量可溶性蛋白或小分子多肽，是可在细胞间传递信息、具有免疫调节和效应功能等作用的高活性、多功能的蛋白质或多肽。多种细胞因子都被证明具有明显的免疫佐剂效应，目前研究较多的主要集中在白细胞介素（IL）、干扰素（IFN）、粒巨噬细胞集落刺激因子（GM-CSF）等方面。

⑤ 模式识别受体佐剂　免疫系统对抗外来抗原，首先需要识别并区分外来抗原和自身抗原。这一识别过程由先天免疫细胞，即树突状细胞或巨噬细胞通过模式识别受体（pattern recognition receptor，PRR）完成。真菌、细菌和病毒等病原感染时，树突状细胞、巨噬细胞的 PRR 通过识别抗原具有而自身不具有的模式配体（pathogen-associated molecular pattern，PAMP）激活下游信号通路细胞因子，产生先天免疫反应。PRR 类型主要有 Toll 样受体、NOD 样受体、RIG-1 样受体、C 类凝集素受体、胞内 DNA 感知分

子等。

⑥ 免疫刺激复合物佐剂　免疫刺激复合物佐剂（ISCOM）是由两亲性抗原 Quil A 及胆固醇以 1∶1∶1 的分子比例混合共价结合而成的有较高免疫活性的脂质小泡，每个小泡直径 40nm。Quil A 是从皂树皮中提取的一种糖苷，纯化的 Quil A 能与病毒被膜蛋白或细菌和寄生虫的外膜蛋白的疏水基结合。ISCOM 是一种全新的抗原呈递系统，对机体有免疫增强作用，具有佐剂和抗原呈递的双重功能：可增强机体对大多数抗原的体液免疫和迟发型变态反应，诱导 γ-IFN 分泌，调节 MHC Ⅱ 类抗原表达，刺激机体产生抗非感染性抗原的 MHC Ⅰ 类限制的 CD8$^+$ 细胞毒性 T 细胞；ISCOM 作为吞噬性抗原，也可以通过皂素与膜结构相互螯合达到胞质。目前，已有 20 多种病毒的亲水脂蛋白以及若干种细菌和原生动物的膜蛋白被用于制备 ISCOM。

⑦ 纳米佐剂　该类佐剂呈纳米大小，由特殊材料和工艺制成，可以生物降解、可吸附抗原，能够通过改变相应组分的浓度来操纵降解动力学，以一种迟发连续的或者脉冲的方式释放，从而能够有效地将抗原呈递给抗原呈递细胞（APC），具有较好的免疫佐剂作用。目前，阳离子和阴离子聚丙乙交酯（PLG）已经被用于吸附各种抗原包括质粒 DNA、重组蛋白以及免疫刺激寡核苷酸，它们与铝佐剂相比较，佐剂作用更强，但毒副作用微小。制备该类佐剂疫苗，应考虑微抗原包载量、抗原与不同大小微球的结合程度、抗原微囊化后的稳定性、微球储存期间稳定性和微球疫苗的安全性等。有报道使用 0.04～0.05μm 的固体惰性纳米球可以有效地将抗原递送到 APC，产生有效的体液和 CD8$^+$ T 细胞免疫，免疫两周后就能够保护动物免受肿瘤的伤害而且还能够清除大的肿瘤团块。

（3）免疫调节剂　免疫调节剂（immunoregulative preparation）也称免疫增强剂，是一类能增强、促进和调节免疫功能的非特异性生物制品，它对治疗免疫功能低下、某些继发性免疫缺陷症和某些恶性肿瘤等疾病具有一定的作用，但对免疫功能正常的动物及人却不起什么作用。其主要机制是通过非特异性方式增强 T、B 淋巴细胞的反应性，或是促进巨噬细胞的活性，也可以激活补体或诱导干扰素的产生。

① 化学性免疫调节剂　左旋咪唑、咪喹莫特是化学性免疫增强剂的代表。左旋咪唑原本是一种广谱驱线虫药，1971 年法国学者在试验动物身上发现并证实其能促使有免疫缺陷或免疫抑制者恢复免疫防御功能。左旋咪唑免疫调节的作用机制有：诱导机体产生各种淋巴因子，作用于 T 淋巴细胞，诱导前期 T 细胞分化成熟为功能性 T 细胞，并使功能失调的 T 细胞、巨噬细胞和中性粒细胞恢复正常功能，促进胸腺细胞进行有丝分裂，增强单核细胞的趋化和吞噬作用，激活巨噬细胞和粒细胞移动抑制因子，诱生内源性干扰素，从而提高免疫功能和抗病毒疗效。研究发现，左旋咪唑作为 DNA 疫苗佐剂，能够增强 DNA 疫苗的细胞和体液免疫水平，尤其对 CD8$^+$ T 细胞的免疫反应具有很强的诱导作用。咪喹莫特是 Toll 样受体 7 的激动剂，其作为 HPV DNA 疫苗的佐剂可增强细胞和体液免疫水平。

② 微生物类免疫调节剂　某些死菌的菌体成分与抗原一起注射，具有明显的佐剂效应，这一类微生物活性物质主要是革兰氏阴性菌细胞壁外层的脂多糖（lipopolysaccharide，LPS）、百日咳杆菌毒素、霍乱弧菌毒素、破伤风类毒素和分枝杆菌壁中的一些成分。LPS 是菌体的内毒素，是由多糖和类脂 A 组分构成的，其活性主要来自类脂 A。LPS 对体液和细胞免疫力都有提升作用，并可提高对蛋白和多糖抗原的免疫应答。MPL 是脱毒的 LPS，可作用于各类不同的细胞，最主要的是多形核白细胞及巨噬细胞，对亚群 B 淋巴细胞有激活作用，使它们分化分泌 IgM，导致敏感 B 淋巴细胞的非特异激活，

而且使由同时注射的抗原特异地刺激过的 B 淋巴细胞增生。

毒素也属于微生物免疫调节剂的一种。霍乱毒素（CT）和大肠杆菌不耐热肠毒素（LT），这两个毒素如用于黏膜免疫，不但本身具有高免疫性，同时也具有佐剂效用。CT、LT 在核酸序列上有 80% 相似性，且二者结构相似，都是由 A、B 两个区所组成，其中 B 区具有主要免疫学作用，由五个相同分子以非共价键方式结合成环状结构 B 亚单位，与肠道表皮细胞受体有极高亲和力。而 A 区是毒素的生物学活性部分，具有酶活性，由 A1 和 A2 两个亚区以二硫键结合在一起。

③ 植物类免疫调节剂　某些植物成分具有免疫调节作用，目前证实中药和复方发挥免疫调节作用的物质基础主要为多糖、黄酮、皂苷和生物碱等，如黄芪多糖、人参皂苷等。具有增加胸腺、脾脏和禽法氏囊等免疫器官的重量及指数，对抗环磷酸胺、放射线、化学药物等所致的免疫器官的损伤，恢复脾脏和淋巴系统的功能；活化和增强免疫细胞包括 T 淋巴细胞、B 淋巴细胞、NK 细胞和白细胞等的功能；促进淋巴细胞 DNA 的合成，提高淋巴细胞转化率、T 淋巴细胞百分率，激活单核巨噬细胞功能，加强其吞噬、处理、呈递抗原的作用；促进白细胞介素、干扰素、肿瘤坏死因子等分泌，增强其活性，刺激补体、溶菌酶等物质产生。另有研究发现对多糖进行硫酸化修饰或者硒化修饰等分子修饰，能进一步提高中药多糖或糖苷的免疫调节作用。

④ 生化类免疫调节剂　主要包括转移因子、胸腺素、囊素等。

转移因子（transfer factor，TF）是一种由淋巴细胞产生的低分子核苷酸和多肽的复合物，无免疫原性，有种属特异性。制剂有两类：特异性 TF，自某种疾病康复者的淋巴细胞中提取，能把供者的某一特定细胞免疫能力特异地转移给受者；非特异性 TF，从健康人的淋巴细胞中提取，可非特异地增强机体的细胞免疫功能，促进干扰素的释放，刺激 T 细胞的增殖，并使它产生各种介导细胞免疫的介质，如移动抑制因子等。TF 已被用于治疗麻疹后肺炎、单纯疱疹和带状疱疹等病毒性疾病，播散性念珠菌（白假丝酵母）病、球孢子菌病和组织胞浆菌病等真菌性疾病，以及原发性肝癌、白血病和肺癌等恶性肿瘤等等。

胸腺素（thymosin）是一种从小牛、羊或猪的胸腺中提取的可溶性多肽，具有促进 T 细胞分化、成熟以及增强 T 细胞免疫功能的作用。胸腺素可以促使骨髓造血干细胞发育为 T 淋巴细胞，增加各种淋巴因子如 IFN-α、IFN-β 的分泌，具有明显增强并调节 T 细胞免疫功能的作用；可以促进淋巴细胞的转化，增强巨噬细胞的吞噬活性，调节免疫平衡等。胸腺素可用于治疗细胞免疫功能缺陷或低下等疾病，如先天性或获得性 T 细胞缺陷症、艾滋病，某些自身免疫病、肿瘤以及由免疫缺陷而引起的病毒感染等病症。

囊素来自法氏囊，法氏囊超滤物（1kDa 以下）中含有许多生物活性物质，其中的囊素（bursin，BS）作为法氏囊组织中唯一已知的活性分子，不仅对禽类具有免疫调节功能，而且对哺乳动物及人类淋巴细胞也具有明显的免疫学活性。囊素具有独特的组成结构，其氨基酸组成顺序为 Lys-His-Gly-NH$_2$。现已证明，囊素三肽能诱导 B 淋巴细胞前体的分化，且能特异性地提高 B 淋巴细胞中 cAMP 和 cGMP 的水平，而对 T 淋巴细胞的作用较弱。研究发现，囊素还能显著提高外周血中总球蛋白含量和淋巴细胞数量，增加外周血淋巴细胞的 E 玫瑰花环形成率，在体外可以促进植物凝集素（PHA）诱导的淋巴细胞的转化。囊素三肽能有效促进鸡脾脏淋巴细胞增殖转化和 IL-2、IL-6 细胞因子的分泌水平，还能提高血清中第二信使 cGMP 的含量，增加 cGMP 和 cAMP 的比值，提高 B 淋巴细胞将 DNA 转录成 mRNA 的速度，促进 B 淋巴细胞内蛋白质的合成。

（4）冻干保护剂　保护剂（protector）又称稳定剂（stabilizer），保护剂是兽医生物制品生产，特别是在冻干疫苗生产中的一类重要材料。冻干保护剂通常由营养液、赋形剂和抗氧化剂三部分组成。营养液如脱脂乳、蛋白胨、氨基酸和糖类等，常为低分子有机物，可使因冻干而受损伤的细胞得到修复，并能使冻干生物制品仍含有一定量水分；还可促进高分子物质形成骨架，使冻干制品呈多孔的海绵状，增加溶解度。赋形剂如蔗糖、山梨醇、乳糖、PVP、葡聚糖等，常为高分子有机物，主要起骨架作用，防止低分子物质的碳化和氧化，保护活性物质免受加热的影响，使冻干制品形成多孔、疏松的海绵状，从而使溶解度增加。抗氧化剂如维生素C、维生素E和硫代硫酸钠等，可抑制冻干制品中的酶的作用，增加生物活性物质在冻干后贮存期间的稳定性[7]。

冻干保护剂作用机制比较复杂，归纳起来主要包括：防止活性物质失去结构水及阻止结构水形成结晶而导致生物活性物质的损伤；降低细胞内外的渗透压差，防止细胞内结构水结晶，以保持细胞的活力；保护或提供细胞复苏所需的营养物质，有利于细胞活力的复苏和迅速修复自身。对冻干生物活性物质，一些含羟基的有机保护剂，还能替代部分结构水，与蛋白质中的羧基或氨基结合，保持其三级和四级结构。一种优良的冻干保护剂应充分利用上述不同物质，发挥各自作用，进行优化集成。

① 主要成分

a. 糖/多元醇。由于糖和多元醇都具有官能团羟基，能够与生物制品活性组分的分子形成氢键，代替原有的水分子起到保护作用，能够发挥低温保护和脱水保护功能，是最常用的低温冻干保护剂。在冻结和干燥过程中，可以防止活性组分发生变性，主要有葡萄糖、果糖、半乳糖、蔗糖、乳糖、海藻糖、纤维素、果胶、丙三醇、山梨醇和甘露醇等。

b. 聚合物。聚合物是指由简单的小分子（称为单体）经过聚合反应所形成的巨大分子。常用的聚合物保护剂主要有聚乙烯吡咯烷酮（PVP）、牛血清（BSA）、右旋糖酐（dextran）、聚乙二醇（PEG）等。在一般情况下，在生物制品冷冻干燥配方中添加的聚合物具有以下特性：聚合物在冻结过程中优先析出；具有一定的表面活性；在蛋白质分子间产生位阻作用；提高溶液黏度；提高玻璃化转变温度；抑制小分子赋形剂（如蔗糖）的结晶；抑制生物制品在冷冻干燥过程中pH的变化等。

c. 表面活性剂。在生物制品冷冻干燥的全过程中，表面活性剂既能在冻结和脱水的过程中降低冰水界面表面张力所引起的冻结和脱水变性；又能在复水过程中对活性物质起到湿润剂和除褶皱剂的作用。非离子型表面活性剂具有相对较低的临界胶束浓度，通常使用较低浓度就能满足保护效果，如吐温系列物质。

d. 氨基酸类。氨基酸离子具有酸、碱两性，能够在生物制品低温保存和冷冻干燥过程中稳定pH，从而达到保护活性组分的目的，如甘氨酸、谷氨酸、精氨酸、组氨酸等。其中甘氨酸还是很好的填充剂，低浓度的甘氨酸能够抑制磷酸缓冲盐结晶导致溶液中pH值的变化从而阻止蛋白质变性，还能够阻止冻干过程中蛋白质的聚集，提高冻干疫苗的塌陷温度，阻止由塌陷而引起的生物活性物质的破坏。

e. 其他添加剂。抗氧化剂，如维生素E、维生素C、卵磷脂、抗坏血酸、乙二胺四乙酸等，能消耗冻干样品内部和环境中的氧，阻断冻干疫苗的氧化链式反应；缓冲剂，如磷酸二氢钾、磷酸氢二钾、磷酸二氢钠、磷酸氢二钠等，可以维持溶液pH稳定；冻干加速剂，如叔丁醇、甘氨酸等，能缩短冻干时长。

② 配方设计原则　保护剂要在收获抗原及冻干前加入；需添加中和羧基的活性物质；尽可能减少电解质的含量；保护剂中蛋白质、氨基酸、二糖及缓冲盐水缺一不可；组成赋

形剂的成分总含量决定着疫苗的塌陷温度，应控制在 22%。由于不同弱毒疫苗中微生物的生物学特性不同，对保护剂的要求也不同。选择时，需考虑保护剂对疫苗的免疫效果有无影响，对微生物的保护性能（尤其是耐热性能）是否良好，冻干产品的物理性状（外观、色泽、溶解性等）是否符合要求。对于直接在液氮中冷冻保存的制品，如鸡马立克病活疫苗，需选用合适的保护剂以保护细胞免于破裂，可用含 10% 二甲基亚砜和 10% 犊牛血清的营养液。

③ 常用冻干保护剂配方　目前常用的冻干保护剂含有脱脂奶粉、血清、甘油、蔗糖、葡萄糖、乳糖、海藻糖及高分子化合物等物质。保护剂的选择往往取决于微生物的种类。这些冻干保护剂不仅要具有保护制品生物学活性的作用，而且要具有赋形剂和抗氧化剂的作用。

乳糖、甘氨酸、明胶对猪瘟疫苗具有良好的保护效果。保护抗原免受冻干过程的损害，还能够促进细胞免疫，提高疫苗免疫保护作用。其中，甘氨酸可使因冻干而受损伤的细胞修复；还可促进分子物质形成骨架，增加溶解度。乳糖主要起骨架作用，防止低分子物质的碳化和氧化，保护活性物质不受加热的影响。

聚乙烯吡咯烷酮、明胶和海藻糖对猪蓝耳病疫苗在冷冻保存和低温干燥过程起到很好的保护作用。聚乙烯吡咯烷酮作为赋形剂在脱水干燥过程中对生物制品起到很强的支撑作用。海藻糖是一种典型的应激代谢物，能够在高温、高寒、高渗透压及干燥失水等恶劣环境条件下在细胞表面形成独特的保护模，有效地保护生物分子结构不被破坏。

谷氨酸钠和 D-山梨醇能够提高猪伪狂犬病疫苗对冻干环境的耐受能力。其中谷氨酸钠可以抑制 pH 值的改变，从而阻止蛋白质变性。D-山梨醇具有多个羟基，在冻干过程中可取代水分子与细胞膜磷脂中的磷酸基团或与蛋白质极性基团形成氢键，保护细胞膜和蛋白质结构与功能的完整性，因此具有较好保护效果。

蔗糖、海藻糖、PEG6000 能够提高猪乙型脑炎疫苗耐热冻干效果。PEG6000 为有机高分子物质，蔗糖、海藻糖作为低分子物质，具有保护病毒及细菌活力、抗原稳定性、遇热不会焦糖化、耐干燥和冷冻的能力。在冷冻干燥条件下形成耐热构架，保护构架内的病毒免受热源损伤而失活。

脱脂奶粉能够显著提高细菌类疫苗中的细菌例如猪链球菌的冻干存活率。乳蛋白在干燥时能够在菌体外形成蛋白膜对细胞加以保护，并可固定冻干酶类，但脱脂奶粉需要和其他保护剂配合使用。单独添加脱脂奶粉的保护效果低于复合配方的作用，通常还会加入甘油。

1.3.1.3　抗原的研制方法[8]

（1）自然选育法　弱毒菌（毒）株主要用于弱毒活疫苗、部分诊断制品和抗血清的制造。弱菌（毒）株的重要特征是致病力极微弱或无致病力，免疫原性优良，能使免疫动物获得强大的免疫力。据此，就必须从自然界筛选，或通过人工改变野生型强毒株的遗传特性进行培育获得。无论是自然弱毒株还是人工培育弱毒株，均是 DNA 上核苷酸碱基的改变，而导致遗传性状突变及毒力降低的结果。

① 自然弱毒株的选育　自然弱毒株又称自发突变毒株，是由自然强毒株在自然因素作用下因遗传基因突变形成的与祖代性状（特别是致病力和抗原性）不尽相同的生物株。这些自然因素，如异种非易感动物、高温、干燥、紫外线等都可能是导致细菌和病毒自发突变的原因。因此，人们往往有意或无意地从自然中分离、筛选和育成一些弱毒菌（毒）

株，作为兽医生物制品的种毒。例如，鸡新城疫 La Sota 弱毒株和 D10 弱毒株是从自然鸡群和鸭群中分离到的，然后再通过克隆、挑选等途径育成。鸡马立克病火鸡疱疹病毒 FC126 株即分离于火鸡，对鸡无致病性，其抗原性与鸡马立克病病毒一致。

② 化学方法诱发突变弱毒株的选育　某些化学药物可引起微生物 DNA 核苷酸碱基发生改变，从而使该微生物遗传性状发生变化，这类物质为诱变剂。微生物在体外培养传代过程中，经诱变剂处理，可极大地提高其基因突变率，从而获得弱毒菌（毒）株。化学诱变剂在工业微生物突变株制备方面应用极广，在兽医微生物中成功应用的较少。亚硝基胍是一种烷化剂，具有强大的诱变作用，微量即引起微生物突变，诱变率达 1%，主要干扰 DNA 的复制。例如，通过亚硝基胍处理支原体育成了鸡支原体疫苗株和肺炎支原体突变株。

③ 物理方法诱发突变弱毒株的选育　某些物理因素也能引起微生物突变，使其代谢类型发生变化，从而获得遗传性状不同于祖代的毒株。热和干燥等物理因素可干扰 DNA 的复制，从而引起毒株突变，导致遗传性状的改变。如，巴斯德在 1881 年即将炭疽强毒菌株在 42.5℃高温下长期传代培养，导致细菌的遗传性状变异，从而育成了炭疽弱毒菌株作为制造用菌种。

④ 生物途径的选育　某些异种非易感动物，能使强迫进入的微生物经传代诱变、适应而发生遗传性状不同于祖代的突变，也能育成弱毒株。此外，也可通过细胞或禽胚等传代发生突变而育成弱毒株。常用的育成路线有：非易感动物（非自然宿主），通常用兔、小鼠、地鼠、豚鼠、鸡和鹌鹑等实验动物进行，如鸭瘟鸡胚化弱毒株则是将强毒株通过鸭胚传 9 代和鸡胚传 23 代后培育即成；适应细胞，通常多采用同源或异源动物组织的原代细胞，或者是一种细胞，或者用 2 种细胞，如马传染性贫血驴白细胞弱毒株是将马传染性贫血驴强毒株通过驴白细胞传代育成的；杂交减毒，即将两种遗传性状不同的菌（毒）株，在传代培育中进行自然杂交，以导致不同菌（毒）株间基因发生交换而育成有使用价值的弱毒株，如流行性感冒病毒弱毒株的育成，是将温度敏感弱毒株（抗原性较低）与流行强毒株进行混合培养传代，使两者毒力基因发生交换。

（2）**基因工程构建法**　随着生物技术在生物制品领域应用的不断深化和发展，产生了基因工程疫苗和诊断制剂制造新技术，包括重组亚单位疫苗、重组活疫苗、活载体疫苗、转基因植物疫苗、DNA 疫苗、基因工程诊断抗原和基因工程治疗抗体。

① 基因工程重组亚单位抗原　基因工程重组亚单位抗原是用 DNA 重组技术，将编码病原微生物保护性抗原的基因导入原核或真核细胞，使其在受体细胞中高效表达，分泌的保护性抗原肽链，提取保护性抗原肽链，加入佐剂即制成基因工程重组亚单位疫苗。目前，已经获得批准商业化生产的有：口蹄疫基因工程亚单位疫苗、鸡传染性法氏囊病 VP2 基因亚单位疫苗、猪圆环病毒 2 型 Cap 蛋白亚单位疫苗、人类的乙型肝炎基因工程亚单位疫苗、仔猪和犊牛下痢的大肠杆菌菌毛基因工程重组亚单位疫苗等。

目的基因的选择是基因工程亚单位疫苗设计的关键之一，针对不同的病原体，可以选择不同的目的基因，如霍乱毒素基因，产肠毒素大肠杆菌 *k88*、*k99*、*987p* 和 *F41* 基因，即是这些细菌病原体基因工程疫苗的重要目的基因。另外，目的基因必须与适当的载体相连接，并由其引入相应的宿主细胞，才能得到增殖和表达。目前，表达系统主要有原核表达系统和真核表达系统，前者包括大肠杆菌、枯草杆菌和芽孢杆菌等，后者主要有哺乳动物细胞、酵母细胞和昆虫细胞（杆状病毒表达系统）等。

② 基因重组活菌（毒）株　基因重组活菌（毒）株是指通过基因工程技术，将病原

微生物致病性基因进行修饰、突变或缺失，从而获得弱毒株。由于这种基因变化一般不是点突变（经典技术培育的弱毒株基因常为点突变），故其毒力更为稳定，返突变概率更小。如猪伪狂犬病基因缺失疫苗、禽流感重组基因工程灭活疫苗，已被大量生产应用。目前，该类疫苗毒株的构建途径有两条：利用 DNA 重组技术，构建基因缺失疫苗；或采用感染性 cDNA 克隆技术拯救病毒，获得毒力和免疫原性理想的毒株，用于疫苗生产。

③ 重组活载体菌（毒）株　重组活载体菌（毒）株是用基因工程技术将病毒或细菌（常为疫苗弱毒株）构建成一个载体（或称外源基因携带者），把外源基因（包括重组多肽、肽链抗原位点等）插入其中使之表达，用该载体制成的疫苗称重组活载体疫苗。该类疫苗免疫动物向宿主免疫系统提交免疫原性蛋白的方式与自然感染时的真实情况很接近，可诱导产生的免疫比较广泛，包括体液免疫和细胞免疫，甚至黏膜免疫，所以可以克服重组亚单位疫苗的很多缺点。如果载体中同时插入多个外源基因，就可以达到一针防多病的目的。目前，主要的病毒活载体有牛痘病毒、禽痘病毒、金丝雀痘病毒、人 2 型和 5 型腺病毒、火鸡疱疹病毒、伪狂犬病毒、微 RNA 病毒、黄病毒和脊髓灰质炎病毒等；主要的细菌活载体有卡介苗结核分枝杆菌、沙门氏菌、枯草杆菌、李斯特菌、大肠杆菌、乳酸杆菌和志贺菌等。

④ 基因类抗原　编码能引起保护性免疫反应的病原体抗原的基因片段和载体为基因类抗原由其构建而成的疫苗称基因疫苗。基因疫苗也称核酸疫苗，包括 DNA 疫苗和 RNA 疫苗。其被导入机体的方式主要是直接肌内注射，或用基因枪将带有基因的金粒子注入。已有研究报道采用细菌载体等运送基因疫苗，包括试验口服的 DNA 疫苗，以期在黏膜局部免疫方面一展身手。进入机体的基因疫苗不与宿主染色体整合，但它能够表达蛋白质，进而诱生各种免疫应答包括体液免疫应答和细胞免疫应答。基因疫苗的构建一般采用真核细胞表达载体。很多蛋白质合成后需要经过修饰或处理才具有功能与活性，但其在原核细胞无法进行相同的修饰和处理。目前，常用的真核细胞表达载体有 pVAX、pCI 和 pcDNA3.1 等。

⑤ 多肽类抗原　多肽类抗原是用化学合成法或基因工程手段合成的病原微生物的保护性多肽或表位并将其连接到大分子载体上，再加入佐剂即制成多肽类疫苗。当某些线性中和抗原在完整蛋白中呈弱免疫原性，不利于制备疫苗时，则可通过基因工程技术，将这些线性抗原表位进行体外表达，使其抗原结构充分暴露，便可增强其免疫原性。目前，口蹄疫合成肽疫苗已经研制成功，并实现商品化生产。该类疫苗纯度很高，免疫反应特异性强，副反应很小，但其缺点是制造成本较高。随着抗原表位作图技术研究的进展，将抗原表位精确定位于某几个氨基酸残基成为可能，该类疫苗会越来越多，并在未来的生产实践中发挥重要的作用。

⑥ 转基因植物类抗原　转基因植物疫苗（transgenic plant vaccine）是把植物基因工程技术与机体免疫机理相结合，生产出能使机体获得特异抗病能力的疫苗。动物试验已证实，转基因植物表达的抗原蛋白经纯化后仍保留了免疫学活性，注射入动物体内能产生特异性抗体；用转基因植物组织饲喂动物，转基因植物表达的抗原呈递到动物的肠道相关淋巴组织，被其表面特异受体特别是 M 细胞所识别，产生黏膜和体液免疫应答。目前用转基因植物生产基因工程疫苗主要有两种表达系统，一是稳定的整合表达系统，即把编码病原体保护性抗原的基因导入植物细胞内，并整合到植物细胞染色体上，整合了外源基因的植物细胞在一定条件下生长成新的植株，这些植株在生长过程中可表达出疫苗抗原，并把这种性状遗传给子代，形成表达疫苗的植物品系；二是瞬时表达系统，即以重组植物病

为载体将编码疫苗抗原的基因插入植物病毒基因组中，再用此重组病毒感染植物，抗原基因随病毒在植物体内复制、装配而得以高效表达。研究报道，用转基因植物已成功表达的疫苗抗原有：大肠杆菌热不稳定毒素 B 亚单位（LTB）、霍乱弧菌肠毒素 B 亚单位（CTB）、兔出血症病毒 VP60 蛋白、口蹄疫病毒 VP1 蛋白、传染性胃肠炎病毒 S 蛋白、狂犬病毒 G 蛋白、诺沃克（norwalk）病毒衣壳蛋白、呼吸道合胞体病毒 G 蛋白和 F 蛋白等。

⑦ T 细胞受体类抗原　T 细胞受体类抗原制成的疫苗为 T 细胞受体（TCR）疫苗。T 细胞受体疫苗亦是用 TCR 代替自身反应性 T 细胞进行接种，动物实验获得了较理想的免疫效应。TCR 疫苗是 T 细胞疫苗的深化，它在自身免疫性疾病治疗和抗移植排斥反应中有独到的优越性。

1.3.2　治疗制剂

治疗制剂是指用于治疗动物传染病的制品。目前，用于畜禽传染病治疗的治疗制剂一般指利用微生物及其代谢产物作为免疫原，经反复多次注射同一动物体，所产生的一类含有高效价的抗体，主要包括高度免疫血清、卵黄抗体和牛奶抗体等。这类治疗制剂可以预防或者治疗相应的疾病，具有很高的特异性；也可作为被动免疫，紧急预防和治疗相应的传染病[8]。

几乎所有的传染病病原（特别是细菌和病毒）及其代谢产物都可制造相应的抗血清，用于疾病的紧急预防和治疗，特别是对于宠物、珍稀动物具有非常重要的应用价值。迄今，我国已被批准应用的产品有：抗炭疽血清、抗猪多杀性巴氏杆菌病血清、抗猪瘟血清、破伤风抗毒素、抗犬瘟热血清、抗细小病毒血清、抗猪丹毒血清等[8]。

1.3.2.1　抗血清

抗血清又称抗病血清或高免血清，是一种含有高效价特异性抗体的动物血清[4]。利用微生物及其代谢产物或微生物亚单位、亚结构等特异性抗原作为免疫原，反复多次接种同一动物体，使之产生大量特异性抗体，采集经过高度免疫的动物血清，经过处理而制成的制品，称为免疫血清即抗血清。由于此类血清是针对抗原物质上多种抗原决定簇的多克隆抗体，因此也简称"多抗"。抗血清具有很强的特异性，通常一种血清只对一种相应的病原微生物起作用[9]。抗血清之所以具有预防和治疗急性传染病的作用，是由于其含有特异性抗体。常因为其廉价易得，被用于基层动物疫病的预防和治疗上[10]。将抗血清注射输入动物体后，动物体便被动地获得了抗体而形成了免疫力。健康动物获得免疫力后就可以预防相应的传染病；已感染某种病原微生物的动物发生传染病时，注射大量抗血清后，血清抗体可以抑制患病动物体内的病原体继续繁殖，并与机体正常防御机制共同作用，消灭病原微生物，使动物逐渐恢复健康[11]。

抗血清根据种类可以分为抗毒素血清、抗细菌血清、抗病毒血清。

抗毒素血清是利用细菌毒素或类毒素免疫异动物所获得的血清，如破伤风抗毒素。抗细菌血清是利用细菌免疫异动物所获得的血清，如抗炭疽血清。抗病毒血清是利用病毒免疫异动物所获得的血清，如抗伪狂犬病血清。

抗血清的制备质量取决于免疫抗原的质量、纯度和免疫剂量及所免疫的动物。选择免疫动物是制备抗血清的关键步骤。可作为免疫用的动物多为哺乳类和禽类，实验中常用的免疫动物有家兔、绵羊、鸡和豚鼠。对于小规模或精确确定抗体特异性的试验，近交系小鼠是较好的选择。若需要较大量的血清或物种种源较远时，使用大鼠或仓鼠较为合适。生产上大批量的抗血清使用牛、马来生产，因为其在高免血清制备中不受接种途径、接种量和接种次数的限制，且具备产量大、成本低、饲养管理方便的优点。SPF 鸡是生产禽源疾病抗血清的理想实验动物。

（1）抗血清的制备

① 免疫原　免疫原即抗原，是制备抗血清的基础，要充分考虑其免疫原性和反应原性。良好的抗原需要具备的条件有：外源性强，在动物个体形成的早期就对自身物质形成了免疫耐受，因此抗原必须具备异质性；结构要复杂，简单重复的物质不具有免疫原性；分子要足够大，对于多肽或蛋白质类的抗原来说，分子质量要达到 10kDa，才具有免疫原性；可降解性要好，必须是可降解的，难降解的物质免疫原性较弱。

② 试验动物　选择动物首先要考虑其是否具有较好的免疫效果。为保证免疫效果，抗原来源物种与宿主动物之间最好具有较远的亲缘关系。其次考虑抗血清的产量问题，如果试验需求量较小，可以选用小鼠；如果制备商品化抗血清，可以选用羊、马、驴等大型动物；如果是制备单克隆抗体，可以选择小鼠、兔、大鼠等动物。

③ 免疫程序　不同抗血清制备由于病原特点和免疫机理不同，免疫程序也有差别。一般条件下，用弱毒或者灭活毒抗原做基础免疫，用递增量强毒抗原进行加强免疫；用佐剂抗原免疫，只需递增量免疫即可。加强免疫一般为首次免疫计量的 20%～50%。对于体形较大的动物可酌量增加。大型动物多为皮下或肌内免疫，小型动物多采用皮下免疫。

④ 抗血清的提取和检验　动物经多次免疫后，通过适当的途径，无菌采集血液，离心后吸取上清液获得抗血清（多抗）。抗血清根据实验目的和需求，可以采用不同的途径获得。一次放血法，家兔、豚鼠和鸡可以通过心脏直接采血；绵羊或其他大动物可自颈动脉放血。多次少量放血法，大动物可通过静脉采血，小动物可心脏采血。

抗血清的检验包括物理性状检验、无菌检验、支原体检验、外源病毒检验（家禽、家畜）、安全性检验、效力检验、苯酚或汞类防腐剂残留测定等。抗血清检验后可直接应用，也可根据需要对抗血清中的多抗进行适当纯化。纯化的方法有盐析法、冷酒精沉淀法、离子交换色谱法、硫酸铵沉淀法、Protein A 纯化法、Protein G 纯化法等。几种纯化方法相比，抗原亲和色谱得到的抗体效价高、产品纯度高、操作简单。

（2）抗血清的应用和前景　抗细菌血清和抗病毒血清主要的应用价值在于用于宠物和高经济价值动物上。抗毒素的免疫学活性表现为特异性地且定量地中和相应毒素，使之失去毒性作用，具有快速、特异的治疗效果，应用价值巨大。毒素与抗毒素的中和反应只能在毒素处于游离状态时才能发生，所以用抗毒素预防或治疗毒素性疾病，其成败的关键在于尽早使用。

20 世纪前半叶，人们发现了马对白喉毒素和破伤风毒素都较为敏感，马的体形较大，易于调教，便于大量产生免疫血清。抗毒素由原始的"原制品"，过渡到"浓制品"，再到"精制品"，制造方法经过改进，质量也有了较大提升。1980 年，Behring 和 Kitasato 将破伤风毒素注射到豚鼠和家兔体内，动物血清中产生了能中和该毒素的物质，给其他动物注射这种血清，能抵抗破伤风感染与发病。Behring 将白喉毒素免疫山羊或绵羊等较大的动物，同样也取得了成功。对于未接种过白喉类毒素的患者（接触白喉患者），应注射白喉抗毒素以预防发病，要达到理想的免疫效果，在注射抗毒素后最好立即接种白喉类毒素，并按计划完成全程免疫。对已发病患者，可配合其他有效疗法，尽早注射足量的抗毒素。

到目前为止，仍在大量生产的高免血清有破伤风抗毒素、白喉抗毒素、抗蛇毒血清、气性坏疽抗毒素、肉毒抗毒素及炭疽沉淀素血清等，目前有的疫病尚无更有效的药物，因此，这几类抗毒素仍具有较大的应用前景。

破伤风毒素是由破伤风类毒素免疫马匹所得的血浆，经胃酶消化后纯化制得的液体或冻干抗毒素球蛋白制剂，用于预防或治疗破伤风梭菌引起的感染。未接种过破伤风毒素的人，应该在受到创伤后于皮下或肌内注射破伤风抗毒素，注射抗毒素后仍应立即接受破伤风类毒素的计划免疫。对已发病患者应在其他有效疗法的配合下注射破伤风抗毒素，要争取时间，尽早注射[12]。

抗蛇毒血清是用各种蛇毒或脱毒的蛇毒免疫马匹所得的血浆，经胃酶消化后纯化制成的蛋白制剂，用于治疗毒蛇咬伤。蛇毒是由毒蛇毒腺分泌出来的一种毒液，是一种复杂混合物，主要成分是蛋白质或多肽和无机物。蛇毒是具有抗原性的物质，经甲醛适量处理后可以脱毒成为保持一定抗原性的类毒素。被毒蛇咬伤后必须使用相应的抗蛇毒血清治疗[13]。

白喉抗毒素是由白喉类毒素免疫马匹所得的血浆，经胃酶消化后纯化制得的液体或冻干抗毒素球蛋白制剂，用于预防和治疗白喉。

1.3.2.2 卵黄抗体

1893年，德国莱比锡医生Klemperer F.给受试蛋鸡腹腔注射破伤风杆菌培养液，每间隔5～15d注射一次，共注射5次，将获得的卵黄以高、中、低不同剂量注射入小鼠体内，次日对不同剂量组小鼠给予1.5倍致死剂量的破伤风杆菌，发现给予中、高剂量抗体的小鼠全部存活，而低剂量与阴性组均死亡。该研究首次证明了被免疫的蛋鸡可产生具有中和能力的特异性抗体。1995年，Staak C.首先使用"IgY技术"这一术语；1996年，IgY的生产和应用被定义为IgY技术，如今，它已成为一个国际性标准技术[14]。

卵黄抗体又称卵黄免疫球蛋白（IgY），是禽类B淋巴细胞在抗原物质刺激下产生的沉积于卵黄中的一种免疫球蛋白。卵黄抗体具有特异性强、无毒副作用、不会激发补体系统、制备方便、经济优势明显等特点，因此卵黄抗体被广泛应用于人类和畜禽疾病的诊断与预防、医药和生物技术领域[15]。

（1）卵黄抗体的作用机制　卵黄抗体主要的作用机制有3种。一是抑制病原菌。卵黄抗体黏附在病原菌菌毛上，使之不能黏附于肠道上皮细胞，将病原菌的完整性破坏，抑制其增殖。二是抑制病毒感染细胞。当卵黄抗体与病毒颗粒表面受体结合时，病毒结构会遭到破坏，影响了病毒囊膜与细胞膜的融合，从而抑制病毒核酸在细胞内的复制，并且卵黄抗体也能黏附在病毒衣壳上，抑制病毒的生长繁殖。三是抗内毒素。细菌、霉菌等产生的内毒素可被卵黄抗体中和，同时还可抑制内毒素与靶细胞之间的结合。除此之外，有的卵黄抗体在肠道内可被消化酶降解为可结合片段，这些片段含有抗体末端的可变小肽部分（Fab），这些小肽易于被肠道吸收，进入血液后能与特定的病原菌黏附因子结合，使病原菌不能黏附于易感细胞，从而失去致病性，而卵黄抗体的稳定区（Fc）保留在肠道内。

（2）卵黄抗体的制备

① 免疫原　免疫原的选择也遵循异物性、结构复杂性和具有一定的物理性状的原则。

高滴度的卵黄抗体与免疫原的剂量和免疫途径有关。通常而言，在一定免疫剂量范围内，免疫效果会随着抗原剂量的增加而加强。过高的免疫剂量会引起免疫抑制，不同抗原的最佳免疫剂量应通过具体试验获得。

② 试验动物　近交系蛋鸡是制备卵黄抗体的较好选择。常用的实验蛋鸡种类有星杂白鸡、白来航鸡等。根据卵黄抗体的使用范围可选择不同种类的鸡群进行免疫，治疗用的卵黄抗体的制备可选用 SPF 鸡，SPF 鸡可产生高滴度的抗体。若用于制备预防用的卵黄抗体可选用商品蛋鸡，商品蛋鸡价格低廉，产蛋前用来制备抗体不影响产蛋，从而可以降低制备卵黄抗体的成本。值得一提的是，像肝炎病毒这样的特定病原体，较好的动物模型应选择蛋鸭。

③ 免疫方法　抗原的免疫途径不同，能明显地影响免疫效果。常用的免疫方法有皮下、皮内、肌内注射或皮肤刺种、点眼、滴鼻、喷雾、口服以及基因枪等。现在常用的免疫途径是肌内注射，该方法可精准控制抗原用量，并且免疫效果显著。

④ 卵黄抗体的分离[16]　卵黄抗体的分离方法有水稀释法和有机溶剂抽提法。水稀释法先将卵黄液用蒸馏水稀释 10 倍，调整 pH 至 5.0～5.2，4℃静置 6h 以上，上清液即为水溶性组分。有机物沉淀法中的聚乙二醇（PEG）法是常用方法，收获的高免鸡蛋，经 TBS 缓冲液稀释 4 倍后，加入 3.5% 的聚乙二醇 6000 沉淀脂类，IgY 保留在上清中，应用这种方法从每毫升卵黄液中获得约 4.5mg 的特异性 IgY，纯度可达 95%。有机溶剂抽提法主要根据脂类易溶于有机溶剂，采用氯仿、丙酮等有机溶剂进行分离。用经 TBS 冲洗过的鸡蛋黄制成 15mL 蛋黄液，加入 40mLTBS 充分混匀后加入 40mL 氯仿，冷冻离心，分三相。弃去氯仿层保留水层，中间的半固相用 40mLTBS 萃取，取水层与前一步水层合并即为水溶性组分。

⑤ 卵黄抗体的提取　主要通过超滤法或沉淀法来实现。超滤法具有分离、分级、浓缩和纯化作用。超滤法设备简单，操作方便，适合大规模工业化提取。卵黄抗体的分子质量约为 180kDa，在提取时可选择截留值 100kDa 的超滤膜。沉淀法所用的沉淀剂包括有机物、无机物或有机溶剂，也可多种方法联合沉淀，或使用沉淀法和超滤法结合的方法。无机物沉淀法是向 IgY 的水溶液中加入无机盐或无机盐饱和溶液，使 IgY 在高盐条件下盐析，常用的无机盐有硫酸钠和硫酸铵。采用无机盐沉淀后所得的固体，经半透膜透析以除去残留的盐分。

⑥ 卵黄抗体的纯化　纯化方法主要有凝胶过滤色谱和亲和色谱。凝胶过滤色谱主要利用具有网状结构的凝胶分子筛作用，可根据被分离物的分子大小不同选择不同的凝胶介质进行色谱。IgY 纯化时，多采用以葡萄糖交联的弱碱性阴离子交换剂 DEAE 为载体，磷酸盐缓冲液作为吸附-洗脱体系进行分离纯化。用 DEAE-Sephacel 柱色谱可获得纯度为 98% 的 IgY，每个鸡蛋黄可收获 70～100mg IgY。亲和色谱法包括亲硫色谱、固相金属离子亲和色谱、合成配体亲和色谱、记忆免疫亲和色谱等。

（3）卵黄抗体的应用　卵黄抗体在病毒性疾病（传染性法氏囊病、猪瘟、牛病毒性腹泻、犬细小病毒病、小鹅瘟等）方面有着广泛的应用，近年来，其作为饲料添加剂发展迅速。研究显示，饲喂含有抗犬细小病病毒、传染性肝炎病毒、犬冠状病毒的卵黄抗体的饲料，能够有效降低断奶幼犬腹泻和呼吸道疾病发生率，提高幼犬成活率。可见，卵黄抗体作为饲料添加剂有着广泛的应用前景。同样，卵黄抗体作为一种安全、廉价、有效、易获得的抗体，不存在药物残留和耐药性的问题，并且卵黄抗体是一种蛋白质，具有促生长的作用，符合我国畜牧业生产的实际，在动物疾病的预防诊断与治疗方面能够发挥更大的作用[17,18]。

1.3.2.3　细胞因子

细胞因子是由人类或动物的各类免疫细胞和某些非免疫细胞合成和分泌的具有多样生物活性的因子。它们是一类小分子蛋白质，具有介导、调节免疫和细胞生长分化的功能。在机体免疫系统中能够传递免疫信息、维持机体正常生理功能、排斥外部感染因子侵袭、清除内部有害因子，在特定情况下还可产生病理作用，参与自身免疫疾病、肿瘤、移植排斥、休克等的发生和发展[6,19]。

20世纪初，法国 Carnot 教授认为存在一种能调控红细胞生成的"血循环物质"。1957年，第一个细胞因子——干扰素在病毒感染的细胞上被发现，并被证明能够抑制病毒复制。随着科学研究的深入开展，细胞因子的研究得到不断发展和丰富。20世纪60年代重点研究各类细胞因子的诱生、检测及其生物学活性，并建立了分泌细胞因子的传代细胞系。20世纪70年代蛋白质化学技术（如色谱、蛋白质测序、电泳、超滤等）的迅速发展，使得细胞因子的分离、鉴定、理化特性分析及纯化成为普遍的研究手段。随着分子生物学技术的发展，细胞因子领域的研究得到更广泛的拓展。利用外源基因表达技术，可获得大量的重组细胞因子纯品，使细胞因子的功能研究获得明确的结果。

根据细胞因子的功能，将其分为干扰素（IFN）、集落刺激因子（CSF）、白细胞介素（IL）、肿瘤坏死因子（TNF）、趋化因子[20]。细胞因子的生物学活性有以下几个方面。

抗病毒：像干扰素等细胞因子可直接干扰病毒在细胞内的复制，防止病毒扩散，在机体的抗病毒感染中具有重要的防御作用。还有一些细胞因子可以通过刺激免疫细胞增殖和活化来达到间接抗病毒效应，如 LI-2 刺激 Th 细胞，使其抗人类免疫缺陷病毒（HIV）的能力增强。

抗肿瘤：细胞因子是对抗肿瘤的关键效应分子。干扰素能抑制肿瘤病毒的增殖、肿瘤细胞的增生；肿瘤坏死因子相关凋亡诱导配体可直接造成肿瘤细胞的凋亡；白血病抑制因子可直接作用于某些髓性白细胞，使其分化为单核细胞，丧失恶性增殖特性。

调节免疫应答：细胞因子是在免疫细胞间传递免疫信号的信息分子，如 T、B 细胞之间，T 细胞产生 IL-2、IL-4、IL-5、IL-6 及 IFN-γ 等细胞因子，刺激 B 细胞分化、增殖和抗体产生，而 B 细胞又可产生 IL-12 调节 Th1 和 CTL 细胞活性。许多免疫细胞还可通过分泌细胞因子产生自身免疫调节作用，如 T 细胞产生 IL-2 可刺激 T 细胞的 IL-2 受体表达和进一步分泌 IL-2，Th1 细胞通过产生 IFN-γ 抑制 Th2 细胞的细胞因子的产生，而 Th2 细胞又通过 IL-10、IL-4、IL-13 抑制 Th1 细胞的细胞因子产生。

促进炎症反应：炎症是机体对外来刺激产生的一种病理反应过程，症状表现为局部的红肿热痛，病理检查可发现有大量炎症细胞（如巨噬细胞、中性粒细胞）的局部浸润和组织坏死，在这一过程中一些细胞因子起到重要的促进作用，如 IL-1、IL-6、TNF-α 及各种趋化因子等可促进炎症细胞聚集、活化和炎症介质的释放，可直接刺激发热中枢引起全身发热。

其他：许多细胞因子参与机体不同系统的功能，包括心血管系统、神经内分泌系统、骨骼系统，如 VEGF、bFGF、IL-8 等具有促进新生血管形成的作用；M-CSF 可降低血胆固醇；IL-6 可促进肝细胞产生急性蛋白等。

（1）**干扰素**　干扰素是机体免疫细胞产生的一种细胞因子，是机体受到病毒感染时，免疫细胞通过抗病毒应答反应而产生的一组结构类似、功能接近的低分子糖蛋白。干扰素是最先被发现的细胞因子。1957年，Isaacs等在利用鸡胚绒毛尿囊膜研究流感干扰现象时发现，受病毒感染的细胞会产生一种细胞因子。这种细胞因子作用于其他细胞时能干扰感染的病毒复制，因而将其命名为干扰素。根据干扰素的来源和对酸的耐受程度，将干扰素分为Ⅰ型和Ⅱ型。根据干扰素分子结构和抗原性的差别，将其命名为IFN-α、IFN-β、IFN-γ[21]。

干扰素主要由病毒感染的淋巴细胞、单核/巨噬细胞产生。IFN-α不同亚型的诱导可能与所感染病毒的不同种类有关。IFN-β通常由poly（I：C）刺激或病毒感染正常纤维细胞、上皮细胞和内皮细胞产生。一般来说，黏附的成纤维细胞系主要产生IFN-β，而非黏附的髓样或淋巴样细胞系主要产生IFN-α。

干扰素的生物学活性主要有抗病毒、抗肿瘤、抑制细胞增殖及免疫调节作用。因其生物学活性，其在临床上的应用十分广泛[22]。目前国内有20余家企业生产12种α-干扰素制剂，成为国内最大的基因工程药物产业。基因工程干扰素与自然干扰素具有相同的生物学活性，其区别在于基因工程干扰素成分单一，分子不含有糖基。基因工程干扰素用于人类临床疾病有较大的应用范围，主要防治的疾病有乙型肝炎、带状疱疹、小儿病毒性肺炎、黑色素瘤、膀胱癌、恶性肿瘤、类风湿性关节炎、异位性皮炎、肉芽肿等。农业农村部批准的干扰素产品有2种，一种是猪白细胞干扰素，一种是犬α-干扰素。其中猪白细胞干扰素可用于防治的疾病主要有传染性胃肠炎、口蹄疫、细小病毒病、轮状病毒感染、水疱病、猪瘟等。

（2）**集落刺激因子**　1966年，Bradey等人在进行造血细胞的体外研究中，发现一些细胞因子可刺激不同的造血干细胞在半固体培养基中形成细胞集落，这类因子被命名为集落刺激因子。根据集落刺激因子的作用范围，分别命名为粒细胞集落刺激因子（G-CSF）、巨噬细胞集落刺激因子（M-CSF）、粒细胞和巨噬细胞集落刺激因子（GM-CSF）和多能集落刺激因子（multi-CSF，又称IL-3）。它们对不同发育阶段的造血干细胞起促增殖、分化的作用，是血细胞发生必不可少的刺激因子。广义上，凡是刺激造血的细胞因子都可统称为CSF，例如促红细胞生成素（EPO）、刺激造血干细胞的干细胞因子（stem SCF）、可刺激胚胎干细胞的白血病抑制因子（LIF），以及刺激血小板的血小板生成素（thrombopoietin）等均有集落刺激活性[23]。

在临床上，CSF可诱导机体产生抗肿瘤免疫反应，因其具有增强抗原呈递细胞的免疫功能的作用，所以利用重组人CSF基因的反转录病毒载体、人肿瘤细胞和转导鼠来制作抗肿瘤疫苗。CSF也可用于治疗肿瘤放疗和化疗后的白细胞减少、粒细胞缺乏症、白血病和再生障碍性贫血。重组CSF已被广泛用作疫苗佐剂，协助接种疫苗。重组CSF的副作用也不容忽视，可引起发热、头痛、无力、呕吐、恶心、肌痛和关节痛等症状[24,25]。

（3）**白细胞介素**　白细胞介素（IL）即是由多种细胞产生并作用于多种细胞的一类细胞因子，白细胞介素在传递信息，激活与调节免疫细胞，介导T、B细胞活化、增殖与分化及炎症反应中起重要作用[26]。

为了避免命名的混乱，1979年第二届国际淋巴因子专题会议将免疫应答过程中白细胞间相互作用的细胞因子统一命名为白细胞介素，在名称后加阿拉伯数字编号以示区别，例如IL-1、IL-2……，新确定的因子依次命名。到目前为止至少发现了38个白细胞介素。根据细胞因子的结构同源性可将其分为几个蛋白质家族，见表1-9。

表 1-9　白细胞介素分类表

分类	简介	成员
白细胞介素-1 家族	白细胞介素-1 家族(interleukin-1 family,IL-1F)有 11 个成员,被命名为 IL-1F1~IL-1F11;其中绝大多数是促炎性细胞因子,主要通过刺激炎症和自身免疫病相关基因的表达,诱导环氧化酶 2、磷脂酶 A2、一氧化氮合酶、干扰素 γ、黏附分子等效应蛋白的表达,在免疫调节及炎症进程中扮演着重要的角色;多数经典家族成员的受体、信号转导和功能已经得到了广泛而深入的研究	IL-1α、IL-1β、IL-1 受体拮抗剂(IL-1Ra)、IL-18、IL-36Ra、IL-36α、IL-37、IL-36β、IL-36γ、IL-38 和 IL-33
白细胞介素-2 家族(γc 家族)	有 5 个成员,信号转导都依赖于 γc 链(common γ chain)的一组细胞因子	IL-2、IL-4、IL-13、IL-15 和 IL-21
趋化因子家族	IL-3 和一些不属于白细胞介素的细胞因子归类为趋化因子家族	IL-3
趋化因子家族 CXC/α 亚族	IL-8 和一些不属于白细胞介素的细胞因子归类为趋化因子家族 CXC/α 亚族	IL-8
白细胞介素-12/白细胞介素-6 家族	白细胞介素-12 家族/白细胞介素-6 家族包含 5 个成员	IL-6、IL-12、IL-23、IL-27(即 IL30)、IL35
白细胞介素-10 家族	IL-10 家族是 Ⅱ 类细胞因子的一个亚家族,对免疫系统发挥着多种多样的调节作用	IL-10、IL-19、IL-20、IL-22/IL-TIF 和 IL-24/MDA-7、IL-26 等
白细胞介素-17 家族	白细胞介素-17 家族有两个白细胞介素成员	IL17、IL25(即 IL17E)
其他	其余的白细胞介素不明确属于任何一个家族	IL-5、IL-7、IL-9、IL-11、IL-14、IL-16、IL-31、IL-32

以 IL-2 为例,1976 年,Morgan 等人发现了 IL-2,IL-2 主要由活化的 T 细胞(CD4[+]细胞和 CD8[+]细胞)合成和分泌,也可由一些前 T 细胞和前 B 细胞分泌产生。此外,NK 细胞、淋巴因子激活的杀伤细胞也可产生 IL-2。IL-2 是机体免疫调节网络中的核心物质,与其他细胞因子有协同拮抗作用,共同调节机体免疫机能的平衡。其主要的生物学活性有:①诱导细胞毒性 T 淋巴细胞(CTL)的增殖。CTL 能够特异性地杀伤肿瘤细胞,当 IL-2 存在时,CTL 能够被迅速激活,显著增强杀伤肿瘤细胞的活性。②促进自然杀伤细胞(NK)的活化、分化及增殖。NK 细胞是机体内重要的杀伤细胞,适量的 IL-2 和 IFN 能够促进 NK 细胞的杀伤活性。③促进 T 细胞的增殖。IL-2 又称为 T 细胞生长因子,当 T 细胞受到抗原刺激后,表面出现 IL-2R,并与 IL-2 发生特异性结合,激活 T 细胞大量繁殖。④诱导淋巴因子活化的杀伤细胞(LAK)的产生。一定量的 IL-2 可使淋巴细胞转化为具有杀伤肿瘤能力的细胞,同时维持 LAK 细胞的长期增殖。⑤促进 B 细胞的增殖分化。IL-2 能够直接或间接地促进 B 细胞的增殖分化和成熟,形成能够产生免疫球蛋白的活化细胞。

重组人 IL-2 是第一个被批准上市的基因工程白介素类药物,它的成功研制为细胞免疫的基础理论及临床治疗提供了物质基础。临床上用 IL-2 治疗的疾病有乙型肝炎、单纯疱疹病毒、结核分枝杆菌感染、疟原虫感染及肿瘤疾病(乳腺癌、黑色素瘤、卵巢癌)等[27]。近年来 IL-2 作为免疫佐剂应用,也显示出较好的免疫活性。在畜禽生产中,家禽基因工程白细胞介素-2 显示出较好的免疫活性,不仅能增强体液免疫反应,而且能够诱导机体的细胞免疫反应,同时也增强了机体的抗应激能力。家禽基因工程白细胞介素-2 的应用能够显著降低新城疫、传染性支气管炎、传染性法氏囊病的发病率。

(4)肿瘤坏死因子　1975 年,E. A. Carswell 等发现接种卡介苗的小鼠注射细菌脂多糖后,血清中出现一种能使多种肿瘤发生出血性坏死的物质,将其命名为肿瘤坏死因子(tumor necrosis factor,TNF)。TNF 主要由活化的巨噬细胞、NK 细胞及 T 淋巴细胞产生。1985 年 Shalaby 把巨噬细胞产生的 TNF 命名为 TNF-α，把 T 淋巴细胞产生的淋巴毒素（lymphotoxin，LT）命名为 TNF-β[28,29]。

TNF-α 和 TNF-β 的生物学作用极为相似，这可能与它们分子结构的相似性和受体的同一性有关。其主要生物学功能有：①抗感染。TNF 能够抑制病毒复制（如腺病毒Ⅱ型、疱疹病毒Ⅱ型），抑制病毒蛋白合成、病毒颗粒的产生，并可杀伤病毒感染细胞。②促进细胞增殖和分化。TNF 促进 T 细胞 MHC Ⅰ 类抗原表达，增强 IL-2 依赖的胸腺细胞、T 细胞的增殖能力，促进 IL-2、CSF 和 IFN-γ 等淋巴因子产生，增强有丝分裂原或外来抗原刺激 B 细胞的增殖和 Ig 分泌的能力。③杀伤或抑制肿瘤细胞。TNF 在体内、体外均能杀死某些肿瘤细胞，或抑制其增殖作用。肿瘤细胞株对 TNF-α 敏感性有很大的差异，TNF-α 对极少数肿瘤细胞甚至有刺激作用。④提高中性粒细胞的吞噬能力，增加过氧化物阴离子的产生，增强 ADCC 功能，刺激细胞脱颗粒和分泌髓过氧化物酶。TNF 预先与内皮细胞培养可使其增加 MHC Ⅰ 类抗原、ICAM-Ⅰ 的表达以及 IL-1、GM-CSF 和 IL-8 的分泌，并促进中性粒细胞黏附到内皮细胞上，从而刺激机体局部炎症反应。TNF 刺激单核细胞和巨噬细胞分泌 IL-1，并调节 MHC Ⅱ 类抗原的表达。

TNF 在人、鼠肿瘤细胞株或原代培养的人癌细胞中，以及荷瘤裸鼠中都表现杀瘤或抑瘤作用和免疫调节活性。但在副作用方面，可引起发热、头痛、恶心呕吐、肾功能改变等。近年来，中国人民解放军海军军医大学首创二轮基因扩增引物法，通过哺乳动物细胞表达，成功获得了重组人 TNF，因其毒性低、疗效好、可选择性杀死癌细胞，目前已完成前期临床试验。

（5）趋化因子　趋化因子是一类由细胞分泌的小细胞因子或信号蛋白，因其对不同靶细胞具有趋化效应，所以命名为趋化细胞因子。根据其分子 N 端半胱氨酸数目及其间隔，可分为四个主要亚家族：CXC、CC、CX3C 和 XC[30]。

趋化因子的主要作用是诱导细胞定向迁移，被趋化因子吸引的细胞沿着趋化因子浓度增加的信号向趋化因子源处迁徙。有些趋化因子在免疫监视过程中控制免疫细胞趋化，如诱导淋巴细胞到淋巴结，这些淋巴结中的趋化因子通过与这些组织中的抗原呈递细胞相互作用而监视病原体的入侵。有些趋化因子在发育中起作用，能刺激新血管形成。趋化因子的释放通常由促炎性细胞因子如白细胞介素-1（IL-1）刺激引起，炎性趋化因子的主要作用是作为白细胞的趋化剂，从血液中吸引单核细胞、中性粒细胞和其他效应细胞到感染或组织损伤的部位。趋化因子的另一重要功能是在炎症和体内平衡过程中管理白细胞向各自位置的迁移（归巢）。

1.3.2.4　转移因子

转移因子（TF）是一类以多糖和小分子多肽为主要成分、分子大小不一、组成复杂的混合物，由白细胞中有免疫活性的 T 淋巴细胞释放。其免疫功能主要有激发免疫细胞活性、传递免疫信息、增强机体特异性和非特异性细胞免疫功能等。TF 分子量小、含有多种氨基酸、无毒副作用、无抗原性、无种属差异，能够增强机体细胞免疫和骨髓造血功能，具有双向调节机体免疫功能的作用，因而被用作免疫增强剂，既新型又安全[31,32]。

20 世纪 70 年代以来，随着细胞生物学技术的发展，人们对 TF 的研究逐步深入，对动物 TF 的应用也进行了广泛探索。2006 年，江国托博士以异体动物外周血为原料，采用细胞培养技术富集活化白细胞，提取 TF，实现了工业化规模生产。TF 的分类方式比较常用的有 2 种，即从免疫特性上分类，包括特异性 TF 和非特异性 TF 两大类。特异性

TF 是指采用某种特定病原感染或免疫人群、动物后，提取的含该特异性抗原的 TF。非特异性 TF 是指用自然人群或动物白细胞提取的具有多种免疫活性的 TF。根据细胞来源不同，TF 又可分为人转移因子（H-TF）、鸡转移因子（C-TF）、猪转移因子（P-TF）、羊转移因子（S-TF）、牛转移因子（B-TF）。

转移因子的生物学功能有：①增强体液免疫反应。TF 能够提高 B 淋巴细胞的活性，增加抗体滴度。史秀山等人发现，在狂犬病疫苗中添加 TF，不仅抗体效价提高而且抗体产生的时间提前。邱永敏等研究发现，转移因子对猪圆环病毒和口蹄疫病毒疫苗免疫具有明显的增强效果。尹宝英等人将 TF 与猪流行性腹泻疫苗联合免疫，发现特异性的 IgG 抗体水平明显提高。目前人们普遍认为，TF 对体液免疫的影响主要是通过 B 淋巴细胞来调节机体的免疫机能。②增强细胞免疫反应。TF 对巨噬细胞和中性粒细胞具有较强的趋化活性，能够促进多形核中性粒细胞游走，刺激巨噬细胞产生淋巴细胞激活因子，使得巨噬细胞和中性粒细胞的吞噬率提高；TF 还能促进胸腺细胞分化，使外周血淋巴细胞转化率明显提高。③促进机体生长发育。动物机体的正常生长发育一般由 T3、T4 和 GH 协同调控完成。GH 主要促进组织生长，T3、T4 主要促进器官、组织的分化，并且 GH 的促生长作用需要有适量的 T3、T4 存在。

对畜禽养殖业影响较大的疾病如禽流感、口蹄疫的暴发，给社会经济造成巨大的损失，直接威胁人类健康和食品安全。大量的研究表明 TF 作为一种新型、安全、高效的生物药品，在增强动物机体免疫力、防治动物传染病等方面有比较好的效果，因此，在兽医领域具有重要的应用价值和广泛的应用前景[33-35]。

1.3.2.5　其他

（1）抗菌肽　抗菌肽（antimicrobial peptide，AMP）是生物体在抵御病原微生物的防御反应过程中产生的一类具有抗微生物活性的碱性小分子多肽，又称为抗微生物肽。这类活性肽大多具有强碱性、热稳定性和广谱抗菌等特点。世界上第一个被发现的抗菌肽是 1980 年由瑞典科学家 G. Boman 等经注射阴沟肠杆菌及大肠杆菌诱导惜古比天蚕蛹产生的具有抗菌活性的多肽，被命名为 cecropins[36]。

1980 年以来，人们从细菌、真菌、两栖类、昆虫、高等植物、哺乳动物乃至人类中发现并分离获得具有抗菌活性的多肽。由于抗菌肽在来源、结构和生物学特性等方面具有多样性，因此有多种分类方法。根据抗菌肽来源的不同，可分为植物来源性抗菌肽、动物来源性抗菌肽和微生物来源性抗菌肽。根据抗菌肽的氨基酸组成和二级结构特征可将其分为 α-螺旋结构的抗菌肽、β-折叠型的抗菌肽、具有环链结构的抗菌肽和伸展性螺旋结构的抗菌肽。根据抗菌肽作用对象的不同，可分为抗细菌性多肽、抗真菌性多肽、抗病毒性多肽和抗肿瘤性多肽。

抗菌肽的主要功能及作用机制：①抗病毒。抗菌肽能够结合病毒被膜，使病毒无法正常生长繁殖。②抗细菌作用。抗菌肽主要由氨基酸组成，氨基酸为两性电解质，抗菌肽通过电荷吸附于细菌细胞膜表面，通过细胞膜损伤机制，细胞膜穿孔崩解或扰乱细菌细胞生理功能导致细菌死亡；抗菌肽可以抑制细菌正常生长，导致细胞穿孔而死亡；抗菌肽能够阻碍细菌细胞中蛋白质的生成，致使蛋白质缺失而死亡；抗菌肽能够通过疏水区域降低细胞膜凝聚成膜蛋白的能力，最终形成离子通道致使细胞质外露而导致细菌死亡；抗菌肽还能够减弱细菌细胞中酶的活性，导致蛋白酶和钙离子外泄，从而致使细菌死亡。③抗寄生虫。抗菌肽能够针对寄生虫的细胞产生破坏作，使虫体内部构成大空泡，空泡会影响细胞的通透性，时间长会使细胞体受到损坏，进而死亡。④抗肿瘤。抗菌肽能够致使肿瘤细胞膜外壁穿孔，从而破裂死亡。除此之外，还能够导致线粒体出现空泡化、染色体 DNA 断裂、核膜界线模糊不清、嵴脱落，还可抑制染色体 DNA 的合成，诱导肿瘤细胞凋亡，肿瘤体积缩小。

抗菌肽是一类具有广谱抗菌性的碱性多肽物质，可作为抗生素的替代药品发挥抗菌作用，在科研界受到广泛持续的关注[37,38]。众多研究证实，抗菌肽作为禽用饲料添加剂，能够提高鸡的生产性能、增加机体免疫力、维持肠道菌群平衡、改善鸡蛋品质；同时在猪病防治中抗菌肽同样具有重要的作用，在生猪养殖业当中适当添加抗菌肽，不仅提升仔猪的生长速度以及成活率，而且能够提升生猪对疾病的抵抗能力，提高生猪疾病的治愈率、降低发病率。因此，抗菌肽在畜牧业生产中有着广泛的应用前景。

（2）噬菌体　噬菌体是感染细菌、真菌、藻类或螺旋体等微生物的病毒的总称，因部分能引起宿主菌的裂解，故称为噬菌体。噬菌体必须在活菌内寄生，有严格的宿主特异性，这取决于噬菌体吸附器官和受体菌表面受体的分子结构和互补性。噬菌体是已知存在的最大病毒群，新的噬菌体以大约每年 150 种的速度被发现[39]。

噬菌体是由 Frederick Twort 和 Félix d'Hérelle 分别在 1915 和 1917 年独立发现的。噬菌体的体积小，其形态有蝌蚪形、微球形和细杆形，以蝌蚪形多见。噬菌体由核酸和蛋白质构成，蛋白质起着保护核酸的作用，并决定噬菌体的外形和表面特征。其核酸只有一种类型，即 DNA 或 RNA，双链或单链，环状或线状。噬菌体在宿主细胞中生长繁殖，能够引起致病菌的裂解，降低致病菌的密度，从而减少或避免致病菌感染或发病的机会，达到治疗和预防疾病的目的，即噬菌体疗法[40]。

对噬菌体疗法的研究在 20 世纪 20 年代达到顶峰，噬菌体疗法的优越性有：①噬菌体繁殖速度快，针对性强。噬菌体是能够杀死细菌但对真核细胞无害的一类病毒。②细菌产生抗性的可能性较低。噬菌体对细菌变异还是比较适应的，这种优势是传统抗生素治疗所不具备的。③噬菌体的生产培养成本较低[41]。

抗生素的滥用使得耐药菌大量出现，噬菌体越来越受到人们的关注，被认为是具有广泛应用前景的抗生素。近年来噬菌体疗法已广泛应用于兽医、农业和食品微生物学等领域。Smith 和 Barrow 等人利用噬菌体疗法降低了羊羔、仔猪和雏鸡患大肠杆菌肠道疾病的概率。1921 年，Bruynoghe 和 Maisin 率先用噬菌体制剂治疗葡萄球菌引起的皮肤感染。此后噬菌体广泛应用于眼科、耳鼻喉科、皮肤科、口腔科、儿科疾病及肺部疾病等的治疗[42,43]。噬菌体的应用不仅仅限于疾病治疗，其在疾病诊断、疾病防控、畜禽养殖、海产养殖、兽医、生物制药、工业发酵、土壤生态防治、食品卫生等领域都有着光明的应用前景。

1.3.3　诊断制剂

近年来，随着畜牧业的发展和人们对于动物疫病防控认识的提高，特别是 2017 年非洲猪瘟疫情发生以来，兽医诊断制剂的研究得到了快速的发展。传统的兽医诊断制剂是指采用免疫学、微生物学、分子生物学等原理或方法制备的、在体外用于动物疾病和感染检测、诊断及流行病学调查等的试剂。在新形势下，以在体外对动物机体成分进行检测的方式，获取疾病诊治、检测、健康状态等数据的产品，是服务动物疾病防控的技术需求。我国兽医诊断制剂起步晚、底子薄、产品质量与发达国家的相比差距相对较为明显，未来行业发展机遇和挑战并存[44,45]。理想的诊断制剂的标准应该是：灵敏、特异、快速、稳定。在临床应用还应具备低价、易储运、容易使用、无仪器限制等特点。诊断试剂从一般用途来分，可分为体内诊断试剂和体外诊断试剂两大类。

诊断试剂大多为体外诊断试剂，少数为体内诊断试剂。体外诊断试剂是指在动物机体之外，通过对样本（血液、体液、组织等）进行检测而获取临床诊断信息，进而判断疾病或机体功能的产品。

1.3.3.1 分子类诊断试剂

分子类诊断试剂以分子生物学理论作为基础，利用分子生物学的技术和方法，基于每种病原体都含有特异性的 DNA 或 RNA 序列，通过检测病原体核酸分子来鉴定病原体，能有效地把病原体鉴定到亚种，因此具有很高的应用价值。分子诊断技术在疫情的快速检测和诊断上发挥了重要的作用，为许多疫情的防控做出了巨大的贡献[46,47]。

分子诊断的主要特点是直接以疾病病原为探查对象，属于病因学诊断，对基因的检测结果不仅具有描述性，更具有准确性，临床上可以准确诊断疾病的基因型。商品化的分子类诊断试剂主要基于 PCR/RT-PCR、LAMP、RAA 等技术，利用相应试剂盒产品进行诊断。

（1）PCR 与 RT-PCR 技术　聚合酶链反应（polymerase chain reaction，PCR）是 20 世纪 80 年代中期发展起来的一种体外核酸扩增新技术，可在体外实现快速扩增特定基因或 DNA 序列[48,49]。PCR 技术利用针对目的基因所设计的一种特异性寡核苷酸引物，以目的基因为模板，在体外合成 DNA 片段。该技术能在数小时内将要研究的目的基因或 DNA 片段扩增数十万至百万倍，具有特异、敏感、高效、简便、重复性好、易于自动化等优点，这项技术极大地推动了生命科学的研究进展，被誉为 20 世纪生物学研究领域最重大的发明之一。目前 PCR 技术已广泛应用于临床分子生物学诊断的各个领域[49-51]。

PCR 技术的基本原理类似于细胞中 DNA 的半保留复制，PCR 反应以待扩增的 DNA 片段为模板，加入人工合成的寡核苷酸引物和四种 dNTP，在耐热 DNA 聚合酶的催化下，经由变性-退火-延伸三个基本反应步骤，大量合成目的 DNA 片段（图 1-16）。

PCR 扩增反应完成后，需要对扩增产物进行检测分析，可根据研究对象和目的的不同采用不同的分析方法。其中凝胶电泳方法是检测 PCR 产物最常用和最简单的定性方法之一，可以初步判断目标产物的有无和分子量的大小等肉眼可见的指标。凝胶电泳主要有琼脂糖凝胶电泳和聚丙烯酰胺凝胶电泳。除此以外还可以根据目的不同对扩增产物进行酶切分析、测序分析、核酸探针杂交分析等，对扩增结果进行进一步分析。

PCR 技术具有很高的灵敏度，在临床检验中必须进行污染控制、优化反应条件等，避免出现例如假阳性、假阴性、形成引物二聚体、非特异性扩增等问题。由于在检测分析的每一个环节都可能发生对样本的污染，从样品的采集和保存、核酸的分离提取到相关试剂以及仪器设备都有可能成为污染源。因此，在临床检验中应用 PCR 技术时，必须严格遵守相关操作规范，加强实验室管理。

反转录 PCR（reverse transcription-PCR，RT-PCR）是针对 RNA 病毒、mRNA 病毒诊断时一般不能以 RNA 为模板直接扩增而发明的，一条 RNA 链被逆转录成互补 DNA，再以此为模板，加入特异性引物对目的片段进行扩增，扩增产物的分析与其他常规 PCR 方法类似。常用的逆转录酶有 AMV 逆转录酶和 MMLV 逆转录酶。常用的引物有三种：随机引物、Oligo（dT）、特异性引物。随着研究的进步，进一步将逆转录和 PCR 过程合

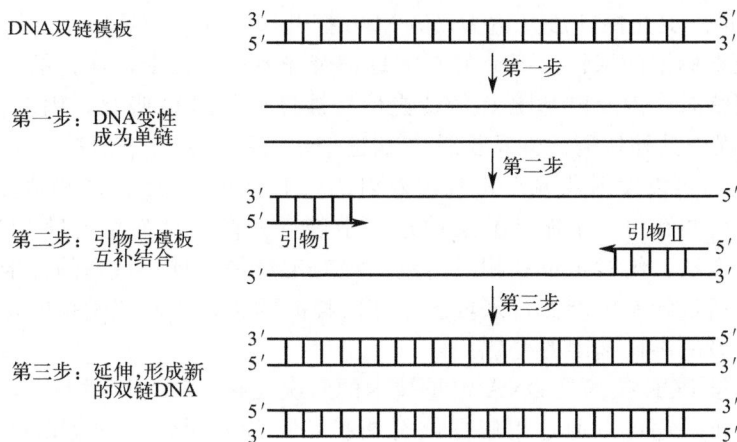

图 1-16　PCR 原理示意图

二为一，直接以 mRNA 为模板进行逆转录和 PCR 扩增，称为一步法 RT-PCR（one-step RT-PCR）

PCR 技术自诞生以来，根据目的和需求已发明出多种衍生方法，一直被不断改进，例如反转录 PCR、荧光定量 PCR、巢式 PCR、多重 PCR、重组 PCR、原位 PCR 等。

巢式 PCR（nested PCR）是一种变异的聚合酶链反应，使用两对 PCR 引物扩增完整的 DNA 片段。第一对 PCR 引物扩增片段和普通 PCR 相似。第二对引物称为巢式引物，结合在第一次 PCR 产物内部，使得第二次 PCR 扩增片段短于第一次扩增的，即在 PCR 基础上，用第二对引物扩增第一次反应生成的 PCR 产物的"亚片段"，可使检测结果更具有特异性。巢式 PCR 的优点在于：扩增的准确性极高；极大提高了 PCR 的敏感性，因为它可以克服单次扩增平台期效应的限制，使扩增倍数提高；并保证了反应的特异性，由于引物和模板的改变，降低了非特异性反应连续放大的可能性。

荧光定量 PCR（realtime fluorescence quantitative PCR，RFQ-PCR）　荧光定量 PCR 是 1996 年由美国 Applied Biosystems 公司推出的一种新定量实验技术，通过荧光染料或荧光标记的特异性的探针对 PCR 产物进行标记跟踪，实时在线监控反应过程，结合相应的软件对产物进行分析。实现了 PCR 从定性到定量的飞跃，它以其特异性强、灵敏度高、重复性好、定量准确、速度快、全封闭反应等优点成为了分子生物学研究中的重要工具[52]。同时与常规 PCR 相比，它具有特异性更强，有效解决 PCR 污染的问题，且自动化程度高，减少人工操作等优点，在微生物和医学领域及动植物的基因工程领域，均有广泛应用[53]。通过荧光染料或荧光标记的特异性探针，对 PCR 产物进行标记跟踪，实现实时在线监控，结合相应软件对得到的产物进行分析，计算出待测样品模板的初始浓度。Ct 值（cycle threshold，循环阈值）的含义为：每个反应管内的荧光信号到达设定阈值时所经历的循环数。荧光阈值可以人为设定；起始模板数量越多，Ct 值越小，反之亦然；起始模板的对数值与 Ct 值之间呈线性关系[54]。

荧光定量 PCR 根据荧光物质的不同，分为两类：荧光染料法和荧光探针法[55]。荧光染料法也称为 DNA 结合染料法，常用的荧光染料是 SYBR Green Ⅰ，一种结合于所有 dsDNA 双螺旋小沟区的具有绿色激发波长的染料，一旦与双链 DNA 结合后，荧光大大增强，因此荧光信号的强度与 PCR 产物数量相关，可根据荧光信号检测出 PCR 体系存在的双链 DNA 数量。荧光探针法又称为 *Taq* Man 探针法，在反应体系中除了有一对引物外还需要一条荧光素标记的探针。探针的 5′端标记荧光发射基团 R，探针的 3′端标记猝灭基团 Q，当探针完整时，因发射基团 R 的荧光信号被猝灭基团 Q 吸收，因此检测不到荧光。在 DNA 扩增过程中其外切酶活性从探针 5′端逐个水解脱氧核苷三磷酸，R 基团与 Q 基团分离，此时 R 基团可以发射荧光。R 基团发射的荧光强度与 PCR 产物成正比，*Taq* Man 探针荧光信号的检测在每一个循环的延伸过程中进行。在实时荧光定量 PCR 中，对模板定量分析有两种方法：绝对定量和相对定量。绝对定量是指将一系列的标准品与待测样本同时进行测定，通过绘制标准曲线来推测未知的样品的量；相对定量指的是在一定样本中目的基因相对于另一参比基因的变化。

实时荧光定量 PCR 技术是 DNA 定量技术的一次飞跃，它可以对 DNA、RNA 样品进行定量和定性分析，还可以通过熔解曲线分析扩增产物和引物二聚体以区分非特异性扩增。目前荧光定量 PCR 已经被广泛应用于基因表达差异分析、基因分型、DNA 或 RNA 定量等基础医学研究、临床诊断、疾病研究领域。特别是前几年非洲猪瘟暴发后，原农业部已经批准使用的现场快速检测试剂中，包含多家企业的非洲猪瘟病毒实时荧光 PCR 快读检测试剂盒和非洲猪瘟病毒荧光 PCR 快速检测试剂盒，可以用于猪血液、脾脏、淋巴结等样品的快速检测，在非洲猪瘟疫情下给养殖业中快速诊断提供了必要的分子诊断工具，为我国非洲猪瘟病毒的防控提供了技术手段[56,57]。

（2）环介导等温扩增技术（loop-mediated isothermal amplification，LAMP）　环介导等温扩增技术是 2000 年报道的一种核酸扩增技术，此技术可在恒温条件下完成核酸的扩增，目前，该方法已经被广泛应用于各种病原微生物检测[58]。原理是针对靶基因的 6 个区域设计 4 条特异引物，利用一种链置换 DNA 聚合酶（*Bst* DNA polymerase）在恒温条件下（65℃左右）保温约 60min，即可完成核酸扩增。60～65℃是双链 DNA 复性及延伸的中间温度，DNA 在 65℃左右处于动态平衡状态。因此，DNA 在此温度下合成是可能的。利用 4 种特异引物依靠一种高活性链置换 DNA 聚合酶，使得链置换 DNA 合成在不停地循环[59]。

扩增产物的检测方法主要有 3 种。第一，目测或浊度检测，通过多扩增过程副产物焦磷酸镁（白色沉淀）来检测判断有无扩增产物；第二，荧光检测，在反应液中加入 SYBR Green I，肉眼或紫外灯下判定；第三，电泳检测，由于扩增后的产物是一系列反向重复的靶序列构成的茎环结构和多环花椰菜结构的 DNA 片段的混合物，电泳后，凝胶上显示不同大小区带的阶梯式图谱。

LAMP 与以往的核酸扩增方法相比具有如下优点：

① 操作简单、技术要求低、成本低廉。LAMP 核酸扩增是在等温条件下进行，只需要水浴锅即可，产物检测用肉眼观察或浊度仪检测沉淀浊度即可判断。对于 RNA 的扩增只需要在反应体系中加入逆转录酶就可同步进行，不需要特殊的试剂及仪器。

② 快速高效，耗时少。因为不需要预先的双链 DNA 热变性，避免了温度循环而造成的时间损失。核酸扩增在 1h 内均可完成，应用专门的浊度仪可以达到实时定量检测。

③ 高特异性，由于是针对靶序列 6 个区域设计的 4 种特异性引物。6 个区域中任何区域与引物不匹配均不能进行核酸扩增，故其特异性极高。

④ 高灵敏度，对于病毒扩增模板可达几个拷贝，比普通 PCR 高出至少 2 个数量级。

LAMP 的缺点：由于 LAMP 扩增是链置换合成，靶序列长度最好在 300bp 以内。大于 500bp 的片段则较难扩增，故不适合进行长链 DNA 的扩增。同时由于灵敏度高，极易受到加样、EP 管开盖、气溶胶等污染而产生假阳性结果，故要特别注意规范操作[60]。

在非洲猪瘟的快速检测试剂盒中，北京森康生物技术开发有限公司的商品化非洲猪瘟病毒 LAMP 检测试剂盒已经获批，允许用于猪的血液及组织样品快速检测。

（3）重组酶介导等温扩增技术（recombinase aided amplification，RAA）　RAA 是一种利用重组酶、单链结合蛋白、DNA 聚合酶在等温条件下（最佳温度 37℃）进行核酸扩增的技术。原理为：重组酶、单链结合蛋白、引物形成复合体扫描双链 DNA，在与引物同源的序列处使双链 DNA 解旋，单链结合蛋白（SSB）防止单链 DNA 复性，在能量和 dNTP 存在的情况下，由 DNA 聚合酶完成链的延伸，5～20min 就可实现仪器扩增[61]。RAA 在恒温条件下反应，操作简单，摆脱了复杂仪器的束缚，不需变温，且大大缩短了反应时间，非常适用于现场应急快速检测[62]。

（4）酶促重组等温扩增技术（enzymatic recombinase amplification，ERA）　ERA 是一种等温核酸扩增技术，通过模拟生物体遗传物质自身扩增复制的原理，将来源于细菌、病毒和噬菌体的特定工具酶进行改造突变并筛选其功能，通过不同的核酸扩增反应体系进行优化组合，从而获得核心的重组等温扩增体系，建立特殊扩增反应体系，在 37～42℃ 恒温条件下，将微量 DNA/RNA 的特异性区段在数分钟内扩增数十亿倍。在常温的环境下，重组酶可与引物 DNA 紧密结合，形成酶和引物的聚合体；当引物在模板 DNA 上搜索到与之完全匹配的互补序列时，在单链 DNA 结合蛋白的帮助下，打开模板 DNA 的双链结构；在 DNA 聚合酶的作用下，形成新的 DNA 互补链，并完成产物的指数级扩增。

ERA 技术应用具有广泛的前景，在诊断领域，针对细胞培养中的支原体污染，提供一种快速、简单、灵敏的检测方法；公共卫生领域，针对危害公众健康的呼吸道传染性病原、肠道致病病原及生殖系统病原进行快速检测；食品安全领域，针对致病微生物、动物源性成分和转基因农产品进行快速现场检测；农业生产领域，针对水产、畜牧养殖和宠物中各类传染病病原，进行早期快速检测和诊断。

1.3.3.2　免疫类诊断试剂

随着畜牧业的发展和免疫学的不断创新，诊断技术在养殖业上发挥着越来越重要的作用。免疫类诊断试剂即根据免疫学中抗原、抗体反应的原理，利用已知的抗原检测未知的抗体，或是利用已知抗体检测未知的抗原，免疫类诊断试验或技术包括血凝抑制试验、酶联免疫吸附实验（ELISA）、用新材料技术建立的免疫胶体金技术等[63]。

抗原与相应抗体相遇可发生特异性结合，并在外界条件的影响下呈现某种反应现象，如凝集或沉淀，以此可用已知抗原（或抗体）检测未知抗体（或抗原）。试验所采用的抗体常存在于血清中，因此又称之为血清学反应（serological reaction）[64]。

基于抗原抗体反应可制成多种免疫类诊断试剂用于诊断病原。抗原抗体反应种类甚多，为叙述方便按反应现象分类介绍如下。

（1）血凝抑制试验（hemagglutination inhibition test，HI）　某些病毒可以与鸡红细胞发生凝集现象，即血凝。这种红细胞凝集现象可被特异性免疫血清所抑制，即红细胞凝集抑制试验（HI）。《兽药典》（2020 年版）中，禽流感和新城疫的病毒和亚型的鉴定，以及特异性抗体水平的检测，均可采用此方法[65]，并有相应的国家标准（《高致病性禽流感诊断技术》GB/T 18936—2020 和《新城疫诊断技术》GB/T 16550—2020）可参考应用[66]。

（2）凝集反应（agglutination） 指颗粒性抗原（细菌、细胞等）与相应的抗体，或可溶性抗原（亦可用抗体）吸附于与免疫无关的载体形成致敏颗粒（免疫微球）与相应的抗体（或抗原），在有适量电解质存在下，形成肉眼可见的凝集小块。

① 直接凝集反应（direct agglutination） 是颗粒性抗原（又称凝集原）与相应抗体直接结合所呈现的凝集现象，如红细胞和细菌凝集试验。主要有玻片法、试管法及微量凝集法。玻片法为定性试验，方法简便快速，常用已知抗体检测未知抗原，应用于菌种鉴定、分型及人红细胞 ABO 血型测定等；试管法通常为半定量试验，常用已知抗原检测待检血清中有无相应抗体及其相对含量，以帮助临床诊断和分析病情。例如临床试验室常用的诊断伤寒或副伤寒的肥达试验（Widal test），诊断布鲁氏菌病的瑞特氏试验（Wrigt test）及诊断斑疹伤寒及恙虫病的外斐二氏试验（Weil Felix test）等。

② 间接凝集反应（indirect passive agglutination） 是可溶性抗原或抗体吸附于与免疫无关的微球载体上，形成致敏载体（免疫微球），与相应的抗体或抗原在电解质存在的条件下进行反应，产生凝集，称为间接凝集或被动凝集；实验室常用的载体微球有人 O 型血红细胞、绵羊或家兔红细胞、聚苯乙烯乳胶、活性炭等，根据应用的载体种类不同，称为间接血凝、间接乳胶凝集及间接炭凝试验等。本试验主要用于某些传染病如钩端螺旋体抗原和原发性肝癌的早期诊断。间接凝集反应扩大了凝集反应的应用范围，其发展取决于载体，修饰载体使其带有化学活性基团，或选用吸附力强、稳定性高和带有色素的载体，必将演化出新的方法。

③ 协同凝集试验（co-agglutination） 以金黄色葡萄球菌为载体，利用其细胞壁中的 A 蛋白（SPA）具有结合人及多种哺乳动物 IgG Fc 段的特性，将特异性抗体结合至金黄色葡萄球菌菌体，其 Fab 段暴露于菌体表面，遇到相应抗原时与之结合，即可导致金黄色葡萄球菌凝集，称为协同凝集试验。常用于早期诊断流脑、伤寒、菌痢及布鲁氏菌病。

（3）沉淀反应（precipitation） 可溶性抗原与相应抗体在有适量电解质存在下，出现肉眼可见的沉淀现象，称为沉淀反应。参与反应的抗原称沉淀原（precipitinogen），抗体称沉淀素（precipitin）。沉淀原可以是多糖、蛋白质、类脂等，由于其体积小、相对反应面积大，故试验时需对抗原进行稀释，以避免后滞现象。应用较早的沉淀反应是环状沉淀反应（ring precipitaion）和絮状沉淀反应（flocculation precipitation），因其敏感性不高，已被淘汰。目前应用最多的沉淀反应是 Oudin 建立的凝胶（琼脂）沉淀反应及其派生方法。

① 单向琼脂扩散（simple agar diffusion） 简称单扩，将特异性抗体与熔化的琼脂混合均匀，使抗体均匀分布于琼脂，然后浇制成琼脂板，再按一定要求打孔并加入抗原，使抗原向孔四周自由扩散，与板中的抗体形成沉淀圈。本法为定量试验，沉淀圈的直径与抗原浓度成正比。单向琼脂扩散常用于血清中抗体、AFP 等的定量测定。

② 火箭电泳（rocket electrophoresis） 若在单向琼脂扩散基础上，加入抗原后，将琼脂板置于电场中，使抗原于负极向正极定向扩散，再与板中的抗体结合而形成锥形沉淀峰，形似火箭，故名火箭电泳。沉淀峰的高度与抗原浓度成正比。由于在电场作用下，促使带负电荷多的抗原泳动，故火箭电泳需时短，可用于快速测定抗原含量，如在标本中加入少量同位素标记的抗原后，可作放射免疫自显影，能检出微量抗原。应用范围与单扩相似。

③ 双向琼脂扩散（double agar diffusion） 简称双扩，先制备琼脂板，再按要求打孔并分别加入抗原和抗体，使两者同时在琼脂板上扩散，若两者对应且比例合适，则在抗原和抗体两孔之间形成白色沉淀线。一对相应的抗原抗体只形成一条沉淀线，因此可根据沉淀线的数目推断待测抗原液中有多少种抗原成分；根据沉淀线的吻合、相切或交叉形状，可鉴定两种抗原是完全相同、部分相同还是完全不同。本法常用于定性测定抗原抗体，亦可用于判断免疫血清的效价。

④ 对流免疫电泳（counter immunoelectrophoresis） 若在双向琼脂扩散的基础上加电泳，将抗原孔置负极端，抗体孔置正极端，由于抗原所带的负电荷较抗体多，且抗原分子小于抗体，在电场中能够克服电渗的作用而由负极泳向正极；抗体却克服不了电渗作用，从正极向负极移动，二者形成对流，并在比例适宜处形成白色沉淀线，称为对流电泳。因抗原抗体皆作定向运动，所以敏感性较双向琼脂扩散高。

除上述方法外还有多种免疫沉淀分析技术，如区带电泳和双向琼扩相结合的免疫电泳（immunoelectrophoresis）、区带电泳与火箭电泳联用的交叉免疫电泳（cross immunelectrophoresis），及免疫选择电泳、免疫固定电泳等，可应用于复杂抗原成分的分析和骨髓瘤、冷球蛋白血症等临床疾病的辅助诊断[67]。随着精密仪器的研制成功，又建立了散射比浊、速率散射比浊等方法，使沉淀反应技术更加敏感、精确和自动化。

（4）酶联免疫吸附实验（enzyme linked immunosorbent assay，ELISA） 酶联免疫吸附诊断技术是以酶联免疫吸附实验为基础的测定技术。由于抗体可以特异性地与抗原分子结合，因此通过抗原抗体的特异性反应来进行检测[68]。ELISA 始创于 1971 年，当时的瑞典学者 Engvail 和 Perlmannn，荷兰学者 Van Weerman 和 Schuurs 分别报道将免疫技术发展为检测体液中微量物质的固相免疫测定方法，称为酶联免疫吸附实验。1974 年，Voller 等又将固相支持物改为聚苯乙烯微量反应板，使 ELISA 技术得以推广应用。ELISA 方法可用于抗原测定，也可用于抗体测定。ELISA 方法具有快速、高效、价廉、特异性强、灵敏度高、简便、无需无菌操作、可以同时检测多份血清样品等优点，是免疫学检测技术中应用最广、最有发展前途的一种技术。

① ELISA 技术原理 先将已知抗原或者抗体结合在某种固相载体上，并保持其免疫活性。测定时，使待检样本和酶标抗原或抗体按不同步骤与固相载体表面吸附的抗体或者抗原发生反应。用洗涤的方法分离抗原抗体复合物和游离成分。然后加入底物显色，根据颜色的深浅进行定性或者定量测定。

② 检测类型 双抗体夹心法是检测抗原最常用的方法（图 1-17）。

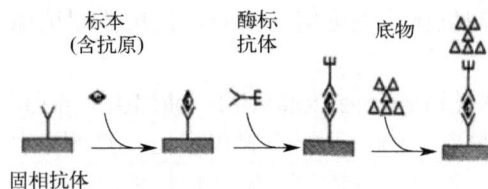

标本
（含抗原）

酶标抗体

底物

固相抗体

图 1-17 双抗体夹心 ELISA 示意图

将特异性抗体（Ab1）吸附在固相上，洗涤除去未结合的抗体和杂质。加入抗原（Ag），使之与固相抗体接触作用一段时间，让样本中的抗原与固相载体上的抗体结合，形成固相抗原复合物，洗涤除去其他未结合的物质。加用不同种动物制出的特异性相同的抗体（Ab2）酶标抗体，使固相免疫复合物上的抗原与酶标抗体（Ab2）结合，结果形成Ab1-Ag-Ab2-HRP复合物。彻底洗涤未结合的酶标抗体等物质，此时固相载体上带有的酶量和样本中受检物质的量呈正相关。最后加底物显色，根据颜色反应的程度进行该抗原的定性或者定量分析。根据同样原理可以将抗原制备成固相抗原和酶标抗原，即双抗原夹心法，用于检测样本中的抗体。

间接法是检测抗体中最常用的方法。利用酶标记的抗抗体检测与固相结合的受检抗体。将特异性抗原与固相载体连接形成固相抗原，洗涤除去未结合的抗原及杂质。加稀释的受检血清，其中的特异性抗体与抗原结合，形成固相抗原抗体复合物，经洗涤，除去其他免疫球蛋白及血清中的杂质。加酶标抗抗体，酶标记的抗抗体与固相复合物中的抗体结合，洗涤后，固相载体上的酶量就代表特异性抗体的量。加底物显色，在酶的催化作用下底物发生反应，产生有色物质。颜色深度代表被检抗体的量。

竞争法可用于检测抗原，也可用于检测抗体。竞争法的优点是出结果快。多用于测定小分子激素、药物等。以检测抗原为例，将特异性抗体与固相载体连接，形成固相抗体，洗涤。待测管中加入被检样本和一定量的酶标抗原混合物，使之与固相抗体反应。如被检标本中无抗原，则酶标抗原能顺利与固相抗体结合；如被检样本中有抗原，则酶标抗原能以同样的机会与固相抗体结合，竞争地占用了酶标抗原与固相抗体结合的机会，使与固相载体结合的抗原减少。对照管仅加酶标抗原，保温后，酶标抗原与固相抗体充分结合。

由于 ELISA 无需特殊仪器和试剂且操作简便，利于普及。众多新的、更敏感的方法也应运而生。

生物素-亲和素放大系统（biotin-avidin system，BAS）建立于 20 世纪 70 年代后期，通过将酶标记在生物素或亲和素上，借助生物素与亲和素的高度亲和力和生物素能与抗体结合的特点应用于 ELISA，显著提高了检测的敏感性。双表位 ELISA（two-site ELISA）的方法同双抗体夹心法，只是将包被的抗体和酶标抗体换成针对两个不同抗原决定簇的单抗，用于检测单抗的亲和性及表位特异性，亦可用于标本中抗原的快速检测，即在试验时可将待测抗原与酶标单抗同时加入反应体系，减少检测步骤。

放射免疫测定（radioimmunoassay，RIA）是最敏感的免疫标记技术，精确度高且易规格化和自动化。但由于放射性同位素有一定的危害性，其临床应用受到一定限制。目前主要应用于激素［如人绒毛膜促性腺激素（HCG）、胰岛素］和药物浓度的检测[69]。固相放射免疫测定（solidphase radioimmunoassay，SPRIA）的原理、方法和应用与 ELISA基本相同，区别在于标记物和检测仪。SPRIA 的敏感性略高于 ELISA。与 RIA 相比，该法既可用已知的标记抗原测抗体，也可用已知的标记抗体测抗原。主要应用于特异性 IgE的检测。

（5）免疫胶体金技术（immune colloidal gold technique，ICGT）　免疫胶体金技术是 20 世纪 80 年代发展起来的一种新型固相标记免疫测定技术，以胶体金为标记物，利用特异性抗原抗体反应，通过带颜色的胶体金颗粒来放大免疫反应系统，使反应结果在固相载体上直接显示出来，用于检测待检样品中的抗原或者抗体[70,71]。胶体金颗粒表面带负电荷，与蛋白质表面正电荷的基团靠静电力相互吸引，达到范德瓦耳斯力作用范围内即形成牢固结合，同时胶体金颗粒的粗糙表面也是形成吸附的重要条件。

免疫胶体金技术优点在于制备简易，价格低廉；胶体金颗粒大小可以控制，可以进行多重标记，检测多种物质；灵敏性和特异性好；检测操作简便；检测结果便于观察，直观。该法最早用于免疫胶体金标记电镜技术，利用胶体金颗粒高电子密度，经衬染后对超微切片中的抗原作定量或定位研究。而后又应用于光镜并根据金催化还原银离子的原理，结合摄影技术以银增强金标抗体的可见性，建立了免疫金银法（IGSS）。此外，若将荧光素吸附于胶体金，在荧光显微镜下作定向性分布及定位观察荧光染色标本，可增强荧光效果。

胶体金标记技术发展较快，如胶体金斑点渗滤试验和胶体金斑点免疫色谱试验，尤其是后者检测灵敏度高，操作简单，时间短，1～2min 即可出现结果，已应用于 HCG 和 HBV 两对半（乙肝五项）的检测。制备方法简述如下，试验用的均为干试剂，多个试剂被组合在一狭长的试剂条上，上端（A）和下端（B）分别为吸水性材料，胶体金标记的特异性抗体干片粘贴在 B 的近 D 处，紧接着为硝酸纤维素膜，其上有两个反应区域，测试区（T）包被有与待检抗原相应的特异性抗体，对照区（C）包被有对应的抗 IgG 抗体（二抗）。测试时将试纸下端浸入液体标本中，通过吸水材料虹吸作用吸引标本液向上移动，经过 D 处时如标本中有与金标抗体相应的抗原，两者即结合，胶体金颗粒发生聚集变为红色。反之则不发生变化。过剩胶体金标记的抗体继续向前，与对照区的二抗结合，出现红色质控条带。

胶体金试纸条由吸样材料、玻璃纤维、硝酸纤维素膜、吸水材料和含双面强胶的白色塑料板组成。用点样仪将胶体金涂于玻璃纤维上作为示踪物，将抗原或抗体包被于硝酸纤维素膜作为检测线和质控线，将吸样材料、玻璃纤维、硝酸纤维素膜、吸水材料依次贴在白色塑料板上，用切条机切成 3mm 的小条，加干燥剂密封 4℃ 保存。"瘦肉精"检测试纸条是应用得最成功的胶体金试纸条之一，现在胶体金试纸条已经发展到畜禽疫病、农药残留、食品药物残留快速检测等多方面，产业化前景非常好[72,73]。

（6）**现场快速检验**（point-of-care testing，POCT）　现场快速检验由中国医学装备协会在多次专家论证基础上统一命名，并将其定义为：在采样现场进行的、利用便携式分析仪器及配套试剂快速得到检测结果的一种检测方式。POCT 含义可从两方面进行理解：空间上，在患者身边进行的检验，即"床旁检验"；时间上，可进行"即时检验"[74]。

尽管 POCT 的说法在 20 世纪 90 年代才出现，但在人的重症监护医学中，20 世纪 70 年代初，即有 POCT 的出现，特别是手术室和重症监护室中，快速检测的需求极其明显。非洲猪瘟暴发后，我国的诊断试剂行业发展迅速，POCT 也得以飞速发展，现在大规模猪场针对非洲猪瘟的快速检测手段已经非常普及[75,76]。

参考文献

[1] 杨晓明. 当代新疫苗[M]. 2 版. 北京：高等教育出版社，2020.

[2] 聂国兴，王俊丽. 生物制品学[M]. 2 版. 北京：科学出报社，2012.

[3] 周东坡，赵凯，周晓辉．生物制品学[M]．2 版．北京：化学工业出版社，2014.

[4] 罗满林．兽医生物制品学[M]．北京：中国农业大学出版社，2019.

[5] 夏业才，陈光华，丁家波．兽医生物制品学（精）[M]．2 版．北京：中国农业出版社，2018.

[6] 宁宜宝．兽用疫苗学[M]．北京：中国农业出版社，2008.

[7] 耿岩，贾春华，温泉，等．药品冷冻干燥过程中的关键影响因素分析[J]．企业技术开发，2014.

[8] 姜平．兽医生物制品学[M]．3 版．北京：中国农业出版社，2015.

[9] 周瑞进，布日额，韩先杰，等．鹅细小病毒免疫血清的制备及其应用[J]．中国兽医科学，2004，34（012）：63-66.

[10] 郭建辉，吴世华，余学明，等．抗血清疗法的应用现状[J]．中国动物检疫，2011，28（1）：3.

[11] 陈云，白挨泉，郑军，等．犬细小病毒免疫血清的研制与初步应用[J]．畜牧与兽医，2002，34（7）：2.

[12] 张晓萌，王艳华，王传林．破伤风被动免疫制剂的发展历史及应用状况[J]．中华微生物学和免疫学杂志，2018，38（6）：4.

[13] Bon C，Burnouf T，Gutierrez J M，et al. WHO guidelines for the production, control and regulations of snake antivenoms immunoglobulins[J]. Technical Report Series 930, 2010.

[14] 王世若，王兴龙，韩文瑜．现代动物免疫学[M]．2 版．长春：吉林科学技术出版社，2001.

[15] Yang Y. H.，Park D.，Yang G.，et al. Anti-Helicobacter pylori effects of IgY from egg york of immunized hens[J]. lab anim res, 2012.

[16] 盛雅洁，肖春兰，赵丽娟，等．卵黄抗体的特性及其应用研究[J]．家禽科学，2020，（7）：3.

[17] 藏玉婷，王彬，宋扬，等．小鹅瘟病毒卵黄抗体田间试验[J]．中国动物保健，2017，19（2）：3.

[18] 余运运，孙丽娜，孙万邦．卵黄抗体的结构与功能其在人及动物疾病中应用进展[J]．中国人兽共患病学报，2018，034（001）：67-72.

[19] 万遂如，康丽娟．细胞因子在畜禽疫病防控中的科学应用[M]．北京：中国农业出版社，2010.

[20] 彭吉林，郭阳．医学免疫学实验[M]．北京：科学出版社，2015.

[21] Vilcek J. T.，Yip Y. K. Immune interferon [Z]. EP. 1988.

[22] Jaffe H S, Bucalo L R, Sherwin S A. Anti-infective applications of interferon-gamma[M]. New York: Dekker, 1992.

[23] Garland J M. Colony-stimulating factors: molecular & cellular biology, second edition[J]. 1997.

[24] Xi F，Rosi S. Targeting colony stimulating factor 1 receptor to prevent cognitive deficits induced by fractionated whole-brain irradiation[J]. Neural Regeneration Research，2017, 12（3）：399-400.

[25] Chen Y，Rudolph K L. Granulocyte colony-stimulating factor acts on lymphoid-biased, short-term hematopoietic stem cells[J]. Haematologica, 106（6）：1516-1518.

[26] Kurzrock R，Talpaz M. Cytokines: interleukins and their receptors[J]. Cancer Treatment & Research, 1995.

[27] Briukhovetska D，Drr J，Endres S，et al. Interleukins in cancer: from biology to therapy [J]. Nature reviews Cancer, 2021: 1-19.

[28] Mountifield R. Anti-tumor necrosis factors（TNFs）are outdated—It's time to move on: Session three summary[J]. Journal of Gastroenterology and Hepatology, 2021, 36（S1）：25-26.

[29] Faustman D L. The value of BCG and TNF in autoimmunity[M]. Amsterdam; Academic Press. 2014.

[30] Zlotnik A.，Yoshie O. Chemokines[J]. Immunity, 2000, 12（2）：121-127.

[31] 孙卫民，王惠琴．细胞因子研究方法学[M]．北京：人民卫生出版社，1999.

[32] 国家药典委员会．中华人民共和国药典（2015 年版）[M]．北京：中国医药科技出版社，2015.

[33] 徐磊，钟佳莲，余勋信，等．猪脾转移因子提高 LaSota 株鸡新城疫弱毒疫苗的免疫保护率[J]．畜牧兽医学报，2021，52（12）：10.

[34] 于佳玉，陈耀星，王子旭，等．鸡脾转移因子提高蛋鸡肠道上皮细胞更新及改善肠黏膜屏障[J].

解剖学杂志, 2021, 44（S01）: 1.

[35] Viza D, Fudenberg H H, Palareti A, 等. Transfer factor: an overlooked potential for the prevention and treatment of infectious diseases[J]. Folia Biol（Praha）, 2013, 59（2）: 53-67.

[36] Izadpanah A, Gallo R L .Antimicrobial peptides[J]. Journal of the American Academy of Dermatology, 2005, 52(3): 381-390.

[37] Konovalova M V, Zubareva A A, Lutsenko G V, et al. Antimicrobial peptides in health and disease（Review）[J]. Applied Biochemistry & Microbiology, 2018, 54（3）: 238-244.

[38] Harder J., Schrder J. M. Antimicrobial peptides: role in human health and disease [M]. Antimicrobial Peptides: Role in Human Health and Disease, 2016.

[39] 贾盘兴. 噬菌体分子生物学——基本知识和技能[M]. 北京: 科学出版社, 2001.

[40] Anni-Maria Ö, Matti J. Phage therapy[J]. Bacteriophage, 2013, 3(1): e24219.

[41] Loc-Carrillo C., Abedon S. T. Pros and cons of phage therapy[J]. Bacteriophage, 2011, 1（2）: 111-114.

[42] Joanna M, Weronika B, Dorota L, et al. Oral Application of T4 Phage Induces Weak Antibody Production in the Gut and in the Blood[J]. Viruses, 2015, 7（8）: 4783-4799.

[43] Hodyra-Stefaniak K, Kamierczak Z, Majewska J, 等. Natural and induced antibodies against phages in humans: induction kinetics and immunogenicity for structural proteins of PB1-related phages[J]. 2020.

[44] 王子健, 陈颖钰, 胡长敏, 等. 我国兽用诊断试剂产业现状与未来趋势[J]. 生物技术进展, 2021, 11（4）: 5.

[45] 段文龙, 康孟佼, 高艳春, 等. 我国兽医诊断制品管理概况与监管建议[J]. 中国兽药杂志, 2019, 53（4）: 5.

[46] 王振飞, 武颖彩, 贾永峰. 分子诊断技术在新型冠状病毒肺炎防控中的应用进展[J]. 重庆医学, 2020, 49（17）: 2811-2815.

[47] 王晶晶. 我国兽用诊断试剂行业现状[J]. 兽药市场指南, 2018,（12）: 2.

[48] 德维克斯勒 C W, 迪芬巴赫 C W. PCR 技术实验指南: 第 2 版: 英文[M]. 北京: 科学出版社, 2006.

[49] 郑姬, 府伟灵, 蒋天伦. 免疫 PCR 技术研究进展及临床应用[J]. 中华医学实践杂志, 2008, 7（5）: 394-398.

[50] 石晶, 孔晓慧. PCR 技术在呼吸道病毒检测中的应用进展[J]. 医学综述, 2011, 17(17): 4.

[51] 冯腾, 王秀利, 常亚青. PCR 技术在水产养殖动物疾病诊断中的应用研究进展[J]. 生物技术通报, 2006,（5）: 5.

[52] 任广睦, 刘季, 王英元. 实时荧光定量 PCR 技术应用于核酸定量检测的研究进展及展望[J]. 山西医科大学学报, 2006, 37（009）: 973-976.

[53] 付春华, 陈孝平, 余龙江. 实时荧光定量 PCR 的应用和进展[J]. 激光生物学报, 2005, 14（6）: 6.

[54] 张惟材. 实时荧光定量 PCR[M]. 北京: 化学工业出版社, 2013.

[55] 郭杨, 陈世界, 郭万柱, 等. 荧光定量 PCR 技术及其应用研究进展[J]. 动物医学进展, 2009, 30（2）: 5.

[56] 任名, 牛婷婷, 于婉琪, 等. 非洲猪瘟病毒 TaqMan 探针法荧光定量 PCR 检测方法建立[J]. 中国动物传染病学报, 2020, 28（3）: 7.

[57] 韩玉, 王涛, 潘力, 等. 基于非洲猪瘟病毒 *CD2v* 基因 TaqMan 荧光定量 PCR 检测方法的建立[J]. 中国兽医学报, 2021, 41（5）: 6.

[58] 周广青, 常惠芸, 邵军军. 环介导等温基因扩增技术及其在病毒检测中的应用[J]. 生物技术通讯, 2008, 19（2）: 3.

[59] 杜芳玲, 王婷婷. 环介导等温扩增（LAMP）技术的研究进展与展望[J]. 实验与检验医学, 2018, 36（4）: 5.

[60] 鞠慧萍, 宋白薇, 石建华, 等. LAMP 技术及其在微生物检测中的应用[J]. 上海畜牧兽医通讯, 2010,（5）: 2.

[61] 段青霞，李鑫娜，何小周，等．实时荧光逆转录重组酶介导的等温扩增技术检测寨卡病毒方法的建立[J]．国际病毒学杂志，2020，27（3）：5.

[62] 王楷成，王素春，黄保续．一种禽流感病毒的逆转录重组酶介导等温扩增检测方法 [Z]．2019

[63] 向昭颖，杨佳颖．国内兽用诊断试剂情况汇总及注册方法[J]．中国动物保健，2019，21（2）：6.

[64] 崔治中．兽医免疫学[M]．北京：中国农业出版社，2015.

[65] 中国兽药典委员会．中华人民共和国兽药典（2020年版）[M]．北京：中国农业出版社，2020.

[66] 塞弗．禽病学（精）[M]．11版．北京：农业出版社，2005.

[67] 钟克力，张丽，戴勇，等．采用染色质免疫沉淀联合芯片技术分析胃癌全基因组蛋白H3K27三甲基化水平[J]．临床肿瘤学杂志，2009，14（1）：5.

[68] Engvall E. Enzyme-linked immunosorbent assay, eslisa[J]. Protides of the Biological Fluids, 1972, 8（1）：553-556.

[69] 官大威．法医学辞典（精）[M]．北京：化学工业出版社，2009.

[70] 齐颖颖．免疫胶体金技术及其应用[J]．河北省科学院学报，2011，28（004）：36-39.

[71] 朱文钏，孔繁德，林祥梅，等．免疫胶体金技术的应用及展望[J]．生物技术通报，2010，（4）：7.

[72] 蔺俐仲，徐春志，靳朝．免疫胶体金技术及其在兽医临床上的应用[J]．动物医学进展，2007，28（2）：4.

[73] 陈剑阁．胶体金免疫技术在猪瘟诊断上的应用进展[J]．中国动物保健，2011.

[74] 单万水．从层析荧光到微流控生物芯片——现场快速检验（POCT）技术基础概述[J]．中国医疗器械信息，2017，23（7）：8.

[75] 邓均，宋世平，郑峻松．我国POCT发展现状与展望[J]．临床检验杂志，2015，33（11）：2.

[76] 姚贵哲，王伟利，夏明，等．沙门氏菌现场快速检测方法的建立[J]．黑龙江畜牧兽医，2018，（3）：5.

第 2 章
常用兽用
生物制品

2.1

多种动物共患传染病生物制品

2.1.1 炭疽疫苗

炭疽（anthrax）是由炭疽杆菌（*Bacillus anthracis*）引起的一种急性、热性、败血性人畜共患病。世界卫生组织将其列为必须报备的疫病，我国将其分类为二类动物疫病。炭疽为多种动物共患病，主要为食草动物。临床特征为高热发病、可视黏膜发绀和天然孔出血。其病变表现为皮肤坏死、溃疡、结痂和周围组织广泛水肿及毒血症症状，皮下及浆膜下结缔组织出血性浸润，血液凝固不良，呈煤焦油样。我国长期应用炭疽芽孢疫苗已使炭疽基本得到控制，但偶有部分省区有炭疽疫情报告，引起社会的广泛关注。

2.1.1.1 病原

炭疽杆菌为革兰氏染色阳性大杆菌，大小为$(1.0\sim1.2)\mu m\times(3\sim5)\mu m$，排列如竹节，无鞭毛，不能运动。菌体周围有荚膜，接触氧气后能形成芽孢，芽孢位于菌体中央。本菌为兼性需氧菌，在琼脂平板上培养，大多数分离的菌落是非溶血性的，白色或灰色，常常似毛玻璃状。明胶穿刺培养时，呈倒立松树状生长，表面逐渐被液化而呈漏斗状。

该菌对外界理化因素的抵抗力不强，60℃经30～60 min即可杀死菌体。一般浓度的常用消毒药在短时间内可将其杀死。但其芽孢的抵抗力很强，土壤被污染后，传染性可保持数十年，121℃湿热灭菌5～10 min，150℃干热灭菌60min才可将其杀死，20%漂白粉和石灰乳浸泡2d、5%苯酚浸泡24h才能将其杀灭。除此之外，过氧乙酸、次氯酸钠也有较好的效果。

2.1.1.2 流行病学

（1）**传染源** 主要传染源包括炭疽病人、病畜或其尸体，以及被炭疽杆菌污染的环境及各种物体。炭疽在人和人之间不能像流感那样传播，接触病人被感染的概率极低，尽管炭疽在人与人之间传染性不强，但并不等于没有危险。病人的排出物会造成顽固的环境污染，而这种污染可以感染牲畜，反过来又造成人的感染。炭疽杆菌一旦形成芽孢体，抵抗力极强，被其污染的土壤、水源、场地可形成持久疫源地。

（2）**传播途径** 炭疽杆菌主要通过三种途径传播，即皮肤接触、呼吸道和消化道，其中皮肤接触造成的皮肤炭疽病灶处可排菌，偶尔可以人传人。皮肤炭疽最为常见，直接或间接接触病畜和染菌的皮、毛、肉、骨粉等均可引起皮肤炭疽；进食患炭疽牲畜的肉类可引起肠炭疽；通过呼吸道吸入带芽孢的尘沫可引起肺炭疽。

（3）**易感性** 本病为人畜共患传染病，多种家畜、野生动物对本病都有不同程度的易感性。草食动物最易感，其次是杂食动物，再次是肉食动物，家禽一般不感染。人群普遍易感，从事动物饲养、屠宰、制品加工、销售以及兽医等行业的人员很容易感染，为高危人群。

（4）**流行特征** 炭疽是一种典型的土壤传播的自然疫源性疫病，一般呈地方性流行，有一定的季节性，多发生在吸血昆虫多、雨水多、洪水泛滥的夏秋季节。炭疽在我国的发生有明显的地域分布特点，以西部和边远地区炭疽的发病较多，其中青海、宁夏、贵州、云南、新疆、广西、湖南、西藏、四川、甘肃、内蒙古等省区为高发地区，西部高发地区的人炭疽病例约占全国总病例数的 90%以上。南方地区以猪和水牛、北方地区以羊和牛为主要发病家畜。

2.1.1.3 发病机理

本病的发生和预后主要取决于动物的易感性、病原的毒力和数量及其感染途径。本菌的毒力主要与荚膜多肽和炭疽毒素有关，而引起发病和致死的直接因素是炭疽毒素[1]。其中 pXO1 和 pXO2 两种质粒在炭疽杆菌的致病性中起着关键作用，分别负责产生炭疽毒素和形成聚 γ-d-谷氨酸（poly-γ-d-glutamic acid，PGA）。pXO1 质粒编码致死因子（lethal factor，LF）、水肿因子（edema factor，EF）和保护性抗原（protective antigen，PA）组成的多肽链，它们以二元方式排列组合成致命毒素（LT）和水肿毒素（ET），共同形成炭疽毒素[2]。在过去的几十年里，炭疽毒素的作用方式得到了广泛研究，目前已被充分了解。尤其是炭疽毒素已被确定为炭疽杆菌致病机制的关键。

炭疽杆菌或其芽孢从损伤皮肤、胃肠道或呼吸道侵入机体后，首先在局部出芽繁殖。细菌生长繁殖过程中形成的荚膜和毒素是其重要的毒力因子。荚膜是一种 D-谷氨酸多聚肽物质，具有抗吞噬细胞的吞噬作用，可抑制吞噬小体和溶酶体融合，使细菌不被破坏，并与其他毒力因子共同作用，从而抑制了宿主的防卫能力，细菌可通过淋巴管和血液循环到全身，导致组织及脏器发生出血性浸润、坏死和严重水肿，形成原发性皮肤炭疽、肠炭疽或肺炭疽等。当宿主抵抗力低下时，细菌在血液中生长繁殖，形成败血症。

2.1.1.4 临床表现

（1）人的炭疽 潜伏期 1～5d，最长可达 12d，短至 12h。主要有以下几种类型：

① 皮肤炭疽 较多见，多发于面、颈、肩、手、脚等裸露部分。主要表现为红色斑疹、丘疹、水疱、坏死出血、溃疡、分泌物形成黑色痂皮、愈合结疤等炭疽痈演变过程。发病 1～2d 后出现发热、头痛、全身不适、乏力、呕吐、关节痛、局部淋巴结肿痛及脾肿大等全身症状。

② 肺炭疽 患者表现高热、发绀、寒战、气喘、咳嗽、咯血、胸痛、肺部啰音、胸腔积液。常伴发败血症、脑膜炎及感染性休克而死，病程 1～3d。

③ 肠炭疽 较为少见。发病急，表现为高热、呕吐、腹痛、水泻、血便、渗出性腹膜炎，有严重的毒血症症状，常伴发败血症、感染性休克。

④ 脑炭疽 多为继发，起病急剧，头部剧痛、呕吐，继之抽搐、昏迷而死。

（2）动物炭疽 本病潜伏期一般为 1～5d，最长可达 14d。按其临诊表现，可分为以下 4 种类型：

① 最急性型 常见于绵羊和山羊，偶尔也见于牛、马、鹿。表现为脑卒中的经过。外表完全健康的动物突然倒地，全身战栗，摇摆，昏迷，磨牙，呼吸极度困难，可视黏膜发绀，天然孔流出带泡沫的暗色血液，常于数分钟内死亡。

② 急性型 多见于牛、马。病牛体温升高至 42℃，表现兴奋不安，吼叫或顶撞人畜、物体，以后变为虚弱，食欲下降，反刍、泌乳减少或停止，呼吸困难，初便秘后腹泻带血，尿暗红，有时混有血液，乳汁量减少并带血，常有中度胀气，腹痛，后肢踢腹，孕牛多迅速流产，一般 1～2d 死亡。马的急性型与牛相似，还常伴有剧烈腹痛，卧地翻滚。

③ 亚急性型 也多见于牛、马。临诊症状与上述急性型相似，除急性热性病症外，

常在颈部、咽部、胸部、腹下、肩胛或乳房等部皮肤、直肠或口腔黏膜等处发生炭疽痈，初期发硬有热痛，以后热痛消失，可发生坏死或溃疡，病程可长达 1 周。

④ 慢性型 主要发生于猪，多不表现临诊症状，或仅表现食欲减退和长时间伏卧，在屠宰时才发现颌下淋巴结、肠系膜及肺有病理空化。有的发生咽型炭疽，呈现发热性咽炎。咽喉部和附近淋巴结肿胀，导致病猪吞咽、呼吸困难，黏膜发绀最后窒息死亡。肠炭疽多伴有便秘或腹泻等消化道失常的临诊症状。也有个别败血型病例发生急性死亡。

2.1.1.5 诊断方法

随动物种类不同，本病的经过和表现多样，最急性病例往往缺乏临诊症状，对疑似病死动物又禁止剖解，因此最后诊断一般要依靠微生物学及血清学方法。

（1）镜检 可采取疑似患病动物的末梢静脉血或切下一块耳朵，必要时切下一小块脾脏，病料必须放入密封的容器中。取末梢血液或其他材料制成涂片后，用瑞氏染色，镜检发现有多量单在、成对或 2～4 个菌体相连的短链排列、竹节状有荚膜的粗大杆菌，即可确诊。值得注意的是，从猪局部淋巴结检出的细菌粗细不一。

（2）培养 新鲜病料可直接于普通琼脂或肉汤中培养，污染或陈旧的病料应先制成悬液，70℃加热 30min，杀死非芽孢菌后再接种培养。对分离的可疑菌株可做噬菌体裂解试验、荚膜形成试验及串珠试验。这几种方法中以串珠试验简易、快速且敏感特异性较高。

（3）动物接种 注射 0.5mL 培养物或病料悬液于小鼠腹腔，经 1～3 d 后小鼠因败血症死亡，其血液或脾脏中可检出有荚膜的炭疽杆菌。

（4）Ascoli 试验 Ascoli 试验是诊断炭疽简便而快速的方法，其优点是培养失效时仍可用于诊断，因而适于腐败病料及动物皮张或风干、淹浸过肉品的检验。但此法缺乏高度特异性，因为炭疽杆菌耐热抗原是其他腐生芽孢杆菌共有的。应用此试验的先决条件是被检组织中必须含有足够量抗原物质。肝、脾、血液等制成的抗原于 1～5min 内和沉淀素血清接触而出现清晰的白色沉淀环，而皮肤组织制成的抗原于 15min 内出现白色沉淀环。

此外，还可用琼脂扩散反应和荧光抗体染色试验诊断。

（5）聚合酶链反应 应用 PCR 技术检测炭疽杆菌，具有高度特异性。该技术对腐败病料和血液中的炭疽杆菌有较高敏感性，但对炭疽芽孢的检测不够敏感，其最低检出量为 200 个芽孢。

2.1.1.6 疫苗研究进展

（1）国内兽用疫苗

在炭疽疫区或常发地区，每年对易感动物进行预防注射，常用的疫苗有无荚膜炭疽芽孢疫苗和 II 号炭疽芽孢苗，具体信息见表 2-1。

表 2-1 兽用炭疽疫苗

疫苗名称	成分和性状	使用说明	注意事项
无荚膜炭疽芽孢疫苗	本品系用炭疽杆菌无荚膜菌株（CVCC 40205）接种适宜培养基培养，形成芽孢后，收获培养物，加灭菌的甘油溶液制成甘油苗或加氢氧化铝胶制成氢氧化铝胶苗。上层为澄明液体，下层有少量沉淀，振摇后呈均匀混悬液	皮下注射。1 岁以上牛、马，每头（匹）1.0mL；1 岁以下牛、马，每头（匹）0.5mL；绵羊、猪，每只 0.5mL	① 使用前，应先使疫苗恢复至室温，并充分摇匀； ② 山羊忌用，马慎用； ③ 本品宜秋季使用，在牲畜春乏或气候骤变时，不应使用； ④ 接种时，应作局部消毒处理； ⑤ 用过的疫苗瓶、器具和剩的疫苗等应进行无害化处理

疫苗名称	成分和性状	使用说明	注意事项
Ⅱ号炭疽芽孢疫苗	炭疽杆菌弱毒 C40-202 株接种于适宜培养基培养，形成芽孢后，将培养物悬浮于灭菌的甘油蒸馏水或铝胶蒸馏水制成。甘油苗静置后为透明液体，瓶底有少量灰白色沉淀；铝胶苗静置后，上层为透明液体，下层为灰白色的沉淀	各种动物皮下注射 1mL 或批内注射 0.2mL	①用前须充分振荡；②山羊、马慎用；③宜秋季使用

（2）人用疫苗 我国人用皮上划痕炭疽活疫苗系用炭疽弱毒（A16R）株生产，为50％甘油芽孢悬液，每毫升含芽孢 40 亿，活存率在 50％以上。每支安瓿装量为 1mL 或2mL。本疫苗主要用于炭疽的免疫预防。总之，人现用炭疽疫苗仍会带来一些令接种者各种不明原因的不适的副反应，有效免疫保护力的持续时间也比较短，需要每年都进行加强性免疫接种，尤其对吸入型炭疽感染保护不佳。

① 产品名称 皮上划痕人用炭疽活疫苗，国药准字 S20013022，兰州生物制品研究所有限责任公司。

② 成分和性状 用炭疽芽孢杆菌的弱毒菌株经培养、收集菌体后稀释制成的活菌悬液。为灰白色均匀悬液。

③ 使用说明

a. 在上臂外侧三角肌附着处皮上划痕接种。用消毒注射器吸取疫苗，在接种部位滴 2 滴，间隔 3～4cm，划痕时用手将皮肤绷紧，用消毒划痕针在每滴疫苗处作"井"字划痕，每条痕长约 1～1.5cm。划破表皮以出现间断小血点为度。

b. 用同一划痕针反复涂压，使疫苗充分进入划痕处。接种后局部应裸露至少5～10min，然后用消毒干棉球擦净。

c. 接种后 24h 划痕部位无任何反应者应重新接种。

④ 注意事项

a. 本品仅供皮上划痕用，严禁注射。

b. 开启疫苗瓶和接种时，切勿使消毒剂接触疫苗。

c. 疫苗有摇不散的菌块或疫苗瓶有裂纹者，均不能使用。

d. 用前应将疫苗充分摇匀。消毒皮肤只用酒精，不用碘酒。

e. 安瓿启开后，应于 3h 内用完。剩余疫苗应废弃。

f. 剩余疫苗、空安瓿及用具，需用 3％碱水煮沸消毒 30min。

g. 严禁冻结。

参考文献

[1] 熊小培，杨晓明. 炭疽杆菌毒素致病机制及炭疽疫苗的研究进展[J]. 中国生物制品学杂志，2006，19（6）：4.

[2] Moayeri M, Leppla S H, Vrentas C, et al. Anthrax pathogenesis[J]. Annu Rev Microbiol. 2015; 69: 185-208.

（王晓虎 王艳云 卢立康 张 翮）

2.1.2　多杀性巴氏杆菌疫苗

多杀性巴氏杆菌是一种重要的革兰氏阴性病原菌，能感染包括禽、猪、牛、兔等在内的多种家养和野生动物，产生以呼吸道感染为主的多种症状。人也可以通过多种途径感染多杀性巴氏杆菌。该病现已流行于世界养猪业发达的各个国家和地区。该病原菌可与多种病原协同感染从而增加猪群呼吸道疾病的发病率和死亡率并造成严重的经济损失。多杀性巴氏杆菌病由多杀性巴氏杆菌在特殊情况下暴发造成，多杀性巴氏杆菌病作为一种机会致病菌，平常寄宿在大多数感染地区的哺乳动物上呼吸道黏膜附近，并不表现有明显特征，发病后的个体出现肺炎、败血症甚至死亡[1]。机会致病菌不易清除，有更多的机会接触人类，威胁人类健康。学者对该病原的流行病学以及分离菌株的生物学特性、分子多样性、耐药现状、毒力和免疫原性基因进行的研究为我国的流行病学研究提供了理论依据，为临床上猪巴氏杆菌病的诊断和有效防控及相关的基础研究奠定了基础。

2.1.2.1　病原学特征

多杀性巴氏杆菌（*Pasteurella multocida*，Pm）是一种无芽孢、不运动、革兰氏阴性小短杆菌，菌体长度约为 $0.3\sim1.2\mu m$。多杀性巴氏杆菌在有氧或者兼性厌氧条件下生长良好，氧化酶反应及过氧化酶反应均呈阳性，能发酵多种碳水化合物，产酸不产气，为巴氏杆菌科（Pasteurellaceae）巴氏杆菌属（*Pasteurella*）代表成员，同属成员还包括犬巴氏杆菌（*Pasteurella canis*）、口巴氏杆菌（*Pasteurella stomatis*）、达可马巴氏杆菌（*Pasteurella dagmatis*）等12种已被命名的成员。基于DNA杂交以及16S rRNA或者管家基因（*inf B*、*rpo B*、*sod A*、*atp D*）的同源性展开的遗传进化分析显示多杀性巴氏杆菌、达可马巴氏杆菌、犬巴氏杆菌以及口巴氏杆菌均为 *Pasteurella sensu stricto* 成员。

显微镜下观察多杀性巴氏杆菌宽 $0.3\sim1.0\mu m$，长 $1.0\sim2.0\mu m$，是一种小的、多形性的、革兰氏阴性无鞭毛球状到杆状的菌体，根据生长阶段的不同，它们有时成对排列或出现短链状，该菌需氧兼性厌氧，适宜生长温度在 $37\sim41℃$ 之间。该菌的大多数种类都含氧化酶和过氧化氢酶，能发酵葡萄糖，产酸，但不能产气。它们能在营养丰富的培养基上生长，如脑心浸液肉汤和含有反刍动物血液的培养基，Pm在巧克力琼脂表面菌落呈圆形、浅灰色或浅黄色，48h后菌落直径近2mm，部分菌落呈粗糙状，直径可达1mm。

2.1.2.2　血清型分型

关于Pm的血清型常用的分型方法是通过荚膜或脂多糖来进行分型，1952年Carter用沉淀法和荚膜试验证明Pm具有一种特异性的荚膜抗原，并将Pm分为4个荚膜血清型（血清A、B、D、E），后来Heddleston根据脂多糖抗原，利用琼脂扩散沉淀试验进一步分为16个不同的血清型，分离物的命名通常由荚膜血清型字母（例如，A：1、A：2、A：3、B：2等）组成[2]。而Townsend在2001年根据Pm每个血清型不同的特异性荚膜分型，建立多重PCR试验方法，这个方法相比传统的荚膜血清型方法要快速和便捷，因此这一分型方法目前也被广泛应用。

2.1.2.3　流行病学

Pm是一种人畜共患性机会致病菌，流行于世界各地，危害人与动物的健康，造成养殖业的经济损失。由 Pm 造成的疾病通常无明显季节性特征，主要呈现散发性或地方流行性特征。正常情况下其作为一种栖息菌存在于动物胃肠道或呼吸道中，当一些应激条件如饲养不当、长途运输等造成宿主免疫力降低时便可引起发疾病。受感染的动物可通过呼吸道分泌物或消化道排泄物进行病原传播，此外，Pm 可通过蚊蝇或吸血昆虫等传播媒介进行传播，或通过猫、狗等动物的直接咬伤而传播，人也可通过伤口或黏膜感染 Pm，甚至有报道动物以一种未知途径使人感染，凸显其对人类健康的潜在威胁。其他细菌、寄生虫易与 Pm 发生共感染，严重威胁动物的健康，给疾病的治疗增加难度。

Pm 可感染人类、禽类、哺乳动物，多种经济动物，如家禽、兔、猪、鸡等被感染，可引发禽霍乱、猪的萎缩性鼻炎、兔的出血性败血症等多种疾病。在我国牛感染的 Pm 中以荚膜 A 型和 B 型为主；猪感染的 Pm 以 A：5 和 B：6 为主，其次是 A：8 与 D：2；羊感染 Pm 以 B：6 为多；家兔以 A：7 和 A：5 为主；C 型主要存在于家犬等宠物体内；F 型以感染火鸡为主；禽感染的 Pm 以 A：5 为主，A：8 次之。禽霍乱常由隐性携带 Pm 菌的家禽或野生禽传播，其传播经由呼吸道和消化道等，污染的水源容易成为该病暴发的起点。Pm 感染家禽不受日龄局限，但 3～4 月龄和成年家禽易感性更高，发病率和死亡率也较高。

2.1.2.4 致病机理

Pm 是重要的动物性病原菌，其致病机制复杂，一些 Pm 可以引起完全不同的综合征，但是它们的生化特性和血清学特性却非常相近，人们对其宿主偏好的分子机制知之甚少，如 B：2 型的 Pm 以极低剂量注射牛，便可将牛杀死，但即便是高剂量的该型菌株对鸡而言似乎也没有作用。外膜蛋白、荚膜、脂多糖、菌毛、黏附素、溶血素和多杀性巴氏杆菌毒素等是 Pm 的重要毒力因子，帮助 Pm 适应环境、黏附、侵袭、躲避宿主的免疫反应和繁殖等。通常它会利用菌毛和黏附素附着于伤口黏膜、宿主消化道或呼吸道上皮细胞表面，或通过动物的直接咬伤、吸血昆虫媒介进入宿主，一旦宿主免疫力降低就会入侵淋巴结，转而进入血液，引起内源性感染，造成菌血症。通过呼吸道进入的 Pm 首先在呼吸道黏膜上皮定植，并从此处扩散到气囊和肺部，其扩散机制未知，可能是通过黏膜巨噬细胞的运输；通过伤口等感染的 Pm 可沿着筋膜平面迅速扩散，造成临近组织的急性坏死，这可能是由宿主自身粒细胞所引起，且损伤程度取决于感染剂量、疾病进程和宿主反应。Pm 易于定植在肝脏和脾脏器官中。在 Pm 中有许多与毒力相关的基因，例如参与表面多糖生物合成的基因 *bcbAB*、*fcbC*、*lip A*、*bexDCA*、*ctrCD*、*lgtAC* 和 *lic2A*，编码转运黏附蛋白的 *hsf*，以及编码丝状血凝素的 *pfhB4* 和 *fhaB* 基因等。

多杀性巴氏杆菌引起猪的呼吸系统疾病综合征，起到关键作用的主要是弱毒性的 A 型毒株和少量的 D 型毒株，其导致的猪呼吸系统疾病综合征被认为是密集养殖最常见的疾病之一。在全球范围，如亚洲和澳大利亚，报告了由 B 型和 D 型多杀性巴氏杆菌引起的猪出血性败血症的零星暴发案例。多杀性巴氏杆菌的致病性由多种毒力因子引起，迄今已确定的关键因素包括外膜和脂多糖。多杀性巴氏杆菌公认的致病因子还包括多种黏附素（如丝状血凝素、4 型菌毛和 Flp 菌毛蛋白）、毒素、铁载体（如铁获取蛋白）、唾液酸酶和外膜蛋白（如 OmpA、OmpH、Oma87 和 PlpB）。许多编码多杀性巴氏杆菌的毒力基因被认为是流行病学标记，并且基于聚合酶链反应的方法被用于确定它们的广泛来源和疾病条件中获取菌株分布。

2.1.2.5 防治

目前 Pm 病的治疗仍以抗生素为主，主要结合感染宿主的不同和畜禽所处区域的特点，选用对相应菌株敏感的抗生素进行治疗，联合用药在治疗上也是非常重要的。随着抗生素的不断使用和人们对绿色无药物残留食品的追求，疫苗预防 Pm 疾病已经得到人们的重视，成为趋势所在。目前，国内上市的动物 Pm 病疫苗有禽 Pm 病活疫苗（A 群 G190-E40 株和 B26-T1200 株）、鸡 Pm 病-大肠杆菌病二联蜂胶灭活疫苗（A 群 BZ 株＋O78 型 YT 株）、禽 Pm 灭活疫苗（A 群 C48-2 株和 150 株）、牛 Pm 病灭活疫苗（B 群 C45-2 株、C46-2 株和 C47-2 株）、猪 Pm 病灭活疫苗（B 群 C44-1 株和 C44-8 株）、猪 Pm 病活疫苗（B 群 679-230 株、EO630 株、C20 株和禽源 A 型 CA 株）、兔病毒性出血症-多杀性巴氏杆菌病二联灭活疫苗等（A 群 QLT-1 株、C51-17 株和 JN 株）。结果显示，禽、兔、牛的疫苗可预防的 Pm 血清型与我国 Pm 的流行情况较一致，但对于我国流行的部分猪的血清型，目前缺乏一致的保护性疫苗，部分疫苗尚不能达到 100％的保护率。

2.1.2.6 疫苗研究进展

Pm 作为一种呼吸道传染性疾病，可造成严重的临床症状，如猪急性肺炎、急性败血症和萎缩性鼻炎等疾病，再者 Pm 容易与其他病原体混合感染引起呼吸道疾病。

疫苗注射及使用抗生素是控制疾病的主要策略，然而在兽医临床中由于抗生素的广泛使用，菌株已经产生了耐药性，在 2013—2017 年间检测 Pm 耐药菌株高达 45％，若抗生素一直广泛使用不但增加治疗疾病的成本，还会引起耐药基因的不断出现，故接种疫苗成为当前预防和控制多杀性巴氏杆菌，及其他与 Pm 菌株相关疾病的有效且经济的策略。目前用于临床实际生产的猪源 Pm 疫苗的种类主要是灭活疫苗和弱毒疫苗，但伴随着疫苗基础研究方向的不断拓展，基因工程亚单位疫苗成为多杀性巴氏杆菌疫苗中的一大热点。目前较为主流的疫苗有灭活疫苗、弱毒活疫苗和亚单位疫苗。灭活疫苗是由加热或利用化学试剂方法对培养的病毒或细菌进行灭活制备而成，具有效果好、使用安全、便于运输等特点。

（1）灭活疫苗 传统上，有两种类型的疫苗常在临床上使用，一种是灭活疫苗，另一种就是弱毒疫苗。出于安全原则，通常采用禽巴氏杆菌标准株或疫区流行株制备灭活疫苗，但在使用灭活疫苗中可能会遇到一些问题。比如 Dowlinga 使用福尔马林灭活 Pm 制备成疫苗，犊牛同源菌株对牛肺部攻击时不能产生保护性抗原；用重组 39kDa 的 plpE 蛋白制成灭活疫苗，用福尔马林灭活后选用弗氏佐剂配制成疫苗，高剂量的灭活疫苗保护率为 100％，而低剂量免疫对小鼠却只有 17％的保护率[3]；Mohd Yasin 用 Pm 的菌毛蛋白进行重组制成灭活疫苗，结果表明经滴鼻免疫能对多杀性巴氏杆菌 B：2 毒素产生保护性，但需要通过确定重组蛋白不同剂量来增强保护率；Heddleston 将 Pm 经甲醛灭活制备而成的疫苗对雏鸡有较高的同源保护力。戴鼎震等用培养禽 Pm 强毒株 C48-1 的死胚制备组织灭活油乳苗，可保护鸡和鸭抵抗异源血清型 P1059 菌株感染，保护率达 90％以上[4]。此外，Homayoon 发现细菌 DNA 作为佐剂与疫苗共同免疫动物，能够显著增强宿主免疫能力。

（2）弱毒疫苗 弱毒疫苗是一种通过人工致弱或筛选的弱毒株，经培养制备成的疫苗，具有成本低廉、免疫原性好和免疫周期长等特点。即使选取自然弱毒株或通过物理和化学方式，或通过利用基因工程技术对病原进行重组的方法把毒株致弱，弱毒疫苗仍具有活力。且弱毒株在保存和运输过程中，其免疫效果易受到影响。所以针对这一缺点 Siti 研究使用蔗糖和海藻糖等双糖作为保护剂，这种保护剂能够去除其结构中的水分，并且防止蛋白质通过形成的氢键而展开和聚集，但是需要选择合适的保护剂才能确保疫苗产品含有最好质量及效果的弱毒疫苗。虽然弱毒疫苗能够提供交叉免疫保护，但 Sthitmatee 用 plpP 蛋白制备成减毒疫苗免疫动物后，动物模型细胞免疫反应低，表明 plpP 蛋白虽具有免疫保护作用，但交叉免疫保护效果较低。Bierer 从发生禽霍乱的火鸡体内分离出一株血清 3 型的 Pm 天然弱毒株，该菌株可以帮助火鸡预防禽霍乱的发生。宁振华等通过连续传代培养获得禽巴氏杆菌 B26-T1200 弱毒菌株，该弱毒菌株可保护鸡抵抗强毒攻击，对鸡、鸭和鹅均有较好的免疫保护作用。Chung 构建的 ΔhexA 突变株可以提供鸡高水平的同源保护力[5]。对于基因敲除的弱毒候选疫苗，它们具有较好的保护作用[6]。由于基因敲除技术的障碍，此前研究的突变株无法做到无痕敲除，极大地限制了对它们进一步的深入研究及其在临床中的应用。

（3）亚单位疫苗　亚单位疫苗是用病原菌的蛋白质或某些具有免疫活性的组分制备而成的疫苗，又叫组分疫苗，众多膜蛋白、荚膜和脂多糖等都是亚单位疫苗的研究热点。亚单位疫苗主要优点包括具有较好的免疫原性和安全性，临床应用中不会有毒力返强的情况发生。

亚单位疫苗使用安全性高，它不仅不具备原始病原体的特征，而且在生产过程中不涉及感染，相比于存在宿主反应和难以培养病原微生物的灭活疫苗和弱毒疫苗，亚单位疫苗是有助于疫苗未来发展的，包括开发针对大型原生动物寄生虫引起的疟疾的疫苗，以及针对由人类某些蛋白质因素引起的其他非传染性疾病，如高血压和癌症的疫苗，并且可以设计并用于针对一种或多种病原体和疾病的单价、双价甚至三价疫苗。在亚单位疫苗的领域，基因蛋白的抗原已经得到了很深层次的研究。随着对免疫原性越来越多的认识，关于 Pm 的亚单位疫苗研究越来越全面。亚单位疫苗克服了传统疫苗的弱点，但由于亚单位疫苗制备时分离纯化抗原操作复杂，成本较高。目前以亚单位疫苗为基础的基因工程亚单位疫苗，不仅能大规模生产，还能加强交叉免疫原性，纯度比起传统的亚单位疫苗也更高，故基因工程亚单位疫苗更具有应用前景，也是未来疫苗研究一个主要的发展方向。

（4）商品化疫苗产品情况　目前较为主流的疫苗有灭活疫苗、弱毒活疫苗和亚单位疫苗。灭活疫苗由加热或化学试剂方法对培养的病毒或细菌进行灭活制备而成，具有效果好、使用安全、便于运输等特点。通常采用禽巴氏杆菌标准株或疫区流行株制备灭活疫苗。天然弱毒株或经人工致弱的毒株通过加工处理制成的疫苗称为弱毒疫苗，具有成本低廉、免疫原性好和免疫周期长等特点。表 2-2 对近年来不同类型 Pm 商品化疫苗进行了汇总。

表 2-2　国内多杀性巴氏杆菌疫苗

生产厂家	疫苗名称	疫苗类型	使用说明	注意事项
北京华夏兴洋生物科技有限公司	牛多杀性巴氏杆菌病灭活疫苗	灭活疫苗	皮下/肌内注射,4.0mL/头	2～8℃保存,免疫期为9个
广东永顺生物制药有限公司	猪瘟、猪丹毒、猪多杀性巴氏杆菌病三联活疫苗(细胞源＋GC42 株＋EO630 株)	活疫苗	初生仔猪、体质瘦弱的猪、临产母猪均不应注射本苗,1.0mL/头	接种前 7d、后 10d 内不应喂食含任何抗生素的饲料
辽宁益康生物股份有限公司	牛多杀性巴氏杆菌病灭活疫苗	灭活疫苗	100kg 以下 4.0mL/头;100kg 以上 6.0mL/头	免疫期为 9 个月,仅接种健康牛
四川海林格生物制药有限公司	牛多杀性巴氏杆菌病灭活疫苗	灭活疫苗	100kg 以下 4.0mL/头;100kg 以上 6.0mL/头	免疫期为 9 个月,仅接种健康牛

生产厂家	疫苗名称	疫苗类型	使用说明	注意事项
中牧实业股份有限公司	猪瘟、猪丹毒、多杀性巴氏杆菌病三联活疫苗(细胞源＋G4T10 株＋EO630 株)	活疫苗	猪瘟免疫期 12 个月,猪丹毒、猪肺疫 6 个月,1mL/头	接种前 7d,后 10d 内不应喂食含任何抗生素的饲料
哈药集团股份有限公司	禽多杀性巴氏杆菌病活疫苗(G190140 株)	活疫苗	鸡每只接种 0.5mL(含 1 羽份),鸭每只接种 0.5mL(含 3 羽份),鹅每只接种 0.5mL(含 5 羽份)	预防 3 月龄以上的鸡、鸭、鹅多杀性巴氏杆菌病
辽宁益康生物股份有限公司	禽多杀性巴氏杆菌(C48-2 株)	灭活疫苗	2 月龄以上鸡鸭,2mL/羽	免疫期 3 个月
吉林正业生物制品股份有限公司	牛多杀性巴氏杆菌病灭活疫苗	灭活疫苗	100kg 以下 4.0mL/头;100kg 以上 6.0mL/头	免疫期为 9 个月,仅接种健康牛
吉林正业生物制品股份有限公司	禽多杀性巴氏杆菌病活疫苗(G190E40 株)	活疫苗	鸡每只接种 0.5mL(含 1 羽份),鸭每只接种 0.5mL(含 3 羽份),鹅每只接种 0.5mL(含 5 羽份)	预防 3 月龄以上的鸡、鸭、鹅多杀性巴氏杆菌病(即禽霍乱)。免疫期为 3.5 个月
北京华信农威生物科技有限公司	猪瘟、猪丹毒、猪多杀性巴氏杆菌病三联活疫苗	灭活疫苗	1mL/头	初生仔猪、体弱猪、有病猪均不应注射联苗
广东温氏大华农生物科技有限公司	禽多杀性巴氏杆菌病灭活疫苗(C48-2 株)	灭活疫苗	2 月龄以上鸡鸭,2mL/羽	免疫期 3 个月
江西博美莱生物科技有限公司	猪多杀性巴氏杆菌病活疫苗(EO630 株)	活疫苗	初生仔猪、体弱有病猪均不应注射联苗,断奶半个月以上的猪,1mL/头	疫苗使用前 7d,后 10d 内均禁止使用任何抗生素类药物
华派生物技术(集团)股份有限公司	兔病毒性出血症、多杀性巴氏杆菌病二联灭活疫苗(LQ 株＋C51-17 株)	灭活疫苗	颈部皮下注射 35 日龄以上家兔,1mL/只	仅接种健康兔
山东绿都生物科技有限公司	兔病毒性出血症、多杀性巴氏杆菌病二联灭活疫苗	灭活疫苗	颈部皮下注射,2 月龄以上兔,1mL/只	仅接种健康兔,不能接种怀孕后期母兔
哈尔滨维科生物技术有限公司	牛多杀性巴氏杆菌病灭活疫苗	灭活疫苗	100kg 以下 4.0mL/头;100kg 以上 6.0mL/头	免疫期为 9 个月,仅接种健康牛
保灵生物	牛多杀性巴氏杆菌病灭活疫苗	灭活疫苗	100kg 以下 4.0mL/头;100kg 以上 6.0mL/头	免疫期为 9 个月,仅接种健康牛

2.1.2.7　现状与展望

Pm 宿主广泛,致病性较强,且具有传染性,人们为了治疗 Pm 及其他细菌性疾病,广泛使用抗生素,造成耐药现象普遍存在,又因细菌能够通过水平传播和垂直传播途径转移各种耐药基因,更是加剧了这一现象,给疾病治疗带来困难。此外,药物残留也严重影响了人们对绿色食品的追求,疫苗免疫是预防该病最有效、最受期待的途径。

对于目前来讲我国现代化养殖模式,生产防控本身面临巨大的挑战,其次若使用抗生素治疗会导致较强的毒副作用,易产生耐药菌株,且增加生产成本,而接种疫苗不仅能预防和控制多杀性巴氏杆菌相关疾病,而且能降低生产成本。目前用于临床实际生产的有关猪源 Pm 疫苗种类是灭活疫苗和弱毒疫苗。然而由于临床上抗生素滥用导致耐药菌株不断出现、Pm 血清型分型多,加之免疫原性蛋白对异型菌株的保护性低,交叉保护性效果差等原因,研究能产生较高交叉免疫性的保护性抗原,更是刻不容缓。

参考文献

[1] Davies R L, Maccorquodale R, Reilly S. Characterisation of bovine strains of *Pasteurella multocida* and comparison with isolates of avian, ovine and porcine origin[J]. Veterinary Microbiology, 2004, 99（2）: 145-158.

[2] Carter G R. Studies on *Pasteurella multocida*. Ⅲ. A serological survey of bovine and porcine strains from various parts of the world[J]. American Journal of Veterinary Research, 1957, 18（67）: 437-440.

[3] Dowling A, Hodgson J C, Dagleish M P, et al. Pathophysiological and immune cell responses in calves prior to and following lung challenge with formalin-killed *Pasteurella multocida* biotype A: 3 and protection studies involving subsequent homologous live challenge [J]. Veterinary immunology and immunopathology, 2004, 100（3-4）: 197-207.

[4] Heddleston K L, Wessman G. Characteristics of *Pasteurella multocida* of human origin[J]. Journal of Clinical Microbiology, 1975, 1（4）: 377-383.

[5] Sthifmatee N, Numee S, Kawamoto E, et al. Protection of chickens from fowl cholera by vaccination with recombinant adhesive protein of *Pasteurella multocida*[J]. Vaccines, 2008, 26（19）: 2398-2407.

[6] Chung E L T, Abdullah F F J, Marza A D, et al. Clinicopathology and hemato- biochemistry responses in buffaloes infected with *Pasteurella multocida* type B: 2 immunogen outermembrane protein[J]. Microbial Pathogenesis, 2017, 102: 89-101.

（王晓虎　赵梦坡）

2.1.3　沙门氏菌疫苗

沙门氏菌是一种寄居在人类和动物的肠道内并且生化反应和抗原构造相似的一类革兰氏阴性菌。它是一种肠道致病菌，通常是由误食不洁食物而感染，感染者会出现严重的腹泻、肠炎、败血症，重症患者甚至会死亡，严重威胁公众健康。根据世界卫生组织的统计报告，自 1985 年以来，在全球范围内，由沙门氏菌所引起的人类患病人数显著增加，而在一些欧洲国家甚至已增加 5 倍以上。我国内陆地区，由沙门氏菌所引起的食物中毒也居于首位。

食用有大量沙门氏菌（$10^5 \sim 10^6$ 个/g）的动物性产品，细菌就会感染人体，人体在毒素的作用下发生食物中毒的情况。由沙门氏菌所引起的疾病主要分成两大类：伤寒和副伤寒、急性肠胃炎。引起人类沙门氏菌食物中毒的主要致病菌为鼠伤寒沙门氏菌、肠炎沙门氏菌、猪霍乱沙门氏菌等。沙门氏菌的污染主要来自患病的人畜及带菌者，主要由其粪便、尿液、乳汁以及流产胎儿、胎衣和羊水等排出的病原菌污染水源、土壤和饲料等，其中家畜饲料和水源污染是造成沙门氏菌广泛传染的主要原因之一。

畜禽感染沙门氏菌也可引起相应的传染病，如鸡白痢和猪霍乱等。一般情况下畜禽肠道的带菌率比较高，当动物患病、营养不良、衰弱、疲劳以致抵抗力降低时，肠道中的沙门氏菌便可通过肠系膜淋巴结和组织进入血液循环而引发全身感染，甚至死亡。例如，猪霍乱沙门氏菌能够引起仔猪副伤寒，发生败血症，有很高的死亡率。慢性病例则可能会出现坏死性肠炎，抑制仔猪的生长发育。鸡白痢沙门氏菌（*Salmonella pullorum*）引起的鸡的传染病主要侵害雏鸡，通常 2~3 周龄的鸡发病率和死亡率最高，以发生白痢、器官衰竭和败血症等病症为特征，常导致大批量的死亡。成年鸡感染呈慢性或隐性经过，病变主要局限于生殖系统。

2.1.3.1 病原学

沙门氏菌是危害家禽养殖业的最重要细菌性病原之一，可引起禽类各种各样的急性和慢性疾病。其具有复杂的抗原结构，一般包括三种抗原，它们分别是菌体抗原（O）、表面抗原（Vi）、鞭毛抗原（H），O抗原是每株沙门氏菌均含有的抗原成分。沙门氏菌是一种需氧及兼性厌氧菌，在普通琼脂培养基上培养 20～24 h，生长良好，并形成圆形、中等大小、表面光滑、边缘整齐、无色半透明的单菌落，是革兰氏阴性菌、无荚膜、无芽孢，除鸡白痢沙门氏菌、禽伤寒沙门氏菌外，其他都具有鞭毛可以运动，多数沙门氏菌具有菌毛结构，可吸附在宿主细胞表面。

2.1.3.2 血清型分型

沙门氏菌根据临床症状可分为猪霍乱沙门氏菌、鸡白痢沙门氏菌等。沙门氏菌属被划分为肠道沙门氏菌（*Salmonella enterica*）和邦戈尔沙门氏菌（*Salmonella bongori*）两个种。其中，肠道沙门氏菌种又进一步分为六个亚种，即肠道亚种（enterica）、亚利桑那亚种（arizonae）、萨拉姆亚种（salamae）、双相亚利桑那亚种（diarizonae）、因迪卡亚种（indica）和豪顿亚种（houtenae）[1,2]。

沙门氏菌的菌体抗原（O抗原）、鞭毛抗原（H抗原）和表面抗原（Vi抗原）是其分类的重要依据。其中，沙门氏菌的O抗原主要是由细胞外膜的脂多糖（lipopolysaccharides，LPS）组成，具有较高的稳定性，耐受 100℃高温并且对乙醇和苯酚具有较强的抵抗能力。H抗原主要是由鞭毛蛋白质组成，对热不稳定，60℃处理 15 min 即可被破坏，且对乙醇的抵抗能力较低。Vi抗原也具有热不稳定性。根据菌体O抗原的不同，可以将沙门氏菌分为不同的血清组（如A、B、C、D和E），再根据鞭毛H抗原的差异，可以区分组内的血清型。到目前为止，共鉴定到的沙门氏菌血清型多达 261 种，将近 50 个血清组。

2.1.3.3 流行病学

1885 年，兽医博士丹尼尔·埃尔默·沙尔门和他的助手西奥博尔德·史密斯在寻找猪霍乱的流行原因的过程中，分离出一种新的霍乱杆菌，将其更名为肠道沙门氏菌血清变种猪霍乱沙门氏菌。沙门氏菌的存活能力很强，不但能在 8～45℃、pH 值 4.0～9.5 条件下生存，而且在水分活性较低的环境下也能生长。正因如此，沙门氏菌在食源性病原体中有着不可替代的地位，并能在世界范围内引起人类沙门氏菌病暴发。沙门氏菌病是一种自然界中常见的能使多宿主感染的人畜共患病，可导致人患败血症和胃肠炎等疾病，也可以引起不同动物出现伤寒和副伤寒等，严重时还会直接危及人畜生命安全，并对社会经济造成重大负担[3,4]。据估计，全世界每年由非伤寒沙门氏菌引起的病例有 9380 万例，并造成 15.5 万例死亡，其中，由食品源沙门氏菌所导致的病例占 86%[5]。在美国和澳大利亚，由沙门氏菌引起的食源性疾病位居第二，据估计，美国每年感染沙门氏菌的相关病例有超过 100 万例，近 2 万人需要住院治疗，约有 400 例死亡病例；在欧洲，2012 年、2014 年和 2016 年，人感染沙门氏菌相关的病例数量分别为 91034 例、88715 例和 94 530 例，病死率为 0.14%～0.25%；在日本和韩国，有研究发现 2010 年至 2018 年间沙门氏菌引起的食源性疾病的病例数量有所下降。在我国数据库中，2013 年至 2016 年从腹泻患者中检测的食源性病原体的平均分离率为 11%，沙门氏菌的分离率（2.9%）位列第二，在连续四年的监测中，没有发现显著差异。

近年来，欧盟数据显示，食源性沙门氏菌病病例数量呈明显逐年减少的趋势，出现沙门氏菌感染传播最频繁的场所是餐饮店，并且报道最多的病原体是肠炎沙门氏菌和鼠伤寒沙门氏菌，最常见的传染源是鸡蛋或蛋类产品，其次是肉类和蔬菜。在中国，分离鉴定的沙门氏菌血清型中，占比最高的血清型是鼠伤寒沙门氏菌（33.3%），其次是肠炎沙门氏菌（23.9%）。肠炎沙门氏菌是一种地方性食源性病原体，从我国监测数据库来看，除西藏没有监测数据外，其他的所有省份都检测到了肠炎沙门氏菌，阳性率从 0.3%～9.7% 不等。

2.1.3.4　致病机理

一般情况下，非吞噬细胞摄取细菌被称为"细菌的内化作用"或"细菌诱导的吞噬作用"。所谓的侵袭性细菌，一般是指能主动诱导其自身被非吞噬细胞摄取的细菌。长期以来，研究者都认为沙门氏菌通过触发机制入侵宿主细胞。其具体过程为沙门氏菌首先结合到宿主细胞表面，通过沙门氏菌毒力岛 1（SPI-1）编码的 T3SS-1 和菌毛黏附素 Fim 黏附宿主细胞，然后 T3SS-1 作为分子注射器注入效应蛋白至真核细胞内，最后效应蛋白诱导细胞膜边缘波动触发宿主细胞肌动蛋白重排，促进细菌入侵。

肠炎沙门氏菌常引起肠道内疾病，表现为急性发热、腹痛、腹泻、恶心、呕吐等症状，一般无需抗生素治疗，但近年来，肠道外感染的报道不断增加，如皮肤及皮下组织的化脓性炎症、心内膜炎、关节炎、败血症、脑膜炎及尿路感染等。这些侵袭性感染与其侵袭力和胞内不断复制的特殊能力相关。在其致病过程中依赖多种毒力因子协同发挥作用，如吞噬细胞是人体抵御病原体入侵的重要防线，通过氧依赖/非氧依赖途径参与杀菌作用，而许多病原体已进化出逃避吞噬细胞杀伤并在胞内存活的机制。

肠炎沙门氏菌有 2 种方式进入巨噬细胞：被巨噬细胞吞噬和主动侵入巨噬细胞。研究发现其Ⅲ型分泌系统可激活 caspase-1，介导 IL-1 的成熟与分泌并诱导巨噬细胞程序性凋亡。此外不同毒力因子致病能力各异，如一例关于肠炎沙门氏菌致病的报道中指出，该致病株有 3 个独特的毒力基因 *pef*、*spv* 及 *rck*。*pef* 与其黏附和生物膜形成有关，*spv* 与侵袭力相关，*rck* 可增强对宿主免疫反应的抵抗力。认识这些毒力因子对于了解肠炎沙门氏菌的致病机制和制定控制策略必不可少。此外，还存在许多毒力因子参与肠炎沙门氏菌的黏附、侵袭、免疫逃逸、抗生素耐药性、营养摄取等过程，如菌毛、脂多糖、肠毒素等。

2.1.3.5　防治

就目前的情况来看，畜禽养殖中会选择使用抗菌药物来治疗沙门氏菌病，这种病菌会导致一定范围内的畜禽感染，因此养殖户通常情况下需要使用广谱类抗菌药物进行控制，使用比较多的是阿莫西林等。沙门氏菌感染治疗主要使用的药物为以下几种：①新霉素：每 1000kg 饲料添加本品 100～200g 或每 1000kg 水添加本品 100～150g，蛋鸡在产蛋期间不能使用。②安普霉素：以安普霉素计，每 1000kg 水添加本品 250～500g，蛋鸡在产蛋期间不能使用。猪 12.5mg/kg，连续使用 7d，不能接触到铁锈，不能长期大量使用。③土霉素：内服，一次用量为猪 10～25mg/kg，禽 25～50mg/kg，一天 2～3 次，连续 3～5d。④甲砜霉素：内服单次量，畜禽 5～10mg/kg，每天使用 2 次，连续使用 2～3d。

对于该种病症需要坚持预防为主，综合防治，主要是使用以下几种方法：①对于外在不良致病因子需要采取措施进行消除，在养殖的全过程使用一系列的消毒剂进行消毒，主要是季铵盐类、澄清石灰液等，连续2～3次。对疫情进行全过程监测，要及时地发现其中的发病体，并做好撤离和消毒工作，防止疫情进一步扩散。②定期地进行净化工作，目前比较多使用"高纯黄芪多糖（原粉/颗粒，混饮）＋氟苯尼考（原粉、混饮）＋多西环素（原粉、混饮）＋复方电解多维（混饮）"，每天1～2剂，连续净化一周左右，从而能够进一步控制感染情况。③有效地控制营养，进行饲料配制的时候需要根据品种、生产阶段等方面进行调控，尤其是要控制好维生素、微量元素等方面，确保有足够的水，提高动物机体的抵抗性能。④需要有效地控制各个不良应激因素，特别是天气方面的影响以及不良操作等，需要确保整个禽舍温度适中，并且要有充足的阳光，防止禽类发生腹泻、排血便等情况。

2.1.3.6　候选疫苗研究进展

就目前的情况来看，畜禽沙门氏菌的预防疫苗主要有2种，即：①灭活疫苗，该类疫苗主要是肠炎沙门氏菌灭活疫苗和鼠伤寒沙门氏菌灭活疫苗；②弱毒疫苗，该类疫苗大部分都是鼠伤寒沙门氏菌活疫苗、肠炎沙门氏菌活疫苗等。此外还有亚单位疫苗。沙门氏菌主要致弱方法有化学、物理诱变及基因工程法等，这些方法能够使毒力相关的基因发生不可逆突变，在很大程度上降低毒力。不仅如此，沙门氏菌弱毒株还被应用于疫苗载体携带外源基因，弱毒株主要是进一步表达出免疫原性蛋白，从而能够提高动物免疫能力。

疫苗在禽沙门氏菌病预防和控制方面起到了非常重要的作用。近年来，虽然对禽沙门氏菌病疫苗的研究非常多，但截至目前没有一个理想的疫苗产品。理想的禽沙门氏菌病疫苗需要满足价格低廉、无或最低的不良反应、诱导黏膜免疫、单剂量口服、免疫期长、安全性高且不水平和垂直传播、稳定性好等特点。更为重要的是，必须能够鉴别诊断疫苗免疫动物和自然感染动物。

（1）灭活疫苗　最早成功应用的沙门氏菌灭活疫苗是由福尔马林灭活、明矾沉淀的流产沙门氏菌制备的。该疫苗对接种小鼠能提供86%的保护率，而热灭活、石炭酸处理得到的灭活疫苗仅能提供50%的保护率。之后，随着佐剂的使用，不仅提高了禽沙门氏菌病灭活疫苗的免疫力，还延长了免疫持续期。此外，通过增加免疫剂量也可以提高疫苗的免疫力。与活疫苗相比较，灭活疫苗诱导的免疫力低下有三个方面的原因。其一，仅含沙门氏菌表面抗原成分，刺激机体产生的保护性抗体反应较为局限；其二，不能刺激机体产生细胞免疫反应，而细胞免疫反应在清除细胞内细菌的过程中起了非常重要的作用；其三，不能刺激机体产生分泌性的IgA抗体，而这种免疫反应对防止细菌在肠道中定植起到关键作用。尽管灭活疫苗存在上述缺陷，但在疫情控制区、消除地方性流行菌株的感染或紧急处理暴发疫情时，仍是很好的选择。针对本地区或本场的特异性自家灭活疫苗比活疫苗可能更为有效。

（2）弱毒疫苗　截至目前，多个已知突变位点或未知突变位点的禽沙门氏菌病弱毒活疫苗已经在禽类体内得到广泛应用。*cya*基因（编码腺苷酸环化酶）、*crp*基因（编码cAMP受体蛋白）和*htra*基因（编码热休克反应蛋白）突变菌株，SPI 1（毒力岛1）弱毒菌株等均是比较成功的弱毒疫苗候选株[6]。研究表明这些突变菌株毒力显著降低，且具有良好的免疫原性，尤其肠沙门氏菌SPI 1弱毒株能够对肠炎沙门氏菌和鼠伤寒沙门氏菌的感染提供交叉保护。另外，*PhoP/phoQ*基因（编码二元调控系统）缺失株也表现出理想疫苗株的特性，如体内外毒力减弱，能为接种动物提供保护等。

Gebg 通过 PCR 标签转座突变技术对鸡沙门氏菌的毒力因子进行了筛选，结果显示 *spiC* 突变株在幼龄肉鸡体内的存活时间较短，且能够对强毒攻毒提供较强的免疫保护，提示该突变株有望成为鸡沙门氏菌病候选弱毒疫苗株。DeCort 将肠炎沙门氏菌 *hilA*、*ssrA*、*fliG* 缺失株接种 1 日龄的雏鸡，接种后 21d，自肠道、内脏及粪便中均分离不到该缺失株。此外，将该菌株接种 1 日龄肉鸡，用强毒肠炎沙门氏菌进行攻毒后，接种鸡肠道、内脏和粪便中攻毒菌株的数量也显著减少。由此说明，肠炎沙门氏菌 *hilA.ssrA.fliG* 缺失株对鸡具有较高的安全性和免疫保护效果。

　　总的来说，考虑到刺激机体产生的免疫应答，弱毒活疫苗在控制禽沙门氏菌病感染方面较灭活疫苗和亚单位疫苗具有一定的优势，且可以作为其他疫苗活载体，具有很好的应用前景。但是弱毒活疫苗的体内、外安全性和稳定性（返祖）应经大量研究确证，避免产生副作用。

　　（3）**亚单位疫苗**　禽沙门氏菌病亚单位疫苗的研究始于 19 世纪末，用于制备亚单位疫苗的抗原成分主要有外膜蛋白（OMP）、孔蛋白、毒素和核糖体片段等。截至目前，禽沙门氏菌病亚单位疫苗在多种动物体内进行了大量研究，并取得一定效果[7]。

　　鼠伤寒沙门氏菌 OmpL 亦具有较高的免疫原性，能刺激机体产生体液和细胞免疫应答，且能有效清除体内的病原菌。2013 年，Yang 等对肠炎沙门氏菌重组外膜蛋白 rPagN 进行了禽体内外研究。体内试验结果显示，重组蛋白 rPagN 能够对沙门氏菌的感染提供较强的保护；体外试验结果显示，rPagN 特异性抗体能够加快沙门氏菌的清除。由此说明，禽沙门氏菌病亚单位疫苗的前景比较可观，但其存在生产程序复杂和成本较高的缺陷。另外，在禽沙门氏菌病亚单位疫苗研究方面，还可以考虑对抗原成分进行重组，研制广谱、多价的亚单位疫苗。

　　（4）**商品化疫苗产品情况**

　　目前较为主流的疫苗有灭活疫苗、弱毒活疫苗。表 2-3 对近年来不同类型沙门氏菌商品化疫苗进行了汇总。

表 2-3　国内外畜禽沙门氏菌疫苗

生产厂家	疫苗名称	疫苗类型	使用说明	注意事项
哈尔滨维科生物技术有限公司	沙门氏菌马流产活疫苗（C355 株）	活疫苗	每年 8～9 月份母马配种结束后接种；成年马 2.0mL/头份，幼驹于出生后 1 个月接种，剂量减半，断乳后，再接种 1 次	−20℃ 以下保存，有效期为 24 个月
德国罗曼动物保健有限公司	鸡肠炎沙门氏菌活疫苗（Sm2/Rif2/Ssq 株）	活疫苗	每次接种 1 羽份/只。饮水；肉鸡在 1 日龄时接种 1 次；蛋鸡和种鸡在 1 日龄、6～8 周龄和 16～18 周龄时各接种一次	仅用于接种健康鸡，每次免疫接种当日和前后 3d 内，不能使用对沙门氏菌有作用的化学药物
江西博美莱生物科技有限公司	牛副伤寒灭活疫苗	灭活疫苗	（1）肌内注射。1 岁以下牛，每头 1.0mL；1 岁以上牛，每头 2.0mL。为提高免疫效果，对 1 岁以上的牛，在第 1 次接种后 10 日，可用相同剂量再接种 1 次。（2）在已发生牛副伤寒的畜群中，可对 2～10 日龄犊牛进行接种，每头 1.0mL。（3）孕牛应在产前 45～60 日时接种，所产犊牛应在 30～45 日龄时再进行接种	（1）切忌冻结，冻结过的疫苗严禁使用；（2）使用前，应将疫苗恢复至室温，并充分摇匀；（3）接种时，应作局部消毒处理；（4）瘦弱的牛不宜接种；（5）用过的疫苗瓶、器具和未用完的疫苗等应进行无害化处理

生产厂家	疫苗名称	疫苗类型	使用说明	注意事项
吉林正业生物制品股份有限公司	猪副伤寒活疫苗	活疫苗	口服(冷水稀释/掺入冷饲料)或耳后浅层肌内注射(1.0mL/头)。适用于1月龄以上哺乳或断乳健康仔猪	疫苗稀释后,限4h内用完。用时要随时振摇均匀,体弱有病的猪不宜接种
辽宁益康生物股份有限公司	仔猪副伤寒活疫苗(C500株)	活疫苗	口服(冷水稀释/掺入冷饲料)或耳后浅层肌内注射(1.0mL/头)。适用于1月龄以上哺乳或断乳健康仔猪	疫苗稀释后,限4h内用完。用时要随时振摇均匀,体弱有病的猪不宜接种
江西博美莱生物科技有限公司	猪副伤寒活疫苗	活疫苗	口服或耳后浅层肌内注射,适用于1月龄以上哺乳或断乳健康仔猪。按瓶签注明头份口服或注射,但瓶签注明限于口服者不得注射。(1)口服:按瓶签注明头份,临用前用冷开水稀释为每头份5.0~10.0mL,给猪灌服,或稀释后均匀地拌入少量新鲜冷饲料中,让猪自行采食。(2)注射:按瓶签注明头份,用20%氢氧化铝胶生理盐水稀释为每头1.0mL	(1)疫苗稀释后,限4小时内用完,用时要随时振摇均匀;(2)体弱有病的猪不宜接种;(3)对经常发生仔猪副伤寒的猪场和地区,为了提高免疫效果,可在断乳前、后各接种1次,间隔21~28日;(4)口服时,最好在喂食前服用,以使每头猪都能吃到;(5)接种时,应作局部消毒处理;(6)接种时,有些猪反应较大,有的仔猪会出现体温升高、发抖、呕吐和减食等症状,一般1~2日后可自行恢复,重者可注射肾上腺素抢救。口服接种时,无上述反应或反应轻微;(7)用过的疫苗瓶、器具和未用完的疫苗等应进行无害化处理
山东华宏生物工程有限公司	猪副伤寒活疫苗	活疫苗	口服(冷水稀释/掺入冷饲料)或耳后浅层肌内注射(1.0mL/头)。适用于1月龄以上哺乳或断乳健康仔猪	疫苗稀释后,限4h内用完。用时要随时振摇均匀,体弱有病的猪不宜接种

参考文献

[1] Jajere S M. A review of with particular focus on the pathogenicity and virulence factors, host specificity and antimicrobial resistance including multidrug resistance[J]. Veterinary world, 2019, 12(4): 504-521.

[2] Li H, Wang H, D'Aoust J Y, Maurer J. Salmonel [M]//Doyle M P, Buchanan R L. Food Microbiology Fundamentals and Frontiers. 4th ed. ASM Press; Washington, DC: 2013: 225-261.

[3] Antunes P, Mourão J, Campos J, et al. Salmonellosis: the role of poultry meat. Clin Microbiol Infect[J]. 2016, 22(2): 110-121.

[4] Kogut M H, Arsenault R J. Immunometabolic phenotype alterations associated with the induction of disease tolerance and persistent asymptomatic infection of Salmonella in the chicken

intestine[J]. Front Immunol, 2017, 8: 372.

[5] Wibisono F M, Wibisono F J, Effendi M H, et al. A review of salmonellosis on poultry farms: Public Health Importance[J]. 2020, 11(9): 481-486.

[6] Arigita C, Jiskoot W, Westdijk J, et al. Stability of mono-and trivalent meningococcal outer membrane vesicle vaccines[J]. Vaccine, 2004, 22(5-6): 629-642.

[7] Bachmann M F, Jennings G T. Vaccine delivery: a matter of size, geometry, kinetics and molecular patterns[J]. Nat Rev Immunol, 2010, 10(11): 787-796.

（王晓虎 赵梦坡）

2.1.4 大肠杆菌疫苗

大肠杆菌病是由某些不同血清型的致病性大肠杆菌引起的全身性或者局部的感染性疾病。大肠杆菌属于环境致病菌，往往是当环境中的大肠杆菌超标，机体抵抗力下降，防御能力不足或完全丧失时，容易造成发病，呈现典型的继发性局部或者全身性感染。发病症状多种多样，临床上主要见大肠杆菌性败血症、腹膜炎、心包炎、肝周炎、肿头综合征、鼻窦炎、全眼炎、肉芽肿、输卵管炎、关节炎等。禽类感染的大肠杆菌与其他哺乳动物的不同，一般从禽类分离的致病性大肠杆菌只对禽类有致病力，对人和其他哺乳动物致病力较低。但也有人感染鸭大肠杆菌 O157 的报道，从鸭体内分离到大肠杆菌，而发病的这些人经常去野鸭出没的湖中游泳。

2.1.4.1 病原学

大肠杆菌（*Escherichia coli*）属于肠杆菌科的埃希菌属，革兰氏染色阴性，（0.4～0.7）μm×（2～3）μm，两端钝圆，常见散在或者成对存在[1]。大多数的菌株以周生鞭毛运动，一般无可见荚膜，碱性染料对该菌有良好的着色性，菌体两端偶尔呈现深染。

大肠杆菌属于兼性厌氧菌，在 18～44℃都可以生长，最适合的温度是 37℃，最适合生长的 pH 为 7.2～7.4。生长营养要求较低，在普通营养琼脂平板即可生长，培养 24h 可见圆形、凸起、湿润、光滑、灰白色菌落；在麦康凯琼脂上生长为桃红色菌落，周围有沉淀线环绕；在伊红美蓝琼脂上为具有黑色金属光泽的菌落。菌落直径约 1～3mm，边缘整齐，有颗粒样的结构，菌落可以分为粗糙型和黏液样，致病性菌株一般都有溶血现象[2]。

大肠杆菌没有特殊的抵抗力，对理化因素敏感，60℃、30min 或者 70℃、2min 可以灭活多数菌株，120℃高压可以立即杀灭大肠杆菌；pH 低于 5 或者高于 9，可以抑制大肠杆菌繁殖，有些菌株耐酸，可以承受胃酸环境而不被杀死，柠檬酸、酒石酸、醋酸等处理粪便可以大量减少大肠杆菌的数量。8.5%盐浓度可以抑制其生长，但是不能灭活大肠杆菌。

2.1.4.2 血清型分型

大肠杆菌的血清型复杂，人们常按 O 抗原的不同划分不同的血清型，虽然 O 抗原有180 个，但是能够造成禽类传染发病的大约只有一半，常见报道的有 O1、O2、O35、O78、O157 等，不同地区分离的优势血清型不同，即使在同一个养殖场可能分离到不同的血清型[3]。

2.1.4.3 流行病学

大肠杆菌呈现全球性的分布，各种动物、各种年龄都容易发病，各种血清型的大肠杆菌在人和动物肠道内定居,后段肠道内的大肠杆菌为有益菌,可以促进宿主的生长发育。

大肠杆菌广泛存在于环境中,可以感染鸡、鸭、鹅、火鸡、鸵鸟、鹌鹑、鸽子、天鹅、黄雀、水貂、狐狸、貉子、大象、刺猬、袋鼠,甚至北极熊等,野鸭也会感染,正常健康鸭体内可以分离到大肠杆菌,属于非致病性的共栖菌,只有当机体抵抗力弱、消化系统紊乱的时候才能进入肠道血管,随血液进入各个器官。呼吸道传播是最主要的传播途径,另外交配、消化道、蛋壳穿透传播也是感染途径。所有日龄的鸭都可能感染大肠杆菌,幼鸭和胚胎感染较为严重,大肠杆菌性败血症多发生于 10～80 日龄的鸭,发病率、死亡率都较高,商品肉鸭中死亡率可以达到 50%。发病主要是环境差、抵抗力弱引起,而传染源不是孵化场。管理不善、卫生条件差、水质恶劣是圈养野鸭暴发大肠杆菌感染的主要原因。本病一年四季都可以发生,以秋末和冬春季节变化时多发,与应激有很大的关系[4,5]。其他的细菌、病毒、寄生虫、毒素、生理、环境、营养、外伤等因素都会增加鸭对大肠杆菌的易感性。

2.1.4.4 致病机理

鸭大肠杆菌病的临床表现多种多样,有败血症、脐炎、呼吸道型、输卵管炎、腹水症、鼻窦炎、肿头、腹泻。一般突然发病,死亡率高,临床发病症状与传染性浆膜炎相似,常见的即为败血型鸭大肠杆菌病。临床表现可见明显的心包炎、肝周炎、腹膜炎、气囊炎,剖检可见明显的干酪样渗出物,严重的呈现块状,可以从心血、肝脏、脾脏、脑等器官进行细菌分离,多为 O78,与鸭传染性浆膜炎临床症状相同,肉眼很难鉴别,最简单的方法是使用培养基培养鉴别[6,7]。

大肠杆菌感染后很快出现明显的炎性反应,大肠杆菌在体内增殖,产生的大量内毒素,直接刺激肝脏,造成细胞因子的迅速增多,血管通透性明显增加,使得组织内的渗出液和蛋白质蓄积,造成浆膜潮湿和水肿,渗出物在机体内积累,最终形成干酪样的渗出物,在显微镜下可见是由数目不等的异嗜性肉芽肿包裹细胞形成。

2.1.4.5 防治

大肠杆菌属于环境致病菌,最主要的防治措施是加强管理。保持环境卫生干净、合适的饲养密度、保持水质清洁,能够大大降低大肠杆菌的发病率,鸭舍通风可减少鸭大肠杆菌发病的概率。在季节变换,冷空气来临的时候,保持鸭舍温度,防止骤冷骤热。有研究学者使用冷热变化和通风试验诱导出大肠杆菌发病。注意环境消毒是减少大肠杆菌发病的主要措施。饲料中使用益生菌,将机体的益生菌调整为优势菌,致病性大肠杆菌成为劣势菌,也是减少发病的一个有效措施。

接种大肠杆菌疫苗,是防治大肠杆菌的一个重要手段,但由于大肠杆菌的血清型众多而且复杂,因此对于发生大肠杆菌病及时进行血清型鉴定,使用相同血清型的疫苗进行预防,这样才能起到很好的效果。由于大肠杆菌最容易产生耐药性,因此在临床治疗时,需要及时进行细菌分离和药敏试验,选择敏感性高的药物进行轮换用药。由于国家对抗生素使用的监管,养殖场也要选择更好的治疗方案,中药在一定程度上也是很好的治疗药物。

2.1.4.6 疫苗研究进展

对于大肠杆菌病的免疫防控人们研究比较多,有灭活疫苗、活疫苗、重组疫苗和亚单位疫苗。由于大肠杆菌具有血清型众多的特性,现在仍没有一种非常有效的完全保护的疫苗。在欧洲已经有菌毛抗原和鞭毛抗原的大肠杆菌疫苗注册，用于免疫种禽，使幼雏获得被动免疫。人们对禽类大肠杆菌疫苗的研制，主要是针对鸡感染的大肠杆菌，各种血清型、各种佐剂、各种剂型都有。

疫苗注射及使用抗生素是控制疾病的主要策略，然而在兽医临床中由于抗生素的广泛使用，菌株已经产生了耐药性，若抗生素一直广泛使用不但增加治疗疾病的成本，还会引起耐药基因的不断出现，目前较为主流的疫苗有灭活疫苗、弱毒活疫苗和亚单位疫苗。灭活疫苗由加热或化学剂方法对培养的病毒或细菌进行灭活制备而成，具有效果好、使用安全、便于运输等特点。

（1）灭活疫苗　已经研制出的 O2：K1 和 O78：K80 灭活疫苗，对于 O2 和 O78 血清型的鸭大肠杆菌有很好的保护作用，对于其他型大肠杆菌没有保护作用。超声波处理过后的疫苗对于同源和异源的大肠杆菌都有很好的保护力。有的学者使用大肠杆菌的菌毛制备多价疫苗，由于其含量比较低，可以有效地降低攻毒后感染程度，但是不能有效地完全保护[8,9]。罗玲制备的鸭大肠杆菌三价疫苗保护率可达 90%，白油佐剂疫苗效果好于铝胶佐剂疫苗；欧阳峰制备的鸭大肠杆菌、沙门氏菌、鸭疫里默杆菌三联灭活疫苗，一周龄免疫一次保护率为 50%，二免后保护率为 78%；袁小远制备的鸭大肠杆菌 O78 灭活疫苗，一周龄免疫一次，14d 后鸭子产生良好抗体，保护率达 100%。

（2）弱毒疫苗　弱毒疫苗也称活苗，是通过生物技术将原来的毒株毒力减弱或使其对原宿主致病力消失，然后经过培育得到的疫苗，这种疫苗还是具备抗原特性的。弱毒疫苗接种剂量少，制备技术相对成熟，可以对自然感染过程进行模拟从而刺激细胞免疫和黏膜免疫，但是如果对毒株毒力减弱的程度不够，就可能会出现毒力返强的现象，给易感动物带来很大的威胁，造成严重的安全隐患，除此之外，许多方面的因素都会影响到活苗的免疫效果，例如保存和运输均需在低温环境下进行，且保存期不长等。

（3）基因工程疫苗　近年来与基因工程疫苗相关的研究越来越多，或许可以成为防控猪肠外致病性大肠杆菌的重要途径，其主要分为基因缺失苗、基因重组苗、合成多肽苗等。目前国内针对肠外致病性大肠杆菌还没有商品化的亚单位疫苗，在安全性和有效性方面，它比灭活苗和弱毒苗更有优势，因为研究的基因工程疫苗或许不会出现耐药性，对耐药的菌株也可以发挥作用。

我国在疫苗的研制方面和过去相比有了很明显的进步，对大肠杆菌病的防治也有了新的希望。现在针对肠外致病性大肠杆菌病的疫苗还在研究期间，并没有在实际生产中得到普遍使用，需要深入地研究在临床上其能够达到的保护效果，这也是未来科研发展的一个新方向，经过不断地进行科学研究一定会研制出安全且交叉保护性好的新型疫苗。

（4）商品化疫苗产品情况　目前较为主流的疫苗有灭活疫苗、弱毒活疫苗和亚单位疫苗。通常采用大肠杆菌标准株或疫区流行株制备灭活疫苗。表 2-4 对中国兽医药品监察所签发的不同类型大肠杆菌商品化疫苗进行了汇总。

表 2-4　国内大肠杆菌疫苗

生产厂家	疫苗名称	疫苗类型	使用说明	注意事项
硕腾生物制药有限公司	仔猪 C 型产气荚膜梭菌病、大肠埃希氏菌病二联灭活疫苗	灭活疫苗	健康妊娠母猪分娩前接种 2 次，间隔 3 周，第 2 次接种应在分娩前至少 2 周。皮下或肌内注射，2mL/头份	勿冻结，屠宰前 21d 内禁止使用

生产厂家	疫苗名称	疫苗类型	使用说明	注意事项
江西博美莱生物科技有限公司	羊大肠杆菌灭活疫苗	灭活疫苗	绵羊或山羊皮下注射,3月龄以下 0.5~1.0mL/只,3月龄以上 2.0mL/只	免疫期为 5 个月,严禁冻结
哈药集团股份有限公司	羊大肠杆菌灭活疫苗	灭活疫苗	绵羊或山羊皮下注射,3月龄以下 0.5~1.0mL/只,3月龄以上 2.0mL/只	免疫期为 5 个月,严禁冻结
山东滨州沃华生物工程有限公司	鸭传染性浆膜炎、大肠杆菌二联灭活疫苗(2 型 RA BYT06 株＋O78 EC BYT01 株)	灭活疫苗	3~10 日龄,颈部皮下注射,0.3mL/羽	仅接种于健康鸭,免疫期 3 个月
山东华宏生物工程有限公司	鸡多杀性巴氏杆菌、大肠杆菌蜂胶二联灭活疫苗(A 群 BZ 株＋O78YZ 株)	灭活疫苗	1 月龄以上鸡颈部皮下注射,0.5mL/羽	免疫期 4 个月
山东华宏生物工程有限公司	鸭传染性浆膜炎、大肠杆菌蜂胶二联灭活疫苗(WF 株＋BZ 株)	灭活疫苗	3~10 日龄,颈部皮下注射,0.3mL/羽	仅接种于健康鸭,免疫期 3 个月
国药集团动物保健股份有限公司	仔猪大肠杆菌(K88＋K99＋987P)、产气荚膜梭菌病(C 型)二联灭活疫苗	灭活疫苗	妊娠母猪在分娩前 10~20d 接种 1mL/头份,断奶仔猪 1.0mL/头份	

参考文献

[1] Ewers C, Jan En T, Kie Ling S, et al. Molecular epidemiology of avian pathogenic *Escherichia coli* (APEC) isolated from colisepticemia in poultry[J]. Veterinary Microbiology, 2004, 104 (1-2): 91-101.

[2] Gargiulo, A et al. Occurrence of enteropathogenic bacteria in birds of prey in Italy[J]. Letters in applied microbiology vol, 2018, 66(3): 202-206.

[3] He T, Wang Y, Qian M, et al. Mequindox resistance and in vitro efficacy in animal-derived *Escherichia coli* strains[J]. Veterinary Microbiology, 2015, 177(3-4): 341-346.

[4] 赵素华. 皖北地区仔猪黄痢流行病学调查与防治[D]. 南京: 南京农业大学, 2006.

[5] 张铁, 王春光, 王谦, 等. 猪源大肠杆菌的分离, 鉴定及耐药性监测[J]. 中国农学通报, 2005, 21(12): 23-23.

[6] 沈玉林. 猪大肠杆菌病的诊断与综合防治[J]. 畜牧兽医科技信息, 2020, 14(7): 44-47.

[7] 石远菊, 郭倩妤, 廖少山, 等. 一株猪源大肠杆菌的分离鉴定和药敏试验[J]. 黑龙江畜牧兽医, 2018, 2(5): 5-12.

[8] 刘曼迪. 猪源产肠毒素大肠杆菌总 RNA 的免疫保护作用研究[D]. 保定: 河北农业大学, 2019.

[9] 李睿, 张婷婷, 吴智远, 等. 氢氧化铝佐剂制备工艺的建立及其在鼠疫疫苗中的免疫效果评价[J]. 微生物学免疫学进展, 2021, 8(20): 88-91.

(王晓虎 赵梦坡)

2.1.5　布鲁氏菌疫苗

布鲁氏菌病(brucellosis)简称为布病,是由布鲁氏菌(*Brucella*)感染所引起的一种严重危害人和动物健康的人兽共患传染病。其特征是生殖器官和胎膜发炎，引起流产、不育和各种组织的局部病灶。其病程一般可分为急性期和慢性期，牛型的急性期常不明显。潜伏期 7～60d，一般为 2～3 周，少数患者在感染后数月或 1 年以上发病。实验室中受感染者大多于 10～50d 内发病。人类布鲁氏菌病可分为亚临床感染、急性和亚急性感染、慢性感染、局限性和复发感染。该病广泛分布于世界各地，人感染布鲁氏菌后，需要长时间的抗生素治疗而且往往会留下严重的后遗症。因此在布鲁氏菌病流行的国家，消除该病一直是公共健康计划中最重要的目标之一。

2.1.5.1　病原

布鲁氏菌长 $0.6～1.5\mu m$、宽 $0.5～0.7\mu m$，多单在，很少短链或成堆状，为革兰氏阴性球杆状或短杆状，主要寄生在动物细胞内。不形成芽孢和荚膜，无鞭毛，不运动。吉姆萨染色呈紫色；经柯兹罗夫斯基染色法或改良 Ziehl-Neelsen 染色法等鉴别染色法染成红色，可与其他细菌相区别。本菌为专性需氧菌，最适生长温度为 37℃、pH 值为 6.6～7.4。根据外膜上的脂多糖（lipo polysaccharide，LPS）是否含有 O 链结构，可将布鲁氏菌分为光滑型（smooth，S）和粗糙型（rough，R），除绵羊和犬种布鲁氏菌是天然 R 型外，其他种布鲁氏菌均为光滑型。其中，R 型是 O 链缺失型，在一定条件下，由于参与 LPS 合成基因的突变和缺失可使 S 型和 R 型之间相互转换。根据抗原性和对宿主的偏好，将布鲁氏菌属分为 6 个种，分别为羊种、牛种、猪种、绵羊附睾种、沙林鼠种和犬种。近年来，随着研究范围的扩大，英国和美国科学家还在海洋哺乳动物体内分离到鲸种布鲁氏菌（*Br. ceti*）和鳍足种布鲁氏菌（*Br. pinnipedialis*），德国和捷克科学家又发现了田鼠种布鲁氏菌（*Br. microti*）。

布鲁氏菌对外界环境抵抗力较强，在土壤和水中可存活 1～4 个月，乳、肉食品中约 2 个月，粪尿中 45d，流产胎儿中至少 75d，子宫渗出物中 200d。但对湿热和消毒剂抵抗力不强，60℃加热 30min 或 70℃加热 5min 即杀死，煮沸立即死亡；用 2%石炭酸、来苏儿、烧碱溶液可于 1h 内杀死该菌；5%新鲜石灰乳 2h，1%～2%福尔马林 3h，0.1%消毒净 5min 可将其杀死。

2.1.5.2　流行病学

（1）**易感动物**　该病任何品种、任何年龄的牛羊均能感染，其中成年牛羊比犊牛、羔羊更易感染，性成熟牛羊和体质瘦弱的牛羊更易感染，母牛羊比公牛羊感染率高。此外，饲养人员、兽医、屠宰者接触病畜时若不注意消毒也容易感染。

（2）**传染源及传染途径**　病牛羊和带菌牛羊为该病的主要传染源，其排出的粪便、尿液、乳汁、精液、子宫分泌物、羊水以及产出的胎儿、胎衣均带有大量病菌。被这些污染的场地、饲草、饮用水和饲养用具等便成为间接传染源。健康牛主要通过污染的饲料和饮水经消化道感染该病。同时还可通过受伤的皮肤、黏膜、鼻腔、气管及眼结膜进行传播。此外，也可以通过交配、人工授精、分娩等方式进行传播。而且若饲养环境较差，蚊虫和蜱虫滋生也会增加感染风险。

（3）**流行特点**　该病一年四季均会发生，产仔季节更易发。该病呈世界性分布，传播性强，净化难度大，在规范的饲养条件下不易侵入牛羊群，但若在养殖过程中饲养密度大，潮湿寒冷，卫生环境差，营养供给不足会大大提升该病感染率。

2.1.5.3　免疫机理

布鲁氏菌侵入机体后，到达的第一个免疫器官是淋巴结，在这里吞噬细胞会将其吞噬。如未将其杀灭，该菌则会在胞内大量繁殖，使吞噬细胞破裂而解体，大量细菌进入淋巴液和血液。此时机体免疫系统启动，宿主出现发热。当细菌再次到达淋巴结等器官，宿主体温恢复。循环往复，临床上称为"波浪热"。人感染布鲁氏菌后常表现为发热和关节疼痛等症状。如在急性期治疗不彻底，转为慢性，更有甚者会丧失劳动能力。动物感染后，母畜常出现流产、不孕，公畜出现睾丸炎，影响家畜生殖繁殖能力以及畜产品的质量安全。在布鲁氏菌病的急性期，菌血症和毒血症起主导作用；当疾病转入慢性期，布鲁氏菌及其产物反复刺激致敏 T 细胞，使其分泌淋巴因子而导致靶细胞产生损伤。所以目前认为，布鲁氏菌病是一种感染-变态反应性疾病。

2.1.5.4　临床表现

（1）牛布鲁氏菌病　该病的潜伏期长短不一，一般为 2～6 个月。本病最显著的临床症状包括怀孕母畜流产和公畜睾丸炎。患病妊娠后期母牛（6～8 个月）表现为流产，往往会产出死胎，也有一定概率产下活胎，但产下的犊牛体质孱弱，常伴有腹泻，一段时间后也会死亡。而母牛胎衣难以排出，往往滞留在子宫，胎盘干燥增厚，有黄色液体覆盖，同时分泌大量的灰白色黏性分泌物，并持续排出恶臭味的分泌液，随后诱发慢性子宫内膜炎、子宫积脓，并伴有乳房炎，最终导致不孕。公牛感染后主要表现为睾丸炎、精子生成障碍，睾丸异常增大，最终逐渐丧失生殖能力。此外，还时常会伴有间质性心肌炎、角膜炎、关节炎或滑膜囊炎等。

（2）羊布鲁氏菌病　羊布鲁氏菌病与牛的症状相似，潜伏期较长，长达 6 个月。病羊前期没有明显表现，母羊主要表现为流产，流产率在 50%～90%，一般在怀孕 2～4 个月出现临产症状，乳房肿胀，阴唇红肿，且阴道排出黄色分泌物，通常 2～3d 后产下死胎或孱弱胎。而且母羊流产后易发生胎衣不下问题，最终诱发慢性子宫炎，进而引起不孕。而公羊主要表现为睾丸炎和附睾炎，睾丸发热红肿坚硬，精子质量下降，配种能力低下，最终丧失生殖能力；同时还有可能出现关节炎和滑膜囊炎，导致跛行。

（3）人布鲁氏菌病　人布鲁氏菌病的临床表现复杂且多样，没有什么特征性。潜伏期为 1～4 周，平均为 2 周左右，由于其初症状与流感类似，主要为全身无力、大汗等，因此得病早期易被误诊或忽略而使布鲁氏菌病转为慢性，后期还可能出现关节炎等症状，最严重的是男性丧失劳动能力、女性流产或不孕。

2.1.5.5　诊断制剂

目前，布鲁氏菌病的诊断方法主要有病原学诊断、血清学诊断和分子生物学诊断三种方法，其中病原学诊断是布鲁氏菌病诊断的金标准，但细菌分离须在生物安全 BSL-2 级以上实验室操作，存在潜在的实验室暴露风险，耗时长且检出率偏低；血清学方法方便操作，灵敏性高，是目前布鲁氏菌病诊断的主要方法，但假阳性率较高；分子生物学方法主要用于布鲁氏菌的种属鉴定。

（1）病原分离鉴定　将临床样品或病料接种至基础或选择性培养基，如果病料含菌少或者被污染，可划痕或腹腔接种小鼠，7d 后取脾接种。布鲁氏菌初次培养耗时较长，至少需要培养 7d，一般 3～4d 可见菌落的形成。可通过菌落形态、染色特性、生化反应、抑制试验等进行鉴定。

（2）血清学检测

① 虎红平板凝集试验　布鲁氏菌接种于适宜培养基培养，加热灭活后作为抗原，离心，收集菌体，用虎红染料进行染色后悬于乳酸缓冲液而制成。因该方法灵敏度高、操作简便且可以在短时内得出诊断的结果，但特异性较低，适合于初筛，在做布鲁氏菌病诊断时需要结合其他试验结果辅助诊断。

② 补体结合试验　以溶血现象的有无出现来判定在受检血清中是否含有抗体。该试验是公认的用于牛、羊布鲁氏菌病的确诊性检测，其特异性、敏感性均显著高于其他血清学检测方法。此外，该试验通过肉眼观察溶液颜色变化来判断溶血程度，具有一定的主观性。该操作相对复杂，耗时较长，但特异性高，不适合大量样品的快速检测，常常作为虎红平板凝集试验阳性样品的确诊手段。

③ 酶联免疫吸附试验（ELISA）　该方法2004年被列为诊断布鲁氏菌病的推荐方法，具有灵敏性高、特异性强、准确性高、操作简单、所需样品少等优点，是确诊布鲁氏菌病试验，同时可以筛查大批量样本。虽然ELISA灵敏性高，但不能区分是自然感染产生的抗体还是接种疫苗所产生的抗体，因此，ELISA常用于非免疫动物的抗体检测。

④ 全乳环状试验　没有条件进行ELISA检测的也可采用全乳环状沉淀反应来代替。该方法以布鲁氏菌为抗原，染成红色，若乳中存在布鲁氏菌抗体，便形成了红色的抗原抗体复合物，并转移至乳脂层，呈现出紫红色乳脂环。该试验仅用于各种乳中布鲁氏菌的筛查。因该方法操作快速、简便且成本偏低，多用于现场大批量奶样筛查。该方法灵敏性差，在检测初乳样、患乳房炎动物的奶样、接近干奶期的奶样等时，可能会呈现假阳性。

（3）分子生物学方法　分子生物学方法被广泛应用于布鲁氏菌属的检测和鉴定。布氏杆菌属各成员DNA同源性很高，聚合酶链反应（PCR）、限制性核酸内切酶多态性（RFLP）和Southern blot等方法均可在一定程度上区分各菌种。

2.1.5.6　疫苗研究进展

布鲁氏菌病因其独特的致病机制及胞内寄生感染后难以根治的特点，除了大规模扑杀，应用疫苗预防一直是动物布鲁氏菌病防控最有效且经济的手段。布鲁氏菌病疫苗种类较多，在国际上FAO/WHO推荐使用的有四种菌苗，即牛布鲁氏菌（*Br. abortus*）S19弱毒活苗、羊布鲁氏菌（*Br. melitensis*）Rev.1弱毒活苗、牛布鲁氏菌（*Br. abortus*）45/20灭活佐剂苗及强毒羊布鲁氏菌（*Br. melitensis*）H38号菌种灭活佐剂苗（H38菌苗）。此外，不同的国家和地区还有自己研制使用的一些较为优秀的本土疫苗，如中国的猪种S2和羊种M5弱毒活菌苗，俄罗斯的牛种82、82pm和75/79活疫苗，以及美国阿拉斯加州地区的猪种生物型4佐剂灭活苗等。所有这些疫苗为全世界布鲁氏菌病的免疫防控发挥了重要作用。以下对该病国内外常见疫苗进行综述。

（1）人用布鲁氏菌病疫苗　目前大多数国家不提倡使用人用布鲁氏菌病疫苗。针对动物的预防布鲁氏菌病疫苗技术已较成熟，而对人用布鲁氏菌病疫苗的研发工作还在进行中。当前常见的人用菌苗系104M冻干弱毒活菌苗，以皮上划痕方式进行接种。

（2）动物用布鲁氏菌病疫苗　布鲁氏菌病疫苗的发展经历了灭活疫苗、减毒活疫苗和粗减毒疫苗。灭活疫苗在早期用于预防和控制布鲁氏菌病，随后被免疫效果更好的减毒活疫苗所取代。目前使用的减毒活疫苗包括S19、Rev.1、S2、SR82和RB51。RB51是唯一官方批准的粗减毒疫苗。这些疫苗被广泛使用，但仍有一些缺点。例如，其中一些疫苗可能导致人类感染，并可能导致怀孕母牛的流产并发症。尽管现有疫苗存在一些不足，但它们在全世界预防布鲁氏菌病方面发挥了重要作用。

① 灭活疫苗

a. 牛型45/2：弱毒疫苗持续存在的血清学反应、毒力增强危险，以及引起怀孕动物流产等毒副作用使得人们把眼光投向了灭活疫苗的研究。Mc Ewen等（1922）从一头病牛体内分离到了一株S型牛布鲁氏菌，然后在豚鼠体内传代至20代获得一株R型减毒牛布鲁氏菌，称为"牛型45/20"。该弱毒疫苗虽然对豚鼠和牛有一定的免疫保护作用，但由于其毒力和粗糙型特性不稳定，后来将该菌悬液采用福尔马林或加热法进行灭活，然后加入不同的乳化剂和矿物油佐剂制成了油包水型乳化佐剂苗。牛型45/20疫苗虽然免疫后血清学诊断不受干扰，但造价较高，免疫保护持续时间较短，其应用受到限制。

b. 羊型H38：Renoux等（1957）将羊布鲁氏菌S型强毒H38号菌株的培养液，经福尔马林杀灭后与一种轻质石蜡油和Arlace A甘露醇单油酸酯以一定的比例混合搅拌后制成了羊型H38灭活佐剂疫苗。在法国此疫苗有一定的应用，主要用于羊体的免疫，效果与Rev.1菌苗相当，但持续时间较短。此疫苗虽然毒力稳定，但可引起化脓等动物接种局部副作用，而且存在阳性血清学反应，对诊断造成影响。总之，布鲁氏菌灭活疫苗没有获得广泛应用，除了上述原因，还存在着无内源性蛋白，灭活过程丢失大部分抗原表位，不能诱导细胞毒性T细胞反应等种种缺陷。

② 减毒活疫苗

a. S19弱毒疫苗：此菌苗是以牛布鲁氏菌自然减毒的19号菌株制成。该菌株1923年由美国的研究人员由牛奶中分离，实验室保存多年后其毒力自行减弱；1940年后逐渐开始使用。此疫苗毒力中等，菌株稳定，免疫原性较高，在动物之间不传染。适合6~8月龄犊牛，保护率达65%~75%；皮下接种免疫剂量500亿细菌每头份，免疫力可持续3~5年。在我国的内蒙古对黄牛进行免疫，布鲁氏菌检出率由免疫前的86.7%降低到免疫后的29.4%；在青海地区对母牛进行免疫，使怀孕牛流产率由免疫前的28.48%下降为1.26%；新疆地区自1984年开始使用10亿活菌/头的弱毒疫苗免疫牛，牛的阳性率由1983年的3.3%下降到1991年的0.19%，效果非常显著。该疫苗对绵羊也有一定的免疫保护作用，但对山羊效果较差，对猪无效。其主要缺点是接种后可使乳牛产奶量下降，接种动物局部反应明显，部分孕畜可引起流产，流产率可达1%~2.5%。

b. Rev.1弱毒疫苗：该疫苗多年来在绵羊和山羊布鲁氏菌病的预防中发挥了重要作用。该疫苗是1957年Elbrg用强毒羊布鲁氏菌在富含链霉素的培养基上培养获得依赖该抗生素生长的变种后，再返回到普通琼脂培养基培养，获得不依赖链霉素生长的返祖1号弱毒变种。此菌苗虽然毒力较强，但较稳定，对绵羊和山羊表现出良好的免疫保护，皮下接种能抗羊布鲁氏菌和牛布鲁氏菌感染，保护率约为80%~90%。1990年，新疆绵羊布鲁氏菌病暴发后，将Rev.1疫苗以20亿每头份皮下接种动物后，很快有效控制了本病的流行。此菌苗最大的缺点在于它可以引起比S19弱毒苗更高的流产率，以及和S19菌苗一样产生阳性免疫血清干扰诊断。

c. M5弱毒疫苗：该疫苗是1962年中国农业科学院哈尔滨兽医研究所选用羊布鲁氏菌28强毒株，通过鸡体连续传代减毒制成。在我国从20世纪70年代初开始广泛应用。此菌苗可对牛、羊和鹿等动物产生有效保护作用，主要通过气雾免疫（气溶胶吸入）或皮下注射方式接种动物，有效保护时间较短，一般为一年（免疫剂量为每只动物50亿细菌），但残余毒力低，免疫原性好。该疫苗的成功研制荣获国家发明二等奖，它自应用以来在我国布鲁氏菌病的有效防控方面发挥了重要作用。其缺点是能使孕畜流产，对接触气雾的人员可引起较严重的反应，而且 M5 连续接种豚鼠后菌株毒力有返强现象。目前 M5 弱毒菌苗仍然是我国动物布鲁氏菌病较为严重地区主要使用的疫苗之一。

d. S2 弱毒疫苗：1952 年，中国农业部兽医药品监察所研究者从猪胚中筛选出一种猪布鲁氏菌自然减毒株的变种，由此研制而成了 S2 弱毒疫苗。该疫苗研制于 20 世纪 60 年代末，70 年代初开始在羊体免疫试验。S2 疫苗免疫范围较宽，对山羊、绵羊、牛和猪都有较好的免疫效力，且使用方便。对牛、羊和猪可采取口服的方式进行免疫，剂量一般为每只动物 100 亿细菌；对猪也可选择皮下注射接种，对羊也可进行肌内注射免疫。免疫期一般为一年，最长可达到 2～3 年。此菌苗毒力稳定，以 500 亿活菌对怀孕母猪皮下接种不引起流产，甚至以大于常规 50 倍的接种量给怀孕绵羊口服也不引起流产，而且口服效果比眼结膜免疫效果更好；使用安全，尚未出现连续接种后毒力增强现象。

③ 基因缺失疫苗　目前，以膜蛋白基因、毒力因子、脂多糖以及一些酶类为主的缺失疫苗的研究是布鲁氏菌疫苗研究的热点。2004 年 Cloeckaert 等将 Rev.1 疫苗株的 $bp26$ 和 $omp31$ 基因缺失，免疫小鼠后基因缺失突变株保护力和 Rev.1 疫苗株相当，毒力也没有降低。此后，许多学者的实验也表明，Rev.1 基因缺失突变株疫苗可作为预防羊希鲁氏菌和绵羊布鲁氏菌（$Br.ovis$）感染的候选疫苗。闫广谋（2007）构建了布鲁氏菌 $bp26$ 基因缺失和 $omp18$ 基因缺失的双基因缺失突变株 YZ-2。利用羊布鲁氏菌不能表达 bp26 蛋白的特点，张付贤（2009）建立了抗体胶体金快速鉴别诊断方法，能够有效区别 S19 和 YZ-2 免疫。胡森等（2009）和郑孝辉等（2009）分别以 M5 和 S19 疫苗株为亲本株构建了 $bp26$ 基因缺失疫苗株 MS-26 和 S19-26，并进行了动物免疫和鉴别诊断试验，取得较为理想的结果。运用 $bp26$ 缺失疫苗，结合 bp26-based ELISA 等血清学检测，可以鉴别诊断免疫和野毒感染，为羊布鲁氏菌和绵羊布鲁氏菌病的控制和根除奠定基础。Edmonds 等（2002）分别构建了牛布鲁氏菌 BA25、羊布鲁氏菌 BM25 和绵羊布鲁氏菌 BO25$OMP25$ 基因缺失株，通过小鼠免疫保护试验发现利用这些基因缺失株制备的疫苗均具有不同程度的保护力。

④ 活载体疫苗　以细菌或病毒为活载体重组布鲁氏菌优势抗原制作疫苗的研究也一直是人们关注的热点之一。Angel 等以大肠杆菌为载体表达 Cu/Zn SOD，免疫小鼠后虽然对牛布鲁氏菌 S2308 有一定的保护力，但不如 RB51 疫苗。Al-Mariri 等（2010）以 pEtl5b-p39 重组质粒经大肠杆菌表达 P39，结果不能抵抗羊布鲁氏菌 16M 的攻击。Yongqun He 等（2002）以人苍白杆菌（$O.anthropi$）49237 株为载体构建重组菌 49237SOD，免疫小鼠后同时诱导 Th1 和 Th2 两种类型的细胞反应，但加入佐剂 CPG-ODN 后，对牛布鲁氏菌 52308 的攻击产生一定的保护作用。Al-Mariri（2002）等构建包含 BFR 或 P39 蛋白的重组 pCI 质粒，分别以血清型 O：3 和 O：9 结肠耶尔森菌作为载体，经胃内免疫 BALB/c 鼠，都能够产生特异性抗体，诱发 Th1 型细胞免疫反应；携带 pCI-P39 的 O：9 结肠耶尔森菌能够抵抗牛布鲁氏菌 544 感染，表现出良好的保护力。Angel 等（2005）以复制缺陷型病毒 SFV（semliki forest virus）为载体，构建了 SFV-SOD RNA 疫苗，经攻毒能够抵抗牛布鲁氏菌 S2308 的攻击，可能成为针对 $Br.abortus$ 的疫苗候选株之一。Vemulapalli 利用 RB51 的优势，构建了 RB51-SOD、RB51-Wbo A、RB51-SOD/Wbo A 疫苗株，通过牛布鲁氏菌 S2308 攻毒，发现这三株菌苗具有较 RB51 更好的保护力，RB51-SOD/Wbo A 的保护率为 100%；而对于羊布鲁氏菌 16M 的攻击，RB51-Wbo A 和 RB51-SOD/Wbo A 的保护力比 RB 51 和 RB51-SOD 更好，可能成为羊布

鲁氏菌的疫苗候选株。

（3）商品化疫苗

国内几种常用布鲁氏菌疫苗产品如表 2-5 所示。

表 2-5　国内布鲁氏菌疫苗

生产厂家	疫苗名称	使用说明
内蒙古华希生物科技有限公司	布鲁氏菌病疫苗（A19 株）	皮下注射。一般仅对 3～8 月龄牛接种，每头接种 1 头份。必要时，可在第一次接种当月再接种 1/60 头份，以后可根据牛群布鲁氏菌病流行情况决定是否再进行接种
哈尔滨维科生物技术有限公司	布鲁氏菌病疫苗（S2 株）	口服、皮下或肌内接种
金宇保灵生物药品有限公司	布鲁氏菌基因缺失活疫苗（M5）	皮下注射、滴鼻、气雾法免疫及口服法免疫。牛皮下注射应含 250 亿个活菌，室内气雾 250 亿个活菌，室外气雾 400 亿个活菌。山羊和绵羊皮下注射 10 亿个活菌，滴鼻 10 亿个活菌，室内气雾 10 亿个活菌，室外气雾 50 亿个活菌，口服 250 亿个活菌

2.1.5.7　现状与展望

在目前全球范围内布鲁氏菌病疫情有反复的趋势，随着畜牧业的集约化发展，以及牛羊的跨区域运输、产品加工等，总体发病率升高，所以仍然要加强对疫区的管控，以预防为主，按时打疫苗，主动免疫。同时国家要针对病原突变以及不同布病种类研发出更安全高效的疫苗。

（王晓虎　张翮）

2.1.6　结核疫苗

结核病（tuberculosis）是由结核分枝杆菌（*Mycobacterium tuberculosis*，MTB）引起的人和多种动物共患的慢性传染病。其病理特征是在多种组织器官形成肉芽肿和干酪样、钙化结节病变。世界卫生组织发布的《2021 年全球结核病报告》显示，2020 年，全球新发结核病患者 987 万，发病率为 127/100000。我国 2020 年估算的结核病新发患者数为 84.2 万（2019 为年 83.3 万），估算结核病发病率为 59/100000（2019 年为 58/100000），在 30 个结核病高负担国家中，我国估算结核病发病数排第 2 位。

2.1.6.1　病原

对人和动物有致病性的分枝结核杆菌主要有 3 种，即结核分枝杆菌（*M.tuberculosis*）、牛结核分枝杆菌（*M.bovis*）和禽结核分枝杆菌（*M.avian*）。结核分枝杆菌是直或微弯的细长杆菌，单在、少数成丛；主要感染人、类人猿、猴、犬和鹦鹉，也可感染牛和猪。牛结核分枝杆菌稍短粗，且着色不均匀，单在或成对，或呈"V""Y""人"字形排列，间或成丛；能引起牛、马、猪的进行性和致死性结核病。禽结核分枝杆菌短而小，呈多形性；能感染所有品种的家禽和鸟类，也能引起猪的结核病，对牛也有一定的致病力。

本菌为革兰氏染色阳性菌，无荚膜、无芽孢、无鞭毛，不能运动。因能抵抗 3% 盐酸乙醇的脱色作用，故常用齐尼二氏（Ziehl-Neelson）染色法，用此法染色呈红色。结核分枝杆菌为专性需氧菌，最适生长温度为 37～37.5℃，最适 pH：结核分枝杆菌为 6.5～6.8，牛结核分枝杆菌为 5.9～6.9，禽结核分枝杆菌为 7.2。在培养基上生长缓慢，初次分离培养时需要牛血清或鸡蛋培养基。

结核分枝杆菌在自然环境中生存力较强，对干燥和湿冷环境的抵抗力很强。但对热的抵抗力差，60℃、30min 即可死亡。在阳光直射下经数小时死亡。常用消毒药经 4h 可将其杀死。本菌对链霉素、异烟肼、利福平、环丝氨酸、乙胺丁醇、卡那霉素、对氨基水杨酸等敏感。

2.1.6.2 流行病学

结核病患者、病畜和病禽是主要的传染源，尤其是通过各种途径向外排菌的开放性的结核病患者、病畜和病禽是结核病的传染源，其痰液、粪尿、乳汁和生殖道分泌物都可带菌，菌体排出体外污染空气、饮水、食物、饲料和环境而散播传染。

本病可经呼吸道、消化道感染，也可经生殖道、胎盘和损伤的皮肤、黏膜感染。

人类普遍易感。人感染后是否发病，与受染菌的数量、结合菌毒力强弱、病变性质和排菌时间以及是否化疗等多种因素有关。其中结核分枝杆菌主要感染人及与人密切接触的动物，如宠物、家畜等；牛分枝杆菌的宿主广泛，可感染人、牛、猪、鹿、马、狗、猫和羊等；禽分枝杆菌主要感染家禽和鸟类，其次是猪和羊。

2.1.6.3 免疫机理

结核病的一个关键致命特征是能够在人类宿主体内的结节性肉芽肿的巨噬细胞中长期生存。巨噬细胞是宿主抵抗结核分枝杆菌的免疫反应的关键组成部分，它可以通过不同的机制消除结核分枝杆菌，如诱导细胞凋亡、免疫-炎症反应和吞噬活动[1]。然而。病原体可以对抗宿主的抗菌机制，以确保自身生存和持久存在。在大多数结核病感染中，宿主的免疫反应能够阻止细菌生长并清除微生物或诱发潜伏性结核感染状态。然而，约有 5%～15% 的潜伏性肺结核会发展为活动性肺结核，并伴有肺部和/或肺部外受累。活动性肺结核一般在感染后不久表现出来，但在某些情况下，甚至在原发感染多年后也可能发生。由于免疫反应降低，因此先天性和适应性免疫对控制结核病发挥了重要作用。

控制结核病感染的先天免疫反应始于识别病原体并被肺部巨噬细胞摄取，结核分枝杆菌通过不同的模式识别受体和产生相关分子，如 TLR2、TLR9、适应分子 MYD88、DC-SIGN 和 NLRP3，来刺激诱导促炎症细胞因子、趋化因子和细胞黏附受体的表达，诱导免疫细胞的激活。除了肺部巨噬细胞，DCs、NK 细胞、中性粒细胞和其他免疫细胞也对结核病的早期先天反应有作用，这可以有效地预防感染。然而，在大多数情况下，结核分枝杆菌能够在被感染的细胞中生存和增殖，巨噬细胞需要抗原特异性 T 细胞的激活才能杀死病原体。实际上，先天免疫在结核病感染的早期阶段的作用是建立一个合适的条件来诱导适应性 T 细胞反应。适应性免疫反应的特点是由抗原特异性 T 细胞产生 IFN-γ 和趋化因子，这有利于募集更多的 T 细胞并触发巨噬细胞对胞内细菌的吞噬作用。

2.1.6.4 临床表现

（1）人的临床表现　常见的类型有肺结核、颈淋巴结核、胃结核、肝结核、肠结核和眼结核等。人感染肺结核早期症状较为轻微,甚至没有明显的症状,容易忽视。若病情处于发展期则会表现为发热、头痛、咳嗽、全身无力、夜间盗汗,女性患者可能会产生停经和月经不调等症状。

（2）动物的临床表现

① 牛结核病　牛结核病的潜伏期多为10～45 d,也有少数病例潜伏期可达数年,根据患病部位的不同可以将牛结核病分为肺结核、乳房结核、肠结核、淋巴结核、脑结核、生殖器结核以及胸膜结核等。病牛初期干咳,容易疲劳。随着病程延长,咳嗽逐渐加重,转变为湿咳,次数增多,容易发生气短。鼻腔内有灰黄色的黏性、脓性分泌物,有腐臭气味。胸膜腹膜发生结核病灶即所谓的"珍珠病",胸部听诊有啰音和摩擦音。患病牛消瘦、贫血,各个淋巴结肿大。乳房结核表现为乳房淋巴结肿大,出现局限性、弥散性结节,泌乳量降低,乳汁逐步变稀薄,患病乳区萎缩,位置异常,严重时不泌乳。肠结核多见于犊牛,表现为前胃弛缓,顽固性腹泻,迅速消瘦,粪便常带血或有浓汁。

② 禽结核病　主要经呼吸道和消化道传染。主要危害鸡和火鸡,成年鸡多发,鸭、鹅和鸽子也易感。病程初期无明显症状,后期表现为精神沉郁、消瘦、进行性消瘦,尤以胸肌消瘦明显,胸骨明显突出,甚至变形。羽毛蓬松、暗无光泽,禽冠、肉髯和耳垂褪色萎缩,比正常的薄。病程持续较长,最终可能会因为衰竭或者肝、脾破裂而死。

③ 猪结核病　猪对人型、牛型和禽型分枝杆菌均有易感性。主要通过消化道感染,很少出现临床症状,仅在淋巴结发生微细的结核病灶。伴随病程的发展,会出现体温升高、消瘦、气喘和腹泻等。猪感染牛分枝杆菌则呈进行性病程,常导致死亡。

2.1.6.5　疫苗研究进展

（1）牛分枝杆菌卡介苗（ *Mycobacterium bovis bacille Calmette-Guérin*, BCG）　目前唯一获得全球使用许可的结核病疫苗为牛分枝杆菌卡介苗,该疫苗是由法国巴斯德研究所的科学家 Camille Guerin 和 Albert Calmette 将牛型结核分枝杆菌强毒株在5%甘油胆汁马铃薯培养基上经过230次传代培养制成的减毒活疫苗,并于1921年首次使用[2]。尽管卡介苗使用时间悠久,而且应用广泛,但也存在一定的局限性:BCG 对儿童结核性脑膜炎和粟粒性结核病可提供有效保护,但对成人的保护效果却不尽相同。卡介苗对成人的保护效力低,可能由于卡介苗诱导了效应记忆 T 细胞,保护时间为10～15年[3]。卡介苗的保护作用因地域而异,可能是由于环境中的霉菌致敏或接种前接触结核分枝杆菌所致[4]。一项系统回顾发现,与未接种疫苗的儿童相比,接种疫苗后对感染的保护效力为19%,对感染者疾病进展的保护效力为58%。一项对挪威出生的人进行的基于人群的回顾性研究显示,卡介苗对肺结核的保护效力在9岁以下为67%,10～19岁为63%,20～29岁为50%,可诱导保护长达50年[5]。

（2）新型候选结核疫苗

① 初选疫苗　初免疫苗是首次暴露于 MTB 之前施用的预防接触疫苗,一般是将特定基因导入现有 BCG 株,使其表达 MTB 重要保护性抗原或其他因子,提高其免疫反应又降低安全隐患,以期取代现有 BCG。

减毒 MTB:MTBVAC 是目前在 MTB 临床试验中获得的唯一一种全细胞候选疫苗,也是唯一一种基于人类病原体的减毒活疫苗。该疫苗缺失了结核分枝杆菌的毒力相关基因 *phoP/phoR* 和 *fadD*26,该突变体致病性降低并且诱导了免疫应答[6]。研究表明,MTB-VAC 比 BCG 更安全且具有更强的保护作用。

重组 BCG：VPM1002（rBCGΔureC：：HLY）是重组 BCG 突变体，该疫苗表达李斯特菌溶血素 O（listeriolysin O，LLO），同时缺乏尿素酶 C（UreC）。LLO 是由李斯特菌产生的细胞溶解性成孔毒素蛋白，该蛋白增加了重组 BCG 在细胞质中的暴露，从而通过主要的组织相容性复合体 I 类途径增强了 T 细胞免疫应答[7]。BCG 在 pH 为 5.5 时被激活，由于其蛋白组成含有 PEST 序列（谷氨酸、脯氨酸、丝氨酸、苏氨酸），因此进入胞质溶胶后可以诱导其自我降解，其活性限制在吞噬体中，因此确保了重组 BCG 的安全性。BCG 正常表达 UreC，可以抵抗吞噬体的酸化，因此通过删除 UreC 导致 BCG 在吞噬体中更易使 LLO 获得活性。该疫苗能激活 TH17 和 TH1 型细胞，并在小鼠中诱发了比 BCG 更优越的保护作用。此外，VPM1002 还能诱导更多的 TCM 和自噬。VPM1002 正在进行临床试验评估，以代替新生儿的 BCG 并预防活动性肺结核成人的结核复发。

② 加强疫苗　加强疫苗用于增强免疫接种后免疫反应。主要包括亚单位疫苗、全细胞疫苗、病毒载体疫苗。

病毒载体疫苗：病毒载体包括修饰的 Ankara 痘病毒（MVA）或人类起源的腺病毒亚型（AdHu）、修饰的腺病毒载体（ChAdOx1 型）及鸡痘病毒。目前三种病毒载体的候选亚单位疫苗正在进行临床试验，包括：TB/Flu04L、Ad5 Ag85A 和 ChAdOx185A/MVA85A（NCT03681860）。

TB/Flu04L 疫苗：TB/Flu04L 是表达抗原 85A 的载体之一。试验中用 H1N1 流感病毒株构建表达 MTB Ag85A 和 ESAT-6 两个抗原的复制缺陷型减毒株亲本菌株[8]。TB/Flu04L 还含有由 MTB 分泌而不是 BCG 分泌的免疫显性抗原 ESAT-6。

Ad5 Ag85A 疫苗：Ag85A 是对细胞壁合成非常重要的肌醇转移酶，还参与了脂质的积累和储存，在 MTB 休眠中扮演重要角色。Ag85A 蛋白可以诱导强烈的 Th1 型细胞免疫应答，病毒载体可诱导高水平的 Ag85A 抗原特异性 CD4$^+$ T 细胞和 CD8$^+$ T 细胞。实验证明 Ad5 Ag85A 的动物模型比单独的 BCG 显示出显著的保护力，通过呼吸途径的免疫提供了较好的保护类型[9]。鉴于其有效性，以 Ad5 为基础的结核病疫苗具有良好的定位，为新的结核病疫苗接种策略提供创新方法。

MVA85A 疫苗：表达抗原 85A（MVA85A）的重组修饰安卡拉牛痘病毒（MVA）载体是比较先进的亚单位结核病疫苗，可用 BCG 增强免疫。MVA85A 疫苗的 I 期临床试验证实了其能在未接种 BCG 的人群中诱导出高水平的抗原特异性 T 细胞免疫应答；II a 期临床试验结果提示 MVA85A 可安全应用于成年 MTB/HIV 感染人群并诱导有效的免疫应答，具有良好的免疫耐受性；II b 期试验以接种 BCG 后的婴儿（HIV 阴性）为对象，增强接种 MVA85A 后显示耐受良好，免疫应答水平较高。作为首个完成临床 II 期试验的 BCG 增强免疫疫苗，MVA85A 具有一定的应用前景。

亚单位疫苗：4 种佐剂蛋白亚单位疫苗正在进行临床试验，包括 M72/AS01E、ID93＋GLA-SE、H56/IC31 和 GamTBvac。

M72/AS01E：葛兰素史克（GSK）的产品 M72 是一种含有 MTB 抗原 32A（Rv0125）和 39A（Rv1196）的融合蛋白，并与佐剂 AS01E 配伍组合。在一项 3 年的随访试验中，来自南非、赞比亚和肯尼亚的 3500 多名 IGRA 阳性、HIV 阴性的成年人（其中大多数人在婴儿时期接种过卡介苗）被随机分配，肌内注射两剂疫苗或安慰剂，结果表明疫苗疗效为 49.7%[10]，意味着 M72/AS01E 疫苗对预防成年人感染结核病的潜力是前所未有的。

ID93＋GLA-SE：该疫苗由美国西雅图传染病研究所（IDRI）开发，由 Rv2608、

Rv3619、Rv3620 和 Rv1813 四种 MTB 抗原组成，与 IDRI 专有佐剂 GLA-SE 组合用于 BCG 接种后的增强免疫。目前关于该疫苗的安全性和免疫原性的 I 期试验已经结束，第 II 阶段试验正在开展。结果证实，用 ID93＋GLA-SE 免疫的小鼠表现出肺部炎症明显减轻；此外，研究者还分析了 ID93＋GLA-SE 在免疫小鼠肺中的免疫应答，结果显示该疫苗能够引起持续的 Th1 免疫应答；同时研究结果还表明，该疫苗赋予了高水平的免疫保护作用[11]。

H56/IC31：由 MTB 抗原 Ag85B、ESAT-6 和 Rv2660c 重组融合而成，并配伍 IC31 佐剂构成 SSI 疫苗候选物，这些蛋白对结核分枝杆菌的生存至关重要，该疫苗被设计为专门针对结核分枝杆菌的暴露后疫苗。I 期临床试验表明该疫苗有很好的耐受性，均未出现明显不良反应[12]。

GamTBvac：由 MTB 抗原 Ag85A、ESAT6-CFP10 蛋白辅以 CpG ODN 制成。目前关于该疫苗的安全性和免疫原性的 I 期试验已经结束。

全细胞疫苗：DAR-901 疫苗是美国达特茅斯大学医学院设计的衍生自热灭活的全细胞非结核分枝杆菌疫苗，用于预防青少年和成年人的结核病。I 期试验期，在 HIV 感染参与者（DAR-DAR 试验）中预防弥散性结核病时，以多剂量施用这种 NTM 的热灭活的琼脂培养制剂，观察到对结核病的显著保护作用（$P=0.03$）。与接种 BCG 组相比，接种 3 次 1mg DAR-901 后 γ 干扰素释放试验（interferon γ release assay，IGRA）全为阴性[13]。该实验证实了其 I 期试验期间具有安全性和一定免疫原性。目前正计划在坦桑尼亚进行第 II 阶段试验。

③ 治疗性疫苗　潜伏性的结核分枝杆菌感染者占人群 1/3 之多，在机体免疫力降低时病原体可能会激活，诱导结核病的发生。结核病治疗疫苗是与现有药物疗法一起施用以缩短治疗时间的疫苗。

无细胞母牛分枝杆菌制剂（*M. vaccse* 疫苗）：目前处于 III 期临床试验阶段的候选治疗性疫苗是 *M. vaccse* 疫苗（M. V），用于预防结核病。M. V 疫苗是由热灭活的环境分枝杆菌所组成，是一种灭活的 MTB 全菌疫苗。既往文献报道 342 例初治菌阳肺结核患者经随机分组治疗 1 年后，M. V 疫苗组的细菌学复发率（3.0%）显著低于对照组（5.6%），此类疫苗主要用于初治肺结核的免疫治疗和短期抗结核药物治疗的辅助治疗[14]。

RUTI：RUTI 是一种正在开发的疫苗，由西班牙巴塞罗那的 pere-Joan Caardona 博士研发。它是由脂质体包裹去除毒素组分的 MTB 裂解物制成，其作用机制是基于对 MTB 的细胞壁纳米片段中所含的多抗原细胞应答的免疫诱导，I 期试验证实了安全性和免疫原性，II 期试验显示了对具有 LTBI 的 HIV 阴性和 HIV 阳性志愿者的安全性和免疫原性[15]。

Mw 疫苗：Mw 疫苗是一种灭活的非结核分枝杆菌疫苗，目前作为结核病治疗辅助物的 II 期研究已经完成并正在进行数据分析中。通过气溶胶吸入途径进行的 Mw 疫苗施用临床研究将先在豚鼠和小鼠疾病模型中进行，以检测免疫应答反应效果。

参考文献

[1] Wagenlehner F, Dittmar F. Re: Global burden of bacterial antimicrobial resistance in 2019: a systematic analysis[J]. European Urology, 2022, 82(6): 658.

[2] Dye C. Making wider use of the world's most widely used vaccine: Bacille Calmette-Guerin

revaccination reconsidered[J]. Journal of the Royal Society Interface, 2013, 10(87): 20130365.

[3] Mangtani P, Abubakar I, Ariti C, et al. Protection by BCG vaccine against tuberculosis: a systematic review of randomized controlled trials[J]. Clinical infectious diseases, 2014, 58(4): 470-480.

[4] Brandt L, Feino C J, Weinreich O A, et al. Failure of the *Mycobacterium bovis* BCG vaccine: some species of environmental mycobacteria block multiplication of BCG and induction of protective immunity to tuberculosis[J]. Infection and immunity, 2002, 70(2): 672-678.

[5] Nguipdop-Djomo P, Heldal E, Rodrigues L C, et al. Duration of BCG protection against tuberculosis and change in effectiveness with time since vaccination in Norway: a retrospective population-based cohort study[J]. The Lancet Infectious Diseases, 2016, 16(2): 219-226.

[6] Arbues A, Aguilo J I, Gonzalo-Asensio J, et al. Construction, characterization and preclinical evaluation of MTBVAC, the first live-attenuated M. tuberculosis-based vaccine to enter clinical trials[J]. Vaccine, 2013, 31(42): 4867-4873.

[7] Grode L, Ganoza C A, Brohm C, et al. Safety and immunogenicity of the recombinant BCG vaccine VPM1002 in a phase 1 open-label randomized clinical trial[J]. Vaccine, 2013, 31(9): 1340-1348.

[8] Buzitskaya Z, Stosman K, Khairullin B, et al. A new intranasal influenza vector-based vaccine TB/FLU-04L against tuberculosis: preclinical safety studies[J]. Preclinical Safety Studies, 2022, 72(5): 255-258.

[9] Jeyananthan V, Afkhami S, D'Agostino M R, et al. Differential biodistribution of Adenoviral-vectored vaccine following intranasal and endotracheal deliveries leads to different immune outcomes[J]. Frontiers In Immunology, 2022, 13: 860399.

[10] Tait D R, Hatherill M, Van Der Meeren O, et al. Final analysis of a trial of M72/AS01(E) vaccine to prevent tuberculosis[J]. The New England journal of medicine, 2019, 381(25): 2429-2439.

[11] Penn-Nicholson A, Tameris M, Smit E, et al. Safety and immunogenicity of the novel tuberculosis vaccine ID93+ GLA-SE in BCG-vaccinated healthy adults in South Africa: a randomised, double-blind, placebo-controlled phase 1 trial[J]. The lancet. Respiratory medicine., 2018, 6(4): 287-298.

[12] Luabeya A K, Kagina B M, Tameris M D, et al. First-in-human trial of the post-exposure tuberculosis vaccine H56: IC31 in *Mycobacterium tuberculosis* infected and non-infected healthy adults[J]. Vaccine, 2015, 33(33): 4130-4140.

[13] Von Reyn C F, Lahey T, Arbeit R D, et al. Safety and immunogenicity of an inactivated whole cell tuberculosis vaccine booster in adults primed with BCG: A randomized, controlled trial of DAR-901[J]. PLoS One, 2017, 12(5): e175215.

[14] Xu L J, Wang Y Y, Zheng X D, et al. Immunotherapeutical potential of *Mycobacterium vaccae* on M. *tuberculosis* infection in mice[J]. Cellular & Molecular Immunology, 2009, 6(1): 67-72.

[15] Nell A S, D'Iom E, Bouic P, et al. Safety, tolerability, and immunogenicity of the novel antituberculous vaccine RUTI: randomized, placebo-controlled phase II clinical trial in patients with latent tuberculosis infection[J]. PLoS One, 2014, 9(2): e89612.

（王晓虎　张翮）

2.1.7　肉毒梭菌中毒症疫苗

肉毒梭菌毒素中毒症又称为肉毒中毒症，是由于食入腐败变质的含有肉毒梭菌产生的毒素的食物而发生的一种急性中毒性疾病,临床特征为运动神经麻痹,死亡率很高。动物的发病多由食入腐败的含毒素的高蛋白类饲料所导致。该病呈世界性分布,我国以西北地区为主。

2.1.7.1 病原学

肉毒梭菌毒素中毒症是由肉毒毒素引起的,该毒素产自肉毒梭菌。肉毒梭菌属于革兰氏阳性菌,外形呈短杆状,极少数菌株略有弯曲,菌体大小为$(0.5～1.4)\mu m×(1.6～22.0)\mu m$,可单独存在,亦可成双存在。肉毒梭菌具有周生鞭毛,能够运动。

本菌严格厌氧,只有在厌氧、低盐、偏酸的特殊条件下,才可生长繁殖并产生肉毒毒素。其生长营养要求不高,在普通培养基中即可生长,生长温度为$25～45℃$,产毒素最适温度在$25～30℃$之间。产生的肉毒毒素具有蛋白酶活性,属于世界上毒性极强的神经麻痹毒素之一,万人致死剂量仅为1mg,该剂量也可杀死4000亿只小鼠。

根据毒素抗原性的差异,可将肉毒梭菌分为7个型,分别为A、B、C、D、E、F和G型,其中C型又可以分为两个亚型,C_α和C_β亚型。也可根据其生理学特性,将肉毒梭菌分为蛋白分解菌株和非蛋白分解菌株,前者包括A型和某些B、F型,后者则包括某些B型及部分E及F型。

该菌(除G型外)能够形成芽孢,芽孢位于菌体近端,呈卵圆形,使细胞膨大,易于在液体或固体培养基中形成。在自然界中,芽孢具有极强的生命力,可在干燥条件下存活至少30年,即便是在沸水中,肉毒梭菌芽孢也可以存活$3～4h$之久。芽孢还对紫外线、乙醇和酚类化合物等脂溶性消毒剂不敏感,甚至对辐射也有一定的抵抗力,干热$180℃$环境下15min,湿热$100℃$条件下5h,或$121℃$高压蒸汽灭菌30min,才能将其杀灭;5%苯酚和20%甲醛处理24h才能杀死芽孢。但是,肉毒梭菌芽孢对氯水、次氯酸盐等非常敏感,含氯消毒剂可用于肉毒梭菌消毒。

2.1.7.2 致病性

肉毒梭菌可引起食物中毒,它是细菌性食物中毒中引发的症状最严重的且死亡率很高的一种病原。其致病性主要通过产生的外毒素——肉毒毒素与外周神经系统运动神经元突触前膜受体结合而实现,能够阻止乙酰胆碱的释放,阻断胆碱能神经传导,从而引起全身肌肉麻痹,最终引起死亡[1,2]。

本菌主要通过以下三种途径感染。①食源性肉毒中毒:食用被肉毒梭菌或其毒素污染的食物引起。潜伏期一般为12至48h。在国外,罐头、香肠、海产品和蔬菜为主要受污染物,而我国则以发酵豆制品和面制品为主,不过随着经济社会的发展,罐头、火腿和香肠等动物性食品引起的肉毒中毒偶有发生。②婴儿肉毒中毒:主要为6～9月龄以下的婴儿,由于婴儿肠道内环境特殊,缺乏保护性菌群以及胆酸的抑制作用,在误食被肉毒梭菌及其芽孢污染的食物后,肉毒梭菌在肠道内繁殖并产生肉毒毒素,毒素被肠道吸收后导致中毒,典型的症状包括便秘、吸乳无力和发育停止等,严重者会因呼吸肌麻痹而窒息死亡。③创伤性肉毒中毒:主要原因是手、脚等出现外伤而感染环境中的肉毒梭菌或其芽孢,深而窄的伤口,特别是刺伤,深处的厌氧环境为芽孢的发芽和菌体繁殖创造了良好的条件,并产生大量毒素进入血液引起中毒。

2.1.7.3 抗原性

肉毒毒素具有极强的毒性,不能作为抗原。但经过甲醛处理灭活后,可得到类毒素,类毒素保持了十分良好的抗原性，可用于免疫。

2.1.7.4 免疫

所有的温血和冷血动物对肉毒梭菌易感。畜禽中马属动物易感性最高，猪的易感性最低，其他的则介于两者之间。各型肉毒梭菌产生的毒素均具有致病性，其中 C 型肉毒毒素为引起各种畜禽及动物肉毒梭菌毒素中毒症的主要原因。使用不同型的肉毒毒素或类毒素免疫动物，只能获得对应型的特异性抗毒素，没有交叉保护性。对于 C 型毒素来说，C_α 仅能被同亚型抗毒素中和，而 C_β 毒素可同时被 C_β 和 C_α 中和[3]。尽管各型或各亚型的肉毒梭菌可产生其特异性肉毒毒素，但也存在产生其他毒素的现象。例如 C_α 亚型可产生 C_α、C_β 和 D 型毒素；D 型可产生 C_α 和 D 型毒素；F 型和 E 型可相互产生少量彼此的毒素成分。同型的抗毒素能够很好地保护畜禽及其他动物，治疗肉毒毒素中毒。肉毒毒素也可制备成类毒素，具有很好的免疫原性，预防接种后可有效地预防肉毒梭菌毒素中毒症的发生。

2.1.7.5 疫苗

目前，肉毒梭菌疫苗的开发已经取得了很大的进展，在我国，肉毒梭菌（C 型）灭活苗和肉毒梭菌（C 型）透析培养灭活苗是当前的主流疫苗。同时，类毒素疫苗已经在临床得到应用，在世界上多个常发病地区进行免疫接种。此外，基因工程疫苗和 DNA 载体疫苗在动物试验上也取得了可喜的成果。

（1）灭活疫苗 常见的灭活疫苗包括两种，肉毒梭菌灭活疫苗和肉毒梭菌透析培养灭活疫苗，两者制造和检验所用的肉毒梭菌均为 C 型中的 C62-4 和 C62-6 菌株，区别在于培养基和培养条件。前者培养基为鱼肉或牛肉胃酶消化肉肝汤，将菌种接种到严格厌氧的培养基中，作为种子液，然后以 1%～2% 的接种量接种种子液，并加入 0.5% 的灭菌葡萄糖溶液，30～35℃条件下静置培养 5～7d。灭活时加入 0.8% 甲醛溶液，37℃作用 10d 进行脱毒。最后按照菌液佐剂 5∶1 的比例加入氢氧化铝胶，便可制备成疫苗。该疫苗可用于牛羊、骆驼和水貂，免疫期限为 1 年。而肉毒梭菌（C 型）透析培养灭活苗是先将培养基灌入透析器的培养基室，按照培养基和生理盐水 10∶1 的配比向细菌培养室灌入生理盐水，灭菌后取 1% 种子繁殖液接进培养室，温度设置为 34～36℃，静置培养 6～8d。最后，菌液、氢氧化铝胶和生理盐水以 1∶2∶2 的配比混合，再加入总量 0.5% 甲醛，37℃处理 10d 脱毒，在这期间需要振摇，2 次/d。脱毒完成后进行检验，合格者用灭菌生理盐水稀释，保证每 1mL 最终液体含 0.02mL 原菌液，再加入 1∶25000 硫柳汞，便可作为疫苗成品进行皮下注射免疫，免疫期为 1 年[4]。

目前，我国市售肉毒梭菌（C 型）中毒症灭活疫苗由多家公司生产，疫苗的说明书均根据我国 2015 版《中国兽药典》生物制品卷的标准制定，具体如下：

肉毒梭菌中毒症灭活疫苗（C 型）

用于预防牛、羊、骆驼及水貂的 C 型肉毒梭菌中毒症。免疫期为 12 个月。

【主要成分与含量】本品含 C 型肉毒梭菌（C62-4 和 C62-6）菌株，经甲醛溶液灭活脱毒后，加氢氧化铝胶制成。

【使用说明】皮下注射。每只羊 4.0mL；每头牛 10.0mL；每头骆驼 20.0mL；每只水貂 2.0mL。

【注意事项】

① 切忌冻结，冻结后的疫苗严禁使用。

② 使用前，应将疫苗恢复至室温，并充分摇匀。

③ 接种时，应作局部消毒处理。

④ 用过的疫苗瓶、器具和未用完的疫苗等应进行消毒处理。

（2）类毒素疫苗　肉毒梭菌类毒素疫苗是最早研究的疫苗类型，国外已经有一种五价（A、B、C、D 和 E 型毒素）类毒素疫苗以及一种针对 BoNT/F 的单价类毒素疫苗。但有研究表明，该五价疫苗仅能激发机体产生一定的免疫应答，并不高效。此外，其还存在其他缺陷，例如频繁接种、毒素纯化困难、制备过程较危险以及具有一定副作用等。因此，开发新一代疫苗，特别是基因工程疫苗，已成为主要的研究方向。

（3）亚单位疫苗　目前的研究显示，利用 PCR 扩增获取 Hc 片段基因，与表达载体连接后，转入大肠杆菌进行表达，产物免疫小鼠后表现出较好的免疫原性，被认为是一种良好的免疫原。因此，Hc 片段也成为当前亚单位疫苗开发的重点之一。除了 Hc 片段外，以完整的 H 链进行表达的产物，也可以作为候选疫苗。C 和 D 型的肉毒毒素 H 链可制成预防动物肉毒梭菌毒素中毒症的疫苗。但由于编码肉毒毒素的基因中包含大量罕见的密码子，且 A/T 含量高，导致异源表达时产量低，这在一定程度上增加了成本，限制了疫苗的大规模生产[5]。

（4）短肽及表位疫苗　此类疫苗是以抗原表位为基础开发的，通过诸如酶解法、噬菌体展示技术、洗脱法、计算机技术等直接预测病原体基因组中的可能抗原表位，然后对候选表位进行表达，通过试验评价其免疫原性，快速准确地鉴定具有高免疫原性的抗原表位，该技术在疟疾、HIV、肿瘤等疾病的疫苗研究中显示出了强大的优势。目前，肉毒梭菌疫苗研制也利用此类技术，快速筛选出了一些可靠的抗原表位基因。

（5）DNA 疫苗　近年来，肉毒梭菌 DNA 疫苗的研究逐渐成为疫苗开发的热门之一。通过检测 IgG 抗体的亚型发现，DNA 疫苗相较于亚单位疫苗而言，可同时诱导 Th1 和 Th2 型免疫应答，产生较高水平的特异性抗体。但也有研究表明，DNA 疫苗与亚单位疫苗联合给药，可以大大提高接种者体内的特异性抗体水平，属于一种新的肉毒梭菌疫苗免疫方法。此外，DNA 疫苗在设计时，特别要注意启动子的选择，合适的启动子对于 DNA 疫苗开发是至关重要的。目前，DNA 疫苗仍然面临诸多问题，例如其安全性、储存方式以及免疫途径等方面的问题。

参考文献

[1] 卢占龙. 动物肉毒毒素中毒的诊断与防治[J]. 当代畜牧, 2017（06）: 22-23.

[2] 张朝磊, 谢三星. 肉毒梭菌中毒症毒源和毒理的研究[J]. 肉品卫生, 1996（12）: 25-26.

[3] 张生民, 李桂芝, 丁振伟, 等. 肉毒中毒（C 型）的诊断与菌苗研究——I. 病源诊断[J]. 畜牧兽医学报, 1983（02）: 51-54.

[4] 姜平. 兽医生物制品学[M]. 北京: 中国农业出版社, 2015.

[5] 金宁一, 胡仲明, 冯书章. 新编人兽共患病学[M]. 北京: 科学出版社, 2007.

（王晓虎　任照文）

2.1.8　破伤风疫苗

破伤风又名强直症，俗称"锁口风"，是由破伤风梭菌产生的一种蛋白质神经毒素引起的人畜共患病；破伤风神经毒素是烈性强毒，主要侵入神经系统，并造成以牙关紧闭、阵发性痉挛、强直性痉挛为主的临床特征。在古时，新生儿容易因为未经严格消毒的器具污染脐带，破伤风梭菌由脐带侵入造成感染，所以新生儿破伤风又称为"脐风""七日风"等。破伤风虽然是致命性中毒性疾病，但可以通过疫苗达到预防或治疗的效果。

2.1.8.1　病原学

破伤风是由破伤风梭菌产生的致命性疾病；破伤风梭菌是一种菌体细长、两端钝圆的革兰氏阳性杆菌，约 $(0.5 \sim 1.7)\ \mu m \times (2.1 \sim 18.1)\ \mu m$，有周生鞭毛、不形成荚膜；幼龄破伤风梭菌为革兰氏染色阳性，而老龄易呈革兰氏阴性染色。破伤风梭菌的芽孢位于菌体顶端，呈正圆形，直径大于菌体，使细菌呈鼓槌状。破伤风梭菌严格厌氧，但其营养需求不高，所以能够在外界广泛分布并长期生存。破伤风杆菌最适合生长温度为 $35 \sim 37℃$，最适 pH $7.0 \sim 7.5$，过酸过碱均不发育，在 $37℃$ 血平板上培养有 β 溶血环。本菌的繁殖体抵抗力不强，通常的消毒剂均能在短时间内将其杀死，但其芽孢的抵抗力强，能在土壤中存活几十年。

破伤风梭菌在动物体内或者培养基中生长繁殖时可产生几种破伤风外毒素，其中最主要的外毒素是溶血素和痉挛毒素，其中破伤风溶血素属胆固醇依赖性细胞溶素，不耐热，对氧敏感，可破坏血细胞和其他一些细胞，容易造成创口局部溶血和组织损伤，形成缺氧环境以此帮助细菌生长，但与破伤风致病性无太大关系；而破伤风痉挛毒素是一种作用于神经系统的强毒，是破伤风梭菌致病的主要因素。破伤风痉挛毒素对中枢神经系统有特殊亲和力，与神经细胞结合后可阻断中枢神经系统的抑制性神经递质，使肌肉活动的兴奋与抑制失调，导致肌肉僵硬和痉挛瘫痪，形成破伤风的典型症状，其毒力是仅次于肉毒梭菌毒素的超强毒细菌毒素。破伤风痉挛毒素具有免疫原性，经 $0.3\% \sim 0.4\%$ 的甲醛作用后脱毒成为类毒素，后来破伤风类毒素也被用于破伤风疫苗的研发和制作。

2.1.8.2　发病机理

破伤风梭菌侵入体内后发病的重要条件是伤口形成厌氧环境，在深创、水肿及坏死组织存在，或有其他化脓菌或需氧菌共同侵入时，菌体能大量繁殖，产生毒素，破伤风痉挛毒素通过外周神经纤维间的空隙上行到脊髓腹角神经细胞，或通过淋巴、血液途径到大运动神经中枢，引起机体一系列病症。毒素与中枢神经系统有高度的亲和力，能与神经组织中神经节苷脂结合，封闭脊髓抑制性突触，使抑制性突触末端释放的抑制性冲动传递介质（甘氨酸）受阻，上、下神经元之间的正常抑制性冲动不能传递，由此引起了神经兴奋性异常增高和骨骼肌痉挛的强直临诊症状。上行线破伤风最初感染的周围的肌肉出现强直临诊症状，然后扩延到其他肌群。痉挛毒素对中枢神经系统的抑制作用，导致呼吸功能紊乱，进而发生循环障碍和血液动力学的紊乱，出现脱水、酸中毒，这些紊乱成为破伤风患病动物死亡的根本原因。

2.1.8.3　流行病学

破伤风梭菌广泛存在于自然界，人兽的粪便可带，常存在于施肥的土壤、腐臭的淤泥，尤其破伤风梭菌的芽孢抵抗力强，能在土壤中存活几十年。与土壤接触的伤口最易感染破伤风。

本病无明显季节性，多为散发。动物感染常由于各种创伤，如断脐、手术、去势、断尾、穿鼻、产后感染等。在临床上也有特殊的病例查不到伤口，可能是创口愈合或经过子宫、消化道黏膜损伤感染等。人类感染也常见于各种创伤，由于伤口过深、清创不彻底等造成感染。

各种动物均有易感性。其中以单蹄兽最易感，猪、羊、牛次之，犬、猫发病不常见，实验动物中豚鼠、小鼠均易感，鸟类缺乏毒素的特定结合部位，对破伤风毒素具有抵抗力。

2.1.8.4　临诊症状

破伤风梭菌潜伏期可从几天至几周，潜伏期长短与动物种类以及原发感染部位距离中枢神经系统的长短有关。创口越深越小、距离头部较近或者发生深部损伤，发生坏死或创口被粪土覆盖等的潜伏期较短。不同物种对破伤风毒素反应不同，易感性更高的症状也相应严重。

破伤风病程发展快慢和严重程度取决于毒素的量和从局部到达神经轴突的距离，毒素量大，则很快导致咀嚼肌、面肌痉挛，然后影响远处肌肉。

破伤风的临床特征可分为四种形式：局部破伤风、头部破伤风、全身性破伤风、新生儿破伤风。

（1）**局部破伤风**　创口主要位于身体表面的任何部位，主要是四肢，毒素量较小；在几天或几周后，有破伤风痉挛毒素释放部位的肌肉僵直和痉挛。若毒素量较大的时候，可能会发展为全身性破伤风。局部破伤风患者在肌肉痉挛后2～3周开始恢复。

（2）**头部破伤风**　较少见，偶尔由中耳炎或面部、头部创伤感染破伤风梭菌所致；通常在数天后，颅神经麻痹和面部、颈部肌肉痉挛，单个脑神经或多个运动脑神经经常被波及，但最多见的是第七对脑神经。潜伏期短，预后不良，死亡率很高。

（3）**全身性破伤风**　80％的破伤风病例均为全身性破伤风，身体表面的任何部位的感染都可能发生全身性破伤风。在感染后的几天到几周内，开始出现牙关紧闭、颈强直、吞咽困难，后期全身肌肉剧烈痉挛、全身抽搐，并引发呼吸困难、窒息等。发病时间短，大多因呼吸衰竭或心力衰竭而死。

（4）**新生儿破伤风**　俗称脐风，较为常见。通常胎儿由于未经严格消毒的器具弄断的脐带而感染。感染后几天内出现全身性破伤风症状。早期烦躁不安、好哭，继而出现吸吮困难，牙关紧闭，易并发窒息，病死率高。

人类临床表现：病初低热不适、头痛、四肢痛，接着咀嚼肌及面肌痉挛、牙关紧闭，面容呈苦笑状，随着病情发展，颈背、躯干及四肢肌肉发生阵发性强直痉挛，呈现出角弓反张状态。任何刺激均可引起痉挛发作或加剧，患者始终清醒，体温正常，强烈的痉挛伴随剧痛使患者大汗淋漓。轻度症状则每天偶尔肌肉痉挛发作；中度症状为明显吞咽困难，牙关紧闭；重度症状常引起呼吸困难窒息死亡或心脏衰竭而死。

动物临床表现：单蹄兽最初表现对刺激的反射兴奋性增高，稍微刺激则步态僵硬、惶恐不安、发抖、肌肉痉挛加重。轻者采食缓慢、口稍微张开，重者开口困难、四肢僵硬、粪尿潴留，行走困难，形如木马，跌倒后不易站起。末期患畜常因呼吸功能障碍或心脏衰竭而死。

2.1.8.5　诊断

本病的临床症状具有特征性，如神志清楚、反射兴奋性增高，骨骼肌强直性痉挛，有创伤史即可确诊。对于轻症或者症状不明显的病例才进行实验室诊断。该病注意与马钱子中毒、癫痫、脑膜炎、狂犬病等区别。

实验室诊断方法如下：

（1）**分离培养** 在进行消毒处理和注射破伤风抗毒素前，用无菌棉棒于创伤部位深处取分泌物或坏死组织，于80℃、20min杀死芽孢，然后再接种于普通肉汤培养基或血液琼脂平板，在厌氧条件下37℃培养24～28h，直接取肉汤培养基培养物或取有狭窄β溶血环的菌落做涂片镜检。并做毒力试验和保护试验。

（2）**毒力试验** 用肉汤培养基培养物的滤液接种动物，如在小白鼠尾根皮下注射0.5～1.0mL培养滤液。注射12～24h后小鼠出现尾部和后腿僵直或全身肌肉痉挛等症状，不久后死亡，则定为阳性。

（3）**保护力试验** 取0.5mL滤液，与以10倍稀释的破伤风抗毒素混合，同样的方法给小白鼠注射，不发病则表示实验为阳性，同时证明培养物的滤液中存在破伤风痉挛毒素。

2.1.8.6 防治

治疗本病应采取综合措施，包括创伤处理、药物治疗、加强护理三个方面，要采取早发现、早治疗、及时清创、处理病灶、迅速控制感染、中和毒素、镇定解痉等措施。

治疗应采取的措施具体如下：

（1）**创伤处理** 应尽快查明感染的创伤，对确定的伤口彻底清除异物以及坏死组织、脓汁、痂皮。对深部伤口需扩大创面，使创口通风透气，抑制破伤风杆菌的生长。用5%～10%碘酊和3%H_2O_2或1%高锰酸钾消毒，再撒以碘仿硼酸合剂，然后用青霉素、链霉素作创周注射，同时用青霉素、链霉素做全身治疗，动物也可以烙铁对伤口进行烧灼处理。

（2）**药物治疗** 早期使用破伤风抗毒素疗效较好，剂量20万～80万单位，分三次注射。在临床上，也常同时应用40%乌洛托品，大动物50mL，犊牛、小动物等酌减。

（3）**特异疗法** 破伤风抗毒素或人体抗破伤风免疫球蛋白肌内注射，对已与神经组织结合的毒素无中和作用但对游离毒素和伤口中细菌繁殖所形成的毒素能起中和作用，所以在发病后仍能使用，按病情轻重，经皮试后立即肌注或部分静脉注射破伤风抗毒素。注射后血中抗毒素滴度迅速升高，于注射后48～72h到达高峰。人注射破伤风抗毒素剂量：10000～20000U，根据需要再肌注或静注10000～20000U。大型家畜首次可于皮下、肌内或静脉注射30000U，然后每隔3～5d注射50000～100000U，总量600000～1000000U，羊、猪和幼畜剂量酌减，同时使用40%乌洛托品。近年来有学者认为鞘膜内给药途径效果优于肌内注射。需要注意的是，注射破伤风抗毒素后易发生过敏反应，临床上使用需要注意。

（4）**对症治疗** 人破伤风镇静剂一般选用地西泮（γ-氨基丁酸激动剂），另外可同时辅以氯丙嗪、水合氯醛、巴比妥类镇静药等，需要注意切勿呼吸抑制。痉挛时间较长、呼吸困难、吞咽反射消失等重症患者需考虑紧急气管切开术。动物兴奋不安、全身颤抖时可用盐酸氯丙嗪肌内注射，大型家畜300～500mg，每天1～2次，连用2～3d，或者用水合氯醛25～50g混合淀粉浆500～1000mL内灌肠，每天1～2次，也可将氯丙嗪和水合氯醛交替使用。当家畜安静时可停止用药；解痉一般用25%硫酸镁溶液肌内或静脉注射，成年大型家畜可用100mL，静注时需要注意防止呼吸中枢麻痹而死。对吞咽困难，进食、饮水废绝的病畜，应静脉注射10%～20%的葡萄糖溶液1000～1500mL，同时补充维生素C和维生素B_1。

（5）**中药治疗**　中药的应用对解痉、解毒、镇静等方面有一定的效果，中西药物结合治疗可使疗效更高。根据病情，用千金散、追风败毒散、天麻雄黄散、防风散或五虎追风散等治疗，常有较好的效果，但在喂中药时切忌强行灌药，防止异物性肺炎发生。

（6）**加强护理**　破伤风经过早期诊断和恰当的治疗后，一般预后良好。病畜所处环境的好坏直接影响治疗效果，因此必须加强护理，保持环境安静、干燥通风，冬天注意保暖，夏季防暑，减少刺激，避免恐吓。采食困难时应及时补给营养丰富的流食，增强抵抗力。

本病最重要的防治措施是做好免疫接种和防止外伤。人可采用注射破伤风毒素的主动免疫方法，特异性预防该病。目前我国常规使用含有百日咳菌苗、白喉类毒素和破伤风类毒素的百白破三联疫苗。家畜的防治要注意平时饲养管理，尽量减少家畜受伤，一旦受伤，要及时对伤口进行消毒、治疗，防止感染，注射破伤风抗毒素血清。免疫接种主要针对常发病地区的种用、役用家畜。

2.1.8.7　疫苗研究进展

破伤风毒素的毒素非常剧烈，1923年，Ramon报告用甲醛和热处理毒素的方法，制备出了有抗原性的类毒素。1926年Ramon和Zeoller用破伤风类毒素成功给人进行了免疫，从而开创了类毒素预防免疫破伤风的新时代。最初使用的原制破伤风类毒素，免疫效果较好，但副反应很大，甚至有过敏性休克死亡的病例，为了减轻这种副反应，对原制类毒素进行了精制提纯，制备了精制的破伤风类毒素，但是经过使用和观察，这种精制的不如原制类毒素的免疫效果好，为了提高精制破伤风类毒素的免疫效果，人们展开了佐剂苗的研究。1940年Holt用磷酸铝吸附精制的类毒素，经过不断改进，现在仍有疫苗采用铝佐剂吸附精制破伤风类毒素制备。

当今破伤风疫苗大多使用动物测试疫苗效力，许多国家目前正在研究新一代更安全、有效的破伤风疫苗。能够对破伤风进行终身免疫的单剂或两剂疫苗是利用生物技术方法研制新型疫苗的主要方向。从传统破伤风类毒素疫苗到百日咳-白喉-破伤风疫苗和最近研究的重组破伤风亚单位疫苗等，破伤风疫苗开发正趋于更少副作用，更稳定的研究方向[1]。

2.1.8.8　疫苗制备原理

常用的疫苗有传统的破伤风类毒素疫苗、白喉-破伤风疫苗、百日咳-白喉-破伤风疫苗，现还有重组破伤风亚单位疫苗等。

（1）**传统破伤风疫苗**　主要是用破伤风类毒素制成的。传统的生产工艺包括：在有利于产毒的液体培养基中培养产毒的破伤风杆菌，用过滤的方法收获毒素，经甲醛脱毒制成类毒素，再经若干步骤进行纯化，最终灭菌。为提高免疫原性，类毒素以铝盐或钙盐吸附。吸附破伤风类毒素通过肌内注射接种。破伤风类毒素较稳定，可暴露于20℃的环境温度达数月，并可在37℃下贮存数周，效力仍不会出现明显下降。不过，如环境温度达到56℃，该疫苗在2h内即可被破坏。含破伤风类毒素的疫苗应贮存于2～8℃，如疫苗曾被冷冻，则不应该使用。

（2）**百日咳-白喉-破伤风疫苗**　该品系由百日咳疫苗原液、精制白喉类毒素及精制破伤风类毒素经氢氧化铝吸附制成。为乳白色悬液，含防腐剂，放置后佐剂下沉，摇动后即成均匀悬液[2]。

（3）**重组破伤风亚单位疫苗**　为了研制一种可替代人用破伤风类毒素（TT）全长

疫苗的重组亚单位疫苗，在大肠杆菌中表达了破伤风毒素 HC 结构域（THC）的一个重组非标记亚型，并通过顺序色谱步骤进行了纯化[3]。破伤风毒素 HC 区具有神经节苷脂结合活性，在肠外免疫后可诱导对破伤风毒素的保护性免疫反应，显示了新一代破伤风亚单位疫苗的潜力。在大肠杆菌中表达的重组无毒 THC 端片段作为亚单位疫苗具有良好的免疫原性，与 TT 相比具有成本低、易于放大等优点，研究表明该疫苗比破伤风类毒素疫苗效价高，且破伤风类毒素疫苗虽达到了良好的免疫效果，但同时需要多次注射才能诱导出强大的毒素中和抗体，以预防破伤风。这是这种类毒素疫苗的另一个重要缺点。

2.1.8.9 市面产品

在国际市场上，人用破伤风疫苗主要有破伤风类毒素单价抗原疫苗、白喉破伤风联合疫苗以及百日咳-白喉类毒素-破伤风联合疫苗等。

市场上家畜用疫苗大部分为破伤风抗毒素。

（1）破伤风抗毒素使用说明　使用破伤风疫苗时需要根据使用对象控制注射剂量，不同物种对破伤风易感性不同，注射剂量也要相对应。根据身体不同部位、创口大小、感染时间、发病情况等适当调整注射剂量以及间隔时间和次数[4]。

家畜破伤风抗毒素可通过皮下、肌内或静脉注射，用量见表 2-6。

表 2-6　家畜破伤风抗毒素用量

动物	预防用量	治疗用量
3 岁以上大动物	6000～12000 IU	60000～300000 IU
3 岁以下大动物	3000～6000 IU	50000～100000 IU
羊、猪、犬	1200～3000 IU	5000～20000 IU

（2）注意事项

① 应防止冻结。如有沉淀，用前应摇匀。

② 注射时，应作局部消毒处理。

③ 用过的疫苗瓶、器具和未用完的抗体等应进行无害化处理。

④ 注射后，个别家畜可能出现过敏反应，应注意观察，必要时，采取注射肾上腺素等脱敏措施抢救。

2.1.8.10 抗毒素效价测定

① 将破伤风试验毒素用 50% 甘油生理盐水稀释，存置 1 个月后，用小鼠测定 $L+/10$ 的含量。使用时，以 1% 蛋白胨水稀释，使每毫升含 5 个 $L+/10$。

② 将破伤风抗毒素国家标准品用灭菌生理盐水稀释成每毫升含 0.5IU。

③ 抗毒素稀释。将待测抗毒素用灭菌生理盐水稀释成不同稀释度，取各个稀释度的抗毒素 1.0mL，分别盛于小管中，标明样品号数及稀释度（每稀释 1 个滴度，换 1 次吸管）。

④ 抗毒素和试验毒素混合。向盛有待测抗毒素（不同稀释度）的小管中各加入稀释好的试验毒素 1.0mL（含 5 个 $L+/10$），充分振摇，加塞密封。另取 1 管，加稀释好的抗毒素国家标准品 1.0mL（含 0.5IU），再加入稀释好的试验毒素（含 5 个 $L+/10$）1.0mL 作为对照。将上述各管置 37.5℃结合 45～60min。

⑤ 注射小鼠。毒素、抗毒素结合完毕后，每个稀释度皮下注射体重 17～19g 小鼠 2 只，各 0.4mL，对照管用同条件小鼠 2 只，各皮下注射 0.4mL。小鼠应分开饲养，观察

发病情况。

⑥ 结果判定。对照小鼠应在 72～120h 内全部死亡,与对照小鼠同时死亡或之后死亡的本抗毒素的最高稀释度的一半即为本抗毒素的抗毒素单位(IU)。

每毫升抗毒素效价应不少于 2400IU。

参考文献

[1] 郭舒杨,郭胜楠,白玉 . 破伤风类毒素、降低抗原含量的白喉毒素和无细胞百日咳联合疫苗的临床研究及其应用进展[J]. 中国生物制品学杂志, 2019, 32(08): 923-928, 933.

[2] 潘殊男,白喉-破伤风-无细胞百日咳-脊髓灰质炎灭活疫苗的临床免疫原性研究进展(续)[J]. 国际生物制品学杂志, 2019(03): 143-146.

[3] 蒋会婷 . 破伤风疫苗的研究进展[J]. 安徽医药, 2009, 13(04): 420-421.

[4] 王传林,刘斯,邵祝军,等 . 外伤后破伤风疫苗和被动免疫制剂使用指南[J]. 中华流行病学杂志, 2020(02): 167-172.

(王晓虎　黄晓曼　任照文)

2.1.9　产气荚膜梭菌疫苗

产气荚膜梭菌(*Clostridium perfringens*,Cp)旧称魏氏梭菌,革兰氏阳性厌氧菌,广泛分布于土壤、饲料、污水、动物消化道和粪便中,是一种梭状芽孢杆菌属的条件致病菌。其会引起动物坏死性肠炎、肠毒血症以及人类的食物中毒和创伤性气性坏疽,是重要的食源性病原菌。产气荚膜梭菌病在世界各地均有报道,对家禽养殖业危害严重,造成的经济损失较大。有效控制产气荚膜梭菌的产生和传播,不仅能够提高动物生产性能,亦能消除 Cp 给人类健康带来的威胁。

2.1.9.1　病原学

(1)形态学　产气荚膜梭菌为革兰氏阳性粗短大杆菌,大小 $(1～1.5)\mu m \times (3～5)$ μm;两端钝圆,单个或成双排列,偶见链状;芽孢椭圆形,位于菌体中央或次极端,芽孢直径不大于菌体,在一般培养时不易形成芽孢,在无糖培养基中有利于形成芽孢;在机体内可产生明显的荚膜,无鞭毛,不能运动。

(2)生物学特性　所有菌型均能在牛奶培养基中分解乳糖产酸,使酪蛋白凝固,同时产生大量气体,将凝固的酪蛋白冲成蜂窝状,并将液面上的凡士林层向上推挤,甚至冲开管口棉塞,称为"汹涌发酵"(stormy fermentation)。此外还能发酵葡萄糖、麦芽糖和蔗糖,产酸产气。不发酵甘露醇或水杨苷;能液化明胶,产生 H_2S,不能消化已凝固的蛋白质和血清。主要代谢产物为乙酸和丁酸,有时也形成丁醇。

(3)分类及致病性　Cp 毒素(*Clostridium perfringens*-enterotoxin,CPE)是引起食物中毒的致病因子,可产生的毒素有 16 种(α、β、γ、ε、ι、θ 等),近年来又发现了一些新毒素(Net B、Tpe L),其中最重要的四种外毒素是 α、β、ε、ι,其均为蛋白质,具有酶活性和抗原性,是最重要的致死毒素和分型毒素。

α 毒素最为重要，是 A 型产气荚膜梭菌最主要的毒力因子，是由 370 个氨基酸组成的单链多肽，具有磷脂酶 C（phospholipase C，PLC）和鞘磷脂酶（sphingomyelinase）2 种酶活性，本质为卵磷脂酶 C，分子质量为 42500Da。是一种依赖于锌离子的多功能性金属酶，能破坏细胞膜的正常结构，并且具有溶血活性，编码 α 毒素的基因 plc 位于拟核。α 毒素脱毒后的类毒素具备很强的免疫原性，能够刺激机体产生抗体和致敏淋巴细胞[1]。

β 毒素分子质量 34500 微，对胰酶高度敏感。编码毒素的 cpb1 基因位于质粒，并与葡萄球菌的 γ 毒素有 30% 核苷酸同源。β 毒素只存在于 B 型、C 型产气荚膜梭菌中。其中 B 型菌中的 β 毒素具有致死性，可导致组织坏死并对胰蛋白酶稳定，可引起羔羊痢疾和畜禽的肠毒血症。由 β 毒素引起的坏死性肠炎，一般认为是由于食物中的胰蛋白酶阻止了肠道中该毒素的分解，从而导致该病的发生。另外，该毒素可能还是一种神经毒素。

根据分泌毒素不同进行分类可将 Cp 分为 A～E 5 种血清型，各毒素和菌型都可不同程度地引起动物和人发病（表 2-7）[2]。

表 2-7　产气荚膜梭菌分型及其所致疾病

细菌种型	主要毒素	所致疾病
产气荚膜梭菌 A 型	α	恶性水肿，人食物中毒
产气荚膜梭菌 B 型	α、β、γ	羔羊痢疾，驹、绵羊、羔羊肠毒血症
产气荚膜梭菌 C 型	α、β	羊猝狙，犊牛、羔羊、仔猪肠毒血症，人、禽坏死性肠炎
产气荚膜梭菌 D 型	α、ε	绵羊、山羊、牛肠毒血症
产气荚膜梭菌 E 型	α、ι	犊牛痢疾，羔羊痢疾

2.1.9.2　流行病学

20 世纪 80 年代以来，我国各省市都有产气荚膜梭菌感染的流行和报道。不同品种、不同年龄的动物均可感染产气荚膜梭菌，不同型具有不同的流行特点，在此不再赘述。总体而言，产气荚膜梭菌病一年四季均可发生，但以春夏居多。该病发病急、病程短、死亡快，羔羊病死率在 95%～100%，奶山羊病死率为 31%。

2.1.9.3　发病机理

病毒性梭菌在动物中引起的疾病大多属于非接触性传染病，本质上为毒血症或坏死性毒血症。病原梭菌产生的外毒素和一些酶类往往毒力强大，是主要的致病因素。不同型产气荚膜梭菌具有不同的发病机理，在本书主要叙述 α 毒素。α 毒素是一种卵磷脂酶，能分解卵磷脂，人和动物的细胞膜是磷脂和蛋白质的复合物，可被卵磷脂酶所破坏，故 α 毒素能损伤多种细胞的细胞膜，引起溶血、组织坏死、血管内皮细胞损伤，使血管通透性增高，造成水肿。

2.1.9.4　防控

平时需注意防范外伤，当发生外伤后及时彻底清创是预防产气荚膜梭菌感染的关键。清创越早越好，一般在伤后 6h 内清创均可完全防止产气荚膜梭菌病的发生。已超过 6h 者，彻底清创还可大大减少产气荚膜梭菌病的发病率。对疑有产气荚膜梭菌感染的伤口可用 3% 过氧化氢或 1∶3000、1∶5000 高锰酸钾溶液冲洗，湿敷，并保持引流通畅，同时可大剂量应用青霉素或甲硝唑等进行预防。

2.1.9.5 免疫

免疫接种是预防本病的根本措施。病原中有些菌株既存在菌体抗原和芽孢抗原，又存在毒素抗原和荚膜抗原，具有较好的免疫原性，多数均能产生特异的中和抗体。不同型菌株产生不同性质的外毒素，外毒素是主要的免疫抗原，用来免疫动物可诱发不同的抗病毒抗体[3]。目前市面上大多数疫苗针对 CPA、CPB、ETX 毒素设计。

家畜梭菌性疾病的免疫预防，起初多研制和使用单价苗，如气肿疽灭活疫苗、羔羊痢疾疫苗、肠毒血症疫苗等。由于梭菌性疾病特别是羊梭菌性病临床上往往不易确诊，加之混合感染的情况较为普遍，为了实施免疫接种方便，相继出现了羊黑疫-快疫二联苗、羊快疫-猝狙-肠毒血症三联苗、羊快疫-黑疫-猝狙-肠毒血症-羔羊痢疾五联苗等。这些联苗在预防上发挥了很好的作用。按照工艺研发时间不同，又分为传统疫苗及基因工程疫苗。

（1）**传统疫苗**　传统疫苗种类可分为灭活疫苗及活疫苗。下面主要介绍灭活疫苗。

灭活疫苗是通过在细胞基质上对病毒进行培养，然后用物理或化学方法将具有感染性的病毒杀死但同时保持其抗原颗粒的完整性，使其失去致病力而保留抗原性。灭活疫苗既可由整个病毒或细菌组成，也可由它们的裂解片段组成为裂解疫苗。在"九五计划"初期，中国农业科学院兰州兽医研究所与全国畜牧兽医总站合作制成产气荚膜梭菌多价灭活苗在国内推广。国外则主要使用甲醛灭活苗，例如，Ultrabac 和 Somubac。无论是我国还是外国，灭活疫苗均因有良好效果而被广泛使用。但灭活疫苗也有不足，例如单价苗无法抑制各种亚型细菌的感染，多联苗易引起动物的副作用等。

一般而言，产气荚膜梭菌灭活疫苗的制备应注意四个关键问题，一是要筛选免疫原性良好且产生外毒素强的菌种；二是要选择适宜的培养基；三是掌握好培养温度和培养时间；四是做好脱毒灭菌工作，脱毒不彻底，接种动物后会引起严重反应，甚至导致死亡。

梭菌病疫苗的制造程序基本相同，通常先制成单苗菌液后按需要再配制成联苗。目前广泛使用的多是灭活疫苗，包括羊黑疫-快疫二联灭活疫苗、羊快疫-猝狙（或羔羊痢疾）-肠毒血症三联灭活疫苗、羊快疫-猝狙-黑疫-肠毒血症-羔羊痢疾五联灭活疫苗和羊梭菌性病多联干粉灭活疫苗等。因各灭活多联苗制作工艺及使用均相似，本书以五联灭活疫苗作为例子进行讲解。

羊快疫-猝狙-黑疫-肠毒血症-羔羊痢疾五联灭活疫苗

【菌种】制作疫苗及检验所用菌种为腐败梭菌 C55-1 菌株、产气荚膜梭菌 B 型 C58-2 菌株、产气荚膜梭菌 C 型 C59-2 菌株、产气荚膜梭菌 D 型 C60-2 菌株、诺维梭菌 C61-4 菌株。

【制造要点】

① 制苗培养基　腐败梭菌用胰酶消化牛肉汤成厌气肉肝汤，产气荚膜梭菌、诺维梭菌用肉肝胃酶消化汤或鱼肝肉胃酶消化汤。

② 种子繁殖　菌种分别接种适宜培养基，腐败梭菌培养 24h，产气荚膜梭菌培养 16～20h，诺维梭菌培养 60～72h。检验合格后作为一级种子使用，2～8℃保存，使用期不超过 15d。使用中的菌种，腐败梭菌、产气荚膜梭菌、诺维梭菌也可用多种蛋白胨牛心汤半固体培养基、无糖厌气肉肝汤或肉肝胃酶消化汤每月移种 1 次，每 3 月更换冻干菌种。同样方法进行二次种子繁殖，纯检合格者作为种子繁殖物，2～8℃保存，使用期不超过 5d。

③ 菌液培养　待培养基灭菌后凉至 37～38℃立即接种。种子繁殖物分别按腐败梭菌

2%，产气荚膜梭菌 1%、诺维梭菌 5% 的量接种。接种后，腐败梭菌于 37℃ 培养 20～24h，B 型和 C 型产气荚膜梭菌 35℃ 培养 10～20h，D 型产气荚膜梭菌于 35℃ 培养 16～24h，诺维梭菌 37℃ 培养 60～72h。培养完成后，进行纯粹检验和毒素测定。

④ 检验和毒素测定　纯粹检验按常规进行。毒素测定用各菌液离心上清液（2500r/min 30min），静脉注射 16～20g 小鼠。对小鼠的最小致死量应不低于下列标准，B 型产气荚膜梭菌 0.001～0.002mL，C 型产气荚膜梭菌 0.001～0.0025mL，D 型产气荚膜梭菌（菌液用胰酶活化后）0.0005～0.00075mL，诺维梭菌 0.0005mL，腐败梭菌 0.005～0.01mL（也可肌内注射 0.01mL 菌液）。

⑤ 灭活脱毒　各菌液加入福尔马林杀菌灭活脱毒，腐败梭菌加至 0.8%，产气荚膜梭菌加至 0.5%～0.8%，诺维梭菌加至 0.5%。加入福尔马林的菌液分别置 37～38℃ 温育，腐败梭菌 3～5d，产气荚膜梭菌 5～7d，诺维梭菌 3～4d。每日充分振荡或搅拌 1～2 次。

⑥ 配苗分装　脱毒检查合格的菌液，用灭菌纱布或铜纱网滤过，调 pH 至 7.0±0.2，均按 5 份菌液加入 1 份灭菌的氢氧化铝胶溶液，混匀制成单苗，并加入 0.004%～0.01% 硫柳汞，即可用于配苗。以 B 型产气荚膜梭菌单苗 2 份、C 型产气荚膜梭菌单苗 1 份、D 型产气荚膜梭菌单苗 1 份、腐败梭菌单苗 1 份、诺维梭菌单苗 1 份配苗，充分混匀后分装即成。

【保存与使用】2～8℃ 冷暗处保存，有效期 2 年。用于预防羊快疫、羊猝狙、羔羊痢疾、羊肠毒血症和羊黑疫。不论羊只大小一律皮下或肌内注射疫苗 5mL。羊快疫、羊猝狙、羊黑疫和羔羊痢疾免疫期 1 年，羊肠毒血症半年。

目前市售的不同动物的产气荚膜梭菌疫苗见表 2-8。

表 2-8　目前市售的不同动物的产气荚膜梭菌疫苗（2022 年）

接种动物	疫苗
兔	兔产气荚膜梭菌病（A 型）灭活疫苗
反刍动物	犊牛/羔羊大肠杆菌病-B 型产气荚膜梭菌病基因工程灭活疫苗，羊快疫-猝狙-肠毒血症三联灭活疫苗，羊快疫-猝狙-羔羊痢疾-肠毒血症三联四防灭活疫苗，羊快疫-猝狙/羔羊痢疾-肠毒血症三联灭活疫苗，羊黑疫-快疫二联灭活疫苗
猪	猪 A 型产气荚膜梭菌灭活疫苗

（2）基因工程疫苗　基因工程疫苗指使用 DNA 重组生物技术，把天然的或人工合成的遗传物质定向插入细菌、酵母菌或哺乳动物细胞中，使之充分表达，经纯化后而制得的疫苗。应用基因工程技术能制出不含感染性物质的亚单位疫苗、稳定的减毒疫苗及能预防多种疾病的多价疫苗。目前针对产气荚膜梭菌的基因工程疫苗多集中在亚单位疫苗和口服乳酸杆菌疫苗上。

① 亚单位疫苗　亚单位疫苗又称生物合成亚单位疫苗或重组亚单位疫苗，是指将保护性抗原基因在原核或真核细胞中表达，并以基因产物——蛋白质或多肽制成的疫苗。优点显著，具有安全性好、纯度高、产量大及适用于研究等优点。但其与传统疫苗相比，免疫原性较差。虽然目前国内许多研究机构都致力于表达与纯化产气荚膜梭菌主要外毒素蛋白的研究工作，但是表达出的毒素蛋白多非活性包涵体蛋白，高效可溶性的外毒素活性蛋白表达与纯化技术尚未见有报道。

目前常用大肠杆菌生产的 CPA、CPB、ETX 作为替代品进行疫苗构建[4]。原中国兽药监察所曾采用大肠杆菌制备一种产气荚膜梭菌 ε 毒素重组亚单位疫苗（CGMCC

No. 14652），该疫苗系经过密码子优化、含有 3 个氨基酸突变的重组产气荚膜梭菌 ε 毒素蛋白制成的，最大限度地保留了天然毒素蛋白的完整性和空间构象，从而保持其免疫原性，避免单个氨基酸突变带来的生物安全隐患，与我国目前商品化的产气荚膜梭菌天然毒素灭活疫苗相比大大降低了疫苗生产过程中的生物安全风险。

② 乳酸杆菌疫苗　黑龙江省兽医科学研究所曾制备一株产气荚膜梭菌 *plc* 和 *NetB* 毒素基因重组植物乳酸杆菌，经动物免疫试验、攻菌保护实验及临床效果试验，显示重组毒株能够在鸡肠道良好定植并减少产气荚膜梭菌在鸡肠道的定植，对产气荚膜梭菌感染而引起的坏死性肠炎有良好保护作用。

2.1.9.6　诊断及治疗

（1）诊断　本病的确诊应进行细菌学检查[5]。

直接涂片镜检：采集肝脏切片压片或渗出液直接涂片，革兰氏染色镜检，可见到长丝状菌体。

外周血象：全血细胞计数可见红细胞、血小板减少。血涂片可见红细胞溶血征象。

分离鉴定培养：目前普遍采用旋管培养、厌氧缸培养及厌氧室培养三种方法。

动物实验：可将分离纯化培养物接种于豚鼠、家兔、小鼠或鸽等实验动物，观察病变等特点，同时涂片镜检。

（2）治疗　产气荚膜梭菌感染可以通过施用青霉素 G、高氧、单克隆抗体，或通过手术切除受影响的组织来治疗。

参考文献

[1] Gao X W, Ma Y Y, Wang Z. 表达产气荚膜梭菌 α 类毒素的基因工程乳酸菌：一种有潜力的口服疫苗候选[J]. 中国预防兽医学报，2019，41（05）：552.

[2] 孙雨，王晓英，董浩，等. 产气荚膜梭菌外毒素基因与相关疫苗的研究进展[J]. 中国草食动物科学，2016，36（02）：58-62.

[3] 孙雨，翟新验，董浩，等. 产气荚膜梭菌多毒素融合蛋白的表达与纯化及基因工程亚单位多价疫苗的制备[J]. 中国兽医学报，2017，37（12）：2249-2255. DOI：10.16303/j.cnki.1005-4545.2017.12.01.

[4] 王光华，黄生莲，周继章，等. 产气荚膜梭菌 ε 毒素及其疫苗研究进展[J]. 动物医学进展，2009，30（05）：73-75. DOI：10.16437/j.cnki.1007-5038.2009.05.015.

[5] 王柏森，谷长勤，佟建南. 产气荚膜梭菌检测方法研究进展[J]. 当代畜牧，2020（10）：37-42.

（王晓虎　陈晓凡　任昭文）

2.1.10　口蹄疫疫苗

口蹄疫（foot-and-mouth disease，FMD）是由口蹄疫病毒（foot-and-mouth disease virus，FMDV）引起的以偶蹄动物发病为主的一种急性、热性、高度接触传染性动物疫病。FMD 是在世界范围内对畜牧业发展威胁最大的烈性传染病之一。FMD 的暴发和流行，常常给畜牧业生产带来巨大的损失，严重影响出口贸易，因而被世界动物卫生组织（World Organization for Animal Health，OIE）列为必须上报的动物传染病。

2010 年 2 月和 2011 年 3 月，O 型缅甸 98（Mya98）毒株和"新一轮"泛亚（Pan

Asia-1）毒株传入我国后迅速扩散，对我国养殖业和农村经济发展造成了巨大影响。我国防控 FMD 采取免疫与扑杀相结合的综合措施，免费对所有家畜进行灭活疫苗强制免疫，但因 FMDV 本身免疫原性弱，免疫持续期短，存在生物安全隐患，不利于 FMD 的净化等因素的限制，FMD 防控工作很难开展。因此，更多的学者将目光投向了 FMD 基因工程疫苗的研究。

2.1.10.1　FMDV 病原学特征

口蹄疫病毒基因组为单股正链 RNA，长约 8300nt，但是由于在非编码区和部分蛋白（Lpro、VP1、VP2、VP3 及 3A）编码区存在缺失或插入，病毒基因组长短不一。口蹄疫病毒基因组分为 5′非编码区（5′UTR）、开放阅读框（ORF）及 3′非编码区（3′UTR），其 5′端连接着感染性相关抗原 VPg（3B 裂解蛋白），5′UTR 长约 1100～1300nt，ORF 长约 6900nt，3′UTR 长约 85～100nt。5′UTR 由短片段（S-5′UTR，S 片段）、poly（C）区及长片段组成（L-5′UTR，L 片段）组成，长片段又分为假结节（PKs）、顺式复制元件（cre）及核糖体内部进入位点（IRES）。S 片段长约 350～380bp，形成长茎环结构，可能与维持病毒基因组稳定、避免宿主细胞核酸酶的消化有关，该部位还能与 poly（rC）结合蛋白作用，促进病毒 RNA 的复制。poly（C）区长约 80～420bp，其绝大部分为胞嘧啶，含少量 A 和 U，其长度具有不稳定性，细胞适应株一般会变短，田间毒株相对较长，其功能还不清楚，可能与病毒的感染性有关。

2.1.10.2　FMDV 血清型分型

口蹄疫病毒有 7 个血清型，分为 O 型、A 型、C 型、Asia-1 型、南非 1 型（SAT1）、SAT2 型及 SAT3 型。各血清型病毒之间差异较大，不产生交叉保护，同一血清型内不同毒株间也存在抗原差异，导致部分毒株交叉保护弱，将同一血清型间存在差异的毒株分为不同的血清亚型，但随着新毒株的涌现，亚型分类越来越多，已不能很好地反映病毒间的差异，现已放弃使用。

如今采用的方法是以 VP1 核苷酸序列的差异大于 15% 为标准将病毒划分为不同基因型，在基因型的基础上，采用系统发育分析将病毒进一步分为不同谱系或群。将不同地域分离的毒株与遗传进化关联，对同一血清型口蹄疫毒株进行分群，称为拓扑型，将拓扑型又进一步划分为谱系或群。如 O 型口蹄疫分为 8 个拓扑型，A 型分为 3 个拓扑型。

2.1.10.3　FMD 流行病学特征

1546 年，意大利的 Fracastorius 第一次书面描述了一种类似口蹄疫的牛的疾病。而后，1898 年，Loeffler 和 Frosch 证明了一种可滤性的物质引起了 FMD，这是第一次证明动物疾病是由可过滤性试剂引起的，并迎来了病毒学时代。随后，研究显示该物质为口蹄疫病毒。FMD 是一种高度破坏性的病毒性疾病，感染绝大部分偶蹄类动物，感染动物包括反刍动物（牛、骆驼、羊）、猪以及 70 多种野生动物，在易感群体中，发病率达到 100%。除了感染动物暴发心肌炎会导致 50% 的死亡率外，FMD 通常不会引起易感动物的死亡，但是该疾病却具有衰弱作用，引起感染动物体重减轻，产奶量减少，生产力长时间下降，这严重威胁着畜牧业的发展。

此外，牛、羊等甚至可以成为携带者而使得疾病周期进一步延长。FMD 极具传染性，在易感动物中，病毒通过气雾快速传播，并通过呼吸道迅速感染易感动物。

疫情暴发后，为了根除 FMDV，通常是捕杀所有感染的动物。同时，为了防止无疫情的区域被引入 FMDV，疫情区域的畜牧贸易将被限制。1930 年美国的 Smoot-Hawley 关税法对有 FMD 发生的国家的易感牲畜、鲜肉和动物产品的进口实施了限制。如今，与许多其他传染病一样，FMD 明显分布于发展水平较低的地区，并给许多发展中国家造成严重的经济问题。在印度，这种疾病已经成为牲畜生长的最大障碍之一，对动物和动物产品的生产力和国际贸易产生不利影响。牛群受 FMD 的影响，导致印度每年约有 44.5 亿美元的惊人的收入损失。漫长的恢复期、高传染性、广泛的地理分布、广泛的宿主范围、短期的免疫力同时没有血清型交叉保护、多种传播模式以及持续感染（携带毒状态）使得控制和根除这种毁灭性的疾病非常困难。一些无 FMD 的国家开始暴发口蹄疫，尤其是 2001 年在英国的暴发，显著增强了公众对这种高传染性偶蹄类牲畜疾病的重视。

2.1.10.4 FMDV 感染过程

FMDV 与小 RNA 病毒科的其他成员一样在培养细胞中具有相对较短的感染周期，包括吸附、进入细胞、脱壳、病毒翻译、基因组转录和复制、衣壳化和成熟等过程，新的病毒粒子通常在感染后约 4~6h 开始出现。病毒具有裂解细胞的作用，感染导致宿主细胞变圆、内部细胞膜改变并重新分布，进而细胞形态发生变化，称为细胞病变效应。

通常，病毒在 4℃ 及 7℃ 下迅速结合到培养细胞表面，而后通过网格蛋白依赖的内吞作用进入感染细胞，而不依赖于脂筏小窝及其他内吞途径。通过网格蛋白依赖性胞吞进入细胞的受体和病毒配体被传递至早期（或分选）内涵体中，其中的酸性环境引发病毒发生脱壳，140S 的病毒粒子分解成 12S 五聚体亚基，病毒 RNA 释放。病毒 RNA 被释放到细胞质中，开始一轮病毒翻译。翻译发生前，连接在基因组 5′端的 VPg 被细胞内相关酶切割，但是蛋白质合成起始复合物可以与含有 VPg 的 mRNA 结合。与宿主 mRNA 不同，病毒 mRNA 在其 5′端不含 7-甲基-G 帽结构，通过帽非依赖的翻译机制在内部核糖体进入位点（IRES）内部启动蛋白质合成。

FMDV 为正链 RNA 病毒，基因组既是病毒翻译的模板，也是病毒复制的模版。病毒基因组携带用于复制的 RNA 依赖性 RNA 聚合酶（RdRp）的基因元件，但不包括该聚合酶。因此，在感染的宿主细胞中，病毒 RNA 必须在基因组翻译产生聚合酶（RdRp）以及其他复制所需的复制因子后才能开启 RNA 的复制。具体为，P1 区的 3Cpor 切割产物被组装成含有蛋白 VP0、VP1 和 VP3 各一个拷贝的原体结构，五个原体结构组装成五聚体，12 个五聚体组装成最终的衣壳结构。而后，在 RNA 被包被后，发生成熟切割反应。

病毒体组装的最后一步是 VP0 的成熟切割形成 VP4 和 VP2，成熟裂解是产生传染性病毒所必需的。裂解的发生要求存在病毒 RNA，病毒 RNA 是发生正确切割事件所必需的，裂解由 VP2 中的保守 His 残基触发，其活化局部水分子，导致对易裂变键的亲核攻击，进而裂解。

2.1.10.5 FMD 疫苗的研究进展

通过疫苗免疫控制口蹄疫是公认的有效、经济的措施。口蹄疫弱毒疫苗曾在控制口蹄疫流行，尤其是欧洲口蹄疫的大流行中发挥了巨大的作用，但由于疫苗株毒力的返强曾引起口蹄疫暴发流行而逐步停用。我国曾在 20 世纪中期，在边境地区推广使用过口蹄疫弱毒疫苗。目前，大多使用口蹄疫灭活疫苗。灭活疫苗在制备过程中，需经人工培养（如转瓶培养、悬浮培养等）口蹄疫病毒，灭活后制备病毒抗原，虽然较弱毒疫苗安全，但在病毒培养和灭活过程中存在极大的生物安全风险。

随着现代分子生物学和免疫学技术的发展及口蹄疫防控形势的不断变化，疫苗的研制得以不断深入和改进。已有弱毒疫苗、灭活疫苗、合成肽疫苗、亚单位疫苗、可饲疫苗、病毒活载体疫苗、核酸疫苗等多种疫苗面世。目前灭活口蹄疫病毒疫苗依然占据着商业化疫苗中最主要的地位。

（1）灭活疫苗　中国 FMD 灭活疫苗的研究开始于 20 世纪 60 年代，以中国农业科学院兰州兽医研究所为代表的科研单位研制出了多种疫苗，这些疫苗在不同的历史时期对防控 FMD 起到了巨大的作用。最初 BHK-21 细胞是通过贴壁培养来生产 FMD 病毒的，后来发现在悬浮状态细胞也可生长。这就促使科学家尝试采用大型的生物反应罐培养细胞，并将其应用于 FMD 疫苗生产。最初悬浮培养 BHK-21 细胞使用的培养液与贴壁培养中使用的培养液相同，使培养过程中所产生的细胞数量是原贴壁培养的 5 倍以上。但由于细胞分散于培养液中，接毒过程中，培养液不易更换，从而使血清蛋白进入到疫苗中，疫苗注射后增加了动物的副反应。因此，近年来通过模拟血清当中有利于细胞生长和贴壁的成分研究出了低血清或无血清培养液，在减少了或除去血清蛋白的同时，还能保证细胞的正常生长，这类培养液已经在全世界广泛应用。悬浮培养技术具有细胞生长迅速、便于扩大培养规模、容易控制污染等优点，已成为 FMD 疫苗生产中的关键技术。尽管悬浮培养所需的设备昂贵，技术复杂，但能大幅度提高生产效率和疫苗质量，并且降低生产成本，这也代表了灭活疫苗的发展方向。

实践证明灭活疫苗可以有效地限制 FMD 的流行。在与严格的政府防控政策结合时，甚至可以根除地方性 FMD。FMD 在亚洲、非洲、欧洲及美洲的许多国家都有发生，经过 20 世纪后半叶实行有效的疫苗预防接种，欧洲大部分国家和美洲部分国家都消灭了 FMD，目前除欧盟取消了 FMD 灭活疫苗接种政策外，南美和亚洲多数国家仍然在使用 FMD 灭活疫苗预防和控制 FMD。FMD 灭活疫苗从最初的由动物病损组织制成的甲醛灭活疫苗到目前的利用悬浮培养技术生产的灭活疫苗，免疫效果得到提高的同时，动物副反应不断减小，使 FMD 灭活疫苗成为目前我国预防 FMD 的主力军。

（2）病毒活载体疫苗　病毒活载体疫苗是利用分子生物学技术将保护性基因插入病毒载体的特定位置，然后通过病毒载体转染细胞，病毒在宿主细胞内进行复制，使抗原基因得以表达，最后将表达产物纯化制备疫苗。近年来，活载体病毒在口蹄疫疫苗研发中使用越来越频繁，病毒活载体存在许多优点。例如，同一载体病毒中可同时插入多个外源基因，从而表达多种抗原，也就是可以用一种疫苗同时预防多种疾病，这一优势使得其在 FMD 的疫苗研发中更具有优势，由于口蹄疫具有 7 个血清型，各个血清型之间不产生交叉免疫，利用载体病毒这一优势，可以在同一病毒活载体上插入不同型的保护性基因，从而实现一种 FMD 疫苗对 7 种血清型的预防。从目前对于 FMDV 抗原的病毒载体研究上看，主要的病毒载体有牛鼻气管炎病毒载体、痘苗病毒载体、核心多角体病毒载体、腺病毒载体、疱疹病毒载体、脊髓灰质炎病毒载体、牛瘟病毒载体及烟草花叶病毒载体等。

（3）基因工程疫苗　基因工程亚单位疫苗是采用基因工程技术将含有病原微生物抗原表位的基因导入受体细胞中，使其在受体细胞中进行增殖表达，提取相应抗原制成的疫苗。由于亚单位疫苗不含有核酸，所以对免疫动物不具有致病性，由于其安全性高的这一特点，各个国家开始研制 FMD 基因工程亚单位疫苗。从 20 世纪 80 年代至今，随着对 FMDV 抗原结构研究的深入，已经确定 FMDV 主要的保护性抗原位点是 VP1 片段，能刺激机体产生抵御病毒攻击的抗体。各国学者采用多种表达系统表达 FMDV 的结构蛋白 VP1、146S 和 12S 蛋白亚单位等作为抗原制成疫苗，通过动物实验证明：免疫的动物均可产生补体结合抗体和中和抗体。

有报道表明，将 FMDV 非结构基因 2A、3C 与结构基因进行串联表达，能产生类似病毒的粒子 76S，将其纯化后免疫动物，产生了与全病毒同样的免疫效果，可诱导机体产生高水平的中和抗体，能对 FMDV 的攻击产生保护作用。近几年，除常用的原核表达系统外，越来越多的真核表达系统也成功应用于 FMD 抗原蛋白的表达。其中实际应用最为广泛的是酵母表达系统，后来发现昆虫细胞中表达的蛋白质与哺乳动物细胞内表达的蛋白质无论在功能上还是结构上都非常相似，于是科学家开始以昆虫细胞作为表达载体进行目的蛋白的表达，但是昆虫细胞表达系统对生长环境要求很严格，需要较高溶氧，对培养液酸碱耐受范围小，而且细胞容易受到搅拌剪切力与气泡的冲击，造成细胞过早衰亡，因此不适用于工业化大规模生产。近几年，有研究报道使用无血清培养液悬浮培养昆虫细胞的新技术，此技术不但能提供细胞生长所需的营养，而且能够避免上述问题，对细胞形成保护，这使得昆虫细胞表达系统在工业化大规模生产中应用成为现实。

（4）基因缺失疫苗　基因缺失疫苗是运用基因工程的方法，克隆 FMDV 全长 cDNA，在分子上来操作 RNA，去掉与毒力相关的基因组序列，以达到减小毒力又不减弱免疫原性的目的。FMDV 表面的序列高度保守，其中病毒的结合位点主要集中在 p 环的精氨酸、甘氨酸、天门冬氨酸（RGD）。将构建好的缺失性序列的感染性克隆转染 BHK 细胞培养，就能产生缺失 RGD 序列的病毒粒子，这样含有这种序列的病毒的毒力减弱了，并且还能感染细胞。在感染动物试验中发现，接种野生病毒的动物出现明显的 FMD 症状，而经过基因缺失的病毒试验组未出现 FMD 症状。将构建的缺失病毒与油佐剂乳化制备疫苗，并与常用的灭活苗作比较，证明了在刺激机体产生免疫应答、血清中产生中和抗体方面与灭活疫苗相同。

（5）合成肽疫苗　合成肽疫苗是根据免疫抗原表位的氨基酸序列合成的抗原决定基小肽制备的疫苗。根据蛋白质的一级结构并参考单克隆抗体推导出蛋白质免疫主要抗原表位的氨基酸顺序，然后通过人工手段合成这一段肽作为制备疫苗的抗原。合成肽抗原具有以下特点：①具有良好的免疫原性。当合成抗原具有空间构象时，能够提高在试验动物体内的免疫应答水平；另外，合成肽的抗原表位通常以二聚体或多聚体的形式存在，免疫原性比单体的合成肽更强。②广泛的免疫交叉性。理想的合成肽疫苗应该是一次免疫能够预防多种血清型口蹄疫，为实现这一目标，有研究根据 FMDV 的 A、O、C 三种血清型 VP1 序列肽段将 40 个氨基酸连接起来制备疫苗，制成同时拥有多个血清型的复合体。接种动物后均产生了高水平特异性中和抗体。其中接种豚鼠的试验证明该复合体能同时抵御 O、A 型 FMDV 的攻击。利用 FMDV-A 22 株 VP1 蛋白第 135～159、170～190 和 197～213 位氨基酸所构建的合成肽疫苗，通过免疫豚鼠和小鼠，证明了含有较少氨基酸的合成肽，具有较高的免疫效果。

（6）商品化疫苗产品情况　表 2-9 简单汇总了 2022 年中国兽医药品监察所新签发的不同类型口蹄疫商品化疫苗。

表 2-9　国内商品化口蹄疫疫苗

生产厂家	疫苗名称	疫苗类型	使用说明	注意事项
金宇保灵生物药品有限公司、申联生物医药上海股份有限公司	猪口蹄疫 O 型、A 型二价灭活疫苗（Re-O/MYA98/JSCZ/2013 株＋Re-A/WH/09 株）	灭活疫苗	用于预防猪 O 型、A 型口蹄疫。免疫期为 6 个月。肌内注射,每头猪 2.0mL	疫苗应在 2～8℃下冷藏运输,不得冻结,病畜、瘦弱畜、怀孕后期母畜及断奶前幼畜慎用
内蒙古必威安泰生物科技有限公司	口蹄疫 O 型、A 型二价 3B 蛋白表位缺失灭活疫苗（O/rV-1 株＋A/rV-2 株）	灭活疫苗	用于预防猪 O 型、A 型口蹄疫。免疫期为 6 个月。肌内注射,每头猪 2.0mL	疫苗应在 2～8℃下冷藏运输,不得冻结,病畜、瘦弱畜、怀孕后期母畜及断奶前幼畜慎用
中普生物制药有限公司、天康制药股份有限公司、河南金海生物科技有限公司	猪口蹄疫 O 型、A 型二价灭活疫苗（OHM/02 株＋AKT-Ⅲ株）	灭活疫苗	用于预防猪 O 型、A 型口蹄疫。免疫期为 6 个月。肌内注射,每头猪 2.0mL	疫苗应在 2～8℃下冷藏运输,不得冻结,病畜、瘦弱畜、怀孕后期母畜及断奶前幼畜慎用
中牧实业股份有限公司兰州生物药厂	口蹄疫 O 型、A 型二价灭活疫苗（O/MYA98/BY/2010 株 ＋ O/PanAsia/TZ2011 株＋Re-A/WH/09 株）	灭活疫苗	用于预防猪 O 型、A 型口蹄疫。免疫期为 6 个月。肌内注射,每头猪 2.0mL	疫苗应在 2～8℃下冷藏运输,病畜、怀孕后期母畜及断奶前幼畜慎用
申联生物医药上海股份有限公司	猪口蹄疫 O 型、A 型二价合成肽疫苗（多肽 2700＋2800＋MM13）	多肽疫苗	用于预防猪 O 型、A 型口蹄疫。肌内注射,每头猪接种 1.0mL。首次免疫后接种 1 次,此后每隔 6 个月加强免疫一次	仅用于接种健康猪,使用前疫苗应恢复至室温
申联生物医药上海股份有限公司	猪口蹄疫 O 型合成肽疫苗（多肽 2600＋2700＋2800）	多肽疫苗	用于预防猪 O 型口蹄疫。肌内注射,每头猪接种 1.0mL。首次免疫后接种 1 次,此后每隔 6 个月加强免疫一次	仅用于接种健康猪,使用前疫苗应恢复至室温
内蒙古必威安泰生物科技有限公司、天康制药股份有限公司、中牧实业股份有限公司兰州生物药厂	口蹄疫 O 型、A 型二价灭活疫苗（O/MYA98/XJ/2010 株＋O/GX/09-7 株）	灭活疫苗	用于预防猪 O 型、A 型口蹄疫。免疫期为 6 个月。肌内注射,每头猪 2.0mL	疫苗应在 2～8℃下冷藏运输,病畜、怀孕后期母畜及断奶前幼畜慎用
天康制药股份有限公司	猪口蹄疫 O 型合成肽疫苗（多肽 TC98＋7309＋TC07）	多肽疫苗	用于预防猪 O 型口蹄疫。免疫期为 6 个月。肌内注射,每头猪 1.0mL	疫苗应在 2～8℃下保存,保质期 12 个月
天康制药股份有限公司	口蹄疫 O 型灭活疫苗（OHM/02 株）	灭活疫苗	用于预防牛、羊 O 型口蹄疫。每头牛 2.0mL。每头羊 1.0mL。免疫期 6 个月	2～8℃保存,有效期 12 个月。仅接种健康牛、羊。病畜、怀孕后期母畜及断奶前幼畜慎用

2.1.10.6　现状与展望

由于 FMD 具有暴发性流行特点，能够对当地畜牧养殖造成瞬间毁灭性打击，因此新型安全、高效、绿色的 FMD 疫苗的研制对畜牧业生产与长期健康的发展极为关键。现阶段，用于防控 FMD 的传统疫苗主要为通过细胞表达的 FMD 病毒灭活苗和通过多肽合成的合成肽疫苗，虽然对于当前 FMD 的防控起到一定的预防作用，但是传统灭活疫苗存在很多不足：①疫苗单位体积中抗原含量不足；②传统制造可能灭活不完全，存在散毒风险和安全隐患；③疫苗生产与检验需要高级别的生物安全防护设施，前期建设与维护费用较高；④病毒抗原热稳定性差，运送过程需要冷链运输，免疫持续期短，需要多次免疫；⑤病毒谱有限，免疫动物和自然感染动物难以区分，不利于区域内的 FMD 净化。国外许多国家 FMD 的流行就是由生产过程中病毒灭活不完全或实验室里病毒逃逸造成的。这就促使各国科学家不断尝试研制更加安全的、有效的 、持久的、绿色的新型 FMD 疫苗。现代生物技术快速发展，促使人们对 FMD 疫苗的研究和认识发生了历史性的变化，FMD 疫苗正根据市场需求及畜牧业绿色健康发展需求向多元化方向发展。

2.1.11　狂犬病疫苗

狂犬病（rabies）俗称疯狗病，又称恐水症，是由狂犬病毒（RV 或 RABV）引起的，该病一旦发病，死亡率近100%，是迄今为止人类病死率最高的急性传染病。我国是狂犬病的高发地区，感染狂犬病死亡人数居世界第二，仅次于印度。狂犬病是世界性疾病，目前有 100 多个国家和地区存在本病，我国将其列为二类动物疫病，迄今尚无有效的治疗药物和方法。

2.1.11.1　病原

狂犬病毒属于弹状病毒科（Rhabdoviridae）狂犬病毒属（*Lyssavirus*）成员。病毒粒子呈子弹状，头部呈半球形，末端为截面形，直径约 75nm，长 200～300nm。整个病毒可分为两部分，中心是由核衣壳形成的高密度圆柱体，内部充满核酸，外部是紧密包在外面的 180 个核蛋白分子所组成的核糖核蛋白，核衣壳内还有多聚酶和磷酸化蛋白，外壳是一层完整的脂质双层包膜，上面镶嵌着 1600～1800 个纤突糖蛋白。这种突起在 pH 6.4 和 0～4℃条件下具有凝集新生小鸡和鹅红细胞的特性。此突起具有抗原性，能刺激机体产生中和抗体。该病毒基因组为不分节段的单股负链 RNA，由 11928～11932 个核苷酸组成，其中约91%碱基依次参与编码 5 种已知的结构蛋白，即核蛋白 N、磷蛋白 P、基质蛋白 M、糖蛋白 G 和转录酶大蛋白 L。

狂犬病毒习惯上分为两种，在自然情况下分离到的狂犬病流行毒株称为街毒（street virus）。街毒经过一系列的家兔脑或脊髓内传代，对家兔的潜伏期变短，但对原宿主的毒力下降，这种具有固定特征的狂犬病毒称为"固定毒"（fixed virus）。街毒与固定毒的主要区别是街毒接种后引起动物发病所需的潜伏期长，自脑外部位接种容易侵入脑组织和唾液腺内，在感染的神经组织中易发现病毒包涵体；固定毒对兔的潜伏期较短，主要引起麻痹，不侵犯唾液腺，对人和犬的毒力几乎完全消失。根据血清中和实验，将狂犬病毒分为4 个血清型：血清 I 型、II 型、III 型和IV 型。其中攻击病毒标准株（challenge virus standard，CVS）为 I 型原型毒株，包括古典狂犬病毒、街毒和疫苗株；血清 II、III、IV 型为狂犬病相关病毒，其原型毒株分别为 Lagos bat 病毒（Lagos bat virus，LBV）、Mokola 病毒（Mokola virus，MOKV）和 Duvenhage 病毒（Duvenhage virus，DUVV）。血清 I 型的疫苗对狂犬病相关病毒很少有或没有保护作用。利用核蛋白 N 基因的高度保守性又可将狂犬病毒分为 7 个基因型，前 4 种基因型分别与 4 种血清型相对应，自欧洲蝙蝠分离到的狂犬病毒 EBL-1 和 EBL-2 分别为基因 5 型和基因 6 型，澳大利亚蝙蝠狂犬病毒（Australian bat lyssavirus，ABLs）为基因 7 型。

狂犬病毒可在原代仓鼠肾细胞以及 BHK-21 细胞、鼠成神经细胞瘤细胞、小白鼠脊管膜瘤细胞系和喹蛇细胞系 VSM 株等细胞中增殖，常见有致细胞病变效应（CPE），并可能出现包涵体。狂犬病毒在 70℃ 15min 或 100℃ 2min 即可被杀死；干燥状态下可抵抗 100℃ 2～3min。在 50%甘油中可保持活力 1 年，4℃时，在脑组织中可存活几个月；在 −70℃时则于几年内仍具有传染性。病毒对酸、碱、石炭酸、新洁尔灭等消毒剂敏感，在紫外线、X 射线下迅速灭活。

2.1.11.2 流行病学

（1）**传染源** 狂犬病属于自然疫源性疾病，野生动物是狂犬病毒主要的自然宿主[1]。易感动物感染狂犬病毒后，均可成为传染源。发展中国家的狂犬病主要传染源是病犬，其次为猫和狼。在发达国家，犬、猫狂犬病已经得到了控制，传染源主要是野生动物如红狐、食血蝙蝠、臭鼬和浣熊等。狂犬病毒有隐性感染的现象，健康带毒动物成为狂犬病潜在的传染源。

（2）**易感动物** 几乎所有的温血动物如家畜、家禽及野生动物均对狂犬病毒易感，在自然界中，易感动物主要是犬科和猫科动物。

（3）**传播途径** 50%～90%患病动物唾液含狂犬病毒，大部分动物或人主要通过被患病动物咬伤或者抓伤，病毒自皮肤损伤处进入而感染狂犬病毒[2,3]。少数是通过黏膜如被患病动物触舔肛门黏膜、溃疡表面感染，在极其特殊的情况下，病毒可通过呼吸道感染或气溶胶传播。病毒也可由消化道感染，野生动物也可能扒吃掩埋不深的病尸而发生感染。

2.1.11.3 发病机理

狂犬病毒对神经组织有强大的亲和力。病毒通过病畜唾液，经伤口侵入健康动物体内。病毒粒子首先吸附于宿主细胞（肌细胞）膜上的病毒受体，然后病毒囊膜与细胞质膜融合，病毒核酸进入细胞质中，随即启动病毒 RNA 和蛋白质合成过程，并装配核衣壳。新产生的病毒 G 蛋白和 M 蛋白由细胞表面和细胞质插入细胞膜，置换宿主细胞膜蛋白，在病毒出芽时形成病毒囊膜。增殖的病毒随后进入神经腱梭而感染末梢神经。神经末梢的乙酰胆碱受体是病毒的侵入门户。病毒侵入神经末梢后，沿神经鞘（雪旺氏细胞）、神经内膜或伴随的组织间隙被动上行到达脊神经节或背根神经节，并在此复制。

病毒进入脊髓后，常常在几个小时内迅速进入脑内。主要侵犯神经元，一般在轴突或相邻树突膜发芽，很少在神经元细胞质发芽。成熟的病毒粒子在细胞间隙内积聚。发芽病毒粒子由邻近神经元的胞饮作用或通过充有脑脊液的细胞间隙，从一个细胞进入另一个细胞。感染中枢神经系统的病毒，经外周神经散布到全身。其传播机制是，病毒 RNA 从感染神经元的核周体沿着轴突向离心方向传到内脏器官和组织的末梢神经。其中最重要的是病毒通过唾液腺的神经网直接到达唾液腺。病毒在唾液腺黏液细胞顶部细胞器膜复制并积聚于腺管中，此处病毒浓度远远超过包括脑在内的其他任何组织。病毒还常感染角膜上皮，故可用荧光抗体染色角膜压片，作为狂犬病患畜的生前诊断。病毒的感染也能引起免疫系统的紊乱，导致感染早期死亡。

2.1.11.4 临床表现

狂犬病根据临床症状分为两型，一种为常见的典型的狂躁型，另一种是少见的麻痹型。典型症状可分为前驱期、兴奋期和麻痹期三个阶段。前驱期持续 1～2d，病犬精神沉郁，举止反常，不听呼唤；兴奋期一般 1～3d，病犬表现为高度兴奋，狂暴不安，常常攻击人畜，吞咽困难，见水惶恐；麻痹期一般 1d 左右，后躯及四肢麻痹，最后因呼吸中枢麻痹或衰竭而死亡。麻痹型较少见，以脊髓或延髓受损为主，该型无兴奋期和典型的恐水表现。

2.1.11.5　诊断制剂

典型病例可以根据典型临床症状、咬伤病史做出初步诊断，确诊需经实验室诊断。实验室诊断有以下几种方法。

（1）**病毒分离**　狂犬病毒分离的方法有 2 种，小鼠颅内接种分离狂犬病毒法（MIT）和细胞培养分离技术（CIT）。MIT 方法是先将脑组织悬液在乳鼠体内接种，然后将乳鼠脑组织采用免疫荧光技术检测。CIT 是用鼠神经细胞瘤细胞进行细胞培养，培养 24～48h 后，用免疫荧光法检测[4]。

（2）**荧光抗体试验（FAT）**　FAT 是世界卫生组织（WHO）和世界动物卫生组织（OIE）共同推荐的诊断狂犬病最常用的方法，是诊断狂犬病的"金标准"。FAT 可直接检测压印片，也用于检测细胞培养物或被接种的小鼠脑组织中狂犬病毒是否存在。该方法被认为是狂犬病毒实验室诊断最精确、快速和最可靠的。

（3）**酶联免疫吸附试验（ELISA）**　ELISA 既可测狂犬病的抗原又可测抗体，快速简便。目前，国内外多个厂家已经生产出快速狂犬病 ELISA 诊断试剂盒，应用方便，可用于大批量样品的流行病学调查。ELISA 可用于定性检测犬猫疫苗接种后血清样品中的狂犬病抗体。

（4）**斑点酶免疫检测法（DIA）**　DIA 是以微孔膜为载体的酶免疫吸附试验，酶免疫反应阳性结果在膜上出现斑点。DIA 主要用于狂犬病致死后的诊断，具有快速、灵敏、特异的优点，但对动物死前的诊断有待进一步证实。

（5）**快速荧光灶抑制试验（RFFIT）**　RFFIT 是 WHO 推荐的检测狂犬病毒中和抗体的标准试验。RFFIT 主要应用于狂犬病疫苗的免疫学效果评估和狂犬病毒中和抗体替代检测试剂和方法的评估。

（6）**反转录-聚合酶链反应（RT-PCR）**　RT-PCR 是检测狂犬病的一种常见的分子生物学诊断方法，动物的唾液、脑脊液、皮肤、脑组织标本、感染病毒后的细胞培养物和鼠脑均可用于病毒核酸的检测。RT-PCR 技术具有高灵敏度和高特异性的特点，在大规模样品的初步筛选中具有无可替代的优点，同时检测结果直观，容易判定。

2.1.11.6　疫苗研究进展

（1）**人用狂犬病疫苗**　至今世界上人用狂犬病疫苗已经发展了 5 代：第 1 代为神经组织来源疫苗；第 2 代为禽胚培养疫苗；第 3 代为细胞培养疫苗；第 4 代为亚单位和精制疫苗；第 5 代为基因工程疫苗。目前广泛使用的仍为第 3 代疫苗，以下为一些常用的人用疫苗的研究进展。

① 狂犬病亚单位疫苗　狂犬病亚单位疫苗包括基因工程亚单位疫苗和化学亚单位疫苗。前者主要利用基因工程技术将抗原基因体外表达[5]；后者利用相关的物理化学手段，直接从狂犬病毒中提取出主要诱导免疫应答的狂犬病毒糖蛋白，但二者均不能诱导机体产生足够的免疫应答。如何提高此种疫苗诱导免疫应答的能力是研究的重点。

② 多肽疫苗　狂犬病多肽类疫苗分为化学裂解多肽、合成肽、基因工程肽、免疫复

合物。化学裂解后，狂犬病毒表面抗原仍然能够诱导机体产生免疫应答反应，激发机体产生特异性反应的抗体，但由于基因片段发生了断裂，诱导免疫应答的能力与完整的狂犬病病毒抗原糖蛋白相比相对较低。

③ DNA疫苗 DNA疫苗是通过基因重组技术将狂犬病毒G蛋白cDNA插入质粒DNA中，构建真核表达载体注射机体能够产生中和抗体的狂犬病疫苗。在20世纪90年代，已有科学家对其进行研究，利用此技术制备疫苗对小鼠进行免疫后，产生的中和抗体水平增强，对接种后的小鼠进行狂犬病毒攻击，表现出良好的保护作用。DNA疫苗的优点在于生产周期短，热稳定性好，便于运输、储存和批量制备；疫苗接种机体后能够持续诱导产生抗体，但需要较长时间才能产生抗体，且接种后有可能导致基因突变，引发癌变。因此，此类疫苗目前仅适用于动物狂犬病的预防，在人类中的应用尚有待进一步研究。

④ 基因重组疫苗 目前狂犬病基因重组疫苗的研究主要包括基因重组减毒活疫苗和活载体疫苗。基因重组减毒活疫苗是利用现代基因技术构建的活疫苗，这与传统的减毒活疫苗完全不同。有学者通过基因敲除使狂犬病毒的磷酸化蛋白基因（M基因）缺失，导致病毒无法自我复制，构建重组狂犬病毒活疫苗，注射人体可迅速诱发强大的免疫反应，因其基因缺失，病毒无法在体内复制传播，不会致病。与传统的减毒活疫苗相比，同样可以刺激机体产生保护性抗体，并且能够长时间起到保护作用。但基因重组减毒活疫苗在某种程度上存在潜在风险，如基因突变的减毒活疫苗可能会与野毒株发生基因重组，或敲除的基因发生基因修补，出现毒力反弹的现象。

⑤ mRNA疫苗 利用mRNA技术可以很容易地生产出编码抗原的mRNA。由于与活疫苗或减毒疫苗不同，mRNA疫苗不会将任何活的病毒材料引入被接种者体内，因此不会带来返毒的风险。此外，它们不与宿主细胞的DNA相互作用，可避免DNA疫苗带来的基因组整合的潜在风险，而仍然可以编码蛋白质，在开发针对已知和尚未确定的致病威胁的预防性疫苗方面具有巨大潜力。由于mRNA与模式识别受体结合，mRNA疫苗可以诱导先天免疫，如果没有佐剂的补充，肽类和蛋白质类疫苗就缺乏这种特性。由于编码不同的蛋白质只需要改变mRNA分子的序列，而其理化特性基本不受影响，因此mRNA疫苗平台可以使用相同的纯化技术和设备来生产针对不同病原体的疫苗，与其他疫苗平台相比，既节省了时间，又节约了成本。

CV7201是第一个候选mRNA狂犬病疫苗，为一种冻干的、稳定的mRNA[6]。由编码狂犬病毒糖蛋白（RABV-G）的游离和复合mRNA组成，并配以阳离子蛋白protamine作为稳定剂和佐剂。在RABV-G mRNA的首次人类临床试验中，研究者证明了mRNA可以用作人类疫苗。CV7201一般来说耐受性良好，但诱导足够的免疫反应取决于疫苗的给药方式，特别是需要用专门的设备进行皮内或肌内注射。在动物模型中进一步的临床前研究发现，将mRNA封装在脂质纳米颗粒（LNP）中可以保护mRNA并增强免疫反应。

进一步的研究表明，CV7202是一种新型的mRNA-LNP制剂，它包括与CV7201相同的mRNA抗原，封装在LNP中，在非人灵长类动物中引起的免疫反应可与批准疫苗（数据来源于德国CureVac公司）相媲美。研究者报告了在比利时和德国进行的对成年人志愿者使用CV7202疫苗的第一阶段研究结果，以评估这种新疫苗模型的安全性和免疫潜力[7]。共招募55名18～40岁的健康人，在第1d肌内注射5μg（n =10）、1μg（n =16）或2μg（n =16）的CV7202疫苗；在第29d对1μg和2μg组别继续肌内注射相同剂量的疫苗（$n=8$）。对照组（$n=10$）在第 1d、8d 和 29d 注射 Rabipur 狂犬病疫苗，通过 RF-FIT 测定 RABV-G 特异性中和抗体滴度（VNT），ELISA 测定 IgG、以此评估 CV7202 疫苗安全性和反应原性。结果表明，由于最初测试的 $5\mu g$ CV7202 的剂量引起了高反应原性，随后测试了 $1\mu g$ 和 $2\mu g$ 的剂量，其耐受性更好，未发生与疫苗有关的严重不良事件。从第 15d 开始就可以检测到低剂量的 VNT 反应，到第 29d，$1\mu g$、$2\mu g$ 和 $5\mu g$ 组中分别有 29%、31% 和 22% 的 VNT$\geqslant$0.5IU/mL。在进行两次 $1\mu g$ 或 $2\mu g$ 的免疫剂量后，所有受试者在第 43d 时中和抗体滴度$\geqslant$0.5IU/mL。CV7202 诱导的 VNT 与 RABV-G 特异性 IgG 抗体明显相关（$r^2=0.8319$，$p<0.0001$）。表明接受两次 $1\mu g$ 或 $2\mu g$ 剂量 CV7202 疫苗耐受性良好，产生的中和抗体水平符合 WHO 标准。

目前 CureVac 已经开发了一个专有的 mRNA 平台 RNActive®，用于开发安全有效的人类预防疫苗。mRNA 疫苗的开发为人类预防狂犬病提供了有效的技术手段。

（2）动物用狂犬病疫苗　动物用狂犬病疫苗经过多年的研究，从神经组织疫苗到现在的基因重组疫苗，疫苗免疫原性增强的同时，免疫副作用也不断减少，目前成为产品的狂犬病疫苗株通常有 CTN-1、a G、PM、SAD、ERA 和 Flury 等[8]。

① 神经组织疫苗　神经组织疫苗是利用石炭酸或石炭酸和乙醚的混合物将感染狂犬病毒的羊脑组织进行灭活后制成的，巴斯德在 1988 年对 50 多只犬进行免疫试验，证明该种疫苗具有较好的保护率。但由于免疫后引起严重的不良反应，目前该疫苗已经停止生产。

② 鸡胚疫苗　鸡胚疫苗是将 RABV 接种鸡胚后，经多次传代，RABV 毒力减弱，失去致病性后制成的疫苗。该方法常用的毒株有 Flury 和 Kelev 毒株。虽然该疫苗毒力已经减弱，但是仍然存在一定的感染风险，因此在临床上并不推广使用。

③ 细胞培养疫苗　细胞培养疫苗是指将狂犬病毒接种到 BHK-21、MDCK 和 Vero 细胞中进行传代培养，将收集到的病毒液制备成灭活疫苗或弱毒疫苗。灭活疫苗通常用 β-丙内酯进行灭活，将狂犬病毒的核酸破坏，使之不具有毒性，并且还保留了病毒的免疫原性，刺激机体产生抗体。弱毒疫苗主要选用 Flury 株和 ERA 株，前者用于免疫犬类动物；后者用于免疫草食性动物。

④ 基因工程疫苗　基因工程疫苗是利用基因重组技术或反向遗传技术，将含有 RABV 的抗原性基因插入目标载体而制备的疫苗，包括灭活疫苗、弱毒疫苗、核酸疫苗和亚单位疫苗等。研究人员将表达 RABV 蛋白 G 的重组载体灭活疫苗对小鼠进行注射免疫，试验结果显示小鼠产生较高的抗体水平。此外，研究表明，还可通过免疫激活因子提高疫苗免疫原性，研究人员将 B 细胞激活因子（BAFF）插入狂犬病毒（RABV）颗粒的膜上后免疫小鼠，结果显示，小鼠体内迅速产生较高的特异性抗体。

⑤ 口服疫苗　口服疫苗可分为弱毒口服疫苗和基因工程重组口服疫苗。20 世纪 70 年代，美国开展对野生动物狐狸进行投喂狂犬病口服弱毒疫苗的免疫效果监测试验，结果表明，ERA 株通过口服免疫，能刺激机体产生较高的抗体水平。重组基因工程口服疫苗是利用基因重组技术，将 RABV 免疫原性基因插入表达载体中进行表达，将得到的重组载体制成疫苗直接投放至野外环境中，以口服的方式免疫野生动物，结果表明具备较好的免疫原性，其中常用的表达载体包括痘病毒、腺病毒或植物病毒等。

2.1.11.7　商品化的狂犬病疫苗

目前市面上人常用的狂犬病疫苗为灭活疫苗，具体信息见表 2-10。

表 2-10　商品化的人用狂犬病疫苗

批准文号	产品名称/生产厂家	成分和性状	使用说明
国药准字 S20030033	冻干人用狂犬病疫苗(Vero 细胞) 辽宁依生生物制药有限公司	采用狂犬病毒固定毒接种 Vero 细胞,经培养、收获、浓缩、灭活、纯化后,加入适宜的稳定剂冻干制成。为白色疏松体,复溶后为澄明液体,不含任何防腐剂	复溶后每瓶 0.5mL,每次人用剂量为 0.5mL,于上臂三角肌肌内注射。幼儿可在大腿前外侧区肌内注射
国药准字 S20160003	人用狂犬病疫苗(Vero 细胞) 大连雅立峰生物制药有限公司	采用狂犬病毒固定毒 CTN-1V 株接种 Vero 细胞,经培养、收获、浓缩、灭活、纯化后,加入适量的人血白蛋白制成,为澄明液体,含硫柳汞防腐剂	每瓶 1.0mL,每次人用剂量为 1.0mL,于上臂三角肌肌内注射。幼儿可在大腿前外侧区肌内注射
国药准字 S20160006	冻干人用狂犬病疫苗(Vero 细胞) 长春卓谊生物股份有限公司	采用狂犬病毒固定毒 CTN-1V 株接种 Vero 细胞,经生物反应器培养后收获病毒液,再经浓缩、灭活、纯化,加入适量的人血白蛋白、右旋糖酐 40、蔗糖冻干制成。为白色疏松体,复溶后为澄明液体,不含任何防腐剂	复溶后每瓶 0.5mL,每次人用剂量为 0.5mL,于上臂三角肌肌内注射。幼儿可在大腿前外侧区肌内注射
国药准字 S20210026	冻干人用狂犬病疫苗(Vero 细胞) 山东亦度生物技术有限公司	采用狂犬病毒固定毒(PV 株)接种 Vero 细胞,经培养、收获、浓缩、灭活、纯化后,加入适量的人血白蛋白、右旋糖酐 40、蔗糖冻干制成。为白色疏松体,复溶后为澄明液体,不含防腐剂和抗生素	复溶后每瓶 0.5mL,每次人用剂量为 0.5mL,于上臂三角肌肌内注射。幼儿可在大腿前外侧区肌内注射
国药准字 S20043089	人用狂犬病疫苗(Vero 细胞) 辽宁成大生物股份有限公司	采用狂犬病毒 L 巴斯德固定毒 PV2061 毒株接种 Vero 细胞,经培养、收获、浓缩、灭活、纯化后,加入适量的人血白蛋白制成。本品为佐剂疫苗,为无色澄明液体,含硫柳汞防腐剂	每瓶 0.5mL,每次人用剂量为 0.5mL,于上臂三角肌肌内注射。幼儿可在大腿前外侧区肌内注射
国药准字 S20043090	冻干人用狂犬病疫苗(Vero 细胞) 辽宁成大生物股份有限公司	采用狂犬病毒 L 巴斯德固定毒 PV2061 毒株接种 Vero 细胞,经培养、收获、浓缩、灭活、纯化后,加入适量的人血白蛋白、右旋糖酐 40 冻干制成。为白色疏松体,复溶后为澄明液体,不含任何防腐剂	复溶后每瓶 0.5mL,每次人用剂量为 0.5mL,于上臂三角肌肌内注射。幼儿可在大腿前外侧区肌内注射
国药准字 S20060076	人用狂犬病疫苗(Vero 细胞) 吉林惠康生物药业有限公司	采用狂犬病毒固定毒(aGV)接种微载体培养的 Vero 细胞,经培养、收获、浓缩、β-丙内酯灭活、柱色谱纯化后,加入适宜的稳定剂制成。疫苗为微乳白色澄明液体,含硫柳汞防腐剂	每瓶 1.0mL,每次人用剂量为 1.0mL,于上臂三角肌肌内注射。幼儿可在大腿前外侧区肌内注射
国药准字 S20073014	冻干人用狂犬病疫苗(Vero 细胞) 宁波荣安生物药业有限公司	采用狂犬病毒固定毒 aGV 接种微载体培养的 Vero 细胞,经培养、收获、浓缩、灭活、纯化后,加入人血白蛋白、蔗糖和明胶作为稳定剂冻干制成。为白色疏松体,复溶后为澄明液体,不含任何防腐剂	复溶后每瓶 1.0mL,每次人用剂量为 1.0mL,于上臂三角肌肌内注射。幼儿可在大腿前外侧区肌内注射
国药准字 S20120007	冻干人用狂犬病疫苗(人二倍体细胞) 成都康华生物制品股份有限公司	采用狂犬病毒固定毒(Pitman-Moore 株)接种二倍体细胞,经培养、收获、纯化、灭活后,加入稳定剂冻干制成。为乳酪样疏松体,复溶后为澄明液体	复溶后每瓶 1.0mL,每次人用剂量为 1.0mL,于上臂三角肌肌内注射。幼儿可在大腿前外侧区肌内注射
国药准字 S20000004	人用狂犬病疫苗(地鼠肾细胞) 中科生物制药股份有限公司	采用狂犬病毒固定毒 aG 株接种原代地鼠肾细胞,培养后收获病毒液,经灭活、浓缩、纯化后,加入适宜稳定剂制成。为澄明液体,含硫柳汞防腐剂	每瓶 1.0mL,每次人用剂量为 1.0mL,于上臂三角肌肌内注射。幼儿可在大腿前外侧区肌内注射

注：数据来源于国家药品监督管理局。

疫苗使用注意事项：

① 以下情况慎用：家族和个人有惊厥史者、患慢性疾病者、有癫痫史者、过敏体质者、哺乳期或妊娠期妇女。

② 疫苗瓶有裂纹、标签不清或失效者、疫苗复溶后出现浑浊等外观异常者均不得使用。

③ 疫苗开启后应立即使用。

④ 应备有肾上腺素等药物，以备偶有发生严重过敏反应时急救用。接受注射者在注射后应在现场观察至少 30min。

⑤ 忌饮酒、浓茶等刺激性食物及剧烈运动等。

⑥ 禁止臀部注射。不能进行血管内注射。

⑦ 抗狂犬病血清或狂犬病人免疫球蛋白不得与疫苗使用同一支注射器，不得在同侧肢体注射。

⑧ 暴露后免疫应遵循及时、足量、全程的原则。发生过敏者可到医院就诊，进行抗过敏治疗，完成全程疫苗的注射。

⑨ 使用皮质类固醇或免疫抑制剂治疗时可干扰抗体产生，并导致免疫接种失败。

⑩ 严禁冻结。

目前国产狂犬病疫苗在宠物医院中使用得比较少，在防疫站或者兽医站常见，宠物医院主要使用的是进口狂犬疫苗，具体信息见表 2-11。

表 2-11 进口商品化兽用疫苗

生产厂家	疫苗名称	主要成分和性状	使用说明
英特威国际有限公司	犬、猫狂犬病灭活疫苗	每头份含有灭活的狂犬病毒 Pasteur RIV 株至少 2 IU。红色到浅紫色，底部有无色沉淀物，轻轻震摇后呈均匀悬液	皮下或肌内注射。3 月龄以上犬、猫，每只 1mL。以后，每隔 36 个月接种 1 次
勃林格殷格翰动物保健(美国)有限公司	狂犬病灭活疫苗(HCP-SAD 株)	疫苗中含有灭活的狂犬病毒 HCP-SAD 株，灭活前不少于 $10^{6.3}$ FAID$_{50}$/mL。类红色或红色透明液体	3 月龄以上犬和猫，皮下或臀部肌内注射，每只 1mL，1 年后加强接种，此后每 3 年接种一次；3 月龄以上马，肌内注射，每匹 2mL，1 年后加强接种，此后每年接种一次
梅里亚有限公司	狂犬病灭活疫苗(G52 株)	每头份含有灭活的狂犬病毒至少 1 IU。乳白色均匀悬液	犬和猫均皮下或肌内注射，每只 1 头份(1mL)。未经免疫过疫苗的母犬或母猫的子代，最早在 4 周龄时进行首次免疫。经免疫过的母犬或母猫的子代，最早在 11 周龄时进行首次免疫；以后每年加强免疫 1 次

2.1.11.8 小结

至今为止，全球仍有大约 150 个国家和地区流行狂犬病。我国由犬咬伤发生狂犬病的病例有所减少，但由于蝙蝠、狐狸等野生动物体内依然携带狂犬病毒，野生动物咬伤引起的狂犬病例数正在增加。因此，我们不仅仅要加强人们暴露后的疫苗接种，对于动物而言，尤其是野生动物，应加强动物狂犬病疫苗的免疫，因野生动物免疫难度大，开发新型廉价、安全和有效的口服疫苗迫在眉睫。因此，对狂犬病进行流行病学的调查、诊断及免疫接种是控制和预防狂犬病流行的有效综合防控措施。

参考文献

[1] 李蕾，陈明望，陈飞，等．狂犬病的流行特点及其动物疫苗研究进展[J]．中国动物保健，2022，24（1）：4.

[2] 刘敏，刘铮然，陶晓燕，等．2020 年中国狂犬病流行特征分析[J]．疾病监测，2022，37：1-4.

[3] 李冰，顾劲乔．2017 年中国狂犬病年会综述[J]．2022（5）．

[4] 陈恩品，林玉娣．人和动物间狂犬病流行和防制现状综述[J]．医学动物防制，2006，22（1）：3.

[5] 杜阳一．狂犬病毒糖蛋白综述[J]．生物技术世界，2016（3）：1.

[6] Alberer M，Gnad-Vogt U，Hong H S，et al. Safety and immunogenicity of a mRNA rabies vaccine in healthy adults：an open-label, non-randomised, prospective, first-in-human phase 1 clinical trial[J]. Lancet, 2017: S0140673617316653.

[7] Aldrich C, Leroux-Roels I, Huang K B, et al. Proof-of-concept of a low-dose unmodified mRNA-based rabies vaccine formulated with lipid nanoparticles in human volunteers：A phase 1 trial[J]. Vaccine, 2021, 39(8).

[8] 陈腾，张守峰，张静远，等．犬用狂犬病疫苗研究进展[C]//中国畜牧兽医学会犬学分会，公安部南昌警犬基地．第 19 次全国犬业科技学术研讨会论文集．军事科学院军事医学研究院军事兽医研究所，2019：6.

（王晓虎 康浦 张翙）

2.2

猪的传染病生物制品

猪用生物制品是兽用生物制品的主要组成部分，其市场规模和销售规模在兽用生物制品中占比最高，达到生物制品总市场规模的 40％左右。在生猪疾病预防中发挥着重要作用。

2.2.1 猪链球菌病疫苗

猪链球菌（*Streptococcus suis*）属革兰氏阳性兼性厌氧菌。猪链球菌病是由多种不同群的链球菌感染引起的猪的一类传染病的总称，属一种人兽共患病[1,2]。世界动物卫生组织（OIE）将猪链球菌病列为 B 类疫病，我国将其列为二类动物疫病。猪链球菌 2 型的暴发流行引起了人们对公共卫生的加倍关注[3]。猪链球菌 2 型主要引起哺乳仔猪和生长仔猪的脑膜炎、关节炎、心内膜炎、败血症和支气管肺炎[2]。猪链球菌在世界范围内流行，据估计 100％的猪场呈阳性，它不仅会影响我国的对外贸易，也给养猪业造成巨大经济损失，同时对公共卫生尤其是相关从业人员的健康造成威胁，甚至导致人员感染死亡。中国两次大规模猪链球菌病暴发分别是由 2 型和 ST7 型高毒克隆引起的，且仅在中国流行[4,5]。

2.2.1.1 猪链球菌病概况

1883 年，Fehleisen 分离出链状细菌，根据溶血现象把链球菌分为 α、β、γ 链球菌，α-溶血性链球菌多为机会致病菌，β-溶血性链球菌致病力强，γ-溶血链球菌一般不致病。兰氏（Lancefield）分群法根据抗原结构对链球菌进行分群，共分 20 个群（从 A～V），数百个血清型。感染人的主要是 A 群、B 群和肺炎链球菌。感染猪的链球菌主要是多种不同群的链球菌（D、L、R、S、T、U 和 V 群等）。根据菌体荚膜抗原特性的不同[6-8]，可以分成 35 个血清型（1～34 型及 1/2 型）及相当数量难以定型的菌株。

2.2.1.2 猪链球菌疫苗研究进展

（1）猪链球菌活疫苗

① 猪败血性链球菌病活菌苗 该疫苗使用猪源链球菌弱毒株（如 G10S115、ST171 株）接种缓冲肉汤，向培养物加入蔗糖明胶稳定剂，经冷冻真空干燥制成活疫苗。

用于预防猪败血性链球菌病。免疫期 6 个月。皮下注射或口服。按瓶身标签标注的头份，用 20% 氢氧化铝胶生理盐水或生理盐水稀释疫苗，每头注射 1mL，或口服 4mL。

② 其他猪链球菌活疫苗 Holt 等[9] 用活的无毒菌株作为疫苗使猪得到保护，但不能清除定居在扁桃体或关节里的 2 型猪链球菌，也不能清除隐性感染猪扁桃体内的细菌。

（2）猪链球菌病灭活疫苗

① 猪链球菌病 2 型灭活疫苗 本品系用免疫原性良好的猪链球菌 2 型 HA9801 株接种适宜培养基，收获培养物，经甲醛溶液灭活后，加入氢氧化铝胶制成。

用于预防由猪链球菌 2 型引起的猪链球菌病。肌内注射，每头 2mL，首免后 14d 用同样剂量再次免疫，免疫期可持续 4 个月以上。

② 马链球菌兽疫亚种＋猪链球菌病 2 型灭活疫苗 本品系用免疫原性良好的马链球菌兽疫亚种 ATCC35246 株和猪链球菌 2 型 HA9801 株接种适宜培养基，收获培养物，经甲醛溶液灭活后，加入氢氧化铝胶制成。每头份各菌株均至少含 1×10^9 CFU。

用于预防 C 群马链球菌兽疫亚种和 R 群猪链球菌 2 型感染引起的猪链球菌病。适用于断奶仔猪、母猪。肌内注射，仔猪每次每头接种 2mL，母猪每次每头接种 3mL，仔猪在 21～28 日龄首免，免疫 20～30d 后按同剂量再次免疫；母猪在产前 45 日龄首免，产前 30 日龄按同剂量再次免疫。二次免疫后，免疫期可持续 6 个月以上。

王建等[10] 以马链球菌兽疫亚种株和猪链球菌 2 型株作为生产菌株，试验制备的氢氧化铝胶二联灭活菌苗对仔猪安全，并具有较好的免疫保护效果，对马链球菌兽疫亚种的保护率达到 92.3%，对猪链球菌 2 型的保护率达到 100%。

③ 猪链球菌病三价灭活菌苗或多价菌苗 倪宏波等[11] 应用 RAPD 方法分析了临床分离的 20 株猪链球菌，根据菌株间的遗传距离，采用最短距离法，把亲缘关系密切的菌株聚为一类，20 株菌株可被聚为 4 类，从每一个聚类中挑选一株毒力强、抗原性好的菌株作为疫苗株，研制猪链球菌病氢氧化铝胶三价灭活菌苗。经实验室和田间试验证实，安全性好、免疫效力高。对实验小鼠的保护率为 100%，田间试验效果较好，在疫区初步应用后，试验组链球菌病的发病率为 4.2%，死亡率为 1.8%；对照组该病的发病率为 26.8%，死亡率为 13.4%。

姜天童等[12] 报道，应用国内主要猪链球菌的 C 群和 D 群，制成多价灭活疫苗，以 5～10mL 剂量免疫育肥猪和妊娠 10～30d 头胎母猪，均无临床症状出现，不产生菌血症，与对照猪同栏饲养不发生同居感染，菌苗具有良好的安全性。

④ 猪链球菌病自家灭活菌苗　杜雅楠等[13] 报道，用内蒙古包头市郊某猪场发病仔猪分离的链球菌，研制成猪链球菌油乳剂自家灭活菌苗，给怀孕母猪产前 40d 和 20d 各接种 1 次，肌内注射 4mL/头（倍量），控制了该猪场链球菌病的发生，仔猪的成活率达 95％以上。

在猪场用致病性菌株的自家灭活菌苗能降低猪的死亡率，这种自家灭活菌苗只能用于预防同种血清型的菌株，而不能预防新暴发的其他血清型的毒株，另一方面，自家灭活疫苗（AV）通常既没有进行安全性检测，也没有进行免疫原性保护效力测试，这导致在疾病控制和投资回报方面存在很大的不确定性[14,15]。

（3）猪链球菌病亚单位疫苗

① 无荚膜同基因突变株猪链球菌 2 型制备活苗和灭活苗　Wisselink 等[16] 用无荚膜同基因突变株猪链球菌 2 型制备活苗和灭活苗，同时与有荚膜的野生菌株比较其免疫保护作用。给无特定病原（SPF）猪在 4 周龄和 7 周龄分别用野生株福尔马林灭活苗、无荚膜突变株福尔马林灭活苗或无荚膜突变株活苗接种免疫 2 次，剂量为 1×10^9 CFU。2 周后，接种免疫猪和未免疫对照猪静脉注射 1×10^7 CFU 同源野生型猪链球菌 2 型，结果表明，野生株福尔马林灭活苗对注射的同源血清型起完全保护作用，接种无荚膜突变株福尔马林灭活苗仅起部分免疫保护作用（4/5 以上的猪持续几天具有临床症状，未发生死亡）。与前两种疫苗相比，无荚膜突变株活苗的免疫保护性很低，在实验过程中，所有的猪持续出现特定临床症状，2/5 以上的猪死亡。疫苗的保护功效与血清抗体的效价有关。另外，结果还表明，只有用野生株福尔马林灭活苗免疫猪产生的抗体能抵御纯化的猪链球菌 2 型荚膜多糖感染。

② 猪链球菌 2 型纯化荚膜多糖/溶血素/溶菌酶释放蛋白＋细胞外蛋白因子等亚单位疫苗　Elliott 等[17] 用猪链球菌 2 型的纯化荚膜多糖添加弗氏不完全佐剂免疫猪，能够产生调理性抗体，结果不能抵抗全菌的攻击。

Kebede 等[18] 用猪链球菌 2 型温度敏感缺失株作为疫苗株，结果只能对同源菌株的攻击起保护作用，对猪链球菌 2 型只能起部分保护作用。

Jacobs 等[19] 报道纯化的溶血素疫苗能对猪链球菌 2 型感染猪起到免疫保护作用，而对不产生溶血素的菌株不起保护作用。

Wisselink 等[20] 报道，用亲和色谱法提取猪链球菌 2 型 4005 菌株的溶菌酶释放蛋白（MRP）和细胞外蛋白因子（EF），制备亚单位油乳剂疫苗，并测定其免疫效果。分别在 3 周龄和 6 周龄免疫 1 次，8 周龄时静脉注射同源或异源的猪链球菌。结果表明，MRP 和 EF 的亚单位疫苗能有效地保护猪免受链球菌 2 型的感染，免疫效果与全菌油苗相同。然而免疫 MRP＋EF＋铝胶菌苗猪的抗体效价较低，虽然油苗能诱导体液和细胞免疫，但是这种佐剂的局部和总体副反应也比较严重。可见，佐剂也影响亚单位苗的效价。另外，亚单位苗的抗原成分单一，对其他血清型的保护作用还需要研究。

李明等[21] 以猪链球菌 2 型 MRP 和 EPF 的基因序列为模板，各设计合成一对引物，以猪链球菌 2 型江苏分离株 SS2-1 的基因组为模板，扩增 *mrp* 基因和 *epf* 基因，分别构建原核表达载体 pET32a-*mrp*、pET32a-*epf*，确定诱导表达的两种蛋白质都具有免疫原性后，用融合蛋白 MRP-EPF 免疫新西兰兔，以最小致死量猪链球菌强毒株 SS2-1 攻毒，兔的存活率达 50％，存活率明显高于单个表达产物，证实串联表达的融合蛋白为重要的保护性抗原。提示可以通过串联表达重组蛋白 MRP-EPF，研制新一代亚单位疫苗。

（4）猪链球菌病基因工程活载体疫苗　活载体疫苗是当今与未来疫苗研制与开发的

主要方向之一，兼有常规活菌苗的免疫效力高、成本低及灭活菌苗的安全性好等优点。

马有智等[22] 报道把猪链球菌溶血素基因克隆到原核表达载体，再将重组质粒导入减毒鼠伤寒沙门氏菌，证明该减毒株有相对安全性，能在宿主菌中表达。然而，该方法是在抗生素（Amp）存在下筛选阳性菌，没有将载体-宿主平衡致死系统应用于减毒伤寒沙门氏菌疫苗中。按照美国食品药品监督管理局（FDA）的规定，活疫苗中不能存在抗药质粒，并且在人和动物体内，无法用抗生素来维持重组质粒的稳定性。

（5）不同商业佐剂配制的猪链球菌疫苗对断奶仔猪保护和免疫原性的实验评价

Milan 等[23] 使用六种不同商业佐剂（Alhydrogel®、Emulsigen®-D、Quil-A®、Montanide™ ISA 206 VG，Montanide™ ISA 61 VG 和 Montanide™ ISA 201 VG）与猪链球菌 2 型 P1/7 悬液菌株进行疫苗配制，实验评估了不同菌苗的免疫原性和对同源攻毒断奶仔猪的保护效果。用 Montanide™ ISA 61 VG 配制的疫苗诱导抗猪链球菌抗体显著增加，猪的抗体，包括 IgG1 和 IgG2 亚类的增加，可降低死亡率，并显著降低发病率和临床症状的严重程度。用 Montanide ISA 206 VG 或 Montanide ISA 201 VG 配制的疫苗也能显著提高抗猪链球菌抗体，并显示部分保护作用和减轻临床症状的严重程度。用 Alhydrogel®、Emulsigen®-D 或 Quil A® 配制的疫苗诱导低抗体和 IgG1-移位抗体反应，未能保护接种的仔猪免受同源菌株攻击。总之，疫苗配方中使用的佐剂类型显著影响免疫应答和疫苗对同源菌株攻击的效力[24,25]。

表 2-12 所列为截至 2020 年我国猪链球菌病疫苗品种。

表 2-12　截至 2020 年我国猪链球菌病疫苗品种

序号	通用名
1	猪败血性链球菌病活疫苗（ST171 株）
2	猪链球菌病活疫苗（SS2-RD 株）
3	猪链球菌病灭活疫苗（2 型，HA9801 株）
4	猪链球菌病灭活疫苗（马链球菌兽疫亚种＋猪链球菌 2 型）
5	猪链球菌病蜂胶灭活疫苗（马链球菌兽疫亚种＋猪链球菌 2 型）
6	猪链球菌病灭活疫苗（马链球菌兽疫亚种＋猪链球菌 2 型＋猪链球菌 7 型）
7	猪链球菌病、副猪嗜血杆菌病二联灭活疫苗（LT 株＋MD0322 株＋SH0165 株）
8	猪链球菌病、副猪嗜血杆菌病二联亚单位疫苗

参考文献

[1] 王国栋，等，家畜传染病学[M]. 成都：西南交通大学出版社，2017.

[2] Gottschalk M, Segura M. Streptococcocis. In: Zimmerman J J, Karriker L A, Ramirez A, et al., editors. Diseases of Swine. 11th ed. Wiley-Blackwell; Hoboken, NJ, USA, 2019: 934-950.

[3] Goyette-Desjardins G, Auger J P, Xu J, et al. Streptococcus suis, an important pig pathogen and emerging zoonotic agent-an update on the worldwide distribution based on serotyping and sequence typing[J]. Emerg. Microbes Infect. 2014; 3: e45. doi: 10.1038/emi. 2014. 45.

[4] Ye C, Bai X, Zhang J, et al. Spread of Streptococcus suis sequence type 7, China [J]. Emerg. Infect. Dis. 2008; 14: 787-791. doi: 10.3201/eid1405. 070437.

[5] Ye C, Zhu X, Jing H, et al. Streptococcus suis sequence type 7 outbreak, Sichuan, China. Emerg. Infect. Dis. 2006; 12: 1203-1208. doi: 10.3201/eid1708. 060232.

[6] Okura M, Osaki M, Nomoto R, et al. Current taxonomical situation of Streptococcus suis

[J]. Pathogens. 2016; 5: 45. doi: 10. 3390/pathogens5030045.

[7] Estrada A A, Gottschalk M, Rossow S, et al. Serotype and genotype (Multilocus Sequence Type) of *Streptococcus suis* isolates from the United States serve as predictors of pathotype[J]. J Clin Microbiol. 2019; 57: e00377-e419. doi: 10. 1128/JCM. 00377-19.

[8] 高云飞，苏亚君，李宝臣，等．猪链球菌活疫苗的研制[J]．中国预防兽医学报，2001，23（3）：228-230.

[9] Holt M E, Enright M R, Alexander T J. Immunisation of pigs with live cultures of *Streptococcus suis* type 2[J]. Reseach in verterinary Science, 1988, 45, 340-352.

[10] 王建，刘佩红，陆承平，等．猪链球菌病二联灭活疫苗的研制[J]．南京农业大学学报，2003，26（1）：70-73.

[11] 倪宏波，等．猪链球菌病灭活疫苗安全性与免疫效力试验[J]．黑龙江畜牧兽医，2005，（9）：88-89.

[12] 姜天童，等．猪链球菌病多价灭活疫苗安全性和免疫原性试验[J]．中国兽医杂志，2001，37（8）：21-22.

[13] 杜雅楠，等．猪链球菌的分离及油乳剂灭活疫苗的研究[J]．中国动物检疫，2001，18（8）：27-28.

[14] Karoline Rieckmann, et al. A critical review speculating on the protective efficacies of autogenous *Streptococcus suis* bacterins as used in Europe. Porcine Health Manag. 2020; 6: 12. Published online 2020 May 6. doi: 10. 1186/s40813-020-00150-6.

[15] Lorelei Corsaut, et al. Field Study on the immunological response and protective effect of a licensed autogenous vaccine to control *Streptococcus suis* infections in post-weaned piglets. Vaccines, 2020.

[16] Wisslink H J, Zurwieden S N, Vecht U, et al. Assessment of protective efficacy of live and killed vaccines based on a non-encapsulated mutant of *Streptococcus suis* serotype2[J]. Vet Microbiology, 2002, 84（1-2）: 155-168.

[17] Elliott S D, Hadley C F, Tai J. *Streptococcal* infection in young pigs. V. An immunogenic polysaccharide from *Streptococcus suis* type2 with particular reference to vaccination against *Streptococcal meningitis* in pig [J]. Hyg, 1980, 85: 275-285.

[18] Kebede M, Chengappa M M, Stuart J G. Isolation and characterization of temperature-sensitive muntants of *Streptococcus suis*: efficacy trial of the mutant vaccine in mice[J]. Veterinary Microbiology, 1990, 22: 249-257.

[19] Jacobs A, van den Berg A J, Loeffen P L. Protection of experimentally infected pigs by suilysin, the thio-I activated haemolysin of *Streptococcus suis* [J]. Vet Rec, 1996, 139: 225-228.

[20] Wisselink H J, Vecht U, Stockhofe-Zurwieden N, et al. Protection of pigs against challenge with virulent *Streptococcus suis* serotype 2 strains by a muramidase-released protein and extracellular factor vaccine[J]. Vet Rec, 2001, 148（15）: 473-477.

[21] 李明，何孔旺，陆承平，等．猪链球菌2型MPR与EPF基因串联表达蛋白及其免疫保护作用[J]．中国农业科学，2005，38（6）：1264-1269.

[22] 马有智，戴贤君，李肖梁，等．表达猪链球菌溶血素基因的减毒沙门氏菌的构建及鉴定[J]．中国兽医学报，2005 25（5）：478-479.

[23] Milan R. Obradovic, et al. Experimental evaluation of protection and immunogenicity of *Streptococcus suis* bacterin-based vaccines formulated with different commercial adjuvants in weaned piglets, Vet Res. 2021; 52: 133. Published online 2021 Oct 19.

[24] Segura M, Fittipaldi N, Calzas C, et al. Critical *Streptococcus suis* virulence factors: are they all really critical Trends Microbiol. 2017; 25: 585-599. doi: 10. 1016/j. tim. 2017. 02. 005.

[25] Segura M. *Streptococcus suis* vaccines: candidate antigens and progress[J]. Expert Rev Vaccines. 2015; 14: 1587-1608. doi: 10. 1586/14760584. 2015. 1101349.

2.2.2　猪丹毒疫苗

猪丹毒（swine erysipelas）是由红斑丹毒丝菌（*Erysipelothrix rhusiopathiae*）引起的一种急性、热性传染病[1]。具有传播迅速、死亡率高等特点，因为其独特的临诊症状又被称为"钻石皮肤病"（diamond skin disease）或者"红热病"（red fever）[2]。

2.2.2.1　猪丹毒概况

红斑丹毒丝菌属乳杆菌科，丹毒丝菌属，是革兰氏阳性杆菌，无运动能力，不形成芽孢和荚膜，在不同条件下菌体形态有所不同，如病料组织触片或培养后涂片染色镜检，菌体为平直的或微弯曲的细长形，呈单个或"V"形排列；在陈旧的肉汤培养基中培养后多呈长丝状[3]。*E.rhusiopathiae* 是兼性微需氧菌，在含 5%～10% 的 CO_2 的条件下生长良好；对营养要求较高，在普通琼脂培养基上生长不良，需加入 5% 血清或血液；对温度敏感，30～37℃时最适宜生长；生长最佳 pH 值为 7.2～7.6。该菌菌落形态可分为光滑型（S 型）和粗糙型（R 型），急性败血型病例中分离到的菌落常为 S 型，在含有 5% 鲜血的培养基上呈 α 溶血现象[4]，而在慢性关节炎型的病例中常分离到 R 型菌，在含 5% 鲜血的培养基上无溶血现象[5]。*E.rhusiopathiae* 可发酵葡萄糖、乳糖、果糖等，明胶穿刺试验中，可沿穿刺线在试管中呈试管刷状生长，与其他细菌有所区别[6]。

该病无明显季节性，一年四季均可发生，通常呈散发或地方性流行[7]，在温度高的天气较为多发，冬季一般很少大规模暴发。该病多发生于卫生条件差、饲养管理不善的猪场，温度过高、湿度太大、过度拥挤、天气骤变、猪只转移等因素都会导致该病的发生[8]。根据猪丹毒临床症状不同共分为四种类型：最急性型、急性型、亚急性型及慢性型。①最急性型一般没有任何临床症状，感染猪只食欲正常、突然死亡，过程迅速，容易在猪群里暴发流行。②急性型表现为：突然发病；发热（温度为 40～42℃，或更高）；精神沉郁、卧地不起；部分或完全食欲缺乏；皮肤发红，指压褪色，但不一定出现菱形或正方形的坚实疹块；病猪呼吸急促；病初粪便干硬，有黏液，后期部分猪发生腹泻；感染母猪发生流产的比例高；一般发病 3～4d 后死亡。③亚急性型通常表现为：体温升高，一般不超过 42℃，但持续时间较长；食欲有轻微减退，但恢复较快；皮肤出现较少不规则、菱形或正方形的坚实疹块；母猪出现不孕、流产、产木乃伊胎或弱仔数增加。④慢性型通常由急性、亚急性型猪丹毒转化而来，病程相对较长，病猪常伴随着疣状心内膜炎或关节炎。心内膜炎型病猪贫血消瘦，呼吸困难，听诊心脏有心内杂音。关节炎型的病猪食欲时好时坏，发育迟缓，多在全身各关节（腕关节、附骨关节等）肿胀、溃烂，喜躺卧，步伐僵硬。

2.2.2.2　猪丹毒疫苗研究进展

目前防控猪丹毒的方式主要有抗生素治疗和疫苗免疫。虽然抗生素临床使用具有相应的防治效果，但在当今细菌耐药现象日益严重和全面开展减抗、限抗的养殖趋势下，疫苗接种才是防控猪丹毒和猪链球菌病的最有效措施。

（1）猪丹毒灭活疫苗　灭活疫苗是将强毒株菌体通过化学或物理方法灭活，使之丧失毒力后再与适合的佐剂结合制成的生物制品，因其接种后无法在动物体内增殖，无致病力，基本不受母源抗体干扰，安全性高，且与弱毒疫苗相比，运输保存更加方便。灭活疫苗制作工艺简单，并且可以制备多价、多联疫苗，可以进一步简化免疫程序、提高免疫效力，这也是目前疫苗领域新的发展方向。猪丹毒的灭活疫苗首次研制是 1947 年，Traub 等研制出用于防控猪丹毒的灭活疫苗[8]。我国最早关于猪丹毒灭活疫苗的研究是 1956 年，王明俊等参照 Traub 的灭活疫苗制作方法[9]，进一步优化菌株培养条件，在猪丹毒培养基中再加入 10% 的马血清，结果显示，制备的猪丹毒氢氧化铝菌苗的免疫效果优良，可抵抗不同地区混合强毒株的攻击。1986 年，郭明清等又在之前的氢氧化铝灭活疫苗基础上加以改进，加入吐温-80 和葡萄糖，并调节培养基 pH 值促进 $E.\,rhusiopathiae$ 增殖，进一步提高了疫苗的生产效率和免疫保护率[10]。我国目前市面上猪丹毒灭活苗又称为猪丹毒氢氧化铝甲醛灭活苗，因为其主要是用 $E.\,rhusiopathiae$ 血清型 2 型（CC43-5 株）强毒株经甲醛灭活后加铝胶佐剂混合制成，该苗注射 15～20d 后可使机体产生免疫力，免疫持续期可达 6 个月。商品化猪丹毒联合疫苗是猪丹毒-多杀性巴氏杆菌二联灭活疫苗 [$E.\,rhusiopathiae$（2 型）强毒菌株＋多杀性巴氏杆菌 B 群]，动物经免疫后 18 d 即可产生免疫力，具有较好的免疫保护效果。

（2）**猪丹毒弱毒疫苗**　弱毒疫苗是将强毒菌株致弱使其毒力降低但仍具有活性，或直接分离到的弱毒菌株制备成的疫苗。弱毒苗优点是免疫剂量小，接种后即可在动物体内增殖，引起机体较强的免疫反应，免疫效力持续时间长；缺点是制造工艺比灭活疫苗复杂，对保存环境要求较高，在实际生产中，常因某些因素影响不能达到运输要求而使疫苗有失活风险，而且弱毒疫苗最致命的缺陷是制苗菌株保留了一定的毒力，免疫效果不稳定，对于急性型和亚急性型猪丹毒，免疫效果较好，但对于慢性型猪丹毒，免疫效力则大打折扣，甚至有增加发病率的可能。在日本，人们怀疑活疫苗可能引起慢性猪丹毒，虽然大规模使用猪丹毒弱毒疫苗明显降低了猪群感染急性猪丹毒的风险，但是慢性猪丹毒的发病率明显上升，而且从病例中分离的 $E.\,rhusiopathiae$ 与当地使用的弱毒菌苗相似[11]。我国制造猪丹毒弱毒疫苗的菌株主要是"G4T10"株和"GC42"株，"猪三联"就是使用"G4T10"株或"GC42"株、猪瘟兔化弱毒菌株以及多杀性巴氏杆菌弱毒菌株混合后与保护剂结合，制备成的弱毒疫苗，对于猪丹毒免疫效果良好，免疫效力可持续 6 个月。郑福荣等使用 G370 弱毒株制备弱毒疫苗，经区域性安全试验和免疫实验证实，该苗免疫不同妊娠期母猪后，免疫效果良好，但存在部分妊娠母猪发生高温流产等免疫副反应现象。

（3）**猪丹毒新型疫苗**　目前新型疫苗是疫苗领域的热点，包括基因工程亚单位疫苗、活载体疫苗和核酸疫苗等。很早之前就有研究者在 $E.\,rhusiopathiae$ 的培养液中发现保护性抗原，目前已经发现的抗原有 SpaA、SpaB、SpaC、RspA、RspB、CbpB 等[12]。曹文尧利用 r-SpaA-N 表达纯化的重组蛋白制备亚单位疫苗，构建重组质粒 pcDNA3-spaA 制备核酸疫苗，结果显示，r-SpaA-N 制备的亚单位疫苗免疫效果优良，而真核质粒 pcD-NA3-spaA 制备的核酸疫苗尚不能在体内高效表达[13]。陈开旭等在此基础上进一步改良，纯化 spaA-N 片段，构建重组质粒 pcD-ACSC 制备核酸疫苗，结果显示，使用分子佐剂、融合增加抗原溶解度的核酸序列等方法可以显著增强疫苗诱导的免疫应答水平[14]。吴琼娟使用 CbpB、SpaA 等保护性抗原制备猪丹毒亚单位疫苗，试验证明，CbpB 同样具备良好免疫原性，可作为猪丹毒基因工程亚单位疫苗的候选抗原[15]。这些研究成果对猪丹毒新型疫苗具有参考价值，但新型疫苗普遍存在技术不成熟、制造工艺繁杂、成本高昂等局限性，距商品化使用仍然还有很长的路要走。

（4）**市面上的产品及使用说明**　目前市场上的商品化猪丹毒疫苗有单联活疫苗[猪丹毒活疫苗（GC42 株）]，猪丹毒灭活疫苗，猪瘟、猪丹毒、猪多杀性巴氏杆菌病三联活疫苗（细胞源＋ GC42 株＋EO630 株），猪丹毒、猪多杀性巴氏杆菌病二联灭活疫苗。

猪丹毒活疫苗

【主要成分与含量】本品含猪丹毒杆菌弱毒 GC42 株或 G4T10 株（CVCC1318 或 CVCC1319）。每头份含活菌数至少 $7.0×10^{8.0}$ CFU 或 $5.0×10^{8.0}$ CFU。

【性状】淡褐色海绵状疏松团块，易与瓶壁脱离，加稀释液后迅速溶解。

【作用与用途】用于预防猪丹毒。供断奶后的猪使用，免疫期为 6 个月。

【用法与用量】皮下注射。按瓶签注明头份，用 20% 氢氧化铝胶生理盐水稀释 1 头份/mL，每头 1.0mL。GC42 株疫苗可用于口服，剂量加倍。

【注意事项】

a. 疫苗稀释后应保存在阴暗处，限 4h 内用完。

b. 注射时，应作局部消毒处理。

c. 口服时，在接种前应停食 4h，用冷水稀释疫苗，拌入少量新鲜凉饲料中，让猪自由采食。

d. 用过的疫苗瓶、器具和未用完的疫苗等应进行无害化处理。

【规格】10 头份/瓶、20 头份/瓶、50 头份/瓶、100 头份/瓶。

【贮藏与有效期】2～8℃保存，有效期为 9 个月；－15℃以下保存，有效期为 12 个月。

猪丹毒灭活疫苗

【主要成分】本品含灭活的猪丹毒杆菌 2 型 C43-5 株（CVCC43005）。

【性状】静置后，上层为橙黄色澄明液体，下层为灰白色或浅褐色沉淀，振摇后呈均匀混悬液。

【作用与用途】用于预防猪丹毒。免疫期 6 个月。

【用法与用量】皮下或肌内注射。体重 10kg 以上的断奶猪，每头 5.0mL；未断奶仔猪，每头 3.0mL，间隔 1 个月后，再接种 3.0mL。

【注意事项】

a. 切忌冻结，冻结后的疫苗严禁使用。

b. 使用前，应将疫苗恢复至室温，并充分摇匀。

c. 瘦弱、体温或食欲不正常的猪不宜接种。

d. 接种时，应作局部消毒处理。

e. 接种后一般无不良反应，但有时在注射部位出现微肿或硬结，以后会逐渐消失。

f. 用过的疫苗瓶、器具和未用完的疫苗等应进行无害化处理。

【规格】20mL/瓶、50mL/瓶、100mL/瓶

【贮藏与有效期】2～8℃保存，有效期为 18 个月。

猪瘟、猪丹毒、猪多杀性巴氏杆菌病三联活疫苗（细胞源＋GC42 株＋EO630 株）

【主要成分与含量】本品含猪瘟兔化弱毒株组织毒或细胞毒，每头份至少含 150 个或 750 个兔体感染量；含猪丹毒杆菌 U4T10 株（或 GC42 株），每头份含活菌数至少 $5.0×10^8$ CFU（或 $7.0×10^8$ CFU）；含猪源多杀性巴氏杆菌 E0630 株，每头份含活菌数至少 $3.0×10^8$ CFU。

【性状】海绵状疏松团块，易与瓶壁脱离，加稀释液后迅速溶解。

【作用与用途】用于预防猪瘟、猪丹毒和猪多杀性巴氏杆菌病（即猪肺疫）。猪瘟免疫期为 12 个月，猪丹毒和猪肺疫免疫期为 6 个月。

【用法与用量】肌内注射。按瓶签注明头份，用生理盐水稀释成 1 头份/mL。断奶半个月以上猪，每头 1.0mL；断奶半个月以内的仔猪，每头 1.0mL，但应在断奶后 2 个月左右再接种 1 次。

【注意事项】

a. 疫苗应冷藏保存与运输。

b. 初生仔猪，体弱、有病猪均不应接种。

c. 接种前 7d、后 10d 内均不应喂含任何抗生素的饲料。

d. 稀释后，限 4h 内用完。

e. 接种时，应作局部消毒处理。

f. 接种后可能出现过敏反应，应注意观察，必要时采用注射肾上腺素等脱敏措施抢救。

g. 用过的疫苗瓶、器具和未用完的疫苗等应进行无害化处理。

【规格】10 头份/瓶、20 头份/瓶、50 头份/瓶、100 头份/瓶。

【贮藏与有效期】2～8℃ 保存，有效期为 6 个月；-15℃ 以下保存，有效期为 12 个月。

猪丹毒、多杀性巴氏杆菌病二联灭活疫苗

【主要成分】本品含灭活的猪丹毒杆菌 2 型 C43-5 株（CVCC43005）和猪源多杀性巴氏杆菌 B 群 C44-1 株（CVCC44401）。

【性状】静置后，上层为澄清液体，下层有少量沉淀，振摇后呈均匀混悬液。

【作用与用途】用于预防猪丹毒和猪多杀性巴氏杆菌病（即猪肺疫）。免疫期为 6 个月。

【用法与用量】皮下或肌内注射。体重 10kg 以上的断奶仔猪，每头 5.0mL；未断奶的仔猪，每头 3.0mL，间隔 1 个月后，再注射 3.0mL。

【注意事项】

a. 切忌冻结，冻结过的疫苗严禁使用。

b. 使用前，应将疫苗恢复至室温，并充分摇匀。

c. 瘦弱、体温或食欲不正常的猪不宜接种。

d. 接种时，应作局部消毒处理。

e. 接种后一般无不良反应，但有时在注射部位出现微肿或硬结，之后会逐渐消失。

f. 用过的疫苗瓶、器具和未用完的疫苗等应进行无害化处理。

【规格】20mL/瓶、50mL/瓶、100mL/瓶。

【贮藏与有效期】2～8℃ 保存，有效期为 12 个月。

参考文献

[1] 陆萍, 黄晓慧, 李郁, 等. 安徽部分地区猪丹毒杆菌的分离鉴定及生物学特性研究[J]. 微生物学通报, 2014, 41（09）: 1822-1828.

[2] Watts P S. Studies on *Erysipelothrix rhusiopathiae*[J]. The Journal of Pathology and Bacteriology, 1940, 50（2）: 355-369.

[3] Bender J S, Irwin C K, Shen H G, et al. *Erysipelothrix* spp. genotypes, serotypes, and surface protective antigen types associated with abattoir condemnations[J]. The Journal of Veteri-

nary Diagnostic Investigation, 2011, 23（1）: 139-142.

[4] Bender J S, Shen H G, Irwin C K, et al. Characterization of Erysipelothrix species isolates from clinically affected pigs, environmental samples, and vaccine strains from six recent erysipelas outbreaks in the United States[J]. Vet Microbiol, 2010, 116（1-3）: 138-148.

[5] 徐克勤，胡秀芳，高成华，等. 从水生动物分离的猪丹毒丝菌的血清型及其致病力研究[J]. 中国兽医杂志，1984, 10（10）: 2-6.

[6] Wang Q, Chang B J, Mee B J, et al. Neuraminidase production by Erysipelothrix rhusiopathiae[J]. Veterinary Microbiology, 2005, 107（3-4）: 265-272.

[7] Harada T, Ogawa Y, Eguchi M, et al. Phosphorylcholine and SpaA, a choline-binding protein, are involved in the adherence of Erysipelothrix rhusiopathiae to porcine endothelial cells, but this adherence is not mediated by the PAF receptor[J]. Veterinary Microbiology, 2014（172）: 216-222.

[8] Ding Y, Zhu D, Zhang J, et al. Virulence determinants, antimicrobial susceptibility, and molecular profiles of Erysipelothrix rhusiopathiae strains isolated from China[J]. Emerging Microbes&Infections, 2015, 4（11）: 69.

[9] 李一经. 兽医微生物学「M]. 北京: 高等教育出版社, 2011: 213-216.

[10] 王明俊. 兽医生物制品学「M]. 北京: 中国农业出版社, 1997: 205-208.

[11] 朱良全，冯倩倩，李聪研，等. 生产用培养基对猪丹毒杆菌 G4T（10）株安全及免疫原性试验的比较研究[J]. 中国兽药杂志，2013, 47（12）: 22-24.

[12] Bratberg A M. Selective adherence of Erysipelothrix rhusiopathiae to heart valves of swine investigated in an in vitro test[J]. Acta veterinaria scandinavica Pubmed Clinical Trials, 1981, 22（1）: 39-45.

[13] Shimoji Y, Ogawa Y, Makoto O. Adhesive surface proteins of Erysipelothrix rhusiopathiae bind to polystyrene, fibronectin, type I and IV collagens[J]. Journal of biological chemistry, 2003, 185（9）: 2739-2748.

[14] Shi F, Ogawa Y. Characterization and identification of a novel candidate Vaccine protein through systematic analysis of extracellular proteins of Erysipelothrix rhusiopathiae[J]. Infection and Immunity, 2013, 12（81）: 4333-4340.

[15] Shimoji Y, Oishi E, Kitajima T, et al. Erysipelothrix rhusiopathiae YS-1 as a live vaccine vehicle for heterologous protein expression and intranasal immunization of pigs[J]. Infection and Immunity, 2002, 70（1）: 226-232.

2.2.3　猪传染性胸膜肺炎疫苗

猪传染性胸膜肺炎（porcine pleuropneumonia）是由胸膜肺炎放线杆菌（*Actinobacillus pleuropneumoniae*，App）引起的一种呼吸道传染病，在临床和剖检上出现肺炎和胸膜炎的特征性症状和病变[1]。该病是一种高度传染性呼吸道疾病，在世界范围内广泛分布，常呈地方性流行，造成了持续的经济损失，严重地阻碍了世界养猪业的健康发展。

2.2.3.1　猪传染性胸膜肺炎概况

猪胸膜肺炎放线杆菌为革兰氏阴性球杆菌，多形性，无运动性，无芽孢[2]。菌体表面具有荚膜和纤毛。电镜下可看到菌体呈椭圆形，外层有较厚的荚膜，菌体两端荚膜外各有 1~2 个球形小泡样结构，菌体周边有十余根直的刚性菌毛，人工培养在血琼脂上易出现菌毛而培养在其他培养基上不易见到[3]。初次分离培养需要葡萄球菌划线的绵羊血琼

164　兽用生物制品研究及应用

脂平板，可出现溶血和卫星现象。App 为兼性厌氧菌，有两个生物型，生物 I 型菌株的酶系统不完全，生长需要 V 因子（nicotinamide adenine dinucleotide phosophate，NAD），生物 2 型生长不需要 V 因子，但需要其他特定嘌呤或嘌呤前产物以辅助生长。

App 血清型是根据 App 表面荚膜和脂多糖抗原性的不同而划分的，App 生物 1 型的菌株可分为 13 个血清型（1～12 型和 15 型），生物 2 型菌株有两个血清型，13 型和 14 型[4]。各地方流行的血清型有所差异，不同的血清型之间的交叉保护不强，其中 1 型、4 型、6 型三型之间有交叉反应；3 型、6 型、8 型之间有交叉反应；8 型荚膜中含有 3 型、6 型的荚膜抗原；4 型菌株与 5 型、7 型有交叉反应[5]。我国主要流行 2 型、3 型和 7 型，其次为 1 型、5 型和 8 型。由于不同血清型抗原性的不同，各血清型之间的交叉保护力低。

App 是一种多毒力因子病原，其毒力因子很多，现已发现与 App 的致病性有关的毒力因子包括荚膜多糖、脂多糖、外膜蛋白、转铁结合蛋白、溶血外毒素、蛋白酶、渗透因子、菌毛、尿素酶等。大量试验已证实，这些毒力因子大部分都是 App 重要的保护性抗原。其中溶血外毒素是 App 引起猪发病最主要的毒力因子[6]。

猪场暴发急性胸膜肺炎时大部分猪急性死亡，只有很少部分幸存下来。幸存下来的猪大多数在肺部留下病灶，这些病灶又为其他病原菌的入侵创造了有利的条件，而肺部的粘连区会影响猪的正常呼吸功能，导致猪呼吸困难，进而使猪生长速度减慢。

2.2.3.2　猪胸膜肺炎疫苗研究进展

胸膜肺炎放线杆菌感染猪只后可诱导产生相应的抗体。感染后 10d 通过 CFT 试验可以检测到血清抗体，感染后 3～4 周抗体滴度达到高峰并持续几个月[7]。体液免疫反应被认为在保护性免疫中扮演着关键作用，特别是免疫球蛋白 IgG[8]。局部免疫反应也能够被检测到，但它们的确切作用仍不清楚。通过免疫妊娠母猪能够对仔猪提供保护，免疫可持续 5～12 周，但不能对超过 3 周龄的仔猪提供保护[9]。人们从临床或实验中观察到，曾经感染 App 后存活的猪对同源血清型 App 的感染有很好的免疫保护，但是对异源血清型保护效果报道不一[10]。

（1）**全菌灭活疫苗**　全菌灭活疫苗是目前使用最多的一种疫苗，一般是培养流行菌株，福尔马林处理使细菌失活后加入适当的佐剂而制成。它具有安全、不存在散毒和造成新疫源的危险，也不能返祖返强，便于贮存和运输等优点。目前，用于预防猪传染性胸膜肺炎的商品化疫苗大多是这种全菌灭活疫苗。但是这种灭活全菌疫苗的保护效果非常有限，仅能减轻临床症状和肺部病变的程度，降低死亡率。当猪只再受到感染时，临床症状和肺损伤都会出现。这种有限的保护，最可能的解释是由于这种全菌灭活疫苗缺少 Apx 毒素和与细菌相关的一些毒力因子；或一些抗原的存在降低了疫苗中其他抗原的保护效率[11]。而且，疫苗中细菌的内毒素等成分会对猪产生全身或局部的不良反应。灭活苗不能刺激动物产生高滴度的抗体，当猪只受到感染时，临床症状和肺的损伤都会出现，也不能对其他血清型的感染产生交叉保护。即使将多种血清型的细菌混合制苗再免疫动物，效果同样不理想。血清型或菌株之间没有交叉保护性可能与基因的变异导致表面抗原不同有关；有时同种血清型由于不同分离株的表面抗原不同也不能起到保护作用。因此，研究安全、新型和高效 App 疫苗对动物进行免疫是预防和控制此病的重要手段。

（2）**亚单位疫苗**　随着人们对于 App 毒力因子认识的不断加深，普遍认为菌体灭活苗保护力不够是因为这种疫苗不包含 App 生长过程中分泌到外界的毒力因子，因而开始着手研究包含毒力因子的疫苗，以期提高疫苗的保护效果。用提取的 App 的荚膜作为免疫原接种猪只，当用相应的血清型攻毒时，仅仅能降低死亡率，并不能产生充分的保护作用[12]。针对荚膜的抗体没有中和作用，仅具有调理作用。App 分泌的溶血素是一种重要的免疫原，针对该免疫原的抗体水平和保护力呈正相关。用 1 型 App 的细胞抽提物（蛋白质、内毒素和多糖，主要是 110kDa 的溶血素）免疫仔猪后攻毒，其保护力比灭活苗和外膜脂蛋白更好。App 的溶血素蛋白是一个很重要的免疫原，在保护动物抵御 App 的感染方面起着很重要的作用。目前的商品化亚单位疫苗也主要以毒素成分为主，表现出了较好的免疫效果和交叉保护性。但研究也表明，除了毒素，一些菌体成分如荚膜、外膜蛋白（OMP）等在交叉保护中也起着一定的作用，找出这些有交叉保护性的因子对于高效疫苗的开发无疑具有重要的意义。

（3）胸膜肺炎放线杆菌菌影疫苗　菌影疫苗是利用噬菌体 ΦX174 的 E 基因在细菌中表达引起细菌的裂解失活而制备。通过控制噬菌体 ΦX174 的 E 基因表达来生产整个细胞衣壳，该方法没有变性过程，这些空的细胞衣壳具有与活的细菌一样的抗原决定簇，因而具有良好的免疫原性。这种 E 基因介导的溶菌作用已经在许多革兰氏阴性菌中实现，包括大肠杆菌、沙门氏菌、霍乱弧菌、肺炎杆菌、胸膜肺炎放线杆菌。不同动物中的免疫反应分析表明细菌菌影疫苗可以同时激发机体对细菌细胞衣壳成分包括对抵抗感染的保护性抗原的体液免疫应答和细胞免疫应答。研究人员于 1996 年首先描述了 App 菌影疫苗对猪只的免疫效果，气雾免疫后用同型菌攻击获得了完全的保护，而且从扁桃体、肺脏、肺气管洗出物中均没有分离到攻毒菌株[13,14]。菌影疫苗利用噬菌体 ΦX174 的 E 基因表达产物在细菌表面形成微孔而导致细菌裂解，不用经过物理或化学的变性过程，灭活简单，且能更好地呈现细菌表面的抗原[15]；利用细胞膜定向载体，可把外源基因定向黏附到细胞膜上，可作为重组疫苗或多价疫苗的载体，而且插入的外源蛋白抗原决定簇基因不受大小的限制；重组体菌影疫苗能长期保存，并且不需要低温保存[16]。对实验动物进行腹腔内、皮下、肌内注射可以激发特异的体液和细胞免疫应答来抵抗细菌；菌影疫苗成分（如 LPS、脂质 A 和肽聚糖）也可作为天然免疫佐剂，外源靶蛋白与菌影疫苗混合后，菌影疫苗的组分对靶蛋白似乎有着优于明矾和完全弗氏佐剂的佐剂作用[17]。但是，菌影疫苗仍然存在灭活不彻底的缺点，需要克服后才能在生产中应用。

（4）弱毒活疫苗　由于胸膜肺炎放线杆菌血清型很多，利用全菌灭活疫苗免疫动物只能获得同型特异性保护，相反，曾经感染 App 存活的猪只不仅对同血清型 App 的感染有很好的免疫保护，对异源血清型也有部分保护力，因此，减毒活疫苗的研究已成为众多学者的研究重点。通过使用位点特异性突变构建了 apx IIC 基因插入失活的基因工程突变株，使细菌可以持续安全地表达无活性的 apx IIA 毒素，诱导动物产生针对不同血清型 App 攻击的交叉保护[18]。利用同源重组的方法获得了核黄素合成酶缺失菌株，该缺陷菌株毒力明显降低，是构建的第一个代谢物缺陷菌株，有望作为弱毒苗候选菌株[19]。构建 App 2 型 Rc 酶基因（ureC）和毒素 II 基因（apx IIA）双基因缺失弱毒株，一次免疫后保护效果和灭活苗两次免疫效果相当，而且肺部细菌含量大为降低。这种弱毒苗不仅毒力降低，而且由于毒力基因的缺失，用作疫苗还可以鉴别诊断野毒感染产生的毒素抗体，因而可用作鉴别诊断。通过对 App 的多个毒力因子基因缺失突变构建减毒活疫苗获得了很好的免疫原性，同时极大地克服了弱毒疫苗在应用过程中的安全性问题[20]。总之，较理想的 App 疫苗应该是毒素失活而非缺失的基因工程弱毒苗。由于弱毒疫苗可以激发良好的抗体反应和交叉保护力，而且使用方便成本低，可能是今后 App 疫苗的发展方向。

2.2.3.3 市面上的产品及使用说明

猪传染性胸膜肺炎三价灭活疫苗

【主要成分与含量】本品含灭活的猪胸膜肺炎放线杆菌（App）血清 1 型 JL9901 株、血清 2 型 XT9904 株和血清 7 型 GZ9903 株。灭活前每头份含活菌数均不少于 2.5×10^8 CFU。

【性状】均匀乳剂。

【作用与用途】用于预防 1 型、2 型、7 型胸膜肺炎放线杆菌引起的猪传染性胸膜肺炎。免疫期为 6 个月。

【用法与用量】

a. 肌内注射，按瓶签注明头份，不论猪只大小，各种猪均每头份 2.0mL。

b. 推荐免疫程序为仔猪 35～40 日龄进行第 1 次免疫接种，首免后 4 周加强免疫 1 次。母猪在产前 6 周和 2 周各注射 1 次，以后每 6 个月免疫 1 次。

【注意事项】

a. 本品适用于接种健康猪。

b. 疫苗瓶开封后应限当日用完。

c. 使用前应使疫苗达到室温；用前充分振摇；用于接种的工具应清洁无菌。

d. 对于暴发该病的猪场，应选用敏感药物拌料、饮水或注射，疫情控制后再全部注射疫苗。

e. 疫苗注射后，个别猪可能会出现体温升高、减食、注射部位红肿等不正常反应，一般很快自行恢复。

f. 注射局部可能出现肿胀，短期可消退。一般情况下有轻微体温反应，但不引起流产、死胎和畸胎等不良反应，由于个体差异或其他原因（如营养不良、体弱多病、潜伏感染、感染寄生虫、运输或环境应激、免疫机能减退等），个别猪在注射后可能出现过敏反应，可用抗过敏药物（如地塞米松、肾上腺素等）进行治疗，同时采用适当的辅助治疗措施。

【规格】4mL/瓶、6mL/瓶、20mL/瓶、50mL/瓶、100mL/瓶。

【贮藏与有效期】2～8℃保存，有效期为 12 个月。

参考文献

[1] 贝为成, 陈焕春, 何启盖. 胸膜肺炎放线杆菌毒素分子致病机理研究进展[J]. 动物医学进展, 2002, 23（5）: 1-3.

[2] 王春来, 杨旭夫, 刘杰. 胸膜肺炎放线杆菌主要毒力因子的致病性及其免疫原性研究进展[J]. 预防兽医学进展, 2001, 3（2）: 10-12.

[3] 陈小玲, 杨旭夫, 朱士盛. 猪传染性胸膜肺炎的流行现状和防制措施[J]. 中国兽医杂志, 2001, 37: 33-35.

[4] 刘建杰, 何启盖, 陈焕春, 等. 猪胸膜肺炎放线杆菌毒素 I 基因的克隆、表达及其 ELISA 检测方法的建立[J]. 中国农业科学, 2004, 37（1）: 148-151.

[5] 王春来, 杨旭夫, 刘杰. 胸膜肺炎放线杆菌主要毒力因子的致病性及其免疫原性研究进展[J]. 预防兽医学进展, 2001, 3（2）: 10-12.

[6] Baltes N, Tonpitak W, Gerlach G F, et al. *Actinobacillus pleuropneumoniae* iron transport and urease activity: effects on bacterial virulence and host immune response[J]. Infect Immun,

2001, 69（1）：472-478.

[7] Bandara A B, Lawrence M L, Veit H P, et al. Association of *Actinobacillus pleuropneumoniae* capsular polysaccharide with virulence in pigs[J]. Infect Immun, 2003, 71（6）：3320-3328.

[8] Bei W, He Q, Yan L, et al. Construction and characterization of alive, attenuated apx Ⅱ CA inactivation mutant of *Actfnobacillus pleuropneumoniae* lacking a drug resistance marker [J]. FEMS Microbiol Lett, 2005, 243: 21-27.

[9] Bosse J T, Friendship R, Rosendal S, et al. Development and evaluation of a mixed-antigen ELISA for serodiagnosis of *Actinobacillus pleuropneumoniae* serotypes 1, 5, and 7 infections in commercial swine herds[J]. J Vet Diagn Invest, 1993, 5（3）：359-362.

[10] Chiers K, Donne E, Van Overbeke I, et al. Evaluation of serology, bacteriological isolation and polymerase chain reaction for the detection of pigs carrying *Actinobacillus pleuropneumoniae* in the upper respiratory tract after experimental infection[J]. Vet Microbiol, 2002, 88（4）：385-392.

[11] Dubreuil J D, Jacques M, Mittal K R, et al. *Actinobacillus pleuropneumoniae* surface polysaccharides: their role in diagnosis and immunogenicity [J]. Anim Health Res Rev. 2000, 1（2）：73-93.

[12] Jacobsen 1, Hennig-Pauka I, Baltes N, et al. Enzymes involved in anaerobic respiration appear to play a role in *Actinobacillus pleuropneumoniae* virulence[J]. Infect Immun, 2005, 73（1）：226-234.

[13] Jalava K, Hensel A, Szostak M, et al. Bacterial ghosts as vaccine candidates for veterinary applications[J]. J Control Release, 2002, 85（1-3）：17-25.

[14]Jansen R, Briaire J, Kamp E M, er al. Comparison of the cytolysin Ⅱ genetic determinants of *Actinobacillus pleuropneumoniae* serotypes[J]. Infect Immun, 1992, 60（2）：630-636.

[15] Madsen M E, Carnahan K G, Thwaits R N. Evaluation of pig lungs following an experimental challenge with *Actinobacillus pleuropnewnoniae* serotype 1 and 5 in pigs inoculated with either hemolysin protein and/or outer membrane proteins [J]. FEMS Microbiol Lett, 1995, 131（3）：329-335.

[16] Moller K, Nielsen R, Andersen L V, et al. Clonal analysis of the *Actinobacillus pleuropneumoniae* population in a geographically restricted area by multilocus enzyme electrophoresis[J]. J Clin Microbiol, 1992, 30（3）：623-627.

[17] Niven D F, Donga J, Archibald F S. Responses of *Haemophilus pleuropneumoniae* to iron restriction: changes in the outer membrane protein profile and the removal of iron from porcine transferrin[J]. Mol ATcrobiol, 1989, 3（8）：1083-1089.

[18] Paradis S E, Dubreuil D, Rioux S, et al. High-molecular-mass lipopolysaccharides are involved in *Actinobacillus pleuropneumoniae* adherence to porcine respiratory tract cells[J]. Infect Immun, 1994, 62（8）：3311-3319.

[19] Prideaux C T, Lenghaus C, Krywult J, et al. Vaccination and protection of pigs against pleuropneumonia with a vaccine strain of *Actinobacillus pleuropnewnoniae* produced by site-specific mutagenesis of the Apx 11 operon. Infect Immun[J], 1999, 67（4）：1962-1966.

[20]Rioux S, Galarneau C, Harel J, et al. Isolation and characterization of a capsule-deficient mutant of *Actinobacillus pleuropneumoniae* serotype 1[J]. Microb Pathog, 2000, 28（5）：279-289.

2.2.4　副猪嗜血杆菌病疫苗

副猪嗜血杆菌（*Haemophilus parasui*s，Hps）可引起格拉泽氏病（Glässer's disease），也称副猪嗜血杆菌病，特点为高热、关节肿胀、呼吸道紊乱及中枢神经症状，主要表现为急性渗出性纤维素炎、多发性纤维素性浆膜炎、关节炎和脑膜炎等猪全身性炎症反应。Glässer 于 1910 年首次发现猪浆液性纤维素性胸膜炎、心包炎和脑膜炎的病料中存在一种革兰氏阴性菌，但由于该菌在外界死亡速度较快，对培养和保存条件要求苛刻，很大程度上阻碍了人们对该病的研究，直到 1922 年 Schermer 和 Ehrlich 首次从病料中分离到该菌。该菌由于生长过程中需要 V 因子和 X 因子，1931 年被命名为猪流感嗜血杆菌（*Haemophilus influenza suis*），1943 年 Hjärre 和 Wramby 又将其命名为猪嗜血杆菌（*Haemophilus suis*），之后证明该菌生长仅需 V 因子，最终更名为副猪嗜血杆菌（*Haemophilus parasuis*）。经过详细的系统发育分析，副猪嗜血杆菌被重新命名为 *Glaesserella parasuis*，但该命名尚未在国际上统一使用[1]。

2.2.4.1 副猪嗜血杆菌概况

Hps 是一种烟酰胺腺嘌呤二核苷酸（nicotinamide adenine dinucleotide，NAD）依赖的非运动、多形态、有荚膜的革兰氏阴性小杆菌，为猪的上呼吸道常驻菌，一般在仔猪出生 2d 后就能在鼻腔中检测到。该菌血清型众多，且各菌株间毒力差距较大，非毒力菌株是仔猪鼻腔中正常微生物菌群的一部分，毒力菌株则是引起副猪嗜血杆菌病的主要病原。Hps 呈地方性流行，不同地区、国家的流行毒株不尽相同。根据荚膜抗原的差异可将该菌分为至少 15 个血清型，约 25% 的分离菌株无法定型，其中血清 4 型、5 型是目前全球流行最广泛的菌株。不同血清型菌株的毒力存在差异，其中血清 1 型、5 型、10 型、12 型、13 型、14 型为强毒力菌株，血清 2 型、4 型、8 型、15 型为中等毒力菌株，3 型、6 型、7 型、9 型和 11 型为无毒力型菌株[2]。但同一血清型的不同菌株毒力可不同，人工感染 SPF 猪或豚鼠可显示菌株的毒力差异。目前该菌的毒力因子不完全清楚，菌毛只有特殊培养条件下才产生，但黏附意义不明；荚膜在体外培养不易产生；产生的超氧化物歧化酶有助于抗吞噬；神经氨酸酶有助于获取营养物质、暴露受体和干扰黏膜免疫。

副猪嗜血杆菌病在全球范围内广泛流行，欧洲、大洋洲、美国、加拿大、日本等均有报道，在我国不同地区也普遍流行。Ni 等[3] 综合分析了 PubMed、中国知网等 5 个国内外数据库中关于 Hps 在我国的血清流行病学及病原流行病学的数据，结果显示，2005—2019 年，Hps 在我国猪群中的综合平均阳性率约 27.8%，其中血清流行病学阳性率为 29.8%，病原流行病学阳性率为 12.5%；2011—2015 年综合平均阳性率高达 41.0%；该病全年发病，秋冬季节阳性率为 35.4%，春夏季约 21.8%，且全年龄段的猪均易感，可见，在我国猪群中 Hps 感染较为常见。副猪嗜血杆菌病的发生通常与动物应激密切相关，多呈散发，随着生产模式的转变和免疫抑制病毒的出现，Hps 常与猪繁殖与呼吸综合征病毒、圆环病毒、伪狂犬病毒、链球菌、大肠杆菌等混合感染[4,5]。10 日龄以下的仔猪往往由带菌母猪传染。断奶仔猪因其母源抗体水平较低较易发病，应激因素常是发病的诱因。目前 Hps 病已成为当前生猪养殖过程中常见、多发且危害严重的猪呼吸系统重要传染性细菌病之一。

2.2.4.2 副猪嗜血杆菌病疫苗研究进展

副猪嗜血杆菌病防控的 3 个关键要素分别是科学的种群管理、合理使用抗菌药物和有效的免疫接种。母猪是 Hps 在猪群中传播的源头，因此，母猪是该病的重要防控群体。随着对滥用抗生素危害的认识，我国和世界各国已相继出台相关减抗、禁抗政策法规，抗生素将逐步退出 Hps 的防控环节，疫苗接种将成为防控该病的最主要措施。

Hps 是一种胞外病原体，体液免疫反应产生的抗体在猪群抗感染中发挥重要作用[6]。仔猪在哺乳期间与母猪接触后，获得 Hps 定植，同时通过初乳获得母源抗体，建立定植和免疫之间的平衡。抗体能够促进巨噬细胞吞噬并杀死 Hps，且抗体对补体的杀伤作用影响较小。目前研发的 Hps 疫苗主要包括灭活疫苗、亚单位疫苗、外膜囊泡疫苗、菌影疫苗，灭活疫苗和亚单位疫苗已进入商品化生产环节，另外两种疫苗仍处于实验室研发阶段。

（1）灭活疫苗　灭活疫苗在副猪嗜血杆菌病的全球防控中发挥了重要作用。细菌灭活疫苗通常用 37℃甲醛溶液处理 48h 灭活，通过高速离心将细菌培养物制粒后，再用无菌的磷酸盐缓冲液重悬，然后加入适当的佐剂如矿物油、氢氧化铝或蜂胶配制而成。目前 Hps 的商品化疫苗均为灭活疫苗，相同血清型保护效果较好，但不同血清型间的交叉保护效果较差，甚至没有保护力。因此，目前商品化的 Hps 疫苗以多价苗为主。疫苗菌株通常是从临床感染的强毒株中筛选出来，主要以血清 1 型、4 型、5 型为主[7]。Hps 灭活疫苗通常在母猪产前接种，诱导母体产生持续 3 周左右的高浓度抗体，仔猪断奶前接种可持续保护猪群。免疫断奶后 2～3 周的仔猪，经过两次免疫可获得 4 个月到 6 个月的有效保护力。

目前，获得生产批文的 Hps 灭活疫苗主要有 9 种，分别是西班牙海博莱生物生产的预防血清 1 型和 6 型二价灭活苗、美国勃林格殷格翰公司生产的 Z-1517 株灭活苗、山东滨州沃华生物生产的 1 型 LC 株＋5 型 LZ 株灭活苗、洛阳惠中生物技术有限公司生产的 4 型 JS 株＋5 型 ZJ 株灭活苗、武汉科前生物生产的副猪嗜血杆菌病灭活疫苗以及同时预防猪链球菌感染的二联灭活苗（LT 株＋MD0322 株＋SH0165 株）、北京华夏兴洋生物科技有限公司生产的副猪嗜血杆菌三价灭活疫苗（4 型 BJ02 株＋5 型 GS04 株＋13 型 HN02 株）、广东永顺生物有限公司的副猪嗜血杆菌 3 价灭活疫苗（4 型 H25 株＋5 型 H45 株＋12 型 H31 株），以及山东华宏生物生产的四价蜂胶灭活疫苗（4 型 SD02 株＋5 型 HN02 株＋12 型 GZ01 株＋13 型 JX03 株）[8]。

虽然副猪嗜血杆菌的灭活疫苗有众多优势，在市场上也具有较好的应用前景，但存在一些局限性。首先，灭活疫苗不可能包含区域内传播的所有毒力血清型；其次，矿物油和氢氧化铝等现有佐剂，在含有多种抗原的疫苗中很难保持相同的注射剂量和相同的保护水平，接种时缺乏其中一种抗原则很可能导致接种动物免疫失败，暴发副猪嗜血杆菌病，故开发更有效的佐剂可能是改进 Hps 疫苗的新途径；第三，免疫保护期短，最长的免疫保护期仅为 4 个月，需要多次免疫才能产生长期的保护作用；第四，无法区分自然感染和疫苗接种的动物。

（2）亚单位疫苗　亚单位疫苗含有特异 HPS 抗原分子，通过针对致病性菌株中存在的共同表位进行免疫反应，达到免疫保护的效果。这类疫苗不含有病原微生物的核酸等遗传物质，对猪群无安全隐患。此外，该类疫苗稳定性好、易储存和运输，能区分自然感染与免疫接种的动物，因此更适合作为一种新型疫苗来研究，并成为未来防治 Hps 感染的理想疫苗。

亚单位疫苗的设计通常根据免疫蛋白质组学和基因组序列联合分析，选择可能具有免疫原性的表面蛋白和分泌蛋白。成功表达重组蛋白、高蛋白产量以及蛋白折叠充分是亚单位疫苗研发必须逐一突破的关键环节。近期已鉴定到的具有高效免疫原性的重组蛋白有超氧化物歧化酶、Omp26、VacJ、HAPS 0742、HxuC、HxuB、TolC、LppC、HAPS 0926、Omp16、HbpA、OppA、HPS-04307、AfuA 和 HktE[9-13]。其中用 TolC、LppC、HAPS 0926 的重组蛋白免疫后，小鼠抗原特异性 IgG 滴度和淋巴增殖反应显著升高，外周血中 CD4[+] T 细胞、CD8[+] T 细胞水平上升，IL-2、IL-4 和 IFN-γ 分泌水平显著增加；在 Hps 全血杀菌试验中，这 3 个抗原的抗血清能有效抑制细菌存活，且多蛋白联合免疫能诱导机体产生更明显的免疫反应，免疫保护效果与单一蛋白免疫效果相比显著上升[10]。在豚鼠模型中，Omp26、VacJ 和 HAPS 0742 重组蛋白分别免疫后，用致死剂量的 Hps 感染豚鼠，具有显著的保护作用[14]；Li 等[12,15] 研究发现，重组蛋白 HbpA、OppA、HPS-04307、AfuA、OmpP2 免疫小鼠后，能诱导小鼠产生强烈的体液免疫和细胞免疫反应，有效抑制了 Hps 在小鼠体内的增殖并给予小鼠 40％～80％的保护。但上述新发现的蛋白质是否能有效地保护猪还需要进一步验证。目前，获得我国兽药生产批文的仅猪链球菌、副猪嗜血杆菌二联亚单位疫苗一种。该疫苗是由华中农业大学金梅林教授团队研发的，以猪链球菌免疫蛋白 HP0197 和 HP1036，及副猪嗜血杆菌免疫蛋白 06257 和 palAW 为主要成分，免疫期为 5 个月。

（3）外膜囊泡疫苗和菌影疫苗　外膜囊泡（outer membrane vesicles，OMV）疫苗、菌影疫苗由于其自身的结构特性和免疫原性也是当前细菌亚单位疫苗研究的两大方向。外膜囊泡是革兰氏阴性菌在自然环境下分泌产生的，由脂多糖、磷脂、肽聚糖、外膜蛋白、细胞壁成分、核酸（DNA、RNA）和离子代谢物等多种生物活性物质组成，具有较好的免疫原性，因其纳米级的粒径（直径约为 20～250nm 之间），还能作为免疫佐剂使用[16]。随着脑膜炎奈瑟菌 B 群 OMV 疫苗的上市，OMV 被认为是极具潜力的候选亚单位疫苗或者疫苗载体。McCaig 等[17] 研究发现，Hps（Nagasaki 株）的 OMV 免疫无母源抗体的仔猪后，用致死剂量的同菌株经滴鼻感染仔猪，免疫组 14d 内的保护率达 100％。豚鼠模型试验表明，经滴鼻免疫 OMV 后，豚鼠黏膜免疫水平显著上升[18]。但 Hps 自然分泌的 OMV 产量较少，纯化过程复杂，且缺乏精确定性标准，该类亚单位疫苗目前仅处于实验室研究阶段。

"细菌幽灵"是革兰氏阴性菌在噬菌体 ΦX174 的裂解基因 E 的表达产物的作用下，在细菌膜上形成一个直径约为 40～200nm 的特异性跨膜孔道，由于渗透压的差异，胞质内容物经孔道排出，形成无细胞质和核酸的细菌空壳[19]。与其他类型的疫苗相比，菌影疫苗具有完整的细菌膜和相关免疫原性蛋白，可有效递送抗原和诱导较强免疫应答；而且"细菌幽灵"含有的脂多糖和肽聚糖等许多成分均可作为天然佐剂；"细菌幽灵"还可以作为载体，表达其他细菌或病毒抗原，制备多联多价疫苗。此外，由于"细菌幽灵"特殊的遗传灭活方式，疫苗中不含核酸等遗传物质，具有良好的生物安全性，且可常温储藏与运输，因此可降低生产成本。胡明明等[20] 以血清 5 型 Hps 为载体，成功制备了 Hps 菌影，发现该菌影疫苗对仔猪具有较好的免疫保护力，为 Hps 新型高效菌影疫苗的研制开发与应用提供了支持。胡本钢等[21] 利用抗菌肽联合超高压方法成功制备的 Hps 菌影，对小鼠具有 100％免疫保护力。但目前这类疫苗仅处于实验室研究阶段，且研究规模较小。

（4）市面上的疫苗产品及使用说明　目前，在我国市面上流通的商品化疫苗主要以灭活疫苗为主（包括全菌灭活疫苗、多价灭活疫苗、二联灭活疫苗），此外还有亚单位疫苗。各种疫苗使用说明信息如下。

副猪嗜血杆菌病二价灭活疫苗（4 型 JS 株＋5 型 ZJ 株）

该疫苗含有副猪嗜血杆菌流行的 2 个主要血清型 4 型、5 型菌株，采用高效进口水性佐剂和高效全自动超滤生产工艺技术，使该疫苗具有注射方便、易吸收、无残留、无副反应、对胴体品质无任何影响等特点。该疫苗用于预防由血清 4 型和血清 5 型副猪嗜血杆菌引起的副猪嗜血杆菌病，免疫期为 6 个月，且对 12 型、13 型副猪嗜血杆菌菌株表现不同程度的交叉保护。

【主要成分与含量】疫苗中含灭活的副猪嗜血杆菌血清 4 型 JS 株和血清 5 型 ZJ 株,灭活前 JS 株活菌数至少为 $2.0 \times 10^9 CFU/$头份,灭活前 ZJ 株活菌数至少为 $2.0 \times 10^9 CFU/$头份。

【使用说明】颈部肌内注射。不论猪只大小,首免 2mL/头,3 周后二免。推荐免疫程序为:后备母猪在产前 8~9 周首免,3 周后二免,以后每胎产前 4~5 周免疫一次。仔猪在 3~4 周龄首免,3 周后二免。

【注意事项】

a. 本品仅用于接种健康猪。

b. 用前应仔细检查包装,如发现破损、标签残缺、文字模糊、过期失效等,禁止使用。

c. 使用前应将疫苗恢复至室温,用前充分摇匀;疫苗开启后限当日用完。

d. 接种器具应无菌,注射部位应严格消毒。

e. 疫苗运输及保存切勿冻结和长时间暴露在高温环境。

f. 用过的疫苗瓶、器具和未用完的疫苗等应进行无害化处理。

猪链球菌病、副猪嗜血杆菌病二联灭活疫苗(LT 株＋MD0322 株＋SH0165 株)

该疫苗包含 1 株 2 型猪链球菌,1 株血清 4 型和 1 株血清 5 型的副猪嗜血杆菌,是猪链球菌病和副猪嗜血杆菌病二联灭活疫苗。该疫苗可用于预防由猪链球菌 2 型感染引起的猪链球菌病和副猪嗜血杆菌 4 型、5 型感染引起的副猪嗜血杆菌病,免疫期为 6 个月。

【主要成分与含量】疫苗中含灭活的猪链球菌 2 型 LT 株(灭活菌数≥$1.0 \times 10^9 CFU/mL$)和副猪嗜血杆菌 4 型 MD0322 株(灭活菌数≥$2.0 \times 10^9 CFU/mL$)、5 型 SH0165 株(灭活菌数≥$2.0 \times 10^9 CFU/mL$)。

【用法与用量】使用前使疫苗平衡至室温并充分摇匀,颈部肌内注射,按瓶签注明头份,每次均肌内注射 1 头份(2.0mL)。推荐免疫程序为:种公猪每半年接种 1 次;后备母猪在产前 8~9 周首免,首免后 3 周二免,以后每胎产前 4~5 周免疫一次;仔猪在 2 周龄首免,首免后 3 周二免。

【注意事项】

a. 仅用于健康猪。

b. 疫苗贮藏及运输过程切勿冻结,长时间暴露于高温下会影响疫苗效力,使用前使疫苗平衡至室温并充分摇匀。

c. 使用前应仔细检查包装,如发现破损、残缺、文字模糊、过期失效等,则禁止使用。

d. 注射器具应严格消毒,每头猪更换 1 次针头,接种部位严格消毒后进行深部肌内注射。

e. 启封后应在 4h 内用完。疫苗注射后可能引起轻微体温反应,但不应引起流产、死胎、畸形胎等不良反应。

f. 剩余疫苗及用具应消毒处理后废弃。

猪链球菌、副猪嗜血杆菌二联亚单位疫苗

该疫苗将反向疫苗学原理运用于副猪嗜血杆菌病等细菌性疫苗研究,原创性发掘广谱保护功能蛋白。突破了大肠杆菌基因工程载体构建、微生物高密度发酵、蛋白质高效表达等多项关键技术瓶颈,研制出猪链球菌病、副猪嗜血杆菌病二联亚单位疫苗。该疫苗于

2019 年获得我国一类新兽药证书。该疫苗安全、高效、广谱、精准，解决了多病原、多血清型共感染的世界性难题，是国际上首个猪链球菌病和副猪嗜血杆菌病基因工程亚单位疫苗，为抗菌药物减量化提供新思路和新产品。用于预防由猪链球菌 2 型、7 型感染引起的猪链球菌病和副猪嗜血杆菌 4 型、5 型感染引起的副猪嗜血杆菌病。免疫期为 5 个月。

【主要成分与含量】含链球菌免疫蛋白（HP0197 和 HP1036）和副猪嗜血杆菌免疫蛋白（06257 和 palA），按蛋白浓度计算疫苗中每种蛋白含量≥500μg/头份。

【用法与用量】使用前使疫苗平衡至室温并充分摇匀，颈部肌内注射，每次每头猪均肌内注射 2mL。推荐免疫程序为：种公猪每半年接种 1 次；后备母猪在产前 8～9 周首免，3 周后二免，以后每胎产前 4～5 周免疫 1 次；仔猪在 2 周龄首次免疫，3 周后二免。

【注意事项】

a. 仅用于健康猪。

b. 疫苗贮藏及运输过程切勿冻结，长时间暴露于高温下会影响疫苗效力，使用前使疫苗平衡至室温并充分摇匀。

c. 使用前应仔细检查包装，发现破损、残缺、文字模糊、过期失效等，则禁止使用。

d. 注射器具应严格消毒，每头猪更换 1 次针头，接种部位严格消毒后进行深部肌内注射，若消毒不严或注入皮下易形成永久肿包，并影响免疫效用。

e. 禁止与其他疫苗合用，接种同时不影响其他抗病毒类、抗生素类药物的使用。

f. 启封后应限 8h 内用完。

g. 屠宰前 1 个月禁用。

参考文献

[1] Dickerman A, Bandara A B, Inzana T J. Phylogenomic analysis of *Haemophilus parasuis* and proposed reclassification to *Glaesserella parasuis*, gen. nov., comb. nov[J]. International journal of systematic and evolutionary microbiology. 2020; 70（1）: 180-186. doi: 10.1099/ijsem.0.003730. PubMed PMID: 31592757.

[2] Nielsen R. Pathogenicity and immunity studies of *Haemophilus parasuis* serotypes. Acta veterinaria Scandinavica[J]. 1993; 34（2）: 193-198. PubMed PMID: 8266897.

[3] Ni H B, Gong Q L, Zhao Q, et al. Prevalence of *Haemophilus parasuis* "Glaesserella parasuis" in pigs in China: A systematic review and meta-analysis[J]. Preventive veterinary medicine. 2020; 182: 105083. doi: 10.1016/j.prevetmed.2020.105083. PubMed PMID: 32652336.

[4] Zhang B, Tang C, Liao M, et al. Update on the pathogenesis of *Haemophilus parasuis* infection and virulence factors[J]. Veterinary microbiology. 2014; 168（1）: 1-7. doi: 10.1016/j.vetmic.2013.07.027. PubMed PMID: 23972951.

[5] 黄润标，李小军，叶广胜，等. 副猪嗜血杆菌的流行病学及预防保护研究进展[J]. 广东农业科学. 2010; 37（08）: 175-177.

[6] Nedbalcova K, Kucerova Z, Krejci J, et al. Passive immunisation of post-weaned piglets using hyperimmune serum against experimental *Haemophilus parasuis* infection[J]. Research in veterinary science. 2011; 91（2）: 225-9. doi: 10.1016/j.rvsc.2010.12.008. PubMed PMID: 21295806.

[7] Liu H, Xue Q, Zeng Q, Zhao Z. *Haemophilus parasuis* vaccines[J]. Veterinary immunology and immunopathology. 2016; 180: 53-58. doi: 10.1016/j.vetimm.2016.09.002. PubMed PMID: 27692096.

[8] 王静，周媛媛，张学谅，等. 副猪嗜血杆菌疫苗研究进展[J]. 动物医学进展. 2020, 41（03）: 92-96.

[9] Wen Y, Yan X, Wen Y, et al. Immunogenicity of the recombinant HxuCBA proteins encoded

by hxuCBA gene cluster of *Haemophilus parasuis* in mice [J]. Gene. 2016, 591 （2）: 478-483. doi: 10. 1016/j. gene. 2016. 07. 001. PubMed PMID: 27378742.

[10] Li M, Cai R J, Song S, et al. Evaluation of immunogenicity and protective efficacy of recombinant outer membrane proteins of *Haemophilus parasuis* serovar 5 in a murine model [J]. PloS one. 2017, 12 （4）: e0176537. doi: 10. 1371/journal. pone. 0176537. PubMed PMID: 28448603; PubMed Central PMCID: PMC5407842.

[11] Zheng X, Yang X, Li X, et al. Omp16-based vaccine encapsulated by alginate-chitosan microspheres provides significant protection against *Haemophilus Parasuis* in mice [J]. Vaccine. 2017, 35 （10）: 1417-1423. doi: 10. 1016/j. vaccine. 2017. 01. 067. PubMed PMID: 28187951.

[12] Li G, Xie F, Li J, et al. Identification of novel *Haemophilus parasuis* serovar 5 vaccine candidates using an immunoproteomic approach[J]. Journal of proteomics. 2017, 163: 111-117. doi: 10. 1016/j. jprot. 2017. 05. 014. PubMed PMID: 28528009.

[13] Li M, Li C, Song S, et al. Development and antigenic characterization of three recombinant proteins with potential for Glasser's disease prevention [J]. Vaccine. 2016, 34 （19）: 2251-2258. doi: 10. 1016/j. vaccine. 2016. 03. 014. PubMed PMID: 26993332.

[14] Li M, Song S, Yang D, et al. Identification of secreted proteins as novel antigenic vaccine candidates of *Haemophilus parasuis* serovar 5 [J]. Vaccine. 2015, 33 （14）: 1695-1701. doi: 10. 1016/j. vaccine. 2015. 02. 023. PubMed PMID: 25704800.

[15] 李淼, 李春玲, 宋帅, 等. 应用抑制性差减杂交技术构建副猪嗜血杆菌基因组差减文库[J]. 广东农业科学. 2011, 38（13）: 128-130.

[16] 卞志标, 李冰, 勾红潮, 等. 革兰阴性菌外膜囊泡的研究进展[J]. 畜牧与兽医. 2020, 52 （05）: 136-142.

[17] McCaig W D, Loving C L, Hughes H R, et al. Characterization and Vaccine Potential of Outer Membrane Vesicles Produced by *Haemophilus parasuis* [J]. PloS one. 2016, 11 （3）: e0149132. doi: 10. 1371/journal. pone. 0149132. PubMed PMID: 26930282; PubMed Central PMCID: PMC4773134.

[18] 卞志标. hhdA 对 HPS 外膜囊泡组分及主要生物学功能的影响[D]. 广州. 仲恺农业工程学院, 2019.

[19] Jalava K, Hensel A, Szostak M, et al. Bacterial ghosts as vaccine candidates for veterinary applications. Journal of controlled release : official journal of the Controlled Release Society [J]. 2002, 85（1-3）: 17-25. doi: 10. 1016/s0168-3659（02）00267-5. PubMed PMID: 12480307.

[20] 胡明明. 副猪嗜血杆菌菌影（Ghost）的制备及其免疫效力评价[D]. 北京: 中国农业科学院, 2011.

[21] 胡本钢. 应用抗菌肽—超高压制备肺炎克雷伯菌和副猪嗜血杆菌菌影方法的建立[D]. 长春: 吉林大学, 2012.

2.2.5　猪传染性萎缩性鼻炎疫苗

猪传染性萎缩性鼻炎（atrophic rhinitis，AR）是由支气管败血波氏杆菌（又称支气管败血博代氏菌，*Bordetella bronchiseptica*，Bb）或产毒素多杀性巴氏杆菌引起的猪的一种慢性呼吸道传染病[1]，又称慢性萎缩性鼻炎，主要表现为鼻炎、鼻甲骨渐进性萎缩导致的鼻吻部变形及生长迟缓等，同时导致猪只料肉比升高、发育缓慢，严重者可发育成僵猪，造成严重的经济损失，OIE 将 AR 列为必须申报的传染病，我国将该病列为二类动物疫病。

猪萎缩性鼻炎最早在德国发现，目前，世界各地均有本病发生，我国自1964年从英国引种时传入，并广泛流行。2018年对我国华南地区某生猪养殖集团公司的调查发现，该集团5个分公司共108头屠宰肉猪AR的发病率达75%～100%，中度病变以上发病率为36.11%，支气管败血波氏杆菌检出率为73%（11/15）；多杀性巴氏杆菌检出率为33%（5/15）[2]。宁慧波等[3]调查发现，2017—2018年间我国各省市猪群萎缩性鼻炎的发病率较高，平均发病率为97.81%，而2012年白挨泉等[4]对广东各区14个500头母猪的养猪场的随机抽样调查发现平均发病率58.58%，平均支气管败血波氏杆菌感染率为46.74%，呈逐年升高态势，随着我国饲料禁抗政策的全面实施，猪传染性萎缩性鼻炎的发病和流行将更加严重，因此，防控迫在眉睫。

我国为了有效防控猪传染性萎缩性鼻炎，相继成功研发了猪萎缩性鼻炎全菌灭活疫苗和二联灭活疫苗，具有较好的免疫效果。但是，在过去的几十年里，人们多使用抗生素进行预防或治疗，而疫苗较少应用，随着饲料禁抗政策的落地实施，猪萎缩性鼻炎等细菌性传染病的发生日趋增多，同时，病原菌的耐药性日趋增强，防控成本不断增加，而且严重威胁食品安全，因此，细菌病疫苗的研发和应用是大势所趋。

2.2.5.1 猪传染性萎缩性鼻炎概况

猪传染性萎缩性鼻炎分为2种，其中一种是非进行性萎缩性鼻炎（non-progressive atrophic rhinitis，NPAR），主要由支气管败血波氏杆菌单独感染引起，另一种为进行性萎缩性鼻炎或渐进性萎缩性鼻炎（progressive atrophic rhinitis，PAR），由产毒素多杀性巴氏杆菌或与支气管败血波氏杆菌或与其他致病因子共感染所致，其中PAR严重影响育肥猪的生长，而NPAR对猪的生长影响较轻微，主要引起6周龄以下的猪鼻骨发育不良。

引起非进行性萎缩性鼻炎的病原是产毒素支气管波氏杆菌，该菌是波氏杆菌属的成员之一，革兰氏阴性，严格需氧，呈杆状或球状，两极浓染，不发酵糖类，可利用烟酸，能分解尿素，大小约为$(0.2～0.3)\mu m \times 1.0\mu m$，具周身鞭毛，不形成芽孢，在各种培养基上均易于生长，在加有血液的培养基上可形成荚膜、纤毛和坏死毒素。主要导致3～6周龄仔猪发生鼻炎，9周龄及以上猪感染但不发病。本菌分为I相菌、II相菌和III相菌，其中I相菌有荚膜，含有引起皮肤坏死的毒素（DNT），该毒素不耐热，是引起猪鼻甲骨病变的关键因子，由基因组中 toxA 基因编码，可能是通过损坏宿主呼吸道上皮细胞，从而间接地促进了细菌的黏附[5]。该毒素灭活后依然具有抗原性，可诱导机体产生较高水平的中和抗体[6]，菌体通过丝状血凝素、气管定居因子、菌毛等黏附因子附着在呼吸道上皮细胞纤毛上，黏附增殖后，分泌毒素，诱导膜上皮细胞增生水肿，进而出现发炎、纤毛脱落等病理变化。同时呼吸道黏膜的受损，给其他病原微生物的定植与侵染提供了条件[7]。

产毒素多杀性巴氏杆菌是引起进行性萎缩性鼻炎的主要病原和原发性病原，该菌是巴氏杆菌属多杀性巴氏杆菌种，革兰氏阴性，呈球形、卵圆形或杆状，需氧兼性厌氧，不形成芽孢，无运动性，有的菌株有荚膜，在感染的组织中呈两极染色。不同菌株的致病力有所不同，有的可产生轻微的鼻炎，有的产生明显的鼻骨发育不全、鼻腔变形和鼻骨萎缩。

产毒素多杀性巴氏杆菌可导致12～16周龄及更大年龄的猪发生典型的萎缩性鼻炎，如鼻中隔扭曲等，但严重性随年龄增加而减弱。产毒素多杀性巴氏杆菌产生的毒素PMT又叫溶骨毒素，或鼻甲萎缩毒素[8]，是导致鼻甲萎缩的主要毒力因子[9-11]。

支气管波氏杆菌和多杀性巴氏杆菌在猪群中主要靠飞沫的气溶胶传播，粪便也是传播的主要途径。

根据荚膜抗原将产毒素多杀性巴氏杆菌分为 5 个血清组（A、B、D、E 和 F），根据脂多糖抗原进一步分为 16 种血清型（1～16）。各种血清型的大量存在导致传统疫苗的免疫效果不佳。因此，迫切需要了解现有疫苗的种类、特性，从而更加科学地选择和使用，了解目前的疫病的研究进展与未来的研究方向，开发更加安全、有效的疫苗。

2.2.5.2 猪传染性萎缩性鼻炎疫苗

疫苗是预防猪 AR 的重要手段，通过对母猪免疫，减少了所产仔猪的发病率并且使仔猪有较大的体重，减轻了临床症状和病理学影响。最早的疫苗是支气管败血波氏杆菌灭活疫苗，随着对猪萎缩性鼻炎病原和致病机制研究的不断深入，先后研发了多种疫苗，包括单价、二联灭活菌苗，毒素或类毒素疫苗，亚单位疫苗和基因工程疫苗等，已经商品化的疫苗以灭活菌苗为主，或包含重组表达毒素的混合物菌苗，目前基于基因编辑等新技术的多种新型疫苗正在研发当中。

（1）商品化疫苗　在我国，中国农业科学院哈尔滨兽医研究所率先以支气管败血波氏杆菌Ⅰ相菌株研制了猪萎缩性鼻炎灭活疫苗，后来又在此基础上研制出新型油佐剂二联灭活疫苗，该疫苗具有免疫力强、免疫期长等优点，分别对妊娠母猪和仔猪进行免疫，母猪初乳及仔猪血清抗体效价平均达到 80000 以上，免疫猪比未免疫猪平均提前 11.5 天出栏[12]。目前，国内现生产的商品化疫苗以全菌灭活疫苗为主，共 6 种，其中国产 3 种，分别为武汉科前（2010 年注册）、天康生物（2018 年注册）、普莱柯生物（2019 年注册）生产的，进口疫苗分别为英特威国际有限公司、西班牙海博莱生物大药厂、硕腾公司美国林肯生产厂的产品，其中西班牙海博莱生物大药厂的疫苗为二联疫苗，包含支气管败血波氏杆菌 833CER 株和 D 型多杀性巴氏杆菌毒素。商品化猪传染性萎缩性鼻炎疫苗见表 2-13。

表 2-13　商品化猪传染性萎缩性鼻炎疫苗一览表

名称及种类	疫苗菌株及其他抗原	研发单位	兽药注册登记号
猪萎缩性鼻炎灭活疫苗	支气管败血博代氏菌Ⅰ相菌 A_{50-4} 株	中国农业科学院哈尔滨兽医研究所	农生药字(1998)311133
猪萎缩性鼻炎灭活疫苗	波氏杆菌 JB5 株	华中农业大学、武汉科前生物股份有限公司、中牧实业股份有限公司、武汉中博生物股份有限公司	(2010)新兽药证字 16 号
猪萎缩性鼻炎灭活疫苗	TK-MB6 株＋TK-MD8 株	天康生物股份有限公司、北京中海生物科技有限公司、天津瑞普生物技术股份有限公司等	(2018)新兽药证字 49 号
猪萎缩性鼻炎灭活疫苗	HN8 株＋PMT-N 蛋白＋rPMT-C 蛋白	普莱柯生物工程股份有限公司、洛阳惠中生物技术有限公司	(2019)新兽药证字 36 号
猪萎缩性鼻炎灭活疫苗	全菌灭活疫苗	英特威国际有限公司	(2017)外兽药证字 42 号
猪萎缩性鼻炎灭活疫苗	支气管败血波氏杆菌 833CER 株＋D 型多杀性巴氏杆菌毒素	西班牙海博莱生物大药厂	(2019)外兽药证字 68 号
猪萎缩性鼻炎灭活疫苗	全菌灭活疫苗	硕腾公司美国林肯生产厂	(2018)外兽药证字 3 号

（2）正在研发中的疫苗：弱毒疫苗、毒素或类毒素疫苗及其他疫苗　自 1830 年本病发生以来，人们开展了多种弱毒疫苗的研究，在最初阶段，认为猪萎缩性鼻炎是由 Bb

所致，因此，美国首先开发了 Bb 灭活菌苗，但该疫苗不适合预防由产毒素多杀性巴氏杆菌引起的渐进性萎缩性鼻炎。1978 年分离到一株具有疫苗潜力的弱毒疫苗菌株 ts-S34，后来又在此基础上构建了一株保护力提升 3.25 倍的疫苗菌株；1984 年，Sakano 获得了一株减毒活疫苗，对仔猪免疫可以明显降低 AR 的发病率，安全性良好，但此类弱毒活疫苗均缺乏后期临床应用的相关报道。2007 年 Kang 等将 Bb 的 DNT 毒素包裹制成壳聚糖微球（chitosan microspheres，CM），同时以 F127 作为免疫增强剂联合免疫小鼠，结果显示 DNT 毒素可以在小鼠机体中缓慢释放，从而使该疫苗对小鼠具有较好的保护力，对猪只的免疫保护需要进一步研究。Mann 等在 2007 年通过基因工程技术成功缺失了 Bb 强毒株的嘌呤核苷酸和Ⅲ型分泌系统，构建了减毒的 Bb 活疫苗，该菌株可以在猪呼吸道中短期定植，安全性极好，同时可有效刺激机体产生局部黏膜免疫，这无疑可以抵抗 AR 病原在呼吸道的定植，从而有效地提供机体保护力。同年 MeArthur 等也人工构建了缺失芳香族氨基酸营养基因 *aroA* 和 *trpE* 的减毒 Bb 菌株，此菌株作为疫苗候选菌株免疫小鼠后，小鼠产生了明显的 Bb 抗体水平，对小鼠进行攻毒后发现该菌株能提供一定的保护力。何华于 2008 年通过同源重组技术缺失了 Bb 的营养性基因 *aroA*，构建了 *aroA* 基因缺失弱毒活疫苗，小鼠攻毒试验表明，该缺失株的毒力约为亲本菌的 1/4，且能对免疫动物提供一定的抗体保护力，既可作为 Bb 弱毒候选疫苗，也可作为减毒活细菌载体携带外源基因进行表达。

赵战勤[13] 以沙门氏菌 *asd* 基因缺失株 C501 为载体，将支气管败血波氏杆菌 *fhaB* 基因片段和 *prn* 基因片段融合后插入 C501 内，段龙川将 *PRMN* 基因融合后插入 C501 内，将产毒素多杀性巴氏杆菌免疫原性片段 toxAc 插入 C501 内，成功构建重组菌株 C501（pYA-F1P2）、CS501（pYA-toxAc），采用口服或是皮下方式以该重组菌株免疫小鼠，结果显示：两种方式均能诱导小鼠产生保护性抗体[14]。

为了提高菌苗的免疫效果，Zhang 等用两种不同的佐剂（sa-15a 和 carbopol 971）乳化灭活的支气管炎波氏杆菌和多杀性巴氏杆菌的混合物，并结合含有 PMT C 末端和 N 末端的重组蛋白，在小鼠模型中评估了不同佐剂对疫苗效力的影响。结果发现，对 BALB/c 小鼠每隔 14d 免疫 2 次后，carbopol971 乳化疫苗免疫小鼠产生了比 sa-15a 乳化疫苗免疫小鼠更高的 SN 滴度（1∶64），TNF-α、IL-6 和 IL-17A 水平也显著升高，攻毒后未见明显的鼻部和器官病理改变，表明 carbopol 971 佐剂疫苗对 PAR 具有良好的保护作用。

随着对猪萎缩性鼻炎病原学、致病机制、免疫机制等相关基础研究的不断深入，相信将会有更加精准、安全、有效的疫苗不断被研制出来。

参考文献

[1] 蔡宝祥. 家畜传染病学[M]. 3 版. 北京：中国农业出版社，2001：198-200.

[2] 叶延瑞. 某集团猪场萎缩性鼻炎流行病学调查及免疫防控研究[D]. 广州：华南农业大学，2018.

[3] 宁慧波，王鹏，郜文源，等，我国猪萎缩性鼻炎流行现状调查养猪，2019（3）：4.

[4] 白挨泉，刘为民，徐苏标，等. 广东地区猪传染性萎缩性鼻炎流行病学调查[J]. 中国预防兽医学报，2012，34（6）：456-459.

[5] Brockmeier S L, Register K B, Magyar T, et al. Role of the dermonecrotic toxin of *Bordetella bronchiseptica* in the pathogenesis of *respiratory disease* in swine[J]. Infect Immun, 2002, 70: 481-490.

[6] 陆承平. 兽医微物学[M]. 3 版. 北京：中国农业出版社，2001：249-252.

[7] 张洁. 猪萎缩性鼻炎基因重组疫苗的比较研究[D]. 武汉：华中农业大学，2013.

[8] Zhang J S, et al., Evaluation of carbopol as an adjuvant on the effectiveness of progressive atrophic rhinitis vaccine[J], Vaccine, 2018 Jul 16; 36（30）：4477-4484.

[9] Chanter N, Rutter J M. Pasteurellosis in pigs and the determinants of cirulence of toxigenic *Pasteurella multocida*[J]. ondon, Academic Press, 1989：161-195.

[10] Chanter N, Magyar T, Rutter J M. Interactions between *Bordetella bronchiseptica* and toxigenic *Pasteurella multocida* in atrophic rhinitis of pigs[J]. Res Yet Sci, 1989, 47（1）：48-53.

[11] Chanter N, Rutter J M. Colonisation by *Pasteurella multocida* in atrophic rhinitis of pigs and immunity to the osteolytic toxin. Vet Microbiol. 1990, 25（2-3）：253-265.

[12] 谢灯养. 以 AR 油佐剂二联灭活菌苗防制猪萎缩性鼻炎效果的观察[J]. 中国兽医科技, 1994, 24（1）.

[13] 赵战勤. 支气管败血波氏杆菌的重组沙门氏菌基因工程疫苗研究[D]. 武汉：华中农业大学，2008.

[14] 段龙川. 产毒素多杀性巴氏杆菌重组沙门氏菌基因工程疫苗的研究[D]. 武汉：华中农业大，2010.

2.2.6　猪支原体肺炎疫苗

猪支原体肺炎（mycoplasma pneumonia of swine，MPS）又名猪气喘病或猪地方流行性肺炎（swine enzootic pneumonia），是由猪肺炎支原体（*Mycoplasma hyopneumoniae*，Mhp）引起的一种慢性接触性呼吸道传染病。该病发病率高，是造成全球养猪业重大经济损失的疫病之一。目前仅瑞士、丹麦等部分北欧国家通过实施国家根除方案，实现了净化。

2.2.6.1　猪支原体肺炎概况

Mhp 曾被命名为猪肺炎霉形体、猪肺炎霉浆菌。根据已公布的 Mhp 基因组全基因测序结果，大小在（0.89~0.92）$\times 10^{6}$ bp 之间，可编码 600 多个蛋白质，基因组 DNA 的 G+C 含量仅 28.5% 左右。Mhp 菌体直径在 300~800 nm 之间，无细胞壁，其液体培养物涂片经瑞氏染色，在高倍显微镜下可见球状、环状、丝状和点状的多种菌体形态。Mhp 的培养条件苛刻，固体培养通常需要几天到几周的时间，菌落大小在 100~300μm 之间，为圆形、边缘整齐、半透明露珠状，无明显的其他支原体常见的荷包蛋状乳头凸起。Mhp 对外界环境的抵抗力不强，60℃ 几分钟即可杀死，很多消毒药物在短时间内也能将其杀死，但 Mhp 对青霉素类、头孢菌素和磺胺类药物均不敏感。Mhp 常用生长抑制试验和代谢抑制试验等血清学方法鉴定，只发现一个血清型，指纹图谱和分子水平的新鉴定技术结合临床症状分析，发现 Mhp 在抗原性和遗传上具有多样性，多位点可变数目串联重复序列分析（MLVA）和可变数目串联重复序列（VNTR）分析是常用的基因分型方法。

Mhp 全球感染率高达 70% 以上。患病猪主要表现为咳嗽、气喘、生长迟缓和饲料转化率低，但体温基本正常。病理解剖以肺部病变为主，尤以两肺心叶、中间叶和尖叶出现胰样变和肉样变为其特征。猪支原体肺炎仅发生于猪，不同品种、年龄、性别的猪均能感染，其中我国土种猪的易感性高于杂种猪。带菌猪和病猪是本病的传染源，传播途径为直接接触或呼吸道传播。本病一年四季均可发生。

178　兽用生物制品研究及应用

单纯的 Mhp 感染引起温和型慢性肺炎，但在与其他病原，如猪繁殖与呼吸综合征病毒（PRRSV）、猪圆环病毒 2 型（PCV2）及其他细菌性病原体混合感染时，通常引起更为严重的猪呼吸道疾病综合征（porcine respiratory disease complex，PRDC）。Mhp 的发病机制复杂，涉及在气道上皮的长期定植、持续的炎症反应的刺激、先天性和适应性免疫反应的抑制和调节，以及与其他传染性病原体的相互作用。Mhp 定植于猪呼吸道并造成感染的重要前提是黏附并破坏呼吸道的纤毛上皮细胞。目前已经鉴定出多种黏附素，包括 Mhp182（P102）、Mhp183(P97)、Mhp684（P146）、Mhp 493（P159）、Mhp 494（P216）、Mhp683（P135）、Mhp271、Mhp107 和 Mhp108（P116）。强毒力的 Mhp 通过黏附因子黏附于完整的气道纤毛上皮后，导致纤毛摆动停滞和凝集，并逐渐残蚀纤毛，直至纤毛大面积或全部脱落。纤毛脱落后，纤毛清除碎屑的有效性显著下降，一方面有利于细菌与病毒的入侵，以及上呼吸道共生菌在呼吸道中定居增殖，引起继发与混合感染，促使 PRDC 的发生；另一方面导致进入呼吸道的异物及气管黏膜产生的分泌物无法排出而沉降到支气管末端及肺泡中，逐渐形成肺肉变或胰变，最终使肺脏功能遭到破坏，出现呼吸系统症状。

2.2.6.2　疫苗进展

疫苗免疫是防控 MPS 最经济的方法，在世界范围内已被广泛使用。当前，疫苗接种可改善猪群的健康状况，并减少抗生素的使用，有多种商品化疫苗可供选择，活疫苗和灭活疫苗均有明显的保护作用。

（1）商品疫苗　自 20 世纪 70 年代起，国内外开始研制活疫苗和灭活疫苗，直到 90 年代末美国注册了第一个灭活疫苗，但免疫效果有争议。灭活疫苗的保护力与全身性细胞免疫（CMI）有关，随着抗原滴度的提高和佐剂的改进，灭活疫苗保护效力得到提高。目前的全球猪肺炎支原体疫苗中灭活疫苗仍占据市场主要份额。灭活疫苗采用颈部肌内注射，生物安全性好，无污染。不同厂家的灭活疫苗在佐剂的选择方面存在很大的差异。哈药集团"瑞倍适"系列以 amphigen 为免疫佐剂，该佐剂含有 4.5％的矿物油，油滴细小，比传统油佐剂增加 50％的吸附面积，具有更大的抗原结合面积，除了能诱导免疫连锁反应外，还能刺激机体产生细胞免疫和局部的黏膜免疫应答。美国默沙东"安百克"保留了 15 种猪肺炎支原体抗原蛋白，使用 emunade 水包油佐剂。美国硕腾"瑞富特"采用专利水质佐剂 carbopol，24h 启动免疫，3d 后产生有效保护。美国普泰克"喘泰克"为 P 株亚单位疫苗，使用非油质佐剂 QS-21，用抗原浓缩技术，每次免疫仅需 1.0mL。勃林格殷格翰"茵格发"为单针猪支原体肺炎疫苗，使用专用佐剂"茵培莱"，具有较好的生物降解性，免疫后无任何不良反应；海博莱以左旋咪唑和卡波姆作为佐剂，左旋咪唑起免疫增强的作用，卡波姆起缓慢释放抗原的用，产生双重效力。虽然灭活苗不能在宿主体内模拟病原感染，对临床肺炎的保护不完全，且不能防止野毒的定植，也不能显著减少 Mhp 的传播，且免疫后产生的血清抗体已被证明与免疫保护无关，只能提供部分保护，但灭活苗免疫可提高日增重（2％～8％）、饲料转化率（2％～5％），能减少呼吸道中的病原载量，并降低畜群的感染率，有时还能降低死亡率。

2015 年以后，国内自主研发的灭活疫苗产品也陆续上市。近年来，猪肺炎支原体与猪圆环病毒 2 型二联灭活疫苗也逐步上市。起初最常用的免疫方式为两针免疫，而目前多在 7 日龄或 21 日龄单针单剂量注射免疫，能够节省劳力。在 Mhp 感染群中后备母猪的免疫非常重要。母猪妊娠末期接种灭活疫苗的做法不常见，但已有研究报道 Mhp 特异性抗体和免疫细胞可以通过初乳从母体转移到小猪体内，母猪在分娩前 5 周和 3 周接受免疫，所产的仔猪在断奶时 Mhp 抗体阳性数量较少。

减毒活疫苗免疫可模拟病原在体内的感染，并可激活呼吸道靶器官局部的黏膜免疫反应，并可以产生替代附植作用，能产生较好的免疫保护作用，尤其对顽固性感染的中国地方品种猪。截至 2022 年 4 月，国内仅拥有 3 种活疫苗产品。江苏省农业科学院通过无细胞培养和本动物回归交替致弱 300 余代次成功研制出猪支原体肺炎活疫苗（168 株）。通过肺内 1 次注射，2 周内可产生保护力。该疫苗于 2007 年上市，是首个可商业化应用的猪肺炎支原体活疫苗，平均保护率 80% 以上。中国兽医药品监察所从 20 世纪 50 年代末就开始猪喘气病弱毒疫苗的研制，通过将 Mhp 强毒株在乳兔体内连传 700 多代，培育出了一株毒力低、免疫原性良好的 Mhp 弱毒疫苗菌株，并研制出乳兔继代弱毒疫苗，但由于生产工艺的问题，未在临床上大量推广。直至 2016 年，该弱毒株实现了无细胞培养，除去了大量的异源动物组织，有效解决了疫苗产业化大批量生产的工艺问题，重新研制成功猪肺炎支原体活疫苗（RM48 株），可通过滴鼻免疫新生仔猪。

（2）研发中的猪肺炎支原体疫苗　由于对 Mhp 的致病与免疫机制仍缺乏系统与深入的了解，Mhp 基因工程疫苗的研发尚停留在实验室阶段，主要有亚单位疫苗、基因工程活载体疫苗和 DNA 疫苗（表 2-14）。P97 蛋白是猪肺炎支原体的一个重要的黏附素，作为潜在的保护性抗原研究最多，但保护效果不如全菌疫苗。多个抗原联合重组表达，辅以 LTB 等分子内佐剂，可以提高免疫保护效果。活载体携带外源基因的能力有限，尚未显示重组活载体疫苗的潜力。将 NrdF、P97、P36 基因插入沙门氏菌载体、红斑丹毒丝菌载体、胸膜肺炎放线杆菌载体、腺病毒载体等制成基因工程活载体疫苗，免疫小鼠或猪后大部分能够诱导产生较强的黏膜免疫应答，但并无优势。在免疫新技术方面，一项新的穿皮免疫技术每头猪注射 0.2mL，这种低应激的无针免疫方法与传统免疫方法有同等免疫效力，在欧洲已广泛应用。活疫苗的气溶胶免疫技术研究已经取得进展，将形成方便、省力、无创伤的活疫苗的大群化和自动化免疫。

表 2-14　Mhp 基因工程疫苗研究概况[1]

抗原	疫苗种类	载体/佐剂	实验动物	免疫途径	攻毒感染	参考文献
P97	重组亚单位	弗氏完全佐剂	猪	肌肉	是	[2]
NrdF（R2）	重组载体	鼠伤寒沙门氏菌 aroA SL3261	小鼠	口腔	否	[3]
P97（R1）	重组载体	假单胞菌外毒素 A	小鼠,猪	皮下,肌肉	否	[4]
NrdF（R2）	重组载体	鼠伤寒沙门氏菌 aroA SL3261	猪	口腔	是	[5]
Strain PRIT-5	灭活细胞	喷雾干燥脂微球	猪	口腔	是	[6]
P42	DNA	pcDNA3	小鼠	肌肉	否	[7]
P97（R1R2）	重组载体	红斑丹毒丝菌 YS-1	小鼠,猪	皮下,鼻腔	否	[8]
P97（R1）	重组载体	鼠伤寒沙门氏菌 aroA CS332	小鼠	口腔	否	[9]
NrdF（R2）	重组载体	鼠伤寒沙门氏菌 aroA CS332	小鼠	口腔	否	[10]
P97（R1）	重组亚单位	LTB	小鼠	肌肉,鼻腔	否	[11]
P97（R1）	重组载体	腺病毒	小鼠	肌肉,鼻腔	否	[12]
P97（R1R2）	重组载体	红斑丹毒丝菌 Koganei	猪	口腔	是	[12]
P97（R1）	重组载体	腺病毒	猪	鼻腔	是	[13]

抗原	疫苗种类	载体/佐剂	实验动物	免疫途径	攻毒感染	参考文献
P36	重组载体	胸膜肺炎放线杆菌 SLW36	小鼠	肌肉	否	[14]
未定蛋白 34	重组亚单位	铝佐剂	小鼠	肌肉	否	[15]
P37、P42 P46、P95	重组亚单位和 DNA	铝佐剂和 pcDNA3	小鼠	肌肉	否	[16]
P97（R1R2）	重组嵌合体	LTB 和 IMS	小鼠	肌肉	否	[17]
P46、HSP70、MnuA	重组亚单位和 DNA	弗氏完全佐剂	小鼠	腹腔注射	否	[18]
P97、P42、NrdF	重组嵌合体	LTB	猪	肌肉，鼻腔	否	[19]
HSP70	重组亚单位	介孔二氧化硅 SBa-15 和 SBa-16、铝佐剂	小鼠	腹腔注射	否	[20]
全菌	活疫苗	ISCOM-matrix	猪	肌肉	是	[21]
全菌	活疫苗	—	猪	气溶胶	否	[22]

MPS 具有发病率高、死亡率低的特点，在世界范围内广泛存在，给全球养猪业造成了严重经济损失。虽然当前的疫苗能够有效降低 Mhp 相关的临床疾病，包括肺脏病变和咳嗽的发生率，但是不能阻止病原菌在宿主体内的定居，因此仍需推动新疫苗策略的开发。从免疫学的角度来看，开发疫苗的主要挑战是诱导有效的黏膜免疫。因此，需要对猪肺炎支原体感染的病理生物学及其致病机制有一个全面的了解，需要阐明影响支原体在宿主中存活，或支原体中对宿主有害的基因和抗原，可以将其用于亚单位疫苗中，也可以作为减毒靶点来开发安全的弱毒疫苗。从临床使用的角度来说，疫苗的成本、接种的难度、接种后疫苗株与自然感染株的鉴别诊断以及与其他疫苗的潜在联合免疫等方面也是未来 Mhp 疫苗研发的一个重要方向。

参考文献

[1] Maes D, Sibila M, Kuhnert P, et al. Update on *Mycoplasma hyopneumoniae* infections in pigs: Knowledge gaps for improved disease control[J]. Transboundary and Emerging Diseases, 2018, 65 Suppl: 1110-1124.

[2] King K W, Faulds D H, Rosey E L, et al. Characterization of the gene encoding Mhp1 from *Mycoplasma hyopneumoniae* and examination of Mhp1's vaccine potential[J]. Vaccine, 1997, 15（1）: 25-35.

[3] Fagan P K, Djordjevic S P, Chin J, et al. Oral immunization of mice with attenuated *Salmonella typhimurium* aroA expressing a recombinant *Mycoplasma hyopneumoniae* antigen（NrdF）[J]. Infection and Immunity, 1997, 65（6）: 2502-2507.

[4] Chen J R, Liao C W, Mao S J, et al. A recombinant chimera composed of repeat region RR1 of *Mycoplasma hyopneumoniae* adhesin with Pseudomonas exotoxin: *in vivo* evaluation of specific IgG response in mice and pigs[J]. Veterinary Microbiology, 2001, 80（4）: 347-357.

[5] Fagan P K, Walker M J, Chin J, et al. Oral immunization of swine with attenuated *Salmonella typhimurium aroA* SL3261 expressing a recombinant antigen of *Mycoplasma hyopneumoniae*（NrdF）primes the immune system for a NrdF specific secretory IgA response in the lungs[J]. Microbial Pathogenesis, 2001, 30（2）: 101-110.

[6] Lin J H, Weng C N, Liao C W, et al. Protective effects of oral microencapsulated *Mycoplas-*

ma hyopneumoniae vaccine prepared by co-spray drying method[J]. Journal of Veterinary Medical Science, 2003, 65（1）: 69-74.

[7] Chen Y L, Wang S N, Yang W J, et al. Expression and immunogenicity of Mycoplasma hyopneumoniae heat shock protein antigen P42 by DNA vaccination[J]. Infection and Immunity, 2003, 71（3）: 1155-1160.

[8] Shimoji Y, Oishi E, Muneta Y, et al. Vaccine efficacy of the attenuated Erysipelothrix rhusiopathiae YS-19 expressing a recombinant protein of Mycoplasma hyopneumoniae P97 adhesin against mycoplasmal pneumonia of swine[J]. Vaccine, 2003, 21（5-6）: 532-537.

[9] Chen A Y, Fry S R, Forbes-Faulkner J, et al. Evaluation of the immunogenicity of the P97R1 adhesin of Mycoplasma hyopneumoniae as a mucosal vaccine in mice[J]. Journal of Medical Microbiology, 2006, 55（Pt 7）: 923-929.

[10] Chen A Y, Fry S R, Forbes-Faulkner J, et al. Comparative immunogenicity of M. hyopneumoniae NrdF encoded in different expression systems delivered orally via attenuated S. typhimurium aroA in mice[J]. Veterinary Microbiology, 2006, 114（3-4）: 252-259.

[11] Conceicao F R, Moreira A N, Dellagostin O A. A recombinant chimera composed of R1 repeat region of Mycoplasma hyopneumoniae P97 adhesin with Escherichia coli heat-labile enterotoxin B subunit elicits immune response in mice[J]. Vaccine, 2006, 24（29-30）: 5734-5743.

[12] Okamba F R, Moreau E, Cheikh Saad Bouh K, et al. Immune responses induced by replication-defective adenovirus expressing the C-terminal portion of the Mycoplasma hyopneumoniae P97 adhesin[J]. Clinical and Vaccine Immunology, 2007, 14（6）: 767-774.

[13] Okamba F R, Arella M, Music N, et al. Potential use of a recombinant replication-defective adenovirus vector carrying the C-terminal portion of the P97 adhesin protein as a vaccine against Mycoplasma hyopneumoniae in swine[J]. Vaccine, 2010, 28（30）: 4802-4809.

[14] Zou H Y, Liu X J, Ma F Y, et al. Attenuated Actinobacillus pleuropneumoniae as a bacterial vector for expression of Mycoplasma hyopneumoniae P36 gene[J]. Journal of Gene Medicine, 2011, 13（4）: 221-229.

[15] Simionatto S, Marchioro S B, Galli V, et al. Immunological characterization of Mycoplasma hyopneumoniae recombinant proteins[J]. Comparative Immunology Microbiology and Infectious Diseases, 2012, 35（2）: 209-216.

[16] Galli V, Simionatto S, Marchioro S B, et al. Immunisation of mice with Mycoplasma hyopneumoniae antigens P37, P42, P46 and P95 delivered as recombinant subunit or DNA vaccines[J]. Vaccine, 2012, 31（1）: 135-140.

[17] Barate A K, Cho Y, Truong Q L, et al. Immunogenicity of IMS 1113 plus soluble subunit and chimeric proteins containing Mycoplasma hyopneumoniae P97 C-terminal repeat regions [J]. FEMS Microbiology Letters, 2014, 352（2）: 213-220.

[18] Virginio V G, Gonchoroski T, Paes JA, et al. Immune responses elicited by Mycoplasma hyopneumoniae recombinant antigens and DNA constructs with potential for use in vaccination against porcine enzootic pneumonia[J]. Vaccine, 2014, 32（44）: 5832-5838.

[19] Marchioro S B, Sacristan Rdel P, Michiels A, et al. Immune responses of a chimaeric protein vaccine containing Mycoplasma hyopneumoniae antigens and LTB against experimental M. hyopneumoniae infection in pigs[J]. Vaccine, 2014, 32（36）: 4689-4694.

[20] Virginio V G, Bandeira N C, Leal F M, et al. Assessment of the adjuvant activity of mesoporous silica nanoparticles in recombinant Mycoplasma hyopneumoniae antigen vaccines [J]. Heliyon, 2017, 3（1）: e00225.

[21] Xiong Q, Wei Y, Feng Z, et al. Protective efficacy of a live attenuated Mycoplasma hyopneumoniae vaccine with an ISCOM-matrix adjuvant in pigs[J]. The Veterinary Journal. 2014, 199: 268-274.

[22] Feng Z, Wei Y, Li G, et al. Development and validation of an attenuated Mycoplasma hyopneumoniae Aerosol vaccine[J]. Veterinary Microbiology. 2013, 167（3-4）: 417-424.

2.2.7　猪瘟疫苗

猪瘟（classical swine fever，CSF）是由猪瘟病毒（classical swine fever virus，CS-FV）引起的一种急性、烈性、高度传染性疾病，会导致家猪和野猪高热、腹泻、流产、皮肤和内脏出血等症状，发病率和死亡率高。猪瘟被世界动物卫生组织（OIE）列为 A 类传染病，我国农业农村部将其列为二类传染病。猪瘟给世界养猪业带来了巨大的经济损失，我国于 1925 年首次发现猪瘟，并在 1945 年成功分离了猪瘟病毒（石门株）。自 1954 年猪瘟兔化弱毒疫苗（HCLV 株）问世以来，使用该疫苗进行免疫接种已成为预防和控制猪瘟暴发流行的主要方法，并且已经实施了 60 多年。长期的疫苗免疫接种，导致了猪瘟毒株的致病性和毒力也发生了巨大的变化，由早期的急性型逐渐转变为亚急性和慢性等临床表现，目前慢性带毒猪已成为猪瘟的主要传染源。

2.2.7.1　猪瘟概况

自 1990 年以来，通过对 CSFV 的 E2 基因主要抗原序列进行分析，将其分为 3 种基因型（Ⅰ型、Ⅱ型和Ⅲ型）以及 10 种基因亚型（1.1、1.2、1.3、2.1、2.2、2.3、3.1、3.2、3.3 和 3.4）[1,2]。全球范围内流行着多种 CSFV 的基因亚型，而中国大陆流行的主要是这 4 种不同的 CSFV 基因亚型 1.1、2.1、2.2 和 2.3，其中基因亚型 2.2 和 2.3 逐渐消失，基因亚型 2.1 和 2.2 成为主要流行基因亚型，在全国猪瘟的暴发流行中占据了主导地位，并且在台湾流行的基因亚型 3.4 也逐渐被基因亚型 2.1 所取代[3,4]。研究发现，基因亚型 2.1 正在迅速进化，遗传多样性开始增强，由于谱系显示的遗传差异和拓扑结构解析中的统计值均不足以支持将这些谱系分类为新的基因亚型，所以将 2.1 基因亚型又分为 10 个进化亚枝（2.1a～2.1j）。

CSFV 是黄病毒科，瘟病毒属家族成员，是一种有囊膜的单股正链 RNA 病毒，病毒颗粒呈球形，直径约为 40～60nm，基因组大小约为 12.3kb。CSFV 由一个未加帽的 5′-非编码区（5′-UTR）、一个大开放阅读框（ORF）和一个缺少 poly A 的 3′-非编码区（3′-UTR）组成，其 ORF 编码含 3898 个氨基酸的多聚蛋白前体[5-8]。通过病毒和细胞蛋白酶对前体蛋白进行转录、翻译和加工修饰，将产生 2 种前体蛋白和 12 种成熟蛋白，包括 4 种结构蛋白，即衣壳蛋白/核心蛋白（C/Core）和三种囊膜糖蛋白（Erns、E1 和 E2），以及 8 种非结构蛋白（Npro、P7、NS2、NS3、NS4A、NS4B、NS5A 和 NS5B）[9]。其中，4 种结构蛋白构成病毒结构的主要组成部分，而其余 8 种非结构蛋白在病毒的生命周期中发挥着多种功能。研究表明，至少有 7 种蛋白质（Npro、Core、Erns、E1、E2、p7、NS4B）与 CSFV 的毒力相关，其突变后可以明显影响 CSFV 的毒力水平[5,10]。CSFV 基因组结构如图 2-1 所示。

根据 CSFV 毒株的毒力强弱差异，可以将其分为：高毒力毒株（几乎可以导致所有猪死亡）、中度毒力毒株（引起亚急性临床症状）、低毒力或无毒毒株（无致病性或不引起明显临床症状）[11,12]。影响毒株毒力强弱的因素有很多：某些特定蛋白质的翻译后修饰对病毒毒力大小有重大影响；通过使用密码子去优化对 E2 糖蛋白进行重新编码，也可导致病毒完全减毒；而糖蛋白 Erns、E1 和 E2 发生翻译后修饰后，不会诱导中和抗体的产生；p7 蛋白作为一种疏水性多肽，可以通过其孔状结构影响 CSFV 毒力水平[13-15]。

在猪瘟病毒感染后 2～4 周的急性病程中，死亡率可高达 100%，临床症状和病理变化通常表现为：高热、食欲缺乏、腹泻、流产或死胎、结膜炎、皮肤（耳部、腹部腹面、

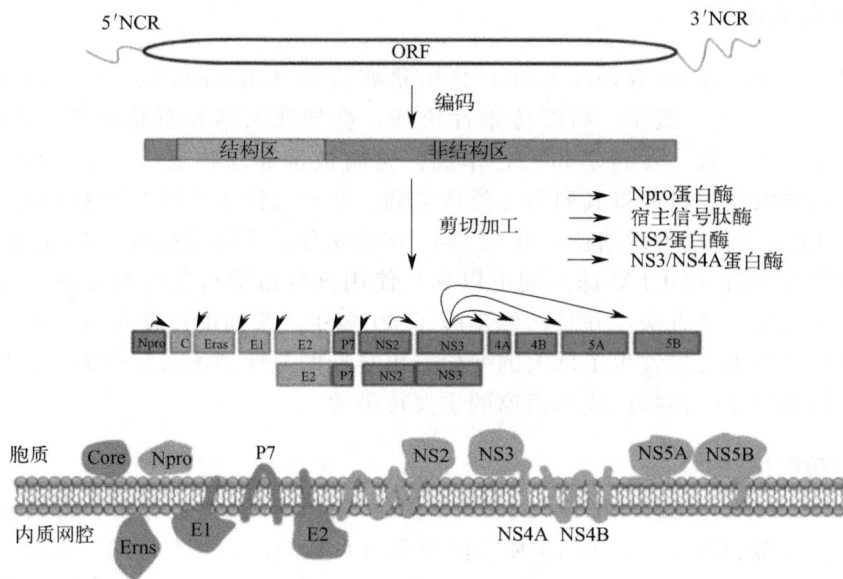

图 2-1　CSFV 基因组结构

肛周区域、尾部和四肢）出血或发绀，甚至伴有神经症状[16,17]。此外，还伴有淋巴结（特别是肠系膜和腹股沟淋巴结）肿胀出血、脏器（肺、肾、肠、膀胱等）浆膜和黏膜的表面有点状出血、出血性间质性肺炎或肺水肿、脾边缘性梗死、"雀斑肾"、出血性肠炎和非化脓性脑炎等特征性病理变化[18,19]。

慢性猪瘟的病程较长，在存活期间会不断排出大量病毒，从而造成持续性感染，并且会引起病猪出现消瘦、体温升高、腹泻、弥漫性皮炎、流产等临床症状。在发病初期常表现为急性炎症性病变，而后期则转变为坏死性和溃疡性病变，并且还伴随着坏死性和溃疡性扁桃体炎和肠炎（小肠、结肠和回盲瓣坏死和溃疡）、脾脏边缘梗死并发展为坏死或溃疡等病理变化[20]。

2.2.7.2　猪瘟疫苗

猪瘟是一种急性、烈性、高度接触性传染病，对养猪业危害极大，给全世界的养猪业造成了巨大的经济损失。几十年来，人们一直在使用安全、高效的猪瘟弱毒活疫苗进行疫苗接种以控制该疾病，并在多个国家成功净化了猪瘟。虽然猪瘟弱毒活疫苗在免疫起效和持续时间等方面具有突出的优点，但由于无法区分自然感染和疫苗接种动物，所以需要新型区分感染和免疫动物（differentiation of infected and vaccinated animal，DIVA）标记疫苗。并且，每种标记疫苗都必须具有相应的检测方法，以便于区分疫苗接种或自然感染的动物，只有通过良好的监测并加以及时淘汰，才能在当前流行情况下成功根除和净化猪瘟。

迄今为止，猪瘟 DIVA 弱毒活疫苗、亚单位疫苗、嵌合疫苗、基因缺失或突变疫苗、病毒载体疫苗和复制子疫苗等疫苗的研发均已取得了重大进展，但其相应的 DIVA 诊断技术仍需改进。此外，一些猪瘟 DIVA 疫苗虽然安全性高，但免疫保护效果和接种方式不太理想，因此开发安全、有效的新型 DIVA 疫苗刻不容缓，并且新型猪瘟 DIVA 疫苗的研发也为其他病原微生物疫苗的防控提供了许多可行的策略和思路。

（1）**弱毒活疫苗** 猪瘟弱毒活疫苗已在多个国家或地区的猪瘟防控中使用了60多年，通过结合其他生物安全措施，目前已经在一些国家或地区成功控制和净化了猪瘟。猪瘟弱毒活疫苗是通过将CSFV强毒株在兔体内或细胞培养物中连续传代，使其发生适应性突变从而导致其毒力减弱制成的。最常用的弱毒活疫苗有中国的C株（HCLV）、菲律宾的LPC株、俄罗斯的LK疫苗株、日本的GPE株、法国的Hiverval株、墨西哥PAV株，以及韩国的LOM株等[21,22]。

我国的C株是由中国兽药检验所和哈尔滨兽医研究所于1956年分离，通过在兔体内至少传代480次而使强毒株减毒得到的弱毒株，是高度安全且有效的疫苗，被认为是全球范围内猪瘟防控最有效的弱毒活疫苗之一，并且可以诱导仔猪或怀孕母猪产生针对猪瘟所有基因型的保护性免疫反应[23]。

猪瘟C株弱毒活疫苗具有许多优点。该疫苗种类繁多，便于使用，生产成本低，制造简单，安全有效，可以诱导体液和细胞免疫反应等，并且不需要佐剂即可产生高效的免疫保护效果。在单次疫苗免疫接种后1d，就可以产生针对强毒株的早期免疫保护效果；而在免疫后6~8d即可获得良好的免疫保护效果，并可以持续6~18个月，甚至终生；若通过口服免疫接种，其提供的免疫力也可以持续10个月[24]。另外，该疫苗还可以诱导垂直保护效果，在怀孕母猪接种疫苗后第5d，即可以有效防止CSFV强毒株经胎盘传播[25]。重要的是，弱毒C株即使在猪源细胞内传代多次，也不会出现毒力返祖现象[26]。

然而，不同的猪瘟弱毒活疫苗在遗传稳定性、诱导保护性免疫反应等方面均存在着一定的差异，而造成这些差异的因素有：在动物体内的增殖能力差异、产生病毒血症的时间周期不稳定、弱毒疫苗株的降解方式和效率不一致等。此外，由于目前针对猪瘟的弱毒活疫苗会诱发全谱抗体，所以无法通过血清学等方法区分疫苗接种猪与野毒感染猪，导致了此类疫苗的使用范围受到了很大限制，并且关于其可取性也一直存在着强烈的争议。在欧盟国家，此疫苗被禁止用于预防性接种，只有在猪瘟严重暴发时，才可以使用此疫苗进行紧急免疫接种。因此，安全有效的猪瘟DIVA疫苗及其相应的实验室诊断检测是目前急需解决的一大难题，也是该疫苗发展为全球通用疫苗的前提。

猪瘟活疫苗（C株，悬浮培养）

【主要成分与含量】疫苗中含猪瘟兔化弱毒（C株）传代细胞毒，每头份病毒含量应$\geqslant 10^{4.0} FAID_{50}$。

【作用与用途】用于预防猪瘟。断奶后无母源抗体仔猪的免疫期为12个月。

【用法与用量】肌内或皮下注射。按标签注明头份，用灭菌生理盐水将疫苗稀释成1头份/mL，每头1.0mL。推荐免疫程序：在没有猪瘟流行的地区，断奶后无母源抗体的仔猪，接种1次即可。有疫情威胁时，仔猪可在21~30日龄和65日龄左右各接种1次。

【注意事项】

① 本品仅用于健康猪只。

② 接种后应注意观察，如出现过敏反应，应及时注射抗过敏药物治疗。

③ 疫苗稀释后应充分摇匀，限1次用完。

④ 应使用灭菌注射器进行接种。

⑤ 注射部位应严格消毒。

⑥ 每接种1头猪更换1支针头。

⑦ 使用后的疫苗瓶、器具和未用完的疫苗等应进行无害化处理。

（2）亚单位疫苗

E2 蛋白是 CSFV 的结构糖蛋白，是病毒囊膜的重要组成部分，在病毒感染期间发挥着重要作用，并且可以与 E1 蛋白共同调控病毒与细胞受体的吸附过程。此外，E2 蛋白还具有良好的免疫原性，可以诱导中和抗体的产生，抗体在病毒感染过程后发挥着免疫保护效果。亚单位疫苗通常由病原微生物的某种纯化免疫原性蛋白组成，而 E2 蛋白是 CSFV 中免疫原性最高的蛋白质，因此猪瘟 E2 蛋白亚单位疫苗是亚单位疫苗的最佳选择。

目前，欧洲药品管理局（EMA）只批准了两种猪瘟 E2 亚单位疫苗：德国 BAYOVAC（拜耳公司）以及荷兰的 Porcilis Pesti（默沙东动物保健）。BAYOVAC 疫苗中的 E2 蛋白来源于 Brescia 毒株（基因亚型 1.2），而 Porcilis Pesti 疫苗中 E2 蛋白来源于 Alfort Tübingen 毒株（基因亚型 1.1）[27,28]。2018 年，中国首个猪瘟 E2 亚单位 DIVA 疫苗天瘟净（TWJ-E2）正式获批上市，使用了 C 株（基因亚型 2.1）的 E2 糖蛋白作为该疫苗的免疫原[29]。以上三种疫苗均可以通过血清学等方法（如 CSFV 的 Erns 抗体 ELISA 等）区分疫苗接种和野毒感染动物。

猪瘟 E2 亚单位疫苗具有以下优点：通过使用杆状病毒表达系统，模拟了 E2 蛋白的天然糖基化模式，从而激活免疫系统，并且将表达的 E2 蛋白与水-油-水佐剂混合后免疫，可以诱导产生针对 CSFV 强毒力株的免疫保护效果。另外，此类疫苗不会诱导产生具有复制能力的病毒粒子，不会导致毒力恢复，所以安全性高，并且热稳定性也较高[30]。

猪瘟 E2 亚单位疫苗也具有明显的缺点：首先，E2 亚单位疫苗制作难度较大，使用成本较高，并且不可以通过口服疫苗接种；在预防 CSFV 的传播中，至少需要接种两次或两次以上才可以诱导产生一定的免疫保护效果，并且无法预防 CSFV 在怀孕母猪中的垂直传播；另外，与弱毒活疫苗相比，E2 亚单位疫苗诱导产生的免疫效果较差、免疫力持续时间较短[31]。

近年来，猪瘟 E2 亚单位疫苗已采用多种方法不断优化，如结合分子佐剂、E2 乳剂与改良佐剂，使用流行株 E2 蛋白、使用植物表达系统生产成本效益高的 E2 蛋白，以及将 E2 蛋白结合到革兰氏阳性增强剂基质（GEM）或金纳米颗粒的表面等[32]。

猪瘟病毒 E2 蛋白重组杆状病毒灭活疫苗（Rb-03 株）

【主要成分与含量】疫苗中含有猪瘟病毒 E2 蛋白，每头份疫苗中猪瘟病毒 E2 蛋白的含量应不低于 $30\mu g$。

【作用与用途】用于预防猪瘟。断奶后无母源抗体仔猪免疫期为 6 个月。

【用法与用量】耳后颈部肌内注射。

① 不论猪只大小，每头 2mL。

② 妊娠母猪，在分娩前 35d 免疫一次，21d 后加强免疫一次。

③ 在没有猪瘟流行的地区，断奶后无母源抗体的仔猪，一免后 21d 加强免疫一次；母猪妊娠期间未免疫猪瘟病毒 E2 蛋白重组杆状病毒灭活疫苗（Rb-03 株）且有疫情威胁时所产仔猪在 21~30 日龄免疫一次，21d 后加强免疫一次；母猪妊娠期间免疫猪瘟病毒 E2 蛋白重组杆状病毒灭活疫苗（Rb-03 株）且有疫情威胁时所产仔猪可在 70~77 日龄免疫一次，21d 后加强免疫一次。

【注意事项】

① 仅用于健康易感猪群。

② 本品严禁冻结。

③ 疫苗开启后限当日用完。

④ 使用无菌的注射器进行接种。

⑤ 用过的疫苗瓶、器具和未用完的疫苗等应进行无害化处理。

（3）**嵌合疫苗** 猪瘟嵌合疫苗是通过基因工程等方法将表达 CSFV 某些蛋白的基因整合到其他病毒骨架或载体上，从而可以稳定表达 CSFV 某些蛋白的一种新型标记疫苗。猪瘟嵌合疫苗是一种新型的 DIVA 候选疫苗，不仅具有减毒活疫苗的免疫效果，还具有标记识别等优点。

CP-E2alf 疫苗是第一个获得生产许可的猪瘟嵌合疫苗，经欧盟批准可用于猪瘟暴发时的紧急疫苗接种。CP7-E2alf 是以牛病毒性腹泻病毒株（BVDV）的 CP7 为骨架，通过表达 CSFV Alfort/187 的 E1 和 E2 糖蛋白，从而获得的猪瘟嵌合标记疫苗[33]。另一种嵌合猪瘟疫苗 Flc-LOM-BErns，于 2016 年在韩国获得生产许可，该疫苗以 CSFV 弱毒株（LOM 株）为基础，通过构建感染性克隆 Flc-LOM，将 CSFV 的 Erns 全长序列和 Core 的 30 个末端残基替换为 BVDV 的 Erns 基因序列和 Core 的 30 个末端残基[34]。

猪瘟嵌合疫苗作为一种新型 DIVA 候选疫苗，其优点有：家猪和野猪经肌内免疫后有效性和安全性高，可以口服免疫，并且在使用强毒株进行攻击之后，也具有良好的临床保护效果。此外，单次肌内免疫一周后，即可产生针对 CSFV 的完全保护，并且免疫保护效果可持续至少 6 个月。单次疫苗接种后，使用中等毒力或高毒力的 CSFV 毒株进行攻击，怀孕母猪及其胎儿均可以得到完全保护，表明该疫苗具有抵御 CSFV 垂直传播的能力。另外，CP7-E2alf 疫苗不会通过尿液、粪便或精液排出或传播，具有遗传稳定性[35,36]。

（4）**基因缺失或突变疫苗** 猪瘟基因缺失或突变疫苗是通过基因工程等方法缺失 CSFV 部分基因，或突变其基因组的某些关键位点，使其毒力减弱或缺失，从而制备的一类新型疫苗。这类疫苗由于部分基因发生缺失或突变，与正常毒株相比，存在着某些"特殊标记"，因此是新型 DIVA 疫苗的理想选择。

经典的猪瘟基因突变标记疫苗 FlagT4Gv，是通过将 E2 蛋白单克隆抗体（mAb）识别的线性表位（TAVSPTTLR）突变为 T4（TSFNMDTLR），并且在其 E1 基因中插入了一个 Flag 标签，从而制备的一种新型疫苗[37,38]。另外，由于这种突变破坏了单克隆抗体 WH303 对此线性表位的识别，因此 T4 可以作为一种阴性抗原标记物，并且该疫苗在接种后第 3d 就可以诱导产生完全的免疫保护效果，表明此疫苗具有安全、有效、易鉴别等优点。然而，由于此疫苗突变的是 CSFV 基因组中高度保守且可以诱导产生中和抗体的 E2 基因表位，所以该疫苗的免疫原性可能会受到一定影响，并且该疫苗还存在着遗传稳定性较差，毒力易恢复等缺点。

有研究人员开发了一种新型的猪瘟 DIVA 疫苗，该疫苗是通过反向遗传技术，将 mAb-HQ06 识别表位（116LFDGTNP122）中的 122PxA 位点的单个氨基酸突变，从而制备的猪瘟基因突变疫苗（rHCLV-E2P122A）[39,40]。由于该表位是一个保守的线性表位，诱导产生中和抗体的能力较弱，因此突变后不影响病毒的免疫原性。另外，使用此疫苗接种后可以诱导产生抗 CSFV 的中和抗体，具有良好的免疫保护效果，但不能诱导靶向识别 HQ06 表位的抗体，所以可以区分自然感染与疫苗接种的动物。

（5）**猪瘟病毒载体疫苗** 自 1990 年以来，已有许多关于猪瘟病毒载体疫苗相关应用的报道。猪痘病毒（SPV）、伪狂犬病毒（PRV）和腺病毒（AdV）等病毒载体已广泛用于猪瘟病毒载体疫苗的研发。猪瘟病毒载体疫苗一般通过表达 CSFV 的 E2 蛋白，诱导中和抗体的产生，从而发挥保护性免疫效果。另外，不同的猪瘟病毒载体疫苗免疫接种后可以同时预防多种疾病的感染，因此是一种具有广阔前景的多价 DIVA 候选疫苗。

猪瘟病毒痘病毒载体疫苗是以猪痘病毒（SPV）基因组为骨架，通过同源重组插入了编码 CSFV 糖蛋白 E2 的基因，从而构建的 rSPV-E2 疫苗[41]。使用 rSPV-E2 疫苗进行肌内免疫接种，可以诱导特异性中和抗体反应，并且对 CSFV 强毒株的感染也具有良好的临床保护效果，是一种具有广阔前景的 DIVA 疫苗。另外，由于 SPV 只感染猪，并且感染造成的临床症状通常是轻微的，仅偶尔伴有局部皮肤损伤，因此该疫苗是安全且特异性的。与此同时，为了获得更安全、有效的 SPV 载体，相关人员分别通过构建三个 SPV 突变体 Δ003、Δ010 和 ΔTK，并对其进行了体外和体内的生物安全性评估，发现除了接种高滴度的 Δ010 会引起轻微的皮肤炎症外，其他 SPV 突变体（Δ003 和 ΔTK）均不产生任何临床症状[42]。

猪瘟病毒伪狂犬病毒载体疫苗以伪狂犬病毒（PRV）基因组为骨架，通过将 PRV 的毒力相关基因（如 gE、gI、gD 和 TK 等）替换为 CSFV 的 E2 基因，从而构建的一种新型 DIVA 疫苗，如 rPRVTJ-delgE/gI-E2 和 rPRVTJ-delgE/gI/TK-E2 等[43-45]。临床试验表明，此疫苗是安全有效的，可以抵抗 CSFV 强毒株或 PRV 强毒株的致命攻击，并且还可以诱导产生良好的免疫保护效果，有利于开发多价 DIVA 疫苗。此外，通过将 CSFV 的 E2 基因插入 gE/gI 缺失的 PRV 变异株中，还开发了一种新的二价 PRV/CSFV 载体疫苗 JS-2012-ΔgE/gI-E2[46]。此疫苗安全、有效，单次免疫后即可为仔猪提供良好的免疫保护效果，使其免受 PRV 和 CSFV 的致命攻击。

猪瘟病毒繁殖与呼吸综合征病毒（PRRSV）载体疫苗是通过反向遗传学技术，将编码 CSFV 的 E2 基因插入 HuN4-F112（一种高致病性 PRRSV 的减毒疫苗株）的骨架中构建的，称为 rPRRSV-E2 疫苗[47]。研究表明，rPRRSV-E2 疫苗经单次免疫接种即可诱导产生 PRRSV 和 CSFV 的特异性抗体，并可以抵抗 HP-PRRSV 和 CSFV 的致命攻击，是一种具有广阔前景的二价 DIVA 候选疫苗。另外，在疫苗接种后至少可以维持长达 20 周的免疫保护效果，与肉猪的出栏周期相似（18～26 周），并且 PRRSV 或 CSFV 的母源抗体（MDA）水平也不会影响 rPRRSV-E2 的免疫效果，因此具有显著的实际应用价值[48,49]。

猪瘟病毒腺病毒载体疫苗是利用重组腺病毒载体，表达 CSFV E2 蛋白的一种新型载体疫苗，如猪瘟腺病毒疫苗 rAdV-SFV-E2[50]。首先，该疫苗对小鼠、兔和猪是安全有效的，单次疫苗接种即可诱导产生 CSFV 特异性抗体，并且还可以保护猪免受 CSFV 强毒株的感染。其次，母源抗体水平不会干扰该疫苗的免疫水平，并且还可以为怀孕母猪和新生仔猪提供垂直免疫保护效果。另外，即使 rAdV-SFV-E2 与某些疫苗（如 PRV 活疫苗）同时使用，也不会影响该疫苗的免疫效果，并且使用 BG 佐剂还可以显著提高 rAdV-SFV-E2 的免疫效率[51,52]。总之，rAdV-SFV-E2 疫苗是一种具有广阔前景的 DIVA 候选疫苗，可用于控制和净化猪瘟。

猪瘟杆状病毒载体疫苗是将表达 CSFV E2 蛋白的基因组插入杆状病毒载体中，通过启动子控制外源基因在哺乳动物体内的表达，从而诱导机体产生免疫应答反应，而研发的一种新型 DIVA 疫苗。由于杆状病毒在哺乳动物体内不能进行复制和转录，因此安全性高，并且还可以通过刺激免疫系统，从而诱导良好的免疫保护效果。然而，杆状病毒的基因传递存在着两个瓶颈，即补体依赖性失活和靶向免疫细胞的低转导效率，因此导致杆状病毒载体疫苗的使用受到了明显的限制。为了打破这一瓶颈，研究人员利用 IgG1 的 Fc 表面标记，构建了一种新型 VSV-G 假型杆状病毒，从而开发了重组杆状病毒载体疫苗（BV-VSVG-ED-pFc-CMV-S/P-E2）[53]。此疫苗通过肌内免疫接种即可诱导产生高滴度的 CSFV 特异性中和抗体，并且还可以提升猪体内 IFN-γ 的分泌水平。因此，此重组杆状病毒载体疫苗的设计和构建为 CSFV 和其他病原体疫苗的开发提供了一种新型的研究方向。

参考文献

[1] Luo Y, Li S, Sun Y, et al. Classical swine fever in China: A minireview[J]. Veterinary Microbiology, 2014, 172 (1-2): 1-6.

[2] Tu C, Lu Z, Li H, et al. Phylogenetic comparison of classical swine fever virus in China [J]. Virus Research, 2001, 81 (1-2): 29-37.

[3] Zhang H, Leng C, Feng L, et al. A new subgenotype 2.1d isolates of classical swine fever virus in China, 2014[J]. Infect Genet Evol, 2015, 34: 94-105.

[4] Sun S Q, Yin S H, Guo H C, et al. Genetic typing of classical swine fever virus isolates from China[J]. Transbound Emerg Dis, 2013, 60 (4): 370-375.

[5] Ji W, Guo Z, Ding N Z, et al. Studying classical swine fever virus: Making the best of a bad virus[J]. Virus Research, 2015, 197: 35-47.

[6] Rümenapf T, Unger G, Strauss J H, et al. Processing of the envelope glycoproteins of pestiviruses[J]. J Virol, 1993, 67 (6): 3288-3294.

[7] Stark R, Meyers G, Rümenapf T, et al. Processing of pestivirus polyprotein: cleavage site between autoprotease and nucleocapsid protein of classical swine fever virus[J]. Journal of Virology, 1993, 67 (12): 7088-7095.

[8] Ming X, Chen J, Wang Y, et al. Sequence, necessary for initiating RNA synthesis, in the 3'-noncoding region of the classical swine fever virus genome [J]. Molekuliarnaia Biologiia, 2004, 38 (2): 343-351.

[9] Westaway E G, Brinton M A, Gaidamovich S Y, et al. Flaviviridae[J]. Intervirology, 1985, 24 (4): 183-192.

[10] Leifer I, Ruggli N, Blome S. Approaches to define the viral genetic basis of classical swine fever virus virulence[J]. Virology, 2013, 438 (2): 51-55.

[11] Floegel-Niesmann G, Bunzenthal C, Fischer S, et al. Virulence of recent and former classical swine fever virus isolates evaluated by their clinical and pathological signs[J]. J Vet Med B Infect Dis Vet Public Health, 2010, 50 (5): 214-220.

[12] Mittelholzer1 C, Tratschin J D, Hofmann M A. Analysis of classical swine fever virus replication kinetics allows differentiation of highly virulent from avirulent strains[J]. Veterinary Microbiology, 2000, 74 (4): 293-308.

[13] Gladue D P, Holinka L G, Largo E, et al. Classical swine fever virus p7 protein is a viroporin involved in virulence in swine[J]. Journal of Virology, 2012, 86 (12): 6778-6791.

[14] Velazquez-Salinas L, Risatti G R, Holinka L G, et al. Recoding structural glycoprotein E2 in classical swine fever virus (CSFV) produces complete virus attenuation in swine and protects infected animals against disease[J]. Virology, 2016, 494: 178-189.

[15] Gavrilov B K, Rogers K, Fernandez-Sainz I J, et al. Effects of glycosylation on antigenicity and immunogenicity of classical swine fever virus envelope proteins [J]. Virology, 2011, 420 (2): 135-145.

[16] Dewulf J, Laevens H, Koenen F, et al. An experimental infection with classical swine fever virus in pregnant sows: transmission of the virus, course of the disease, antibody response and effect on gestation[J]. J Vet Med B Infect Dis Vet Public Health, 2001, 48 (8): 583-591.

[17] Petrov A, Blohm U, Beer M, et al. Comparative analyses of host responses upon infection with moderately virulent Classical swine fever virus in domestic pigs and wild boar[J]. Virology Journal, 2014, 11（1）: 134.

[18] Moennig V, Floegel-Niesmann G, Greiser-Wilke I. Clinical signs and epidemiology of classical swine fever: a review of new knowledge[J]. Veterinary journal, 2003, 165（1）: 11-20.

[19] Gomez-Villamandos J C, Leaniz I D, Nunez A, et al. Neuropathologic study of experimental classical swine fever[J]. Veterinary Pathology, 2006, 43（4）: 530-540.

[20] Depner K R, Lange E, Pontrakulpipat S, et al. Does porcine reproductive and respiratory syndrome virus potentiate classical swine fever virus infection in weaner pigs[J]. Zentralbl Veterinarmed B, 1999, 46（7）: 485-491.

[21] Dong X N, Chen Y H. Marker vaccine strategies and candidate CSFV marker vaccines [J]. Vaccine, 2007, 25（2）: 205-230.

[22] van Oirschot JT. Vaccinology of classical swine fever: from lab to field[J]. Vet Microbiol, 2003, 96（4）: 367-384.

[23] Xu L, Fan X Z, Zhao Q Z, et al. Effects of vaccination with the c-strain vaccine on immune cells and cytokines of pigs against classical swine fever virus[J]. Viral Immunol, 2018, 31（1）: 34-39.

[24] Sophie R, Christoph S, Sandra B, et al. Controlling of CSFV in European wild boar using oral vaccination: a review[J]. Frontiers in Microbiology, 2015, 6: 1141.

[25] Greiser-Wilke I, Moennig V. Vaccination against classical swine fever virus: limitations and new strategies[J]. Anim Health Res Rev, 2004, 5（2）: 223-226.

[26] Xia H, Wahlberg N, Qiu H J, et al. Lack of phylogenetic evidence that the Shimen strain is the parental strain of the lapinized Chinese strain（C-strain）vaccine against classical swine fever[J]. Arch Virol, 2011, 156（6）: 1041-1044.

[27] Dortmans J, Loeffen W, W Ee Rdmeester K, et al. Efficacy of intradermally administrated E2 subunit vaccines in reducing horizontal transmission of classical swine fever virus [J]. Vaccine, 2008, 26（9）: 1235-1242.

[28] Bouma A, De Smit A J, De Jong M C, et al. Determination of the onset of the herd-immunity induced by the E2 sub-unit vaccine against classical swine fever virus[J]. Vaccine, 2000, 18（14）: 1374-1381.

[29] Gong W, Li J, Wang Z, et al. Commercial E2 subunit vaccine provides full protection to pigs against lethal challenge with 4 strains of classical swine fever virus genotype 2[J]. Vet Microbiol, 2019, 237: 108403.

[30] Beer M, Reimann I, Hoffmann B, et al. Novel marker vaccines against classical swine fever[J]. Vaccine, 2007, 25（30）: 5665-5670.

[31] Depner K R, Bouma A, Koenen F, et al. Classical swine fever（CSF）marker vaccine [J]. Veterinary Microbiology, 2001, 83（2）: 107-120.

[32] Li D, Zhang H, Yang L, et al. Surface display of classical swine fever virus E2 glycoprotein on gram-positive enhancer matrix（GEM）particles via the SpyTag/SpyCatcher system [J]. Protein Expr Purif, 2020, 167: 105526.

[33] Reimann I, Depner K, Utke K, et al. Characterization of a new chimeric marker vaccine candidate with a mutated antigenic E2-epitope[J]. Veterinary Microbiology, 2010, 142（1-2）: 45-50.

[34] Lim S I, Choe S E, Kim K S, et al. Assessment of the efficacy of an attenuated live marker classical swine fever vaccine（Flc-LOM-BErns）in pregnant sows[J]. Vaccine, 2019, 37（27）: 3598-3604.

[35] Eblé P L, Geurts Y, Quak S, et al. Efficacy of chimeric Pestivirus vaccine candidates against Classical Swine Fever: protection and DIVA characteristics[J]. Veterinary Microbiology, 2013, 162（2-4）: 437-446.

[36] Dräger C, Petrov A, Beer M, et al. Classical swine fever virus marker vaccine strain CP7-E2alf: Shedding and dissemination studies in boars[J]. Vaccine, 2015, 33（27）: 3100-3103.

[37] Holinka L G, Fernandez-Sainz I, Sanford B, et al. Development of an improved live attenuated antigenic marker CSF vaccine strain candidate with an increased genetic stability [J]. Virology, 2014, 471-473: 13-18.

[38] Holinka L G, Vivian O, Risatti G R, et al. Early protection events in swine immunized with an experimental live attenuated classical swine fever marker vaccine, FlagT4G[J]. Plos One, 2017, 12（5）: e0177433.

[39] Han Y, Xie L, Yuan M, et al. Development of a marker vaccine candidate against classical swine fever based on the live attenuated vaccine C-strain[J]. Veterinary Microbiology, 2020, 247: 108741.

[40] Chen S, Li S, Sun H, et al. Expression and characterization of a recombinant porcinized antibody against the E2 protein of classical swine fever virus[J]. Appl Microbiol Biotechnol, 2018, 102（2）: 961-970.

[41] Lin H, Ma Z, Chen L, Fan H. Recombinant swinepox virus expressing glycoprotein E2 of classical swine fever virus confers complete protection in pigs upon viral challenge[J]. Front Vet Sci, 2017, 4: 81.

[42] Yuan X, Lin H, Li B, et al. Swinepox virus vector-based vaccines: attenuation and biosafety assessments following subcutaneous prick inoculation[J]. Vet Res, 2018, 49（1）: 14.

[43] Wang Y, Yuan J, Cong X, et al. Generation and efficacy evaluation of a recombinant pseudorabies virus variant expressing the E2 protein of classical swine fever virus in Pigs[J]. Clin Vaccine Immunol, 2015, 22（10）: 1121-1129.

[44] Lei J L, Xia S L, Wang Y, et al. Safety and immunogenicity of a gE/gI/TK gene-deleted pseudorabies virus variant expressing the E2 protein of classical swine fever virus in pigs [J]. Immunology Letters, 2016, 174: 63-71.

[45] Cong X, Lei J L, Xia S L, et al. Pathogenicity and immunogenicity of a gE/gI/TK gene-deleted pseudorabies virus variant in susceptible animals[J]. Veterinary Microbiology, 2016, 182: 170-177.

[46] Tong W, Zheng H, Li G X, et al. Recombinant pseudorabies virus expressing E2 of classical swine fever virus（CSFV）protects against both virulent pseudorabies virus and CSFV [J]. Antiviral Res, 2020, 173: 104652.

[47] Gao F, Jiang Y, Li G, et al. Porcine reproductive and respiratory syndrome virus expressing E2 of classical swine fever virus protects pigs from a lethal challenge of highly-pathogenic PRRSV and CSFV[J]. Vaccine, 2018, 36（23）: 3269-3277.

[48] Gao F, Jiang Y, Li G, et al. Evaluation of immune efficacy of recombinant PRRSV vectored vaccine rPRRSV-E2 in piglets with maternal derived antibodies[J]. Veterinary Microbiology, 2020, 248: 108833.

[49] Gao F, Jiang Y, Li G, et al. Immune duration of a recombinant PRRSV vaccine expressing E2 of CSFV[J]. Vaccine, 2020, 38（50）: 7956-7962.

[50] Sun Y, Li H Y, Tian D Y, et al. A novel alphavirus replicon-vectored vaccine delivered by adenovirus induces sterile immunity against classical swine fever[J]. Vaccine, 2011, 29（46）: 8364-8372.

[51] Yuan S, Tian D Y, Li S, et al. Comprehensive evaluation of the adenovirus/alphavirus-replicon chimeric vector-based vaccine rAdV-SFV-E2 against classical swine fever[J]. Vaccine, 2013, 31（3）: 538-544.

[52] Xia S L, Du M, Lei J L, et al. Piglets with maternally derived antibodies from sows immunized with rAdV-SFV-E2 were completely protected against lethal CSFV challenge[J]. Vet Microbiol, 2016, 190: 38-42.

[53] Liu Z, Liu Y, Zhang Y, et al. Surface displaying of swine IgG1 Fc enhances baculovirus-

vectored vaccine efficacy by facilitating viral complement escape and mammalian cell transduction[J]. Vet Res, 2017, 48（1）: 29.

2.2.8 猪传染性胃肠炎疫苗

猪传染性胃肠炎是导致猪只呕吐、腹泻、脱水并急性死亡的三大腹泻类疫病之一，1933 年首发于美国，目前已传遍世界几乎所有养猪的国家和地区。1956 年我国广东首现该病，先后波及全国大部分省份。该病毒常与猪流行性腹泻病毒、猪轮状病毒等其他腹泻类病毒混合感染，并可能继发细菌感染，从而加剧疫情危害性，提高死亡率，给全球养猪业造成严重损失。世界动物卫生组织（OIE）将其列为法定报告的疫病，我国将其列为三类动物疫病。

2.2.8.1 猪传染性胃肠炎概况

猪传染性胃肠炎（transmissible gastroenteritis，TGE）是由传染性胃肠炎病毒（transmissible gastroenteritis virus，TGEV）感染引起的一种高度接触性肠道传染病，临床以呕吐、水样腹泻和脱水为主要特征。不同日龄、品种的猪均易感，一周龄以内的仔猪死亡率可达 100%。2 周龄以上猪感染后死亡率较低，但生长发育缓慢[1]，饲料报酬降低，同时还能引起怀孕后期母猪流产，给养殖业带来了巨大经济损失。

TGEV 属套式病毒目（Nidovirales）、冠状病毒科（Coronaviridae）、α 冠状病毒属（*Alphacoronavirus*）成员。其病毒粒子的形态与其他冠状病毒相似，呈圆形、椭圆形或多边形。对培养的 TGEV 进行磷钨酸负染和电镜观察，可见病毒粒子直径约 60～200nm，表面有囊膜和明显的花瓣状纤突，纤突长度约 12～25nm。病猪小肠上皮细胞内 TGEV 病毒粒子的直径为 65～95nm。TGEV 有三种膜相关蛋白：纤突蛋白（S）、膜蛋白（M）、小膜蛋白（E）。纤突蛋白（S）主要分布于病毒粒子表面，膜蛋白（M）横穿于脂质双层，小膜蛋白（E）镶嵌于囊膜中；其内部则由 RNA、核衣壳蛋白（N）共同组成核衣壳，呈螺旋式结构（图 2-2）[2]。

图 2-2　成熟的 TGEV 结构模式图[2]

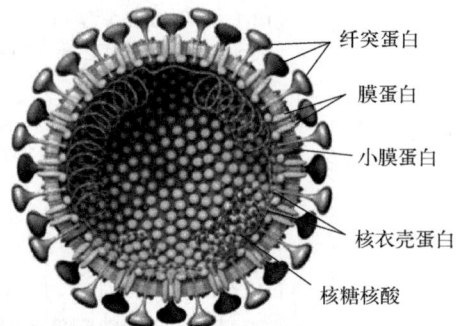

纤突蛋白

膜蛋白

小膜蛋白

核衣壳蛋白

核糖核酸

TGEV 是一种典型的感染胃肠道的冠状病毒，除能在肠道组织中复制外，也可在呼吸道组织中复制，能耐受消化道的中性及偏酸 pH 环境，感染覆盖在空肠和回肠绒毛上的柱状上皮细胞。当上皮细胞感染后，导致细胞脱落以及绒毛萎缩和随后的腹泻。所有日龄、品种的猪对 TGEV 均易感，但引发胃肠炎组织病变的严重程度取决于被感染动物的日龄，尤以仔猪最为严重。2 周龄的仔猪感染 TGEV 后 20h 出现呕吐，然后出现连续数天的腹泻，导致脱水甚至死亡。2 周龄以上的猪一般仅发病并可恢复，但生长迟缓。被感染猪的不同组织器官对病毒的易感性取决于感染动物的日龄、生长环境、病毒剂量和毒力等因素。病毒对胃肠道的致病性取决于 S 蛋白，S 蛋白序列的改变可降低病毒的致病性或使病毒失去毒性。TGEV 的唾液酸结合活性位于 S 蛋白，而猪呼吸道冠状病毒（PRCV）则缺少这段 S 基因，因此没有唾液酸结合活性。TGEV 用神经氨酸酶处理以后血凝素活性显著提升，同时用神经氨酸酶处理正常的细胞，然后感染 TGEV 也可以提升其血凝素活性。通过突变 S 蛋白（如在 S 蛋白的 145～155 氨基酸残基处缺失 4 个氨基酸）与血凝素活性相关的一个氨基酸可导致病毒毒力的显著降低，甚至失去血凝素活性，这表明 TGEV 的唾液酸结合活性对病毒感染具有重要作用[3,4]。

目前全球各地分离到的 TGEV 均属同一血清型。以往的研究认为 TGEV 主要划分为基因 I 型、基因 II 型两种毒株[5]，但自 2012 年以来美国等国家陆续发现 TGEV 变异毒株，这一毒株与传统毒株（基因 I 型、基因 II 型毒株）相比，在基因组的 *Nsp3*、*S* 基因以及 *ORF3b* 等位置存在基因插入现象[6]。在抗原性上，TGEV 与猪呼吸道冠状病毒（porcine respiratory coronavirus，PRCV）、猫传染性腹膜炎病毒（feline infectious peritonitis virus，FIPV）、犬冠状病毒（canine coronavirus，CCV）有一定相关性，与 SARS 冠状病毒无抗原交叉反应。研究认为 PRCV 是 TGEV 的变异株，主要感染猪的呼吸道组织，感染 PRCV 的猪能产生与 TGEV 发生中和反应的抗体[7]。序列比较显示 PRCV 与 TGEV 的同源性为 96%，两者之间的差异主要表现在 PRCV 的 S 基因的 5′端 621～681bp 有大片段缺失[8]。

2.2.8.2 猪传染性胃肠炎疫苗

对于本病的免疫，许多国家已做了很多研究。由于 TGE 是典型的局部感染症，且控制手段主要是保护哺乳仔猪，因此免疫研究所遵循的基本原则是乳汁免疫。本病愈后妊娠母猪所生仔猪在哺乳期间不感染本病，因为乳汁中含有较高水平的分泌型 IgA 和 IgG，能保护肠黏膜的上皮细胞免于感染。早期采用强毒免疫方法，在分娩前 2～3 周对妊娠母猪进行人工口服感染，达到保护仔猪的最好效果。起保护作用的是乳汁中的免疫球蛋白分泌型 IgA，因为其对消化酶有抵抗性，持续时间长，这是国际上对本病强毒和弱毒免疫进行长期研究而逐渐形成的见解，至于分泌型 IgA 的形成机理，一般认为是由于病毒抗原刺激肠管的集合淋巴小结，致敏淋巴细胞分裂增殖，产生淋巴细胞，经淋巴流、血流移行至乳腺，于局部产生 IgA 抗体。

在本病发生之后的较长时期，许多国家通过采用强毒人工免疫的方法，取得了保护仔猪的明显效果。我国直到目前仍有少数猪场沿用。但其缺点是人为地使母猪发病，加重环境污染和导致疫病扩大蔓延，还有可能造成其他传染病暴发，故国际上已停止使用。后来使用过灭活疫苗，但由于该疫苗不能产生乳汁免疫因而很少应用，继而出现了活疫苗-灭活疫苗并用。继之研究最多的是活疫苗。弱毒免疫与强毒免疫不同的是，强毒免疫动物其乳汁中主要含 IgG，分泌型 IgA 少，其原因可能是抗原对肠黏膜的刺激弱，乳汁中 IgA 消失得早，这是长时间认为弱毒免疫效果不理想的主要依据。后来 Stone 等（1976）经试验证明，把从 TGE 免疫母猪的初乳中分离到的 IgA、IgG、IgM 用胃液、胰蛋白酶、胃蛋白酶处理后，检查了中和抗体活性的降低情况，结果无明显差别；又将处理的免疫球蛋白分别经口给仔猪饲喂，结果防止了感染。由此证明，弱毒的免疫不单纯依靠IgA，而IgG也参与了部分作用。关于接种妊娠母猪的有效途径也有过不少研究，目前尚有不同看法。按照强毒免疫的效果分析，认为口服接种是自然途径。相关试验虽做得很多，但不太理想，因为弱毒株的抗酸性和对蛋白分解酶的抵抗力有所降低，所以德国BI-300株疫苗用耐酸性胶囊包装后给妊娠母猪口服，抗体水平也不是太高，实际应用也有一定困难，但比较起来仍为有效途径之一。肌内注射接种所产生的抗体主要是IgG，如前所述的原因，较长时间认为免疫效果不佳。自Stone等（1978）试验证明之后，用日本TO163、美国的小空斑变异株及日本的h-5弱毒疫苗进行的试验均证明，肌内接种配合鼻内接种法是有效的接种途径，可以快速增加IgG的含量，同时也能促使机体产生IgA。

（1）传统疫苗　目前国际上已培育成功多种疫苗，已投产的有：德国的BI-300疫苗，匈牙利的CKP弱毒疫苗，美国的TGE-Vac，保加利亚的TGE弱毒疫苗，日本的羽田株、H-5株和TO163弱毒株等疫苗，上述疫苗中不少已经商品化。

中国农业科学院哈尔滨兽医研究所采用二甲基亚砜处理病毒培养物，并经克隆纯化培育成功的TGE华毒弱毒疫苗，免疫效果已达到或超过国外同类疫苗，与日本的TO163相比，免疫效果高13.5%。TGE疫苗免疫的主要目的是保护仔猪，通常对妊娠母猪于产前45d或15d进行肌内、鼻内种接种1mL。仔猪出生后，从乳汁中获得保护性抗体，被动免疫保护率在95%以上。本疫苗用于主动免疫时，主要用来保护未接种过TGE疫苗且受本病威胁猪群的仔猪。出生后1～2日龄的仔猪即可进行口服接种，接种后7d产生免疫力。

2003年，中国农业科学院哈尔滨兽医研究所研究人员在TGE弱毒疫苗的基础上，又成功研制出猪传染性胃肠炎与猪流行性腹泻二联活疫苗。2010年随着新型PED变异毒株的出现，一大批腹泻联苗获批上市，截至目前，我国先后批准1种TGEV-PEDV-PRoV三联活疫苗、6种TGEV-PEDV二联活疫苗/灭活疫苗用于TGE、PED或TGE、PED和PRoV的免疫预防（具体数据详见2.2.9猪流行性腹泻疫苗一节）。从免疫效果看，近十年来，我国猪传染性胃肠炎的总体防控效果良好。

（2）其他疫苗　随着分子生物学技术的发展，各国研究人员也在基因疫苗和转基因疫苗方面开展了相关研究工作。先后采用了痘病毒载体、杆状病毒表达、重组沙门氏菌融合表达来对TGEV的S蛋白、M蛋白或N蛋白进行基因工程疫苗的相关研究工作，但截至目前上述研究均处于实验室研究阶段，而未能实现商品化。

参考文献

[1] Zimmerman J J, Karriker L A, Ramirez A, et al. Diseases of Swine. 2019.

[2] 姜春霞. 猪传染性胃肠炎病毒LJ-12株的分离及鉴定[D]. 哈尔滨：东北农业大学，2013.

[3] Bernard S. and Laude H. Site-specific alteration of transmissible gastroenteritis virus spike protein results in markedly reduced pathogenicity[J]. J Gen Virol. 1995, 76（Pt 9）：2235-2241.

[4] Krempl C, Schultze B, Laude H, et al. Point mutations in the S protein connect the sialic acid binding activity with the enteropathogenicity of transmissible gastroenteritis coronavirus[J]. J Virol. 1997, 71（4）：3285-3287.

[5] 斯特劳 B E，阿莱尔 S D.，蒙加林 W L 猪病学[M]//赵德明，张中秋，沈建忠，等，译. 第8版[M]. 北京：中国农业大学出版社，2000：305-339.

[6] Chen F, Knutson T P, Rossow S, et al. Decline of transmissible gastroenteritis virus and its complex evolutionary relationship with porcine respiratory coronavirus in the United States[J]. Sci

Rep. 2019, 9（1）: 3953.

[7] Antón I M, González S, Bullido M J, et al. Cooperation between transmissible gastroenteritis coronavirus（TGEV）structural proteins in the in vitro induction of virus specific antibodies [J]. Virus Res. 1996, 46（1996）: 111-124.

[8] Pensaert M. Isolation of a porcine respiratory, non-enteric coronavirus related to transmissible gastroenteritis[J]. Vet Q. 1986, 8.

2.2.9　猪流行性腹泻疫苗

猪流行性腹泻（porcine epidemic diarrhea，PED）是导致猪只腹泻的主要病毒性疾病之一，该病自 1971 年出现后的 40 年里，虽然在欧洲、亚洲等地呈地方性流行并造成一定的经济损失，但对整个生猪产业影响甚微。2010 年猪流行性腹泻病毒新型变异毒株出现之后，该病迅速蔓延至全球（非洲、大洋洲除外），且多呈暴发性流行态势，给全球生猪产业造成巨大的经济损失。时至今日，由新型变异毒株引起的猪流行性腹泻仍是困扰我国乃至世界生猪主产区域生猪产业健康发展的一大难题。

2.2.9.1　猪流行性腹泻概况

猪流行性腹泻病毒（*porcine epidemic diarrhea virus*，PEDV）在分类地位上归属于套式病毒目（Nidovirales）、冠状病毒亚目（Cornidovirineae）、冠状病毒科（Coronaviridae）、正冠状病毒亚科（Orthocoronavirinae）、α 冠状病毒属、*Pedacovirus* 亚属。其代表毒株为 CV777（GenBank accession：AF353511）。猪流行性腹泻病毒粒子的形态和结构与其他冠状病毒粒子极其相似，显示了冠状病毒科的特征[1,2]。位于病毒粒子表面的是纤突蛋白（S）、膜蛋白（M）和小膜蛋白（E），在病毒粒子内部的是核衣壳蛋白（N），N 蛋白与病毒基因组 RNA 相互缠绕形成病毒的核衣壳。从粪样中检测到的病毒粒子具有多形性，多数趋于球形，大小为 95～190nm，包括纤突在内的平均直径约为 130nm。病毒粒子外包裹着一层囊膜，囊膜上是由核心向外呈放射状排列的棒状纤突，纤突长为 18～23nm。大多数的病毒粒子中心为电子不透明区。从形态学上很难将其与猪传染性胃肠炎病毒（TGEV）相区别。PEDV 的病毒粒子在肠道上皮细胞内的形态特征与其他冠状病毒相同，病毒在细胞质内复制，并通过细胞质内膜以出芽方式进行装配[3,4]。

PEDV 感染机体后，主要利用其表面 S 蛋白与猪肠道细胞表面受体结合，通过膜融合侵入细胞内，氨基肽酶 N 是 PEDV 目前已知的一类受体，在猪小肠绒毛细胞中高效表达[5]。病毒的增殖主要集中于猪的小肠绒毛上皮细胞（十二指肠、空肠和回肠），病毒通过细胞质内膜（如内质网和高尔基体）迅速出芽，在受感染的小肠绒毛上皮细胞的细胞质中组装、复制[6]。PEDV 毒株感染 3 日龄未吮初乳的仔猪，经免疫荧光技术和透射电镜观察证实，病毒在整段小肠和结肠的绒毛上皮细胞中增殖，感染 12～18h 即可观察到荧光，于 24～36h 病毒量达到最高[7]。PEDV 在小肠中的持续复制可引起肠道上皮细胞的急性坏死、凋亡，最终导致小肠绒毛明显萎缩、隐窝深度由原先的 7∶1 缩短到 3∶1[8-10]，随后小肠上皮细胞开始脱落，酶活降低，这一系列进程中断了营养物质和电解质的消化和吸收，从而导致吸收不良型水样腹泻，继而引起仔猪严重和致命的脱水[11-13]，其他临床症状包括呕吐、厌食、消瘦和死亡等。PED 的发病、死亡以哺乳仔猪最为严重，这可能与肠上皮细胞更新速度相关，仔猪日龄越小，肠上皮细胞更新速度越慢[7,14]，导致肠道黏膜损伤而不能得到及时修复，从而造成低日龄仔猪病情严重。

2.2.9.2　疫苗研究进展

（1）**传统疫苗**　虽然 PED 最早出现于欧洲，但由于其造成的经济损失较小，因此欧洲一直未开发疫苗产品。相比之下，PED 在亚洲的暴发比较严重，因此 PEDV 疫苗在亚洲的研发及应用也较为广泛。1994 年，基于 CV777 的灭活疫苗及减毒活疫苗在中国研发成功并投入使用[15]。2004—2013 年期间，韩国依靠弱化的 SM98-1 及 DR13 减毒活疫苗使 PED 得到有效控制[16,17]。日本自 1997 年开始使用减毒活疫苗 83P-5（P-5V）控制 PED 流行[18-20]。这些减毒或灭活疫苗在一段时间内对亚洲 PED 的控制起到了积极的作用。2010 年高致病力变异毒株在我国出现后，由于抗原变异导致上述经典疫苗毒株（G1）无法对 G2 分支病毒感染提供有效保护，因此基于新型变异毒株的疫苗研发便成为近年来的研究热点。目前美国上市的疫苗有两种，一种是高致病力毒株灭活疫苗（Zoetis，Florham Park，NJ），另一种是甲型流感载体疫苗（Harrisvaccines，Ames，IA），因控制策略不同，这两种疫苗在美国应用极少，因此也无系统保护效力研究数据。中国近年来也批准了一批基于高致病力变异毒株的猪流行性腹泻减毒活疫苗或灭活疫苗产品，但由于毒株毒力、培养滴度、抗原性等问题，实际临床应用效果差强人意，目前有关 PED 的疫苗研发仍是产业热点及难点。

（2）**基因工程疫苗**　基因工程疫苗是利用基因工程表达 PEDV 的结构蛋白或主要抗原表位，将表达蛋白/多肽纯化加工后制成的疫苗，或者直接将表达产物或多肽的微生物或基因疫苗接种动物，使动物获得主动免疫。如浙江海隆生物科技有限公司利用 CHO 细胞系稳定表达 S 蛋白制备的 PEDV 亚单位疫苗（Patent No：US 10，925，959 B2）。东北农业大学李一经团队使用将抗原表位肽基因与树突状细胞或微皱褶细胞（M 细胞）目标多肽基因连接等多种策略，利用益生菌表达该融合基因获得了较理想的免疫效果[21,22]。也有多个实验室利用嵌合病毒或重组病毒的方法获得基因工程疫苗。如王秋红团队利用基因工程方法将 PEDV 野毒株的 NSP16 和 S 蛋白内吞信号失活，成功制备了 PEDV cDNA 克隆 KDKE4A-SYA，将此 cDNA 克隆接种 4 日龄仔猪后可以得到较好的免疫保护效果[23]。Kao 等制备了细胞适应的临床毒株的 cDNA 克隆 iPEDVPT-P96，用其通过口服途径免疫 5 周龄仔猪，可产生一定的免疫保护，但该毒株比其来源毒株 PEDVPT-P96 更加弱化，保护力有所降低[24]。以上基因工程疫苗因制备方法不同各有优势，但也存在种种不足。如重组病毒可能存在过度致弱的问题；菌类载体疫苗可能存在抗原呈递的问题。因此，这类型疫苗目前仅限于实验室研究阶段，距离商品化应用仍有一段距离。

参考文献

[1] Chasey D, Cartwright S F, Virus-like particles associated with porcine epidemic diarrhoea [J]. Res Vet Sci, 1978, 25（2）：255-256.

[2] Pensaert M B, de Bouck P. A new coronavirus-like particle associated with diarrhea in swine [J]. Arch Virol. 1978, 58（3）：243-247.

[3] Ducatelle R, Coussement W, Pensaert M B, et al. In vivo morphogenesis of a new porcine enteric coronavirus, CV 777[J]. Arch Virol, 1981, 68（1）：35-44.

[4] Sueyoshi M, Tsuda T, Yamazaki K, et al. An immunohistochemical investigation of porcine

epidemic diarrhoea[J]. J Comp Pathol, 1995, 113（1）: 59-67.

[5] Li B X, Ge J W, Li Y J. Porcine aminopeptidase N is a functional receptor for the PEDV coronavirus[J]. Virology. 2007, 365（1）: 166-172.

[6] Ducatelle R, Coussement W, Charlier G, et al. Three-dimensional sequential study of the intestinal surface in experimental porcine CV 777 coronavirus enteritis[J]. Zentralbl Veterinarmed B, 1981, 28（6）: 483-493.

[7] Jung K, Saif L J. Porcine epidemic diarrhea virus infection: Etiology, epidemiology, pathogenesis and immunoprophylaxis[J]. Vet J, 2015, 204（2）: 134-143.

[8] Stevenson G W, Hoang H, Schwartz K J, et al. Emergence of Porcine epidemic diarrhea virus in the United States: clinical signs, lesions, and viral genomic sequences[J]. J Vet Diagn Invest, 2013, 25（5）: 649-654.

[9] Jung K, Wang Q, Scheuer K A, et al. Pathology of US porcine epidemic diarrhea virus strain PC21A in gnotobiotic pigs[J]. Emerg Infect Dis, 2014, 20（4）: 662-665.

[10] Madson D M., Magstadt D R, Arruda P H, et al. Pathogenesis of porcine epidemic diarrhea virus isolate（US/Iowa/18984/2013）in 3-week-old weaned pigs[J]. Vet Microbiol. 2014, 174（1-2）: 60-68.

[11] Wang L, Byrum B. Zhang Y. New variant of porcine epidemic diarrhea virus, United States, 2014[J]. Emerg Infect Dis, 2014, 20（5）: 917-919.

[12] Ducatelle R, Coussement W, Debouck P, et al. Pathology of experimental CV777 coronavirus enteritis in piglets. II. Electron microscopic study[J]. Vet Pathol, 1982, 19（1）: 57-66.

[13] Coussement W, Ducatelle R, Debouck P, et al. Pathology of experimental CV777 coronavirus enteritis in piglets. I. Histological and histochemical study[J]. Vet Pathol, 1982, 19（1）: 46-56.

[14] Moon H W, Norman J O, Lambert G. Age dependent resistance to transmissible gastroenteritis of swine（TGE）. I. Clinical signs and some mucosal dimensions in small intestine[J]. Can J Comp Med, 1973, 37（2）: 157-166.

[15] Sun D, Wang X, Wei S, et al. Epidemiology and vaccine of porcine epidemic diarrhea virus in China: a mini-review[J]. J Vet Med Sci, 2016, 78（3）: 355-363.

[16] Park S J, Kim H K, Song D S, et al. Complete genome sequences of a Korean virulent porcine epidemic diarrhea virus and its attenuated counterpart[J]. J Virol, 2012, 86（10）: 5964.

[17] Park S J, Song D S, Park B K. Molecular epidemiology and phylogenetic analysis of porcine epidemic diarrhea virus（PEDV）field isolates in Korea [J]. Arch Virol, 2013, 158（7）: 1533-1541.

[18] Song D, Park B. Porcine epidemic diarrhoea virus: a comprehensive review of molecular epidemiology, diagnosis, and vaccines[J]. Virus Genes, 2012, 44（2）: 167-175.

[19] Sato T, Takeyama N, Katsumata A, et al. Mutations in the spike gene of porcine epidemic diarrhea virus associated with growth adaptation in vitro and attenuation of virulence in vivo [J]. Virus Genes, 2011, 43（1）: 72-78.

[20] Song D, Moon H, Kang B. Porcine epidemic diarrhea: a review of current epidemiology and available vaccines[J]. Clin Exp Vaccine Res, 2015, 4（2）: 166-176.

[21] Wang X N, Wang L, Huang X W, et al. Oral delivery of probiotics expressing dendritic cell-targeting peptide fused with porcine epidemic diarrhea virus COE antigen: a promising vaccine strategy against PEDV[J]. Viruses, 2017, 9（11）: 312. DOI: 10.3390/v9110312.

[22] Wang X N, Wang L, Zheng D Z, et al. Oral immunization with a *Lactobacillus casei*-based anti-porcine epidemic diarrhoea virus（PEDV）vaccine expressing microfold cell-targeting peptide Co1 fused with the COE antigen of PEDV [J]. J Appl Microbiol, 2018, 124（2）: 368-378. DOI: 10.1111/jam.13652.

[23] Hou Y X, Ke H Z, Kim J, et al. Engineering a live attenuated porcine epidemic diarrhea virus vaccine candidate via inactivation of the viral 2′-O-methyltransferase and the endocytosis

signal of the spike protein[J]. J Virol, 2019, 93（15）：e00406-19.

[24] Kao C F, Chiou H Y, Chang Y C, et al. The characterization of immunoprotection induced by a cDNA clone derived from the attenuated Taiwan porcine epidemic diarrhea virus pintung 52 strain[J]. Viruses, 2018, 10（10）：543. DOI: 10. 3390/v10100543.

2.2.10　猪细小病毒病疫苗

猪细小病毒病（porcine parvovirus infection，PPI）是由猪细小病毒（porcine parvo-virus，PPV）引起的一种严重的传染性疾病，造成猪繁殖障碍。流行病学调查和诊断研究表明，猪细小病毒是引起母猪胚胎死亡的主要病原体之一。妊娠期病毒感染的特点是自发性流产、胎儿木乃伊化、胚胎死亡以及初产母猪的不孕不育。临床病例中显示其通常与伪狂犬病、猪瘟、猪繁殖与呼吸综合征以及猪圆环病毒病等其他繁殖障碍病混合感染，使疾病严重程度加重，给养猪业带来严重的经济损失[1]。

2.2.10.1　猪细小病毒病概况

猪细小病毒于1966年被Mary和Mahnel首次发现，随后在世界多个国家和地区相继暴发，该病呈地方性流行或散发，经患病的母猪、公猪及受污染的精液等传播[2]。猪细小病毒病造成的母猪繁殖障碍是全世界猪养殖业经济损失的主要原因之一，我国最早于1983年首次报道该病。我国目前已发现7种型的PPV，这些PPV在基因组和致病性等方面存在一定差异。PPV1是猪群中最常见的猪细小病毒型，在我国猪群中阳性检出率较高，对养猪业危害较大[3,4]。2001年首次在缅甸分离出PPV2，2006—2007年在中国也发现了PPV2，PPV2常引起肺脏发生病理变化[5]。PPV3又称猪Hokovirus（PHoV），目前已在德国、罗马尼亚以及我国的广西、香港等多地发现。PPV4最初在美国北卡罗来纳州报道，2006—2010年间在我国猪群中以2.09%的比例存在[6]。PPV5与PPV4密切相关，但PPV5不含有ORF3，表明PPV5是PPV4的中间体[7]。2014年首次在中国分离出PPV6[8]，并于2017年公布了基因组全序列[9]，2017年也首次在中国分离出PPV7[10]。

PPV属于细小病毒科、细小病毒属，由32个壳粒组成病毒核衣壳。病毒粒子无囊膜包裹，直径约为13～20nm，病毒呈圆形或六角形、二十面等轴立体对称。病毒基因组为单股负链线状DNA，基因组长度约为5kb，含有2个ORF。ORF1编码NS1、NS2和NS3三个非结构蛋白，ORF2编码VP1、VP2和VP3三个结构蛋白[2]（图2-3）。VP1、VP2和VP3具有良好的抗原性，可以诱导家兔产生血凝抑制抗体和中和抗体[11]。VP1和VP2许多氨基酸序列是重叠的，VP1是病毒复制和病毒粒子组装必需的一种结构蛋白，VP2是PPV主要的核衣壳蛋白成分，可作为良好的抗原转运载体。VP2具有血凝活性，还可以自行装配形成病毒样颗粒（VLPs），VP2决定了病毒粒子的嗜性和毒性，并且在PPV的侵染和诱发疾病的能力方面也有很大影响。

根据毒力强弱差异，可以将PPV分为：强毒株（能够引起母猪的病毒血症并穿过胎盘屏障垂直感染胎儿），弱毒株（对母猪及胎儿没有致病性，不能穿过胎盘屏障），皮炎型强毒株，肠炎型毒株。PPV的毒力也会受到其他病毒的影响，有研究发现当同时存在低

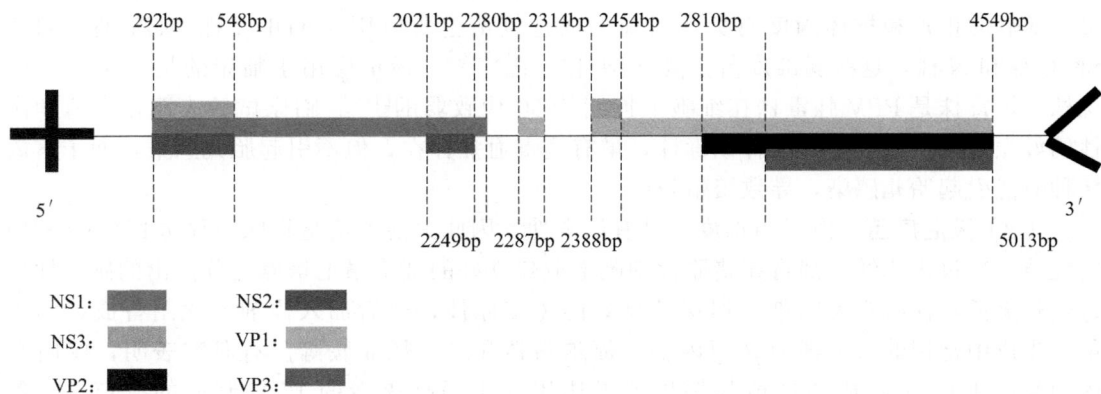

图 2-3　PPV 病毒基因组结构

水平的 PPV 和 PCV2 时，会增加仔猪断奶多系统衰竭综合征（PMWS）病变的严重程度[1]。

　　PPV 感染一般表现为亚临床症状，除了母猪繁殖障碍以外，无其他明显的特征表现。母猪表现的繁殖障碍随感染 PPV 的时期不同而有所差异：母猪在妊娠初期 30d 感染，将导致胚胎的死亡和重吸收，母猪可能不孕或无规律发情；在妊娠中期，即 30～70d 时感染，将导致胎儿的死亡或木乃伊化，母猪在分娩时产程延长，发生流产、死胎；在妊娠后期 70d 后感染，此时胎儿已经得到较好的发育，能够对病毒产生保护性免疫应答，因此胎儿不死亡，且能产生抗体，但仔猪一出生即带毒并排毒[12]。感染 PPV 后，某些母猪会表现体温升高、后躯瘫痪或关节肿大。妊娠初期感染的母猪，还可能因为死亡胚胎以及羊水的重吸收导致腹围减小。

　　PPV 在入侵细胞时首先会和细胞表面的唾液酸结合以附着在细胞上[13]。通过氯氰菊酯介导的内吞作用和大胞饮作用入侵细胞，但是还存在第三种未知的 PPV 入侵机制。单个病毒颗粒主要通过氯氰菊酯介导的内吞作用进入细胞，而聚团的病毒明显地倾向于通过大胞饮作用入侵细胞。不同毒株对胎儿的感染有决定作用，高致病性毒株可以有效地穿过胎盘屏障，低致病性毒株穿过胎盘屏障的能力非常弱[14,15]。目前有研究发现人工感染的 PPV 能在猪类固醇黄体细胞（SLC）中复制并且通过抑制黄体组织孕酮合成显著降低妊娠猪的血清孕酮水平，诱导黄体和 SLC 产生细胞病变效应（CPE）与细胞凋亡，体外感染试验表明 PPV 也能通过线粒体凋亡途径诱导猪 SLC 原代细胞，为揭示 PPV 如何通过胎盘屏障感染胎儿提供一定的依据[16]。

2.2.10.2　猪细小病毒病疫苗

　　猪细小病毒病在世界各地存在，且呈地方流行性，由于其传播特点，猪场一旦出现，则难以根除，可造成重大经济损失。由于 PPV 在猪群中流行且在环境中高度稳定，目前在商品化猪群中，主要通过定期为育龄母猪进行疫苗接种来保持猪群对 PPV1 的群体免疫力。

　　（1）**弱毒疫苗**　弱毒疫苗是通过人工的方法使病毒丧失对机体的致病力，但是仍然保持良好的免疫原性或者利用自然弱毒株制成的疫苗。弱毒疫苗的优点在于成本低、产生抗体快，缺点是有病毒重组、毒力反强和散毒的可能，而且不容易保存，因此弱毒疫苗的应用一直都有一定的局限性。应用弱毒疫苗时，注射免疫比口服免疫更有效，疫苗免疫剂量与随后的排毒和抗体滴度有关。目前的弱毒疫苗主要应用 NADL-2 株、HT 株、HT-SK-C 株和 N 株，这些弱毒疫苗主要在国外应用[17-20]。最早应用于临床的是 NADL-2 弱毒株，该毒株是 PPV 强毒株在细胞上连续传 50 代致弱的[17]。临床试验表明，血清学阴性的妊娠母猪口服或鼻内接种该毒株，虽有病毒血症存在，但不引起胎儿感染，而子宫内接种时能引起胎儿感染，导致繁殖障碍。

（2）灭活疫苗　由于弱毒疫苗具有局限性，因此灭活疫苗是临床上预防 PPV 最常用的疫苗。通过用化学试剂将在猪原代细胞上或建立好的细胞系上培养并分离出的感染性病毒进行灭活，使其丧失感染性但保持良好的免疫原性，然后加入佐剂乳化制备成灭活疫苗。生产中常用的灭活剂为 β-丙内酯、福尔马林和二乙烯亚胺等。有研究表明，使用 β-丙内酯灭活 PPV 制成的疫苗其保护效果比用福尔马林灭活的 PPV 制成的疫苗好。但 PPV 灭活疫苗诱导产生抗体所需的时间较长，而且不能使机体产生细胞免疫反应，其次虽然疫苗能诱使猪只产生 PPV 抗体，但受所使用佐剂等多种因素的影响，产生的抗体滴度和抗体产生持续时间波动范围较大，所以其产生的保护效果也不稳定。因此，为了维持母猪的保护性免疫，需要每隔 4～6 个月对母猪进行加强免疫。目前国内共有 9 种灭活疫苗，分别为 S-1 株、YBF01 株、WH-1 株、BJ-2 株、CP-99 株、NJ 株、L 株、CG-05 株及 SC1 株[21]。猪细小病毒病、猪丹毒二联灭活疫苗（NADL-2 株＋2 型 R32E11 株）也通过了国内兽药注册。

猪细小病毒病灭活疫苗（S-1 株）

【主要成分与含量】含灭活的猪细小病毒 S-1 株。

【作用与用途】用于预防由猪细小病毒引起的母猪繁殖障碍病。免疫期为 6 个月。

【用法与用量】深部肌内注射。在疫区或非疫区均可使用，不受季节限制。在阳性猪场，对五月龄至配种前 14d 的后备母猪、后备公猪均可使用；在阴性猪场，配种前母猪在任何时候均可接种。每头猪 2.0mL。

【注意事项】

① 切忌冻结，冻结过的疫苗严禁使用。

② 使用前，应将疫苗恢复至室温，并充分摇匀。

③ 接种时，应作局部消毒处理。

④ 怀孕母猪不宜接种。

⑤ 用过的疫苗瓶、器具和未用完的疫苗等应进行无害化处理。

⑥ 屠宰前 21d 内禁止使用。

猪细小病毒病、猪丹毒二联灭活疫苗（NADL-2 株＋2 型 R32E11 株）

【主要成分和含量】每头份（2mL）疫苗含灭活的猪细小病毒 NADL-2 株和灭活的猪丹毒杆菌 R32E11 株。

【作用与用途】用于预防猪细小病毒病、1 型和 2 型猪丹毒杆菌引起的猪丹毒。

【用法和用量】用于接种健康猪，颈部肌内注射，每头每次接种 1 头份（2mL）。推荐采用下列免疫程序：

基础免疫：未曾接种过该疫苗的 6 月龄以上的猪在配种前 6～8 周接种 1 次，配种前 3～4 周再接种一次。

加强免疫：以后每次配种前 2～3 周接种 1 次。

【注意事项】

① 置于儿童不易触及和视野之外的地方。

② 严禁冻结，避光保存。

③ 用前应充分摇匀，并恢复至室温（15~25℃）。疫苗开启后，应立即使用。

④ 用过的疫苗瓶、器具和未用完的疫苗等应进行无害化处理。

⑤ 接种时，应按常规的无菌操作方法进行。

⑥ 一旦误将疫苗注入人体，应携带说明书或标签立即就医。

（3）**亚单位疫苗** 亚单位疫苗的制备思路是通过基因工程的方法在体外将病毒的某个抗原或几个抗原表位基因扩增和表达，从而利用表达产物免疫机体使其产生抗体，达到免疫保护的效果。虽然该种新型疫苗可以克服灭活疫苗和弱毒疫苗的缺点，而且该疫苗不含感染性成分而不需要灭活，还具有较好的免疫原性和无致病性，但是具有很高的生产成本，较高的技术要求，这就使得该疫苗应用于临床有一定难度。PPV VP2 蛋白是最主要的结构蛋白，具有血凝活性，在自然条件下能组装成病毒样颗粒（VLP），诱导机体产生很强的免疫应答反应，是制作亚单位疫苗的潜在蛋白。大肠杆菌原核表达系统以及杆状病毒-昆虫细胞表达系统是常用的两种表达系统，所表达的 PPV VP2 蛋白可以在体外组装为 VLP。目前国外已研制了商用的 PPV1 亚单位疫苗 ReproCyc ParvoFLEX 供临床使用[22]。

（4）**核酸疫苗** 核酸疫苗是将目的蛋白的基因和具有表达调控序列的 DNA 或 RNA 同时免疫至动物机体内，经过动物体的转录和翻译过程合成目的蛋白质，诱导机体产生特异性的体液免疫和细胞免疫。与一般疫苗相比，核酸疫苗的制作更简单，价格低廉，热稳定性较好，产生抗体水平高和维持时间久。目前 PPV 的 VP1 和 VP2 基因的质粒可以有效刺激机体出现体液免疫和细胞免疫，为制备出高效、新型 PPV 疫苗提供了坚实的基础[23]。

（5）**活载体疫苗** 活载体疫苗是以一种弱毒株为基因载体，通过基因工程的方法将外源病毒特异抗原基因和相应的启动子的序列共同插入载体的非必需区中而构建的基因工程疫苗。外源病毒基因与载体病毒在宿主机体内繁殖，外源基因就不断地表达特异性抗原，持续刺激机体应答，产生两种特异性抗体。目前活载体疫苗仍处于研发阶段，但已有研究构建了 PPV VP2 外源抗原基因的重组伪狂犬病毒 rPRV-VP2 株[24,25]。

参考文献

[1] 陈溥言. 兽医传染病学[M]. 6 版. 北京: 中国农业出版社, 2015: 228.

[2] 殷震, 刘景华. 动物病毒学[M]. 2 版. 北京: 科学出版社, 1997: 1148-1150.

[3] Huang C, Hung J J, Wu C Y, et al. Multiplex PCR for rapid detection of pseudorabies virus, porcine parvovirus and porcine circoviruses[J]. Vet Microbiol. 2004, 101（3）: 209-214.

[4] Cui J, Biernacka K, Fan J, et al. Circulation of porcine parvovirus types 1 through 6 in serum samples obtained from six commercial polish pig farms[J]. Transbound Emerg Dis. 2017, 64（6）: 1945-1952.

[5] Hijikata M, Abe K, Win K M, et al. Identification of new parvovirus DNA sequence in swine sera from Myanmar[J]. Jpn J Infect Dis. 2001, 54（6）: 244-245.

[6] Cheung A K, Long J X, Huang L, et al. The RNA profile of porcine parvovirus 4, a boca-like virus, is unique among the parvoviruses[J]. Arch Virol. 2011, 156（11）: 2071-2078.

[7] Xiao C T, Gerber P F, Giménez-Lirola L G, et al. Characterization of porcine parvovirus type 2 (PPV2) which is highly prevalent in the USA[J]. Vet Microbiol. 2013, 161 (3-4): 325-330.

[8] Ni J, Qiao C, Han X, et al. Identification and genomic characterization of a novel porcine parvovirus (PPV6) in China[J]. Virol J. 2014, 11: 203.

[9] Cui J, Fan J, Gerber P F, et al. First identification of porcine parvovirus 6 in Poland[J]. Virus Genes. 2017, 53 (1): 100-104.

[10] Xing X, Zhou H, Tong L, et al. First identification of porcine parvovirus 7 in China[J]. Arch Virol. 2018, 163 (1): 209-213.

[11] Molitor T W, Joo H S, Collett M S. Porcine parvovirus: virus purification and structural and antigenic properties of virion polypeptides[J]. J Virol. 1983, 45 (2): 842-854.

[12] Johnson R H, Donaldson-Wood C, Allender U. Observations on the epidemiology of porcine parvovirus[M]. Aust Vet J. 1976, 52 (2): 80-84.

[13] Boisvert M, Fernandes S, Tijssen P. Multiple pathways involved in porcine parvovirus cellular entry and trafficking toward the nucleus[J]. J Virol. 2010, 84 (15): 7782-7792.

[14] Simpson A A, Hébert B, Sullivan G M, et al. The structure of porcine parvovirus: comparison with related viruses[J]. J Mol Biol, 2002, 315 (5): 1189-1198.

[15] Miao L F, Zhang C F, Chen C M, et al. Real-time PCR to detect and analyze virulent PPV loads in artificially challenged sows and their fetuses [J]. Vet Microbiol, 2009, 138 (1-2): 145-149.

[16] Zhang L, Wang Z, Zhang J, et al. Porcine parvovirus infection impairs progesterone production in luteal cells through mitogen-activated protein kinases, p53, and mitochondria-mediated apoptosis[J]. Biol Reprod, 2018, 98 (4): 558-569.

[17] Mengeling W L, Pejsak Z, Paul P S. Biological assay of attenuated strain NADL-2 and virulent strain NADL-8 of porcine parvovirus[J]. Am J Vet Res, 1984, 45 (11): 2403-2407.

[18] Fujisaki Y, Murakami Y. Immunity to infection with porcine parvovirus in pigs inoculated with the attenuated HT-strain[J]. Natl Inst Anim Health Q (Tokyo), 1982, 22 (1): 36-37.

[19] Fujisaki Y, Murakami Y, Suzuki H. Establishment of an attenuated strain of porcine parvovirus by serial passage at low temperature[J]. Natl Inst Anim Health Q (Tokyo), 1982, 22 (1): 1-7.

[20] 蒋玉雯, 冯军, 黄安国, 等. 猪细小病毒 N 株弱毒苗的田间试验[J]. 广西畜牧兽医, 1990 (01): 4-6.

[21] 欧阳海平, 潘永飞, 宋延华. 猪细小病毒疫苗的研究进展[J]. 今日畜牧兽医, 2020, 36 (11): 48-49.

[22] Noguera M, Vela A, Kraft C, et al. Effects of three commercial vaccines against porcine parvovirus 1 in pregnant gilts[J]. Vaccine, 2021, 39 (29): 3997-4005.

[23] Tang D C, DeVit M, Johnston S A. Genetic immunization is a simple method for eliciting an immune response[J]. Nature, 1992, 356 (6365): 152-154.

[24] 付朋飞, 乔涵, 张宇, 等. 表达猪细小病毒 VP2 蛋白的猪伪狂犬病病毒 rPRV-VP2 株的生物学特性[J]. 中国兽医学报, 2017, 37 (01): 11-17.

[25] 宋文博, 彭忠, 喻红艳, 等. 表达猪细小病毒 VP2 基因的重组伪狂犬病病毒构建及其免疫原性[J]. 中国兽医学报, 2019, 39 (11): 2101-2106.

2.2.11 猪伪狂犬病疫苗

伪狂犬病毒（pseudorabies virus，PRV）为疱疹病毒家族成员，猪是 PRV 的天然宿主和主要传染源[1]。PRV 的主要传播途径包括自然接触、呼吸道、消化道、配种等，PRV 感染能够引起母猪流产、产死胎，仔猪出现神经症状，成年猪出现呼吸困难等系统性疾病。1970 年开始，我国生猪饲养规模化发展，但国外种猪大量引进和国内生猪频繁调运等因素使 PRV 在我国呈蔓延趋势，严重影响我国集约化生猪养殖产业的健康发展，直至引入匈牙利 Bartha-K61 株疫苗后，通过免疫接种、野毒监测及净化等技术手段，才有效控制了猪伪狂犬病疫情[2]。但使用该疫苗会出现潜伏带毒和毒力返强的可能。2011 年开始，许多规模化猪场都不同程度地出现了传统疫苗免疫失败的情况，猪发病率和死亡率明显上升，并出现了新的发病特征，并且证实为 PRV 变异株。将 PRV 变异株与传统 PRV 毒株进行相关毒力基因序列对比，发现两者之间存在明显差异，新的 PRV 毒株抗原性已发生一定变异，传统的 PRV 毒株属于基因 I 型，而变异株属于基因 II 型。与经典强毒株相比，PRV 变异株引发的临床症状更明显，传播速度更快，致死率更高，呈现出毒力增强的趋势，Bartha-K61 疫苗已不能提供完全保护，导致我国呈现 PRV 变异株大面积流行的情况[3,4]。

2.2.11.1 猪伪狂犬病概况

PRV 是一种双链 DNA 病毒，其基因组庞大，约为 150kb，GC 含量高达 74%，至少含有 70 多个开放阅读框（ORF），编码 100 多种病毒蛋白质，成熟的病毒粒子约有 50 种蛋白质。PRV 病毒基因组由长独特区段（unique long，UL）、短独特区段（unique short，US）及 US 两侧的末端重复区（terminal repeat sequence，TRS）与内部重复区段（internal repeat sequence，IRS）组成。由于 UL 区与 US 区方向可以相同或相反，因此 PRV 有两种异构体，且两种异构体均具有感染力。目前已基本研究清楚 PRV 基因组中 70 多个基因的功能，主要是用于编码病毒的结构蛋白、免疫调节蛋白、转录调节因子、毒力相关蛋白、病毒复制与释放相关酶类等。PRV 一共有 11 种糖蛋白（gB、gC、gD、gE、gG、gH、gI、gK、gL、gM、gN），其中 gG 为非结构成分，是与分泌相关的蛋白质，其余 10 种均为结构蛋白质，在病毒感染机理、复制机制和免疫诱导中具有特殊作用[5]。gE、gI 是病毒的主要毒力蛋白，胸苷激酶（TK）、核酸还原酶（RR）、蛋白激酶（PK）、碱性核酸外切酶（AN）和脱氧尿苷三磷酸激酶（dUTPase）等也与 PRV 的毒力密切相关，其中 TK 基因编码胸苷激酶，是 PRV 最主要的毒力基因。gB、gD、gH、gL、gK 是病毒复制所必需的糖蛋白，在免疫诱导方面，糖蛋白 gB、gC、gD 是 PRV 的主要保护性抗原蛋白。

2.2.11.2 疫苗研究进展

预防、控制甚至净化猪伪狂犬病的主要措施之一是疫苗免疫接种。利用疫苗对猪群进行主动免疫，诱导动物机体产生相应的免疫应答，能有效减少 PRV 的传播。经过研究人员多年研发，市面上出现的商品化 PRV 疫苗主要有：PRV 灭活疫苗、弱毒疫苗和基因缺失疫苗。而无潜伏感染、无致病风险、可以免疫诱导产生多种类的抗体则是重组亚单位疫苗、重组活载体疫苗和核酸疫苗等这类新型疫苗研发的方向。

（1）**PRV 灭活疫苗** PRV 灭活疫苗主要是采用传代培养方式，将 PRV 全病毒以及人工构建的 PRV 基因缺失株接种到鸡胚或 BHK 细胞中，测量病毒滴度符合要求后，采集并灭活病毒，加入相应免疫佐剂混合，制备而成。PRV 灭活疫苗不会导致动物向外界排毒，不会造成潜伏感染。2001 年，陈焕春等人应用从湖北地方发病猪场中分离鉴定出的一株 PRV 强毒株 Ea 株，接种 BHK-21 细胞后经甲醛灭活后加入油乳佐剂，成功研制出国内首支全病毒油乳剂灭活疫苗[6]。但因为这个疫苗是全病毒灭活疫苗，猪只是野毒感染还是疫苗接种感染，难以通过抗体检测手段来区分，所以现在临床应用得不多。2011 年出现 PRV 变异株大流行后，研究人员根据基因缺失毒株开发了灭活疫苗，童武等人采用同源重组的方法对 PRV 变异株（JS-2012 株）进行改造，成功构建了 PRV gE 和 gI 双基因缺失的病毒株（JS-2012-ΔgE/gI 株），以 PRV-JS-2012-ΔgE/gI 毒株为种毒，开发出了 PR 灭活疫苗，经过免疫学试验，结果表明该灭活疫苗对两周龄哺乳仔猪和妊娠母猪均具有安全性，免疫后仔猪得到充分的免疫保护，能抵抗经典 PRV 或 PRV 变异株，其免疫原性和反应原性表现优越[7]。灭活疫苗也存在部分缺点，它只能诱导机体产生相应抗体，维持免疫保护效力的时间不长，所以免疫程序要增加免疫次数和免疫剂量，猪只会有较大应激且免疫成本也较高。

（2）**PRV 弱毒活疫苗** PRV 弱毒活疫苗是利用高温和添加致突变剂两种方式培养诱导突变，将 PRV 野毒株接种到细胞培养基中，经反复传代之后 PRV 基因会出现多处点突变或者基因缺失，PRV 毒力相应减弱。1970 年开始国外的专家学者们运用不同的手段培育了不同的 PRV 弱毒株，其中匈牙利的 Bartha-K61 株是现在我国防控 PRV 最广泛应用的[8]。Bartha-K61 株缺失了 gE 毒力基因，能通过 ELISA 方法检测 gE 抗体来区分疫苗接种动物与野毒感染动物，但其主要毒力基因 TK 仍然存在，所以天然基因缺失弱毒疫苗存在很大的毒力返强风险，一旦发生 PRV 变异株大流行后，Bartha-K61 疫苗则不能提供完全保护。

（3）**PRV 基因缺失疫苗** 为了解决弱毒疫苗存在毒力返强的问题，国内外许多研究学者在保留 PRV 强毒株免疫原性的前提下，采用不同基因重组技术，对基因中的毒力相关基因或者包膜糖蛋白的相关基因进行定向改造。20 世纪 90 年代末，王琴等人领先开展了系统性 PRV 分子生物学研究，采用磷酸钙法和脂质体介导的 DNA 转染法等同源重组方法，先后构建获得了 PRV Fa TK^- 毒株、PRV Fa $gE^-/gI^-/LacZ$ 基因缺失株和 $gE^-/gI^-/TK^-$ 三基因缺失疫苗株（PRV-SA215 株）[9-11]。2011 年后为了控制 PRV 变异株的流行，国内多名学者针对 PRV 变异株开展了基因缺失活疫苗的研制工作。Zhang 等利用同源重组方法将 BAC 质粒插入 PRV HN11201 株的 TK 位点，成功构建了 PRV BAC，并在此基础上利用 Red/ET 技术缺失 gE/gI 基因，构建了三基因缺失 vPRV HN1201 $TK^-/gE^-/gI^-$ 株[12]。吴凤笋在河南一免疫猪场分离出 PRV 毒株（HNXY），使用传统的同源重组技术结合 Cre/lox P 系统，分别在 gE、TK 位置重组了 EGFP 荧光标记基因，细胞传代筛选出携带荧光的 PRV 毒株，先后缺失了 gE、TK 基因且利用 Cre 酶将 EGFP 荧光标记基因去除，构建了一株双基因缺失 rPRV-HNXY-ΔgE-ΔTK 重组病毒[13]。

（4）**PRV 重组活载体疫苗** 重组载体疫苗是以一种活疫苗为载体，在复制非必需区利用基因工程手段插入或替换其他病原的抗原基因，对动物进行免疫后，机体可产生能抵抗多种病原的抗体，所以又称多联疫苗。PRV 基因组庞大，有着许多复制非必需基因和非编码区，在这些区域采用基因工程手段插入外源基因序列，并不影响 PRV 自身的复制，因此现在国内外均利用 PRV 的这一特点开发以 PRV 为载体的二联或多联活载体疫苗。

早在 20 世纪 90 年代初期，Van 等将 CSFV $E1$ 插入 PRV gG 基因启动子下游，构建了能够表达 E1 蛋白的伪狂犬-猪瘟二联重组疫苗，使用重组疫苗免疫猪群，能抵抗 PRV

和 HCV 强毒的攻击[14]。钱平、琚春梅等人都以 PRV $TK^-/gG^-/LacZ^+$ 病毒为载体，分别构建了表达口蹄疫病毒（FMDV）VP1 的重组病毒的 PRV-VP1、表达猪圆环病毒Ⅱ型（PCV2）*ORF2* 基因的重组 PRV 病毒（表达的 ORF2 蛋白具有免疫原性）[15,16]。田志军以 PRV 弱毒疫苗株（Bartha-K61 株）为载体，插入 PRRS CH1a 株 *GP5* 基因替换 PRV *TK* 基因，获得了一株 TK^-/gE^- 表型的重组伪狂犬病毒 rPRVGP5，免疫接种该疫苗后小鼠、仔猪和种猪均获得了很好的保护[17]。张传健利用细菌人工染色体和同源重组技术，将 PEDV 流行株的 *S* 基因表达盒插入 PRV TK^-/gE^- 缺失株基因组中 *UL40* 与 *UL41* 之间的非编码区，构建重组病毒 rPRVS(UL40-41)，接种该疫苗后仔猪产生较低水平的抗 PEDV 的中和抗体[18]。

（5） **PRV 核酸疫苗** PRV 核酸疫苗是把编码能诱导有效免疫反应的 PRV 抗原基因片段导入表达载体中，然后将构建好的含保护性抗原基因的质粒对动物机体进行注射免疫，质粒在宿主细胞内经转录和翻译，合成抗原，进而激发机体的免疫应答。Gerdts 把编码 PRV gC 的重组质粒 gC-CMV 通过皮下注射接种，结果显示 gC-CMV 疫苗免疫的仔猪能抵抗 PRV-75V19 的感染，但不能完全抵抗 PRV 强毒株 NIA-3 的感染[19]。Jiang 等人研发了带有 T7 启动子的 *gD* 基因体外转录制备的 mRNA 疫苗和 pVAX-*gD* 真核表达载体的 DNA 疫苗两种核酸疫苗，并用小鼠感染模型评价了该疫苗的保护效力，结果显示两种疫苗均具有良好的免疫原性[20]。核酸疫苗相对安全，不存在潜伏感染的风险。虽然目前的核酸疫苗都能诱导高水平的中和抗体产生，但大部分核酸疫苗还处于临床试验阶段，实际应用还需解决其稳定性差、容易被降解等问题。

（6） **PRV 亚单位疫苗** 亚单位疫苗是利用基因重组技术将 PRV 具有保护性的抗原基因克隆到真核或原核表达载体，通过体外培养细胞使其高效表达分泌保护性抗原蛋白，再纯化浓缩获得蛋白制备成的疫苗。在 PRV 11 种膜糖蛋白中，gB、gC 和 gD 是开发亚单位疫苗的理想蛋白。早在 1987 年 Marchioli 等在人巨细胞病毒启动子的下游插入 PRV 保护性抗原 *gD* 基因，转到 CHO 细胞经过药筛获得一株能稳定表达 gD 蛋白的细胞系（CHO gD-17 细胞株），大量培养后提取细胞表达产物再添加适量佐剂制备成亚单位疫苗，注射免疫后的小鼠能够抵抗 PRV 强毒的攻击，滴鼻免疫的猪只也能抵抗致死性 PRV 的感染[21]。常用的 PRV 蛋白真核表达载体有腺病毒、杆状病毒、痘病毒等，它们都具有包装大片段外源基因的能力，并且在细胞培养中相对容易产生高滴度的重组体。表达 gB、gC 和 gD 的杆状病毒重组体可以保护小鼠免受致死性的 PRV 感染[22]。2020 年有针对 PRV 变异株的亚单位疫苗研发，在杆状病毒系统中表达了 PRV 变异株的 gB、gC 和 gD 蛋白，并在小鼠和仔猪中测试了保护效力。接种同等剂量 gB、gC 和 gD 的小鼠中和抗体滴度在免疫后 28d 达到高峰，而 gD 免疫组小鼠中和抗体滴度含量显著高于其他各组，接种 gD 亚单位疫苗的仔猪在免疫后 7d 出现了最高的中和抗体滴度，用突变株 PRV-HNLH 半数组织培养感染剂量进行攻毒，仔猪未出现临床症状以及体温升高[23]。亚单位疫苗相对安全也稳定，因其抗原成分单一且纯度高可以集中特异的免疫原性，但也是这个原因，免疫反应强度也受到了限制。研究人员也积极开发了两种方法去提高亚单位疫苗的免疫效力，一是将保护性抗原基因以多体形式构建到一种基质上研制出免疫刺激复合物，该复合物具有很强的免疫原性，可以使机体产生维持时间久及相对高效力的免疫应答；二是研制相关免疫佐剂，以期安全有效地从局部延释疫苗抗原、增强抗原呈递细胞对抗原的摄取、活化免疫细胞这几个方面来增强亚单位疫苗诱导免疫应答的能力。

参考文献

[1] Pomeranz L E, Reynolds A E, Hengartner C J. Molecular biology of pseudorabies virus: impact on neurovirology and veterinary medicine. [J]. Microbiology and Molecular Biology Reviews: MMBR, 2005, 69 (3): 462-500.

[2] Müller T, Hahn E C, Tottewitz F, et al. Pseudorabies virus in wild swine: a global perspective. [J]. Archives of Virology, 2011, 156 (10).

[3] Hu D, Lv L, Zhang Z, et al. Seroprevalence and associated risk factors of pseudorabies in Shandong province of China. [J]. Journal of Veterinary Science, 2016, 17 (3).

[4] Yu Z Q, Tong W, Zheng H. Variations in glycoprotein B contribute to immunogenic difference between PRV variant JS-2012 and Bartha-K61[J]. Veterinary Microbiology, 2017, 208: 105-927.

[5] Firkins L D, Weigel R M, Biehl L G, et al. Field trial to evaluate the immunogenicity of pseudorabies virus vaccines with deletions for glycoproteins G and E. [J]. American Journal of Veterinary Research, 1997, 58 (9): 976-984.

[6] 陈焕春, 金梅林, 何启盖, 等. 猪伪狂犬病油乳剂灭活疫苗的制备及安全性与免疫性试验[J]. 畜牧兽医学报, 2001 (01): 44-51.

[7] Tong W, Li G, Liang C, et al. A live, attenuated pseudorabies virus strain JS-2012 deleted for gE/gI protects against both classical and emerging strains[J]. Antiviral Research, 2016, 130 (2): 110-117.

[8] McFerran J B, Dow C. Experimental Aujeszky's disease (pseudorabies) in rats. [J]. The British Veterinary Journal, 1970, 126 (4): 173-179.

[9] 陈焕春, 周复春, 方六荣, 等. 伪狂犬病病毒鄂 A 株 TK⁻/gG⁻/LacZ⁺ 突变株的构建[J]. 病毒学报, 2001 (01): 69-74.

[10] 郭万柱, 徐志文, 王小玉, 等. 新型伪狂犬病病毒基因缺失株的构建及生物学特性研究 (初报) [J]. 四川农业大学学报, 2000 (01): 1-3.

[11] 王琴, 郭万柱, 娄高明, 等. 伪狂犬病病毒 Fa 株胸苷激酶基因缺失株的构建[J]. 病毒学报, 1996 (04): 348-354.

[12] Zhang C, Guo L, Jia X, et al. Construction of a triple gene-deleted Chinese Pseudorabies virus variant and its efficacy study as a vaccine candidate on suckling piglets[J]. Vaccine, 2015, 33 (21): 2432-2437.

[13] 吴凤笋. 河南省免疫猪场伪狂犬病毒分离株生物学特性研究及 gE、TK 基因双缺失毒株的构建 [D]. 长春: 吉林大学, 2018.

[14] Van Z M, Wensvoort G, de Kluyver E, et al. Live attenuated pseudorabies virus expressing envelope glycoprotein E1 of hog cholera virus protects swine against both pseudorabies and hog cholera. [J]. Journal of Virology, 1991, 65 (5): 2761-2765.

[15] Qian P, Li X, Jin M, et al. An approach to a FMD vaccine based on genetic engineered attenuated pseudorabies virus: one experiment using VP1 gene alone generates an antibody responds on FMD and pseudorabies in swine. [J]. Vaccine, 2004, 22 (17-18).

[16] 琚春梅, 陈焕春, 郗鑫, 等. 表达猪 2 型圆环病毒 ORF2 基因的重组伪狂犬病病毒的构建及鉴定[J]. 中国农业科学, 2006 (08): 1716-1722.

[17] 田志军, 仇华吉, 倪健强, 等. 表达猪繁殖与呼吸综合征病毒 GP5 蛋白重组伪狂犬病毒的构建及其生物学特性分析 (英文) [J]. 遗传学报, 2005 (12): 1248-1255.

[18] 张传健, 郭仕琦, 郭容利, 等. 表达猪流行性腹泻病毒变异株 S 基因重组伪狂犬病病毒的构建与鉴定[J]. 中国动物传染病学报, 2021: 1-11.

[19] Gerdts V, Jons A, Mettenleiter T C. Potency of an experimental DNA vaccine against Aujeszky's disease in pigs[J]. Vet Microbiol, 1999, 66 (1): 1-13.

[20] Jiang Z, Zhu L, Cai Y, et al. Immunogenicity and protective efficacy induced by an mRNA vaccine encoding gD antigen against pseudorabies virus infection[J]. Vet Microbiol, 2020, 251: 108886.

[21] Marchioli C C, Yancey R J, Petrovskis E A, et al. Evaluation of pseudorabies virus glycoprotein gp50 as a vaccine for Aujeszky's disease in mice and swine: expression by vaccinia virus and Chinese hamster ovary cells[J]. J Virol, 1987, 61（12）: 3977-3982.

[22] Grabowska A K, Lipinska A D, Rohde J, et al. New baculovirus recombinants expressing Pseudorabies virus（PRV）glycoproteins protect mice against lethal challenge infection [J]. Vaccine, 2009, 27（27）: 3584-3591.

[23] Zhang T, Liu Y, Chen Y, et al. A single dose glycoprotein D-based subunit vaccine against pseudorabies virus infection[J]. Vaccine, 2020, 38（39）: 6153-6161.

2.2.12　猪繁殖与呼吸综合征疫苗

猪蓝耳病，又称猪呼吸与繁殖综合征，是由猪呼吸与繁殖综合征病毒（PRRSV）引起的一种急性热性高度接触性病毒性传染病，临床特征为母猪后期流产或者早产、产死胎或木乃伊胎等繁殖障碍，育成猪出现肺部病变，生长速度减慢、生产性能下降，仔猪表现为呼吸困难、神经症状以及死亡迅速，死亡率较高。OIE 将猪蓝耳病划为法定报告的疫病，我国农业农村部将其列为二类动物疫病。目前，大多数养猪国家普遍采用生物安全措施与疫苗免疫相结合的策略进行 PRRSV 的防控。

2.2.12.1　猪蓝耳病概况

在 20 世纪 80 年代末，美国学者首次发现了猪的一种传染病——猪神秘病（mystery swine disease，MSD），也称为猪蓝耳病[1]。我国于 1996 年首次报道，由郭宝清等人在北京地区的发病猪群中成功分离出病毒，并命名为 CH-1a。2006 年，我国南方暴发了一场来势凶猛、死亡率高、扩散迅速的"猪高热病"——高致病性 PRRSV（highly pathogenic PRRS virus，HP-PRRSV），造成了我国 200 多万头猪死亡[2]，给我国的养猪业带来了沉重的打击。2013 年，我国又发现了新流行毒株，经分析，由于此毒株与 2008 年美国分离到的 NADC30 毒株遗传进化关系较近，故称之为 NADC30-like PRRSV，随后该毒株迅速蔓延到多个省市，给猪场防控蓝耳病带来严峻挑战[3,4]。

PRRSV 是套氏病毒目、动脉炎病毒科、动脉炎病毒属中最大的病毒，与马动脉炎病毒（Equine arteritis virus，EAV）和猴出血热病毒（Simian hemorrhagic fever virus，SHFV）同属。PRRSV 的基因特征、理化性质和免疫学特性都与该属的其他病毒相似。病毒粒子直径大小约为 40～60nm，病毒外形为微椭圆球形，呈 20 面体对称，粒子表面有囊膜包裹，囊膜表面有大量的糖蛋白和突起，对脂溶剂氯仿、乙醚等敏感，在氯化铯密度梯度中的浮密度为 $1.13～1.199g/cm^3$，在蔗糖密度梯度中的浮密度是 $1.18～1.23g/cm^3$，PRRSV 对酸碱比较敏感。囊膜表面的蛋白包括 GP5-M 二聚体蛋白、GP2/3/4 三聚体蛋白以及其他的 E 蛋白、M 蛋白和 ORF5a 蛋白。囊膜里面是遗传物质 RNA 和 N 蛋白。无血凝活性，不凝集哺乳动物、禽类和人类红细胞。根据遗传特性和血清型的差异，将 PRRSV 分为以 VR-2332 为代表的北美型（North American type，NA-type，Ⅱ型）和以 LV 为代表的欧洲型（European type，EU-type，Ⅰ型）。两者之间核苷酸的同源性低，仅为 60% 左右。疫苗对两种基因型的交叉保护性差。

PRRSV 基因组为不分节段的单股线状正链 RNA 病毒，全长在 15000bp 左右，5′端具有帽子结构，3′端具有 polyA 结构，总共有 10 个开放阅读框（open reading frame，ORF），依次为：ORF1a、ORF1b、ORF2a、ORF2b、ORF3、ORF4、ORF5a、ORF5、ORF6、ORF7[5]。相邻两个 ORF 之间有相互重叠的部分。整个基因组的 5′端为 189 或 190 个碱基，为高度保守的非编码区（UTR），欧洲型和美洲型的 5′端 UTR 的同源性高达 99% 以上。

ORF1 编码依赖于 RNA 的 RNA 酶，整个开放阅读框全长约 12000bp，占据了整个基因组的 80% 及以上。ORF1 包括 ORF1a 和 ORF1b，均编码具有半胱氨酸蛋白酶水解功能的非结构蛋白（non-structural protein，NSP）——多聚蛋白 1a 和 1ab，其中多聚蛋白 1a 经过后续加工形成 9 个 NSP，包括 NSP1α、NSP1β、NSP2、NSP3、NSP4、NSP5、NSP6、NSP7、NSP8；多聚蛋白 1ab 被水解为后续的 NSP9～12。总之，ORF1a/1b 的功能主要是编码非结构蛋白并组合相应的聚合酶和复制酶。ORF2a/2b～ORF7 编码病毒的结构蛋白，分别为 GP2a/2b（E）、GP3、GP4、GP5、GP6（M）、GP7（N）。其中前面的 GP2a/2b、GP3、GP4 这 4 个蛋白为次要结构蛋白，后面的 GP5、GP6、GP7 这 3 个蛋白为主要结构蛋白。

PRRSV 呈现世界性流行，其传播主要是通过呼吸道和生殖道，传播方式包括水平传播和垂直传播。隐性感染猪和病猪是该病暴发流行的主要传染源。这些携带者可以通过粪便、口鼻黏液、精液等将病毒排出扩散至其他健康猪，形成水平传播。怀孕母猪通过胎盘垂直传播给胎儿，造成母猪流产或产死胎、木乃伊胎等。PRRSV 的宿主主要是猪，但也有报道发现如珍珠鸡、绿头鸭等可以经过粪便排毒至 3 周多，由此推断禽类的迁徙或者空气的流通是 PRRSV 远距离跨国越省传播的原因。

我国目前流行的主要是北美型 PRRSV，使用的疫苗均为基于北美型 PRRSV 病毒研发的疫苗。疫苗主要有灭活疫苗和弱毒活疫苗[6]。疫苗的使用对 PRRSV 起到了一定的防控效果。

2.2.12.2 猪蓝耳病疫苗

（1）灭活疫苗

① 经典毒株 CH-1a 株　2000 年，中国农业科学院哈尔滨兽医研究所郭宝清等用国内首例分离株 CH-1a 作为疫苗用毒株，制备了猪繁殖与呼吸综合征油佐剂灭活疫苗，并对 3 月龄仔猪间隔 20d 进行了 2 次免疫，结果是首次免疫后 5d 即可检测到病毒特异性抗体，28d 达到高峰，第 56d 仍可以检测到抗体。2005 年商品化猪繁殖与呼吸综合征灭活疫苗（CH-1a 株）进入市场。

② 高致病性毒株 NVDC-JXA1 株　2007 年，中国动物疫病预防控制中心田克恭等采用 PRRSV 高致病性毒株 NVDC-JXA1 成功研制高致病性猪繁殖与呼吸综合征灭活疫苗，该疫苗对高致病性猪繁殖与呼吸综合征的免疫保护率达 80%，仔猪与妊娠母猪接种后无明显不良反应。原农业部为满足高致病性 PRRS 防疫需求，批准猪繁殖与呼吸综合征灭活疫苗（NVDC-JXA1 株）用于紧急防控，对相关企业核发了临时生产文号。但是，该疫苗 2018 年底前未完成新兽药注册工作，农业农村部畜牧兽医局 2019 年 1 月发布《关于停止生产猪繁殖与呼吸综合征灭活疫苗（NVDC-JXA1 株）的函》，要求自 2019 年 2 月 1 日

起，各猪繁殖与呼吸综合征灭活疫苗（NVDC-JXA1株）生产企业全部停止生产该疫苗，2007年核发的临时生产文号同时废止。

（2）弱毒活疫苗

① 经典毒株 VR-2332 株　2005年4月，作为全球第一个猪繁殖与呼吸综合征疫苗产品，勃林格殷格翰猪繁殖与呼吸综合征弱毒疫苗正式进入中国市场，成为当时国内市场上第一个具有正式批文的PRRS疫苗。该疫苗是以1992年Collins等在美国分离的美洲型经典毒ATCCVR-2332为疫苗种毒株。国外学者对该疫苗的免疫效果作了较为详尽的研究，结果发现该疫苗接种妊娠母猪后，流产率和断奶前仔猪死亡率下降，活仔数上升，且未检测到母猪向环境排毒；用该疫苗免疫公猪，发现其能明显地减少同源或异源强毒感染所引起的病毒血症，且在精液中检测不到排毒。国内学者也对该疫苗的免疫效果作了评价，发现免疫该疫苗后猪能够较早地产生抗体，且通过攻毒保护实验发现其保护率达到63.6%，表明该疫苗的免疫保护效果较好。2016年，勃林格殷格翰泰州工厂建设完成，并于2017年12月通过中国农业部GMP认证，自此该疫苗实现了国产化。

② 经典毒株 CH-1R 株　2007年，中国农业科学院哈尔滨兽医研究所蔡雪辉等利用美洲型PRRSV CH-1a株体外连续传代研制出猪繁殖与呼吸综合征活疫苗（Ch-1R株），并获得新兽药注册证书。该活疫苗安全性和免疫原性皆很好。试验证明，该疫苗免疫保护率为96.1%，高于国外同类疫苗（80%～87%），对高致病性蓝耳病的保护率超过78%。通过对高致病性PRRSV变异株与疫苗株的序列分析发现，高致病性PRRSV变异株位于同一个相对独立的分支中，与CH-1a株亲缘关系较近，与国外疫苗株VR-2332亲缘关系较远。多次实验表明，CH-1R株疫苗对变异株有明显的保护作用，目前该疫苗是保护率相对较高的疫苗。

③ 经典毒株 R98 株　猪繁殖与呼吸综合征活疫苗（R98株）由南京农业大学和瑞普（保定）生物药业有限公司利用自行分离的PRRSV弱毒株R98研制而成，通过累计80代细胞连续传代和猪体连续回归，毒力不返强，基因序列未见变异，免疫猪只无不良临床反应，仔猪的发病率降到18.3%以下，成活率达到90%以上，能够较好地预防控制PRRSV，提高猪群生产性能。R98株是自然弱毒株，分离自蓝耳病病毒抗体阳性而临床健康的猪群，为美洲型自然弱毒株，高度安全稳定，对普通蓝耳病病毒临床保护率达95.4%以上。

④ 高致病性毒株 JXA1-R 株　2008年，中国动物疫病预防控制中心田克恭研究员等成功研制了高致病性PRRSV的JXA1-R株活疫苗，彻底打破了中国高致病性PRRS的防控局面。这种活疫苗对不同类型的PRRS综合征均有好的免疫效果，免疫期长达4个月。2017年以前，我国政府招标采购疫苗以JXA1-R株为主，随后高致病性猪繁殖与呼吸综合征活疫苗HuN4-F112株、TJM-F112株、GDr180株上市，为我国有效防控高致病性猪繁殖与呼吸综合征发挥了重要作用。

⑤ 高致病性毒株 HuN4-F112 株　高致病性猪繁殖与呼吸综合征活疫苗（HuN4-F112株）是由中国农业科学院哈尔滨兽医研究所田志军等研究人员将本研究室分离获得的高致病性PRRSV毒株HuN4在Marc-145细胞上进行连续性传代致弱研制而成，通过动物攻毒保护试验证明，该疫苗免疫仔猪后能够迅速诱导抗体产生，保护仔猪抵御高致病性PRRSV的感染，并且能有效缓解PRRSV所导致的各种临床症状。

⑥ 高致病性毒株 TJM-F92 株　2013年，高致病性猪繁殖与呼吸综合征活疫苗（TJM-F92株）上市，TJM-F92弱毒株是由中国农业科学院特产研究所武华研究室在高

致病性 PRRSV 的传代时分离出的一株自然基因缺失株。TJM-F92 疫苗株缺失了 $Nsp2$ 基因上 360 个核苷酸，缺失的这段基因是免疫抑制相关基因，该毒株致病力下降，同时宿主对病毒的免疫力提升，提高了疫苗的安全性。由于 PRRS 免疫抑制的特性决定了传统的 PRRS 疫苗毒株也存在免疫抑制的问题，所以在疫苗免疫过程中，PRRS 疫苗与猪瘟疫苗是不可以同时免疫的，临床应用中，两种疫苗的免疫最少间隔 2 周以上。事实上即使间隔免疫也不可避免 PRRS 疫苗对猪瘟抗体产生的抑制，因为传统 PRRS 疫苗产生的病毒血症大多在 28d 以上，必然对猪瘟疫苗的效果产生影响。正是因为 TJM-F92 株缺失免疫抑制相关基因，疫苗没有免疫干扰性，可以和猪瘟等其他疫苗同时使用，杜绝了传统 PRRS 弱毒苗在使用时对猪瘟等疫苗的干扰。TJM-F92 株不干扰猪瘟免疫应答已得到长期的实验检验，也在广大地区的生产应用中得到证实。2016 年，高致病性猪繁殖与呼吸综合征、猪瘟二联活疫苗（TJM-F92 株＋C 株）获得兽药批准文号，首次实现猪瘟与蓝耳同步联合预防，效力叠加，应用简便。

⑦ 高致病性毒株 GDr180 株　2015 年，在中国兽医药品监察所宁宜宝研究员的主持下，由广东永顺和中国兽医药品监察所联合研制的高致病性猪繁殖与呼吸综合征活疫苗（GDr180 株）上市，该毒株经过 180 代的传代致弱，对不同阶段的猪只都很安全。大量的检测证明，疫苗毒仅局限于免疫猪的扁桃体内，在免疫猪体内存留时间非常短，在猪群之间不会水平传播；其免疫原性良好，免疫保护期长，交叉保护效果好；毒力回归试验证明毒株遗传稳定，安全不返强。

（3）基因工程嵌合病毒活疫苗（PC 株）　基因工程嵌合疫苗是近年来才研发出的一种新型猪蓝耳病活疫苗，目前仅有一种毒株，即 PC 株。它通过反向遗传操作和基因重组技术，将经典 PRRSV 毒株 SP 株的部分基因（$ORF3 \sim ORF7$ 基因及其间隔序列和 3′ 端非编码区的所有核苷酸序列）剪切，替换成高致病性 PRRSV 毒株 GD 株相对应的部分基因，整合成一个同时含有 PRRSV 经典株和变异株的嵌合毒株。基因工程嵌合病毒活疫苗（PC 株）结合了经典株和高致病性毒株的部分基因，连续传代遗传稳定；可同时预防经典蓝耳病和高致病性蓝耳病；在安全方面明显优于传统活疫苗，该疫苗具有无体温反应、无毒力返强、不与其他毒株发生重组、免疫猪不排毒、无水平传播风险等优点；由于该疫苗毒株在构建时人工插入了一段特异性的 DNA 序列，所以能够对疫苗株和野毒株进行鉴别，可用于猪蓝耳病的净化。

目前，PRRS 仍然是我国猪场最主要的疾病之一，商品猪场普遍阳性，阴性种猪场屈指可数。PRRSV 毒株在我国呈现多样性和复杂性，除了猪场中多数流行的毒株之外，还有一些是演化于疫苗毒株的返强毒株。各种研究结果表明 PRRSV 不同毒株的交叉保护有限，疫苗防控作用力度并不能完全有效阻止 PRRS 的发生和病毒的散播，但疫苗接种计划对预防该病或降低与感染相关的临床症状的严重性是有用且必要的，新型疫苗的研发仍是解决问题的关键。大多数情况下，疫苗接种有助于减少病毒排毒和减少传播，但如果长时间、盲目、普遍、高频率地免疫蓝耳弱毒疫苗，将增加猪场 PRRSV 的本底和感染猪的数量，疫苗免疫猪将会呈现长时间病毒血症、排毒，疫苗病毒可在猪场循环与传播，并可能返强、演化成野毒。因此，疫苗接种计划必须与其他有助于限制病毒传播的管理措施结合实施。就猪场的生产实践来看，加强环境防控、生物安全防控和细菌性疾病的防控，运用合适的免疫策略，关注新毒株的出现，了解所使用的疫苗的保护力和加强管理措施，才能更加有效地控制 PRRS。

猪场防控蓝耳病还需建立从内到外的生物安全体系：①猪场外部生物安全主要致力于

切断传播途径，防止新毒株传入。②猪场必须进行引种控制，确保不引抗体阳性种猪。③猪场内部则要降低或清除场内 PRRSV 的污染与病毒载量，阻断病毒在猪群中的循环与传播，建议猪群全进全出、批次生产；多点饲养；猪舍内环境清洁消毒；饲养员严禁串舍；净道与污道分开；采用空气过滤系统；及时淘汰发病猪并进行无害化处理。

当前，非洲猪瘟防控的常态化加速了国内养猪场生物安全防控的进度，大幅提高了生物安全水平，隔离、消毒、免疫、硬件改善等使得猪场细菌性感染的概率大幅度下降，我国控制猪蓝耳病可利用这个时机积极走净化道路，首先推动种猪场净化，进而实现区域净化。

参考文献

[1] Stevenson G W, Van Alstine W G, Kanitz C L, et al. Endemic porcine reproductive and respiratory syndrome virus infection of nursery pigs in two swine herds without current reproductive failure[J]. J Vet Diagn Invest. 1993, 5（3）: 432-434.

[2] Tian K, Yu X, Zhao T, et al. Emergence of fatal PRRSV variants: unparalleled outbreaks of atypical PRRS in China and molecular dissection of the unique hallmark[J]. PLoS One. 2007, 2（6）: e526.

[3] Sun Z, Wang J, Bai X, et al. Pathogenicity comparison between highly pathogenic and NADC30-like porcine reproductive and respiratory syndrome virus [J]. Arch Virol, 2016, 161（8）: 2257-2261.

[4] Li X, Wu J, Tan F, et al. Genome characterization of two NADC30-like porcine reproductive and respiratory syndrome viruses in China[J]. Springerplus, 2016, 5（1）: 1677.

[5] Cortey M, Díaz I, Martín-Valls G E, et al. Next-generation sequencing as a tool for the study of Porcine reproductive and respiratory syndrome virus（PRRSV）macro-and micro-molecular epidemiology. Vet Microbiol, 2017, 209: 5-12.

[6] 王芳蕊，王镇，韩克元，等. 猪繁殖与呼吸综合征疫苗的发展历程与研究现状[J]. 畜牧兽医科技信息，2022，2: 1-5.

2.2.13 猪圆环病毒病疫苗

猪圆环病毒病（PCVD）主要是由猪圆环病毒 2 型（PCV2）引起的猪的一种多系统功能障碍性疾病，其特征是引起淋巴系统疾病、渐进性消瘦、呼吸道症状，造成患猪免疫机能下降、生产性能降低。除了 PCV2 引起猪的临床疾病，近年来发现的 PCV3 和 PCV4 也对猪群健康构成潜在威胁。PCV2 可在人类、牛、羊、啮齿类动物等多种非猪动物体内检测到，但临床意义不明确[1]。我国农业农村部将其列为三类动物疫病。目前，大多数养猪国家普遍采用生物安全措施与疫苗免疫相结合的策略进行 PCV2 的防控。近十年来，随着疫苗的使用，PCV2 基因型也在发生着变化。正是这种变化，造成临床上 PCV2 免疫失败的现象时有发生，PCV2 仍对养猪业的发展与食品安全构成严重威胁。

2.2.13.1 猪圆环病毒病概况

1974 年，猪圆环病毒 1 型（PCV1）在细胞上清物中被发现。后来研究表明其对猪不引起临床疾病。1996年前后，北美及欧洲猪群中出现了断奶后衰竭综合征，由此发现一种新型的猪圆环病毒，即为猪圆环病毒2型。目前，PCV2在全球养猪国家均有流行，其中以PCV2b和PCV2d基因型为主。2016年，在母猪流产、皮炎以及仔猪多系统炎症的样品中，发现一种全新的猪圆环病毒，命名为猪圆环病毒3型[2,3]。2019年，我国科研人员在湖南省猪群中又发现一种猪圆环病毒，命名为猪圆环病毒4型[4]。

PCV属于猪圆环病毒科、猪圆环病毒属，只有一个血清型。病毒粒子无囊膜，一般呈球形，直径17nm[5]。病毒基因组为单股闭合环状的DNA，PCV1基因组长度为1759nt，PCV2基因组长度为1767~1770nt，PCV3基因组长度为2000nt，PCV3基因组长度为1770nt。PCV基因组编码2个主要的蛋白质，分别为核衣壳蛋白（Cap）和复制酶（Rep）。

PCV2感染猪只引起的临床症状呈现多样化，包括仔猪断奶后多系统衰竭综合征、猪皮炎与肾病综合征、繁殖障碍、间质性肺炎、先天性震颤等。PCV3感染猪只引起皮炎症状。

尽管PCV2只有一个血清型，但抗原性的变异会导致免疫逃逸，使现有疫苗不能完全对抗流行毒株的感染，给疫病防控带来了挑战。目前广泛使用的PCV2疫苗株有PCV2a基因型、PCV2b基因型和PCV2d基因型[6]。但是，不同疫苗株之间的保护力存在差异，不同猪场在选择疫苗使用时要根据各自养殖场的流行情况进行选择。因此，了解猪圆环病毒疫苗的种类、特性及疫苗的研究进展与未来的研究方向，具有积极的意义。

2.2.13.2 猪圆环病毒疫苗

猪圆环病毒疫苗免疫主要可以减少猪群临床发病率、增加仔猪成活率、提高出栏重等。近年来，我国市场上出现了许多猪圆环病毒疫苗，均为猪圆环病毒2型疫苗，但一些单位已经开始着手研发猪圆环病毒3型疫苗。

（1）灭活疫苗

① PCV2全病毒灭活疫苗　通过体外细胞系的培养，利用悬浮或转瓶技术提高病毒滴度，再经过浓缩提纯，灭活，添加油佐剂或水佐剂研制成全病毒灭活疫苗。目前，市场上有反馈油苗有一定的副作用，应激反应较大，猪体吸收较差。此类疫苗在我国市场上占比较高，生产企业较多。

② PCV1/2嵌合全病毒灭活疫苗　以非致病的PCV1为骨架，构建含有PCV2 ORF2的嵌合病毒，通过体外细胞系的培养，利用悬浮或转瓶技术提高病毒滴度，再经过浓缩提纯、灭活，添加油佐剂或水佐剂研制成全病毒灭活疫苗。目前，只有硕腾公司美国查理斯堡生产厂的猪圆环病毒1-2型嵌合体灭活疫苗在我国注册使用。

（2）亚单位疫苗

① 昆虫杆状病毒载体表达亚单位疫苗　德国勃林格殷格翰公司用昆虫杆状病毒载体表达系统来表达猪圆环病毒2型的衣壳蛋白基因研制而成的疫苗为昆虫杆状病毒载体亚单位疫苗。该疫苗配合ImpranFLEXTM水佐剂，对猪群的应激小、吸收好，一针可以保障育肥猪至出栏。近年来，我国疫苗企业也利用昆虫杆状病毒表达系统及工程菌研发出相类似的亚单位疫苗。

② 大肠杆菌载体表达亚单位疫苗　用大肠杆菌载体表达系统来表达猪圆环病毒2型的衣壳蛋白基因研制而成的疫苗为大肠杆菌载体表达亚单位疫苗。该疫苗配合水佐剂，对猪群的应激小、吸收好。近年来，我国疫苗企业利用该表达系统及工程菌研发出许多相类

似的亚单位疫苗。

（3）**联合疫苗**　联合疫苗是猪圆环病毒疫苗联合其他猪疫苗研制而成的疫苗，以期达到"一针防多病"的目的。目前，临床上猪圆环病毒2型多与猪肺炎支原体、副猪嗜血杆菌等病原混合感染。基于此，国内外疫苗单位研制了猪圆环病毒2型与猪肺炎支原体二联疫苗，猪圆环病毒2型与副猪嗜血杆菌二联疫苗等疫苗，并在临床应用。

（4）**合成肽疫苗**　合成肽疫苗是一种仅含免疫决定簇组分的小肽，即用人工方法按天然蛋白质的氨基酸顺序合成保护性短肽，与载体连接后加佐剂所制成的疫苗，疫苗安全性好。目前国内仅有南京农业大学、中牧实业股份有限公司、江苏南农高科技股份有限公司等单位联合开展猪圆环病毒病合成肽疫苗研发，已取得一类新兽药证书，产品即将走入市场。

综上所述，PCV2疫苗可谓多种多样，虽然有较好的防控效果，但要结合养殖场流行株进行有针对性的选择。此外，PCV2疫苗普遍价格较高，尤其是在猪价低迷时，养殖户使用意愿不强，这种情况下，养猪场容易暴发PCVD。今后，研制廉价、多联多价的PCV2疫苗是PCVD疫苗研究的重要方向。

参考文献

[1] Zhai S L, Lu S S, Wei W K, et al. Reservoirs of porcine circoviruses：A Mini Review [J]. Front Vet Sci. 2019, 6：319.

[2] Palinski R, Piñeyro P, Shang P, et al. A novel porcine circovirus distantly related to known circoviruses is associated with porcine dermatitis and nephropathy syndrome and reproductive failure[J]. J Virol. 2016, 91（1）：e01879-16.

[3] Phan T G, Giannitti F, Rossow S, et al, Detection of a novel circovirus PCV3 in pigs with cardiac and multi-systemic inflammation[J]. Virol J. 2016, 13（1）：184.

[4] Zhang H H, Hu W Q, Li J Y, et al. Novel circovirus species identified in farmed pigs designated as Porcine circovirus 4, Hunan province, China[J]. Transbound Emerg Dis. 2020, 67（3）：1057-1061.

[5] Tischer I, Gelderblom H, Vettermann W, et al. A very small porcine virus with circular single-stranded DNA[J]. Nature. 1982, 295（5844）：64-66.

[6] 翟少伦，陈胜男，周盼伊，等．我国猪圆环病毒2型疫苗研发及应用现状[J]．中国动物保健，2019，6：52-55.

2.2.14　日本脑炎疫苗

日本脑炎（Japanese encephalitis，JE）是由日本脑炎病毒（Japanese encephalitis virus，JEV）引起的一种蚊媒人畜共患病。1871年日本首次报道了JEV病例。1924年日本暴发了JEV疫情，当时的资料显示，约有6000例JEV病例，死亡率约为60%，直到1935年，才从一例死去的JEV患者的大脑中分离到JEV毒株，随着时间的推移，JEV蔓延到了亚洲的大部分地区[1]。1930年JEV从日本传入中国，1934年北京市出现了两例急性病毒性脑炎病例，经实验室检测技术证实为JEV感染，为国内首例实验室确诊的JE病例[2]。1939年，北京记录了 6 例急性病毒性脑炎病例的流行病学数据、临床表现和结果，采集这些患者的血清做中和抗体实验，测试结果表明，所有的患者都是 JEV 感染。20 世纪 40 年代末，JEV 给中国的公共卫生造成了严峻的挑战，给人民的生活造成了巨大的威胁[3]。

2.2.14.1 日本脑炎概况

JEV 是由囊膜包被着的单股正链 RNA 病毒，属于黄病毒科、黄病毒属，含有一个开放阅读框，编码一个单一多聚蛋白，如图 2-4 所示，随后被裂解为 3 个结构蛋白 C、prM、E 和 7 个非结构蛋白 NS1、NS2A、NS2B、NS3、NS4A、NS4B、NS5，5′端和 3′端各有一个非编码区（NCR），它们对病毒基因组的复制、转录、翻译起着重要的调节作用，基因组 RNA 的 5′端有帽子结构（m7GpppAmp），3′端没有 polyA 尾结构[4]。除了基因组 RNA，一些短的亚基因组非编码 RNA（sfRNA）也被发现广泛存在于感染 JEV 的不同细胞中，它们是由于宿主细胞的核酸外切酶 Xrn1 无法完全降解病毒 RNA 而产生，sfRNA 可以帮助病毒躲避宿主的免疫系统，从而引发相关疾病[5]。

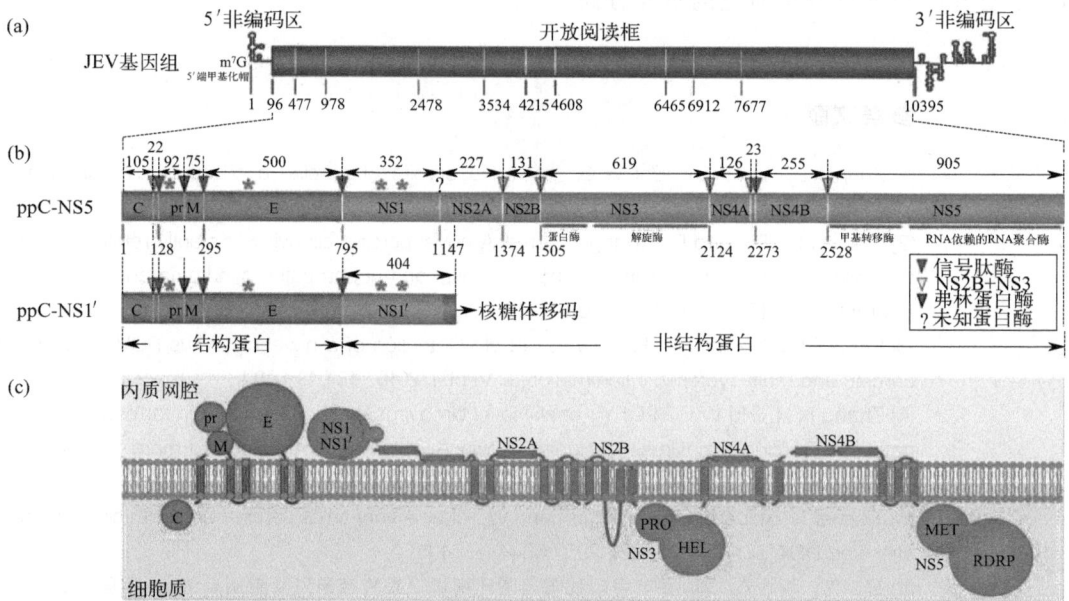

图 2-4　JEV 基因组结构和蛋白

（a）基因组结构。JEV 基因组是一股长为 10968 个核苷酸的正链 RNA，包括 5′端甲基化帽，其次是 95 个核苷酸的 5′非编码区、10299 个核苷酸的开放阅读框和 574 个核苷酸的 3′非编码区。（b）病毒蛋白组成。JEV 基因组编码单个开放阅读框产生两个前体多聚蛋白：一个全长 3432 个氨基酸的多聚蛋白（ppC-NS5）及一个 NS1 的 C 端截断的 1198 个氨基酸多聚蛋白（ppC-NS1′）。多聚蛋白 ppC-NS5 被宿主和病毒编码的蛋白酶切割，产生三个结构蛋白和七个非结构蛋白质。（c）多蛋白膜拓扑结构。以其他黄病毒研究基础作为参考，预测 10 种主要 JEV 病毒蛋白在内质网膜上的膜定位

JEV 是经蚊虫叮咬传播的，三带喙库蚊是传播 JEV 最主要的蚊虫，蚊子和其他昆虫可能在吸血期间感染病毒，病毒在它们的体内复制，然后通过吸血传染给其他动物，如鸟类和猪。因此，JEV 自然地从蚊子到鸟类或蚊子到猪循环[6]。JEV 在流行季节对家畜和家禽的感染大多为亚临床感染，但病毒可在它们体内增殖并导致暂时的病毒血症，因此，它们成为 JEV 的临时宿主和人类的传染源。尤其是幼猪，对 JEV 易感，可能是猪-蚊-猪

循环的主要传播媒介[7]，怀孕母猪可出现流产、死胎、木乃伊胎症状，公猪可出现睾丸炎等症状。当带毒蚊虫叮咬人后，病毒先在血管内皮细胞和淋巴结处的细胞中增殖，此时部分病毒可进入血液导致第一次毒血症的发生，随后病毒扩散到肝、脾处的细胞中继续繁殖，此时症状表现不明显，经过一周左右的时间后，细胞和组织中的病毒再次进入血液引起第二次毒血症的发生，患者出现发热等症状，大部分患者都可以靠自身的免疫力自愈，但少数患者体内的病毒可以突破血脑屏障进入脑内增殖，引起脑炎。

根据 E 蛋白基因的核苷酸序列，可将 JEV 分为五种不同的基因型，即 GⅠ（GⅠ-a 和 GⅠ-b 分支）、GⅡ、GⅢ、GⅣ和 GⅤ，所有的 JEV 毒株都属于同一个血清型，不同基因型毒株都能与病毒抗体有交叉反应。在 20 世纪 90 年代之前，GⅢ是导致亚洲地区 JE 暴发的最常见的基因型[8]。GⅠ最初于 1967 年在柬埔寨被分离到，在 20 世纪 90 年代初至中期逐渐取代了 GⅢ，此后 GⅠ成为该地区 JE 暴发的最常见病因。最近的 JE 爆发期间，GⅠ在日本、韩国、印度、中国、越南、泰国、马来西亚和柬埔寨被分离到。在澳大利亚地区，虽然 1995 年的第一次暴发是由 GⅡ毒株引起的，但在 2000 年以后，只检测到 GⅠ毒株[9]。遗传衍化分析表明，GⅠ-a 起源于 20 世纪 40 年代的泰国，GⅠ-b 起源于 20 世纪 50 年代的越南。在 1983 年的基因多样性增加之前，GⅠ-b 已经在亚洲大部分温带地区传播，直到 20 世纪初的前十年，该基因型在亚洲 JEV 流行地区占据主导地位。

JEV 病毒粒子最初通过细胞表面的一个或多个吸附因子附着在细胞表面，完成吸附，随后，病毒粒子与进入因子互作，触发受体介导的依赖网格蛋白或不依赖网格蛋白的内吞作用，病毒粒子进入早期包涵体，随后包涵体激活，pH 降低，诱发 E 蛋白构象发生改变，使病毒外壳与包涵体膜融合，随后病毒基因组 RNA 释放到细胞质[10]。借助宿主核糖体等相关细胞器合成一条多聚蛋白，随后被病毒蛋白酶或宿主酶裂解，生成成熟的病毒蛋白，相关蛋白会聚集在内质网膜上组成病毒复制复合体，随后 RNA 在病毒复制复合体中进行复制。通过病毒 RNA 与三种结构蛋白 C、prM 和 E 相互作用，促进未成熟颗粒进入内质网腔，然后进入高尔基体运输，形成成熟的病毒粒子，最后通过胞吐分泌到细胞外[11]。

2.2.14.2　日本脑炎疫苗

JE 目前还没有特定的治疗药物[12,13]。在没有抗病毒药物治疗的情况下，只能采用心理治疗和一些预防免疫措施。根据 JEV 的传播方式，预防 JEV 主要有 4 种策略，即蚊虫控制、避免蚊虫叮咬、疫苗免疫猪和疫苗免疫人类[14-17]。其中，人类免疫是实现对 JE 产生可持续保护性免疫的有效措施，人类使用灭活疫苗已有几十年的历史了[18,19]。第一代灭活疫苗是小鼠脑源性组织经福尔马林灭活制作的疫苗，因为其价格昂贵、免疫剂量大，且存在安全性问题导致该疫苗停产[20]。

（1）商品化日本脑炎病毒疫苗

① 鼠脑源性灭活疫苗　1954 年日本用 Nakayama 毒株研制出第一个小鼠脑源性灭活疫苗，后来经过纯化技术的改进提高了疫苗纯度和/或免疫原性，1989 年我国用 Beijing-1 株替代了 Nakayama 毒株制作疫苗并在国内推广应用。该鼠脑源性灭活疫苗在很长一段时间内是唯一得到国际批准的疫苗。1∶10 的中和抗体滴度（GMT）为最低推荐免疫稀释度[21]。试验显示，小鼠脑源性灭活疫苗[22,23] 有效率为 81%～95%。该技术已转让给多个国家，在韩国、印度、泰国和越南等国家生产应用，自 20 世纪 60 年代、70 年代以来，大幅度减少了感染病例的数量[24,25]。然而，日本制造商在 2005 年停止了这种疫苗的生产，此前日本政府决定暂停对这种疫苗进行常规免疫接种，因为一名 14 岁女孩在免疫接种后出现了严重的 ADEM（急性播散性脑脊髓炎）。

② 细胞衍生灭活苗　由于使用鼠脑作为疫苗抗原来源存在着潜在的抗原安全性问题。因此，2009 年，两种 vero 细胞来源的灭活疫苗获得许可：使用 SA14-14-2 毒株的 IXI-ARO®，以前称为 IC51，由奥地利 Intercell AG 公司（现在的 Valneva SE，法国）推出；使用 Beijing-1 毒株的 JEBIKV®，由日本 BIKEN 公司推出。IXIARO® 是由福尔马林灭活的在 vero 细胞繁殖的 SA14-14-2 株制备而成，该株已被用作减毒活疫苗，与氢氧化铝佐剂一起使用。在临床试验中，接种两剂量的 IXIARO® 疫苗血清转化率（98%）比小鼠脑源性疫苗（95%）血清转化率更高[26]。此外，1∶244 稀释的 IXIARO® 诱导的平均中和抗体滴度高于小鼠脑源性疫苗（1∶102）。初步免疫后 1 年，血清转化率维持在 83%[27]。虽然单剂量免疫方案适合旅行者接种，但单次免疫诱导的血清转化率仅为 65.8%，且中和抗体滴度迅速下降。因此，IXIARO® 接种 2 剂方案于 2009 年作为旅行者疫苗获得许可，上市后分析显示其具有良好的安全性。由于单剂量方案没有显示出很好的疗效，目前正在评估一种新的两剂量接种方案，该方案具有加速帮助旅行者完成免疫接种计划的作用。一项针对儿童的临床试验显示，采用双剂量方案后，血清转换率≥95%[28]。此外，这项技术已转让给印度生物制药公司，作为旅行者的疫苗，并在流行国家用于常规疫苗接种。

在日本，JEBIKV® 由 BIKEN 于 2009 年[29] 推出。一项针对儿童（6～90 个月大）的临床试验显示，在第二次和第三次免疫接种后，血清转化率分别为 99.2%（GMT 为 1∶263）和 100%（GMT 为 1∶5834）。此外，另一种 vero 细胞来源的灭活疫苗 ENCE-VAC® 由 Kaketsuken 生产，于 2011 年[30] 获得批准。日本现有的这两种疫苗含有小鼠脑源疫苗中使用的福尔马林灭活 vero 细胞生长的 Beijing-1 株。基于这些疫苗的安全性和供应能力，日本政府自 2010 年以来重新开始建议常规免疫接种。虽然当时只推荐在有限的人群中（3 岁及以下婴儿）应用，但 2010 年后改成了常规免疫（3～9 岁）。

③ 细胞减毒活疫苗　使用 SA14-14-2 毒株的减毒活疫苗自 1988 年[31] 开始在中国上市。自批准以来，该减毒活疫苗被广泛使用。多次实际评估表明，单次免疫的有效性≥95%[32]。由于与需要多次注射的活疫苗相比，该疫苗具有高效率和低成本的特点，目前已在柬埔寨、朝鲜、印度、老挝、缅甸、尼泊尔、韩国、斯里兰卡和泰国批准使用 CD. JEVAX™（中国成都生物制品研究所）。

④ 基因工程减毒重组疫苗　YFV-17D 疫苗被用于生成嵌合减毒 JEV 活疫苗 Chime-riVAX™-JE 或 JE-CV（赛诺菲巴斯德），该疫苗含有 SA14-14-2 株衍生的 prM/E 基因，取代了 YFV-17D 相应的基因。与最初的 YFV-17D 疫苗不同，JE-CV 是在 vero 细胞中制备的。在临床试验中，成人和儿童单次免疫后血清转换率分别≥99% 和≥95%[33-36]。自 2010 年起，JE-CV 在澳大利亚和泰国分别以 IMOJEV® 和 THAIJEV® 商标名获得批准。

（2）研发中的日本脑炎疫苗

① 病毒样颗粒疫苗　病毒样颗粒（VLP）不包含病毒基因组，因此不能在细胞中复制。它们是活疫苗、减毒疫苗或灭活疫苗的更稳定和更安全的替代品，因为它们不具有传染性，不能恢复为传染性形式。此外，颗粒形式的 VLP 使它们比亚单位疫苗更具有免疫原性。VLP 是通过用含有病毒结构基因的质粒或病毒载体转染细胞而获得的。当结构蛋白产生时，它们自己组装成 VLP。

VLP 的一种变体是单轮感染颗粒（SRIP），又称伪感染病毒，SRIP 包含一个缺陷的基因组，可以在靶细胞中表达并复制。然而，如果没有缺陷基因组中缺失的结构蛋白基因，它们的缺陷基因组就不能被包装成新的病毒颗粒。这样病毒感染就只限于感染一轮。SRIP 的功能与减毒活疫苗类似，因为它们只驱动一轮感染，比弱毒苗的安全性更好；比

VLP、亚基因组疫苗或核酸疫苗[37] 更具有免疫原性。因此，疫苗的接种剂量很低，或只需一次注射就可起到保护作用。此外，SRIP 基因组中的非结构蛋白基因提供了使用 VLP 时缺乏的 CD4$^+$和 CD8$^+$T 细胞表位，这些非结构蛋白[38-40] 在预防黄病毒疾病中发挥了重要作用。事实上，针对非结构蛋白的细胞免疫反应已被提出作为一种替代方法，以提供针对黄病毒的保护，同时避免抗体依赖增强效应（ADE）[41,42]。然而，由于 SRIP 包含一个基因组，必须采用额外的方法，以消除恢复到感染形式的可能性。

SRIP 是通过用含有缺陷病毒基因组序列的复制子转染细胞获得的，复制后，复制子生成许多缺陷基因组的副本。通过与互补质粒共转染或通过组成型表达必需结构蛋白的包装细胞系提供基因组包装所需的蛋白质。通过这种方式，可以获得并纯化 SRIP。重要的是，根据使用的策略，一些结构基因可能在缺陷基因组中起作用；因此，当使用 SRIP 进行免疫时，在单个感染周期内会产生 VLP，有助于提高 SRIP 的免疫原性。

② NS1 蛋白候选疫苗　与对照组相比，NS1 基因缺失的复制缺陷型 JEV 疫苗免疫小鼠后显示了对 JEV 和西尼罗河病毒（WNV）感染的双重保护，因此可能是一种针对 JEV 和 WNV 的候选疫苗[43,44]；另一种针对 JEV 和基孔肯雅病毒的重组痘苗病毒疫苗也显示能引起显著的体液和细胞免疫反应，致死剂量的 JEV 攻毒后，接种重组痘苗病毒疫苗的小鼠存活率为 100%[44,45]。最近的一项研究描述一种 JEV 候选 DNA 疫苗，其中 prM 和 E 蛋白与自噬蛋白 MAP1LC3 融合，导致 Th1 型免疫反应增强，从而使被接种动物表现高存活率和持久的中和抗体[46]。

综上所述，日本脑炎病毒依然是一种重要的人兽共患病原。科学的免疫计划和严格的生物安全措施，将是未来主要的防控策略。因此，疫苗免疫仍旧是防控该病发生发展的主要手段，要创制安全、高效、免疫期长、生产工艺先进的新型日本脑炎疫苗。

参考文献

[1] Turtle L, Solomon T. Japanese encephalitis-the prospects for new treatments[J]. Nat Rev Neurol, 2018, 14（5）: 298-313.

[2] Kuttner A G, Ts' Un T. Encephalitis in north China. Results obtained with neutralization tests [J]. J Clin Invest, 1936, 15（5）: 525-530.

[3] Chen X J, Wang H Y, Li X L, et al. Japanese encephalitis in China in the period of 1950—2018: from discovery to control[J]. Biomed Environ Sci, 2021, 34（3）: 175-183.

[4] Nitatpattana N, Dubot-Peres A, Gouilh M A, et al. Change in Japanese encephalitis virus distribution, Thailand[J]. Emerg Infect Dis, 2008, 14（11）: 1762-1765.

[5] Akiyama B M, Laurence H M, Massey A R, et al. Zika virus produces noncoding RNAs using a multi-pseudoknot structure that confounds a cellular exonuclease[J]. Science, 2016, 354（6316）: 1148-1152.

[6] Van den Hurk A F, Ritchie S A, Mackenzie J S. Ecology and geographical expansion of Japanese encephalitis virus[J]. Annu Rev Entomol, 2009, 54: 17-35.

[7] Halstead S B, Thomas S J. New Japanese encephalitis vaccines: alternatives to production in mouse brain[J]. Expert Rev Vaccines, 2011, 10（3）: 355-364.

[8] Han N, Adams J, Chen P, et al. Comparison of genotypes I and III in Japanese encephalitis virus reveals distinct differences in their genetic and host diversity[J]. J Virol, 2014, 88（19）: 11469-11479.

[9] Pyke A T, Williams D T, Nisbet D J, et al. The appearance of a second genotype of Japanese encephalitis virus in the Australasian region[J]. Am J Trop Med Hyg, 2001, 65（6）:

747-753.

[10] Chen C J, Kuo M D, Chien L J, et al. RNA-protein interactions: involvement of NS3, NS5, and 3′ noncoding regions of Japanese encephalitis virus genomic RNA[J]. J Virol, 1997, 71（5）: 3466-3473.

[11] Junjhon J, Edwards T J, Utaipat U, et al. Influence of pr-M cleavage on the heterogeneity of extracellular dengue virus particles[J]. J Virol, 2010, 84（16）: 8353-8358.

[12] Geiss B J, Stahla H, Hannah A M, et al. Focus on flaviviruses: current and future drug targets[J]. Future Med Chem, 2009, 1（2）: 327-344.

[13] Sampath A, Padmanabhan R. Molecular targets for flavivirus drug discovery[J]. Antiviral Res, 2009, 81（1）: 6-15.

[14] Igarashi A. Control of Japanese encephalitis in Japan: immunization of humans and animals, and vector control[J]. Curr Top Microbiol Immunol, 2002, 267: 139-152.

[15] Mackenzie J S, Gubler D J, Petersen L R. Emerging flaviviruses: the spread and resurgence of Japanese encephalitis, West Nile and dengue viruses[J]. Nat Med, 2004, 10（12 Suppl）: S98-S109.

[16] Van den Hurk A F, Ritchie S A, Mackenzie J S. Ecology and geographical expansion of Japanese encephalitis virus[J]. Annu Rev Entomol, 2009, 54: 17-35.

[17] Vaughn D W, Hoke C J. The epidemiology of Japanese encephalitis: prospects for prevention[J]. Epidemiol Rev, 1992, 14: 197-221.

[18] Appaiahgari M B, Vrati S. Clinical development of IMOJEV（R）--a recombinant Japanese encephalitis chimeric vaccine（JE-CV）[J]. Expert Opin Biol Ther, 2012, 12（9）: 1251-1263.

[19] Beasley D W, Lewthwaite P, Solomon T. Current use and development of vaccines for Japanese encephalitis[J]. Expert Opin Biol Ther, 2008, 8（1）: 95-106.

[20] Sharma K B, Vrati S, Kalia M. Pathobiology of japanese encephalitis virus infection [J]. Molecular Aspects of Medicine, 2021, 81: 100994.

[21] Hombach J, Solomon T, Kurane I, et al. Report on a WHO consultation on immunological endpoints for evaluation of new Japanese encephalitis vaccines, WHO, Geneva, 2-3 September, 2004. Vaccine, 2005, 23（45）: 5205-5211.

[22] Hsu T C, Chow L P, Wei H Y, et al. A controlled field trial for an evaluation of effectiveness of mouse-brain Japanese encephalitis vaccine[J]. Taiwan Yi Xue Hui Za Zhi, 1971, 70（2）: 55-62.

[23] Hoke C H, Nisalak A, Sangawhipa N, et al. Protection against Japanese encephalitis by inactivated vaccines[J]. N Engl J Med, 1988, 319（10）: 608-614.

[24] Arai S, Matsunaga Y, Takasaki T, et al. Japanese encephalitis: surveillance and elimination effort in Japan from 1982 to 2004[J]. Jpn J Infect Dis, 2008, 61（5）: 333-338.

[25] Wu Y C, Huang Y S, Chien L J, et al. The epidemiology of Japanese encephalitis on Taiwan during 1966-1997[J]. Am J Trop Med Hyg, 1999, 61（1）: 78-84.

[26] Tauber E, Kollaritsch H, Korinek M, et al. Safety and immunogenicity of a Vero-cell-derived, inactivated Japanese encephalitis vaccine: a non-inferiority, phase III, randomised controlled trial[J]. Lancet, 2007, 370（9602）: 1847-1853.

[27] Schuller E, Jilma B, Voicu V, et al. Long-term immunogenicity of the new Vero cell-derived, inactivated Japanese encephalitis virus vaccine IC51 Six and 12 month results of a multicenter follow-up phase 3 study[J]. Vaccine, 2008, 26（34）: 4382-4386.

[28] Kaltenbock A, Dubischar-Kastner K, Schuller E, et al. Immunogenicity and safety of IXIARO（IC51）in a Phase II study in healthy Indian children between 1 and 3 years of age [J]. Vaccine, 2010, 28（3）: 834-839.

[29] Kikukawa A, Gomi Y, Akechi M, et al. Superior immunogenicity of a freeze-dried, cell culture-derived Japanese encephalitis vaccine（inactivated）[J]. Vaccine, 2012, 30（13）: 2329-2335.

[30] Kuzuhara S, Nakamura H, Hayashida K, et al. Non-clinical and phase I clinical trials of a

Vero cell-derived inactivated Japanese encephalitis vaccine [J]. Vaccine, 2003, 21（31）: 4519-4526.

[31] Beasley D W, Lewthwaite P, Solomon T. Current use and development of vaccines for Japanese encephalitis[J]. Expert Opin Biol Ther, 2008, 8（1）: 95-106.

[32] Tsai T F. New initiatives for the control of Japanese encephalitis by vaccination: minutes of a WHO/CVI meeting, Bangkok, Thailand, 13-15 October 1998[J]. Vaccine, 2000, 18 Suppl 2: 1-25.

[33] Guy B, Guirakhoo F, Barban V, et al. Preclinical and clinical development of YFV 17D-based chimeric vaccines against dengue, West Nile and Japanese encephalitis viruses [J]. Vaccine, 2010, 28（3）: 632-649.

[34] Chokephaibulkit K, Sirivichayakul C, Thisyakorn U, et al. Safety and immunogenicity of a single administration of live-attenuated Japanese encephalitis vaccine in previously primed 2-to 5-year-olds and naive 12-to 24-month-olds: multicenter randomized controlled trial[J]. Pediatr Infect Dis J, 2010, 29（12）: 1111-1117.

[35] Torresi J, McCarthy K, Feroldi E, et al. Immunogenicity, safety and tolerability in adults of a new single-dose, live-attenuated vaccine against Japanese encephalitis: Randomised controlled phase 3 trials[J]. Vaccine, 2010, 28（50）: 7993-8000.

[36] Feroldi E, Pancharoen C, Kosalaraksa P, et al. Single-dose, live-attenuated Japanese encephalitis vaccine in children aged 12-18 months: randomized, controlled phase 3 immunogenicity and safety trial[J]. Hum Vaccin Immunother, 2012, 8（7）: 929-937.

[37] Chang D C, Liu W J, Anraku I, et al. Single-round infectious particles enhance immunogenicity of a DNA vaccine against West Nile virus[J]. Nat Biotechnol, 2008, 26（5）: 571-577.

[38] Co M D, Terajima M, Cruz J, et al. Human cytotoxic T lymphocyte responses to live attenuated 17D yellow fever vaccine: identification of HLA-B35-restricted CTL epitopes on nonstructural proteins NS1, NS2b, NS3, and the structural protein E[J]. Virology, 2002, 293（1）: 151-163.

[39] Rivino L, Kumaran E A, Jovanovic V, et al. Differential targeting of viral components by CD4+ versus CD8+ T lymphocytes in dengue virus infection[J]. J Virol, 2013, 87（5）: 2693-2706.

[40] Weiskopf D, Angelo M A, Bangs D J, et al. The human CD8+ T cell responses induced by a live attenuated tetravalent dengue vaccine are directed against highly conserved epitopes [J]. J Virol, 2015, 89（1）: 120-128.

[41] Gambino F J, Tai W, Voronin D, et al. A vaccine inducing solely cytotoxic T lymphocytes fully prevents Zika virus infection and fetal damage[J]. Cell Rep, 2021, 35（6）: 109107.

[42] Grubor-Bauk B, Wijesundara D K, Masavuli M, et al. NS1 DNA vaccination protects against Zika infection through T cell-mediated immunity in immunocompetent mice[J]. Sci Adv, 2019, 5（12）: x2388.

[43] Li N, Zhang Z R, Zhang Y N, et al. A replication-defective Japanese encephalitis virus （JEV）vaccine candidate with NS1 deletion confers dual protection against JEV and West Nile virus in mice[J]. NPJ Vaccines, 2020, 5（1）: 73.

[44] Zheng X, Yu X, Wang Y, et al. Immune responses and protective effects against Japanese encephalitis induced by a DNA vaccine encoding the prM/E proteins of the attenuated[J].

[45] Zhang Y, Han J C, Jing J, et al. Construction and Immunogenicity of Recombinant Vaccinia Virus Vaccine Against Japanese Encephalitis and Chikungunya Viruses Infection in Mice [J]. Vector Borne Zoonotic Dis, 2020, 20（10）: 788-796.

[46] Zhao F, Zhai Y, Zhu J, et al. Enhancement of autophagy as a strategy for development of new DNA vaccine candidates against Japanese encephalitis [J]. Vaccine, 2019, 37（37）: 5588-5595.

2.2.15　猪轮状病毒病疫苗

猪轮状病毒感染主要是由猪轮状病毒引起的一种急性肠道传染病，主要发生于仔猪，临床上以厌食、呕吐、下痢为主；种猪和大猪以隐性感染为特点，偶有发生腹泻。除猪轮状病毒外，从儿童、犊牛、羔羊、马驹分离的轮状病毒也可感染仔猪，引起不同的症状。本病毒可感染各种年龄的猪，感染率达 90%～100%，但在流行地区由于大多数成年猪已感染而获得免疫力。因此，发病猪多是 2～8 周龄的仔猪，发病严重程度、死亡率与猪的发病年龄有关，日龄越小的仔猪，发病率越高，发病率一般为 50%～80%，病死率一般为 10%～50%。病猪和带毒猪是本病的主要传染源，但人和其他动物也可散播本病。轮状病毒主要存在于病猪及带毒猪的消化道，随粪便排到外界环境后，污染饲料、饮水、垫草及土壤等，经消化道途径使易感猪感染。本病多发生于晚秋、冬季和早春，呈地方性流行[1]。

2.2.15.1　猪轮状病毒病概况

轮状病毒（rotavirus，RV）属于呼肠孤病毒科、轮状病毒属，为双链 RNA 病毒。其直径约为 75nm，呈二十面立方体，表面光滑、无包膜。轮状病毒基因组分为 11 个节段，编码 6 个结构蛋白（VP1～4，VP6、VP7）和 5 个非结构蛋白（NSP1～5）（图 2-5）[2]。目前，虽然人们还不清楚机体抗体对抗轮状病毒感染的免疫保护机制，但已有研究证实轮状病毒的 5 种蛋白 VP2、VP4、VP6、VP7 及 NSP4 与其抗原性有关。VP2 具有较强的免疫原性，可以刺激产生相应的细胞免疫和体液免疫，感染过轮状病毒的动物血清中都能检测到针对 VP2 的 IgA 抗体。VP4 和 VP7 是病毒中和反应的主要目标，其诱导产生的中和抗体在病毒的清除和机体免疫保护方面都具有重要的作用。VP6 是轮状病毒的主要抗原，其 289～302 位氨基酸含有一个很强的 Th 细胞表位，可以刺激机体产生很强的免疫反应，产生具有免疫保护作用的抗体和具有中和作用的 sIgA，VP6 单独形成的病毒样颗粒 VLP 及 VP2/6 形成的双层构造的病毒颗粒 DLP 正在被人们研究作为轮状病毒疫苗。NSP4 是一个跨膜糖蛋白，最近人们发现 NSP4 蛋白可能是一种病毒肠毒素，与病毒毒力相关，并可分成不同的基因型，可能成为制备轮状病毒疫苗的候选蛋白[3]。

图 2-5　猪轮状病毒结构示意图

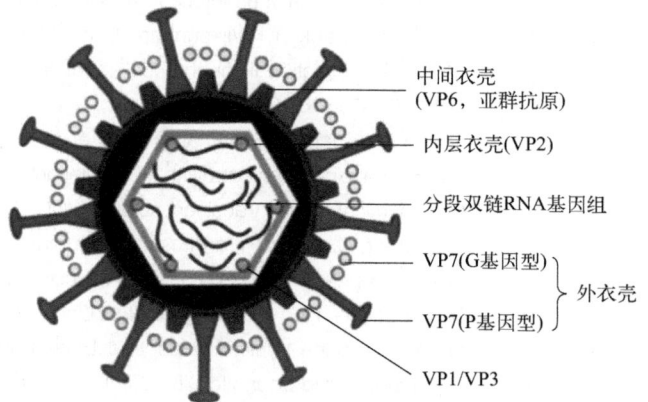

轮状病毒可分为不同的血清群和基因型，轮状病毒的分类主要依据群抗原 VP6、血凝素抗原 VP4 和中和抗原 VP7 这三种抗原的相应特性。

轮状病毒基于 VP6 蛋白抗原性不同分为 12 个基因群（A～L）[2]。RVA、RVB、RVC 和 RVH 在猪体内检测到较多[1]。RVA、RVB、RVC 普遍感染人和动物，其中又以

RVA 最为流行。

在 2008 年 4 月，轮状病毒分类工作小组发布了 A 群轮状病毒基因型新的分类方法，以 Gx-P[x]-Ix-Rx-Cx-Mx-Ax-Nx-Tx-Ex-Hx，分别代表 VP7-VP4-VP6-VP1-VP2-VP3-NSP1-NSP2-NSP3-NSP4-NSP5/6 编码基因特征。

目前已经鉴定出来 36 个 G 基因型和 51 个 P 基因型。从猪体内检测出 12 个 G 基因型（G1~G6，G8~G12，G26）和 16 个 P 基因型（P[1]~P[8]、P[11]、P[13]、P[19]、P[23]、P[26]、P[27]、P[32]、P[34]）。猪轮状病毒中最常见的 I 基因型是 I5，最主要的 G 基因型为 G3、G4、G5、G9、G11，主要的 P 基因型为 P[5]、P[6]、P[13] 和 P[28]。目前，全球最流行的毒株仍是 OSU，其基因型组合为 G5P[7]，我国最流行的也是该基因型。此外，近年来，G9 基因型在我国的检出率较高，这可能与我国较多使用 G5 型轮状病毒疫苗有关[3]。

2.2.15.2 猪轮状病毒疫苗

猪轮状病毒疫苗免疫可以提高产床仔猪存活率、降低中大猪腹泻率、提高饲料报酬等。近年来，我国市场上仅有中国农业科学院哈尔滨兽医研究所研发的猪流行性腹泻病毒、猪传染性胃肠炎病毒、猪轮状病毒疫苗，而且是 G5 基因型，亟需着手研发其他基因型疫苗。

（1）**灭活疫苗**　灭活疫苗，是将适应 MA-104 细胞的低代次毒株灭活后以矿物油为佐剂制备而成的油佐剂灭活疫苗。如史月明等利用我国猪轮状病毒分离毒株 JL94 株制备油乳剂灭活疫苗，免疫仔猪，通过细胞中和试验和间接 ELISA 试验表明免疫后 3 周左右抗体效价明显升高，持续到 16 周开始呈现下降的趋势。以 JL94 株为种毒，可以刺激机体产生免疫应答和保护性抗体，并呈现出一定的抗体消长规律，满足疫苗免疫仔猪后免疫持续期的要求。一般在怀孕母猪分娩前 30d 免疫，仔猪在出生后 7d 和 21d 各免疫 1 次。灭活疫苗制造工艺简单，性质比较稳定，易于保存和运输。但是灭活疫苗在灭活过程中有可能损害或改变有效的抗原决定簇；产生的免疫效果维持时间短，需要多次注射；不产生局部抗体；需要抗原量比较大，成本比较高[3]。

（2）**弱毒活疫苗**　弱毒活疫苗是从动物中分离的 RV 在组织细胞中培养生长，然后采集毒株、减毒，制得弱毒株活疫苗，目前的 RV 弱毒活疫苗一般采用 WC3（G6）株。由于仔猪病毒腹泻多由轮状病毒（RV）、猪传染性胃肠炎病毒（TGEV）、猪流行性腹泻病毒（PEDV）其中的 1 种或多种联合引起发病，故为了增强仔猪腹泻的预防效果，通常与 TGE、PED 其中 1 种或 2 种病毒一起制成联合弱毒苗。目前，世界各国预防猪 RV 感染主要以弱毒苗为主，疫苗种类有美国 RV 弱毒苗、RV-TGEV 二联弱毒苗和俄罗斯的三联弱毒苗。国内猪 RV 疫苗的研究一直是一个薄弱环节，我国猪群 RV 的阳性率非常高，且混合感染严重，开发研制多联苗是十分必要的，其中驯化出免疫原性好、效价高的弱毒株是多联苗研制成败的关键。目前，临床应用的是中国农业科学院哈尔滨兽医研究所研制的 PEDV-TGEV-RV 三联弱毒苗。弱毒活疫苗毒株在仔猪体内可以增殖，有较好的保护性，但弱毒活苗在动物体内有毒力返祖的潜在危险性，可能导致潜在感染或传播。

（3）**多价重组疫苗**　多价重组疫苗是研究者利用不同型别 RV 间的基因重配（或基因重排）构建的以动物或人的弱毒株为背景并能表达多种 RV 常见血清型抗原性相关蛋白的弱毒株疫苗。其中 Midthun 等人构建的恒河猴-人轮状病毒四价重组疫苗（RRV-Tv）的效果较好，并先后在小鼠、人群中对该疫苗进行了安全性和抗原性试验。结果表明，RRV-Tv 安全性好，保护率稳定，对重症腹泻效果较好，对普通腹泻的阻断效果也在

70%左右。Bishop 等将该疫苗用在仔猪上，实验组仔猪只在 1～2h 内有轻微的腹泻，但很快康复，对照组（未接种疫苗）的仔猪则发病严重，死亡率高。多价重组疫苗在弱毒活疫苗的基础上，克服了因不同毒株的血清型不同、不同毒株间不能激发异型保护而发生的免疫失败，从而大大提高了疫苗的适用范围。但其制备工艺相对复杂，成本较高。

（4）基因重组疫苗

① 亚单位疫苗　RV 的天然亚单位疫苗是病毒空壳，是 RV 感染宿主细胞后产生的不含基因组 RNA，但含病毒的结构蛋白，形状类似 RV 的颗粒，用其免疫动物后可使受试动物得到良好保护。大多数 RV 亚单位疫苗的研究是通过基因重组技术制备 RV 抗原相关蛋白。如 Oneal 等人将 RV 的核酸亚单位片段 VP2/6-VLP、VP2/4/6-VLP 与霍乱毒素混合，再分别以口服和滴鼻方式免疫小鼠，结果后者所引发的抗体水平保护率都高于前者。该试验还表明，霍乱毒素作为佐剂能提高 VLP 所引发的病毒特异性抗体滴度和保护率。因此，VP2/4/6-VLP 与霍乱毒素混合所制得的亚单位疫苗有可能成为非口服的、滴鼻的 RV 候选疫苗。亚单位疫苗现在已经在大肠杆菌等表达系统中成功地表达了不同血清型的 RV 的抗原蛋白，实验中口服该载体大肠杆菌，实验仔猪获得了多种血清型 RV 抗体，用多种对应 RV 混合感染实验仔猪，实验仔猪不发病。亚单位疫苗可以解决减毒问题，也可解决 RV 的组织培养问题，还可以提供多种免疫蛋白；在储存、运输等过程当中效价很稳定，没有副作用。亚单位疫苗潜在的优点使其运用前景十分广阔。

② 轮状病毒类病毒颗粒疫苗（VLP）　VLP 具有类似轮状病毒的天然结构，目前人们已经利用成熟的杆状病毒表达系统表达了多种形式的 VLP（6/7-VLP、2/6/7-VLP、2/4/6/7-VLP），并对其免疫保护效果进行了评价和分析，发现这些 VLP 都具有较好的免疫保护效果；特别是有些 VLP 和佐剂混合免疫时可以产生和灭活病毒相当的免疫保护效果。Madore 等通过对 6/7-VLP 和 2/6/7-VLP 的免疫保护效果评价发现，2 种类病毒颗粒都具有较强的免疫保护效果。相对于 6/7-VLP，2/6/7-VLP 的稳定性和免疫原性都比 2 层颗粒的 6/7-VLP 好；2/6/7-VLP 和佐剂 QS-21 共同免疫时，产生的免疫保护效果和用灭活的轮状病毒 SA-11 免疫的效果相当。Chen 等将编码 VP4、VP6、VP7 的质粒注射到 BALB/c 系成年鼠上皮细胞中，可以产生相应的特异性抗体和 CTL 反应，并具有一定的免疫保护效果，这也为轮状病毒疫苗的开发提供了一种新的方法。类病毒颗粒疫苗由于具有类似病毒的天然结构，较好地模拟了天然病毒的构象，具有很好的免疫原性，可以刺激机体产生较强的免疫反应，目前已被公认为是研究新一代轮状病毒疫苗最有价值的候选项。

（5）核酸疫苗　核酸疫苗是 20 世纪 90 年代发展起来的一种新型疫苗。核酸疫苗的研究在国内外都有报道。Chen 等人将微囊化技术应用到 DNA 疫苗研究中，以口服的方式用微囊化 VP6DNA 疫苗免疫小鼠，4 周后小鼠血清抗体滴度升高，6 周达到高峰，肠道 sIgA 明显升高，受同种 RV 攻击后大便排毒量明显减少，对小鼠显示出一定的保护性。微囊化 DNA 疫苗综合了 DNA 疫苗和微囊化疫苗的优点，开创了一条新的核酸疫苗的给药途径。核酸疫苗兼具亚单位疫苗的安全性及减毒活疫苗的有效性，但核酸疫苗也存在整合到宿主染色体、致突变等危险性，其安全性还有待于进一步观察。

（6）合成肽疫苗　合成肽疫苗的研究始于 20 世纪 80 年代，通过不断研究，现在发现 RV 的 VP7 的 220～233 位氨基酸、VP4 的 228～241 位氨基酸、VP6 的 40～60 位氨基酸都具有较好的免疫保护效果。在重组抗原方面的研究也取得了很大的进展，在以 VP4、VP6、VP7、NSP4 作为免疫原的免疫保护评价试验中，发现这几种抗原都具有免疫保护效果；其中 VP6 和 VP7 免疫后可以产生相互的交叉保护，而 VP4 免疫后只能产生针对同源轮状病毒的保护。合成肽疫苗兼具安全性及有效性，且有利于生产可以产生相互交叉保护的疫苗。

（7）转基因植物疫苗　　近 20 年来，人们通过对植物生理和基因表达调控的研究获得了操纵植物基因的能力，使植物成为外源蛋白的天然生物反应器之一。目前，转基因植物疫苗的研究已经取得了很大的进展。如费蕾等将鼠源 RVAVP7 转到马铃薯中，通过 PCR 检测发现 VP7 基因已成功地整合到了马铃薯中，这为制备新型疫苗奠定了基础。张二芹等通过质粒载体、转化根癌农杆菌成功地将猪轮状病毒内壳蛋白 VP6 基因转入烟草中，从而为研制新型转基因植物疫苗奠定了基础。植物的多种优越性均可被用于研究转基因疫苗，并且已经取得了很大的进展。但仍有一些障碍必须克服，如蛋白质在植物中的表达水平低、表达产物在植物中的稳定性差、转基因口服疫苗在产生免疫反应之前在胃肠道内有时被消化等，科学家就这些问题进行了研究并正在加以解决。

综上所述，猪轮状病毒疫苗可谓多种多样，虽然有较好的防控效果，但目前在我国注册使用的仅有中国农业科学院哈尔滨兽医研究所研制的 PEDV-TGEV-RV 三联弱毒苗。考虑到三联疫苗中的猪轮状病毒仅有 G5 基因型，今后，研制多价的猪轮状病毒疫苗是防控猪轮状病毒病的有力武器。

参考文献

[1] Vlasova A N, Amimo J O, Saif L J. Porcine rotaviruses: epidemiology, immune responses and control strategies[J]. Viruses. 2017, 9（3）: 48.

[2] Omatola C A, Olaniran A O. Rotaviruses: from pathogenesis to disease control—a critical review[J]. Viruses, 2022, 14, 875.

[3] 卓秀萍，黄山，朱玲. 猪轮状病毒的疫苗研究现状[J]. 猪业科学，2014，10: 98-100.

2.2.16　猪流感疫苗

猪流感（swine influenza，SI）是由正黏病毒科流感病毒属 A 型流感病毒——猪流感病毒（swine influenza virus，SIV）引发的一种急性高度传染性呼吸道疾病[1]。该病的临床表现以呼吸困难、发热、咳嗽、打喷嚏、体重减轻、高发病率以及低死亡率等为特征。猪群可感染 H1、H3、H4、H5、H6、H7 和 H9 等不同亚型流感病毒，我国猪群中主要流行 H1N1、H1N2 和 H3N2 亚型 SIV。

2.2.16.1　猪流感概况

猪流感病毒的基因组由 8 个单股负链 RNA（viral RNA，vRNA）片段组成，长度在 890～2341 个核苷酸之间。8 个 vRNA 片段具有相同的结构，在 5′和 3′端均具有不同长度的非编码区。在所有的 vRNA 片段 5′末端的 13 个核苷酸和 3′末端的 12 个核苷酸都高度保守，并且两者之间有部分序列互补，形成发卡结构。基因片段可根据其主要编码的蛋白质来命名，即 PB2、PB1、PA、HA、NP、NA、M 和 NS 片段[2]。这些基因共编码 12 种蛋白质：表面蛋白 HA、NA 和 M2，内部蛋白 PB2、PB1、PB1-F2、PA、NP、M1、

NS2 和非结构蛋白 NS1。肠间截短多肽（N40）是最近发现的一种蛋白质，最初在 mR-NA 中 PB1 密码子 40 的 AUG5 处翻译：它似乎与聚合酶复合物相互作用，其表达的缺失可导致复制受损[3]。

从整体组成来看，流感病毒粒子的 RNA 占比约为 1%，碳水化合物约为 5%～8%，脂类约为 20%，剩余约 70% 均为蛋白质[4]。流感病毒一般均能在鸡胚羊膜腔和尿囊腔中增殖，病毒增殖后以游离的方式存在于羊水或尿囊液中，通过红细胞凝集试验（HA）可以检验出。在组织培养方法中，培养 SIV 最常用的细胞系为犬肾细胞（MDCK）。流感病毒抵抗力低并且不耐热，56℃ 处理 30min 即可灭活。SIV 在室温下传染性丧失很快，−70℃ 以下或冻干后可以长期存活。

1918 年，西班牙暴发历史上第一次流感大流行，该流行由 H1N1 亚型流感病毒引起[5]。1930 年，H1N1 猪流感病毒在美国被分离和鉴定，被称为经典 H1N1 亚型 SIV（CS）。1974 年，经典 H1N1 SIV 在亚洲首次被分离出，并持续流行[6]。20 世纪 70 年代中期以来，在我国香港和日本进行的猪流感监测表明，经典的 H1N1 病毒广泛分布在许多亚洲地区和国家。据报道，1988 年在泰国和 1991 年在中国分离到经典 H1N1 猪流感病毒。此后十几年，我国猪群中流行的 SIV 一直以该基因型病毒为主[7]。

1977 年，从德国南部的成年野鸭中分离出两种与猪流感抗原相关性相同的甲型流感病毒[6]。1979 年，比利时发生了一场猪流感大流行，从这场流行病中分离出了第一个禽流感 H1N1 病毒，称为欧亚禽流感 H1N1 猪流感病毒（EA-like H1N1 SIV）[8]。不久之后，许多国家在猪体内发现了 EA-like H1N1 SIV，并在欧洲国家和中国造成了几起人类感染事件。在中国，EA-like H1N1 SIV 于 2001 年在香港首次被发现[9]。2002—2005 年，CS、EA、TR 和 H3N2 在猪群中共存，2005 年以后，EA-like H1N1 SIV 成为中国猪群的主要传播谱系。猪被称为"流感混合器"，在猪体内病毒的重组不断发生[10-12]。自 2007 年在香港首次发现重组病毒以来，重组病毒已成为 EA H1N1 SIV 的主要谱系。此前的研究表明，2010 年至 2013 年，EA-like H1N1 SIV 通过累积突变或从其他谱系的病毒获得不同的内部基因片段，进化成 5 种不同的基因型[3,7]。人们进一步确定，EA-like H1N1 SIV 形成了两个不同的抗原群，并表现出与 2009 年 H1N1 大流行病毒明显不同的抗原性。自 2009 年以来，pdm/09 H1N1 已经传播到世界各地的猪群。随后，在中国和其他国家的猪体内发现了 EA-like H1N1 SIV 与 pdm/09 病毒的重组。在最近的一项研究中，研究者将中国 SIV 分为 6 个基因型（G1、G2、G3、G4、G5 和 G6）[7]。若病毒的八个基因片段均为 EA-like 谱系则为 G1 基因型；*HA*、*NA* 基因片段为 EA-like 谱系，其余六个片段为 pdm/09 H1N1 谱系，为 G2 基因型；*NS* 基因为北美三重组分支，其余七个基因片段为 EA-like 分支，为 G3 基因型；*NS* 为北美三重组分支，*HA* 和 *NA* 为 EA-like 分支，而 *PB1*、*PB2*、*PA*、*NP* 和 *M* 基因为 pdm/09 分支，为 G4 基因型；*HA*、*NA* 和 *M* 片段为 EA-like 分支，*NS* 为北美三重组分支，*PB1*、*PB2*、*PA* 和 *NP* 基因为 pdm/09 分支，为 G5 基因型；*PB1*、*PB2* 和 *NP* 基因为 pdm/09 分支，*HA* 和 *NA* 为 EA-like 分支，*PA* 属于禽类分支，为 G6 基因型。据研究统计，2011—2013 年，G1 株为优势株，G2、G3 和 G6 在 2011—2015 年短暂出现，G5 在 2013—2017 年出现，2015 年后出现减少。2014 年后，G4 和 G5 取代 G1；2016 年后，G4 基因型急剧增加，成为中国猪群中主要的猪流感基因型[13]。

一般来说，经典 H1N1 病毒在基因上是稳定的，在亚洲国家表现出轻微的抗原漂移。然而，一种重组 H1N2 病毒（其 N2 片段来自早期类人 H3N2 病毒，其余片段来自经典

H1N1病毒），在1989年冬季至1990年春季在日本南部引发了一场大流行[14]。而后，第一例H1N2 SIV于1978年在日本分离出来。从那时起，H1N2病毒在整个东亚地区广泛传播。在中国，2004年浙江省首次报告了H1N2 SIV疫情[15]。2011年至2012年间，新型三重重组H1N2流感病毒从中国南部和韩国的猪中分离出来，这些猪含有来自2009年H1N1大流行病毒的六个内部基因。2011年，浙江省养猪场暴发了严重的猪呼吸道疾病，对SIV的监测显示，该流行由一种新的H1N2流感病毒引起[16]。

H3N2猪病毒被认为是人类向猪多次传播病毒产生的[17,18]。1968年在香港暴发了一场由H3N2亚型流感病毒引起的大流行，此后不久，在亚洲台湾和香港地区的猪群中，人源型H3N2猪流感病毒被分离出来，随后呈流行性[19]，并在多地猪群中引发流行病，例如1968年和1975年在香港，1975年在捷克斯洛伐克，20世纪80年代初在意大利，1984年在比利时和法国，1987年在大不列颠，1988年在加拿大和1998年在美国都曾流行过[20,21]。系统发育分析表明，1998年在美国出现的猪H3N2病毒具有异质性，其 *HA*、*NA* 和 *PB1* 基因来自人源H3N2病毒，*M*、*NP* 和 *NS* 基因来自经典H1N1 SIV，*PB2* 和 *PA* 基因来自禽源流感病毒。随后传入我国，并在我国猪群中持续存在。

SIV在猪群中长期流行，被认为是引起猪群呼吸系统疾病的三大病原之一，会导致猪出现呼吸道症状甚至直接造成死亡。此外，SIV会侵袭和破坏呼吸道上皮细胞，打破呼吸道与病原微生物之间的天然屏障，因此常常继发或混合感染猪瘟病毒、猪链球菌和支原体等其他病原微生物，使得疫情加重、病程延长以及死亡率增高，影响农业经济的发展。

2.2.16.2　猪流感疫苗研究进展

（1）**全病毒灭活疫苗**　当前研发和临床应用的猪流感病毒全病毒疫苗主要是H1亚型单价灭活苗和H1、H3二联苗，一般为油乳剂型。

（2）**全病毒弱毒疫苗**　采用化学方法或分子生物学方法等将猪流感病毒致弱（但其可在动物体内复制存活）制备的疫苗。

（3）**亚单位疫苗**　采用物理化学方法或基因工程手段，获取猪流感病毒主要免疫原蛋白而制备的疫苗，不仅提高了疫苗的安全性，而且有利提高有效抗原成分的浓度和纯度，便于开发多联多价疫苗。

表2-15为我国研制的几种猪流感疫苗。

表2-15　我国研制的猪流感疫苗

新兽药名称	研制单位	类别	新兽药注册证书号
猪流感二价灭活疫苗(H1N1 DBN-HB2株＋H3N2 DBN-HN3株)	兆丰华生物科技(南京)有限公司、兆丰华生物科技(福州)有限公司、北京科牧丰生物制药有限公司	三类	(2021)新兽药证字08号
猪流感二价灭活疫苗(感乐优)(H1N1 LN株＋H3N2 HLJ株)(国内首批)	华威特(北京)生物科技有限公司、华威特(江苏)生物制药有限公司、扬州优邦生物药品有限公司	三类	(2017)新兽药证字54号
猪流感病毒(科流宁)H1N1亚型灭活疫苗(TJ株)(国内首个)	华中农业大学、武汉科前动物生物制品有限责任公司、武汉中博生物股份有限公司、中牧实业股份有限公司	二类	(2015)新兽药证字01号

参考文献

[1] Ottis K, Bachmann P A. Occurrence of H1N1 subtype influenza A viruses in wild ducks in Europe[J]. Arch Virol, 1980, 63（3-4）, 185-190.

[2] Yu Z, Sun W, Zhang X, et al. Rapid acquisition adaptive amino acid substitutions involved in the virulence enhancement an H1N2 avian influenza virus in mice[J]. Vet Microbiol, 2017, 207, 97-102.

[3] Yang H, Chen Y, Qiao C, et al. Prev lence, genetics, and transmissibility in ferrets of Eurasian avian-like H1N1 swine influeza viruses[J]. Proc Natl Acad Sci U S A, 2016, 113（2）, 392-397.

[4] Qi X, Lu C P. Genetic characterization of novel reassortant H1N2 influenza A viruses isolated from pigs in southeastern China[J]. Arch Virol, 2016, 151（11）, 2289-2299.

[5] de Jong J C, Paccaud M F, de Ronde-Verloop F M, et al. Isolation of swine-like influenza A（H1N1）viruses from man in Switzerland and The Netherlands[J]. Ann Inst Pasteur Virol, 1988, 139（4）, 429-437.

[6] Tang X, Chong K T. Histopathology and growth kinetics of influenza viruses（H1N1 and H3N2）in the upper and lower airways of guinea pigs[J]. J Gen Virol, 2009, 90（Pt2）, 386-391.

[7] Sun H, Xiao Y, Liu J, et al. Prevalent Euras an avian-like H1N1 swine influenza virus with 2009 pandemic viral genes facilitating human infection[J]. Proc Natl Acad Sci U S A, 2020, 117（29）, 17204-17210.

[8] Ferrari M, Borghetti P, Foni E, et al. Pathogenesis and subsequent cross-protection of influenza virus infection in pigs sustained by an H1N2 strain[J]. Zoonoses Public Health, 2010, 57（4）, 273-280.

[9] Wu M, Su R, Gu Y, et al. Molecular characteristics, antigenicity, pathogenicity, and zoonotic potential of a H3N2 canine influenza virus currently circulating in South China[J]. Front Microbiol, 2021, 12, 628979.

[10] Bougon J, Deblanc C, Renson P. et al. Successive Inoculations of Pigs with Porcine Reproductive and Respiratory Syn drome Virus 1（PRRSV-1）and Swine H1N2 Influenza Virus Suggest a Mutual Interference between the Two Viral Infections[J]. Viruses, 2021, 13（11）.

[11] Cai M, Zhong R, Qin C, et al. Ser Leu substitution at P2 position of the hemagglutinin cleavage site attenuates replication and pathogenicity of Eurasian avian-like H1N2 swine influenza viruses[J]. Vet Microbiol, 2021, 253, 108847.

[12] Yu Y, Wu M, Cui X, et al. Pathogenicity and transmissibility of current H3N2 swine influenza virus in Southern China: A zoo notic potential[J]. Transbound Emerg Dis, 2021.

[13] Deblanc C, Queguiner S, Gorin S, et al. Evaluation of the Pathogenicity and the Escape from Vaccine Protectio of a New Antigenic Variant Derived from the European Human-Like Reassortant Swine H1N2 Influenza Virus[J]. Viruses, 2020, 12（10）.

[14] Bhatta T R, Ryt-Hansen P, Nielsen J P, et al. Infection Dynamics of Swine Influenza Virus in a Danish Pig Herd Reveals Recurrent Infections with Different Variants of the H1N2 Swine Influenz a A Virus Subtype[J]. Viruses, 2020, 12（9）.

[15] Pulit-Penaloza J A, Pappas C, Belser J A, et al. Comparative in vitro and in vivo analysis of H1N1 and H1N2 variant influenza viruses isolated from humans between 2011 and 2016[J]. J Virol, 2018, 92（22）.

[16] Kolosova N P, Ilyicheva T N, Danilenko A V, et al. Severe cases of seasonal influenza and detection of seasonal A（H1N2）in Russia in 2018-2019[J]. Arch Virol, 2020, 165（9）, 2045-2051.

[17] Lee J M, HuddlestonJ, Doud M B, et al. Deep mutational scanning of hemagglutinin helps

predict evolutionary fates of human H3N2 influenza variants [J]. Proc Natl Acad Sci U S A, 2018, 115（35）, E8276-E82-85.

[18] Yu Z, Ren Z, Zhao Y, et al. PB2 and hemagglutinin mutations confer a virulent phenotype on an H1N2 avian influenza virus in mice[J]. Arch Virol, 2019, 164（8），2023-2029.

[19] He P, Wang G, Mo Y, et al. Novel triple-reassortant influenza viruses in pigs, Guangxi, China[J]. Emerg Microbes Infect, 2018, 7（1），85.

[20] Jang Y, Seo T, Seo S H. Higher virulence of swine H1N2 influenza viruses containing avian-origin HA and 2009 pandemic PA and NP in pigs and mice[J]. Arch Virol, 2020, 165（5），1141-1150.

[21] Zell R, Groth M, Krumbholz A, et al. Displacement of the Gent/1999 human-like swine H1N2 influenza A virus lineage by novel H1N2 reassortants in Germany[J]. Arch Virol, 2020, 165（1），55-67.

2.3
牛羊的传染病生物制品

2.3.1　牛多杀性巴氏杆菌病疫苗

2.3.1.1　牛多杀性巴氏杆菌病的简介

牛多杀性巴氏杆菌病又称为"牛出血性败血症"，简称"牛出败"，是由牛多杀性巴氏杆菌引起的一种热性、急性传染病，以高热、肺炎、急性胃肠炎以及败血症为特征。该病具有传染率高、发病过程短、致死率高等特点，是黄牛、牦牛、水牛等反刍动物的重要呼吸道疾病，严重危害我国乃至全世界养牛业的健康发展。

（1）本病的病原菌概述　多杀性巴氏杆菌（*Pasteurella multocida*，Pm）属于巴氏杆菌科（Pasteurellaceae）、巴氏杆菌属（*Pasteurella*），基于 D-山梨糖醇和半乳糖醇发酵，分为四个亚种：多杀亚种（P. *multocida* subsp. *multocida*）、败血亚种（*P. multocida* subsp. *septica*）、杀禽亚种（*P. multocida* subsp. *gallicida*）、杀虎亚种（*P. multocida* subsp. *tigris*）。多杀性巴氏杆菌呈短杆状或球杆状，两端钝圆，长约 0.6～2.5μm，宽约 0.25～0.6μm，常单个存在，也见成对或成短链存在，无芽孢，无鞭毛，不运动。革兰氏染色呈阴性，病料组织或体液涂片后用瑞氏、吉姆萨或美蓝染色可见两极深染的短杆菌，但多次体外传代培养的菌体两极染色不明显。从发病动物体内新分离的强毒株采用印度墨汁染色后镜检可见清晰的荚膜，但经过多次体外传代培养而发生变异的菌株荚膜变窄或消失[1]。

牛多杀性巴氏杆菌为需氧或兼性厌氧菌，对营养条件要求严格，在普通培养基上生长情况一般，在麦康凯培养基上不生长。在加有血液、血清或微量血红素的培养基中生长良好。最适生长温度为 37℃，最适 pH 值为 7.2～7.4。在添加 10% 新生牛血清的商业化 TSA 培养基上生长良好，12～24h 可见边缘光滑整齐、圆形隆起、湿润而黏稠的半透明状菌落。牛多杀性巴氏杆菌菌株一般可分解半乳糖、葡萄糖、甘露糖、蔗糖和果糖，产酸不产气。一般不发酵乳糖、麦芽糖、鼠李糖；过氧化氢酶、吲哚试验均为阳性，甲基红、硫化氢试验一般为阴性[2]。

根据菌株间抗原成分的差异，牛多杀性巴氏杆菌可分为多个血清型，采用血凝试验将荚膜抗原（K抗原）进行分类，该菌可分为A、B、D、E、F共5个血清型；采用琼脂扩散试验将菌体抗原（O抗原）进行分类，该菌可分为1～16共16个血清型。过去牛多杀性巴氏杆菌多以B∶2型流行，最近报道从发病牛体内分离出来的菌株多是A型，尤其是A∶3型。从基因层面进行分型是近年来比较流行的方式，Townsend等学者基于Pm荚膜结构及编码基因的差异，设计了分别针对A、B、D、E、F五种血清型的五对特异性引物，利用PCR扩增鉴定方法将Pm分为A、B、D、E、F共五种荚膜基因型，该方法的检测结果基本上与荚膜血清分型方法的结果具有较高的符合率，该方法具有快速、简便等优点，广泛应用于多杀性巴氏杆菌的临床流行病学调查研究[3]。Harper等人基于多杀性巴氏杆菌脂多糖核心寡糖的外核编码基因的结构及编码基因，设计了8对特异性引物，通过PCR扩增鉴定将Pm分为L1～L8共8种脂多糖基因型[4]。除了上述分型方法外，国内外学者还采用多位点序列分型法（multilocus sequence typing，MLST）对多杀性巴氏杆菌进行ST分型，主要依据 adk（腺苷激酶基因）、aroA（5-烯醇式丙酮酰莽草酸-3-磷酸合成酶基因）、deoD（嘌呤核苷酸磷酸化酶基因）、gdhA（谷氨酸脱氢酶基因）、g6pd（葡萄糖-6-磷酸脱氢酶基因）、mdh（苹果酸脱氢酶基因）、pgi（磷酸葡萄糖异构酶基因）等7个管家基因，通过对这7个管家基因进行PCR扩增并测序，将得到的序列提交至细菌MLST在线数据库，然后数据库会自动对细菌的ST基因型进行界定[5]。

（2）本菌的致病机理与毒力因子 牛多杀性巴氏杆菌病的致病机理并没有得到清晰的阐释，该菌株常存在于牛等反刍动物的上呼吸道和消化道的黏膜上，各种应激诱因导致畜禽机体抵抗力降低时，病原菌即可乘机侵入机体内，经淋巴液进入血液，发生内源性感染。此外，也可经呼吸道、消化道以及损伤的皮肤和黏膜感染。病原入侵机体并繁殖的能力与菌株的荚膜有很大的相关性，高毒力菌株能够在体内存活和繁殖到产生大量内毒素的程度，引起一系列的病理学过程[1]。一般认为该病的致病机制与病原菌的毒力因子相关，而牛多杀性巴氏杆菌的毒力因子主要有荚膜、脂多糖、黏附因子、外膜蛋白、铁调节外膜蛋白、唾液酸酶等[6]。

荚膜作为牛多杀性巴氏杆菌重要毒力因子，具有黏附、抗吞噬、抗溶菌酶以及抗补体中和作用，能增强牛多杀性巴氏杆菌的致病力。同时，荚膜具有抗原性，可用于细菌的分离鉴定；还具有免疫原性，可用于制备疫苗。根据荚膜抗原不同，将多杀性巴氏杆菌分为A、B、D、E、F五种血清型，其中A型荚膜成分主要是透明质酸，B型荚膜成分主要是阿拉伯糖、半乳糖和甘露糖，D型荚膜主要成分是肝素，F型荚膜的主要成分是软骨素。研究表明A型荚膜的合成基因主要有3个区域，区域1包括4个编码基因，分别是hexA、hexB、hexC、hexD，主要是参与运输荚膜多糖至细菌表面；区域2包括5个编码区，分别是hyaA、hyaB、hyaC、hyaD、hyaE，主要参与糖单体激活以及荚膜多糖的组装；区域3包含2个编码区，分别是phyA和phyB，编码的蛋白产物可能是参与荚膜磷脂多糖的置换。通过基因同源重组技术，将多杀性巴氏杆菌的A型荚膜、B型荚膜分别缺失后，发现荚膜缺失突变株与野生株相比，丧失了对血清中补体的抵抗作用，还更容易被机体内巨噬细胞吞噬，在体内也更容易被清除。

脂多糖（lipopolysaccharide，LPS）是革兰氏阴性菌最外层较厚的一种特有结构，由类脂 A、核心多糖和侧链多糖 3 个部分组成。其中，类脂 A 是一种氨基葡萄糖聚二糖链，结合有多种长链脂肪酸，是内毒素的主要毒性成分，可导致动物机体发热，白细胞增多。核心多糖位于类脂 A 的外层，具有属的特异性，主要成分是葡萄糖和半乳糖。侧链多糖又称为特异多糖，处于 LPS 的最外层，即菌体抗原（O 抗原），由 3~5 个低聚糖单位重复构成多糖链。根据脂多糖结构的差异性，将多杀性巴氏杆菌分为 1~16 个血清型。LPS 具有内毒素特性，如从血清型 B:2 菌株中分离到 LPS，静脉注射水牛后成功复制出牛出血性败血症的典型临床症状。LPS 结构的完整性被破坏后，会导致多杀性巴氏杆菌的毒力下降，如 $galE$ 基因的主要功能是在 LPS 组装前将 UDP-葡萄糖差向异构化为 UDP-半乳糖，$galE$ 基因突变株在小鼠体内的生存力明显下降。除此之外，LPS 能够刺激机体诱发体液免疫应答，可作为一种保护性抗原。

黏附因子是病原菌黏附到宿主细胞、组织或器官上的特殊结构蛋白质，是病原菌与宿主建立联系的重要毒力因子，主要有菌毛、丝状血凝素等。Ⅳ 型菌毛是多杀性巴氏杆菌最为常见的，合成基因主要有 $ptfA$、$fimA$、$flp1$、$flp2$、$hsf-1$ 和 $hsf-2$ 基因，将多杀性巴氏杆菌中的 $flp1$ 基因缺失后，导致突变株对小鼠的毒力减弱。丝状血凝素也是牛多杀性巴氏杆菌一种重要的黏附因子，合成基因主要有 $pfhB1$ 和 $pfhB2$，研究发现 $pfhB1$ 或 $pfhB2$ 的插入失活突变会导致多杀性巴氏杆菌对小鼠的毒力显著下降，表明丝状血凝素也是多杀性巴氏杆菌的一种重要毒力因子。另外，发现重组表达的 pfhB2 蛋白也是一种很好的交叉保护性抗原。

外膜蛋白是参与细菌定植、侵染和致病的重要毒力因子，多数外膜蛋白具有一定的免疫原性，能够保护动物抵抗同型或其他血清型菌株的感染。巴氏杆菌中的外膜蛋白数量较多，Boyce 等人共筛选出 35 个可能的膜蛋白，主要有 OmpA、OmpH、PlpE、VacJ 等，PlpE 可以为小鼠提供针对巴氏杆菌的异源保护，OmpH 可以为小鼠提供同源保护作用，VacJ 蛋白具有较好的免疫保护性，可作为一种保护性抗原候选分子。

铁调节外膜蛋白对铁元素具有高度亲和性，能直接从转铁蛋白和乳铁蛋白中摄取铁，以保证病原菌在体内大量生长繁殖，产生毒素而致病。铁是所有病原体所必需的元素，细菌吸收铁离子后能更好地适应不断变化的环境，在多杀性巴氏杆菌从共生状态到致病状态的转换中发挥重要作用，而铁调节外膜蛋白 TbpA 与 hgbB 可以严格控制多杀性巴氏杆菌的铁摄取，从而影响多杀性巴氏杆菌的致病能力。

唾液酸酶是由多杀性巴氏杆菌产生的细胞外糖酵解酶，可修饰脂寡糖，未唾液酸化的多杀性巴氏杆菌极易被宿主识别清除。尽管多杀性巴氏杆菌无法合成唾液酸，但能产生唾液酸酶，有利于菌株从宿主糖基化蛋白质和脂质中获取唾液酸作为自身的碳源，为菌体生长提供营养；唾液酸酶还可以暴露主要的宿主受体，以及降低宿主防御能力来增强细菌黏附和侵入宿主细胞的能力。

（3）**本病的流行病学**　黄牛、水牛及牦牛都可感染发病，且各个年龄段的牛都可能感染发病；本病一般呈散发性，有时也可呈地方流行性。本病的发生一般无明显的季节性，一年四季都可发生，但以冷热交替、气候剧变、闷热、潮湿、多雨的时候发生较多。牛群发生巴氏杆菌病时，往往查不出传染源，一般认为在发病前已经带菌。该病原菌属于机会致病菌，牛在寒冷、闷热、潮湿、气候剧变、圈舍通风不良、饲料突变、营养缺乏、过度疲劳、长途运输、疫苗注射等应激因素的作用下，导致免疫力下降，多杀性巴氏杆菌乘机侵入体内，引起发病。患病牛可通过排泄物、分泌物等污染饲料、饮水、用具等，通过消化道传染给健康动物；病牛也可以通过咳嗽、打喷嚏等排出病菌，通过飞沫经呼吸道传播本病；牛也可经皮肤、黏膜的伤口感染该病[1]。

根据国内外相关报道，B 型和 E 型则主要引起黄牛和水牛的出血性败血症，是一种急性、热性、败血性疾病，临床上常有 B：2 型多杀性巴氏杆菌引起牛暴发出血性败血症，发病急、死亡率高[7]。牛多杀性巴氏杆菌 A 型是引起牛呼吸系统疾病（bovine respiratory disease，BRD）的主要病原菌，主要引起小牛肺炎、断奶应激肉牛的运输热等，牛 A：3 型多杀性巴氏杆菌是从患有 BRD 疾病的牛体内分离出来的最常见血清型[8]。而 F 型主要引起牛纤维素性胸膜炎，如 Boudewijn 等从一头因纤维素性腹膜炎死亡的小牛体内分离出来 F 型菌株[9]。该病曾给北美养牛业造成巨大的经济损失，并且还造成印度每年大量的牛死亡，被认为是东南亚、中东地区、非洲中部及南部最重要的牛传染性疾病[10]。

（4）本病的临床症状　牛多杀性巴氏杆菌病的潜伏期为 2～5d，可分为败血型、浮肿型和肺炎型 3 种形式，本病的病死率可达 80% 以上。

① 败血型　病初高热，体温可达 41～42℃；精神沉郁，食欲废绝，停止反刍；心跳加快，病牛表现为腹痛，开始下痢；病初便秘，后腹泻，粪便多呈液状，并混有黏液、黏膜或血液，伴有恶臭或腥臭；有时鼻孔内和尿中有血；腹泻开始后，体温随之下降，迅速死亡。病程多为 12～24h。

② 浮肿型　除呈现全身临诊症状外，在颈部、咽喉部及胸前的皮下结缔组织还出现炎性水肿，同时还伴发舌及周围组织的高度肿胀；病牛舌伸出口外，呈暗红色，呼吸高度困难，呻吟，干咳，流脓性鼻液；皮肤和黏膜普遍发绀，往往因窒息而死；病程多为 12～36h。

③ 肺炎型　主要表现为纤维素性胸膜肺炎临诊症状。病牛呼吸困难，黏膜发绀，流出脓性鼻液，肺部有啰音；病牛便秘，有时下痢并混有血液。病程较长，可从 3d 到 10d 左右。

浮肿型和肺炎型往往是由败血型发展而来[1]。

（5）本病的病理变化

① 败血型　呈一般败血症变化。内脏器官出血，在黏膜、浆膜以及肺、舌、皮下组织和肌肉都有出血点；脾脏无变化或有小出血点；肝脏和肾脏实质变性，肝脏肿大、质脆，肾脏肿大，表面有少量出血点；淋巴结显著水肿，切面多汁，呈暗红色，有出血点；胸腹腔内有大量渗出液；胸膜及肺膜上有大小不等的出血点；肠道黏膜有不同程度的出血斑点，肠系膜有出血点且有肠粘连。

② 浮肿型　咽喉部或颈部皮下，有时延及肢体部皮下有浆液浸润；切开水肿部流出深黄色液体，有时伴有出血；咽周围组织和会咽软骨韧带呈黄色胶样浸润；咽淋巴结和颈前淋巴结高度肿胀；上呼吸道黏膜卡他性潮红。

③ 肺炎型　主要表现为胸膜炎和格鲁布性肺炎，胸腔中有大量浆液性纤维素性渗出液。整个肺有不同肝变期的变化，小叶间淋巴管增大变宽，肺切面呈大理石样变；肺泡里有大量的红细胞，使肺病理变化呈弥漫性出血的现象，病程进一步发展，可出现坏死灶，呈污灰色或暗褐色，通常无光泽；喉头黏膜有大小不一的出血点；有时有纤维素性心包炎和腹膜炎，心包与胸膜粘连，内含干酪样坏死物[1]。

（6）本病的实验室检查

① 镜检　主要采用瑞氏染色方法及革兰氏染色法对病料进行触片染色；瑞氏染色呈现两极浓染，革兰氏染色可见红色短杆菌、单个或成双存在。

② 细菌分离培养　从病料中分离病原微生物，含血清 TSA 琼脂平板上可见灰白色、

表面光滑、圆形隆起、湿润、闪光的露珠样菌落，在麦康凯琼脂平板上未见菌落。

③ PCR 方法　采用特异性引物对分离细菌进行扩增鉴定；同时采用细菌 16s rRNA 引物对分离细菌菌落进行扩增并测序，通过对测序后的序列进行 Blast 比对，分析判断是否为牛多杀性巴氏杆菌。

④ 动物实验　将分离培养的菌液进行梯度剂量感染试验小鼠，观察感染小鼠与对照小鼠的临床症状、病理变化，对病变组织分离菌进行鉴定[11,12]。

（7）本病的防治措施

① 疫情处置　将病死牛进行无害化深埋处理或者进行工业加工。并对发病牛进行立即隔离，及时确诊，对症治疗。对圈舍、围栏、饲槽、饮水器及周边环境进行全面消毒处理，可选用生石灰、醛类消毒剂、碘类消毒剂。对发病牛紧急采用抗生素以及磺胺类药物进行治疗，可采用药敏试验筛选病原菌比较敏感的抗生素。

② 免疫接种　对于易感地区的牛或同圈舍的其他牛，使用牛多杀性巴氏杆菌病灭活疫苗进行紧急免疫接种，也可自制土家苗紧急接种，可采集康复牛的血清或高免血清对发病牛进行注射治疗。由于多杀性巴氏杆菌具有较多血清型，各血清型之间基本无交叉免疫原性，所以要选用与当地致病菌株相同血清型的菌株制成的疫苗进行预防接种；一般可选用牛出血性败血症氢氧化铝菌苗，免疫期可达 9 个月。

③ 加强饲养管理　保持环境卫生，定期消毒，保持通风；及时清除粪便、更换垫草；选择健康种牛，合理分群；饲料营养均匀，草料和精料搭配合理。

2.3.1.2　牛多杀性巴氏杆菌病疫苗的研究进展

牛多杀性巴氏杆菌病是由牛多杀性巴氏杆菌感染引起的一种急性、热性、败血性传染病，该病给养牛业造成了巨大经济损失，使用疫苗进行免疫接种是防治该病的主要措施，目前有多种疫苗被报道，主要有灭活疫苗、弱毒活疫苗、亚单位疫苗、基因工程疫苗、联合疫苗等[10,13]。

（1）灭活疫苗　牛多杀性巴氏杆菌灭活疫苗是使用物理方法或化学方法灭活菌株制成的，灭活的菌株完全失去对动物机体的致病力，保留了菌体的抗原性以诱导宿主产生免疫保护反应。牛多杀性巴氏杆菌灭活疫苗是研究最早、研究数量最多的，主要包括热灭活疫苗、甲醛灭活疫苗、明矾沉淀疫苗、氢氧化铝胶佐剂疫苗和油佐剂灭活疫苗等。牛多杀性巴氏杆菌热灭活疫苗主要是通过加热灭活肉汤培养物，经戊二醛提取沉淀制成疫苗，可为 70% 接种牛提供 6 周以上的免疫保护期。牛多杀性巴氏杆菌甲醛灭活苗是将菌液中加入 0.2% 甲醛，在 37℃ 灭活 24h 后加氢氧化铝胶，适当浓缩后制成的疫苗，经过安全性检验及效力检验合格，储存 −8℃ 条件下有效期可达一年以上，并可为动物提供四个月以上的免疫保护期。通过添加佐剂能非特异性地增强或改善动物机体对疫苗的免疫应答，能提高疫苗的免疫原性，增强免疫动物的防御水平。疫苗佐剂主要是能延缓抗原释放，保护抗原不被水解，提高有效抗体的产生量；还能激活巨噬细胞，加强对淋巴细胞进行特异性刺激作用；具有无毒性或副作用小的特点。如牛多杀性巴氏杆菌明矾沉淀疫苗，就是先用一定浓度的甲醛溶液对培养菌体进行灭活，随后添加明矾至所需要的浓度，明矾结合菌体发生沉淀，形成明矾沉淀类毒素且在体内不易吸收，所以能刺激免疫动物机体产生大量抗体，能保护牛抵抗牛多杀性巴氏杆菌的感染，保护期长达 6 个月。同样原理，将 B 型牛多杀性巴氏杆菌大量适宜培养后，采用甲醛溶液灭活，添加一定浓度的氢氧化铝胶制成牛多杀性巴氏杆菌氢氧化铝胶佐剂灭活苗。但由于氢氧化铝胶难以被机体吸收，易在动物体内形成结节影响肉产品质量。油乳佐剂疫苗（oil adjuvant vaccine，OAV）主要有三种形式。第一种是油包水型乳剂，其中 Marcol52：Montainde103：抗原成分的比例是 6：1：3。第二种是双重乳剂（double emulsion，DE），将 Marcol52、Ailcel A 及吐温-80 和抗原进行乳化，油乳佐剂优于明矾沉淀佐剂及氢氧化铝胶佐剂，能常温保存 1 年不变质，耐高温，制成的疫苗可为水牛及黄牛提供 1 年的免疫保护期。还有学者报道牛多杀性巴氏杆菌 OAV 疫苗可给接种牛提供 18 个月甚至 26 个月的免疫保护效力。第三种复合乳剂（multiple emulsion，ME）疫苗是使用 2% 吐温-80 对 OVA 疫苗再次乳化，可降低黏度，易于注射接种，通过攻毒试验评估，发现牛多杀性巴氏杆菌 ME 疫苗可为牛提供长达 1 年的免疫保护力。油乳佐剂在增强免疫效力和延长免疫持续时间方面具有较好的优势。

灭活疫苗的优点主要有不会导致易感动物发病，安全性好，易于保存和运输；缺点是疫苗接种后菌株不能在动物机体内繁殖，所需接种量较大，接种次数较多，免疫周期短，需要加入适当的佐剂来增强免疫效果。

（2）弱毒活疫苗　　弱毒活疫苗是将自然强毒株通过物理诱变、化学诱变或生物学方法进行致弱或筛选自然弱毒株而制备。弱毒株对原宿主动物丧失致病力或只引起亚临床感染，仍能保持良好的遗传特性和免疫原性。牛多杀性巴氏杆菌弱毒活疫苗主要有自然弱毒、连续传代致弱及基因突变致弱活疫苗。自然致弱活疫苗主要是从自然界分离出弱毒菌株，如从缅甸扁角鹿体内分离出的 B：3，制成气溶胶活疫苗，免疫保护期可长达 1 年以上。牛传代致弱活疫苗就是将从患有牛多杀性巴氏杆菌病的牛体内分离出的多杀性巴氏杆菌菌株，在兔子、小鼠体内或鸡胚内进行传代，从而使牛多杀性巴氏杆菌菌株的毒力减弱，获得制备弱毒活疫苗的菌株。牛多杀性巴氏杆菌突变致弱活疫苗是利用链霉素依赖突变型菌株制备弱毒活疫苗，接种牛只后进行攻毒，发现突变型免疫组牛只的免疫抵抗力显著提高。该类型疫苗能使牛具有更大的增重、较轻的肺炎症状以及更高的免疫保护效力。

弱毒疫苗菌株能在动物体内繁殖，少量接种即可产生较强的免疫力，且能提供较长免疫保护期。但这种疫苗存在一定的风险，可能在一定条件下导致宿主出现临床症状，且该疫苗难于储存和运输。

（3）亚单位疫苗　　通过提取牛多杀性巴氏杆菌荚膜、外膜蛋白等特殊蛋白质，以及利用原核表达系统等表达牛多杀性巴氏杆菌的外膜蛋白等蛋白，筛选出或获得具有免疫活性的蛋白物质来制备成牛多杀性巴氏杆菌亚单位疫苗。荚膜是牛多杀性巴氏杆菌的重要毒力因子，可抑制吞噬细胞的吞噬功能，实现菌株的免疫逃避，将荚膜提取物和油佐剂制成荚膜提取物亚单位疫苗进行牛的预防接种，但在田间试验中并未得到理想的免疫效力。国内学者将牦牛多杀性巴氏杆菌的外膜蛋白 OmpH 和 OmpA 进行原核表达，获得 rOmpH 和 rOmpA 重组蛋白，制备成亚单位疫苗免疫小鼠后，攻毒实验表明 rOmpH 不具有保护力，而 rOmpA 蛋白具有保护力，但也只有 40% 的免疫保护效率。

亚单位疫苗具有一定的安全性，可以避免产生许多无关抗原诱发的抗体，能够带来更少的副反应以及减少疫苗引起的相关疾病；但是其免疫原性较低，需要与佐剂联合使用才能产生较好的免疫效果。

（4）基因工程疫苗　　牛多杀性巴氏杆菌基因工程疫苗是利用基因工程技术将强毒菌株相关毒力基因敲除后构建的弱毒活疫苗。Hodgson 等人利用基因突变技术将 B：2 血清型牛多杀性巴氏杆菌 85020 菌株进行 aroA 基因的敲除，构建了牛多杀性巴氏杆菌 aroA 基因缺失突变株，并将此菌株制备成基因缺失突变株弱毒活疫苗，免疫小牛后，发现能为小牛提供 100% 的免疫保护效力[14]。

基因缺失工程疫苗作为新型的活疫苗，免疫原性强，安全性高，是将来牛多杀性巴氏杆菌病疫苗的研究热点。除了基因缺失工程疫苗，还有基因工程亚单位疫苗以及基因工程活载体疫苗等。

（5）**联合疫苗**　牛多杀性巴氏杆菌联合疫苗是将不同血清型或不同种属细菌及病毒联合起来制成的疫苗，包括多价疫苗和多联疫苗两种。国内学者筛选出毒力强、免疫原性好的 A 型 Pm-HG 菌株联合 B 型的 Pm-C45 强毒株，使用油乳佐剂制备成 A、B 型 Pm 菌株二价灭活疫苗，可同时为免疫牛只提供 80%、100% 的保护率来抵抗 A 型、B 型多杀性巴氏杆菌的感染，且可以提供至少 10 个月的免疫保护[15]。国外将临床分离的牛多杀性巴氏杆菌和副流感Ⅲ型病毒联合进行甲醛灭活，制备成氢氧化铝二联疫苗，免疫保护实验结果显示，能为免疫接种牛提供 100% 的免疫保护效力。

联合疫苗能为不同血清型提供交叉免疫保护效力，或为不同病原菌或病毒提供免疫保护效力，力争一种疫苗防治多种病原，故该疫苗能减少免疫注射次数，以及注射带来的应激，具有方便和高效的特点。

2.3.1.3　国内市场上牛多杀性巴氏杆菌病疫苗

国内市面上生产的疫苗是牛多杀性巴氏杆菌病灭活疫苗，商品名称是牛巴安，主要成分是灭活的荚膜 B 群多杀性巴氏杆菌（CVCC44502、CVCC44602 和 CVCC44702），将菌种接种适宜培养基培养，收获培养物，用甲醛溶液灭活后，加氢氧化铝胶制成。市场上常有 20mL/瓶、50mL/瓶、100mL/瓶以及 250mL/瓶四种规格；保存在 2～8℃ 环境中，有效期可达 12 个月。本商品静置后，上层为澄清液体，下层有少量沉淀，振摇后呈均匀混悬液；主要用于预防牛多杀性巴氏杆菌病（即牛出血性败血症），免疫效期可长达 9 个月。

（1）**安全检验**　用体重 1.5～2.0kg 兔 2 只，各皮下注射疫苗 5.0mL；用体重 18～22g 小鼠 5 只，各皮下注射疫苗 0.3mL。观察 10 只动物，应全部存活且健康。

（2）**效力检验**　下列方法任择其一。

① 用兔检验　用体重 1.5～2.0kg 兔 6 只，4 只皮下或肌内注射疫苗 1.0mL，另 2 只作对照。接种 21d 后，每只兔各皮下注射多杀性巴氏杆菌 C45-2 株（CVCC 44502）强毒菌液 1mL，观察 8d。对照兔应全部死亡，免疫兔应至少 2 只存活。

② 用牛检验　用体重约 100kg 牛 7 头，4 头各皮下或肌内注射疫苗 4.0mL，另 3 头作对照。接种 21d 后，每头牛各皮下或肌内注射多杀性巴氏杆菌 C45-2 株（CVCC 44502）强毒菌液 10mL，观察 14d。对照牛全部死亡时，免疫牛应至少 3 头受到保护；对照牛死亡 2 头时，免疫牛应全部受到保护。

（3）**用法用量**　临床上采用皮下或肌内注射的方式进行免疫，常用剂量是体重 100kg 以下的牛，每头 4.0mL；体重 100kg 以上的牛，每头 6.0mL。注意事项主要包括：切忌冻结，冻结过的疫苗严禁使用；仅用于接种健康牛；使用前，应将疫苗恢复至室温，并充分摇匀；接种时，应作局部消毒处理，每头牛用 1 个灭菌针头；接种后，个别牛可能出现过敏反应，应注意观察，必要时采取注射肾上腺素等脱敏措施抢救；用过的疫苗瓶、器具和未用完的疫苗等应进行无害化处理。

参考文献

[1] 陈溥言. 兽医传染病学[M]. 北京: 中国农业出版社, 2006.

[2] 陆承平. 兽医微生物学[M] 4 版. 北京：中国农业出版社，2007.

[3] Townsend K M, Boyce J D, Chung J Y, et al. Genetic organization of *Pasteurella multocida* cap Loci and development of a multiplex capsular PCR typing system[J]. Journal of Clinical Microbiology, 2001, 39（3）：924.

[4] Harper M, John M, Turni C, et al. Development of a rapid multiplex PCR assay to genotype *Pasteurella multocida* strains by use of the lipopolysaccharide outer core biosynthesis locus [J]. Journal of Clinical Microbiology, 2015, 53（2）：477-485.

[5] 彭忠，梁婉，吴斌. 多杀性巴氏杆菌分子分型方法简述[J]. 微生物学报，2016，56（10）：9.

[6] 杜慧慧. 牛多杀性巴氏杆菌比较基因组学分析及保护性抗原的筛选[D]. 重庆：西南大学，2016.

[7] 汪漫. 牛多杀性巴氏杆菌 A 型、B 型二价灭活疫苗的研究[D]. 武汉：华中农业大学，2013.

[8] 杨宝凤，李能章，邹灵秀，等. 6 株牛源 A 型多杀性巴氏杆菌的分离与鉴定[J]. 中国预防兽医学报，2014，36（6）：487-489.

[9] Boudewijn, Catry, Koen, et al. Fatal peritonitis caused by *Pasteurella multocida* capsular type F in calves. [J]. Journal of clinical microbiology, 2005.

[10] 谢倩茹，陈颖钰，胡长敏，等. 牛多杀性巴氏杆菌疫苗研究进展[C]//2015：6.

[11] 卢受昇，高慧敏，余希尧，等. 牛多杀性巴氏杆菌病的诊治[J]. 广东畜牧兽医科技，2015，40（6）：4.

[12] 高尚，徐高原，周明光，等. 2 株牛源多杀性巴氏杆菌的分离鉴定及生物特性[J]. 中国兽医杂志，2021，57（8）：7.

[13] Mostaan S, Ghasemzadeh A, Sardari S, et al. *Pasteurella multocida* vaccine candidates: a systematic review[J]. Avicenna Journal of Medical Biotechnology, 2020, 12（3）.

[14] Hodgson J C, Finucane A, Dagleish M P, et al. Efficacy of vaccination of calves against hemorrhagic septicemia with a live aroA derivative of *Pasteurella multocida* B: 2 by Two different routes of administration[J]. Infection & Immunity, 2005, 73（3）：1475.

[15] 谢倩茹. 牛多杀性巴氏杆菌 B 型制苗株的筛选及 A，B 型二价灭活疫苗的研制[D]. 武汉：华中农业大学，2016.

2.3.2　牛副伤寒疫苗

牛副伤寒病是由于感染沙门氏菌（*Salmonella*）而发生的一种细菌性传染病，该病属于一种人畜共患病，不仅会威胁牛的健康，还会危害其他动物甚至人类的生命健康，必须加以重视[1,2]。

2.3.2.1　研究进展

沙门氏菌（*Salmonella*）在全球公共卫生学上，是具有重要意义的人兽共患病病原菌之一，也是引起人和动物食物中毒的主要食源性病原菌，该病原菌在自然界存在广泛的宿主谱，包括哺乳类、鸟、爬行类、鱼、两栖类及昆虫等，主要寄居于宿主的胃肠道，引起胃肠道感染。同时沙门氏菌属也是导致畜禽养殖业遭受经济损失的重要病原菌。都柏林沙门氏菌（*Salmonella dublin*）、纽波特沙门氏菌（*Salmonella* Newport）、肠炎沙门氏菌（*Salmonella enteritidis*）和鼠伤寒沙门氏菌（*Salmonella typhimurium*）是引起牛副伤寒病的主要病原微生物[3-6]。沙门氏菌属于肠道杆菌科，截至目前已有超过 2600 多种血清型。沙门氏菌属的菌为革兰氏阴性杆菌，菌体大小（0.6～0.9）μm×（1～3）μm，无芽孢，菌体两端钝圆，一般无荚膜，除鸡伤寒沙门氏菌和鸡白痢沙门氏菌外，大多周身有鞭毛，属兼性厌氧型细菌，对营养要求不高。

生化反应对本属菌的鉴别具有重要参考意义，该菌不发酵乳糖和蔗糖，能发酵甘露醇、葡萄糖、山梨醇和麦芽糖，不分解尿素，不液化明胶，不产生吲哚，对苯丙氨酸不脱氨，有赖氨酸脱羧酶，大多能产生硫化氢，VP 实验阴性。除伤寒沙门氏菌产酸不产气外，大多数沙门氏菌均产酸产气。DNA 的 G＋C 含量为 $50\%\sim53\%$。对热抵抗力不强，在 60℃ 处理 15min 可被杀死。在水中能够存活 2～3 周。在 5％的石炭酸中，5～10min 就能死亡。蛋、家禽和肉类产品是沙门氏菌病的主要传播媒介，根据国际惯例，要求对易受沙门氏菌污染的食品进行分类管理，以使大多数食物不含沙门氏菌，从而有效预防沙门氏菌病。沙门氏菌具有复杂的抗原结构，一般可分为菌体（O）抗原、鞭毛（H）抗原和表面（Vi）抗原 3 种。根据其抗原结构的不同，沙门氏菌可分为两大种，即肠道沙门氏菌和邦戈沙门氏菌，同时肠道沙门氏菌又分为 6 个亚种：Ⅰ（肠道亚种，enterica）、Ⅱ（萨拉姆亚种，salamae）、Ⅲa（亚利桑那亚种，arizonae）、Ⅲb（双相亚利桑那亚种，diarizonae）、Ⅳ（豪顿亚种，houtenae）和 Ⅳ（因迪卡亚种，indica）。而能够感染人类的沙门氏菌主要是在第Ⅰ亚种，约 1500 多种血清型，即肠道沙门氏菌肠道亚种。

沙门氏菌是一种重要的人兽共患病病原菌，危害最大的是鼠伤寒沙门氏菌、肠炎沙门氏菌及猪霍乱沙门氏菌，该病原菌在自然界有广泛的宿主谱，通过土壤、粪便和被污染的水及食品快速传播[7]。目前，在全球范围内，肠炎沙门氏菌是导致食源性疾病暴发的主要病原菌。据资料统计，沙门氏菌对人类和动物造成的危害在世界各地仍不断增加，且疾病治愈率越来越低、治愈时间越来越久、治愈费用越来越多。人饮用被污染的水和误食被污染的食物，是沙门氏菌感染的主要途径，在感染后的 72h 内，表现出高热、腹泻、腹部疼痛等症状。患者患病时间通常为 4～7d，大部分个体在服用抗生素治疗后得以恢复。直接接触动物及被污染的肉类或者饲料的畜禽养殖者更容易感染沙门氏菌。目前，根据对沙门氏菌的流行病学调查，全国至少三分之一的养殖场发现沙门氏菌。但兽医临床上对沙门氏菌的治疗效果往往不理想，感染很难控制，而且，往往是反反复复地发生，给现代畜禽养殖业造成了巨大的经济损失，严重威胁食品安全和公共健康。另外，相关调查数据表明，整个沙门氏菌属的多重耐药性已从 20 世纪 90 年代的 $20\%\sim30\%$ 增加到了 21 世纪初的 70％左右，且随着时间的推移，其耐药率正在大幅度上升，耐药普仍在不断扩大，相继出现了耐多种抗生素的多重耐药（multidrug resistance，MDR）沙门氏菌。更加剧了沙门氏菌对公共安全的危害。

沙门氏菌是一种兼性的胞内病原体，在感染宿主期间，通常存在于修饰的吞噬溶酶体（lysosome）中，这种溶酶体称为含沙门氏菌的液泡（Salmonella-containing vacuole，SCV）[8]。沙门氏菌的主要靶向细胞包括 M 细胞（membranous/microfold cell）、肠上皮细胞（intestinal epithelial cell）、树突状细胞（dendritic cell）、巨噬细胞（macrophages）、单核细胞（monocyte）、中性粒细胞（neutrophile granulocyte）、B 细胞（B cell）、T 细胞（T cell）。沙门氏菌一步步入侵宿主的过程中，其必须逃避或抵抗宿主的多重免疫防御。这个过程主要依靠沙门氏菌的毒力岛 SPI-1 和 SPI-2[9]。首先，在感染最初的阶段，SPI-1 扮演者着多种角色，SPI-1 的效应分子帮助细菌入侵宿主细胞，通过将炎性介质输入肠腔，从而增加肠道炎症反应，同时在感染宿主细胞时 SPI-1 能够导致巨噬细胞的凋亡，也能帮助细菌在宿主巨噬细胞内生存。但是，沙门氏菌在宿主细胞的生存，更依赖于 SPI-2 的作用。当沙门氏菌在囊泡中定植后，SPI-2 效应分子就会调节并保护细菌面对来自宿主细胞的活性氧和氮缺乏等压力，同时又必须从宿主细胞内掠取营养物质并传递到囊泡内，来帮助细菌在胞内生长。这两个毒力岛共同构成了沙门氏菌的 T3SS 分泌系统，是沙门氏菌入侵宿主的主要致病机制。但沙门氏菌除了 T3SS 外，还能运用多种因子入侵宿主，主要包括由沙门氏菌毒力因子组成的菌毛黏附素、沙门氏菌的鞭毛、PagN 或 Rck 外膜蛋白、沙门氏菌生物被膜形成相关蛋白、毒力质粒以及外排泵系统等。这些毒力因子互相协作，帮助沙门氏菌入侵宿主、干扰宿主细胞的功能、逃避宿主的免疫防御，建立细胞内有利的生态环境，促进病原菌增殖。该菌对不同的物种造成不同的感染，我们主要对牛感染沙门氏菌的临床症状做进一步简要叙述。

牛感染沙门氏菌后常常表现出三种类型，即胃肠炎型、败血症型以及生殖系统炎症型，发病机理分别如下[1,10]。

（1）胃肠炎型　沙门氏菌属于动物胃肠道内的一种常在菌，正常情况下胃肠道会形成一个小的微生态环境，当沙门氏菌在牛体内分泌大量毒素时，会直接损伤胃肠上皮细胞，从而发生炎症，破坏这种微生态平衡。

（2）败血症型　沙门氏菌侵入血液后，会利用机体组织营养在局部进行繁殖，随着数量的增加，会迁移至血液，并通过血液循环侵入全身所有器官，这一时期称为菌血症期。在该阶段，血液中存在的淋巴细胞和巨噬细胞会识别侵入的病原，并做出免疫应答，形成内生性致热原，导致下丘脑体温调定点升高，体内大量产热，体温明显上升。

（3）生殖系统炎症型　常见生殖道、输卵管、子宫以及卵巢等发炎，主要是由于人工配种、助产时没有严格消毒以及母牛产后没有加强抗感染等导致生殖系统感染沙门氏菌。其中生殖道和子宫发炎时，会影响配种；输卵管发炎时，会影响精子的正常游走，从而导致卵子不能够受精；卵巢发炎时，会导致母牛发情异常，出现不发情或者假发情，尤其是妊娠期间感染病菌往往会发生流产。

临床症状在犊牛和成年牛中表现不一致。犊牛通常是在 1～2 日龄及 10 日龄之后容易感染发病。犊牛在 1～2 日龄患病，主要表现出食欲废绝、体力衰竭、卧地不起等症状，严重时经过大约 1 周死亡。犊牛在 10 日龄之后患病，主要症状是体温急剧升高至 42℃，经过 24h 会排出灰黄色稀便，其中存在血丝和黏液，往往经过 1 周死亡，病死率达到 50％左右。对于病程略长的患病犊牛，还会伴有肘关节、腕关节肿大，有时还伴发严重的肺炎和支气管炎[11-14]。而成年牛则表现得更复杂，初期病牛表现出发热，呼吸困难，食欲减退或者废绝，剧烈腹痛，下痢，排出混杂血丝、黏液或者散发恶臭味的粪便。病程持续长时，病牛发生脱水，体形消瘦，眼球下陷，眼结膜发黄、充血。妊娠母牛患病后会出现流产，常见于妊娠后期。少数成年牛患病后会呈顿挫型经过，表现出发热，精神委顿，食欲缺乏。部分病牛会呈隐性经过，可通过粪便持续排出病菌[1,10]。剖检结果显示，急性死亡的患病犊牛，大部分是发生败血症病变，全身淋巴结明显肿大，腹膜、胃肠黏膜以及心壁出血，肠系膜淋巴结出血、水肿，肾脏、脾脏和肝脏出现坏死性病灶，关节腔内有胶样黏液，肺炎病灶区通常呈败血症病理变化，脾脏肿大为正常大小的 3～4 倍，被膜明显紧张，出血斑点或者坏死灶明显[15]。而患病成年牛主要病变是出血性肠炎，肠黏膜潮红、出血，严重时黏膜发生脱落。局部大肠发生坏死，肠系膜淋巴结有程度不同的水肿、出血，尤其是大肠和回肠比较明显。脾脏发生肿大、充血，其他病变类似于患病犊牛。另外，流产母牛的子宫黏膜变厚，绒毛叶发生坏死，胎盘出现水肿[10]。

药物治疗依然是防治牛副伤寒病的主要防控手段[2]。但由于大量使用抗生素抵抗沙门氏菌感染，沙门氏菌的耐药种类和多重耐药菌株日益增加[15,16]。目前常用治疗方案如下：头孢噻呋，病牛按体重肌内或者静脉注射 2.2mg/kg，每天 2 次；阿米卡星，病牛按体重肌内或者静脉注射 4.4mg/kg，每天 2 次；复方新诺明，病牛按体重内服 70mg/kg，每天 2 次，注意首次用量加倍；恩诺沙星，病牛按体重肌内或者静脉注射 2.2mg/kg，每天 2 次。如果伴发关节炎，可在患处包裹浸有鱼石脂、酒精的绷带，也可取 15～20mL 1%普鲁卡因青霉素注入关节腔内。另外，病牛还可使用新霉素、土霉素、呋喃唑酮、盐酸环丙沙星等治疗，要通过药敏实验进行选择。还可使用非类固醇抗炎药，尤其是氟胺烟酸葡胺治疗，按病牛体重静脉注射 0.5mg/kg，每天 2 次，之后改为每天 1 次。同时，内服止泻、收敛以及保护肠黏膜的药物，补充维生素、输入电解质等[2,4]。倡议建立起多重耐药沙门氏菌的数据库，深化对病原菌致病机理和耐药机制的研究，并重点关注新型抗生素替代物的研究，才能实现对牛沙门氏菌病的良好治疗和预防[10]。沙门氏菌对外界环境有较强的抵抗力，畜体可长期带菌，长期污染环境。自 20 世纪 70 年代开始，牛沙门氏菌趋于高度抗药性化，成为世界性问题，治疗本病的有效药物很少，虽然抗生素药物和高免血清有一定疗效，但效果不够理想。因此，用疫苗免疫预防成了控制牛副伤寒的最有效方法。

2.3.2.2 疫苗种类

目前，国内外均已研制成功了控制牛副伤寒病的灭活疫苗和弱毒活疫苗[17-24]。其中，国内主要在售的分别是四川海林格生物制药有限公司和九江博美莱生物制品有限公司的牛副伤寒灭活疫苗，现就这两种疫苗的研究情况和应用中存在的问题加以介绍。

（1）牛副伤寒灭活苗　本疫苗是用免疫原性良好的都柏林沙门氏菌株（*Salmonella dublin*）和临床病牛沙门氏菌株培养物经甲醛灭活脱毒后，加氢氧化铝胶制成的[21]。自该疫苗免疫成功以来，虽然后来经过多次工艺上的改进，克服了安全性和免疫效果差以及疫苗免疫后牛过敏样反应较严重的问题，但由于致病菌血清型较多，仍存在着免疫率不高、免疫期短等问题。至今青海、四川等省仍在使用这种疫苗预防牛副伤寒病。

（2）牛副伤寒活疫苗　甘肃省畜牧兽医研究所张晓明等人[18,22]利用乙酸铊致弱法，成功地培育出一株（STM8002—550）安全且免疫效力良好的弱毒都柏林沙门氏菌株。该菌株经繁殖、选菌、扩大培养后制成的种子液，接种于含 2%蛋白胨的普通肉汤培养基内，通气培养，培养物经离心收获菌体，再用灭菌生理盐水稀释到适当浓度的菌液，加入明胶蔗糖保护剂等，混匀后定量分装，冷冻真空干燥制成了弱毒冻干的牛副伤寒活疫苗。经牛体安全、效力、免疫期及区域性等试验证明，注射免疫剂量的 5～7 倍也安全有效，该疫苗注射后 7d 可诱导动物体产生强大的免疫力，免疫保护期至少 1 年，4℃可保存至少 2 年。说明该疫苗具有安全幅度大、免疫效果好、免疫持续期长、产生免疫力快等特点，同时该疫苗在制造过程中采用了离心脱敏新工艺，有效地解决了副伤寒疫苗的过敏反应重的问题。特别是后期的工艺优化中，构建改良型含硒牛副伤寒活疫苗，不仅能很好地预防免疫牛副伤寒，同时还能很好地预防牛的缺硒病[19,20,22]。

2.3.2.3 疫苗接种的用法与用量

① 肌肉注射。1 岁以下牛，每头 1.0mL；1 岁以上牛，每头 2.0mL。为提高免疫效果，对 1 岁以上的牛，在第 1 次接种后 10d，可用相同剂量再接种增强 1 次[13]。

② 对于已发生牛副伤寒的畜群，可对 2～10 日龄的犊牛进行接种，每头 1.0mL。

③ 怀孕牛应该在产前 45～60d 接种，所产犊牛应在 30～45 日龄时再进行接种。

2.3.2.4 疫苗接种注意事项

① 切忌冻结，冻结过的疫苗严禁使用。

② 使用前，应将疫苗恢复至室温，并充分摇匀。

③ 接种时，应作局部消毒处理。

④ 瘦弱的牛不宜接种。

⑤ 用过的疫苗瓶、器具和未用完的疫苗等应进行无害化处理。

参考文献

[1] 颜瑞娟. 牛沙门氏菌病的诊断和防治措施[J]. 中国动物保健，2021，23（11）：36-40.

[2] 张蕾，陈亮，冯万宇，等. 牛沙门氏菌病的病原耐药表型和防治技术研究进展[J]. 现代畜牧科技，2021（07）：5-7.

[3] 辛晓星. 肉牛沙门氏菌病的流行病学、实验室诊断及防治[J]. 现代畜牧科技，2020（10）：133-134.

[4] 许文婷. 牛沙门氏菌病的病原学及综合防治[J]. 养殖与饲料，2022，21（02）：81-82.

[5] Huang K, Fresno A H, Skov S, et al, *Salmonella typhimurium*, and *Salmonella dublin* and macrophages from chicken and cattle[J]. Front Cell Infect Microbiol 2019, 9: 420.

[6] Holschbach C L, Peek S F. *Salmonella* in Dairy Cattle[J]. Vet Clin North Am Food Anim Pract 2018, 34（1）: 133-154.

[7] 赵泽慧，李强，何小丽，等. 鼠伤寒沙门氏菌致病机理的研究进展[J]. 黑龙江畜牧兽医，2017（05）：71-75.

[8] 叶成林. 鼠伤寒沙门氏菌致病机制的研究[D]. 武汉：华中科技大学，2019.

[9] 陈冬平，罗薇. 沙门氏菌毒力相关因子研究进展[J]. 西南民族大学学报（自然科学版）2012，38（05）：770-775.

[10] 王杨. 肉牛沙门氏菌病的流行病学，临床症状，剖检变化及防控措施[J]. 现代畜牧科技，2020（2）：2.

[11] 铁翠莲. 犊牛副伤寒的诊断与防治[J]. 中国动物保健，2021，23（05）：35-38.

[12] 董海鹏. 犊牛副伤寒病的流行病学、临床表现、实验室检查和治疗措施[J]. 现代畜牧科技，2020（06）：87-88.

[13] 王金好，戈林兴. 犊牛副伤寒病在生产上的诊断及治疗[J]. 吉林畜牧兽医，2021，42（09）：86-87.

[14] 李毅. 犊牛沙门氏菌病的诊断与防治[J]. 兽医导刊，2019（07）：30-34.

[15] Otto S, Ponich K L, Cassis R, et al. Antimicrobial resistance of bovine *Salmonella enterica* ssp. enterica isolates from the Alberta Agriculture and Forestry Disease Investigation Program（2006-2014）[J]. CAN VET J 2018, 59（11）: 1195-1201.

[16] Valenzuela J R, Sethi A K, Aulik N A, et al. Antimicrobial resistance patterns of bovine *Salmonella enterica* isolates submitted to the Wisconsin Veterinary Diagnostic Laboratory: 2006-2015[J]. J DAIRY SCI 2017, 100（2）: 1319-1330.

[17] 陈伯祥. 含硒型牛副伤寒活疫苗的研究[J]. 中国畜牧兽医，2008，35（02）：82-86.

[18] 陈伯祥，郭慧琳，贺奋义，等. 含硒型牛副伤寒活疫苗对牦牛免疫效果的观察[J]. 中国兽医杂志，2005，41（12）：25-26.

[19] 贺奋义. 含硒型牛副伤寒活疫苗免疫持续期的试验[J]. 中国兽医科技，2004（08）：55-57.

[20] 陈伯祥. 牛副伤寒病原学及其疫苗的研究概况[J]. 黄牛杂志，2001（06）：61-62.

[21] 郭慧琳，陈伯祥，贺奋义，等. 牛副伤寒含硒活菌苗应用效果[J]. 动物医学进展，2006（09）：115-116.

[22] Goni F, Mathiason C K, Yim L, et al. Mucosal immunization with an attenuated *Salmonella* vaccine partially protects white-tailed deer from chronic wasting disease[J]. VACCINE 2015, 33

（5）：726-733.

[23] D A L, Vecchio D, Cozza D, et al. Identification of a new serovar of *Salmonella enterica* in Mediterranean Buffalo Calves（Bubalus bubalis）[J]. ANIMALS 2022, 12（2）.

[24] Edrington T S, Arthur T M, Loneragan G H, et al. Evaluation of two commercially-available *Salmonella* vaccines on *Salmonella* in the peripheral lymph nodes of experimentally-infected cattle[J]. Therapeutic advances in vaccines and immunotherapy 2020, 8.

2.3.3　牛曼氏杆菌病疫苗

2.3.3.1　牛曼氏杆菌病概述

牛曼氏杆菌病是由溶血性曼氏杆菌（*Mannheimia haemolytica*，Mh）引起的牛的一种热性、急性传染病，由于多发生在长途运输后，故又称为"船运热"（shipping fever），以高热、肺炎、急性胃肠炎为特征。牛曼氏杆菌病是危害黄牛、水牛、牦牛等动物的重要呼吸道疾病（BRD），给养牛业造成巨大的经济损失[1]。

（1）牛曼氏杆菌简介　溶血性曼氏杆菌被归为变形菌门、变形菌纲、巴氏杆菌目、巴氏杆菌科、曼氏杆菌属。溶血性曼氏杆菌是一种革兰氏阴性球杆菌，单独、成对或短链状排列，有荚膜、菌毛，无芽孢，没有鞭毛，不运动。菌体大小为 $0.5\mu m \times 2.5\mu m$，瑞氏染色呈两极着色。本菌兼性厌氧或微需氧，对营养要求不高，在普通琼脂平板上培养24h，生长良好，长成圆形、光滑、湿润、半透明的菌落，直径 $1\sim2mm$。大多数菌落在牛血平板上生长良好，菌落呈现微弱的 β 溶血，培养48h 后，移去菌落后可见到溶血环。连续传代培养，溶血性便减弱或消失。且本菌可在麦康凯琼脂上缓慢生长，在普通肉汤中生长呈均匀浑浊状态，有少量沉淀。牛溶血性曼氏杆菌能发酵葡萄糖、甘露醇、山梨醇、阿拉伯糖、木糖和麦芽糖，产生少量的酸而不产气，不发酵山梨糖、海藻糖、甘露糖，氧化酶试验呈阳性，脲酶、吲哚试验呈阴性[2]。

过去将溶血性曼氏杆菌归为巴氏杆菌属，并且根据该菌能否发酵阿拉伯糖和海藻糖，将其分为2个类型：A 型和 T 型。Bibersterein 等采用间接血凝试验针对荚膜表面抗原，将 A 型和 T 型菌株分为17 个血清型，其中 A 型中包括13 种血清型，分别是 A1、A2、A5～A9、A11～A14、A16 和 A17 血清型，T 型中包括4 种血清型，分别为 T3、T4、T10 和 T15 血清型。Angen 等将 A11 血清型单独命名为葡萄糖苷曼氏杆菌（*Mannheimia glucosida*），其余 A 型中的 A1、A2、A5～A9、A12～A14、A16 和 A17 血清型归为溶血曼氏杆菌；所有 T 型菌株则被命名为海藻糖巴氏杆菌，随后 Blackall 等又将其命名为海藻糖比伯斯坦杆菌（*Bibersteinia trehalose*）。在溶血性曼氏杆菌的12 种血清型中，A1、A2 和 A6 型是流行最为广泛的血清型，其中 A1 和 A6 血清型是引起牛肺炎的主要血清型。健康牛的上呼吸道中定植有 A2 血清型菌株，但当应激或者混合感染的情况下，A1 型菌株会很快取代 A2 型菌株，成为感染上呼吸道的主要血清型，这种现象可能是由患病动物的水平传播造成的[2,3]。

（2）牛曼氏杆菌的致病机理与毒力因子　牛溶血性曼氏杆菌是一种机会致病菌，通常共生于牛的上呼吸道（如鼻咽部），菌量较少。当牛因运输、交易、环境变化、气候变化等产生应激时，或受到病原微生物如支原体、多杀性巴氏杆菌或Ⅲ型副流感病毒、牛呼吸道合胞体病毒等的感染，会使上呼吸道黏膜（气管、支气管黏膜）状态发生变化，使得溶血性曼氏杆菌逃避呼吸道黏膜的清除，能够大量繁殖，并从鼻咽部向肺部转移，沿气管到达肺泡中，细菌大量增殖及产生的内毒素引起肺脏局部缺血性坏死，并伴随着以纤维素渗出为主的炎症反应，吸引大量肺泡巨噬细胞的聚集；随后纤维蛋白性渗出物、坏死碎屑沉积导致细支气管阻塞，进一步加剧肺脏坏死以及纤维素性胸膜肺炎的发生，有可能导致败血症的发生。在溶血性曼氏杆菌致病过程中，很多毒力因子也参与其中，例如细菌荚膜在细菌黏附和侵入的过程中扮演着十分重要的作用；黏附素与细菌的定居能力相关；神经氨酸酶能够降低呼吸道黏液的黏度，从而有利于细菌充分地与细胞接触；白细胞毒素（LKT）和脂多糖能够帮助细菌逃避呼吸道黏膜的清除，破坏宿主的保护屏障，裂解肺泡巨噬细胞和嗜中性粒细胞，加剧肺损伤；外膜蛋白对于激发机体的保护性免疫应答具有重要作用。表明牛溶血性曼氏杆菌的致病力与毒力因子息息相关，该菌株的毒力因子主要有白细胞毒素（LKT）、荚膜、脂多糖、黏附因子、唾液酸糖蛋白酶、神经氨酸酶、外膜蛋白等[1,3,4]。

白细胞毒素属于细菌成孔毒素（RTX）家族的成员，是溶血性曼氏杆菌最为重要的毒力因子。白细胞毒素能裂解反刍动物的嗜中性粒细胞、巨噬细胞、单核细胞以及其他白细胞亚群，且该毒素的溶解嗜中性粒细胞的效应较强于溶解单核细胞。溶血性曼氏杆菌分泌的白细胞毒素大小为102kDa，是由四个基因所编码，包括蛋白编码基因 lktA、翻译后进行脂肪酸酰化修饰的转酰酶基因 lktC，以及分泌所需基因 lktB 和 lktD。白细胞毒素还具有溶血活性，导致溶血性曼氏杆菌在血琼脂平板上发生 β 溶血，是区别于多杀性巴氏杆菌的重要特征之一。Tatum 等人通过构建溶血性曼氏杆菌 lkt 基因缺失突变株，并与野生株进行比较后，发现突变株的白细胞毒素活性下降，不会引起明显的肺部损伤，说明白细胞毒素在溶血性曼氏杆菌发病中具有重要作用。在高浓度时，白细胞毒素诱导白细胞跨膜孔的形成，导致细胞的肿胀和裂解，造成肺部损伤；低浓度时，白细胞毒素活化嗜中性粒细胞，导致炎症细胞因子的产生，引起细胞骨架的改变，进而引起细胞发生凋亡。白细胞毒素对牛体内白细胞的损伤可导致溶血性曼氏杆菌逃避宿主的适应性免疫反应，削弱肺脏的主要免疫防御机制，进一步引起肺部炎症和组织损伤。

荚膜抗原又称 K 抗原，是由葡萄糖醛酸和透明质酸等多种物质组成，是溶血性曼氏杆菌的重要保护性抗原和毒力因子。荚膜是革兰氏阴性菌表面的特殊结构，能够帮助病原菌抵御宿主的吞噬作用，还能起到黏附作用、抗有害物质损伤的作用、抗干燥作用，以及营养缺乏时作为补充碳源、氮源的作用。根据荚膜结构不同，将溶血性曼氏杆菌分为 A1、A2、A5～A9、A12～A14、A16、A17 共 12 个血清型。荚膜可通过促进细菌对呼吸道上皮的黏附而参与定植，可以抑制嗜中性粒细胞和巨噬细胞的吞噬作用及补体介导的细菌裂解。

脂多糖（LPS）是革兰氏阴性菌细胞壁的主要成分，其中脂质 A 成分具有内毒素活性，可诱导炎性细胞因子应答和 $β_2$ 整合素白细胞毒素受体在牛白细胞上的表达，还能与白细胞毒素形成复合物，有助于增强其细胞毒性。能够帮助溶血性曼氏杆菌逃避呼吸道黏膜的清除，穿过宿主的保护屏障，从而在肺部定植，诱导炎性细胞因子应答，裂解嗜中性粒细胞和肺泡巨噬细胞，增加了对肺部的损伤。LPS 能吸附镁离子、钙离子等金属阳离子，还是特异性吸附受体，能与肺表面活性物质中的磷脂结合而增强毒性。LPS 还能引起感染动物发热和肝脏产生急性期蛋白，导致感染动物出现低血压和败血症的临床表现。

总之，LPS通过单独作用或增强LKT的毒害作用对肺部产生损伤。

黏附因子是协助溶血性曼氏杆菌感染并定植于宿主的重要分子，主要包括菌毛和黏附素。菌毛是革兰氏阴性菌表面存在的较小附属物，共有六种，其中4型菌毛具有黏附作用，能增强溶血性曼氏杆菌在动物机体中的黏附和下呼吸道上皮的定植。黏附素蛋白有多种，如外膜蛋白A（OmpA）、脂蛋白1（PlpA）以及68kDa分子，有助于溶血性曼氏杆菌在牛的呼吸道定植。

唾液酸糖蛋白酶是由溶血性曼氏杆菌产生的具有抗O-唾液酸糖蛋白活性的锌金属蛋白酶，能特异性水解O-唾液酸糖蛋白，从而有利于病原菌在宿主细胞表面的黏附，还可以导致血小板聚集在肺泡内沉积。从溶血性曼氏杆菌的培养基上清液中提取的糖蛋白酶可以选择性水解IgG_1，从而抑制巨噬细胞的吞噬作用和细菌的杀灭作用。不仅如此，重组的糖蛋白酶免疫小牛后，可以诱导显著的免疫应答，能保护小牛免受A1型溶血性曼氏杆菌的攻击。

神经氨酸酶能够降低呼吸道黏液的黏度，增强溶血性曼氏杆菌在宿主细胞表面的黏附性，还能使唾液糖蛋白脱水以及裂解唾液糖蛋白，从而使溶血性曼氏杆菌逃避口咽中的防御系统的防御作用；神经氨酸酶可以通过暴露潜在的细胞受体来促进生物膜的形成，有利于溶血性曼氏杆菌的定植。

外膜蛋白是溶血性曼氏杆菌外层膜中镶嵌的蛋白质的统称，包括外膜蛋白A、脂蛋白及微孔蛋白等。外膜蛋白和脂蛋白具有宿主和血清型特异性，是重要的免疫保护性抗原，针对这些抗原的抗体能够诱导吞噬作用和补体介导的杀伤作用。外膜蛋白A高度保守，有助于病原菌结合到宿主上呼吸道细胞的特异性受体上，在溶血性曼氏杆菌黏附、定植和选择特异性宿主细胞中发挥重要作用。Kisiela等研究发现溶血性曼氏杆菌的外膜蛋白A和脂蛋白1有助于该菌对牛上皮细胞的黏附。另一种外膜脂蛋白PlpE能提供不同血清型之间的交叉免疫保护效力，促进吞噬作用和补体介导的细菌杀灭作用。溶血性曼氏杆菌中还表达铁调节外膜蛋白（IROMPs），对铁元素具有高亲和力，能帮助病原菌直接从转铁蛋白和乳铁蛋白中摄取铁，同时还能抑制中性粒细胞的吞噬作用，从而有利于溶血性曼氏杆菌在机体内的生长繁殖。

（3）牛曼氏杆菌病的流行病学　溶血性曼氏杆菌不仅感染各品种牛，还能感染山羊、绵羊、鹿等反刍动物。溶血性曼氏杆菌是牛上呼吸道中的一种常在菌，正常反刍动物的上呼吸道都有本菌共栖，存在于牛上呼吸道的鼻腔和扁桃体隐窝等部位。当动物因长途运输、饲养条件及天气环境变化而产生应激，或因支原体、病毒等病原感染而导致免疫功能下降时，病原菌会迅速增殖并下行扩散至肺部，引起严重的肺炎[1]。

本病在全球均有分布，多呈地方流行或散发，发病动物以幼龄及刚断奶的犊牛为主，病死率较高，高达10%以上。本病的发生一般无明显的季节性，但在冷热交替、气候剧变、闷热、潮湿、多雨的时期发生较多。体温失调、抵抗力下降也是本病的主要诱因之一。溶血性曼氏杆菌作为"运输热肺炎"的病原，经常从船运牛、新购进育肥牛中分离出来[5]。

在全球发病情况调查中发现A1和A2血清型为主要流行型，2006年我国内蒙古地区某奶牛场死亡四头奶牛，并从病料中分离出溶血性曼氏杆菌[6]。2014年广东某牛场从山东购买架子牛81头，运输到达广东后出现运输热症状，先后死亡18头，经检测发现是溶血性曼氏杆菌和支原体混合感染所致[7]。2015年我国黑龙江某养殖场购入的41头1岁左右的牛，共发病23头，死亡10头，致死率高达43.5%，经过实验室诊断是由未分类的曼氏杆菌引起的内源性感染所致[8]。2017年在我国新疆某规模化牛场由长途运输导致牛群发生运输热，死亡30余头，经分离鉴定病原为A2型溶血性曼氏杆菌[9]。姜志刚等人对2014年至2019年在我国东北地区采集的健康牛、患病牛进行溶血性曼氏杆菌检测分析，发现健康牛中溶血性曼氏杆菌的检出率为13.46%，主要血清型为A2型；而患病牛样品中溶血性曼氏杆菌的检出率为31.34%，主要为A1和A6血清型[10]。2021年甘肃省肃南县安某购买了41头牦牛犊牛，发病13头，死亡5头，经实验室检测发现是溶血性曼氏杆菌和多杀性巴氏杆菌混合感染所致[11]。

（4）**牛曼氏杆菌病的临床诊断** 发生应激的牛一般在1～2周后出现典型的肺炎症状，潜伏期最短为1～3d，共性特征主要有：不同程度的精神沉郁和食欲减退，眼结膜潮红，体温升高至42℃，咳嗽，心跳加快，可能流出黏脓性的鼻涕，并可见持续性的体重下降，消瘦。发病初期，呼吸频率升高，随后出现呼吸困难，严重病例张口呼吸，有些病例呼气时可听到呼噜声。听诊时，腹前肺泡音和支气管杂音升高，发病初期是湿啰音，后期为干啰音，还可以听到胸膜摩擦音。病牛站立时可以看到肘部外展，颈部向前伸，有些病牛还会出现腹泻[1,4]。

（5）**牛曼氏杆菌病的病理变化** 病牛呈现严重肺炎病变，表现为纤维素性肺炎和浆液性纤维素性胸膜炎，肺组织肉样变，切面呈大理石样，出现严重的肺充血、出血、肿胀、坏死、萎缩，颜色呈暗红色或黑红色。气管内有淡红色、泡沫样黏液，支气管充满纤维样蛋白、黏液和血液，支气管黏膜肿胀出血，淋巴结肿大；胸腔内有大量浆液性纤维素性渗出液；心外膜、心冠脂肪出血；肝脏肿大；脾肿大、柔软，切面呈暗红色，煤焦油样；小肠肠壁水肿变厚，黏膜下层弥漫性出血，浆膜出血，肠黏膜严重脱落，肠内容物稀薄，混有血液和气泡，有恶臭味[1,12]。

（6）**牛曼氏杆菌病的实验室检查**[7-9] 镜检：主要采用瑞氏染色方法及革兰氏染色法对病料进行触片染色；可见瑞氏染色呈现两极浓染，革兰氏染色可见红色短杆菌。

细菌分离培养：从病料中分离病原微生物，在含脑心浸出液肉汤（BHI）琼脂平板上生长良好，可见灰白色、表面光滑、圆形隆起、湿润的菌落；在羊鲜血琼脂平板上可见半透明、圆形、光滑、湿润的菌落，并呈现微弱的β性溶血。

PCR鉴定方法：采用LKT特异性引物进行扩增鉴定；同时采用细菌16s rRNA引物对菌落进行扩增并测序，通过对测序后的序列进行Blast比对，分析判断是否为牛溶血性曼氏杆菌。

动物回归实验：将分离培养的菌液进行梯度剂量感染实验小鼠，观察感染小鼠及对照小鼠的临床症状、病理变化以及鉴定病变组织分离菌。

（7）**牛曼氏杆菌病的防治措施**[1] 疫情处置：将病死牛进行无害化深埋处理。对发病牛进行立即隔离，及时诊断，加强护理。对发病牛紧急采用抗生素进行治疗，可采用药敏试验筛选病原菌比较敏感的抗生素，也可选用常用的抗生素（如替米考星、加米霉素）进行治疗。对圈舍及周边环境进行全面消毒处理，可选用生石灰及醛类消毒剂，并对粪尿进行无害化处理。

免疫接种：对于易感地区的牛或同圈舍的其他牛，使用牛溶血性曼氏杆菌病灭活疫苗进行紧急免疫接种，也可自制土家苗紧急接种，可采集康复牛的血清对发病牛进行免疫治疗。

加强引种管理：加强对引进牛的管理，必须严格检疫，坚持自繁自养；运输时应该选择良好的天气，装车和卸车以及运输途中尽量减少动物的应激，最好在运输过程中做好车辆消毒和清洁，装车时注意牛群的密度，运输途中注意牛群休息和饮食；加强隔离观察，1周后无临床症状方可混群；引进2周后可进行疫苗接种。

加强饲养管理：保持环境卫生、干净，定期对牛舍及用具进行消毒，保持牛舍通风；及时清除粪便、更换垫草；饲料营养均匀，草料和精料搭配合理，可添加微量元素以及维生素来提高牛对病原的抵抗力。

2.3.3.2 牛曼氏杆菌病疫苗的研究进展

牛溶血性曼氏杆菌作为宿主的共生菌，在应激条件下，能够引起牛的纤维素性胸膜肺炎，发病率和致死率都很高，对全球养牛业危害严重，传统的防治措施就是大量使用抗生素，这就导致耐药性菌株日益增多，增加耐药菌株发病的概率，故采用有效的疫苗免疫接种是防控该病的重要手段。牛溶血性曼氏杆菌病的疫苗研究较为缓慢，国内外报道较少，主要集中在灭活疫苗、亚单位疫苗以及联合疫苗方面[12,13]。

（1）**灭活疫苗** 牛溶血性曼氏杆菌灭活疫苗是使用物理方法或化学方法灭活菌株，使之完全失去对动物机体的致病力，保留了菌体的抗原性以诱导宿主产生免疫保护反应。牛溶血性曼氏杆菌灭活疫苗主要包括甲醛灭活疫苗等。市场上出现最多的疫苗就是牛溶血性曼氏杆菌A1型的甲醛灭活疫苗，将溶血性曼氏杆菌培养24h后，采用终浓度为0.3%的甲醛灭活24h，再和氢氧化铝胶佐剂或弗氏佐剂混合，制成的氢氧化铝胶灭活苗能为小鼠提供80%的免疫保护率，小鼠免疫注射部位出现脓肿及结块。而弗氏佐剂灭活疫苗能为小鼠提供90%的免疫保护率，还不会引起脓肿[14]。还可以添加松花粉多糖佐剂制备成灭活苗，能给小鼠提供70%的保护率，另外，将甲醛灭活的溶血性曼氏杆菌加入蜂胶佐剂制备灭活苗，可以给家兔提供100%的免疫保护率。

灭活疫苗的优点是安全性好，不会导致易感动物发病，易于保存和运输；缺点是疫苗接种后菌株不能在动物机体内繁殖，所需接种量较大，接种次数较多，免疫周期短，需要加入适当的佐剂来增强免疫效果，不能为其他血清型提供交叉免疫保护效力。

（2）**亚单位疫苗** 通过提取牛溶血性曼氏杆菌白细胞毒素、荚膜、外膜蛋白等特殊蛋白质结构，以及利用原核表达系统等表达牛溶血性曼氏杆菌的外膜蛋白等蛋白，筛选出或获得具有免疫活性的蛋白物质来制备成牛溶血性曼氏杆菌亚单位疫苗。牛溶血性曼氏杆菌中白细胞毒素、荚膜、外膜蛋白等都是亚单位疫苗研究的热点。已有研究报道单独使用白细胞毒素制备的亚单位疫苗无法提供有效的免疫保护，而且还会产生严重的副作用。单独使用荚膜多糖制备的亚单位疫苗也不具备保护力，将荚膜多糖和白细胞毒素混合制备疫苗也不能提供足够的免疫保护效率。但是采用溶血性曼氏杆菌混合培养的上清液制备的疫苗，能给动物提供较好的免疫保护效力。重组表达的外膜脂蛋白（rPlpE）制备的亚单位疫苗，具有较高的免疫原性，能使牛抵抗A1、A2和A6三种血清型的牛溶血性曼氏杆菌的感染。还有研究发现将牛溶血性曼氏杆菌白细胞毒素（LKT）和外膜脂蛋白（PlpE）制备成亚单位疫苗，能在小鼠体内诱导高水平的免疫应答[15]。

亚单位疫苗的优点首先是具有安全性，可以避免产生许多无关抗原诱发的抗体，能够带来更少的副反应以及减少疫苗引起的相关疾病；但是其免疫原性较低，需要与佐剂联合使用才能产生较好的免疫效果。

（3）**联合疫苗** 牛溶血性曼氏杆菌联合疫苗是将不同血清型或不同种属细菌或病毒联合起来制成的多价疫苗或多联疫苗。采用牛溶血性曼氏杆菌Mh422株和牛A型多杀性巴氏杆菌PmCQ2菌株作为疫苗菌株，制备了Mh-Pm二联灭活疫苗，给小鼠提供了抵抗

Mh422 株和 PmCQ2 株的免疫保护效率分别为 53%～71%、100%，能够达到一苗防两病的目的[16]。

联合疫苗能为不同血清型提供交叉免疫保护，或为不同病原菌或病毒提供免疫保护效力，力争一种疫苗防治多种病原，故该疫苗能减少免疫注射次数，以及注射带来的应激，具有方便和高效的特点。

2.3.3.3 国内市场上牛曼氏杆菌疫苗

市面上的曼氏杆菌疫苗主要为牛曼氏杆菌病灭活疫苗（A1 型 M164 株），新兽药注册证书号（2020）为新兽药证字 17 号，主要成分是灭活的溶血性曼氏杆菌 M164 株及其白细胞毒素。该商品为透明液体，久置底部有少量沉淀。主要有 20mL/瓶和 100mL/瓶两种规格，储存在 2～8℃，有效期为 24 个月。本商品用于预防由血清 A1 型溶血性曼氏杆菌引起的牛曼氏杆菌病，免疫期长达 6 个月。

本商品的用法与用量主要是每头牛 2.0mL，免疫后 21d 以同样剂量加强免疫 1 次；建议以后每隔 6 个月免疫 1 次，每头牛 2.0mL；颈部皮下注射进行免疫。疫苗注射后可能引起的不良反应是一过性体温反应或注射部位肿胀或过敏反应。本商品的注意事项主要有本品应避光，在 2～8℃冷藏条件下保存和运输；疫苗使用前应充分摇匀；病牛和临产母牛不宜接种；用过的疫苗瓶、器具和未用完的疫苗等应进行无害化处理；疫苗注射后如出现过敏反应，应及时用肾上腺素或地塞米松脱敏。

参考文献

[1] 王萍萍, 高锐, 张伟, 等 . 曼氏杆菌病[J]. 畜牧兽医科技信息, 2007（10）: 3.

[2] 陆承平 . 兽医微生物学[M]4 版 . 中国农业出版社, 2007.

[3] 胡玉婷, 杨发龙, 刀筱芳 . 溶血性曼氏杆菌及其毒力因子研究进展[J]. 中国兽医杂志, 2021, 57（8）: 6.

[4] 陈艳红, 颜忠, 查振林, 等 . 溶血性曼氏杆菌致病机制的研究进展[J]. 中国畜牧兽医, 2010, 37（012）: 153-155.

[5] 董捷 . 浅谈溶血性曼氏杆菌研究进展[J]. 广西畜牧兽医, 2020, 36（1）: 2.

[6] 周玉龙, 李国军, 李阳, 等 . 奶牛曼氏杆菌与大肠杆菌混合感染病原分离鉴定[J]. 黑龙江畜牧兽医, 2007（11）: 80-82.

[7] 卢受昇, 孙彦伟, 邓国东, 等 . 牛溶血性曼氏杆菌的分离鉴定[J]. 中国兽医杂志, 2016（1）: 54-57.

[8] 刘春国, 郭东春, 刘大飞, 等 . 黑龙江省一起牛曼氏杆菌病疫情的暴发调查[J]. 2022（2）.

[9] 韩小丽, 任静静, 杨铭伟, 等 . 致肉牛运输热溶血曼氏杆菌的分离鉴定及部分生物学特性研究[J]. 中国畜牧兽医, 2019, 46（2）: 9.

[10] 姜志刚, 李奕欣, 于力 . 我国东北部分地区牛溶血性曼氏杆菌的分子流行病学研究[J]. 中国预防兽医学报, 2020, 42（6）: 6.

[11] 佘海瑞 . 牦牛犊牛溶血性曼氏杆菌与多杀性巴氏杆菌混合感染的病原分离鉴定及药敏实验[J]. 畜牧兽医杂志, 2021, 40（4）: 4.

[12] 周金玲 . 牛溶血性曼氏杆菌小鼠感染模型建立及灭活疫苗免疫原性研究[D]. 大庆: 黑龙江八一农垦大学, 2018.

[13] 胥耀文 . 溶血性曼氏杆菌 A1, A2 血清型标准株的灭活疫苗制备和免疫效果评价[D]. 武汉: 华中农业大学 .

[14] 高佳滨, 陈为宏, 尹辉, 等 . 牛溶血性曼氏杆菌灭活疫苗的制备与检定[J]. 中国生物制品学杂志, 2014, 27（8）: 4.

[15] 李奕欣,姜志刚,于力.牛溶血性曼氏杆菌白细胞毒素,脂蛋白 E 和外膜蛋白 A 的免疫原性研究[J].中国预防兽医学报,2021,43(7):6.

[16] 李甜,杨洋,谢黎卿,等.牛溶血性曼氏杆菌及牛荚膜 A 型多杀性巴氏杆菌灭活疫苗对小鼠的保护性研究[J].畜牧兽医学报,2021,52(9):10.

2.3.4 牛病毒性腹泻疫苗、牛传染性鼻气管炎疫苗

2.3.4.1 牛病毒性腹泻病和牛传染性鼻气管炎简介

牛病毒性腹泻病(bovine viral diarrhea,BVD)是由牛病毒性腹泻病毒(bovine viral diarrhea virus,BVDV)感染引起的,以急慢性黏膜病、持续性感染和免疫抑制为主要特征的传染性疾病[1]。该病自 1946 年首次报道后,由于缺乏有效的防控技术,在全球普遍流行,大约 70%~90%的牛群为 BVD 血清学反应阳性。越来越多的研究表明猪、绵羊、山羊、鹿、骆驼及其他野生动物也是牛病毒性腹泻病的易感宿主。BVD 可通过直接和间接接触传播,经消化道和呼吸道感染,也可经胎盘垂直感染。急性感染的发病动物和持续带毒的健康动物是该病的主要传染源。本病常年均可发生,无明显的季节性,通常多发生于冬末和春季,呈急性和慢性两种表现[2]。BVDV 是一种有包膜的单股正链 RNA 病毒,是黄病毒科瘟病毒属的成员之一,依赖宿主细胞生物和生物化学的遗传多样性和生命周期复制和生存。BVDV 全长大约 12.5kb,其长度因为基因组片段的缺失、插入以及重复序列而发生改变。整个基因组由 5′非翻译区(5′UTR)、ORF 编码区、3′非翻译区(3′UTR)组成一个大的开放阅读框(ORF),编码一个近 4000 个氨基酸的多聚蛋白,并由细胞和病毒基因编码的蛋白酶在翻译时和翻译后进行加工,至少生成 11 种成熟的蛋白质,它们在基因组上的位置从 N 端到 C 端依次为 $NH_2\text{-}N^{pro}\text{-}capsid\text{-}E^{rns}\text{-}E1\text{-}E2\text{-}P7\text{-}NS2/3\text{-}NS4a\text{-}NS4b\text{-}NS5a\text{-}NS5b\text{-}COO$,其中 capsid、$E^{rns}$、E1、E2 为病毒的结构蛋白,构成 BVDV 的衣壳和囊膜,其余 8 种为病毒的非结构蛋白,在病毒的成熟和基因复制中起着关键作用[3]。BVDV 根据基因组 5′UTR 序列,分为 BVDV-Ⅰ和 BVDV-Ⅱ两个基因型;根据能否引起细胞病变,分为致细胞病变型(CP)和非致细胞病变型(NCP);其中 CP 型 BVDV 可引起细胞凋亡,而 NCP 型 BVDV 不会,但是它可以通过体液,包括鼻涕、尿液、精液、唾液及胚胎组织等传播,引起急性感染,也是导致机体持续性感染的重要感染源。而 CP 型 BVDV 在实验室条件下可以诱导急性感染[4]。

牛传染性鼻气管炎(infectious bovine rhinotracheitis,IBR)是由牛传染性鼻气管炎病毒(IBRV)即牛疱疹病毒(BHV-1)引起的一种急性、热性、接触性传染病,又称"红鼻病"或"坏死性鼻炎",是牛呼吸道疾病综合征和运输热的重要病原之一。IBR 最早出现于 20 世纪 50 年代美国科罗拉多州,由 Madin 等人从患病牛中分离得到,我国最早于 1980 年从新西兰进口的一批牛中分离到该病毒,随后发现此病的流行呈上升趋势,不同品种的牛均有感染,猪、山羊等动物亦可感染,病毒的组织嗜性较广,可感染呼吸系统、生殖系统、神经系统、眼结膜和胎儿[5]。临床上该病大多呈一过性经过,但具有潜伏感染和隐性感染的特性,感染牛可自愈,自愈后的耐过牛仍然带毒,成为隐性感染者,因无明显症状往往不被人们重视,由于对隐性感染的牛的忽略,它们持续向牛舍排毒而成为牛舍中的感染源。本病可通过多种方式传播,传播速度快,集约化的养牛场一旦暴发阳

性率可在 70% 以上[6]。通常情况下单独感染该病毒是不危及生命的，但是继发的细菌感染则会让情况变得复杂。虽然死亡率低，但是该病对肉牛的生长、奶牛的产奶量和相关国际贸易有严重影响，甚至会被列为疫区，威胁一个国家的农业经济。IBRV 是长 135～140kb 的线状双股 DNA 病毒，G+C 含量为 71%～72%，成熟的病毒粒子呈球形，带有囊膜，病毒核酸外是立体对称的正二十面体的衣壳，呈六角形。三层衣壳分别为内、中、外三层，外层衣壳由 162 个互相连接呈放射状排列并有中空轴孔的壳粒构成，直径约 100nm。该病毒的全序列可被分为一个长度为 102～104kb 的长独特区（UL）和一个长度为 10.5～11kb 带有 24kb 的重复序列的短独特区（US）。UL、US 与反向重复区域构成了病毒基因组的两种异构体。IRBV 编码 33 种结构蛋白（如 gB、gE、gC 和 gD 等）和 15 种非结构蛋白。gB 能够诱导体液免疫、细胞免疫及刺激宿主免疫应答。gE 为在病毒复制过程中的一种非必需的蛋白，在 IBRV 感染中枢神经系统过程中发挥着重要作用，是主要的功能蛋白和机体免疫系统识别的抗原和中和抗体的主要靶位点，也可作为诊断抗原。gC 蛋白是感染细胞的主要分子，介导重要的生物学功能。gD 糖蛋白在病毒的复制和感染中发挥重要的作用，是 IBRV 的主要结构蛋白，在侵入宿主细胞过程中扮演重要角色。gD 糖蛋白可诱导体液免疫和细胞免疫，并可作为诊断试剂首选蛋白。IBRV 只有一个血清型，可分为以下几个亚型：BHV-1.1、BHV-1.2 和 BHV-1.3。感染 BHV-1.1 亚型主要表现为呼吸道症状，感染 BHV-1.2 亚型主要表现为生殖道感染，感染 BHV-1.3/BHV-5 主要表现为神经系统症状。但是所有亚型的抗原相似，但单克隆抗体可区别疫苗毒株与自然感染毒株[7,8]。

2.3.4.2　牛病毒性腹泻病及牛传染性鼻气管炎疫苗的研究进展

BVD 和 IBR 均为 OIE 法定报告的动物疾病，在我国分别为三类和二类动物疫病，是诱发牛呼吸道疾病综合征（bovine respiratory disease comples，BRDC）的重要病原，严重危胁养牛业的安全。为了有效预防这两种病，首先要加强牛的饲养管理，尽量减少各种应激反应，避免过度拥挤，及时清理饲养环境卫生；其根治方法是阳性牛检出及捕杀，而预防的主要措施是接种疫苗。下面从以下几种疫苗出发，介绍一下关于这两种病的防控研究进展。

（1）牛病毒性腹泻病疫苗的研究进展　自 20 世纪 60 年代 BVD 疫苗问世至今，疫苗在 BVD 防控方面发挥了重要的作用。实践证明，疫苗的合理使用可以有效降低 BVDV 引起的临床急性感染和繁殖障碍等的发病率，减少经济损失[9]。目前，世界上用于预防 BVDV 的疫苗为灭活疫苗和弱毒疫苗。灭活疫苗安全性好，尤其对怀孕牛，但免疫期短，且需要加强免疫。弱毒疫苗由于是活病毒，对怀孕牛不安全，但其使用方便、免疫期长。因此，如何合理使用这两种疫苗有效防控 BVD 尤为重要[10]。随着人们对 BVDV 致病机理的不断认识，疫苗在 BVD 防控中的角色也不断变化。早期人们主要应用疫苗进行临床急性感染的预防，防治病毒感染后牛出现呼吸道疾病和腹泻等，疫苗的免疫效力检验标准是发热或白细胞减少等指标。然而，当人们意识到防治持续性感染牛是 BVDV 控制的重要环节时，疫苗用于防治胎儿的持续性感染则显得更加重要。因此，在采用疫苗免疫根除计划时，应将预防胎儿的持续性感染作为疫苗应用的重要目标。研究证实，目前大多数的商品化疫苗能够保护胎儿不发生持续性感染。有研究表明，在配种前接种疫苗，在怀孕 75d 用 NCP 型 BVDV 进行攻毒，胎牛在攻毒后 45d 无 BVDV 感染[11]。一些研究表明，通过优化免疫接种程序（首免注射灭活疫苗，二免注射活疫苗）防治胎儿的持续性感染，取得了较好防治效果[12]。特别要注意的是，活疫苗对 BVD/MD 预防控制起到良好的作用，但不正确使用活疫苗会导致严重的后果，例如在采用 CP 型 BVDV 制作疫苗时，应避免混入 NCP 型 BVDV，避免造成持续性感染；另外，CP 型 BVDV 活疫苗免疫已经发生持续性感染动物可能会造成黏膜病的发生。因此，在平时的饲养过程中应加强饲养管理，采用适当的检测方法定期检疫，根据牛的不同生理状态或牛群的 BVDV 感染情况采取不同的疫苗接种方式。此外，BVDV 基因缺失活疫苗不会引起怀孕母牛的持续性感染，可诱导先天性免疫应答相关基因的高水平表达，有很好的研发前景[13]。

① BVD 灭活疫苗制备的原理　a. 病毒液制备：取已形成良好单层 MDBK 细胞的 3000mL 转瓶 5 瓶，弃去生长液，按 1% 的比例加入 BVDV 生产用种子（CP 型），每瓶补加含 2% 血清的 MEM 细胞维持液至 200mL，于 37℃ 以 12r/h 旋转培养。接毒后，每日观察细胞生长情况，培养 72～88h 收获，将病毒培养物置 -20℃ 冷冻，反复冻融 2 次，混合后收获病毒液约 1000mL。取样检测病毒含量，合格病毒液用于后续试验或 -20℃ 保存。b. 病毒的灭活：将制备的病毒液经病毒含量和无菌检验合格后装入灭活罐内，均匀搅拌，同时向病毒液中加入终浓度为 0.003mol/L 的 BEI 溶液，使其充分混合。加完 BEI 溶液混匀 30min 后，置 37℃ 灭活 36h。灭活后的病毒液加入终浓度为 0.03mol/L 的硫代硫酸钠，室温混匀 1h，病毒液灭活后置 2～8℃ 保存，应不超过半个月。c. 灭活检验：取生长良好长满 90% 单层 MDBK 细胞的转瓶，将灭活的病毒液取样进行灭活检验，每个样品接种 2 个转瓶，每瓶接种 25mL；同时设 1 个转瓶接种维持液 25mL 为阴性对照；1 个转瓶接种未灭活病毒 5mL 和维持液 20mL 作为阳性对照。接种后于 37℃ 转瓶机内吸附 1h，而后补足维持液置 37℃ 培养 3～4d，观察致细胞病变作用（CPE）。如接种灭活病毒液的检测瓶和阴性对照瓶无 CPE，而阳性对照瓶出现典型的 BVDV 病变，检测瓶进行二代盲传。二代盲传方法为将一代盲传接种检测样品的转瓶冻融，收获样品液，将冻融后的样品液接入相应的 2 个 175cm² 方瓶，每瓶 15mL，同时设阴性对照和阳性对照，接种方法同一代盲传，接种后于 37℃ 培养 3～4d，观察 CPE。如仍未见 CPE，则检测灭活病毒液灭活完全。d. 乳化：将油相置于乳化缸内，开动电机慢速转动搅拌，同时徐徐加入混匀后的水相，油相与水相的比例为 54∶46，加完后再以 120r/min 搅拌 20min，乳化前及乳化过程中液体温度应控制在 30℃ 左右。e. 疫苗检验：将乳化好的疫苗做性状、稳定性、黏度及无菌检验，检验合格后用于后续免疫保护[14]。

② BVD 减毒疫苗制备的原理　a. 疫苗毒的制备：疫苗毒 BVDV-2 和 BVDV-1 的种毒稀释后以 0.01～0.001MOI（感染复数）接种单层 MDBK 细胞，加入含有 2% 标准胎牛血清、30μg/mL 庆大霉素的 MEM 维持液中，转入 37℃、5% CO_2 培养。3～5d 出现 80%～90% 细胞病变，-20℃ 反复冻融 3 次，取样测定毒价。b. 活疫苗的试制：用细胞维持液稀释疫苗毒 BVDV-2 和 BVDV-1 到合适的毒价，分装后 -20℃ 冷冻保存待免疫[15]。

（2）牛传染性鼻气管炎疫苗的研究进展　IBR 的疫苗主要有传统疫苗（灭活疫苗和活疫苗）、亚单位疫苗、DNA 疫苗和基因工程疫苗。其中，基因缺失疫苗具有免疫标识，可区分野毒感染和疫苗免疫，因此已成为 IBRV 根除计划中重要的疫苗，然而现存的疫苗依旧存在免疫抑制与潜伏感染等问题，仍需研发更有效的疫苗。灭活疫苗是一类将 IBR 病毒灭活配以合适佐剂而制成的疫苗，易保存、生产简单、安全性好，一般不会引起流产、免疫抑制或潜伏感染，能够诱导较好的体液免疫应答，可有效减少排毒量和降低 IBRV 感染率。2010 年，冷雪等将牛传染性鼻气管炎病毒分离株 LN01/

08 株经 β-丙内酯灭活，与 206 佐剂混合乳化制成牛传染性鼻气管炎灭活疫苗，该灭活疫苗接种牛对强毒攻击的保护率达 80% 以上，安全性较高，且免疫保护效果良好。灭活苗通常需要免疫 2 次，间隔 10~14d，第二次免疫后需要观察其保护力 7~10d[16]。但在灭活过程中会因使抗原发生烷基化导致保护性抗原功能受损，同时因其不能在体内增殖，从而不能或很少引起细胞免疫，导致免疫保护效力相对较差，且免疫期较短。此外，由于灭活疫苗免疫后个体无法与自然感染个体进行鉴别诊断，因此会给根除 IBRV 带来一定的障碍。传统弱毒苗是 IBRV 强毒株经牛肾细胞传代培养致弱后的产物，对牛失去致病性但仍保持其免疫原性且免疫原性强，具有诱导平衡免疫反应（即细胞免疫和体液免疫反应）的能力，且诱导的免疫反应持续期长，通过肌内注射可产生免疫力[17]。但传统弱毒苗不易保存和运输且易污染和引起免疫失败，存在毒力返强的可能，从而使免疫牛群成为潜在的传染源，存在一定的安全隐患，一般不能用于怀孕牛。免疫犊牛，会使其在获得免疫力的同时对其他感染的抵抗力降低，或对其他疫苗的反应性降低，因此一般不建议给犊牛使用。亚单位疫苗包含病毒能够引起保护性免疫的一个或多个抗原，由于不存在病毒核酸物质和其他组分，因此不会引起不良反应。此外，亚单位疫苗还可以区分免疫动物与自然感染动物，对于 IBRV，其糖蛋白 gB、gC、gD 具有不同程度的免疫原性，可从病毒感染的细胞或是合成的多肽中分离得到，糖蛋白是诱导产生中和抗体的主要靶蛋白且免疫原性最好[18,19]。除此之外，gD 诱导的免疫反应还可以抑制病毒的复制及在胞内的潜伏性。近年来有学者对 BVDV E2 蛋白和 IBRVgD 蛋白主要抗原表位进行串联表达并研究了其免疫原性，E2-gD 融合蛋白具有良好的免疫原性以及低成本、易操作和工业化批量生产等特性，使其成为开发 BVDV、IBRV 联合亚单位疫苗的候选蛋白[20]。尽管亚单位疫苗安全有效，不存在潜伏感染的危险，但由于其不能在体内复制，所需接种量大，成本高，因而至今未得到广泛应用。DNA 疫苗可诱导机体产生中和抗体，且抗体滴度较高。近年来有研究报道，使用 pMASIA-tgD 质粒与不同浓度的牛中性粒细胞 β 防御素联合进行免疫，不仅可以加强 Th1 型细胞免疫应答还可提高体液免疫应答[21]。也有研究报道，携带 CD40L 和 IBRV gD 的 DNA 疫苗配合佐剂使用（如 Montanide^{TM}GEL01），可以诱导体内产生高水平的 IFN-γ，增强细胞免疫[22,23]。最新的一项研究表明，携带 gB、gC、gD 蛋白的质粒被纳米颗粒包裹后经鼻免疫小鼠，可激活高水平的体液免疫、细胞免疫和黏膜免疫[24]。尽管如此，大多数 IBRV DNA 疫苗只能引起部分的体液免疫反应，目前疫苗的研究仍旧处于不断开发中。IBRV 的一些病毒复制和增殖非必需基因包括 TK、gE、gC 基因等，缺失这些基因不仅对病毒的复制和增殖没有影响，而且可降低病毒毒力。一些发达国家启动扑灭计划使用的便是 IBRV TK^-/gD^- 双基因缺失苗[25]。IBRV 可以作为一种活载体，可构建活载体疫苗，但要对免疫抑制的特性和潜伏感染活化的周期循环进行一个全面的评估。

① IBRV 灭活疫苗制备的原理。将收集后测完毒价的病毒液分别通过无菌操作加入一定适宜终浓度的甲醛溶液，充分混匀，置适宜温度空气摇床中灭活（100r/min），然后加入终浓度为 0.05% 的硫代硫酸钠溶液终止灭活。然后观察每一传代培养物是否出现典型的细胞病变，并进行 PCR 检测病毒。如三代培养物均未产生细胞病变，PCR 检测病毒均为阴性，则判定为无感染性病毒存在，表明病毒完全灭活。先将 206 佐剂（油相）至于乳化缸内，开动匀浆机乳化，然后缓慢加入水相（灭活的病毒液），油相与水相的比例为 54∶46，12000~18000r/min 高速乳化 3~5min，在停止乳化前加入

1%硫柳汞溶液，使其终浓度达到0.01%。灭活疫苗以20mL/瓶分装，压盖密封，并贴上标签做好记录。

②IBRV纳米微球灭活疫苗制备原理 取1μL超速离心后的IBRV溶液，通过微量分光光度计测出每1mL IBRV溶液的蛋白含量；根据最佳偶联量，以1mL含有体积分数为10%的聚苯乙烯纳米微球（PS）以及含100μg蛋白的IBRV溶液，充分混匀，置于37℃偶联2h。取上一步偶联后的IBRV溶液，以8%聚维酮碘口服液灭活48h的条件灭活IBRV溶液，灭活后将病毒液分别和206佐剂、白油佐剂按1∶1混合，充分均匀混合，取少量混合液加入水中1min内不扩散即可定为均匀混合。每组各取100μL灭活苗涂于兔血琼脂平板，置于37℃恒温培养箱中培养3d，每天仔细观察血平板中是否有细菌生长。无菌培养，分装保存待免疫。

参考文献

[1] Jones L R, Weber E L. Application of single-strand conformation polymorphism to the study of bovine viral diarrhea virus isolates[J]. Journal of Veterinary Diagnostic Investigation: Official Publication of the American Association of Veterinary Laboratory Diagnosticians, Inc 2001, 13: 50-56.

[2] Stokka G L, Falkner R, Bierman P, et al. Bovine virus diarrhea[J]. Revue scientifique et technique, 1990, 9（1）:1-266.

[3] Zemke J, König P, Mischkale K, et al. Novel BVDV-2 mutants as new candidates for modi-fied-live vaccines[J]. Vet Microbiol. 2010 Apr 21; 142（1-2）: 69-80.

[4] Gamlen T, Richards K H, Mankouri J, et al. Expression of the NS3 protease of cytopatho-genic bovine viral diarrhea virus results in the induction of apoptosis but does not block activation of the beta interferon promoter[J]. J Gen Virol. 2010 Jan; 91（Pt 1）: 133-144.

[5] 李海涛, 苗利光, 朱言柱, 等. 牛传染性鼻气管炎病毒JZ06-8株犊牛感染模型的建立[J]. 动物医学进展, 2015, 36（6）: 115-118.

[6] El-Mohamady R S, Behour T S, Rawash Z M. Concurrent detection of bovine viral diarrhoea virus and bovine herpesvirus-1 in bulls' semen and their effect on semen quality. Int J Vet Sci Med. 2020, 17; 8（1）: 106-114.

[7] Iscaro C, Cambiotti V, Petrini S, et al. Control programs for infectious bovine rhinotracheitis（IBR）in European countries: an overview[J]. Anim Health Res Rev. 2021, 22（2）: 136-146.

[8] Waldeck H W F, van Duijn L, Mars M H, et al. Risk factors for introduction of bovine her-pesvirus 1（BoHV-1）into cattle herds: a systematic European literature review[J]. Front Vet Sci. 2021, 8: 688935.

[9] Demasius W, Weikard R, Hadlich F, et al. Monitoring the immune response to vaccination with an inactivated vaccine associated to bovine neonatal pancytopenia by deep sequencing transcriptome analysis in cattle. Vet Res. 2013, 44（1）: 93.

[10] Rodning S P, Marley M S, Zhang Y, et al. Comparison of three commercial vaccines for preventing persistent infection with bovine viral diarrhea virus[J]. Theriogenology. 2010 May; 73（8）: 1154-1163.

[11] Xue W, Mattick D, Smith L. Protection from persistent infection with a bovine viral diarrhea virus（BVDV）type 1b strain by a modified-live vaccine containing BVDV types 1a and 2, infec-tious bovine rhinotracheitis virus, parainfluenza 3 virus and bovine respiratory syncytial virus[J]. Vaccine. 2011 Jun 24; 29（29-30）: 4657-4662.

[12] Moennig V, Eicken K, Flebbe U, et al. Implementation of two-step vaccination in the control of bovine viral diarrhoea（BVD）[J]. Prev Vet Med. 2005 Nov 15; 72（1-2）: 109-114.

[13] Carlson J, Kammerer R, Teifke J P, et al. A double deletion prevents replication of the pestivirus bovine viral diarrhea virus in the placenta of pregnant heifers[J]. PLoSPathog. 2021, 17（12）: e1010107.

[14] 王炜. 牛主要呼吸道病毒病血清学调查、牛病毒性腹泻病毒分离株鉴定及疫苗研究[D]. 北京: 中国农业科学院, 2014.

[15] 李海涛, 苗利迳, 刘艳环, 等. 牛病毒性腹泻病二价弱毒活疫苗制备工艺研究[J]. 特产研究, 2013, 35（1）: 1-3.

[16] Ruiz-Sáenz J, Jaime J, Vera V. An inactivated vaccine from a field strain of bovine herpesvirus-1（BoHV-1）has high antigenic mass and induces strong efficacy in a rabbit model[J]. Virol Sin. 2013, 28（1）: 36-42.

[17] 冷雪, 郭利, 张淑琴, 等. 牛传染性鼻气管炎灭活疫苗安全性和免疫保护效果研究[J]. 中国畜牧兽医, 2011, 38（10）: 181-184.

[18] Araujo I L, Dummer L A, Rodrigues P R C, et al. Immune responses in bovines to recombinant glycoprotein D of bovine herpesvirus type 5 as vaccine antigen [J]. Vaccine. 2018, 36（50）: 7708-7714.

[19] 徐琼, 何宇乾, 吴海燕. 牛传染性鼻气管炎基因工程疫苗研究进展[J]. 中国畜牧兽医, 2012, 39（11）: 52-56.

[20] 候亚兰, 候佩莉, 李杰, 等. BVDV/IBRV主要抗原表位E2/gD基因串联表达及免疫原性[J]. 吉林农业大学学报, 2014（1）: 97-101.

[21] Mackenzie-Dyck S, Latimer L, Atanley E, et al. Immunogenicity of a bovine herpesvirus 1 glycoprotein D DNA vaccine complexed with bovine neutrophil beta-defensin 3. Clin Vaccine Immunol. 2015, 22（1）: 79-90.

[22] Langellotti C A, Gammella M, Soria I, et al. An Improved DNA Vaccine Against Bovine Herpesvirus-1 Using CD40L and a Chemical Adjuvant Induces Specific Cytotoxicity in Mice [J]. Viral Immunol. 2021, 34（2）: 68-78.

[23] Kornuta C A, Langellotti C A, Bidart J E, et al. A plasmid encoding the extracellular domain of CD40 ligand and Montanide™ GEL01 as adjuvants enhance the immunogenicity and the protection induced by a DNA vaccine against BoHV-1[J]. Vaccine. 2021, 39（6）: 1007-1017.

[24] Liu X B, Yu G W, Gao X Y, et al. Intranasal delivery of plasmids expressing bovine herpesvirus 1 gB/gC/gD proteins by polyethyleneimine magnetic beads activates long-term immune responses in mice[J]. Virol J. 2021, 18（1）: 60.

[25] Marawan M A, Deng M, Wang C, et al. Characterization of BoHV-1 gG-/tk-/gE-Mutant in Differential Protein Expression, Virulence, and Immunity[J]. Vet Sci. 2021, 8（11）: 253.

2.3.5　牛流行热疫苗

2.3.5.1　牛流行热简介

牛流行热（bovine ephemeral fever，BEF）又称3日热或暂时热，是由牛流行热病毒（bovine ephemeral fever virus，BEFV）感染引起的牛的急性、热性传染病[1,2]，其特征是发病牛突发高热、呼吸急促、消化机能障碍、全身虚弱、僵硬、跛行，导致奶牛产奶量降低，公牛精液质量受损，部分怀孕母牛流产，役用牛跛行或瘫痪，严重损害养牛业的健康发展[3,4]。该病主要发生于闷热的多雨季节，蚊虫为传播媒介。此病传播迅速，流行面广，有一定的周期性，流行周期1～7年不等。

（1）病原学　牛流行热病毒在分类学上属于弹状病毒科，暂时热病毒属，是一个

42S 不分节的、单股负链 RNA 病毒，长度为 14900bp，其中 11 组基因已被确定，含有 10 个开放阅读框，从 3′到 5′端的顺序依次为 3′-N-P-M1-M2-G-GNS-α1-α2-α3-β-γ-L-5′[5]。牛流行热病毒有一个子弹状的或者锥状的外壳，成熟病毒粒子长 100～230nm、宽 45～100nm。病毒粒子有囊膜，囊膜厚 10～12nm，表面具有纤细的突起，该突起由糖蛋白 G 组成。粒子中央为电子密度较高的核心，由紧密盘绕的核衣壳组成，如将核衣壳拉直长度约 2.2μm。编码 5 种结构蛋白和其他未知功能的蛋白，5 种结构蛋白分别为聚合酶相关蛋白（large RNA-dependent RNA polymerase，L，180kDa）、核蛋白（nucleo protein，N，52kDa）、糖蛋白（surface glycoprote in，G，81kDa）、聚合酶交联蛋白（polymerase as-sociate protein，P）和基质蛋白（matrix protein，M）[6]。其中 G 蛋白是主要的保护性抗原。G 蛋白表面有 4 个主要抗原位点（G1、G2、G3 和 G4），但是只有 G1 只与抗-BEFV 的抗体发生反应，而其他的抗原位点在同科其他的暂时热病毒上显示出血清交叉性。G1、G2 和 G3 抗原位点在 BEFV 中很保守。G1 是线性表位，氨基酸残基定位于 487～503 位；G2 和 G3 是构象化表位；G2 的氨基酸残基为 168～189 位，G3 的氨基酸残基为 49～63、215～231 和 262～271 位[7]。还有一种非结构蛋白基因 GNS，编码一种定位于细胞表面的未知功能非结构糖蛋白。α1、α2、β 和 γ 基因也编码一些未知功能的蛋白，以前在感染的细胞和病毒中并没有检测到。α1 是一个 10.5kDa 的病毒孔样（viroporin-like）蛋白，可能能抑制细胞生长。同样的在其他暂时热病毒属病毒如金佰利病毒（Kimberley virus，KIMV）、阿卡班病毒（Akabane virus，ARV）、奥博第安病毒（Obodhiang virus）和科汤卡恩（氏）病毒（Kotonkan virus）及虫媒弹状病毒（tibrogargan virus and coastal plains virus）中都有类似的 viroporin-like 蛋白的基因[8,9]。1963 年，我国出现了金佰利病毒（KIMV），并且还有关于 ARV 的报道[8]。

基于系统进化分析，牛流行热的流行毒株主要有中东、澳大利亚和东亚三种谱系，东亚的病毒毒株可能起源于中东和澳大利亚毒株之间的同源重组[10,11]，这说明牛流行热病毒的进化与重组有明显的流行病学联系。

（2）流行病学　1867 年首次报道本病发生于东非，随后在津巴布韦、肯尼亚、南非、印度尼西亚、印度、埃及、巴勒斯坦、澳大利亚、日本等国都有发生[12]。该病在广大的非洲和南亚地区流行，并且养牛业的快速发展又促使本病向更广泛的地区蔓延，至今已有百余年历史。我国在 1949 年前后就有牛流行性感冒暴发的记载。直至 1976 年本病暴发流行期间，才从北京暴发流行本病的某奶牛场，采集了病牛高热期的抗凝血或脱纤血，通过乳鼠脑内传代和 BHK-21 细胞盲传的方法成功分离出我国第一株牛流行热病毒，1977 年和 1983 年又分别从广东、安徽分离出该病毒[13]。

牛流行热的流行具有明显的季节性，即发生于夏末秋初，消失于第一次霜冻。其发生比较迅猛，在传播扩散方式上不受山川和河流的影响，呈跳跃式蔓延。牛流行热病毒以媒介-宿主体系生活，其传播方式并非通过近距离接触，而是通过媒介昆虫传播。目前比较明确的媒介是蚊子（mosquitoes）和库蠓（Culicoides spp.），蚊子是其传播的主要媒介[14,15]，但该病的确切传播机制还有待阐明。近期研究结果表明，一些气象和环境方面的因素与该病的传播有关，如季风及其风速和方向、温度和湿度、季雨及地理、地貌在远距离传播和媒介分布上有一定作用；有研究报道称新的灌溉系统和大坝给媒介蚊子提供了滋生环境，可能使该地区成为疫区。另外，动物的运输也是牛流行热病毒传播的重要原因[16]。

在过去几十年，有很多关于牛流行热病毒在大陆间和远距离传播的研究报道。一般来讲，在澳大利亚和非洲，该病的流行方式是从北向南散布的，但在北半球其传播方式可能是相反的。中国幅员辽阔，南北纬度差异较大，东西走向又存在不同地域的差别，因而该病在不同地区流行的时间也不完全一样。比如，从1983年至1990年期间，在广东省牛流行热的发病率从1.5%增至40%[17]。有血清学研究表明，在云南省牛流行热病毒的感染率在不同地区有很大差异，水牛的阳性率为55%，黄牛的阳性率为65%，奶牛的阳性率为5%[18]。Li Z等[19]开展的流行病学数据调查表明，牛流行热在不同的地区流行率变化很大，从28.7%至81%不等。在1991年8月，牛流行热在北纬44°的中国的吉林省发生，这是牛流行热首次在北半球的最北部有报道[20]。

（3）临床症状　流行热病毒在本质上是有免疫原性的，因此该病的临床特征是通过许多急性、热性疾病所共有的一系列炎症因子调节剂的表达来起作用。自然发病牛的潜伏期并没有阐明，但可能是在36~48h；在试验感染牛中潜伏期为29h至10d，绝大部分在3~5d，表现为突然发病，体温升高达39.5~42.5℃，维持2~3d后降至正常。该病的特点是发病率高、死亡率低，在临床症状出现后的2~3d内通常会很快恢复。据Yeruham[21]报道，该病在以色列大规模暴发时，发病率为2.6%，死亡率为0.1%。

临床症状包括发热、食欲减退、流眼泪和鼻涕、肌肉收缩僵硬、暂时性的跛足、心率加快和呼吸加速；另外还有唾液分泌物增多、抑郁、关节肿胀等症状；严重时则会发生黏膜化脓、颤抖、瘫痪及死亡。大多数则表现为一肢或几肢僵硬或跛足，许多牛可能会斜倚，尤其是泌乳牛和大公牛。还会出现反刍停止，瘤胃停止蠕动，肠臌气或缺水，而致胃内容干枯，肠蠕动机能亢进或停止，排出的粪便呈山羊粪便样或呈水样便；尿量减少，排出暗褐色的混浊尿液[21]。妊娠母牛可发生流产、死胎、泌乳量下降或停止泌乳。

（4）诊断技术　在检测本病方面，目前尚未建立起国际标准化的诊断技术，但许多国家的研究者都在特异性血清学诊断方法方面进行了大量有意义的研究工作。如日本、澳大利亚、南非和中国等在半微量补体结合反应、微量血清细胞中和试验、免疫荧光技术以及ELISA技术等方面进行了研究，取得了有意义的进展[22,23]。我国颁布了2项农业行业标准，包括《牛流行热微量中和试验方法》（NY/T543—2002）和《牛流行热诊断技术》（NY/T3074—2017），规定了牛流行热病毒的分离鉴定方法、检测病毒核酸的RT-PCR方法以及检测血清抗体的微量中和试验和间接ELISA方法。

（5）防控措施　牛流行热病毒的主要传播媒介为吸血昆虫，因此消灭吸血昆虫，防止昆虫叮咬是防控的重要手段。此外，加强基础设施的建设，改善养殖环境也对疾病的预防有重要作用。发现病牛及时隔离，切断传染源，牛舍彻底消毒；加强饲养管理，提高畜体的自身抵抗力；能量饲料、维生素饲料的供应要到位。牛流行热发病迅速，传播快，没有特效药物可以治疗，但中西医相结合的治疗方法可使患畜恢复，治愈率明显高于单独用西医或中医的治疗方法。除了这些饲养管理方面的措施，疫苗免疫仍然是防控牛流行热的重要手段[24]。

2.3.5.2　牛流行热疫苗研究进展

各国学者对多种类型的牛流行热疫苗均进行了积极尝试，目前有弱毒活疫苗、灭活疫苗、G蛋白亚单位疫苗和重组疫苗四类，其中弱毒活疫苗、灭活疫苗和G蛋白亚单位疫苗已经在养牛业中推广应用或进行了初步评价[24]。澳大利亚、南非、纳米比亚、日本、韩国、中国、菲律宾、土耳其、以色列、科威特、阿曼、巴林、沙特阿拉伯和埃及在不同程度上均采用了疫苗接种，疫苗的不同之处在于制备它们的种子病毒、致弱或灭活的方法以及佐剂不同[24]。

（1）**弱毒活疫苗**　通过在乳鼠或细胞［包括仓鼠肾细胞（BHK-21）、仓鼠肺细胞（HmLu-1）或非洲绿猴肾细胞（vero）］中连续传代牛流行热病毒，制备了弱毒活疫苗。这些弱毒活疫苗中的佐剂大多为氢氧化铝或弗氏不完全佐剂，每次需要 12mL 的剂量[25,26]。一种采用弗氏不完全佐剂的弱毒活疫苗已在南非实现商业化[27]。Vanselow 等人曾报道，两剂 1mL 剂量的弱毒牛流行热疫苗与 Quil A（一种纯化皂素衍生物）混合后，其产生的中和抗体滴度比使用氢氧化铝或硫酸葡聚糖作为佐剂时更高。在接种该疫苗12 个月后自然感染的牛群中观察到，该疫苗的田间有效性为 90%（接种后的牛发病率为2.9%，而未接种的牛发病率为 24.9%）。这种以 Quil A 作为佐剂的弱毒活疫苗已在澳大利亚实现商业化[28]。

（2）**灭活疫苗**　用福尔马林、β-丙内酯、二乙基亚胺或紫外光处理可制备牛流行热灭活疫苗。大多数早期灭活疫苗使用铝凝胶或弗氏不完全佐剂[29-31]。在日本，一种福尔马林灭活的磷酸铝凝胶牛流行热疫苗在接种两剂后能引起牛强烈的抗体反应，但免疫迅速减弱，在接种 4 个月后，在大多数动物体中检测不到中和抗体[30]。近年来，灭活疫苗使用水包油包水的佐剂，比如以色列开发的一种灭活疫苗被证明在两次接种后引起更强和更持久的中和抗体反应，并在第二次接种后 9 个月显示出显著的增强效果。目前还没有关于这种疫苗的安全性问题的报告，在接种疫苗的牛群中也没有观察到对奶产量有影响[29,31]。我国台湾研制了一种油乳剂灭活苗，在一次接种后 1 个月，对攻毒牛的保护效率为100%[29]。以色列研发的灭活苗在三次接种后，对自然感染的保护效率为 50%，但仅接种两次无法预防牛流行热发生[32]。这与之前的攻毒研究结果一致，即灭活疫苗只有在接种三次后才会产生保护作用[33]。需要关注的是，有研究表明，热灭活的牛流行热病毒制备的疫苗不能诱导机体产生中和抗体[34]。

Inaba 等发现，与单独接种弱毒活疫苗或接种两剂灭活疫苗相比，连续接种弱毒活疫苗后再接种灭活疫苗可产生更强、更持久的中和抗体反应，并且接种后没有观察到母牛流产或胎儿损伤。在接种这种弱毒活疫苗后，奶牛的产奶量没有减少，这种弱毒活疫苗已在日本实现商业化[35]。

中国农业科学院哈尔滨兽医研究所在 20 世纪 70 年代对牛流行热灭活疫苗进行了研究，从北京暴发牛流行热的奶牛场分离到病毒，经乳鼠传代、细胞培养后驯化得到 JB76K毒株，作为种毒制备了灭活疫苗。该疫苗获得兽药生产批准文号，一直推广应用至今[36]。广州市新洲奶牛场于 1990 年对该疫苗的免疫效果进行了统计分析，结果显示，1990 年发生的奶牛流行热属零星散发，以青年牛发病为主，持续时间长，有 55 头青年牛发病，占总发病牛数的 69.62%，注射疫苗的青年牛发病率为 23.2%，比 1987 年未注疫苗的青年牛发病率低 51.05%，拿这两个比率进行差异显著性检验分析显示差异极显著，说明疫苗的免疫保护效果是比较好的[37]。朱雁等[38] 对以徐州为中心的淮海经济区牛流行热的流行情况及疫苗免疫效果进行了调查，该地区在 1983 年、1990 年、1995 年、2002 年、2006 年曾发生大流行，发病率达 50% 以上，死亡率 2%～3%，造成生产性能大幅下降、生产成本大幅增加、奶牛大量被淘汰、产奶量大幅下降（有的甚至下降 60% 以上）；1986年、1998 年、2009 年曾发生地方性流行，发病率约 30%，死亡率约 2%。该区奶牛养殖场从 2011 年开始使用牛流行热疫苗，截至 2017 年，再未出现过牛流行热流行，仅有零散发病。朱雁等于 2016 年针对该区接种过疫苗的牛群，抽样检测血样的抗体效价，验证疫苗的免疫效果。8 个奶牛场第一次免疫后牛流行热免疫抗体合格率平均为 55.6%，8 个奶牛场第二次免疫后抗体合格率平均为 85.1%，8 个奶牛场第三次免疫后抗体合格率平均为 97.7%。由此推断，经过两次牛流行热疫苗免疫后，免疫抗体合格率即能达到 80% 以上，能够有效预防牛流行热的发生[38]。

（3）亚单位疫苗　以牛流行热病毒 G 蛋白为抗原进行了亚单位疫苗的研究。我国在 20 世纪 80 年代就研发出 G 蛋白亚单位疫苗，以白油作为佐剂，两次免疫 6 个月后攻毒，可对免疫牛提供 50% 的保护，并具有良好的安全性，对控制牛流行热的流行发挥出积极作用[39,40]。林秀英等[41] 于 1988—1991 年在牛流行热严重流行的广州燕塘牧场及云燕奶牛场进行了 4 年的区域试验，试验牛包括犊牛、育成牛和成年奶牛，4 年累计共免疫接种不同年龄的奶牛 3315 头次，注苗后见有少数牛出现一过性精神不振和热反应，食欲减退，部分免疫牛注射部位有鸡卵至鹅卵大的肿胀，肿胀在 20d 左右消退，个别牛可存留 2 个月以上，对妊娠牛免疫接种未引起流产。在试验过程中观察到，1989 年牛流行热在广州出现小流行时，试验点接种的牛未发病，而未接种疫苗的牛群则有牛发病；1991 年是牛流行热在全国大流行的年份，试验点的牛发生本病时紧急进行了预防接种，第二次接种后未见有病牛，发病的持续时间从 3 个月缩短至 13～30d，说明牛流行热亚单位疫苗有非常显著的保护作用。虽然实验室和区域性试验均证实牛流行热亚单位疫苗具有保护作用，但由于当时的生产条件限制，生产程序复杂，工艺要求较高等方面的因素，该亚单位疫苗没有获得国家兽药生产批准文号批件。澳大利亚以 Quil A 为佐剂进行了 G 蛋白亚单位疫苗的研发，两次或三次免疫后可提供 100% 的攻毒保护，但该疫苗没有进行田间评价，也没有实现商业化[42]。

（4）重组疫苗　利用重组病毒载体表达的 BEFV G 蛋白作为抗原，也进行了疫苗研究。以瘤状皮肤病病毒（Neethling 株）作为宿主，表达的 G 蛋白免疫 4 次后，能诱导动物机体产生特异性的中和抗体和细胞免疫反应，但最后一次免疫后攻毒无保护作用[43]；以牛痘病毒（NYBH 株）作为宿主，表达的重组 G 蛋白免疫 2 次，可诱导动物机体产生中和抗体，但对牛流行热病毒的攻击无保护作用[44]。

2.3.5.3　国内市场上牛流行热疫苗

中国农业科学院哈尔滨兽医研究所白文彬研究员等利用牛流行热北京毒株驯化出 JB76k 株[36]，用其生产的灭活疫苗对广东、江西、湖南、山东的 29693 头奶牛进行免疫，证实该灭活疫苗安全有效，不仅对预防牛流行热有很好的作用，而且可用于暴发牛流行热牛场的紧急预防接种。

牛流行热灭活疫苗（JB76k 株）是目前我国唯一发放兽药生产批准文号的疫苗，也是我国目前正在使用的疫苗。除此之外，我国其他科研机构还研究过牛流行热鼠脑弱毒疫苗、结晶紫灭活疫苗、甲醛氢氧化铝灭活疫苗、亚单位疫苗等，但到目前为止，这些疫苗还未获得国家兽药生产批准文号批件。

（1）牛流行热灭活疫苗说明书

① 兽药名称　通用名称：牛流行热灭活疫苗；英文名称：Bovine Epidemic Hemorragic Fever Vaccine, Inactivated。

② 主要成分与含量　疫苗中含有灭活的牛流行热病毒。

③ 性状　乳白色乳剂。

④ 作用与用途　用于预防牛流行热。第 2 次免疫接种 21d 后产生免疫力，免疫持续期为 4 个月。

⑤ 用法与用量　颈部皮下注射 2 次，每次 4mL，两次间隔 21d；6 月龄以下的犊牛，注射剂量减半。

（2）注意事项

① 本疫苗可用于免疫不同年龄、不同性别的奶牛、黄牛以及妊娠牛。给妊娠牛注射应避免引起机械性流产。

② 在牛流行热暴发地区，可用本疫苗对牛群进行紧急预防接种。

③ 接种本疫苗后，有少数牛只于接种局部出现轻度肿胀，21d 左右基本消失，还有少数牛只出现一过性热反应，属疫苗接种反应。

④ 免疫攻毒试验应在设有防蚊条件的试验舍内进行，以防散毒。

（3）规格　100mL/瓶，250mL/瓶，500mL/瓶。

（4）贮藏与有效期　在 4～8℃保存，有效期为 4 个月。

参考文献

[1] Hertig C, Pye A D, Hyatt A D, et al. Vaccinia virus-expressed bovine ephemeral fever virus G but not GNS glycoprotein induces neutralizing antibodies and protects against experimentalinfection[J]. Journal of General Virology, 1996, 77（4）: 631-640.

[2] 高闪电, 王积栋, 独军政, 等. 牛流行热病毒分离株 HN1/2012 的全基因组序列测定及演化分析[J]. 畜牧兽医学报, 2018, 49（10）: 166-174.

[3] Nandi S, Negi B S. Bovine ephemeral fever: A review[J]. Comparative Immunology Microbiology and Infectious Diseases, 1999, 22（2）: 81-91.

[4] George S T D. The epidemiology of bovine ephemeral fever in Australia and its economic effect[C]; proceedings of the Arbovirus Research in Australia, F, 1986.

[5] Walker P J, Byme K A, Riding G A, et al. The genome of bovine ephemeral fever rhabdovirus contains two related glycoprotein genes[J]. Virology, 1992, 191（8）: 49-61.

[6] Walker P J, Keren A B, Daisy H C, et al. Proteins of bovine ephemeral fever virus[J]. Journal of General Virology, 1991, 72（4）: 67-74.

[7] Cybinski D H, Walker P J, Byrne K A, et al. Mapping of antigenic sites on the bovine ephemeral fever virus glycoprotein using monoclonal antibodies[J]. Journal of General Virology, 1990, 71（9）: 2065-2072.

[8] Jiang C L, Yan J D. Evidence of Kimberley virus infection of cattle in China[J]. Tropical Animal Health Processings, 1989, 21（2）: 85-86.

[9] Blasdell K R, Voysey R, Bulach D M, et al. Malakal virus from Africa and Kimberley virus from Australia are geographic variants of a widely distributed ephemerovirus[J]. Virology, 2012, 433（9）: 236-244.

[10] Zheng F, Qiu C. Phylogenetic relationships of the glycoprotein gene of bovine ephemeral fever virus isolated from mainland China, Taiwan, Japan, Turkey, Israel and Australia[J]. Virology Journal, 2012, 9: 268.

[11] He C, Liu Y, Wang H, et al. New genetic mechanism, origin and population dynamic of bovine ephemeral fever virus[J]. Veterinary Microbiology, 2016, 182: 50-56.

[12] Walker P J, Klement E. Epidemiology and control of bovine ephemeral fever[J]. Veterinary Research, 2015, 46: 124.

[13] 柳美玲, 胡士林, 石英. 牛流行热研究进展[J]. 山东畜牧兽医, 2014, 35（3）: 76-78.

[14] St George T D. Evidence that mosquitoes are the vectors of bovine ephemeral fever virus[J]. Arbovirus research in Australia, 2009, 10（1）: 161-164.

[15] Walker P J. Bovine ephemeral fever: Cyclic resurgence of a climate-sensitive vector-borne

disease[J]. Australia Microbiology, 2013, 10（3）: 41-42.

[16] Aziz-Boaron O, Klausner Z, Hasoksuz M, et al. Circulation of bovine ephemeral fever in the Middle East--strong evidence for transmission by winds and animal transport[J]. Veterinary Microbiology, 2012, 158（3-4）: 300-307.

[17] Bai W. Preliminary observation on the epidemiology of bovine ephemeral fever in China [J]. Animal Health and Production, 1991, 23（1）: 22-26.

[18] Bi YL, Li CD, Zhang N, et al. A Survey of bovine ephemeral fever in Yunnan Province, China[A]. ACIAR Proceedings No. 44. Australian Centre for International Agricultural Research [M]. Canberra, 1993, 27-28.

[19] Li Z, Zheng F Y, Gao S, et al. Large-scale serological survey of bovine ephemeral fever in China[J]. Veterinary Microbiology, 2015, 176（1-2）: 155-160.

[20] Zhang Y L, Wang X, Yun L M, et al. Epidemiological investigations of bovine ephemeral fever in Jilin Province[A]. ACIAR Proceedings No. 44. Australian Centre for International Agricultural Research[M]. Canberra, 1993, 117-119.

[21] Yeruham I, Gur Y, Braverman Y. Retrospective epidemiological investigation of an outbreak of bovine ephemeral fever in 1991 affecting dairy cattle herds on the Mediterranean coastal plain [J]. Veterinary Journal, 2007, 173（2）: 190-193.

[22] Yazdani F, Bakhshesh M, Esmaelizad M, et al. Expression of G1-epitope of bovine ephemeral fever virus in E. coli: A novel candidate to develop ELISA kit[J]. Veterinary Research Forum, 2015, 8（3）: 209-213.

[23] St George T D. Studies on the pathogenesis of bovine ephemeral fever in sentinel cattle. I. Virology and serology. Veterinary Microbiology, 1985, 10（6）: 493-504.

[24] Tzipori S, Spradbrow PB. Studies on vaccines against bovine ephemeral fever[J]. Australian Veterinary Journal, 1973, 49（4）: 183-187.

[25] Theodoridis A, Boshoff S E, Botha M J. Studies on the development of a vaccine against bovine ephemeral fever[J]. Onderstepoort Journal of Veterinary Research, 1973, 40: 77-82.

[26] Walker P J. Bovine ephemeral fever in Australia and the world[J]. Current Topics in Microbiology and Immunology, 2005, 292: 57-80.

[27] Erasmus B J. The use of live ephemeral fever vaccine in South Africa. In: St George T D, Kay B H, Blok J（eds）. Proceedings of the 4th symposium on arbovirus research in Australia, Brisbane, May 1986. CSIRO-QIMR, 318-319.

[28] Vanselow B A, Abetz I, Trenfield K. A bovine ephemeral fever vaccine incorporating adjuvant Quil A: a comparative study usingadjuvants Quil A, aluminium hydroxide gel and dextran sulphate[J]. 1985, Veterinary Record, 117: 37-43.

[29] Hsieh Y C, Wang S Y, Lee Y F, et al. DNA sequence analysis of glycoprotein G gene of bovine ephemeral fever virus and development of a double oil emulsion vaccine against bovine ephemeral fever[J]. Journal of Veterinary Medical Science, 2006, 68: 543-548.

[30] Inaba Y, Kurogi H, Sato K, et al. Formalininactivated, aluminium phosphate gel-adsorbed vaccine of bovine ephemeral fever virus[J]. Arch GesamteVirusforsch, 1973, 42: 42-53.

[31] Aziz-Boaron O, Leibovitz K, Gelman B, et al. Safety, immunogenicity and duration of immunity elicited by an inactivated bovine ephemeral fever vaccine[J]. PLoS One 2013, 8: e82217.

[32] Aziz-Boaron O, Gleser D, Yadin H, et al. The protective effectiveness of an inactivated bovine ephemeral fever virus vaccine[J]. Veterinary Microbiology, 2014, 173: 1-8.

[33] Della-Porta A J, Snowdon W A. Experimental inactivated virus vaccine against bovine ephemeral fever II. Do neutralizing antibodies protect against infection[J]. Veterinary Microbiology, 1979, 4: 197-208.

[34] Tzipori S, Spradbrow P B. Studies on vaccines against bovine ephemeral fever. Australian Veterinary Journal, 1973, 49: 183-187.

[35] Inaba Y, Kurogi H, Takahash A, et al. Vaccination of cattle against bovine ephemeral fever

with live attenuated virus followed by killed virus [J]. Arch GesamteVirusforsch, 1974, 44: 121-132.

[36] 白文彬, 张自刚, 林秀英, 等. 牛流行热病毒灭活疫苗的研究[J]. 中国畜禽传染病, 1993, 6: 15-19.

[37] 叶国材, 陈初茂, 周运坤, 等. 广州市新洲奶牛场牛流行热病毒灭活疫苗应用效果观察. [J]. 中国奶牛, 1994, 4: 36-37.

[38] 朱雁, 王建辉, 陈燕眉, 等. 淮海经济区牛流行热流行病学调查及其疫苗免疫效果试验[J]. 中国奶牛, 2018, 4: 41-43.

[39] 严隽端, 张自刚, 林秀英, 等. 牛流行热病毒亚单位疫苗于 G 蛋白疫苗对牛免疫效力比较试验[J]. 中国畜禽传染病, 1993, 5: 11-16.

[40] 姚龙涛, 卫秀余, 吴建华, 等. 牛流行热亚单位油佐剂疫苗免疫效果观察[J]. 上海畜牧兽医通讯, 1994, 2: 29.

[41] 林秀英, 黄金逯, 陈惠珍, 等. 流行热病毒亚单位疫苗的研究: Ⅲ. 亚单位疫苗在广州区域试验的初步观察[J]. 中国畜禽传染病, 1993, 3: 8-10.

[42] Uren M F, Walker P J, Zakrzewski H, et al. Effective vaccination of cattle using the virion G protein of bovine ephemeral fever virus as an antigen[J]. Vaccine, 1994, 12: 845-850.

[43] Wallace D B, Viljoen G J. Immune responses to recombinants of the South African vaccine strain of lumpy skin disease virus generated by using thymidine kinase gene insertion [J]. Vaccine, 2005, 23: 3061-3067.

[44] Hertig C, Pye A D, Hyatt A D, et al. Vaccinia virus-expressed bovine ephemeral fever virus G but not G (NS) glycoprotein induces neutralizing antibodies and protects against experimental infection[J]. Journal of General Virology, 1996, 77: 631-640.

2.3.6　牛传染性胸膜肺炎疫苗

2.3.6.1　牛传染性胸膜肺炎简介

牛传染性胸膜肺炎 (contagious bovine pleuropneumonia，CBPP) 又称牛肺疫，是由丝状支原体丝状亚种 (*Mycoplasma mycoides* subsp. *Mycoides*，Mmm) 引起的一种对牛危害严重的高度接触性传染病。以高热，呼吸困难，咳嗽，肺小叶间淋巴管浆液-渗出性纤维素性炎和浆液纤维素性胸膜炎为特征。

牛传染性胸膜肺炎在 16 世纪只局限于阿尔卑斯山和比利牛斯山，之后传遍欧洲各国。19 世纪传入美国、澳大利亚及非洲，20 世纪传入亚洲。目前该病在非洲撒哈拉地区呈现地区性流行。本病在我国流行达 70 年之久，给国民经济造成巨大损失。由于我国研制了有效的弱毒疫苗，结合严格的防治措施，自 1989 年后再也没有临床病例发现，2011 年获得世界动物卫生组织 (OIE) 颁发的牛传染性胸膜肺炎无疫认证证书。

Mmm 基因组鸟嘌呤和胞嘧啶 (G＋C) 含量一般低于 30%。以其代表株 PG1 为例，基因组为单股环状 DNA，大小为 1211kb，G＋C 含量为 24%，包含 985 个假定基因，其中 72 个基因是插入序列的一部分，编码转座酶蛋白。蛋白质的毒力差异很大，包括基因编码的假定的表面蛋白、酶和转运蛋白。关于 Mmm 的致病分子机制在很多方面仍然是未知的。在黏附到特定宿主的组织、逃避宿主的免疫应答、在感染动物体内定植和扩散并通过细胞毒性引起炎性反应和病理变化过程中，Mmm 具有独特的致病机理。对 Mmm 致病性分子机制的详细研究无论对疫病快速诊断还是疫苗研发，都是很有必要的。

在自然情况下，CBPP 病愈牛对再次感染具有了抵抗力，不再发生二次感染。

2.3.6.2　牛传染性胸膜肺炎疫苗研究进展

CBPP 曾经是仅次于牛瘟的危害最严重的动物传染病，严重影响动物福利和动物源性食品产量。虽然人类认识该病已经有 200 多年，但该病对畜牧业的危害一直持续。科学家们在诊断技术和疫苗的研究上付出了巨大的努力，带来的成果是该病已经在很多国家被有效控制或根除，通过采取扑杀、限制移动和免疫等措施，澳大利亚、印度、瑞士、博茨瓦纳、葡萄牙、美国和中国已经获得无 CBPP 认证。CBPP 目前仍在非洲西南部国家存在。

用于防控 CBPP 的疫苗主要为商品化的弱毒疫苗，但由于其生产方式繁琐、免疫保护期短、有不良反应等缺点，仍然需要研制新一代疫苗以克服这些局限。新一代替代疫苗，理想情况下应该是稳定的，单剂量给药可提供更长的免疫持续时间和更高水平的保护，并且不会引起不良反应。过去 20 多年来对 CBPP 弱毒疫苗、灭活疫苗、亚单位疫苗及载体疫苗进行了大量的研究，虽然存在很多问题，但也取得了一些突破性的进展。

（1）弱毒活疫苗　弱毒活疫苗是通过自然筛选或人工致弱等手段获得减毒株后培养制备的疫苗。人工弱毒活疫苗又可以分为传代致弱毒活疫苗与重组致弱毒活疫苗。与灭活苗相比，弱毒活疫苗具有的优点是进入机体后能呈现所有的相关抗原，无须多次免疫就能保持持久的免疫力。

国外正在使用的 CBPP 弱毒疫苗 T1/44 是一种鸡胚连续传代 44 代致弱的减毒活疫苗株。当牛群每年连续接种一次时，T1/44 疫苗会诱导被免疫动物产生良好的免疫力，保护水平超过 85%。但其免疫保护期不到 6 个月，需要每年至少接种一次。如果间断免疫，重新免疫会引起全身或局部严重的不良反应。通过大规模接种 T1/44，许多国家已成功根除 CBPP，但在非洲国家却不尽然，这主要是由于无法维持每年的疫苗接种，疫苗稳定性差（保质期短），运输过程需要冷链；而且非洲目前的大多数制造商无法保证良好的疫苗生产质量，导致牛接种的疫苗没有达到最低滴度的要求，或接种的稀释液质量较差而无法达到免疫保护的要求。

已建议通过改变疫苗配方来改进该疫苗性能，March 的研究表明对当前疫苗进行简单而廉价的改变，例如使用 HEPES 缓冲系统和加入 pH 指示剂以及限制使用 1mol/L $MgSO_4$ 作为疫苗稀释剂，可使疫苗产量和稳定性提高十倍至几百倍，生产的疫苗应该会提高其在该领域的有效性。

一种 T1/44 的链霉素抗性衍生疫苗株 T1-SR 在牛瘟感染期间与牛瘟疫苗联合使用，成功根除非洲牛瘟，但对 CBPP 的免疫效果有限。

我国在 20 世纪 60 年代研制成功兔化绵羊适应弱毒疫苗，经全国大范围免疫接种成功控制了 CBPP 的流行，为我国获得无疫认证做出了巨大贡献。但该疫苗由于生产工艺的缺陷，需要进行替代或现代化改良以适应生物安全要求。

（2）灭活疫苗　近些年来已经尝试和测试了一系列灭活疫苗。除了灭活方式及佐剂对灭活疫苗的质量非常重要，支原体菌株的数量也起着至关重要的作用。热灭活或次氯酸钠灭活可以显著改变无乳支原体的抗原，但降低了免疫原性。已经报道的两种 CBPP 灭活疫苗，第一个为皂苷灭活的 Mmm 全菌疫苗，这种方法对牛支原体病、传染性无乳症和传染性山羊胸膜肺炎具有保护作用。第二种用 20mL 浓度为 14.5mg/mL 的热灭活支原体配以适当的佐剂免疫两次，诱导了针对 CBPP 的免疫，接种动物病变减少。表明无论是活菌还是灭活菌，支原体必须大量存在才能诱导足够的保护性反应，活的病原体对于诱导免疫并非必需。T1/44 疫苗同样也呈现出剂量依赖性，10^5 的剂量显示低的保护率，而 $10^7 \sim 10^9$ 剂量则显示较高的保护率。2016 年 Mwirigi 等人再次比较了 T1/44 疫苗与两种 Afadé 菌株灭活疫苗的保护能力，福尔马林灭活的疫苗保护水平较差，为 31%，而与弗氏完全佐剂混合的 3mg 的热灭活 Mmm 疫苗注射 3 次可保护 80% 的牛免受 Mmm 感染，略高于 T1/44 的 74%。这些结果表明低剂量的热灭活疫苗可以提供与 T1/44 减毒活疫苗相当的保护水平。

（3）亚单位疫苗　亚单位疫苗具有安全性高、成本低、易于规模化生产等优点，也成为 CBPP 疫苗研发的一个方向。已发现 Mmm 的几种脂蛋白 LppA、LppB、LppC 和 LppQ 可引发特异性的体液反应。已在感染 Mmm 三周的牛淋巴结中发现仅识别 LppA 的 $CD4^+$ T 细胞分泌的 IFN-γ，其在感染恢复的牛体内持续存在至少一年。LppA 是一种高度保守的脂蛋白，已被证明能引起参与长期免疫的 T 细胞亚群 $CD4^+$ 中央型记忆 T 细胞的增殖。由于其能够触发宿主免疫反应的特异性 T 细胞反应和体液反应两个分支，已被作为亚单位疫苗进行评估。

由高免疫原性脂蛋白 LppQ 制备的重组亚单位疫苗，尽管每 6 周进行两次疫苗接种，但在接种动物中没有提供任何保护；与未接种疫苗的接触对照组相比，接种动物的病变似乎更严重。在 LppQ 组中，一半的牛在实验结束前死亡，而对照组则只有不到一半的牛死亡。LppQ 免疫似乎加剧了牛的 CBPP 症状。从这些结果来看，尽管 LppQ 被认为是主要的免疫蛋白且是可能的毒力基因，但其并不能作为 CBPP 亚单位疫苗的抗原。

利用反向疫苗学方法，研究人员确定了几种候选疫苗抗原，它们对 CBPP 具有免疫保护性。目前正在开展疫苗的优化，包括扩大生产规模、免疫持续时间、田间测试和与 T1/44 疫苗的比较等。

Mmm 荚膜多糖（CPS）是少数已确定的毒力决定因素之一。CPS 由 6-O-β-d-呋喃半乳糖基-d-半乳糖（6-O-β-d-galactofuranosyl-d-galactose）组成。在小鼠模型中，一种产少量 CPS 的 Mmm 菌株对抑制生长的抗血清更加敏感，并产生更长时间的菌血症。Waite 和 March 的研究表明，与单独使用多糖产生的抗体相比，用 Mmm CPS 接种小鼠的抗体反应显著增强，但是这些反应并没有阻止支原体在小鼠体内的生长。但针对 Mmm CPS 特异的单克隆抗体已显示可抑制支原体与牛肺上皮细胞的黏附，并阻止支原体生长。CPS 的这一属性使其成为有希望的候选疫苗，因为黏附是支原体致病的重要步骤。当对成年牛进行皮下注射时，与接种活疫苗的动物相比，CPS 疫苗引发了相似或更高滴度的特异性抗体反应。与未免疫组相比，免疫动物组的病理显著降低（57%）。目前还没有 CBPP 相关亚单位疫苗成功研制的报道，但亚单位疫苗的优势，如不需要冷链运输、提高疫苗接种效率、降低生产成本以及与其他疫苗结合的能力使其仍是今后 CBPP 疫苗开发的趋势。

（4）载体疫苗　人类 5 型腺病毒（HAdV-5）载体能引发强烈的体液和细胞免疫反应，并且已被证明可在不同物种中提供针对无数病原体的保护。Carozza 等人的一项研究显示，表达 LppA 的腺病毒载体在免疫小鼠后，引发了小鼠强烈的 LppA 特异性体液反应，并且在加强免疫后触发了 Th1 主导细胞介导的反应。与目前使用的 T1/44 疫苗相比，非复制性载体 HAdV-5 疫苗对牛淋巴细胞没有细胞毒性，即使高感染复数，对牛的副作用也很小。一些证据表明感染 Mmm 后恢复的牛能够抵抗继发感染，这与 Mmm 特异性 $CD4^+$ T 细胞的持续存在有关，这些细胞在外周血和肺淋巴结回流中分泌干扰素 γ（IFN-γ）。另外，对 CBPP 的抵抗力也与血清和支气管灌洗液中更高滴度或更持久产生 Mmm 特异性 IgA 抗体有关。所以，引发呼吸道黏膜免疫反应也是 CBPP 理想疫苗的标准。而基于 HAdV-5 的疫苗通过黏膜和胃肠外途径给药能够引发黏膜免疫反应。事实上，基于 HAdV-5 的疫苗正在多种人类空气传播病原体（包括肺结核和流感）的临床前和/或临床试验中进行评估。在牛呼吸道病原体疫苗，包括卡介苗（BCG）和牛疱疹疫苗的初免加强方案中，基于 HAdV-5 的疫苗已证明能抵抗攻击抗黏膜的呼吸道病原体，如牛结核分枝杆菌。基于 HAdV-5 的载体已被证明能启动或增强其他候选疫苗引起的免疫反应，因此 HAdV-5 载体疫苗和 T1/44 疫苗结合将在免疫启动增强中具有相当大的意义。通过载体展示免疫抗原引发针对 CBPP 的迅速和强大的免疫反应力，不失为开发 CBPP 新型疫苗的一种新思路。

（5）疫苗递送系统　非复制抗原，如纯化蛋白，通常免疫原性较低。选择相关的传递系统和免疫刺激分子将提高和调节宿主免疫反应。通过加入佐剂或用免疫刺激分子（如凝集素或 Toll 样受体配体）包衣，可以增强这些传递系统的效力，这将进一步减少抗原的使用量，从而降低疫苗的成本。已用 Mmm 免疫刺激复合物（ISCOM）制剂对 CBPP 进行免疫保护试验，发现 ISCOM 诱导了抗体和细胞介导的反应，降低了接种动物的死亡率，但不影响病变的形成。仍需更多试验测定疫苗递送系统在 CBPP 疫苗开发中的用途。

CBPP 疫苗研究已进行多年，但还有许多问题亟待解决，如建立能够重现 CBPP 病变的理想攻毒模型，Mmm 表面毒力因子及分泌产物的体内外功能验证，CBPP 的免疫病理学机制研究，Mmm 突变体的构建，使用新的攻毒模型解析免疫保护机制，鉴定 Willems 反应和驱使该反应的支原体成分等等。此外，应用系统性组学（OMIC）研究，如基因组学、转录组学、蛋白质组学、脂质组学和糖组学，并将其整合到系统生物学方法中，以便更好地了解病原体、宿主及其相互作用，鉴定诱导免疫保护反应的抗原。这些问题需要生物信息学和免疫学行业的专家共同合作进行疫苗的合理设计，并加速推进疫苗的研发。未来的研究也需要集中在黏膜免疫方面，如分泌型 IgA 可预防感染。

2.3.6.3　牛传染性胸膜肺炎兔化弱毒疫苗制备的基本原理

1949—1989 年，CBPP 在我国共导致 178570 头牛死亡，为了控制 CBPP 在我国的大规模流行，我国在研制 CBPP 弱毒疫苗时采取了与 T1/44 疫苗截然不同的研究策略。从 1956 年开始，我国采用异体传代致弱的方法研制成功兔化和兔化绵羊适应菌苗，在全国广泛应用，共计免疫 7451.1 万头份弱毒疫苗，有效控制了 CBPP 的流行。2011 年中国已经获得 OIE 颁发的无 CBPP 国际认证。

1956 年开始，中国农业科学院哈尔滨兽医研究所的科学家将从发生 CBPP 的牛肺脏中分离到的 Mmm 菌株（命名为本-1）人工感染兔睾丸，从感染兔的睾丸或肠系膜淋巴结中分离 Mmm 并扩大培养，将培养物接种兔胸腔。从具有剖检病理变化的兔肺脏中重新分离到 Mmm，随后再次人工感染兔，就这样在兔体内传代 45 代后，几乎全部实验兔出现体温升高，呼吸迫促和精神萎靡症状，并出现浆液渗出性纤维素性胸膜炎和浆液性卡他性肺炎，实质脏器肿胀，可以从多数脏器和血液中分离到 Mmm。在兔体中共传代 470 代，结果与上面描述相似。由此可以看出本-1 菌株通过兔体传代后，从 45 代开始已经适应，其适应性随着兔体继代次数的增加逐渐增强。通过对兔胸腔渗出液含菌数的检测表明，第 45 代后一直维持在 $10^{10\sim11}$ CCU/mL。

通过异体动物传代的主要目的是在降低菌株毒力的同时，保留其良好的免疫原性。那么，上述传代是否达到预期目的？在实验室内通过动物免疫试验证实，当兔化菌种传代至120代后利用胸腔渗出液制成的弱毒疫苗（10^9/mL）臀部肌内接种或尾尖皮下接种牛，攻毒后具有100%（4/4）的保护率，而对照组全部发病。但传代406代后，免疫原性下降，保护率只有50%（2/4）。可以看出，以兔体120~359代菌种制成的弱毒疫苗，不论臀部肌内接种或尾尖皮下接种都可以产生良好的保护力。对兔体180代胸腔渗出液的免疫持续期试验表明，在免疫后28个月仍可以有100%保护率（4/4）。但由于当时我国兔数量较少，特别是在牧区，为了大面积推广应用，1957年开始将兔化85代菌种适应绵羊，利用绵羊胸腔渗出液稀释液制成疫苗也同样具有100%保护率（4/4），免疫持续期达到27个月。

我国地域辽阔，在西藏、甘肃等地分布着几百万头牦牛和犏牛。由于遗传因素和饲养环境的差异，导致兔化和绵羊适应疫苗对牦牛和犏牛产生不良反应，免疫注射后引起0.08%的死亡率，并伴随神经症状。因此，从1959年起，利用155代的兔化弱毒人工感染藏系绵羊期望获得可用于牦牛和犏牛免疫的疫苗。在研制过程中采用了与前述描述相同的策略，在藏系绵羊体内传至76代后，获得了免疫原性好但对牦牛没有毒力的菌株。使用藏系绵羊胸腔渗出液100倍稀释液以氢氧化铝为佐剂制成的弱毒疫苗臀部肌内注射2mL，在实验中获得了100%（3/3）的保护率，免疫期为1年。对百万头牦牛进行免疫接种，正常反应率为0.09%（正常反应：注射部位轻微肿胀、脱毛，食欲减退等）。

异体动物传代来对强毒致弱获得保持免疫原性的疫苗菌株在当时历史条件下是一个具有挑战性的方法。人工感染非易感动物使强毒菌株降低毒力，但保持了免疫原性，这种结果非常令人鼓舞。但菌株在兔体中发生的生物学变化主要是蛋白表达差异的机理目前还不清楚。阐明这种变化的本质对于其他支原体弱毒疫苗的研究具有重要的作用。

2.3.6.4　牛传染性胸膜肺炎兔化弱毒疫苗的特点

使用兔化菌株和绵羊适应菌株感染兔和绵羊，采集胸腔渗出液经稀释后配以铝胶佐剂，这种方法可以在20世纪50年代的中国大部分省份使用。因为当时中国的冷链运输体系还不具备，疫苗的运输保存成为最大的难题。各地区可以使用兔化和兔化绵羊适应弱毒疫苗种子在当地生产疫苗，这就解决了弱毒疫苗运输、保存的难题（中国畜牧兽医，1962，第9期）。随之带来的问题是生产的疫苗效价无法统一评价，但这与控制CBPP的迫切需要相比并不重要。

中国研制的CBPP兔化和兔化绵羊适应弱毒疫苗对牛可不经检疫即可全面接种，减少了检疫、隔离、扑杀阳性牛和疑似病牛等步骤，从而节约了大量的人力、物力、财力；该疫苗可做臀部肌内接种；而且安全性好，野外免疫试验保护率达到95.7%，逐步控制了牛肺疫在我国的流行。

在弱毒疫苗生产中发现，兔胸腔渗出液平均只有17mL，及时做100倍稀释每只兔的胸腔渗出液只能接种850头牛（2mL/头），而且当时中国兔的存栏量无法满足疫苗的大量生产需要。因此，又将兔化菌适应绵羊获得了兔化绵羊适应菌，使用绵羊胸腔渗出液的500倍稀释液作为疫苗。平均每只绵羊产生胸腔渗出液214mL，500倍稀释后可免疫牛53500头。使用绵羊胸腔渗出液极大地增加了疫苗产量，为免疫预防提供了充足的疫苗。

从1960年开始，相继在中国大范围应用上述两种疫苗，到1989年共计接种7451.1万头份，其中接种最多的是西藏自治区（1940万头），其次是内蒙古自治区（1745万头）。

1959 年是 CBPP 流行的高峰期，之后流行趋势逐渐减弱，而这与 1960 年开始大范围使用弱毒菌苗免疫密切相关。在进行免疫预防过程中，发现兔化和绵羊适应疫苗两种疫苗对除牦牛和犏牛外的其他品种牛皆安全有效。而兔化藏系弱毒疫苗在西藏、甘肃等主要牦牛、犏牛饲养区接种 710 万头，控制了 CBPP 的流行。

弱毒疫苗是具有潜在风险的，对已感染动物的接种有可能会引起严重的后果。这种情况也出现东非，紧急免疫接种后不良反应出现在接种后 2～3d，当然 T1/44 株也可在接种后 2～3 周在注射部位引起局部反应。在使用兔化弱毒疫苗对牦牛和犏牛接种时有 0.7% 的不良反应率，死亡率为 0.08%（中国农业科学，1976 年 3 期）。这可能是由于弱毒疫苗菌种是由适应兔体而来的。1959 年开始将兔化菌种适应藏系绵羊后就解决了这一问题。虽然有 0.09% 的免疫牛出现异常反应，但并不能妨碍疫苗的应用。

2.3.6.5　牛传染性胸膜肺炎兔化弱毒疫苗使用说明和注意事项

由于我国已经消灭牛肺疫，按照农业农村部的相关要求，目前国内市场上没有商品化的牛传染性胸膜肺炎弱毒疫苗产品。以下描述的疫苗使用说明和注意事项皆为我国 20 世纪 60 年代大规模免疫接种过程中涉及的。

（1）使用说明　该弱毒疫苗注射于牛的臀中肌（髋结节、坐骨结节与股骨大粗隆转子连线的三角区中部）肌肉内，6～12 个月牛注射 1mL，12 个月以上大牛注射 2mL。对于个别地区牛只反应敏锐，可试用 1∶100 倍稀释的盐水苗，12 个月以上大牛 1mL，6～12 个月牛 0.5mL，皆作尾尖皮下注射。6 个月以下小牛不注射。

（2）注意事项　① 菌苗在使用或运输中，应避免阳光直射，4℃ 保存，防止冻结，如已冻结应弃之不用。

② 在使用菌苗时，应注意氢氧化铝胶常常出现下沉现象，需摇匀后吸苗注射。

③ 注射部位剪毛后，用碘酒或酒精消毒再接种疫苗。

④ 在接种疫苗前必须了解牛群情况，接种牛应当营养较好，不健康的牛接种后容易引起合并症，应在康复后再接种。有 CBPP 临床症状的牛不予接种。临产牛为避免流产，可不予接种。

⑤ 在接种本菌苗后，偶尔有个别牛只可能由于个体关系而发生轻重不同的反应，即接种后 1～2 周内有轻度发热或接种部位热痛肿胀或呈一过性单肢跛行现象，一般在 1～2 周内恢复。如有宿疾或由于个体关系反应也可能较重些，因此防疫人员在接种本菌苗后 2～3 周内应组织复查。如为局限性肿胀，体温食欲无明显变化属于正常反应，无须治疗。但肿胀扩大到全臀部，并由于高热稽留影响食欲，甚至肿胀波及肛门周围影响排泄的，或出现多发性关节炎甚至瘫痪，属于不正常反应，应以注射用盐酸土霉素给予早期治疗，剂量按照牛体重每 100kg 1g，每天 1 次连续注射 3～4d。

⑥ 本菌苗在开展大规模接种前应先做 100～200 头牛的试点，观察 3～4 周，如无不正常反应再扩大范围接种。

2.3.7　羊支原体肺炎疫苗

2.3.7.1　羊支原体肺炎简介

羊支原体肺炎（Mycoplasmal pneumonia of sheep and goats，MPSG）是由丝状支原

体山羊亚种（*Mycoplasma mycoides* subsp. *capri*，Mmc）、绵羊肺炎支原体（*Mycoplasma ovipneumoniae*，Mo）和山羊支原体山羊亚种（*Mycoplasma capricolum* subsp. *capricolum*，Mcc）等支原体引起的高度接触性传染病。以高热、咳嗽、喘气、渐进性消瘦、肺间质增生性炎症、胸腔和胸膜发生浆液性和纤维素性炎症为特征[1]。该病目前在全球养羊业广泛流行，对世界养羊业造成了严重危害。本病在我国流行已久，近年来随着我国养羊业发展，该病的流行区域增大，已在甘肃、宁夏、新疆、青海、内蒙古等20余省市报道流行，成为危害养羊业的常发病、多发病，造成了严重的经济损失。

羊支原体肺炎的病原属于软壁菌门，柔膜体纲，支原体目，支原体科，支原体属。菌体均细小、多形态。革兰氏染色阴性，用吉姆萨或美蓝染色良好。该病原抵抗力一般，煮沸或高温能将其杀死。对渗透压、紫外线、常用的消毒剂和重金属盐等也都比较敏感。该病原无细胞壁，对青霉素类、头孢菌素类有抵抗力，常用抗生素是四环素类（如四环素、多西环素等）、大环内酯类（如红霉素和阿奇霉素等）及一些氟喹诺酮类药物（如氧氟沙星、诺氟沙星和加替沙星等）[2]。绵羊肺炎支原体在固体培养基上形成小型、半透明、无中心脐的非典型支原体菌落。可以代谢葡萄糖，不水解精氨酸、不分解尿素、不还原四唑氮，膜斑试验阳性，对洋地黄皂苷敏感。Mmc 在支原体培养基上生长良好，在固体培养基上形成肉眼可见菌落，呈白色，具有明显中心脐；Mcc 在支原体培养基上生长良好，形成典型的"油煎蛋"菌落。

Mo 和 Mmc 能自然感染山羊和绵羊，Mmc 除引起肺炎外，还可导致乳腺炎、关节炎、角膜炎和败血症等综合征。Mo 主要引起羊增生性间质性肺炎。Mcc 感染羊可引起肺炎、乳腺炎等疾病。Mackay 等人（1963）首次从绵羊肺中分离得到该病原，随后 Carmichael（1972）将它命名为绵羊肺炎支原体。此后很多国家和地区都报道有该病原的存在，如新西兰、匈牙利、冰岛、英国、澳大利亚、西班牙、土耳其等，对全世界养羊业造成了巨大经济损失。我国最早由胡景韶等（1982）从发病绵羊中分离到了绵羊肺炎支原体，随后甘肃、辽宁、四川、云南、江苏和新疆等地发生绵羊增生性间质性肺炎，并从患羊肺中分离到绵羊肺炎支原体，确定是绵羊增生性间质性肺炎的主要病原。甘肃、宁夏、四川、云南、江苏、辽宁、内蒙古、山东、新疆、广西、湖北等地均报道过由 Mo 引起的疾病，该病已在我国广泛分布和流行，危害日趋严重，应引起足够重视。

羊支原体肺炎一年四季均可发生，在夏末和秋季频发。在气候多变、异常寒冷的冬季和早春发病较为严重，且发病后死亡率也较高。低温潮湿的天气、圈养密集等因素都会促进该病原的传播，往往能诱发本病。很多大范围疾病的暴发，几乎都是由病羊或带菌羊的出入而引起的。各个品种、年龄、性别的羊均可感染。不同羊品种间易感性存在差异，其中国外引进肉羊易感性较高，国内绵羊易感性高于山羊，杂交羊的易感性介于国内羊和国外引进羊两者之间。病羊是主要的传染源，病原体主要存在于病变组织和胸腔渗出液，主要通过呼吸道分泌物传播。病畜的分泌物可以持续排菌长达数月甚至 1 年以上，对畜群危害相当大。该病主要通过接触和飞沫传播，病羊通过咳嗽、打喷嚏和鼻脓性分泌物等向外界排放病原，感染易感羊。羔羊和部分成年羊易感，临床症状以咳嗽、流鼻涕、呼吸急促为主，且伴有体温升高、精神沉郁、食欲缺乏等症状。病程可达数月或数年，羔羊消瘦、贫血、生长发育缓慢，出栏率、毛质、毛量下降，造成大量工时和饲料的浪费。成年羊往往不表现明显症状。病羊常继发其他疾病，如感染溶血性巴氏杆菌，甚至死亡。该病常呈慢性经过，患病后临床康复的羊可成为长期携带者，成为传染源造成进一步传播，这给羊养殖业发展带来巨大的危害[1,3]。

绵羊肺炎支原体不仅能从发病羊中分离得到，临床表现健康的羊上呼吸道中也可分离到该病原，且不同来源分离株之间具有广泛的遗传多样性。Thirkell 等（1990）采用 SDS-PAGE 和免疫印迹的方法对不同来源的 Mo 进行分析，结果发现 22 株 Mo 的多肽成分和抗原之间存在明显差异。Ionas 等（1991）对分离自 20 个羊场的 60 株 Mo 进行基因多态性分析，发现不同羊场 Mo 分离株的基因结构和表面蛋白均有差异，即使同一个病羊的肺脏内也可分离出基因结构和抗原组分不同的 Mo 菌株[4]。Parham 等（2006）利用随机片段长度多态性（RAPD）和脉冲场凝胶电泳（PFGE）技术对 43 株 Mo 进行分析，结果出现 40～41 个不同的 RAPD 图谱和 40 个不同的 PFGE 图谱，结合 SDA-PAGE 和免疫印迹试验结果分析，证实各菌株间基因结构不同、蛋白质和抗原组分之间存在差异[5]。

根据流行病学、临床症状和病理变化可作出初步诊断，确诊需实验室诊断。实验室诊断方法有病原分离鉴定、分子生物学方法、血清学诊断方法等。由于支原体营养要求高、生长缓慢，病原的分离鉴定准确，但耗时较长。分子生物学方法包括 PCR、荧光定量 PCR、LAMP 等，血清学方法包括间接血凝试验、ELISA 等。中国农业科学院兰州兽医研究所研制的绵羊支原体肺炎间接血凝试验抗原与阴、阳性血清和绵羊支原体肺炎 ELISA 两种制品，可用于羊支原体肺炎的诊断和抗体监测。

邓光明等（1991）研制了 Mo 灭活疫苗，该疫苗免疫效果良好，免疫保护率达 92%，免疫有效期 18 个月。何存利等（2005）选用 Y98 株制成了氢氧化铝佐剂灭活疫苗，保护率可达为 85.1%，在接种后 9 个月内可提供免疫保护。韩笑等（2011）用 SC02 株制备灭活疫苗，该疫苗对山羊具有良好免疫保护效果。佐剂对于疫苗的免疫效果和不良反应有重要影响。冯广余等（2016）采用新疆绵羊肺炎支原体分离株为制苗菌株，制备了绵羊肺炎支原体灭活疫苗，安全性良好，可提供良好免疫保护[6]。由于 Mo 菌株间具有基因异质性特点，单一菌株研制的疫苗对不同地区 Mo 是否具有交叉保护效力尚不清楚。绵羊肺炎支原体重要免疫原的研究取得一些进展，发现绵羊肺炎支原体的一些免疫原蛋白，如 P113、HSP70、P128、P109、PDHA、EF-Tu 等具有良好的免疫原性，为后续新型疫苗研发奠定了基础。

流行于我国羊支原体肺炎的优势病原是丝状支原体山羊亚种和绵羊肺炎支原体，二者之间缺乏交叉保护，临床上很难区分，常会混合感染，用单一病原制成的疫苗很难适应我国的生产实际。中国农业科学院兰州兽医研究所针对性提供了一种可以同时预防丝状支原体山羊亚种和绵羊肺炎支原体感染的二联灭活疫苗，起到一针两防的作用。

2.3.7.2 羊支原体肺炎疫苗的研究进展

国内关于羊支原体肺炎疫苗的研制取得良好成绩，中国农业科学院兰州兽医研究所成功研制了山羊支原体肺炎灭活疫苗（MoGH3-3 株＋M87-1 株）。国内外尚未见羊支原体肺炎活疫苗产品的报道。

1994 年，农牧函〔1994〕37 号批准由中国农业科学院兰州兽医研究所研制的羊支原体肺炎灭活疫苗为一类新兽药。2010 年，农业部公告第 1433 号批准由中国农业科学院兰州兽医研究所研制的山羊支原体肺炎灭活疫苗（MoGH3-3 株＋M87-1 株）为二类新兽药。

卢良发等（1993）用疑似 Mmc 感染发病山羊肺组织研磨过滤后经甲醛灭活，注射发病羊和健康羊，注射后健康羊全部得到保护，病羊中除 2 只重症的在 12d 内死亡外，其余病羊逐步恢复。潘淑惠等（2002）利用贵州 Mmc 分离株研制了灭活疫苗，并在贵州地区初步应用。文正常等（2013）利用贵州本地分离的 PG3 和 Y98 致病株制备双价油乳灭活疫苗，免疫抗体阳性率为 100%，攻毒保护试验有效率达 87.5% 以上，研制疫苗具有良好的免疫保护性和安全性[7]。

中国农业科学院兰州兽医研究所成功研制山羊支原体性肺炎菌体灭活疫苗（MoGH3-3 株＋M87-1 株），2010 年获得新兽药注册证书［（2010）新兽药证字 21 号］，目前已在三家公司建立生产线并获得产品生产批准文号。山羊支原体肺炎灭活疫苗（MoGH3-3 株＋M87-1 株）系用绵羊肺炎支原体 MoGH3-3 株和丝状支原体山羊亚种 M87-1 株菌种分别接种于改良 KM2 培养基，经 3～5d 培养，当培养物 pH 值下降至 6.8～7.0 时，按培养基总量的 5% 进行 3～5 次连续扩大培养，当培养物 pH 值下降至 6.8～7.0 时，收获支原体菌液，测定生长滴度并进行超滤浓缩，用超滤膜系统将支原体菌液进行浓缩，使丝状支原体山羊亚种和绵羊肺炎支原体菌液浓度均达到 $6.0 \times 10^8 \sim 10.0 \times 10^8$ CCU/mL；向已浓缩的丝状支原体山羊亚种和绵羊肺炎支原体菌液分别加入浓度 40% 的甲醛溶液，使菌液中甲醛的浓度达到 0.2%，在 37℃ 下各持续灭活 10h，在这期间每 2～4h 摇振 1 次，灭活检验合格后，采用一步乳化法，制成双相油乳剂疫苗；丝状支原体山羊亚种和绵羊肺炎支原体灭活抗原按体积比 1∶1 等比例混合后，按抗原总量的 1% 加入 1% 硫柳汞溶液，加入 ISA206 油佐剂，液相成分占疫苗总量的 45%～50%，油相成分占疫苗总量的 50%～55%，乳化时先将 206 油佐剂进料到均质机内，再将液相成分进料，循环搅拌至充分混合，在 36～38MPa 压力下通过均质机，乳化成略带黏滞性的水包油包水型双相油乳剂灭活苗。

2.3.7.3　羊支原体肺炎疫苗产品简介、使用说明和注意事项

目前我国羊支原体肺炎疫苗产品为山羊支原体性肺炎菌体灭活疫苗（MoGH3-3 株＋M87-1 株），该疫苗可用于预防由绵羊肺炎支原体和丝状支原体山羊亚种引起的羊支原体肺炎。该疫苗对不同生理状况和年龄的绵羊和山羊均安全，适用于不同品种、不同年龄的山羊和绵羊。对丝状支原体山羊亚种和绵羊肺炎支原体引起的山羊支原体肺炎的免疫保护率均可达 80% 以上，疫苗免疫期为 10 个月，2～8℃ 下保存期为 12 个月。该疫苗解决了我国羊支原体肺炎多病原难以防控的难题，极大提升了我国羊支原体肺炎的防治技术水平，是我国羊支原体肺炎防控的优势产品，在全国广泛使用，为我国羊支原体肺炎的有效防控发挥了重要作用。

（1）**使用说明**　颈部皮下注射。每只羊 3mL。

（2）**注意事项**

① 疫苗中混有异物、疫苗瓶破裂或无标签时，禁止使用；

② 切忌冻结；

③ 疫苗在运送和使用中应避免高温和曝晒；

④ 开封后应于当日用完；

⑤ 接种过程中应采用常规无菌操作方式；

⑥ 屠宰前 21d 内禁止使用；

⑦ 使用过的器具、疫苗瓶及剩余的疫苗均应消毒处理，以防污染环境；

⑧ 孕期内接种过本疫苗的母羊，所产羔羊 1 月龄以内可不接种。

参考文献

[1] 陈溥言. 兽医传染病学[M]. 5版, 北京: 中国农业出版社, 2006.

[2] 夏业才, 陈光华, 丁家波. 兽医生物制品学[M]. 2版, 北京: 中国农业出版社, 2018:

[3] 张轩. 绵羊肺炎支原体多表位疫苗的研究及免疫试验[D]. 北京: 中国农业科学院, 2013.

[4] Ionas G, Norman N G, Clarke K, et al. A study of the heterogeneity of isolates of *Myoplasma ovipmevmomiae* from sheep in New Zealand[J]. Veterinary Microbiology, 1991, 29 (29): 339-347.

[5] Parham K, Colin P, Churchward, et al. A high level of strain variation within the *Mycoplasma ovipneumoniae* population of the UK has implications for disease diagnosis and management [J]. Veterinary Microbiology, 2006, 118 (1-2): 83-90.

[6] 冯广余. 绵羊肺炎支原体灭活疫苗的研制及免疫效果的评价[D]. 石河子: 石河子大学, 2016.

[7] 文正常, 王璇, 潘淑惠, 等. 山羊传染性胸膜肺炎双价灭活疫苗的制备及应用效果[J]. 贵州农业科学, 2013, 41 (06): 131-133.

2.3.8　羊快疫、猝狙、羔羊痢疾和肠毒血症三联四防疫苗

2.3.8.1　羊快疫、猝狙、羔羊痢疾和肠毒血症简介

羊猝狙、羔羊痢疾和肠毒血症的病原为产气荚膜梭菌（*Clostridium perfringens*），又称魏氏梭菌。产气荚膜梭菌属于芽孢杆菌科，梭状芽孢杆菌属，产气荚膜梭菌种。该菌为两端钝圆的革兰氏阳性粗大杆菌，无鞭毛。芽孢位于菌体的中央或偏端，芽孢的横径小于菌体，呈椭圆形。产气荚膜梭菌能产生多种外毒素和酶类，根据产生毒素的能力可将产气荚膜梭菌分为A、B、C、D、E、F和G七个主要的毒素型[1]。其中B型产气荚膜梭菌主要引起羔羊痢疾，C型产气荚膜梭菌引起羊猝狙，D型产气荚膜梭菌引起羊肠毒血症。羊快疫的病原为腐败梭菌（*Clostridium septicum*），腐败梭菌也属于梭状芽孢杆菌属，是一种细长的、两端钝圆的、直或弯曲的大杆菌。在体外不良环境下易形成芽孢，芽孢呈卵圆形，位于菌体中央或近端，有鞭毛，能运动，无荚膜，革兰氏染色阳性。

（1）羊快疫　羊快疫（bradsot, braxy）是一种急性、致死性传染病，以突然发病、病程短促，真胃出血性、炎性损害为特征。不同品种的羊均可感染，但以绵羊最易感，以一岁以内、膘情好的羊多发。本病病原为腐败梭菌。腐败梭菌广泛分布于土壤、粪便、灰尘、沼泽及动物的消化道中，除病羊和带菌羊外，被腐败梭菌芽孢污染的饲料、饮水和周围环境等均可成为本病的传染源。羊在空腹采食大量青嫩多汁的饲料，特别是采食过量富含蛋白质而缺少维生素的饲料，致使消化不良和肠道弛缓时，病原体会大量繁殖，并产生毒素而导致羊发病。在寒冷的冬季，当草被冻住，羊采食携带病原的冻草后，冻草伤害到羊的胃肠道，也会发生本病。本病可分为最急性型和急性型。最急性型时，潜伏期尚不明显，病羊突然停止采食和反刍，出现呻吟、磨牙和腹痛现象；呼吸困难，四肢分开，后躯摇摆，口鼻流出泡沫状的液体；痉挛倒地，四肢呈游泳状；数分钟至2～6h内死亡。急性型时，病初患羊精神不佳，卧地不起，腹部膨胀，步态不稳，食欲减退，排粪困难，呼吸

急促，眼结膜充血，呻吟，流涎。粪便中带有炎性黏膜或产物，呈黑绿色。体温升高至40℃以上时呼吸困难，不久后死亡，很少有病程持续 2d 以上的病例[2]。

（2）**羊猝狙**　羊猝狙（struck）是由 C 型产气荚膜梭菌引起的以急性死亡为特征、伴有腹膜炎和溃疡性肠炎的一种毒血症。多发生于冬、春季节，常呈地方流行性。常见于低洼、沼泽地区。病羊和带菌羊为本病主要传染源，被 C 型产气荚膜梭菌污染的饲料及饮水均可成为本病的传染源。主要经消化道、受损伤的黏膜及皮肤外伤感染。C 型产气荚膜梭菌随污染的饲料和饮水进入羊只消化道后，在小肠特别是十二指肠和空肠里繁殖，产生 β 毒素，引起羊只发病。病羊表现急性中毒的毒血症症状，临床上与羊肠毒血症相似。病羊开始表现为精神委顿，不吃草，离群卧地，多体温升高，排出不成形的软粪便，有的死前腹泻，有的口吐胃内容物。中、后期病羊急起急卧，腹痛剧烈，呻吟磨牙，口吐白沫，侧卧，头向后仰，全身颤抖，四肢乱蹬。出现症状 1～4h 内引起急性死亡[3]。

（3）**羔羊痢疾**　羔羊痢疾（lamb dysentery）是一种主要由 B 型产气荚膜梭菌引起的、发生于初生羔羊的急性毒血症，其特征是剧烈腹泻和小肠黏膜发生溃疡。除 B 型产气荚膜梭菌外，C、D 型产气荚膜梭菌及致病性的大肠杆菌、肠球菌、沙门氏菌等也可诱发或加重本病。羔羊痢疾主要危害 7 日龄以内的羔羊，其中以 2～5 日龄发病最多，常使羔羊大批死亡。

（4）**羊肠毒血症**　羊肠毒血症（enterotoxaemia）又称软肾病、过食症，是由 D 型产气荚膜梭菌在羊肠道中大量繁殖并产生毒素所引起的一种急性毒血症，临床上主要以腹泻、惊厥、麻痹和突然死亡为特征，由于病羊肾脏柔软如泥，故称为"软肾病"。主要危害绵羊，山羊也可感染，主要发生在 15 日龄以内的羔羊，或断奶饲料中含有高碳水化合物或很少采食青绿饲草的圈羊羔羊。该病在我国主要发生于北方，牧区多发生于春末初夏青草萌芽和秋季牧草结实时期；农区发生于收菜或秋收季节，因羊采食了大量菜根、菜叶或谷物而发生。本病潜伏期较短，一般发病很急，最急性的病羊常常突然发病，出现痉挛、抽搐等症状，几分钟或者几小时就会死亡。病状又分为两种类型。一类以抽搐为特征，倒毙前四肢出现剧烈划动；肌肉抽搐，眼球转动，磨牙，流涎，随后头颈显著抽搐，一般在 2～4h 内死亡。另一类以昏迷和安静死亡为特征，早期症状为步态不稳，以后倒卧，并有感觉过敏，流涎，上下颌摩擦"咯咯"作响，继而昏迷，角膜反射消失；有的羊发生腹泻，排黑色或深绿色稀粪，常在 3～4h 内安静地死去。病程缓慢的羊，刚发病的时候躁动不安，有异食癖，磨牙；有的病羊精神萎靡，站立不稳，靠着墙或者栏杆；有的病羊出现停止采食，呼吸加快，倒地，出现角弓反张，口吐白沫，腿蹄乱蹬，肌肉震颤等症状，一般体温没有明显变化，不及时治疗，2～3d 内死亡[4]。

2.3.8.2 羊快疫、猝狙、羔羊痢疾和肠毒血症主要毒力因子及其致病机理

产气荚膜梭菌和腐败梭菌产生的毒素是羊快疫、猝狙、羔羊痢疾和肠毒血症的主要致病因素。到目前为止，已发现的产气荚膜梭菌毒素约有 18 种[5]。在绵羊和山羊中，B 型、C 型和 D 型产气荚膜梭菌是最常见的菌株，它们分泌的 α、β 和 ε 毒素是导致羔羊痢疾、肠毒血症和羊猝狙的主要致病因素。腐败梭菌分泌 α、β、γ 和 δ 等多种外毒素，其中 α 毒素是主要的致病性毒力因子和免疫保护性抗原，是羊快疫的主要致病因素。

（1）**产气荚膜梭菌 α 毒素（CPA）及其致病机理**　α 毒素主要引起羊的气性坏疽和肠毒血症。CPA 由 *plc* 基因编码，该基因存在于产气荚膜梭菌所有毒素型中，但在 A 型

产气荚膜梭菌中表达水平最高。成熟的 CPA 由 370 个氨基酸构成，蛋白分子质量 42.528kDa。CPA 对小鼠的 LD_{50} 为 $3\mu g/kg$。该毒素是一种依赖于锌离子的多功能性金属酶，具有鞘磷脂酶和凝集素酶活性。具有细胞毒性的 CPAN 是 CPA 的酶活性中心，其中，第 56 和 130 位的天冬氨酸是酶活性中心的 Zn^{2+} 结合位点。无细胞毒性的 CPAC 主要发挥着与细胞受体相结合的功能，C 末端的 3 个环状结构（第 265～275 位氨基酸、第 292～303 位氨基酸以及第 330～339 位氨基酸）是结合 Ca^{2+} 的主要位点。CPA 能在 Ca^{2+} 的作用下结合到细胞膜上，从而水解膜上的磷脂类化合物。CPA 导致血管内溶血、血小板聚集和毛细血管损伤。体外实验发现，3ng/mL（半裂解浓度）的 CPA 作用于中国仓鼠成纤维细胞 DonQ 或小鼠黑色素瘤细胞 GM95 后，细胞内和活性氧产生相关的 MEK/ERK 途径被激活。活性氧可导致细胞氧化应激，并激活导致细胞凋亡的内在机制。裂解浓度的 CPA 可导致质膜广泛降解和乳酸脱氢酶（LDH）的释放，质膜广泛降解和 LDH 释放是细胞坏死的特征[6]。

（2）产气荚膜梭菌 β1 毒素（CPB）及其致病机理　产气荚膜梭菌 β1 毒素（CPB）是由 B 型、C 型产气荚膜梭菌产生的一种坏死性和致死性毒素，具有细胞毒性和致死性，无溶血性，能引起人和动物的坏死性肠炎。该毒素属于 β 孔形成毒素的七聚体蛋白家族，由质粒上的 *cpb* 基因编码，表达一个含有 336 个氨基酸的原毒素。当原毒素被分泌时，首先除去 27 个氨基酸的信号肽，产生 34.861kDa 的活性毒素。CPB 对小鼠的 LD_{50} 为 $0.4\mu g/kg$。β1 毒素能够在体外形成寡聚体，这种活性使其能够在质膜中由磷脂酰胆碱和胆固醇组成的脂质微区内形成约 228kDa 和 12Å（$1Å=10^{-10}m$）直径的阳离子选择性通道。CPB 对胰蛋白酶敏感，胰蛋白酶可以完全抑制其活性。体外研究发现，重组的 CPB 迅速诱导细胞内乳酸脱氢酶（LDH）释放和碘化丙啶（PI）摄入，LDH 释放和 PI 摄入是细胞坏死的特征。在毒素浓度和培养时间测定中，还检测到低水平的 caspase-3 被激活，但没有明显的 DNA 断裂，说明除了凋亡外，还有更重要的 CPB 导致细胞死亡的途径，其机理尚需进一步探索[6,7]。

（3）产气荚膜梭菌 β2 毒素（CPB2）及其致病机理　β2 毒素在 1986 年就已从 C 型产气荚膜梭菌 CWC245 株培养液中纯化出来，直到 1997 年才确认该毒素为一种新的毒素[8]。β2 毒素蛋白由产气荚膜梭菌基因组上的 *cpb2* 基因编码，表达一种约 27.6kDa 的外毒素。2005 年，第二种 β2 毒素基因被鉴定出来，被称为非典型性 β2（atypical β2）毒素基因，第一种 β2 毒素基因被称为典型的（consensus）β2 毒素基因[9]。β2 毒素基因和非典型性 β2 毒素基因在不同羊群中出现的比率不同。β2 毒素与 β1 毒素具有相似的生物学活性，但二者之间氨基酸序列同源性低于 15%，免疫学相关性也较差[8]。β2 毒素对小鼠的 LD_{50} 为 $0.3\mu g/kg$。β2 毒素是一种阳离子选择性的孔道组成成分，在脂质双层形成阳离子选择性通道，净负电荷可通过 CPB2 形成的通道传输。目前，对 β2 毒素的致病机理所知甚少，用 IPEC-J2 细胞所做的体外研究发现，重组 rCPB2 毒素表现出明显的细胞毒性、抑制细胞生长，损伤细胞的肠屏障功能，细胞通透性增加，从而导致细胞凋亡、功能异常和炎症[10,11]。肠道内胰蛋白酶活性低、氨基糖苷类抗生素如庆大霉素和链霉素消炎治疗或饮食改变等因素可导致产 β2 毒素产气荚膜梭菌含量增加，β2 毒素含量随之升高，可能导致肠炎或肠毒血症。但并非所有含 β2 毒素基因（*cpb2*）的产气荚膜梭菌菌株都能在体外产生 β2 毒素，仅通过检测 *cpb2* 基因来推断其临床致病性是困难的。

（4）产气荚膜梭菌 ε 毒素（ETX）及其致病机理　ε 毒素主要由 B 型和 D 型产气荚

膜梭菌分泌，属于成孔毒素的气溶素家族，是毒力仅次于肉毒毒素（BoNT）和破伤风毒素（TeNT）毒力的第三大细菌外毒素。ε毒素对小鼠的 LD_{50} 为 100ng/kg。该毒素由质粒上的 *etx* 基因编码，蛋白质全长 296 个氨基酸，大小为 32.9kDa，以毒素前体的形式分泌于菌体之外。目前已发现至少有 5 种质粒上存在 *etx* 基因，其中至少 2 种质粒可接合转移，使得该毒素基因能在物种内水平转移。ε毒素前体被宿主分泌的胰蛋白酶、糜蛋白酶或梭菌自身分泌的 λ 蛋白酶作用后，去除 N 端 11~13 个及 C 端 22~29 个氨基酸后，活化为成熟毒素。成熟毒素在 C 末端区域的残基上存在差异，分子质量约为 28.6kDa，不同酶的作用分子质量有所不同[4]。ε毒素分子主要分为Ⅰ、Ⅱ和Ⅲ 3 个区域，结构域Ⅰ决定毒素与细胞受体结合过程；结构域Ⅱ内有膜插入位点，与毒素蛋白质的多聚化以及维持细胞受体结合稳定性有关；结构域Ⅲ包含 C 端部分，在细胞膜穿孔过程中发挥着重要作用。在没有明显组织学损伤的情况下，活性ε毒素与肠上皮结合，诱导上皮通透性，ε毒素透过肠道上皮，进入血液和其他器官，如肾脏、肺、肝脏和大脑。ε毒素作用于血管系统，穿过血脑屏障，在血管周围产生水肿，并影响包括神经元、星形胶质细胞和少突胶质细胞等多种类型的脑细胞。受影响动物的血管壁在ε毒素作用下也出现水肿，水肿使星形胶质细胞末端与受影响的血管分离，导致神经系统组织缺氧[4]。

（5）腐败梭菌 α 毒素及其致病机理　腐败梭菌的 α 毒素也属于成孔毒素的气溶素家族。该毒素由腐败梭菌基因组上的 *csa* 基因编码，*csa* 基因长 1332bp，表达的无活性的毒素蛋白含 443 个氨基酸，分子质量 48kDa。原毒素由 3 个功能域（D1、D2、D3）组成。D1 包含受体结合结构域（RBD）和一些负责调节 D2 插入宿主细胞膜中的氨基酸序列，D1 含有特定的氨基酸，允许毒素单体通过非共价相互作用聚集。D2 形成跨膜结构域（TMD），形成 β 形管（前孔），D2 可造成膜损。D3 除了参与 α 毒素单体-单体相互作用外，还稳定和促进低聚物在膜中的正确组装。该毒素能够通过其位于 D3 区的富含色氨酸的基序（WDWxW）与脂筏中的糖基磷脂酰肌醇（GPI）锚定蛋白质结合区域。宿主受体细胞上的受体与 RBD 结合后，原毒素在蛋白酶的作用下，切去其 C 端约 4kDa 的部分后，被激活为具有活性的 α 毒素。有活性的 α 毒素单体相互作用，由 7 个单体形成七孔素。孔的形成改变了膜的渗透性，并触发细胞的防御机制，细胞内钠离子和钾离子失衡。钾离子外流诱导炎症体激活，α 毒素又通过诱导中性粒细胞凋亡来抑制炎症过程，从而中断免疫反应。感染部位缺乏防御细胞是 α 毒素相关病变的典型特征之一，白细胞功能的直接损害或对前体细胞的细胞毒性是最常见的原因。而钙离子的流入有助于线粒体膜的通透性，导致 ATP 的消耗和活性氧（ROS）水平的增加。ROS 的增加会进一步损害线粒体功能，增加溶酶体通透性，并导致 DNA 损伤。DNA 损伤又导致更大的 ATP 消耗和免疫刺激组蛋白结合蛋白 HMGB1 从细胞核向胞质溶胶的易位，导致腐败梭菌感染典型的迟发性败血症和败血症性休克。α 毒素也会通过改变局部或全身血压和血流灌注，损害上皮细胞和内皮层的完整性，导致缺血性坏死。微血管血流灌注减少导致了血管塌陷，毛细血管血流量的快速减少严重限制了氧气和营养的供应，并导致感染组织坏死[2]。

2.3.8.3　羊快疫、猝狙、羔羊痢疾和肠毒血症疫苗研究进展

（1）羊快疫、猝狙、羔羊痢疾和肠毒血症传统灭活疫苗　灭活疫苗是指先对细菌进行培养，然后用加热或化学剂（通常是福尔马林）将其灭活。灭活疫苗既可由整个细菌组成，也可由它们的裂解片段组成。早期的羊快疫、猝疽、羔羊痢疾、肠毒血症三联四防灭

活疫苗由于注射剂量大，动物反应大，不便于运输和贮藏。因此，20世纪80年代文希喆等研制成功了羊梭菌多联干粉疫苗[12]。首先在培养基中分别培养腐败梭菌、C型产气荚膜梭菌、B型产气荚膜梭菌和D型产气荚膜梭菌。细菌培养合格后，测定细菌培养物的最小致死量，然后加灭活剂脱毒，脱毒检验合格后，用硫酸铵提取抗原。然后将提取抗原冷冻干燥制成干粉疫苗。20世纪90年代马乐英等研制出了产气荚膜梭菌病多联浓缩灭活疫苗[13]。该疫苗由腐败梭菌、B型产气荚膜梭菌、D型产气荚膜梭菌接种适宜培养基培养，收获培养物，用甲醛溶液灭活脱毒后，将杀菌脱毒合格的产气荚膜梭菌B型、D型菌液以及腐败梭菌菌液中的抗原浓缩，将原来5mL/头份的注射剂量浓缩至1mL/头份，加氢氧化铝胶制成。多联干粉疫苗和浓缩灭活疫苗免疫效果好，保存期长且便于贮存。但由于传统疫苗依赖培养基发酵毒素，培养基又以天然动物组织为主要成分，使得批间差异较大，同时还存在抗原成分复杂、有效抗原量较低、甲醛灭活耗时长，以及生产过程中存在生物安全隐患等缺陷。同时，联苗中每种菌株的类毒素含量不易控制，抗原量不够易导致免疫效果不理想。

（2）**基因工程疫苗的研究**　基因工程疫苗含有产生保护性免疫应答所必需的有效免疫成分，去除了与免疫无关的成分，消除了传统疫苗成分中的热原、应激原、变应原等反应原，很好地解决了传统疫苗免疫后动物出现副作用与炎性刺激反应等问题，因此基因工程疫苗安全性、稳定性更好，免疫效果好。产气荚膜梭菌α、β和ε毒素，以及腐败梭菌α毒素的无毒化可溶性大量表达是羊快疫、猝狙、羔羊痢疾和肠毒血症三联四防基因工程疫苗研制的关键。羊快疫、猝狙、羔羊痢疾和肠毒血症基因工程疫苗可分为基因工程混合疫苗和嵌合疫苗。混合疫苗是将经大肠杆菌或其他表达系统表达的产气荚膜梭菌α、β1、β2、ε毒素与腐败梭菌α毒素按一定比例混合起来，制成的多联疫苗[14]。但由于基因工程混合疫苗需要对每种毒素单独进行纯化，费时费力，同时每种抗原中都含有与产生保护性抗体无关的抗原部分，因此在目前的技术条件下不太适合规模化生产。嵌合疫苗包含的抗原其对应的基因是应用基因工程手段构建的，能表达两种以上病原体抗原。目前，国内外研究者已重组表达了产气荚膜梭菌β2-β1融合毒素、α-β2-β1三价融合毒素、ε-β融合毒素、α-ε融合毒素、腐败梭菌α毒素和产气荚膜梭菌ε毒素等嵌合抗原。嵌合抗原表现出良好的免疫原性。重组的嵌合抗原免疫兔子后，疫苗效力达到《中国兽药典》（2015版）[15]效力检验标准。但国内外许多研究机构表达出的毒素蛋白基本都是非活性的包涵体蛋白，重组蛋白可溶性表达量低[16]。包涵体蛋白表达后，需要溶解、复性和纯化等步骤，费时费力，增加了工业化生产的难度，从而限制了其产业化应用。密码子优化和含乳糖的自诱导培养基诱导基因表达融合蛋白是增加重组蛋白可溶性表达的有效方法[17,18]。

（3）**口服活载体多联疫苗**　口服疫苗刺激可以有效地诱导基于分泌型免疫球蛋白A（sIgA）的抗原特异性黏膜免疫反应，以及基于IgG的免疫反应，为免疫动物提供有效保护。口服疫苗理想的运送载体是可以将抗原运送到靶位，诱导机体产生有效的抗原特异性免疫反应，同时自身安全可靠。干酪乳杆菌和枯草杆菌作为益生菌，口服后不仅能起到免疫调理作用，还能有效刺激黏膜免疫应答，被用于构建口服活载体疫苗。目前研究人员已在干酪乳杆菌中成功融合表达了多种α-β2-ε-β1重组毒素。兔子口服干酪乳杆菌活载体疫苗后，重组益生菌在兔肠道内具有良好的分离稳定性和定植能力，并诱导机体产生高水平的抗原特异性黏膜sIgA和具有毒素中和活性的IgG抗体。从疫苗组分离的淋巴细胞产生的IL-4和IFN-γ水平显著高于对照组，CD4$^+$T细胞和CD8$^+$T细胞的百分比均显著高于对照组[19]。研究人员也从 CPA、CPB 和 ETX 中选出三个结构域：Cpa247-370、Cpb108-305 和 EtxH106P，并用它们构建 *rCpa-B-x* 嵌合基因，再通过枯草杆菌表达系统表达了 rCpa-B-x 重组蛋白。rCpa-B-x 重组蛋白无毒性，小鼠口服免疫后产生局部黏膜和全身免疫反应、血清 IgG 和肠黏膜分泌性 IgA（sIgA）抗体滴度显著增加[20]。

（4）**合成肽疫苗**　合成肽疫苗（synthetic peptide vaccine）是根据有效免疫原的氨基酸序列，设计和用化学合成法人工合成的免疫原性多肽，以期用最小的免疫原性肽来激发有效的特异性免疫应答。Kaushik H 等人根据腐败梭菌 ε 毒素基因序列，合成了一系列长度为 15 个氨基酸残基的肽段，这些肽段的前后顺序肽之间有 7 个氨基酸残基重叠，以保证合成肽中包含 ε 毒素的每一个表位。使用 *N*-琥珀酰亚胺基-3（2-吡啶基二硫代）丙酸酯将肽段偶联至部分还原的破伤风类毒素（TT），皮下注射免疫接种小鼠后的小鼠血清能在体外中和致死剂量的 ε 毒素[21]。

（5）**纳米疫苗**　三联四防类毒素疫苗效力的提高，需要解决两个基本问题。第一，目前普遍采用化学（如甲醛）和热介导方法对毒素脱毒。这在毒素脱毒的同时，也改变了毒素结构，降低了毒素的免疫原性和疫苗效力。第二，由成孔毒素制成疫苗需要解决的一个难题是，在蛋白质结构和抗原表位没有显著变化的情况下，将毒素转化为无毒类毒素。使用纳米材料作佐剂有望解决这一难题。因此，近年来科研人员对使用纳米颗粒为诱导佐剂的纳米疫苗给予了高度关注。2020 年，Fathi 等研究了壳聚糖纳米粒对含有 D 型、C 型和 B 型产气荚膜梭菌、败血性梭菌和诺维氏梭菌的五价梭菌类毒素疫苗免疫原性的影响。含有壳聚糖的类毒素疫苗免疫的兔子，比不含有壳聚糖的类毒素疫苗免疫的兔子所产生的体液免疫反应强 2～3 倍[22]。2021 年，Poorhassan 等以壳聚糖纳米颗粒为佐剂，用纯化的 D 型产气荚膜梭菌重组 ε 毒素为抗原制作疫苗免疫小鼠，结果发现不论是口服免疫，还是注射免疫，免疫小鼠血清中 IgA 抗体和 IgG 抗体的滴度均显著升高[23]。

2.3.8.4　市面上的产品、使用说明和注意事项

目前，我国市面上使用的羊三联四防疫苗主要有羊快疫、猝狙、羔羊痢疾、肠毒血症三联四防灭活疫苗和羊快疫、猝狙、羔羊痢疾、肠毒血症四联干粉灭活疫苗。

（1）**羊快疫、猝狙、羔羊痢疾、肠毒血症三联四防灭活疫苗使用说明和注意事项**　该疫苗由腐败梭菌（C55-1 株或 C55-2 株）、B 型产气荚膜梭菌（C58-1 株或 C58-2 株）、D 型产气荚膜梭菌（C60-2 株或 C60-3 株）接种适宜培养基培养，收获培养物，用甲醛溶液灭活脱毒后，加氢氧化铝胶制成。

【作用与用途】用于预防绵羊或山羊的快疫、猝狙、羔羊痢疾和肠毒血症。预防快疫、羔羊痢疾和猝狙的免疫期为 12 个月，预防肠毒血症的免疫期为 6 个月。

【用法与用量】肌内或皮下注射。不论羊只年龄大小，每只 5.0mL。

【注意事项】

① 切忌冻结，冻结过的疫苗严禁使用。

② 使用前，应将疫苗恢复至室温，并摇匀使用。

③ 接种时，应作局部消毒处理。

④ 用过的疫苗瓶、器具和未用完的疫苗等应进行无害化处理。

⑤ 注射疫苗后，一般无不良反应，个别羊可能于注射部位形成硬结，但以后会逐渐消失。

（2）羊快疫、猝狙、羔羊痢疾、肠毒血症四联干粉灭活疫苗使用说明和注意事项

该疫苗由灭活脱毒的腐败梭菌培养物、灭活脱毒的 C 型产气荚膜梭菌培养物、灭活脱毒的 B 型产气荚膜梭菌培养物、灭活脱毒的 D 型产气荚膜梭菌培养物制成。

【作用与用途】用于预防绵羊的快疫、猝狙、羔羊痢疾和肠毒血症。免疫期为 12 个月。

【用法与用量】肌内或皮下注射。按瓶签注明头份，临用时以 20％氢氧化铝胶生理盐水溶液溶解成 1.0mL/头份，充分摇匀，不论年龄大小，每只 1.0mL。

【不良反应】一般无可见的不良反应。

【注意事项】

① 接种时，应作局部消毒处理。

② 疫苗开启后，限当日用完。

③ 用过的疫苗瓶、器具和未用完的疫苗等应进行无害化处理。

（3）三联四防疫苗的效力检验方法　《中国兽药典》（2015 年版）规定的检验方法为免疫攻毒法和血清中和法[15]，免疫攻毒法是对免疫疫苗的家兔或本动物进行攻毒（免疫接种后 14～21d），免疫组 3/4 得到保护，对照组 2/2 死亡即判合格。血清中和法是对家兔或本动物免疫接种 14～21d 后采血，将血清与毒素中和后注射小鼠，根据小鼠是否死亡来测定中和效价，B 型、C 型和 D 型毒素分别至少中和 1MLD、1MLD 和 3MLD（最低致死剂量）判为合格。

参考文献

[1] Rood J I, Adams V, Lacey J, et al. Expansion of the *Clostridium perfringens* toxin-based typing scheme[J]. Anaerobe, 2018, 53: 5-10.

[2] Alves M L F, Ferreira M R A, Donassolo R A, et al. *Clostridium septicum*：A review in the light of alpha-toxin and development of vaccines[J]. Vaccine, 2021, 39（35）: 4949-4956.

[3] Uzal F A, McClane B A. Recent progress in understanding the pathogenesis of *Clostridium perfringens* type C infections[J]. VetMicrobiol, 2011, 153（1-2）: 37-43.

[4] FreedmanJ C, McClaneB A, UzalF A. New insights into *Clostridium perfringens* epsilon toxin activation and action on the brain during enterotoxemia[J]. Anaerobe, 2016, 41: 27-31.

[5] Ferreira M R, Moreira G M, Cunha C E, et al. Recombinant alpha, beta, and epsilon toxins of *Clostridium perfringens*：production strategies and applications as veterinary vaccines [J]. Toxins（Basel）, 2016, 8（11）: 340.

[6] Navarro M A, McClane B A, Uzal F A. Mechanisms of action and cell death associated with *Clostridium perfringens* toxins[J]. Toxins（Basel）, 2018, 10（5）: 212.

[7] Humphries F, Yang S, Wang B, et al. RIP kinases: Key decision makers in cell deathand innate immunity[J]. Cell Death Differ, 2015, 22: 225-236.

[8]Gibert M, Jolivet-Reynaud C, Popoff M R. Beta 2-toxin, a novel toxin produced by *Clostridium perfringens*[J]. Gene, 1997, 203: 65-73.

[9] Jost B H, Billington S J, Trinh H T, et al. Atypical cpb2 genes, encoding beta2-toxin in *Clostridium perfringens* isolates of nonporcineorigin[J]. Infect Immun, 2005, 73（1）: 652-6.

[10] Gao X, Yang Q, Huang X, et al. Effects of *Clostridium perfringens* beta2 toxin on apoptosis, inflammation, and barrier function of intestinal porcine epithelial cells[J]. MicrobPathog, 2020, 147: 104379.

[11] Luo R, Yang Q, Huang X, et al. *Clostridium perfringens* beta2 toxin induced in vitro oxida-

tive damage and its toxic assessment in porcine small intestinal epithelial cell lines[J]. Gene, 2020, 759: 144999.

[12] 文希喆，屠伟英，王泰健，等．梭菌多联干粉菌苗研究资料汇编[C]．中国兽药监察所，1987.

[13] 马乐英，蒋祯，杜莲洪，等．产气荚膜梭菌病多联浓缩苗的试制及田间试验[C]．中国畜牧兽医学会生物制品学分会编，1997, 23-25.

[14] 彭国瑞，董令赢，李旭妮，等．产气荚膜梭菌 β 毒素和 ε 毒素以及腐败梭菌 α 毒素三联基因工程灭活疫苗的制备与免疫效力评价［J］．中国兽医科学，2019, 49（7）: 918-923.

[15] 中国兽药典委员会．中华人民共和国兽药典三部（2015 版）[M]．北京：中国农业出版社，2016.

[16] Oyston P C F, Payne D W, Havard H L, et al. Production of a non-toxic site-directed mutant of *Clostridium perfringens* epsilon-toxin which induces protective immunity in mice. Microbiology（Reading），1998, 144（Pt 2）: 333-341.

[17] 孙雨，翟新验，董浩，等．产气荚膜梭菌多毒素融合蛋白的表达与纯化及基因工程亚单位多价疫苗的制备［J］．中国兽医学报，2017, 37（12）: 2249-2255.

[18] 彭小兵，杜吉革，彭国瑞，等．含腐败梭菌 α 毒素和产气荚膜梭菌 ε 毒素基因的重组大肠杆菌的高密度发酵和免疫效果[J]．江苏农业科学，2019, 47（17）: 186-189.

[19] Zhao L, Guo Z, Liu J, et al. Recombinant *Lactobacillus casei* expressing *Clostridium perfringens* toxoids alpha, beta2, epsilon and beta1 gives protection against *Clostridium perfringens* in rabbits[J]. Vaccine. 2017 Jul 13; 35（32）: 4010-4021.

[20] Wang Y, Miao Y, Hu L P, et al. Immunization of mice against alpha, beta, and epsilon toxins of *Clostridium perfringens* using recombinant rCpa-b-x expressed by Bacillus subtilis [J]. Mol Immunol, 2020, 123: 88-96.

[21] aushik H, Dixit A, Garg L C. Synthesis of peptide based epsilon toxin vaccine by covalent anchoring to tetanus toxoid[J]. Anaerobe, 2018, 53: 50-55.

[22] Fathi Najafi M, Rahman Mashhadi M, Hemmaty M. Effectiveness of chitosan nanoparticles in development of pentavalent clostridial toxoid vaccine in terms of clinical pathology elements and immunological responses[J]. Arch Razi Inst, 2020, 75（3）: 385-395.

[23] Poorhassan F, Nemati F, Saffarian P, et al. Design of a chitosan-based nano vaccine against epsilon toxin of *Clostridium perfringens* type D and evaluation of its immunogenicity in BALB/c mice[J]. Res Pharm Sci, 2021, 16（6）: 575-585.

2.3.9 山羊传染性胸膜肺炎疫苗

2.3.9.1 山羊传染性胸膜肺炎简介

山羊传染性胸膜肺炎（contagious caprine pleuropneumonia，CCPP），俗称"烂肺病"，是由山羊支原体山羊肺炎亚种（*Mycoplasma capricolum* subsp. *capripneumoniae*，Mccp）引起的山羊的一种高度接触性传染病，该病传播快、发病率高，给山羊养殖业造成了严重的经济损失，是世界动物卫生组织规定的法定报告的传染病之一。该病呈急性或慢性经过，病羊出现发热、咳嗽、呼吸困难、胸膜浆液性和纤维素性炎症及肺脏肝样变。近年来，山羊支原体山羊肺炎亚种感染的宿主范围不断扩大，许多野生动物也能感染发病，如野山羊、努比亚野山羊、非洲瞪羚、藏羚羊等。

Mccp 属于柔膜体纲，支原体目，支原体科，支原体属，是丝状支原体簇（*Mycoplasma mycoides* cluster，Mm Cluster）成员之一。菌体无细胞壁，由三层细胞膜包裹，菌体多形性，常呈球状，也有球杆状、杆状或短丝状等多种形态。菌体直径大小为 300～

500nm，可通过 0.22～0.45μm 滤膜。革兰氏染色阴性，常用吉姆萨染色法染色，菌体多呈蓝紫色或淡蓝色，形态多样。Mccp 对营养要求严格，这是其难以分离培养的原因之一。现在一般使用 Thiaucourt 氏培养基或改良 Thiaucourt 氏培养基对 Mccp 进行分离培养。初次分离同时接种固体和液体培养基，可提高分离率，也有利于从可能混合感染的支原体中进行克隆纯化。接种过 Mccp 的固体培养基放入湿盒中置 37℃培养，或在 5%二氧化碳、95%空气或氮气下培养，生长 5～7d 后，将平皿置于显微镜下观察，可以观察到"煎蛋状"带中心脐菌落，菌落较小，直径约 200～500μm。液体培养基中初代培养耗时较长，通常需盲传 1～3 代才可见培养基颜色变化。通常情况下，Mccp 能发酵葡萄糖、不水解精氨酸、不分解尿素、膜斑试验阴性、能还原四唑氮、可液化血清和消化酪蛋白。Mccp 对理化因素比较敏感，一般 55℃加热 5～15min 即被杀死。对常用浓度的重金属盐类、石炭酸、来苏儿等消毒剂均较敏感，对表面活性物质洋地黄皂苷敏感，易被乙醚、氯仿等脂溶剂裂解，但对乙酸铊、结晶紫、亚硝酸钾等有较强的抵抗力。由于无细胞壁，对通过作用于细菌细胞壁发挥杀菌作用的抗菌药物如青霉素类、头孢菌素类有抵抗力，对大环内酯类药物如红霉素、泰乐菌素等药物比较敏感[1]。

山羊传染性胸膜肺炎一年四季均可发生，但在早春、秋末、冬初更为多见。营养缺乏、气候骤变、羊群密集、长途调运、寒冷潮湿等因素会加重该病发生。各个品种、年龄、性别的山羊均可感染，3 岁以下山羊更为易感，怀孕母羊感染容易引起流产。在新发疫区的发病率可达 100%，死亡率高达 80%。该病传播方式主要是直接接触和飞沫传播。Mccp 与其他病原如绵羊肺炎支原体、巴氏杆菌等混合感染也可促进疾病的发生和加重危害。临床症状分为急性型、亚急性型和慢性型。急性型主要见于非疫区首次被传染的易感羊群中，发病率和死亡率都很高。一般潜伏期 2～28d，平均约 10d。最初病羊咳嗽、不愿走动并出现发热（通常在 41℃但偶尔会达到 42℃），此时部分病羊仍会进食并反刍。接着会出现呼吸急促，有时会发出呼噜声，剧烈咳嗽并呈痛苦状，发病后期，病羊四肢外展站立且脖颈伸直，口鼻持续流涎，鼻孔逐渐被脓性分泌物堵住，舌头伸出并发出痛苦的叫声，倒地不起并迅速死亡。但在本病流行地区，较为常见亚急性或慢性病例，病程持续时间长，临床症状相对温和，一般仅表现不易观察到的间歇性咳嗽等症状[2,3]。

剖检发病羊可见病变肺部切面呈颗粒样肝变，不发生小叶间间质的增生和小叶间隔增宽，但可表现为小叶内的间质增生和水肿，这是与 Mmm LC/Mmc 感染引起的肺部病变的主要区别。单纯性 CCPP 病变仅局限于胸腔，形成胸膜肺炎，表现为肺组织肝变（多数为单侧非对称性肝变，呈葡萄酒颜色）、肺和胸膜粘连以及胸腔积有渗出液等，有时胸膜渗出物暴露于空气中能在肺表面形成一层胶状包膜，在急性病例胸腔内常积有大量（500～2000mL）稻草色的渗出液，慢性病例肺部常出现局部肝变和干酪样坏死[3]。Mccp 侵入动物机体后，经气管、支气管到达细支气管终末分支的黏膜，引起支气管黏膜及肺泡的炎性反应，肺泡、细支气管、小叶间隔和胸膜下结缔组织中性粒细胞浸润，在肺小叶内结缔组织和淋巴间隙中，致小叶内结缔组织广泛而急剧的炎性水肿，淋巴管扩张，淋巴液增加。淋巴液的增加又促进了病菌的繁殖，这种相互促进的结果就是造成血液和淋巴循环系统的堵塞，进而引起肺组织梗死。邻近的肺泡壁出现炎性渗出、显著增厚和发生纤维素性沉积；肺泡壁的毛细血管显著扩张充血，肺泡中积聚大量的炎性渗出物，从而致使肺部发生肝样变[1]。

CCPP 具有较为典型的临床症状和病理变化，确诊仍需要病原学和血清学等方法。病原的分离鉴定是确认 CCPP 存在和流行的金标准。病原分离鉴定准确，但耗时较长，需要 10d 左右，在疾病暴发后很难在防控中及时发挥有效作用。因此，快速有效的分子诊断技术、抗原和抗体检测技术是 CCPP 诊断检测、检疫和制订防控措施的必要条件。该病的分子生物学方法包括 PCR、荧光定量 PCR、环介导等温核酸扩增（LAMP）、重组酶聚合酶扩增（RPA）、恒温隔绝式 PCR(iiPCR) 等，血清学方法包括间接血凝试验、乳胶凝集试验、补体结合试验、ELISA、胶体金试纸条等。微量法的补体结合试验是目前世界动物卫生组织推荐 CCPP 国际贸易指定检疫试验，该方法具有较好的特异性，但敏感性较低，且需要一定的设备和经验丰富的操作人员。竞争酶联免疫吸附试验已有商品化试剂盒，具有良好的特异性和敏感性，价格昂贵，适用于群体感染或抗体检测。中国农业科学院兰州兽医研究所研制的山羊传染性胸膜肺炎间接血凝试验抗原与阴、阳性血清，于 2015 年 9 月 8 日获得农业部二类新兽药证书，操作简便，可用于山羊传染性胸膜肺炎的诊断和抗体水平检测。

预防控制本病需采用综合性防控措施，包括提高生物安全水平，加强饲养管理、疫苗免疫、药物防治等。疫苗免疫是预防控制山羊传染性胸膜肺炎的重要手段。在疫苗尚未研制成功的地区可采用其他防控措施。如用抗生素早期防治，包括四环素、氟喹诺酮及大环内酯类在早期治疗中有效，但病原往往很难彻底被清除，治愈者可成为潜在的传染源，此外，随着耐药菌株的不断出现，抗生素治疗很难取得理想效果。对 CCPP 新发现国家而言，推荐采取隔离消毒、禁止运输、捕杀发病羊及与其接触动物的方法来控制本病。

CCPP 疫苗目前主要包括灭活疫苗、活疫苗，在新型疫苗研究方面取得一些进展[4]。随着 Mccp 基因组解析和免疫蛋白组学等技术的发展，一些潜在的疫苗抗原被发现，如 glpF、glpK、glpD、gtsA、gtsB、gtsC 或丙酮酸脱氢酶复合体（PDHC）、GlpO 等，可作为潜在疫苗候选抗原[5]。赵萍等（2012）应用基于 MALDI-TOF 的免疫蛋白质组学方法对 Mccp 国内分离株 M1601 株进行了分析，总蛋白中鉴定出 20 种免疫原性蛋白，膜组分中鉴定出 9 种免疫原性蛋白，包括丙酮酸脱氢酶复合体（PDHC）、HSP70、转酮醇酶、延长因子 G、LDH、NAD 家族蛋白，NADPH、Ef-Tu 等[6]。筛选具有良好免疫原性的 PDHA、PDHB、PDHC 3 个蛋白质，预测并筛选相关的 B 细胞表位和 T 细胞表位，构建了多重抗原肽（MAP）并进行原核表达，免疫小鼠，评估其体液免疫和细胞免疫，结果显示 3 种抗原均能和小鼠免疫血清很好地发生反应，免疫血清具有体外代谢抑制作用；淋巴细胞增殖试验显示，当用单个 T 细胞表位及 Mccp 超破抗原分别刺激免疫小鼠的淋巴细胞时均产生明显的增殖现象，免疫小鼠的 IFN-γ、TNF-α、IL-1 和 IL-10 产量明显升高，而 IL-12 产量明显下降；构建的 MAP 能够引起小鼠的体液和细胞免疫反应[5]。

2.3.9.2 山羊传染性胸膜肺炎疫苗的研究进展

（1）活疫苗　早期在成功分离到病原 Mccp 后，研究人员尝试使用减毒的 Mccp F38 株进行免疫预防，气管内接种试验证明安全，并可保护山羊抵抗 MCCP。鸡胚化弱毒疫苗是通过鸡胚培养传代致弱而研制的弱毒疫苗。房晓文等（1964）使用鸡胚弱毒疫苗免疫山羊，山羊接种免疫效果良好，但对怀孕母羊接种不够安全，会引起流产[7]。一些非洲国家曾以接种自然强毒的方法预防本病，虽然效果好，但羊注射后反应较重[8]。

（2）灭活疫苗

① 组织灭活菌苗　房晓文等利用采自山东、新疆和山西的病原接种健康山羊进行了组织灭活疫苗研究，研制成功了我国山羊传染性胸膜肺炎氢氧化铝胶佐剂组织灭活疫苗，

该疫苗在 2～8℃保存 30 个月仍然有效，免疫 14 个月后仍具有良好的保护效力[5]。在国外，研制出氢氧化铝组织菌苗，免疫效果良好[8]。由于组织灭活疫苗使用发病羊病变组织制备疫苗，存在诸多问题，如不同批次疫苗抗原含量稳定性、制苗工艺复杂、生物安全风险、疫苗产量较低等问题，这也可能是目前生产实践上该疫苗已很少见应用的原因。

② 菌体灭活菌苗　Rurangirwa 等人用 Mccp F38 株培养物超声波破碎后与弗氏不完全佐剂、弗氏完全佐剂以及铝胶佐剂分别混合乳化，制成疫苗免疫山羊，发现弗氏佐剂疫苗均具有较好免疫效果，但铝胶佐剂仅能提供 20% 的保护效率[9]。使用冻干保存的 F38 菌体经皂苷灭活后免疫山羊，具有良好的保护作用[10]。由于皂苷既是灭活剂，同时也是佐剂，且注射部位副反应比弗氏佐剂要小得多，因此许多研究者对 CCPP 皂苷灭活疫苗开展了一系列有关研究，工作包括最小免疫剂量试验、保存期试验、免疫持续期试验和田间试验等，最终研制成功一种 CCPP 皂苷灭活疫苗。该疫苗 4℃ 可保存至少 12 个月，免疫效率可高达 95%，0.15mg/头份的抗原诱导的免疫持续期至少 12 个月，10 周龄以内羔羊不进行免疫，以避免母源抗体的干扰，初免 1 个月后加强免疫一次能诱导更强的免疫保护。目前在肯尼亚商品化使用的 CCPP 皂苷灭活疫苗，制苗菌株为"Yatta"株，制苗工艺近来也作了改进，将皂苷灭活时间在 4℃ 延长到至少 12h，增加了疫苗的安全性。研究人员对不同佐剂 CCPP 灭活疫苗的安全性与免疫效果进行了比较，认为皂苷灭活疫苗免疫保护率要略高于油佐剂 ISA 50，但 ISA 50 佐剂引发的副反应要比皂苷小[2]。从陕西宝鸡地区某羊场发病羊鼻拭子和病死羊肺脏组织中成功分离出一株 Mccp QY19 株，用 MEM-KM2 液体培养基扩大培养，0.4% 的甲醛灭活，灭活菌体与转移因子铝胶盐佐剂按 1∶1 比例均匀混合制成灭活疫苗，免疫山羊可有效提高羊体内抗体与 L-6、IL-10、IL-12、IFN-γ 水平[11]。

由中国农业科学院兰州兽医研究所研制的山羊传染性胸膜肺炎灭活疫苗（山羊支原体山羊肺炎亚种 M1601 株），于 2015 年 9 月 22 日经农业部公告第 2304 号批准为二类新兽药［（2015）新兽药证字 37 号］。本制品系用山羊支原体山羊肺炎亚种 M1601 株接种 MTB 培养基培养，收集培养物后，经浓缩、离心、洗涤并测定蛋白浓度，适当稀释，用甲醛溶液灭活，按一定比例加 603 佐剂混合乳化制成。颈部皮下注射 2 月龄及以上山羊（含怀孕母羊），每只 3.0mL。用于预防由山羊支原体山羊肺炎亚种引起的山羊传染性胸膜肺炎。2～8℃保存，有效期为 12 个月。

由中国兽医药品监察所研制的山羊传染性胸膜肺炎灭活疫苗（山羊支原体山羊肺炎亚种 C87001 株），于 2017 年 1 月 20 日经农业部公告第 2489 号批准为三类新兽药［（2017）新兽药证 03 号］。本制品系用山羊支原体山羊肺炎亚种 C87001 株接种适宜培养基（EZH 培养基）培养，收集培养物后，经抗原浓缩、硫柳汞灭活，与矿物油佐剂混合乳化制成。颈部皮下或肌内注射，每只 2.0mL。用于预防由山羊支原体山羊肺炎亚种引起的山羊传染性胸膜肺炎。

2.3.9.3　山羊传染性胸膜肺炎疫苗产品简介、使用说明和注意事项

目前我国上市的山羊传染性胸膜肺炎疫苗，主要为山羊传染性胸膜肺炎灭活疫苗（C87-1 株），兽药 GMP 证号：（2016）兽药 GMP 证字 08005 号；生产许可证：（2016）兽药生产证字 08007 号；产品批准文号：兽药生字（2016）080074008；商品名称：肺必应。该疫苗产品含灭活的丝状支原体山羊亚种 C87-1 株（CVCC 87001）。疫苗静置后，上层为淡棕色澄明液体，下层为灰白色沉淀，振摇后呈均匀混悬液。疫苗的免疫期为 12 个月。2～8℃下保存期为 18 个月。

（1）使用说明　皮下或肌内注射。成年羊，每只 5.0mL；6 月龄以下羔羊，每只 3.0mL。

（2）注意事项

① 切忌冻结，冻结后的疫苗严禁使用。

② 使用前，应将疫苗恢复至室温，并充分摇匀。

③ 接种时，应作局部消毒处理。

④ 用过的疫苗瓶、器具和未用完的疫苗等应进行无害化处理。

参考文献

[1] 吴移谋，叶元康．支原体学[M]. 2 版．北京：人民卫生出版社，2008.

[2] 储岳峰．我国山羊（接触）传染性胸膜肺炎病原学、流行病学研究及灭活疫苗的研制[D]. 北京：中国农业科学院，2011.

[3] 陈溥言．兽医传染病学[M]. 2 版．北京：中国农业出版社，2006.

[4] Jores J，Baldwin C，Blanchard A，et al. Contagious Bovine and Caprine Pleuropneumonia: a research community s recommendations for the development of better vaccines[J]. NPJ Vaccines. 2020, 5（1）: 66.

[5] 陈胜利，郝华芳，季文恒，等．动物支原体相关蛋白的免疫原性研究进展[J]. 畜牧兽医学报，2021, 52（05）: 1230-1237.

[6] Zhao P, He Y, Chu Y F, et al. Identification of novel immunogenic proteins in *Mycoplasma capricolum* subsp. *Capripneumoniae* strain M1601[J]. J Vet Med Sci. 2012, 74（9）: 1109-1115.

[7] 房晓文，于光熙，刘本光，等．山羊传染性胸膜肺炎的感染和病原保存试验[J]. 畜牧兽医学报，1958, 3（1）: 53-59.

[8] 夏业才，陈光华，丁家波．兽医生物制品学[M]. 2 版．北京：中国农业出版社，2018.

[9] Rurangirwa F R, McGuire T C, Kibor A, et al. An inactivated vaccine for contagious caprine pleuropneumonia[J]. Vet Rec, 1987, 121（17）: 397-400.

[10] Rurangirwa F R, McGuire T C, Mbai L, et al. Preliminary field test of lyophilised contagious caprine pleuropneumonia vaccine[J]. Res Vet Sci, 1991, 50（2）: 240-241.

[11] 戚宇旭．山羊支原体山羊肺炎亚种的分离鉴定与免疫效果评估[D]. 咸阳：西北农林科技大学，2021.

2.3.10　羊痘疫苗

2.3.10.1　羊痘简介

羊痘（capripox，CaP）又称"羊天花"，是由绵羊痘病毒（sheeppox virus，SPPV）和山羊痘病毒（goatpox virus）感染绵羊和山羊等偶蹄动物，引起病畜以发热、全身性起痘、呼吸道和消化道损伤以及淋巴结肿大为特征的一种烈性传染病[1]。羊痘是古老的传染病之一，山羊痘最早记载可见于公元前 200 年，在 13 世纪的英国已有绵羊痘暴发的报道。1958年 Plowright 等[2] 首次从培养细胞中分离到羊痘病毒，并确定其分类地位。2002 年羊痘被世界动物卫生组织（OIE）列为须申报类动物疾病，我国将其列为一类动物疫病。

羊痘病毒（capripox virus，CaPV）属于痘病毒科（Poxviridae）脊椎动物痘病毒亚

科 （Chordopoxrinae） 中的羊痘病毒属 （*Capripoxvirus*） 成员，包括山羊痘病毒 （goat-pox virus，GTPV）、绵羊痘病毒 （sheeppox virus，SPPV） 和牛结节性皮肤病病毒 （lumpy skin disease virus，LSDV）。通常这三种病毒是按宿主来源命名，即山羊来源为 GTPV，绵羊来源为 SPPV，牛来源为 LSDV。它们之间在血清学上呈交叉反应，早年的研究认为这三种病毒在自然条件下不会发生交叉感染，具有宿主特异性。但近年来报道，有些 GTPV 或 SPPV 毒株能同时感染绵羊和山羊[3,4]。野生动物尚无 SPPV 和 GTPV 感染的报道。LSDV 具有宿主多样性，能同时感染牛和野生反刍动物，一些 LSDV 毒株甚至可以感染绵羊和山羊[5]。

CaPV 病毒粒子的形态发生和结构在病毒中都是独一无二的。它们缺乏其他病毒常见的对称结构 （例如螺旋结构或二十面体衣壳）。CaPV 病毒粒子为大的椭圆形或砖形颗粒，大小约 290nm×270nm，较正痘病毒细长，属于较小的痘病毒。病毒粒子由 1 个核心、2 个侧体和 2 层脂质外膜组成。核心包含病毒基因组和完整的病毒编码酶，这些酶是早期 mRNA 合成和修饰所必需的。在核心壁和病毒膜之间由两个凹面 "横向体" 填充[3,4]。

目前在痘病毒中，痘苗病毒 （vaccinia virus，VACV） 的复制、组装及形态发生已研究得比较透彻，估计 CaPV 也与其接近。首先，VACV 在细胞质的 "病毒工厂" 中组装成没有感染性的不成熟病毒 （IV） 粒子和新月体。然后这两种病毒粒子前体经过病毒核心凝集和结构蛋白剪切等过程形成有感染性的胞内成熟病毒粒子 （intracellular mature virion，IMV）。IMV 是最主要的感染性的子代病毒粒子。IMV 粒子借助细胞的微管系统离开 "病毒工厂"，首先被输送到微管形成中心 （microtubule organising center，MTOC），在那里 IMV 粒子被一个来源于反式高尔基复合体 （TGN） 或者早期内含体的双层膜结构包裹，形成细胞内包膜病毒 （intracellular enveloped virion，IEV），IEV 比 IMV 多两层膜。接着 IEV 又被微管系统从 MTOC 输送到细胞外周。当病毒抵达细胞表面，IEV 外膜与细胞膜融合后减少一层外膜，并通过细胞胞吐 （出芽方式） 作用使囊膜病毒暴露在细胞表面。此时的病毒粒子，如果继续停留在细胞表面则称为细胞结合的包膜病毒 （cell-associated enveloped virion，CEV）。部分的 CEV 诱导肌动蛋白在其附着的细胞膜下面形成长尾状结构，这些生长的肌动蛋白尾可以将 CEV 推出细胞，将这种子代病毒粒子称为胞外包膜病毒 （extracellular enveloped virion，EEV） （图 2-6）[6]。CEV 与 EEV 在结构上完全一致，但所处的位置不同而且在病毒传播中发挥的作用也不同。CEV 对于病毒的细胞-细胞传播方式非常重要，而 EEV 介导病毒在细胞培养物和体内进行远距离的扩散[6]。

CaPV 的基因组是全长约为 150kb 的线性双链 DNA，共有 147 个开放阅读框 （ORF），编码密度为 93%，所编码的蛋白质含 53～2027 个氨基酸不等。基因组包含一个中间编码区和两侧的两个反向末端重复序列 （ITR），ITR 在其末端共价闭合。中间编码区比较保守，这个区域与其他痘病毒基因组同源性很高，主要参与编码病毒有关蛋白质的复制，在细胞内主要负责病毒的转录、RNA 修饰、病毒 DNA 的复制和组装成熟，在细胞外主要被蛋白膜包裹形成成熟的病毒粒子；两端的 ITR 序列长度为 2.1～2.3kb （ORF 001～023 和 ORF 124～156），含有一些功能基因家族，与病毒感染的宿主范围、毒力等特性有关。这些基因家族包含 5 个 *ankyrin* 基因重复序列和 3 个 *kelch* 基因重复序列，还有一些细胞因子结合蛋白、IL-10、表皮生长因子样蛋白、PKP 抑制因子、丝氨酸蛋白酶抑制因子、痘病毒特异性毒力蛋白基因等的同源序列，它们编码的蛋白质与病毒的修饰、病毒在宿主细胞中的逃逸、细胞凋亡以及免疫应答等有关[7-9]。不同地方分离的 CaPV 毒株之间在基因组长度上有一定的差异。Tulman 等[10] 通过限制性核酸内切酶酶切以及核

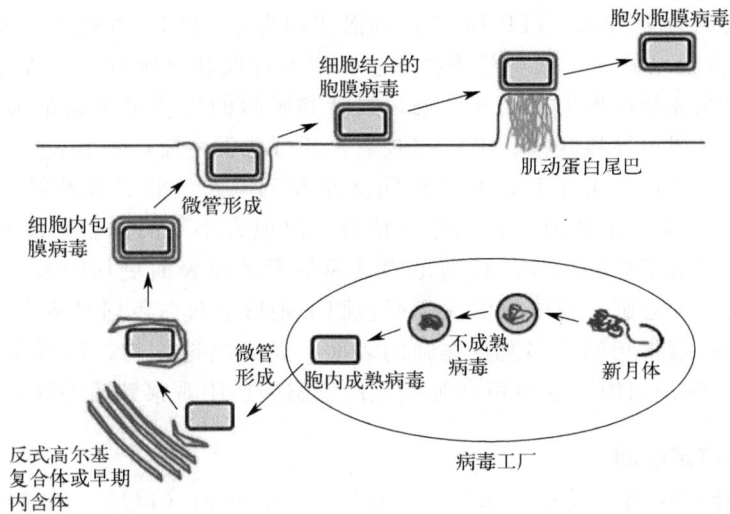

图 2-6　VACV 的形态发生

酸杂交对 SPPV 和 GTPV 进行分析发现，SPPV 和 GTPV 之间的核苷酸序列的相似性达到 96%～97%，通过对 SPPV 的 TU 株、SA 株，以及从 SPPV 疫苗中分离得到的 NK 株、GTPV 的 PL 株和从 GTPV 疫苗中分离得到的 GV 株的研究发现，在它们的末端反向重复序列中都含有至少一个 2200bp 左右的碱基序列，病毒属成员之间在末端区串联重复序列的大小以及功能上有很大的区别。到现在为止，并没有一种末端串联重复序列被发表，通过和已经发表的限制性酶切片段进行比较分析得出，SPPV 的所有分离株的基因组中都存在着小于 200bp 的多余的末端重复序列和发卡结构。SPPV 和 GTPV 之间的基因组核苷酸序列同源性为 96%，LSDV 与 GTPV 和 SPPV 之间的基因组核苷酸序列同源性为 97%，所有 SPPV 和 GTPV 基因都存在于 LSDV 的基因组中，这表明 GTPV 和 SPPV 来自一个共同的 LSDV 祖先[10]。

CaP 广泛流行于非洲、中东、印度次大陆、北欧、地中海各国及德国、澳大利亚、美国等，特别是非洲北部、中东和亚洲的部分国家流行较为严重。与我国接壤的周边国家，如印度、尼泊尔、巴基斯坦、俄罗斯、蒙古等不少国家均有本病的流行。该病近几年在我国的江苏、广东、贵州、山东、浙江、广西、甘肃、黑龙江等地均有流行[11]。牛结节性皮肤病（LSD）主要流行于欧洲，2019 年，LSD 传入印度、孟加拉国和我国西藏[11]。被 GTPV、SPPV 感染的绵羊和山羊主要通过口腔、鼻腔和眼部分泌物和发病部位的结痂向环境排毒，并通过直接接触和气溶胶形式传播该病[12,13]。但是，传播途径可能因流行毒株的不同而存在差异[13]。LSDV 感染动物除通过直接接触和气溶胶传播该病外还通过虫媒（尤其硬蜱）传播[14,15]。与 LSDV 不同，尽管 GTPV、SPPV 在发病羊皮肤中的病毒载量很高，具备虫媒传播的基本条件，但临床尚未发现虫媒传播该病的证据。山羊痘（GTP）和绵羊痘（SPP）全年暴发和流行支持了该病不需要虫媒传播[14]。

SPPV 和 GTPV 具有极高传染性、发病率（70%～90%）和较高死亡率（50%），尤其对羔羊的致死率高达 100%[15]。GTP、SPP 和 LSD 的暴发和流行使家畜的生产力、产奶量下降，皮质受损，影响活畜及畜产品国际贸易，以及阻碍育种和羊品种改良。给养羊业的发展造成极大的经济损失。

SPP 的潜伏期为 4～8d，GTP 和 LSD 的潜伏期为 4～15d。发病羊通常会发热（可达到 40～42℃）、淋巴结肿大、眼鼻分泌物增多，以及皮肤和黏膜红斑、无毛区乃至全身皮肤痘疹；发病组织坏死后形成脓疱和结痂；眼睛和眼睑的病变可引起结膜炎和眼部炎症；肠道或呼吸系统受损可导致腹泻、消瘦或咳嗽，还可能发生流产和肺炎[16-18]。

剖检被绵羊痘病毒感染羊只，其特征病变是在咽喉、气管、肺和皱胃等部位出现痘疹[19]。在嘴唇、食道、消化道、胃肠等的黏膜上出现大小不同的扁平的灰白色痘疹，其中有些表面破溃形成糜烂和溃疡，特别是唇黏膜与胃黏膜表面更加明显[20]。但气管黏膜及其他实质器官，如心脏、肾脏等的黏膜或包膜下则形成灰白色扁平或半球形的结节，尤其是肺的病变与腺瘤很相似，多发生在肺的表面，切面质地均匀，但很坚硬，数量不定，性状则一致[21]。病理组织学检测可在肺泡上皮细胞胞质中观察到嗜酸性病毒包涵体[22]。

2.3.10.2　羊痘疫苗研制

（1）羊痘传统疫苗　爱德华·詹纳（Edward Jenner）（1749—1823）研发的天花疫苗引发了疫苗学领域的一场革命。直到世界卫生组织于 1980 年宣布全球消灭天花为止，牛痘减毒活疫苗（VACV）在免疫根除天花过程中功不可没。这是人类疫苗史上第一个，也是唯一一个通过疫苗免疫根除的人类病毒性传染病[23]。因此。要预防和控制 CaP 的暴发和流行，接种疫苗是最有效的方法。由于羊痘病毒的免疫反应主要是以细胞免疫为主，而灭活疫苗刺激细胞免疫的能力差，且以细胞培养制备 CaPV 主要是胞内成熟病毒粒子（IMV），胞外胞膜病毒（EEV）很少，而 CaPV 启动免疫的病毒粒子主要是 EEV，因此培养病毒灭活后接种动物后不能有效刺激机体产生针对 EEV 的免疫[24]。因此 CaP 乃至所有痘病毒至今没有可以应用于临床的商品化的灭活疫苗。目前在世界范围内，防控 LSD、SPP 和 GTP 的常用疫苗均为减毒活疫苗，其中 GTP 疫苗株 6 株，SPP 疫苗株 5 株，LSD 疫苗株 3 株（详见表 2-16）。这些疫苗株基本都是以该毒株发病分离地点命名。

现有的三类商品化 Cap 疫苗，OIE 规定在这些毒株针对的非流行国家不能被授权使用。例如，南非不能使用 SPPV 或 GTPV 株衍生疫苗，亚洲国家 2019 年前不能使用 LS-DV 株衍生疫苗；在欧盟（EU）国家不使用疫苗，根除 CaP 通常采取彻底扑杀所有受感染羊群和接触的动物，限制动物活动和其他支持性根除措施，但是，如果不影响其他欧盟成员国的利益，可以允许进行紧急疫苗接种。

在非洲中部和北部，以及中东、土耳其、伊拉克和伊朗，用南斯拉夫 SPPV RM65 株对羊进行免疫，预防 CaP。在中东用该毒株疫苗，以绵羊的 10 倍剂量对牛进行免疫，预防 LSD；在埃及用 SPPV Romania 株和肯尼亚 LSDV KSGP O180 株、LSDV KSGP O240 株疫苗对牛进行免疫，预防 LSD；在土耳其用 SPPV Bakirkoy 株（绵羊推荐剂量的 3～4 倍）对抗 LSDV，用 GTPV Gorgan 株和 GTPV Mysore 株疫苗免疫接种羊来预防 CaP；而在印度，疫苗接种是使用 SPPV Bakirkoy 株和 GTPV Mysore 株，对绵羊、山羊进行免疫[25-28]。在东非利用肯尼亚的 KSGP O240 株和 KSGP O180 株疫苗给羊接种预防 CaP 取得了良好的免疫效果，绵羊和山羊接种疫苗后保护力可达 1 年以上，有的甚至终生免疫。该疫苗对 SPP 的免疫预防效果尤其好[26,27]。但有趣的是，KSGP O240 株和 KSGP O180 株最初是从发病绵羊中分离，但它却不是 SPPV 和 GTPV，后来对两种毒株的 RPO30 和 GPCR 基因进行分子检测证明，这两个疫苗株均为 LSDV[29]。这两种疫苗株在东非应用时给山羊和绵羊接种在临床上是安全的，但在接种牛时引发的副反应较大[30]，因此在东非对牛禁用[31]。因此，在为牛、绵羊和山羊选择疫苗时，必须确定病毒株的特性和减毒特性。

由于山羊痘病毒属的三个成员间有血清学交叉反应和交叉保护，并且基因组结构十分相似，因此有人建议开发一种通用疫苗来预防这三种病毒[32]。到目前为止，关于通用疫苗还没有达成共识，一些毒株可以保护一个物种而在另一个物种中诱发病变，有些毒株对同源物种具有完全保护作用，而对其他物种具有部分保护作用（表2-16）。

表2-16　羊痘疫苗株对宿主的保护作用

疫苗/菌株	安全与保护			参考文献
	绵羊	山羊	牛	
GTPV China AV41(中国)	安全,部分保护	安全,部分保护	—	[33]
GTPV Gorgan(伊朗)	安全,部分保护	安全和保护	安全和保护	[34-36]
GTPV Mysore(印度)	—	安全和保护		[37]
GTPV Uttarkashi(印度)	—	安全和保护		[38]
GTPV Kedong and isiolo	—	—	安全和保护	[39]
GTPV Gorgan(伊朗)	—	安全和保护		[35]
SPPV RM65(南斯拉夫)	安全和保护	—	部分保护	[40,41]
SPPV Perego(土耳其)	安全和保护			[42,43]
SPPV Rumania Fanar(罗马尼亚)	安全和保护			
SPPV Romania(罗马尼亚)	安全和保护	安全和保护	部分保护	[44,45]
SPPV Bakirkoy(土耳其)	安全和保护		部分保护	[46,47]
LSDV Neethling(南非)	部分保护	—	牛发病	[45,48]
LSDV KSGP O180(肯尼亚)	安全和保护	安全和保护	安全和保护	[49]
LSDV KSGP O240(肯尼亚)	安全和保护	安全和保护	残留毒性,部分保护	[50-53]

① 疫苗株减毒原理及方法　CaP减毒疫苗株的致弱都是用一种或几种异源细胞进行连续传代致弱，或经细胞连续传代后再用鸡胚传代或用低温培养而获得弱毒疫苗株。比如罗马尼亚SPPV Romania疫苗株是在原代羔羊肾细胞中连续传代30代后，驯化为疫苗株，该疫苗株减毒很彻底，且免疫原性良好。用该疫苗免疫妊娠母羊没有任何不良反应，且怀孕任何阶段的母羊免疫都如此；对2月龄以上的羔羊进行免疫接种，对羔羊安全且能诱导产生持久的免疫力；给新生羔羊哺乳免疫母羊乳汁后可以获得保护性母源抗体[44,45]。肯尼亚的LSDV KSGP O180疫苗株是在牛胎儿肌肉细胞中连续传代18代减毒，而LSDV KSGP O240疫苗株仅用该细胞连续传代6代就减毒[49-53]。LSD代表疫苗株——南非的LSDV Neethling株，用牛睾丸原代细胞进行分离和连续传代61代后在鸡胚上传代20代，接着又在原代睾丸细胞上传代3代致弱[54-56]。但该疫苗株在临床免疫时，个别免疫牛副反应较大，接种部位常有炎症反应，并伴有发热和产奶量减少等症状。部分牛接种疫苗后还在体表出现结节（比LSD发病轻微），把这种现象称为"Neethling病"。据临床资料统计牛接种Neethling株疫苗诱发的不良反应发生率非常低（0.09%～0.38%）[57]。目前尚无Neethling株疫苗接种绵羊和山羊的临床报道。我国使用的Cap疫苗为GTPV AV41株疫苗。该疫苗是1985年中国兽药监察所王绍华等将从青海分离到的GTPV AV40株经过山羊睾丸细胞和绵羊睾丸细胞连续传代，最后在30℃适应培养而育成。该疫苗从研发和投入临床使用至今对预防GTP和SPP产生了非常积极的作用。同时，自2019年LSD传入我国以来，该疫苗（10倍羊免疫剂量免疫牛）在给牛接种紧急预防LSD中发挥了重要作用。但随着近年来我国养羊业集约化程度提高，羊痘疫苗使用频次增加，该疫苗在临床使用过程中的一些问题也逐渐暴露。该疫苗虽有较高的免疫效果，但接种后部分羊在接种部位出现局部痘疹反应，严重时还可能因继发感染而导致免疫羊死亡。特别发现GTPV

AV4 株活疫苗在南方省份对当地品种山羊和进口纯种羊免疫后产生的副反应大，常发生全身发痘、孕羊流产等不良反应[33]。因此，其应用受到一定的限制。

目前，尚无能够用于区分 CaP 野毒感染和疫苗免疫的商品化疫苗（DIVA）。目前使用的所有疫苗都是使用原代细胞制备，这使得疫苗批次之间差异较大，质量很难保证，并可能存在携带内源性病原的潜在风险。

② 接种途径　CaP 减毒疫苗通常推荐通过划痕、皮内途径接种。划痕和皮内途径接种动物能够获得很好的免疫力，但通过皮内、划痕途径接种 CaP 减毒疫苗的动物常常出现接种部位的局部红肿或痘疹，易于发生继发感染。近年来的研究表明 CaP 减毒疫苗通过皮下途径接种也可以取得良好的免疫效果，还可以避免最常见的疫苗接种反应[58,59]。皮下接种的优势在于可以有效防止划线和皮内接种未被动物吸收的疫苗毒扩散到环境，防止痘病毒传播给潜在的易感动物。

③ 羊痘疫苗使用说明及注意事项

a. 疫苗标准：国内羊痘疫苗使用的是 GTPV AV41 株活疫苗，每头份免疫病毒含量不少于 $10^{3.5}$ $TCID_{50}$。

b. 物理性状：本品为微黄色海绵状疏松团块，易与瓶壁脱离，加稀释液后迅速溶解。

c. 作用与用途：用于预防山羊痘及绵羊痘。注苗后 4~5d 产生免疫力，免疫期为 12 个月。

d. 用法与用量：按瓶签注明头份，用生理盐水（或注射用水）稀释为每头份 0.5mL，无论羊只大小，一律在尾根内侧或股内侧皮内注射 0.5mL。

e. 不良反应：一般无可见的不良反应。

f. 注意事项：

（a）可用于不同品系和不同年龄的山羊及绵羊，也可用于孕羊。但给怀孕羊注射时，应避免抓羊引起的机械性流产。

（b）在有羊痘流行的羊群中，可对未发痘的健康羊进行紧急接种。

（c）稀释后，限当日用完。

（d）接种时，应作局部消毒处理。

（e）用过的疫苗瓶、器具和未用完的疫苗等应进行无害化处理。

g. 规格：25 头份/瓶、50 头份/瓶、100 头份/瓶。

h. 贮藏与有效期：2~8℃保存，有效期为 18 个月；−15℃以下保存，有效期为 24 个月。

（2）羊痘亚单位疫苗　随着 DNA 重组技术的出现，以基于基因克隆和蛋白表达而得到的病毒的特定蛋白作为抗原制备亚单位疫苗成为可能。早在 1986 年 Rai A 等[56] 将 SPPV 的 VP3 蛋白鉴定为免疫原性蛋白。利用表达的该蛋白与弗氏不完全佐剂（FCA）制备的疫苗免疫绵羊后，产生的中和抗体滴度为 1：256。对接种绵羊在第 21d 进行免疫攻毒试验，发现 67% 的免疫绵羊得到保护。Carn[57] 等用大肠杆菌表达重组 GSTp32 蛋白，混合弗氏完全佐剂（FCA）后肌内接种山羊，并研究重组 GSTp32 蛋白的保护性能。试验结果表明，接种重组蛋白后 29d 检测到羊痘的中和抗体，以 $300\mu g$ GSTp32 免疫剂量二次免疫后，再用强毒攻毒，结果能明显减轻强毒感染时引起的临床症状，说明接种重组 GSTp32 蛋白能有效阻止病毒向周围扩散，使得症状大大减轻且没有蔓延。但是由于 GSTp32 蛋白表达量不高以及不稳定等问题，GSTp32 蛋白开发成亚单位疫苗受到严重制约[58]。目前亚单位疫苗还处于试验阶段。

（3）CaPV 基因缺失疫苗　考虑到减毒活疫苗 GPTV AV41 株（GTPV-TK-ORF）的安全风险和副作用，朱一龙等[33] 通过删除 GTPV AV41 株毒力基因胸苷激酶（TK）

基因和 ORF8～18 非必需基因片段，构建了进一步减毒的 GTPV-ΔTK-ΔORF 基因缺失毒。体内和体外实验结果表明，GTPV-ΔTK-ΔORF 比亲本毒 GTPV-AV41 更安全，具有良好的免疫原性，可保护山羊免受 GTPV-AV40 强毒株的感染。免疫后，GTPV-ΔTK-ΔORF 组 IFN-γ、特异性中和抗体水平均显著增高。因此，GTPV-ΔTK-ΔORF 株有望成为一种新型疫苗株。

Balinsky 等[59] 将 SPPV 的 Kelch 样基因（ORF019）缺失后，利用该缺失毒 SPPVΔKLP 接种细胞，显示病毒 Ca^{2+} 非依赖性细胞黏附降低，表明 SPPVΔKLP 可能调节细胞黏附。细胞培养发现该缺失毒与其亲本毒其他生物学特性基本相似。利用该毒株制备疫苗，通过滴鼻或皮内途径两种途径接种绵羊羔羊时，接种羔羊全部存活。相比之下，接种 SPPVΔKLP 株亲本毒的羔羊死亡率接近 100%。与亲本毒相比，接种 SPPVΔKLP 的羔羊表现为发热、流涕、皮肤和内脏病变显著减轻，体内病毒载量和病毒血症持续时间缩短，产生的结痂小且很快脱落。由此证明，SPPV ORF019 基因是毒力基因，缺失该基因或联合缺失其他毒力基因有望研制出 SPPV 基因缺失疫苗。

另外，中国农业科学院哈尔滨兽医研究所郭巍[60] 分别将 Lac Z 基因和 EGFP 基因表达盒插入国内山羊痘疫苗株的 TK 基因中，获得表达报告基因的 TK 缺失毒；新疆塔里木大学的米丽开姆·托合提尼亚孜[61] 和宋书婷[62] 构建了 GTPV THX 株 KLP2 和 ANK 基因缺失毒；曹慧慧[63] 构建了 GTPV 的 N1L 基因缺失毒，李春艳[64] 构建了 GTPV AV41 ORF5～19 和 ORF149～151 缺失毒。这些研究为进一步开发基因缺陷标记山羊痘病毒活载体疫苗奠定了基础。

（4）**CaPV 活载体疫苗**　CaPV 基因组庞大，有表达多个外源基因的潜力。其作为载体来开发疫苗有诸多优点。①基因载量大，可以插入多达 25000bp 的外源基因。将外源基因插在病毒的复制非必需区，既不影响其复制也不会影响其免疫原性。②CaPV 热稳定性好，制备的重组疫苗不易失活。③CaPV 在细胞质中复制，病毒基因组不会整合到宿主基因组中。④CaPV 宿主范围专一，只感染山羊、绵羊和牛这类反刍动物，因此与痘苗病毒等相比，用 CaPV 作为活载体研发重组疫苗更有优势。

目前文献报道的 CaPV 活载体疫苗有：Romero[65] 和 Cohen 等[66] 以 SPPV 疫苗株 KS-1/024 为载体在 TK 基因处分别插入牛瘟病毒（rinderpest virus，RPV）F 蛋白和 H 蛋白基因的牛瘟重组疫苗；Berhe 等[67] 以 SPPV 疫苗株 KS-1/024 为载体在 TK 基因处分别插入小反刍兽疫病毒（peste des petits ruminants virus，PPRV）F 蛋白和 H 蛋白基因和以中国 GTPV AV41 疫苗株为载体分别在 TK 基因处插入 PPRV F 蛋白和 H 蛋白基因的小反刍兽疫活载体疫苗；Perrin 等[68] 以 2 型蓝舌病病毒（bluetongue virus，BTV）的 VP2、VP7、NS1 和 NS3 基因分别构建了 4 种蓝舌病重组疫苗；南非的 Wallace 等[69] 将裂谷热病毒（rift valley fever virus，RVFV）的 G1 基因和 G2 基因插入 LSDV 中，构建了的裂谷热 LSDV 重组疫苗；Liu 等[70] 研制了表达细棘球绦虫 EG95 抗原的重组羊痘病毒疫苗；Sun 等[71] 研制了表达布鲁氏菌的 OMP25 外膜蛋白的重组羊痘病毒疫苗。尽管这些重组疫苗能够区分动物野毒感染和疫苗接种，但这些疫苗均未在临床大规模使用。

（5）**CaPV DNA 疫苗**　为了进一步降低现有减毒羊痘疫苗的潜在安全风险和疫苗副作用，郑敏等[72] 构建了表达 GTPV 结构蛋白 A27、L1、A33 和 B5 的森林脑炎病毒（semliki forest virus，SFV）复制子 DNA 疫苗（pCSm-AAL 和 pCSm-BAA），然后评估了它们在小鼠和山羊中诱导体液和细胞免疫反应以及保护山羊免受强毒攻击的能力。结果表明，联合接种 pCSm-AAL 和 pCSm-BAA DNA 疫苗可以在小鼠和山羊体内引发强烈的体液和细胞免疫反应。该疫苗对山羊部分保护，不完全保护羊，羊的发病症状减轻。此外，使用该 DNA 疫苗进行预疫苗接种可以显著减少接种活疫苗（AV41）而产生的副作用，包括接种部位的皮肤损伤和发热。

参考文献

[1] 殷震，刘景华. 动物病毒学[M]. 2版. 北京：科学出版社. 1997.

[2] Plowright W, Ferrisl D. The growth and cytopathogenicity of sheep poxvirus in tissue culture [J]. Br J Exp Pathol, 1958, 39（4）：424-435.

[3] Tuppurainen E S M, Venter E H, Shisler J L, et al. Review: capripoxvirus diseases: current status and opportunities for control[J]. trans Emerg Dis, 2017, 64, 729-745.

[4] Santhamani R, Venkatesan G, Minhas S K, et al. Detection and characterization of atypical capripoxviruses among small ruminants in India[J]. Virus Genes, 2015, 51（1）：33-38.

[5] Fagbo S, Coetzer J A, Venter E H. Seroprevalence of rift valley fever and lumpy skin disease in African buffalo（Syncerus caffer）in the Kruger National Park and Hluhluwe-iMfolozi Park, South Africa[J]. J S Afr Vet Assoc, 2014, 16: 85.

[6] Geoffrey L, Smith, Vanderplasschen† A. The formation and function of extracellular enveloped vaccinia virus[J]. Journal of General Virology, 2002, 83: 2915-2931.

[7] Vandenbussche F, Mathijs E, Haegeman A, et al. Complete genome sequence of capripoxvirus strain KSGP 0240 from a commercial live attenuated vaccine, Genome Announc, 2016: 14-16.

[8] Mathijs E, Vandenbussche F, Haegeman A, et al. Complete genome sequence of the goatpox virus strain Gorgan obtained directly from a commercial live attenuated vaccine, Genome Announc, 2016, 4（5）：e01113-e01116.

[9] Zeng X, Chi X, Li W, et al., Complete genome sequence analysis of goatpox virus isolated from China shows high variation, Vet. Microbiol, 2014, 173: 38-49.

[10] Tulman E R, Afonso C L, Lu Z, et al., The genomes of sheeppox and goatpox viruses. J. Virol, 2002, 76（12）：6054-6061.

[11] World Animal Health Information Database（WAHIS）. Available online: https://www.oie.int/wahis _ 2/public/wahid. php/Diseaseinformation/Diseasetimelines（accessed on 26 October 2020）.

[12] Kitching R P. The control of sheep and goat pox[J]. Rev. Sci. Tech. Off. Int. des Epizoot, 1986, 5, 503-511.

[13] Bowden T R, Babiuk S L, Parkyn G R, et al. Capripoxvirus tissue tropism and shedding: a quantitative study in experimentally infected sheep and goats[J]. Virology, 2008, 371, 380-393.

[14] Kitching R P, Mellor P S. Insect transmission of capripoxvirus[J]. Res. Vet. Sci, 1986, 40: 255-258.

[15] Rao T V, Bandyopadhyay S K. A comprehensive review of goat pox and sheep pox and their diagnosis[J]. Anim. Health Res. Rev, 2000, 1: 127-136.

[16] Bhanuprakash V, Indrani B K, Hegde R, et al. A Classical Live Attenuated Vaccine for Sheep Pox[J]. Tropical Animal Health & Production, 2004, 36（4）：307-320.

[17] 孙桂玲，李志刚，宋明，等. 羊痘病的防治[J]. 吉林畜牧兽医, 2004,（6）：42-43.

[18] 许乐仁，周碧君. 山羊痘的研究概况[J]. 畜牧与饲料科学, 2003, 24（4）：13-15.

[19] 陶钧，艾国良，王凤华, et al. 山羊痘和传染性胸膜肺炎混合感染的诊治[J]. 中国兽医杂志, 2003, 39（12）：47-48.

[20] Gulbahar M Y, Cabalar M, Gul Y, et al. Immunohistochemical detection of antigen in lamb

tissues naturally infected with sheeppox virus[J]. Journal of Veterinary Medicine B Infectious Diseases & Veterinary Public Health, 2010, 47（3）: 173-181.

[21] T V Rao, S K Bandyopadhyay. A comprehensive review of goat pox and sheep pox and their diagnosis[J]. Anim Health Res Rev, 2000, 1（2）: 127-136.

[22] Hamdi J, Bamouh Z, Jazouli M, et al. Experimental infection of indigenous North African goats with goatpox virus[J]. Acta Vet. Scand, 2021, 63（1）: 9.

[23] Tan S Y. Edward Jenner（1749-1823）: conqueror of smallpox[J]. Singapore Med. J, 2004, 45（11）: 507-508.

[24] Gitao C G, Mbindyo C, Omani R, et al. Review of sheep pox disease in sheep [J]. J. Vet. Med. Res. 2017, 4, 1068.

[25] Kitching R P. Vaccines for lumpy skin disease, sheep pox and goat pox[J]. Dev Biol（Basel）, 2003, 114: 161-167.

[26] Abbas F, Khan F A, Hussain A, et al. Production of goatpox virus vaccine from a live attenuated goatpox virus strain[J]. J. Anim. Plant Sci, 2010, 20: 315-317.

[27] Hosamani M, Nandi S, Mondal B, et al. A vero cell-attenuated goatpox virus provides protection against virulent virus challenge[J]. Acta Virol. 2004, 48（1）: 15-21.

[28] Kitching R P. Vaccines for Lumpy Skin Disease, sheep pox and goat pox[J]. Dev Bio（Basel）, 2003: 114: 161-167.

[29] Tuppurainen E S M, Pearson C R, Bachanek-Bankowska K, et al. Characterization of sheep pox virus vaccine for cattle against Lumpy Skin Disease virus[J]. Antiviral Res, 2014, 109, 1-6.

[30] Moss B. Recombinant Poxviruses; CRC Press: Boca Raton, FL, USA, 1992: 45-80.

[31] Davies F G, Mbugwa, G. The alterations in pathogenicity and immunogenicity of a Kenya sheep and goat pox virus on serial passage in bovine foetal cell cultures[J]. J Comp Pathol, 1985, 95（4）: 565-572.

[32] Zhu Y, Li Y, Bai B, et al. Construction of an attenuated goatpox virus AV41 strain by deleting the TK gene and ORF8-18[J]. Antiviral Res, 2018, 157: 111-119.

[33] Gari G, Abie G, Gizaw D, et al. Evaluation of the safety, immunogenicity and efficacy of three capripoxvirus vaccine strains against Lumpy Skin Disease virus[J]. Vaccine, 2015, 33（28）: 3256-3261.

[34] Hedayati Z, Varshuei H R, Aqa Ebrahimiyan M, et al. Study of safety and immunogenicity of goat pox vaccine against sheep pox in susceptible sheep[J]. Razi Vaccine and Serum Reserch Institute, 2008.

[35] Dubey S C, Sawhney A M. Live and reactivated tissue culture vaccines against goat pox [J]. Indian Vet. J, 1978, 55: 925.

[36] Hosamani M, Nandi S, Mondal B, et al. A vero cell-attenuated goat pox virus provides protection against virulent virus challenge[J]. Acta Virol, 2004, 48（1）: 15-21.

[37] Capstick P B, Cocackley W. Protection of cattle against lumpy skin disease. I. trials with a vaccine against neethling type infection[J]. Cab Rev. Perspect. Agric. Vet. Sci. Nutr. Nat. Resour, 1961, 2: 362-368.

[38] Ben-Gera J, Klement E, Khinich E, et al. Comparison of the efficacy of Neethling Lumpy Skin Disease virus and x10RM65 sheep-pox live attenuated vaccines for the prevention of Lumpy Skin Disease-The results of a randomized controlled field study[J]. Vaccine, 2015, 33（38）: 4837-4842.

[39] Brenner J, Bellaiche M, Gross E, et al. Appearance of skin lesions in cattle populations vaccinated against Lumpy Skin Disease: Statutory challenge[J]. Vaccine, 2009, 27（10）: 1500-1503.

[40] Penkova V M, Jasslm F A, Thompson J R, et al. The propagation of an attenuated sheep pox virus and its use as a vaccine[J]. Bull. Off. Int. Eptzoot, 1974, 81: 329-339.

[41] Solyom F, Perenlei L, Roith J. A live attenuated virus vaccine against sheep pox[J]. Acta Vet. Acad. Scient Hung, 1981, 28（4）：389-398.

[42] Abd-Elfatah E B, El-Mekkawi M F, Aboul-Soud E A, et al. Immunological response of a new trivalent capripoxvirus vaccine in pregnant ewes and does[J]. Slov. Vet. Res, 2019, 56: 445-455.

[43] Hamdi J, Bamouh Z, Jazouli M, et al Experimental evaluation of the cross-protection between Sheeppox and bovine Lumpy skin vaccines[J]. Sci. Rep, 2020, 10: 8888.

[44] Martin W B, Ergm H, Koylu A. Tests on sheep of attenuated sheep pox vaccines [J]. Res. Vet. Sci, 1973, 14（1）：53-61.

[45] Sevik M, Dogan M. Epidemiological and molecular studies on lumpy skin disease outbreaks in Turkey during 2014-2015[J]. Transbound. Emerg. Dis. 2017, 64（4）：1268-1279.

[46] Hamdi J, Boumart Z, Daouam S, et al. Development and Evaluation of an Inactivated Lumpy Skin Disease Vaccine for Cattle[J]. Vet. Microbiol 2020, 245, 108689.

[47] Davies F G, Mbugwa G. The alterations in pathogenicity and immunogenicity of a Kenya sheep and goat pox virus on serial passage in bovine foetal cell cultures[J]. J. Comp. Pathol. 1985, 95（4）：565-572.

[48] Ayelet G, Abate Y, Sisay T, et al. Lumpy Skin Disease: Preliminary vaccine efficacy assessment and overview on outbreak impact in dairy cattle at debre zeit, central Ethiopia [J]. Antivir. Res. 2013, 98（2）：261-265.

[49] Kitching R P, Smale C. Comparison of the external dimensions of capripoxvirus isolates [J]. Res Vet Sci. 1986, 41（3）：425-427.

[50] Yeruham I, Perl S, Nyska A, et al. Adverse reactions in cattle to a capripox vaccine [J]. Vet. Rec. 1994, 135（14）：330-332.

[51] Salib F A, Osman A H. Incidence of Lumpy Skin Disease among Egyptian cattle in Giza Governorate, Egypt[J]. Vet. World, 2011, 4, 162-167.

[52] Weiss K E. Lumpy Skin Disease[J]. Virol. Monogr. 1968, 3, 111-131.

[53] Van Rooyen P J, Munz E K, Weiss K E. The optimal conditions for the multi-plication of Neethling-type Lumpy Skin Disease virus in embryonated eggs [J]. Onderstepoort J. Vet. Res. 1969, 36（2）：165-174.

[54] Kara P D, Afonso C L, Wallace D B, et al. Comparative sequence analysis of the South African vaccine strain and two virulent field isolates of Lumpy Skin Disease virus [J]. Arch. Virol. 2003, 148（7）1335-1356.

[55] Katsoulos P D, Chaintoutis S C, Dovas C I, et al. Investigation on the incidence of adverse reactions, viraemia and haematological changes following field immunization of cattle using a live attenuated vaccine against Lumpy Skin Disease[J]. Transbound Emerg. Dis. 2018, 65（1）174-185.

[56] Rai A, Goel A C, Pandey K D, et al. Immunogenicity of a virion polypeptide of sheep poxvirus in sheep[J]. Indian J. Virol. 1986, 2（1）：11-15 .

[57] Carn V M. An antigen trapping ELISA for the detection of capripoxvirus in tissue culture supernatant and biopsy samples[J]. Journal of Virological Methods, 1995, 51（1）：95-102.

[58] Carn V M, Timms C P, Chand P, et al. Protection of goats against capripox using a subunit vaccine[J]. Vet. Rec. 1994, 135（18）, 434-436.

[59] Balinsky C A, Delhon G, Afonso C L, et al. Sheeppox virus kelch-like gene SPPV-019 affects virus virulence[J]. J. Virol. 2007, 81（20）：11392-11401.

[60] 郭巍. 山羊痘病毒基因缺朱转移载体及基因缺失突变毒株的构建[D]. 哈尔滨：东北农业大学, 2005.

[61] 米丽开姆·托合提尼亚孜. 山羊痘病毒 KLP2 基因缺失的重组病毒的纯化及 ANK 基因缺失病毒的构建[D]. 阿拉尔：塔里木大学, 2019.

[62] 宋书婷. 山羊痘病毒南疆株 P32 蛋白的表达及 KLP2 基因缺失表达载体的构建[D]. 阿拉尔：塔

里木大学，2017 年.

[63] 曹慧慧. 山羊痘病毒 N1L 基因缺失重组毒株的构建及其生物特性研究[D]. 南宁：广西大学，2016.

[64] 李春艳. 山羊痘病毒基因缺失重组毒株的构建与生物学特性鉴定[D]. 南宁：广西大学，2011.

[65] Romero C H，Barrett T，Evans S A, et al. Single capripoxvirus recombinant vaccine for the protection of cattle against rinderpest and lumpy skin disease[J]. Vaccine. 1993, 11（7）：737-742.

[66] Cohen A，Cox D，A van Dijk，et al. Lumpy skin disease virus as a recombinant vaccine vector for rift valley fever virus and bovine ephemeral fever virus[M]. The 4'h congress of the European society for veterinary virology, Edinbugh, Scotland. 2003: 230-231.

[67] Berhe G, Minet C, Goff C L, et al. Development of a dual recombinant vaccine to protect small ruminants against Pestedes petits ruminants virus and capripoxvirus infections[J]. Virol, 2003, 77（2）：1571-1577.

[68] Perrin A, Albina E, Breard E, et al. Recombinant capripoxviruses expressing proteins of bluetongue virus：Evaluation of immune responses and protection in small ruminants [J]. Vaccine, 2007, 25（37-38）：6774-6783.

[69] Wallace D B, Ellis C E, Espach A, et al. Protective immune responses induced by different recombinant vaccine regimes to Rift Valley fever[J]. Vaccine, 2006, 24（49-50）：7181-7189.

[70] Liu F，Fan X，Li L. et al. Development of recombinant goatpox virus expressing *Echinococcus granulosus* EG95 vaccine antigen[J]. J Virol Methods, 2018, 261: 28-33.

[71] Sun Z，Liu L，Zhang H, et al. Expression and functional analysis of Brucella outer membrane protein 25 in recombinant goat pox virus[J]. Mol. Med. Rep, 2019, 19（3）：2323-2329.

[72] Min Z，Ningyi J，Qi L, et al. Immunogenicity and protective efficacy of Semliki forest virus replicon-based DNA vaccines encoding goatpox virus structural proteins[J]. Virology, 2009, 391: 33-43.

2.3.11　小反刍兽疫疫苗

2.3.11.1　简介

小反刍兽疫（peste des petits ruminants，PPR）是由小反刍兽疫病毒（PPRV）感染所致的一种急性致死性传染病，主要感染山羊、绵羊和部分野生小反刍类动物，发病率和死亡率达 50％以上，水牛、骆驼等大型反刍动物也可感染和发病[1-3]。其主要临床症状为发热、眼鼻分泌物增多、肺炎、腹泻等，病理变化通常包括呼吸道和消化道炎症、咽后和肠系膜淋巴结充血、肠黏膜线性出血等[4]。

PPR 于 1942 年首次在西非的科特迪瓦发生，流行至今已经有八十多年的历史，目前广泛流行于非洲、阿拉伯半岛、大部分中东国家和南亚、西亚，2007 年首次传入我国西藏阿里地区，2013 年和 2014 年在我国大部分地区流行，给我国的养羊业带来严重损害[3]。作为世界上重要的烈性传染病之一，该病给流行国家和地区带来了巨大的经济损失，因此被世界动物卫生组织（OIE）规定为法定报告传染病，我国也将其列为一类动物疫病[4]。

2.3.11.2　研究进展

（1）病原学　小反刍兽疫病毒（peste des petits ruminants virus，PPRV）属于副黏病毒科（Paramyxoviridae）麻疹病毒属（*Morbillivirus*），同属病毒包括牛瘟病毒（rinderpest virus）、海豹瘟热病毒（phocine distemper virus）、麻疹病毒（measles virus）、猫麻疹病毒（feline morbillivirus）、鲸类动物麻疹病毒（cetacean morbillivirus）和犬瘟热病毒（canine distemper virus）。PPRV 只有一个血清型，但根据毒株 N、F 基因序列差异分为Ⅰ、Ⅱ、Ⅲ和Ⅳ系[5-7]。

PPRV 粒子呈多形性，多为圆形或椭圆形，直径 130～390nm 左右，外被囊膜，囊膜上有纤突，纤突同时具有神经氨酸酶和血凝素活性；病毒基因组是不分节段的单股负链 RNA，全长约为 15948nt，从 3′ 至 5′ 依次是 N-P-M-F-H-L 6 个基因，分别编码核衣壳（N）蛋白、磷（P）蛋白、基质（M）蛋白、融合（F）蛋白、血凝素（H）蛋白和大（L）蛋白 6 种结构蛋白还包括编码 C 蛋白、V 蛋白 2 种非结构蛋白的基因[8,9]。PPRV 对外界环境和多种消毒剂敏感，很容易失活，病毒可在原代羔羊肾细胞、睾丸细胞、非洲绿猴肾细胞（vero）或绒猴-B 类淋巴母细胞系（B95a）上复制并致细胞病变（CPE），使细胞融合形成合胞体[10]。

PPRV N 基因编码区位于基因组 108～1685nt，总长度为 1578nt，编码的病毒核衣壳蛋白共 525 个氨基酸（AA），分子质量约 58kDa。根据 PPRV 与其他麻疹病毒属成员间的相似性，将 N 蛋白划分为变异系数小的肽段Ⅰ（1～120AA）和肽段Ⅲ（146～398AA），变异系数大的肽段Ⅱ（122～145AA）和肽段Ⅳ（421～525AA）[11]。N 蛋白作为最主要的结构蛋白之一，主要有两种功能：一是协助 M 蛋白发挥病毒粒子的包装作用，同时 N 蛋白包裹和保护基因组 RNA，实现衣壳化；二是与 P-L 蛋白相互作用形成聚合酶复合物[8,10]。N 蛋白虽不能诱导机体产生针对病毒的保护性免疫反应，但在病毒复制过程中表达量最高，免疫原性最强，故被广泛应用于 PPRV 各种诊断试剂的研发[8]。

P 基因编码区位于 1807～3336nt，总长为 1530nt。编码的 P 蛋白由 509 个氨基酸组成，理论分子量 60kDa，实际上 SDS-PAGE 电泳条带约为 79kDa，目前认为主要是 P 蛋白的磷酸化所致[12]。P 蛋白功能主要是与 L 蛋白结合形成复合物，参与核糖核蛋白复合物（RNPs）的组成；除此之外，它也与 N 蛋白相互作用，参与调节基因组的转录和翻译[13]。

V 基因位于 1807～2702nt，共计 896nt，由 P 基因通过 "RNA 编辑" 作用在特定位点插入一个 G 残基而使读码框发生移位产生，V 蛋白包含 298 个氨基酸，预测分子质量约 32kDa。Li H 等证明了单独的 PPRV V 蛋白足以诱导新的 microRNA-3 表达，microRNA-3 通过抑制 IRAK1 的表达来干扰 IFN-α 的产生，导致病毒逃避宿主的先天免疫反应[14]。V 蛋白可直接参与 STAT 1 和 STAT 2 相互作用，导致宿主的 IFN 应答受损[13,15]，Ma 等发现 V 蛋白能干扰 STAT 蛋白的分布，同时通过其保守的 Cys 簇和 Trp 基序与 STAT 2 相互作用，鉴定了其 275 和 277 位氨基酸可能在阻断 IFN 作用中起关键作用[15]。

C 基因位于 P 基因第二个开放阅读框（ORF）（1829～2362nt），基因长度 534nt，编码蛋白分子质量约 20kDa。C 蛋白可与 L 蛋白结合并相互作用，参与病毒 RNA 的合成和阻断Ⅰ型 IFN 的产生及其信号通路的转导[16]。Yang 等[17] 还发现 C 蛋白和 N 蛋白可共同介导细胞自噬反应，抑制宿主细胞凋亡，从而促进病毒的复制和成熟。

M 基因编码区位于 3438～4445nt，全长 1008nt，编码蛋白含 335 个氨基酸，预测分子质量约为 37kDa[18]。M 基因尾部是 AAACAAAA，较为保守[8]。M 蛋白功能是外侧与囊膜糖蛋白（H、F）接触，里侧与胞质中的 RNP 复合物作用，介导 PPRV 颗粒的装配及其出芽过程，并且还与病毒侵染宿主细胞的能力有关[19]。

F 基因序列高度保守，ORF 位于 5526～7166nt，包含一个 polyA 尾。F 基因 GC 含量较高，编码的 F 蛋白共 546 个氨基酸，分子质量约 59kDa，F 蛋白主要由跨膜区和胞质区构成，是调控病毒毒力的关键因素；F 蛋白还与 H 蛋白共同组成病毒粒子的纤突，且诱导细胞发生融合，是决定病毒侵染成功的必要因素[20]。

H 基因编码区为 7326～9155nt，编码蛋白含 609 个氨基酸，预测分子质量 67kDa，SDS-PAGE 分析约 70kDa。H 蛋白是病毒与宿主表面受体（例如：SLAM、Nectin 等）结合吸附的主要蛋白，更重要的是，PPRV 刺激宿主动物产生中和抗体的主要是 H 蛋白[20]。H 基因在麻疹病毒属中变异较大，同属氨基酸同源性仅 50%，或许这些变异是病毒感染的种属特异性的主要原因[21]。

L 基因是 PPRV 基因组最长的基因，ORF 包括 9288～15839nt 区段，长度 6552nt，编码蛋白有 2183 个氨基酸，预测蛋白分子质量约 247kDa。L 蛋白由三个保守结构域组成，1～606 氨基酸与 RNA 结合，650～1694 氨基酸为聚合酶功能位点，1717～2183 氨基酸为激酶活性区段[8]。Ansari 等[22] 的研究发现原核表达的 L 蛋白 C 末端 1640～1840 氨基酸具有 RTPase 活性。L 蛋白富含亮氨酸和异亮氨酸，是 PPRV 聚合酶复合物的主要成分，与 P 蛋白互作后具备 RNA 依赖的 RNA 聚合酶功能，促使 PPRV 的 mRNA 开始转录和延伸，这期间它还参与 mRNA 的修饰，如乙酰化、多聚腺苷酸化和甲基化等等[23]。

（2）**流行概况**　PPRV 在世界范围内主要分布于非洲、中东以及南亚地区，呈现自西向东的扩散趋势。目前 PPRV 谱系Ⅰ主要分布于西非的科特迪瓦、塞内加尔和几内亚等国家；谱系Ⅱ主要分布于西非的加纳、尼日利亚、马里等国家；谱系Ⅲ主要分布于东非的埃塞俄比亚、苏丹、索马里等国家和阿拉伯半岛南部的阿曼和阿联酋等国家；谱系Ⅳ主要分布于北非的阿尔及利亚、埃及等国家以及中东的土耳其、以色列、沙特阿拉伯等国家，南亚的印度、孟加拉国等国家，是目前世界范围内流行最广泛的谱系，谱系Ⅳ又可分为 4 个分支，分别是土耳其分支、非洲分支、印度分支和中国 2013—2017 年分支[7,24,25]。

我国流行的 PPRV 为谱系Ⅳ，流行分为三个时期：2007—2010 年、2013—2014 年以及 2014 年之后。2007 年西藏阿里地区发现国内首例 PPR，2008 年和 2010 年又分别在西藏那曲和阿里地区发生。2013—2014 年在全国多地流行，2013 年起初在新疆伊犁发生，同年新疆阿克苏地区、哈密地区出现疫情；2014 年 1 月至 3 月，甘肃、内蒙古、重庆和安徽等地暴发 PPR，地域趋势为由西向东，截至 2014 年 4 月，全国 20 个省市均有 PPR 的报道[24,25]。此后，国内 PPR 一直呈散发态势。近年来国内多次发现野生动物感染 PPRV，2016 年在新疆乌鲁木齐和库车的北山羊和鹅喉羚种群中发现 PPRV 感染，2018 年在甘肃发现了野生普氏原羚感染 PPRV，2019 年在青海发现野生岩羊感染 PPRV，野生动物感染的病例警示 PPRV 有在国内形成自然疫源地的风险[24,25]。

PPR 潜伏期为 4～5d，最长 21d。该病主要传染源是患病动物及其分泌物和排泄物、组织或被其污染的草料、用具和饮水等。传播方式主要通过直接和间接接触传染或呼吸道飞沫传染，饮水也可以导致感染。病畜急性期通过分泌物、排泄物及呼气等排出病毒，成为传染源。病毒还存在于精液及胚，故可能会经人工授精或胚移植传染。感染 PPRV 的母羊发病前 1d 起至发病后 45d 期间，乳汁含病毒，故也可经乳汁传染。目前尚缺乏冷冻羊肉或其他肉品的病毒存活资料，因肉品的 pH 下降，病毒不易存活，故经由肉品传播概率较低。虫媒不会传播本病。

（3）**检测技术研究**　PPR 检测依据检测目标可分为病原检测和抗体检测两个大类，其中病原检测又分为病毒分离培养、病毒抗原检测、核酸检测三个方面。

PPRV 分离培养为 PPR 检测的"金标准"。PPRV 既能够在牛和羊的原代细胞中培养和分离，也可以在传代细胞（如 vero 细胞、MDBK、BHK-21、BSC 猕猴肾细胞、B95a

细胞以及 CHS-20 细胞）中进行增殖[10]。患病动物的眼、鼻、口、回肠、直肠分泌物的棉拭子或血液样本，以及淋巴结、扁桃体、脾、肺、大肠等组织均可以进行病毒分离。接种后的细胞在 6～15d 发生病变，出现多核巨细胞，若在 5～6d 后细胞无变化则需要进行 2～3 代盲传，可出现致细胞病变效应（CPE）。人工构建的一些表达特定蛋白如稳定表达淋巴细胞活化分子（SLAM）的细胞系可以高效地分离 PPRV[26]。

病毒抗原检测方法有琼脂凝胶免疫扩散试验、对流免疫电泳及 ELISA 方法等，其中 ELISA 因为灵敏性和特异性强且简单快捷、适合批量检测应用最为广泛。目前已建立了免疫捕获 ELISA[27]、夹心 ELISA[28] 和 dot-ELISA[29] 等。

核酸检测是目前 PPR 检测最常用的方法，包括 RT-PCR、RT-qPCR、环介导等温核酸扩增（LAMP）和重组酶聚合酶扩增（RPA）等多种方法，其中 RT-qPCR 灵敏度最高，应用最为广泛。Yang 等[30] 建立的 RT-RPA 方法与 RT-qPCR 灵敏度相当，且具有快速简便的特点，适合田间现场检测。

抗体检测方面：病毒抗原和核酸检测主要用于动物感染 PPRV 后 4～17d，而病毒抗体检测对于感染后康复动物和疫苗免疫动物显得尤为重要。病毒中和试验（virus neutral-ization test，VNT）是国际贸易规定的 PPRV 检测方法，可以有效地区分 PPR 和 RP 的血清抗体，虽然 VNT 法特异性强，但耗时较长，工作量大且需要专业的细胞培养设备及人员，不适用于高通量检测。Libeau 等[31] 在单克隆抗体和 PPRV 重组 N 蛋白反应的基础上建立了竞争 ELISA（competitive ELISA，cELISA）。与 VNT 相比，cELISA 的敏感性和特异性分别为 95.5% 和 99.4%，且目前商品化的试剂盒很多，可进行免疫效果评估和流行病学调查，是目前应用最为广泛的抗体检测方法。

2.3.11.3　疫苗研究

（1）灭活疫苗　　PPR 灭活疫苗是通过在 vero 细胞上先对 PPRV 进行培养，然后用物理（加热）或化学方法（通常是福尔马林）将 PPRV 杀死但同时保持其抗原颗粒的完整性，使其失去致病力而保留抗原性。灭活疫苗既可由整个病毒组成，也可由它们的部分抗原成分组成。在 PPR 流行地区，主要使用 PPR 弱毒疫苗，但在无疫区使用弱毒疫苗则存在生物安全风险，例如在没有该病发生的欧洲，兽医部门不会推荐使用减毒活疫苗，所以灭活疫苗是一种选择。Cosseddu 开展了 PPR 灭活疫苗的研制并进行了动物免疫评价，证实灭活疫苗免疫山羊后可以抵抗 PPRV 强毒攻击，但需要双倍的免疫剂量[32]。也有人进行了类似研究，但灭活疫苗的免疫效果仍远低于弱毒疫苗。

（2）弱毒疫苗　　PPR 弱毒疫苗是将 PPRV 在 vero 细胞上连续多次传代后获得毒性减弱但仍保留免疫原性的毒株所制备的疫苗。1989 年，Diallo 等通过将 PPRV 在 vero 细胞上连续传代获得了首个 PPRV 弱化毒株——PPRVNigeria75/1[12]。当使用该毒株（第 63 代）对山羊免疫，7d 后可产生免疫保护[33]。此后从 1989 到 1996 年期间对 98000 多只绵羊和山羊用 PPRVNigeria75/1 疫苗株进行免疫均未出现不良反应且不存在散毒的现象，接种后的保护性抗体可持续存在 3 年以上，是一种优秀的 PPR 疫苗。PPRVSungri/96 是从印度 Sungri 分离的毒株，然后在 B95a 细胞和 vero 细胞传代（前 10 代在 B95a 细胞，之后在 vero 细胞）56 代后致弱获得的弱毒株，实验室和田间免疫证实该毒株制备的弱毒疫苗安全且能提供至少 4 年有效的免疫保护[34]。在印度，PPRVArasur/87（绵羊源）和 PPRVCoimbatore/97（山羊源）同样在 vero 细胞上连续传代 75 代后获得弱毒株并在南印度地区广泛使用，与 Sungri/96 毒株制备的疫苗一样高效和安全[34,35]。

为改进 PPR 弱毒疫苗热稳定性不足的缺陷，最初采用冷冻干燥的办法用于提升疫苗的热稳定性，随后开始加入各种化学稳定剂，稳定剂可用于降低病毒的热不稳定性，以减少冷链运输的必要性[34,36]。除了使用稳定剂和改进冷冻干燥的方法之外，热适应性更强的 PPR 疫苗也在逐步研发中[37,38]。

（3）新型疫苗　新型疫苗是采用生物化学合成技术、人工突变技术、基因工程技术等现代生物技术制造出的疫苗，是近年来新发展的疫苗，PPR 新型疫苗研究目前主要包括活载体疫苗、标记疫苗及病毒样颗粒疫苗等。

活载体疫苗中目前研究最多的是以山羊痘病毒疫苗株作为载体研制的重组 PPR 疫苗，是将 PPRV *H* 和/或 *F* 基因插入山羊痘病毒基因组构建重组山羊痘病毒，该疫苗可同时对 PPR 和羊痘提供免疫保护。

标记疫苗研制主要是利用病毒反向遗传学方法在病毒基因组中引入分子标记的新一代重组疫苗，Hu 等人[39] 和 Muniraju 等人[40] 分别制备了两种类型的重组 PPRV，前者是通过在 *P* 基因和 *M* 基因之间插入 *GFP* 基因而得到的阳性标记重组 PPRV，后者是通过删除 C77 单克隆抗体在 H 蛋白上的结合位点（当前竞争 ELISA 诊断的关键片段）得到的阴性标记重组 PPRV。无论是插入 GFP 还是突变 H 蛋白都基本不会影响重组 PPRV 的生物学特性。这些重组 PPRV 都是基于 PPRVNigeria75/1 疫苗株设计的，当作为疫苗接种后不仅能抵御 PPRV 强毒的攻击而且还不存在散毒的现象。在上述重组 PPRV 的基础上研究人员还将口蹄疫病毒的 *VP1* 基因替换 *GFP* 基因得到重组毒株 rPPRV/VP1[41]，口蹄疫病毒 *VP1* 基因的插入既不影响重组病毒在体内的复制，也不影响其在山羊体内诱导产生 PPRV 中和抗体的免疫原性。rPPRV/VP1 还可以在山羊体内诱导产生 FMDV 中和抗体以及能抵抗 FMDV 强毒的攻击。因此该疫苗可作为同时预防 PPRV 和 FMDV 的双联活载体候选疫苗[41]。

病毒样颗粒（VLP）疫苗：含有病毒的一个或多个结构蛋白的空心颗粒，没有病毒核酸，不能自主复制，在形态上与真正病毒粒子相同或相似，制备的疫苗具备病毒的免疫原性但缺少病毒的复制能力，安全性较高。研究人员构建了重组杆状病毒共表达 PPRV H、N 和 M 蛋白，让这些蛋白在昆虫细胞中表达形成病毒样颗粒（VLP）并从细胞膜出芽，发现 VLP 可在小鼠体内诱导有效的病毒特异性中和抗体，表明基于 VLP 的 PPR 候选疫苗具有潜力[42]。

2.3.11.4　市面上的产品、使用说明和注意事项

目前我国批准使用的 PPR 疫苗产品有小反刍兽疫弱毒疫苗和小反刍兽疫、山羊痘二联活疫苗（Clone9 株＋AV41 株）两种。

（1）小反刍兽疫弱毒疫苗　由小反刍兽疫弱毒病毒（Nigeria75/1-Clone9 株）在 vero 细胞上培养后冻干制成；性状为乳白色或淡黄色海绵状疏松团块，易与瓶壁脱离，加稀释液后迅速溶解。

使用说明：-15℃以下保存，按瓶签注明头份，用灭菌生理盐水稀释为每毫升含 1 头份；注射方式为颈部皮下注射；注射用量 1mL；接种后除个别羊可能出现过敏反应外，一般无可见不良反应。

注意事项：①稀释后的疫苗应避免阳光直射，气温过高时在接种过程中应冷水浴保存，稀释后的疫苗限 3h 内用完；②免疫前后 10d 不能使用抗生素；③仅接种健康羊，老、弱、病、幼、孕羊暂不免疫；④应单独免疫，不与其他疫苗联合使用，与其他疫苗接种的

间隔时间至少在 10d 以上；⑤用过的疫苗瓶及瓶中剩余疫苗集中焚烧后深埋，接种用注射器、针头冲洗干净后高温消毒。

（2）小反刍兽疫、山羊痘二联活疫苗（Clone9 株+ AV41 株）　为小反刍兽疫弱毒病毒（Nigeria75/1-Clone9 株）和山羊痘弱毒病毒（AV41 株）培养物混合制备而成，每头份疫苗含有的小反刍兽疫弱毒病毒不少于 $10^{3.0}$ TCID$_{50}$，含有的山羊痘弱毒病毒不少于 $10^{3.5}$ TCID$_{50}$；性状为乳白色或淡黄色海绵状疏松团块，易与瓶壁脱离，加稀释液后迅速溶解。

使用说明：−20℃保存，有效期为 24 个月；用于预防羊的小反刍兽疫、山羊痘及绵羊痘；免疫持续期为 12 个月，按瓶签注明的头份，用灭菌生理盐水稀释为每 0.5mL 含 1 头份，每只羊皮内注射 0.5mL；最小免疫月龄为 1 月龄。接种后个别羊可能出现过敏反应外，一般无可见不良反应。

注意事项：①稀释后的疫苗应避免阳光直射，气温过高时在接种过程中应冷水浴保存，稀释后的疫苗应限 3h 内用完；②用过的疫苗瓶，剩余疫苗及接种用注射器均应消毒处理；③仅用于接种健康动物；④怀孕母羊接种疫苗时，动作应轻柔，避免引起流产。

参考文献

[1] Woma T Y, Kalla D J, Ekong P S, et al. Serological evidence of camel exposure to peste des petits ruminants virus（PPRV）in Nigeria[J]. Trop Anim Health Prod, 2015, 47（3）：603-606.

[2] Ali W H, Osman N A, Asil R M, et al. Serological investigations of peste des petits ruminants among cattle in the Sudan[J]. Trop Anim Health Prod, 2019, 51（3）：655-659.

[3] Dou Y, Liang Z, Prajapati M, et al. Expanding diversity of susceptible hosts in peste des petits ruminants virus infection and its potential mechanism beyond[J]. Front Vet Sci, 2020, 7: 66.

[4] Kamel M, El-Sayed A. Toward peste des petits virus（PPRV）eradication: Diagnostic approaches, novel vaccines, and control strategies[J]. Virus Res, 2019, 274: 197774.

[5] Dhar P, Sreenivasa B P, Barrett T, et al. Recent epidemiology of peste des petits ruminants virus（PPRV）[J]. Vet Microbiol, 2002, 88（2）：153-159.

[6] Albina E, Kwiatek O, Minet C, et al. Peste des Petits Ruminants, the next eradicated animal disease? [J]. Vet Microbiol, 2013, 165（1-2）：38-44.

[7] Munir M. Role of wild small ruminants in the epidemiology of peste des petits ruminants [J]. Transbound Emerg Dis, 2014, 61（5）：411-424.

[8] Kumar N, Maherchandani S, Kashyap S K, et al. Peste des petits ruminants virus infection of small ruminants: a comprehensive review[J]. Viruses, 2014, 6（6）：2287-2327.

[9] Bailey D, Banyard A, Dash P, et al. Full genome sequence of peste des petits ruminants virus, a member of the Morbillivirus genus[J]. Virus Res, 2005, 110（1-2）：119-124.

[10] 丛潇, 丛锋, 张孟然, 等. 小反刍兽疫研究进展[J]. 中国草食动物科学, 2021, 41（05）：50-56.

[11] Diallo A, Barrett T, Barbron M, et al. Cloning of the nucleocapsid protein gene of peste-des-petits-ruminants virus: relationship to other morbilliviruses[J]. J Gen Virol, 1994, 75（Pt 1）：233-237.

[12] Diallo A, Minet C, Le Goff C, et al. The threat of peste des petits ruminants: progress in vaccine development for disease control[J]. Vaccine, 2007, 25（30）：5591-5597.

[13] Li P, Zhu Z, Zhang X, et al. The nucleoprotein and phosphoprotein of peste des petits ruminants virus inhibit interferons signaling by blocking the JAK-STAT pathway[J]. Viruses, 2019, 11（7）.

[14] Li H, Xue Q, Wan Y, et al. PPRV-induced novel miR-3 contributes to inhibit type I IFN production by targeting IRAK1[J]. J Virol, 2021, 95（10）：e02045-20.

[15] Ma X, Yang X, Nian X, et al. Identification of amino-acid residues in the V protein of peste des petits ruminants essential for interference and suppression of STAT-mediated interferon signaling[J]. Virology, 2015, 483: 54-63.

[16] Li L J, Shi X L, Ma X X, et al. Peste des petits ruminants virus non-structural C protein inhibits the induction of interferon-beta by potentially interacting with MAVS and RIG-I[J]. Virus Genes, 2021, 57 (1): 60-71.

[17] Yang B, Xue Q, Qi X, et al. Autophagy enhances the replication of Peste des petits ruminants virus and inhibits caspase-dependent apoptosis in vitro[J]. Virulence, 2018, 9 (1): 1176-1194.

[18] Wang Q, Ou C, Dou Y, et al. M protein is sufficient for assembly and release of Peste des petits ruminants virus-like particles[J]. Microb Pathog, 2017, 107: 81-87.

[19] Muthuchelvan D, Sanyal A, Sreenivasa B P, et al. Analysis of the matrix protein gene sequence of the Asian lineage of peste-des-petits ruminants vaccine virus[J]. Vet Microbiol, 2006, 113 (1-2): 83-87.

[20] Rojas J M, Rodriguez-Martin D, Avia M, et al. Peste des petits ruminants virus fusion and hemagglutinin proteins trigger antibody-dependent cell-mediated cytotoxicity in Infected Cells [J]. Front Immunol, 2018, 9: 3172.

[21] 陈蕾. 小反刍兽疫病毒血凝素蛋白与宿主受体相互作用的研究 [D]. 北京: 中国农业科学院, 2014.

[22] Ansari M Y, Singh P K, Rajagopalan D, et al. The large protein 'L' of Peste-des-petits-ruminants virus exhibits RNA triphosphatase activity, the first enzyme in mRNA capping pathway[J]. Virus Genes, 2019, 55 (1): 68-75.

[23] Minet C, Yami M, Egzabhier B, et al. Sequence analysis of the large (L) polymerase gene and trailer of the peste des petits ruminants virus vaccine strain Nigeria 75/1: expression and use of the L protein in reverse genetics[J]. Virus Res, 2009, 145 (1): 9-17.

[24] 吴昊天, 满初日嘎, 王凤阳, 等. 小反刍兽疫流行状况及分子诊断技术研究现状[J]. 动物医学进展, 2022, 43 (01): 122-126.

[25] 赵万升, 陈峰, 李秀喆, 等. 2010—2019 年全球小反刍兽疫疫情分析[J]. 畜牧兽医科学 (电子版), 2020 (15): 3-6.

[26] Adombi C M, Lelenta M, Lamien C E, et al. Monkey CV1 cell line expressing the sheep-goat SLAM protein: a highly sensitive cell line for the isolation of peste des petits ruminants virus from pathological specimens[J]. J Virol Methods, 2011, 173 (2): 306-313.

[27] Libeau G, Diallo A, Colas F, et al. Rapid differential diagnosis of rinderpest and peste des petits ruminants using an immunocapture ELISA[J]. Vet Rec, 1994, 134 (12): 300-304.

[28] 李园丽, 李林, 樊晓旭, 等. 小反刍兽疫检测技术研究进展[J]. 中国兽医杂志, 2018, 54 (12): 76-80.

[29] Balamurugan V, Hemadri D, Gajendragad M R, et al. Diagnosis and control of peste des petits ruminants: a comprehensive review[J]. Virusdisease, 2014, 25 (1): 39-56.

[30] Yang Y, Qin X, Song Y, et al. Development of real-time and lateral flow strip reverse transcription recombinase polymerase Amplification assays for rapid detection of peste des petits ruminants virus[J]. Virol J, 2017, 14 (1): 24.

[31] Libeau G, Prehaud C, Lancelot R, et al. Development of a competitive ELISA for detecting antibodies to the peste des petits ruminants virus using a recombinant nucleoprotein[J]. Res Vet Sci, 1995, 58 (1): 50-55.

[32] Cosseddu G M, Polci A, Pinoni C, et al. Evaluation of humoral response and protective efficacy of an inactivated vaccine against peste des petits ruminants virus in goats[J]. Transbound Emerg Dis, 2016, 63 (5): e447-e452.

[33] Diallo A, Barrett T, Barbron M, et al. Differentiation of rinderpest and peste des petits ruminants viruses using specific cDNA clones[J]. J Virol Methods, 1989, 23 (2): 127-136.

[34] Sen A, Saravanan P, Balamurugan V, et al. Vaccines against peste des petits ruminants

virus[J]. Expert Rev Vaccines, 2010, 9（7）: 785-796.

[35] Hodgson S, Moffat K, Hill H, et al. Comparison of the Immunogenicities and Cross-Lineage Efficacies of Live Attenuated Peste des Petits Ruminants Virus Vaccines PPRV/Nigeria/75/1 and PPRV/Sungri/96[J]. J Virol, 2018, 92（24）.

[36] Worrall E E, Litamoi J K, Seck B M, et al. Xerovac: an ultra rapid method for the dehydration and preservation of live attenuated Rinderpest and Peste des Petits ruminants vaccines [J]. Vaccine, 2000, 19（7-8）: 834-839.

[37] Balamurugan V, Sen A, Venkatesan G, et al. Protective immune response of live attenuated thermo-adapted peste des petits ruminants vaccine in goats[J]. Virusdisease, 2014, 25 （3）: 350-357.

[38] Riyesh T, Balamurugan V, Sen A, et al. Evaluation of efficacy of stabilizers on the thermostability of live attenuated thermo-adapted Peste des petits ruminants vaccines[J]. Virol Sin, 2011, 26（5）: 324-337.

[39] Hu Q, Chen W, Huang K, et al. Rescue of recombinant peste des petits ruminants virus: creation of a GFP-expressing virus and application in rapid virus neutralization test[J]. Vet Res, 2012, 43: 48.

[40] Muniraju M, Mahapatra M, Buczkowski H, et al. Rescue of a vaccine strain of peste des petits ruminants virus: In vivo evaluation and comparison with standard vaccine[J]. Vaccine, 2015, 33（3）: 465-471.

[41] Yin C, Chen W, Hu Q, et al. Induction of protective immune response against both PPRV and FMDV by a novel recombinant PPRV expressing FMDV VP1[J]. Vet Res, 2014, 45: 62.

[42] Liu F, Wu X, Zou Y, et al. Peste des petits ruminants virus-like particles induce both complete virus-specific antibodies and virus neutralizing antibodies in mice[J]. J Virol Methods, 2015, 213: 45-49.

2.3.12　羊棘球蚴病疫苗

2.3.12.1　疾病的简介

棘球蚴病（俗称包虫病）是一种危害严重的人兽共患寄生虫病，主要包括囊型棘球蚴病（cystic echinococcosis，CE）和泡型棘球蚴病（alveolar echinococcosis，AE），分别由细粒棘球绦虫广义种（*Echinococcus granulosus sensu lato*）和多房棘球绦虫（*E. multilocularis*）的中绦期（幼虫或包囊）引起。全球每年由棘球蚴病给畜牧业造成的经济损失和用于棘球蚴病患者的治疗费用合计高达 30 亿美元；多房棘球蚴病更有"虫癌"之称，感染后未经治疗的多房棘球蚴患者的 10 年病死率可高达 94%。因此，带科绦虫尤其是棘球绦虫，不但对畜牧业的发展影响巨大，而且严重危害人类身体健康，在公共卫生学上具有重要意义[1-3]。目前，中国棘球蚴病受威胁人数和患者数以及患病的家畜均居全球首位。截至 2018 年底，中国包虫病流行县达 370 个，分布于西藏、四川、青海、甘肃、宁夏、新疆（包括新疆生产建设兵团）、内蒙古、云南和陕西等 9 省区，受威胁人口超过 5000 万，人群患病率（推算）为 0.28%，患者总数（推算）约为 17 万。在这些省份中，西藏、青海和四川三省区棘球蚴病的患病率位居前三。西藏全区 74 个县均有包虫病流行，其中发现泡型棘球蚴病的县有 47 个，占 64%。此外，患病家畜主要是羊和牛，每年发病数在 5000 万头（只）以上，造成的年直接经济损失在 30 亿元以上[1,4]。

棘球蚴病不仅给养殖业造成了严重危害，而且人感染棘球蚴病的报道也居高不下，为了防治本病，驱虫药被大量投入使用，并得到了一定的效果，但是由于长期使用化学药物，出现了耐药性、药物残留、环境污染等一系列问题。而疫苗具有安全、无残留、动物无休药期、符合"预防为主，治疗为辅"工作方针等优点，是疫病防控的重要手段之一。《全国包虫病等重点寄生虫病防治规划 2016—2020 年》（国卫疾控发〔2016〕58 号）和《"健康中国 2030"规划纲要》中均明确指出"全国所有流行县基本控制包虫病等重点寄生虫病流行"，突显了棘球蚴病作为重大传染病防控的重要性。

中国的包虫病防治自 2005 年起逐渐依赖中央转移支付项目，重点是通过对患者的筛查、收治以及犬的高密度无污染性驱虫来达到对包虫病的控制。尽管工作强度大，但是所取得的防治效果远没有预期的大，截至 2016 年，全国性包虫病防控工作开展超过 10 年时，中国棘球蚴病受威胁人口数和患者数仍高居全球首位，而藏区更是中国乃至全球棘球蚴病流行最严重的地区，防治形势不容乐观。众多专家通过总结国际包虫病防控经验，结合中国多年的防控实践，认为防治包虫病的关键在于阻断家犬、野犬、狼和狐与羊之间的传播链条。因此，在给犬驱虫的基础上，增加新生羊和牛的免疫注射，通过"两条腿走路"才是唯一的科学选择。免疫预防不仅能提高防治效果，而且还能大大缩短防控计划的进程。免疫接种预防动物疫病，是世界上公认的最经济、最科学、最有效的办法，这也是近些年世界各国寻求免疫防控的根本所在[3]。包虫病在传染过程中，80％以上的中间宿主是羊，只要免疫好羊，确保羊群流动到哪里都是健康的，那犬、狼、狐感染的机会就大为减少。从四川、青海、宁夏等地羊包虫病基因工程疫苗试点结果看，通过注射疫苗可大大降低羊只包虫病的感染率。在此基础上，采取对犬驱虫、加强屠宰管理等综合防控措施，经 10 年左右的时间，中国棘球蚴病的流行便会得到有效控制。因此，国家自 2017 年起，开始推行在棘球蚴病重点流行区域对新生羔羊甚至牛犊进行强制免疫以控制本病的有效流行。

2.3.12.2　研究进展

棘球蚴疫苗研制经历了从传统的六钩蚴、细胞培养物等组织细胞疫苗，到新型疫苗的出现，如多肽疫苗、核酸疫苗、基因工程亚单位疫苗、基因工程活载体疫苗，以及利用基因工程技术开发的转基因植物疫苗等。随着时代和技术的进步，相信更加理想的新型疫苗也会相继出现。总的来说，寻找具有更加高效、持久、广谱、简便、廉价、安全等优点的疫苗是疫苗研制发展的方向[5]，下面对棘球蚴病疫苗研究进展做一简要介绍。

（1）组织细胞疫苗　早期的棘球蚴病疫苗主要是由棘球绦虫分泌物和代谢物、虫卵、六钩蚴或原头蚴分泌物、细胞培养物等制成的，免疫动物可以得到强的免疫保护力，朱兴全等[6] 和 Osborn 等[7] 分别对细粒棘球绦虫六钩蚴分泌物抗原性进行了研究，发现其免疫保护力分别可达 96.04％和 99.40％，但是因为粗制抗原成分复杂，含有多种抗原蛋白[8]，生产成本高，难以进行批量生产[9]，并且饲养犬只可能会造成工作人员被感染，存在公共卫生隐患等问题。所以随着分子生物学的发展，组织细胞疫苗不可避免地被其他类型的疫苗所代替。

（2）合成肽疫苗　棘球蚴病合成肽疫苗是根据棘球蚴的有效保护性免疫抗原中已知或预测的某段抗原表位的氨基酸序列，通过人工设计和合成的具有免疫原性的多肽疫苗。目前寄生虫病中研究较多的主要是疟疾和血吸虫病合成肽疫苗，合成肽疫苗在棘球蚴病和囊尾蚴病方面也有研究和应用。

EG95 蛋白广泛存在于细粒棘球绦虫的六钩蚴、育囊生发层、原头蚴以及成虫体表[10]，在细粒棘球绦虫生长发育中必不可少，这提示 EG95 蛋白能够诱导宿主产生免疫保护。Woollard 等[11] 对细粒棘球绦虫的保护性抗原 EG95 进行抗原表位分析，根据分析结果人工合成 4 条短肽，免疫羔羊试验显示这 4 条短肽仅具有免疫原性，能够诱导产生明显的特异性抗体，但没有反应原性，免疫保护力（保护力 0%）远不如 EG95（保护力高达 99.8%），说明两种抗体之间存在着差异，这些多肽和 EG95 疫苗与宿主免疫保护的关系还需后续研究。Woollard 等[12] 也对重组疫苗抗原 EG95 的保护性多肽做了定位分析，结果表明 EG95 疫苗诱导免疫应答的主要部位是构象表位，宿主的保护性抗原表位也是构象表位，这为棘球蚴病合成肽疫苗的研制提供了理论依据。

合成肽疫苗完全是人工合成，不含核酸，能够克服常规疫苗的一些缺陷，被认为是一种更加高效、简便、稳定、经济的疫苗，但是合成肽疫苗的抗原性及其免疫原性受自身组成及宿主免疫系统等多种因素的影响，并且发现免疫力不能垂直传播，新生仔猪对囊尾蚴仍易感，需要再次免疫[13]，还有中和表位多为构象表位，这些问题都给合成肽疫苗的研制和推广应用带来了阻力。目前合成肽疫苗是预防和控制感染性疾病和恶性肿瘤的主要新型疫苗研制方向之一，在棘球蚴病中研究较少，所以需要进一步探究更加有效、实用的棘球蚴病合成肽疫苗。

（3）基因工程重组疫苗　基因工程重组疫苗是运用 DNA 重组技术，将编码病原保护性抗原的基因导入原核或真核表达系统，使其高效表达，提取保护性抗原肽链，加入佐剂即制成基因工程重组疫苗。与传统疫苗相比，基因工程疫苗具有以下优点：可大量生产，降低生产成本；可以研制多价疫苗，达到一针防多病的目的；安全性好。总的来说，绦虫的保护性抗原主要有以下 4 类，即 16K、18K、45W 和 EG95（如表 2-17 所示），其保护率多高于 95%[14]，这些保护性抗原主要在绦虫六钩蚴时期表达，能够诱导宿主很好的免疫保护力，其中部分疫苗（如细粒棘球绦虫疫苗 EG95）已经商业化，有效的保护性抗原研究对疫苗制备至关重要。

表 2-17　带科绦虫常见保护性抗原

虫种	保护性抗原
羊带绦虫	To16、To18、To45S、To45W 等
牛带绦虫	TSA45W、TSA18、TSA9 等
猪带绦虫	TSOL18、TSOL16、TSOL45-1、TSOL45W、KETc1、KETc7、KETc12、AgB、Cc1 等
多头带绦虫	Tm45W、TM16、TM18 等
棘球绦虫	EG95（以及其同源蛋白 EgA31、EM95 和 EgM）、热休克蛋白 70（HSP70）、亲肌肉抗原 myophilinc、EgG1Y162、Eg14-3-3、Em14-3-3、EmP29、Em-TSP1、Em-TSP3 等
其他	Prx（抗氧化酶系）、TPx（硫氧化还原蛋白过氧化物酶）、SOD（超氧化物歧化酶）等

① 基因工程重组蛋白疫苗　近年来，随着组学和大数据时代的到来，多种棘球绦虫抗原靶分子被挖掘出来，其中，棘球绦虫 EG95 重组蛋白的研究一直是棘球绦虫疫苗研究的热点，并取得了很大的进展，目前，重组蛋白的获取有多种途径，如大肠杆菌原核表达、酵母真核表达、昆虫杆状病毒表达等，不同的方法各有优缺点，真核表达系统具有分泌表达外源蛋白、可对蛋白进行加工修饰（如糖基化、磷酸化和形成二硫键等功能）、蛋白更加接近天然状态等原核系统所不具备的诸多优点[15,16]，在将来，真核表达系统将具有原核表达系统不可比拟的研究和开发潜力。

EG95 是迄今发现对细粒棘球绦虫最有效的保护性抗原，三次免疫接种能诱导绵羊高达 99% 的保护率，免疫保护时间能长达 11 个月[17]；细粒棘球绦虫硫氧还蛋白过氧化物酶（EgTPx）在保护虫体免受宿主氧化损伤过程中起着关键的抗氧化作用，对虫体在人和其他中间宿主体内稳定寄生、生长和存活十分必要，王慧等[18]对EgTPx的编码基因进行原核表达，通过免疫小鼠，成功制备了EgTPx抗体（抗体效价高达1：256000），为包虫病疫苗和相关诊断试剂盒的研制奠定了一定的基础，也对疫苗研制提供了一个新的思路。

作者所在的实验室已获得毕赤酵母系统高效表达EG95重组蛋白国家技术发明专利（申请号：CN201210103512.1），高密度发酵时上清中目的蛋白表达量在2g/L以上，纯度超过90%，产业化前景十分诱人。王慧等[19]成功地将细粒棘球绦虫的*TPx*基因在毕赤酵母中表达，获得了具有高效表达能力的EgTPx基因工程真核表达菌株，并检测到产物具有免疫反应性和抗氧化活性。目前，关于绦虫代谢的抗氧化酶系的报道较少，但是依据抗氧化酶系在其他寄生虫上的重要性推测，Prx或TPx可能在绦虫的抗氧化作用中起清除过氧化氢等方面的作用[20]。

杆状病毒表达系统最突出的特点就是能够获得高水平的蛋白表达量，目的蛋白表达量最高可达到细胞总蛋白的50%[21]，同时还具有安全性好、能同时表达多个基因、重组蛋白翻译后加工完整等特点。于琳琳等[22]成功构建获得了EG95-（C3d）3重组杆状病毒表达系统，并且重组蛋白具有良好的免疫原性，同时证明用该重组蛋白检测羊棘球蚴抗体有良好的敏感性和特异性。

哺乳动物细胞表达系统虽然其表达产量相对其他真核表达系统低，但是翻译后加工更加精细，表达的蛋白质更加接近天然蛋白质，目前已成为多种生物药物的首选宿主细胞[23]，王昌源等[24]成功构建了多房棘球绦虫*elp*基因的真核细胞COS7表达系统，绦虫蚴病疫苗在哺乳动物细胞表达系统中表达的研究工作相对较少，技术尚不成熟，有待进一步研究。

② 基因工程重组病毒载体活疫苗　重组病毒载体活疫苗是人类免疫接种中应用最广泛的疫苗，在天花、狂犬病、鼠疫等疫病的防控中起了重要作用，重组病毒载体活疫苗具有重组体用量少，抗体不需要纯化，载体本身可发挥佐剂的作用等优点。同样也具有一定的缺点，如感染或者接种过该病毒的动物或者人，对该载体病毒具有了免疫记忆，会影响免疫接种效果。

痘病毒常作为重组痘苗病毒（vaccinia virus，VACV）载体，在基因工程重组载体病毒活疫苗中有广泛应用。羊口疮病毒（orf virus）属于痘病毒科副痘病毒属的双链DNA病毒，能够引起绵羊、山羊和人严重的皮肤病变。Tan等[25]用羊口疮病毒作为VACA，构建EG95载体病毒活疫苗，目的是获得双价疫苗，结果产生针对羊口疮病毒和针对EG95的两种特异性抗体，并且针对EG95抗原的抗体水平与用纯化抗原制备的疫苗水平相当，此实验结果表明，羊口疮病毒活载体疫苗有望成为新一代的二联重组疫苗。同样，Dutton等[26]将重VACA作为EG95蛋白的传输载体，将EG95蛋白的编码基因插入VACV中，成功构建了重组痘病毒疫苗VV399，绵羊和小鼠试验结果显示该疫苗可以诱导免疫动物产生特异性抗体，并且免疫后的动物血清对六钩蚴也有一定的杀伤作用。

③ 基因工程重组细菌载体活疫苗　同重组病毒载体活疫苗一样，重组细菌载体活疫苗也有上述类似的优缺点。减毒沙门氏菌载体作为口服活疫苗载体具有广泛的应用价值，是新型疫苗研究的热点之一[27]，王志昇等[28]成功构建了以减毒鼠伤寒沙门氏菌为载体的细粒棘球绦虫EG95蛋白的口服活载体疫苗，对BALB/c小鼠灌胃四周后诱导抗体水平高达1：1700，并且安全性实验显示安全性良好，说明该细菌载体活疫苗具有良好的免疫

原性和安全性。

④ 核酸疫苗　又称 DNA 疫苗。通过给宿主接种编码特定抗原蛋白的核酸疫苗，可使其在宿主体内表达，刺激宿主对该抗原蛋白产生特异性免疫应答反应，达到预防和治疗疾病的目的。核酸疫苗是继灭活疫苗、减毒疫苗、基因工程重组亚单位疫苗之后的"第三代"疫苗，目前疟疾、弓形虫病、血吸虫病、棘球蚴病、囊尾蚴病等寄生虫病的预防也开始应用核酸疫苗，并显示有广阔的应用前景[29]。

林仁勇等[30] 用 pcDNA3-EG95 核酸疫苗免疫 BALB/c 小鼠，探讨其诱导小鼠的体液和细胞免疫效果，结果显示此核酸疫苗能够在小鼠体内产生明显的免疫反应。丁剑冰等[31] 对细粒棘球绦虫的 EG95 核酸疫苗与 EG95 重组亚单位疫苗做了比较，发现用前者免疫接种的小鼠产生 IgG 抗体滴度水平（1∶3200）低于后者（1∶25600），但 IgG2a 亚类抗体水平却明显高于重组蛋白免疫实验组，这证明了细粒棘球绦虫 EG95 重组抗原和核酸疫苗均可诱发小鼠产生特异性免疫应答。杨娇馥等[32] 将构建的重组质粒 pcDNA3·1-eg95 转染绵羊胎儿成纤维细胞，检测结果发现 eg95 基因在绵羊胎儿成纤维细胞中得到了转录，这为利用 pcDNA3·1-eg95 制备实用的棘球蚴病核酸疫苗提供了科学依据。

总之，核酸疫苗与普通疫苗相比具有更加快速、方便以及特异性高、无危害性等优点，除此之外，核酸疫苗因其经济成本较低，易于运输和储存，可以诱导机体产生全面的免疫反应，有制备多价苗的潜力（对不同亚型的病原体有交叉防御作用），并且核酸疫苗可以在免疫动物体内直接表达，具有很好的应用前景[33]，但是绦虫蚴病核酸疫苗研究较少，技术路线尚不成熟，安全性评估还存在很多的问题[34]，还需要进行进一步研究。

⑤ 转基因植物疫苗　转基因植物疫苗具有易运输、可大规模生产、成本低廉、易获得多价苗、使用方便（直接食用就可以诱发较强的体液和黏膜免疫反应）等优点。首蓿是草食性动物主要的饲料来源，并且蛋白含量高，营养丰富，所以常被选作构建转基因植物疫苗的对象。周辉等[35] 对转细粒棘球绦虫 eg95-egA31 融合基因首蓿疫苗载体进行了成功构建，叶艳菊等[36] 在其基础上研究该疫苗的保护力及其免疫机制，结果表明转基因首蓿叶的蛋白提取液经口服和滴鼻接种都能诱导免疫鼠产生一定的保护力，并且 Th1 型免疫应答在免疫保护机制中起重要作用。

（4）多价苗和联苗　多价疫苗和联苗对疫病的防控实施有重要的意义，多价苗和联苗可以避免多次免疫，降低基层工作压力，减少人力、物力的消耗，减少被接种动物的应激反应次数，达到一针防多病的目的。基因工程疫苗和核酸疫苗都具有多价苗和联苗研制的潜力，所以有很大的发展空间，如基因工程重组羊口疮病毒活疫苗，就是一种对羊口疮病毒和细粒棘球蚴感染同时有免疫预防作用的二联苗。细粒棘球绦虫种内变异现象非常突出，G1（绵羊株）和 G6（骆驼株，现命名为加拿大棘球绦虫，*E.canadensis*）基因型在家畜中分布最为广泛，pET30a-*egA31*-*eg95* 重组质粒的成功构建，对棘球蚴病多价疫苗的开发有重要指导作用，如可以研制棘球蚴病 EG95-EC95 基因工程重组亚单位双价疫苗；pTc-sp7 核酸疫苗就是一种对肥头绦虫和猪带绦虫成虫及其六钩蚴有高保护率的联苗。总的来说，绦虫蚴病种类繁多，危害严重，亟待研制有效的联苗和多价苗。

（5）其他　随着科学技术的发展和研究的不断深入，绦虫蚴病疫苗除了以上所述外，新型疫苗也层出不穷：重组噬菌体疫苗作为新型疫苗，可以诱导机体产生较高的免疫保护力，并且生产成本低，具有普通疫苗没有的优点，是理想的新型疫苗之一，已有试验证明噬菌体可以诱导猪的体液免疫和细胞免疫；微胶囊可控缓释疫苗是使用微胶囊技术将特定的抗原包裹后制成的疫苗，能缓冲胃酸等消化液的消化，绦虫成虫又多寄生在肠道，这对绦虫蚴病（包括棘球蚴病）疫苗的研制有一定的指导作用；树突状疫苗在肿瘤免疫中取得了一定的成功，多房棘球蚴病生长为浸润性生长，与肿瘤相似，有"虫癌"之称，相信不久的将来树突状疫苗也会在包括棘球蚴病在内的绦虫蚴病中得到应用。

虽然研究过的针对棘球蚴病的疫苗种类和数量不少，但是在临床上使用的仅是用于羊、牛的基因工程 EG95 重组抗原疫苗，已在中国、阿根廷等国家推广和使用。

2.3.12.3 基因工程重组（亚单位）疫苗制备的基本原理

将体外培养细粒棘球绦虫六钩蚴的排泄或分泌产物制成抗原，给绵羊接种可使其获得抗细粒棘球绦虫卵的高度免疫力，已证明六钩蚴能诱导宿主产生所有的保护性抗原。目前主要是应用 EG95 重组蛋白疫苗防治细粒棘球蚴感染中间宿主（羊）并取得较理想的效果。研究发现经 EG95 重组蛋白疫苗免疫的中间宿主（牛羊），可以抵抗不同的细粒棘球蚴株（新西兰株、澳大利亚株和阿根廷株）感染，获得良好的免疫保护效果（保护率 96%～98%）。EG95 免疫羊产生的特异性抗体是针对天然六钩蚴抗原和所用免疫原中近 23kDa 的抗原组分。序列分析说明 EG95 cDNA 是 715bp 的插入片段，编码分子质量为 16.592kDa 的蛋白质，较天然抗原分子质量小，该 EG95 cDNA 未包括 5′端的非翻译区和起始的蛋氨酸，提示该克隆不是一个完整的 mRNA 拷贝。利用 DNA 重组（基因工程）技术，可产生大量的可供制备疫苗的重组蛋白质。在阿根廷和我国完成的试验结果表明，在第 2 次接种疫苗后，获得的高度免疫至少能持续 1 年。这种免疫可以由预防接种的母体经乳汁传输给幼体。EG95 疫苗作用的主要机理是抗体和补体介导的六钩蚴溶胞作用。后经一系列研究和分析工作，完全厘清了 EG95 蛋白的基因序列。目前，可利用大肠杆菌、酵母表达系统等高效生产 EG95 蛋白作为疫苗抗原，配以适当佐剂从而制备疫苗产品。

2.3.12.4 羊棘球蚴（包虫）病基因工程亚单位疫苗

羊包虫（棘球蚴）病基因工程重组抗原疫苗具有大多数利用大肠杆菌系统生产或制备的基因工程亚单位疫苗的共同特点。

① 良好遗传稳定性　重组工程菌经传代 23 次，编码保护性抗原 EG95 的基因序列稳定不变。

② 高度生物安全性　以重组蛋白作为抗原，从根本上杜绝了常规灭活疫苗因灭活不彻底，强毒残留所带来的隐患。

③ 先进的生产工艺　基因工程技术、高密度发酵技术和分子截留技术有机结合和运用，保证了产品质量和生产效率。

④ 强免疫保护率　大量试验表明，免疫羊保护率在 90% 以上，可获得一年以上的免疫保护期。

⑤ 作用与用途　可用于预防绵羊、山羊棘球蚴（包虫）病。

⑥ 使用范围　用于无母源抗体的羔羊、有母源抗体的羔羊、种羊等。

参考文献

[1] Lightowlers M W. Vaccines for prevention of cysticercosis[J]. Acta Trop, 2003, 87（1）: 129-35.

[2] Moro P, Schantz P M. Echinococcosis: a review[J]. Int J Infect Dis, 2009, 13（2）: 125-33. DOI: 10. 1016/j. ijid. 2008. 03. 037.

[3] Battelli G. Echinococcosis: costs, losses and social consequences of a neglected zoonosis [J]. Vet Res Commun, 2009, 33 Suppl 1: 47-52. DOI: 10. 1007/s11259-009-9247-y.

[4] Lightowlers M W, Colebrook A L, Gauci C G, et al. Vaccination against cestode parasites: anti-helminth vaccines that work and why [J]. Vet Parasitol, 2003, 115 (2): 83-123. DOI: 10. 1016/S0304-4017 (03) 00202-4.

[5] 王克安. 新的疫苗新的挑战[J]. 中华预防医学杂志, 2002, 36 (1): 3-4.

[6] 朱兴全, 窦兰清, 史晓红, 等. 细粒棘球绦虫排泄分泌抗原研究——六钩蚴排泄分泌抗原的免疫原性[J]. 中国兽医科技, 1991, 21 (9): 6-9.

[7] Osborn P J, Heath D D. Immunisation of lambs against Echinococcus granulosus using antigens obtained by incubation of oncospheres in vitro[J]. Res Vet Sci, 1982, 33 (1): 132-133.

[8] Larralde C, Montoya RM, Sciutto E, et al. Deciphering western blots of tapeworm antigens (Taenia solium, Echinococcus granulosus, and Taenia crassiceps) reacting with sera from neurocysticercosis and hydatid disease patients[J]. Am J Trop Med Hyg, 1989, 40 (3): 282-290.

[9] 冯金瑞, 刘立军. 猪囊尾蚴重组抗原和基因工程疫苗的研究进展[J]. 畜牧兽医杂志, 2012, 31 (2): 35-38.

[10] Zhang W, Li J, You H, et al. Short report: Echinococcus granulosus from Xinjiang, PR China: cDNAS encoding the EG95 vaccine antigen are expressed in different life cycle stages and are conserved in the oncosphere[J]. Am J Trop Med Hyg, 2003, 68 (1): 40-43.

[11] Woollard D J, Heath D D, Lightowlers MW. Assessment of protective immune responses against hydatid disease in sheep by immunization with synthetic peptide antigens [J]. Parasitology, 2000, 121 (Pt 2): 145-153.

[12] Woollard D J, Gauci C G, Heath D D, et al. Protection against hydatid disease induced with the EG95 vaccine is associated with conformational epitopes[J]. Vaccine, 2000, 19 (4-5): 498-507.

[13] Sciutto E, Rosas G, Cruz-Revilla C, et al. Renewed hope for a vaccine against the intestinal adult Taenia solium. J Parasitol, 2007, 93 (4): 824-831.

[14] Lightowlers M W, Gauci C G, Chow C, et al. Molecular and genetic characterisation of the host-protective oncosphere antigens of taeniid cestode parasites[J]. Int J Parasitol, 2003, 33 (11): 1207-1217.

[15] 祁浩, 刘新利. 大肠杆菌表达系统和酵母表达系统的研究进展[J]. 安徽农业科学, 2016, 44 (17): 4-6.

[16] 解庭波. 大肠杆菌表达系统的研究进展[J]. 长江大学学报自然科学版: 医学卷, 2008, 5 (3): 77-82.

[17] Heath D D, Robinson C, Shakes T, et al. Vaccination of bovines against Echinococcus granulosus (cystic echinococcosis) [J]. Vaccine, 2012, 30 (20): 3076-3081. DOI: 10. 1016/ j. vaccine. 2012. 02. 073.

[18] 王慧, 侯秋莲, 张壮志, 等. 细粒棘球绦虫硫氧还蛋白过氧化物酶基因的克隆、表达及鉴定[J]. 中国人兽共患病学报, 2008, 24 (5): 430-434.

[19] 王慧, 李军, 张富春, 等. 细粒棘球绦虫硫氧还蛋白过氧化物酶基因在毕赤酵母中的分泌表达及生物学功能鉴定[J]. 中国病原生物学杂志, 2014, 9 (3): 220-224.

[20] 舒勍. Peroxiredoxin 与寄生虫[J]. 中国寄生虫学与寄生虫病杂志, 2002, 20 (2): 115-118.

[21] 黄金枝, 李莉莉, 马吉胜, 等. 昆虫杆状病毒表达系统的研究进展[J]. 世界最新医学信息文摘, 2016, 96: 033.

[22] 于琳琳, 贾红, 侯绍华, 等. 羊 C3d 基因与细粒棘蚴 EG95s 基因在杆状病毒中的串联表达[J]. 中国畜牧兽医, 2010 (11): 44-50.

[23] 李国坤, 高向东, 徐晨. 哺乳动物细胞表达系统研究进展[J]. 中国生物工程杂志, 2014, 34 (1): 95-100.

[24] 王昌源, 陈雅棠, 黄爱龙, 等. 多房棘球绦虫 elp 基因在真核细胞 COS7 中的表达[J]. 中国寄生

虫病防治杂志，2003，16（1）：38-42.

[25] Tan J L, Ueda N, Heath D, et al. Development of orf virus as a bifunctional recombinant vaccine: Surface display of *Echinococcus granulosus* antigen EG95 by fusion to membrane structural proteins[J]. Vaccine, 2012, 30（2）：398-406.

[26] Dutton S, Fleming S B, Ueda N, et al. Delivery of *Echinococcus granulosus* antigen EG95 to mice and sheep using recombinant vaccinia virus[J]. Parasite Immunol, 2012, 34（6）：312-317.

[27] 马全英，安芳兰，刘萍，等．减毒沙门氏菌作为口服活疫苗载体的研究进展[J]．贵州畜牧兽医，2012，36（5）：16-20.

[28] 王志昇，吴璟，林源，等．细粒棘球蚴 Eg95 蛋白减毒沙门氏菌重组株的构建与免疫原性分析[J]．中国寄生虫学与寄生虫病杂志，2014，32（5）：339-343.

[29] 齐文娟，方强．寄生虫病 DNA 疫苗研究进展[J]．中国血吸虫病防治杂志，2011，23（3）：340-344.

[30] 林仁勇，丁剑冰，卢晓梅，等．细粒棘球绦虫 Eg95 抗原基因疫苗体外瞬时表达及对小鼠诱导的免疫应答[J]．中国寄生虫学与寄生虫病杂志，2004，22（4）：204-208.

[31] 丁剑冰，马秀敏，魏晓丽，等．细粒棘球绦虫 Eg95 基因疫苗和重组抗原诱导小鼠免疫应答的比较研究[J]．中国人兽共患病学报，2006，22（4）：347-351.

[32] 杨娇馥，王志钢，高连山，等．核酸疫苗 pcDNA3. 1-EG95 的构建及在绵羊胎儿成纤维细胞中的表达[J]．生物技术通报，2010（11）：134-136.

[33] 刘立军，冯金瑞．猪囊尾蚴病重组抗原和基因工程疫苗的研究进展[J]．国外畜牧学：猪与禽，2013（8）：75-77.

[34] 鲁凤民，庄辉．核酸疫苗研究进展[J]．中华预防医学杂志，1995，29（5）：303-304.

[35] 周辉．细粒棘球绦虫转 Eg95-EgA31 融合基因苜蓿疫苗构建、鉴定和表达[D]．重庆：重庆医科大学，2009.

[36] 叶艳菊．细粒棘球绦虫转 Eg95-EgA31 融合基因苜蓿疫苗保护力及其免疫机制研究[D]．重庆：重庆医科大学，2010.

2.4

禽的传染病生物制品

2.4.1　禽流感疫苗

禽流感（avian influenza，AI）是由禽流感病毒（avian influenza virus，AIV）引起的家禽和野生禽类感染的高度接触性传染病，可呈无症状感染或不同程度的呼吸道症状，产蛋率下降，甚至脏器广泛出血和禽严重死亡。根据其对鸡的致病性可分为高致病性禽流感病毒（high pathogenic avian influenza virus，HPAIV）和低致病性禽流感病毒（low pathogenic avian influenza virus，LPAIV），其中 H5 和 H7 亚型 LPAIV 可以在家禽中进化为 HPAIV[1]，LPAIV 主要包括 H6 和 H9 等亚型。水禽是 AIV 的天然宿主，除了禽类之外，禽流感还能感染包括人在内的多种哺乳动物。该病具有重要的公共卫生意义，属于危害严重的人畜共患病。

2.4.1.1 禽流感概况

流感病毒属于正黏病毒科流感病毒属，分为 A、B、C、D 四种血清型[2,3]，其中 A、B、C 型流感病毒均可以感染人类[4]，而近些年来新发现的 D 型流感病毒主要感染猪和牛等哺乳动物[5,6]。A 型流感病毒分布最为广泛，可以感染多种宿主，其中包括禽类、人类以及其他哺乳动物等[7,8]。根据血凝素（hemagglutinin，HA）和神经氨酸酶（neuraminidase，NA）可以将 A 型流感病毒分为 18 种 HA 亚型和 11 种 NA 亚型[9]。其中由 3 种 HA（H1、H2、H3）和 2 种 NA（N1、N2）亚型组合的流感病毒能够造成人类感染并且发生大流行[10]，人类感染流感病毒后通常伴随流感症状，其中包括咳嗽、肌肉酸痛、发热等症状[11]，对人类健康造成极大威胁。近些年来，AIV 与人类的受体结合能力增强，持续造成人类的感染，包括 HPAIV（H5N1、H5N6、H5N8、H7N3、H7N7、H7N9）和 LPAIV（H7N2、H7N3、H9N2、H7N9、H6N1、H10N3、H10N7、H10N8）（图 2-7），严重威胁人类的身体健康[1]。

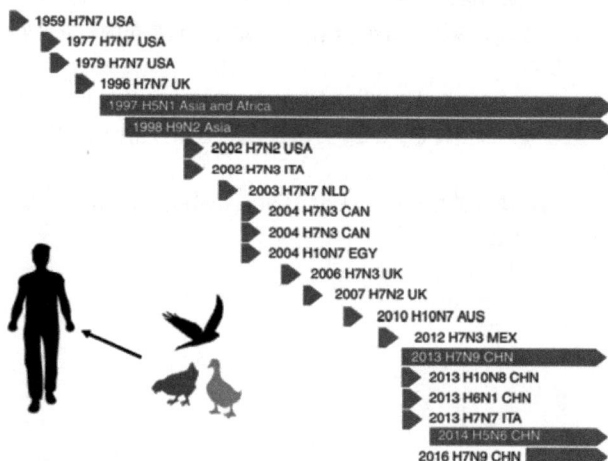

图 2-7 全球 AIV 感染人的历史[1]

早在 1878 年，首次报道意大利家禽中暴发严重的疾病，并且导致鸡和其他家禽的高死亡率，当时被命名为鸡瘟（flowl plague）[12]。1981 年在美国举办的第一届国际禽流感专题研讨会上提出用"HPAIV"来代替"鸡瘟"一词[13]。随后，在 20 世纪末和 21 世纪初，持续在全球范围内暴发高致病性禽流感疫情，对全球的养殖业和公共卫生造成了极大的挑战。

AIV 的致病性主要与血凝素 HA 裂解位点有关。LPAIV 的 HA 裂解位点处只有 1 个精氨酸，宿主蛋白酶对病毒不完全裂解。LPAIV 感染宿主后，仅在靶向脏器中有限复制，引起局部感染或者轻微症状。HPAIV 的裂解位点处有多个碱性氨基酸插入，使其易被宿主中广泛存在的弗林蛋白酶识别并切割[14]，导致病毒不仅在呼吸道和消化道中复制，还可造成全身性感染甚至死亡[15]。研究发现 LPAIV H5N3 经过鸡体内连续传代后可变异为 HPAIV，对其 HA 裂解区域序列分析发现，其裂解位点序列显示为 RRKKR，具有典型高致病性毒株的裂解位点特征[16]。与 H5 亚型不同，高致病性（HP）H7 亚型病毒裂解位点处无固定的连续碱性氨基酸的插入，并且存在一次疫情中包含多种切割基序的情况。John Pasick 等发现 2004 年在加拿大不列颠哥伦比亚省暴发的 HP H7N3 的 HA 切割位点有 7 种形式的氨基酸插入[17]，其中包括非碱性氨基酸。David L. Suarez 等人报道了一种多达 10 个氨基酸插入的病例[18]。许多研究表明 H7 亚型 HA 切割位点具有复杂性和多样性[19,20]。

目前，关于高致病性 H7（主要以 H7N9 为主）和 H5（主要以 H5N1、H5N6、H5N8 为主）亚型 AIV 是禽流感研究中的热点。1996 年，在我国广东省首次从患病的鹅群中分离到高致病性 H5N1 亚型 AIV[21]。严重的是，1997 年，从我国香港特别行政区一个患有急性肺炎的小男孩身上分离到 H5N1 亚型 AIV，并且导致死亡[22]，这是 H5N1 能够跨宿主感染人类的首次报道，此次疫情共有 17 例病人被确诊感染 H5N1 流感病毒，其中 6 例死亡[23]。H5N1 流感病毒随后在全世界范围内广泛流行，并且持续造成人感染 H5N1 流感病毒。截至 2019 年 10 月，全球共有 861 例感染 H5N1 亚型病毒，其中 455 人死亡，波及 17 个国家，其中埃及有 359 人感染[1]。2014 年 4 月，首例人感染 H5N6 亚型流感病毒在我国四川省报道[24]，这说明 H5 的其他亚型病毒也能够造成人类感染。截至 2021 年 11 月，世界卫生组织（World Health Organization，WHO）共报道 58 例人感染 H5N6 病毒，其中 21 例死亡[25]。更严重的是，2021 年有 25 例人感染 H5N6 流感病毒，其中发生在我国的分布在四川省、广西壮族自治区、安徽省、重庆市[25]。自 2013 年 H7N9 亚型流感病毒出现以来，中国已报道过 5 波 H7N9 流感疫情，2016 年下半年在我国广东省河源市分离到了高致病的 H7N9 亚型 AIV 其裂解位点处插入了连续的碱性氨基酸[26]。

AIV 形态上具有多变性，一般呈球形或丝状体。球形大小一般为 100nm 左右，丝状体的长度可以达到 $20\mu m$[27]。A 型流感病毒的全基因组是由 8 条单股负链 RNA 病毒（viral RNA，vRNA）组成。根据每个片段的电泳迁移率由高到低的顺序将 8 条 vRNA 分别命名为 vRNA1~vRNA8，根据 RNA 片段编码的主要蛋白命名为 PB2、PB1、PA、HA、NP、NA、M 和 NS。A 型流感病毒共编码 10 种必需蛋白（其中包括 PB2、PB1、PA、HA、NP、NA、M1、M2、NS1、NS2）和至少 7 种非必需的附件蛋白（其中包括 PB1-F2、N40、PA-X、PA-N155、PA-N182、M42、NS3 等）[28,29]，A 型流感病毒病毒基因组和病毒粒子结构如图 2-8 所示[30]。

流感病毒入侵宿主的感染过程中，病原会产生一些相关分子模式，这些分子可以被宿主细胞模式识别受体识别，从而诱发级联反应。宿主细胞的模式识别受体主要包括 4 类（Toll 样受体、RIG-I 样受体、NOD 样受体和 C 型外源凝集素受体）。AIV 在病毒的增殖过程中很容易发生基因突变或重排，病毒的血凝素和神经氨酸酶都容易发生变异，这两种抗原的变异可独立发生，也可同时进行。按照变异程度的不同，可将它们的变异分为抗原漂变或抗原漂移。

禽流感疫苗的使用仍旧是我国防控禽流感发生发展的有效手段，禽流感灭活疫苗的广泛使用使得家禽得到了良好的保护[31]。灭活疫苗可以诱导机体产生保护性抗体，但是弱毒疫苗可以诱导机体产生体液免疫和细胞免疫双重保护，但是也存在毒力返强等风险因素。在鸡群接种疫苗后，免疫主要通过机体产生特异性的中和抗体，与流感病毒的主要抗原蛋白 HA 蛋白的抗原结合位点发挥作用，从而中和病毒，阻断病毒的感染[32]。然而，RNA 病毒的聚合酶缺乏修正功能，因此 RNA 在复制时出现的错误无法及时修正，遗传

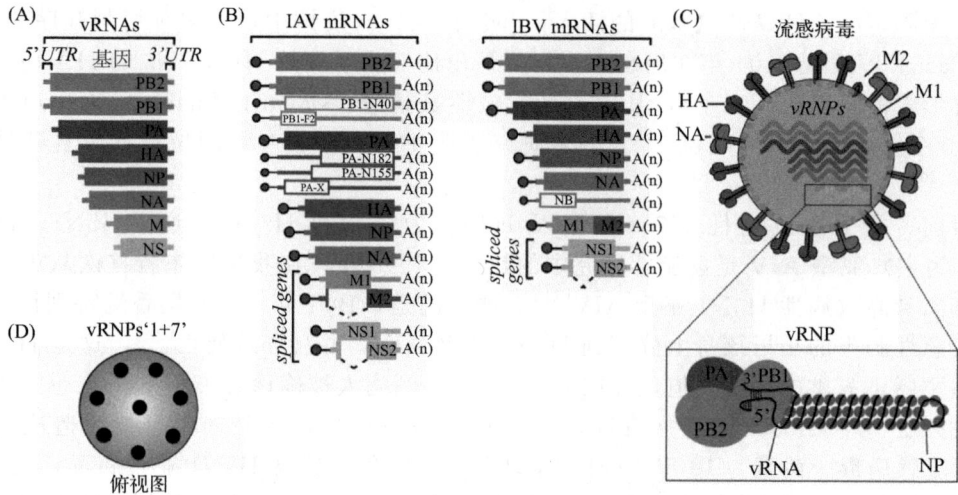

图 2-8 A型流感病毒病毒基因组和病毒粒子结构示意图 [30]

演化过程中极易发生免疫逃逸，如 AIV 的 NS1 蛋白与先天性免疫逃逸关系密切，NS1 可通过多种信号通路来调节宿主降低对病毒的反应 [33]。除此之外，禽流感还可以通过在抗原性蛋白 HA 上产生选择性压力的氨基酸突变，来降低抗体对病毒的中和能力，NA 对禽流感的抗原性也有一定的贡献，并且 HA 抗原性会与 NA 保持相对平衡状态 [34]。有研究揭示宿主的 micro-RNA 也可以调节机体对抗 AIV 的感染 [35]；AIV 在宿主内也可通过自噬引起免疫逃逸。总之野毒在免疫禽群中不断进化发生免疫逃避，进而导致禽流感的发生和流行。

AIV 的遗传演化会引起宿主范围的变化。AIV 在自然条件下，能感染多种禽类。水禽尤其是野生水禽（如野鸭、野鹅、海鸥、燕鸥、天鹅等）是 AIV 最主要的天然宿主。病毒在这些野禽中大多形成无症状的隐性感染，而成为 AIV 天然储毒库。但经过几次大流行和疫苗的广泛、重复使用，病毒的宿主范围明显扩大。在过去的十年中，AIV 部分 HA 基因氨基酸序列的改变可以影响病毒结合受体的能力，并且新型 H7N9 亚型 AIV 被认为出现了支持适应人类的突变 [36]。近年来，陆续有研究表明高致病性（HP）H7N9 亚型流感病毒目前已具有在哺乳动物（雪貂）之间呼吸道飞沫传播病毒的能力，且从感染发病的人身上分离到的 H7N9 亚型流感毒株可直接导致小鼠发病并产生死亡现象 [37]。另外，禽流感威胁人类健康，且严重阻碍家禽养殖业的发展，主要包括对家禽、家禽产品以及养殖户等方面的影响。目前禽流感虽处于相对稳定的动态进化状态，但新疫苗的开发和生产落后于病毒进化。因此，了解主要禽流感病毒的流行动态、种类及特性，及时研判疫苗的研究方向具有积极的意义。

2.4.1.2 禽流感疫苗

（1）灭活疫苗　灭活疫苗主要有异源全病毒灭活疫苗、同源全病毒灭活疫苗和重组禽流感灭活疫苗 [38]。其中以反向遗传技术为基础的重组禽流感灭活疫苗应用为主，该技术构建的疫苗候选株骨架通常源自 A/Puerto Rico/8/34（H1N1，PR8），加入来自流行株的表面抗原血凝素（HA）和神经氨酸酶（NA）基因，通过反向遗传技术，在细胞中拯救获得新的病毒株[39]，最终利用甲醛或其他灭活剂（β-丙内酯）灭活病毒鸡胚尿囊液或细胞培养液，再辅加佐剂制成疫苗。因此，灭活的全流感病毒疫苗具有安全性高、病毒抗原成分保持完整、免疫原性好、免疫持续时间长、安全性好等优点，是目前被广泛应用的疫苗[40,41]。2017年开始，我国农业农村部批准的禽流感灭活疫苗产品主要是重组禽流感病毒（H5+H7）三价灭活疫苗[42]。这些疫苗株以流感病毒株（D7株或PR8株）作为病毒基因组骨架（提供六个内部病毒基因），利用反向遗传技术重组H5和H7N9突变病毒株的HA和NA基因，能够在家禽中产生高免疫效应[43-45]。即便如此，此类疫苗也存在着一些缺点，例如对不同基因型或亚型病毒的交叉免疫保护作用并不理想[46]、诱导细胞免疫反应的效果相对较低、抗体产生率相对较低以及可能导致接种动物的免疫剂量较高等[47]。

（2）**核酸疫苗**　DNA疫苗是将含编码禽流感病毒保护性抗原的基因以重组真核表达载体的形式注射到动物体内，使外源性抗原蛋白在机体内表达从而激活机体免疫系统。产生的外源性抗原蛋白，部分与MHC-Ⅰ类分子和MHC-Ⅱ类分子结合，分别在表面激活CD_8^+T细胞和CD_4^+T细胞，从而诱导细胞免疫的发生；部分外源性抗原蛋白被分解成抗原多肽，结合并激活B细胞，之后产生特异性抗体而诱导体液免疫的发生[48]。基于AIV外膜蛋白的DNA疫苗都具有较强的免疫原性，有研究证实针对M基因和目的（NP）基因的DNA疫苗，免疫接种后可以诱导有效抗体产生，对注射AIV致死剂量的动物保护可达70%左右[49,50]。

RNA疫苗是将含有编码抗原蛋白的RNA导入机体内直接翻译形成相应的抗原蛋白，从而诱导机体产生特异性免疫应答，以达到预防免疫作用[51]。H7N9亚型流感病毒HA蛋白mRNA修饰后制备成的mRNA疫苗表现出良好的免疫原性，其在小鼠、雪貂中表现出了较好的保护作用，这也展现了RNA疫苗不受种属差异限制的显著优势[52]。另外，mRNA翻译以及体外转化的高效性也为其在市场竞争中提供了较大优势，但成本及保存运输等瓶颈问题还需要技术的突破。

（3）**亚单位疫苗**　亚单位疫苗是将病毒粒子中具有保护性的亚单位抗原成分（HA和NA），通过真核表达系统、酵母表达系统、原核表达系统或植物表达系统表达并纯化后，加入佐剂辅助制备而成。Song等人评估了针对禽源H7N9流感的重组HA1-2亚单位疫苗的免疫原性，发现带有佐剂的疫苗可以在小鼠中诱导有效的HA1-2特异性体液免疫反应和细胞免疫反应[53]。亚单位疫苗类可选择不同的佐剂以提高其免疫原性，具备一定的选择性，但其也存在着一定的局限性，例如制备成本较高、依赖佐剂刺激产生抗体、需要合适的表达系统支持其高产抗原蛋白、诱导免疫保护维持时间短等不足。

（4）**病毒样颗粒疫苗（VLP疫苗）**　病毒样颗粒（VLP）是由病毒单一或多个结构蛋白自行装配而成的高度结构化的蛋白颗粒，在形态结构以及空间构象上与天然的病毒颗粒相似，具有很强的免疫原性和生物学活性，因此是一种优势明显的疫苗研发策略。VLP疫苗特别之处在于其不含病毒核酸，因此不具有感染性，安全性高。通常VLP均可形成表面布满重复蛋白的独特结构，这有利于与B细胞表面受体结合，继而刺激机体产生免疫反应。Hodgins等人研制了基于流感病毒HA蛋白的植物来源VLP疫苗，发现小鼠肌内注射后可引发体液和细胞免疫反应，保护老龄小鼠免受致命攻击，并且还证实了此疫苗采用喷鼻方式免疫亦可获得较好的免疫效果[54]。因此VLP疫苗将是一类极有开发潜力的疫苗。

（5）**减毒活疫苗**　减毒活疫苗（live attenuated vaccine，LAV）是指采用病毒的自

然弱毒株或经人工培养传代等方法减毒处理后获得的致病力弱、免疫原性良好的病毒减毒株制成的疫苗[55]。禽流感病毒经处理后，毒性亚单位结构改变，但结合亚单位的活性保持不变，使疫苗保持了抗原性且达到减毒的目的。在之前的研究中，减毒活疫苗已被证明能产生广泛的免疫，并对不同的流感病毒提供一定的交叉保护，且方便接种[56]。与灭活疫苗相比，减毒活疫苗具有更多的优势，其可诱导体液免疫和细胞免疫，能提供更好、更持久的交叉免疫保护，并且单次剂量免疫机体即可产生免疫应答[57]。另外，LAV在动物体内表现遗传和表型的稳定性，可以通过气溶胶或饮水免疫，在没有佐剂的情况下也具有很强的免疫原性。

Chen等以A/chicken/Taixing/10/2010（H9N2）为基础构建了NS1截短突变病毒（rTX-NS1-128），其可以诱导免疫鸡产生高水平的体液、黏膜及细胞免疫应答，而且可以使鸡抵御同源和异源H9N2亚型禽流感病毒的攻击[58]。此外，一些减毒的冷适应H9N2亚型禽流感活疫苗株也被证实具有更好的安全性和有效性。Wei等在较低温度下将SD/01/10-wt（H9N2）毒株在SPF胚中连续传代，研制出了一种适应寒冷的H9N2流感候选活疫苗SD/01/10-ca（H9N2），在鸡模型中具有高度免疫原性，诱导体液和细胞免疫，并且具有交叉免疫保护特性[59]。然而，由于减毒活疫苗有一定残余毒力，且AIV易于变异，使用减毒活疫苗可能有"毒力返祖"现象[60]。因此，目前我国还未有被批准的禽流感病毒减毒活疫苗上市。

（6）**重组活载体疫苗**　基因工程重组活载体疫苗，是将改造的无病原性或弱毒病毒、细菌（例如鸡痘病毒、火鸡疱疹病毒、鸡马立克病毒等）作为活载体，利用反向遗传操作技术，对病毒基因组加以修饰，使其表达某些特定的免疫活性因子及外源的保护性基因，构建含AIV保护性抗原基因的重组病毒[61]。因此，这会在接种疫苗的个体中诱导特异性抗流感免疫效应和/或非特异性先天免疫效应[62]。其中，最常用作家禽重组疫苗载体的两种病毒是市售的减毒鸡痘病毒（FPV）和火鸡疱疹病毒（HVT）[63]。与减毒活流感疫苗类似，活病毒载体疫苗能够诱导体液和细胞免疫反应，在相对较短的时间内产生抗体，维持较长的免疫持续时间，可以发挥较好的免疫效果[64,65]。

2005年我国农业部批准生产了中国农业科学院哈尔滨兽医研究所研制的禽流感-新城疫重组鸡痘病毒载体活疫苗（H5亚型）[66]。据文献报道，目前已经构建出表达AIV（HA）基因的重组HVT，且该重组疫苗可以同时抵抗AI与MD。如Gao等使用上述方法将AIV H5N1（*HA*）基因插入到HVT基因组不同的位置中，构建了两株rHVT重组病毒，疫苗试验表明这两株重组病毒均可以同时抵抗AI和MD[67]。Steensels等将表达分离株（A/chicken/Indonesia/7/2003）H5N1亚型禽流感病毒*HA*基因的重组鸡痘病毒疫苗（vFP-H5）与灭活疫苗的免疫效果进行比较，试验结果表明重组鸡痘病毒疫苗具有更好的免疫效果，并建议在鸭1日龄时进行免疫接种效果最为显著[68]。Reemers等进一步探究火鸡疱疹病毒（HVT）作为含有HPAI H5N1重组H5血凝素载体疫苗的潜力，结果显示，HVT-H5疫苗在SPF蛋鸡接种后2周，可对其提供4株不同HPAI H5N1毒株的完全保护效力；HVT-H5疫苗在接种后3周可诱导3周龄SPF蛋鸡产生高滴度保护性抗体（≥4），对11株HPAI H5N1毒株和HPAI H5N8 A/ch/Neth/14015531/2014株产生保护效力；除了诱导保护性抗体应答外，HVT-H5还可诱导特异性T细胞反应[69]。虽然，活载体疫苗有很多优势，但其对保存和运输要求较高，且病毒载体的安全性和靶向性问题还有待进一步研究解决[70]。

（7）**通用疫苗**　目前应用的流感疫苗的主要抗原成分为流感病毒膜蛋白HA和NA。

由于 HA 和 NA 的漂移特性，使得 HA/NA 变异速度极快，因此常规疫苗接种效果不佳。流感通用疫苗的原理是针对流感病毒各亚型共有的蛋白，如 M2 蛋白和 NP 蛋白在甲型流感病毒的不同亚型中高度保守，为通用疫苗的研发提供了理论基础[71,72]。

Rowell 等利用 A 型流感病毒相对保守的 NP 和 M2 抗原，研究了一种通用流感疫苗，该疫苗经小鼠鼻内给药试验，发现该疫苗对有不同呼吸道感染史的人群也有效[73]。Lee 等人用重组腺病毒载体表达了 B 型流感病毒（B/Yamaga/16/1988 Yamagata lineage 和 B/Shangdong/7/1997 Victoria lineage）的 NP 蛋白，用重组腺病毒载体通过鼻内途径免疫动物，证明这两种腺病毒都能产生 NP 特异性体液免疫和 CD$_8^+$ T 细胞免疫，同时对 B 型流感病毒的两个系有完全交叉保护[74,75]。就国内 H7N9 亚型灭活流感疫苗而言，从 2017 年至今，疫苗株已更新了两次。而通用流感疫苗是一种不依赖 HA 和 NA，对甲型及乙型流感毒株均具有保护力的新型疫苗，可降低流感防控难度。目前，通用流感疫苗的几个靶点主要包括 HA 的保守茎部、基质蛋白 2（M2）以及离子通道的胞外域（M2e）、核蛋白（NP）和基质蛋白（M1）。M2e 和 HA 柄结构域是通用流感疫苗设计中最广泛使用的病毒靶标。它们的保守性和特异性抗体保护，使其免受异源病毒影响[76]。可以产生交叉免疫保护作用的流感"通用疫苗"对 AI 的防控有重要意义，而且流感通用疫苗可在很大程度上降低养殖成本和疫苗研发投入，但禽流感通用疫苗的临床效果有待进一步提高优化。

综上所述，禽流感病毒依然是对家禽养殖业威胁最大的传染病，并且该病变异速度快，在全世界范围内广泛流行。对于防控该病毒的流行，首先是要推动严格的防疫、生物安全制度，这将是我国未来主要的防控方向。但是目前来说，鉴于严格的防疫管理手段代价较高，因此，疫苗仍旧是防控该病发生发展的主要手段，在疫苗研发、推广方面我们需要创制安全、高效、时效性强、生产工艺先进的新型禽流感疫苗。

参考文献

[1] Wang D, Zhu W, Yang L, et al. The epidemiology, virology, and pathogenicity of human infections with avian influenza viruses [J]. Cold Spring Harb Perspect Med, 2021, 11（4）: a038620.

[2] Nolting J M, Fries A C, Gates R J, et al. Influenza a viruses from overwintering and spring-migrating waterfowl in the lake erie basin, united states[J]. Avian Dis, 2016, 60（1 Suppl）: 241-244.

[3] Wille M, Holmes E C. The ecology and evolution of influenza viruses[J]. Cold Spring Harb Perspect Med, 2020, 10（7）: a038489.

[4] Watanabe T, Watanabe S, Maher E A, et al. Pandemic potential of avian influenza A（H7N9）viruses[J]. Trends Microbiol, 2014, 22（11）: 623-631.

[5] Chiapponi C, Faccini S, De Mattia A, et al. Detection of influenza D virus among swine and cattle, italy[J]. Emerg Infect Dis, 2016, 22（2）: 352-354.

[6] Hause B M, Ducatez M, Collin E A, et al. Isolation of a novel swine influenza virus from O-klahoma in 2011 which is distantly related to human influenza C viruses[J]. PLoS Pathog, 2013, 9（2）: e1003176.

[7] Su S, Bi Y, Wong G, et al. Epidemiology, evolution, and recent outbreaks of avian influenza virus in china[J]. J Virol, 2015, 89（17）: 8671-8676.

[8] Su S, Gu M, Liu D, et al. Epidemiology, evolution, and pathogenesis of H7N9 influenza vi-

ruses in five epidemic waves since 2013 in china[J]. Trends Microbiol. 2017, 25（9）: 713-728.

[9] Wu Y, Wu Y, Tefsen B, et al. Bat-derived influenza-like viruses H17N10 and H18N11 [J]. Trends Microbiol, 2014, 22（4）: 183-191.

[10] Watanabe T, Watanabe S, Maher E A, et al. Pandemic potential of avian influenza A（H7N9）viruses[J]. Trends Microbiol, 2014, 22（11）: 623-631.

[11] Paules C, Subbarao K. Influenza[J]. Lancet, 2017, 390（10095）: 697-708.

[12] Alexander D J, Brown I H. History of highly pathogenic avian influenza[J]. Rev Sci Tech, 2009, 28（1）: 19-38.

[13] Lupiani B, Reddy S M. The history of avian influenza[J]. Comp Immunol Microbiol Infect Dis, 2009, 32（4）: 311-323.

[14] Kido H, Yokogoshi Y, Sakai K, et al. Isolation and characterization of a novel trypsin-like protease found in rat bronchiolar epithelial Clara cells: A possible activator of the viral fusion glycoprotein[J]. J Biol Chem, 1992, 267（19）: 13573-13579.

[15] Horimoto T, Kawaoka Y. Pandemic threat posed by avian influenza A viruses[J]. Clin Microbiol Rev, 2001, 14（1）: 129-149.

[16] Ito T, Goto H, Yamamoto E, et al. Generation of a highly pathogenic avian influenza A virus from an avirulent field isolate by passaging in chickens［J］. J Virol, 2001, 75（9）: 4439-4443.

[17] Pasick J, Handel K, Robinson J, et al. Intersegmental recombination between the haemagglutinin and matrix genes was responsible for the emergence of a highly pathogenic H7N3 avian influenza virus in British Columbia[J]. J Gen Virol, 2005, 86（Pt 3）: 727-731.

[18] Suarez D L, Senne D A, Banks J, et al. Recombination resulting in virulence shift in avian influenza outbreak, Chile[J]. Emerg Infect Dis, 2004, 10（4）: 693-699.

[19] Abdelwhab E M, Veits J, Mettenleiter T C. Prevalence and control of H7 avian influenza viruses in birds and humans[J]. Epidemiol Infect, 2014, 142（5）: 896-920.

[20] Zhou A, Zhang J, Li H, et al. Combined insertion of basic and non-basic amino acids at hemagglutinin cleavage site of highly pathogenic H7N9 virus promotes replication and pathogenicity in chickens and mice[J]. Virol Sin, 2022, 37（1）: 38-47.

[21] Xu X, Subbarao, Cox N J, et al. Genetic characterization of the pathogenic influenza A/Goose/Guangdong/1/96（H5N1）virus: similarity of its hemagglutinin gene to those of H5N1 viruses from the 1997 outbreaks in Hong Kong[J]. Virology, 1999, 261（1）: 15-19.

[22] Claas E C, Osterhaus A D, van Beek R, et al. Human influenza A H5N1 virus related to a highly pathogenic avian influenza virus[J]. Lancet, 1998, 351（9101）: 472-477.

[23]Peiris J S, Yu W C, Leung C W, et al. Re-emergence of fatal human influenza A subtype H5N1 disease[J]. Lancet, 2004, 363（9409）: 617-619.

[24] Pan M, Gao R, Lv Q, et al. Human infection with a novel, highly pathogenic avian influenza A（H5N6）virus: Virological and clinical findings[J]. J Infect, 2016, 72（1）: 52-59.

[25] Xiao C, Xu J, Lan Y, et al. Five Independent cases of human infection with avian influenza H5N6 - sichuan province, China, 2021[J]. China CDC Wkly, 2021, 3（36）: 751-756.

[26] Qi W, Jia W, Liu D, et al. Emergence and adaptation of a novel highly pathogenic H7N9 influenza virus in birds and humans from a 2013 human-infecting low-pathogenic ancestor[J]. J Virol, 2018, 92（2）: e00921-17.

[27] Coloma R, Valpuesta J M, Arranz R, et al. The structure of a biologically active influenza virus ribonucleoprotein complex[J]. PLoS Pathog, 2009, 5（6）: e1000491.

[28] Muramoto Y, Noda T, Kawakami E, et al. Identification of novel influenza A virus proteins translated from PA mRNA[J]. J Virol, 2013, 87（5）: 2455-2462.

[29] Wise H M, Foeglein A, Sun J, et al. A complicated message: Identification of a novel PB1-related protein translated from influenza A virus segment 2 mRNA[J]. J Virol, 2009, 83（16）: 8021-8031.

[30] Dou D, Revol R, Östbye H, et al. Influenza a virus cell entry, replication, virion assembly and movement[J]. Front Immunol, 2018, 9: 1581.

[31] Zhang P, Tang Y, Liu X, et al. Characterization of H9N2 influenza viruses isolated from vaccinated flocks in an integrated broiler chicken operation in eastern China during a 5 year period (1998-2002) [J]. J Gen Virol, 2008, 89 (Pt 12): 3102-3112.

[32] Koel B F, Burke D F, Bestebroer T M, et al. Substitutions near the receptor binding site determine major antigenic change during influenza virus evolution [J]. Science, 2013, 342 (6161): 976-979.

[33] Huang M T, Zhang S, Wu Y N, et al. Dual R108K and G189D mutations in the NS1 protein of A/H1N1 influenza virus counteract host innate immune responses [J]. Viruses, 2021, 13 (5): 905.

[34] Neverov A D, Kryazhimskiy S, Plotkin J B, et al. Coordinated evolution of influenza a surface proteins[J]. PLoS Genet, 2015, 11 (8): e1005404.

[35] Bavagnoli L, Campanini G, Forte M, et al. Identification of a novel antiviral micro-RNA targeting the NS1 protein of the H1N1 pandemic human influenza virus and a corresponding viral escape mutation[J]. Antiviral Res, 2019, 171: 104593.

[36] Dai J, Zhou X, Dong D, et al. Human infection with a novel avian-origin influenza A (H7N9) virus: serial chest radiographic and CT findings[J]. Chin Med J (Engl), 2014, 127 (12): 2206-2211.

[37] Shi J, Deng G, Ma S, et al. Rapid evolution of H7N9 highly pathogenic viruses that emerged in China in 2017[J]. Cell Host Microbe, 2018, 24 (4): 558-568.

[38] 沈双, 高明. 常用禽流感疫苗利弊分析[J]. 特种经济动植物, 2022 (03): 106-107.

[39] 申松玮, 彭大新. 禽流感疫苗研究进展[J]. 动物医学进展, 2019 (05): 85-90.

[40] Ainai A, Suzuki T, Tamura S I, et al. Intranasal administration of whole inactivated influenza virus vaccine as a promising influenza vaccine candidate[J]. Viral Immunol, 2017, 30 (6): 451-462.

[41] Ainai A, van Riet E, Ito R, et al. Human immune responses elicited by an intranasal inactivated H5 influenza vaccine[J]. Microbiol Immunol, 2020, 64 (4): 313-325.

[42] Chen J, Wang J, Zhang J, et al. Advances in development and application of influenza vaccines[J]. Front Immunol, 2021, 12: 711997.

[43] Jiao P, Song H, Liu X, et al. Pathogenicity, transmission and antigenic variation of H5N1 highly pathogenic avian influenza viruses[J]. Front Microbiol, 2016, 7: 635.

[44] Yin X, Deng G, Zeng X, et al. Genetic and biological properties of H7N9 avian influenza viruses detected after application of the H7N9 poultry vaccine in China[J]. PLoS Pathog, 2021, 17 (4): e1009561.

[45] Li X, Cui P, Zeng X, et al. Characterization of avian influenza H5N3 reassortants isolated from migratory waterfowl and domestic ducks in China from 2015 to 2018[J]. Transbound Emerg Dis, 2019, 66 (6): 2605-2610.

[46] Kim K H, Lee Y T, Park S, et al. Neuraminidase expressing virus-like particle vaccine provides effective cross protection against influenza virus[J]. Virology, 2019, 535: 179-188.

[47] Chung J R, Flannery B, Ambrose C S, et al. Live attenuated and inactivated influenza vaccine effectiveness[J]. Pediatrics, 2019, 143 (2): e20182094.

[48] Lee L Y Y, Izzard L, Hurt A C. A review of DNA vaccines against influenza[J]. Front Immunol, 2018, 9: 1568.

[49] Zheng M, Luo J, Chen Z. Development of universal influenza vaccines based on influenza virus M and NP genes[J]. Infection, 2014, 42 (2): 251-262.

[50] 梁真洁, 潘俊慧, 于晓菲, 等. H7N9禽流感DNA疫苗的免疫保护效力研究[J]. 中国预防兽医学报, 2019 (09): 935-939.

[51] 梁少波, 张琳, 朱俊峰, 等. H7N9亚型禽流感疫苗研究进展[J]. 中国动物检疫, 2021 (12):

77-81.

[52] Bahl K, Senn J J, Yuzhakov O, et al. Preclinical and clinical demonstration of immunogenicity by mRNA vaccines against H10N8 and H7N9 influenza viruses[J]. Mol Ther, 2017, 25 （6）: 1316-1327.

[53] Song L, Xiong D, Hu M, et al. Immunopotentiation of different adjuvants on humoral and cellular immune responses induced by HA1-2 subunit vaccines of H7N9 influenza in mice [J]. PLoS One, 2016, 11（3）: e0150678.

[54] Hodgins B, Pillet S, Landry N, et al. Prime-pull vaccination with a plant-derived virus-like particle influenza vaccine elicits a broad immune response and protects aged mice from death and frailty after challenge[J]. Immun Ageing, 2019, 16: 27.

[55] 徐莉, 郭中平. 《中华人民共和国药典》2020 年版三部病毒性疫苗制品增修订概况[J]. 中国新药杂志, 2021（22）: 2024-2028.

[56] Astill J, Alkie T, Yitbarek A, et al. Examination of the effects of virus inactivation methods on the induction of antibody- and cell-mediated immune responses against whole inactivated H9N2 avian influenza virus vaccines in chickens[J]. Vaccine, 2018, 36（27）: 3908-3916.

[57] Chen S, Quan K, Wang H, et al. A live attenuated H9N2 avian influenza vaccine prevents the viral reassortment by exchanging the HA and NS1 packaging signals[J]. Front Microbiol, 2021, 11: 613437.

[58] Chen S, Zhu Y, Yang D, et al. Efficacy of live-attenuated H9N2 influenza vaccine candidates containing NS1 truncations against H9N2 avian influenza viruses[J]. Front Microbiol, 2017, 8: 1086.

[59] Wei Y, Qi L, Gao H, et al. Generation and protective efficacy of a cold-adapted attenuated avian H9N2 influenza vaccine[J]. Sci Rep, 2016, 6: 30382.

[60] Li X, Liu B, Ma S, et al. High frequency of reassortment after co-infection of chickens with the H4N6 and H9N2 influenza A viruses and the biological characteristics of the reassortants [J]. Vet Microbiol, 2018, 222: 11-17.

[61] Hein R, Koopman R, Garcí a M, et al. Review of poultry recombinant vector vaccines [J]. Avian Dis, 2021, 65（3）: 438-452.

[62] Krammer F, Palese P. Universal influenza virus vaccines that target the conserved hemagglutinin stalk and conserved sites in the head domain[J]. J Infect Dis, 2019, 219（Suppl_1）: S62-S67.

[63] Palomino-Tapia V A, Zavala G, Cheng S, et al. Long-term protection against a virulent field isolate of infectious laryngotracheitis virus induced by inactivated, recombinant, and modified live virus vaccines in commercial layers[J]. Avian Pathol, 2019, 48（3）: 209-220.

[64] Sun W, Luo T, Liu W, et al. Progress in the development of universal influenza vaccines [J]. Viruses, 2020, 12（9）: 1033.

[65] Sayedahmed E E, Elkashif A, Alhashimi M, et al. Adenoviral vector-based vaccine platforms for developing the next generation of influenza vaccines[J]. Vaccines（Basel）, 2020, 8 （4）: 574.

[66] 我国研制出世界首个禽流感-新城疫重组二联活疫苗[J]. 中国家禽, 2006（01）: 61.

[67] Gao H, Cui H, Cui X, et al. Expression of HA of HPAI H5N1 virus at US2 gene insertion site of turkey herpesvirus induced better protection than that at US10 gene insertion site[J]. PLoS One, 2011, 6（7）: e22549.

[68] Steensels M, Bublot M, Van Borm S, et al. Prime-boost vaccination with a fowlpox vector and an inactivated avian influenza vaccine is highly immunogenic in Pekin ducks challenged with Asian H5N1 HPAI[J]. Vaccine, 2009, 27（5）: 646-654.

[69] Reemers S, Verstegen I, Basten S, et al. A broad spectrum HVT-H5 avian influenza vector vaccine which induces a rapid onset of immunity[J]. Vaccine, 2021, 39（7）: 1072-1079.

[70] Swayne D E, Beck J R, Kinney N. Failure of a recombinant fowl poxvirus vaccine contai-

ning an avian influenza hemagglutinin gene to provide consistent protection against influenza in chickens preimmunized with a fowl pox vaccine[J]. Avian Dis, 2000, 44（1）: 132-137.

[71] Sun W, Zheng A, Miller R, et al. An inactivated influenza virus vaccine approach to targeting the conserved hemagglutinin stalk and M2e domains[J]. Vaccines（Basel）, 2019, 7（3）: 117.

[72] Ong H K, Yong C Y, Tan W S, et al. An influenza a vaccine based on the extracellular domain of matrix 2 protein protects BALB/C mice against H1N1 and H3N2[J]. Vaccines（Basel）, 2019, 7（3）: 91.

[73] Rowell J, Lo C Y, Price G E, et al. The effect of respiratory viruses on immunogenicity and protection induced by a candidate universal influenza vaccine in mice[J]. PLoS One, 2019, 14（4）: e0215321.

[74] Lee S Y, Kang J O, Chang J. Nucleoprotein vaccine induces cross-protective cytotoxic T lymphocytes against both lineages of influenza B virus[J]. Clin Exp Vaccine Res, 2019, 8（1）: 54-63.

[75] Kim M H, Kang J O, Kim J Y, et al. Single mucosal vaccination targeting nucleoprotein provides broad protection against two lineages of influenza B virus[J]. Antiviral Res, 2019, 163: 19-28.

[76] Sun W, Luo T, Liu W, et al. Progress in the development of universal influenza vaccines [J]. Viruses, 2020, 12（9）: 1033.

2.4.2 鸡新城疫疫苗

新城疫（ND）是由新城疫病毒（NDV）强毒引起的家禽及鸟类的一种急性、高度接触性的烈性传染病。NDV 可感染 250 多种不同鸟类，引起呼吸困难、腹泻、神经功能紊乱、黏膜和浆膜出血、组织坏死等严重的症状与病理变化。世界动物卫生组织（OIE）将新城疫列为必须报告的疫病，我国农业农村部将其列为一类动物疫病。NDV 造成鸡群的死亡率极高，而且对新城疫流行地区或国家的贸易限制所造成的经济损失更为严重。全球大多数国家普遍采用生物安全措施与疫苗免疫相结合的策略进行新城疫的防控，特别是二十世纪八十年代以来，疫苗的广泛使用使新城疫的流行得到一定的控制。近三十年来，基因Ⅶ型 NDV 在很多国家呈优势流行，严重危害养禽业的发展。我国使用自主研制的基因Ⅶ型新城疫疫苗在疫病防控上取得了显著的成效，NDV 强毒在临床上已很难分离。但是，临床上新城疫免疫失败的现象仍时有发生，且新城疫在全球很多国家依然广泛流行，对养禽业的发展与食品安全构成严重的威胁。

2.4.2.1 新城疫概况

新城疫是一种古老的疫病，至今已有近 100 年的历史，全球范围内至少已发生了四次新城疫的大流行[1]。新城疫最早于 1926 年在印度尼西亚的爪哇岛被发现，几乎同时，欧、亚、非洲不同国家（英国、朝鲜、印度、肯尼亚等）相继报道了新城疫的发生。我国最早的新城疫病例可追溯到 1928 年 12 月，当时《浙江农业》记载了浙江十余县发生了类似新城疫的疫病。1946 年，梁英和马闻天等首次通过病原分离的方法证明我国当时流行的所谓"鸡瘟"就是新城疫，而 F48 就是当时的代表强毒株。学术界将 20 世纪 30 到 60 年代称为新城疫的第一次大流行时期，期间主要流行的基因型Ⅰ、Ⅱ、Ⅲ和Ⅳ型被划分为早期基因型。从 20 世纪 60 年代后期开始，随着养禽业的快速发展与珍禽、观赏禽类等国际贸易的兴起，NDV 从中东地区逐渐传播到世界各地，至 1973 年基本结束。本轮流行是新城疫的第二次大流行，流行的主要是基因 V 型。1975 年，新城疫第三次大流行始于保加利亚的鸽群，随后传播到意大利、英国等欧洲国家及世界各地。基因 VI 型是该轮大流行的主要基因型，而鸽子在其中扮演了重要角色，使研究者对鸽在新城疫发生与流行中的作用有了新的认识。由于 20 世纪 70 年代中期新城疫疫苗的广泛使用，一方面家禽得到了良好的保护，而另一方面，野毒在免疫禽群中发生免疫逃避而形成变异株或新的基因型，进而导致新城疫的发生和流行。从 20 世纪 80 年代后期开始，基因 VII 型 NDV 在家禽中逐步占据优势地位，导致了第四次新城疫大流行。本次大流行可能源于亚洲远东地区，继而扩散至全世界范围。目前，基因 VII 型仍是亚洲、非洲等很多国家的优势流行基因型。

NDV 属于副黏病毒科，正禽腮腺炎病毒属，只有一个血清型。病毒粒子具有囊膜，一般呈球形，直径介于 100～500nm 之间[2][图 2-9(a)]。病毒基因组为单股、负链、不分节段的 RNA，基因组长度为 15186nt、15192nt 或 15198nt。NDV 基因组编码 6 个结构蛋白，依次为核衣壳蛋白（NP）、磷蛋白（P）、基质蛋白（M）、融合蛋白（F）、血凝素-神经氨酸酶（HN）和大蛋白（L）[图 2-9(b)]。此外，病毒的 P 基因通过 RNA 编辑产生两个附属蛋白（V 和 W 蛋白）。NP、P 和 L 蛋白组合成为病毒基因组的转录酶复合物（RNP）。病毒囊膜表面覆盖有具有血凝素-神经氨酸酶活性的 HN 蛋白及具有融合功能的 F 蛋白[2]。

NDV 感染家禽表现的临床症状受到多种因素的影响，包括禽类种属、病毒毒力与感染剂量、宿主日龄与免疫状态等。不同 NDV 毒株之间毒力差异较大，通常把 NDV 分为速发型（强毒株）、中发型（中毒力株）和缓发型（弱毒株）三个致病型。根据 OIE 的诊断标准，通过测定 NDV 的三个致病指数，即鸡胚的平均致死时间（MDT）、1 日龄雏鸡脑内接种致病指数（ICPI）和 6 周龄鸡静脉接种致病指数（IVPI），对其进行毒力分型。其中，ICPI 是 OIE 推荐用来评价 NDV 毒力的首选标准，当 ICPI≥0.7 时，可判定为强毒。NDV 强毒可侵害家禽的呼吸、消化与神经系统的多种组织器官，造成全身性感染。在未免疫过的易感家禽中，NDV 造成的典型症状与病变包括：精神委顿、饮食废绝、呼吸窘迫、腹泻、以头颈扭曲与瘫痪为特征的神经症状等；气管黏膜与肺脏出血、淋巴器官（脾脏、胸腺等）出血坏死、腺胃乳头出血、肠道出血与溃疡等。需要指出的是，目前几乎所有养殖场都会进行新城疫的常规免疫，因此上述症状与病变在临床中并不常见，而鸡群感染病毒后往往表现"非典型"新城疫的特征，包括轻度的呼吸道症状、产蛋下降、蛋品质下降等。

NDV 的分子致病机制较为复杂，多种病毒因子对毒力均有影响或具有协同作用。反向遗传学技术的建立极大地推动了对 NDV 毒力分子基础的认识。病毒的 6 个主要基因，以及编码附属蛋白的基因、基因非编码区与基因间隔序列均对毒力有不同程度的影响，而 F 蛋白裂解位点的氨基酸组成是决定 NDV 毒力的最主要因素[3]。F0 前体蛋白裂解为 F1 与 F2 亚单位是形成感染性病毒粒子的先决条件，而这种翻译后裂解是由宿主细胞的蛋白酶介导的[2]。NDV 强毒株和大部分中等毒力毒株的 F 蛋白裂解位点的氨基酸序列为 ^{112}R/K-R-Q-K/R-R-F^{117}[图 2-9(b)]，易被广泛存在于各种宿主细胞高尔基体上的弗林蛋白酶所裂解。因此，这类毒株能感染包括神经细胞在内的多种宿主细胞而引发全身性多器官感染。相反，NDV 弱毒株 F 蛋白裂解位点的氨基酸序列为 ^{112}G/E-K/R-Q-G/E-R-L^{117}[图 2-9(b)]，只能被分布于呼吸道和消化道细胞中的胰蛋白酶样蛋白水解，因此病毒的感染性较低，往往引起呼吸道和肠道的局部感染。

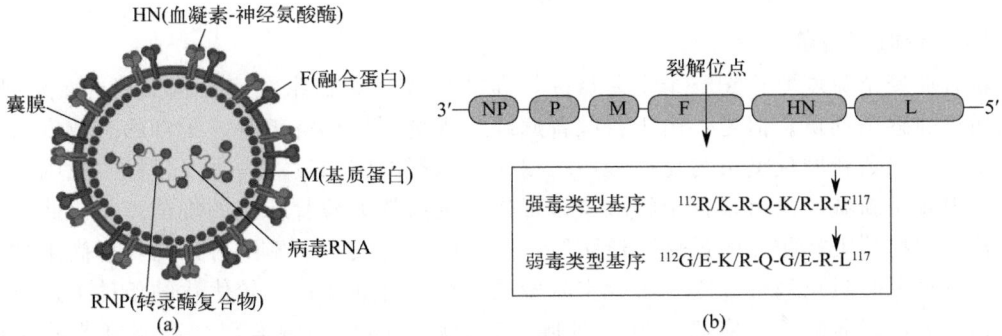

图 2-9　新城疫病毒粒子与基因组结构示意图
（a）新城疫病毒粒子结构示意图；（b）新城疫病毒基因组结构示意图

　　与其他 RNA 病毒类似，NDV 的遗传演化从未停止。NDV 的遗传演化表现在多个方面，最根本的是病毒基因的突变与进化，进而导致宿主范围的变化、毒力的演化与抗原性的进化。首先，NDV 的 RNA 聚合酶缺乏矫正能力，在病毒复制的过程中发生的基因点突变逐步积累，造成病毒基因水平与重要生物学表型的变化，这是 NDV 变异的主要方式。病毒基因水平的变异累积到一定程度就催生了新的基因型，而历史上不同时期出现的新基因型正是新城疫四次大流行发生的主要原因[4]。生物信息学分析显示，在自然状态下，NDV 的 P 与 F 基因进化速率较快，基因 Ⅶ 型 F 基因变异程度最高，而基因 Ⅱ 型 F 基因的变异频率最低[5]。此外，在发展中国家，鸡群常规化的新城疫免疫诱导的高水平抗体给病毒的生存带来了巨大的免疫压力。NDV 的两个囊膜糖蛋白 F 和 HN 在免疫压力下发生的免疫逃逸性突变也是病毒变异的重要方式。细胞与动物的免疫学实验证实，在抗体压力下，NDV 的 HN 基因变异程度高于 F 基因[6]，HN 蛋白一些关键抗原位点的突变与病毒免疫逃逸有关[7,8]。其次，NDV 的遗传演化往往伴随其宿主范围的变化。NDV 的主要宿主是鸡，但经过几次大流行和疫苗的广泛、重复使用，病毒的宿主范围明显扩大。水禽是 NDV 弱毒株的天然宿主，而对强毒感染具有较强的抵抗力。一般认为，鸭、鹅等可以感染 NDV 强毒，但不表现明显的临床症状。但是，近年来，NDV 出现了一些新的致病特点，特别是对鹅表现出较强的致病性。1997 至 1998 年，在我国华南和华东地区暴发了由基因 Ⅶ 型 NDV 引起的鹅群新城疫疫情，标志着 NDV 的宿主谱已由陆生家禽扩大到了水禽[9,10]。随后，鸭群发生新城疫的报道也屡见不鲜，提示 NDV 对水禽的危害进一步增加[11,12]。此外，鸽子是 NDV 的重要宿主，病毒在鸽群中的流行具有很强的独特性。自然状态下，鸽群中流行的主要是基因 Ⅵb 亚型 NDV，其他亚型鲜有分离；该基因型也仅在鸽群中感染传播，对其他禽类感染性较低，说明基因 Ⅵb 亚型具有较强的宿主特异性[13,14]。

　　此外，病毒抗原性的变异会导致免疫逃逸，使现有疫苗不能完全预防流行毒株的感染，给疫病防控带来了挑战。目前广泛使用的新城疫疫苗株大多属于早期基因型，包括基因 Ⅰ 型与 Ⅱ 型，分离年代久远（距今已 70 余年）。但是，家禽中呈优势流行的基因型主要为晚期基因型，包括基因 Ⅴ 型（美洲）、基因 Ⅶ 型（亚洲、非洲）与基因 Ⅵ 型（鸽子），与疫苗株遗传距离远、抗原性差异大。很多研究已经证实，经典的 NDV 疫苗虽然能够保护家禽不发病及死亡，但是不能抑制动物的带毒、排毒[15-18]。在这种情况下，野毒株仍然可以在免疫家禽中传播流行，引起不明显的临床症状，称为"非典型"新城疫。因此，了解主要新城疫疫苗的种类及特性，及疫苗的研究进展与未来的研究方向，具有积极的意义。

2.4.2.2　新城疫疫苗

新城疫疫苗免疫要达到三个主要目标，即减轻或消除临床发病、减少鸡群带毒排毒、降低病毒的感染剂量。但是，由于兽医普遍缺乏现场评估鸡群带毒、排毒的有效方法与工具，目前大多数新城疫疫苗与免疫程序均以减轻鸡群的临床发病为主要目标。我国自主研发的基因Ⅶ型新城疫疫苗是首个将减少排毒作为疫苗效力检验标准的疫苗产品。此外，疫苗接种是动物传染病防控的最后一道防线，严格的生物安全措施则可以在鸡群尚未达到保护性抗体水平时阻止病毒暴露。实验室阶段的疫苗评价往往在比较优化的条件下进行，但是在临床上，营养缺乏、应激、免疫抑制、多次病毒感染等因素都会影响疫苗的免疫效果。因此，任何一种新城疫免疫程序要达到合格的群体免疫，必须保证至少85%的动物接受足够的免疫剂量并产生免疫应答。不同养殖场应根据自身的具体情况制定有针对性的免疫程序，而目前新城疫疫苗种类繁多，选择合适的疫苗是保证免疫效果与疫病防控成效的关键因素。此外，近年来，在基因Ⅶ型新城疫疫苗成功研制并推广使用后，我国新城疫的防控取得了显著成效，临床上强毒的分离率大幅下降，大部分规模化养殖场均达到了免疫无疫的状态。因此，研发下一代新型新城疫疫苗，在疫苗生产工艺与免疫特性上进行革新，促进我国新城疫从免疫无疫发展到非免疫无疫，最终达到疫病的净化，显得十分必要。

（1）商品化新城疫疫苗

① 传统疫苗

a. 活疫苗。新城疫活疫苗包括弱毒活疫苗与中等毒力活疫苗两大类。从全世界范围来看，应用最广的新城疫疫苗是由20世纪40年代分离的La Sota株和20世纪60年代分离的VG/GA株分别制备而成的2种新城疫弱毒活疫苗。这些毒株均属于基因Ⅱ型，毒株之间在遗传水平与抗原性上具有较高的同源性。但是，这些弱毒株在家禽体内的组织嗜性与复制性能不尽相同，这些特点决定了疫苗具有不同的使用场景与用途。La Sota株对鸡的呼吸系统具有较强的亲嗜性，在鸡体内的复制能力强，诱导的抗体水平高，因此，该疫苗在NDV强毒呈地方流行的国家应用得最广[19]。VG/GA株对鸡的呼吸道与肠道具有双重嗜性，对肠道的嗜性更强，能够诱导较强的黏膜免疫[20]。B1株的毒力较弱，对雏鸡的安全性好，常被用于低水平感染以及雏鸡的免疫[21]。另一类被广泛使用的弱毒活疫苗来源于基因Ⅰ型，以V4与I-2株为代表[22]。这类活疫苗具有两个典型的特征：一是毒力较弱，安全性高，对各个日龄的鸡均适用；二是具有较强的热稳定性，为耐热型毒株。耐热性对于疫苗在缺乏冷链条件的偏远农村地区的使用具有独特的优势。V4株在22～30℃环境下保存60天其活性和效价不变，在56℃处理6h病毒活性无明显下降。V4疫苗对消化道黏膜有特殊的亲嗜性，为嗜肠道型毒株，也可以诱导产生呼吸道黏膜免疫。

弱毒活疫苗的优势是安全性高，能够同时诱导黏膜免疫、体液免疫与细胞免疫，并可以通过大规模接种途径，如喷雾、饮水、卵内注射等，进行免疫接种。但是，活疫苗也可能诱发一定的呼吸道症状和产蛋下降，且大多数需要冷链保存，在保存温度不当时容易失活。使用活疫苗进行免疫时还应考虑鸡群母源抗体的干扰问题。商品鸡群在多次新城疫疫苗免疫后，普遍带有较高的母源抗体，对活疫苗的复制与激发免疫应答均会产生较大的干扰。但是，母源抗体对经过滴鼻、点眼途径接种的新城疫活疫苗影响较小，可能与诱导局部免疫应答有关。因此，监测雏鸡的母源抗体水平与消长规律，确定合适的免疫接种时间，对于保证疫苗免疫效果具有重要意义。

中等毒力活疫苗包括人工致弱的中等毒力毒株（Mukteswar、H 和 Komorov 株等）和天然中等毒力毒株（如 Roakin 株）。在我国主要使用的 Mukteswar 株（Ⅰ系苗）为基因Ⅲ型，其毒力较强，可能致死雏禽，适用于 2 月龄以上的成年家禽。中等毒力活疫苗免疫原性好，产生抗体速度较快（3～4 天即可产生免疫力），抗体持续期长，常用于家禽的加强免疫或紧急接种。但是，该型疫苗反应较大，且已证实存在毒力返强现象[23]，散毒风险较高，目前在临床上已基本停用。

大多数新城疫活疫苗均在无特定病原（SPF）鸡胚中进行生产。疫苗毒种接种 9～11 日龄 SPF 鸡胚的尿囊腔，孵育一定时间后，收获尿囊液。经过无菌检测后，尿囊液添加保护剂后进行冻干处理。冻干工艺与保护剂配方是维持病毒效价与疫苗保质期的关键工艺。对于每个批次的疫苗，测定病毒的半数鸡胚感染剂量（EID_{50}）是检验疫苗抗原含量与效力的关键指标。大量研究显示，新城疫活疫苗的接种剂量与其保护效力密切相关。在实验条件下，成年鸡接种 $10^4 \sim 10^5 EID_{50}$ 的活疫苗能够得到 100% 的临床保护，但是不能抑制攻毒株的感染与复制。La Sota 疫苗以 $10^6 EID_{50}$ 或更高剂量免疫时，能够诱导抗体免疫，且能有效地抑制攻毒株的复制与排毒。因此，有学者认为，当免疫剂量足够高时，是有可能达到新城疫疫苗免疫的三个目标的，但是，提高免疫剂量无疑会增加疫苗与疫病防控的成本，使该策略在家禽疫病防控中的可行性不高。在实际生产中，为了提高疫病防控效率、减少疫苗接种次数，常用的策略是研发多联多价疫苗。新城疫活疫苗通常与鸡传染性支气管炎活疫苗制成联苗，用于雏鸡的免疫。

现用新城疫活疫苗的一个突出问题就是与流行毒株的不匹配。活疫苗毒株为早期的经典毒株，与现在的流行毒株遗传距离远、抗原差异显著。但是，有研究指出，疫苗株与流行株之间的抗原变异似乎不是免疫鸡群发病与野毒流行的主要原因[24]。在田间环境中，不恰当的接种操作或不充分的免疫剂量造成禽群免疫应答低下是活疫苗保护性较低的主要原因[25]。因此，生产中严格的免疫接种操作与足够的剂量是保证新城疫活疫苗效果的关键因素。另一种观点则认为，使用与流行毒株同源的活疫苗对减少鸡群带毒排毒更有利[26]。由于流行毒株均为强毒，研制与其同源的活疫苗面临的最大挑战在于同时保证疫苗的抗原匹配性与安全性。NDV 的反向遗传技术为解决这一问题提供了有力的支持。有研究团队利用这一技术对基因Ⅶ型 NDV 进行人工致弱，或在弱毒株骨架中表达Ⅶ型毒株的保护性抗原基因，构建与流行病毒相匹配的活疫苗候选株，取得了一定的进展[27]。

b. 灭活疫苗。新城疫灭活疫苗是临床上另一类最常用的疫苗。将疫苗毒种接种 SPF 鸡胚后，收获的感染性尿囊液用福尔马林、β-丙内酯等化学试剂进行灭活，再添加矿物油（注射用白油）或其他佐剂，制备成为油乳剂灭活疫苗。灭活疫苗一般通过肌内或皮下注射途径进行免疫接种，主要诱导产生体液免疫，免疫应答持续时间长、抗体水平高，但缺点是成本较高、免疫接种费时费力、鸡群应激较大、抗体产生的速度较慢、不能诱导细胞与黏膜免疫等。实际生产中常同时使用新城疫活疫苗与灭活疫苗，既可诱导全面、快速的免疫应答，又可维持较长时间的高水平抗体。有研究显示，虽然灭活疫苗免疫鸡能够产生更高水平的抗体，但是由于缺乏特异性的细胞免疫应答，其排毒水平高于活疫苗免疫鸡。

NDV 弱毒株的毒力低，在鸡胚尿囊腔中的滴度高且稳定性好，无散毒的风险，因此一般使用弱毒株作为新城疫灭活疫苗的生产毒种。目前，国产新城疫灭活疫苗大多以基因Ⅱ型 NDV La Sota 株为生产毒种，进口疫苗以 Ulster 或 B1 株为毒种。目前市售新城疫灭活疫苗以联苗居多，通常与鸡传染性支气管炎、H9N2 亚型禽流感、传染性法氏囊病、鸡产蛋下降综合征、禽腺病毒病等制成二联、三联或四联灭活疫苗。联苗的应用减少了免疫次数，提高了免疫接种的效率，降低了鸡群的应激反应。

与弱毒活疫苗一样，灭活疫苗也需要解决与流行毒株的匹配性问题。我国及其他许多国家普遍使用基因Ⅱ型 La Sota 株作为新城疫灭活疫苗的毒种，与流行的基因Ⅶ型 NDV 存在显著的遗传与抗原性差异。遗传进化分析显示，La Sota 与Ⅶ型病毒的 F 与 HN 基因的同源性分别为 84% 与 80% 左右，同源性较低。国内外许多研究显示，La Sota 灭活苗免疫鸡后可以诱导产生针对同源抗原高水平的血凝抑制（HI）抗体，但是针对基因Ⅶ型的 HI 抗体水平显著下降；免疫鸡在Ⅶ型 NDV 攻毒后，虽然不出现明显的临床症状与死亡，但是动物的排毒率高、排毒量大，病毒在免疫鸡群中感染与传播的风险依然较高[15,26]。

利用反向遗传学技术可以很好地解决新城疫灭活疫苗抗原性匹配的问题。扬州大学刘秀梵院士团队通过反向遗传技术将一株基因Ⅶ型 NDV 的 F 裂解位点突变，成功研制出了基因Ⅶ型致弱株 A-Ⅶ，其毒力符合弱毒株的标准，且在鸡胚中具有较强的繁殖性能[28]。免疫效力试验显示，与常规疫苗株 La Sota 相比，A-Ⅶ疫苗诱导抗体产生的速度更快，不仅能显著降低攻毒后试验动物的排毒率，而且能显著减少喉气管和泄殖腔中的病毒含量。2014 年，该疫苗获批国家一类新兽药，现在已转让 7 家大型生物制品企业，实现了产业化。自该疫苗在我国养殖场应用以来，新城疫的发生率逐年下降，基本阻断了我国鸡群中新城疫强毒的传播与流行。此外，A-Ⅶ疫苗也可用于鹅，是第一个有效防控鹅新城疫的疫苗。更重要的是，随着 A-Ⅶ疫苗的成功研制，创建了基因Ⅶ型新城疫灭活疫苗的新的、更高的质量标准。与传统疫苗 La Sota 相比，A-Ⅶ的 HI 抗体效检标准提高了 4 倍，临床保护标准提高了 20%，并首次创新性地引入排毒检验标准（7/10 只鸡不排毒），大幅提高了新城疫疫苗的质量评价标准，更能客观、科学地反映疫苗的保护效力。

除了鸡和鹅的新城疫疫苗，鸽新城疫疫苗的研发也越来越受到关注。鸽子是 NDV 的重要宿主，在新城疫的流行与传播中扮演重要角色。与其他宿主来源的 NDV 相比，鸽源 NDV（PPMV）具有严格的宿主特异性。目前，鸽群中主要流行基因Ⅵ型 NDV，以Ⅵb 亚型为主，而该基因型在自然条件下仅能感染鸽。此外，PPMV 属于晚期基因型，在基因水平与抗原性上与传统使用的疫苗株均有较大的差异。目前，国际市场上有几款使用 PPMV 为疫苗株的鸽新城疫疫苗，包括罗曼动保公司的 AVIPRO 111 PMV1、默沙东公司的 Nobilis Paramyxo P201、Chevita 公司的 Chevivac-P200 与 Travipharma 公司的 Travi-PMV-Vac（数据来源于 PoultryMed）。但是，国内市场上一直缺少鸽专用的新城疫疫苗，生产上通常用鸡的疫苗，主要是 La Sota 株，进行鸽群的免疫。有研究比较了 La Sota、Ulster 与两株 PPMV 制备的油乳剂灭活疫苗在鸽子中的免疫原性与效力[29]。结果显示，La Sota 与 Ulster 疫苗诱导的针对 PPMV 的 HI 抗体要低于 PPMV 疫苗诱导的抗体；传统疫苗虽可以提供对 PPMV 攻毒的较好保护，但是不能抑制鸽子的排毒，而 PPMV 疫苗可有效抑制动物带毒排毒。其他研究也证实 La Sota 疫苗诱导的针对 PPMV 的抗体滴度较低[30]。因此，国内多个团队利用不同技术路线研制了基因Ⅵ型 NDV 疫苗，在鸽子中显示了较好的免疫效力，推动了我国鸽用新城疫疫苗的研制进程[31]。

② 病毒载体疫苗

a. 禽痘病毒载体疫苗。针对多种家禽疫病的多联疫苗，需要进行抗原的浓缩，以使单个剂量中每种抗原达到足够的抗原含量。抗原浓缩工艺无疑大大增加了疫苗的生产成本与复杂性。因此，长时间以来，科学家一直致力于研制以其他家禽病毒为载体的重组新城疫疫苗。病毒载体疫苗是构建双价或多价家禽疫苗的有效技术平台。利用分子生物学方法，将保护性抗原插入病毒载体的基因组中，构建的重组病毒可同时表达外源保护性抗原与自身的保护性抗原，提供双重或多重保护。相比于传统的多联疫苗，病毒载体疫苗的优势是：一个病毒可表达多个保护性抗原，无需进行抗原浓缩，降低成本；具有活疫苗的免疫特性，可诱导体液免疫、细胞免疫与黏膜免疫，免疫应答全面；疫苗的遗传稳定性高，毒力返强的风险低，安全性高。

从 20 世纪 90 年代开始，研究者用禽痘病毒（FPV）为载体表达 NDV 的 F 或 HN 基因，免疫鸡后可提供对 NDV 强毒攻击的良好保护[32,33]。至少两种 FPV-ND 载体疫苗已经商品化，包括 Merial 公司（现为勃林格殷格翰）的 TROVAC®-NDV 与诗华公司的 VECTORMUNE® FP-N。禽痘病毒是目前已知最大的动物病毒，基因组大，对外源基因的承载力强，且具有严格的宿主特异性，对其他动物安全性高。禽痘病毒主要在 SPF 鸡胚或鸡胚成纤维细胞（CEF）中培养，收获鸡胚绒毛尿囊膜或细胞培养物，加适宜的稳定剂经真空冻干制成。通过测定疫苗接种鸡胚的 EID_{50} 或痘斑形成进行效力检验。禽痘载体疫苗一般通过颈部皮下注射或翅膀内侧皮下刺种的方式进行。这种接种方法操作较为烦琐，难以实现大规模免疫接种，且鸡群中广泛存在的 FPV 抗体对 FPV 载体疫苗的免疫效力也有较大的影响[34]，使得 FPV-ND 载体疫苗的应用范围不大。

b. 火鸡疱疹病毒载体疫苗。目前，比较成功的商品化病毒载体疫苗是以火鸡疱疹病毒（HVT）为载体的新城疫疫苗。HVT 是血清 3 型马立克病毒，是在构建重组载体疫苗领域应用最为广泛的病毒之一。在 20 世纪 90 年代早期，研究者将 NDV 的 F 基因插入 HVT 基因组的胸苷激酶位点，构建了重组 HVT-ND 载体疫苗，并证明该疫苗可以提供针对 NDV 与 MDV 感染的双重保护[35]。HVT 是严格的细胞结合型病毒，在 CEF 细胞中进行生产，通过测定疫苗在 CEF 细胞中形成的蚀斑数量进行抗原定量。现在有四种市售的二价 HVT-ND 载体疫苗，分别为诗华公司的 Vectormune® ND、默沙东公司的 Innovax-ND、硕腾公司的 Poulvac Procerta HVT-ND 与德国勃林格殷格翰公司的 NEWXX-ITEK™ HVT＋ND 疫苗（数据来源于 PoultryMed）。这些 HVT 载体疫苗表达不同基因型 NDV 的 F 基因。其中，Vectormune® ND 疫苗在 HVT FC126 株中表达基因Ⅰ型 NDV D26-76 株的 F 基因，该供体毒株与 V4 株亲缘关系近，与流行毒株（Ⅴ、Ⅵ与Ⅶ型）的亲缘关系较远。但是，Vectormune® ND 疫苗诱导的免疫应答快速、持久，可提供对 NDV 强毒完全的临床保护并显著抑制排毒，并有效阻止病毒感染造成的产蛋下降[36]。此外，该疫苗的保护谱较广，对基因Ⅱ、Ⅳ、Ⅴ、Ⅵ、Ⅶ与Ⅷ型多种异源基因型均具有良好的保护力，可能与其诱导的特异性细胞免疫有关。在 ND 低风险地区，18 胚龄卵内注射或 1 日龄颈部皮下注射 Vectormune® ND 疫苗可提供充分的保护；在 ND 中、高风险地区，建议用 Vectormune® ND 疫苗进行早期免疫，2～3 周后用弱毒活疫苗进行联合免疫，达到可靠的免疫效果。目前，基于 HVT 载体的新城疫疫苗未在国内上市销售，但是在全球很多国家得到了广泛应用，在新城疫免疫防控中表现优异。因此，HVT 载体疫苗成功的临床表现表明，HVT 作为家禽疫苗载体具有独特的优势：HVT 基因组大，对外源基因的承载力强，可同时表达多个外源基因；HVT 受母源抗体的干扰较小，适于家禽的早期免疫；HVT 可通过 1 日龄雏鸡颈部皮下或 18～19 日龄鸡胚卵内途径在炕房内进行大规模接种；HVT 在鸡体内形成持续性感染，激发的免疫持续期长；HVT 载体疫苗可同时诱导细胞免疫与体液免疫。但是，由于 HVT 是细胞结合病毒，HVT 载体疫苗的保存、运输条件苛刻，需要在液氮中低温冷冻。

c. 新城疫病毒载体疫苗。NDV 也是构建家禽新型疫苗的理想载体，可提供针对新城疫与其他重要家禽疫病的双重保护。NDV 作为疫苗载体的主要优势包括：①NDV 基因组大小为 15kb 左右，易于进行基因水平的操作；②NDV 在鸡胚中复制水平高，利于大规模的疫苗生产；③NDV 可以通过饮水、喷雾、胚内注射等途径进行大规模免疫接种，节约成本，提高效率；④NDV 不仅能刺激机体产生较强的体液免疫，还能诱导黏膜和细胞免疫；⑤NDV 仅在细胞质中复制，整合至宿主基因组的风险低，且病毒重组概率极低，安全性高。NDV 作为疫苗载体的直接推动力是病毒反向遗传技术的建立。在 1999 年，两个独立的研究团队几乎同时报道了 NDV 反向遗传技术的成功建立[37,38]。此后约 20 年内，研究者利用反向遗传技术以 NDV 为载体构建了大量的新型家禽疫苗，包括禽流感、传染性法氏囊病、传染性支气管炎、传染性喉气管炎等[39]。其中，以 NDV 为载体的 H5 亚型禽流感疫苗在中国与墨西哥实现了商业化。

目前绝大部分重组 NDV 载体疫苗均以弱毒株为骨架，NDV 基因组的 P 与 M 基因的非编码区是最优的外源基因插入位点[40]。一般通过分子生物学方法将外源保护性基因以独立转录单元（ITU）的方式插入 NDV 的 P 与 M 基因之间，同时在外源基因上游添加 NDV 基因必需的转录信号，包括基因终止序列（GE）、基因间隔序列（IS）与基因起始序列（GS）。利用反向遗传学方法拯救出重组病毒，并对病毒复制水平、抗原产量、外源蛋白表达、遗传稳定性、毒力，及在家禽中的免疫原性与保护效力等进行系统评价。NDV 载体疫苗的生产流程与弱毒活疫苗相似，而免疫剂量也参照活疫苗的剂量，常规剂量为一羽 $EID_{50}10^6$。

此外，有些研究团队尝试在 NDV 骨架中表达两个外源基因，构建多价载体疫苗。NDV 基因组较小，对外源基因的容量不大，一般外源基因的长度超过 2kb 则会对重组病毒的复制造成明显影响。为了解决 NDV 基因组对多个外源基因的容纳问题，研究者采用内部核糖体进入位点（IRES）作为外源基因的插入策略，同时表达两个报告基因[41]。以此策略构建的重组病毒复制性能与母本病毒相似，外源基因表达水平较高。但是，IRES 策略尚未被应用到疫苗构建中去。

NDV 载体疫苗虽然具有众多优势，显示了较大的应用前景，但是母源抗体的干扰是限制 NDV 载体疫苗临床应用效果的最大因素[39]。需要指出的是，利用现在通用的构建策略，表达的外源蛋白一般会整合到 NDV 粒子囊膜表面，所以针对 NDV 载体及外源抗原的母源抗体都会对 NDV 载体疫苗造成干扰。研究显示，以 NDV 为载体的 H5 亚型禽流感疫苗在 NDV 母源抗体水平较高的雏鸡中，诱导的抗体应答与保护效力显著降低。而针对 H5 亚型禽流感病毒的母源抗体对 NDV-H5 载体疫苗也产生明显的干扰作用，甚至比 NDV 特异性抗体的干扰更强[42]。首先，针对 NDV 载体母源抗体干扰的问题，研究者基于 NDV 与其他血清型禽副黏病毒（APMV）之间交叉反应低的特性开发了一种"抗原伪装"策略。将 APMV-2 或 APMV-8 的 F 与 HN 基因替换 NDV 的相应基因，构建的嵌合载体受 NDV 抗体的影响极小[43,44]。以嵌合病毒为载体构建的重组疫苗在 NDV 母源抗体阳性的雏鸡中表现较高的免疫效力。其次，针对外源蛋白母源抗体干扰的问题，德国的研究团队以 H5 亚型禽流感为模型开发了一种"抗原诱饵"策略，即在 NDV 载体中同时表达分泌型与膜锚定型 HA 蛋白[45]。分泌至胞外的 HA 蛋白作为"诱饵"吸附一部分机体中既存的 HA 特异性抗体，从而减少抗体对膜上的 HA 蛋白的影响，激发特异性的抗体应答。因此，将"抗原伪装"与"抗原诱饵"策略有机结合，可能是解决 NDV 载体疫苗受母源抗体干扰问题的有效路径[46]。

（2）**研发中的新城疫疫苗**　重组亚单位与VLP疫苗。目前，几乎所有的新城疫疫苗均依赖鸡胚进行生产。鸡胚是非常传统、成熟的疫苗生产系统，其培养技术相对简单、病毒滴度高、抗原产量大。但是，鸡胚系统仍然存在一些明显的缺陷，如成本过高、供应不稳定、鸡胚废弃物量大、废物无害化处理成本高、能耗大等。在高度重视"碳达峰、碳中和"的今天，利用鸡胚生产疫苗已不符合生物制品产业绿色低碳生产的要求。因此，开发新的、适用于家禽产业的疫苗生产系统与工艺十分必要。

基于杆状病毒-昆虫细胞的表达系统（BEVS）是较为理想的平台之一，且该系统已被成功利用生产了很多动物与人用疫苗。昆虫细胞具有翻译后修饰功能，适用于表达NDV的囊膜糖蛋白；昆虫细胞可用无血清培养基进行大规模发酵培养，抗原产量高、生产成本低；杆状病毒具有较强的宿主特异性，对脊椎动物无感染性，安全性高。基于BEVS的新城疫疫苗大部分处于实验室研究阶段，可分为两大类：重组蛋白亚单位疫苗与病毒样颗粒（VLP）疫苗。重组亚单位疫苗是在苜蓿银纹夜蛾多角体病毒（AcMNPV）的基因组中表达NDV的F或HN蛋白，用构建的重组杆状病毒感染昆虫细胞Sf9，制备抗原，加入佐剂制成疫苗[47]。由于重组亚单位疫苗表达的是病毒的主要抗原成分，免疫原性和保护效力与全病毒灭活疫苗相当。但是，疫苗抗原的纯化工艺会大大增加生产成本，而不符合家禽产业的实际需求。德国勃林格殷格翰公司研制了一款基于BEVS的H5亚型禽流感疫苗，但是表达的HA蛋白未经纯化，细胞生产的粗抗原经过灭活、乳化等工艺处理，依然显示很强的免疫原性与效力[48]。该疫苗已在墨西哥、埃及等国家上市销售。因此，使用昆虫细胞表达的未经纯化的粗抗原制备的亚单位疫苗可显著降低成本，并保证疫苗的免疫效力，是生产家禽重组蛋白亚单位疫苗的可行方式。此外，大量研究显示，杆状病毒本身能够刺激宿主的天然免疫应答，具有较强的佐剂效应，也是其作为家禽疫苗表达载体的优势之一。新城疫商品疫苗的特性比较见表2-18。

表2-18　新城疫商品疫苗的特性比较

疫苗种类	疫苗工艺与保存条件			免疫学特性							其他特性		
	培养系统	剂型	保存条件	接种途径	保护起始时间	免疫持续期	体液免疫	黏膜免疫	细胞免疫	受母源抗体干扰	DIVA	成本	致病风险	热稳定性	代表基因型与毒株
活疫苗														
弱毒活疫苗	鸡胚	冻干	冷链	大规模（饮水、气雾等）或单只接种	2～3周	短	IgG IgM IgA	有	较强	强	否	较低	低	与毒株有关	Ⅰ型（I-2、V4、Ulster）；Ⅱ型（La Sota、B1、VG/GA）
中等毒力活疫苗	鸡胚	冻干	冷链	大规模（饮水、气雾等）或单只接种	3～4d	长	IgG IgM IgA	有	强	低	否	较低	高	低	Ⅲ型（Mukteswar）
灭活疫苗	鸡胚	油乳剂	冷链	单只肌内/皮下注射	2～3周	长	IgG IgM	无	弱	低	否	高	低	低	Ⅱ型（La Sota）；Ⅶ型（A-Ⅶ）；Ⅵ型（P201）

疫苗种类	疫苗工艺与保存条件			免疫学特性								其他特性			
	培养系统	剂型	保存条件	接种途径	保护起始时间	免疫持续期	体液免疫	黏膜免疫	细胞免疫	受母源抗体干扰	DIVA	成本	致病风险	热稳定性	代表基因型与毒株
病毒载体疫苗															
FPV载体	鸡胚/细胞	冻干	冷链	翅膀刺种	2~3周	长	IgG IgM	无	较强	强	是		较低	低	低	任意基因型
HVT载体	细胞	冷冻	液氮	卵内或颈部皮下注射	2~3周	长	IgG IgM	无	较强	低	是		较低	低	低	任意基因型
NDV载体	鸡胚	冻干	冷链	大规模（饮水、气雾等）或单只接种	2~3周	短	IgG IgM IgA	有	较强	强	是		较低	低	与载体毒株有关	Ⅱ型（La Sota）

基于 BEVS 研制的另一种新城疫疫苗为 VLP 疫苗[49]。VLP 是与天然病毒粒子大小接近、结构相似，但不包含病毒遗传物质的颗粒，具有以下优势：VLP 不含病毒感染性成分，安全性高；VLP 与天然病毒粒子结构相似，免疫原性强；VLP 能够刺激细胞免疫与体液免疫，免疫保护全面。NDV 的 M 蛋白是病毒粒子组装的骨架与病毒出芽的主要动力，单独表达 M 蛋白即可形成 VLP，因此 M 蛋白是 NDV VLP 组装所必需的。NDV VLP 组装通常有两个策略，一是将病毒的 *M*、*F* 和 *HN* 基因分别插入杆状病毒基因组中，形成的三个重组杆状病毒共感染 Sf9 细胞而组装形成 VLP；二是把病毒的 *M*、*F* 和 *HN* 基因串联插入杆状病毒基因组中，形成的单个重组杆状病毒感染 Sf9 细胞而组装成 VLP。这两个构建策略各有优缺点，需要系统评估 VLP 的产量后选择使用。在 Sf9 细胞中组装形成的 VLP 要经过纯化，添加佐剂，制成疫苗。因此，VLP 疫苗的构建、纯化、生产工艺较为复杂，成本相对较高。

（3）DIVA 疫苗　新城疫在我国鸡群中呈地方流行长达 40 余年，是威胁我国家禽养殖发展的重要疫病。近年来，由于养殖场生物安全措施的不断加强和基因Ⅶ型新疫苗的推广应用，现阶段我国新城疫在鸡群中得到了很好的控制，基本处于免疫无疫状态。根据国家中长期动物疫病防治规划（2012—2020 年）的要求，到 2020 年，全国新城疫要达到控制标准，所有种鸡场要达到净化标准。现在新城疫的防控已具备了向疫病净化发展的条件。因此，研制能够区分自然感染与疫苗免疫动物（DIVA）的疫苗是新城疫净化的重要支撑。

由于目前使用的商品化疫苗均含有全病毒抗原成分，用传统的血清学方法，如 HI 试验与酶联免疫吸附分析（ELISA），难以区分疫苗免疫与野毒感染诱导的抗体。研发新城疫 DIVA 疫苗主要有几种策略：病毒载体疫苗；重组蛋白亚单位与 VLP 疫苗；HN 蛋白嵌合病毒疫苗；表位改造疫苗。病毒载体疫苗、亚单位疫苗与 VLP 疫苗只包含 NDV 的 F 和/或 HN 蛋白，而缺少病毒的 NP、P 与 L 蛋白。因此，通过检测针对病毒 NP、P 或 L 蛋白的抗体即可区分疫苗免疫与野毒感染动物。此外，基于 APMV 不同血清型之间交叉反应弱这一特性，在 2001 年，Peeters 等将 APMV-4 HN 蛋白球状头部与 NDV HN 蛋白的茎部组合为杂合蛋白，用反向遗传技术拯救了一株重组病毒。该重组病毒作为活疫苗免疫鸡，可提供针对 NDV 强毒攻击的良好保护。用 APMV-4 作为检测抗原的 HI 试验，以及用表达的 HN 胞外区为抗原的 ELISA 方法均可清晰地区分重组疫苗与 NDV La Sota 的免疫血清[50]。最近，中国农业科学院兰州兽医研究所朱启运团队将基因Ⅶ型 NDV 致弱并将 NP 蛋白中一段 18 个氨基酸的免疫优势表位删除，构建了一株标记疫苗候选株，并用建立的 ELISA 方法达到了 DIVA 的目的[51]。以上几种策略在研制新城疫 DIVA 疫苗、助力疫病净化方面都有一定的潜力，但是理想的 DIVA 疫苗既要保证坚强的保护效力，又要具有便于检测的 DIVA 标记，使配套的检测方法特异、灵敏、高效。

（4）**耐热疫苗**　一般而言，NDV 对热的耐受度较低，$50 \sim 55℃$ 作用 30min 即可使病毒失去感染性。因此，现在使用的绝大部分弱毒活疫苗以及灭活疫苗在保存、运输与使用过程中需要维持冷链，经济成本较高，且容易发生因保存不当而造成的免疫失败。解决新城疫疫苗热稳定性的问题有两种主要途径：一是在活疫苗中添加耐热保护剂，增强疫苗对温度的耐受度，但会增加疫苗成本；二是筛选天然具有耐热活性的病毒，从毒种的选育上增强疫苗的热稳定性。

经典的新城疫耐热疫苗株为基因Ⅰ型的 V4 株。该病毒是 1967 年分离于澳大利亚的一株天然无毒株，其热稳定性良好，$56℃$ 作用 30min 仍能保持活性。V4 疫苗可采用饮水、喷雾、拌料、滴鼻等方式进行鸡群免疫，在东南亚、非洲等热带和亚热带的乡村地区得到了广泛应用，防控效果良好。关于 V4 株耐热的分子机理尚无统一的结论，可能与 HN 蛋白第 403 位氨基酸的缺失或 L 蛋白上 5 个氨基酸缺失有关[52]。

我国学者在新城疫耐热疫苗株的选育与耐热机理方面也进行了较多的研究，很多工作都是以 V4 株为模型开展生物学活性鉴定、病毒的克隆化选育以及耐热的分子机理研究。不同团队以 V4 株为基础，利用鸡胚连续传代筛选、细胞蚀斑筛选等不同方法选育了一些耐热克隆株，包括 NDV4-C、HB92、TS-09C 株。这些疫苗株均保持了 V4 株良好的耐热活性，并且具有毒力低、繁殖滴度高、免疫效力较强等特点。利用反向遗传学技术鉴定病毒的耐热机理，发现 NDV4-C 株的聚合酶蛋白影响其耐热性[53]，而 TS-09C 的热稳定性与病毒的 HN 蛋白有关[54]。此外，扬州大学分离了一株基因Ⅷ型 NDV HR09 株，耐热性强，$56℃$ 作用 60min 其 HA 活性基本保持不变。将该病毒致弱后免疫鸡，可提供对基因Ⅶ型 NDV 的良好保护，疫苗表现与 V4 株相似[55]。HR09 株的热稳定性与 HN 蛋白第 315 与 369 位氨基酸有关[56]。新城疫耐热疫苗株的研究为解决疫苗稳定性、保存运输及减少免疫失败提供了有效手段。

综上所述，作为对家禽养殖业威胁最大的传染病之一，新城疫依然在世界上很多国家广泛流行。我国新城疫目前已进入到免疫无疫的状态，疫病防控取得了阶段性的显著成效。在此基础上，进一步巩固疫病防控成果，并推动新城疫防控向非免疫无疫和疫病净化发展，是我国新城疫防控的未来方向。创制安全、高效、特异、生产工艺先进、能够进行 DIVA 的新型新城疫疫苗是巩固与推动疫病防控的关键手段。

参考文献

[1] 刘秀梵，王志亮. 新城疫[M]. 北京：中国农业出版社，2014.

[2] Swayne D E. Diseases of poultry[M]. Hoboken, NJ: Wiley-Blackwell, 2020.

[3] Dortmans J C F M, Koch G, Rottier P J M, et al. Virulence of Newcastle disease virus:

What is known so far[J]. Vet Res, 2011, 42: 122.

[4] Miller P J, Decanini E L, Afonso C L. Newcastle disease: Evolution of genotypes and the related diagnostic challenges[J]. Infect Genet Evol, 2010, 10（1）: 26-35.

[5] Chong Y L, Padhi A, Hudson P J, et al. The effect of vaccination on the evolution and population dynamics of avian paramyxovirus-1[J]. Plos Pathog, 2010, 6（4）: e1000872.

[6] 巩艳艳, 崔治中. 细胞培养上新城疫病毒 HN 基因在抗体免疫选择压作用下的抗原表位变异[J]. 中国科学（C辑: 生命科学）, 2009, 39（12）: 1175-1180.

[7] Liu J J, Zhu J, Xu H X, et al. Effects of the HN antigenic difference between the vaccine strain and the challenge strain of newcastle disease virus on virus shedding and transmission[J]. Viruses-Basel, 2017, 9（8）: 225.

[8] Gu M, Liu W J, Xu L J, et al. Positive selection in the hemagglutinin-neuraminidase gene of Newcastle disease virus and its effect on vaccine efficacy[J]. Virol J, 2011, 8: 150.

[9] 辛朝安, 任涛, 罗开健, 等. 疑似鹅副粘病毒感染诊断初报[J]. 养禽与禽病防治, 1997（01）: 5.

[10] 王永坤, 田慧芳, 周继宏, 等. 鹅副粘病毒病的研究[J]. 江苏农学院学报, 1998（01）: 60-63.

[11] 段志强, 许厚强, 嵇辛勤, 等. 贵州省鸭源新城疫病毒强毒株的遗传变异分析及致病性研究[J]. 畜牧兽医学报, 2016, 47（08）: 1623-1634.

[12] 包小芝. 济南地区鸭源新城疫病毒的分离鉴定及 F 基因变异分析[D]. 泰安: 山东农业大学, 2013.

[13] 赵振振, 朱杰, 许海旭, 等. 2011—2013 年 7 株鸽源新城疫病毒的生物学特性鉴定及遗传进化分析[J]. 中国兽医学报, 2016, 36（11）: 1853-1857.

[14] Ujvari D, Wehmann E, Kaleta E F, et al. Phylogenetic analysis reveals extensive evolution of avian paramyxovirus type 1 strains of pigeons（Columba livia）and suggests multiple species transmission[J]. Virus Res, 2003, 96（1-2）: 63-73.

[15] Hu S L, Ma H L, Wu Y T, et al. A vaccine candidate of attenuated genotype VII Newcastle disease virus generated by reverse genetics[J]. Vaccine, 2009, 27（6）: 904-910.

[16] Kapczynski D R, King D J. Protection of chickens against overt clinical disease and determination of viral shedding following vaccination with commercially available Newcastle disease virus vaccines upon challenge with highly virulent virus from the California 2002 exotic Newcastle disease outbreak[J]. Vaccine, 2005, 23（26）: 3424-3433.

[17] Miller P J, King D J, Afonso C L, et al. Antigenic differences among Newcastle disease virus strains of different genotypes used in vaccine formulation affect viral shedding after a virulent challenge[J]. Vaccine, 2007, 25（41）: 7238-7246.

[18] 胡北侠, 杨少华, 许传田, 等. 新城疫 La Sota 活疫苗对基因Ⅶ型分离株的免疫保护性试验[J]. 广东畜牧兽医科技, 2012, 37（03）: 34-35.

[19] Westbury H A. Comparison of the immunogenicity of Newcastle disease virus strains V4, B1 and La Sota in chickens. 1. Tests in susceptible chickens[J]. Aust Vet J, 1984, 61（1）: 5-9.

[20] Perozo F, Villegas P, Dolz R, et al. The VG/GA strain of Newcastle disease virus: mucosal immunity, protection against lethal challenge and molecular analysis［J］. Avian Pathol, 2008, 37（3）: 237-45.

[21] Bello M B, Yusoff K, Ideris A, et al. Diagnostic and vaccination approaches for newcastle disease virus in poultry: The current and emerging perspectives［J］. Biomed Res Int, 2018, 2018: 7278459.

[22] Ideris A, Ibrahim A L, Spradbrow P B. Vaccination of chickens against Newcastle disease with a food pellet vaccine[J]. Avian Pathol, 1990, 19（2）: 371-384.

[23] 宋庆庆. 新城疫病毒基因组生物信息分析及 Mukteswar 株毒力增强分子机制研究[D]. 扬州: 扬州大学, 2013.

[24] Dortmans J C F M, Venema-kemper S, Peeters B P H, et al. Field vaccinated chickens with low antibody titres show equally insufficient protection against matching and non-matching

genotypes of virulent Newcastle disease virus[J]. Vet Microbiol, 2014, 172 (1-2)： 100-107.

[25] Dortmans J C F M, Peeters B P H, Koch G. Newcastle disease virus outbreaks： Vaccine mismatch or inadequate application[J]. Vet Microbiol, 2012, 160 (1-2)： 17-22.

[26] Xiao S, Nayak B, Samuel A, et al. Generation by reverse genetics of an effective, stable, live-attenuated newcastle disease virus vaccine based on a currently circulating, highly virulent indonesian strain[J]. Plos One, 2012, 7 (12)： e52751.

[27] 姚瑶．新城疫病毒基因Ⅰ/Ⅶ型 F 和 HN 基因嵌合弱毒疫苗候选株 LX-OAI4S 的构建和免疫效力评价[D]．扬州：扬州大学，2021.

[28] 刘秀梵．基因Ⅶ型新型疫苗的创制与我国新城疫的防控进展[J]．兽医导刊，2020（19）：4-5.

[29] Stone H D. Efficacy of oil-emulsion vaccines prepared with pigeon paramyxovirus-1, Ulster, and La Sota Newcastle disease viruses[J]. Avian Dis, 1989, 33 (1)： 157-162.

[30] 任金莲，袁庆力，刘宏梽，等．现有新城疫疫苗对鸽的保护效果的评价[J]．养禽与禽病防治，2021（05）：40-42.

[31] 赵振振．2011-2015 我国部分地区鸽源新城疫病毒分子流行病学调查及鸽新城疫疫苗 VIb-I4 的免疫效力试验[D]．扬州：扬州大学，2016.

[32] Boursnell M E, Green P F, Samson A C, et al. A recombinant fowlpox virus expressing the hemagglutinin-neuraminidase gene of Newcastle disease virus (NDV) protects chickens against challenge by NDV[J]. Virology, 1990, 178 (1)： 297-300.

[33] Taylor J, Edbauer C, Rey-senelonge A, et al. Newcastle disease virus fusion protein expressed in a fowlpox virus recombinant confers protection in chickens [J]. J Virol, 1990, 64 （ 4)： 1441-1450.

[34] Swayne D E, Beck J R, Kinney N. Failure of a recombinant fowl poxvirus vaccine containing an avian influenza hemagglutinin gene to provide consistent protection against influenza in chickens preimmunized with a fowl pox vaccine[J]. Avian Dis, 2000, 44 (1)： 132-137.

[35] Morgan R W, Gelb J, Schreurs C S, et al. Protection of chickens from Newcastle and Marek s diseases with a recombinant herpesvirus of turkeys vaccine expressing the Newcastle disease virus fusion protein[J]. Avian Dis, 1992, 36 (4)： 858-870.

[36] Palya V, Tatar-kis T, Mato T, et al. Onset and long-term duration of immunity provided by a single vaccination with a turkey herpesvirus vector ND vaccine in commercial layers[J]. Vet Immunol Immunopathol, 2014, 158 (1-2)： 105-115.

[37] Peeters B P, De leeuw O S, Koch G, et al. Rescue of Newcastle disease virus from cloned cDNA: evidence that cleavability of the fusion protein is a major determinant for virulence[J]. J Virol, 1999, 73 (6)： 5001-5009.

[38] Romer-oberdorfer A, Mundt E, Mebatsion T, et al. Generation of recombinant lentogenic Newcastle disease virus from cDNA[J]. J Gen Virol, 1999, 80 (Pt 11)： 2987-2995.

[39] Hu Z L, Ni J, Cao Y Z, et al. Newcastle disease virus as a vaccine vector for 20 years: A focus on maternally derived antibody interference[J]. Vaccines-Basel, 2020, 8 (2)： 222.

[40] Zhao W, Zhang Z Y, Zsak L, et al. P and M gene junction is the optimal insertion site in Newcastle disease virus vaccine vector for foreign gene expression[J]. J Gen Virol, 2015, 96： 40-45.

[41] Zhang Z, Zhao W, Li D, et al. Development of a newcastle disease virus vector expressing a foreign gene through an internal ribosomal entry site provides direct proof for a sequential transcription mechanism[J]. J Gen Virol, 2015, 96 (8)： 2028-2035.

[42] Lardinois A, Vandersle yen O, Steensels M, et al. Stronger interference of avian influenza virus-specific than newcastle disease virus-specific maternally derived antibodies with a recombinant NDV-H5 vaccine[J]. Avian Dis, 2016, 60： 191-201.

[43] Steglich C, Grund C, Ramp K, et al. Chimeric newcastle disease virus protects chickens against avian influenza in the presence of maternally derived NDV immunity [J]. Plos One, 2013, 8 (9)： e72530.

[44] Liu J, Xue L, Hu S, et al. Chimeric Newcastle disease virus-vectored vaccine protects chickens against H9N2 avian influenza virus in the presence of pre-existing NDV immunity [J]. Arch Virol, 2018, 163（12）: 3365-3371.

[45] Murr M, Grund C, Breithaupt A, et al. Protection of chickens with maternal immunity against avian influenza virus（AIV）by vaccination with a novel recombinant newcastle disease virus vector[J]. Avian Dis, 2020, 64（4）: 427-436.

[46] Hu Z, Liu X. "Antigen camouflage and decoy" strategy to overcome interference from maternally derived antibody with newcastle disease virus-vectored vaccines: More than a simple combination[J]. Front Microbiol, 2021, 12: 735250.

[47] 金丽颖. 构建表达新城疫病毒 F、HN 基因重组杆状病毒及其免疫效果的研究[D]. 哈尔滨: 黑龙江大学, 2014.

[48] Oliveira Cavalcanti M, Vaughn E, Capua I, et al. A genetically engineered H5 protein expressed in insect cells confers protection against different clades of H5N1 highly pathogenic avian influenza viruses in chickens[J]. Avian Pathol, 2017, 46（2）: 224-233.

[49] 吴芬芳. 新城疫病毒样颗粒免疫效力的初步研究[D]. 乌鲁木齐: 新疆农业大学, 2007.

[50] Peeters B P H, De leeuw O S, Verstegen I, et al. Generation of a recombinant chimeric Newcastle disease virus vaccine that allows serological differentiation between vaccinated and infected animals[J]. Vaccine, 2001, 19（13-14）: 1616-1627.

[51] 罗琼, 李延鹏, 王宏飞, 等. 鸡新城疫基因Ⅶ型灭活标记疫苗（MG7 株）最小有效免疫剂量的研究[J]. 中国兽药杂志, 2017, 51（07）: 1-5.

[52] 罗青平, 张蓉蓉, 温国元, 等. 新城疫 V4 耐热弱毒株的研究进展[J]. 中国家禽, 2009, 31（12）: 36-38.

[53] 张新涛. 新城疫病毒 NDV4-C 株反向遗传操作系统的建立及耐热应用研究[D]. 北京: 中国农业科学院, 2013.

[54] Wen G Y, Hu X, Zhao K, et al. Molecular basis for the thermostability of Newcastle disease virus[J]. Sci Rep, 2016, 6: 22492.

[55] Ruan B Y, Liu Q, Chen Y, et al. Generation and evaluation of a vaccine candidate of attenuated and heat-resistant genotype VIII Newcastle disease virus[J]. Poultry Sci, 2020, 99（7）: 3437-3444.

[56] Ruan B Y, Zhang X R, Zhang C C, et al. Residues 315 and 369 in HN protein contribute to the thermostability of newcastle disease virus[J]. Front Microbiol, 2020, 11: 560482.

2.4.3 鸡传染性支气管炎疫苗

2.4.3.1 鸡传染性支气管炎简介

鸡传染性支气管炎（infectious bronchitis，IB）是由传染性支气管炎病毒（infectious bronchitis virus，IBV）引起的一种急性、高度接触性传染病，属于我国的二类动物疫病，是蛋鸡和肉鸡养殖过程中常见的传染病之一。IBV 对所有品种、各年龄段和不同性别的鸡均易感。IBV 感染鸡主要以呼吸道、肾脏和生殖道等部位的病理变化为特征。鸡群感染 IBV 后主要表现为蛋鸡产蛋量下降甚至停止，蛋品质下降，出现软壳蛋或畸形蛋，肉鸡增重缓慢等。IB 主要流行在冬春两季，气温低和养殖场通风不畅易诱发家禽呼吸道疾病。实际生产中，IBV 感染后还易引发大肠杆菌、支原体等病原微生物的继发感染，给家禽产业造成巨大的经济损失。

IBV 是冠状病毒科（Coronaviridae），冠状病毒属（Coronavirus）病毒的典型代表株，是单股正链且不分节段的 RNA 病毒，基因组大小约 27.5kb。IBV 病毒粒子为球形，直径约 120nm，病毒粒子表面有囊膜，由双层脂质组成，囊膜表面有约 20nm 的棒状纤突。IBV 结构蛋白由纤突蛋白（spike protein，S）、膜蛋白（membrane protein，M）、小包膜蛋白（small membrane，protein E）和核蛋白（nucleocapsid protein，N）组成，非结构蛋白由 PP1a 和 PP1ab2 个多聚蛋白组成，这 2 种多聚蛋白在体内由 IBV 编码的蛋白酶裂解为 16 个有相应功能的蛋白。IBV 结构蛋白中 S 蛋白是位于病毒粒子表面的纤突蛋白，由 S1 蛋白和 S2 蛋白两种蛋白组成，其中，S1 蛋白可诱导机体产生中和抗体，与病毒进入宿主细胞和病毒的组织嗜性和毒力有关[1]。

IBV 的血清型众多，国内外报道的 IBV 血清型已有 30 多种，并仍有不断上升的趋势，且各血清型或毒株之间缺乏交叉保护[2]。IBV 是单股正链 RNA，其 RNA 聚合酶缺乏校正能力，使其基因组具有高突变特性。在 IBV 的四种主要结构蛋白中，S 基因的高变异性是引起 IBV 多样性的主要原因，特别是 S1 基因的高变异性。大量研究证实，在进化过程中 IBV S1 基因发生了高变异，S1 基因上发生的点突变、插入和突变，导致部分氨基酸的改变与 IBV 血清型改变密切相关[3]。机体虽具有某种血清型的抗体，却不能阻止另一种血清型 IBV 的感染并引发疾病。免疫压力也是促使 IBV 变异的重要原因。目前，利用弱毒活疫苗免疫是众多国家和地区防控 IBV 的主要手段之一，但由于弱毒疫苗会在鸡体内复制，增加了其与本地流行毒株发生基因重组的概率，并突破免疫压力形成新血清型 IBV，导致 IBV 在鸡群中不断暴发和流行[4]。

2.4.3.2 鸡传染性支气管炎研究进展

IBV 毒株表现出广泛的组织嗜性，毒株主要感染鸡呼吸道、肾和输卵管等。根据鸡群感染不同 IBV 毒株后表现不同的临床症状和组织病理变化可将 IBV 分为呼吸型、肾型、腺胃型、生殖型和肠型等[3]。

呼吸型感染后临床症状主要为张口呼吸、气管啰音、咳嗽、流鼻涕、流泪和摇头等。感染呼吸型 IBV 后病变主要集中于气管、支气管和肺等呼吸器官，剖检可见气管充血及出血，气管、肺脏有浆液性、卡他性或干酪性渗出物，肺脏水肿出血。

肾型 IBV 于 1962 年在澳大利亚首次证实，是目前流行范围较广的致病型。病鸡肾脏苍白及肿大，有大量尿酸盐沉积，呈典型的"花斑肾"。肾脏组织病理切片表现为细胞间质内有大量的炎性细胞浸润，肾小管细胞空泡变性及颗粒变性，严重时可见肾小管空腔内的尿酸盐结晶。雏鸡感染后造成脱水，严重者可导致死亡[5]。肾型 IBV 包括 B1648 株、Aust-T 株、QX 株、4/91 株、Holte 株以及 Gray 株等。

腺胃型 IBV 感染鸡主要临床症状为羽毛发育不良，生长缓慢。剖检可见肠道病变，病理组织切片可见腺胃固有层坏死，腺体上皮细胞破坏等变化。如 QX 型毒株感染鸡后可导致腺胃炎，偶尔引起腹泻[2]。

生殖型 IBV 主要感染蛋鸡，引起蛋鸡产蛋量下降和蛋品质下降，产软壳蛋、畸形蛋等，甚至停产。剖检时可见输卵管和卵巢出现病变[2]。IBV 可在输卵管上皮细胞中定植，造成输卵管永久性退化或形成囊性输卵管，感染鸡群生产性能一般难以恢复至正常水平，形成所谓的"假母鸡"。11～12 周龄母鸡感染不会影响生产，而 19～20 周龄时感染会造成产蛋严重下降。

肠型 IBV 于 1986 年在墨西哥首次报道，临床症状为病鸡腹泻并脱水，解剖可见十二指肠充血及水肿、盲肠扁桃体出血。肠型 IBV 有从胃肠道组织中分离的摩洛哥 G 株，4/91 株也被证明可在食管和回肠中复制[3]。

IBV 具有广泛组织嗜性，无论何种致病型 IBV，最初感染和复制都发生在呼吸道，随着病程的推进，形成病毒血症，扩散至其他组织器官。据报道，GD 株（QX 型）和 SD 株（TW 型）均可使试验鸡产生典型的 IBV 临床症状，气管充血、出血，肺脏出血坏死，肾脏尿酸盐沉积、"花斑肾"病变，且两个毒株均可在气管、肺脏、肾脏、法氏囊、盲肠扁桃体中复制。类似地，D532/9 株（QX 型）、M41 株（Mass 型）、793B 株（793B 型）均会引起鸡呼吸道症状，在病鸡气管、肺脏、肾脏和盲肠扁桃体中均能检测到病毒核酸[6]。

2.4.3.3　鸡传染性支气管炎疫苗研究

疫苗在预防 IBV 感染中起着重要作用。目前，常用的疫苗主要有灭活疫苗和活疫苗，它们都含有完整的 IBV 颗粒。基因工程疫苗也有巨大的应用前景。

（1）IB 灭活疫苗　灭活疫苗是将完整的病毒颗粒经理化方法灭活后制备的疫苗，灭活疫苗安全性好，没有散播病原和毒力返强的问题，不足之处是灭活疫苗研制需要配合大量佐剂并进行多次疫苗接种，使用剂量大，制备比较复杂，疫苗开发和销售相关成本较高等。由于 IB 血清型太多，单价灭活苗不能防止由 IBV 变异株引起的 IB 暴发。IBV 灭活疫苗可以作单苗单独使用或与 IBV 弱毒疫苗联合免疫使用。大多数情况下，灭活疫苗需与弱毒疫苗联合使用，因灭活疫苗诱导以抗体产生为基础的短时间免疫应答，而弱毒疫苗诱导 T 细胞水平介导的免疫应答反应[7]。国内多将弱毒疫苗滴鼻和灭活疫苗注射结合起来使用。目前，用于预防 IB 的灭活疫苗主要有鸡胚组织灭活疫苗和油乳剂灭活疫苗两种，IB 灭活疫苗主要在蛋鸡、种鸡开产时使用，以预防蛋鸡感染 IBV 后产蛋下降，且使下一代具有较高水平的血清抗体滴度[7]。不同 IBV 毒株在致病性、毒力和组织嗜性上存在较大的差异，且不同血清型之间缺乏交叉保护力，因此采用不同血清型的毒株制备多价组织灭活苗和多价油乳剂灭活苗，以及利用新流行的变异毒株制备灭活疫苗是预防控制 IB 的有效方法。与含有标准血清的灭活疫苗相比（如 Mass 等），变异株的灭活疫苗可以给鸡群提供更高的保护力，以抵抗 IBV 变异株的感染。

（2）IB 弱毒疫苗　弱毒疫苗是由抗原性良好的毒株通过鸡胚连续传代致弱后制备的冻干疫苗。制备弱毒疫苗需在 SPF 鸡胚或 CEK（鸡胚肾细胞）中连续传代使其致弱，当致弱株接种雏鸡后未出现相应的临床症状和病理损伤即可认为致弱成功，但在毒力降低的同时需保证保留良好的免疫原性。弱毒疫苗具有能快速引起鸡体内细胞免疫和体液免疫，使用方便，成本低，可群体使用等优点。但不同弱毒疫苗株免疫鸡群后，毒株易出现互相重组现象，使毒力变强，存在致病和传播的风险。活疫苗的致弱程度难以掌握，且其运输、贮存和使用等的条件要求较高。IB 弱毒疫苗常用于肉鸡和蛋用型雏鸡的首次免疫。因弱毒疫苗接种后的免疫保护期比较短。通常在雏鸡出生的一周内通过喷雾或者饮水的方式进行初次免疫，免疫 2～3 周后使用相同或不同血清型/基因型疫苗株加强免疫[8]。在免疫育种肉鸡和商品蛋鸡时，通常 4～6 周龄时多次弱毒疫苗接种，在 10～18 周龄接种灭活疫苗。不同基因型的弱毒疫苗虽然能在免疫后激发高水平的免疫应答反应，但也易受母源抗体的干扰。且弱毒 IBV 疫苗株和强毒株之间有潜在重组的可能性，从而导致 IBV 出现新的血清型。研究表明，弱毒疫苗 H120 接种后可促进病毒在肉鸡之间的传播，可能导致病毒的广泛持续传播[9]。

IB 弱毒疫苗（Mass 血清型）临床上最早用于控制 IBV 强毒株感染，多用于肉鸡免疫，并用来作遗传育种的加强疫苗。不同国家、地区在批准使用的 IBV 疫苗株类型上存在诸多差异，可能跟本地区的流行趋势有关。例如，美国的阿肯色州、特拉华州和佛罗里达州常使用的疫苗株为 M41 和 H120，澳大利亚和欧洲使用疫苗株为 M41、4/91 和 CR88，荷兰使用疫苗株为 D274 和 D1466[10]。目前我国广泛使用 Mass 血清型弱毒疫苗（H52、H120、M41、Ma5、W93），主要预防呼吸型 IBV。多用在早期育雏防控，H120 株疫苗用于雏鸡和其它日龄的鸡，H52 用于经 H120 免疫过的大鸡，育成鸡开产时选用 H52 疫苗，能有效刺激机体的免疫系统。4/91 弱毒疫苗虽未经官方批准，但在养殖场中已广泛使用。

2012 年，农业部批准上市新基因型弱毒疫苗 t1/CH/LDT3/03（LDT3-A 株）。2014 年报道了一株在鸡胚上连续传代获得的致弱毒株（QXL87 弱毒疫苗株），安全性和免疫原性研究表明 QXL87 弱毒疫苗是理想的 QX 型 IB 疫苗候选株。2018 年农业农村部批准上市 QX 基因型弱毒疫苗 La Sota 株＋QXL87 株二联疫苗。对 La Sota 株＋QXL87 株二联疫苗的免疫保护性研究表明，该二联疫苗对Ⅰ亚型和Ⅱ亚型 QX 型强毒攻击的保护率均达 80％以上，且 La Sota 株＋QXL87 二联苗对 QXL 株（QX 型）的免疫保护效力显著优于 H120 株、Ma5 株、4/91 株（793B）和 LDT3-A 株（t1/CH/LDT3/03 型）活疫苗[11]。

（3）IB 基因工程疫苗 基因工程疫苗是指利用基因工程方法获得病原的保护性抗原基因并转入高效表达系统得到免疫相关性抗原，进一步制备疫苗，或采用各种基因工程手段将病原的毒力相关基因删除/突变，获得无/弱毒力的基因突变/缺失疫苗等。目前可将 IB 基因工程疫苗分为：亚单位疫苗、DNA 疫苗、活载体疫苗和反向疫苗等。

亚单位疫苗是将保护性抗原基因利用原核细胞或真核细胞表达，并将表达产物提纯制成。以杆状病毒载体组装病毒样颗粒也有巨大发展前景，病毒样颗粒不具有传染性，其结构类似于真实病毒，因此具有免疫原性强和安全性高等特点。$S1$ 基因是 IBV 的主要免疫原基因，能诱导中和抗体的产生和细胞介导的免疫应答[12]。目前，已研制的 IBV 基因工程亚单位疫苗均基于 $S1$ 蛋白。戴亚斌等利用杆状病毒表达系统表达了 IBV 的 $S1$ 基因，重组蛋白可以诱导抗体产生中和免疫保护反应。2003 年周继勇等利用根瘤菌将 IBV 全长 S 基因转入马铃薯中表达，获得免疫原，3 次免疫鸡后，免疫鸡受到完全保护。针对多种 IBV 血清型的多表位疫苗也是研究热点。研究报道一种基于 S1 和 N 蛋白基因的多表位 IBV 疫苗能够诱导产生 T 和 B 细胞介导的免疫反应，在进行强毒株感染后仍然可以提供大于 80％的保护率[13]。

DNA 疫苗又称核酸疫苗，是将编码免疫原或相关基因导入真核表达质粒，获得的重组载体。通过注射等途径进入动物体内使外源基因表达，产生抗原并激活机体免疫系统，进一步介导特异性体液免疫和细胞免疫应答。DNA 疫苗被视为继灭活疫苗、弱毒疫苗和基因工程亚单位疫苗之后的第三代疫苗。至今，$S1$ 基因、M 基因和 N 基因都曾作为构建 IBV DNA 疫苗的目的基因。研究报道，分别将 IBV $S1$ 基因和 N 基因构建成真核表达质粒，肌内注射 SPF 鸡，结果表明目的基因在鸡体内得到了表达，鸡获得了一定的免疫力。将构建的 pDKArkS1-DP DNA 疫苗，通过卵内接种方法进行疫苗免疫，而后配合接种减毒活疫苗，可产生显著的免疫反应，获得 100％保护[14]。目前核酸疫苗还未找到合适的免疫途径，很多实验表明肌内注射后免疫鸡对核酸疫苗的吸收效果不理想，易造成疫苗的流失和免疫失败。

活载体疫苗是利用基因工程技术，将致弱的病毒构建成能够携带表达外源基因的载体。活载体疫苗可诱导产生较广泛的体液免疫、细胞免疫和黏膜免疫。重组活载体疫苗既具活疫苗免疫效力高、成本低的优点，也有灭活疫苗安全性好的优点，是疫苗研制的热点方向之一。目前已有很多关于 IBV 的基因工程重组活载体疫苗方面的研究成果。研究报道重组腺病毒 Pbh-S1-EGFP 的免疫效果高于商品化的 IBV 弱毒疫苗。2002 年 Wang X 等用重组鸡痘病毒表达了 IBV 的 *S1* 基因，免疫鸡受到部分保护[15]。2003 年 Yu 等用重组鸡痘病毒表达 IBV 的 C 末端 NL 蛋白 120 个氨基酸，免疫后诱导了一些 IBV 株的交叉免疫保护。2005 年孙永科等将鸡Ⅱ型干扰素基因和 IBV *S1* 基因同时插入到鸡痘病毒转移载体中，结果重组鸡痘病毒疫苗对鸡体产生了一定的免疫应答。2003 年 Johnson MA 等利用禽 8 型腺病毒表达 IBV *S1* 基因，对 0 日龄和 6 日龄鸡分别进行口服免疫，35 日龄时用同型或异型强毒株进行攻毒，试验结果发现免疫鸡对 IBV 同源和异源毒株在支气管的保护率达 90％～100％[16]。

反向疫苗是用反向遗传技术制造疫苗病毒，是对一个或多个病毒基因进行操作的新技术[17]，有利于减少疫苗毒株毒力返强等问题。如表达 M41 型 IBV 强毒株 *S1* 基因的 Beaudette 毒株[18] 和经过修饰的 H120（R-H120）病毒，据报道，R-H120 在鸡胚中连续传代 5 次后仍保留了某些生物活性，且修饰过的 R-H120 接种组对鸡的保护率远远大于传统 H120 疫苗接种组，能产生更高的抗体水平[18]。

2.4.3.4　疫苗产品

目前我国防治鸡传染性支气管炎用的商品化疫苗主要为弱毒疫苗 H120 株、H52 株、W93 株、Ma5 株等。与禽流感、新城疫等共同研制的二联、三联、四联疫苗也大量应用于养鸡生产中。

鸡传染性支气管炎活疫苗（H120 株）

用鸡传染性支气管炎病毒弱毒株 H120 株（CVCC AV1514）接种 SPF 鸡胚培养，收获感染鸡胚液，加适宜稳定剂，经冷冻真空干燥制成。用于初生雏鸡，不同品种鸡均可使用，用于预防鸡传染性支气管炎。免疫后 5～8d 产生免疫力。免疫期为 2 个月。

【主要成分与含量】本品含鸡传染性支气管炎病毒弱毒株 H120 株（CVCC AV1514）。每羽份病毒含量不低于 $10^{3.5}$ EID$_{50}$。

【使用说明】

a. 滴鼻或饮水免疫。按瓶签注明羽份，用生理盐水、蒸馏水或水质良好的冷开水稀释。

b. 滴鼻免疫：按瓶签注明羽份做适当稀释，用滴管吸取疫苗，每鸡滴鼻 1 滴（约 0.03mL）。

c. 饮水免疫：剂量加倍，其饮水量根据鸡年龄大小而定。

【注意事项】

a. 雏鸡用 H120 疫苗免疫后，第 1～2 月龄时，再用 H52 疫苗免疫一次。

b. 疫苗稀释后，应放阴暗处，必须当日用完。

c. 饮水免疫忌用金属容器，饮水前至少停水 4 小时。

鸡传染性支气管炎活疫苗（H52 株）

用鸡传染性支气管炎病毒弱毒株 H52 株（CVCC AV1513）接种 SPF 鸡胚培养，收获感染鸡胚液，加适宜稳定剂，经冷冻真空干燥制成。

【主要成分与含量】本品含鸡传染性支气管炎病毒弱毒株 H52 株（CVCC AV1513）。每羽份病毒含量不低于 $10^{3.5}$ EID_{50}。

【使用说明】

滴鼻或饮水接种。

a. 专供 1 月龄以上的鸡接种，初生雏鸡不宜接种。

b. 按瓶签注明羽份，用生理盐水、蒸馏水或水质良好的冷开水稀释。

滴鼻接种　按瓶签注明羽份稀释，用滴管吸取疫苗，每羽 1 滴（约 0.03mL）。

饮水接种　剂量加倍。其饮用水量，根据鸡龄大小、品种、季节而定，5～10 日龄 5～10mL；20～30 日龄 10～20mL；成鸡 20～30mL。

【注意事项】

a. 稀释后，应放阴暗处，限 4 小时内用完。

b. 饮水接种时，忌用金属容器，饮水前应停水 2～4h。

c. 用过的疫苗瓶、器具和未用完的疫苗等应进行消毒处理。

鸡传染性支气管炎活疫苗（W93 株）

用于预防嗜肾性鸡传染性支气管炎病毒感染。接种后 5 日产生免疫力，一次接种的免疫期为 3 个月，两次接种的免疫期为 5 个月。

【主要成分与含量】本品含鸡传染性支气管炎病毒 W93 株。每羽份病毒含量不低于 $10^{4.7}$ EID_{50}。

【使用说明】

按瓶签注明羽份，用生理盐水稀释，每 1000 羽份加生理盐水 30～50mL，每只鸡滴鼻 0.03～0.05mL，饮水接种或在发病初期（越早越好）紧急接种时，接种量应加倍。

饮水接种时，饮水量视鸡龄大小、品种、季节而定，5～10 日龄，5～10mL；20～30 日龄，10～20mL；成鸡，20～30mL。肉用鸡或炎热季节的饮水量应适当增加。

【注意事项】

a. 贮藏、运输、使用中应注意冷藏。

b. 接种前的鸡群健康状况应良好。

c. 稀释用水应置阴凉处预冷，疫苗稀释后限 2 小时内用完。

d. 滴鼻用滴管、瓶及其他器械应事先消毒，接种量应准确。

e. 饮水接种时，忌用金属容器，饮水前应停水 2～4h。

f. 用过的疫苗瓶、器具和未用完的疫苗等应进行无害化处理。

鸡传染性支气管炎活疫苗（Ma5 株）

用于预防鸡传染性支气管炎。

【主要成分与含量】含鸡传染性支气管炎病毒（Ma5 株）至少 $10^{3.5}$ EID_{50}/羽份。

【使用说明】

喷雾、滴鼻/点眼或饮水接种。每只 1 羽份。点眼/滴鼻接种时，应用专用稀释液（O/N 水）稀释疫苗。

接种的最佳时间和方法在很大程度上取决于当地的具体情况，因此，接种前应征求当地兽医的建议。

【注意事项】

a. 接种人员应注意自我保护，如接触到疫苗，应及时消毒。

b. 接种后，应对所用的用具和设备进行消毒。

c. 疫苗瓶和未用完的疫苗液应焚烧或煮沸处理。

d. 仅用于接种健康鸡。

e. 疫苗瓶开启后应立即使用。

鸡传染性支气管炎活疫苗（FNO-E55 株）

用于预防由 793/B 血清型鸡传染性支气管炎病毒引起的鸡传染性支气管炎。免疫期为 8 周。

【主要成分与含量】本品含鸡传染性支气管炎病毒 FNO-E55 株，每羽份病毒含量不低于 $10^{3.7}EID_{50}$。

【使用说明】

滴鼻或点眼。按瓶签注明羽份，取适量稀释液加入疫苗瓶内，充分溶解疫苗，用滴管吸取疫苗液，每只鸡接种 0.03mL（相当于 1 羽份）。

【注意事项】

a. 仅接种 7 日龄以上健康鸡群。

b. 疫苗稀释后，应置阴凉处，限 4 小时内用完。

c. 滴鼻点眼用滴管、瓶及其他器械应事先消毒，免疫量应准确。

d. 用过的疫苗瓶、器具和未用完的疫苗应进行无害化处理。

鸡传染性支气管炎活疫苗（LDT3-A 株）

用于预防传染性支气管炎。接种后 10 日产生免疫力，免疫持续期为 4 个月。

【主要成分与含量】疫苗中含有鸡传染性支气管炎病毒 LDT3-A 株，每羽份病毒含量应≥$10^{3.5}EID_{50}$。

【使用说明】

用 60mL 无菌生理盐水稀释 2000 羽份疫苗；用 30mL 无菌生理盐水稀释 1000 羽份疫苗；用 15mL 无菌生理盐水稀释 500 羽份疫苗。

a. 取少量预冷 2～8℃的无菌生理盐水加入疫苗瓶内，充分溶解疫苗。

b. 将 2000 羽份疫苗稀释到总量为 60mL 无菌生理盐水中；1000 羽份疫苗稀释到总量为 30mL 无菌生理盐水中；500 羽份疫苗稀释到总量为 15mL 无菌生理盐水中；充分摇匀。

c. 用滴管吸取疫苗，每只鸡滴鼻接种 0.03mL（1 羽份）。

滴鼻或点眼。按瓶签注明羽份，取适量稀释液加入疫苗瓶内，充分溶解疫苗，用滴管吸取疫苗液，每只鸡接种 0.03mL（相当于 1 羽份）。

【注意事项】

a. 仅接种健康鸡群。

b. 疫苗稀释后置阴凉处，限 4 小时内用完。

c. 滴鼻用滴管、瓶及其他器械事先消毒，免疫量应准确。

d. 使用后的疫苗瓶和相关器具应进行无害化处理。

鸡新城疫、传染性支气管炎二联活疫苗（La Sota 株＋QXL87 株）

用于预防鸡新城疫和鸡传染性支气管炎。免疫期为 3 个月。

【主要成分与含量】本品含鸡新城疫病毒 La Sota 株和传染性支气管炎病毒 QXL87

株。每羽份疫苗鸡新城疫病毒含量不低于 $10^{6.0}$ EID_{50}，鸡传染性支气管炎病毒含量不低于 $10^{3.5}$ EID_{50}。

【使用说明】

滴鼻或点眼接种。按瓶签注明羽份用无菌生理盐水或专用疫苗稀释液稀释疫苗，每只鸡免疫 1 羽份，可滴鼻或点眼，也可滴鼻、点眼一起。

【注意事项】

a. 本品仅用于接种健康鸡群。

b. 稀释液应置 2～8℃或阴凉处预冷，疫苗稀释后应在 4 小时内用完。

c. 滴鼻或点眼用滴管、瓶及其他器械事先消毒，免疫量应准确。

d. 用过的疫苗瓶、器具和未用完的疫苗等应进行无害化处理。

鸡新城疫、传染性支气管炎二联活疫苗（La Sota 株+ H120 株）

用于预防鸡新城疫和鸡传染性支气管炎。

【主要成分与含量】本品含鸡新城疫病毒 La Sota 株（CVCC AV1615）和传染性支气管炎病毒 H120 株（CVCC AV1514）。每羽份鸡新城疫病毒含量不低于 $10^{6.0}$ EID_{50}，传染性支气管炎病毒含量不低于 $10^{3.5}$ EID_{50}。

【使用说明】

滴鼻或饮水接种。适用于 7 日龄以上的鸡。按瓶签注明羽份，用生理盐水、注射用水或水质良好的冷开水稀释疫苗。

滴鼻接种　每只 1 滴（0.03mL）。

饮水接种　剂量加倍。其饮水量根据鸡龄大小而定，一般 5～10 日龄 5～10mL，20～30 日龄 10～20mL，成鸡 20～30mL。

【注意事项】

a. 稀释后，应放阴暗处，限 4 小时内用完。

b. 饮水接种时，忌用金属容器，饮用前应至少停水 2～4h。

c. 用过的疫苗瓶、器具和未用完的疫苗等应进行无害化处理。

鸡新城疫病毒（La Sota 株）、传染性支气管炎病毒（M41 株）、禽流感病毒（H9 亚型， HL 株）三联灭活疫苗

用于预防鸡新城疫、鸡传染性支气管炎和 H9 亚型禽流感。免疫期为 4 个月。

【主要成分与含量】疫苗中含有灭活的鸡新城疫病毒 La Sota 株（灭活前的病毒含量 $\geqslant 3 \times 10^{8.0}$ EID_{50}/0.1mL）、鸡传染性支气管炎病毒 M41 株（灭活前的病毒含量 $\geqslant 3 \times 10^{6.0}$ EID_{50}/0.1mL）和禽流感病毒（H9 亚型）HL 株（灭活前的病毒含量 $\geqslant 3 \times 10^{8.0}$ EID_{50}/0.1mL）。

【使用说明】

皮下或肌内注射。2～5 周龄鸡，每只 0.3mL；5 周龄以上鸡，每只 0.5mL。

【注意事项】

a. 用前和使用中应充分摇匀。

b. 用前应使疫苗温度升至室温。

c. 一经开瓶启用，应尽快用完（限当日用完）。

d. 本品严禁冻结，破乳后切勿使用。

e. 仅供健康鸡只预防接种。

f. 接种工作完毕，双手应立即洗净并消毒，疫苗瓶及剩余的疫苗，应以燃烧或煮沸破坏，并做无害化处理。

鸡新城疫病毒（La Sota 株）、传染性支气管炎病毒（M41 株）、减蛋综合征病毒（AV127 株）三联灭活疫苗

用于预防鸡新城疫、鸡传染性支气管炎和鸡减蛋综合征。免疫期为 5 个月。

【主要成分与含量】疫苗中含有灭活的鸡新城疫病毒 La Sota 株（灭活前的病毒含量 $\geqslant 3 \times 10^{8.0}$ EID$_{50}$/0.1mL）、鸡传染性支气管炎病毒 M41 株（灭活前的病毒含量 $\geqslant 3 \times 10^{6.0}$ EID$_{50}$/0.1mL）和鸡减蛋综合征病毒 AV127 株 ［灭活前的病毒液 HA（血凝效价）$\geqslant 1 : 30720$］。

【使用说明】

皮下或肌内注射。开产前 2～4 周的蛋鸡及种鸡，每只鸡 0.5mL。

【注意事项】

a. 用前和使用中应充分摇匀。

b. 用前应使疫苗温度升至室温。

c. 一经开瓶启用，应尽快用完（限当日用完）。

d. 本品严禁冻结，破乳后切勿使用。

e. 仅供健康鸡只预防接种。

f. 接种工作完毕，双手应立即洗净并消毒，疫苗瓶及剩余的疫苗，应以燃烧或煮沸破坏，并做无害化处理。

鸡新城疫、传染性支气管炎、减蛋综合征、禽流感 H9 亚型四联灭活疫苗（La Sota 株+ M41 株+ AV127 株+ HL 株）

用于预防鸡新城疫、鸡传染性支气管炎、鸡减蛋综合征和 H9 亚型禽流感。免疫期为 5 个月。

【主要成分与含量】疫苗中含有灭活的鸡新城疫病毒 La Sota 株（灭活前的病毒含量 $\geqslant 3.5 \times 10^{8.0}$ EID$_{50}$/0.1mL）、鸡传染性支气管炎病毒 M41 株（灭活前的病毒含量 $\geqslant 3.5 \times 10^{6.0}$ EID$_{50}$/0.1mL）、鸡减蛋综合征病毒 AV127 株（灭活前的病毒液 HA$\geqslant 1 : 40960$）和禽流感病毒（H9 亚型）HL 株（灭活前的病毒含量 $\geqslant 3.5 \times 10^{8.0}$ EID$_{50}$/0.1mL）。

【使用说明】

皮下或肌内注射。开产前 2～4 周的蛋鸡及种鸡，每只鸡 0.5mL。

【注意事项】

a. 用前和使用中应充分摇匀。

b. 用前应使疫苗温度升至室温。

c. 一经开瓶启用，应尽快用完（限当日用完）。

d. 本品严禁冻结，破乳后切勿使用。

e. 仅供健康鸡只预防接种。

f. 接种工作完毕，双手应立即洗净并消毒，疫苗瓶及剩余的疫苗，应以燃烧或煮沸破坏，并做无害化处理。

鸡新城疫、传染性支气管炎、禽流感（H9 亚型）、传染性法氏囊病四联灭活疫苗（La Sota 株+ M41 株+ SZ 株+ rVP2 蛋白）

用于预防鸡新城疫、传染性支气管炎、H9 亚型禽流感和传染性法氏囊病。7～14 日龄鸡，免疫期为 4 个月；14 日龄以上鸡，免疫期为 6 个月。

【主要成分与含量】疫苗中含有灭活的鸡新城疫病毒 La Sota 株、传染性支气管炎病毒 M41 株、禽流感病毒（H9 亚型）SZ 株及传染性法氏囊病病毒 rVP2 蛋白。鸡新城疫病毒 La Sota 株灭活前病毒含量$\geq 4 \times 10^{8.0}$ EID$_{50}$/0.1mL，传染性支气管炎病毒 M41 株灭活前病毒含量$\geq 4 \times 10^{6.0}$ EID$_{50}$/0.1mL，禽流感病毒（H9 亚型）SZ 株灭活前病毒含量$\geq 4 \times 10^{8.0}$ EID$_{50}$/0.1mL，传染性法氏囊病病毒 rVP2 蛋白琼扩效价不低于 1∶64。

【使用说明】
皮下或肌内注射。7～14 日龄鸡，每只 0.3mL；14 日龄以上鸡，每只 0.5mL。

【注意事项】
a. 该疫苗免疫前或免疫同时应使用鸡传染性支气管炎活疫苗作基础免疫。

b. 使用前和使用中应充分摇匀。

c. 使用前应使疫苗温度恢复至室温。

d. 一经开瓶启用，应尽快用完（限 24 小时之内）。

e. 本品严禁冻结，破乳后切勿使用。

f. 仅供健康鸡只预防接种。

g. 屠宰前 28 日内禁止使用。

h. 接种工作完毕，双手应立即洗净并消毒。

i. 用过的疫苗瓶、器具和未用完的疫苗等应进行无害化处理。

参考文献

[1] 周生，姜逸，唐梦君，等. 鸡传染性支气管炎病毒毒力变异的分子机制研究进展[J]. 中国家禽，2016，38（7）：1-4.

[2] Cavanagh D. Coronavirus avian infectious bronchitis virus[J]. Vet Res, 2007, 38（2）: 281-297.

[3] Cook J K, Jackwood M, Jones R C. The long view: 40 years of infectious bronchitis research[J]. Avian Pathol, 2012, 41（3）: 239-250.

[4] de Wit J J, Nieuwenhuisen-Van W J, Hoogkamer A, et al. Induction of cystic oviducts and protection against early challenge with infectious bronchitis virus serotype D388（genotype QX）by maternally derived antibodies and by early vaccination[J]. Avian Pathology, 2011, 40（5）: 463-471.

[5] Cumming R B. Studies on avian infectious bronchitis virus. 2. Incidence of the virus in broiler and layer flocks, by isolation and serological methods[J]. Aust Vet J, 1969, 45（7）: 309-311.

[6] Benyeda Z, Mató T, Süveges T, et al. Comparison of the pathogenicity of QX-like, M41 and 793/B infectious bronchitis strains from different pathological conditions[J]. Avian Pathol, 2009, 38（6）: 449-456.

[7] Jackwood M W. Review of infectious bronchitis virus around the world[J]. Avian Dis, 2012, 56（4）: 634-641.

[8] Cavanagh D. Severe acute respiratory syndrome vaccine development: experiences of vaccination against avian infectious bronchitis coronavirus[J]. Avian Pathol, 2003, 32（6）:

567-582.

[9] Jordan B. Vaccination against infectious bronchitis virus: A continuous challenge[J]. Vet Microbiol, 2017, 206: 137-143.

[10] Lee H J, Youn H N, Kwon J S, et al. Characterization of a novel live attenuated infectious bronchitis virus vaccine candidate derived from a Korean nephropathogenic strain[J]. Vaccine, 2010, 28（16）: 2887-2894.

[11] 苏晋."鸡新城疫、传染性支气管炎二联活疫苗（LaSota 株 + QXL87 株）"对 IBV 流行毒株的免疫保护试验[D]. 扬州: 扬州大学, 2018.

[12] Valastro V, Holmes E C, Britton P, et al. S1 gene-based phylogeny of infectious bronchitis virus: An attempt to harmonize virus classification[J]. Infect Genet Evol, 2016, 39: 349-364.

[13] Yang T, Wang H, Wang X, et al. The protective immune response against infectious bronchitis virus induced by multi-epitope based peptide vaccines[J]. Biosci Biotech Bioch, 2009, 73（7）: 1500-1504.

[14] Kapczynski D R, Hilt D A, Shapiro D, et al. Protection of chickens from infectious bronchitis by in ovo and intramuscular vaccination with a DNA vaccine expressing the S1 glycoprotein [J]. Avian Dis, 2003, 47（2）: 272-285.

[15] Wang X, Schnitzlein W M, Tripathy D N, et al. Construction and immunogenicity studies of recombinant fowl poxvirus containing the S1 gene of Massachusetts 41 strain of infectious bronchitis virus[J]. Avian Dis, 2002, 46（4）: 831-838.

[16] Johnson M A, Pooley C, Ignjatovic J, et al. A recombinant fowl adenovirus expressing the S1 gene of infectious bronchitis virus protects against challenge with infectious bronchitis virus [J]. Vaccine, 2003, 21（21-22）: 2730-2736.

[17] Britton P, Armesto M, Cavanagh D, et al. Modification of the avian coronavirus infectious bronchitis virus for vaccine development[J]. Bioengineered, 2012, 3（2）: 114-119.

[18] Zhou Y S, Zhang Y, Wang H N, et al. Establishment of reverse genetics system for infectious bronchitis virus attenuated vaccine strain H120[J]. Vet Microbiol, 2013, 162（1）: 53-61.

2.4.4 鸡传染性法氏囊病疫苗

2.4.4.1 鸡传染性法氏囊病简介

传染性法氏囊病（infectious bursal disease，IBD）是由传染性法氏囊病病毒（infectious bursal disease virus，IBDV）引起的一种高度传染性、免疫抑制性传染病，于 1957 年发现于美国特拉华州甘布罗地区，又被称作为甘布罗病[1]。该病主要侵害鸡的法氏囊，B 淋巴细胞是其主要的靶细胞，引起严重的免疫抑制；影响病鸡生长发育、生产性能及疫苗免疫效果，使鸡群易并发或继发其它疾病，增加死亡率。传染性法氏囊病还导致肾脏肿大尿酸盐沉积，因此又称禽肾病。传染性法氏囊病的自然宿主为鸡和火鸡。IBDV 主要感染对象为 3～6 周龄的雏鸡，病鸡主要临床症状为精神沉郁、采食量下降、有间歇性腹泻及震颤、羽毛蓬松等，剖检可见法氏囊肿大、出血或萎缩，大腿内侧出血。传染性法氏囊病的发病率及死亡率都很高，主要有两个血清型，血清Ⅰ型（鸡源性毒株）对鸡有致病性，包括经典的 IBDV（cIBDV）和变异的 IBDV（vIBDV），血清Ⅱ型（火鸡源性毒株）对鸡和火鸡不致病。母源抗体水平低时雏鸡极易受 IBDV 攻击。当母源抗体水平较高时，对鸡群具有保护力。病鸡是 IBD 的主要传染源，传染源还有被 IBDV 污染的鸡排泄物、

兽用生物制品研究及应用

饲料、饮水等。IBDV 的入侵会刺激机体产生体液免疫和细胞免疫反应，从而引起免疫抑制，使携带病毒的鸡群抵抗其他病原的能力下降，易引起继发感染或混合感染导致鸡群死亡[2]。

2.4.4.2 鸡传染性法氏囊病研究进展

IBD 最早发现于 1957 年美国特拉华州的甘布罗地区，1962 年 Cosgrove 首次对该病进行了报道。1970 年世界禽病大会上将此病命名为"传染性法氏囊病"。1960 年，该病遍及美国的绝大多数地区。1962—1971 年间，欧洲报道了 IBD。随后，澳大利亚、非洲、亚洲、古巴等均发现了 IBD。1979 年，邝荣禄等在中国广州发现 IBD 相关病例。1980 年之前，IBD 可以被疫苗很好地控制，当时流行的 IBDV 毒株被称为经典毒株（cIBDV）。20世纪 80 年代后期，世界各地开始出现 IBDV 超强毒株（vvIBDV）、IBDV 抗原变异毒株（vIBDV）流行。vvIBDV 和 vIBDV 可以突破经典疫苗的保护，使 IBD 的防控变得更加困难。目前，IBDV 流行情况仍比较复杂，新型变异株不断出现，cIBDV、vIBDV 和 vvIBDV 毒株同时存在并流行，使 IBD 的防控形势更加严峻，给养鸡业造成巨大经济损失[3]。

IBDV 是禽双 RNA 病毒属（*Avibirnavirus*）的代表种，具有单层衣壳，无囊膜，呈二十面体立体对称，直径为 55～65nm。基因组由 A、B 两个片段 ds RNA 组成。片段 A包含两个开放阅读框（open reading frame，ORF）：大 ORF 编码 VP2、VP3、VP4 蛋白，小 ORF 编码 VP5 蛋白；片段 B 仅编码 VP1 蛋白。研究表明，在支架蛋白 VP3 存在的情况下，VP2 蛋白形成三聚体构成病毒衣壳表面，每个 VP2 蛋白氨基酸（aa）构成四个环：PBC（aa 219～224）、PDE（aa 249～254）、PFG（aa 279～284）和 PHI（aa 316～324）[4]。这些环末端的氨基酸经常发生变化，因此这一区域被称为高变 VP2（hvVP2）序列。VP2 蛋白是 IBDV 的主要结构蛋白，约占 IBDV 蛋白总量的 51%。VP2 蛋白是主要的宿主保护性抗原，能够诱导机体产生中和抗体，决定 IBDV 的免疫原性，hvVP2 氨基酸可直接用于免疫原性的鉴定。VP3 位于衣壳内部，可诱导感染鸡只产生型特异性抗体。VP5 参与受感染细胞中病毒的传播。片段 B 编码的聚合酶（VP1）介导病毒 RNA 复制及转录，且与病毒毒力有关[5]。

传染性法氏囊病发病迅速、传播快，表现为急性、高度接触性，一旦发病祸及整个鸡群，很难控制。该病一年四季均可发病，无季节性，发病后即呈现地方流行性，可通过空气等传播至邻近鸡舍。VP2 是 IBDV 的主要结构蛋白和保护性抗原，是 cIBDV、vIBDV 和 vvIBDV 相对保守的区域，VP2 的高变区（hvVP2）变异极大，对 hvVP2 进行研究可以了解毒株抗原变化情况以及遗传进化规律，作为不同毒株亲缘性关系的依据[6]。通过对 300 余株 IBDV 分离株 VP2 抗原位点进行反向遗传操作和单克隆抗体分析，结果发现毒株的遗传进化发育与抗性位点缺少相关性，VP2 部分区域的改变就会导致致病抗原的改变。研究表明高变区毒力位点的相互作用或共进化能导致毒力的改变。hvVP2 区域的七肽区是决定病毒毒力的重要区域。据报道，高变区与两个亲水区之间还存在三个小的亲水区域，它们的氨基酸替换也会影响病毒的毒力或抗原性，分别位于氨基酸位点 248～252、279～290、299～305 之间[6]。研究报道，通过对 1997—2005 年间分离自 4 大洲 18个国家的 113 个 IBDV 分离株 *VP2* 基因进行序列分析和遗传进化分析，结果有 68 个分离株为 vvIBDV，且属于同一遗传进化分支，提示这些分离毒株可能有相同来源[7]。通过对2000—2006 年间我国部分省市地区分离的 23 株 IBDV 毒株高变区 vVP2 进行序列分析，发现分离株属于两个群，其中第 I 群为弱毒、中等偏强毒力的分离株，第 II 群毒株属于

vvIBDV；对 2000—2007 年间广西 IBDV 的分子流行病学的研究，显示广西以 vvIBDV 的流行为主，各地毒株来源复杂，且抗原性已经发生漂移[8]。91 株 IBDV 毒株分离自我国南方 7 省，对其 A 节段和 B 节段的部分核苷酸序列进行分子流行病学分析，发现超过85.7%（78/91）的毒株都是基因重排毒株[9]。近来，新报道了一种基于 hvVP2 的毒株分类方法，将 IBDV 毒株分为 7 个基因群（genogroup）：genogroup 1 c IBDV，呈全球分布；genogroup 2 vIBDV，主要在美国流行，近年来中国分离也多；genogroup 3 主要为 vvIBDV 和少量 vvIBDV 重组毒株，呈全球分布；genogroup 4 dIBDV，绝大多数来源于拉丁美洲；genogroup 5 主要为墨西哥 vIBDV 与 c IBDV 的重组毒株；genogroup 6 主要来源于意大利；genogroup 7 主要为澳大利亚分离株[10]。

2.4.4.3　鸡传染性法氏囊病疫苗研究

作为一种致死性的免疫抑制病毒，IBDV 的防控对家禽生产具有重要意义。疫苗接种是预防 IBD 流行的最主要措施。体液免疫在 IBDV 防控中起着关键性作用，中和抗体滴度和保护率之间具有直接关系。母源抗体来源于母体，存在于卵黄中，能在获得性免疫未发育成熟时为幼雏提供保护。母源抗体可能影响疫苗接种。通过种鸡接种疫苗使雏鸡携带母源抗体产生免疫力，母源抗体可保护雏鸡至 3～4 周龄。母源抗体通常在不同鸡群或同一鸡群不同个体间存在差异，因此制定免疫计划前，需要确定鸡群母源抗体水平。目前养禽业应用最广泛的 IBDV 疫苗主要是传统灭活疫苗、弱毒疫苗、基因工程疫苗，包括亚单位疫苗、核酸疫苗、重组活载体疫苗、免疫复合物疫苗等。

（1）IBD 灭活疫苗　灭活疫苗通常为灭活的全病毒、病毒亚单位或者重组病毒抗原加入佐剂制成的油包水乳剂。灭活疫苗保持了病毒全部或者部分的免疫原性，且不具有感染性，使用安全。灭活疫苗抗原的剂量对免疫保护效果至关重要，选用高抗原含量的灭活疫苗，以获得更高的保护率。灭活疫苗能引起 IBDV 特异性 T 细胞反应及炎性反应，灭活疫苗对种鸡的免疫十分重要，一般用于免疫开产前种鸡。足量的灭活疫苗能诱导种鸡产生大量的母源抗体，传递给子代，使后代雏鸡体内产生高水平的母源抗体。一般来说，疫苗在母源抗体水平下降到不影响疫苗接种效果后才能再进行接种。具有高水平或优化的抗原含量的 IBD 灭活疫苗免疫母鸡，可以使后代雏鸡抵御 vIBDV 的感染[11]。也有灭活疫苗用于雏鸡的免疫，普莱柯生物工程股份有限公司生产的新支流法灭活疫苗（含有 VP2抗原）可用于 1 日龄雏鸡的免疫。灭活疫苗免疫鸡后没有毒力返强的风险，鸡的法氏囊也不会损伤，但其免疫效果相对较弱，保护时间短，需反复多次加强免疫，增加免疫成本。法氏囊损伤出现于 15 日龄后，对免疫系统破坏不大，如果有超强毒株 IBDV 感染的风险，仍需要接种活疫苗。通常将减毒活疫苗用于初次免疫，灭活疫苗用于加强免疫。通常的免疫程序为鸡 8 周龄时接种免疫活疫苗，16～20 周龄时接种免疫灭活苗。也可采用"prime-boost"免疫策略，以 DNA 疫苗进行首次免疫，灭活疫苗进行加强免疫。

（2）IBD 弱毒疫苗　弱毒疫苗通常是通过组织培养或胚中连续传代得到毒力减弱的病毒，并保持病毒诱导免疫应答的能力。弱毒疫苗免疫后可在宿主体内复制，诱导机体产生细胞免疫和体液免疫，不需加入佐剂就能达到长期免疫的效果。缺点是存在毒力返强的风险，易受母源抗体干扰，且易导致法氏囊损伤和免疫抑制。IBD 活疫苗的研制最早报道于 1965 年，用于肉鸡的免疫。目前，在世界各国销售的 IBD 活疫苗达 20 多种，大致分为三类。第一类为高度致弱的温和型毒株，如 PBG98、Bu-2、LKT、LZD258 等，该类疫苗在有母源抗体情况下免疫效果不佳，也不能抵御 vvIBDV 的攻击；第二类为中度致弱的中等毒力株，如 Cu-1M、D78、B87、BJ836 等，该类疫苗中有毒力偏强的毒株，该类疫苗株能诱导更好的免疫保护，雏鸡有高水平母源抗体时使用也有效，但会损伤法氏囊并引起免疫抑制，在应用上有一定的局限性；第三类为毒性型疫苗，对法氏囊损伤严重，极少使用。为达到更好的免疫效果，临床上会使用一些毒力偏强的商品化疫苗，但易使法氏囊损伤，导致免疫抑制，同时有毒力返强和散毒等生物安全风险。因此，国内市售活疫苗多以中等毒力株为主。大多数商品化 IBDV 活疫苗都是基于经典毒株研制，对临床流行的 vvIBDV 或 vIBDV 感染的鸡不能提供完全保护。IBD 活疫苗的广泛使用，易导致 IBDV 病毒基因组改变，发生基因重组或重配，导致出现更多新的变异毒株，使疾病的防控变得更加复杂。安全有效的活疫苗的发现依然是一个值得关注的问题。

（3）IBD 基因工程疫苗

① 亚单位疫苗　研究表明，IBDV 抗原性主要取决于 VP2 蛋白，其是唯一能诱导机体产生中和抗体的蛋白[12]。因此，以 IBDV VP2 基因为靶目标进行新型疫苗研究已成为 IBD 疫苗研究的主要热点。IBDV VP2 蛋白的亚单位疫苗经历了大肠杆菌、原核、真核、酵母及昆虫杆菌病毒载体等表达系统的研发过程。由于 VP2 蛋白的中和抗原表位具有构象依赖性，所以通过真核表达系统表达的 VP2 蛋白的免疫效果优于原核系统。通过杆状病毒表达系统表达的 IBDV VP2 衣壳免疫鸡能诱导高水平的中和抗体，且产生免疫保护性最好。将鸡白细胞介素-2（interleukin-2，IL-2）与 VP2 蛋白进行融合表达后，免疫效果比单独表达 VP2 蛋白的免疫效果要好[13]。利用毕赤酵母表达系统将 VP2 基因克隆表达后用于接种 SPF 鸡，其产生的抗体可抵御病毒的攻击。用乳酸菌表达系统表达新型变异株 VP2 蛋白，制备疫苗免疫鸡后，能抵抗超强毒株特别是变异株的攻击。也有报道用 IBDV 的 VP2 基因和拟南芥成功构建转基因植物表达系统研制亚单位疫苗的新思路。目前，国际市场已有三种基于 VP2 的亚单位疫苗，包括杆状病毒表达系统、大肠杆菌表达系统以及酵母表达系统。国内也有多个 IBD 基因工程亚单位疫苗获得新兽药证书并在生产中使用。

② 核酸疫苗　核酸疫苗，又称为 DNA 疫苗，指将编码目的基因的质粒 DNA 转移到宿主细胞中，通过宿主细胞合成抗原，以诱导机体产生特异性免疫应答。DNA 疫苗生产过程中不需要操作活病毒，不存在散毒风险。IBD DNA 疫苗一般选用编码 VP2 蛋白或整个病毒多聚蛋白的 DNA。通过肌内或皮下注射含编码多聚蛋白的 DNA 质粒，可诱导机体产生中和抗体并起到免疫保护，且脂质体佐剂能有效增强疫苗的免疫保护[14]。针对 IBD 的 DNA 疫苗还可能解决母源抗体干扰和重复接种减毒活疫苗等方面的问题。以 IBDV VP2 基因、VP3 基因构建 DNA 疫苗，该疫苗对鸡的保护率分别为 90% 和 10%。VP2 基因的 DNA 疫苗可诱导机体产生较高水平的抗体，降低鸡只的发病率和死亡率。用 IBDV D78 株的 VP2 基因构建核酸疫苗免疫动物，用 vvIBDV 进行攻毒，结果免疫动物没有死亡，但出现发病和法氏囊损伤。构建 IBDV VP2 基因与细胞因子白细胞介素-2 共表达质粒，免疫 SPF 鸡，能够提高疫苗保护率。单独胚内免疫 vvIBDV DNA 疫苗无法提供对 vvIBDV 的保护，但 1 周龄时加强免疫灭活 IBD 疫苗或 VP2 鸡痘重组疫苗，则可保护。研究发现实验鸡共同接种 IBDV VP2-4-3 DNA 疫苗以及表达鸡白细胞介素-6 的质粒可以显著提高对 vvIBDV 的保护作用[15]。有研究表明，用 DNA 疫苗首次免疫，再用灭活疫苗进行加强免疫能获得较好的免疫保护。胚内接种 IBDV DNA 的疫苗 pCI-VP2，然后用痘苗重组病毒 fpIBD1 进行加强免疫，可以 100% 抵御 IBDV 的攻击。目前还没有获得批准的 IBDV DNA 疫苗上市。

③ 重组活载体疫苗　活病毒载体是将目的基因插入病毒载体基因组复制非必需区，当重组病毒感染宿主时，外源基因随病毒载体共同在宿主体内复制、表达外源蛋白，激发宿主免疫应答反应[16]。病毒载体可同时插入多个外源基因，制备多价疫苗，降低疫苗制备和接种成本。重组活载体疫苗研究已近30年，多种病毒如禽痘病毒、禽腺病毒、新城疫病毒和火鸡疱疹病毒等常被作为疫苗载体来表达IBDV VP2表面蛋白。表达VP2蛋白的重组病毒活载体疫苗接种鸡后VP2蛋白表达不受母源抗体的影响，避免了活疫苗免疫后可能导致的免疫抑制风险；且不会导致法氏囊损伤，可用于胚内及1日龄雏鸡接种。多个报道研究发现表达VP2基因的重组禽痘病毒不能提供给机体有效的免疫保护效果。将构建表达VP2基因的重组禽痘病毒免疫SPF鸡，免疫后30d用vvIBDV攻毒，虽可提供临床保护，但法氏囊仍出现病变[17]。我国养禽业中腺病毒感染越来越严重，研制IBD禽腺病毒载体活疫苗将会有较大的临床应用优势。将IBDV经典毒株的VP2基因插入到禽腺病毒非编码区，构建了表达VP2基因的重组腺病毒，该病毒经静脉、腹腔、皮下和肌内途径接种SPF鸡，免疫21d后用中等毒力的经典毒株IBDVV877攻击4d后，法氏囊组织匀浆用ELISA方法检测不到病毒抗原。用NDV F株构建表达IBDV-VP2的重组新城疫病毒（r NDV F/VP2）免疫鸡，攻毒后结果表明该苗可以对IBDV强毒株提供100%保护，对NDV强毒株攻击可以提供80%保护[18]。大量研究结果显示表达IBDV-VP2蛋白的重组新城疫病毒可以对IBDV强毒提供良好保护，但由于ND活疫苗的免疫受母源抗体干扰较大，且NDV活载体疫苗的免疫效果均低于ND疫苗亲本毒株，因此IBDV的重组新城疫病毒疫苗的商品化还有待进一步研究。目前，从表达IBDV-VP2载体疫苗的研究和临床应用效果看，表达VP2的HVT载体疫苗是免疫效果最好且临床应用最广的载体疫苗，具有高度的安全性和有效性。表达IBDV-VP2的HVT载体疫苗经胚内接种或1日龄皮下接种高母源抗体鸡群，免疫后鸡法氏囊无任何损伤，且疫苗能提供对不同IBDV强毒株的保护[19]。用商品化的VAXXITEK HVT-IBD疫苗对商品肉鸡进行免疫接种，试验显示该苗可以对肉鸡提供良好的免疫保护，对免疫鸡法氏囊不引起任何损伤，且不诱导免疫抑制。但生产中若同时免疫多种活病毒载体疫苗易产生相互干扰，减少病毒在宿主体内的复制，进一步影响疫苗效果，这将限制活病毒载体疫苗的广泛应用。

④ 免疫复合物疫苗　IBDV免疫复合物疫苗（immune complex vaccine，Icx）由IBDV疫苗株与高免血清特异性结合制备，又称为"病毒中和因子"。研究表明，在体外构成的免疫复合物刺激机体引起的体液免疫反应是自然抗原的100倍。IBDV-Icx不受母源抗体干扰，可用于胚内18d接种免疫及1日龄雏鸡免疫，且免疫效果优于常规活疫苗[20]。IBDV-Icx能延迟病毒在鸡体内的复制，当雏鸡母源抗体降低到一定水平时，IBDV-Icx中的病毒开始释放复制并产生免疫保护力[20]。免疫IBDV-Icx后，IBDV被集中在法氏囊和脾脏的B淋巴细胞、巨噬细胞、滤泡树突状细胞中，但诱导机体产生的特异性抗体有大约5天的滞后。用IBDV-Icx和弱毒活疫苗分别免疫1日龄SPF雏鸡，免疫后9d，IBDV-Icx免疫组鸡法氏囊正常，而弱毒活疫苗组鸡法氏囊全部明显萎缩，免疫后21d和28d，IBDV-Icx疫苗免疫组均100%保护。研究发现，鸡胚接种IBDV-Icx疫苗后，在脾脏内出现更多的生发中心，大量的IBDV被局限在脾脏和黏液样的树突细胞内[11]，减少了IBDV在体内其他组织中的复制，降低了免疫动物对外排毒量以及与环境中野毒重组的可能，降低了活疫苗使用中可能存在的生物安全风险。

2.4.4.4　疫苗产品

鸡传染性法氏囊病活疫苗（B87 株）

用于预防鸡传染性法氏囊病。

【主要成分与含量】本品含鸡传染性法氏囊病病毒 B87 株（CVCC AV140）。每羽份病毒含量不小于 $10^{3.0}ELD_{50}$。

【使用说明】

点眼、口服、注射接种。

按瓶签注明羽份用生理盐水、注射用水或冷开水稀释，可用于各品种雏鸡。依据母源抗体水平，宜在 14～28 日龄时使用。

【注意事项】

a. 仅用于接种健康雏鸡。

b. 饮水接种时，饮水中应不含氯离子等消毒剂，饮水要清洁，忌用金属容器。

c. 饮水接种前，应视地区、季节、饲料等情况，停水 2～4h。饮水器应置不受日光直射的凉爽地方。饮水限 1h 内饮完。

d. 注射接种时，应作局部消毒处理。

e. 严防散毒，用过的疫苗瓶、器具和未用完的疫苗等应进行无害化处理，避免疫苗污染到其他地方或人身上。

鸡传染性法氏囊病活疫苗（NF8 株）

用于预防鸡传染性法氏囊病。

【主要成分与含量】本品含鸡传染性法氏囊病病毒（NF8 株），每羽份病毒含量不低于 $10^{3.0}ELD_{50}$。

【使用说明】

点眼、口服、注射接种。

a. 按瓶签注明羽份用生理盐水、注射用水或冷开水稀释，可用于各品种雏鸡。每羽份不低于 $1000ELD_{50}$；饮水接种时，剂量应加倍。

b. 对于母源抗体水平不明的鸡群，推荐首次接种为 10～14 日龄，间隔 7～14d 后进行第 2 次接种；对已知高母源抗体水平的鸡群，首次接种可在 18～21 日龄进行，间隔 7～14d 后进行第 2 次接种。

【注意事项】

a. 本品可供有母源抗体或无母源抗体的雏鸡接种，对无母源抗体的鸡群使用时，首次接种应在 10 日龄以上进行。

b. 饮水接种时，水中应不含消毒剂，饮水器要清洁，忌用金属容器。

c. 饮水接种前应视地区、季节、饲料等情况，停水 2～4h。饮水器应置不受日光直射的凉爽地方。饮水限 1h 内饮完。

d. 接种时，应作局部消毒处理。

e. 严防散毒，用过的疫苗瓶、器具和未用完的疫苗等应进行无害化处理，避免疫苗污染到其他地方或人身上。

鸡传染性法氏囊病活疫苗（Gt 株）

用于预防鸡传染性法氏囊病。

【主要成分与含量】疫苗中含有鸡传染性法氏囊病病毒 Gt 株，每羽份疫苗病毒含量

$\geq 4.0 \times 10^5 PFU$。

【使用说明】

按瓶签注明的羽份，用生理盐水或其他适宜稀释液稀释，每只点眼或滴鼻接种 0.03～0.05mL。饮水免疫，剂量加倍。

推荐的免疫程序为：无母源抗体的鸡，7 日龄首免，14 日龄 2 免；有母源抗体的鸡，14 日龄首免，21 日龄 2 免，28 日龄 3 免。

【注意事项】

a. 疫苗为淡黄色疏松块状，若出现失真空、变色等现象则不能使用。

b. 饮水免疫接种前，鸡群停止饮水 2 小时。

c. 稀释液应用灭菌生理盐水或灭菌蒸馏水；饮水免疫时，应注意饮水槽的消毒与清洁，忌用金属容器。

d. 疫苗运输与保存时，应注意冷藏。

鸡传染性法氏囊病灭活疫苗（CJ-801-BKF 株）

用于预防鸡传染性法氏囊病。

【主要成分与含量】本品含灭活的鸡传染性法氏囊病病毒 CJ-801-BKF 株。

【使用说明】

颈背部皮下注射。18～20 周龄鸡，每只 1.2mL。

本疫苗应与鸡传染性法氏囊病活疫苗配套使用。种鸡应在 10～15 日龄和 28～35 日龄时各作 1 次鸡传染性法氏囊病活疫苗接种，18～20 周龄接种灭活疫苗，可使开产后 12 个月内的种蛋所孵雏鸡在 14 日龄内能抵抗野毒感染。

【注意事项】

a. 切忌冻结，冻结过的疫苗严禁使用。

b. 使用前，应将疫苗恢复至室温，注射疫苗前应充分摇匀。在注射过程中也应不时振摇。

c. 接种时，应作局部消毒处理。

d. 用过的疫苗瓶、器具和未用完的疫苗等应进行无害化处理。

e. 屠宰前 28 日内禁止使用。

鸡新城疫、传染性法氏囊病二联灭活疫苗（La Sota＋HQ 株）

用于预防鸡新城疫和鸡传染性法氏囊病。免疫期为 4 个月。

【主要成分与含量】疫苗中含有灭活的鸡新城疫病毒 La Sota 株和鸡传染性法氏囊病病毒 HQ 株。

【使用说明】

颈部皮下或肌内注射。开产前 1 个月左右种鸡，每只 0.5mL。

【注意事项】

a. 切忌冻结。冻结后的疫苗严禁使用。

b. 体质瘦弱、患病鸡，禁止使用。

c. 应仔细检查疫苗，如发现破乳、疫苗中混有异物等情况时，不能使用。

d. 使用前应先使疫苗恢复到常温并充分摇匀。

e. 开瓶后，限当日用完。

f. 注射器具，用前需经消毒，注射部位应涂擦 5%碘酊消毒。

g. 接种本疫苗的种鸡所产子代，具有较高的抗体水平，建议免疫期内种鸡所产子代于 10～14 日龄时进行鸡新城疫、鸡传染性法氏囊病疫苗初次接种。

h. 用过的疫苗瓶、器具和未用完的疫苗等应进行无害化处理。

i. 仅在兽医指导下使用。

鸡新城疫、传染性支气管炎、传染性法氏囊病三联灭活疫苗 （Ulster2C 株＋ M41 株＋ VNJO 株）

用于预防鸡新城疫、传染性支气管炎和传染性法氏囊病。

【主要成分与含量】疫苗中含有灭活的鸡新城疫病毒 Ulster2C 株，灭活前的病毒滴度至少为 $10^{8.0}\,EID_{50}$/羽份；含有灭活的鸡传染性支气管炎病毒 M41 株，灭活前的病毒滴度至少为 $10^{6.7}\,EID_{50}$/羽份；含有灭活的鸡传染性法氏囊病病毒 VNJO 株，灭活前的病毒滴度至少为 $10^{5.7}\,CCID_{50}$（细胞培养半数感染量）/羽份。

【使用说明】

皮下或肌内注射。开产前 2～4 周免疫一次，每只鸡 0.3mL。

【注意事项】

a. 仅用于接种健康鸡。

b. 使用前应充分混匀。

c. 稀释和接种时，应执行常规无菌操作。

d. 用过的疫苗瓶、器具和未用完的疫苗等应进行无害化处理。

e. 不能使用带有天然橡胶或丁基衍生物制成的针栓的注射器。

f. 一旦误注入人体，应立即就医。

参考文献

[1] Swayne D E, Glisson J R, McDougld L R, et al. Disease of poultry 13th[M]. New Jersey: Wiley-Blackwell, 2013.

[2] Jayasundara J, Walkden-Brown S W, Katz M E, et al. Pathogenicity, tissue distribution, shedding and environmental detection of two strains of IBDV following infection of chickens at 0 and 14 days of age[J]. Avian Pathology, 2017, 46（3）: 242-255.

[3] Xu M Y, Lin S Y, Zhao Y, et al. Characteristics of very virulent infectious bursal disease viruses isolated from Chinese broiler chickens（2012-2013）[J]. Acta Tropica, 2015, 141（A）: 128-134.

[4] Coulibaly F, Chevalier C, Gutsche I, et al. The Birnavirus crystal structure reveals structural relationships among icosahedral viruses[J]. Cell, 2005（120）: 761-772.

[5] Berg TP, Gonze M, Morales D, et al. Acute infectious bursal disease in poultry: Immunological and molecul. ar basis of antigenicity of a highly virulent strain[J]. Avian Pathol, 1996, 25（4）: 751-768.

[6] Zhou X M, Wang D C, Xiong J M, et al. Protection of chickens, with or without maternal antibodies, against IBDV infection by a recombinant IBDV-VP2 protein[J]. Vaccine, 2010, 28（23）: 3990-3396.

[7] Jeon W J, Choi KSLee D W. Molecular epizootiology of infectious bursal disease（IBD）in Korea[J]. Virus Genes, 2009, 39（3）: 342-351.

[8]阳秀英. 我国部分省区鸡传染性法氏囊病病毒分离株的分子流行病学研究[D]. 南宁: 广西大学, 2006.

[9] Fan L, Wu T, Hussain A, et al. Novel variant strains of infectious bursal disease virus isolated in China[J]. Veterinary Microbiology, 2019, 230: 212-220.

[10] Everitt B S, Landau S, Leese M. Cluster analysis[M]. London: Arnold, 2001.

[11] Müller H, Mundt E, Eterradossi N, et al. Current status of vaccines against infectious bursal disease[J]. Avian Pathol, 2012, 41（2）: 133-139.

[12] Yang H, Ye C. Reverse genetics approaches for live attenuated vaccine development, of infectious bursal disease virus[J]. Curr Opin Virol, 2020, 44: 139-144.

[13] Liu Y, Wei Y W, Wu X F, et al. Preparation of ChIL-2 and IBDV VP2 fusion protein by baculovirus expression system[J]. Cellular & Molecular Immunology, 2005, 2（3）: 231－235.

[14] Li J, Huang Y, Liang X, et al. Plasmid DNA encoding antigens of infectious bursal disease viruses induce protective immune responses in chickens: factors influencing efficacy[J]. Virus Research, 2003, 98: 63-74.

[15] Daral J J. Advances in vaccine research against economically important viral diseases of food animals: Infectious bursal disease virus [J]. Veterinary Microbiology, 2017（206）: 121-125.

[16] Jackwood M W. Current and future recombinant viral vaccines for poultry[J]. Advances in Veterinary Medicine, 1999, 41: 517-522.

[17] Tsukamoto K, Takanori S, Shuji S, et al. Dual-viral vector approach induced strong and long-lasting protective immunity against very virulent infectious bursal disease virus[J]. Virology, 2000, 269: 257-267.

[18] Dey S, Chellappa M M, Pathak D C, et al. Newcastle disease virus vectored bivalent vaccine against virulent infectious bursal disease and Newcastle disease of chickens[J]. Vaccine（Basel）, 2017, 5（4）: 31.

[19] Tsukamoto, K. Protection of chickens against very virulent infectious bursal disease virus and Marek´s disease virus with a recombinant MDV expressing IBDV VP2[J]. Virology, 1999, 257: 352-362.

[20] Song L Q, Jiang T Z, Chen G H, et al. Safety and immune efficacy tests of the complex vaccine for infectious bursa disease[J]. Chinese Journal of Veterinary Drug, 2004, 38（7）: 9-11.

2.4.5　鸡传染性喉气管炎疫苗

2.4.5.1　鸡传染性喉气管炎简介

鸡传染性喉气管炎（infectious laryngotracheitis，ILT）是由鸡传染性喉气管炎病毒（infectious laryngotracheitis virus，ILTV）引起的一种高度传染性上呼吸道疾病。ILTV也称为禽疱疹病毒1型（gallid herpesvirus 1，GaHV-1）病毒。ILTV感染鸡表现的主要临诊症状为患病鸡呼吸困难、伸颈甩头、咳嗽，并伴有湿啰音，喉头部和气管黏膜表面肿胀，严重者表现为糜烂、出血，并咳出带血的黏液[1]。病理组织学检查病变主要发生在结膜、喉、气管、肺部和气囊等部位，出现气管上皮细胞肿胀并伴纤毛脱落，气管黏膜及黏膜下层会出现淋巴细胞和浆细胞浸润。根据感染鸡只的临床症状可将ILT分为急性型和温和型两种类型。急性型发病快，可在鸡群中迅速传播，死亡率较高，可达70%；温和型主要表现为鸡只精神委顿，体重减轻伴有眶下窦肿胀，可使产蛋鸡的产蛋率下降，发病率和死亡率均较低，通常可自行恢复[2]。ILT于1925年在美国首次被报道，20世纪50年代末在我国发现该病，目前该病在世界各地分布，国内多个省区市呈地方流行性感染，给家禽养殖业带来巨大经济损失。

2.4.5.2 鸡传染性喉气管炎研究进展

鸡是ILTV的主要自然宿主，各生长阶段的鸡均易感，通常只有成年鸡感染该病后会出现典型的临床症状。该病一年四季均可发病，因ILTV对高温的抵抗力弱，所以夏季发病相对较少，寒冷季节发病较多。孔雀、山鸡、火鸡胚、鸡胚等也易感。ILTV主要通过鸡之间的接触进行水平传播，经上呼吸道及眼睛黏膜入侵机体，通过口咽途径可感染鼻上皮细胞，也可通过消化道入侵体内[3]。ILTV自然感染的潜伏期为6～12d，感染后排毒期6～8d，少数康复鸡可长期带毒，排毒期长达2年。ILT病程一般为7～15d，时间长的可达30d。目前，ILT的主要流行病学特征是长期潜伏感染，接种疫苗和感染野毒均可导致潜伏感染，且潜伏感染的病毒在一定条件下（比如应激），可能被重新激活，导致鸡群呈现周期性自然发病。

ILTV是疱疹病毒科，α-疱疹病毒亚科，传喉炎病毒属唯一成员。病毒颗粒呈球形，衣壳直径85～105nm，衣壳为正20面体。病毒表面有囊膜，对氯仿和乙醚等脂溶剂敏感，对外界环境的抵抗力不强。可以在鸡胚和多种禽类细胞上增殖，鸡胚肝细胞是最为敏感的培养系统。在低温环境下，ILTV可长期生存并保持感染性。ILTV在13～23℃的气管分泌物和死鸡中可存活数天至数月[4]，在−60℃至−20℃条件下可储存数月至数年。用3%甲酚或1%碱液处理1min即可杀灭病毒。ILTV繁殖最常用鸡胚，ILTV可在鸡胚绒毛尿囊膜（CAM）上形成斑块，鸡胚感染ILTV 48h后可观察到斑块，感染2～12d后可导致胚胎死亡。也可以在鸡或鸡胚原代细胞中繁殖，如鸡胚肝细胞（CEL）、鸡胚肾细胞（CEK）和鸡肾细胞（CK）。目前，只有一种永生化的LMH细胞系被证明可以复制ILTV，但产生的病毒滴度明显低于原代细胞[5]。

ILTV基因组是双股线性DNA分子，基因组大约155kb，由长和短的两个独特的区域（UL，US）以及位于US区域两侧的反向重复序列（IR）和末端重复序列（TR）组成。近期发现，ILTV的DNA在UL区的两侧也有反向重复序列（IRL和TRL，约为17bp）。ILTV基因组包含80个左右的开放阅读框（ORF），其中65个ORF位于UL区，9个ORF位于US区，6个ORF位于IR区。目前确定的编码基因共有7种，UL区的TK、gB和gc基因，Us区的pk、gx、p60基因及反向序列的ICP4基因[6]。TK非必需基因为该病毒主要的独立基因；gB基因是ILTV主要保护性免疫原，主要影响ILTV吸附和穿入主细胞，并诱导各种免疫应答[1]。

2.4.5.3 鸡传染性喉气管炎疫苗研究

对鸡群进行疫苗接种是目前防控ILT的主要方法。虽然灭活疫苗的安全性较高，但因灭活疫苗仅能诱导宿主免疫系统的体液免疫，不能持续诱导机体的免疫应答，因此接种灭活疫苗对ILTV的保护并不理想。弱毒疫苗既能诱发机体的体液免疫应答，又能诱发机体的细胞免疫应答，因此弱毒疫苗被广泛应用于养鸡场防控鸡ILT。在发病早期，通过鸡泄殖腔接种致病病毒进行免疫。对鸡群接种减毒活疫苗的方法主要包括滴鼻点眼、喷雾接种和饮水等。

鸡胚连续传代致弱的鸡胚源弱毒疫苗和组织培养连续传代的组织弱毒疫苗已广泛应用于养殖业。近年来，应用禽痘病毒（fowlpox virus，FPV）或HVT表达ILTV主要免疫原（gB和Ul32或gD和gI）的病毒载体疫苗已经研发成功[7]。载体疫苗的优点是可以解决 ILTV 潜伏感染的问题，一些 ILTV 缺失毒株也被证实可以作为新的疫苗候选毒株[8,9]。

（1）**弱毒疫苗** 鸡胚源致弱活疫苗 CEO 是通过鸡胚连续传代致弱的一种活疫苗。第一代可用的 ILTV 活疫苗为 GaHV-1 弱毒疫苗，是通过在鸡胚中连续传代使有毒力的 GaHV-1 田间毒株致弱而获得的。CEO 苗免疫途径广泛，饮水、点眼和喷雾均能达到良好的免疫效果，方便大规模应用。缺点是 CEO 可以产生潜伏感染，在机体内连续传代可使毒力增强，且在体内复制时易发生同源重组，并可在不同个体间传播[10,11]。用 CEO 疫苗进行区域或全面接种肉鸡种群已成功减少了该疾病大规模暴发。组织源致弱活疫苗 TCO 是将有毒力的 ASLL-6 毒株在鸡细胞的原代培养物中连续传代致弱的一种活疫苗。肉鸡通常在疫情暴发时才接种该疫苗。通过点眼进行免疫，免疫效果良好。缺点是 TCO 可在不同个体间传播，形成潜伏感染，另外，该苗易与新城疫和传染性支气管炎疫苗相互干扰[12]。

然而，采用减毒活疫苗防控也存在着一些局限性。比如残留毒力普遍偏强，接种后会引起鸡群较大的反应。GaHV-1 减毒活疫苗在鸡群间传播过程中可提高毒力。免疫方式也存在局限性，GaHV-1 减毒活疫苗的免疫效率因免疫方式而有所不同。研究表明，CEO 疫苗饮水接种比喷雾接种更有效。喷雾免疫可能由于疫苗病毒致弱不够、雾滴颗粒太小而进入呼吸道过深，或接种剂量大可引起严重副反应[10]。饮水接种的免疫效率更高、更快，可迅速产生免疫效率从而限制散发到环境中的病毒数量，阻碍建立长期感染，但经饮水途径免疫有很大比例的鸡未能产生免疫保护。另外，ILTV 还可与其他共同传播的病毒重组。因此，虽然 CEO 疫苗仍在世界各地作为常规 ILT 活疫苗使用，但急需研制出更加安全、高效的新型疫苗来预防 ILT 的暴发和蔓延。

（2）**基因工程疫苗**

① **重组病毒载体疫苗** 重组病毒载体疫苗具有传统弱毒疫苗的优点，免疫鸡群能获得很高的免疫应答水平，且安全性高，没有毒力返强和潜伏感染等缺点，且可构建联合免疫疫苗"一次免疫，预防多种疾病"。但重组病毒疫苗的生产成本相对弱毒活疫苗高。目前可以选用的病毒载体有鸡痘病毒（FPV）、马立克病病毒（MDV）、火鸡疱疹病毒（HVT）及禽腺病毒等[13-15]。FPV 在研究 ILT 疫苗上应用较多，现研制出了第二代 GaHV-1 活载体疫苗，即 FPV 和 HVT GaHV-1 重组病毒载体疫苗，该苗可表达一种或多种 GaHV-1 免疫原性蛋白。目前，ILT 商业化的病毒载体疫苗有两种，一种是痘病毒表达 ILTV gB 和 UL32 蛋白的重组病毒，另一种是火鸡疱疹病毒表达 ILTV gI 和 gD 蛋白的重组病毒。研究报道，将 WG 株的 *gB* 基因插入 FPV 载体，成功地构建了重组活载体疫苗，对鸡痘与传染性喉气管炎都有良好的免疫效果。该疫苗能有效地防止 ILT 发生，并且接种副反应小、安全性高，目前已经商业化生产，具有良好的应用前景。Gimeno 等[14] 利用 MDV 载体，构建了可同时预防 ILT 和 MD 两种疫病的重组疫苗毒株[15]。试验发现，该重组毒株具有良好的保护性、安全性。Sun 等将新城疫的 *F*、*HN* 基因和 ILT 的 *gB* 基因同时插入鸡痘病毒载体构建重组疫苗，该重组疫苗株对新城疫、传染性喉气管炎、鸡痘具有良好的保护作用。还有报道，以 ILTV 为载体重组高致病性禽流感病毒（HPAIV）的 *H5* 和 *H7* 基因的重组疫苗，免疫后可保护家禽免受 ILT 和 HPAI 的感染。重组病毒载体可以通过鸡胚卵内接种免疫，几乎可以 100% 接种雏鸡，使鸡在出壳之前就能获得保护，可以减少免疫雏鸡的应激，节省时间和劳动力。虽然重组 HVT 和 FPV 疫苗免疫后都可以改善家禽的临床症状和表现，但在减少病毒排毒方面不如 CEO 疫苗有

效[14]。可能因重组疫苗只表达 1～2 个 ILTV 蛋白，不足以诱导机体产生足够的免疫反应来抵抗病毒的侵袭。这些疫苗在环境中病毒载量较低的区域使用表现良好，但是在环境中病毒载量较高的区域表现很差[7]。

② 基因缺失疫苗　对 ILTV 基因组进行基因缺失，获得具有生长缺陷的重组病毒，可用于研制基因缺失疫苗。ILTV 缺失 TK、gG、gC 和 gj 等基因，依然能诱导机体产生免疫应答且不会使鸡产生临床症状，也不会造成潜伏感染。通过从 GaHV-1 基因组中去除单个基因，获得了两株没有生长缺陷的 GaHV-1 基因缺失毒株，即糖蛋白 G 基因缺失毒株（ΔgG）[16] 和开放阅读框（ORF）C 基因缺失毒株（ΔORFC）[17]，分别由两者制得的重组基因缺失弱毒活疫苗均已作为鸡群免疫的常用疫苗。ILTV gG 蛋白是病毒的一种毒性因子，类似于一种调节宿主适应性免疫反应的病毒趋化因子结合蛋白。ΔgG 缺失株滴眼免疫可诱导鸡产生的保护水平与减毒活疫苗 A20、SA2 和 Serva 株诱导的保护水平相当[18]。研究发现，ΔgG 毒株疫苗接种到幼禽后会进行水平传播，但未出现毒力增强的情况，可通过饮水方式大规模接种 ΔgG 毒株制成的减毒活疫苗，所诱导的保护水平与喷雾免疫达到的水平相当[16]。ΔORFC 毒株制成的减毒活疫苗与 CEO 和 TCO 疫苗相比，经滴眼接种后诱导的保护水平与 TCO 疫苗相似，但低于 CEO 疫苗诱导的水平。但 ΔORFC 疫苗用卵内接种不安全，会导致无特定病原体（SPF）的鸡在出生第一周内大量死亡[17]。Lee SW 等[19] 通过缺失 gJ 基因构建疫苗毒株，经试验证实具有良好的免疫原性，为商品化疫苗提供了良好的备选毒株。目前已有缺失 TK 基因的 ILTV 疫苗应用于市场，如已经获得美国农业部许可的 BHV-1 和 PRV 疫苗。基因缺失疫苗可以被用作疫苗候选株，且可以区分疫苗接种和野毒感染。

③ 亚单位疫苗　目前，对 ILTV 亚单位疫苗的研究主要集中在糖蛋白上，ILTV 糖蛋白能诱导机体产生特异性体液免疫和细胞免疫应答。且其只含有病毒的部分结构，接种后不会在动物体内复制，安全性高。ILTV 糖蛋白 gB，是病毒囊膜上的一种跨膜蛋白，在病毒接触和入侵细胞中起重要作用，同时也是 ILTV 的主要免疫蛋白，可刺激产生细胞和体液免疫。Scholz 等应用一种由 ILTV gB 表达的大小为 205kDa 蛋白作为亚单位疫苗免疫鸡，可使鸡群抵抗 ILTV 强毒的攻击，保护率达 100%。Chen 等[20] 成功地表达了 ILTV gB 糖蛋白，可保护 SPF 鸡胚抵抗 ILTV 攻击。亚单位疫苗所需接种量大，制备成本较高。

④ DNA 疫苗　DNA 疫苗具有灭活疫苗的优点，且不易发生逆转录，具有广阔的应用前景。姬向波等[21] 研制含 ILTV gB 基因的重组 DNA 疫苗 "pcDNA-gB"，能诱导鸡产生特异性的体液免疫及细胞免疫应答。邵攀峰等[22] 构建 ILTV gB 真核表达质粒，与表达鸡白细胞介素-18 的质粒联合免疫，可增强 gB 蛋白诱导的辅助性 T 细胞-1 免疫反应，提高了 DNA 疫苗的免疫保护，攻毒后免疫鸡保护率达到 80% 以上。

2.4.5.4　疫苗产品
鸡传染性喉气管炎活疫苗（K317 株）
用于预防鸡传染性喉气管炎。

【主要成分与含量】本品含鸡传染性喉气管炎病毒 K317 株。每羽份病毒含量不低于 $10^{2.7}$ EID$_{50}$。

【使用说明】

点眼接种。按瓶签注明羽份用生理盐水稀释，每羽 1 滴（0.03mL）。蛋鸡在 35 日龄时第 1 次接种，在产蛋前再接种 1 次。

【注意事项】

a. 疫苗稀释后应放阴暗处，限 3 小时内用完。

b. 对 35 日龄以下的鸡接种时，应先作小群试验，无重反应时，再扩大使用。35 日龄以下的鸡用苗后效果较差，21 日后需做第 2 次接种。

c. 接种前、后要做好鸡舍环境卫生管理和消毒工作，降低空气中细菌密度，可减轻眼部感染。

d. 只限于疫区使用。鸡群中发生严重呼吸道病（如鸡传染性鼻炎、鸡支原体感染等）时，不宜使用本疫苗。

e. 用过的疫苗瓶、器具和未用完的疫苗等应进行无害化处理。

鸡传染性喉气管炎活疫苗（CHP50 株）

用于预防鸡传染性喉气管炎。

【主要成分与含量】每羽份含鸡传染性喉气管炎 CHP50 株至少 $10^{3.0}$ EID$_{50}$。

【使用说明】

按瓶签注明的羽份进行稀释（每 1000 羽份疫苗加稀释液 30mL），每只鸡点眼接种 1 羽份（1 滴，约含 0.03mL）。

雏鸡在流行地区，在 14～20 日龄内接种；

蛋鸡和种鸡在 4 周龄时首次接种，产蛋前（10～16 周龄）加强接种 1 次。

推荐通过稀释液盒中提供的连接器连接稀释液瓶和疫苗瓶溶解冻干疫苗。摇匀后，用滴瓶进行接种。

【注意事项】

a. 仅用于接种健康鸡。

b. 不要使用疫苗瓶破裂或标签已损坏的疫苗。

c. 使用前轻轻振摇，使疫苗充分溶解。

d. 一旦开瓶，必须立即使用，并在 2 小时内用完。

e. 接种后应对手和器械进行清洗和消毒。

f. 用过的疫苗瓶、器具和未用完的疫苗等应进行无害化处理

鸡传染性喉气管炎重组鸡痘病毒二联活疫苗

用于预防鸡传染性喉气管炎和鸡痘。

【主要成分与含量】每羽份含表达鸡传染性喉气管炎病毒 gB 蛋白和 UL32 蛋白的重组鸡痘病毒至少 $10^{2.7}$ TCID$_{50}$。

【使用说明】

翅翼膜刺种。用于 8 周龄及 8 周龄以上鸡。将疫苗稀释后用刺种器蘸取疫苗液，将刺种器刺到翅翼膜，每只 1 羽份。

【注意事项】

a. 仅用于接种健康鸡。

b. 在一个鸡场同时接种相同日龄鸡。

c. 鸡只接种本疫苗前不应接种鸡痘疫苗。

d. 不要接种开产前 4 周以内或产蛋期的鸡。

e. 疫苗现用现配，稀释后的疫苗应一次全部用完。

f. 用过的疫苗瓶、器具和未用完的疫苗等应进行无害化处理。

g. 疫苗中含有庆大霉素和两性霉素 B。

h. 屠宰前 21d 内禁用。

参考文献

[1] Ou S C, Giambrone J J. Infectious laryngotracheitis virus in chickens [J]. World J Virol, 2012, 1 (5): 142-149.

[2] Oldoni I, Rodriguez- Avila A, Riblet S M, et al. Pathogenicity and growth characteristics of selected infectious laryngotracheitis virus strains from the United States[J]. Avian Pathol, 2009, 38 (1): 47- 53.

[3] Robertson G M, Egerton J R. Replication of infectious laryngotracheitis virus in chickens following vaccination[J]. Aust Vet J, 1981, 57: 119-123.

[4] Jordan F T W. A review of the literature on infectious laryngotracheitis (ILT) [J]. Avian Diseases, 1966, 10 (1): 1-26.

[5] Schnitzlein W M, Radzevicius J, Tripathy D N. Propagation of infectious laryngotracheitis virus in an avian liver cell line[J]. Avian diseases, 1994, 38 (2): 211-217.

[6] Lee S W, Markham P F, Markham J F, et al. First complete genome sequence of infectious laryngotracheitis virus[J]. BMC Genomics, 2011, 12: 197.

[7] Davison S, Gingerich E N, Casavant S, et al. Evaluation of the efficacy of a live fowlpox-vectored infectious laryngotracheitis/avian encephalomyelitis vaccine against Ilt viral challenge [J]. Avian Dis, 2006, 50: 50-54.

[8] Devlin J M, Browning G F, Hartley C A, et al. Glycoprotein G deficient infectious laryngotracheitis virus is a candidate attenuated vaccine[J]. Vaccine, 2007, 25 (18): 3561- 3566.

[9] Coppo M J, Noormohammadi A H, Browning G F, et al. Challenges and recent advancements in infectious laryngotracheitis virus vaccines[J]. Avian Pathol, 2013, 42 (3): 195-205.

[10] Thilakarathne D S, Coppo M, Hartley C A, et al. Attenuated infectious laryngotracheitis virus vaccines differ in their capacity to establish latency in the trigeminal ganglia of specific pathogen free chickens following eye drop inoculation[J]. PLoS One, 2019, 14 (3): e213866.

[11] Coppo M J, Devlin J M, Noormohammadi A H. Comparison of the replication and transmissibility of an infectious laryngotracheitis virus vaccine delivered via eye-drop or drinking-water [J]. Avian Pathol, 2012, 41: 99-106.

[12] Vagnozzi A, Garcia M, Riblet S M, et al. Protection induced by infectious laryngotracheitis virus vaccines alone and combined with newcastle disease virus and/or infectious bronchitis virus vaccines[J]. Avian Dis, 2010, 54: 1210-1219.

[13] Song H, Kim H, Kim S, et al. Research note: Simultaneous detection of infectious laryngotracheitis virus, fowlpox virus, and reticuloendotheliosis virus in chicken specimens[J]. Poult Sci, 2021, 100 (4): 100986.

[14] Gimeno I M, Cortes A L, Faiz N M, et al. Evaluation of the protection efficacy of a serotype 1 marek's disease virus- vectored bivalent vaccine against infectious laryngotracheitis and marek's disease[J]. Avian Dis, 2015, 59 (2): 255- 262.

[15] Garcia M. Current and future vaccines and vaccination strategies against infectious laryngotracheitis (ILT) respiratory disease of poultry[J]. Vet Microbiol, 2017, 206: 157- 162.

[16] Devlin J M, Hartley C A, Gilkerson J R, et al. Horizontal transmission dynamics of a glycoprotein G deficient candidate vaccine strain of infectious laryngotracheitis virus and the effect of vaccination on transmission of virulent virus[J]. Vaccine, 2011, 29 (34): 5699- 5704.

[17] Schneiders G H, Riblet S M, Garcia M. Attenuation and protection efficacy of a recombi-

nant infectious laryngotracheitis virus (ILTV) depleted of open reading frame C (delta ORFC) when delivered in ovo[J]. Avian Dis, 2018, 62 (2): 143-151.

[18] Vagnozzi A, Zavala G, Riblet S M, et al. Protection induced by commercially available live-attenuated and recombinant viral vector vaccines against infectious laryngotracheitis virus in broiler chickens[J]. Avian Pathol, 2012, 41 (1): 21-31.

[19] Lee S W, Hartley C A, Coppo M J, et al. Growth kinetics and transmission potential of existing and emerging field strains of infectious laryngotra-cheitisvirus[J]. PLoS One, 2015, 10 (3): e120282.

[20] Chen S, Xu N, Ta L, et al. Recombinant fowlpox virus expressing gB gene from predominantly epidemic infectious larygnotracheitis virus strain demonstrates better immune protection in SPF chickens[J]. Vaccines (Basel), 2020, 8 (4): 623.

[21] 姬向波, 刘文波, 魏建超, 等. 鸡传染性喉气管炎病毒 gB 基因重组 DNA 疫苗的构建与免疫试验[J]. 中国病毒学, 2006, 21 (5): 481-484.

[22] 邵攀峰, 陈红英, 崔保安, 等. 鸡传染性喉气管炎病毒 gB 基因重组 DNA 疫苗的构建与鸡 IL-18 联合免疫试验[J]. 中国兽医学报, 2010, 30 (10): 1296-1300.

2.4.6　鸡马立克病疫苗

2.4.6.1　概述

鸡马立克病（Marek's disease，MD）是由马立克病病毒（Marek's disease virus，MDV）引起的一种严重危害养禽业发展的高度传染性、恶性淋巴肿瘤性疾病[1]。该病病程较长，一旦发生该病，损失巨大。据估计，MD 每年可造成 10 亿～20 亿美元的经济损失，因此该病是近 50 年以来最受国内外养鸡业重视的病[2]。据世界动物卫生组织统计，目前全球有一半以上国家出现 MDV 感染病例，其中我国每年都有病例出现。疫苗免疫虽然可以防控该病，但随着越来越多强毒力毒株的出现，该病的危害依然很大[3,4]。MDV 包括三种血清型，血清Ⅰ型病毒具有致瘤性，包括温和型 MDV（mMDV）、强毒型 MDV（vMDV）、超强毒型 MDV（vvMDV）及特超强毒型 MDV（vv+MDV）病毒株。血清Ⅱ型和血清Ⅲ型不具有致瘤性。同时，血清Ⅲ型又叫作火鸡疱疹病毒。

（1）病原学　MDV 属于疱疹病毒科，α 疱疹病毒亚科，马立克病毒属。MDV 为线性双链 DNA 分子病毒，其基因组大小约 180kb，通常以环状型或游离型两种结构模式独立存在于宿主基因组。其完整病毒粒子呈近球形，由内到外包含核芯、衣壳、被膜、囊膜等 4 种组分。由于 MDV 是严格的细胞结合性病毒，大部分 MDV 病毒粒子以无囊膜的裸露状态存在，直径在 85～100nm 之间。具有感染性有囊膜的成熟 MDV 病毒粒子只在羽毛囊上皮细胞中形成，其直径在 273～400nm 之间，在羽毛囊上皮细胞中形成的病毒粒子随上皮细胞角质化脱落，释放到环境中，使病毒得以在鸡群中广泛传播。MDV 全基因组包括两个独特区：一个短独特区（unique short region，US）和一个长独特区（unique long region，UL）。短独特区两端分别为短内部重复区（internal repeat short region，IRS）和短末端重复区（terminal repeat short region，TRS）；长独特区两端分别为长内部重复区（internal repeat long region，IRL）和长末端重复区（terminal repeat long region，TRL）。其中 TRL 和 IRL、TRS 和 IRS 分别为两对排列方向相反、序列相同的重复序列[5,6]。

（2）**流行病学特点** 20世纪70年代，在我国出现本病报道，其成为影响我国养禽业发展的重要疫病之一。大多数品种的鸡对MDV易感，并且日龄越小的鸡越容易感染，潜伏期较长，3～4周龄感染鸡发病，2～3月龄的鸡发病情况最为严重。MD的传播方式主要为水平传播，通过鸡的羽囊上皮细胞脱落，造成直接或间接接触传播，另外也能通过粪便和唾液传播，但该病毒不能垂直传播[7,8]。病鸡的排泄物、分泌物、脱落的皮屑和羽毛是MDV传播的主要媒介。MDV是严格的细胞结合型病毒，离开细胞体内会很快失活，但是在羽囊上皮细胞中的MDV可以存活4～8个月。近年来，由于MDV的毒力不断增强，以及与其他免疫抑制性病毒发生混合感染，如网状内皮组织增生症病毒和禽白血病病毒等，免疫鸡群也时常出现MDV感染发病的情况。

（3）**临床症状** 鸡感染MDV后，临床发病症状差异较大，其严重程度取决于毒株类型。根据症状可将MD分为五种类型：肿瘤型、神经型、皮肤型、眼型和混合型。肿瘤型内脏各器官出现快速生长的肿瘤，并导致病鸡快速消耗性死亡。神经型发病较早，一般在感染后10d左右即可发病，病鸡出现严重神经症状，如双腿劈叉、跛行和瘫痪，这主要是由于MDV侵害宿主的坐骨神经等外周神经组织。皮肤型的病鸡的胸肌和腿肌常见到灰白色肿瘤结节，另外，羽毛囊周边皮肤粗糙，突起，呈颗粒状。眼型可见眼部病变，虹膜颜色由金色变为灰白色，瞳孔边缘不整齐，又称"灰眼病"。混合型是指在同一发病鸡群里既有内脏肿瘤型又有神经型或眼型等多种病型，只是各类型的表现程度及发病率有所不同[9]。近些年来，MDV毒力不断增强，病鸡的临床症状也变得严重，主要表现为卧地瘫痪、急性脑水肿导致神经症状以及脱羽等。

2.4.6.2 疫苗研究进展

马立克病是目前唯一一个可以通过疫苗免疫来预防的禽肿瘤疾病。目前国内外预防马立克病的疫苗主要有活疫苗、基因缺失活疫苗和活载体疫苗。

（1）**活疫苗** Biggs等人通过在鸡肾细胞中传代HPRS-16分离得到世界上首个商业化的MD疫苗，但很快被Witter等人的HVT疫苗取代。1970年后，随着HVT疫苗的广泛应用，MD第一次得到了很好的控制。但是，20世纪70年代末，MD在美国免疫过的鸡群中造成了很大损失。后来，荷兰中央兽医研究所（CVI）的Rispens开发了第三种疫苗，他从MD抗体阳性鸡群的988号母鸡体内分离出了致病性非常低的毒株，这个分离株被开发成了CVI 988/Rispens疫苗[10,11]。1981年，中国农业科学院哈尔滨兽医研究所分离出一株自然弱毒株疫苗814株。814株是我国唯一一株具有独立自主产权的血清Ⅰ型弱毒疫苗[12]。目前市面上用于预防MD的疫苗主要是血清Ⅰ型弱毒活疫苗CVI 988/Rispens和814株，血清Ⅲ型火鸡疱疹病毒活疫苗FC-126株。这些疫苗株可以单独使用。近年来MD毒力不断增强，在这些疫苗株的基础上又研发出的二价或者三价活疫苗也使用广泛[13]。由于MDV的特性，MDVⅠ型活疫苗必须液氮冻存和运输才能保持病毒的活性。

（2）**基因缺失活疫苗** 近年来，由于MDV毒力不断增强，疫苗免疫常常失败，由临床分离的毒株研制基因缺失活疫苗成为新的趋势。国内外研究人员利用细菌人工染色体技术缺失强毒株的两个致肿瘤相关的 *meq* 基因，获得保护性良好的减毒基因缺失活疫苗。由中国农业科学院哈尔滨兽医研究所禽免疫抑制病创新团队刘长军研究员主持研制的缺失了致肿瘤基因 *meq* 的鸡马立克病活疫苗（rMDV-MS-Δ*meq* 株），获得国家新兽药注册证书。该疫苗转让哈尔滨维科生物技术有限公司并获得兽药产品批准文号（兽药生字

080012354），已经投入生产并上市使用。此外，山东农业大学崔治中团队 2001 年从中国广西 CVI988/Rispens 免疫失败的鸡群中分离到一株 MDV 超强毒株 GX0101[14]。利用细菌人工染色体技术成功地构建了 GX0101 的 *meq* 基因缺失株 SC9-1 细胞活疫苗，对鸡马立克超强毒攻毒有良好的保护[15]。目前 *SC9-1* 基因缺失活疫苗已经获批上市，乾元浩生物股份有限公司和北京翎羽生物科技有限公司取得了该产品的批准文号。

（3）**活载体疫苗** MDV 疫苗株常被作为活病毒载体，利用 MDV 做载体构建多种活病毒载体多价疫苗，达到一针防多病的目的，提高防控效果，降低免疫成本。MDV 是大分子 DNA 病毒，研究发现其基因组中多个体外复制非必需区是良好的表达外源基因插入位点[27]。MDV 作为载体有以下优势：第一，MDV 基因组庞大，能插入多个外源基因，而且遗传稳定；第二，MDV 的传播是在细胞之间，属于细胞结合性病毒，因此可以不被母源抗体影响；第三，MDV 载体疫苗可以胚内或 1 日龄接种，诱导早期免疫保护；第四，MDV 载体疫苗不仅可以预防 MD，还可以预防其他重要的病毒性家禽疾病。其中 HVT 已经被开发为疫苗载体表达传染性法氏囊病毒 VP2、流感病毒 HA 等多个外源基因，市面上也有多个商品化的 HVT 重组疫苗[16-18]。HVT 疫苗生产、储存和接种等都有十分成熟的方法，极为安全，对鸡不具有任何副作用[19]。HVT 活载体疫苗也可冻干长期保存，使用方便。已有多项研究证明将 HVT 与 MDVⅠ型疫苗联合使用可显著提高 MDVⅠ型疫苗的保护效率[20,21]。

2.4.6.3　疫苗产品

鸡马立克病活疫苗（814 株）说明书（2020 年版兽药典说明书）

【兽药名称】

通用名称：鸡马立克病活疫苗（814 株）

英文名称：Marek's disease vaccine，live（strain 814）

汉语拼音：Ji Malikebing Huoyimiao（814 Zhu）

【主要成分与含量】本品含鸡马立克病病毒 814 株（CVCC AV26）。每羽份病毒含量不低于 2000PFU。

【性状】细胞悬液。

【作用与用途】用于预防鸡马立克病。各种品种 1 日龄雏鸡均可使用。接种后 8d 可产生免疫力，免疫期为 18 个月。

【用法与用量】肌内或皮下注射。按瓶签注明羽份用稀释液稀释成 0.2mL/羽份，每羽 0.2mL。

【注意事项】

a. 应在液氮中保存和运输。

b. 从液氮中取出后应迅速放于 38℃温水中，待完全融化后加稀释液稀释，否则影响疫苗效力。

c. 稀释后，限 1h 内用完。接种期间应经常摇动疫苗瓶使疫苗均匀。

d. 接种时，应作局部消毒处理。

e. 用过的疫苗瓶、器具和未用完的疫苗等应进行无害化处理。

【规格】100 羽份/瓶、250 羽份/瓶、500 羽份/瓶、1000 羽份/瓶、2000 羽份/瓶。

【贮藏与有效期】液氮保存，有效期为 24 个月。

鸡马立克病活疫苗（CVI 988/Rispens 株）说明书（2020 年版兽药典说明书）

【兽药名称】

通用名称：鸡马立克病活疫苗（CVI 988/Rispens 株）

英文名称：Marek's disease vaccine，live（strain CVI 988/Rispens）

汉语拼音：Ji Malikebing Huoyimiao（CVI 988/Rispens Zhu）

【主要成分与含量】本品含鸡马立克病病毒血清 I 型 CVI 988/Rispens 株。每羽份病毒含量不低于 3000PFU。

【性状】均匀混悬液。

【作用与用途】用于预防鸡马立克病。接种后 7d 产生免疫力。

【用法与用量】颈背皮下注射。按瓶签注明羽份，加 SPG 稀释，每羽 0.2mL（至少含 3000PFU）。

【注意事项】

a. 应采取有效措施防止在孵化室和育雏室内发生早期强毒感染。

b. 在运输或保存过程中，如果液氮容器中液氮意外蒸发完，则疫苗失效，应予以废弃。疫苗生产厂家及经销和使用单位应指定专人检查补充液氮，以防意外事故发生。

c. 在收到长途运输之后的液氮罐时，应立即检查罐内的疫苗是否在液氮面以下，露出液氮面的疫苗应废弃。

d. 从液氮罐中取出本品时应戴手套，以防冻伤。取出的疫苗应立即放入 37℃ 温水中速融（不超过 1min）。用注射器从安瓿中吸出疫苗时，应使用 12 号或 16 号针头。所用注射器应无菌。

e. 本品是细胞结合疫苗，速融后的疫苗为均匀混浊的淡粉色细胞悬液，如有少量细胞沉淀亦属正常，可轻摇安瓿使沉淀悬浮。掰断安瓿瓶颈之前，轻弹顶部的疫苗，避免疫苗滞留在顶端。

f. 吸取前，应先将稀释液瓶内塞或内盖用 75％ 酒精消毒。重复抽取少量的稀释液到针筒中，用以洗涤安瓿，操作必须是缓慢温和的，以免内含疫苗病毒的细胞遭到破坏。

g. 现配现用，限 1h 内用完。注射过程中应经常轻摇稀释的疫苗（避免产生泡沫），使细胞悬浮均匀。稀释后疫苗的温度维持在 23～27℃。

h. 严禁稀释液冻结和暴晒，与疫苗混合前，稀释液温度应为 23～27℃。

i. 稀释时，严禁在稀释液中加入抗生素、维生素、其他疫苗或药物。

j. 在注射过程中，严防注射器的连接管内有气泡或断液现象。保证每只雏鸡的接种量准确。

k. 接种后 48h 之内不得在同一部位注射抗生素或其他药物（如恩诺沙星等）。

l. 用过的疫苗瓶、器具和未用完的疫苗等应进行无害化处理。

【规格】100 羽份/瓶、250 羽份/瓶、500 羽份/瓶、1000 羽份/瓶、2000 羽份/瓶。

【贮藏与有效期】液氮保存，有效期为 24 个月。

鸡马立克病火鸡疱疹病毒活疫苗（FC-126 株）说明书（2020 年版兽药典说明书）

【兽药名称】

通用名称：鸡马立克病火鸡疱疹病毒活疫苗（FC-126 株）

英文名称：Marek's disease herpesvirus vaccine，live（strain FC-126）

汉语拼音：Ji Malikebing Huojipaozhenbingdu Huoyimiao（FC-126 Zhu）

【主要成分与含量】本品含鸡马立克病火鸡疱疹病毒 FC-126 株（CVCC AV19）。每羽份病毒含量不低于 2000PFU。

【性状】疏松团块，易与瓶壁脱离，加稀释液后迅速溶解。

【作用与用途】用于预防鸡马立克病。适用于各品种的 1 日龄雏鸡。

【用法与用量】肌内或皮下注射。按瓶签注明羽份，加 SPG 稀释后，每羽 0.2mL（至少含 2000PFU）。

【注意事项】

a. 已发生过马立克病的鸡场，雏鸡应在出壳后立即进行接种。

b. 现配现用，使用专用稀释液。稀释后放入盛有冰块的容器中，限 1h 内用完。

c. 接种时，应作局部消毒处理。

d. 用过的疫苗瓶、器具和未用完的疫苗等应进行无害化处理。

【规格】100 羽份/瓶、250 羽份/瓶、500 羽份/瓶、1000 羽份/瓶、2000 羽份/瓶。

【贮藏与有效期】－15℃以下保存，有效期为 18 个月。

鸡马立克病Ⅰ、Ⅲ型二价活疫苗（CVI988 株＋FC126 株）说明书（2017 年版兽药质量标准）

【兽药名称】

通用名称：鸡马立克病Ⅰ、Ⅲ型二价活疫苗（CVI988 株＋FC126 株）

英文名称：Chicken Marek′s disease bivalent vaccine，live（strain CVI988＋strain FC126）

汉语拼音：Ji Malikebing Ⅰ、Ⅲ Xing Erjia Huoyimiao（CVI988 Zhu＋FC126 Zhu）

【主要成分与含量】每羽份疫苗含鸡马立克病Ⅰ型毒 CVI988 株 2000PFU 和Ⅲ型毒 FC126 株 1000PFU。

【性状】融化后为淡黄色或淡粉红色细胞悬液。

【作用与用途】用于预防鸡马立克病。各种品种 1 日龄雏鸡均可使用。

【用法与用量】按瓶签注明的羽份，用稀释液稀释，肌内或皮下注射 0.2mL。

【不良反应】一般无可见的不良反应。

【注意事项】

a. 必须在液氮中保存及运输。

b. 从液氮中取出后应迅速放于 38℃温水中，待完全融化后再取出，加稀释液稀释，否则影响疫苗效力。

c. 稀释好的疫苗必须在 1h 内用完。注射期间应经常摇动疫苗使其均匀。

【规格】1000 羽份/瓶、2000 羽份/瓶。

【贮藏与有效期】液氮中保存，有效期为 18 个月。

鸡马立克病病毒Ⅰ型（CVI988/Rispens/B5 株）、Ⅱ型（HCV2/B5 株）、Ⅲ型（FC126/B5 株）三价活疫苗说明书（2017 年版兽药质量标准）

【兽药名称】

通用名称：鸡马立克病病毒Ⅰ型（CVI988/Rispens/B5 株）、Ⅱ型（HCV2/B5 株）、Ⅲ型（FC126/B5 株）三价活疫苗

英文名称：Marek′s disease virus serotype Ⅰ（CVI988/Rispens/B5 strain），Ⅱ（HCV2/B5 strain），Ⅲ（FC126/B5 strain）trivalent vaccine，live

汉语拼音：Ji Malikebingdu Ⅰ Xing（CVI988/Rispens/B5 Zhu），Ⅱ Xing（HCV2/B5 Zhu），Ⅲ Xing（FC126/B5 Zhu）Sanjia Huoyimiao

【主要成分与含量】疫苗中含有鸡马立克病病毒（MDV）Ⅰ型（CVI988/Rispens/B5 株）、Ⅱ型（HCV2/B5 株）、Ⅲ型（FC126/B5 株），每羽份中的 CVI988/Rispen/B5 病毒应不低于 1000PFU，HCV2/B5 病毒不低于 500PFU，FC126/B5 病毒不低于 1000PFU。

【性状】疫苗融化后为淡黄色或淡粉红色细胞悬液；稀释液为橘红色透明液体，无沉淀。

【作用与用途】用于预防鸡马立克病。

【用法与用量】按瓶签注明的羽份，用专用稀释液稀释，每只 1 日龄鸡颈部皮下注射 0.2mL。

【注意事项】

a. 从液氮罐中存、取疫苗时，操作人员应戴上防冻手套及防护眼镜，以防受伤。

b. 从液氮罐中取出的疫苗应立即放入 37～38℃温水中，轻轻摇动疫苗安瓿使其完全融解。未使用的疫苗应立即放回液氮罐中，如安瓿中疫苗出现融化现象，应废弃。

c. 用带有 16 号针头的注射器，先抽取少量的稀释液（约 2mL），再抽取疫苗，并在注射器内轻轻混合均匀，然后缓慢将疫苗注进稀释液瓶内。

d. 用注射器抽取少量已混合好的疫苗液（约 1.5mL）冲洗疫苗安瓿，然后将冲洗液缓慢注回稀释液瓶中。

e. 疫苗稀释后，应使其温度保持在 21～27℃，并避免日光照射。接种过程中应不时轻晃疫苗瓶使其均匀（注意不要产生气泡），限 1h 内用完。

f. 在进行疫苗稀释、接种时，应无菌操作。严禁使用消毒剂对连续注射器、针头及连接胶管进行浸泡消毒。

g. 稀释液中出现沉淀、霉团、混浊、异物时，不得使用。严禁在稀释液中加入抗生素、维生素和其他疫苗。

h. 疫苗必须在液氮（-196℃）中保存和运输，并保证疫苗安瓿始终浸在液氮液面以下。严禁用其他方式保存或运输疫苗。

i. 接种后 10～14d 方可产生有效的免疫力。

【规格】疫苗：500 羽份/瓶、1000 羽份/瓶。

稀释液：100mL/瓶、200mL/瓶。

【贮藏与有效期】疫苗在液氮中保存，稀释液在室温下保存，有效期均为 12 个月。

鸡马立克病火鸡疱疹病毒活疫苗（克隆株）说明书（2017 年版兽药质量标准）

【兽药名称】

通用名称：鸡马立克病火鸡疱疹病毒活疫苗（克隆株）

英文名称：Marek's disease herpesvirus vaccine，live（cloned strain）

汉语拼音：Ji Malikebing Huoji Paozhenbingdu Huoyimiao（Kelong Zhu）

【主要成分与含量】疫苗中含有火鸡疱疹病毒（HVT）FC-126 克隆株，每羽份疫苗中所含的蚀斑数应不低于 2000PFU。

【性状】乳白色疏松团块，易与瓶壁脱离，加稀释液后迅速溶解。

【作用与用途】用于预防鸡马立克病（MD）。适用于各品种的 1 日龄雏鸡。

【用法与用量】肌内或皮下注射。按瓶签注明羽份，用 SPG 稀释后，每羽 0.2mL

（含 2000PFU）。

【注意事项】

a. 已发生过马立克病的鸡场，雏鸡应在出壳后立即进行接种。

b. 用专用稀释液稀释，现配现用。将稀释液预冷至 2～8℃后再稀释疫苗，稀释后的疫苗应放入盛有冰块的容器中，限 1h 内用完。

c. 接种时，应作局部消毒处理。

d. 用过的疫苗瓶、器具和未用完的疫苗等应进行无害化处理。

【规格】200 羽份/瓶、500 羽份/瓶、1000 羽份/瓶、1500 羽份/瓶。

【贮藏与有效期】－20℃以下保存，有效期为 12 个月。

鸡马立克病火鸡疱疹病毒耐热保护剂活疫苗说明书（2017 年版兽药质量标准）

【兽药名称】

通用名称：鸡马立克病火鸡疱疹病毒耐热保护剂活疫苗

英文名称：Marek's disease herpesvirus thermo-stable vaccine，live

汉语拼音：Ji Malikebing Huoji Paozhenbingdu Nairebaohuji Huoyimiao

【主要成分与含量】疫苗中含鸡马立克病火鸡疱疹病毒 FC126 株，每羽份所含蚀斑数 ≥2000PFU。

【性状】乳白色疏松团块，易与瓶壁脱离，加稀释液后迅速溶解。

【作用与用途】用于预防鸡马立克病。适用于各品种的 1 日龄雏鸡。

【用法与用量】肌内或皮下注射。按瓶签注明羽份，加入专用稀释液稀释。每只 0.2mL（含 2000PFU）。

【不良反应】无。

【注意事项】

a. 已发生过马立克病的鸡场，雏鸡应在出壳后立即进行预防接种。

b. 现配现用，用专用稀释液稀释疫苗。稀释后放入盛有冰块的容器中，限 1h 内用完。

c. 接种时，应作局部消毒处理。

d. 用过的疫苗瓶、器具和未用完的疫苗等应进行无害化处理。

【规格】500 羽份/瓶、1000 羽份/瓶、1500 羽份/瓶。

【贮藏与有效期】2～8℃保存，有效期为 24 个月。

鸡马立克病双价活疫苗说明书（2017 年版兽药质量标准）

【兽药名称】

通用名称：鸡马立克病双价活疫苗

英文名称：Marek's disease bivalent vaccine，live

汉语拼音：Ji Malikebing Shuangjia Huoyimiao

【主要成分与含量】疫苗中含有鸡马立克病Ⅱ型（Z_4）、Ⅲ型（FC_{126}）毒株，每羽份中所含的蚀斑数，Z_4 应不低于 150PFU，Z_4+FC_{126} 不低于 1500PFU。每瓶应不低于 75 万 PFU。

【性状】淡红色细胞悬液。

【作用与用途】用于预防鸡马立克病。1 日龄接种后可终身免疫。

【用法与用量】皮下或肌内注射。从液氮罐中取出疫苗，立即放入 37℃温水中摇动，使疫苗迅速溶解，快溶完时，立即取出。消毒瓶颈，开瓶后用消毒过的配有 16～18 号针头的注射器，从安瓿中吸出疫苗，按标签注明羽份注入专用的稀释液中，稀释疫苗。每只雏鸡皮下或肌内注射 0.2mL（含 1500PFU）。

【注意事项】

a. 防止早期强毒感染，本疫苗注射 7d 后产生免疫力，应采取有效措施防止在孵化室和育雏室内发生早期强毒感染。

b. 液氮检验，在疫苗运输或贮藏过程中，如液氮容器中液氮意外蒸发完，则疫苗失效，应予废弃。疫苗生产厂家和使用单位应指定专人检验补充液氮，以防意外事故。

c. 从液氮瓶中取出本品时应戴手套，以防冻伤，取出的疫苗应立即放入 37℃温水中速溶（不超过 30s），用注射器从安瓿中吸出疫苗时，必须使用 16～18 号针头。

d. 疫苗现配现用，稀释后应在 1h 内用完，注射过程中应经常轻摇稀释的疫苗，使细胞悬浮均匀。

【规格】500 羽份/瓶。

【贮藏与有效期】液氮中保存，有效期为 12 个月。

参考文献

[1] Osterrieder N. Marek's disease virus: from miasma to model[J]. Nat Rev Microbiol, 2006, 4（4）: 283-294.

[2] Biggs P M, Nair V. The long view: 40 years of Marek's disease research and Avian Pathology[J]. Avian Pathol, 2012, 41（1）: 3-9.

[3] Haq K. Influence of vaccination with CVI988/Rispens on load and replication of a very virulent Marek's disease virus strain in feathers of chickens[J]. Avian Pathol, 2012, 41（1）: 69-75.

[4] Zhuang X, Zou H, Shi H, et al. Outbreak of Marek's disease in a vaccinated broiler breeding flock during its peak egg-laying period in China[J]. Bmc Veterinary Research, 2015, 11（1）: 1-6.

[5] Tulman E R. The genome of a very virulent Marek's disease virus[J]. J Virol, 2000, 74（17）: 7980-7988.

[6] Zhang F. Comparative full-length sequence analysis of Marek's disease virus vaccine strain 814[J]. Arch Virol, 2012, 157（1）: 177-183.

[7] 张训海，陈溥言，蔡宝祥. MDV 感染鸡羽毛根病毒抗原和 DNA 的动态检测[J]. 南京农业大学学报，1997（04）: 75-78.

[8] 马妍. 鸡马立克氏病的防制[J]. 兽医导刊，2021（17）: 35-36.

[9] Witter R L. Classification of Marek's disease viruses according to pathotype: philosophy and methodology[J]. Avian Pathol, 2005, 34（2）: 75-90.

[10] Schat K A. History of the first-generation marek's disease vaccines: The science and little-known facts[J]. Avian Dis, 2016, 60（4）: 715-724.

[11] Rispens B H. Control of Marek's disease in the Netherlands. I. Isolation of an avirulent Marek's disease virus（strain CVI 988）and its use in laboratory vaccination trials[J]. Avian Diseases, 1972, 16（1）: 108-125.

[12] 郑杰，张洪，王文泉，等. 鸡马立克"814"液氮疫苗以及毒株的研究进展[J]. 当代畜牧，2011（4）: 48-50.

[13] Haq K, Schat K A, Sharif S. Immunity to Marek's disease: Where are we now [J]. Developmental & Comparative Immunology, 2013, 41（3）: 439-446.

[14] Zhang Z, Gui Z. Isolation of recombinant field strains of Marek's disease virus integrated with reticuloendotheliosis virus genome fragments [J]. Science in China. Series C, Life sci-

ences, 2005, 48（1）：81-88.

[15] Su S. A recombinant field strain of Marek's disease（MD）virus with reticuloendotheliosis virus long terminal repeat insert lacking the meq gene as a vaccine against MD[J]. Vaccine, 2015, 33（5）：596-603.

[16] Tsukamoto K. Complete, long-lasting protection against lethal infectious bursal disease virus challenge by a single vaccination with an avian herpesvirus vector expressing VP2 antigens [J]. Journal of Virology, 2002, 76（11）：5637-5645.

[17] Tang N. A simple and rapid approach to develop recombinant avian herpesvirus vectored vaccines using CRISPR/Cas9 system[J]. Vaccine, 2018, 36（5）：716-722.

[18] Kapczynski D R. Vaccine protection of chickens against antigenically diverse H5 highly pathogenic avian influenza isolates with a live HVT vector vaccine expressing the influenza hemagglutinin gene derived from a clade 2. 2 avian influenza virus [J]. Vaccine, 2015, 33（9）：1197-1205.

[19] Biggs P M, Nair V. The long view: 40 years of Marek's disease research and Avian Pathology[J]. Avian Pathology, 2012, 41（1）：3-9.

[20] Baigent S J. Vaccinal control of Marek's disease: current challenges, and future strategies to maximize protection[J]. Veterinary Immunology & Immunopathology, 2006, 112（1-2）：78-86.

[21] Schat K A. History of the first-generation Marek's disease vaccines: The science and little-known facts[J]. Avian Diseases, 2016, 60（4）：715.

2.4.7　禽痘疫苗

2.4.7.1　概述

禽痘（avian pox）分布于世界各地且呈地方性流行，是一种由禽痘病毒（avian pox virus，APV）引起的、可感染多种家禽和鸟类的急性、接触性传染病。禽痘可通过直接接触、吸入/摄入携带病毒的粉尘/气溶胶及昆虫机械接触进行传播。该病传播缓慢，根据病毒入侵部位及临床表现可分为皮肤型、黏膜型和混合型。

（1）**病原学**　APV 属于痘病毒科（Poxviridae），脊椎动物痘病毒亚科（Chordopoxvirinae），为双股线性 DNA（dsDNA），病毒基因组为 260～365kb。据了解，APV 可感染全球 76 科 20 目 329 种以上的鸟类[1]。病毒粒子有囊膜，呈桑葚样，长 220～450nm，直径 140～260nm，是动物病毒中体积最大、结构最复杂的病毒之一；在电子显微镜下可见病毒中心呈折叠的管状结构，可抵御胃蛋白酶的降解。国际病毒分类委员会（ICTV）目前已确定 10 个 APV 标准种，以感染宿主或分离时的宿主进行分类，分别为鸡痘病毒（fowlpox virus，FWPV）、金丝雀痘病毒（canarypox virus，CNPV）、灯心草雀痘病毒（juncopox virus）、八哥痘病毒（mynahpox virus）、鸽痘病毒（pigeonpox virus，PGPV）、鹦鹉痘病毒（psittacinepox virus）、鹌鹑痘病毒（quailpox virus，QUPV）、麻雀痘病毒（sparrowpox virus）、椋鸟痘病毒（starlingpox virus，SLPV）和火鸡痘病毒（turkeypox virus，TKPV）；另还有一些暂未分类的 APV。

APV 基因组（G+C）含量较低（30%～40%），基因组的中心区域两侧是两个相同的反向末端重复序列（ITR），它们通过发夹环共价连接，并包含数百个紧密间隔的开放阅读框。中心区域包含 90～106 个同源基因，这些基因参与基本复制机制，包括病毒转录和

RNA 修饰、病毒 DNA 复制，以及参与细胞内成熟病毒粒子和细胞外包膜病毒粒子的结构和组装的蛋白质[2]。

APV 可以较为容易地在鸡胚或禽类细胞中传代培养。受感染的禽类细胞在感染后 4～6d 可产生特性细胞病变效应（CPE）；接种鸡胚可致胚体形成致密的增殖性痘状病变，有时呈局灶性或弥漫性[3]。

病毒粒子含大量脂质，故对乙醚不敏感，但对氯仿敏感性较高；在 1/1000 浓度的甲醛溶液中 9d 仍可保留感染性；50℃处理 30min 或 60℃处理 9min 可使病毒灭活；病毒在低温干燥的环境中可以长时间保存[4]。

（2）**致病性** 影响家禽养殖的 APV 主要为 FWPV，其天然宿主主要为鸡或火鸡，虽 FWPV 也可入侵多种哺乳动物细胞，却不能在其中完成完整复制过程，故感染哺乳动物通常为一过性感染[5]。

禽类感染 APV 表现出不同的临床症状，其与毒株、宿主及病毒入侵部位有关。根据临床表现可分为皮肤型、黏膜型和混合型。皮肤型主要表现为皮肤无毛区或少毛区出现灰白色隆起的小结节至球形疣状块，随发病时间的增加，皮肤结节增大，形成表面粗糙、深褐色、隆起的皮肤表面结节，不易脱落，形成痂皮，痂皮随后脱落，出现瘢痕。黏膜型又称"白喉型"，APV 经过口腔黏膜、咽、喉或是气管感染，在这些黏膜表面形成隆起的结节，随时间增加结节发生融合或者坏死，形成假膜，不易剥离，剥离后在黏膜上留下出血性溃疡，并由于喉部阻塞或继发性细菌感染导致患病鸡死亡。同时有皮肤型和黏膜型两种临床症状的为混合型。临床中白喉型禽痘死亡率比皮肤型高，特别是雏禽[6]。近年来皮肤型鸡痘也可对鸡产生高致病性[7]。

禽网状内皮组织增生症病毒（reticuloendotheliosis virus，REV）的基因整合到鸡痘病毒野毒株和疫苗株的基因重组的现象很普遍，REV 病毒的部分或全部序列整合进鸡痘病毒序列中，可能导致鸡痘病毒毒力发生变异，致病性增强[8]。

2.4.7.2 疫苗研究进展

（1）**减毒活疫苗** 痘病毒疫苗是人类最早研究和使用的疫苗，同样，禽痘疫苗也是最早用于家禽的疫苗之一，早在 1918 年，美国就批准了第一个禽痘疫苗。20 世纪 20 年代，科学家培育出了多种 APV 减毒株，为商业疫苗研发打下了基础，但也由于年代太早，因此也未留下完整的记录[9]。APV 减毒策略主要有鸡胚传代弱化、细胞传代弱化和异种动物体内传代弱化等。禽痘疫苗对部分禽类具有交叉保护能力。如鸽痘疫苗对鸡、火鸡和鸽子都具有较好的保护力。由于不同的禽痘病毒之间存在遗传差异，从而导致一些禽痘疫苗对不同种的禽痘病毒的交叉保护能力有一定差异，如鸡胚致弱的金丝雀痘疫苗仅对金丝雀有效；火鸡痘疫苗对鸡、鸽子和鹌鹑痘病毒无交叉保护性。禽痘疫苗一般是通过翼刺接种，免疫后约 1 周，在免疫部位出现绿豆大的小肿块，表示免疫成功，随后肿块逐渐结痂脱落。目前，国内多使用鸡痘鹌鹑化弱毒疫苗来预防 FWPV 感染。但也有报道称鸡痘鹌鹑化弱毒疫苗对鸡群进行免疫后，鸡群仍出现典型鸡痘或非典型鸡痘暴发的现象。研究人员从发病鸡中分离到鸡痘病毒株与疫苗株的免疫相关性不高[10]。由于减毒活疫苗具有残留毒性及毒力返强的危险，加之有研究显示临床免疫的疫苗株可与 REV 发生重组从而引起肉鸡淋巴瘤[11]，因此更具安全性和有效性的新型禽痘疫苗的研制将是未来疫苗的趋势。

（2）**重组活病毒载体苗** 由于 APV 通常只感染禽类，能有效表达大量的外源 DNA，且仅在感染细胞胞浆中复制而无致癌作用等特点而成为活病毒载体研究的热点。

其中，多采用 FWPV、CNPV 和基于 CNPV 弱化的 ALVAC 作为病毒载体，一些兽用 APV 载体疫苗已在我国、北美、南美和欧洲等许多地区获得许可并投入商业使用。APV 作为疫苗载体有以下特点：

a. APV 在受感染细胞的细胞质中复制，用于转录和复制的酶功能由病毒本身提供，因此必须使用 APV 启动子，且克隆到 APV 载体中的基因不能包含内含子；

b. 基因组庞大，可容纳和有效表达大量外源 DNA 或编码多个抗原基因；

c. 它们无法在非鸟类物种中进行完整的复制周期；

d. FWPV 和 CNPV 不会引发高水平的中和抗体，这意味着它们的载体可以多次使用，而不会出现免疫效力降低的问题[12,13]。

APV 载体疫苗已被用作针对多种动物感染的疫苗，包括西尼罗病毒（WNV）、犬瘟热病毒、猫白血病病毒、狂犬病病毒、马流感病毒、禽流感、新城疫、传染性喉气管炎、传染性法氏囊病等（表 2-19）。其中法国诗华动物保健公司研发的鸡传染性喉气管炎重组鸡痘病毒二联活疫苗已在我国获批使用。

表 2-19　获准用于商业兽医用途的禽痘病毒载体疫苗

病毒载体	外源基因	目标病毒	使用物种	研发公司
ALVAC（重组马痘病毒载体）	G	狂犬病毒	猫	法国梅里亚
ALVAC	HA,F	犬瘟热病毒	犬	法国梅里亚
ALVAC	$PrM-E$	西尼罗病毒	马	法国梅里亚
ALVAC	$Env,Gag/pol$	猫白血病病毒	猫	法国梅里亚
FWPV	$H5,HA$	禽流感病毒	鸡	法国梅里亚
FWPV	$H7,HA$	禽流感病毒	鸡	法国梅里亚
ALVAC	HA	马流感病毒	马	法国梅里亚
FWPV	HN,F	新城疫病毒	鸡	法国诗华
FWPV	$gB,UL32$	传染性喉气管炎病毒	鸡	法国诗华
FWPV	MG,AE	鸡毒支原体和禽脑脊髓炎	鸡	法国诗华

虽然 APV 载体具有诸多优势，但批准用于人类的 APV 载体疫苗仍然较少，仅有少数疫苗进入临床试验阶段，部分原因可能是由于 APV 对人类具有潜在的致病性，有研究表明，APV 在牛胚气管细胞和 BHK 细胞中可进行完全复制[14,15]。此外，APV 作为载体，也有与生态系统中亲源 APV 之间发生自发重组的风险，从而恢复其毒力。因此，病毒载体设计和开发时应引入至少两个对病毒进行完整复制周期至关重要的基因缺失，以确保恢复复制能力的可能性非常低。

目前，在鸡痘病毒载体的研究中需要解决的问题包括启动子的表达效率及其选择、病毒非必需区的筛选及优化选择、重组病毒的筛选方法、对不同外源基因的表达水平、其表达蛋白的免疫效果等。

2.4.7.3　疫苗产品

目前我国防制禽痘用的商品化疫苗主要有鸡痘活疫苗、鸡传染性喉气管炎重组鸡痘病毒基因工程疫苗和禽脑脊髓炎鸡痘二联活疫苗。

鸡痘活疫苗（鹌鹑化弱毒株）

目前市场所售鸡痘活疫苗主要为国产的鸡痘鹌鹑化弱毒疫苗，系由鸡痘鹌鹑化致弱毒株接种鸡胚或鸡胚成纤维细胞培养，收获感染的尿囊液或细胞培养液，加入适当佐剂经冷冻真空干燥制备而成。本疫苗对成鸡的免疫期为 5 个月，雏鸡为 2 个月。

【主要成分与含量】本品含鸡痘病毒鹌鹑化弱毒株（CVCC AV1003），每羽份病毒含量不低于 $10^{3.0}EID_{50}$。

【使用说明】

a. 鸡痘疫苗常规刺种部位为鸡翅膀内翼膜无毛三角区无血管部位。

b. 按瓶签注明羽份，用生理盐水稀释，用鸡痘刺种针蘸取稀释的疫苗，刺种针应从翅膀内侧垂直刺穿翅膀根部三角区皮肤。

c. 20～30 日龄雏鸡刺种 1 针；30 日龄以上鸡刺种 2 针；6～20 日龄雏鸡需将疫苗再稀释 1 倍，刺种 1 针。接种后 3～4d，刺种部位出现轻微红肿、结痂，14～21d 痂块脱落。后备种鸡可于雏鸡接种后 60d 再接种 1 次。

【注意事项】

a. 疫苗稀释后应放阴暗处，限 4h 内用完。

b. 接种时，应作局部消毒处理，刺种针蘸取疫苗后不可碰触羽毛或瓶壁等物体，以防疫苗液流失。

c. 鸡群刺种后 7d 应逐个检查，刺种部位无反应者，应重新补刺。

d. 接种后 7d，检查刺种部位是否发痘结痂，刺种部位无发痘结痂者，应重新补刺。

e. 产蛋期的鸡不能接种鸡痘疫苗。

f. 鸡痘疫苗只用于健康鸡群免疫。

g. 用过的疫苗瓶、器具和未用完的疫苗等应进行无害化处理。

鸡传染性喉气管炎重组鸡痘病毒基因工程疫苗

本疫苗系用表达鸡传染性喉气管炎病毒 gB 基因的重组鸡痘病毒接种 SPF 鸡胚成纤维细胞培养，收获细胞培养物，反复冻融后加入适当佐剂经冷冻真空干燥制备而成。本疫苗免疫期为 5 个月。

【主要成分与含量】疫苗含表达传染性喉气管炎病毒 gB 基因的重组鸡痘病毒，每羽份病毒含量不低于 $10^{4.0}PFU$。

【使用说明】

a. 鸡传染性喉气管炎重组鸡痘病毒基因工程疫苗常规刺种部位为鸡翅膀内翼膜无毛三角区无血管部位。

b. 按瓶签注明羽份，用生理盐水稀释，刺种 21 日龄以上雏鸡。接种后 3～4d 刺种部位出现轻微红肿，偶有结痂，14d 恢复正常。

【注意事项】

a. 疫苗稀释后应放阴暗处，限 4h 内用完。

b. 仅用于接种 21 日龄以上健康鸡。体质瘦弱或接种过鸡痘疫苗或自然感染过鸡痘病毒的鸡不能使用，否则影响免疫效果。

c. 开产前 4 周以内或产蛋期的鸡不能接种。

d. 接种后 7d，检查刺种部位是否发痘结痂，刺种部位无发痘结痂者，应重新补刺。

e. 用过的疫苗瓶、器具和未用完的疫苗等应进行无害化处理。

禽脑脊髓炎鸡痘二联活疫苗

本疫苗系将禽脑脊髓炎病毒临床分离弱毒株（YBF02）接种鸡胚，收获胚液和鸡胚脑、胃、肠、胰腺，混合研磨、冻融、离心后取上清获得病毒液；鸡痘鹌鹑化弱毒株（CVCC AV1003）接种 SPF 鸡胚或鸡胚成纤维细胞培养，收获病毒培养物，然后禽脑脊髓炎病毒液和鸡痘病毒培养液混合后，加入适当佐剂经冷冻真空干燥制备而成。

【主要成分与含量】本疫苗含禽脑脊髓炎病毒弱毒株（YBF02）和鸡痘鹌鹑化弱毒株（CVCC AV1003）。每羽份禽脑脊髓炎病毒含量不低于 $10^{2.8}\,EID_{50}$，鸡痘病毒含量不低于 $10^{3.0}\,EID_{50}$。

【使用说明】

a. 刺种部位为鸡翅膀内翼膜无毛三角区无血管部位。

b. 按瓶签注明羽份，用生理盐水稀释，刺种 12～14 周龄鸡。接种后 3～4d，刺种部位出现轻微红肿，偶有结痂，14d 恢复正常。

【注意事项】

a. 疫苗稀释后应放阴暗处，限 4h 内用完。

b. 仅用于接种 12 周龄以上健康鸡。

c. 开产前 4 周以内或产蛋期的鸡不能接种。

d. 接种后 7d，检查刺种部位是否发痘结痂，刺种部位无发痘结痂者，应重新补刺。

e. 用过的疫苗瓶、器具和未用完的疫苗等应进行无害化处理。

参考文献

[1] Bolte A L, Meurer J, Kaleta E F. Avian host spectrum of avipoxviruses[J]. Avian Pathol, 1999, 28（5）: 415-432.

[2] Tulman E R, Afonso C L, Lu Z, et al. The genome of canarypox virus[J]. Journal of virology, 2004, 78（1）: 353-366.

[3] COX W R. Avian pox infection in a Canada goose（Branta canadensis）[J]. J Wildl Dis, 1980, 16（4）: 623-626.

[4] 殷震，刘景华. 动物病毒学[M]. 2 版. 北京: 科学出版社，1997.

[5] McFadden G. Poxvirus tropism[J]. Nat Rev Microbiol, 2005, 3（3）: 201-213.

[6] Bolte A L, Meurer J, Kaleta E F. Avian host spectrum of avipoxviruses[J]. Avian Pathol, 1999, 28（5）: 415-432.

[7] Zhao K, He W, Xie S, et al. Highly pathogenic fowlpox virus in cutaneously infected chickens, China[J]. Emerg Infect Dis, 2014, 20（7）: 1208-1210.

[8] 崔治中. 禽反转录病毒与 DNA 病毒间的基因重组及其流行病学意义[J]. 病毒学报，2006, 22（2）: 150-154.

[9] Giotis E S, Skinner M A. Spotlight on avian pathology: fowlpox virus[J]. Avian Pathol, 2019, 48（2）: 87-90.

[10] Singh P, Kim T J, Tripathy D N. Re-emerging fowlpox: evaluation of isolates from vaccinated flocks[J]. Avian Pathol, 2000, 29（5）: 449-455.

[11] Fadly A M, Witter R L, Smith E J, et al. An outbreak of lymphomas in commercial broiler breeder chickens vaccinated with a fowlpox vaccine contaminated with reticuloendotheliosis virus[J]. Avian Pathol, 1996, 25（1）: 35-47.

[12] Perkus M E, Tartaglia J, Paoletti E. Poxvirus-based vaccine candidates for cancer, AIDS, and other infectious diseases[J]. J Leukoc Biol, 1995, 58（1）: 1-13.

[13] Marshall J L, Gulley J L, Arlen P M, et al. Phase I study of sequential vaccinations with fowlpox-CEA（6D）-TRICOM alone and sequentially with vaccinia-CEA（6D）-TRICOM, with

and without granulocyte-macrophage colony-stimulating factor, in patients with carcinoembryonic antigen-expressing carcinomas[J]. J Clin Oncol, 2005, 23 (4): 720-731.

[14] Sainova I V, Kril A I, Simeonov K B, et al. Investigation of the morphology of cell clones, derived from the mammalian EBTr cell line and their susceptibility to vaccine avian poxvirus strains FK and Dessau[J]. J Virol Methods, 2005, 124 (1-2): 37-40.

[15] Weli S C, Nilssen O, Traavik T. Avipoxvirus multiplication in a mammalian cell line[J]. Virus Res, 2005, 109 (1): 39-49.

2.4.8 禽呼肠孤病毒病疫苗

2.4.8.1 概述

禽呼肠孤病毒病是禽类的一种传染性疾病，可引起家禽的病毒性关节炎、腱鞘炎、生长迟缓、慢性呼吸道疾病等多种疾病。该病最早在英国、美国和加拿大发现。1985年，王锡坤第一次证实了我国也有禽病毒性关节炎发生。1988年，长春某鸡场发生了与鸡病毒性关节炎相似的病例，后证实为禽呼肠孤病毒感染。同年，江西省也暴发了禽呼肠孤病毒引起的病毒性关节炎[1]。

禽呼肠孤病毒是在1945年由Fahey和Crawley从患慢性呼吸道疾病的鸡呼吸道内首次分离到[2]。1957年，Olson等从患有滑液囊支原体的病鸡的病变部位分离出一种病原体，该病原体能导致滑膜炎。1967年，Kerr、Olson和他的同事证实Olson等分离到的病原为一种病毒，称之为病毒性关节炎病原。因为该病原具有双股核酸，最开始被当作是痘病毒。1972年，Walker等人经过电镜观察后，将其定名为呼肠孤病毒[3]。

（1）病原学　禽呼肠孤病毒（avian reovirus，ARV）是隶属于呼肠孤病毒科（Reoviridae）正呼肠孤病毒属（*Orthoreovirus*）的双链RNA病毒。电镜下观察，成熟的ARV病毒粒子呈无囊膜包裹的双层衣壳结构，病毒粒子为60～80nm的对称球形二十面体结构。在氯化铯中浮密度为1.29～1.39g/mL。纯化病毒仅含RNA和蛋白质，平均含量分别为18.7%和81.3%[4]。

其中*S1*基因片段，是具有局部重叠的3个ORF的多顺反子，蛋白质的编码从不同部位的起始密码子AUG开始，可合成多种蛋白；*M3*基因片段也是多顺反子，具有局部重叠的2个ORF，翻译合成两种蛋白；其余基因片段都为单顺反子。由于不同毒株编码同一蛋白的基因片段的差异性，多节段RNA病毒更易变异，不同分离株的核酸电泳图多样性明显。ARV *S1*基因的电泳图多态性尤为明显[5]。长基因片段*L1*、*L2*、*L3*分别编码结构蛋白λA、λB、λC，中基因片段*M1*、*M2*、*M3*各编码蛋白μA、μB、μNS和μNSC，小基因片段*S1*～*S4*共编码6类蛋白。S组最长基因片段*S1*编码P10、P17及σC三类蛋白，*S2*、*S3*、*S4*分别编码σA、σB、σNS三类蛋白。

鸡和火鸡是ARV的易感动物，可用鸡胚及多种细胞增殖ARV。实验室一般常用禽原代细胞培养ARV，其中以鸡胚肝细胞（CEL）最敏感，鸡胚肾细胞（CEK）次之，而鸡胚成纤维细胞（CEF）敏感性较前两者最差。ARV在细胞上的病变主要表现为细胞拉网、变圆，融合形成合胞体，随后融合的合胞体变性形成巨细胞，悬浮于培养液中，留下空洞[6]。ARV毒株经适应可在部分哺乳动物细胞内生长，但大多不产生细胞病变。ARV

存活能力强，能在多种禽舍废弃物表面存活 10 余天，在饮水中可存活 70d 以上。ARV 的热稳定性较强，可在 60℃ 存活超过 8h，在 56℃ 可存活 24h，37℃ 可存活 15 周以上，−20℃ 存活时间在 4 年以上，温度越低存活时间越长。ARV 不含糖类和脂质，对氯仿和乙醚不敏感，耐酸，可耐受强氧化剂过氧化氢。70% 乙醇和 0.5% 有机碘可灭活病毒[4]。

（2）**致病性** ARV 除引起关节炎外，也可引起其他疾病。患禽可能出现生长迟缓、心包积液、多组织炎症、免疫器官萎缩、呼吸道疾病、鸡传染性贫血病毒病、矮小综合征和吸收障碍综合征，球虫感染会加强 ARV 的致病性。

ARV 可以根据致病性分为 3 个类型。Ⅰ型为吸收障碍型，影响鸡的消化吸收功能，能够导致鸡产生暂时性的消化紊乱和吸收不良，病鸡表现为体质虚弱、精神不振、断羽、腿弱和跛行。雏鸡多会出现色素沉着不良、鸡只间体重相差较大、羽毛异常、饲料消化不全及腹泻等，导致鸡群死亡率增加。Ⅱ型为关节炎型，主要导致鸡关节炎病变，4～7 周龄的肉仔鸡发病率较高，14～16 周龄的鸡也会出现发病的情况。病鸡腱束双侧肿大、跗关节的胫骨肿大、走路不稳以及腓肠肌发生断裂。1～3 周内，病鸡可从急性症状恢复，或从急性转变为慢性。如果患病时间较长，大部分病鸡会出现患肢向外扭转，步态不稳。该型感染在成鸡和大雏鸡之间发病率较高，会造成病鸡的发育不良。Ⅲ型为综合型，同时具有Ⅰ型和Ⅱ型的特征。ARV 感染鸡后能够造成鸡的腓肠肌、肝脏、胰腺、法氏囊、胸腺和脾脏的细胞损伤，引起鸡的免疫抑制[4,7]。因而可导致机体对其他传染病病原体易感性的增加。在 ARV 感染引起的疾病中，对鸡伤害最大且最为重要的是病毒性关节炎综合征，其症状表现为腓肠肌肌腱有炎性浸润、出现断裂以及关节肿胀[8]。患有病毒性关节炎的鸡表现为跛行，产蛋量、受精率和孵化率均有所下降，鸡群死淘率升高，总体生产性能下降。

（3）**流行病学** ARV 能够感染包括鸡、火鸡、鸭、鹅、鸽子、鸵鸟、鹦鹉以及野鸟在内的各种禽类。目前的发现表明，能够引起关节炎或腱鞘炎的自然或实验宿主只有鸡和火鸡。家兔、仓鼠、大鼠、小鼠、豚鼠、鸽和金丝雀对该病的实验性感染一般不敏感[9]。雏鸡，特别是肉用仔鸡最容易受到禽呼肠孤病毒的侵害，20～35 日龄鸡多发。肉鸡由于品系的不同对该病的易感性有所差别，150～230 日龄的蛋鸡仍可发病，发病率高，但死亡率低。

ARV 在鸡体内可存活 9～10 个月，感染带毒鸡的粪便及其分泌物会严重污染周围环境[10]。ARV 可通过水平和垂直两种方式传播。水平传播主要是接触引起，不同毒株传播能力不同，病毒可长期存在于宿主盲肠扁桃体和跗跖关节内，因此带毒鸡是潜在感染源[8]。

ARV 常呈隐性感染，需通过血清学方法或病毒分离确诊。毒株致病性、宿主年龄和感染途径影响感染后潜伏期长短。病毒进入机体后在呼吸道、消化道复制，随血液扩散，形成病毒血症。粪便作为主要传播媒介，动物机体从呼吸道和消化道感染 ARV 病毒粒子，从而在鸡群中加剧横向传播，难以清除，但笼养鸡群传播速度较慢。此外，ARV 可通过鸡胚垂直传播[11]。

2.4.8.2 疫苗研究进展

（1）**弱毒疫苗** 弱毒疫苗生产工艺简单，成本较低，接种次数和使用量较小，无需配伍佐剂，免疫力持续时间长，可引起体液免疫和细胞免疫，使用较为广泛。1983 年，L. Van Der Heide 等将分离出的 CRVS1133 毒株通过人工传代的方法，经鸡胚和鸡成纤维细胞进行人工致弱，获得了一种对温度敏感的减毒疫苗——P100，但 P100 并非完全减毒疫苗[12]。1984 年，K. Haffer 在 P100 的基础上培育出一种对温度敏感的弱毒株——

UM1-203 株，动物实验结果表明，接种 UM1-203 弱毒疫苗能预防病毒性关节炎，且不干扰其他疫苗反应[13]。1994 年，唐雨德等通过交替升降培养湿度的方法，经鸡胚、鸡胚细胞、Vero 细胞培养，共传代 108 代，再通过蚀斑纯化后筛选出一株致病性最低的克隆株 JN-1，并将由其制成的弱毒疫苗接种于 1 日龄雏鸡足掌皮下后检测抗体，结果表明，该弱毒经雏鸡传 5 代后未有毒力返强现象，同时足底皮下攻毒试验也证实了 JN-1 弱毒疫苗能使接种鸡群产生足够的抗体[14]。目前，我国市售的 ARV 活疫苗主要为 S1133 株和 ZJS 株[15]。

弱毒疫苗除皮下接种外还可通过滴鼻、点眼等自然感染途径接种。不过，弱毒疫苗也存在储存运输不便、保存期较短且有潜在散毒风险等缺点。

1 日龄雏鸡对 ARV 最易感，易感性随日龄增长逐渐降低。在易感期内进行免疫接种可提高鸡群对 ARV 的抵抗力。但 ARV 弱毒苗会干扰马立克病（MD）疫苗的效果，需避免二者同时使用。对产前母鸡接种疫苗，可通过母源抗体为雏鸡提供被动免疫，防止 ARV 的垂直传播。

（2）灭活疫苗　灭活疫苗安全稳定，便于贮存运输，通常不会干扰其他疫苗。但灭活疫苗通常只介导体液免疫，免疫力产生较慢，抗体滴度会随时间增长而下降。因此免疫剂量较大，为增强免疫效果需配伍佐剂且需要定期加强免疫。

20 世纪 70 年代，ARV 灭活疫苗由鸡胚增殖的 S1133 毒株制备而成，攻毒试验结果表明，雏鸡接种该灭活疫苗后能在体内产生相应的中和抗体，但免疫保护效果有限。将 CRV S1133 毒株通过鸡胚传代并收集尿囊液，将尿囊液中的病毒与新城疫病毒、传染性支气管炎病毒按一定比例混合后制成油包水型三联油乳剂灭活疫苗，3～4 周龄的鸡在接种该疫苗 10d 后可产生保护力，保护率高达 90％以上，保护期长达半年[16]。将 AV2311 株制备成灭活疫苗免疫 28 日龄 SPF 鸡，免疫 7d 后即可产生中和抗体，攻毒保护率达 90％以上[17]。目前，我国市售的 ARV 灭活疫苗多为 S1133 株和 AV2311 株制备而成，多为联苗，如鸡新城疫、病毒性关节炎二联灭活疫苗，鸡新城疫、传染性支气管炎、传染性法氏囊病、病毒性关节炎四联灭活疫苗等。

由于流行株之间存在血清型差异，不同血清型之间不能提供交叉保护作用。目前不同血清型的 ARV 灭活疫苗广泛应用于种鸡免疫，以保证雏鸡体内带有保护性母源抗体。

（3）基因工程疫苗　ARV 基因工程疫苗技术主要为亚单位疫苗、核酸疫苗和重组载体疫苗。亚单位疫苗的优点在于安全性高、成分纯度高、稳定性好、无不良反应等，但与传统的疫苗相比，其免疫效果较差。ARV 基因工程疫苗研究的主要对象为 σC 和 σB 蛋白。两者均为病毒的外衣壳主要成分，与病毒的组织嗜性、致病机制以及病毒免疫原性关系密切[18]。以新城疫病毒为载体构建含 σC 基因的重组新城疫病毒，免疫攻毒试验结果显示其保护率可达 100％[19]。利用杆状病毒表达系统表达的 σB 蛋白和大肠杆菌表达的 σC 蛋白同样具有良好的免疫原性[20,21]。目前 ARV 基因工程疫苗都仍处于研究阶段，尚未有商品化疫苗。

2.4.8.3　疫苗产品

我国用于防治禽呼肠孤病毒病的疫苗主要有灭活疫苗和减毒活疫苗两类。其中灭活疫苗多使用 AV2311 株、S1133 株、WVU2937 株和 2408 株制备；减毒活疫苗主要为 S1133 株和 ZJS 株。

鸡新城疫、病毒性关节炎二联灭活疫苗（La Sota 株＋ AV2311 株）

本品为鸡新城疫病毒 La Sota 株和禽呼肠孤病毒 AV2311 株经灭活，加佐剂乳化制备而成。用于预防鸡新城疫和病毒性关节炎。

【主要成分与含量】

疫苗中含有灭活的鸡新城疫病毒 La Sota 株，灭活前的病毒含量 $\geqslant 10^{8.5}$ EID$_{50}$/0.1mL；禽呼肠孤病毒 AV2311 株，灭活前的病毒含量 $\geqslant 10^{5.5}$ EID$_{50}$/0.1mL。

【使用说明】

肌内或颈部皮下注射。28 日龄内雏鸡每只 0.2mL，免疫期为 3 个月；28 日龄以上的鸡每只 0.5mL，免疫期为 6 个月；种鸡开产前 1 个月左右免疫，每只 0.5mL，免后 4 个月内的子代在 2 周内可获保护。

【注意事项】

a. 本品不能冻结。

b. 体质瘦弱、患有其他疾病的禽，禁止使用。

c. 使用前应先仔细检查疫苗，如发现破乳、疫苗中混有异物等情况时，不能使用。

d. 注射前应将疫苗恢复至室温，并充分摇匀。

e. 疫苗启封后，限当日使用。

f. 注射器具，用前需经消毒，注射部位应涂擦 5% 碘酊消毒。

g. 宰杀前 28d 内禁止使用。

鸡新城疫、传染性法氏囊病、病毒性关节炎
三联灭活疫苗（La Sota 株+ B87 株+ S1133 株）

用于预防鸡新城疫、鸡传染性法氏囊病和鸡病毒性关节炎。

【主要成分与含量】

本品含灭活的鸡新城疫病毒（La Sota 株）、传染性法氏囊病病毒（B87 株）和禽呼肠孤病毒（S1133 株）。每毫升疫苗至少含灭活前的鸡新城疫病毒（La Sota 株）$4.0 \times 10^{8.0}$ EID$_{50}$、传染性法氏囊病病毒（B87 株）$4.0 \times 10^{6.8}$ TCID$_{50}$ 和禽呼肠孤病毒（S1133 株）$4.0 \times 10^{6.2}$ TCID$_{50}$。

【使用说明】

肌内注射，4 周龄以上的鸡，每只 0.5mL。为了获得良好的免疫效果，建议种鸡在 5～7 日龄和 4～5 周龄时分别用禽呼肠孤病毒活疫苗进行两次接种；在接种本品前 6～8 周时，用鸡新城疫活疫苗和传染性法氏囊病活疫苗进行基础接种。

【注意事项】

a. 本品只能免疫接种健康鸡群。

b. 用 NDV、IBDV 和 REO 活疫苗做基础免疫后，再接种本品可提高免疫效果。

c. 免疫接种期间，尽量减少对鸡群的应激。

d. 疫苗不得冻结保存，使用前将疫苗升至室温，并充分摇匀。

e. 本品开启后，应于 24h 内用完。

f. 宰前 28d 内禁用。

鸡新城疫、传染性支气管炎、传染性法氏囊病、呼肠孤病毒感染四联灭活疫苗（进口）

用于预防鸡新城疫、传染性支气管炎、传染性法氏囊病和呼肠孤病毒感染。

【主要成分与含量】

含灭活的鸡新城疫病毒 Clone 30 株，每羽份至少含 50 PD$_{50}$ 或 1/50 羽份至少能刺激产生 4log$_2$ HI（血凝抑制）单位抗体；含灭活的传染性支气管炎病毒 M41 株，每羽份至

少能诱导产生 $6.0\log_2$ HI 单位抗体；含灭活的传染性法氏囊病病毒 D78 株，每羽份至少能刺激产生 $12.5\log_2$ VN（病毒中和）单位抗体；含灭活的呼肠孤病毒 1733 株和 2408 株，每羽份至少能诱导产生 $5.0\log_2$ VN 单位抗体。

【使用说明】

适用于种鸡的加强接种，肌内或颈下部皮下注射，每只 0.5mL。免疫种鸡的子代通过母源抗体获得被动免疫力。接种的最佳时间和方法在很大程度上取决于当地的具体情况。因此，接种前应征求当地兽医的意见。

如按说明书正确接种健康鸡，应无严重不良反应。但有时在接种部位出现微肿，可持续数周，若接种时严格执行无菌操作，则不会造成永久性的组织损害。

【注意事项】

a. 仅用于接种健康鸡。

b. 疫苗切勿冻结。

c. 使用前应将疫苗放至室温（15～25℃）。

d. 接种前应摇匀。

e. 应使用无菌注射器械进行接种。

f. 疫苗瓶开启后应在 3h 内用完。

g. 本疫苗不得与其它疫苗混合使用。

h. 用过的疫苗瓶、器具和未用完的疫苗等应进行无害化处理。

i. 如误将疫苗注入人体，应立即就医，并告诉医生本疫苗含有矿物油乳剂。

鸡病毒性关节炎活疫苗（ZJS 株）

本品用于 5 日龄及以上鸡免疫，预防鸡病毒性关节炎。

【主要成分与含量】

含禽呼肠孤病毒（ZJS 株），每羽份病毒含量 $\geqslant 10^{3.5}$ $TCID_{50}$。

【使用说明】

颈部皮下或肌内注射。按瓶签注明羽份，用马立克病疫苗稀释液、无菌生理盐水或 PBS（磷酸盐缓冲液）稀释。每只 0.2mL。

【注意事项】

a. 仅免疫接种健康鸡群，感染球虫、支原体、马立克病病毒等均可影响免疫效果。

b. 不得与马立克病或鸡传染性法氏囊病活疫苗同时使用，至少间隔 5d。

c. 免疫接种期间，尽量减少对鸡群的应激。

d. 疫苗开启稀释后，应放在阴暗处，限 2h 内用完。

参考文献

[1] 李巨银，胡新岗，魏宁．禽呼肠孤病毒病的研究进展[J]．甘肃畜牧兽医，2011，41（4）：38-40.

[2] Fahey J E, Crawley J F. Studies on chronic respiratory disease of chickens II. isolation of a virus[J]. Canadian Journal of Comparative Medicine & Veterinary Science, 1954, 18（1）：13-21.

[3] Walker E R, Friedman M H, Olson N O. Electron microscopic study of an avian reovirus that causes arthritis[J]. Journal of Ultrastructure Research, 1972, 41（1-2）：67-79.

[4] Spandidos D A, Graham A F. Physical and chemical characterization of an avian reovirus[J].

J Virol, 1976, 19（3）：968.

[5] 刘文兴，王劭，吴宝成．禽类呼肠孤病毒的分子生物学[J]．福建畜牧兽医，2004，26（z1）：10-12.

[6] 陈士友，陈溥言，蔡宝祥．一株分离自外观正常鸡胚的禽呼肠孤病毒的鉴定[J]．畜牧兽医学报，1993，24（3）：243-247.

[7] Sharma J M, Karaca K, Pertile T. Virus-induced immunosuppression in chickens[J]. Poultry Sci, 1994, 73（7）: 1082-1086.

[8] Jones R C, Kibenge F S. Reovirus-induced tenosynovitis in chickens: the effect of breed[J]. Avian Pathol, 1984, 13（3）: 511-528.

[9] Benavente J, Martínez-Costas J. Avian reovirus: Structure and biology[J]. Virus Res, 2007, 123（2）: 105-119.

[10] Hieronymus Dale R K, Villegas P, Kleven S H. Identification and serological differentiation of several reovirus strains isolated from chickens with suspected malabsorption syndrome[J].Avian Dis, 2014, 27（1）: 246-254.

[11] 殷震，刘景华．动物病毒学[M]．2版．北京：科学出版社，1997.

[12] Heide Lvd, Brustolon K M. Development of an attenuated apathogenic reovirus vaccine against viral arthritis/tenosynovitis.[J]. Avian Dis, 1983, 27（3）: 698-706.

[13] Haffer K. In vitro and in vivo studies with an avian reovirus derived from a temperature-sensitive mutant clone[J]. Avian Dis, 1984, 28（3）: 669-676.

[14] 唐雨德，张春杰．鸡病毒性关节炎 JN-1 株疫苗的免疫研究[J]．中国兽医科技，1994，24（9）：3-5.

[15] 王友，李敬宇，尤永君，等．鸡病毒性关节炎活疫苗对 SPF 鸡攻毒保护实验研究[J]．中国动物保健，2014，16（3）：20-22.

[16] 唐秀英，王立南，王立滨．鸡新城疫、传染性支气管炎、病毒性关节炎三联油乳剂灭活苗的研究[J]．中国畜禽传染病，1992（3）：10-15.

[17] 康亚男，毛雅元，王寿山，等．鸡病毒性关节炎灭活疫苗与同类产品比较研究[J]．黑龙江畜牧兽医：下半月，2014（4）：97-98.

[18] Goldenberg D, Lublin A, Rosenbluth E, et al. Optimized polypeptide for a subunit vaccine against avian reovirus[J]. Vaccine, 2016, 34（27）: 3178-3183.

[19] Saikia D P, Yadav K, Pathak, et al. Recombinant Newcastle Disease Virus（NDV）Expressing Sigma C Protein of Avian Reovirus（ARV）Protects against Both ARV and NDV in Chickens[J]. Pathogens, 2019, 8（3）: 145.

[20] Shapouri Mrs, Kane M, Letarte M, et al. Cloning, sequencing and expression of the S1 gene of avian reovirus[J]. J Gen Virol, 1995, 76（6）: 1515-1520.

[21] 王盛，谢芝勋，沈文康，等．禽呼肠孤病毒 σB 和 σC 蛋白在昆虫细胞中的共表达[J]．中国畜牧兽医，2020，47（5）：1334-1341.

2.4.9　鸡减蛋综合征疫苗

2.4.9.1　概述

减蛋综合征（egg drop syndrome，EDS），是由减蛋综合征病毒（egg drop syndrome virus，EDSV）引起的一种以产蛋鸡产薄壳或无壳蛋、产蛋率严重下降为主要特征的传染病[1]。1976 年首次从荷兰产蛋鸡中分离出该病毒[2]。随后，在西欧国家相继发生，在澳大利亚、比利时、中国、法国、英国、匈牙利、印度、日本、北爱尔兰、新加坡、南非、巴西、丹麦、墨西哥、新西兰和尼日利亚等地的鸡中也分离到EDSV。该病在全世界范围内广泛流行，不同分离株间致病性存在较大差异。鸡中的EDSV被认为起源于鸭子，鸡感染后直接影响产蛋和蛋壳质量而造成重大经济损失。

（1）**病原学**　减蛋综合征病毒属于腺病毒科腺胸腺病毒属（即Ⅲ亚群腺病毒）。该病毒为双链DNA病毒，病毒直径为70～80nm，无包膜，二十面体核衣壳。EDSV基因组约33kb，AT碱基含量57%～64%。病毒衣壳结构和壳粒数目等均具有典型的腺病毒特征，每个病毒粒子都是由核酸芯髓（core）、衣壳、暴露在衣壳外的纤突及其相关蛋白组成。每个病毒的衣壳表面有252个壳粒，中间包裹着核酸芯髓。其中240个壳粒为hexon，分布在病毒粒子的面和棱上，剩下12个壳粒为penton，分布在12个顶上。每一基底壳粒上只有一个纤突[3]。EDSV也被称为鸭腺病毒Ⅰ型（duck adenovirus 1，DAdV-1），鸭腺病毒A型[4]。鸭子感染EDSV后没有临床症状。在全世界各种家养的鸭和鹅中都反复检测出EDSV抗体。

EDSV对外界具有较强的抵抗力，由于该病毒无囊膜，所以对脂质性溶剂抵抗力较强，如乙醚、2%酚、5%乙酸、氯仿、胰蛋白酶等，但是对丙酮相当敏感。同时抗酸碱范围广，pH 3～10时病毒仍能存活。室温下可存活6个月左右，干燥情况下25℃可存活7d，-20℃可长期保存，可耐受50℃加热1h、60℃加热1h、80℃加热10min或100℃加热5min，0.1%的甲醛可使病毒失去活性。该病毒具有血凝性，能凝集禽类红细胞，如鸡、鸭、鹅、鸽、孔雀、火鸡、鹌鹑等，不能凝集哺乳动物的红细胞[5]。

大多数腺病毒具有比较严格的宿主范围，EDSV最适于在鸭肾、鸭胚肝和鸭胚成纤维细胞中生长，在鸡胚肝细胞中也能较好地生长[6]。而在鸡成纤维细胞中生长不良，在哺乳动物细胞中不能生长。分离EDSV最敏感的系统是鸭胚和鹅胚及其细胞培养物，鸭胚和鹅胚不仅易感，而且可以排除鸡的其它多种病毒的生长。

（2）**流行病学特点**　自然条件下，本病最易感的动物是鸡，不同日龄不同品种的鸡均能感染EDSV。感染的母鸡在性成熟之前，EDSV病毒一直处于潜伏状态，而且不表现出感染性，不易检测。鸡开产后，产蛋初期的应激致使病毒活化而使产蛋鸡表现出致病症状。感染鸡产薄壳蛋，颜色呈现苍白色。之后快速变化为生产软壳和无壳蛋。同时，鸡群感染EDSV后产蛋量下降，持续3～8周，随后逐渐恢复生产到正常水平。EDSV可垂直传播和水平传播，其主要传染源为受污染的鸡蛋、蛋托盘和粪便。

在感染后2～5d，病毒在淋巴组织中分布广泛，尤其在胸腺和脾脏。在感染后8d，病毒在输卵管峡部的蛋壳分泌腺中大量复制，病毒的复制量与组织损伤程度呈正相关。在消化道中检测不到病毒，产蛋鸡排泄物检测到的病毒可能来源于子宫渗出液，所以垂直传播是EDSV最主要的传播方式。Ivanics等[7]于2001年首次报道雏鹅经气管感染后，可出现急性呼吸道症状，以支气管炎和气管炎为主要特征。鹌鹑也对EDS易感，并表现出典型临床症状，国内已经分离出鹌鹑源EDSV。

（3）**临床症状及病理变化**　鸡减蛋综合征的潜伏期不等，人工感染时为7～9d。一般病鸡感染后无明显的临床症状，主要的临床症状是病鸡突然整群产蛋量显著降低，病情初期时，所产的蛋色泽暗淡甚至无光泽，随后产出壳软、无蛋壳以及质地粗糙、像砂纸样的薄壳等不正常蛋。该病病程通常可持续4～10周，患病期间产蛋量下降30%～50%不等。如果病鸡隐性感染之后发病，一般可在病鸡产蛋量达高峰期时出现产蛋下降的症状。对于已经进行免疫接种获得抗体的鸡，一旦感染，病鸡的临床症状会有不同程度的差异，部分病鸡可能出现产蛋期推迟的现象，而有些病鸡产量降低，不能达到预期的生产性能。

感染鸡剖检时可发现肝脏肿大，胆囊明显增大，充满淡绿色胆汁。病程稍长死亡者，肝脏发黄、萎缩，胆囊也萎缩；卵泡充血，变形或掉落或发育不全，卵巢萎缩或出血；卡他性肠炎，泄殖腔脱垂的病例增多；子宫和输卵管管壁明显增厚、水肿，其表面有大量白色渗出物或干酪样分泌物[8]。严重的可见脱落在腹腔内的无壳变性的粘连卵或多层包膜卵。由于输卵管受损严重，发育成熟的卵泡破裂或坠入腹腔内，促使蛋鸡发生卵黄性腹膜炎，这也是鸡群因腹膜炎发生死亡的主要原因。鸡感染 EDSV 后 3～5d 在输卵管的漏斗部观察到炎症损伤，鸡输卵管功能障碍出现异常卵。同时，EDSV 可造成输卵管黏膜上皮变性，纤毛层脱落，胞浆内的分泌颗粒减少以及子宫腺的萎缩，这些变化都会导致蛋壳异常。该病的主要病理组织学变化出现在输卵管蛋壳分泌腺处，镜检可发现核内包涵体，管腔中可发现大量脱落的细胞，并伴随着炎症反应，基底膜和上皮可见淋巴细胞、浆细胞、巨噬细胞及异嗜性细胞浸润。由于感染鸡输卵管各部分功能的异常，干扰和破坏正常产蛋鸡的周期和排卵机制，导致产卵的数量和质量下降。

2.4.9.2 疫苗研究进展

疫苗免疫能够有效防控 EDS。防控 EDS 的疫苗主要有单价灭活疫苗和多联灭活疫苗。多联灭活疫苗有二联灭活疫苗、三联灭活疫苗和四联灭活疫苗。同时还有针对减蛋综合征的亚单位疫苗相关研究。

（1）单价灭活疫苗　EDS-76 腺病毒的油佐剂灭活疫苗使用得当可起到很好的防治作用。它能降低发病率，但不能阻止 EDS-76 腺病毒排出，该疫苗适合在生长期为 14～18 周龄的蛋鸡上接种，且可与其他疫苗如新城疫疫苗联合使用，免疫力可以持续至少 1 年。免疫不当蛋鸡的血凝抑制滴度不高时，攻击 EDS-76 腺病毒就容易出现排毒，而免疫适当的鸡可抵抗疾病免受影响，不出现排毒现象。目前我国市面上的单价灭活疫苗主要使用京 911 株。

（2）多联灭活疫苗　近年来随着养鸡业朝着集约化和规模化方向发展，多种疾病在鸡养殖过程中频繁发生。多联疫苗节省了养殖过程中的人力、物力，降低了生产成本。目前减蛋综合征联苗主要是与鸡新城疫、传染性支气管炎、禽流感、传染性法氏囊、传染性脑脊髓炎联合[9,10]。国内疫苗生产企业生产联苗使用的减蛋综合征毒株主要有 Z16 株、AV27 株、京 911 株、HE02 株、HSH23 株、HS25 株、K-11 株和 NE4 株。

（3）亚单位疫苗　EDSV 纤突蛋白的 knob 区域和 shaft 区域常被用来表达制备亚单位疫苗[11-13]。Song 等[14] 研究人员通过大肠杆菌表达 EDSV 纤突蛋白部分区域，表达含量高达 126mg/L。制备的亚单位疫苗以 $2\mu g$ 的最低免疫剂量免疫鸡可在免疫后 16 周仍能产生 HI 抗体，与灭活疫苗免疫组产生相同滴度的中和抗体；该亚单位疫苗免疫 SPF 鸡能产生淋巴细胞增殖反应和细胞因子表达，同时显著降低肝脏中病毒载量。

2.4.9.3 疫苗产品

我国多使用灭活单苗、二联、三联和四联疫苗预防鸡减蛋综合征。

鸡减蛋综合征灭活疫苗说明书（2020 年版兽药典说明书）

【兽药名称】
通用名称：鸡减蛋综合征灭活疫苗
英文名称：Egg drop syndrome vaccine, inactivated
汉语拼音：Ji Jiandanzonghezheng Miehuoyimiao

【主要成分】本品含灭活的禽腺病毒京 911 株（CVCC AV70）。

【性状】均匀乳剂。

【作用与用途】用于预防鸡减蛋综合征。

【用法与用量】肌内或颈部皮下注射。开产前 14～28d 接种，每只 0.5mL。

【注意事项】

a. 切忌冻结，冻结过的疫苗严禁使用。

b. 使用前，应将疫苗恢复至室温，并充分摇匀。

c. 接种时，应作局部消毒处理。

d. 用过的疫苗瓶、器具和未用完的疫苗等应进行无害化处理。

【规格】100mL/瓶、250mL/瓶、500mL/瓶。

【贮藏与有效期】2～8℃保存，有效期为 12 个月。

鸡新城疫、减蛋综合征二联灭活疫苗说明书（2020 年版兽药典说明书）

【兽药名称】

通用名称：鸡新城疫、减蛋综合征二联灭活疫苗

英文名称：Combined newcastle disease and egg drop syndrome vaccine，inactivated

汉语拼音：Ji Xinchengyi，Jiandanzonghezheng Erlian Miehuoyimiao

【主要成分】本品含灭活的鸡新城疫病毒 La Sota 株（CVCC AV1615）和灭活的禽腺病毒京 911 株（CVCC AV70）。

【性状】均匀乳剂。

【作用与用途】用于预防鸡新城疫和鸡减蛋综合征。

【用法与用量】肌内或颈部皮下注射。在鸡群开产前 14～28d 接种，每只 0.5mL。

【注意事项】

a. 切忌冻结，冻结过的疫苗严禁使用。

b. 使用前，应将疫苗恢复至室温，并充分摇匀。

c. 接种时，应作局部消毒处理。

d. 用过的疫苗瓶、器具和未用完的疫苗等应进行无害化处理。

e. 屠宰前 28d 内禁止使用。

【规格】100mL/瓶、250mL/瓶、500mL/瓶。

【贮藏与有效期】2～8℃保存，有效期为 12 个月。

鸡新城疫、传染性支气管炎、减蛋综合征三联灭活疫苗（La Sota 株＋ M41 株＋ HSH23 株）说明书（2017 年版兽药质量标准）

【兽药名称】

通用名称：鸡新城疫、传染性支气管炎、减蛋综合征三联灭活疫苗（La Sota 株＋M41 株＋HSH23 株）

英文名称：Newcastle disease，infectious bronchitis and egg drop syndrome vaccine，inactivated（strain La Sota＋strain M41＋strain HSH23）

汉语拼音：Ji Xinchengyi，Chuanranxingzhiqiguanyan，Jiandanzonghezheng Sanlian Miehuoyimiao（La Sota Zhu＋M41 Zhu＋HSH23 Zhu）

【主要成分与含量】每羽份（0.5mL）疫苗中含灭活的鸡新城疫病毒 La Sota 株 $\geqslant 10^{8.3}EID_{50}$、传染性支气管炎病毒 M41 株 $\geqslant 10^{6.3}EID_{50}$、减蛋综合征病毒 HSH23 株 $\geqslant$

1000HA 单位。

【性状】乳白色均匀乳剂。

【作用与用途】用于预防鸡新城疫、传染性支气管炎和减蛋综合征。免疫接种后 14～21d 产生免疫力。免疫期为 6 个月。

【用法与用量】颈部皮下或肌内注射。开产前（16～20 周龄）产蛋鸡，每只 0.5mL。

【不良反应】一般无可见的不良反应。

【注意事项】

a. 仅对健康鸡群进行免疫接种。

b. 用鸡新城疫及传染性支气管炎活疫苗进行基础免疫后，再接种本疫苗，可提高对鸡新城疫及传染性支气管炎的免疫预防效果。

c. 疫苗使用前应充分摇匀，并使疫苗升到室温。

d. 疫苗开启后应在 24h 内用完。

【规格】100mL/瓶、250mL/瓶、500mL/瓶。

【贮藏与有效期】2～8℃保存，有效期为 12 个月。

鸡新城疫、传染性支气管炎、减蛋综合征、禽流感（H9 亚型）四联灭活疫苗（La Sota 株＋M41 株＋Z16 株＋HP 株）说明书（2017 年版兽药质量标准）

【兽药名称】

通用名称：鸡新城疫、传染性支气管炎、减蛋综合征、禽流感（H9 亚型）四联灭活疫苗（La Sota 株＋M41 株＋Z16 株＋HP 株）

英文名称：Newcastle disease，infectious bronchitis，egg drop syndrome and avian influenza（H9 subtype）vaccine，inactivated（strain La Sota＋strain M41＋strain Z16＋strain HP）

汉语拼音：Ji Xinchengyi，Chuanranxingzhiqiguanyan，Jiandanzonghezheng，Qinliugan（H9Yaxing）Silian Miehuoyimiao（La Sota Zhu＋M41 Zhu＋Z16Zhu＋HP Zhu）

【主要成分与含量】疫苗中含灭活的鸡新城疫病毒 La Sota 株、传染性支气管炎病毒 M41 株、减蛋综合征病毒 Z16 株和 H9 亚型禽流感病毒 HP 株，灭活前鸡新城疫病毒含量 $\geqslant 4 \times 10^8 EID_{50}/0.1mL$，传染性支气管炎病毒含量 $\geqslant 4 \times 10^{6.0} EID_{50}/0.1mL$，减蛋综合征病毒含量 $\geqslant 4 \times 10^{6.0} TCID_{50}$，H9 亚型禽流感病毒含量 $\geqslant 4 \times 10^7 EID_{50}/0.1mL$。

【性状】乳白色乳剂。

【作用与用途】用于预防鸡新城疫、传染性支气管炎、减蛋综合征和 H9 亚型禽流感。开产前成年鸡免疫期为 4 个月。

【用法与用量】颈部皮下或肌内注射。开产前一个月左右种鸡、蛋鸡，每只 0.5mL。

【不良反应】无。

【注意事项】

a. 本品用于接种健康鸡。体质瘦弱、患有其他疾病者，不应使用。

b. 使用前应仔细检查疫苗，如发现破乳、疫苗中混有异物等情况时，不能使用。

c. 使用前应先使疫苗恢复到常温并充分摇匀。

d. 疫苗启封后，限当日用完。

e. 本品不能冻结。

f. 注射针头等用具，用前需消毒，注射部位应涂擦 5％碘酊消毒。

【规格】100mL/瓶、250mL/瓶、500mL/瓶。

【贮藏与有效期】2～8℃保存，有效期为12个月。

参考文献

[1] 刁有祥，李久芹，吴玉泉，等. 鸡包涵体肝炎的诊断[J]. 中国畜禽传染病，1996（1）：40-41.

[2] Van Eck J H H, Davelaar F G, Thea A M, et al. Dropped egg production, soft shelled and shell-less eggs associated with appearance of precipitins to adenovirus in flocks of laying fowls [J]. Avian Pathol, 1976, 5: 261-272.

[3] Mangel W F, San Martín C. Structure, function and dynamics in adenovirus maturation[J].Viruses, 2014, 6（11）: 4536-4570.

[4] Lefkowitz E J. Virus taxonomy: the database of the international committee on taxonomy of viruses （ICTV）[J]. Nucleic Acids Research, 2018（D1）: D708-D717.

[5] 李梅，李永明. 鸡产蛋下降综合症病毒的血凝特性测定[J]. 贵州畜牧兽医，1998，22（1）：3-5.

[6] 周锦萍，李刚，郑明球，等. 鸡源和鸭源EDS病毒的某些生物学特性比较[J]. 畜牧与兽医，1999，31（4）：6-9.

[7] Ivanics E. The role of egg drop syndrome virus in acute respiratory disease of goslings[J].Avian Pathology, 2001, 30（3）: 201-208.

[8] 韦建刚. 鸡产蛋下降综合征诊断及防治[J]. 畜牧兽医科学（电子版），2020（21）：87-88.

[9] 高换河，王美红，秦利华，等. 鸡新城疫传染性支气管炎减蛋综合征传染性囊病四联灭活疫苗（La Sota株+M41株+Z16株+HQ株）的安全性试验[J]. 中国兽医杂志，2016，52（6）：104-106.

[10] 崔艳丽. 鸡新城疫、传染性支气管炎、减蛋综合征、禽流感（H9亚型）四联灭活疫苗（La Sota株+M41株+HS25株+HZ株）安全性评价[J]. 中国动物保健，2017，19（3）：89-91.

[11] Gutter B. Recombinant egg drop syndrome subunit vaccine offers an alternative to virus propagation in duck eggs[J]. Avian Pathol, 2008, 37（1）: 33-37.

[12] Harakuni T. Fiber knob domain lacking the shaft sequence but fused to a coiled coil is a candidate subunit vaccine against egg-drop syndrome[J]. Vaccine, 2016, 34（27）: 3184-3190.

[13] Fingerut E. A subunit vaccine against the adenovirus egg-drop syndrome using part of its fiber protein[J]. Vaccine, 2003, 21（21-22）: 2761-2766.

[14] Song Y. Development of novel subunit vaccine based on truncated fiber protein of egg drop syndrome virus and its immunogenicity in chickens[J]. Virus Res, 2019, 272: 197728.

2.4.10　禽脑脊髓炎疫苗

2.4.10.1　概述

禽脑脊髓炎（avian encephalomyelitis，AE）是由禽脑脊髓炎病毒（avian encephalomyelitis virus，AEV）引起的，以侵害中枢神经系统引起非化脓性脑炎为主要病变特征的禽传染性疾病。该病宿主广泛，鸡、野鸡、火鸡、鹌鹑、鸽子等禽类均易感。该病主要危害4周龄以下雏鸡，主要临床表现为共济失调、头颈震颤和后趾麻痹等神经症状，通常发病率为20%～60%，死亡率约为25%，严重时也可超过50%。成年鸡感染AEV不表现出神经症状，但可引起生产性能下降，产蛋鸡表现为产蛋率下降，下降幅度16%～43%，约2周后恢复正常水平。期间所产种蛋高度带毒，造成鸡胚死亡或雏鸡感染[1]。

（1）**病原学**　AEV 为小 RNA 病毒科震颤病毒属成员，基因组为长约 7055bp 的单股正链 RNA[2]。病毒基因组由 5′非编码区（5′UTR）、开放阅读框（ORF）和 3′非编码区（3′UTR）组成。5′UTR 含有一个内部核糖体插入位点（internal ribosome entry site，IRES），参与病毒基因组的翻译起始；3′UTR 的多聚腺苷酸尾 Poly（A）可能参与病毒 RNA 的复制调控。ORF 编码一个长度为 2143 个氨基酸残基的多聚蛋白前体，该前体在细胞蛋白酶的作用下水解为 L、P1、P2 和 P3 等 4 个前体蛋白。其中 P1 进一步被水解为 VP0、VP1 和 VP3，VP0 进一步水解为 VP2 和 VP4，VP1、VP2、VP3 和 VP4 共同构成病毒衣壳；P2 在蛋白酶的作用下水解为 3 种非结构蛋白：2A、2B 和 2C；P3 在蛋白酶的作用下水解为 4 种蛋白：3A、3B、3C 和 3D[3]。其中衣壳蛋白 VP1 是主要保护性抗原。病毒粒子为直径 24～32nm 的正二十面体，病毒表面无囊膜，对氯仿、强酸、胰蛋白酶等均有一定抗性，存在 Mg^{2+} 时，病毒可在 56℃下维持稳定性达 1h。

AEV 目前只有一个血清型，但不同的毒株表现出不同的致病性和组织嗜性。AEV 根据组织嗜性可分为两类：一类是嗜肠型病毒，临床分离的野毒株均为嗜肠型，可通过粪口传播途径感染易感动物，并可刺激机体产生特异性免疫反应；另一类是嗜神经型病毒，野毒株在鸡胚脑组织中连续传代后可产生高度嗜神经型毒株，代表毒株 Van Roekel 株即为野毒株经由鸡胚连续传代获得，皮下接种嗜神经型毒株可感染雏鸡并产生神经症状[4]。

AEV 增殖培养通常采用卵黄囊接种 6 日龄鸡胚，嗜肠型毒株接种鸡胚不会致鸡胚病变，在连续鸡胚传代的鸡胚适应株可引起鸡胚病变[5]。病毒以卵黄囊接种后 3～4d 鸡胚脑中 AEV 检测呈阳性，在接种后 6～9d 病毒滴度达到高峰[6]。AEV 也可以在鸡胚脑细胞、鸡胚成纤维细胞、鸡胚神经细胞上培养增殖，但病毒增殖速度慢且不产生明显的细胞病变（CPE）[7]。

（2）**致病性**　AEV 野毒株和鸡胚适应株致病性有着显著的差异。鸡胚适应毒株如 Van Roekel 株失去了野毒株的嗜肠性，不能在肠道中很好地繁殖，经口服途径感染雏鸡不会出现临床症状。但通过皮下、肌内或颅内接种等途径感染雏鸡可致明显的神经症状，且发病鸡肠道中无病毒检出。鸡胚适应 AEV 主要分布于中枢神经系统和胰脏，其他组织如肝、心等只是一过性地可检测到少量的病毒[8]。病毒主要对中脑、小脑和延髓等中枢神经系统产生持续性侵害。

野毒株主要为嗜肠型，通过消化道途径感染动物。嗜肠型毒株能在肠道中增殖并由此扩散到其他组织，最后侵入神经系统。感染雏鸡后主要引起共济失调和头颈部快速震颤等典型 AE 临床症状；而感染成年产蛋鸡后表现为产蛋率下降和种蛋孵化率降低，并且雏鸡孵出后两周内也会发病。研究表明脑内接种的雏鸡也可发病并表现出神经症状。野毒株感染雏鸡后，在肠道、腺胃和胰腺等消化器官中可以检测到较高滴度的病毒，并且患病鸡可以通过粪便持续向外界排毒，病毒在粪便中可以存活较长时间，健康鸡啄食粪便后，粪便中的病毒又可以作为传染源进一步感染健康动物[9]。

（3）**流行病学**　鸡、雉鸡、火鸡、鹌鹑、山鸡、珍珠鸡、鹧鸪等禽类均易感[10]，鸡各年龄均可感染，多发生于 2～3 周龄以内的雏鸡并有明显的临床症状，而且具有日龄抵抗性。成年鸡及鹌鹑感染后不引起神经症状，产蛋鸡感染出现一过性的产蛋率下降，下降幅度在 16%～43%，大约持续两周后恢复正常，而在此期间所产种蛋孵出的雏鸡则能出现 AE 症状。火鸡自然发病情况与鸡基本相同。实验感染雏鹌鹑、雏鸭、雏火鸡、雏鸽和珍珠鸡也可引起临床症状。小鼠对病毒脑内接种具有抵抗性[11]。

在自然条件下的 AEV 感染一般分为水平传播和垂直传播。2 周龄以内的鸡发病多与垂直传播有关；2 周龄以上鸡感染多与水平传播有关。水平传播是通过摄食引起的肠道感染，由于野毒株大多为嗜肠道型，病毒能在鸡肠道内繁殖并随粪便被排到体外。鸡在感染 AEV 4～10d 后，粪便中就能检测到病毒[12]。粪便排毒的持续时间在一定程度上与日龄有关，非常小的雏鸡排毒时间在 2 周以上，而 3 周龄的雏鸡排毒仅为 5d。病毒对环境有相当强的抵抗力，至少可存活 4 周，因此，具有长期感染性。在此期间被病鸡粪便中 AEV 污染的饲料、饮水、垫草、用具等可通过摄食或接触引起其他鸡的感染。垂直传播是另一种重要的病毒传播方式。易感种鸡感染 AEV 后，病毒可通过血液循环进入蛋中，使种蛋受到污染。这一时期至少持续 20d。这些种蛋所孵的鸡胚在孵化的后期死亡率很高，即使孵化出壳也会在出壳时或出壳后数天内出现症状。

易感鸡群一年四季均可发病。发病率、死亡率与家禽的易感性、病毒毒力和鸡群日龄有关。雏鸡发病率一般为 20%～60%，死亡率平均为 25%，甚至更高。有免疫力的种鸡群后代基本不发病。易感鸡成年后很少死亡，仅表现为一过性产蛋率下降，下降幅度为 16%～43%。

2.4.10.2 禽脑脊髓炎疫苗研究进展

（1）弱毒活疫苗　国外在 20 世纪 50 年代即开始了 AE 疫苗的研究与应用，1962 年，美国农业部批准了第一个商用的禽脑脊髓炎弱毒疫苗。该疫苗选用的是 AEV 温和野毒株 1143 株，其具有高度的免疫原性和低嗜神经毒性，已在多国广泛用于产蛋种鸡的免疫接种。肌肉接种该疫苗比翅膀刺种或口服接种能诱导较快和更有效的保护反应，被免疫的母鸡后代可抵抗 AEV 感染[13]。研究表明，13 周龄种鸡接种疫苗 14d 后，免疫鸡血清已全部阳转，免后 42d 时抗体出现第一个峰值，此后一直保持较高水平，后代雏鸡攻毒保护率在 92.9% 以上[14]。但 1143 株仍对鸡有一定致病性，肌肉接种或翅膀刺种有 10%～20% 的鸡群出现临床症状。这可能是在疫苗制造过程中疫苗毒偶然发生了适应。早先我国一些鸡场应用不同途径引进的弱毒疫苗后引起了 AE[15]。

我国在 2017 年批准注册了第一个国产禽脑脊髓炎活疫苗（AEV-YBF02 株），AEV-YBF02 株是从山东自然发病有明显临床症状的雏鸡的脑组织中分离、鉴定出来的。对鸡胚致病性试验结果显示接种 AEV-YBF02 株病毒 5d 后，胚体没有明显眼观病变，胚体发育较正常，胚体活动正常，针刺腿部肌肉时能产生收缩反应；继续孵化出壳后均发病。对雏鸡毒力试验显示，脑内接种病毒的雏鸡均陆续发病；口服接种的雏鸡个别发病；翅膀刺种的鸡在 28d 内没有发病现象。免疫效力试验显示，鸡在翅膀刺种免疫后第一周就能检测到抗体，抗体的阳性率在免后 3 周达到 100%，直至第 12 周仍保持较高的水平，攻毒保护率在 90% 以上[16]。

（2）灭活疫苗　禽脑脊髓炎灭活疫苗通常用鸡胚适应株或细胞适应株制备。早在 20 世纪 50 年代，国外研究者利用 β-丙内酯灭活 AEV-VR 株，加氢氧化铝凝胶制成灭活疫苗，该苗肌内注射免疫后有较好的效果，但成本较高，且使用不太方便。并且灭活疫苗要达到口腔接种活疫苗相平行的抗体水平，这就要求灭活疫苗最初接种病毒量应比活疫苗大 10^2～10^3 倍，即病毒滴度在灭活前为 $10^6 EID_{50}$。

我国研究者用 AEV-VR 株接种 SPF 鸡胚，9d 后收集胚体（去喙、趾、眼球）及绒毛尿囊膜，将胚组织捣碎，离心取上清液，甲醛灭活，以白油为佐剂，司本-80 及吐温-80 为乳化剂，制成油包水型疫苗，并加入 1/10000 硫柳汞为防腐剂制备疫苗。以 $10^{5.675} EID_{50}$ 每羽份肌肉免疫接种 3 周龄 SPF 鸡，可使鸡免疫强毒株攻击。同样的，以 AEV-NH937 接种 SPF 鸡胚，收胚研磨成悬液后离心，取上清用甲醛溶液灭活制成 AEV

灭活抗原液；将制苗佐剂与乳化剂加工后和灭活抗原液混合、乳化，制成油包水型油乳剂灭活疫苗。分别免疫接种雏鸡和成年鸡，结果表明疫苗安全，免疫原性好。接种雏鸡在21d时攻毒，保护率为100％；免疫成年种鸡所产种蛋鸡胚敏感试验保护率为90％；成年鸡免疫期至少为1年，雏鸡免疫期至少为6个月。

目前，我国生产的禽脑脊髓炎灭活疫苗通常为AEV-VR株和AEV-NH937株两种。

2.4.10.3 疫苗产品

目前，我国用于防治禽脑脊髓炎的疫苗主要有灭活疫苗和减毒活疫苗两类。

禽脑脊髓炎灭活疫苗（AEV-VR株或AEV-NH937株）

本品系用禽脑脊髓炎病VR株或NH937株接种SPF鸡胚培养，收获感染的鸡胚胚体、胚膜和胚液，经甲醛溶液灭活后，加矿物油佐剂混合乳化制成。用于预防鸡禽脑脊髓炎。接种后14d产生免疫力，免疫期为10个月。雏鸡的母源抗体可持续到42日龄。

【主要成分与含量】疫苗中含有灭活的禽脑脊髓炎病毒VR株或NH937株，灭活前的滴度$\geqslant 10^{5.0} EID_{50}$/羽份。

【使用说明】

颈部皮下或肌内注射，开产前蛋鸡和种鸡每只0.5mL。

【注意事项】

a. 用前将疫苗摇匀，待疫苗温度与室温温度接近时，再行注射。

b. 注射器具应灭菌，接种时应无菌操作。

c. 应冷藏运输。

d. 疫苗严禁冻结。疫苗瓶开启后限24h内用完。

e. 仅用于接种健康鸡。

f. 宜选用9号针头注射。

g. 用过的疫苗瓶器具和未用完的疫苗应进行无害化处理。

禽脑脊髓炎、鸡痘二联活疫苗

本疫苗系将禽脑脊髓炎病毒临床分离弱毒株（YBF02）接种鸡胚，收获胚液和鸡胚脑、胃、肠、胰腺，混合研磨、冻融、离心后取上清获得病毒液；鸡痘鹌鹑化弱毒株（CVCC AV1003）接种SPF鸡胚或鸡胚成纤维细胞培养，收获病毒培养物，然后禽脑脊髓炎病毒液和鸡痘病毒培养液混合后，加入适当佐剂经冷冻真空干燥制备而成。

【主要成分与含量】本疫苗含禽脑脊髓炎病毒弱毒株（YBF02）和鸡痘鹌鹑化弱毒株（CVCC AV1003）。每羽份禽脑脊髓炎病毒含量不低于$10^{2.8} EID_{50}$，鸡痘病毒含量不低于$10^{3.0} EID_{50}$。

【使用说明】

a. 刺种部位为鸡翅膀内翼膜无毛三角区无血管部位。

b. 按瓶签注明羽份，用生理盐水稀释，刺种12～14周龄鸡。接种后3～4d，刺种部位出现轻微红肿，偶有结痂，14d恢复正常。

【注意事项】

a. 疫苗稀释后应放阴暗处，限4h内用完。

b. 仅用于接种12周龄以上健康鸡。

c. 不要接种开产前4周以内或产蛋期的鸡。

d. 接种后 7d，检查刺种部位是否发痘结痂，刺种部位无发痘结痂者，应重新补刺。

e. 用过的疫苗瓶、器具和未用完的疫苗等应进行无害化处理。

参考文献

[1] Tannock G A, Shafren D R. Avian encephalomyelitis: a review[J]. Avian Pathol, 1994, 23（4）: 603-620.

[2] Carstens E B. Ratification vote on taxonomic proposals to the International Committee on Taxonomy of Viruses （2009）[J]. Arch Virol, 2010, 155（1）: 133-146.

[3] Marvil P, Knowles N J, Mockett A P, et al. Avian encephalomyelitis virus is a picornavirus and is most closely related to hepatitis A virus[J]. J Gen Virol, 1999, 80 （Pt 3）: 653.

[4] Shafren D R, Tannock G A. Pathogenesis of avian encephalomyelitis viruses[J]. J Gen Virol, 1991, 72 （Pt 11）: 2713-2719.

[5] Burke C N, Krauss H, Luginbuhl R E. The multiplication of avian encephalomyelitis virus in chicken embryo tissues[J]. Avian Dis, 1965, 9（1）: 104-108.

[6] Jungherr E, Sumner F, Luginbuhl R E. Pathology of egg-adapted avian encephalomyelitis[J]. Science, 1956, 124（3211）: 80-81.

[7] Berger R G. An in vitro assay for quantifying the virus of avian encephalomyelitis[J]. Avian Dis, 1982, 26（3）: 534-541.

[8] Ikeda S, Matsuda K. Susceptibility of chickens to avian encephalomyelitis virus. V. Behavior of a field strain in laying hens[J]. Natl Inst Anim Health Q （Tokyo）, 1976, 16（3）: 90-96.

[9] Westbury H A, Sinkovic B, Sydney Univ C. The immunisation of chickens against infectious avian encephalomyelitis[J]. Aust Vet J, 1976, 52（8）: 374-377.

[10] Ide P R. Application of the fluorescent antibody technique to the diagnosis of avian encephalomyelitis[J]. Canadian journal of comparative medicine, 1974, 38（1）: 49-55.

[11] Mohanty G C, West J L. Research note: some observations on experimental avian encephalomyelitis[J]. Avian Diseases, 1968, 12（4）: 689-693.

[12] Shafren D R, Tannock G A. An enzyme-linked immunosorbent assay for the detection of avian encephalomyelitis virus antigens[J]. Avian Diseases, 1988, 32（2）: 209-214.

[13] Schaaf K. Immunization for the control of avian encephalomyelitis[J]. Avian Diseases, 1958, 2（3）: 279-289.

[14] 焦铁军, 张浩, 李河林, 等. 禽脑脊髓炎活疫苗免疫持续期试验[J]. 中国预防兽医学报, 2006, 28（3）: 347-350.

[15] 秦爱建, 段玉友, 沈保山, 等. 雏鸡传染性脑脊髓炎病毒的分离与初步鉴定[J]. 中国家禽, 1993, 15（4）: 25-26.

[16] 李凯善. 禽脑脊髓炎病毒 YBF02 毒株的毒力测定与种子批建立[D]. 杨凌: 西北农林科技大学, 2012.

2.4.11　鸡球虫病疫苗

2.4.11.1　概述

鸡球虫病（coccidiosis in chicken）是鸡常见且危害十分严重的寄生虫病，是一种或多种艾美耳球虫寄生于肠道上皮细胞引起的寄生性原虫病，可导致摄食消化和营养吸收紊乱、脱水、失血、皮肤色素沉积，以及其他病原易感性增加等症状。在无效措施和防治不当情况下，可导致60%～80%的死亡率，10～30日龄的雏鸡或35～60日龄的青年鸡的发病率和致死率可高达80%[1]。目前，主要通过药物预防、免疫预防和饲养管理三大措施来防控鸡球虫病，其中药物预防仍然是当前控制鸡球虫病的主要方法，但免疫预防是防控鸡球虫病的发展趋势，也是当前鸡球虫病研究的热点。

（1）**病原学** 鸡球虫为艾美耳属的原生动物，在生物学分类上鸡球虫属于顶复门，孢子纲，真球虫目，艾美耳科，艾美耳属。艾美耳属球虫的特点是卵囊内有4个孢子囊，每个孢子囊内又分别含2个子孢子。全世界已记载的球虫约有14种，国内报道了7种球虫的存在，分别为早熟艾美耳球虫（E. praecox）、毒害艾美耳球虫（E. necatrix）、堆型艾美耳球虫（E. acervulina）、巨型艾美耳球虫（E. maxima）、柔嫩艾美耳球虫（E. tenella）、布氏艾美耳球虫（E. brunetti）及和缓艾美耳球虫（E. mitis）。由于上述7种球虫寄生部位不同，又可分为小肠球虫（早熟、毒害、和缓、堆型、巨型）和盲肠球虫（柔嫩、布氏），其中以柔嫩艾美耳球虫的致病性最为严重。

不同种的球虫，形态大小差别较大。巨型艾美耳球虫形态为大型卵囊，宽卵圆形，最大40μm×33μm，最小21.7μm×17.5μm，平均30.76μm×23.9μm。堆型艾美耳球虫卵囊中等大小，卵圆形，最大40μm×33μm，最小21.75μm×17.5μm，平均30.76μm×23.9μm。柔嫩艾美耳球虫卵囊较大，多数为宽卵圆形，最大25μm×20μm，最小20μm×15μm，平均22.62μm×18.05μm。

鸡球虫发育无需中间宿主，属于直接型生活史。艾美耳球虫具有相似的生活史，包括孢子生殖、裂殖生殖和配子生殖三个阶段，前者在外界环境中进行，又称外生性发育，后两者在宿主的细胞内进行，又称内生性发育[1]。

孢子生殖：球虫卵囊经宿主粪便排到体外后不能直接感染鸡群发病，只有发育成熟的卵囊（即孢子化卵囊）才具有感染性。卵囊在外界环境适宜的温度（30℃左右）、氧气浓度和相对湿度等条件下完成孢子化过程。发育成熟后的孢子化卵囊内含4个孢子囊，每个孢子囊又包含2个子孢子，孢子化卵囊在适宜的外界环境中能够存活数月到数年，直至被宿主吞食后才进入下一阶段的发育。

裂殖生殖：裂殖生殖是从宿主摄入孢子化卵囊后开始的。肌胃的研磨作用使孢子囊从卵囊中释放，经肠道中各种酶和胆汁的消化，子孢子从孢子囊逸出。其中，子孢子从孢子囊中释放的过程叫作脱囊。子孢子脱囊后直接进入宿主肠道上皮细胞，依种类不同寄生在肠道的不同部位，某些种类的子孢子可在浅层肠上皮细胞直接发育形成滋养体（即从宿主细胞摄取营养的生殖阶段）；但柔嫩艾美耳球虫、巨型艾美耳球虫和堆型艾美耳球虫的子孢子需移行至肠腺。在肠道上皮细胞内滋养体进一步形成裂殖体，裂殖体内含有许多裂殖子，最终分裂释放大量的裂殖子。裂殖子进入新的肠道上皮细胞完成新一轮裂殖生殖，反复循环发育进而损伤肠道。每种球虫裂殖生殖代数不同（一般2～4代），最后一次裂殖生殖产生的裂殖子进入有性生殖阶段——配子生殖。

配子生殖：经过数次裂殖生殖释放的裂殖子发育成小配子体和大配子体，分别继续发育成能运动的小配子和不能运动的大配子。小配子侵入大配子寄生的肠道上皮细胞内与大配子融合，形成合子，最终发育成卵囊。卵囊随宿主粪便排出体外进行下一轮的孢子生殖。

（2）**致病性** 鸡球虫病的致病机制是鸡球虫与鸡体相互作用的过程。球虫子孢子在肠道上皮细胞内反复进行数次裂殖生殖，造成肠道血管破裂和肠黏膜损伤。一方面使肠道渗透压失衡，消化功能紊乱，营养物质不能吸收，生产性能下降。另一方面，崩解的上皮细胞可产生毒素，引起自中毒，上皮细胞破坏，细菌入侵，发生继发感染，出血，下痢、消瘦，甚至衰竭死亡[2]。其发病机制实质是球虫与宿主之间相互作用的结果，对其致病性的影响主要包括球虫本身致病力、宿主及外界环境及其它病原的影响。

不同虫种的致病力不同。我国常见的7种球虫中，柔嫩艾美耳球虫的致病力最强，其次是毒害艾美耳球虫、堆型艾美耳球虫和巨型艾美耳球虫[3-6]。柔嫩艾美耳球虫寄生于盲肠，其致病力最强，引起的球虫病最典型。病初鸡只精神沉郁，食欲减退，血便严重。剖检后常见盲肠肿胀、出血及干酪样盲肠芯，死亡率最高。毒害艾美耳球虫寄生于小肠中段，伴随饲养周期延长发病率增加。毒害艾美耳球虫感染后第5～7天临床症状最明显，病变严重时常见空肠胀气增粗，有时达正常的两倍以上，肠黏膜粗糙，增厚，肠腔内充满血液和异物，浆膜面布满针尖状出血点和白点，严重时大量出血使小肠外观呈黑紫色，胀气可能扩展到小肠大部分，严重影响雏鸡增重。巨型艾美耳球虫寄生于小肠中段，致病力中等，严重感染时肠道胀气明显，肠壁显著增厚，肠黏膜大量脱落和出血，但死亡率一般不高。堆型艾美耳球虫寄生于十二指肠及小肠前段，致病力不强，但感染率较高，主要侵害十二指肠，严重感染时，肠壁失去弹性，肠黏膜变薄，白色结节完全融合，出血严重，雏鸡感染常导致饲料转化率和生产性能下降，还导致水分吸收障碍，鸡只饮水增加。和缓艾美耳球虫、哈氏艾美耳球虫致病力较低，可能引起肠黏膜的卡他性炎症，寄生在小肠前段；早熟艾美耳球虫致病力低，寄生在小肠前1/3段，一般无肉眼可见的病变。

球虫与球虫间存在协同作用、拮抗作用等。在卵囊感染量适度的情况下，柔嫩艾美耳球虫与堆型艾美耳球虫产生协同作用，造成肠道上皮组织严重的破坏。毒害艾美耳球虫与巨型艾美耳球虫在裂殖生殖阶段寄生部位相同，在配子生殖阶段寄生部位相同，在免疫上相互影响[7]。

（3）流行病学　我国各地鸡场每年都有不同程度的球虫感染发生。除成年鸡有一定的抵抗力外，几乎所有品种和日龄的鸡都具有易感性。病鸡和带虫鸡是本病的主要传染源。凡接触被球虫污染过的饲料、饮水、土壤和用具等都有可能导致发病，感染的主要途径是鸡吞食了球虫的孢子化卵囊。球虫的卵囊壁结构致密，对环境的抵抗力极强，一般的消毒剂不能将其杀死。

肉鸡生产中主要以堆型、巨型、柔嫩艾美耳球虫多见。球虫多发生于两周后至出栏，尤其是3～6周多发，毒害艾美耳球虫多发于6周以上，此时商品肉鸡已经出栏。同时，毒害艾美耳球虫生活史中有性繁殖阶段与柔嫩艾美耳球虫竞争寄生中的小环境，易被柔嫩艾美耳球虫"占位效应"影响[7]，卵囊产出少，鸡舍环境内达到致病剂量所需时间较长，因此，白羽肉鸡发生极少，蛋鸡、黄鸡发病较多。本病多在温暖潮湿的季节流行，4～9月流行，7～8月最为严重，随着集约化饲养程度的提高，一年四季均可流行。尤其是地面养殖的集约化场，饲料中添加的药物一旦不敏感，就会造型大面积暴发，若饲料中不添加球虫药，也不免疫，几乎所有养殖场都会发病。

2.4.11.2　疫苗研究进展

目前已上市的商品化鸡球虫疫苗以弱毒活疫苗为主，少数为强毒活疫苗。我国临床所使用的均为弱毒活疫苗。近年来，随着分子生物学和免疫学等技术的发展，人们开始着力于基因工程疫苗的研究，企图克服球虫活疫苗的缺点。

（1）**强毒活疫苗**　强毒活疫苗是先从自然发病的鸡肠道或粪便中收集混合球虫卵

囊，然后用单卵囊分离法分离、纯化并增殖出所需球虫卵囊，再按一定的比例混合，配以适当的稳定剂研制而成。低剂量接种强毒活疫苗一般不致病，卵囊在鸡体内繁殖并不断排出新的后代卵囊，鸡反复采食这些卵囊就可以建立良好的保护性免疫[8]。美国默沙东公司研制的 Coccivac 和加拿大卫泰克兽医实验室生产的 Immucox 是世界上最早注册的鸡球虫强毒活疫苗，至今仍在全世界范围内使用。尽管强毒活疫苗能起到免疫保护效果，但免疫期间影响饲料转化率和鸡生长发育，甚至易引发球虫病；强毒活疫苗的使用可能为鸡场引入新球虫株，一旦存在便很难清除。

（2）弱毒活疫苗　弱毒活疫苗是由致弱虫株制备而成的。尽管弱毒株的致病力降低但免疫原性仍得到保持，在降低危害性的同时也能产生足够的免疫力。目前主要的鸡球虫致弱方法有 3 种，鸡胚传代致弱、理化处理致弱和早熟致弱。

鸡胚传代致弱：球虫能在发育的鸡胚内生长，且在鸡胚中连续培养、传代能导致鸡胚适应株产生[9]。强毒株毒力得到致弱主要是由于第 2 代裂殖体从原来的黏膜固有层转而全部寄生到了肠腺上皮细胞，对组织损伤较小。目前只有柔嫩艾美耳球虫、毒害艾美耳球虫、布氏艾美耳球虫及和缓艾美耳球虫。1972 年，研究人员用鸡胚传代方法对野生型强毒株球虫进行毒力致弱处理，培育出第一个柔嫩艾美耳球虫致弱株 "TA 株"。我国研究者采用鸡胚传代的方法对柔嫩艾美耳球虫（上海天山株）进行致弱处理，培养出了柔嫩艾美耳球虫致弱虫株，并于 1984 年完成了实验室研究，试制成弱毒活疫苗[10]。同样，将毒害艾美耳球虫卵囊脱囊后获得的子孢子接种到鸡胚，并通过鸡胚反复传代，也可培育出毒害艾美耳球虫鸡胚适应株球虫，且鸡胚适应株对鸡的致病性明显低于亲本株，但仍保留了良好的免疫原性[11]。鸡胚传代致弱方法也存在许多缺陷：受虫种的局限性限制；鸡胚适应致弱虫株在回归鸡体连续传代后有致病性恢复的现象，遗传稳定性差；虫株免疫原性会随着传代的增加而降低；大规模商品化生产成本较高。

理化处理致弱：理化处理即使用物理方法（冷却、加热、超声、离子辐射等）或化学方法（化学诱变剂等）对卵囊进行的致弱处理。有人认为理化处理本质上只是杀灭卵囊使实际接种的卵囊数减少，而并不是降低了虫株的致病力。早在 1991 年国外学者发现用 15krad X 射线和 12krad γ 射线分别处理堆型和巨型艾美耳球虫卵囊，可明显减弱卵囊毒力，并发现用辐射减毒的卵囊免疫接种仍可以诱导鸡体产生保护性免疫反应[12]。柔嫩艾美耳球虫卵囊经亚硝基胍处理后可使致病力和繁殖力显著下降，但毒力在数次传代后恢复。

早熟致弱：早熟选育最早由 Jeffers 提出并建立，随后通过此方法成功选育出了柔嫩、堆型、毒害、和缓和巨型艾美耳球虫等早熟弱毒品系，并证实了所有种类的鸡球虫都可通过早熟选育致弱[13]。通过早熟选育得到的早熟株潜隐期与亲本株相比明显缩短，裂殖期的裂殖代数的减少使得球虫的生活史明显缩短，第二代裂殖体没有完全分化或在成熟时变得非常小，绝大多数只经历了 1～3 代的裂殖生殖，缺少完整的裂殖生殖阶段，在宿主中完成内生性发育比野生型亲本虫株更快，最后一代的裂殖子减少或缺失使毒株的致病力明显减弱。早熟选育法就是运用此原理用单卵囊分离法获得球虫卵囊，卵囊孢子化后接种雏鸡，收集感染后最先排出的卵囊，重复传代，不断选育获得早熟品系。

英国 Houghton 实验室运用早熟选育的致弱方法于 1989 年成功研制出第一个鸡球虫病弱毒活卵囊疫苗 Paracox-5 和 Paracox-8；捷克 Biopharm 公司以鸡胚传代和早熟选育相结合的方法，于 1992 年研制出 Livacox-T、Livacox-Q 弱毒活卵囊疫苗[14]；中国从 20 世纪 80 年代就开始了鸡球虫弱毒活疫苗的研究，最早由中国农科院上海家畜寄生虫病研究所（现中国农科院上海兽医研究所）研制的鸡球虫病三价活疫苗是通过理化双重致弱；北京农学院在国内最早运用早熟致弱的方法选育出了柔嫩、堆型、毒害和巨型艾美耳球虫早熟品系并制成四价活疫苗；佛山市正典生物技术有限公司于 2008 年注册了我国第一个早熟致弱的鸡球虫四价活疫苗，包含了柔嫩、巨型、毒害和堆型艾美耳球虫四种早熟致弱品系；齐鲁青大生物制药有限公司于 2016 年上市鸡球虫病三价活疫苗，由柔嫩艾美耳球虫早熟弱毒株、巨型与堆型艾美耳球虫自然弱毒株混合制成；于 2019 年获得新兽药证书的广东省农业科学院动物卫生研究所鸡球虫病四价活疫苗，是由柔嫩、毒害艾美耳球虫早熟减毒株和堆型、巨型艾美耳球虫自然弱毒株配比制成。

（3）基因工程疫苗　近年来，随着分子生物学和免疫学等技术的发展，研究人员在鸡球虫基因工程疫苗方面的研究取得了一些进展。

利用体外表达的球虫表面抗原制备成亚单位疫苗，可以通过肌内注射的方式免疫种鸡，使孵化的雏鸡带有母源抗体而产生抗球虫感染的被动保护。目前世界上只有以色列的 CoxAbicV 亚单位球虫疫苗注册上市。

核酸疫苗的原理是将编码球虫抗原的基因插入到载体质粒中构建重组质粒，用重组质粒直接免疫鸡，使编码球虫抗原的基因在鸡体内表达并产生相应抗体。如研究人员将巨型艾美耳球虫配体阶段抗原 GAM56 克隆至 pcDNA3.1 载体，并以 $50\mu g$ 质粒接种鸡，可以使鸡获得良好的免疫保护[15]。鸡球虫核酸疫苗目前尚处于研究阶段，未有相应产品注册上市。

2.4.11.3　疫苗产品

目前我国在售的国产球虫疫苗均为早熟致弱活疫苗，进口球虫疫苗主要为英特威美国分公司的强毒活疫苗。

鸡球虫病三/四价活疫苗（柔嫩艾美耳球虫 PTMZ 株＋毒害艾美耳球虫 PNHZ 株＋巨型艾美耳球虫 PMHY 株＋堆型艾美耳球虫 PAHY 株）

本疫苗是由各艾美耳球虫早熟毒力致弱株分别经口接种雏鸡，收获粪便中的卵囊，离心洗涤，置 1%氯胺 T 溶液中，在适宜的温度、湿度下孵育获得孢子化卵囊，按一定的比例混合并加入保存液制备而成，其中三价活疫苗由柔嫩艾美耳球虫 PTMZ 株、巨型艾美耳球虫 PMHY 株和堆型艾美耳球虫 PAHY 株组成，四价活疫苗由柔嫩艾美耳球虫 PTMZ 株、毒害艾美耳球虫 PNHZ 株、巨型艾美耳球虫 PMHY 株和堆型艾美耳球虫 PAHY 株组成。本品用于预防鸡球虫病。接种后 14 日产生免疫力，免疫力可持续至饲养期末。

【主要成分与含量】本品含柔嫩艾美耳球虫 PTMZ 株、毒害艾美耳球虫 PNHZ 株、巨型艾美耳球虫 PMHY 株和堆型艾美耳球虫 PAHY 株 4 种球虫卵囊，每羽份含孢子化卵囊（1100±110）个。

【使用说明】

a. 免疫接种程序　用于 3～7 日龄鸡饮水免疫。

b. 接种方法及剂量　饮水接种。每鸡 1 羽份。每瓶 1000 羽份（或 2000 羽份）的疫苗加水 6.0L（或 12L），加入 1 瓶（50g/瓶或 100g/瓶）球虫疫苗助悬剂，配成混悬液。供 1000 羽（或 2000 羽）雏鸡自由饮用，平均每羽鸡饮用 6.0mL 球虫疫苗混悬液，4～6h 饮用完毕。

【注意事项】

a. 本品严禁冻结或在靠近热源的地方存放。

b. 仅用于接种健康雏鸡，使用时应充分摇匀。

c. 严禁在饲料中添加任何抗球虫药物。

d. 对扩栏与垫料管理的要求（a）建议不要逐日扩栏，接种球虫疫苗后第 7 天，将育雏面积"一步到位"地扩大到免疫接种后第 17 天所需的育雏面积，以利于鸡群获得均匀的重复感染机会；（b）接种球虫疫苗后的第 8～16 天内不可更换垫料；（c）垫料的湿度以 25％～30％（用手抓起一把垫料时，手心有微潮的感觉）为宜。

e. 做好免疫抑制性疾病的预防和控制工作。许多免疫抑制性疾病如传染性法氏囊病、马立克病、霉菌毒素中毒等，会严重影响抗球虫免疫力的建立，加重疫苗的反应。应避免这些疾病对疫苗免疫效果的干扰。

f. 减少应激因素的影响。免疫接种球虫疫苗后的第 12～14 天是疫苗反应较强的阶段，在此期间应尽量避免断喙、注射其他疫苗和迁移鸡群。

g. 用过的疫苗瓶器具和未用完的疫苗应进行无害化处理。

h. 接种疫苗后 12～14d，个别鸡只可能会出现拉血粪的现象，不需用药。如果出现严重血粪或球虫病死鸡，则用磺胺喹噁啉或磺胺二甲嘧啶按推荐剂量投药 1～2d，即可控制。

鸡球虫病四价活疫苗（柔嫩艾美耳球虫 ETGZ 株+ 毒害艾美耳球虫 ENHZ 株 + 堆型艾美耳球虫 EAGZ 株+ 巨型艾美耳球虫 EMPY 株）

本疫苗是由柔嫩艾美耳球虫早熟减毒株（ETGZ 株）和毒害艾美耳球虫早熟减毒株（ENHZ 株）、堆型艾美耳球虫自然弱毒株（EAGZ 株）和巨型艾美耳球虫自然弱毒株（EMPY 株）孢子化卵囊，按一定的比例混合并加入保存液制备而成。本品用于预防柔嫩艾美耳球虫、堆型艾美耳球虫、巨型艾美耳球虫和毒害艾美耳球虫引起的鸡球虫病。免疫后 14d 产生免疫力，免疫期为 150d。

【使用说明】

3～5 日龄鸡饮水免疫，每只鸡 1 羽份。每瓶助悬液（100mL/瓶）加入 3000mL 水，充分搅拌混匀后，加入 1 瓶球虫病疫苗（1000 羽/瓶），最后添加水至 4000mL 并搅拌均匀，配成疫苗混悬液，供 1000 只鸡自由饮用。

【注意事项】

a. 疫苗严禁冷冻或在靠近热源的地方保存。

b. 疫苗仅限于健康鸡只免疫，仅用于预防鸡球虫病，禁用于紧急接种或治疗鸡球虫病。

c. 疫苗接种前 24 小时及接种后两周内不得使用抗球虫药物。

d. 疫苗使用前建议鸡群停水 2～4h，不同地区、不同季节及不同品种的鸡群可根据实际情况适当调整停水时间及饮水免疫用水量，保证疫苗在 2～4h 饮尽即可。

e. 接种疫苗后 12～14d，如果出现腹泻，甚至血痢等不良反应，可按使用剂量使用磺胺喹噁啉或磺胺氯丙嗪钠 1～2d，即可控制。

鸡柔嫩艾美耳球虫、毒害艾美耳球虫、巨型艾美耳球虫、堆型艾美耳球虫 四价活疫苗（PBN＋PSHX＋PZJ＋HB 株）

本品系用柔嫩艾美耳球虫北农早熟株（PBN 株）、毒害艾美耳球虫山西早熟株（PSHX 株）、巨型艾美耳球虫杂交早熟株（PZJ 株）和堆型艾美耳球虫河北株（HB 株）

分别经口接种雏鸡，收获粪便中的卵囊，经次氯酸钠溶液消毒后，悬浮于重铬酸钾溶液中，在适宜条件下，获得孢子化卵囊后，按适当比例混合制成。本品适用于饲养期超过 2 个月的鸡群，用于预防鸡球虫病。接种后 7d 产生免疫力，地面平养鸡免疫力可持续至饲养期末。

【主要成分与含量】

疫苗中含有柔嫩艾美耳球虫北农早熟株（PBN 株）、毒害艾美耳球虫山西早熟株（PSHX 株）、巨型艾美耳球虫杂交早熟株（PZJ 株）和堆型艾美耳球虫河北株（HB 株）孢子化卵囊，每羽份疫苗中孢子化卵囊含量应为（$2.7 \times 10^3 \pm 2.7 \times 10^2$）个。

【使用说明】经口滴服或饲料拌服。10 日龄以内雏鸡，每只 1 羽份。

【注意事项】

a. 切忌冻结，冻结后的疫苗严禁使用。

b. 使用前和使用过程中，应充分摇匀。

c. 接种后的鸡群应经常接触原垫料，如果鸡群在 18 周龄之前转移到其他鸡舍，建议用 1/5 剂量的疫苗补充接种 1 次。

d. 接种本品前 2d 至接种后 21d 内，禁止使用任何抗球虫药。但是，如果接种后 10～14d，个别鸡出现轻微反应（食少或轻度血便），此时，可对鸡群连续使用 2～3d 预防量的抗球虫药。

e. 接种后 6～14d 内，垫料应保持适宜湿度（垫料湿度应控制在 20%～30%。如果是木屑类垫料，用手抓一把，松开之后不完全松散，即为湿度适宜的标志）。

f. 用过的疫苗瓶、器具和未用完的疫苗等应进行无害化处理。

肉鸡球虫活疫苗

本品为进口疫苗，系用巨型、堆型、柔嫩和变位艾美耳球虫减毒株分别经口接种雏鸡，收获粪便中的孢子化卵囊后，按适当比例混合制成。用于预防肉鸡球虫病。

【主要成分与含量】

含有巨型、堆型、柔嫩和变位艾美耳球虫孢子化卵囊，每羽份中巨型艾美耳球虫孢子化卵囊至少为 200 个，堆型艾美耳球虫孢子化卵囊至少为 600 个，柔嫩艾美耳球虫孢子化卵囊至少为 200 个，变位艾美耳球虫孢子化卵囊至少为 400 个。

【使用说明】

a. 用于 1 日龄肉鸡喷雾接种。按每 1000 羽份用蒸馏水稀释至 210mL 的比例进行稀释，用专用喷雾器喷雾，每 100 只鸡 21mL 稀释后的疫苗溶液。

b. 用于 1～3 日龄肉鸡喷料接种。按每 1000 羽份用蒸馏水稀释至 400mL 的比例进行稀释。将稀释好的疫苗均匀喷于饲料表面，供自由采食。

【注意事项】

a. 切忌冻结，冻结后的疫苗严禁使用。

b. 使用前和使用过程中，应充分摇匀。

c. 接种后的鸡群应经常接触原垫料，如果鸡群在 18 周龄之前转移到其他鸡舍，建议用 1/5 剂量的疫苗补充接种 1 次。

d. 接种本品前 2d 至接种后 21d 内，禁止使用任何抗球虫药。但是，如果接种后 10～14d，个别鸡出现轻微反应（食少或轻度血便），此时，可对鸡群连续使用 2～3d 预防量的抗球虫药。

e. 接种后 6～14d 内，垫料应保持适宜湿度（垫料湿度应控制在 20％～30％。如果是木屑类垫料，用手抓一把，松开之后不完全松散，即为湿度适宜的标志）。

f. 用过的疫苗瓶、器具和未用完的疫苗等应进行无害化处理。

参考文献

[1] 孔繁瑶．家畜寄生虫学[M]．北京：中国农业大学出版社，2010．

[2] 古少鹏，郑明学，李宝钧，等．柔嫩艾美耳球虫病鸡盲肠上皮细胞凋亡的分析[J]．畜牧兽医学报，2010，41（10）：1322-1327．

[3] 黄兵，赵其平，吴薛忠，等．柔嫩艾美耳球虫纯种的初步确定和致病性研究[J]．上海畜牧兽医通讯，1993（05）：18-20．

[4] 张龙现，蒋金书，刘群，等．毒害艾美耳球虫纯种卵囊收集鉴定及致病性测定[J]．中国兽医杂志，2001（09）：12-13．

[5] 黄兵，史天卫，赵其平，等．堆型艾美耳球虫的分离纯化和致病性试验[J]．中国兽医科技，1994（09）：23-24．

[6] 黄兵，史天卫，吴薛忠，等．巨型艾美耳球虫纯种鉴定和致病性研究[J]．中国兽医寄生虫病，1995（04）：12-14．

[7] 李建梅，刘梅，戴亚斌，等．毒害与巨型及毒害与柔嫩艾美耳球虫间在免疫方面的相互影响[J]．中国预防兽医学报，2015，37（10）：796-801．

[8] 牛艺儒，李玉娥，孙子龙，等．鸡球虫病的免疫防治[J]．家禽科学，2006（01）：46-48．

[9] Long P L. Eimeria tenella: reproduction, pathogenicity and immunogenicity of a strain maintained in chick embryos by serial passage[J]. Journal of comparative pathology, 1972, 82（4）: 429.

[10] 杨振中，陈金伟，李良．柔嫩艾美耳球虫致弱虫苗的最小免疫量和免疫力产生期的测定[J]．上海畜牧兽医通讯，1987（05）：14-16．

[11] Shirley M W. Eimeria necatrix: the development and characteristics of an egg-adapted（attenuated）line[J]. Parasitology, 1980, 81（3）: 525-535.

[12] Jenkins M C P D, Augustine P C, Danforth H D, et al. X-irradiation of Eimeria tenella oocysts provides direct evidence that sporozoite invasion and early schizont development induce a protective immune response（s）[J]. Infection and immunity, 1991, 59（11）: 4042-4048.

[13] Jeffers T K. Eimeria acervulina and E. maxima: Incidence and anticoccidial drug resistance of isolants in major broiler-producing areas[J]. Avian Diseases, 1974, 18（3）: 331-342.

[14] Akanbi O B, Taiwo V O. The effect of a local isolate and houghton strain of eimeria tenella on clinical and growth parameters following challenge in chickens vaccinated with IMMUCOX and LIVACOX vaccines[J]. Journal of Parasitic Diseases, 2020, 44（2）: 395-402.

[15] 张艳，许金俊，陶建平，等．鸡巨型艾美球虫 GAM56 基因核酸疫苗的构建及其免疫保护效果[C]//．中国畜牧兽医学会家畜寄生虫学分会、中国畜牧兽医学会家畜寄生虫学分会第六次代表大会暨第十次学术研讨会论文集．扬州：扬州大学兽医学院，2009：2．

2.4.12 鸡传染性鼻炎疫苗

2.4.12.1 概述

鸡传染性鼻炎（infectious coryza，IC）是由副鸡嗜血杆菌引起的鸡的一种急性呼吸道传染病，其特征是鼻腔和鼻窦发炎、打喷嚏、流鼻液、颜面肿胀、结膜炎等。该病主要感染鸡，但也有其他禽类感染该病的病例[1]。该病可在育成鸡群和蛋鸡群中发生，其所造成的经济损失包括鸡只生长停滞、淘汰率增加，以及产蛋量显著下降（下降为原来的10%～40%）。

（1）**历史与分布**　早在1920年，Beach就认为鸡传染性鼻炎是一种独立的临床病症[2]。但由于本病常与鸡痘、支原体等混合感染，所以多年来忽略了对本病病原的分离鉴定工作。直到1931年，De Blieck等人才分离出病原体，并将其命名为鸡鼻炎嗜血红蛋白杆菌。早期的研究以为该病的病原体是鸡嗜血杆菌（*Haemophilus gallinarum*），在体外培养需要X（氯高铁血红素，hemin）和V（烟酰胺腺嘌呤二核苷酸，NAD）两个因子，从20世纪60年代以来，在世界各地分离到的病原体仅需V因子就能生长良好。因此，1969年正式命名为副鸡嗜血杆菌。从1980年起我国也陆续出现疑似病例，1986年由冯文达首次分离到血清A型[3]。

（2）**形态与染色特征**　鸡嗜血杆菌呈多形性。该菌为一种革兰氏阴性的小球杆菌，两极染色，不形成芽孢，无荚膜无鞭毛，不能运动，有毒力的菌株可带有荚膜。在24h的培养物中，本菌多呈单菌存在，有时成对或呈短链状排列，菌体为杆状或球杆状，大小为$(0.4～0.8)\mu m×(1.0～3.0)\mu m$，并有成丝的倾向。培养48～60h后发生退化，出现碎片和不规则的形态，此时将其移到新鲜培养基上可恢复典型的杆状或球杆状状态。

（3）**培养特性**　本菌为兼性厌氧，在含10%的大气条件下生长较好。对营养的需求较高，早期的报告认为既需要X因子［氯高铁血红素（hemin）］，也需要V因子［烟酰胺腺嘌呤二核苷酸（NAD）］。但是，近来的分离菌株已证明只需要V因子。由于本病原体培养中需要V因子，而葡萄球菌能产生V因子，所以与葡萄球菌同在一个培养皿中培养时，在葡萄球菌附近常出现布满副鸡嗜血杆菌菌落的现象，称为卫星现象。副鸡嗜血杆菌在普通琼脂上或普通肉汤中不生长，故要在培养基中加入5%～10%鸡血清或羊血清。在10%二氧化碳环境中生长良好，37～38℃培养24h，在琼脂表面可长成直径0.1～0.3mm、圆形、光滑、柔嫩、有光泽、半透明、灰白色、露滴状菌落。

（4）**抵抗力**　副鸡嗜血杆菌主要存在于病鸡的鼻、眼分泌物和脸部肿胀组织中。它对外界环境的抵抗力很弱，对热、阳光、干燥及常用的消毒药均十分敏感。在培养基上的细菌在4℃时能存活两周，在自然环境中数小时即死。对热及消毒药也很敏感，在45℃以下存活的时间不超过6min。但该菌对寒冷抵抗能力强，低温下可存活10年，因此菌种的长期保存最好采取真空干燥的形式。

（5）**血清型与抗原特性**　根据抗原结构，Page首先利用玻片凝集反应，将副鸡嗜血杆菌分为A、B、C三个血清型[4]。之后，利用菌株可凝聚红细胞的特性，Kume等[5]通过血凝抑制实验（HI），又将本菌分为三个血清群（Ⅰ、Ⅱ和Ⅲ）7个血清型（HA1～HA7）。最近随着新血清型的不断发现，人们对Kume规则做了修改，以便容纳更多的血清型。根据新Kume分类原则，副鸡嗜血杆菌包括A、B、C三个血清群和9个血清型。其中A群和C群各有4个血清型（A-1～A-4，C-1～C-4），B群有一个血清型（B-1）。目前国内主要流行研究表明，各血清型菌株可诱导产生型特异性保护抗体，但不同血清型之间也存在一些共同抗原。

A、B、C三个血清型对马、牛、羊、鸡和豚鼠红细胞的凝集能力不同，A型凝集各种红细胞，B型凝集少数几种红细胞，C型不凝集各种红细胞，而且各型可以互相转化；

其中 A 型和 B 型有荚膜，致病力较强；C 型无荚膜，致病力较弱或无。

（6）**流行病学** 鸡传染性鼻炎可感染各年龄段鸡群，多发生在育成鸡和蛋鸡，老龄鸡易感性更强，具有潜伏期短、传播快、病程较长的特点。雏鸡对该病有一定的抵抗力，临床发病较少。该病一年四季均可发生，常见于秋冬、春初，多以吸入含菌飞沫和尘埃、采食带菌饲料及饮水为传播方式。一旦感染，传播迅速，发病率高，持续时间长，死亡率低，但难以用药物根治。

（7）**临床症状和病理变化** 鸡群感染后 1～5 天内开始出现症状。病鸡精神委顿，缩颈闭眼。面部肿胀、鼻腔的浆液性到黏液性分泌物、结膜炎是本病最典型的症状，温和型病例，仅见轻微的呼吸道症状，眼鼻有黏性或脓性分泌物以至结痂。颜面肿胀常发生于一侧或两侧，严重时会使眼睛闭合，引起暂时性的失明。育成鸡感染，轻则生长迟缓，重则淘汰率增加，死亡率上升。产蛋鸡感染，常引起产蛋率下降，下降幅度取决于感染时机。该病单独发生时死亡率不高，但与大肠杆菌、鸡痘、传染性支气管炎、鸡霍乱等混合感染时会使症状加重，从而导致死亡率升高。

病死鸡多为继发感染所致，因此病理变化较复杂。育成鸡死后剖检病变常表现为鼻腔和鼻窦的卡他性炎症，气管充血肿胀，覆有黏性分泌物或黄色干酪样物质。产蛋鸡死后剖检可发现卵泡变性坏死，有出血、输卵管塞缩，眶下窦有炎症。

（8）**疫苗研究** 疫苗是预防 IC 的重要手段，目前的疫苗都是灭活疫苗。用于预防 IC 的疫苗有单价（A 型）、二价（A＋C 型）和三价（A＋B＋C 型）灭活疫苗，灭活疫苗所选的菌株主要包括血清 A 型（221 或 Apg-18）、B 型（0222）和 C 型（H-18 或 Apg-668）。根据佐剂不同分为油疫苗和水苗（氢氧化铝）及蜂胶苗，也有与其他病毒（ND/IB）或支原体混合生产的联合疫苗，但已有使用效果显示：联合疫苗的副鸡禽杆菌的免疫原性被抑制，而对方的免疫效果会有所加强。国外含副鸡禽杆菌 A、B、C 和 B 变异株血清型的传染性鼻炎四价灭活疫苗已上市，该四价灭活疫苗的效力和安全性在商品蛋鸡的现场试验中也进一步得到证实。

由于 IC 灭活疫苗只对疫苗中含有 Page 血清型具有保护性，因此疫苗中含有靶鸡群中存在的血清型菌株是预防鸡群 IC 的关键。已证实 Page 血清型 A 和 C 灭活疫苗间几乎没有交叉保护作用，Page 血清型 B 是真正存在的具有完全致病性的血清型，这表明在存在血清型 B 菌株的地区所使用的灭活疫苗必须含有这一血清型。血清型 B 的不同菌株间只能提供部分交叉保护[6]，因此在血清型 B 流行的地区可考虑使用包含多个 B 型分离株的疫苗[7]。

当鸡群发病时，根据流行菌株的血清型选择合适的 IC 灭活疫苗进行紧急免疫，则效果比较好。通常鸡群接种疫苗是在 10～20 周龄之间，在预计 IC 自然暴发前的 3～4 周接种疫苗可获得最佳免疫效果。育成鸡接种疫苗后可减少由呼吸道感染造成的损失。产蛋鸡在 20 周龄前每间隔 4 周注射 2 次疫苗的效果优于注射 1 次，注射途径有皮下和肌内，两种途径均有效。胸部肌内注射的保护效果没有腿部肌内注射的效果好。虽然 IC 灭活疫苗经口免疫后有效，但这种途径所需的菌含量是其他免疫途径的 100 倍左右[8]。而经鼻腔接种疫苗的效果并不明显。疫苗接种后其免疫效果可持续约 9 个月。

2.4.12.2 商品化疫苗

鸡传染性鼻炎（A 型）灭活疫苗说明书

兽用非处方药

【兽药名称】

通用名称：鸡传染性鼻炎（A型）灭活疫苗

英文名称：Infectious coryza（serotype A）vaccine，inactivated

汉语拼音：Ji Chuanranxingbiyan（A Xing）Miehuoyimiao

【主要成分】本品含灭活的副鸡禽杆菌 A 型 C-Hpg-8 株（CVCC 254）。

【性状】均匀乳剂。

【作用与用途】用于预防 A 型副鸡禽杆菌引起的鸡传染性鼻炎。42 日龄以下的鸡，免疫期为 3 个月；42 日龄以上的鸡为 6 个月。若 42 日龄首免，110 日龄二免，免疫期为 19 个月。

【用法与用量】胸或颈背皮下注射。42 日龄以下的鸡，每只 0.25mL；42 日龄以上的鸡，每只 0.5mL。

【注意事项】

a. 切忌冻结，冻结过的疫苗严禁使用。

b. 使用前，应将疫苗恢复至室温，并充分摇匀。

c. 接种时，应作局部消毒处理。

d. 用过的疫苗瓶、器具和未用完的疫苗等应进行无害化处理。

e. 用于肉鸡时，屠宰前 21d 内禁止使用；用于其他鸡时，屠宰前 42d 内禁止使用。

【规格】100mL/瓶、250mL/瓶、500mL/瓶、1000mL/瓶。

【贮藏与有效期】2～8℃保存，有效期为 12 个月。

鸡传染性鼻炎（A型+C型）、新城疫二联灭活疫苗说明书

兽用非处方药

【兽药名称】

通用名称：鸡传染性鼻炎（A型＋C型）、新城疫二联灭活疫苗

商品名称：

英文名称：Combined infectious coryza（serotypeA＋serotypeC）and newcastle disease vaccine，inactivated

汉语拼音：Ji Chuanranxingbiyan（A Xing＋C Xing），Xinchengyi Erlian Miehuoyimiao

【主要成分】本品含灭活的副鸡禽杆菌 A 型 C-Hpg-8 株（CVCC 254）、C 型 Hpg-668 株和灭活的鸡新城疫病毒 La Sota 株（CVCCAV1615）。

【性状】均匀乳剂。

【作用与用途】用于预防 A 型副鸡禽杆菌和 C 型副鸡禽杆菌引起的鸡传染性鼻炎及鸡新城疫。接种后 14～21d 产生免疫力。接种 1 次的免疫期为 3 个月；若 21 日龄首免，110 日龄二免，免疫期为 9 个月。

【用法与用量】颈背部皮下注射。21～42 日龄鸡，每只 0.25mL；42 日龄以上鸡，每只 0.5mL。

【注意事项】

a. 切忌冻结，冻结过的疫苗严禁使用。

b. 使用前，应将疫苗恢复至室温，并充分摇匀。

c. 疫苗开启后，限当日用完。

d. 仅限于接种健康鸡。

e. 接种时，应作局部消毒处理。

f. 用过的疫苗瓶、器具和未用完的疫苗等应进行无害化处理。

g. 用于肉鸡时，屠宰前 21d 内禁止使用；用于其他鸡时，屠宰前 42d 内禁止使用。

【规格】100mL/瓶、250mL/瓶、500mL/瓶。

【贮藏与有效期】2～8℃保存，有效期为 12 个月。

鸡传染性鼻炎（A 型、 C 型）二价灭活疫苗（HN3 株+ SD3 株）说明书

【兽药名称】通用名称：鸡传染性鼻炎（A 型、C 型）二价灭活疫苗（HN3 株＋SD3 株）

商品名称：无

英文名称：Coryza（typeA、typeC）bivalent vaccine，inactivated（strain HN3 + strain SD3）

汉语拼音：Ji Chuanranxingbiyan（A Xing、C Xing）Erjia Miehuoyimiao（HN3Zhu ＋SD3Zhu）

【主要成分与含量】疫苗中含灭活的副鸡禽杆菌 A 型 HN3 株，每毫升疫苗含 HN3 株菌数应为 $1.0×10^9$ CFU；含灭活的副鸡禽杆菌 C 型 SD3 株，每毫升疫苗含 SD3 株菌数应为 $3.0×10^9$ CFU。

【性状】乳白色均匀乳剂。

【作用与用途】用于预防 A 型和 C 型副鸡禽杆菌引起的鸡传染性鼻炎。免疫期为 6 个月。

【用法与用量】皮下或肌内注射。8 周龄以上鸡，每只 0.5mL。

【不良反应】一般无可见不良反应。

【注意事项】

a. 切忌冻结，破乳后严禁使用。

b. 仅用于接种健康鸡。

c. 使用前应将疫苗恢复至室温，用前充分摇匀。

d. 疫苗开启后限当日用完。

e. 接种时，应执行常规无菌操作。

f. 用过的疫苗瓶、器具和未用完的疫苗等应进行无害化处理。

【规格】100mL/瓶、250mL/瓶、500mL/瓶。

【包装】60 瓶/箱、40 瓶/箱、20 瓶/箱。

【贮藏与有效期】2～8℃保存，有效期为 18 个月。

鸡传染性鼻炎（A 型+ B 型+ C 型）三价灭活疫苗

疫苗菌株含有副鸡嗜血杆菌 A、B、C 三种血清型，抗原广谱，保护全覆盖。

【免疫程序】35～45 日龄健康鸡，翅根部或胸部肌内注射 0.5mL/只；90～100 日龄二免，0.5mL/只，二免后免疫保护期可达 9 个月。

【注意事项】使用前彻底回温，建议采用水浴回温，35℃不短于 30 分钟，回温时反复摇匀疫苗；免疫过程中每 200 只鸡更换一个针头；建议配合抗生素使用，以控制感染。

【包装规格】250mL/瓶×40 瓶/件；500mL/瓶×20 瓶/件。

参考文献

[1] Yamaguchi T, Blackall P J, Takigami S, et al. Immunogenicity of Haemophilus paragallina-

rum serovar B strains[J]. Avian Diseases, 1991, 35: 965-968.

[2] Sakamoto R, Baba S, Ushijima T, et al. Development of a recombinant vaccine against infectious coryza in chickens[J]. Res Vet Sci, 2013, 94（3）: 504-509.

[3] 冯文达. 北京鸡传染性鼻炎病原菌分离及鉴定[J]. 微生物学通报, 1987, 5: 26-29.

[4] Page L A. Haemophilus infections in chickens. I. Characteristics of 12 Haemophilus isolates recovered from diseased chickens[J]. Am J Vet Res, 1962, 23: 85-95.

[5] Kume K, Sawata A, Nakai T, et al. Serological Classification of Haemophilus paragallinarum with a hemagglutinin system[J]. J Clin Microbiol, 1983, 17（6）: 958-964.

[6] Rimler R B, Davis R B. Infectious coryza: in vivo growth of Haemophilus gallinarum as a determinant for cross protection[J]. Am J Vet Res, 1977, 38（10）: 1591-1593.

[7] Jacobs A, Karin V, Malo A. Efficacy of a new tetravalent coryza vaccine against emerging variant type B strains[J]. Avian Pathol, 2003, 32（3）: 265-269.

[8] Nakamura T, Hoshi S, Nagasawa Y, et al. Protective effect of oral administration of killed Haemophilus paragallinarum serotype A on chickens[J]. Avian Dis, 1994, 38（2）: 289-292.

2.4.13　鸡支原体疫苗

2.4.13.1　概述

禽类支原体主要感染家禽，广泛寄生于家禽的呼吸道、消化道、泄殖腔、输卵管黏膜及关节囊中。目前鉴定命名的禽类支原体共有 29 种，其中属于支原体属的有 25 种、无胆甾原体 3 种、脲原体 1 种[1]。其中能同时感染鸡、火鸡致病的支原体主要为鸡毒支原体（mycoplasma gallisepticum，MG）和滑液囊支原体（mycoplasma synoviae，MS）。

（1）病原学　鸡毒支原体又称作鸡毒霉形体或鸡败血霉形体，由它引起的鸡的感染称为鸡慢性呼吸道病（chronic respiratory disease，CRD），引起火鸡的感染称为传染性窦炎（infectious sinusitis）[2]。初次报道 MG 是在 1905 年，Dodd 当时精确描述了火鸡感染的 Mycoplasma gallisepticum 并称其为"流行性肺肠炎"[3]。之后不断有分离到该微生物的报道，直至 1960 年，Edward 和 Kanarck 正式命名此种微生物为 Mycoplasma gallisepticum，并且国际支原体学会建立了禽支原体研究分会，吸引了众多学者研究禽源支原体，随后许多国家发表了分离出 MG 的相关报道[4,5]。滑液囊支原体感染通常表现为亚临床型上呼吸道感染，有时引起系统性感染并损害关节的滑液囊膜和腱鞘，引起渗出性滑膜炎、腱鞘炎和滑液囊炎等。当与鸡毒支原体、新城疫或传染性支气管炎的病原混合感染时，会加速病情的恶化，引起气囊炎等严重的呼吸系统疾病。我国研究禽源支原体起步较晚，1984 年，毕丁仁等从北京、南宁两市的鸡体内分离出 61 株支原体，经鉴定，其中包括鸡毒支原体（mycoplasma gallisepticum）、鸡白痢支原体（mycoplasma pullorum）、滑液囊支原体（mycoplasma synoviae）等，这是我国首个禽源支原体相关系统报道[6,7]。

禽支原体属于软膜体纲，支原体目，支原体科，支原体属，是目前世界上发现的最小及最简单的原核细胞型微生物，能自我复制，无细胞壁，仅由细胞膜构成，其菌落形态为"煎蛋形"[8]。因此对作用于细胞壁的抗生素无效。菌体大小为 $0.2 \sim 0.5 \mu m$，球形或球杆形，体积小且质地柔软，可通过 $0.22 \mu m$ 的滤膜，吉姆萨染色良好，MG 和 MS 均能发酵葡萄糖和麦芽糖，产酸不产气，不能水解精氨酸，不具备磷酸酶活性。MG 和 MS 由于自身结构简单而对外界环境的抵抗力较弱，一般常用的化学消毒剂均能迅速将其杀死；50℃、20min即可将其灭活，其在沸水中立刻死亡。

支原体为需氧或兼性厌氧菌，MG和MS在人工培养时对营养要求较高，培养要用特殊的培养基，一般的分离方法难以获得成功。通常需要富含蛋白质的培养基，MS的生长需要另外补充辅酶Ⅰ（NAD），常用改良的Frey氏培养基[9,10]，37℃培养3~5d生长良好。培养物中需添加猪、马或鸡的血清10%~15%，其中以添加灭活的猪血清为最好[11]，补充酵母浸出液有益于生长。加入醋酸铊（1：4000）和青霉素（2000IU/mL）可防止外源性细菌和真菌污染。

（2）流行病学　禽支原体的宿主谱广泛，其宿主包括鸡、鸭、鹅、鸽、鹌鹑、孔雀等多种禽类，病鸡和隐性感染鸡是本病的传染源。MG和MS可通过直接接触或间接接触进行水平传播，也可以经种蛋进行垂直传播，不同品种、不同年龄的鸡均可长期感染。MG人工感染一般在4~12d开始出现症状，自然感染的潜伏期更长，禽类感染该病后可迅速传播，难以清除。MG感染不仅引发呼吸道疾病，还可使蛋鸡产蛋下降、种蛋孵化率下降、雏鸡的弱雏率增加、肉鸡体重减少、饲料转化率降低等[12,13]。当与传染性支气管炎病毒、新城疫病毒、传染性喉气管炎病毒、大肠杆菌等病原微生物发生混合感染，或出现其它不良诱因，可导致机体出现严重的病理损伤，死亡率快速增加[14]。鸡和火鸡感染MS后发病率高达90%~100%；经蛋感染的雏鸡可在短时间内感染整个禽群。鸡的最早感染日龄为1周龄，4~16周龄的鸡易发生急性感染。

2.4.13.2　疫苗研究

（1）灭活疫苗　MG灭活疫苗对家禽有保护作用，但由于成本问题，其使用受到限制。Yoder等[15]报道以MG油乳剂灭活苗对15~30日龄鸡免疫接种能有效地抵抗强毒株攻击，但用于10日龄内的雏鸡，免疫效果不理想。研究表明，疫苗在预防鸡呼吸道损伤方面是有效的，并证明其在减少传播和生产损失方面是有益的。宋勤叶等[16]用MG油乳剂灭活疫苗接种蛋鸡，结果表明无论在试验攻毒前还是在攻毒后接种，均能有效地降低MG的蛋传率。Abd-EI-Motelib等[17]曾对F、TS-11和6853号弱毒株以及1个商业性灭活疫苗就其免疫效力进行了比较，疫苗接种鸡在被致病菌株R株气溶胶攻击之后，各组剖检28只鸡检查气囊病理损伤结果，F株免疫组只有5只有极其轻度的损伤，损伤平均分为0.18，其它3种疫苗接种鸡出现气囊损伤平均分为1.21~1.89，灭活疫苗接种组与未接种疫苗的对照组相差无几，均明显不如F株。因此，在需要长期控制MG感染的商业鸡群中，灭活疫苗价格昂贵、效果差，又难以接种，价值很低。

如果雏鸡有暴露于野生型鸡支原体感染的风险，可早在暴露后的2周或更短的时间内通过鼻内、眼内和喷雾接种鸡支原体F疫苗株[18]。其致病力极弱，给1日龄、3日龄、20日龄的雏鸡滴眼接种，不会引起任何可见的症状和气囊病变，不影响增重。活疫苗研究中，日本、法国、美国分别将G250株、CP株、F株、TS-11株及6/85株制成疫苗应用，其中G250株、CP株由于毒力极度减弱，需频繁使用，效果不佳。F株比野毒株致病性低，在鸡产蛋之前和被MG野毒感染前使用可降低商品蛋鸡的产蛋损失，减少病原体经卵传递。MG弱毒常具有置换和传播功能，F株可通过置换强毒而使感染鸡得到保护，但F株仍有一定毒力，特别对于火鸡，它可以引起商品火鸡感染发病。最近的研究结果表明，TS-11和6/85弱毒制作的疫苗比F株毒力更弱，对鸡和火鸡均无毒力，疫苗对未受MG感染的鸡有较好的免疫效果，也可用于火鸡的免疫接种，但免疫鸡体内检测不到抗体，不易判断免疫效果，对已感染 MG 的鸡群接种效果不如 F 株。研究表明，在集约化饲养的条件下，用 TS-11 已成功根除 MG。因此，近年来 TS-11 株和 MG6/85 更多的被作为商品化弱毒苗用于鸡和火鸡。中国兽医药品监察所用弱毒株 F-36 制成的活疫苗免疫接种鸡，不影响鸡体增重，不引起气囊损伤，接种鸡不表现任何临床症状。该疫苗接种鸡，免疫保护率达 80%，免疫期可达 9 个月。

（2）**基因工程疫苗** 通过克隆和鉴定重要的 MG 表面抗原和定植因子，运用表达和转化策略开发 MG 重组疫苗。[19,20] 支原体的基因转移是通过电穿孔技术[21] 和粪肠球菌介导的接合[22] 实现的。在支原体中发现具有功能性的转座子 Tn4001 和 Tn916，可用于突变体构建、蛋白质功能分析、细胞标记和基因表达。例如，野生型 GapA、编码表面抗原的多个基因和推测的定植因子已被鉴定和克隆，LacZ 融合蛋白的研究也已完成[23,24]。将这些蛋白和技术应用于重组 MG 疫苗中，可以提供一种有效、安全的 MG 疫苗，但由于这些蛋白质表达的多样性而变得复杂。最近，一种被称为 GT5 的减毒和基因改造的 MG 菌株在实验室被开发出来[25,26]。具体来说，气管中感染相关病变和强毒株 MG 的定植能力都降低了[27]。不同载体表达 MG 抗原并被宿主免疫系统识别。为此，减毒活病毒也被用作载体。例如，美国农业部批准了编码 *MG* 基因的重组禽痘病毒，并将其用于火鸡和鸡。研究表明，接种含有 *MG* 基因重组禽痘病毒的鸡能产生理想的效果，并能保护鸡免受 MG 攻击[28]。然而，需要更深入的研究来确定减毒活病毒作为载体的疫苗保护效果。

（3）**活疫苗** 目前世界上只有两株商业化的活疫苗用来预防 MS 感染，分别为 MS1 疫苗株和澳大利亚的（ts+）MS-H 疫苗株，MS1 疫苗株是通过体外传代培养而自发突变且生长过程不需 NAD 的菌株，最近几年才在养殖业中应用。澳大利亚的 MS-H 株是从感染 MS 的蛋鸡中分离到的 86079/7NS 株经 NTG 诱变获得[29]。MS-H 株为温度敏感性疫苗，一般标记为（ts+）MS-H，该疫苗对鸡没有致病性，免疫后可永久地定植于机体内并替换野毒株。为了更好地实施 MS 防控和清除计划，近期 Zsuzsa Kreizinger 等人[30] 组成的研究团队，通过基于熔解曲线和琼脂糖凝胶的错配扩增突变试验，鉴别 MS-*Hobg* 基因 nt367 和 nt629 位置的碱基替换，有效区分（ts+）MS-H、非温度敏感的 MS-H 株和野毒株，可促进该苗在世界范围的推广和应用。安全性是活疫苗面临的最大问题，不利于鸡场支原体的净化，目前美国禁止使用（ts+）MS-H 活疫苗，我们国家也很少使用。20 世纪灭活疫苗在预防鸡 MG 感染方面取得了一定的成果。国内学者用 MGRlow 株和 MSW-VU1853 制备灭活二联苗，动物攻毒保护试验表明半年内该苗能够诱导免疫鸡产生较高且持续的抗体应答，具有很好的保护作用。尽管接种疫苗是防控 MS 感染的有效手段，尤其在多龄化饲养的蛋鸡场，但其限制鸡场支原体的净化工作。

2.4.13.3　疫苗产品

鸡毒支原体灭活疫苗

本品为鸡毒支原体 CR 株经灭活并加入佐剂制备而成，用于预防由鸡毒支原体引起的鸡慢性呼吸道疾病。免疫期为 6 个月。

【使用说明】颈背部皮下或大腿部肌内注射。40 日龄以内的鸡，每只 0.25mL；40 日龄以上的鸡，每只 0.5mL；蛋鸡，在产蛋前再接种 1 次，每只 0.5mL。

【注意事项】

a. 注射前应将疫苗恢复至室温，并将其充分摇匀。

b. 注射部位不得离头部太近，在颈部的中下部为宜。

c. 接种时，应作局部消毒处理。

d. 用过的疫苗瓶、器具和未用完的疫苗等应进行无害化处理。

e. 屠宰前 28d 内禁止使用。

【贮藏与有效期】2～8℃保存，有效期为 12 个月。

鸡毒支原体活疫苗

本品由鸡毒支原体 F-36 株制备而成。用于预防鸡毒支原体引起的慢性呼吸道疾病。免疫期为 9 个月。

【主要成分与含量】每羽份含鸡毒支原体 F-36 株活菌数不少于 $3.0×10^{6.0}$ CCU。

【使用说明】点眼接种。可用于 1 日龄鸡，以 8～60 日龄时使用为佳，按瓶签注明羽份，用灭菌生理盐水或注射用水稀释成 20～30 羽份/mL 后进行接种。

【注意事项】

a. 疫苗稀释后放阴凉处，限 4h 内用完。

b. 接种前 2～4d、接种后至少 20d 内应停用治疗鸡毒支原体病的药物。

c. 不要与鸡新城疫、传染性支气管炎活疫苗同时使用，两者使用间隔应在 5d 左右。

d. 用过的疫苗瓶、器具和未用完的疫苗等应进行无害化处理。

参考文献

[1] Whithear K G. Control of avian mycoplasmoses by vaccination[J]. Rev Sci Tech, 1996, 15（4）: 1527-1553.

[2] Bradbury J M. Avian mycoplasma infections: prototype of mixed infections with mycoplasmas, bacteria and viruses[J]. Annales De Linstitut Pasteur Microbiologie, 1984, 135（1）: 83-89.

[3] Dodd S. Epizootic Pneumo-enteritis of the Turkey[J]. Journal of Comparative Pathology & Therapeutics, 1905, 18: 239-245.

[4] Nonomura I, Yoder J H W. Identification of avian mycoplasma isolates by the agar-gel precipitin test[J]. Avian diseases, 1977, 21（3）: 370-381.

[5] Tiong S K, Liow T M, Tan R J. Isolation and identification of avian mycoplasmas in Singapore[J]. British poultry science, 1979, 20（1）: 45-54.

[6] 毕丁仁. 霉形体病鸡群带菌持续时间[J]. 中国兽医杂志, 1986（03）: 30.

[7] 贺荣莲, 黄峻. 鸡霉形体的分离与鉴定[J]. 中国兽医杂志, 1996, 20（9）: 9-11.

[8] Calnek B K. 禽病学: 第 11 版[M]. 高福, 苏敬良, 译. 北京: 中国农业出版社, 2005.

[9] Avakian, A P, Ley D H. Protective immune response to Mycoplasma gallisepticum demonstrated in respiratory- tract washing from M. Gallisepticum-infected chickens [J]. Avian Diseases, 1993, 37: 697- 705.

[10] Frey M L, Hanson R P, Anderson D P. A medium for the isolation of avian mycoplasmas [J].American Journal of Veterinary Research, 1968, 29: 2163-2171.

[11] 张楠. 五种抗菌药物对鸡毒支原体的药动学和药效学研究[D]. 广州: 华南农业大学, 2017.

[12] Kollias G V, Sydenstricker K V, Kollias H W, et al. Experimental infection of house finches with Mycoplasma gallisepticum[J]. Journal of Wildlife Diseases, 2004, 40（1）: 79-86.

[13] Feberwee A, Mekkes D R, Klinkenberg D, et al. An experimental model to quantify horizontal transmission of Mycoplasma gallisepticum [J]. Avian Pathology, 2005, 34（4）: 355-361.

[14] Evans J D, Leigh S A. Mycoplasma gallisepticum: Current and developing means to control the avian pathogen[J]. Journal of Applied Poultry Research, 2005, 14 (4): 757-763.

[15] Yoder H W, Hopkins Jr S R, Mitchell B W. Evaluation of inactivated Mycoplasma gallisepticum Oil-Emusion Bacterins for protection Against Airsacculitis in broilers[J]. Avian Diseas, 1983, 28 (1): 224-234.

[16] 宋勤叶, 张中直, 张冰, 等. 鸡毒支原体油乳剂灭活苗对降低鸡毒支原体垂直传播作用的研究 [J]. 畜牧兽医学报, 2002, 33 (3): 285-290.

[17] Abd-El-Motelib T Y, Kleven S H. A comparative study of Mycoplasma gallisepticum vaccines in young chickens[J]. Avian Dis, 1993, 37: 981-987.

[18] Levisohn S, Kleven S H. Avian mycoplasmosis (Mycoplasma gallisepticum) [J]. Rev Sci Tech, 2000, 19: 425-442.

[19] Zhang D, Long Y, Li M, et al. Development and evaluation of novel recombinant adenovirus-based vaccine candidates for infectious bronchitis virus and Mycoplasma gallisepticum in chickens[J]. Avian Pathol. 2018, 47: 213-222.

[20] Shil P K, Kanci A, Browning G F, et al. Development and immunogenicity of recombinant GapA (1) Mycoplasma gallisepticum vaccine strain ts-11 expressing infectious bronchitis virus-S1 glycoprotein and chicken interleukin-6[J]. Vaccine, 2011, 29: 3197-3205.

[21] Liu L, Dybvig K, Panangala V S, et al. GAA trinucleotide repeat region regulates M9/pMGA gene expression in Mycoplasma gallisepticum[J]. Infect Immun, 2000, 68: 871-876.

[22] Ruffin D C, van Santen V L, Zhang Y, et al. Transposon mutagenesis of Mycoplasma gallisepticum by conjugation with Enterococcus faecalis and determination of insertion site by direct genomic sequencing[J]. Plasmid, 2002, 44: 191-195.

[23] Jenkins C, Geary S J, Gladd M, et al. The Mycoplasma gallisepticum OsmC-like protein MG1142 resides on the cell surface and binds heparin[J]. Microbiology, 2007, 153: 1455-1463.

[24] Qi J, Zhang F, Wang Y, et al. Characterization of Mycoplasma gallisepticum pyruvate dehydrogenase alpha and beta subunits and their roles in cytoadherence[J]. PLoS One, 2018, 13: e0208745.

[25] Mohammed J, Frasca S, Cecchini Jr K, et al. Chemokine and cytokine gene expression profiles in chickens inoculated with Mycoplasma gallisepticum strains Rlow or GT5[J]. Vaccine, 2007, 25: 8611-8621.

[26] Gates A E, Frasca S, Nyaoke A, et al. Comparative assessment of a metabolically attenuated Mycoplasma gallisepticum mutant as a live vaccine for the prevention of avian respiratory mycoplasmosis[J]. Vaccine, 2008, 26: 2010-2019.

[27] Papazisi L, Silbart L K, Frasca S, et al. A modified live Mycoplasma gallisepticum vaccine to protect chickens from respiratory disease[J]. Vaccine, 2002, 20: 3709-3719.

[28] Evan J D, Leigh S A, Branton S L, et al. Mycoplasma gallisepticum: current and developing means to control the avian pathogen[J]. J Appl Poult Res, 2005, 14: 757-763.

[29] Zhu L, Shahid M A, Markham J, et al. Comparative genomic analyses of Mycoplasma Synoriae vaccine strain Ms-H and its wild-type parent strain 86079/7NS: implications for the identification of virulence factors and applications in diagnosis of M. synoviae[J]. Avian Pathol, 2019,48 (6): 537-548.

[30] Kreizinger Z, Sulyok K M, Grozner D, et al. Development of mismatch amplification mutation assays for the differentiation of MS1 vaccine strain from wild-type Mycoplasma synoviae and MS-H vaccine strains[J]. PLoS One, 2017, 12 (4): e175969.

2.4.14　禽多杀性巴氏杆菌疫苗

2.4.14.1　概述

禽多杀性巴氏杆菌病（又称禽霍乱）是危害家禽的一种主要细菌病，是由禽多杀性巴氏杆菌（*Pasteurella multocida*，Pm）引起的一种侵害鸡、火鸡、鸭、鹅等家禽及野禽的高度接触性传染病[1]。该病主要表现为急性败血型，发病率高，引起急性死亡率达20％～30％；但也经常表现为慢性型或良性经过。该病急性病例主要表现为突然发病，黏膜、浆膜和脏器出血，脾脏和肝脏肿大并有灰白色坏死点；慢性病例多在肝脏等局部发生坏死性病灶或炎性病灶。感染家禽采食量下降，生长减缓或产蛋率急剧下降，死亡率通常是20％～30％或更高；感染后存活的家禽生产性能下降，而且存在带毒隐性传播的风险。

在18世纪后期，欧洲发生了多起家禽感染死亡病例。法国学者Chabert和Mailer分别于1782年和1836年对该病进行了研究，并首次命名为禽霍乱[2,3]。1886年，Huppe称之为"出血性败血症"；1900年Lignieres使用"鸡巴氏杆菌病"这一名称。1880年Pasteur分离到这种微生物，并在鸡肉汤中获得了纯培养物，在进一步的研究过程中，Pasteur做了使细菌毒力致弱、用于免疫反应的经典试验。此后该菌能在多种动物身上分离得到，包括猪、牛、马、羊等。多杀性巴氏杆菌因Pasteur在微生物学领域做出的贡献而命名[4]。

（1）病原学　禽多杀性巴氏杆菌（APm）为革兰氏阴性菌，属于巴氏杆菌科巴氏杆菌属，根据基因同源性分为3个亚种，即多杀亚种、杀禽亚种、败血亚种。Pm无鞭毛，无芽孢，新分离的强毒株有荚膜，呈短杆状或细小的球杆状，中央微凸，两端钝圆，大小（0.5～2.5μm）×（0.2～0.4μm）。瑞氏染色或美蓝染色呈两极着色两端浓染。单个或成对存在，偶尔呈链状或纤维状[5]。其可在葡萄糖淀粉琼脂（dextrose starch agar）、酪蛋白蔗糖酵母琼脂（casein sucrose yeast agar，CSY）、巧克力琼脂（chocolate agar）、马-欣二氏琼脂（Mueller-Hinton agar）、脑心浸液肉汤琼脂（brain heart infusion agar，BHI）中生长，在加有血清（5％的绵羊血清或者胎牛血清）的培养基中生长良好，在麦康凯培养基（MacConkey）上不生长[6]。最适温度为37℃，菌落边缘整齐，表面光滑，有的菌株对着阳光、45°倾斜观察呈淡蓝色。Pm对光和热的抵抗力弱，阳光暴晒数分钟或者在56℃加热数分钟都可杀死本菌，苯酚、石灰乳、来苏儿、氢氧化钠、福尔马林等都可杀死本菌。

禽多杀性巴氏杆菌的菌落形态有三型：①光滑型菌落，中等大，毒力极强，有荚膜，多分离自急性病例；②黏液型菌落，大，毒力中等，有荚膜，多分离自慢性病禽和健康带菌禽；③粗糙型菌落，毒力很低。引发禽霍乱的菌株多为有荚膜毒力极强的禽多杀性巴氏杆菌[7]。

根据多杀性巴氏杆菌不同的表面抗原将其划分为不同的血清型：根据荚膜类型可分为A、B、D、E、F5个型，根据脂多糖（LPS）抗原的不同分为1～16个型[8,9]。

（2）流行病学　禽多杀性巴氏杆菌易感动物：鸡、火鸡最易感，其次是鹌鹑、鸽、鸭和鹅等禽类均易感，麻雀、鹧鸪、孔雀等野禽也易感，其中火鸡最易感，感染后急性死亡，死亡率高达100％[10]。火鸡和鸡感染禽多杀性巴氏杆菌病例报道相对较多，其发病日龄规律相对清晰。3～4月龄青年鸡及成年鸡均易感，雏鸡对禽多杀性巴氏杆菌敏感性差[11]。本病的发生和流行没有季节性，一年四季均可流行传播，但以温暖潮湿的春季较易发生，梅雨季节的夏季也可在局部流行，在冷热交替的季节发生较多，常呈散发或局部性流行。该病原体是一种机会致病菌，健康家禽可带菌，但不表现症状。但在环境卫生不良、气候条件剧变（忽冷忽热）、生存条件恶劣（潮湿拥挤、通风不良、阴雨连绵）、饲料霉变、营养不平衡、长途运输、免疫应激等条件下，机体对病原菌抵抗力下降，可致本病，并迅速流行传播[12]。

（3）**致病性**　禽多杀性巴氏杆菌病的临床症状和病理变化并非固定不变，常因疾病类型、病程、禽的体质、感染菌株的毒力强弱不同而表现出较大的差异[13]。主要分为两种类型：急性型和慢性型。急性型，只能在感染禽死前几小时表现出明显的症状：包括发热（体温升至43～44℃）、厌食、羽毛蓬松、口腔流出黏性分泌物、腹泻（初期为白色水样粪便，此后转为绿色并含有黏液的稀粪，最后可能脱水而亡）、呼吸急促，偶有发出尖叫声，临死前鸡冠肉髯发绀，以成年鸡最为常见。病程短的约半天，长的约3d。慢性型可由低毒力菌株感染而致，也可由急性转变而来，临床上主要表现为局部感染病变，肉髯肿胀、鼻窦充血、腿或翅关节肿大、足垫溃烂和胸骨滑液囊积液，可见渗出性结膜炎和咽炎。呼吸道感染可导致气管啰音和呼吸困难[14]。病程可拖至一个月以上，但生长发育和产蛋长期不能恢复。

2.4.14.2　疫苗研究进展

（1）**灭活疫苗**　疫苗免疫被认为是控制多杀性巴氏杆菌病最有效的手段之一。灭活疫苗具有免疫效果好、安全持续期长、保存运输比较方便等特点，因此得到广泛推广应用。常规灭活疫苗一般采用禽多杀性巴氏杆菌标准株来制备，也可以从疫区分离鉴定的菌株中筛选出免疫原性好的优势流行菌株，其特点是安全性较好，不存在毒力返强等风险，特别是利用流行菌株制备的灭活疫苗对流行区域进行针对性免疫预防，具有良好免疫效果。

按照培养方式和免疫效果，灭活疫苗分两种：一种是在体外进行细菌培养，收获菌液灭活制备常规灭活疫苗。这种灭活疫苗只能对同血清型菌株感染有免疫效果，因为禽多杀性巴氏杆菌在体外培养不能产生交叉保护因子，所以Heddleston将多杀性巴氏杆菌经甲醛灭活制备成疫苗接种雏鸡，其能够产生较高的同源保护力[15]。Shawky等发现经加热灭活所制备的多杀性巴氏杆菌油乳剂疫苗接种鸭能产生良好的免疫保护，且能减少禽的不良反应，同时能够产生60%的交叉保护[16]。Cho等将五种血清型巴氏杆菌制备成五价苗，对犊牛有显著的保护效果，但是对家禽的免疫保护效果较差[17]。向油乳剂灭活疫苗中加入皂苷等佐剂能增强黏膜与细胞的免疫水平，使被免疫动物对出血性败血症的抵抗能力增强。另一种是组织灭活疫苗：将禽多杀性巴氏杆菌感染鸡胚或鸡，取胚体或感染鸡肝脾肺肾等脏器组织研磨后灭活制备组织灭活苗，其免疫效果显著高于人工培养基培养的常规灭活苗。其突出优点是交叉保护性好，效力较高，安全。戴鼎震等以禽多杀性巴氏杆菌标准强毒株C48-1接种鸡胚，收集死胚研磨灭活制备组织灭活油乳苗，免疫7～8周龄鸡和鸭，4周后用异源血清型禽多杀性巴氏杆菌P1059菌株攻击，保护率达90%以上[18]。Cifonelli等也发现了活体培养的Pm具交叉保护特性，通过比较研究发现活体培养Pm细胞壁上存在一种蛋白质，是一种交叉保护因子，其免疫鸡后产生的抗体可与异源血清型Pm结合使之失去活性，产生交叉保护性作用[19]。活体制备的灭活疫苗免疫效果好、免疫谱广的这一优点在自家组织苗的研制中常被使用。

（2）**弱毒活疫苗**　禽霍乱弱毒活疫苗是通过筛选自然界的天然弱毒株或人工培养致弱菌株研制而成。弱毒活疫苗可在体内增殖产生一种交叉保护性因子，可对异源血清型的菌株有一定的交叉保护效果。天然弱毒株非常稀少。Bierer 等从火鸡禽霍乱的病例中分离到一株血清 3 型的多杀性巴氏杆菌天然弱毒株，通过饮水免疫火鸡能帮助火鸡预防禽霍乱的发生[20]。该菌株后被优化为 CU 系无毒禽霍乱疫苗，这是第一个在国际上广泛使用的禽霍乱活疫苗。我国王文科、刘学贤、孙继强等分别从临床分离菌株筛选出了禽多杀性巴氏杆菌弱毒株，他们分别以各自的弱毒株制备弱毒活疫苗，并进行安全性试验、免疫效力试验、交叉保护性试验、保存期试验，结果发现弱毒活疫苗具有免疫力产生快、免疫原性好、近期平均保护率较高、免疫谱较广以及生产成本低等多方面优点。

利用药物诱导菌株产生突变、毒力减弱是菌株致弱的常用技术。Hertman 等利用 N-甲基-N-硝基-N-亚硝基胍诱导产生的无毒力的巴氏杆菌菌株 M-8283 和 M3G 能够对火鸡禽霍乱产生较高水平的交叉保护[21]；Mosier 等通过低浓度链霉素致弱强毒株能够产生 100% 的同源保护[22]。链霉素诱导巴氏杆菌 A：3 的弱毒菌株免疫后，可产生交叉保护，而 A：12 菌株不能。

近年来，随着分子生物学技术的快速发展，从分子水平进行细菌部分基因的改造已成为一种快速降低细菌毒力的重要手段。其方法主要是通过基因操作人工缺失某些毒力因子或插入失活部分片段，使其毒力减弱，构建弱毒株，作为弱毒活疫苗候选菌株。$aroA$ 基因是多杀性巴氏杆菌自身携带的重要毒力因子之一，编码 5-烯醇丙酮酰莽草酸-3-磷酸合成酶，催化合成芳香族氨基酸的中间反应，脊椎动物等宿主不具备该合成途径。$\Delta aroA$ 缺失株在宿主体内因缺乏重要氨基酸而毒力减弱。Homchampa 等构建的 $\Delta aroA$ 缺失株在小鼠上高度减毒，可为免疫动物提供 100% 保护[23]。Scott 等同时构建了血清 1 型和血清 3 型的 $\Delta aroA$ 缺失株，分别以 10^6 CFU 和 10^8 CFU 肌内注射免疫鸡后，结果显示能够完全抵御 10^7 CFU 野毒的攻击[24]。Chung 等构建了血清型 A：1 菌株 $\Delta hexA$ 突变株。该突变株对鸡完全无毒，免疫后能够提供高水平的同源保护效力。Xiao 等通过同源臂交换分别构建了血清 A 型缺失株 Δcrp、$\Delta phoP$ 的减毒株，与亲本株相比 $\Delta phoP$ 缺失株经鼻途径的 LD_{50} 增加了 153 倍，对同源菌株有 54.5% 的保护效力[25]，Δcrp 缺失株对同源菌株有 60% 的保护效力[26]。虽然弱毒疫苗具有一定的交叉保护性，但其安全性问题仍不容忽视。

（3）**亚单位疫苗**　亚单位疫苗的核心成分是病原微生物具有保护性免疫原的组分，因此也叫组分疫苗。免疫原性良好的蛋白大多数为禽多杀性巴氏杆菌的毒力因子。禽多杀性巴氏杆菌的毒力因子众多，其中外膜蛋白、脂多糖、荚膜、菌毛和黏菌素为重要的毒力因子。这些毒力因子是目前亚单位疫苗的研究热点。亚单位疫苗既保持了毒株的免疫原性，又不存在毒力返强等安全隐患。

禽多杀性巴氏杆菌的毒力与其荚膜有一定联系。禽多杀性巴氏杆菌强毒菌株都有荚膜，但弱毒株一般都无荚膜。在多数菌株里荚膜的免疫原性都极好，是一种较好的亚单位疫苗候选抗原。步恒富等研究禽多杀性巴氏杆菌荚膜中的一种保护性抗原蛋白成分 P1，可作为良好的亚单位疫苗的候选蛋白[27]。Boyce 等对不同血清型多杀性巴氏杆菌荚膜的生物合成、基因结构及其功能进行了分子水平的研究，结果证明不同血清型多杀性巴氏杆菌的荚膜与其致病性及免疫保护性相关[28]。吴彤等通过提取禽多杀性巴氏杆菌的荚膜，制备禽霍乱亚单位疫苗，免疫鸡后通过免疫原性试验，证实禽多杀性巴氏杆菌的荚膜具有良好的抗原性[29]。

外膜蛋白也是禽多杀性巴氏杆菌重要的免疫保护性抗原之一。Dabo 等研究发现 Om-pA 蛋白家族对增强宿主细胞免疫反应具有重要作用[30]。Luo 等通过表达纯化禽巴氏杆菌 X-73 的 OmpH 蛋白，用其进行交叉保护实验，结果表明外膜蛋白 H 并没有交叉保护力，其只能对同型巴氏杆菌起保护作用[31]。曹素芳等通过原核表达强毒株的 C48-1 外膜蛋白 OmpH，制成油乳剂亚单位疫苗，免疫鸡后，能显著提高鸡体抗体水平以及攻毒保护率，免疫保护效果优于禽多杀性巴氏杆菌病弱毒活疫苗[32]。Lee 等以纯化的禽多杀性巴氏杆菌外膜蛋白 OmpH 制备亚单位疫苗，免疫小鼠后可抵抗禽多杀性巴氏杆菌强毒的攻击[33]。Tatum 等的研究表明，外膜蛋白 FhaB 也具有很好的免疫原性，其制备的亚单位疫苗能对火鸡产生较高的免疫保护力[34]。

脂多糖（lipopolysaccharide，LPS）是革兰氏阴性细菌致病物质内毒素，能够诱发体液免疫，是一种保护性抗原。2007 年，Wu 等[35] 将血清型 A：1 菌株 X-73 的脂蛋白合成基因 *plpE* 和 *plpB* 分别克隆到大肠杆菌中，并使 plpE 和 plpB 蛋白高效表达，再加入氢氧化铝佐剂制成重组疫苗，然后评估两种疫苗在小鼠和鸡模型上的免疫保护效力。结果显示，rplpE 免疫可使小鼠和鸡同时抵抗同源菌株 X-73（血清型 A：1）及异源菌株 P-1662（血清型 A：4）的感染；相比之下，rplpB 免疫无法为动物提供免疫保护，可能是由于提纯过程的部分抗原表位丢失。之后，Hatfaludi 等[36] 通过对 Pm70 全基因组进行生物信息学分析比对，推测出 71 个潜在的具有免疫原性的蛋白，其中只有 plpE 具有免疫保护作用。王红勋[37] 首次在国内构建出多杀性巴氏杆菌 *plpB* 基因的表达载体，该试验为了保留 *plpB* 良好的免疫原性，从包涵体蛋白中通过优化复性得到生物活性高的蛋白。在免疫保护试验中，rplpB 免疫小鼠后的保护率为 100%。

交叉保护性抗原因子：用体外培养菌株不能产生交叉保护性抗原因子，以其制备的灭活疫苗免疫对异源血清型菌株的攻击不能产生有效的保护作用。利用禽多杀性巴氏杆菌感染家禽或弱毒疫苗免疫家禽，细菌在动物体内增殖，可有效表达交叉保护性抗原因子，使康复禽或免疫禽能够获得对异型菌株攻击的保护力[38]，把这些能够诱导交叉保护作用的抗原称为交叉保护因子（CPF）。Ali 等研究表明表达的禽多杀性巴氏杆菌黏附素 Cp39 能够给小鼠提供较高的交叉保护效果[39]。Sthitmatee 等采用表达多杀性巴氏杆菌 P1059 强毒株交叉保护性因子 Cp39，制成亚单位疫苗免疫鸡，P1059（A：3）强毒株攻击，保护率达 100%，还可抵抗异源强毒株 X-73（A：1）的攻击[40]。通过研究禽多杀性巴氏杆菌交叉保护因子的免疫原性和保护作用，为后续开发禽多杀性巴氏杆菌外膜蛋白疫苗奠定了基础。

（4）**基因工程疫苗** 基因工程疫苗又称核酸疫苗或 DNA 疫苗，是用编码保护性抗原的基因与真核细胞表达载体构建的重组质粒直接免疫机体，借助宿主细胞系统表达出保护性抗原，从而激活宿主的免疫系统。DNA 疫苗的生产成本低，易于贮存与运输，接种方便，并且可以组合多种抗原基因，使疫苗研制的灵活性大大增加。2011 年，Gong 等[41] 将编码外膜蛋白 OmpA 和 OmpH 的基因融合，与真核表达载体重组从而制成 DNA 疫苗，并在体外通过间接免疫荧光验证了 OmpA 和 OmpH 的表达。该 DNA 疫苗针对同源菌株的攻毒可提供 73.3% 的保护效力，激发免疫鸡产生的抗体水平与减毒疫苗组相似。Okay 等研制了 OmpH、PlpEN、PlpEC 等 3 种 DNA 疫苗，免疫小鼠后能诱导产生较高的抗体水平，但攻毒保护率较低[42]。宫强等通过多种蛋白融合制成多价 DNA 疫苗：pcDNA-OmpH/pOmpA（pOmpHA），家禽免疫该多价疫苗后可抵御禽多杀性巴氏杆菌的感染，然而单价疫苗（pcDNA-OmpH、pOmpH、pcDNA-OmpA 和 pOmpA）的效果存在明显不足[43]。

2.4.14.3 疫苗产品

目前我国防制禽痘用的商品化疫苗主要有禽多杀性巴氏杆菌病灭活疫苗（1502 株）；禽多杀性巴氏杆菌病灭活疫苗（C48-2 株）；禽多杀性巴氏杆菌病活疫苗（G190E40 株）；禽多杀性巴氏杆菌病活疫苗（B26-T1200 株）；禽多杀性巴氏杆菌病蜂胶灭活疫苗；兔、禽多杀性巴氏杆菌灭活疫苗。

禽多杀性巴氏杆菌病灭活疫苗（1502 株）

本品为禽多杀性巴氏杆菌 1502 株（CVCC2802）经灭活并加入佐剂制备而成。用于预防禽多杀性巴氏杆菌病（即禽霍乱）。免疫期，鸡为 6 个月，鸭为 9 个月。

【使用说明】颈部皮下注射。2 月龄以上的鸡或鸭，每只 1.0mL。

【注意事项】

a. 切忌冻结，冻结过的疫苗严禁使用。

b. 久置后，上层出现微量（不超过 1/10）的油析出。使用时应振摇均匀。

c. 接种时，应作局部消毒处理。

d. 接种后一般无明显反应，个别动物有 1～3d 减食。

e. 用过的疫苗瓶、器具和未用完的疫苗等应进行无害化处理。

f. 屠宰前 28d 内禁止使用。

【贮藏与有效期】2～8℃保存，有效期为 12 个月。

禽多杀性巴氏杆菌病活疫苗（B26-T1200 株）

本品含禽源多杀性巴氏杆菌 B26-T1200 株。每羽份活菌数不少于 3.0×10^7 CFU。用于预防 2 月龄以上鸡、1 月龄以上鸭的多杀性巴氏杆菌病（即禽霍乱）。免疫期为 4 个月。

【使用说明】皮下或肌内注射。用 20% 氢氧化铝胶生理盐水作适当稀释，鸡每只接种 0.5mL（含 1 羽份），鸭每只接种 0.5mL（含 3 羽份）。

【注意事项】

a. 接种时，应作局部消毒处理。

b. 用过的疫苗瓶、器具和未用完的疫苗等应进行无害化处理。

【贮藏与有效期】2～8℃保存，有效期为 12 个月。

禽多杀性巴氏杆菌病活疫苗（G190E40 株）

本品含禽源多杀性巴氏杆菌 G190E40 株。每羽份活菌数不少于 2.0×10^7 CFU。用于预防 3 月龄以上的鸡、鸭、鹅多杀性巴氏杆菌病（即禽霍乱）。免疫期为 3.5 个月。

【使用说明】肌内注射。用 20% 氢氧化铝胶生理盐水稀释，鸡每只接种 0.5mL（含 1 羽份），鸭每只接种 0.5mL（含 3 羽份），鹅每只接种 0.5mL（含 5 羽份）。

【注意事项】

a. 接种时，应作局部消毒处理。

b. 用过的疫苗瓶、器具和未用完的疫苗等应进行无害化处理。

【贮藏与有效期】2～8℃保存，有效期为 12 个月。

禽多杀性巴氏杆菌病灭活疫苗（C48-2 株）

本品含灭活的禽多杀性巴氏杆菌 C48-2 株（CVCC44802）。用于预防禽多杀性巴氏杆菌病即禽霍乱。免疫期为 3 个月。

【使用说明】肌内注射。2 月龄以上的鸡或鸭，每只 2.0mL。

【注意事项】

a. 切忌冻结，冻结过的疫苗严禁使用。

b. 使用前，应将疫苗恢复至室温，并充分摇匀。

c. 接种时，应作局部消毒处理。

d. 用过的疫苗瓶、器具和未用完的疫苗等应进行无害化处理。

【贮藏与有效期】2～8℃保存，有效期为 12 个月。

鸡多杀性巴氏杆菌病、大肠杆菌病二联蜂胶灭活疫苗（A 群 BZ 株+ 078 型 YT 株）

本疫苗中含禽多杀性巴氏杆菌 BZ 株和大肠杆菌 YT 株。每毫升疫苗中含禽多杀性巴氏杆菌菌数≥$2.0×10^{10}$CFU 以及含大肠杆菌菌数≥$4.0×10^9$CFU。用于预防禽多杀性巴氏杆菌病（禽霍乱）和由血清型 078 型大肠杆菌引起的鸡大肠杆菌病，免疫期 4 个月。

【使用说明】1 月龄以上鸡，颈部皮下注射 0.5mL/羽。注苗后可能出现短暂的精神不振。

【注意事项】

a. 运输、贮存、使用过程中，应避免阳光直射、高温或冷冻。

b. 使用前与使用中将疫苗充分摇匀，并将疫苗温度升至室温。本品应避光保存。

c. 使用本疫苗前应了解鸡群健康状况，如感染其它疾病或处于潜伏期会影响疫苗使用效果。

d. 注射器、针头等用具使用前需进行消毒处理。

e. 本苗在疾病潜伏期和发病期慎用。如需要使用必须在当地兽医正确指导下使用。

f. 注射完毕，疫苗包装废弃物应报废烧毁。

【贮藏与有效期】2～8℃保存，有效期为 12 个月。

参考文献

[1] Harper M，Boyce J D，Adler B. Pasteurella multocida pathogenesis：125 years after Pasteur.[J]. Fems Microbiology Letters, 2010, 265（1）: 1-10.

[2] Chabert A，Fontanges R，Colobert L. Kinetics of Haemolysis induced by Myxovirus parainfluenzae I（Virus Sendai）[J]. Ann inst pasteur, 1964, 107（4）: 458-471.

[3] Mailer D J，Wolfson J S，Swartz M N，et al. Pasteurella multocida infections. Report of 34 cases and review of the literature[J]. Medicine, 1886, 63（3）: 133.

[4] Ross R F. Pasteurella multocida and its role in porcine pneumonia[J]. Animal Health Research Reviews, 2006, 71（1）: 13-30.

[5] Dabo S M，Confer A W，Quijano-Blas R A. Molecular and immunological characterization of Pasteurella multocida serotype A: 3 OmpA: evidence of its role in P. multocida interaction with extracellular matrix molecules[J]. Microbial Pathogenesis, 2003, 35（4）: 147-157.

[6] Lariviere S，Leblanc L，Mittal K R，et al. Comparison of isolation methods for the recovery of Bordetella bronchiseptica and Pasteurella multocida from the nasal cavities of piglets[J]. Journal of Clinical Microbiology, 1993, 31（2）: 364.

[7] Fuller T E，Kennedy M J，Lowery D E. Identification of Pasteurella multocida virulence genes in a septicemic mouse model using signature-tagged mutagenesis[J]. Microbial Pathogenesis, 2000, 29（1）: 25-38.

[8] Aktories K, Orth J H C, Orth B. Pasteurella multocida: Moecular biology, toxions and infection[M]. Berlin, Heidelberg: Springer, 2012.

[9] Harper M, Cox A D, Adler B, et al. Pasteurella multocida lipopolysaccharide: The long and the short of it[J]. Veterinary Microbiology, 2011, 153 (1): 109-115.

[10] Rozengurt E, Higgins T, Chanter N, et al. Pasteurella multocida toxin: potent mitogen for cultured fibroblasts[J]. Proceedings of the National Academy of Sciences of the United States of America, 1990, 87 (1): 123-127.

[11] Rimler R B, Rhoades K R, Serogroup F. A new capsule serogroup of Pasteurella multocida[J]. Journal of Clinical Microbiology, 1987, 25 (4): 615.

[12] Kluger M J, Vaughn L K. Fever and survival in rabbits infected with Pasteurella multocida[J]. Journal of Physiology, 1978, 282 (1): 243-251.

[13] Raffi F, Barrier J, Baron D, et al. Pasteurella multocida bacteremia: report of thirteen cases over twelve years and review of the literature[J]. Scandinavian Journal of Infectious Diseases, 1987, 19 (4): 385-393.

[14] Boyce J D, Cullen P A, Nguyen V, et al. Analysis of the Pasteurella multocida outer membrane sub-proteome and its response to the in vivo environment of the natural host[J]. Proteomics, 2006, 6 (3): 870-880.

[15] Heddleston K L, Hall W J. Studies on Pasteurellosis II. comparative efficiency of killed vaccines against fowl cholera in chickens[J]. Avian Diseases, 1958, 2 (3): 322.

[16] Shawky S, Sandhu T, Shivaprasad H L. Pathogenicity of a low-virulence duck virus enteritis isolate with apparent immunosuppressive ability [J]. Avian Diseases, 2000, 44 (3): 590-599.

[17] Cho H J, Bohac J G, Yates W D, et al. Anticytotoxin activity of bovine sera and body fluids against Pasteurella haemolytica A1 cytotoxin[J]. Can J Comp Med, 1984, 48 (2): 151-155.

[18] 戴鼎震, 许泽华, 刘崔广, 等. 禽霍乱鸡胚组织灭活油乳苗的研究[J]. 中国预防兽医学报, 1997 (4): 27-28.

[19] Cifonelli J A, Rebers P A, Heddleston K H. The isolation and characterization of hyaluronic acid from pasteurella multocida[J]. Carbohydrate Research, 1970, 14 (2): 272-276.

[20] Bierer B W, Derieux W T. Immunologic response to turkey poults of various ages to an avirulent Pasteurella multocida vaccine in the drinking water [J]. Poultry Science, 1975, 54 (3): 784.

[21] Hertman I, Markenson Y, Michael A. A vaccine strain of Pasteurella multocida obtained by mutagenesis[J]. Progress in Clinical & Biological Research, 1980, 47: 125.

[22] Mosier D A, Simons K R, Confer A W, et al. Pasteurella haemolytica antigens associated with resistance to pneumonic pasteurellosis[J]. Infection & Immunity, 1989, 57 (3): 711.

[23] Homchampa P, Strugnell R A, Adler B. Construction and vaccine potential of an aroA mutant of Pasteurella haemolytica[J]. Veterinary Microbiology, 1994, 42 (1): 35.

[24] Scott P C, Markham J F, Whithear K G. Safety and efficacy of two live pasteurella multocida aro-A mutant vaccines in chickens[J]. Avian Diseases, 1999, 43 (1): 83-88.

[25] Xiao K, Liu Q, Liu X, et al. Identification of the avian pasteurella multocida phoP gene and evaluation of the effects of phoP deletion on virulence and immunogenicity[J]. International Journal of Molecular Sciences, 2015, 17 (1): 12.

[26] Zhao X, Liu Q, Xiao K, et al. Identification of the crp gene in avian Pasteurella multocida and evaluation of the effects of crp deletion on its phenotype, virulence and immunogenicity[J]. Bmc Microbiology, 2016, 16 (1): 1-13.

[27] 步恒富, 马丛林, 刘野, 等. 禽多杀性巴氏杆菌（5：A）荚膜保护性抗原提纯及单克隆抗体细胞系的建立[J]. 细胞与分子免疫学杂志, 1989 (4): 20-25.

[28] Boyce J D, Chung J Y, Adler B, et al. Pasteurella multocida capsule: composition, function and genetics[J]. Journal of Biotechnology, 2000, 83 (1): 153-160.

[29] 吴彤，刘金胜．多杀性巴氏杆菌荚膜多糖抗原性的研究初报[J]．贵州农业科学，1982（05）：46-50.

[30] Dabo S M, Confer A W, Murphy G L. Outer membrane proteins of bovine Pasteurella multocida serogroup A isolates. [J]. Veterinary Microbiology, 1997, 54（2）：167-183.

[31] Luo Y G, Glisson J R, Jackwood M W, et al. Cloning and characterization of the major outer membrane protein gene （ompH）of Pasteurella multocida X-73[J]. Journal of Bacteriology, 1997, 179（24）：7856.

[32] 曹素芳，黄青云．禽多杀性巴氏杆菌 C_（48-1）成熟外膜蛋白 H 重组亚单位疫苗免疫效果的研究[J]．中国兽医科学，2006, 36（6）：464-467.

[33] Lee J, Kim Y B, Kwon M. Outer membrane protein H for protective immunity against Pasteurella multocida[J]. Journal of Microbiology, 2007, 45（2）：179.

[34] Tatum F M, Tabatabai L B, Briggs R E. Cross-Protection against fowl cholera disease with the use of recombinant pasteurella multocida FHAB2 peptides vaccine[J]. Avian Diseases, 2012, 56（3）：589-591.

[35] Wu J R, Shien J H, Shieh H K, et al. Protective immunity conferred by recombinant Pasteurella multocida lipoprotein E（PlpE）[J]. Vaccine, 2007, 25（21）：4140-4148.

[36] Hatfaludi T, AL-Hasanik, Gong L, et al. Screening of 71 P. multocida proteins for protective efficacy in a fowl cholera infection model and characterization of the protective antigen PlpE[J]. PLos One, 2012, 7（7）：e39973.

[37] 王红勋．禽多杀性巴氏杆菌 PlpB 基因克隆、表达及表达蛋白生物学特性研究[D]．武汉：华中农业大学，2007.

[38] 凌育燊．禽多杀性巴氏杆菌交叉保护因子[J]．中国兽医杂志，2000, 26（5）：41-42.

[39] Ali H A, Sawada T, Hatakeyama H, et al. Characterization of a 39kDa capsular protein of avian Pasteurella multocida using monoclonal antibodies[J]. Veterinary Microbiology, 2004, 100（1）：43-53.

[40] Sthitmatee N, Yano T, Lampang K N, et al. A 39-kDa capsular protein is a major cross-protection factor as demonstrated by protection of chickens with a live attenuated Pasteurella multocida strain of P-1059[J]. Journal of Veterinary Medical Science, 2013, 75（7）：923-928.

[41] Gong Q, Cheng M, Niu M F. Out membrane protein DNA vaccines for protective immunity against virulent avian Pasteurella multocida[J]. Vet Immunol Immumopathol, 2013, 152（3-4）：317-324.

[42] Okay S, Ozcengiz E, Ozcengiz G. Immune responses against chimeric DNA and protein vaccines composed of plpEN-OmpH and PlpEC-OmpH from Pasteurella multocida A: 3 in mice [J]. Acta Microbiol Immunol Hung, 2012, 59（4）：485-498.

[43] 宫强，张爱国，牛明福，等．禽多杀性巴氏杆菌外膜蛋白单价 DNA 疫苗及融合 DNA 疫苗的免疫效果分析[J]．中国兽医科学，2012（8）：837-842.

2.4.15 鸭瘟疫苗

2.4.15.1 概述

鸭瘟（duck plague，DP），也称为鸭病毒性肠炎（duck virus enteritis），是由疱疹病毒科鸭瘟病毒引起的鸭、鹅和天鹅等水禽的一种急病、热性、败血性传染病，此病传播迅速，流行广泛，死亡率高达 90％以上。鸭瘟病毒对所有年龄的鸭子都易感，并且在三叉神经节、淋巴组织和外周血淋巴细胞潜伏感染[1]。在国内外水禽迁徙中，潜伏的病毒激活容易暴发并引起较大感染。康复的水禽会携带病毒，并定期排毒，给水禽养殖业造成重大的经济损失。

（1）病原学　鸭瘟病毒（duck plague virus，DPV），又称鸭肠炎病毒（duck enteritis virus，DEV），属于疱疹病毒科，α-疱疹病毒亚科，马立克病毒属。该病毒作为疱疹病毒科中的一员，具有疱疹病毒典型的病毒粒子结构。成熟的DPV病毒粒子呈球形，直径在150～300nm之间，从内向外分别由核心DNA、衣壳、皮层、包膜糖蛋白、包膜（囊膜）五部分组成。其中核心位于细胞核，由双股链状DNA与蛋白结构缠绕而成；衣壳呈对称二十面体结构，主要由衣壳蛋白组成，并同病毒核心一起组装成病毒核衣壳，主要分布在细胞核内，部分分布在细胞质；皮层呈深电子密度层在细胞质中包裹核衣壳；囊膜结构由宿主细胞衍生的脂类组成，包裹着病毒粒子[2]。DPV对低温抵抗力较强，但对热敏感，温度升高会显著降低病毒稳定性。pH和盐度的变化也会影响其敏感性[3]。

（2）流行病学特点　在自然条件下，本病主要发生于鸭，对不同年龄、性别和品种的鸭都有易感性。以番鸭、麻鸭易感性较高，北京鸭次之，自然感染潜伏期通常为2～4d，30日龄以内雏鸭较少发病。鸭瘟的传染源主要是病鸭和带毒鸭，其次是其它带毒的水禽、飞鸟之类。消化道是主要传染途径，交配以及通过呼吸道也可以传染，某些吸血昆虫也可能是传播媒介。本病一年四季均可流行。但以春夏之交和秋季流行最为严重。DPV可感染各年龄段水禽，近年来呈现低龄化发病趋势。

（3）临床症状及病理变化　鸭瘟会导致部分病鸭的头颈部发生不同程度的炎性肿胀，俗称"大头瘟"，切开肿胀部位有淡黄色的透明液体流出。鸭感染后体温快速上升至43℃以上，表现出精神沉郁、食欲减退，两眼流泪、眼睑水肿和粘连，鼻中流出分泌物，下痢并排出绿色或灰白色稀粪等。鸭瘟会引起消化道、内脏和淋巴组织的广泛出血和体腔溢血，剖检眼观病变包括食管膨大部分与腺胃交界处有一条灰黄色坏死带或出血带、肠道黏膜充血、出血，有的肠道黏膜出现纽扣状溃疡灶等[4,5]。病鸭的组织病理学观察也显示淋巴器官、消化器官病变严重，包括中枢免疫器官淋巴细胞数量降低、肠黏膜上皮细胞肿胀脱落、肠道固有层结缔组织增生等[6]。

2.4.15.2　疫苗研究进展

鸭瘟主要通过疫苗免疫接种预防，同时采取加强饲养管理、隔离、消毒、检疫等手段综合防控。目前，疫苗防控主要以传统疫苗为主，但随着分子生物学的迅速发展、对病毒特性和免疫机制的深入研究，重组活载体疫苗、核酸疫苗和基因缺失疫苗等新型疫苗也在进一步发展。

（1）活疫苗　目前，防控鸭瘟应用的主要是鸭瘟病毒鸡胚化弱毒株接种SPF鸡胚或鸡胚成纤维细胞，收获感染的鸡胚液、胎儿及绒毛尿囊膜，混合研磨；或收获病毒细胞培养物，加适宜稳定剂，经冷冻真空干燥制成。弱毒疫苗通过口服、鼻腔接种鸭1h后就可以在淋巴组织和实质器官检测到；经皮下途径免疫的鸭子可以快速地诱导抗体介导的黏膜免疫系统，显著增强T淋巴细胞的转化，CD_3^+T细胞、CD_4^+T细胞和CD_8^+T细胞在体内大量增殖，提高血清中的抗体水平；经口服途径免疫的鸭子可对1000倍LD_{50}强毒攻击有完全的保护作用[7,8]。

（2）灭活疫苗　2010年由中国兽医药品监察所主持，广东永顺生物制药有限公司、洛阳普莱柯生物工程有限公司、乾元浩生物股份有限公司、哈药集团生物疫苗有限公司参与研制的"鸭瘟灭活疫苗"经农业部兽药评审委员会评审通过获得中华人民共和国农业部二类新兽药注册证书。该疫苗是使用易感鸭胚对鸭瘟病毒强毒 AV1221 株进行传代培养，建立了制造灭活疫苗用的鸭胚适应毒。通过鸭胚培养 DPV 鸭胚适应毒，经灭活后制成安全性好，免疫效果好，便于储藏、运输和使用油乳剂灭活疫苗。免疫接种该灭活疫苗后，动物机体能快速产生保护性免疫，10d 可诱导产生 80％以上的免疫保护，两周可达到完全的免疫保护[9]。但是由于灭活疫苗使用鸭胚生产成本比活疫苗高很多，目前灭活疫苗使用没有活疫苗广泛。

（3）**基因缺失疫苗** 基因缺失疫苗是将与病毒毒力相关的基因去除，具有缺失位点明确、毒力稳定、排毒量少，在大多数中枢神经系统复制增殖显著降低等优点。在 α 疱疹病毒中，缺失的目标基因主要包括与毒力相关的复制非必需基因和免疫原性强的糖蛋白基因，比如 *TK*、*gC*、*gD*、*gE*、*gI*。目前，PRV、BHV1 等病毒的基因缺失疫苗的开发已取得一定的进展。孙昆峰等构建的带有 EGFP 的 DPVgE 缺失株 DPV-ΔgE-EGFP 和 gC 缺失株 DPV-ΔgC-EGFP 对鸭的致病性降低，可诱导产生一定的中和抗体，对鸭提供完全的免疫保护[10]。李云娇等通过研究 DPV *LORF5* 基因缺失病毒的致病性和在肝脏中的增殖规律，发现 *LORF5* 基因缺失可降低病毒对雏鸭的致病性，但不会影响病毒在肝脏中 5d 内的增殖。

（4）**重组活载体疫苗** 活载体疫苗是通过同源重组的方法将外源基因克隆到由细菌或病毒构建的载体中，通过表达外源目的蛋白，诱导免疫反应，可用于多联多价疫苗的构建。DPV 基因组中关于复制的非必需基因很多，可以插入多个病毒的保护性抗原外源基因，外源蛋白能在载体中大量表达，可作为病毒载体。将甲型 H5N1 禽流感病毒血凝素 *HA* 基因分别插入到 DPV *UL41* 基因内部、*US7* 和 *US8* 基因之间或 *gB* 和 *UL26* 基因之间获得的重组病毒均可以产生中和抗体和 T 细胞免疫应答，一次免疫可以同时预防 DPV 和 H5N1，产生持久的免疫保护[11,12]。Ding 等也以 DPV 疫苗株为载体成功构建了表达新城疫病毒 F 蛋白的重组病毒株（rDEVF）和 HN 蛋白的重组病毒株（rDEVHN），两者均对易感动物无致病性，免疫 rDEV-F 后可以对致死性新城疫病毒的攻击产生 100％保护[13]。

（5）**核酸疫苗** 核酸疫苗又称 DNA 疫苗，是将编码保护性抗原基因以质粒载体的形式导入宿主细胞内，并表达出目的抗原蛋白，使机体产生相应的抗原，从而对机体产生免疫保护，例如商品化的禽流感 DNA 疫苗[14-16]。Yu 等将 DPVUL24 插入到真核表达载体 pVAXl 中构建的 DNA 疫苗能够刺激脾脏中 CD_3^+ T 淋巴细胞的大量产生和持续存在[17]。Lian 等将表达 gC 糖蛋白的 DNA 疫苗分别以肌内注射和基因枪法两种途径免疫鸭，均可诱导机体产生特异性血清抗体和 T 细胞反应[18]。Zhao 等将利用 DPV*gC*、*gD* 基因分别构建的真核表达质粒接种鸭后，刺激产生了 CD_4^+ T 细胞和 CD_8^+ T 细胞反应，中和抗体水平显著升高[19]。Liu 等将表达 DPVUL24、gB 蛋白的 DNA 疫苗接种鸭后，产生了强烈的黏膜以及系统免疫反应，能抵抗致死剂量病毒的攻击[20]。

2.4.15.3　疫苗产品

目前我国防控鸭瘟主要商品化疫苗为鸭瘟活疫苗和鸭瘟灭活疫苗。

鸭瘟活疫苗说明书（2020 年版兽药典说明书）

本品含鸭瘟病毒鸡胚化弱毒株（CVCCAV1222）。每羽份病毒含量不低于 $10^{3.0}$ELD$_{50}$。用于预防鸭瘟。接种后 3～4d 产生免疫力，2 月龄以上鸭的免疫期为 9 个月。对初生鸭也可接种，免疫期为1个月。

【使用说明】肌内注射。按瓶签注明羽份，用生理盐水稀释，成鸭1.0mL，雏鸭腿部肌内注射0.25mL，均含1羽份。

【注意事项】

a. 稀释后应放阴凉处，限4小时内用完。

b. 接种时，应作局部消毒处理。

c. 用过的疫苗瓶、器具和未用完的疫苗等应进行无害化处理。

【贮藏与有效期】－15℃以下保存，有效期为24个月。

鸭瘟灭活疫苗说明书（2017年版兽药质量标准）

灭活前含鸭瘟病毒至少$10^{4.5}ELD_{50}/0.2mL$。用于预防鸭瘟。免疫期为：雏鸭2个月，成鸭5个月。

【使用说明】皮下或肌内注射。2月龄以上成鸭，每只0.5mL；10日龄～2月龄雏鸭，每只0.5mL，2周后加强免疫一次。

【注意事项】

a. 鸭瘟病毒感染鸭或健康状况异常的鸭禁用。

b. 疫苗恢复到室温并摇匀后使用。

c. 发现疫苗严重分层、有结块或絮状物，以及瓶盖松脱、瓶身有裂纹等异常现象，切勿使用。

d. 接种时应执行常规无菌操作，应及时更换针头，最好1只鸭1个针头。

e. 本品严禁冻结。

f. 疫苗启封后，限当日用完。

g. 屠宰前28d内禁止使用。

【贮藏与有效期】2～8℃避光保存，有效期为12个月。

参考文献

[1] Shawky S, Schat K A. Latency sites and reactivation of duck enteritis virus[J]. Avian Diseases, 2002, 46（2）: 308-313.

[2] Grünewald K, Desaip, Winkler D C, et al. Three-dimensional structure of herpes simplex virus from cryo--electron tomography[J]. Science, 2003, 302（5649）: 1396-1398.

[3] Dhama K. Duck virus enteritis（duck plague）-a comprehensive update[J]. Vet Q, 2017, 37（1）: 57-80.

[4] 袁桂萍. 鸭病毒性肠炎病毒强毒株的形态发生学与超微病理学研究[J]. 病毒学报, 2004, 20（4）: 7.

[5] Li N. Pathogenicity of duck plague and innate immune responses of the Cherry Valley ducks to duck plague virus[J]. Sci Rep, 2016, 6: 32183.

[6] El-Tholoth M. Molecular and pathological characterization of duck enteritis virus in Egypt[J]. Transbound Emerg Dis, 2019, 66（1）: 217-224.

[7] Qi X. Intestinal mucosal immune response against virulent duck enteritis virus infection in ducklings[J]. Research in Veterinary Science, 2008, 87（2）: 218-225.

[8] Huang J. An attenuated duck plague virus（DPV）vaccine induces both systemic and mucosal immune responses to protect ducks against virulent DPV infection[J]. Clin Vaccine Immu-

nol, 2014, 21（4）: 457-462.

[9] 范书才. 鸭瘟灭活疫苗效力试验和安全试验[J]. 中国预防兽医学报, 2009, 31（7）: 5.

[10] 孙昆峰. 鸭瘟病毒 gC 基因疫苗在鸭体内分布规律及 gC, gE 基因缺失株的构建和生物学特性的初步研究[D]. 成都: 四川农业大学, 2013.

[11] Liu J. A duck enteritis virus-vectored bivalent live vaccine provides fast and complete protection against H5N1 avian influenza virus infection in ducks[J]. Journal of Virology, 2011, 85（21）: 10989-10998.

[12] Zou Z. Efficient strategy for constructing duck enteritis virus-based live attenuated vaccine against homologous and heterologous H5N1 avian influenza virus and duck enteritis virus infection[J]. Veterinary Research, 2015, 46（1）: 1-15.

[13] Ding L, Chen P, Bao X, et al. Recombinant duck enteritis viruses expressing the Newcastle disease virus（NDV）F gene protects chickens from lethal NDV challenge[J]. Veterinary Microbiology, 2019, 232: 146-150.

[14] Meunier M, Chemaly M, Dory D. DNA vaccination of poultry: The current status in 2015[J]. Vaccine, 2016, 34（2）: 202-211.

[15] Jazayeri S D, Poh C L. Recent advances in delivery of veterinary DNA vaccines against avian pathogens[J]. Veterinary Research, 2019, 50（1）: 1-13.

[16] Andersen T K. A DNA vaccine that targets hemagglutinin to antigen-presenting cells protects mice against H7 influenza[J]. Journal of Virology, 2017, 91（23）: JVI. 01340-17.

[17] Yu X. Attenuated Salmonella typhimurium delivering DNA vaccine encoding duck enteritis virus UL24 induced systemic and mucosal immune responses and conferred good protection against challenge[J]. Veterinary Research, 2012: 43.

[18] Lian B. Induction of immune responses in ducks with a DNA vaccine encoding duck plague virus glycoprotein C[J]. Virology Journal, 2011, 8（1）: 214-214.

[19] Zhao Y. Duck enteritis virus glycoprotein D and B DNA vaccines induce immune responses and immunoprotection in pekin ducks[J]. Plos One, 2014: 9.

[20] Liu X. Attenuated salmonella typhimurium delivery of a novel DNA vaccine induces immune responses and provides protection against duck enteritis virus[J]. Veterinary Microbiology, 2016: 189-198.

2.4.16　鸭病毒性肝炎疫苗

2.4.16.1　概述

　　鸭病毒性肝炎（duck virus hepatitis，DVH）是由鸭肝炎病毒（duck hepatitis virus，DHV）所引起的一种高度致死性传染病，特点为发病急、病程短、传播快、发病率和死亡率高[1]。主要危害 1~3 周龄以内的雏鸭，引起雏鸭的肝脏损伤和炎症。1949 年在美国纽约长岛，Levine 和 Fabricant[2] 首次报道北京鸭暴发有肝炎症状的疾病，并用鸡胚分离到该病毒，现认为是Ⅰ型 DHV。Ⅰ型鸭肝炎流行最广，自该病毒被认识以后，在德国、意大利、法国、匈牙利、印度、日本等国家都先后有该病报道[3]。在我国，黄均建等[4] 于 1963 年首次报道了上海地区某些鸭场爆发此病，王平等于 1980 年[5] 首先在北京分离到该病毒，郭玉璞[6] 等于 1984 年确定为Ⅰ型 DHV，之后，福建、四川、广东、浙江、江苏、安徽等地也陆续报道有本病的发生。

　　历史上将引起鸭病毒性肝炎的病毒分为血清Ⅰ、Ⅱ型和Ⅲ型（DHV-1、DHV-2 和

DHV-3)。随着研究深入，DHV-2 和 DHV-3 已归于星状病毒科禽星状病毒属，分别命名为鸭星状病毒 1 型（DAstV-1）、鸭星状病毒 2 型（DAstV-2）；而 DHV-1 则是属于微小RNA 病毒科（Picornaviridae）禽肝病毒属（Avihepatovirus）的鸭甲型肝炎病毒（duck hepatitis A virus，DHAV）。现鸭甲型肝炎病毒分为三个血清型（或基因型），即 DHAV-1 型、DHAV-2 型和 DHAV-3 型，DHAV-1 是经典的 I 型鸭肝炎病毒（DHV-1），DHAV-2 仅在我国台湾地区发现[7]，而 DHAV-3 首次由 Kim[8] 在韩国分离到毒株并进行了全基因测序。我国鸭肝炎的发生主要由 DHAV 引起，其中 DHAV-1 和 DHAV-3 两个亚型流行已较为广泛[9]。

（1）**病原学**　DHAV 属于微小 RNA 病毒科成员，病毒粒子很小，直径 20～40nm，该病毒颗粒呈现球形或类球形，其核衣壳无囊膜，是二十面体对称的结构。DHAV 没有凝血活性，不具有吸附红细胞的特性，不能凝集绵羊、马、豚鼠、小鼠、蛇、鸡、鸭、猪等动物的红细胞[10]。对乙醚、氯仿、甲醇等大多数有机溶剂均有较明显的抵抗作用，耐受 pH 为 3.0 的环境，具有较高的热稳定性和较强的耐热性，56℃1h 仍有部分病毒存活，62℃30min 可使其全部灭活[11,12]，对常见的消毒剂也有比较明显的抵抗力。DHAV-1 可在鸡胚、鸭胚和鹅胚的绒毛尿囊腔及鸡胚组织、鸭胚肾细胞、鸭胚肝细胞、鹅胚肾细胞中增殖[13]。

DHAV 基因组是一条单股正链 RNA，长约为 7.7kb。其基因组基本结构为：5'UTR-VP0-VP3-VP1-2A1-2A2-2B-2C-3A-3B-3C-3D-3'UTR[14]。该 RNA 只含有一个较大的开放阅读框（open-reading frame，ORF），阅读框的两端分别是 5' 非编码区（untranslated region，UTR）和 3'UTR、poly（A）尾。5'UTR 长约 626nt，含有功能未知区、VPg 蛋白和内部核糖体进入位点（internal ribosome entry site，IRES）。已报道 DHAV 的 IRES 具有 8 个颈环结构。3'UTR 内含有病毒 RNA 复制和翻译有关的 poly（A）尾。DHAV-1 的 3'UTR 为 314nt，DHAV-3 的 3'UTR 为 366nt，均具有典型的小 RNA 病毒的基因组结构[11]。DHAV 基因组 ORF 长约 6750bp，可以编码 2249 个氨基酸，该多聚蛋白可以分为 P1、P2 和 P3 三个蛋白区，结构蛋白 P1 酶解产生 VP0、VP1 和 VP3 蛋白，非结构蛋白 P2 酶解产生 2A1、2A2、2A3、2B 和 2C 五个终产物，非结构蛋白 P3 酶解产生 3A、3B、3C、3D 蛋白，微小 RNA 病毒基因组的 5' 末端无帽子结构，而是共价连接的 VPg 蛋白，这与大多数真核生物的 mRNA 是不同的，3'UTR 与病毒的复制相关，这是与其他微小 RNA 科病毒相同的特点，内含有与病毒 RNA 复制和翻译有关的 Poly（A）尾巴，Poly（A）链越长，其感染能力越强，也说明其长度与负链 RNA 的合成效率及病毒 RNA 的感染力有关[15]。

（2）**致病性**　鸭甲型病毒性肝炎自然病例仅发生在雏鸭，成年种鸭即使在污染的圈舍也无临床症状，产蛋正常。甲型鸭肝炎病毒在易感雏鸭中传播速度很快，并且死亡率高，表现有很强的传染性。该病四季常发，主要经消化道和呼吸道途径感染，具有极强的传染性，病鸭、感染的成年鸭和康复鸭主要通过粪便排毒造成本病在鸭群中的迅速传播，具有典型的粪口感染特点。就目前而知，该病不能通过种蛋垂直传播，不会经过媒介昆虫传播，但可通过气溶胶感染致雏鸭死亡。鸡、火鸡对该病有抵抗力。该病主要发生于 1～3 周龄，潜伏期 1～2d，发病急，传播快，一旦发病，死亡数量急剧上升，在 2～3d 内达到死亡高峰，病死率高达 90%，中成年鸭一般不发病。发病初期病鸭精神委顿，食欲减退或废绝，眼半闭呈昏睡状，以头触地，12～24h 后出现神经症状，运动失调，身体倒向一侧，两脚痉挛，死前头向背部扭曲，呈角弓反张状姿势。最急性病鸭，常未见任何异常，而突然抽搐痉挛死亡。

2.4.16.2　疫苗研究进展

（1）**灭活疫苗**　Gough[16] 等研制成功以 β-丙烯内酯灭活并用不完全福氏佐剂乳化的灭活疫苗，并证实以灭活疫苗作基础免疫不能产生满意的抗体应答，而且报道了种鸭免疫灭活油乳剂苗，其后代雏鸭可获得有效保护。Woolcock[17] 证实种鸭于 12 周龄先用弱毒疫苗作基础免疫，18 周龄时再用灭活疫苗免疫一次，所产生的抗体滴度比仅用弱毒疫苗免疫的高 16 倍。种鸭未用弱毒疫苗作基础免疫，则灭活疫苗的免疫效果将会受到影响和限制。范文明等[18] 以 I 型鸭肝炎病毒毒株接种健康鸭胚，收集致死的全胚组织作制苗材料，用福尔马林灭活，以谷氨酸钠终止其作用，先后试制疫苗批，在试验室免疫雏鸭，经强毒攻击后，总的保护率为 90.4%。灭活疫苗生产成本高，产生免疫保护力时间长，对雏鸭免疫无价值。陈克强等[19] 用雏鸭病毒性肝炎病毒型上海地区毒株，以蜂胶为佐剂，制成雏鸭病毒性肝炎蜂胶灭活苗。经实验室和现场初步试验，显示对雏鸭具有良好的安全性和免疫原性。每羽接种 0.5mL，7d 后攻毒的总保护率为 85.70%，保护指数为 82.10%。

（2）**弱毒疫苗**　DVH 弱毒疫苗大多数是由 DHV 在鸡胚或鸭胚上连续传代后，获得毒力致弱的疫苗株制备而成。通过一次次的传代，DHV 的毒力会随着传代逐步降低，但其传代次数较多时亦可能影响其免疫原性，因此合适传代次数的确定对疫苗株的安全性和免疫效果至关重要。大多数研究报道认为连续传代至 60～80 代，可作为 DHV 弱毒疫苗的候选株，其安全性和免疫性可达到较好的效果。Asplin 等[20] 通过鸡胚传代致弱，成功筛选到 DHV 弱毒株，并对鸭进行了主动免疫；Hwang 等[21] 用鸡胚连续传代 DHV 至 63 代时，用鸡胚弱毒疫苗在种鸭 1 日龄、7 周龄和 21 周龄进行 3 次免疫，其 67 周产蛋期内的子代雏鸭可抵抗 DHV 强毒攻击。同时对弱毒疫苗不同免疫途径所产生的免疫力进行了比较，表明肌内注射 3d 后可产生免疫保护力，口服要 6d 后才产生免疫保护。Kim 等[22] 利用雏鸭病料分离的 3 型 DHAVAP-04203 株，通过鸡胚连续传至 100 代，获得了疫苗株 AP-04203P100，其安全性和免疫原性均较好。

我国在 DVH 弱毒疫苗的研究及疫苗株的筛选上也取得了不少成果。潘文石等[23] 将在北京分离的 DHV-I 强毒株经鸡胚传 54 代后制成鸡胚化弱毒疫苗，免疫产蛋种鸭，其母源抗体保护雏鸭，获得较好效果。张卫红等[24] 将这株传了 54 代的 DHV-I 在鸡胚上又继续传到第 81 代（简称 BAU-1），该弱毒对鸡胚的致死时间明显缩短，基本稳定接种后 38h；将该代弱毒在雏鸭体内传 5 代，不见毒力返强，大体组织无病变且组织切片也无病变，表明安全性很好；取 81 代弱毒致死的鸡胚胚体、尿囊液、尿囊膜制成鸭病毒性肝炎弱毒疫苗免疫雏鸭，在免疫后 5 天可达 100% 保护指数，可持续 6 周。张小飞等[25] 将 A 毒株继续在鸡胚上连续传代，到第 25 代时，失去了对雏鸭的致死力，但雏鸭经剖检发现肝脏等仍有严重的病变，继续传到第 60 代时才完全失去了使雏鸭产生病变的能力。将传到第 66 代即 A66 的毒株作为弱毒疫苗株，用 A66 鸡胚弱毒 50 万～200 万个半数免疫量（$DIMD_{50}$）经皮下接种 1 日龄雏鸭，无异常反应，表明大剂量的 A66 对雏鸭也是安全的，A66 在雏鸭体内连续传 5 代，未见毒力返强迹象，表明 A66 的安全性很好。测定 A60、A66 对鸡胚的半数致死量和半数免疫量表明毒株的毒力和免疫原性是稳定的。

郑献进等[26] 将新型鸭病毒性肝炎毒株用鸡胚传了 63 代，培育出该毒株的鸡胚化弱毒疫苗株。该苗对日龄雏鸭安全无致病性，免疫剂量为 $2.5×10^{5.12}$ ELD_{50}/只。1 日龄雏鸭用 E63 免疫后，7 天时的中和抗体达到高峰期，并可完全保护雏鸭抵抗同型强毒的攻击，随后中和抗体效价有所下降，但可持续到 4 周龄。苏敬良等[27] 用鸭胚对新型鸭肝炎病毒（DHAV-3）B 株进行连续传代，至第 53 代以后对雏鸭无致病性，通过雏鸭连续传代 10 代未出现毒力返强。第 54 代病毒以 $5×10^{5.9}$ ELD_{50} 剂量颈部皮下接种雏鸭，免疫后 5d 可刺激机体产生较强的免疫力，对强毒攻击有 100% 保护。

银凤桂等[28] 研制了鸭病毒性肝炎二价灭活疫苗，选取 1 型 DHAV-SH 和 3 型 DHAV-FS 株为疫苗毒株，接种鸭胚，收集 F5 代胚体，甲醛灭活后，加入油佐剂制成水包油包水型乳剂二价灭活疫苗，免疫 1 日龄雏鸭，在第 7 天保护率为 30%～60%，14～21d 上升到 90%～100%，28d 达到 100%。张金强等[29] 评价了鸭病毒性肝炎二价（DHAV-1+DHAV-3）灭活苗（YB3 株+GD 株），在种鸭开产前免疫 2 次，其后代母源抗体的免疫保护率均在 80% 以上。程安春等[30] 研制的鸭瘟鸭病毒性肝炎二联弱毒疫苗选用了 DHV 鸡胚化弱毒株（QL_{79}），该二联苗免疫注射后第三天，血清中抗 DHV 的中和抗体效价达 $2^{6.3}$，此抗体水平可使其后代在母源抗体的保护下抵抗 DHV 强毒的攻击。

江苏省农业科学院兽医研究所以 DHV-A66 为母株，经鸡胚传代致弱和克隆纯化后研制的弱毒疫苗 A66 株，四川农业大学动物医学院研制的用于预防 I 型鸭肝炎的弱毒苗 CH60 株，以及青岛易邦生物工程有限公司研制的鸭病毒性肝炎二价（1 型+3 型）灭活疫苗（YB3 株+GD 株）获得了新兽药注册证书[21,22]，为我国 DVH 防控作出了贡献，填补了鸭肝炎疫苗合法化市场的空白。

（3）基因工程疫苗　基因工程疫苗是指借助现代分子生物学方法制备的疫苗。DVH 基因工程疫苗的研究开展得相对较晚。付玉志等[31] 将 DHV VP1 基因插入自杀性 DNA 疫苗载体 pSCA1 中，获得重组表达质粒 pSCA1/VP1，构建了 DHV-I 型"自杀性" DNA 疫苗，并对其表达和免疫效果进行了研究。结果显示，pSCA1/VP1 可在 BHK-21 细胞中成功表达 VP1 基因，且能诱导细胞发生凋亡。用质粒 pSCA1/VP1 免疫雏鸭后，可以诱导雏鸭产生较高滴度的 DHV 特异性抗体，具有良好的免疫保护作用，但由于免疫剂量及生产成本较大，临床应用仍存在一定的困难。张婧等[32] 在已建立的鸭瘟病毒 TK 基因缺失转移载体（pBlueSK-TK-EGFP）上进行改造，在其绿色荧光表达盒内插入 DHV-I VP1 基因，构建的转移载体（pBlueSK-TK-EGFP-VP1）能够在真核细胞中表达，为鸭瘟-鸭病毒性肝炎二价基因工程苗的研制奠定了基础。郑文卿等[33] 以新城疫病毒（NDV）La Sota 弱毒疫苗株为载体，构建出共表达 DHAV-1 和 DHAV-3 型 VP1 基因的重组病毒 rlS-1VP1-2A-3VP1，将重组病毒 rlS-1VP1-2A-3VP1 免疫种鸭 1 次后，中和试验显示该重组病毒能够在鸭体内产生针对 DHAV-1 和 DHAV-3 的中和抗体，为 DHAV 多联苗的研究奠定了基础。

2.4.16.3　疫苗产品
鸭病毒性肝炎二价（1 型+3 型）灭活疫苗（YB3 株+GD 株）

本疫苗中含灭活的 1 型（YB3 株）和 3 型（GD 株）鸭甲型肝炎病毒，每毫升疫苗中含量分别为不低于 $10^{6.68}DELD_{50}$ 和 $10^{6.80}DELD_{50}$。用于预防 1 型和 3 型鸭甲型肝炎病毒引起的雏鸭病毒性肝炎。对种鸭进行免疫，免疫期为 5 个月，后代雏鸭的被动保护期为 16d。对免疫种鸭的后代雏鸭进行免疫，保护期为 27d。对无母源抗体雏鸭免疫，7d 产生免疫，保护期为 27d。

【使用说明】

种鸭，产蛋前 30～35d 时，每只皮下或肌内注射 1.0mL，3 周后使用同剂量加强免疫一次。免疫种鸭的后代雏鸭，6～7 日龄时，每只皮下注射 0.5mL。无母源抗体雏鸭，1～2 日龄时，每只皮下注射 0.5mL。

【注意事项】

a. 健康状况异常的鸭禁用。

b. 疫苗恢复到室温，摇匀后使用。

c. 发现疫苗严重分层，以及瓶盖松脱、瓶身有裂纹等异常现象，切勿使用。

d. 接种时应执行常规无菌操作，应及时更换针头，最好 1 只禽 1 个针头。

e. 本品严禁冻结。

f. 疫苗启封后，限当日用完。

g. 屠宰前 28d 内禁止使用。

h. 用过的疫苗瓶、器具和未用完的疫苗等应进行无害化处理。

【贮藏与有效期】2～8℃避光保存，有效期为 12 个月。

鸭病毒性肝炎弱毒活疫苗（CH60 株）

每羽份疫苗中含有血清 I 型鸭病毒性肝炎弱毒（CH60 株）至少 $10^4 ELD_{50}$。预防血清 I 型鸭肝炎病毒引起的鸭病毒性肝炎。免疫注射 1 周龄以内雏鸭，3～5d 产生部分免疫力，7d 产生良好免疫力，免疫期为 1 个月以上（有母源抗体的雏鸭，最佳免疫时间为 1 日龄）；免疫注射产蛋前成年种鸭可为其子代雏鸭提供鸭病毒性肝炎母源抗体保护，注射后 14d 其子代雏鸭可获得良好被动免疫保护。成年种鸭免疫期为 6 个月。

【使用说明】

按瓶签注明羽份，用生理盐水稀释，a. 雏鸭，1～7 日龄鸭腿部肌内注射 0.25mL（1 羽份）（有母源抗体的雏鸭，最佳免疫时间为 1 日龄）；b. 22～24 周龄种鸭（产蛋前 1 周），鸭腿部肌内注射 1mL（1 羽份）。

【注意事项】

a. 使用前应仔细检查，疫苗瓶是否有真空，疫苗有无霉变。

b. 被接种的鸭应健康无病。体质瘦弱、患有其他疾病者不应使用。

c. 注射针头等用具，用前需经消毒，注射部位应涂擦 5％碘酊消毒。

d. 疫苗稀释后应放阴暗处，必须在 4 小时内用完。

【贮藏与有效期】0℃以下保存，有效期为 18 个月；4～10℃保存，有效期为 12 个月。

参考文献

[1] Satif Y M. 禽病学[M]. 苏敬良，高福，索勋，译. 北京：中国农业出版社，2005.

[2] Levine，P P，Fabricant，J. A hitherto-undescribed virus disease of ducks in North America [J].Cornell Vet，1950，40：71-86.

[3] 郭玉璞. 我国鸭病毒性肝炎研究概况[J]. 中国兽医杂志，1997，23（6）：46-47.

[4] 黄均建. 小鸭病毒性肝炎研究[M]. 上海：上海农业科学院畜牧兽医研究所，1963.

[5] 王平，潘文石. 北京小鸭病毒性肝炎的研究[J]. 北京大学学报（自然科学版），1980，1：55-67.

[6] 郭玉璞，潘文石. 北京鸭病毒性肝炎血清型的初步鉴定[J]. 中国兽医杂志，1984，10（11）：2-3.

[7] Tseng C H, Tsai H J. Molecular characterization of a new serotype of duck hepatitis virus[J]. Virus Res, 2007, 126: 19-31.

[8] Kim M C, Kwon Y K, Joh S J, et al. Recent Korean isolates of duck hepatitis virus reveal the presence of a new geno- and sero-type when compared to duck hepatitis virus type 1 strains[J]. Arch Virol, 2007, 152: 2059-2072.

[9] 张大丙. 鸭病毒性肝炎研究概况[J]. 中国家禽, 2010, 32（4）: 39.

[10] Fitzgerald J E, Hanson L E. Certain properties of a cell-culture-modified duck hepatitis virus [J]. Avian Dis, 1966, 10（2）: 157-161.

[11] Tauraso N M, Coghill G E, Klutch M J. Properties of the attenuated vaccine strain of duck hepatitis virus[J]. Avian Dis, 1969, 13（2）: 321-329.

[12] 范卫国, 杜佳慧, 曹瑞兵, 等. I 型鸭肝炎病毒的概述[J]. 动物医学进展, 2009, 30（11）: 110-114.

[13] 何庆熊. 鸭病毒性肝炎弱毒活疫苗临床免疫试验研究[D]. 成都: 四川农业大学, 2010.

[14] 何冉娅. 鸭病毒性肝炎分子生物学研究进展[J]. 畜禽业, 2014（4）: 4-6.

[15] 张文晶. DHAV-3 VP1 蛋白单克隆抗体的制备及鉴定[D]. 哈尔滨: 东北农业大学, 2018.

[16] Gough R E. Studies with inactivated duck virus hepatitis vaccine in breeder ducks[J]. Avian pathol, 1980, 10: 471-479.

[17] Woolcock P R. Duck hepatitis virus type I: studies with inactivated vaccines in breeder ducks[J]. Avian Pathol, 1991, 20（3）: 509 -522.

[18] 范文明, 张菊英, 罗涵禄, 等. 鸭病毒性肝炎鸭胚灭活疫苗的研究[J]. 畜牧兽医学报, 1993（4）: 68-72.

[19] 陈克强, 曹盛丰, 刘萍, 等. 雏鸭病毒性肝炎蜂胶灭活苗研究初报[J]. 畜牧兽医杂志, 2000（03）: 3-5.

[20] Asplin F D. Duck hepatitis: vaccination against two serological types[J]. VetRec, 1965, 77（50）: 1529-1530.

[21] Hwang J. Immunizing breeder ducks with chicken embryo-propagated duck hepatitis virus for production of parental immunity in their progenies[J]. Am J Vet Res, 1970, 31（4）: 805-807.

[22] Kim M C, Kim M J, Kwon Y K, et al. Development of duck hepatitis A virus type 3 vaccine and its use to protect ducklings against infections[J]. Vaccine, 2009, 2, 7（48）: 6688-6694.

[23] 潘文石, 胡寿文, 陈永南, 等. 鸭病毒性肝炎的研究-鸭肝炎病毒的鸡胚化弱毒株（DHV-41）[J].北京大学学报, 1980（4）: 83-90.

[24] 张卫红, 郭玉璞. 雏鸭病毒性肝炎鸭弱毒疫苗的研究-弱毒疫苗的培育及实验室[J]. 畜牧兽医学报, 1992, 23（1）, 66-72.

[25] 张小飞, 陈弘年, 孙林珍, 等. 鸭病毒性肝炎株的安全性及稳定性试验[J]. 中国畜禽传染病, 1992（1）: 4-6.

[26] 郑献进, 张大丙, 曲丰发, 等. IV 型鸭肝炎病毒鸡胚化弱毒疫苗的研制[J]. 中国兽医杂志, 2007（43）: 6-8.

[27] 苏敬良, 张国中, 黄瑜, 等. 血清 3 型鸭甲型肝炎病毒弱毒疫苗株培育及免疫原性研究[J]. 中国兽医杂志, 2009（12）: 11-14.

[28] 银凤桂, 李晶, 张爽, 等. 鸭病毒性肝炎二价灭活疫苗（DHAV-SH 和 DHAV-FS 株）的制备和评价[J]. 生物工程学报, 2015, 31（11）: 1579-1588.

[29] 张金强, 刘海涛, 杨傲冰, 等. 鸭病毒性肝炎二价（YB3 株＋ GD 株）灭活疫苗对鸭肝流行毒株的攻毒保护试验[J]. 山东畜牧兽医, 2018, 39（4）: 6-7.

[30] 程安春, 汪铭书, 崔恒敏, 等. 鸭瘟鸭病毒性肝炎二联弱毒疫苗的研究[J]. 畜牧兽医学报, 1996, 26（5）: 466-464.

[31] 付玉志, 李传峰, 陈宗艳, 等. 鸭肝炎病毒 I 型"自杀性"DNA 疫苗的构建及其免疫评价[C]// 中国畜牧兽医学会兽医公共卫生学分会第三次学术研讨会论文集. 广州, 2012.

[32] 张婧, 董嘉文, 罗永文, 等. I 型鸭肝炎病毒 VP1 基因重组鸭瘟病毒载体的构建[J]. 华南农业大

学学报，2011，32（4）：101-104.

[33] 郑文卿. 表达Ⅰ型和Ⅲ型鸭甲肝病毒 VP1 基因重组新城疫病毒的构建及其免疫原性研究［D］.
泰安：山东农业大学，2016.

2.4.17 番鸭细小病毒疫苗

2.4.17.1 疾病简介

番鸭细小病毒病，俗称"番鸭三周病"，是由番鸭细小病毒（muscovy duck parvovirus，MDPV）引起的以腹泻、软脚、喘气为主要症状的一种急性病毒性传染病[1]。该病主要侵害 3 周龄雏番鸭，发病率为 27%～62%，病死率为 22%～43%。病愈鸭大部分成为僵鸭，给番鸭养殖业造成严重的经济损失[2]。

我国是发现和研究番鸭细小病毒病最早的国家，1980 年初在中国福建莆田、福州等地和广东、浙江等南方多地的番鸭饲养地区，发生以腹泻、软脚和呼吸困难为主要症状的雏番鸭疫病。1991 年我国学者林世棠经病毒分离、电镜观察、中和试验和雏番鸭人工感染试验初步确定该病病原为细小病毒[3]。1993 年我国学者程由铨根据病毒形态与结构、理化特性、血清学鉴定和动物回归等试验，进一步确认该病的病原是细小病毒科细小病毒属的一个新成员——番鸭细小病毒（MDPV）。

2.4.17.2 研究进展

（1）**理化特性** MDPV 是正二十面体对称的无囊膜 DNA 病毒，在电镜下观察呈球形或六角形，大小为 22～25nm，有 32 个呈管状排列的壳粒，壳粒直径为 3～4nm[4]。经密度梯度离心后可以获得密度分别为 1.28～1.30g/cm³、1.32g/cm³ 和 1.42g/cm³ 的 3 条条带，其中第 3 条带具有感染性。MDPV 对氯仿、乙醚、胰酶和酸性条件的抵抗性较强，在 pH 值为 5.0、pH 值为 3.0 条件下均可存活，60℃加热 1h 后仍可致死鹅胚，但对紫外线照射敏感[5,6]。

（2）**分子生物学特征** MDPV 是单股 DNA 病毒，其长度约为 5.1kb。基因组两侧翼有约 440 个碱基组成的末端倒置的重复序列（inverted terminal repeat，ITR）[7,8]。ITR 上有多个转录因子结合位点，与基因组的复制、转录等密切相关。MDPV 有两个开放阅读框（ORF），左侧 ORF 编码非结构蛋白（NS），也称调节蛋白（Rep），根据起始密码子和 mRNA 的选择性剪切，可以产生分子量最大的 Rep1 蛋白和其他分子量较小的 Rep 蛋白[9]。Rep 蛋白在番鸭细小病毒感染中的作用尚不明确。

（3）**实验室培养系统** MDPV 只能用番鸭胚或鹅胚进行初代分离，不易在其他禽胚中复制，接种后可见绒毛尿囊膜增厚，胚胎充血，全身出现出血点，一般在接种后 3～7d 死亡，MDPV 的胚体适应毒，可以在番鸭胚成纤维细胞（MDEF）或番鸭胚肾细胞（MDEK）上增殖，但无法在鸡胚成纤维细胞（QEF）、猪肾细胞（PK15）、地鼠肾细胞（BHK21）和非洲绿猴 Vero 细胞上增殖。

（4）**致病性** 番鸭细小病毒病的潜伏期通常为 4～9d，病程 2～7d，根据病程长短可以分为最急性、急性和亚急性三种类型，发病类型与发病日龄有一定关系。病鸭常见厌食、离群、精神委顿、短喙、呼吸困难、腹泻、排灰白色或淡绿色稀粪，最终衰竭死亡（图 2-10）。

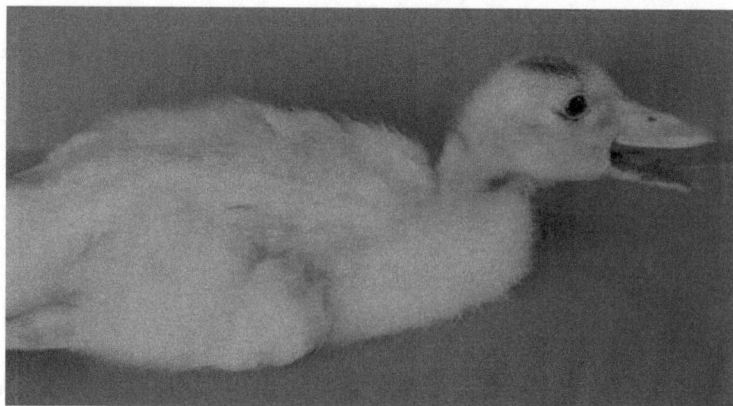

图 2-10 雏番鸭感染 MDPV 症
状（张口呼吸）

番鸭感染 MDPV 会出现严重的心肌炎、肝炎和肠炎，肠道上皮细胞坏死，形成核内包涵体，并伴有淋巴器官萎缩。有严重的肠道炎症和病变，肠道出血充血。小肠有 1～2 段膨大的肠节，犹如"腊肠样"，剖开肠腔可见一层由纤维素性渗出物和脱落的肠黏膜组成的灰白色的假膜把粪便包裹起来，其他部分肠黏膜也出现充血和水肿；心脏变圆，心肌松弛；肾脏呈暗红色或灰白色，似煮熟样；肝稍肿大，胆囊胀大；胰腺苍白或充血，局灶性或整个表面出血，表面有数量不等的针尖大、灰白色病灶；少数病例脾大、充血。

（5）流行性　MDPV 自 1980 年被首次报道以来，目前已经呈全球范围流行趋势，在欧洲、亚洲各国和美国等均有报道。MDPV 只能感染番鸭，番鸭细小病毒病的发病率与日龄呈负相关。MDPV 主要通过呼吸道和消化道传播，病鸭排泄出大量病毒，通过被污染的饲料、饮水、饲养设施进行传播，还可污染种蛋，导致孵化室室内污染，造成雏番鸭成批发病圈。该病的发生无明显季节性规律，但由于冬春保暖需要，育雏室空气流通不畅，氨和二氧化碳浓度较高，易刺激雏鸭产生应激，导致免疫力下降，故而冬春发病率和死亡率较高。

（6）诊断　番鸭细小病毒病通常可以通过临床症状和病理剖检进行初步诊断，但在感染的番鸭出现非典型性症状时易与番鸭源小鹅瘟和病毒性肝炎混淆，容易造成误诊，因此，需要通过实验室诊断方法进行确诊。

目前，应用较为广泛的实验室诊断方法主要有凝集试验和琼脂扩散试验等几种方法，但都有其局限性，近年来随着相关基础学科的发展，许多新的诊断方法被应用到 MDPV 的实验室诊断中，主要有酶联免疫吸附分析实验（ELISA）、聚合酶链反应（polymerase chain reaction，PCR）、核酸探针技术、环介导等温扩增检测（loop-mediated isothermal amplification，LAMP）、荧光定量 RT-PCR、多重 PCR 等[10-15]。

2.4.17.3　疫苗制备的基本原理

1997 年，程由铨番鸭细小病毒弱毒疫苗的制备[16]。疫苗制备 MDEF 细胞感染 MDV-P1 后，75% 以上细胞出现病变时收获测定病毒滴度，用保护剂（5% 蔗糖脱脂牛奶）配制疫苗，同时每毫升加入青霉素 500U 链霉素 500μg，分装，冻存。

1998 年，娄华进行番鸭细小病毒弱毒疫苗的研制。弱毒疫苗的制备：取强毒用无菌生理盐水按 1∶2 稀释，接种于 12 日龄番鸭胚尿囊腔内，每枚 0.2mL，37.8℃ 孵育，每日照蛋 2 次，收集 48～144h 死亡并有典型病变的鸭胚尿囊液无菌检验合格，此为第一代鸭胚毒依次继代若干代，测其 ELD_{50} 为 $1 \times 10^5/0.2mL$ 以上时，即可作为生产湿苗的弱毒。弱毒疫苗制备：将致弱毒株按 1:20 稀释，接种于 12 日龄番鸭胚尿囊腔，每枚 0.2mL，置 37.8℃ 孵育，取 48~144h 死亡番鸭胚，用碘酊消毒后，除去气室部位的卵壳，吸出具有典型病变的番鸭胚尿囊液及羊水，集于灭菌疫苗瓶中，加入青霉素和链霉素，静置 30min，分装于小疫苗瓶中，即为湿苗，冷藏保存[17]。

2.4.17.4 疫苗特点

1997 年，程由铨将番鸭细小病毒莆田株制备成疫苗，免疫注射 1 日龄雏番鸭，免疫后 3d 部分鸭血清中出现抗体，7d 98% 以上的鸭血清中出现抗体，21~30d 抗体效价达高峰，有效免疫期在 190d 以上；注苗后 7d 攻毒，保护率 100%；肌内注射比滴鼻免疫接种方法好；疫苗于室温 22℃、4~8℃ 和 -20℃ 保存期分别为 183d、365d 和 365d 以上。田间免疫接种 1.8 亿多羽雏番鸭，未见不良反应，表明该疫苗安全有效[16]。

2000 年，陈建红在雏番鸭病毒疫苗在产蛋母鸡体内诱导的免疫动态研究中，比较了油乳剂灭活疫苗、弱毒疫苗及油乳性灭活疫苗＋弱毒疫苗分别经肌内注射接种产蛋母鸡体内，发现弱毒疫苗＋油乳剂灭活疫苗的免疫应答效果最显著。可能是因为油乳剂灭活疫苗＋弱毒疫苗，既具备灭活苗组的优势，又因使用弱毒疫苗使机体的回忆反应得到强化[18,19]。

2003 年，陈少莺试制了 MPV-GPV 二联弱毒细胞苗，试制出的二联苗对 1 日龄雏番鸭具有良好的安全性和遗传稳定性；免疫后 5d 和 7d 攻击 GPV 强毒，保护率分别为 75% 和 100%，同时免疫后 7d 血清中 MPV 胶乳凝集抑制（LPAI）抗体效价均大于 21，21~28d 抗体达高峰，有效免疫期超过 60d，疫苗于 -20℃ 保存保存期大于 12 个月[20]。上述结果表明，二联弱毒细胞苗安全有效。

2.4.17.5 市面上的产品、使用说明和注意事项

目前，我国福建省农业科学院畜牧兽医研究所研发出雏番鸭细小病毒病活疫苗（弱毒 P1 株）。雏番鸭出壳时免疫注射疫苗一次，雏番鸭细小病毒病活疫苗可有效预防番鸭细小病毒病，疫区雏番鸭成活率由未注射前的 60%~65% 提高到 95% 以上，可有效地控制该病的发生。免疫种鸭可以给雏番鸭提供一定的母源抗体保护；发生该病时应隔离病鸭并肌内注射高免血清或卵黄抗体，每天 1 次，连续 2~3d，可起到一定的治疗效果；同时配合肠道广谱抗生素或抗病毒中药等进行拌料或饮水，提高疗效[16]。

此外，我国福建省农业科学院畜牧兽医研究所研发的番鸭细小病毒病、小鹅瘟二联活疫苗（弱毒 P1 株＋D 株），也可用于防控该病[20]。

参考文献

[1] Yen T Y, Li K P, Ou S C, et al. Construction of an infectious plasmid clone of Muscovy duck parvovirus by TA cloning and creation of a partially attenuated strain[J]. Avian Pathol, 2015, 44（2）：124-128.

[2] Glavits R, Zolnal A, Szabq E, et al. Comparative pathological studies on domestic geese（Anser Anser Domestica）and Muscovy ducks（CaiTina Moschata）experimentally infected withparvovirus strains of goose and Muscovy duck origin[J]. Acta Vet Hung, 2005, 53（1）：73-89.

[3] 林世棠，郁晓岚，陈炳钿，等．一种新的雏番鸭病毒性传染病的诊断[J]．中国畜禽传染病，1991（2）：25-26．

[4] Call-Recule, Jestin V. Biochemical and genomic character-ization of muscovy duck parvovir-us[J]. Arch Virol, 1994, 139: 121-131.

[5] 孟松树，王永坤．番鸭细小病毒特性的初步研究[J]．江苏农学院学报，1994，15（4）：52-57．

[6] Fauque T C M, Mayo M A, Maniloff J, et al. Virus taxonomy (11) th repoter of the ICTV[M]. London: Elsevier/Academic Press, 2004.

[7] 王建业，黄饪，龚建森，等．番鸭细小病毒鹅胚弱化毒株 FZ91-30 的全基因组克隆及序列分析[J]．中国家禽，2015，37（22）：46-48．

[8] Wang J, Huang Y, Zhou M, et al. Construction and sequencing of an infectious clone of the goose embry-adapted Muscovy duck parvovirus vaccine strain FZ91-30[J]. Virol J, 2016, 13（1）: 1-8.

[9] Li L, Qil J, Pintel D J. The choice of tranlation initiation site of the rep proteins from goose parvovims p9-generated mRNA is gov-erned by splicing and the nature of the excised intron[J]. Virol, 2009, 83（19）: 10264-10268.

[10] 贺娟．鹅细小病毒特异 PCR 及其抗体间接 ELISA 检测技术的建立与应用[D]．重庆：西南大学，2007．

[11] 张云，耿宏伟，郭东春，等．鹅和番鸭细小病毒全基因克隆与序列分析[J]．中国预防兽医学报，2008，30（6）：415-419．

[12] 季芳，张毓金，杨增崎，等．番鸭细小病毒和鹅细小病毒广东株 VP1 基因的克隆与序列分析[J]．中国预防兽医学报，2004，26（4）：245-251．

[13] Wang J, Wang Z, Jia J, et al. Retrospective investigation and molecular characteristics of the recombinant Muscovy duck parvovirus circulating in Muscoy duck flocks in China[J]. Avian Patho1, 2019, 48（4）: 343-351.

[14] Liu R, Chen G, Huang Y, et al. Microbiological identification and analysis of waterfowl livers collected from backyard farms in southern China[J]. Vet Med Sci, 2018, 80（4）: 667-671.

[15] 湖生．番鸭细小病毒病的防控措施[J]．畜牧与饲料科学，2013，34（Z1）：119-120．

[16] 程由铨，胡奇林，李怡英，等．番鸭细小病毒弱毒疫苗的研究[J]．福建省农科院学报，1997（02）：32-36．

[17] 娄华，王政富，徐彬．番鸭细小病毒弱毒疫苗的研制与应用[J]．中国兽医科技，1998（03）：24-25．

[18] 陈建红，张济培，陈育濠．雏番鸭细小病毒疫苗在产蛋母鸡体内诱导的免疫动态研究[J]．中国兽医科技，2000（05）：10-11．

[19] 李晓轩．鸭细小病毒病灭活疫苗的研制[D]．保定：河北农业大学，2018．

[20] 陈少莺，胡奇林，程晓霞，等．番鸭细小病毒和鹅细小病毒二联弱毒细胞苗的研究[J]．中国兽医学报，2003（03）：226-228．

2.4.18　小鹅瘟疫苗

小鹅瘟（gosling plague）是由鹅细小病毒（goose parvovirus，GPV）引起的雏鹅和雏番鸭以急性肠炎以及肝肾等实质器官的炎症为特征的一种急性病毒性传染病。我国是发现和研究鹅细小病毒最早的国家，早在 1961 年我国学者方定一[1] 首次从发病雏鹅中发现并分离鉴定了 GPV，GPV 不仅危害雏鹅也能感染雏番鸭，但鲜见雏番鸭临床发病的报道。自 1997 年以来，在中国福建等番鸭饲养区，先后发生雏番鸭出现不同程度的以腹泻、部分病鸭肠黏膜脱落形成栓塞为主要特征的疫病，经病原分离、鉴定，确认该病原为番鸭源鹅细小病毒（muscovy duck-derived goose parvovirus，MD-GPV）[2,3]。该病是水禽养殖业最重要的疾病之一，长期以来在我国乃至全世界水禽中广泛流行，造成了严重的损失。

2.4.18.1 研究进展

（1）**病原学** 鹅细小病毒属于细小病毒科细小病毒亚科依赖病毒属雁形目依赖细小病毒1型（中文暂定名，anseriform dependoparvovirus 1）。该病毒有实心和空心两种粒子，呈圆形等轴立体对称的二十面体，无囊膜，直径20～24nm，具有典型的细小病毒外形特征，且病毒在感染细胞核内复制[4,5]。其基因组为线性、单股负链DNA病毒，基因组大小为5～6kb，两端由相同的回文ITR序列折叠形成发卡结构，中间为编码区，含有两个主要开放阅读框架（open read frame，ORF），两个ORF之间间隔18bp。左侧ORF（LORF）编码2种非结构蛋白（Rep），即调节蛋白NS1、NS2；右侧ORF（RORF）编码3种结构蛋白（VP），即VP1、VP2、VP3，分子质量分别为85000Da、61000Da和57500Da，其中VP3为主要结构蛋白。各编码区内基因相互重叠，非结构基因和结构基因分别终止于同一个终止密码子，右侧ITR前有一个（Poly）A[6,7]。

（2）**体外培养宿主系统** MD-GPV能在番鸭胚、鹅胚、麻鸭胚中生长。病毒在番鸭胚成纤维细胞（MDEF）培养中经过适应后可以增殖，并产生细胞病变和包涵体。但不能在鸡胚和CEF中增殖。

（3）**致病性** 临床症状主要表现为精神委顿，饮食欲减少或废绝，排黄白色或淡黄绿色水样稀便，最后衰竭而死亡，但无呼吸道张口呼吸症状，发病日龄要比番鸭细小病毒病略早些，病死率可高达70%～90%，病程可持续7～10d以上。大日龄番鸭感染或病程长的常出现断羽现象而影响羽毛外观。

病理变化为坏死性小肠炎，引起小肠梗阻、急性卡他性结肠炎（图2-11）；间质性心肌炎，实质器官严重变性和肝、脾、肾的灶状坏死，全身淋巴网状系统细胞成分（主要为淋巴细胞和单核细胞）增生，有时形成增生结节，胰腺充血、腺泡上皮变性和偶见灶状坏死，肝和脾脏小血管呈纤维素样变；脑充血、小出血和有轻微的血管周围"套管"，胶质细胞增生，神经细胞变性和偶然出现坏死灶。

图2-11 番鸭小鹅瘟症状（肠道特征性栓塞）

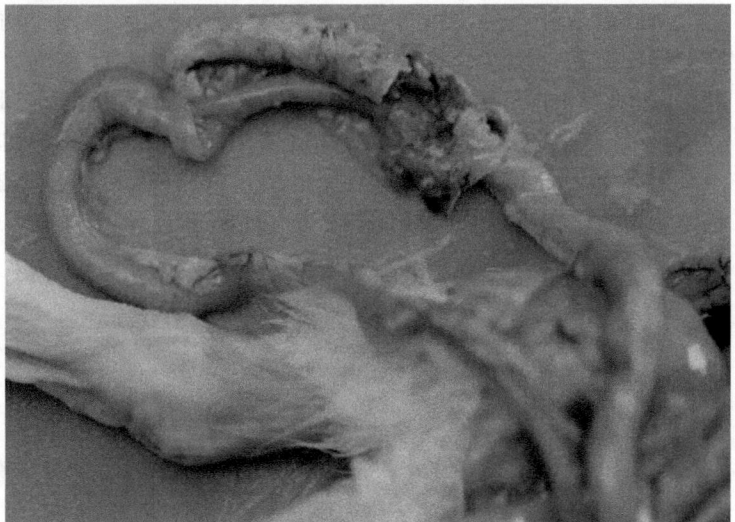

（4）**流行性**　该病毒主要侵害 1～4 周龄雏番鸭，最早发病见于 4 日龄，其易感性随日龄增长逐渐降低，4 周龄以上雏番鸭较少发病。发病率 50％～70％、病死率 40％～65％。该病一年四季均可发生，无明显的季节性，但以冬、春季发病率为高。传播途径为消化道和呼吸道，病鸭排泄物污染的饲料、水源、工具和饲养员都是传染源，污染病毒的种蛋是孵坊传播该病的主要原因之一。20 世纪 80 年代以后，在国内几乎每个地区均有该病出现。

（5）**诊断**　临床上可根据病鹅的临床症状和病理变化做出初步诊断，但确诊需进行实验室诊断。已报道的实验室诊断方法有病毒分离（VI）、中和试验（NT）、荧光抗体试验（FA）、酶联免疫吸附分析试验（ELISA）、琼脂扩散试验（AGP）、胶乳凝集试验（LPA）[8]、胶乳凝集抑制试验（LPAI）和聚合酶链反应（PCR）、荧光定量 PCR 技术、环介导等温扩增检测（LAMP）等[9]。

（6）**防治**　防治分为采取管理措施和免疫防治两种。管理措施就是加强饲养管理，搞好环境卫生消毒和减少应激，对该病的预防和控制有一定作用。免疫防治是接种疫苗，疫苗免疫是预防和控制番鸭小鹅瘟病的有效措施，目前我国已获临床试验批准的番鸭细小病毒病和番鸭小鹅瘟二联活疫苗，于雏番鸭出壳时免疫注射一次，即可有效预防番鸭小鹅瘟和番鸭细小病毒病。番鸭细小病毒病活疫苗免疫能产生一定的交叉抗体，但不能有效抵抗番鸭小鹅瘟强毒的感染。免疫种鸭可以给雏番鸭提供一定的母源抗体保护；发生本病时应隔离病鸭并肌内注射高免血清或卵黄抗体，每天 1 次，连续 2～3d，可起到一定的治疗效果；同时配合肠道广谱抗生素或抗病毒中药等进行拌料或饮水，提高疗效。

2.4.18.2　疫苗制备的基本原理

1963 年，方定一、王永坤等利用鹅胚将分离的病毒传了二十几代，传代后的病毒接种小鹅基本不致死，免疫种鹅，逐步应用为种鹅用疫苗，免疫后带毒期短，并且毒力没有返强。采用种鹅免疫的方法，效果很好，雏鹅不发病，省时省力。江苏农学院 1979 年研制出雏鹅用鹅胚化弱毒疫苗；1982 年又研制成功雏鹅用鸭胚化弱毒疫苗，到 1990 年 7 月，雏鹅用弱毒疫苗已在苏皖试用 2000 万羽剂，雏鹅成活率达 95％以上。

2.4.18.3　市面上的产品、使用说明及注意事项

福建省农业科学院畜牧兽医研究所研制的"番鸭细小病毒病、小鹅瘟二联活疫苗"二联弱毒细胞苗，一次免疫即可有效预防 MPV 和 MD-GPV。该疫苗对 1 日龄雏番鸭具有良好的安全性和遗传稳定性，且安全有效。对免疫后 5d 和 7d 攻击 GPV 强毒，保护率分别为 75％和 100％，同时免疫后 7d 血清中 MPV 胶乳凝集抑制（LPAI）抗体效价均大于 21，21～28d 抗体达高峰，有效免疫期超过 60d。疫苗于－20℃保存期大于 12 个月[10,11]。程晓霞以 MPV-P1 和 MDGPV-D 为毒种制备的 MPV-GPV 二联活苗能够诱导雏番鸭产生良好的免疫应答，免疫后 7d 对强毒攻击能获完全保护[12]。

参考文献

[1] 方定一 ."小鹅瘟"的介绍[J]. 中国兽医杂志，1962（8）：19-20.

[2] 程晓霞，陈少莺，朱小丽，等 . 番鸭小鹅瘟病毒的分离与鉴定[J]. 福建农业学报，2008，23（4）：355-358.

[3] Wang S, Cheng X X, Chen S Y, et al. Genetic characterization of a potentially novel goose

parvovirus circulating in Muscovy duck flocks in Fujian Province, China[J]. Journal of Veterinary Medical Science, 2013, 75（8）: 1127-1130.

[4] Zadori Z, Stefarsik R, Rauch T, et al. Analysis of the complete nucleotide sequence of goose and muscovy duck parvoviruses indicates common ancestral origin with adeno-associated virus[J]. Virology, 1995, 212（2）: 562-573.

[5] 程由铨, 胡奇林, 陈少莺, 等. 番鸭细小病毒和鹅细小病毒生化及基因组特性比较[J]. 中国兽医学报, 2001, 21（5）: 429-433.

[6] 孔宪刚, 李桂霞, 刘胜旺, 等. 鹅细小病毒分离株 HG5/82 的分子特征分析[J]. 中国病毒学, 2005, 20（1）: 28-32.

[7] 王劭, 程晓霞, 陈少莺, 等. 番鸭小鹅瘟病毒 PT 分离株全长 DNA 克隆的构建[J]. 中国兽医学报, 2015, 7: 1064-1068.

[8] 朱小丽, 陈少莺, 林锋强, 等. 应用胶乳凝集技术诊断番鸭小鹅瘟病[J]. 中国预防兽医学报, 2012, 34（9）: 715-718.

[9] Wan C, Chen H, Fu Q, et al. Development of a restriction length polymorphism combined with direct PCR technique to differentiate goose and Muscovy duck parvoviruses[J]. Journal of Veterinary Medical Science, 2016, 78（5）: 855-858.

[10] 陈少莺, 胡奇林, 程晓霞, 等. 鹅细小病毒弱毒株选育的研究[J]. 中国预防兽医学报, 2002, 24（4）: 286-288.

[11] 陈少莺, 胡奇林, 程晓霞, 等. 番鸭细小病毒和鹅细小病毒二联弱毒细胞苗的研究[J]. 中国兽医学报, 2003, 23（3）: 226-228.

[12] 程晓霞, 陈仕龙, 陈少莺, 等. 番鸭细小病毒和鹅细小病毒的抗原相关性研究[J]. 福建农业学报, 2013, 28（9）: 869-871.

2.4.19　番鸭呼肠孤病毒疫苗

番鸭呼肠孤病毒（muscovy duck reovirus，MDRV）病是由番鸭呼肠孤病毒引起的一种高发病率、高致死率的传染病，该病主要发生于 40 日龄内番鸭，临床上以软脚、腹泻、生长障碍为主要症状，以肝、脾表面坏死、纤维素性心包炎为主要病变。Kaschula 等[1] 1950 年在南非首次报道了该病的发生，法国学者 Gaudry 等 1972 年在国际上首次从患上述症状病变的番鸭中分离到番鸭呼肠孤病毒，目前该病已广泛流行于法国、以色列、德国、意大利等国[2]。在我国，番鸭呼肠孤病毒病是 1997 年新发现的番鸭传染病，最早在福建莆田、福清等地发生，以后相继在广东佛山、浙江金华和我国各番鸭饲养区发生，以肝、脾出现灰白色小点为主要病变，俗称番鸭"肝白点病""白点病""花肝病"，发病日龄以 10~30d 居多，发病率为 30%~90%，病死率为 60%~80%，病鸭耐过后成为僵鸭。该病在番鸭群中广泛存在，危害极大，给番鸭养殖业带来了巨大的经济损失[3,4]。

2.4.19.1　番鸭呼肠孤病毒研究进展

（1）病原学　番鸭呼肠孤病毒属于呼肠孤病毒科正呼肠孤病毒属。该病毒粒子呈球形，直径 60~80nm，正二十面体，立体对称、无囊膜，有可见的双层衣壳结构，核酸为 dsRNA。病毒对乙醚、氯仿、胰蛋白酶 50℃处理 1h 和 3% 甲醛处理 30min 不敏感，对 pH3、60℃处理 30min 和紫外线照射敏感。病毒对鸡、鸭、鸽、人 O 型、牛、绵羊、兔、豚鼠、小鼠或大鼠的红细胞无血凝性[5]。

鸭呼肠孤病毒的基因组为双链 RNA，由分节段的 10 个基因片段组成。根据其在凝胶电泳上的迁移率大小可以分为大（L1～L3）、中（M1～M3）、小（S1～S4）三个基因节段组。每个基因片段的 5′ 和 3′ 末端具有 5～8 个碱基的保守序列，不同分离株的保守序列略有不同，最常见的为正义链 5′-GCUUUUU…UCAUC-3′，推测这些序列可能是病毒转录、复制和组装的靶信号。禽呼肠孤病毒基因组可编码至少 10 种结构蛋白，μB、μBN、μBC、σB 和 σC 为外衣壳蛋白，λC 为贯穿内外衣壳蛋白，λA、λB、μA 和 σA 为内衣壳蛋白；4 种非结构蛋白 μNS、σNS、p10 和 p17（经典番鸭呼肠孤病毒不编码此蛋白）[5-7]。

（2）**体外培养宿主系统** 鸭呼肠孤病毒可以在鸭胚、鸡胚、鸭胚原代成纤维细胞以及部分传代细胞系中生长。番鸭胚经卵黄囊、绒毛尿囊膜和尿囊腔接种病毒后均于 2～5d 死亡，胚体枕部、颈部、背部出血，部分鸭胚肝、脾上有灰白色小点，直径约 0.5nm，胚液清亮。鸡胚经卵黄囊接种病毒后死亡，死胚病变为胚体呈紫色，全身广泛性充、出血，后期死亡胚胎可见肝、脾上有灰白色坏死点；鸡胚经绒毛尿囊膜和尿囊腔接种病毒后，多于 8～10d 死亡，致死率分别为 10/24 和 7/75，病变不明显[3,4]。

病毒也可以在许多细胞系上增殖（但需要传代适应）。目前已报道的细胞有：非洲绿猴肾细胞（Vero）、乳仓鼠肾细胞（BHK-21）、猫肾细胞（CRFK）、佐治亚牛肾传代细胞系（GBK）、兔肾细胞（RK）、猪肾细胞（PK）、源于诱发性纤维肉瘤的日本鹌鹑细胞系（QT35）以及鸡淋巴母细胞和鸡淋巴细胞亚群等[5,7]。

（3）**致病性** 番鸭感染该病毒后，脾、法氏囊和胸腺主要表现为淋巴细胞数量减少、淋巴细胞凋亡、溶解和坏死，形成大小不一的坏死灶，并见吞噬细胞大量增生；心、肝、肺、肾等实质器官出现不同程度的细胞变性、水肿以及局灶性溶解坏死；各器官血管内皮细胞脂滴增多、水肿以至坏死脱落，通透性增加；浆细胞、淋巴细胞和吞噬细胞呈散在或灶性浸润于坏死区和实质细胞间，吞噬细胞数量明显增多并吞噬了大量崩解的碎片[8,9]。

（4）**流行性** 鸭呼肠孤病毒感染病例最早见于南非，之后在法国和美国均有报道，我国自 1997 年以来，在广东、福建、河南、广西、四川、江苏、浙江、江西、贵州和云南等地的鸭场患鸭体内分离到番鸭呼肠孤病毒。该病最多见于 10～45d 的番鸭，潜伏期为 3～10d，病程根据个体差异而略有不同。发病率为 30%～90%，死亡率为 10%～30%。雏鸭及 SPF 雏鸡对鸭呼肠孤病毒具有较高的易感性。番鸭、半番鸭、麻鸭、北京鸭、樱桃谷鸭等多个品种鸭均可感染鸭呼肠孤病毒。种番鸭、野生绿头鸭也有感染鸭呼肠孤病毒发病的报道。鸭呼肠孤病毒主要通过水平传播，但也可以通过垂直传播。该病的发生无明显季节性，同时鸭呼肠孤病毒感染所致的临床疫病呈现出多样性。对不同宿主的病毒分离株的相关性还需进一步研究。

（5）**诊断** 发病早期，根据该病的流行病学、临床症状和病变，可做出初步诊断，但由于该病在发病 6～7d 后肝和脾表面的坏死点逐渐模糊，病变特征不明显，容易和其它疫病混淆，故该病的确诊有赖于实验室诊断。目前实验室诊断方法有病毒分离和鉴定、免疫学诊断和分子生物学诊断。目前报道鸭呼肠孤病毒的免疫学诊断主要有琼脂凝胶扩散试验（AGPT）、中和试验（NT）、酶联免疫吸附分析（ELISA）和间接荧光法（IFA）；分子生物学诊断方法主要有反转录聚合酶链反应技术（RT-PCR）、套式 RT-PCR、SYBR Green I 实时荧光定量 RT-PCR、TaqMan 探针实时荧光定量 RT-PCR 以及 NDRV 和 MDRV 双重 RT-PCR 等，其中 RT-PCR 被诊断室广泛采用[10,11]。

（6）**防治** 防治主要包含两个方面。一是管理防治，在现代高密度饲养条件下，要完全消除病毒感染比较困难。淘汰感染鸭群后，对鸭舍进行彻底清洗消毒可防止致病性病毒感染下一批鸭。使用商品消毒剂前要对其有效性进行检测。碱溶液和0.5%有机碘液可有效地灭活病毒。二是免疫防治，灭活铝胶苗、油乳剂灭活苗及弱毒活疫苗免疫对鸭群具有较好的保护效果[12,13]。其中番鸭呼肠孤病毒病活疫苗，具有安全性好、免疫原性强、免疫持续期长、疫苗质量稳定、保存期长的特点。临床试验表明疫区未使用该疫苗前雏番鸭的成活率仅为65%，疫苗免疫后成活率提高到95%以上，上市率93%以上。有研究报道预防该病的发生需在雏鸭7日龄之前进行免疫。严格的生物安全措施，结合疫苗的应用能够控制该病的发生[14,15]。

（7）疫苗的研制　Kuntz-Simon等以杆状病毒为载体，表达重组番鸭呼肠孤病毒6L蛋白，以油包水乳剂为佐剂免疫番鸭，间接免疫荧光试验结果显示免疫后血清6L抗体效价上升，表明6L蛋白可作为预防番鸭呼肠孤病毒的抗原之一，但至今无应用报道。Heffels-Redmann等[16]分离到番鸭呼肠孤病毒1625/87株，研究发现其对番鸭致病性弱，可以作为1个候选疫苗株，但至今无应用报道。Marius等研究灭活疫苗，未能成功。

国内2001年，胡奇林和陈少莺等研究成功番鸭呼肠孤病毒病活疫苗。该疫苗免疫1日龄番鸭后7d攻毒，肌内免疫保护率为90%以上，口服免疫保护率为87.5%[15]。2006年刘思伽报道了番鸭呼肠孤病毒蜂胶佐剂灭活疫苗的研制，1日龄免疫7d后攻毒保护率为77.8%。2009年刘思伽报道了番鸭呼肠孤病毒病弱毒疫苗的研制，研究表明1日龄番鸭免疫7日龄攻毒有1只番鸭出现轻微发病症状，但3d后恢复；免疫后14～21d攻毒，试验组番鸭无发病无死亡。

2.4.19.2　番鸭呼肠孤病毒病疫苗制备的基本原理

胡奇林和陈少莺等研究的番鸭呼肠孤病毒病弱毒疫苗的制备。先将番鸭呼肠孤病毒MW9710毒株接种MDEF单层，连续盲传，至第6代时发现部分细胞折光性增强，随后细胞圆缩崩解。随着传代代数的增加，病毒逐渐适应于MDEF繁殖并产生细胞病变。然后将此MDEF适应毒在MDEF和CEF上交替传代，迫使病毒适应在CEF上生长并产生细胞病变，且病变达75%的时间亦由接种后6d缩短为3d，表现为培养液pH值降低，病变细胞部分细长，部分圆缩，随后崩解成大小不等、边缘不整齐的颗粒状，并逐渐脱落[14,17]。

2009年刘思伽等制备番鸭呼肠孤弱毒疫苗。以与鸡胚成纤维细胞同步接毒方式批量培养病毒，收获病毒的毒价应在 1.0×10^8 PFU/mL以上。经无菌检验后，辅以明胶蔗糖保护剂，冻干，制成冻干疫苗。疫苗效价应达 5.0×10^7 PFU/mL以上[12]。

2.4.19.3　番鸭呼肠孤病毒病疫苗特点

2013年11月25日，由福建省农业科学院畜牧兽医研究所和青岛易邦生物工程有限公司研制的"番鸭呼肠孤病毒病活疫苗（CA株）"获得农业部颁发的国家一类新兽药证书（2013）新兽药证字41号。这是我国具有自主知识产权的唯一用于预防番鸭呼肠孤病毒病的生物制品，也是世界上首个用于预防该病的疫苗。该疫苗具有安全性好（一日龄雏番鸭免疫10倍剂量疫苗均无不良反应）、免疫原性强（免疫后7天产生有效免疫力，保护率达90%以上）、免疫持续期长（一次免疫即可获有效保护）、疫苗质量稳定、保存期长（—15℃以下保存期24个月）的特点。番鸭呼肠孤病毒病活疫苗免疫番鸭后主要通过诱导细胞免疫应答功能抵抗病毒感染[18]。临床试验表明疫区未使用该疫苗前雏番鸭的成活率仅为 65％，疫苗免疫后成活率提高到 95％以上，上市率 93％以上。该疫苗的成功研制、推广应用可有效控制番鸭多脏器坏死型呼肠孤病毒病的发生。

2.4.19.4 疫苗使用说明和注意事项

【兽药名称】

通用名称：番鸭呼肠孤病毒病活疫苗（CA 株）

商品名称：无

英文名称：muscovy duck reovirusis vaccine，live（strain CA）

汉语拼音：Fanya Huchanggubingdubing Huoyimiao（CA Zhu）

【主要成分与含量】疫苗中含番鸭呼肠孤病毒弱毒 CA 株，每羽份病毒含量不低于 $103.5 TCID_{50}$。

【性状】微黄色海绵状疏松团块，易与瓶壁脱离，加 Hank's 液或生理盐水后迅速溶解，呈均匀的悬液。

【作用与用途】用于预防番鸭呼肠孤病毒病。疫苗免疫后 7d，产生免疫力。

【用法与用量】1 日龄免疫，每羽番鸭腿部肌内注射 1 羽份。番鸭出生后免疫 1 次即可。

【不良反应】一般无不良反应。

【注意事项】

a. 疫苗在运输、保存、使用过程中应防止高温和阳光照射，避免接触消毒剂。

b. 疫苗稀释后限 4h 内使用。

c. 应对注射部位进行严格消毒。

d. 用过的疫苗瓶、器具和未用完的疫苗等应进行无害化处理。

【规格】250 羽份/瓶、500 羽份/瓶、1000 羽份/瓶。

【贮藏与有效期】－15℃以下保存，有效期为 18 个月。

【包装】10 瓶/盒，30 盒/箱。

参考文献

[1] Kaschula V R. A new virus disease of the Muscovyduck [Cairina moschiat（Linn.）] present in Natal[J]. Journal South African Veterinary Medicine Association, 1950, 21: 18-26.

[2] Dandár E, Farkas S L, Marton S, et al. The complete genome sequence of a European goose reovirus strain[J]. Archives of Virology, 2014, 159（8）: 2165-2169.

[3] 胡奇林，陈少莺，林锋强，等．番鸭呼肠孤病毒的鉴定[J]．病毒学报，2004，20（3）：242-248.

[4] 胡奇林，陈少莺，江斌，等．一种新的番鸭疫病（暂名番鸭肝白点病）病原的发现[J]．福建畜牧兽医，2000，6: 1-3.

[5] Benavente J, Martnez Costas, J. Avian reovirus: structure and biology[J]. Virus Research, 2007, 123: 105-119.

[6] Day J M. The diversity of the orthoreoviruses: Molecular taxonomy and phylogentic divides. Infection[J]. Genetics and Evolution, 2009, 9（4）: 390-400.

[7] Ducan R. The low pH-dependent entry of avian reovirus is accompanied by two specific cleavages of the major outer capsid protein μ 2C[J]. Virology, 1996, 219（1）: 179-189.

[8] 黄瑜，施少华，李文杨，等．雏半番鸭呼肠孤病毒的致病性[J]．中国兽医学报，2004，24（4）：326-328.

[9] 吴宝成，姚金水，陈家祥，等．番鸭呼肠孤病毒 B3 分离株的致病性研究[J]．中国预防兽医学报，2001，23（6）：422-425．

[10] 胡奇林，林锋强，陈少莺，等．应用 RT-PCR 技术检测番鸭呼肠孤病毒[J]．中国兽医学报，2004，24（3）：231-232．

[11] 袁远华，吴志新，王俊峰，等．新型鸭呼肠孤病毒 SYBR Green I 实时荧光定量 RT-PCR 检测方法的建立[J]．中国预防兽医学报，2013，35（9）：738-741．

[12] 刘思伽，黄爱芳，邹永新，等．番鸭呼肠孤病毒病弱毒疫苗的研制[J]．中国兽医杂志，2009（7）：36-37．

[13] 刘思伽，王凤阳，成子强，等．番鸭呼肠孤病毒病蜂胶佐剂疫苗的研制[J]．中国预防兽医学报，2006，28（2）：225-227．

[14] 胡奇林，陈少莺，程晓霞，等．番鸭肝白点病活疫苗研究简报[J]．中国兽药杂志，2001，35（6）：21-22．

[15] 林锋强，胡奇林，陈少莺，等．番鸭呼肠孤病毒活疫苗免疫途径及其效果研究[J]．动物医学进展，2005，26（2）：70-72．

[16] Heffels-Redmann U, Muller H, Kaleta E F. Structural and biological characteristics of reoviruses isolated from Muscovy ducks（Cairina moschata）[J]. Avian Pathol, 1992, 21（3）: 481-491.

[17] Chen S, Lin F, Chen S, et al. Development of a live attenuated vaccine against Muscovy duck reovirus infection[J]. Vaccine, 2018, 36（52）: 8001-8007.

[18] 林锋强，胡奇林，陈少莺，等．番鸭呼肠孤病毒活疫苗细胞免疫应答初步研究[J]．中国兽医杂志，2006，2（10）：13-14．

2.4.20　鸭坦布苏病毒病疫苗

2.4.20.1　概述

坦布苏病毒（duck Tembusu virus，DTMUV）病是由 DTMUV 引起的主要危害蛋鸭、种鸭的新发病毒病。该病自 2010 年春季开始在我国江浙地区暴发，以蛋鸭产蛋率急速下降为主要特点。依据其致病变特点，起初该病被称为鸭出血性卵巢炎（duck hemorrhagic ovaritis，DHO）[1]。TMUV 最早于 1955 年在马来西亚的库蚊样品中被分离鉴定[2]，但随后鲜有对该病毒的报道。2000 年，在马来西亚一个肉鸡养殖场内发现 TMUV 引起的以脑炎和发育迟缓为主要特征的传染病[3]。2007 年，在泰国也出现了 TMUV 感染鸭的报道，但并未引起广泛流行。直到 2010 年，我国部分地区鸭群中暴发了坦布苏病毒病，随后迅速扩散至全国，给我国养鸭业造成了巨大的经济损失。之后东南亚地区也相继暴发了坦布苏病毒病[4]。坦布苏病毒病现已成为严重危害我国养鸭业的主要疫病之一。

（1）病原学　TMUV 属于黄病毒科（Flaviviridae）黄病毒属（*Flavivirus*）成员，这类病毒的传播媒介主要是节肢动物（如蚊、蜱、白蛉等），该属有 70 多种病毒，包括寨卡病毒（zika virus，ZIKV）、黄热病病毒（yellow fever virus，YFV）、西尼罗病毒（west Nile virus，WNV）、登革热病毒（dengue virus，DENV）、日本乙型脑炎病毒（Japanese encephalitis virus，JEV）等。病毒粒子呈正二十面体结构，直径 $45 \sim 55 nm$，外层为脂质囊膜，镶嵌有由糖蛋白组成的刺突，内层为包绕单股正链病毒基因组 RNA 的核衣壳蛋白[5]。TMUV 为单股正链 RNA 病毒，基因组大小约 11kb，基因组 5′端有 1 型 cap 结构，具有促进翻译起始的作用，无 poly（A）尾。基因组包含一个开放阅读框

（ORF）、5′和 3′非编码区（UTR）。5′UTR 长度为 94～96 个核苷酸，具有 1 型帽子结构，参与翻译起始复合物的形成。3′UTR 长度为 618～619 个核苷酸，无 poly（A）结构。5′UTR 和 3′UTR 呈高度结构化，与病毒蛋白翻译及基因组复制相关。ORF 大小为 10278 个核苷酸，编码一个多聚蛋白，被宿主蛋白酶或自身蛋白酶水解成 3 个结构蛋白（C、prM、E）和 7 个非结构蛋白（NS1、NS2A、NS2B、NS3、NS4A、NS4B、NS5）。

TMUV 的天然宿主比较广泛，包括蚊、鸡、鸭、鹅、鸽子和麻雀。TMUV 可以感染各种蛋鸭和肉鸭品种，包括北京鸭、绍兴鸭、樱桃谷鸭、缙云麻鸭、龙岩山麻鸭、金定鸭、卡基·康贝尔鸭、番鸭和驯化的野鸭[6]。TMUV 可以在多种来源的细胞上传代培养，如禽源的 DEF、CEF、DF-1 细胞，哺乳动物源的 BHK-21、Vero、HeLa 细胞，蚊源的 C6/36 细胞等。病毒的致细胞病变效应（CPE）取决于病毒毒株、细胞种类及培养条件。经尿囊腔接种 DTMUV 的鸡胚或鸭胚会在 2～6d 后出现死亡[7]。与多数有囊膜病毒一样，DTMUV 对乙醚、氯仿和过氧胆酸盐敏感。病毒不耐热，56℃15min 即可灭活，不耐酸碱。

（2）**致病性**　TMUV 主要的易感动物为樱桃谷鸭和麻鸭，患病鸭发病初期体温升高、精神沉郁、食欲下降，发病后期，排草绿色稀便，产蛋大幅下降，产蛋率由 80%～90% 迅速下降至 20% 甚至绝产。该病的发病率可高达 100%，但死亡率较低（为 5%～15%）。种鸭患病时种蛋的受精卵可降低 10%，通常一个月后可自行恢复，但产蛋率无法恢复至发病前水平，伴有换羽行为。肉鸭通常在 15～35 日龄发病，同样表现为采食量下降、拉绿色稀粪、双脚麻痹、步态不稳，通常感染后 4～7d 为死亡高峰，耐过鸭通常表现为发育不良。病死蛋鸭剖检可见卵巢出血性坏死、萎缩；卵泡出血、萎缩、破裂。公鸭可见睾丸、输精管萎缩。部分病鸭大脑脑膜充血、水肿，小脑脑膜边缘炎性细胞浸润，肺瘀血，内有大量细胞渗出；肝实质严重变性、坏死；肾小管上皮细胞肿胀；脾淋巴细胞局部减少；胰腺组织可见凝固性坏死灶等；脾脏肿大甚至破裂，也有部分鸭脾脏萎缩；心肌苍白，有时可见条索状坏死，多个脏器浆膜可见红染小体[8,9]。

TMUV 除可以感染鸭外，对鹅、鸡、麻雀等也具有致病性。雏鹅感染后食欲下降、精神沉郁，生长迟缓，体温升高、排青绿色或灰白色稀粪、共济失调、运动障碍，个别有转圈或摇头等神经症状，死亡率为 5%～20%，发病率为 5%～80%，其临床症状和剖检变化均轻于雏鸭。病理变化主要表现为脑充血和水肿，心肌细胞坏死，脾脏淋巴细胞减少，肝脏细胞脂肪变性，胰腺上皮细胞脱落、间质出血等[10]。种鹅感染坦布苏的潜伏期一般为 3～5d，主要表现为采食量下降，体温升高，产蛋量急剧下降 60%～80%。后期神经症状明显，表现为共济失调、头颈抽搐、翅膀麻痹、步态不稳甚至瘫痪，死淘率 5%～10%，种鹅耐过后产蛋性能一般无法恢复到正常水平[11]。近年来蛋鸡群特别是肉种鸡群感染坦布苏病毒报道逐渐增多，蛋鸡感染该病毒后通常表现为产蛋下降、卵泡萎缩、充血等症状[12]。此外，研究人员还在发病鸭场周围捕获的麻雀肝脏及泄殖腔中也检测到 DTMUV[13]。

TMUV 除了有广泛的禽类宿主外，还可感染哺乳动物。将 TMUV 通过颅内接种感染小鼠，感染后的小鼠出现严重神经症状甚至死亡[14]。对暴发 TMUV 病感染的山东某鸭场养殖人员血清样品和口腔拭子样品分别进行血清学和分子生物学检测，结果表明受检的 132 份血清样品中 TMUV 抗体阳性率为 71.9%；口腔拭子样品的 PCR 检测坦布苏病毒的阳性率为 47.7%[15]，虽未表现出致病性，但仍应引起足够重视。

（3）**流行病学**　在我国，TMUV 于 2010 年 4 月在江浙地区首次发现并分离，随后该病毒迅速传播至我国东南沿海地区，甚至到达内蒙古、辽宁、四川、重庆、江西等内陆地区，截至目前，该病毒已造成我国至少 17 个省份的鸭群感染。该疫病一年四季均可发生，但在秋季的发病率最高，樱桃谷鸭、北京鸭、金定鸭、麻鸭、绍兴鸭和野鸭等几乎所有鸭种类和日龄的鸭均可被感染，其中蛋鸭和雏鸭的发病率最高。

大多数黄病毒属病毒（如登革热病毒、乙型脑炎病毒）主要通过蚊、蜱等吸血性节肢动物进行传播。但鸭坦布苏病毒病的暴发没有明显的季节性，即使在蚊虫不活跃的秋冬季也时常暴发，说明虫媒传播并不是 TMUV 的主要传播途径。然而，研究人员在山东田间的库蚊中分离到一株 TMUV，系统发育分析显示该毒株与 DTMUV 同源性较高[16]。目前，虫媒在 TMUV 传播中的作用有待进一步明确。

水平传播是 TMUV 在鸭群或鹅群中传播的主要途径，患病鸭可通过排泄物或呼出的气溶胶传播病毒。研究显示，TMUV E 蛋白在病毒的水平传播中起重要作用，例如 E 蛋白第 154 位氨基酸糖基化的缺失可使病毒丧失水平传播能力[17]。

野生鸟类在 TMUV 的跨地域传播中可能起着重要的作用。事实上，因为鸟类特殊的生物学和生态学特性，其作为扩增宿主在许多黄病毒的传播中起着重要作用，例如西尼罗病毒、日本脑炎病毒等在传播至人类之前就已经在鸟类宿主中得到扩增。基于对麻雀感染 TMUV 的研究，可以推测携带 TMUV 的野生鸟类在迁徙过程中通过粪-口传播途径将病毒传播至各处。不过，TMUV 具体在鸭群间是如何传播的还有待更进一步研究。

2.4.20.2　疫苗研究进展

（1）**减毒活疫苗**　TMUV 可在多种细胞及胚体上传代培养，因此 TMUV 的致弱手段多种多样。研究人员将临床分离株 FX2010 在 CEF 细胞上连续传代 180 代，获得 FX2010-180P 弱毒株。经实验证明，该弱毒株免疫原性优良，安全性可靠，目前已开发为成熟的商品化疫苗，并在生产中取得了良好效果[18]。以麻雀来源的 TMUV（SDS）株在 SPF 鸡胚和鸭胚连续交替传代 70 次后得到减毒株 SDS-70，将其制备成减毒活疫苗，以每羽份 $10^{2.46}$ EID$_{50}$ 免疫雏鸭即可为雏鸭提供 100% 的攻毒保护率[19]。将从鸭体内分离的 Du/CH/LSD/110128 株在鸡胚上连续传代，至 $50\sim70$ 代毒力有所减弱，在传至 90 代后完全减毒，并保留了亲本毒株的免疫原性，可作为疫苗候选株[20]。将 TMUV WFG36 株，在 CEF 细胞（鸡胚成纤维细胞）上经人工连续传代培养，获得 WF100 株，病毒对实验鸭的致病力显著降低，并保持了良好的免疫原性和遗传稳定性。以 $10^{4.5}$ TCID$_{50}$/羽份免疫接种雏鸭即可达到 100% 保护率。目前 WF100 株已开发为成熟的商品化疫苗，并在生产中取得了良好效果[21]。此外，研究人员还在鸡胚、鸭胚、DF-1、BHK-21（乳仓鼠肾细胞）等生物材料上成功获得了多株免疫原性良好、安全性高的减毒疫苗候选毒株。目前，研究人员已经培育多株候选疫苗株，因此如何在保证免疫原性和安全性的基础上，提高弱毒株的效价、降低生产成本是后续弱毒疫苗研究的重点。

（2）**灭活疫苗**　相较于弱毒疫苗，灭活疫苗在安全性上更有保障。目前商品化的灭活疫苗有 HB 株灭活疫苗和 DF2 株灭活疫苗，并且同样广泛应用于临床生产中。但灭活疫苗免疫原性低于弱毒疫苗，往往需要多次免疫才能达到令人满意的效果。研究人员用 β-丙内酯作为灭活剂制备灭活疫苗，发现相比甲醛灭活，该疫苗的免疫效力更高[22]。佐剂的使用是增强疫苗免疫效力的重要手段，例如将灭活疫苗与 CpGODNs 佐剂联用，免疫保护试验结果表明，CpGODNs 佐剂可显著提高机体血清血凝抑制抗体（HI）滴度、

TMUV 抗体的阳性率、血清细胞因子浓度和保护效力[23]。此外，研究人员还评估了重组融合肽 Tα1-BP5 对 TMUV 灭活疫苗的免疫增强作用，结果表明，rTα1-BP5 能显著增强机体的细胞和体液免疫应答水平[24]。诚然佐剂的使用可以有效提高 DTMUV 灭活疫苗的免疫效力，但这也意味着疫苗成本的增加，在实际临床使用中难以推广。因此，灭活疫苗的研究还应以免疫原性强、培养效价高毒株的选育为主。

（3）基因工程疫苗 在 TMUV 疫苗研究中，DNA 疫苗是研究的一个重要方向。将 TMUV 的 *prM/E* 基因克隆至 pVAX1 载体，同时在载体中引入用以提高免疫效力的 CpG 基序，构建重组质粒 pVAX1-prM/E-CpG。免疫保护试验结果表明，pVAX1-prM/E-CpG 可有效诱导机体产生体液免疫和细胞免疫，攻毒保护率可达 100%[25]。研究人员还将 TMUV 的 C 基因克隆至 pVAX1 载体，构建重组质粒 pVAX1-C。口服 pVAX1-C 免疫鸭子后，可诱导机体产生体液和细胞免疫反应，且能有效保护机体免受强毒攻击。进一步利用沙门氏菌 SL7207 株为载体口服递送 pVAX1-C 同样可为机体提供良好的免疫保护，该方法经济有效，具有大规模临床应用前景[26]。

嵌合疫苗是一种通过改造病原体，构建表达多种病原抗原的载体，制备而成的疫苗。本实验室以新城疫病毒（NDV）GM 株为载体构建表达 TMUV*prM/E* 基因的嵌合病毒 aGM/prM＋E，动物免疫试验结果表明 aGM/prM＋E 能针对 NDV 和 TMUV 强毒的攻击提供有效保护[27]。以鸭肠炎病毒（DEV）为载体，利用 CRISPR/Cas9 构建同时表达 H5N1 禽流感病毒（AIV）*HA* 基因和 TMUV*prM/E* 基因的重组 DEV（C-KCE-HA/PrM-E），动物免疫试验结果表明单剂量的 C-KCE-HA/PrM-E 即可使鸭抵抗 H5N1、TMUV 和 DEV 攻击[28]。此外，本实验室还利用杆状病毒表达系统，设计并制备了表面展示 TMUVE 蛋白和 H3N2HA2 蛋白的重组嵌合 AIVVLPs（VLPsE-HA），经实验证实其具有良好的免疫原性[29]。腺病毒载体是目前应用最为广泛的疫苗载体之一，研究人员构建了表达 TMUVE 蛋白的重组腺病毒 rAd-E，免疫攻毒实验显示，rAd-E 虽不能为鸭提供 100% 的免疫保护，但存活率高于对照组，这可能与免疫次数和剂量有关[30]。

亚单位疫苗也是 TMUV 疫苗研究的热点。E 蛋白是 TMUV 的主要抗原蛋白，DTMUV 亚单位疫苗的研究也主要围绕 E 蛋白展开。目前研究已证实，E 蛋白结构域Ⅰ、Ⅱ和Ⅲ均能有效诱导小鼠产生 DTMUV 中和抗体[31,32]。用杆状病毒表达系统表达截短的 E 蛋白，免疫攻毒试验证明截短的 E 蛋白能为鸭提供 100% 的免疫保护[33]。为提高亚单位疫苗的免疫原性，研究人员将原核表达并纯化的 E 蛋白与脂质体混合制备成亚单位疫苗，免疫试验结果表明，该亚单位疫苗能诱导产生更高水平的特异性抗体[34]。研究人员目前还鉴定出了多个 E 蛋白 B 细胞表位，并证实了这些表位具有良好的免疫原性，为表位疫苗的研发提供基础。尽管 DTMUV 亚单位疫苗的研究取得了一定进展，但免疫原性和生产成本依旧制约着 DTMUV 亚单位疫苗的临床使用。

2.4.20.3 疫苗产品

目前，我国用于防治鸭坦布苏病毒病的疫苗主要有灭活疫苗和减毒活疫苗两类。

鸭坦布苏病毒病活疫苗（FX2010-180P 株）

本品所用弱毒株 FX2010-180P 株是由野毒株 FX2010 经 CEF 细胞连续传代 180 代获得。将 FX2010-180P 株接种 CEF 细胞，37℃培养收获培养上清，加入适当佐剂经冷冻真空干燥制备而成本疫苗。本疫苗用于预防鸭坦布苏病毒病，免疫期为 6 个月。—15℃以下保存，有效期为 24 个月。

【主要成分与含量】

疫苗中含鸭坦布苏病毒 FX2010-180P 株，每羽份病毒含量 $\geq 10^{3.5}$ TCID$_{50}$。

【使用说明】

肌内注射。按瓶签注明羽份，用灭菌生理盐水将疫苗稀释成每 0.2mL 含 1 羽份，21 日龄及 21 日龄以上鸭，每羽注射 0.2mL。

【注意事项】

a. 疫苗在运输、保存、使用过程中应防止高温和阳光照射。

b. 疫苗使用前应认真检查，如出现包装瓶有裂纹等均不可使用。

c. 疫苗应在标明的有效期内使用。

d. 使用前将疫苗稀释液注入疫苗瓶中，反复抽吸混匀。

e. 疫苗瓶开封后，室温条件下，应于 8 小时内用完。

f. 剩余的疫苗及用具，应经消毒处理后废弃。

鸭坦布苏病毒病活疫苗（WF100 株）

本品所用弱毒株 WF100 株是由野毒株 WFG36 经 CEF 细胞连续传代 100 代获得。将 WF100 株接种 CEF 细胞，37℃培养收获培养上清，加入适当佐剂经冷冻真空干燥制备成本疫苗。本疫苗用于预防鸭坦布苏病毒病。雏鸭免疫期为 5 个月，产蛋鸭免疫期为 4 个月。－15℃以下保存，有效期为 18 个月。

【主要成分与含量】

主要成分为鸭坦布苏病毒 WF100 株，每羽份疫苗病毒含量 $\geq 10^{4.5}$ TCID$_{50}$。

【使用说明】

肌内注射。按瓶签注明羽份，将疫苗用灭菌生理盐水稀释至每 0.5mL 含 1 羽份，每只 0.5mL。推荐免疫程序为：雏鸭 5～7 日龄初免，初免后 2 周加强免疫一次；产蛋鸭在开产前 1～2 周免疫一次。

【注意事项】

a. 仅用于健康鸭。

b. 疫苗稀释后充分摇匀，接种过程中应随时摇匀。

c. 稀释液温度应控制在室温以下，疫苗稀释后限 1 小时内用完。

d. 注射器具应严格消毒，接种时应做局部消毒处理。

e. 运输时应避光，在冷藏条件下运输。

f. 用过的疫苗瓶、器具和未用完的疫苗等应进行无害化处理。

鸭坦布苏病毒病灭活疫苗（HB 株）

本品系坦布苏病毒 HB 株经甲醛灭活，加入适当保护剂和稳定剂，加矿物油佐剂混合乳化制成。本品用于预防鸭坦布苏病毒病，免疫期为 4 个月。2～8℃保存，有效期为 12 个月。

【主要成分与含量】

主要成分为鸭坦布苏病毒 HB 株，灭活前每 0.1mL 病毒含量 $\geq 10^{6.1}$ ELD$_{50}$。

【使用说明】

颈部皮下或肌内注射接种。1～4 周龄鸭每只肌内注射 0.5mL；4 周龄以上鸭每只肌内注射 1.0mL。首免后 2 周加强免疫 1 次，每只 1.0mL。

【注意事项】

a. 仅用于健康鸭。

b. 严禁冻结或过热，疫苗使用前应先恢复至室温并充分摇匀。

c. 使用前应仔细检查疫苗，如发现包装瓶破裂、无瓶签、疫苗中混有杂质和疫苗破乳等异常现象切勿使用。

d. 一经开启，限当日用完。

e. 注射器具应严格消毒，接种时应做局部消毒处理。

f. 用过的疫苗瓶、器具和未用完的疫苗等应进行无害化处理。

g. 屠宰前28d内禁用。

参考文献

[1] 曹贞贞，张存，黄瑜，等. 鸭出血性卵巢炎的初步研究[J]. 中国兽医杂志，2010，46（12）：3-6.

[2] Platt G S, Way H J, Bowen E T W, et al. Arbovirus infections in Sarawak, October 1968—February 1970 Tembusu and Sindbis virus isolations from mosquitoes[J]. Annals of tropical medicine and parasitology, 1975, 69（1）：65-71.

[3] Kono Y, Tsukamoto K, Abd H M, et al. Encephalitis and retarded growth of chicks caused by Sitiawan virus, a new isolate belonging to the genus Flavivirus[J]. Am J Trop Med Hyg, 2000, 63（1-2）：94-101.

[4] Thontiravong A, Ninvilai P, Tunterak W, et al. Tembusu-related flavivirus in ducks, thailand[J]. Emerging infectious diseases, 2015, 21（12）：2164-2167.

[5] Luo X, Liu Y, Jia R, et al. Ultrastructure of duck Tembusu virus observed by electron microscopy with negative staining[J]. Acta Virol, 2018, 62（3）：330-332.

[6] Yu G, Lin Y, Tang Y, et al. Evolution of tembusu virus in ducks, chickens, geese, sparrows, and mosquitoes in northern China[J]. Viruses, 2018, 10（9）：485.

[7] Tang Y, Diao Y, Chen H, et al. Isolation and genetic characterization of a tembusu virus strain isolated from mosquitoes in Shandong, China[J]. Transbound Emerg Dis, 2015, 62（2）：209-216.

[8] Sun X Y, Diao Y X, Wang J, et al. Tembusu virus infection in Cherry Valley ducks: the effect of age at infection[J]. Vet Microbiol, 2014, 168（1）：16-24.

[9] 林源，刘毅. 鸭坦布苏病毒致病特性及其流行病学[J]. 湖南畜牧兽医，2013（03）：6-7.

[10] Ti J, Zhang L, Li Z, et al. Effect of age and inoculation route on the infection of duck Tembusu virus in Goslings[J]. Vet Microbiol, 2015, 181（3-4）：190-197.

[11] 陶绍起. 种鹅坦布苏病的临床诊断与防治研究[J]. 当代畜牧，2020（02）：6-8.

[12] 刘东，刘红祥，刘秋云，等. 引起肉种鸡产蛋下降的新型坦布苏病毒的分离和鉴定[J]. 中国兽医学报，2021，41（11）：2114-2120.

[13] 刘鑫，刁有祥，陈浩，等. 1株麻雀源坦布苏病毒的分离鉴定及全基因组序列分析[J]. 中国兽医学报，2015，35（02）：201-206.

[14] Ti J, Zhang M, Li Z, et al. Duck tembusu virus exhibits pathogenicity to kunming mice by intracerebral inoculation[J]. Front Microbiol, 2016, 7：190.

[15] Tang Y, Gao X, Diao Y, et al. Tembusu virus in human, China[J]. Transboundary and Emerging Diseases, 2013, 60（3）：193-196.

[16] Tang Y, Diao Y, Chen H, et al. Isolation and genetic characterization of a tembusu virus strain isolated from mosquitoes in Shandong, China[J]. Transbound Emerg Dis, 2015, 62（2）：209-216.

[17] Yan D, Shi Y, Wang H, et al. A single mutation at position 156 in the envelope protein of

tembusu virus is responsible for virus tissue tropism and transmissibility in ducks[J]. J Virol, 2018, 92（17）: 10-1128.

[18] Li G, Gao X, Xiao Y, et al. Development of a live attenuated vaccine candidate against duck Tembusu viral disease[J]. Virology, 2014, 450-451: 233-242.

[19] He D, Zhang X, Chen L, et al. Development of an attenuated live vaccine candidate of duck Tembusu virus strain[J]. Vet Microbiol, 2019, 231: 218-225.

[20] Sun L, Li Y, Zhang Y, et al. Adaptation and attenuation of duck Tembusu virus strain Du/CH/LSD/110128 following serial passage in chicken embryos[J]. Clinical and vaccine immunology, 2014, 21（8）: 1046-1053.

[21] 鲍海忠, 王蕾, 徐龙涛, 等. 一种鸭坦布苏病毒活疫苗及其制备方法: CN103143008A[P]. 2013-06-12.

[22] 高旭元. 鸭坦布苏病毒病灭活疫苗的研制[D]. 晋中: 山西农业大学, 2014.

[23] Ren X, Wang X, Zhang S, et al. pUC18-CpG Is an effective adjuvant for a duck tembusu virus inactivated vaccine[J]. Viruses, 2020, 12（2）: 238.

[24] 张聪, 张巫凡, 周江飞, 等. 重组免疫融合肽 Tα1-BP5 对鸭坦布苏病毒灭活疫苗的免疫增强作用[J]. 中国兽医科学, 2017, 47（08）: 945-950.

[25] Chen H, Yan M, Tang Y, et al. Evaluation of immunogenicity and protective efficacy of a CpG-adjuvanted DNA vaccine against Tembusu virus[J]. Vet Immunol Immunopathol, 2019, 218: 109953.

[26] Huang J, Shen H, Jia R, et al. Oral vaccination with a DNA vaccine encoding capsid protein of duck tembusu virus induces protection immunity[J]. Viruses, 2018, 10（4）: 108.

[27] Sun M, Dong J, Li L, et al. Recombinant Newcastle disease virus（NDV）expressing Duck Tembusu virus（DTMUV）pre-membrane and envelope proteins protects ducks against DTMUV and NDV challenge[J]. Veterinary Microbiology, 2018, 218: 60-69.

[28] Zou Z, Huang K, Wei Y, et al. Construction of a highly efficient CRISPR/Cas9-mediated duck enteritis virus-based vaccine against H5N1 avian influenza virus and duck Tembusu virus infection[J]. Sci Rep, 2017, 7（1）: 1478.

[29] Li L, Zhang Y, Dong J, et al. Development of chimeric virus-like particles containing the Eglycoprotein of duck Tembusu virus[J]. Veterinary Microbiology, 2019, 238: 108425.

[30] Tang J, Yin D, Wang R, et al. A recombinant adenovirus expressing the E protein of duck Tembusu virus induces protective immunity in duck[J]. The Journal of Veterinary Medical Science, 2019, 81（2）: 314-320.

[31] 赵冬敏, 刘宇卓, 黄欣梅, 等. 坦布苏病毒 E 蛋白结构域 I / II 蛋白免疫保护效果[J]. 江苏农业学报, 2017, 33（02）: 379-383.

[32] 余磊, 闫大为, 高旭元, 等. 鸭坦布苏病毒 E 蛋白结构域 III 原核表达产物诱导中和抗体的研究[J]. 中国动物传染病学报, 2014, 22（02）: 1-6.

[33] Li L, Zhang Y, Dong J, et al. The truncated E protein of DTMUV provide protection in young ducks[J]. Veterinary microbiology, 2020, 240: 108508.

[34] Ma T, Liu Y, Cheng J, et al. Liposomes containing recombinant E protein vaccine against duck Tembusu virus in ducks[J]. Vaccine, 2016, 34（19）: 2157-2163.

2.4.21 鸭传染性浆膜炎疫苗

2.4.21.1 鸭传染性浆膜炎简介

鸭疫里默氏杆菌病（Riemerella anatipestifer infection）又称鸭传染性浆膜炎（infectious serositis），鸭疫里默氏杆菌（Riemerella anatipestifer，RA）是引起感染家鸭、鹅、火鸡等多种鸟类的接触性、急性、慢性、败血性疾病[1]重要的细菌性病原之一，主要影响1～8周龄的小鸭。临床症状主要表现为眼和鼻有分泌物、绿色腹泻物、共济失调和抽搐，出现神经症状等；主要引起纤维素性心包炎、肝周炎、气囊炎等。雏鸭感染后发病率和死亡率较高，常出现发育迟缓及大批死亡现象，是威胁养鸭业的主要传染病之一，造成严重的经济损失。

2.4.21.2　鸭传染性浆膜炎研究进展

鸭传染性浆膜炎首次报道于1904年，由Riemer在鹅首次分离，当时被称为鹅渗出性败血症。随后在英国、加拿大、德国、澳大利亚、新加坡、泰国、韩国等地均有报道。1982年，我国郭玉璞首次发现本病，随后，在广东、四川、湖北、福建、浙江等我国主要养鸭地区均有发生。该病常感染雏鸭，也可从鹅、火鸡、鸡、鹌鹑中分离到该病原。鸭疫里默氏杆菌可经呼吸道或皮肤创口感染传播[2]，常造成鸭大量死亡，而部分耐过鸭会出现生长受阻，体重减轻。可通过临床症状、病变和病原的分离鉴定来进行确诊。诊断时应注意与大肠杆菌病、沙门氏菌病和多杀巴氏杆菌病进行区别。

鸭疫里默氏杆菌是革兰氏阴性菌，属黄杆菌科。细菌外层有荚膜，不形成芽孢。临床分离时常采用血液琼脂，在约5%浓度CO_2条件下的37℃培养箱内培养。在鲜血培养基上，菌落透明、有光泽，呈现奶油状。

鸭疫里默氏杆菌的血清型十分复杂，目前已报道25种以上血清型，且血清型之间缺乏交叉保护，给鸭疫里默氏杆菌病的诊治与防控带来了巨大挑战。不同国家和地区，鸭疫里默氏杆菌菌株的流行血清型存在差异，即使同一地区和国家，不同时期的流行菌株的血清型也会发生改变，并存在多个血清型混合感染的情况。在美国、英国、澳大利亚、日本等国家，鸭疫里默氏杆菌血清1型和2型是流行血清型，同时也有血清型3～10、14、15[3,4]流行，新加坡流行血清1、10、15型，泰国以血清1型为主。在我国，鸭疫里默氏杆菌流行血清型也是以1型、2型为主。张大丙[5]对1997～1998年北京、河南、上海分离的276株鸭疫里默氏杆菌进行血清型鉴定，结果为以血清1、2型为主，还发现在一个鸭场中能分离出多种血清型鸭疫里默氏杆菌菌株。程安春[6]对1994～2000年我国29省一千余株鸭疫里默氏杆菌进行血清型调查，发现16个血清型，主要流行血清型为1、2、3、4型。吴彩艳[7]报道2006～2008年血清1型鸭疫里默氏杆菌仍是广东省流行的优势血清型。田令[8]报道2006～2009年，从四川、重庆、云南分离到261株鸭疫里默氏杆菌，主要为血清1、2、4型鸭疫里默氏杆菌菌株；程龙飞[9]对2006～2012年我国主要养鸭省份400余株鸭疫里默氏杆菌进行鉴定，发现流行血清型为1型、2型、11型和17型。2010年吉凤涛[10]在吉林部分地区分离到45株鸭疫里氏杆菌，经血清型鉴定为血清1型18株、2型14株、3型4株、7型3株、未定型6株。2012年张济培等[11]从珠三角及其邻近地区共分离得到100株疑似鸭疫里默氏杆菌菌株，其中鸭源86株、鹅源14株，经血清型鉴定RA1型83株。实际生产中，一个场中可同时存在多种血清型，且其致病血清型可能每年都会有所不同。

2.4.21.3　鸭传染性浆膜炎疫苗研究

鸭疫里默氏杆菌的防治方法主要有接种疫苗、抗生素治疗、微生态制剂和中药等。由于鸭疫里默氏杆菌易对多种药物产生耐药性，临床分离的菌株呈多重耐药现象；随着抗生素的大量使用，耐药性不断增加，且不同地区、不同血清型菌株之间耐药情况差异很大，导致使用药物防治该病效果不显著。抗生素耐药问题还可给食品健康带来隐患，并影响我国禽产品的贸易出口。出于对耐药性以及对食品安全性等问题的考虑，疫苗免疫成为预防和控制疫病发生与传播行之有效的措施。目前常用的鸭疫里默氏杆菌疫苗主要为灭活疫苗、弱毒疫苗、基因工程疫苗等。

（1）灭活疫苗　鸭疫里默氏杆菌灭活疫苗是通过培养基培养细菌，用化学或者物理方法进行灭活，加入适当佐剂制成，经灭活后的细菌丧失繁殖能力，但保留免疫原性。灭活疫苗制作工艺简单，安全性好。目前国内鸭疫里默氏杆菌疫苗主要以灭活疫苗为主，能有效预防鸭疫里默氏杆菌疾病的发生，降低死亡率。市售不同产品间的差别主要为血清型、佐剂和抗原含量不同。RA灭活疫苗对雏鸭具有较好的免疫保护作用，但需要多次加强免疫，才能刺激机体产生较高的抗体水平，且延长免疫持续期。另外，因RA血清型众多，各地鸭场流行的血清型不尽相同，各血清型菌株之间缺乏交叉免疫保护，故疫苗的研制需要广泛的流行病学调查基础，具有一定的局限性。鸭疫里默氏杆菌灭活疫苗研究最早开始于1979年，用研制的血清1、2、5型三价灭活铝胶佐剂疫苗两次免疫北京鸭，保护率达67%～100%，但保护期仅持续两周。而在接种一次三价灭活油乳剂疫苗后，则可提供足够的保护力直到鸭上市[12]。Pathanasophon[13]针对泰国流行血清1型研制的灭活疫苗接种雏鸭后能够为其提供88%～95%的保护率。Stoute和Sandhu[14]研制的RA血清1、2、5型与大肠杆菌O78二联灭活疫苗在2周和3周对北京鸭接种两次后，能够对强毒提供较高的保护力且维持至市场日龄。

单价灭活疫苗因RA血清型众多，各血清型间缺乏交叉保护力。单价疫苗须根据当地的流行血清型和流行菌株针对性地制备疫苗，才能获得良好的免疫保护。高福等制备了1型单价油佐剂灭活疫苗，并进行了实验室和临床试验，试验结果表明，制备的单价灭活疫苗免疫雏鸭，能提供较好的免疫保护，保护率为86.67%～100%。程安春研制的RA血清1型油佐剂灭活疫苗在雏鸭免疫后二周攻毒，保护率可达100%[15]。苏敬良等研制了血清1型鸭传染性浆膜炎油佐剂灭活疫苗，免疫鸭保护率可达90%～100%。嵇辛勤等选用血清2型RA地方优势流行株制备甲醛油乳剂灭活疫苗，免疫麻鸭后免疫保护率达87.5%。杨灵芝等以10型RAGN52株制备油乳剂灭活疫苗免疫3日龄雏鸭，免疫后14d用同源菌株攻击保护率可达100%，至56d免疫保护率仍可达80%。王小兰等用候选的YL4、JY4、CH3、CQ3、YXb12共5株RA菌株分别制备灭活油乳剂疫苗，于5日龄和18日龄分别对樱桃谷鸭进行2次免疫，免疫鸭攻毒后保护效果良好，其中由CH3、CQ3、YXb12制备的灭活油乳剂疫苗免疫后攻毒保护率高达100%。王小兰等[16]分别缺失了血清1型鸭疫菌株的M949_1603、M949_1556基因，制备灭活疫苗，两次免疫后能100%保护雏鸭免于鸭疫里默氏杆菌血清1型、2型和10型菌株的攻击，该缺失株可用作新型交叉保护疫苗候选物以保护鸭免受RA感染。

多价灭活疫苗鸭疫里默氏杆菌血清型众多且交叉保护性弱，因此研制具有交叉保护效果的灭活疫苗具有较大意义。不同地区、不同时期流行的RA血清型不一致，甚至同一鸭场同一批鸭群可能同时存在多个血清型。因此了解流行菌株的血清型，制备包含流行血清型的多价疫苗具有重要意义。程增青等选用血清1、2型RA菌株制备二价灭活疫苗，对5日龄樱桃谷鸭进行安全性和效力试验，结果显示疫苗安全、有效，攻毒保护率可达90%以上。苏敬良等研制了血清1型、2型鸭疫里默氏杆菌二价油佐剂灭活疫苗，颈部皮下免疫7日龄雏鸭，免疫后2周和3周分别用同型RA强毒株攻毒，其保护率可达90%～

100%。KangMin等选用血清1、2型RA制成二价灭活油乳剂疫苗，免疫雏鸭后，对同源RA血清型具有良好保护效果，免疫28d后，气管sIgA水平显著升高，免疫效果良好。程龙飞等选用血清2、11型RA菌株制成二价灭活油乳剂疫苗，经皮下接种7日龄番鸭，免疫14d后攻毒，保护率超过80%，且免疫持续期可达60d。谢永平等研制了血清1、2、3型RA三价油乳剂灭活疫苗，免疫后保护期达50d，可满足肉鸭养殖生产的需要。王小兰等采用血清1、2、10型RA菌株（CH3、NJ-3和HXb2）制备RA三价灭活油乳剂疫苗，1次免疫后雏鸭可产生RA特异性抗体，免疫持续期可达10周以上；免疫10周后攻毒，可获得100%的免疫保护率。程安春等将血清1、2、4、5型RA灭活制成四价铝胶复合佐剂疫苗，免疫雏鸭后可有效抵抗血清1、2、4、5型RA强毒的攻击，免疫后13d，攻毒保护力能够达到80%以上。

当前国内肉鸭养殖散养户使用联合灭活疫苗较多，养殖环境和饲养管理较差很容易继发大肠杆菌感染等。且临床上，鸭大肠杆菌病经常与鸭传染性浆膜炎同时发生且两者从临床症状上不易区分，因此研制鸭疫里默氏杆菌和大肠杆菌二联苗以及多种病原联苗显得尤为重要。李振清等[17]用血清1、10型RA菌株和鸭大肠杆菌优势血清型O78型、O92型菌株作为菌种，制备鸭疫里默氏杆菌-大肠杆菌二联油乳剂灭活疫苗，免疫3日龄肉雏鸭可产生良好的免疫应答，免疫后10d，用同源菌株攻击保护率达70%，免疫后24d至出栏攻击保护率达100%。秦绪伟[18]选用血清1型RA和血清O78型大肠杆菌制备传染性浆膜炎-大肠杆菌病二联灭活疫苗，经性状检验、无菌检验、安全检验、效力检验全部合格，1日龄肉鸭免疫后14d保护率达90%以上，能有效保护低日龄商品肉鸭不受同源毒株的感染，免疫后7周仍有保护力。Sandhu等将O78型大肠杆菌菌株与血清1、2、5型鸭疫里默氏杆菌菌株通过甲醛灭活后，制备了二联灭活疫苗，两次免疫试验鸭后，可获得对同源毒株感染的保护效果，田间试验显示该二联疫苗对鸭传染性浆膜炎要比RA单苗灭活疫苗的保护效果好。刘晓文[19]选用研制出鸭坦布苏病毒-鸭大肠杆菌-RA三联灭活疫苗，通过不同免疫次数试验表明，免疫1次可产生抗体，免疫2次达到较好的保护效果，免疫3次保护率可达到100%，且能有效预防鸭坦布苏病毒、鸭大肠杆菌和RA引起的麻鸭产蛋下降。

在灭活疫苗生产过程中，常需要加入佐剂来增强机体对抗原的免疫应答能力，常用的佐剂主要有油乳剂、铝胶、蜂胶和黄芪多糖等，佐剂对疫苗的保护效果起较大作用。在鸭疫里默氏杆菌灭活疫苗研究中，比较用铝胶、蜂胶、矿物油不同佐剂制备的血清1型RA灭活疫苗的免疫效果，发现油苗的免疫保护效果最好；铝胶复合佐剂比铝胶佐剂的免疫效果更好，能够诱导机体产生高水平的体液免疫和细胞免疫。比较蜂胶佐剂和油佐剂在制备传染性浆膜炎三价灭活疫苗和传染性浆膜炎-大肠杆菌病二联苗中的免疫效果，发现蜂胶佐剂比油佐剂疫苗能更快产生抗体。蜂胶灭活疫苗具有产生诱导免疫保护作用速度快、免疫持续时间长等优点，而油乳剂灭活疫苗虽然免疫持续期较长，但诱导产生保护力的速度较慢。另外，作为免疫增强剂的黄芪多糖和左旋咪唑也可作为佐剂提高疫苗免疫效果。采用左旋噻米唑作为免疫增强剂可改善雏鸭的免疫系统，免疫后Th1型细胞因子（IFN-γ、IL-2）、Th2型细胞因子（IL-4、IL-10）和T淋巴细胞的增殖率均高于正常组。

（2）弱毒疫苗　　弱毒疫苗的抗原是基本无毒的菌株或用人工手段致弱的活病原微生物，可诱导机体迅速产生免疫力，与油乳剂灭活疫苗相比，弱毒疫苗可以减轻疫苗注射造成的应激，减少注射次数，确保胴体品质，相对低成本。但在兽用活疫苗产品中细菌类较少，RA活疫苗报道更少。RA毒株间的交叉保护性差，人工致弱毒株偶尔会出现毒力返强现象，易与野毒株发生重组，操作不当易造成人工散毒等问题，导致 RA 弱毒疫苗的应用受限。国内目前尚无应用弱毒疫苗的报道。2000 年 Higgins 等从分离的血清 1 型 RA 野毒株连续培养 62 代的肉汤和血琼脂平板传代菌株中，筛选出人工弱毒株，以皮下注射、气雾和饮水 3 种途径免疫雏鸭。免疫后分别用 ELISA、淋巴细胞增殖试验（LTT）检测血清抗体水平和细胞免疫应答，结果发现该弱毒菌苗能诱导长时间高水平 RA 特异性抗体产生，且引发较强的细胞免疫应答。高继业等[20] 用分离的 RA 弱毒株进行保护效果评估，发现其能诱导雏鸭产生良好免疫应答，并具有较好的保护效果。Sandhu 等[4] 利用筛选的 RA 血清 1、2、5 型自然弱毒菌株制成三价弱毒疫苗，经饮水或气雾免疫 1 日龄北京鸭 1 次能产生有效保护力，免疫保护期最少至 42 日龄，攻毒和野外感染均可产生较好的免疫保护。Min Kang 等[21] 将筛选的 RA 血清 1 型、2 型弱毒菌株制备为二价弱毒疫苗，对雏鸭进行两次口服免疫接种，免疫后第 21 天用同源菌株攻击，表现出良好的保护力。使用 100 倍高剂量疫苗免疫雏鸭后，鸭未出现任何临床症状、死亡以及组织学病变，且免疫鸭体重与阴性对照组无显著差异，表明该弱毒疫苗的安全性合格。RA 基因缺失株可作为减毒活疫苗候选物。Zhao 等[22] 缺失了 RA-CH-1 中 *B739-2187* 基因后使其毒力显著降低，将其制备为弱毒疫苗，免疫鸭后发现其对野生型 RA 攻击有 100% 的保护效果。Liu 等[23] 发现缺失 RA-CH-1 中与铁相关的 *B739_1343* 基因其毒力减少为原来的 $\frac{1}{104}$，将其制备为弱毒疫苗接种鸭后能够提供 83.33% 的保护率。王小兰等[16] 应用 RAYb2 株 *pncA* 基因缺失株制备血清 2 型弱毒活疫苗免疫 7 日龄樱桃谷鸭，1 次免疫可以获得 80% 的免疫保护率，2 次免疫可以获得 90% 的免疫保护率。

（3）基因工程疫苗 ① 亚单位疫苗 亚单位疫苗主要是通过提取或者基因工程方法筛选出 RA 病原体中引发机体免疫应答的主要成分（保护性蛋白和表位）制备的疫苗。亚单位疫苗不含核酸物质，因此与弱毒疫苗相比安全性较高。亚单位疫苗可减轻常规全菌体疫苗存在的免疫副反应问题，利于进行精确免疫及多种病原体的联合免疫，且能开发出具有交叉保护性的疫苗。但疫苗本身免疫原性相对较差，需高效的佐剂辅助才能更好地发挥效果，且成本较高，限制了其应用。RA 的亚单位成分主要有外膜蛋白、荚膜等。外膜蛋白 A 存在于鸭疫里默氏菌所有血清型菌株中，且具有较强的保守性和抗原性。研究发现，仅 OmpA 单独作为抗原不能引起较强的免疫反应性，但 OmpA 蛋白加佐剂制备的亚单位疫苗能刺激机体产生较高的体液免疫和细胞免疫。程安春等提取血清 2 型 RA 的 OmpA 加入佐剂免疫，雏鸭可获得较高的保护。含重组 RA 外膜蛋白 A 和 CpG 寡脱氧核苷酸（ODN）佐剂的亚单位疫苗[24]，也能刺激鸭机体产生高水平的抗体滴度，且促进 Th1 型（IFN-γ 和 IL-12）和 Th2 型（IL-6）细胞的分泌。在攻毒保护试验中，亚单位疫苗组鸭病理学评分相比于对照组降低了 90%。荚膜位于细菌最外表面，是覆盖细菌的多糖。研究发现，将血清 1 型 RA 荚膜粗提物和经苯酚抽提纯化后的荚膜分别制备疫苗，经二次免疫 7 日龄北京鸭后，对同源菌的攻毒保护率分别为 90% 和 70%，且前者抗体水平下降速度慢于后者。齐冬梅等制成血清 1 型 RA 荚膜油乳佐剂疫苗，免疫雏鸭后，对同源菌株的攻击保护率可达 90%，并且比较了不同佐剂制备荚膜疫苗的免疫效果，发现荚膜油乳剂苗的保护效果最佳，其次为油乳剂灭活苗、蜂胶灭活苗、无佐剂灭活苗。细菌菌蜕是完整细菌空壳，具有完整的膜抗原结构，可同时诱导机体产生体液免疫和细胞免疫。董洪亮等制备 RACH3 菌蜕疫苗对樱桃谷鸭免疫有很好的保护效果，能有效抵抗同型 RA 侵害。

利用新鉴定的免疫原性蛋白研制基因工程亚单位疫苗的报道也较多。据报道，用蛋白组学方法筛选出具有交叉保护性的蛋白抗原，制备成疫苗能对血清 1 型和血清 2 型菌株的攻击提供 60%、50% 的保护率。利用 RA 血清 1、2 和 10 型交叉免疫原 TbdR1 蛋白研制的疫苗能对雏鸭具有一定的保护力。2002 年 Huang 等发现 16 个血清型 RA 菌株均含编码表面蛋白 P45 的 DNA 序列，将血清 15 型 RA 的 OmpA 蛋白、19 型 RAP45 蛋白与谷胱甘肽转移酶（GST）分别共表达为融合蛋白 GST-OmpA 和 GST-P45N′，纯化后分别免疫雏鸭。结果发现两种重组融合蛋白均能诱导免疫鸭产生保护力，但攻毒保护效果不理想。2012 年 Han 等通过免疫蛋白组学方法从 RA 外膜蛋白中鉴定出具有免疫原性的伴侣蛋白 GroEL，*GroEL* 编码基因在 RA 中高度保守。将纯化的 GroEL 制备疫苗免疫雏鸭，免疫鸭对血清 1、2、10 型 RA 强毒攻击可分别产生 50%、37.5% 和 37.5% 的保护率。2012 年 QinghaiHu 等对血清 2 型 RATh4 的全菌蛋白进行免疫蛋白组学研究，鉴定出 OmpA、GroEL 等 34 个免疫原性蛋白，并发现 TonB 依赖性的外膜受体具有血清 1、2、10 型 RA 的交叉保护性。

② 核酸疫苗　目前对鸭传染性浆膜炎的核酸疫苗研究的报道相对较少。2002 年黄国安以血清 2 型 RA 毒力蛋白相关基因 *VapD1* 为抗原基因构建了 DNA 疫苗，经肌内注射免疫雏鸭后，能抵抗同型 RA 强毒株的攻击，但免疫保护效果不及 *VapD1* 编码的蛋白质亚单位疫苗。成功构建了真核重组质粒 pcDNA3.1（+）-dIL-2-OmpA 和 pcDNA3.1（+）-OmpA，免疫雏鸭后能刺激鸭体产生 RA 特异性抗体，对血清 1、2 型 RA 均有一定的交叉免疫保护作用；pcDNA3.1（+）-dIL-2-OmpA 免疫鸭后诱导产生的抗体水平和提供的免疫保护效率要高于 pcDNA3.1（+）-OmpA 免疫组鸭。随着对 RA 基因组的不断深入研究，将会有更多的抗原基因用作 DNA 疫苗。

2.4.21.4　疫苗产品

鸭传染性浆膜炎灭活疫苗

用于预防血清 I 型鸭疫里默氏杆菌引起的鸭传染性浆膜炎。免疫期为 3 个月。

【主要成分与含量】疫苗中含血清 I 型鸭疫里默氏杆菌（RA-CH-I），每毫升疫苗含灭活菌数不少于 1.0×10^{10} CFU。

【使用说明】

颈部皮下注射。3~7 日龄鸭，每只 0.25mL；8~30 日龄鸭，每只 0.5mL。

【注意事项】

a. 仅用于接种健康鸭。

b. 疫苗使用前应认真检查，如出现破乳、变色、瓶有裂纹等均不可使用。

c. 疫苗应在标明的有效期内使用。使用前必须摇匀，疫苗一旦开启应当时用完。

d. 切忌冻结和高温。

e. 本疫苗在疫区或非疫区均可使用，不受季节限制。

f. 注射疫苗用的器具应消毒处理。

鸭传染性浆膜炎二价灭活疫苗（1 型 RAf63 株 + 2 型 RAf34 株）

用于预防由血清 1 型和 2 型鸭疫里默氏杆菌引起的鸭传染性浆膜炎，免疫期为 2 个月。

【主要成分与含量】疫苗中含有灭活的鸭疫里默氏杆菌 1 型 RAf63 株和 2 型 RAf34 株，各菌株含量均 $\geqslant 1.4 \times 10^{10}$ CFU/mL。

【使用说明】

颈部背侧皮下注射。5～10日龄健康雏鸭，每羽0.3mL。

【注意事项】

a. 严防冻结与高温。

b. 免疫时，应采用常规无菌操作。

c. 仅用于健康雏鸭的免疫预防。

d. 使用前应认真检查疫苗，如发现破损、异物、破乳等异常现象切勿使用。

e. 使用前应将疫苗恢复至室温，并将疫苗充分摇匀，瓶口开封后限当日用完。

鸭传染性浆膜炎三价灭活疫苗（1型YBRA01株 + 2型YBRA02株+4型YBRA04株）

用于预防由血清1型、血清2型和血清4型鸭疫里默氏杆菌引起的鸭传染性浆膜炎。

【主要成分与含量】疫苗中含有灭活的鸭疫里默氏杆菌血清1型YBRA01株、血清2型YBRA02株、血清4型YBRA04株。灭活前每毫升疫苗中各菌株的细菌含量均不少于1.0×10^{10}CFU。

【使用说明】

颈部皮下注射。3～7日龄鸭，每只0.3mL，免疫期为4个月；8日龄及以上鸭，每只0.5mL，免疫期为6个月。

【注意事项】

a. 本疫苗只适用于健康鸭群。

b. 使用前预温至25℃左右，并充分摇匀。

c. 严禁冻结，分层、变色、变质应废弃，疫苗开启后限当日使用。

d. 注射器械应无菌，注射部位应消毒。

e. 出栏前14d内禁止使用。

f. 用过的疫苗瓶、器具和未用完的疫苗等应进行无害化处理。

g. 本疫苗只对由血清1型、血清2型和血清4型鸭疫里默氏杆菌引起的鸭传染性浆膜炎有预防作用，注射疫苗时要注意其它传染病的预防。

鸭传染性浆膜炎、大肠杆菌病二联蜂胶灭活疫苗（WF株+BZ株）

用于预防由血清1型鸭疫里默氏杆菌引起的鸭传染性浆膜炎和O78血清型大肠杆菌引起的鸭大肠杆菌病，免疫期为3个月。

【主要成分与含量】疫苗中含鸭疫里默氏杆菌WF株和鸭大肠杆菌BZ株，每毫升疫苗中含灭活的鸭大肠杆菌菌数≥3.4×10^9CFU，鸭疫里默氏杆菌数≥1.0×10^{10}CFU。

【使用说明】

颈部皮下注射。3～10日龄鸭注射0.3mL。

【注意事项】

a. 仅用于接种健康鸭。

b. 疫苗使用前应认真检查，如出现破乳、变色、塑料瓶有裂纹渗漏等均不可使用。

c. 疫苗应在标明的有效期内使用。使用前须摇匀，疫苗一旦开启应当时用完。

d. 切忌冻结和高温。

e. 本疫苗在疫区或非疫区均可使用，不受季节限制。

f. 注射疫苗后的用具等消毒处理。

参考文献

[1] Sarver C F, Morishita T Y, Nersessian B. The effect of route of inoculation and challenge dosage on Riemerella anatipestifer infection in Pekin ducks (Anas platyrhynchos) [J]. Avian Dis, 2005, 49（1）: 104-107.

[2] Layton H W, Sandhu T S. Protection of ducklings with a broth-grown Pasteurella anatipestifer acterin [J]. Avian diseases, 1984, 28（3）: 718-726.

[3] Loh H, Teo T P, Tan H C. Serotypes of 'Pasteurella' anatipestifer isolates from ducks in Singapore: a proposal of new serotypes [J]. Avian pathology : journal of the WVPA, 1992, 21（3）: 453-459.

[4] Sandhu T S, Leister M L. Serotypes of 'Pasteurella' anatipestifer isolates from poultry in different countries [J]. Avian pathology : journal of the WVPA, 1991, 20（2）: 233-239.

[5] 张大丙, 郭玉璞. 我国鸭疫里氏杆菌血清型的鉴定[J]. 畜牧兽医学报, 1999（06）: 536-542.

[6] 程安春, 汪铭书, 陈孝跃, 等. 我国鸭疫里默氏杆菌血清型调查及新血清型的发现和病原特性[J]. 中国兽医学报, 2003（04）: 320-323.

[7] 吴彩艳, 覃宗华, 袁建丰, 等. 广东地区鸭疫里氏杆菌的血清型及抗药性情况调查[J]. 畜牧与兽医, 2009, 41（05）: 22-25.

[8] 田令, 岳华, 汤承. 西南地区鸭疫里默氏菌血清型调查和三价灭活油乳剂疫苗的研制[J]. 四川畜牧兽医, 2010, 37（03）: 22-23.

[9] 程龙飞, 陈红梅, 施少华, 等. 鸭疫里默氏菌的血清型及药物敏感性分析[J]. 中国动物传染病学报, 2013（04）: 23-28.

[10] 吉凤涛, 吕雪峰, 任锐, 等. 吉林省鸭疫里默氏杆菌血清型鉴定及防制[J]. 吉林畜牧兽医, 2010, 31（03）: 28-30.

[11] 张济培, 张小峰, 陈建红, 等. 珠三角及邻地鸭疫里默氏杆菌主要生物学特性的研究[J]. 中国预防兽医学报, 2012, 34（02）: 100-103.

[12] 陈国权, 丁尊俄, 刘丽娟, 等. 鸭疫里默氏杆菌疫苗研究进展[J]. 贵州畜牧兽医, 2019, 43（03）: 10-15.

[13] Pathanasophon P, Sawada T, Pramoolsinsap T, et al. Immunogenicity of Riemerella anatipestifer broth culture bacterin and cell-free culture filtrate in ducks [J]. Avian pathology : journal of the WVPA, 1996, 25（4）: 705-719.

[14] Stoute S T, Sandhu T S, Pitesky M E. Evaluation of protection induced by Riemerella anatipestifer-E. coli O78 bacterin in white pekin ducks [J]. J Appl Poultry Res, 2016, 25（2）: 232-238.

[15] 程安春, 汪铭书, 郭宇飞, 等. 鸭传染性浆膜炎油佐剂灭活疫苗的研究[J]. 中国家禽, 2005（13）: 8-11.

[16] 王小兰. 鸭疫里默氏杆菌烟酰胺酶基因的鉴定及功能研究[D]. 北京: 中国农业科学院, 2018.

[17] 李振清. 鸭疫里默氏杆菌、大肠杆菌二联自场疫苗的研制[J]. 中国畜牧兽医, 2012, 39（12）: 180-182.

[18] 秦绪伟. 鸭传染性浆膜炎、大肠杆菌病二联灭活疫苗的研制[D]. 泰安: 山东农业大学, 2018.

[19] 刘晓文. 鸭坦布苏病毒、鸭源大肠杆菌和鸭疫里默氏杆菌三联苗的研制[D]. 武汉: 华中农业大学, 2016.

[20] 高继业, 唐妤, 赵洁, 等. 一株鸭疫里默氏杆菌自然弱毒株的分离鉴定[J]. 中国畜牧兽医, 2010, 37（06）: 141-144.

[21] Kang M, Seo H S, Soh S H, et al. Immunogenicity and safety of a live Riemerella anatipestifer vaccine and the contribution of Ig A to protective efficacy in Pekin ducks [J]. Veterinary microbiology, 2018, 222: 132-138.

[22] Zhao X, Liu Q, Zhang J, et al. Identification of a gene in Riemerella anatipestifer CH-1

（B739-2187）that contributes to resistance to polymyxin B and evaluation of its mutant as a live attenuated vaccine [J]. Microbial pathogenesis, 2016, 91: 99-106.

[23] Liu M, Huang M, Shui Y, et al. Roles of B739_1343 in iron acquisition and pathogenesis in Riemerella anatipestifer CH-1 and evaluation of the RA-CH-1Delta B739_1343 mutant as an attenuated vaccine [J]. PloS one, 2018, 13（5）: e0197310.

[24] Chu C Y, Liu C H, Liou J J, et al. Development of a subunit vaccine containing recombinant Riemerella anatipestifer outer membrane protein A and CpG ODN adjuvant [J]. Vaccine, 2015, 33（1）: 92-99.

2.4.22　禽腺病毒疫苗

2.4.22.1　概述

禽腺病毒是全球家禽和野禽常见的传染病病原。禽腺病毒分为Ⅰ亚群、Ⅱ亚群、Ⅲ亚群三个亚群。Ⅰ亚群禽腺病毒有 A～E 共 5 个种，共 12 个血清型（1～78a、8b、9～11）。血清 1 型禽腺病毒属于 A 种；血清 5 型属于 B 种；血清 4 型和血清 10 型属于 C 种；血清 2 型、血清 3 型、血清 9 型和血清 11 型属于 D 种；血清 6 型、血清 7 型、血清 8a 型和血清 8b 型属于 E 种。

安卡拉病于 1987 年在巴基斯坦安卡拉地区首次爆发，因此叫安卡拉病。该病由血清 4 型禽腺病毒（fowl adenovirus serotype 4，FAdV-4）引起，病例表现出肝炎和心包积液症状，因此该病又叫肝炎-心包积液综合征（hepatitis-hydropericardium syndrome，HHS），也叫心包积液综合征（hydropericardium syndrome，HPS）。本病主要发生于 3～6 周龄鸡，潜伏期短，发病快，呈急性死亡，死亡率高达 80%[1]。该病在世界多个国家和地区均有报道，给养禽业造成巨大经济损失。

（1）FAdV-4 病原学特征　血清 4 型禽腺病毒是无囊膜双链 DNA 病毒，基因组 43～45kb。衣壳呈规则的二十面体对称，直径 70～90nm。透射电镜可以观察到肝细胞的核内包涵体内有直径 70～90nm 的病毒粒子。病毒粒子呈二十面体对称，其衣壳由 252 个衣壳粒组成，包含 240 个六邻体（hexon），12 个顶点的五邻体（penton），每个五邻体上还伸出一个三聚体纤突蛋白（fiber）。

纤突由尾部（tail）、轴部（shaft）和突起（knob）三个部分组成。纤突蛋白与病毒识别和结合细胞受体有关。哺乳动物腺病毒每个五邻体上有一个纤突蛋白，而禽腺病毒 C 每个五邻体上都结合有两个长度不同的纤突蛋白（fiber1 和 fiber2）。病毒与宿主细胞首先通过纤突与细胞表面受体结合。有研究表明，血清 4 型禽腺病毒的 fiber-2 与病毒的致病性相关。此外，纤突蛋白具有良好的免疫原性，可制备亚单位疫苗对血清 4 型禽腺病毒强毒攻毒提供保护。

五邻体是由五邻体基体（penton base）的五聚体构成，位于病毒粒子二十面体的顶点。五邻体基体蛋白含有约 471 个氨基酸。五邻体与相邻的壳粒、六邻体及纤维蛋白等都有接触，对维持病毒衣壳的稳定起到很大作用。在病毒感染细胞的过程中，腺病毒五邻体与细胞表面的整合素结合，促进整合素介导的细胞内吞作用。此外，有研究者使用大肠杆菌原核表达系统表达 FAdV-4 五邻体，蛋白纯化后免疫 14 日龄雏鸡，攻毒结果显示免疫五邻体蛋白能提供 90% 保护，表明 FAdV-4 五邻体具有良好的免疫原性。

六邻体是腺病毒衣壳的主要结构蛋白，其有一段区域与病毒中和和血清型特异性有关[2]。六邻体是由其单体的同源三聚体构成。尽管叫六邻体，但实际上每个六邻体单体由两个相似的部分组成，其三聚体有类似于六边形的结构，因此被称为六邻体。六邻体被分为四种类型，即 H1、H2、H3、H4。六邻体有多达 9 个高变区位于其分子顶端。高变区代表六邻体型特异性抗原，这些高变区中至少有一个与病毒中和相关。血清 4 型禽腺病毒的 hexon 也与病毒的致病性相关[3]。

鸡胚原代肾细胞和鸡胚原代肝细胞可用来增殖 FAdV-4[4]。病变细胞变圆肿胀，3～4d 细胞开始脱落，并且开始出现嗜碱性细胞内包涵体。病毒可以在鸡胚上增殖，接种病毒的鸡胚胚体出现发育迟缓、出血和 100％死亡[5]。病毒也可以在 LMH 细胞上分离、增殖，病变细胞变圆、肿胀，最终崩解。在 CEL 细胞培养物中可以分离出细胞，经腺病毒 12 种标准血清鉴定分型为血清 4 型禽腺病毒。FAdV-4 与其它腺病毒不同，对热具有抵抗力，60℃加热 30 分钟、50℃加热 1 小时仍具有活力。同时可以耐受 pH3～10。病毒可被5％或 10％氯仿灭活。

（2）流行病学特点　自 2015 年起，该病在中国河南、河北、湖北、安徽、山东、江苏、辽宁、吉林、黑龙江、新疆等地快速流行，给我国家禽养殖业造成巨大危害。本病主要发生于肉鸡、麻鸡，也可见于肉种鸡和蛋鸡，其中以 3～6 周易感，也有周龄更大的鸡发生感染报道[6]，其它禽类如鹌鹑、鸽子和野生黑鸢感染的案例均有报道。该病主要发生在炎热潮湿的季节，其他季节也有零星散发。FAdV-4 可以通过粪-口途径在不同肉鸡群或者不同场间水平传播，也可垂直传播。可通过给易感鸡皮下接种感染鸡的肝脏匀浆液复制出病例。自然感染条件下，不存在感染 FAdV-4 后带毒但不发病的情况，这也是持续感染和排毒的原因。

（3）临床症状及病理变化　FAdV-4 感染鸡临床症状为无精打采、采食下降、被毛蓬乱、蜷缩一团，排泄物呈黄色黏液状。感染的鸡群体重下降。感染死亡鸡解剖，最主要的大体病变是心包积液和肝炎，即心包出现澄清或者淡黄色、水状或者胶冻状液体，液体呈中性，体积少约 3mL，多可达 20mL，心脏呈松弛状漂浮在心包中。肝脏变色肿胀，有多个坏死灶。一些鸡感染 FAdV-4 还会出现法氏囊肿胀、肠血管瘀血。

FAdV-4 具高度传染性，感染后通常会在不同鸡群和不通鸡场间快速传播。该病毒对肝细胞、内皮细胞和淋巴细胞具有嗜性。自然感染和实验室感染均发现全身单核巨噬细胞增生和红细胞的显著死亡，特别是肾脏和肺脏的红细胞死亡。自然感染和实验感染的肉鸡都出现了核内包涵体。1 日龄雏鸡接种后肝细胞出现很多核内包涵体，表明 FAdV-4 比其它血清型腺病毒毒株更易感染肝脏。皮下接种 FAdV-4，12～48h 可在法氏囊、胸腺检测到病毒抗原，并且感染腺病毒的鸡表现出免疫抑制[7]。鸡感染 FAdV-4 后出现广泛出血和肾病[8]。

2.4.22.2　疫苗研究进展

目前针对 HHS 的疫苗免疫主要是使用灭活疫苗，灭活疫苗来自肝脏组织匀浆液灭活或者细胞增殖病毒灭活。世界上一些国家如巴基斯坦、墨西哥、秘鲁、印度等，均早已有商品化的 FAdV-4 灭活疫苗，而我国 2021 年才有商品化的灭活疫苗。国内多个高等院校、科研院所、疫苗生产企业等都相继开始研究、开发腺病毒疫苗。现阶段 HHS 的疫苗研究主要集中在灭活疫苗、减毒活疫苗、亚单位疫苗和活载体疫苗。

（1）**单价油乳佐剂灭活疫苗**　控制 FAdV-4 常用的方法是免疫灭活疫苗，灭活疫苗通常由感染鸡的肝脏匀浆液或病毒的细胞培养物经 0.1% 福尔马林灭活 24 小时。有研究报道三周龄鸡免疫 0.5mL 疫苗（$10^{5.5}$ TCID$_{50}$/0.1mL），免疫后分别在 1 周、2 周、3 周、4 周、6 周攻毒，保护率均为 100%[9,10]。由于该病毒能够在鸡胚或者鸡胚肝细胞（chick embryo liver cell，CEL）增殖，也有研究者用 SPF 鸡胚或者肝细胞生产该灭活疫苗[10]。Kim 等报道，由鸡胚肝细胞增殖的 FAdV-4 油佐剂灭活疫苗免疫 2 周龄 SPF 鸡可以不同程度抵御 5 种不同血清型 FAdV（FAdV-4、FAdV-5、FAdV-8a、FAdV-8b、FAdV-11）攻毒；而 17 周龄的种鸡免疫该灭活疫苗，五种不同血清型 FAdV 攻毒其子代鸡也可以被保护[11]。该研究证实细胞增殖的灭活疫苗对不同血清型的禽腺病毒具有保护作用。另有研究报道一株自然缺失了 ORF19 和 ORF27 的 FAdV-4 强毒株，用 CEL 增殖的灭活疫苗免疫 21 日龄鸡，免疫一次和免疫两次均能完全抵御强毒攻毒[12]。许多研究证实了免疫 FAdV-4 灭活疫苗的鸡对强毒攻毒有保护作用，但是由于灭活病毒的来源不同，其病毒滴度及免疫原性也不同，因此免疫之后保护效果也各有差异。

截至目前，我国还没有针对 FAdV-4 的商品化单价疫苗。

（2）**多联灭活疫苗**　血清 4 型禽腺病毒也常与其它禽病毒病一起制备多联灭活疫苗，如鸡新城疫病毒、禽流感病毒（H9 亚型）、传染性法氏囊病毒、传染性支气管炎病毒等。目前国内研究比较多的是鸡新城疫、禽流感（H9 亚型）、禽腺病毒（Ⅰ群，4 型）三联灭活疫苗（新流腺）；鸡新城疫、禽流感（H9 亚型）、传染性法氏囊、禽腺病毒（Ⅰ群，4 型）四联灭活疫苗（新流法腺）；鸡新城疫、传染性支气管炎、禽流感（H9 亚型）、传染性法氏囊、禽腺病毒（Ⅰ群，4 型）五联灭活疫苗。

（3）**减毒活疫苗**　近年来，研究报道减毒活疫苗可以抵御 FAdV-4 攻击[13,14]。此类减毒疫苗的病毒通过鸡胚或者细胞连续传代致弱。Mansoor 等研发了一种鸡胚传代致弱的 FAdV-4 弱毒疫苗，该疫苗在鸡胚上连续传代 12 次使得病毒完全致弱[15]。动物实验显示，用第 16 代致弱疫苗或者商品化的肝脏匀浆灭活疫苗免疫无 FAdV-4 母源抗体的 14 日龄肉鸡，两种弱疫苗的攻毒保护率分别为 95% 和 55%。并且该减毒活疫苗免疫后能刺激机体产生更高水平的抗体，是能够有效防控 FAdV-4 的候选疫苗。另一种减毒活疫苗是通过在成纤维细胞系 QT35 细胞上传代致弱产生，免疫该疫苗不能产生中和抗体，但是与未免疫组相比，它能够刺激机体更快地产生抗体，并且提供完全保护[13]。临床分离的自然弱毒株也能够被用作活疫苗。有研究报道一株分离自加拿大的弱毒株 FAdV-4ON1 经口服和肌内注射 SPF 鸡均不致病，并且能够刺激机体产生较高水平的中和抗体，增加机体肝脏 IFN-γ 和 IL-10 的 mRNA 表达水平，降低脾脏的 IFN-γ 和 IL-18 的 mRNA 表达水平[16]。

（4）**亚单位疫苗**　目前有多种禽病毒的相关免疫原性蛋白制备的亚单位疫苗，其它禽腺病毒的亚单位疫苗，如禽减蛋综合征病毒的 fiber[17] 或者 fiber knob 蛋白[18]、火鸡出血性肠炎病毒 fiber knob 蛋白制备的亚单位疫苗[19] 均有良好的免疫原性。血清 4 型禽腺病毒的几个结构蛋白和非结构蛋白被用来制备亚单位疫苗。Schachner 等报道用杆状病毒真核表达系统表达 FAdV-4 的结构蛋白 fiber-1、fiber-2 和 hexon loop-1，免疫鸡之后禽腺病毒强毒攻毒，分别提供 96.4%、62% 和 27% 的保护率（攻毒对照组 22% 存活）；实验结果显示 fiber-2 虽然能够提供良好的保护，但是并不能阻止攻毒之后泄殖腔排毒[20]。Shah 等使用大肠杆菌原核表达系统表达 FAdV-4 的 penton 蛋白

（25μg/羽）和商品化灭活疫苗分别免疫 4 周龄鸡，4 周后腺病毒攻毒试验显示 90％的 penton 蛋白免疫组的鸡存活，而免疫商品化灭活疫苗的组有 60％的鸡存活，攻毒对照组仅有 10％的鸡存活；同时免疫 penton 蛋白可以刺激机体产生针对 penton 蛋白的抗体。以上研究表明 FAdV-4 的 fiber-2 蛋白和 penton 蛋白均具有良好的免疫原性，是防控 FAdV-4 良好的候选疫苗。

（5）重组活载体疫苗 由于血清 4 型禽腺病毒的纤突蛋白、五邻体被证实有良好的免疫原性。有研究者用病毒活载体表达这些免疫原性基因，获得了保护效果良好的血清 4 型禽腺病毒重组活载体疫苗。Tian 等用新城疫病毒载体表达血清 4 型禽腺病毒的 fiber-2（rLaSota-fiber2），与 FAdV-4 灭活疫苗相比，rLaSota-fiber2 活疫苗单剂量肌内接种，对 FAdV-4 强毒株的攻毒提供完全保护，并显著减少了粪便排毒[21]。张俊勤以火鸡疱疹病毒疫苗株 HVT-FC126 株作为载体表达 penton 蛋白（rHVT-penton），动物实验结果显示，每羽免疫 10^4 PFU 和 10^5 PFU 剂量的重组病毒对 FAdV-4 强毒攻毒的保护率为 40％和 60％[22]。基因工程二价活载体的成功构建，为 FAdV-4 新型基因工程疫苗提供新思路，对防控安卡拉病具有重要意义。

2.4.22.3　疫苗产品

以青岛易邦生物工程有限公司生产的三联灭活疫苗兽药产品为例说明（批准文号：兽药生字 150132351）。

通用名称：鸡新城疫、禽流感（H9 亚型）、禽腺病毒病（Ⅰ群 4 型）三联灭活疫苗（La Sota 株＋YBF13 株＋YBAV-4 株）。

商品名称：无

英文名称：combined newcastle disease，avian influenza（subtype H9）and fowl adenovirus disease（group Ⅰ serotype 4）vaccine，inactivated（strain La Sota＋strain YBF13＋strain YBAV-4）

【主要成分与含量】本品含灭活的鸡新城疫病毒 La Sota 株、禽流感病毒 H9 亚型 YBF13 株和Ⅰ群 4 型禽腺病毒 YBAV-4 株。灭活前病毒含量：鸡新城疫病毒 La Sota 株不低于 $10^{9.0}$ EID$_{50}$/0.1mL，H9 亚型禽流感病毒 YBF13 株不低于 $10^{9.0}$ EID$_{50}$/0.1mL，Ⅰ群 4 型禽腺病毒 YBAV-4 株不低于 $10^{7.3}$ TCID$_{50}$/0.1mL。

【性状】乳白色均匀乳剂。

【作用与用途】用于预防鸡新城疫、H9 亚型禽流感和Ⅰ群 4 型禽腺病毒病。接种后 21d 产生免疫力。

【用法与用量】颈部皮下或肌内注射。3 周龄及以内鸡，每只 0.3mL，免疫期为 4 个月；3 周龄以上鸡，每只 0.5mL，免疫期为 6 个月。

【不良反应】一般无明显的不良反应。

【注意事项】

a. 仅限于接种健康鸡。

b. 使用前，应仔细检查疫苗，如出现变色、破乳、破漏、混有异物等均不得使用。

c. 使用前，应将疫苗恢复至室温，并充分摇匀。

d. 接种器具应无菌，注射部位应消毒。

e. 疫苗开启后，限当日用完。

f. 疫苗运输和使用过程中切勿冻结和高温。

g. 用过的疫苗瓶、器具和未用完的疫苗等应进行无害化处理。

h. 屠宰前 28d 内禁止使用。

【贮藏与有效期】2～8℃保存，有效期为 24 个月。

参考文献

[1] Shane S M. Hydropericardium-Hepatitis Syndrome the current world situation[J]. Zootecnica International, 1996, 19: 20-27.

[2] Zhang Y. Fiber2 and hexon genes are closely associated with the virulence of the emerging and highly pathogenic fowl adenovirus 4[J]. Emerg Microbes Infect, 2018, 7（1）: 199.

[3] Toogood C I, Crompton J, Hay R T. Antipeptide antisera define neutralizing epitopes on the adenovirus hexon[J]. Journal of General Virology, 1992, 73（6）: 1429-1435.

[4] Kumar R, Chandra R. Studies on structural and immunogenic polypeptides of hydroperi cardium syndrome virus by SDS-PAGE and western blotting[J]. Comparative Immunology, Microbiology and Infectious Diseases, 2004, 27（3）: 155-161.

[5] Schonewille E. Fowl adenovirus （FAdV） serotype 4 causes depletion of B and T cells in lymphoid organs in specific pathogen-free chickens following experimental infection[J]. Veterinary Immunology and Immunopathology, 2008, 121（1）: 130-139.

[6] Asrani R K. Hydropericardium-hepatopathy syndrome in Asian poultry[J]. Veterinary Record, 1997, 141（11）: 271-273.

[7] Naeem K. Immunosuppressive potential and pathogenicity of an avian adenovirus isolate in-volved in hydropericardium syndrome in broilers[J]. Avian Diseases, 1995: 723-728.

[8] Abdul-Aziz T, Hasan S. Hydropericardium syndrome in broiler chickens: its contagious na-ture and pathology[J]. Research in Veterinary Science, 1995, 59（3）: 219-221.

[9] Kataria J. Efficacy of an inactivated oil emulsified vaccine against inclusion body hepatitis-hy-dropericardium syndrome （litchi disease） in chicken prepared from cell culture propagated fowl adenovirus[J]. Indian Journal Of Comparative Microbiology Immunology And In Fectious Disea-ses, 1997, 18: 38-42.

[10] Balamurugan V, Kataria J. The hydropericardium syndrome in poultry-a current scenario[J]. Veterinary Research Communications, 2004, 28（2）: 127-148.

[11] Kim M S. An inactivated oil-emulsion fowl Adenovirus serotype 4 vaccine provides broad cross-protection against various serotypes of fowl Adenovirus[J]. Vaccine, 2014, 32（28）: 3564-3568.

[12] Pan Q, Yang Y, Gao Y, An inactivated novel genotype fowl adenovirus 4 protects chick-ens against the hydropericardium syndrome that recently emerged in China[J]. Viruses, 2017, 9（8）: 216.

[13] Schonewille E. Specific-pathogen-free chickens vaccinated with a live FAdV-4 vaccine are fully protected against a severe challenge even in the absence of neutralizing antibodies[J].Avian Diseases, 2010, 54（2）: 905-910.

[14] Ahmad M D. Comparative pathogenicity of liver homogenate and cell culture propagated hy-dropericardium syndrome virus in broiler birds[J]. Pakistan Veterinary Journal, 2011, 31（4）: 321-326.

[15] Mansoor M K. Preparation and evaluation of chicken embryo-adapted fowl adenovirus sero-type 4 vaccine in broiler chickens[J]. Tropical Animal Health & Production, 2011, 43（2）: 331-338.

[16] Grgić H. Pathogenicity and cytokine gene expression pattern of a serotype 4 fowl adenovi-rus isolate[J]. Plos One,2013,8（10）:e77601.

[17] Fingerut E. A subunit vaccine against the adenovirus egg-drop syndrome using part of its fiber protein[J]. Vaccine,2003,21(21-22):2761-2766.

[18] Harakuni T. Fiber knob domain lacking the shaft sequence but fused to a coiled coil is a candidate subunit vaccine against egg-drop syndrome[J]. Vaccine,2016,34(27):3184-3190.

[19] Pitcovski J. A subunit vaccine against hemorrhagic enteritis adenovirus[J]. Vaccine,2005,23(38):4697-4702.

[20] Schachner A. Recombinant FAdV-4 fiber-2 protein protects chickens against hepatitis-hydropericardium syndrome (HHS)[J]. Vaccine,2014,32(9):1086-1092.

[21] Tian K Y. Protection of chickens against hepatitis-hydropericardium syndrome and Newcastle disease with a recombinant Newcastle disease virus vaccine expressing the fowl adenovirus serotype 4 fiber-2 protein[J]. Vaccine,2020,38(8):1989-1997.

[22] 张俊勤. 禽腺病毒血清 4 型感染 LMH 细胞的转录组学分析及其重组火鸡疱疹病毒活载体疫苗的构建[D]. 武汉：华中农业大学,2017.

2.5

犬猫的传染病生物制品

2.5.1 犬瘟热疫苗

2.5.1.1 简介

犬瘟热病毒（canine distemper virus，CDV）可引起犬科、鼬科、浣熊科、猫科大型动物等的高度接触性传染病——犬瘟热（canine distemper），俗称狗瘟。本病最早发现于 18 世纪后叶（1760 年），1809 年琴纳（Edward Jenner）首次描述了本病的病程和临床特征。1906 年 Carre 发现其病原为一种病毒，故旧称 Carre（卡尔）病[1]。

犬瘟热病毒感染在临床上以双相热型、黏膜卡他、鼻炎、严重的消化道功能障碍、足垫肿胀和呼吸道炎症等为特征，少数病例可发生脑炎。目前，在发达或工业化国家，本病通过疫苗接种获得了很好的控制，已相对很少发生。但近年来 CDV 成为大型猫科动物的一种重要的新发病原体，尤其是在 20 世纪 90 年代，数千只非洲狮通过与流浪犬科动物的接触而发生感染死亡[2]。我国 1980 年首次分离获得本病毒。近年来，CDV 宿主范围不断扩大，呈现跨种间传播的趋势。

CDV 感染的潜伏期因传染源来源的不同而长短差异较大，来源于同种动物的潜伏期为 3～6d。来源于异种动物的，潜伏期有时可长达 30～90d。

感染 CDV 后，犬的临床症状表现为多种形式，与病毒毒力、环境条件、宿主的年龄及免疫状态有关，分型不一，有人将其分为超急性型、急性型、消化道症状型、神经症状型和皮肤症状型等 5 种[3]。但在临床上，各型之间并不严格相互独立，一些病型常常是另一些病型的后续形式。另一些人则将其分为超急性型、急性型、亚急性型、慢性型。

超急性型犬瘟热少见，病犬突然发热，并突然死亡。

急性型犬瘟热最常见，潜伏期3～6d，呈双相热型，即初期体温高达39.5～41℃，持续1～2d后降至正常，经2～3d后，体温再次升高。第二次体温升高时（少数病例此时死亡），出现食欲缺乏、精神沉郁、呼吸道症状、咳嗽、喷嚏、卡他性、流浆液性至脓性鼻汁、鼻镜干燥、眼睑肿胀、化脓性结膜炎、腹泻等。有些犬以呼吸道症状为主，另一些则以胃肠道症状为主。以呼吸道症状为主的犬以喉、细支气管、扁桃体的卡他性炎症和咳嗽为特征，后期发展成支气管炎、卡他性支气管肺炎乃至腹膜炎；以胃肠道症状为主的犬以严重的呕吐和水样腹泻为特征。

在上述这些症状出现后7～21d，可能出现神经症状，表现为亚急性，症状有明显的渐进性，包括行为改变，站立姿势异常，强迫运动、转圈，步态不稳、共济失调，咀嚼肌及四肢出现阵发性抽搐和麻痹等。有10%～30%的病犬出现神经症状。根据继发细菌感染引起并发症的不同，该病持续时间长短不同。出现神经症状的犬，侥幸康复后可能存在永久的后遗症如癫痫发作、前庭疾病、四肢轻瘫、肌阵挛等。

慢性型包括2种形式，一种叫作"老狗脑炎（old dog encephalitis）"，患病犬表现为神经功能的慢性、进行性丧失；另一种叫作"硬脚垫病（hard-pad disease）"，病犬表现为脚掌和鼻部的皮肤角化过度。两种慢性形式的犬瘟热可能发生在没有急性或亚急性病史的犬只，并且两种形式可同时发生于同一只犬，两种慢性形式可以死亡而告终。

犬瘟热病毒可导致部分犬眼睛损伤，临床上以结膜炎、角膜炎为特征，角膜炎在发病后15d左右多见，角膜变白，前葡萄膜炎，视神经炎（突然失明），视网膜退化和基部坏死。眼底镜检查可见视网膜的高反光区有视网膜损伤。重者可出现角膜溃疡、穿孔、失明[4]。

但无论哪种类型的犬瘟热感染，一旦出现特征性症状，预后均极差，总体死亡率为30%～80%。CDV感染在幼犬可继发肺炎、肠炎、肠套叠等，死亡率很高，可达80%～90%。尽管在临床上可进行对症治疗，但对病情控制作用不大，大多最终因神经症状及衰竭而死亡。部分存活犬一般都可留下不同程度的后遗症。

另外，还有50%～70%的CDV感染表现为亚临床症状，表现倦怠、厌食、体温升高和上呼吸道感染。

家养动物除了犬能感染CDV以外，我国家养的毛皮动物也可感染CDV。例如，水貂感染CDV时，潜伏期也因传染源的不同而长短不一，来源于同种动物时，潜伏期为3～4周；来源于异种动物如犬或狐时，潜伏期可长达2～4个月[5]。

感染初期症状不典型，在适应貂群后，则可造成广泛传播。CDV感染水貂后可呈超急性经过、急性或慢性经过。超急性病例，外观似乎健康，突然发出刺耳尖叫，口吐白沫，抽搐后突然死亡。急性病例的临床症状除了上述慢性病例的皮肤病变以外，还表现为发热（40℃以上）、浆液性、黏液性、脓性结膜炎和鼻炎，眼睛和鼻孔内排出大量浓稠分泌物，过多时黏合上下眼睑，或堵塞鼻孔，也常伴发腹泻和肺炎。慢性病例主要临床表现包括：脚爪明显肿胀、脚垫发炎、变硬，鼻、唇和爪部皮肤出现水泡状疹、化脓、破溃后结痂；生殖器和肛门肿胀外翻，病程2～4周。

其他野生动物如虎、狮、豹、貉、狐的犬瘟热临床表现和病犬的表现基本相似，包括食欲丧失，眼、鼻出现大量脓性分泌物，并发生胃肠道和呼吸道疾病[6]。

2006～2008年，我国云南、广西、武汉等地猴场及动物园发生多起无明显季节性、群体性恒河猴暴发类麻疹样感染。主要临床表现为躯干皮肤出现玫瑰色斑丘疹，2～4mm大小不等，高出皮肤，呈充血性皮疹，疹间皮肤正常，初发时稀疏，色较淡，以后部分融合成暗红色。面部皮肤出现水泡状疹，化脓破溃后结痂；口咽部充血、红肿，舌乳头可见弥漫性出血点；出现黏液-脓性结膜炎和鼻炎排出大量浓稠分泌物；解剖尸猴，可见肺脏局部形成瘀血斑，大部分呈肉质变；肝脏局部瘀血，表面可见针尖大出血点，大部分呈土黄色。幼龄恒河猴较易感，发病率约60%，死亡率30%左右。成年恒河猴发病率较低，25%左右，死亡率5%左右[7,8]。

病毒粒子呈多形性，多数为球形，直径大多数为100～300nm，差异较大，偶尔可见畸形颗粒和长丝状病毒粒子，病毒粒子中心核衣壳直径为15～17nm。

犬瘟热病毒抵抗力不强，对热、干燥、紫外线和有机溶剂均敏感，易被紫外线、乙醚、甲醛、来苏儿等多种消毒措施杀灭；2～4℃可存活数周，室温下可存活数天，但相对不稳定，50～60℃ 1h可使该病毒灭活。pH4.5以下和9.0以上的酸性或碱性环境也可使其迅速灭活。在冷冻条件下，该病毒可存活数周；低温冷冻，可以保存数月；冷冻干燥可保存1年以上[9]。

CDV能适应多种细胞培养物，包括原代或继代犬肾细胞、雪貂肾细胞、鸡胚成纤维细胞、Vero细胞等，产生颗粒样变性、空泡，或形成合胞体或巨细胞，呈蜘蛛状。但初次分离病毒时不容易成功，最好在犬的腹腔巨噬细胞上进行分离。也有报道采用鸡胚成纤维细胞，通过同步接种的方式，不需盲传，初代就可分离出产生细胞病变的病毒。近年来，采用CD150（SLAM，即CDV的受体）基因转化的Vero细胞系分离病毒也容易取得成功[10]。

CDV也能在鸡胚、小鼠和仓鼠体内适应，但敏感性较低；最敏感的动物为雪貂，任何途径接种均可在8～14d内死亡，其次是断乳15d后的幼犬或水貂，皮下、肌内或腹腔内接种10倍稀释的病料3～5mL，可导致严重的感染。

CDV囊膜中含有血凝素，但不含神经氨酸酶。病毒对鸡、豚鼠和绵羊红细胞的凝集特性，不同报道的结果不一样。

病毒基因组长15690nt，包含6个基因，从3′端到5′端依次为3′端非编码区（前导区，leader region）、N基因、基因间隔区、P基因、基因间隔区、M基因、基因间隔区、F基因、基因间隔区、H基因、基因间隔区、L基因、基因间隔区、5′非编码区（trailer region），长度分别为55nt、1683nt、3nt、1655nt、3nt、1447nt、3nt、2206nt、3nt、1946nt、3nt、6642nt、3nt、38nt。6个基因共有7个开放阅读框，编码7种相应的蛋白，其中，P基因包含2个开放阅读框，分别编码P和C两种蛋白。每个基因3′端均有保守的转录起始信号AUGCCCAGGA，5′端均有半保守的多腺苷酸终止信号AUUAUAAAA（4～8个），基因间隔区均为3个碱基，在H和L之间为CUA，L和5′端非编码区之间为CUU，其余基因之间为CUA。3′端非编码区可能为基因组和反基因组合成时所需的启动子序列，调节病毒的复制和转录；5′非编码区可能具有衣壳蛋白衣壳化起始位点等功能[11]。

病毒的结构蛋白包括融合蛋白（F）、血凝素蛋白（H，又叫吸附蛋白）、核蛋白（N）、基质蛋白（M）、磷蛋白（P）、大转录蛋白（L）。其中，融合蛋白（F）全长氨基酸序列在不同毒株间的同源性在90%以上，成熟蛋白在97%以上，存在着群特异性抗原表位，其诱导的免疫反应能够阻止病毒感染，并可在病毒增殖的情况下抑制症状的发生；血凝素蛋白（H）又叫吸附蛋白，不同分离株之间的同源性达93%以上，但和疫苗株之间的同源性只有 90% 左右。H 蛋白具有两种主要功能，一是负责病毒和细胞表面受体（CD9，又叫淋巴细胞信号活性分子 SLAM）结合，一是负责启动 F 蛋白的细胞融合过程，同时 H 蛋白是诱导机体产生中和抗体的主要免疫保护性抗原；核蛋白（N）在不同毒株间的同源性 95% 以上，N 蛋白上具有 B 细胞和 T 细胞表位，由其制备的重组疫苗具有提供保护的作用；基质蛋白（M）含有 335 个氨基酸残基，为非糖基化蛋白，可通过与细胞膜、F 和 H 糖蛋白、核衣壳相互作用，参与病毒的装配过程；磷蛋白（P）含有 507 个氨基酸残基，其功能在于和 L 蛋白结合，形成具有完整酶活性的 RNA 聚合酶，大转录蛋白（L）含有 2161 个氨基酸残基，能够有方向地在衣壳化的基因组模板上来回移动，识别基因组和反基因组的末端启动序列，起始和完成病毒的转录和复制[11]。

CDV 还编码两种非结构蛋白，一种是 P 基因中第二个阅读框架编码的 C 蛋白，共有 186 个氨基酸残基；另一种是通过 RNA 编辑后翻译产生的 V 蛋白，二者的作用尚不清楚，可能是病毒复制的调节蛋白。

CDV 的自然宿主包括犬科动物如犬、狼、丛林狼、豺、狐、貉等，鼬科动物如雪貂、水貂、白鼬、臭鼬、黄鼬、獾、水獭等，浣熊科如浣熊、蜜熊、白鼻熊、小熊猫等，猫科如虎、狮、豹等。不同年龄、性别和品种的动物均可感染，但以未成年的幼龄动物最为易感。纯种动物如纯种犬比非纯种犬易感性高，且病情重，死亡率也高。近年来，在大熊猫、猴等动物也均报道了 CDV 的暴发或流行。

CDV 感染一年四季均可发生，但以冬春多发。感染有一定的周期性，每三年一次大流行。在犬中，本病于寒冷季节（10 月至翌年 4 月间）多发，特别多见于犬类比较集聚的单位或地区。犬群一旦发生本病，除非在绝对隔离条件下，否则其他幼犬很难避免感染。哺乳仔犬由于可从母乳中获得抗体，故很少发病。通常以 2 月龄至 1 岁龄的幼犬较易感，4~6 月龄时母源抗体刚消失的犬最易感。例如，免疫母犬产出的仔犬，80% 以上具有针对 CDV 的抗体，至 4~5 月龄时，抗体阳性率降至 10%。和免疫犬群接触的幼犬，随着时间的延长，抗体阳性率会逐渐缓慢增加，至 2 岁龄时，可达到 85%。但在农村地区，由于犬的相对密度较低，疫苗免疫覆盖率也较低，因此，不能维持传播链，故所有年龄的未曾免疫的犬均对 CDV 高度易感。目前，CDV 感染有向低龄（1 月龄）发展的趋势。

病毒存在于病犬的各种分泌物和排泄物中，包括鼻汁、唾液、眼分泌物、粪便等，体液如血液、心包积液、胸腔积液、腹水、尿液、脑脊液等，脏器如淋巴结、肝、脾、脊髓等都含有大量的病毒，并在感染 5d 后，也就是临床症状出现前，可随呼吸道分泌物及尿液向外界排毒。但最重要的传染源是鼻、眼分泌物和尿液，并可持续数周。曾有人报道，感染犬瘟热病毒 60~90d 后的犬，尿液中仍有病毒排出，故尿液是很危险的传染源。主要传播途径是病犬与健康犬直接接触，也可通过空气飞沫经呼吸道感染。如同室犬一旦有犬瘟热发生，无论采取怎样的严密防护措施，都不能避免同居一室犬的感染。有人认为，CDV 在犬可通过胎盘发生垂直传播，引起流产和死胎。但尚未发现 CDV 通过节肢动物传播的证据。

CDV 的最初感染，开始于病毒侵袭上呼吸道上皮细胞。病毒很快扩散至局部淋巴组织、扁桃体和支气管淋巴结。随后，CDV 在感染的第一周内扩散至上皮组织和中枢神经系统。感染后体液免疫应答和病毒的清除相关。没有获得有效免疫力的犬被感染后，病毒很快会扩散至皮肤、内外分泌腺、消化道、呼吸道和泌尿生殖道。

2.5.1.2 研究进展

感染后体液免疫应答和病毒的清除相关。一般说来，急性感染 CDV 后康复的动物将获得坚强而持久的免疫，主要是由于 CDV 可诱导产生细胞和体液免疫。但如果免疫系统受损，动物需要较长时间的调理，在充分保障营养的基础上，可逐渐恢复抵抗力。

CDV 感染的预防依赖于疫苗接种。采用弱毒活疫苗免疫是否有效和成功，关键在于免疫动物体内是否存在干扰性的母源抗体。免疫的适当日龄或月龄可通过测定母源抗体的水平确定。为了避免母源抗体的干扰，也可采用修饰的活疫苗或重组疫苗进行免疫，从 6 周龄开始首免，然后间隔 2～4 周，一直免疫至 16 周龄[12]。

2.5.1.3 疫苗制备的基本原理、疫苗特点以及市面上的产品、使用说明和注意事项

我国生产的犬瘟热细胞培养弱毒疫苗，免疫程序可采用：仔犬 6 周龄首免，8 周龄进行第二次免疫，10 周龄进行第三次免疫，以后每年免疫 1 次，每次的免疫剂量为 2mL，可获得较好的免疫效果。

鉴于 12 周龄以下的幼犬体内大都存在有母源抗体，可明显影响犬瘟热疫苗的免疫效果，因此，可对 12 周龄以下的幼犬应用麻疹疫苗（犬瘟热病毒与麻疹病毒具有共同抗原），其具体免疫方法是，当幼犬在 1、2 月龄时，各用麻疹疫苗免疫 1 次，免疫剂量为每犬肌内注射 1mL（2.5 人份），至 12～16 周龄时，再用犬瘟热疫苗免疫，可获得较好的免疫效果。

犬瘟热的亚单位疫苗、重组活载体疫苗、DNA 疫苗均采用 CDV 的 F 蛋白和 H 蛋白，抗原表位疫苗所采用的氨基酸序列，也均来自于此两种蛋白。但从已报道的效果来看，金丝雀痘病毒和犬 2 型腺病毒表达的 CDV 的 F 蛋白和 H 蛋白的重组疫苗[13,14]，在安全性和免疫效力上均有明显的优势，免疫靶动物后可抵抗强毒攻击。其中，金丝雀痘病毒载体表达 CDV F 蛋白的重组疫苗已在美国批准上市。

CDV 感染的治疗应及时发现，早期治疗，预防继发感染。病的早期可肌内或皮下注射抗犬瘟热高免血清或本病康复犬血清（或全血）。血清的用量应根据病情及犬体大小而定，通常使用 5～10mL。在用高免血清治疗的同时，可配合应用抗病毒药物或免疫增强剂如干扰素等。

此外，早期应用抗生素（如青霉素、链霉素等），并配合对症治疗，对防止细菌继发感染和促进病犬康复均有重要的意义。

为防止病毒传播，应彻底消毒犬舍、运动场地等。可采用 3％氢氧化钠溶液或 10％福尔马林等普通消毒药物进行消毒。

参考文献

[1] Griffin D E. Measles virus[M]. Philadelphia: Lippincott Williams & Wilkins, 2001.

[2] Appel M J G, Yates R A, Foley G L, et al. Canine distemper epizootic in lions, tigers, and leopards in North America[J]. Journal of Veterinary Diagnostic Investigation, 1994, 6（3）: 277-288.

[3] 庄金诚. 浅谈犬瘟热的预防和治疗[J]. 中国畜禽种业, 2015, 11（08）: 117-118.

[4] 魏东，杨正涛，臧丽，等. 犬瘟热症状鉴别诊治[J]. 中国畜牧兽医, 2007（07）: 91-93.

[5] 程世鹏，易立. 犬瘟热病原学研究进展[J]. 特产研究, 2009, 31（01）: 59-62.

[6] 张乐, 于小航, 苏宁, 等. 犬瘟热病毒跨物种传播的研究进展[J]. 中国兽医学报, 2023, 43（03）: 637-642.

[7] Qiu W, Zheng Y, Zhang S, et al. Canine distemper outbreak in rhesus monkeys, China[J]. Emerging Infectious Diseases, 2011, 17（8）: 1541-1543.

[8] Sun Z, Li A, Ye H, et al. Natural infection with canine distemper virus in hand-feeding Rhesus monkeys in China[J]. Veterinary Microbiology, 2010, 141（3-4）: 374-378.

[9] Shen D T, Gorham J R. Survival of pathogenic distemper virus at 5C and 25C[J]. Veterinary Medicine & Small Animal Clinician, 1980, 75（1）: 69-72.

[10] MacLachlan N J, Dubovi E J. Fenner's Veterinary Virology[M]. London: Academic Press, 2011.

[11] Sidhu M S, Husar W, Cook S D, et al. Canine distemper terminal and intergenic non-protein coding nucleotide sequences: completion of the entire CDV genome sequence[J]. Virology, 1993, 193（1）: 66-72.

[12] Deem S L, Spelman L H, Yates R A, et al. Canine distemper in terrestrial carnivores: a review[J]. Journal of Zoo and Wildlife Medicine, 2000, 31（4）: 441-451.

[13] Pardo M C, Bauman J E, Mackowiak M. Protection of dogs against canine distemper by vaccination with a canarypox virus recombinant expressing canine distemper virus fusion and hemagglutinin glycoproteins[J]. American Journal of Veterinary Research, 1997, 58（8）: 833-836.

[14] Laurent F, Jean P T, Camilla P D, et al. Vaccination of puppies born to immune dams with a canine adenovirus-based vaccine protects against a canine distemper virus challenge[J]. Vaccine, 2002, 20（29-30）: 3485-3497.

2.5.2　犬副流感疫苗

2.5.2.1　简介

犬副流感病毒（canine parainfluenza virus, CPIV），过去习惯称为犬副流感病毒2型，是一种以咳嗽、流涕、发热为特征的呼吸道传染病，是犬窝咳（kennel cough）的病原之一，1967年首先分离自患有呼吸道疾病的实验犬[1]。病毒主要感染幼犬，发病急，传播快，病毒呈世界性分布。

CPIV感染见于所有养犬国家和地区。各种年龄、品种和性别的犬均易感，幼犬最敏感。急性流行期，病犬是主要传染源。呼吸道分泌液主要通过空气尘埃感染犬，也可通过犬之间的接触传染。感染期间，可因犬抵抗力降低，继发波氏杆菌和支原体感染。我国也有CPIV疑似感染疫情报道。

CPIV自然感染病例常突然发病，出现频率和程度不同的咳嗽，不同程度的食欲降低和发热，随后出现浆液性、黏液性甚至脓性鼻液。单纯的CPIV感染可在3～7d自然康复；继发感染其他病原后，咳嗽可持续数周，甚至死亡。

呼吸道除出现分泌物以外，扁桃体、气管、支气管有炎症病变，肺部有时可见出血点。组织学检查，在上述组织部位黏膜下有大量单核细胞和嗜中性粒细胞浸润。

近年来也有报道认为，犬副流感病毒也可感染脑组织或肠道，引起脑脊髓炎、脑积水或肠炎。病犬呈现以后肢麻痹、运动失调、痉挛、抑郁等为特征的临床症状或肠炎症状。

CPIV 在抗原性上和副流感病毒 5 型（PIV-5），即猴病毒 5 型（SV-5）关系最为密切，故又有人称其为猴病毒 5 型（见副流感病毒 5 型部分）。因此，在 ICTV 第 9 次报告中，没有将 CPIV 单独作为一个病毒种列出。

CPIV 病毒粒子呈多态性，但多为圆形，大小不等，直径 80～300nm，有的呈长丝状。病毒粒子有囊膜，表面有纤突，并具有血凝活性。

病毒不稳定，4℃和室温条件下保存，感染性很快下降。pH3.0 和 37℃可迅速灭活病毒。对氯仿、乙醚敏感，季铵盐类是其有效的消毒剂。在 4℃和 20℃条件下，可凝集人 O 型、鸡、豚鼠、大鼠、兔、犬、猫和羊红细胞。CPIV 可在原代和传代犬肾、猴肾细胞培养物中良好增殖，出现大小不一的合胞体；也可在鸡胚羊膜腔中增殖，但不致死鸡胚，在羊膜腔和尿囊液中均含有病毒，血凝效价可达 1：128。

病毒基因组全长序列 15246nt[2]，有 7 个基因，顺序为 3′-N-V/P-M-F-SH-HN-L-5′，其中 NP 基因 1732nt，VIP 基因 1304nt，M 基因 1370nt，F 基因 1718nt，SH 基因 147nt，HN 基因 1876nt，L 基因 6810nt。

2.5.2.2 研究进展

犬副流感病毒感染目前尚无特异性疗法。可采用增强机体免疫功能，抗病毒感染（如特异性抗血清）、抗继发感染、补充体液等方法进行对症治疗。

2.5.2.3 疫苗制备的基本原理、疫苗特点以及市面上的产品、使用说明和注意事项

CPIV 强毒感染后的康复犬在 2 年内可抵御再次感染。

我国犬五联弱毒疫苗选用的毒株为本土分离获得的自然弱毒株以及经复壮和克隆选育而来的毒株。针对 CPIV 有两类弱毒活疫苗，一类为肌内或皮下注射的活疫苗，可减少发病率，减轻临床症状，但不能完全抵御感染；另一类为可鼻内接种的活疫苗，接种 2 周后可抵御强毒攻击，且不受母源抗体影响。我国主要以多联疫苗的形式使用，肌内和皮下接种。

犬瘟热、犬副流感、犬腺病毒与犬细小病毒病四联活疫苗说明书

【主要成分与含量】每头份含犬瘟热弱毒（CDV/R-20/8 株）、犬副流感弱毒（CPIV/A-20/8 株）、犬腺病毒弱毒（YCA18 株）和犬细小病毒弱毒（CR86106 株）均在 $10^{4.0}$ TCID$_{50}$ 以上。

【性状】微黄白色海绵状疏松团块，易与瓶壁脱离，加稀释液后，迅速溶解成粉红色澄清液体。

【作用与用途】用于预防犬瘟热、犬副流感、犬腺病毒与犬细小病毒病。免疫期为 12 个月。

【用法与用量】肌内注射。用注射用水稀释成每头份 2.0mL。对断奶幼犬以 21 日的间隔连续接种 3 次，每次 2.0mL；对成犬每年接种 2 次，间隔 21 日，每次 2.0mL。

【注意事项】

① 仅用于非食用犬的预防接种，不能用于已发生疫情时的紧急接种与治疗。孕犬禁用。

② 使用过免疫血清的犬，需隔 7～14d 后再接种本疫苗。

③ 使用无菌注射器具进行接种。

④ 稀释后，应立即注射。

⑤ 接种期间应避免调动、运输和饲养管理条件骤变，并禁止与病犬接触。

⑥ 接种后，如发生过敏反应，应立即肌内注射盐酸肾上腺素注射液 0.5～1.0mL。

⑦ 用过的疫苗瓶、器具和未用完的疫苗等应进行无害化处理。

参考文献

[1] Binn L N, Eddy G A, Lazar E C, et al. Viruses recovered from laboratory dogs with respiratory disease[J]. Proceedings of the Society for Experimental Biology and Medicine, 1967, 126: 140-145.

[2] Liu C, Li, X, Zhang J, et al. Isolation and genomic characterization of a canine parainfluenza virus type 5 strain in China[J]. Archives of Virology, 2017, 162（8）: 2337-2344.

2.5.3 犬细小病毒病疫苗

2.5.3.1 简介

犬细小病毒（Canine parvovirus，CPV）于 1978 年由澳大利亚的 Kelly[1] 和加拿大的 Thomson[2] 等首先从患有肠炎的病犬粪便中同时分离获得，临床上引起以出血性肠炎和急性心肌炎为主要特征的疾病。为了与 1967 年由 Binn 等发现的犬微小病毒（Minute virus of canine，MVC，即犬博卡病毒，习惯上也缩写为 CPV-1）相区别，犬细小病毒被称作 CPV-2。

电镜下 CPV-2 病毒粒子的外形结构为圆形或六边形，直径约 20nm。病毒核酸分子量为 1.4×10^6～1.7×10^6，沉淀系数为 23～27s，占整个病毒粒子质量的 25%～34%。在 CsCl 密度梯度离心沉淀时，大部分感染性病毒粒子存在于 1.38～1.42g/cm³ 密度节，少部分感染性病毒粒子存在于 1.45～1.47g/cm³ 密度节，空衣壳和含有不完整 DNA 基因组的病毒粒子分别存在于 1.30～1.32g/cm³ 和 1.35～1.37g/cm³ 密度节。这是病毒粒子的包装完整性不同所致。

CPV 对外界环境因素抵抗力非常强。粪便中的 CPV 可存活数月至数年，室温下可存活至 90d，在 pH3～9 和 56℃条件下至少能稳定 1h，65℃处理 30min 也不会丧失其感染性。低温下可长期保存。病毒对乙醚、氯仿、醇类和脱氧胆酸盐有抵抗力，这是导致本病在全球范围内大规模流行的主要原因之一。但紫外线、福尔马林、β-丙内酯、次氯酸钠、氨水和氧化剂能使之灭活。

由于 CPV 对外界环境具有很强的抵抗力，在 1978 年首次报道后数月内，病毒很快便在世界各地犬群中暴发和流行，给世界养犬业造成了巨大损失。

血清学调查显示，CPV 血清阳性样品在欧洲最早可以追溯到 1974～1976 年；在美国、加拿大、日本和澳大利亚则可以追溯到 1978 年。

自首次分离获得 CPV 以来，这种病毒不断经过抗原漂移产生新的突变株，宿主范围不断扩大。在 1979～1981 年期间，CPV-2 被一种突变株 CPV-2a 广泛代替；至 1984 年又出现了另一种新的突变株，命名为 CPV-2b[3]。CPV-2a 和 CPV-2b 不仅能感染犬，而且还能感染猫科动物，并且能在猫科动物体内持续存在，但是其对猫科动物的致病性比 FPV 弱。CPV-2a 和 CPV-2b 在猫体内进一步演化形成两个新的 CPV 突变株 CPV-2c（a）和 CPV-2c（b），对猫的致病性比 CPV-2a 和 CPV-2b 强，比 FPV 弱。但是未见从犬科动物体内分离到 CPV-2c（a）和 CPV-2c（b）的报道。从 CPV-2 进化到 CPV-2a，只发生了 5 个氨基酸的变异，从 CPV-2a 进化到 CPV-2b，发生了 2 个氨基酸的变异，最近报道的 CPV-2c 和 CPV-2b 之间是由 1 个氨基酸的变异造成的[4,5]。

由于母源抗体的存在，本病毒一般不会感染初生犬，因此，新生幼犬一般很少患病，但是出生两个月的仔犬为易感犬，临床上以肠炎和心肌炎为主要症状。由于近年来母犬的免疫覆盖率较高，新生仔犬的心肌炎症状较为少见。目前世界范围内流行的犬细小病毒病感染主要临床表现是出血性肠炎。由于大型养殖场中犬只较多，不同的养殖场卫生条件参差不齐，导致本病的流行一直不能在全球范围内得到完全控制。

我国于 1982 年由梁士哲等首先证实了本病的存在[6]，在此之后的一段时间内，在我国东北、华东和西南等地区的警犬和良种犬中陆续发生和蔓延，特别是 2001 年本病在我国的广泛流行，给我国犬业造成了重大损失。因此，在幼犬出生后的免疫程序中，关于犬细小病毒病的免疫是必不可少的。

病犬是主要传染源，呕吐物、唾液、粪便中均含大量病毒。病犬通常在感染后 7～8d 通过粪便排毒达到高峰，10～11d 时急剧降低。康复犬可长期通过粪便向外排毒，污染饲料、饮水、食具及周边环境。人、虱、蝇等可成为 CPV 的机械携带者。

CPV-2 一年四季均可流行，以冬、春季多发。饲养管理条件骤变、长途运输、寒冷、气温骤变、拥挤等应激因素均可促使本病发生。卫生条件差及并发感染均可加重病情。

CPV-2 主要感染犬，不同年龄、性别、品种的犬均可感染，6 月龄以下幼犬最易感，其他动物如郊狼、薮犬、食蟹狐和鬣狗等也可感染[7]。随着病毒抗原的变异，病毒目前也可造成小熊猫、貉等动物的感染。

尽管 CPV-2 主要感染犬科动物，但 CPV-2 与 FPV 和 MEV 关系密切，CPV-2 是 FPV 或 FPV 样病毒（如 MEV、BFPV 等）的突变株，CPV-2 和 FPV 的核酸以及氨基酸的同源性超过 98%，但是 CPV-2 与 FPV 病毒的生物学特征不同，表现在 CPV-2 与 FPV 宿主范围、血凝特征和抗原特征的不同。CPV-2 能在犬源细胞系和猫源细胞系中生长增殖，然而 FPV 不能在犬源细胞系中生长增殖，只能在猫源细胞系中生长增殖[8]。在体内的宿主器官范围更为复杂，FPV 能在猫组织和犬胸腺中增殖；CPV-2 不能在猫组织中生长增殖，但 CPV-2a 和 CPV-2b 能在猫回肠及淋巴组织中增殖。与 FPV 相比，CPV-2a 和 CPV-2b 对猫有相对低的毒力，而 CPV-2c 对猫有相对高的毒力。实验感染 FPV 的猫抗 CPV-2c 的中和抗体滴度要比抗 FPV 的中和抗体滴度低得多。

CPV-2 与 CPV-1 在致病性及抗原性上具有显著的差异。研究表明，CPV-1 可以引起 4 周龄以下幼犬发病并导致死亡，也可引起母犬繁殖障碍。

CPV-2 感染的潜伏期 7～14d，刚换环境（如新生幼犬）、洗澡、过食等是本病毒感染的诱因。CPV-2 感染在临床上分为两种表现类型：肠炎型和心肌炎型。也有报道一只犬兼具两种症状。

肠炎型病犬初期精神沉郁、厌食，偶见发热、软便或轻微呕吐，随后发展成为频繁呕吐和剧烈腹泻。起初粪便呈灰色、黄色或乳白色、带果冻状黏液，其后排出恶臭的酱油样或番茄汁样血便。病犬迅速脱水、消瘦，眼窝深陷，被毛凌乱，皮肤无弹性，耳、鼻、四肢发凉，精神高度沉郁，休克、死亡。从病初症状轻微到严重一般不超过 2 天，整个病程一般不超过一周。病犬白细胞数量显著减少，但有相当大比例的患犬白细胞表现正常或升高。

心肌炎型主要见于 8 周龄以下幼犬，常无先兆性症状，或仅表现轻微腹泻，继而突然衰弱、呻吟、黏膜发绀，呼吸极度困难，脉搏快而弱，心脏听诊出现杂音，数小时内突然（可能由于急性呼吸抑制）死亡。尸体剖检可见心脏扩张，心肌有苍白条纹，为充血性心衰大体征象。

犬对细小病毒极易感，100 个 $TCID_{50}$ 就可以导致动物感染。已被感染的动物可以通过粪便、呕吐物等大量排毒（每克粪便大约 100 亿 $TCID_{50}/g$）；同时本病毒对外界环境的抵抗力很强，这就导致了 20 世纪 70 年代后期犬细小病毒病的快速蔓延及世界范围的流行。

病毒侵入易感动物两天后在口咽部复制，然后通过血液循环传播到其它器官，大约在第 3 天或第 5 天出现病毒血症，虽然在病理学检测中患病动物肠部病变最为严重，但犬细小病毒感染是全身性的，因为病毒是通过血液循环而不是肠腔到达肠黏膜，因此血清中 CPV 抗体的效价与感染动物是否获得保护密切相关，被动获得的抗体在滴度足够高时完全可以保护动物。值得一提的是，动物肠腔中的 IgA 是抵抗病毒进一步侵染所必需的。由于 CPV 只能在正在分裂的细胞中复制和增殖，其在动物体内的增殖就表现为一定的组织嗜性：即主要侵染细胞分裂旺盛的组织，如肠、淋巴细胞和骨髓等。加速被感染组织的细胞复制就有利于 CPV 增殖，表现在临床上，当冠状病毒先于 CPV 感染犬时，由于冠状病毒通过破坏更多的成熟绒毛上皮细胞来刺激肠腺上皮的增殖，这时就会加速 CPV 在患病犬体内的复制，导致严重的临床症状[5,6,9]。

CPV 基因组全长 5.2kb，在其整个基因组上存在 2 个启动子，启动编码 3 个结构蛋白（VP1、VP2 和 VP3）和 2 个非结构蛋白（NS1 和 NS2）。结构蛋白和非结构蛋白通过病毒复制过程中 mRNA 的选择性剪切产生，编码序列均终止于共同的 polyA。其中，VP2 蛋白基因完全被包围在 VP1 蛋白基因内部；可以认为，VP2 蛋白也是 VP1 蛋白氨基端切除的产物，是构成病毒粒子核衣壳的主要蛋白。CPV 基因组 3′ 端的回文序列长约 115nt，能够自身反折，形成一种发夹结构，这种结构较自身互补链间的氢键稳定，对于病毒基因组的复制非常重要。5′ 端也是回文结构，并能形成发夹。VP1 蛋白终止于病毒粒子内部，有利于稳定病毒粒子的 DNA，对 CPV 的复制也十分重要[6,9]。

CPV 基因组 DNA 的复制发生在细胞核内，且复制过程发生在细胞有丝分裂的 S 期，这是因为 CPV 基因组 DNA 的复制完全依赖于宿主细胞的 DNA 合成酶以及其复制体系。在 CPV 基因组复制的起始阶段，病毒基因组利用其本身末端颠倒重复序列的 3′ 端作为基因组复制的引物，在宿主细胞的 DNA 聚合酶作用下进行滚环式复制。

CPV 成熟颗粒的外壳由 60 个蛋白亚单位组成，其中 VP1 占 10%，VP2 占 90%，因此 VP2 是该病毒的主要抗原蛋白。VP3 是 VP2 经剪切的产物，只出现在完整的、含有病毒 DNA 的病毒颗粒中，即它只在病毒的核衣壳包装完成并与基因组组装完后才出现，其含量在病毒感染细胞过程中不断增加。

CPV 的核衣壳主要是由 8 组反向平行的 β 折叠和 4 个镶嵌于 β 折叠的大环组成。病毒衣壳表面的大部分由这 4 个大环组成，其中的环 3 和环 4 又组成较大的 GH 环；环 1、环 2 和环 3 分别来自不同的 VP2 分子，这些 VP2 分子相互靠近、延伸，相互作用于这样的三倍体亚单位。同时，由于这些亚单位的相互缠绕，在这个三倍体处形成一个高度约 2.2nm 的突起，突起上的大部分氨基酸残基与病毒的抗原性相关。CPV 粒子表面的环结构决定了该病毒的许多性质，病毒粒子上的两个重要的中和位点均出现在这些环上。其中的一个中和位点是由环 1 和环 2 以及三倍体结构上的环 4 组成的，其中，环 2 上的第 222 位和 224 位氨基酸残基对本抗原表位有着决定性的作用。另一个抗原表位在环 3 的衍生部分，即三倍体突起的肩部，VP2 的第 229、300 和 302 位氨基酸残基对本抗原表位具有决定性作用。这两个抗原表位的变异可以被相应的单克隆抗体所识别，同时对病毒的血凝性也有影响[10]。有趣的是，这些突变在临床上并不影响不同毒株之间抗体的交叉保护作用。

在 CPV 中，VP1 和 VP2 两种蛋白对病毒侵染宿主细胞和增殖是必不可少的，由于本病毒基因组较小，有时一个氨基酸的变动就会对病毒的活性或抗原特性产生较大影响，如 VP2 蛋白 93 位残基以及邻近 300 位氨基酸的区域可对 CPV 的细胞适应性产生影响。

CPV 具有较强的血凝性，在 4℃ 或 25℃ 的条件下可凝集猪的红细胞和恒河猴的红细胞，该特性可用于病毒的鉴定。福尔马林灭活对于 CPV 的血凝性没有影响。与 MEV 和 FPV 不同的是，CPV 还可凝集猫、仓鼠和马的红细胞，利用该特性可将 CPV 与 MEV 和 FPV 加以区分。

CPV 能在多种不同的细胞内增殖和传代，如原代、继代猫胎肾细胞、犬胎的肾、脾、胸腺和肠管细胞、水貂肺细胞系（CCL64）和浣熊的唾液腺细胞。常用 F81 等传代细胞分离培养病毒。病毒增殖后可引起 F81 细胞脱落、崩解和破碎等明显的细胞病变。病毒虽能在 MDCK 细胞内良好增殖，但无明显细胞病变，有时出现细胞圆缩，并常形成核内包涵体。也有用犬传代细胞系 A22 和猫细胞系 NLFK 和 CRFK 培养病毒的报道[11]。

由于 CPV 没有自身的酶系统进行其基因组的复制，必须利用宿主细胞的酶系统，故只有在正在分裂细胞中才能增殖。因此，CPV 的培养必须同步接毒，即在宿主细胞被消化后同时接入病毒。

2.5.3.2 研究进展

较为常用的疫苗是灭活疫苗和弱毒疫苗。母源抗体的存在是哺乳幼犬免疫失败的主要原因。幼犬体内的母源抗体 10% 是通过胎盘获得的，90% 通过初乳获得（幼犬体内 IgG 的半衰期为 10 天）。母源抗体中含有较多的 IgA，与灭活疫苗免疫后产生的 IgG 抗体相比，前者的保护效果更好。当幼犬生长到 9~18 周龄时，体内母源抗体下降至保护水平以下，同时母源抗体的存在又影响疫苗的免疫效果，故这段时间是幼犬最容易被本病毒感染的时期。

2.5.3.3 疫苗制备的基本原理、疫苗特点以及市面上的产品、使用说明和注意事项

猫泛白细胞减少症（FPV）对 CPV 有交叉免疫作用，国外最先用猫瘟热弱毒疫苗作 CPV 感染的免疫试验，虽可产生一定的保护作用，但不完全，且免疫期较短，后改用来自 CPV 的弱毒疫苗。

我国用于 CPV 免疫预防的疫苗有两大类：同源或异源性的灭活疫苗以及弱毒疫苗。所谓异源疫苗就是指猫泛白细胞减少症（FPV）灭活疫苗或弱毒疫苗；同源苗就是指由

CPV 本身改造或培育出来的疫苗，多使用联苗。目前普遍应用的是 CPV 弱毒疫苗，多数为国外引进毒种，以单苗或联苗的形式使用。重组疫苗、合成肽疫苗、核酸疫苗等均基于 CPV 的主要抗原蛋白 VP2，具有很好的效果，但迄今没有实际使用。

参考文献

[1] Kelly W R. An enteric disease of dogs resembling feline panleukopenia[J]. Australian Veterinary Journal, 1978, 54: 593.

[2] Thomson G W, Gagnon A N. Canine gastroenteritis associated with a parvovirus-like agent [J]. Canadian Veterinary Journal, 1978, 19: 346.

[3] Ndiana L A, Odaibo G N, Olaleye D O. Molecular characterization of canine parvovirus from domestic dogs in Nigeria: Introduction and spread of a CPV-2c mutant and replacement of older CPV-2a by the "new CPV-2a" strain[J]. Virusdisease, 2021, 32（2）: 361-368.

[4] Battilani M, Modugno F, Mira F, et al. Molecular epidemiology of canine parvovirus type 2 in Italy from 1994 to 2017: recurrence of the CPV-2b variant [J]. BMC Veterinary Research, 2019, 15（1）: 393.

[5] Ogbu K, Anene B, Nweze N, et al. Canine parvovirus: A review[J]. International Journal of Sciences and Applied Research, 2017, 2（2）: 74-95.

[6] 蔡宝祥. 家畜传染病学: 第 4 版 [M]. 北京: 中国农业出版社, 1999.

[7] Tilley L, Smith F. Canine parvovirus infection[J]. Blackwell's Five Minutes Veterinary Consult: Canine and feline 5th（Ed）, 2011: 1-3.

[8] 祝兴林, 何剑斌, 赵玉军, 等. 犬细小病毒感染的研究现状[J]. 辽宁畜牧兽医, 2004（10）: 40-42.

[9] 赵建军, 闫喜军, 吴威. 犬细小病毒: 从起源到进化[J]. 微生物学报, 2011, 51（7）: 869-875.

[10] Capozza P, Buonavoglia A, Pratelli A, et al. Old and novel enteric parvoviruses of dogs [J]. Pathogens, 2023, 12（5）: 722.

[11] Jonas L, Sangbom M L, Colin R P, et al. Canine and feline parvoviruses preferentially recognize the non-human cell surface sialic acid N-glycolylneuraminic acid[J]. Virology, 2013, 440（1）: 89-96.

2.5.4 犬腺病毒病疫苗和犬传染性肝炎疫苗

2.5.4.1 简介

犬腺病毒（canine adenovirus）分为两个血清型，犬腺病毒 1 型即犬传染性肝炎病毒（canine infectious hepatitis virus），2 型即犬传染性喉气管炎病毒（canine infectious laryngotracheitis virus）。

1947 年，Rubarth 最先描述了犬的传染性肝炎[1]。1959 年，Kapsenberg 分离获得病毒，称为犬传染性肝炎病毒[2]。1961 年，Dutchfield 等分离获得仅引起呼吸道病变症状而不引起肝炎的腺病毒，即多伦多 A26/61 株[3]。起初认为该株病毒是犬传染性肝炎病毒的致弱株，后来的研究发现，A26/61 株在病毒的组织嗜性、抗原结构、红细胞凝集谱等方面都与犬传染性肝炎病毒有着明显差别，因此，将其命名为犬传染性喉气管炎病毒，即犬腺病毒 2 型。

在国内，夏咸柱等1983年首次报道分离到犬传染性肝炎病毒[4]。1991年，郑海发等从患喉气管炎的狐狸呼吸道分泌物内首次分离获得犬腺病毒2型[5]。

CAV-1和CAV-2均可以凝集人O型血红细胞，但CAV-2不能凝集豚鼠的红细胞，利用这一特性可以鉴别两型犬腺病毒。两型CAV对鸡红细胞的凝集性均很差或缺失，如不能凝集犬、大鼠、小鼠、兔、绵羊等的红细胞。

虽然不同毒株间毒力存在较大的差别，但迄今为止，CAV-1只有一个免疫类型。CAV-1和CAV-2间的核苷酸同源性为75%，具有共同的补体结合性抗原和大量相同或相近的免疫相关抗原。以两者中的任一型作为抗原免疫动物，都可以产生针对另一型的良好的免疫保护。

应用琼脂扩散试验，易于测出感染犬组织内的沉淀抗原，通常出现两条沉淀线，其中之一是型特异的，而另一条可能是属特异性抗原，与人腺病毒共有。

自然感染状态下，CAV-1主要在血管内皮、肝、肾实质细胞内增殖；CAV-2则主要在呼吸道上皮、肠上皮内复制。在狐和熊，CAV-1往往在神经组织内增殖，导致脑炎。人工培养时，两型CAV可在犬肾和犬睾丸细胞内增殖，也可在猪、豚鼠和水貂等的肺和肾细胞中发生不同程度的增殖[6]。

感染细胞的病变为腺病毒的典型病变，即细胞肿胀变圆、聚集成葡萄串样，也可产生蚀斑。感染细胞内经常有核内包涵体，起初为嗜酸性，随后变为嗜碱性。犬腺病毒感染的细胞不产生干扰素，病毒的增殖也不受干扰素的影响。电镜观察病变细胞，常可发现细胞核内具有晶格状密集排列的病毒粒子。病毒在易感细胞内连续传代后，可降低其对犬的致病性。犬腺病毒在已经感染犬瘟热病毒（CDV）的细胞上仍可实现感染和增殖。

犬腺病毒是哺乳动物中致病性最强的腺病毒之一。犬腺病毒1型可以引起犬传染性肝炎和狐狸脑炎；CAV-2则引起犬的传染性喉气管炎和肠炎[3,6]。人工接种可使豚鼠、浣熊和狼发生实验性感染。

CAV-1经鼻咽及口腔黏膜进入体内，在扁桃体及肠系膜淋巴结等处增殖，释放入血后产生毒血症，感染靶器官，导致肝、肾、脾和肺的出血及坏死性病变。自然感染的潜伏期为6~9天，人工接种的潜伏期为3~6天。病犬初期表现为怕冷、精神轻度沉郁、伴水样鼻液和眼泪，体温升高达41℃，稽留4~6天。随病程的进展而出现呼吸和脉搏加快，全身无力，食欲缺乏，腹部压痛，下痢、呕吐、出血和水肿等症状。新离乳幼犬的症状最为明显，并常突然死亡。死亡一般出现在感染后2~12天，死亡率为25%~40%。恢复期往往出现角膜混浊症状（蓝眼），不经治疗也可自行消失，"蓝眼"的发生可能与局部变态反应有关[6]。

感染CAV-1患传染性肝炎的犬，可分为最急性、急性和慢性三型。最急性型见于流行的初期，病犬往往在尚未呈现临床症状时即突然死亡；急性型病犬则表现为上述典型症状、畏寒、高热稽留、食欲废绝、口渴频饮、眼鼻流水样液，类似急性感冒症状。病犬高度沉郁，蜷缩一隅，时有呻吟，剑突处有压痛，胸腹下有时可见有皮下炎性水肿。也可出现呕吐和腹泻，呕出物多为带血的胃液，排泄物带血呈果酱样。血液检查可见白细胞减少和血凝时间延长。急性型病犬通常在病发后两三天内死亡，死亡率25%~40%。恢复期的病犬，约有1/4出现单眼或双眼的一过性角膜混浊，即所谓"蓝眼"病变，2~3天后可逐渐消退。慢性型病例见于流行的后期，病犬仅见轻度发热，食欲时好时坏，便秘与腹泻交替。此类病犬死亡率较低，但生长发育缓慢，且有可能成为长期排毒的传染来源。

CAV-1所致传染性肝炎的主要病理解剖变化是肝、脾肿大，血样腹水，胆囊壁水肿，肠系膜淋巴结充血和肿胀。病理组织学变化包括肝中心叶坏死和核内包涵体、肾小球内有免疫复合物沉积等。

呈脑炎症状的病狐，在出现明显的神经症状之前，可有1～2天不易察觉的精神沉郁与食欲减退，部分病狐也可在未见明显症状时突然死亡。呈现神经症状的病狐初期可见水样鼻汁和眼泪，继之盲目转圈、彷徨，然后很快相继出现剧烈的肌肉痉挛、抽搐、倒地角弓反张、口吐白沫等神经症状，再之后出现昏睡。后期可见一肢、后躯干或全身麻痹。病狐常在上述典型症状出现后1～2天内死于剧烈痉挛或昏睡，死亡率达10%～40%。

感染CAV-2导致传染性喉气管炎的病例，潜伏期5～6天。出现1～3天的连续发烧，体温39.5℃左右。接着出现持续6～7天的刺耳干咳或湿咳，同时出现沉郁、食欲废绝、呼吸困难、肌肉颤抖等症状，流浆液、黏液或脓性鼻液。有些犬可能呕吐和排出带黏液的软便。听诊可闻及气管性啰音，口咽部检查可见扁桃体肥大及咽部红肿。CAV-2感染易与犬瘟热病毒、犬副流感病毒及支气管败血波氏杆菌等病原形成混合感染，形成呼吸道症状更为剧烈的所谓"犬窝咳"，预后不良[6]。

CAV-2感染所致传染性喉气管炎的病理变化主要表现为肺膨胀不全、充血，支气管淋巴结充血。组织学检查可见中度肺炎病变，支气管上皮、肺泡隔间质细胞、鼻甲上皮有核内包涵体。

2.5.4.2　研究进展

自然感染CAV发病后自愈的犬，免疫期可长达5年之久。最早使用的CAV疫苗是CAV-1感染犬肝脏的脏器灭活疫苗，后来研制成功CAV-1细胞培养弱毒疫苗。因其可使部分免疫犬发生"蓝眼"，现在已普遍使用CAV-2弱毒疫苗进行犬腺病毒感染的免疫预防。

2.5.4.3　疫苗制备的基本原理、疫苗特点以及市面上的产品、使用说明和注意事项

多年的应用实践表明，CAV弱毒疫苗的免疫性、安全性都很好，接种后14天即可产生有效免疫。

由于腺病毒感染常与犬瘟热等病毒性疾病并发，所以实际工作中，常将其与犬瘟热、犬副流感、犬细小病毒性肠炎等病的弱毒疫苗株混合制成联合疫苗，各疫苗毒株间未发现存在明显的免疫干扰现象。

犬腺病毒感染的治疗主要以对症治疗为主。如镇咳、祛痰、补充电解质和葡萄糖，适时应用抗生素以防止继发细菌感染等。高效价的腺病毒免疫血清，可用于腺病毒感染紧急预防和治疗。

参考文献

[1] Ducatelle R, Thoonen H, Coussement W, et al. Pathology of natural canine adenovirus pneumonia[J]. Research in Veterinary Science, 1981, 31（2）: 207-212.

[2] Nicola D. 23-Infectious canine hepatitis and feline adenovirus infection, editor（s）: Jane E. Sykes, Greene's infectious diseases of the dog and cat（fifth edition）[M]. Philad elphia: W. B. Saunders, 2021.

[3] Nicola D, Vito M, Canio B. Canine adenoviruses and herpesvirus[J]. Veterinary Clinics of North America: Small Animal Practice, 2008, 38（4）: 799-814.

[4] 夏咸柱，王永贤，赵吉成，等. 犬传染性肝炎病毒的分离与鉴定[J]. 兽医大学学报，1984（03）: 228-233.

[5] 钟志宏,夏咸柱,赵奕,等.狐狸脑炎病毒的分离鉴定和流行病学调查[J].兽医大学学报,1990（02）:111-117.

[6] 廖均乐,孙春艳,刘彩红,等.犬腺病毒研究进展[J].中国兽医杂志,2023,59（02）:90-92.

2.5.5　犬钩端螺旋体病疫苗

2.5.5.1　简介

钩端螺旋体病（leptospirosis,简称钩体病）是由各种不同型别的致病性钩端螺旋体（简称钩体）所引起的一种急性全身性感染性疾病,属自然疫源性疾病,鼠类和猪是两大主要传染源。临床特点为起病急骤,早期有高热、精神沉郁、软弱无力、结膜充血、浅表淋巴结肿大等钩体毒血症状;中期可伴有肺出血、肺弥漫性出血、心肌炎、溶血性贫血、黄疸、全身出血倾向、肾炎、脑膜炎、呼吸衰竭、心力衰竭等靶器官损害表现;晚期多数病例恢复,少数病例可出现后发热、眼葡萄膜炎以及脑动脉闭塞性炎症等多与感染后的变态反应有关的后发症。钩端螺旋体病,1886 年外耳氏（A. weil）曾描写一种人的流行性急性传染性黄疸病,其主要临床症状为骤起的寒战发热、全身无力、黄疸、出血、肝脾肿大及肾功能衰竭等。一般医学文献中称本病为威尔氏病（Weil's disease）。危险性最大的有两类人群:生活在城市贫民区的人群和仅能维持生活的农民。钩端螺旋体病分布很广,几乎全世界各地都有此病的存在或流行。在我国已发现多地有钩端螺旋体病人或带菌动物,它们是:广东、广西、福建、浙江、江西、湖南、贵州、云南、四川、江苏、河南、河北、安徽、辽宁、陕西、湖北、山东、黑龙江、山西、内蒙古、吉林、北京、上海、天津以及台湾等[1],其中以广东、四川比较严重。随着调查研究工作的不断深入,一些新的疫区还将会不断地被发现。在热带地区全年都可能有病例发生,国内大部流行区主要于 7~10 月发病,其中八九月为高峰[2]。

钩端螺旋体病患者多为农民,也有在流行地区疫水中游泳或沟溪中洗澡、涉水而感染的其它职业的病例。值得指出的是,许多家畜是本病的储存宿主,因此饲养员也是易感染者。从婴儿到老年只要有机会接触病原体都可能得病,之所以有好发年龄和性别上的差别,主要是受感染机会的多少所致。从外地进入疫区的人员,由于缺乏免疫力,往往比本地人易感[2]。

鼠类和猪是两个重要保菌带菌宿主,它们可通过尿液长期排菌成为本病的主要传染源。但它们的带菌率、带菌的菌群分布和传染作用等方面,各地区有很大差别。在鼠类中,就国内资料分析看来,以黄胸鼠、沟鼠、黑线姬鼠、黄毛鼠、鼷鼠的带菌率较高,所带菌群亦多,分布较广;其他鼠类则次之。在家畜中,我国以猪带菌率最高,分布亦最广,猪在作为宿主动物这一点上占有重要地位,可能比鼠类还重要。其他家畜如牛、狗、羊等次之。此外,从猫、马、梅花鹿和鼷蜱体内也都分离出钩端螺旋体[2],近年来我国不少地区从蛙类体内分离出致病性钩端螺旋体。血清学检查的方法发现,蛇、鸡、鸭、鹅、兔、黄鼠狼、野猫等动物均有可能是钩端螺旋体的储存宿主[3]。

钩端螺旋体病患者及恢复期病人都可从尿中排菌,最近证实患钩端螺旋体病后一年多的康复者尿中亦能分离出钩端螺旋体。因此,在传染源的意义上,应该重视人类也是钩端螺旋体的宿主这一问题。

钩端螺旋体属于螺旋体目（order Spiroehaetalis）密螺旋体科（family Treponemataceae）钩端螺旋体属（*genus Leptospira*）。是一种纤细的螺旋状微生物，菌体有紧密规则的螺旋，长 4～20µm，宽约 0.2µm。菌体的一端或两端弯曲呈钩状，沿中轴旋转运动。旋转时，两端较柔软，中段较僵硬。钩端螺旋体对热、酸、干燥和一般消毒剂都敏感。在人的胃液中 30 分钟内可死亡。在胆汁中迅速被破坏，以致完全溶解。在碱性水中（pH7.2～7.4）能生存 1～2 个月，在碱性尿中可生存 24 小时，但在酸性尿中则迅速死亡。50～56℃半小时或 60℃ 10min 均能致死，但对低温有较强的抵抗力，经反复冰冻溶解后仍能存活。钩端螺旋体对干燥非常敏感，在干燥环境下，数分钟即可死亡。常用的消毒剂如：1/20000 来苏儿溶液、1/1000 苯酚、1/100 漂白粉液均能在 10～30min 内杀死钩端螺旋体。钩端螺旋体不易着色，在普通显微镜下难以看到，需用暗视野显微镜观察，在黑色背景下可见到发亮的活动螺旋体。亦可用镀银法染色检查，菌体呈深褐色或黑色。由于钩端螺旋体的直径很小，菌体柔软易弯曲以及其特有的运动方式，所以能穿过孔径为 0.1～0.45µm 的滤膜，并能穿入含 1% 琼脂的固体培养基内活动。病原体通过皮肤、黏膜侵入人体，这是传染本病的主要途径。虽然曾有过被鼠咬伤后发病的报告，但人与宿主动物直接接触并不是传染本病的主要方式。在多数情况下，人接触染有钩端螺旋体的疫水是传染本病的重要方式。与疫水接触时间愈长，次数愈多，发病的机会也愈多。

本病的潜伏期 2～28 天，一般是 10 天左右。临床上早期即钩体血症期，起病后 3 天内出现发热，全身乏力，特别是腿软明显，有时行动困难或不能站立，眼结膜充血，淋巴结肿大。中期症状明显，主要为各器官损伤，一般是起病后 3～10 天，如肺弥漫性出血，是近年无黄疸型钩体病引起死亡的常见原因，临床上来势猛，发展快。

2.5.5.2 研究进展

防治动物钩体病的疫苗有：a. 动物钩体病多价灭活苗。猪用苗含有波摩那、塔拉索夫和黄疸出血等血清群抗原，牛羊用苗含有波摩那、塔拉索夫、流感伤寒等血清群抗原。b. 动物钩体病高浓度虫苗。为多价灭活苗。可用于猪、牛、羊、骆驼和马属动物，亦可用于狐和水貂。c. 犬钩体病高浓度灭活苗。含犬型和黄疸出血型抗原，专供犬用。d. 牛气肿疽和钩体病二联灭活苗。e. 猪钩体病和细小病毒感染二联灭活苗。

2.5.5.3 疫苗制备的基本原理、疫苗特点以及市面上的产品、使用说明和注意事项

我国犬的钩体疫苗主要是进口的灭活疫苗，主要是犬型和黄疸型二价疫苗。常和犬四联苗或二联疫苗一起使用，作为后者（活疫苗）的稀释液。

参考文献

[1] 师悦，耿梦杰，周升，等. 2010-2022 年我国钩端螺旋体病流行病学特征[J/OL]. 中国血吸虫病防治杂志，1-7.

[2] 刘波，丁凡，蒋秀高，等. 2006-2010 年中国钩端螺旋体病流行病学分析[J]. 疾病监测，2012，27（01）：46-50.

[3] Renata L, Aleksandra V, Ksenija, et al. Prevalence of antibodies against Leptospira sp. in snakes, lizards and turtles in Slovenia[J]. Acta Veterinaria Scandinavica. 2013, 55（1）：65.

2.5.6　猫鼻气管炎、嵌杯病毒病、泛白细胞减少症疫苗

2.5.6.1　简介

（1）猫泛白细胞减少症病毒（feline panleukopenia virus，FPV）　是引起猫泛白细胞减少症的病原，1928年首次发现[1]，1939年正式命名。由FPV所引起的传染病以高热、呕吐、脱水、白细胞严重减少和出血性肠炎为主要特征。我国20世纪50年代初即有此病记载，1984年首次从自然病例中分离到该病毒[2]，此后陆续有该病毒分离成功的报道。

通过对多种动物类似疾病的病原学研究证明，FPV在自然条件下可感染猫科、浣熊科和鼬科等多种动物，如虎、豹、狮、家猫、野猫、山猫、豹猫、金猫、猞猁、水貂、浣熊，但以体型较小的猫科动物和水貂最为易感。FPV是目前肉食兽细小病毒中感染范围最宽、致病性最强的一种，是肉食兽的主要病原之一。在ICTV第9次报告中，将FPV、CPV和MEV归为同一病毒种的不同病毒株。目前认为，FPV是CPV的祖先。FPV主要是通过随机遗传漂移而变化，CPV则是在有选择压力的情况下发生的。

FPV对猫科动物、浣熊科动物和鼬科动物都具有极强的感染性，一年四季均可发生感染，尤以春末和夏季最为严重。各年龄段易感动物均可被感染，幼崽尤其敏感。一旦暴发流行，幼崽感染率为70%，死亡率50%~60%，最高可达90%。成年动物也可被感染，但一般不表现明显的临床症状。

患病动物和康复的带毒动物均可作为本病的传染源，这些动物可通过粪便、尿液等排泄物将病毒排入外界环境中，病毒在患病动物排泄物中浓度极高，可达$10^9 TCID_{50}/g$，并由于病毒对外界环境因素抵抗力极强，一旦在环境中存在，就很难消除，故容易造成大规模流行[3]。

FPV一般经消化道侵入体内，首先在口咽部进行复制，随后产生病毒血症，病毒随血流到达机体的各个器官，并在细胞有丝分裂旺盛的组织中停留、增殖。处于S期的有丝分裂细胞或减数分裂的细胞都会被本病毒侵入，同时细胞分裂过程被终止[4]。由本病毒导致的淋巴细胞减少涉及种类较多，包括外周血中的淋巴细胞、中性粒细胞、单核细胞和血小板。

本病毒对以上细胞的破坏作用不只存在于外周血中，淋巴器官包括胸腺、骨髓、淋巴结和脾中的此类细胞也会受到伤害。分裂旺盛的肠上皮细胞对本病毒十分易感，当病毒通过病毒血症到达肠上皮细胞时，便侵入细胞内进行复制和增殖，使患病动物的肠上皮细胞受损、脱落[5]。此时，由于上皮细胞下面的生发层细胞尚未分化成熟，不具备执行肠上皮细胞功能的能力，此时就会使患病动物出现本病的典型临床症状——肠炎。

病毒感染猫后潜伏期为2~9d，平均为4d。发病早期主要表现为精神倦怠，食欲减退，呈现明显的双相热。病猫精神极度沉郁，食欲废绝，频繁呕吐，呕吐液为黄绿色黏液。有的病猫出现下痢，严重的还出现血便，最后严重脱水，衰竭死亡。

妊娠母猫感染后多发生流产、早产、死胎或畸胎，出生的仔猫表现共济失调等症状。也有视网膜异常的病例。幼猫死亡率可达90%。

感染猫显著的血液生理学变化是白细胞降低。正常猫白细胞数为15000~20000个/mm^3，病猫血液中的白细胞多数降至8000个/mm^3以下，严重病例可降至4000个/mm^3，一旦降至2000个/mm^3以下，多数病猫预后不良。FPV可诱导猫淋巴细胞凋亡，这也许是白

细胞数量减少的重要原因之一。

病死猫尸体外观被毛粗乱，眼球下陷，皮下组织干燥。剖检时内脏病变主要见于消化道，表现为胃肠空虚，黏膜充血、出血或水肿，肠黏膜出血，在空肠和回肠中还有纤维素样渗出物。肠道发生水肿时，可见肠壁增厚，肠系膜淋巴结肿大、出血，切面呈现红、灰或白相间的大理石样花纹。肝脏、肾脏等瘀血或细胞变性。

病理组织学变化主要为空肠绒毛黏膜上皮细胞和肠腺上皮细胞出现严重细胞变性或坏死。脱落的坏死绒毛黏膜上皮细胞混入肠道的渗出纤维素中，呈网状或均质红染。

由于病毒可刺激机体产生抗体，故在感染后 14 天患病动物体内的病毒载量开始下降。但病毒可在肾脏中残留，即使患病动物康复，所有临床症状消失后一年内，也可在肾脏中检测到病毒的存在，并通过尿液排出。

本病毒具有细小病毒科病毒的典型特征，病毒颗粒直径 20～24nm，DNA 占病毒粒子质量的 25%～34%，分子量为 $1.4×10^6$～$1.7×10^6$。病毒对外界环境具有极强的抵抗力，65℃处理 30min 仍不会丧失其感染性，60min 才会使大部分病毒粒子灭活；病毒对乙醚、氯仿、苯酚和胰蛋白酶具有抵抗力，可在 pH3 的环境中存活，0.2% 的甲醛处理 24h 才能完全灭活。粪便中病毒可存活数月至数年，因此，貂、猫等养殖场一旦出现该病，很难彻底消毒，极易产生二次感染，并导致大规模流行。

FPV 必须在正进行有丝分裂的宿主细胞内增殖，这是因为它们的复制必须依靠宿主细胞的 DNA 聚合酶。因此，在体外进行病毒培养时，应在细胞传代后同步接种病毒，或于细胞传代后 24h 内接种病毒，这样才能使病毒得到良好的增殖。同 CPV 一样，病毒的这一特性也决定了它只能侵染动物体内分裂旺盛的组织细胞，如肠上皮细胞、淋巴结中增殖旺盛的细胞和骨髓等。因此，临床上感染幼崽可出现肠炎和淋巴细胞减少症等典型症状。

FPV 基因组全长 4559～5323nt，两端具有发夹结构，长 120～160nt，在该发夹结构中间，还有一个对称的回文序列，导致 FPV 基因组呈"Y"或"T"型空间构象。这一结构对病毒基因组的复制至关重要。基因组中含有两个启动子，它们利用宿主细胞的 RNA 聚合酶Ⅱ分别启动两个结构蛋白 VP1 和 VP2 以及两个非结构蛋白 NS1 和 NS2 的表达。这两种结构蛋白和非结构蛋白分别由一条 mRNA 分子通过选择性剪接翻译产生[6]。

病毒复制过程中，宿主细胞内同时合成 FPV 的正链和负链基因组，只有负链 DNA 基因组才能与病毒衣壳蛋白进行正确的包装。

病毒核衣壳由 VP1 和 VP2 两种结构蛋白构成，性质极为稳定，在 pH2～11 环境中特性均不会改变。其中 VP1 含有 5～6 个亚单位，VP2 含有 54～56 个亚单位，两种蛋白按照一定的空间方式排列组合，形成正二十面体对称结构。也有研究表明，在哺乳动物或杆状病毒系统中表达的 VP2 蛋白可以在没有 VP1 参与的情况下，单独形成病毒样粒子。在病毒粒子表面，VP2 的 8 个 β 折叠片层形成反向平行的筒状结构，暴露于病毒粒子外侧，形成本病毒的主要抗原位点[6]。

FPV 具有极强的血凝性，在 4℃ 的条件下能凝集猪的红细胞和恒河猴红细胞，也可凝集马和猫的红细胞，但不能凝集牛、绵羊、兔、豚鼠、大鼠、地鼠、鸡、鹅的红细胞以及人的 O 型血红细胞。故血凝和血凝抑制试验可用于本病诊断。FPV、MEV 和 CPV 不同株与不同动物种类红细胞之间的凝集性存在质和量上的差别，且血凝性通常受稀释液 pH和反应温度的影响。FPV 只有一个血清型，对猪红细胞的适宜 pH 为 6.5～6.8，pH 过低时会出现红细胞自凝现象，需加入 0.05% 的牛血清白蛋白或 0.5% 灭活的兔血清作稳定剂，反应温度以 4℃ 为宜。

FPV 能在幼猫肾、肺、睾丸、脾、心、肾上腺、肠、骨骼和淋巴结等组织原代细胞中增殖，也可在 F81、CRFK、FK、NLFK 和 FLF（猫胎肺细胞）等猫源细胞中传代以及在水貂或雪貂等细胞中增殖，但不能在鸡胚中增殖。病毒传代需要与细胞同步接毒或 40%～50% 贴壁时再接种病料，可明显提高 FPV 分离成功率及病毒增殖滴度。接毒量较大时，细胞在 10～12h 后出现核仁肿大，核周有圆晕，核内形成包涵体。有报道认为，犊牛血清中可能含有抑制 FPV 增殖的耐热性物质，经 56℃ 灭活 30min 并不能使其完全失活，故在培养液中加入犊牛血清后，病毒滴度将大幅下降，甚至不出现细胞病变[4]。

（2）猫杯状病毒（Felinecalici virus，FCV）　是在猫群中广泛分布的一种具有高度传染性的病原，能够引起猫的口腔和上呼吸道疾病，称之为猫传染性鼻结膜炎（infectious feline rhinitis-conjunctivitis）。临床症状包括鼻炎、结膜炎和口腔溃疡，严重病例出现支气管炎和肺炎，也可引起关节或肌肉疼痛以及慢性口腔溃疡。

FCV 是一种分布广泛的病毒，已从全球各地的猫群中分离到，还没有 FCV 对实验动物致病的证据。

几乎所有猫科动物对 FCV 都有易感性。FCV 感染家猫引起的疾病在世界范围内普遍流行，是家猫最常见的上呼吸道疾病之一。圈养野生猫科动物感染病例也时有报道。一些野生猫科动物种群中也有 FCV 的流行。

FCV 主要通过接触传播，也可通过近距离喷嚏形成的气溶胶传播。患病和带毒的野生或家养的猫都是 FCV 的宿主和传染源。养猫者或买卖猫者也是一种重要的传播媒介。很多康复猫从口咽部排出病毒，排毒时间可持续数年甚至终生。

本病毒感染在世界范围内流行，发病率在 2%～40% 之间。50% 的呼吸道疾病病例可分离到该病毒。1 岁龄以上的猫通常都有该病毒的抗体，因此超过这个年龄的猫也很少会发生该病。康复猫能够携带 FCV 数月乃至数年，病毒以低滴度感染的形式存在于扁桃体，并通过口咽部排毒。FCV 的发病率很高但致死率很低。但近 10 年来，高致死性的病例不断有报道，这可能与 FCV 病毒的高度变异和在高密度猫群内的持续性感染有关[7]。FCV 在野生猫科动物中的流行情况与家猫类似。

我国夏咸柱等在 1994 年和 2000 年先后从发病圈养虎和猎豹中分离获得该病毒[8,9]，表明该病对圈养野生动物存在威胁。尽管 FCV 的宿主主要为猫科动物，但有证据表明，犬也可以感染 FCV[10]。值得注意的是，抗体调查发现一些人和海洋哺乳动物的血清中存在 FCV 抗体。

FCV 不同毒株毒力差异较大，低毒力株致亚临床感染，高毒力株则引发肺炎。

FCV 感染的潜伏期为 2～6d，自然病程 7～10d。

常见和最有特征性的症状为口腔、舌和硬腭的溃疡。发病猫表现为精神沉郁，眼、鼻分泌物增多；有时流涎和出现结膜炎、肺炎，幼猫表现更为典型，少数急性呼吸道感染会导致幼猫死亡，有的引起慢性胃炎或关节炎。

感染动物在临床上可表现为急性、亚急性型或亚临床感染型。少数病例可出现跛行，感染 FCV 有跛行症状的猫，关节处可见损伤，并伴随关节膜增厚，关节内滑液量增多。可从感染 FCV 猫的关节膜处的巨噬细胞中分离到病毒。还有一些毒株的感染可引起肺炎等下呼吸道症状。在无继发细菌感染时，通常在 7～10d 后，感染猫康复。值得注意的是，表现为上述症状的猫科动物多伴有多种病原的混合感染，需要鉴别诊断。

近年来还出现了以病毒血症和高致死率为主要症状的病例，潜伏期为 2～3d，感染猫以秃毛、皮肤溃疡、皮下水肿、全身感染和高致死率为特征。

幼猫的发病率高，仔猫的死亡率可达 30%。康复后可长时间带毒。

FCV 感染的初级阶段是先吸附到细胞表面，与细胞受体 JAM-1 结合后，通过内吞作用，穿透细胞膜后核酸进入细胞质[11]。病毒的最初复制部位是口腔、呼吸道和扁桃体上皮细胞。主要在口腔和呼吸道组织增殖。

由于不同的毒株其组织偏嗜性和致病性不同，也有少数存在于内脏器官、粪便和尿液中。在急性感染期产生病毒血症。发病动物舌溃疡的边缘和基质有大量嗜中性粒细胞浸润。肺表现间质性肺炎，肺泡内有蛋白渗出物和肺泡巨噬细胞聚集，肺泡及其间隔有单核细胞浸润，支气管和细支气管有大量蛋白渗出物、单核细胞及脱落的上皮细胞。

FCV 无囊膜，直径 35～39nm，核衣壳呈二十面体对称，只有 1 个衣壳蛋白，衣壳上整齐排列着 32 个暗色中空的杯状结构亚单位。基因组为单股正链 RNA，不同分离株基因组长度为 7677～7693nt 不等。以 FCV2280 株为例，其基因组长 7683nt，基因组 5′末端共价结合有决定 FCV 基因组感染性的 VPg 蛋白，VPg 蛋白取代了基因组 5′端的帽状结构，直接与蛋白翻译起始因子相作用，启动病毒的翻译过程，但基因组 3′端不含 poly（A）尾，整个基因组包含 3 个 ORF，ORF1 位于基因组 5′末端，位置为 20～5311nt，约占整个基因组的 69.2%，编码非结构蛋白，翻译后将被病毒蛋白酶切割成 P5.6、P32、P39、P30、P13 及 P76 多个蛋白，包括一个病毒蛋白酶和 RNA 依赖的 RNA 多聚酶；ORF2 为 5314～7320nt，编码病毒的主要结构蛋白的前体物，经蛋白酶加工切除 N 端 124 个氨基酸，形成 62kDa 的成熟衣壳蛋白 VP1。ORF2 衣壳蛋白分为 A～F 六个区域，B、D、F相对保守，C、E 变异较大。E 含有主要 B 细胞表位，可作为毒株分型的参照。FCV 成熟的衣壳蛋白能够自我组装成空衣壳即病毒样粒子（VLPs）；ORF3 位于基因组的 3′末端，位置为 7317～7637nt，编码 106 个氨基酸，大小约为 12kDa 的结构蛋白 VP2。VP2 参与病毒颗粒的正确组装。基因组的 5′和 3′非翻译区长分别为 19nt 和 46nt[12]。

在病毒感染细胞中，除基因组 RNA 外，还存在着亚基因组 RNA，长约 2.4kb，编码 ORF2 和 ORF3 的亚基因组 RNA。病毒可能利用亚基因组 RNA 进行基因表达。

FCV 对多种常用消毒剂具有抵抗性，但用 0.75%次氯酸钠或 2%NaOH 能有效地将其灭活。病毒在 pH4.0～5.0 条件下稳定，50℃30min 可将其灭活，$MgCl_2$ 不但无保护作用，相反加速其灭活。

FCV 只有一个血清型，但因其基因组的 E 区极易发生变异，导致病毒抗原性变化很大，与猪水疱疹病毒具有一定的抗原相关性。病毒不凝集红细胞。

本病毒是杯状病毒科中除猪水疱疹病毒以外，唯一可在细胞中培养增殖的病毒，在猫细胞系上易于增殖，可产生明显的细胞病变，通常传代病毒可在 12h 内引起明显的细胞病变。某些毒株可在绿猴肾和海豚肾细胞上增殖。

（3）猫鼻气管炎病毒（feline rhinotracheitis virus，FRV） 又称猫疱疹病毒 1 型，是致猫急性上部呼吸道感染的一种疱疹病毒。该病毒所引起的疾病在临床表现上与猫鼻结膜炎（杯状病毒引起）、猫传染性泛白细胞减少症（细小病毒引起）和猫肺炎（衣原体引起）很难区分，只有通过特异的血清学反应或分离病原才能作出准确诊断。猫鼻气管炎是一种高度接触性传染病，发病率可达 100%，仔猫死亡率可达 50%，成年猫不死亡。

FRV 是 1975 年 Crandell 等首次从美国患呼吸道疾病的仔猫中分离到的[13,14]。随后相继发现于加拿大、英国、荷兰、瑞士、匈牙利和中国等地。但主要呈局限性分布。

猫是 FRV 唯一的自然宿主，病猫是主要的传染源。病毒在鼻、咽喉、气管、支气管以及舌、结膜等的上皮细胞内增殖，并经鼻、眼、咽等的分泌物排出。通过含病毒飞沫的吸入而传播。自然康复或人工接种耐过猫能长期带毒和排毒，成为危险的传染源，且可以潜伏感染。孕猫感染后可能发生垂直传播并致死胎儿。

该病毒感染的潜伏期为 2～5 天且取决于猫的年龄、免疫状况以及品种。病猫或呈亚临床表现，体温正常或仅有轻微发热而无任何其他症状，也可能明显发病。仔猫较成年猫症状严重。病猫体温升高，呈明显的上部呼吸道感染症，不时打喷嚏，流眼泪，鼻分泌物增多，同时出现鼻卡他和结膜炎，继之精神沉郁，食欲减退。患病仔猫约半数死亡，如合并细菌感染则死亡率更高。临床症状经一周后逐渐缓和并痊愈。部分患猫可转为慢性，出现咳嗽、鼻窦炎和呼吸困难等症状。

病理变化主要在呼吸道。初期，鼻腔和鼻甲骨黏膜呈弥漫性充血，喉头和气管也呈现类似变化。数日后在鼻腔和鼻甲骨黏膜出现坏死灶，甚至出现溶骨性病变。呼吸道黏膜细胞特别是鼻中隔、鼻甲骨和扁桃体黏膜细胞中出现典型的嗜酸性包涵体。扁桃体和颈部淋巴结肿大，散在不等数量的出血点。慢性病例可见鼻窦炎。

人工滴鼻、肌内或静脉注射接种感染仔猫，于 48 小时内体温升高，可持续 6～10 天。于感染后 2～5 天，于呼吸道黏膜细胞核内出现典型包涵体，其中以鼻中隔、鼻甲骨和扁桃体黏膜细胞中的包涵体最多。

FRV 具有疱疹病毒的一般形态特征，位于细胞核内的病毒粒子平均直径约 148nm，位于细胞浆内的病毒粒子直径为 128～168nm，细胞外游离病毒的直径约 164nm，含 162 个壳粒[15]。

病毒对外界因素的抵抗力很弱，离开宿主后只能存活数天。对酸和脂溶剂敏感。在 −60℃ 下只能存活 3 个月。在 56℃ 4～5min 灭活。

FRV 只有一个血清型。交叉中和试验表明其与猫细小病毒、牛鼻气管炎病毒、伪狂犬病病毒、猫杯状病毒以及单纯疱疹病毒等都不呈现交叉反应。交叉中和试验时，与猫杯状病毒和细小病毒间也没有共同抗原关系。对猫红细胞有凝集和吸附的特性。

FRV 能在猫胚的肾、肺以及睾丸细胞培养物内良好增殖和传代。兔肾细胞也能较好增殖病毒。病毒增殖迅速，细胞致病性强，通常在接种后 2～6d 产生分散性病灶，细胞变圆，细胞质呈线状，并出现合胞体。病变细胞培养物在显微镜下呈葡萄串状。在细胞病变开始出现后 36～48h 内细胞常全部脱落。感染细胞因核内有大量椭圆形嗜酸性包涵体，在琼脂覆盖层下能形成蚀斑。病毒不感染鸡胚和鸡胚成纤维细胞，可对人、猴和牛源细胞发生顿挫型感染，并形成包涵体，但难以传代。

2.5.6.2 研究进展

本病的灭活疫苗和弱毒疫苗均有应用，但一般倾向于使用弱毒疫苗。应该注意的是，国外有报道弱毒疫苗可以引起胎猫脑部感染、发病，因此不能用活疫苗对孕猫或 4 周龄以下幼猫进行免疫[16]。

易感幼龄动物出生一段时间后，虽然体内母源抗体会下降至最低保护滴度以下，但仍对疫苗免疫效果具有影响。故临床上常在母源抗体完全消失后再行免疫接种。

FCV 的所有毒株都被认为是一个血清型的不同变种，因为它们之间存在很强的血清交叉反应。用 FCV 的一个变异株免疫猫，可以产生对其他株的保护。

猫杯状病毒的灭活疫苗和活疫苗都可以用于家猫的免疫，可对 FCV 的感染产生适度的免疫保护，即只能保护动物不发病，并不能抵抗动物被感染。对于圈养的野生猫科动物，弱毒疫苗接种特别是通过口服接种可导致动物发病，故建议应用灭活疫苗。

FHV 的人工免疫的免疫力和持续期较长，部分猫虽然没有产生中和抗体或抗体水平很低，但具有较强的细胞免疫原性，同样具有抵抗性。在遇到强毒感染时，只表现轻微的咳嗽和喷嚏。

2.5.6.3 疫苗制备的基本原理、疫苗特点以及市面上的产品、使用说明和注意事项

FPV 疫苗接种后可以使动物获得较为持久的免疫力，甚至达到终身免疫的效果。因此，加强免疫就显得没有那么重要，临床上可以以 3 年为周期进行免疫预防。

猫杯状病毒弱毒疫苗通常与猫鼻气管炎病毒（一种疱疹病毒）和猫细小病毒（引起猫泛白细胞减少症）组成三联疫苗，通过鼻腔或肌内注射接种。FCV 感染后或用灭活或致弱的 FCV 免疫后可产生血清中和抗体。对 FCV 有免疫力的母猫所生仔猫可通过吸吮初乳获得母源抗体。

国外已有 FCV 弱毒疫苗供应，可以单独使用，也有猫鼻气管炎与猫杯样病毒二联苗，或与猫泛白细胞减少症、猫肺炎衣原体的多联苗。

参考文献

[1] Jane E S, Colin R P. 30-Feline panleukopenia virus infection and other feline viral enteritides, Editor（s）: Jane E. Sykes, greene's infectious diseases of the dog and cat（Fifth Edition）[M]. Philad elphia: W. B. Saunders, 2021.

[2] 李刚，蔡宝祥，张振兴. 猫泛白细胞减少症病毒的鉴定[J]. 南京农业大学学报，1985（01）: 97.

[3] Uttenthal A, Lund E, Hansen M. Mink enteritis parvovirus. Stability of virus kept under outdoor conditions[J]. Acta Pathologica, Microbiologica, et Immunologica Scandinavica, 1999, 107: 353-358.

[4] 李天宪，赵林，罗怡珊，等. 四种动物病毒的细胞培养及血凝检测的比较研究[J]. 中国病毒学，1994（01）: 77-80.

[5] 亢文华，赵凤龙，郝霖雨，等. 猫泛白细胞减少症病毒的研究进展[J]. 中国畜牧兽医，2008（09）: 108-111.

[6] Van BK, Wang X, Shi M, et al. The enteric virome of cats with feline panleukopenia differs in abundance and diversity from healthy cats[J]. Transboundary and Emerging Diseases, 2022, 69: e2952-e2966.

[7] Hofmann-Lehmann R, Hosie M J, Hartmann K, et al. Calicivirus infection in cats[J]. Viruses, 2022, 14（5）: 937.

[8] 范泉水，夏咸柱，邱薇，等. 老虎感染猫传染性鼻-结膜炎病毒的研究[J]. 中国病毒学，2000（04）: 62-67.

[9] 高玉伟，夏咸柱，扈荣良，等. 猎豹与虎猫杯状病毒的分离及其超变区基因比较研究[J]. 中国预防兽医学报，2003（03）: 19-22.

[10] Mohr A J, Leisewitz A L, Jacobson L S, et al. Effect of early enteral nutrition on intestinal permeability, intestinal protein loss and outcome in dogs with severe parvoviral enteritis[J]. Journal of Veterinary Internal Medicine, 2003, 17（6）: 791-798.

[11] Makino A, Shimojima M, Miyazawa T, et al. Junctional adhesion molecule 1 is a functional receptor for feline calicivirus[J]. Journal of Virology, 2006, 80（9）: 4482-4490.

[12] 王延树，向华，程淑琴. 猫杯状病毒基因组结构与结构蛋白功能研究进展[J]. 中国兽药杂志，

2007（06）：29-33.

[13] Crandell R A. Virologic and immunologic aspects of feline viral rhinotracheitis virus[J]. Journal of the American Veterinary Medical Association, 1971, 158（6 Suppl）: 922-926.

[14] Povey R C. Feline respiratory infections--a clinical review[J]. The Canadian Veterinary Journal, 1976, 17（4）: 93-100.

[15] 牛江婷, 伊淑帅, 王开, 等. 猫疱疹病毒1型分子生物学研究进展[J]. 病毒学报, 2017, 33（02）: 274-278.

[16] Thiry E, Addie D, Belák S, et al. Feline herpesvirus infection. ABCD guidelines on prevention and management[J]. Journal of Feline Medicine and Surgery, 2009, 11（7）: 547-555.

2.5.7　重组干扰素

Ⅰ型干扰素如 IFN-α、IFN-β、IFN-ε、IFN-κ 和 IFN-ω 代表细胞因子，与固有免疫和适应性免疫的调节及激活有关，具有强烈的抗病毒、抗增生和免疫调节活性，因此可以治疗不同的病毒病、增生病和免疫障碍。早期的治疗采用 IFN 的非特异性诱生剂，后来被不同的重组蛋白所取代。在医学上，采用Ⅰ型 IFN 作为活性因子，目前广泛用于治疗乙型肝炎、丙型肝炎、淋巴瘤、髓性白血病、肾脏肿瘤、恶性黑色素瘤、多发性红斑狼疮等。此外，重组猫 IFN-ω 已被批准用于犬细小病毒、猫泛白细胞减少症病毒和猫免疫缺陷病毒感染等。Ⅰ型干扰素在犬淋巴瘤、肉瘤、肿瘤、犬瘟热、细小病毒、乳头瘤病毒以及干燥性角膜结膜炎和特应性皮炎中也具有潜在应用前景[1]。

犬传染性性病肿瘤（canine transmissible venereal tumour，CTVT）是一种主要位于两性外生殖器的自然发生的犬类传染性肿瘤。长春新碱是治疗该病最有效和最实际的治疗方法。Kanca[2] 等将 150 万 U 重组人 IFN α-2a 和长春新碱合用，与单用长春新碱治疗相比，可显著缩短治疗时间。

在临床上证明犬的 IFN-α 可减少犬齿唇炎的发生。日本学者 Yamaki[3] 等发现在猫中也有一定效果，可降低牙龈炎和口臭的发生率并缩短发病时间。在另一项研究中证明，IFN-α 和克林霉素合用和单用克林霉素相比，可以抑制牙周病原菌——古莱卟啉单胞菌（Porphyromonas gulae）A 型、B 型菌 IL-1β 和 COX-2 的表达，但不能抑制 C 型菌，从而降低该种菌的毒性，因此，可以预防该菌引起的牙周疾病[4]。

参考文献

[1] Daniela K, Wolfgang B, Ingo G. Type I interferons in the pathogenesis and treatment of canine diseases[J]. Veterinary Immunology and Immunopathology, 2017, 191: 80-93.

[2] Kanca H, Tez G, Bal K, et al. Intratumoral recombinant human interferon alpha-2a and vincristine combination therapy in canine transmissible venereal tumour[J]. Veterinary Medicine and Science, 2018, 4（4）: 364-372.

[3] Yamaki S, Hachimura H, Ogawa M, et al. Long-term follow-up study after administration of a canine interferon-α preparation for feline gingivitis[J]. Journal of Veterinary Medical Science, 2020, 82（2）: 232-236.

[4] Nomura R, Inaba H, Yasuda H, et al. Inhibition of Porphyromonas gulae and periodontal

disease in dogs by a combination of clindamycin and interferon alpha[J]. Scientific Reports, 2020, 10（1）: 3113.

2.5.8　犬细小病毒单克隆抗体

犬细小病毒单克隆抗体（CPV McAb）是利用细胞融合技术，将犬细小病毒免疫的 BALB/c 小鼠脾细胞与 SP2/0 瘤细胞融合，制备出能分泌抗犬细小病毒单克隆抗体的杂交瘤细胞株，从中培养、筛选出特异性的杂交瘤细胞，接种 SPF 级 BALB/c 小鼠，从腹腔中提取的高效高特异性抗体即为治疗和预防犬细小病毒的单克隆抗体制剂[1]。由于单克隆抗体的分子量小，特异性极强，可迅速到达病毒侵染组织的细胞杀灭病毒，达到快速治愈的目的，是目前世界上用于治疗和预防犬细小病毒效果最好的生物制剂。哈尔滨元亨生物药业有限公司生产的犬细小病毒单克隆抗体制剂的 HI 抗体效价不低于 1∶1280。

犬细小病毒单克隆抗体可通过淋巴和血液循环系统快速到达病毒侵染的组织和细胞，抑制病毒对宿主细胞的侵染及病毒的复制，达到杀灭犬体内病毒的目的。同时又可参与犬体内的其它抗病毒保护机制，如免疫调理，抗体依赖细胞介导的细胞毒作用和抗体依赖补体介导的细胞毒作用，从而进一步激活犬体内的细胞免疫系统，发挥更大的杀灭病毒的作用[2]。

在进行犬细小病毒的紧急预防时，体重 10kg 以下犬，每只肌内注射 1～3mL；体重 10～25kg 犬，每只肌内注射 3～5mL；体重 25kg 以上犬，每只肌内注射 5～10mL；可保护犬 7d 内免受犬细小病毒的感染。在紧急治疗时，每公斤体重 0.5mL，腹股沟内侧肌内注射，连用 3 天；严重者酌情加倍。

单克隆抗体一般在 −18℃ 以下冷冻保存，有效期 2 年；开瓶后保存于 4℃，一周内有效，不宜反复冻融。

犬细小病毒单克隆抗体注射液

【主要成分及含量】犬细小病而单克障抗体，HI 效价≥1280。

【性状】微带乳光浅红色透明液体。

【作用与用途】用于治疗犬细小病毒性肠炎。

【用法与用量】肌内注射，每 kg 体重注射 0.5mL，每日 1 次，连用 3 日；或遵医嘱。

参考文献

[1] 杨凯越，宋彩玲，李彤彤，等. 抗犬细小病毒单克隆抗体的制备与鉴定[J]. 畜牧与兽医，2020，52（10）: 54-58.

[2] 姜旭，赵健，倪婷婷，等. 犬细小病毒免疫球蛋白的有效性评价[J]. 实验动物科学，2020，37（05）: 9-13.

2.6

其他动物传染病生物制品

2.6.1 兔病毒性出血症疫苗

2.6.1.1 简介

兔病毒性出血症又称兔瘟,是由兔病毒性出血症病毒(rabbit hemorrhagic disease virus,RHDV)引起的一种急性、烈性传染病,死亡率高达70%~90%。该病于1984年在我国江苏省首次暴发,目前在全世界广泛流行,为农业农村部和海关总署动物疫病名单中的二类动物传染病,对兔养殖产业造成了严重的危害。

RHDV属于杯状病毒科,是无囊膜的单股正链RNA病毒,直径35~40nm,病毒粒子的衣壳由32个高5~6nm的圆柱状壳粒构成,表面有短的纤突[1,2]。至今未建立起适合该病毒繁殖的细胞系,无法进行体外培养。RHDV的基因组全长约7.4kb,包含两个开放阅读框[3]。编码衣壳蛋白(VP60)、VP10、解旋酶、蛋白酶、RNA依赖的RNA聚合酶、VPg、P16、P23、P29。兔出血症病毒与其它杯状病毒相比,最显著的特点是具有血凝性,RHDV能够凝集人类的各型红细胞,肝脏组织中的病毒血凝效价可达10×2^{20},平均为10×2^{14};RHDV也凝集绵羊、鸡、鹅的红细胞,但凝集能力较弱;不凝集其他动物的红细胞。红细胞凝集试验(HA)在pH 4.5~7.8的范围内稳定,最适pH为6.0~7.2;如pH低于4.4,则会导致溶血;pH高于8.5,吸附在红细胞上的病毒将被释放。血凝抑制(HI)试验、琼脂扩散试验、ELISA和中和试验证实,世界范围内的RHDV均为同一血清型。欧洲野兔综合征病毒(EBHS)与RHDV抗原性相关,但血清型不同,前者的抗血清不能抑制RHDV的血凝作用,用RHDV特异性单克隆抗体或高免血清作ELISA、免疫电镜、免疫印迹可将二者区分开来,动物交叉保护试验和传递试验也显示二者之间有较大的差异。该病毒对紫外线和干燥环境抵抗力较强,1%氢氧化钠4h、1%~2%甲醛和1%漂白粉3h被灭活。生石灰和草木灰对病毒几乎无作用。[4-11]

该病只发生于家兔和野兔,各品种的兔均易感,多发于60日龄以上的青年兔和成年兔,两月龄内的仔兔感染发病率较低,哺乳仔兔很少发病。本病一年四季均可发生,但以冬春多发。温度和湿度似乎是重要的气候变量,在澳大利亚,干旱和半干旱内陆地区的RHD死亡率高于气温较低的潮湿沿海地区,并且该病在繁殖季节变得活跃。RHDV的主要传播途径是消化道和呼吸道,RHDV的传播可能通过与被感染动物直接接触发生,也可通过被污染的介质间接传播,如被污染的饲料、饮水、灰尘、用具、兔毛、环境及饲养人员的手、衣物等,在自然界中,粪口传播被认为是优先的传播方式。新疫区的成年兔的发病率和死亡率可达90%~100%,一般疫区为78%~85%。

该病的潜伏期为1至3天,家兔常在发热后12小时至36小时死亡。根据疾病的临床演变,可能会出现最急性、急性和慢性三种不同的临床过程。最急性感染伴有厌食、结膜充血,还可能观察到角弓反张、兴奋、麻痹和共济失调等神经系统症状,偶尔会出现呼吸道症状,也可能发生流泪、眼出血和鼻出血。急性症状与最急性症状相似但较轻,且大多数可以存活，多发生在流行中期，病兔体温升高到 41～42℃，精神委顿，呼吸困难，食欲减退，渴欲增加，耳壳潮红，温热，可视黏膜和鼻唇部皮肤发绀，往往有便秘、腹胀、少数出现腹泻。死前有短期兴奋、挣扎、狂奔，咬笼架，全身颤抖，倒地抽搐，惨叫而死。慢性型多见于流行后期或老疫区，病兔精神萎靡，耳奄头低，拒食，消瘦，被毛枯焦，体温基本正常，最后衰弱死亡。有些病兔可耐过，但发育迟缓，可带毒和从粪便中排毒一个月之久。肝、肺和脾是 RHDV 主要靶向器官。目前该病尚没有有效的特异性治疗方法，因此免疫预防措施是预防和控制该疾病的重要手段。

该病病变可见喉头、气管黏膜有弥漫性充血、出血，气管和支气管内有泡沫状血液，形成"红气管状"。肺瘀血、水肿，有点状或斑状出血；肝肿大、瘀血或在表面出现灰白色坏死灶；胆囊肿大、出血；肾瘀血、肿大，又称为大红肾。消化道黏膜充血，易于脱落，浆膜下有散在的出血点；肠系膜淋巴结水肿、出血；胸腺肿大、出血；肌肉大腿区域贫血、心肌瘀点、心肌局灶性坏死；皮层血管充血、皮层和小脑软脑膜区域血管扩张充血、皮层小出血、偶有非化脓性脑脊髓炎伴淋巴细胞浸润。[12-15]

本病可根据流行病学特点、典型的临床症状和病理变化，作出诊断。确诊后可用血凝试验、琼脂糖扩散试验和酶联免疫试验等。预防该病需坚持自繁自养，谨慎引进种兔和商品兔。严禁从疫区、病场引兔，并严格遵守兽医卫生制度。需要定期预防接种。

2.6.1.2 兔病毒性出血症疫苗研究进展

由于兔病毒性出血症致死率高、传染性强，且缺乏有效、经济的治疗方法，因此，安全有效的疫苗对于该病的防治发挥着关键作用。目前，兔病毒性出血症疫苗最常见的类型是灭活疫苗。由于现阶段还无法通过细胞培养的方式在体外培养 RHDV，现有的灭活疫苗均来源于感染 RHDV 兔的组织悬浮液，即组织灭活疫苗，主要取自感染兔的肝脏。复合佐剂疫苗应用于 RHDV 预防比较普遍，常用的佐剂主要有油乳剂、铝佐剂和弗氏佐剂、蜂胶、黄芪多糖、人参皂苷等。

由于组织灭活疫苗的风险及动物福利问题，多种其他类型的疫苗也在研发过程中，包括亚单位疫苗、核酸疫苗、病毒载体疫苗、病毒样颗粒疫苗等。RHDV 的衣壳蛋白 VP60 已在多个研究中用作针对 RHDV 的亚单位疫苗，表达系统涵盖了大肠杆菌、昆虫细胞、酵母、植物、昆虫幼虫等。VP60 同样是病毒样颗粒疫苗、核酸疫苗、病毒载体疫苗的主要抗原，核酸疫苗包括 DNA 和 RNA 疫苗，病毒载体疫苗使用的载体包括黏液瘤病毒、腺病毒、羊口疮病毒、痘病毒牛Ⅰ型疱疹病毒等。

2.6.1.3 主要上市疫苗产品研究进展

目前上市的兔病毒性出血症疫苗主要为灭活疫苗，部分为病毒样颗粒疫苗，常与多杀性巴氏杆菌病疫苗、产气荚膜梭菌病（A 型）疫苗联用。

（1）兔病毒性出血症灭活疫苗　目前主要包括两种。一是兔病毒性出血症灭活疫苗，该疫苗包含灭活的兔病毒性出血症病毒，为均匀混悬液，静置后，下层有少量沉淀，免疫期为 6 个月。该疫苗注射方式为皮下注射，可免疫 45 日龄以上兔，每只 1.0mL。未断奶乳兔也可使用，每只 1.0mL，断奶后应再接种 1 次。使用时有以下注意事项：a. 切忌冻结，冻结过的疫苗严禁使用；b. 应将疫苗恢复至室温，使用时应充分摇匀；c. 接种时，应作局部消毒处理；d. 用过的疫苗瓶、器具和未用完的疫苗等应进行无害化处理。

二是兔病毒性出血症、多杀性巴氏杆菌二联灭活疫苗，该疫苗主要成分为灭活的兔病毒性出血症病毒和多杀性巴氏杆菌，为均匀混悬液，静置后上层为澄清液体，下层有少量沉淀。该类产品用于预防兔病毒性出血症及多杀性巴氏杆菌，免疫期为 6 个月。注射方式为皮下注射，2 月龄以上兔，每只 1.0mL。该类疫苗需 2～8℃保存，有效期为 12 个月。使用时有以下注意事项：a. 仅用于接种健康兔，但不能接种受孕后期的母兔；b. 注射器械及接种部位必须严格消毒，以免造成感染；c. 在兽医指导下进行接种，在已发病地区，应按紧急防疫处理；d. 部分兔注射后可能出现一过性食欲减退的现象；e. 用过的疫苗瓶、器具和未用完的疫苗等应进行无害化处理。

（2）兔病毒性出血症病毒样颗粒（或亚单位）疫苗　除了灭活疫苗，目前已有 VP60 病毒样颗粒（或亚单位）疫苗上市。该类疫苗最先由江苏省农业科学院兽医研究所等单位研制成功，为病毒样颗粒疫苗，于 2017 年获得一类新兽药注册证书。目前该类疫苗均由杆状病毒表达系统表达，含灭活的 RHDV 重组 VP60 杆状病毒表达的 VP60 蛋白，VP60 蛋白灭活前的血凝效价不低于 1∶256。该疫苗为浅黄色均匀混悬液，静置后上层为浅黄色的澄清液体，下层有少量沉淀。免疫期为 7 个月。注射方式为颈部皮下注射。35 日龄及以上家兔，每只 1mL。使用时有以下注意事项：a. 只用于接种健康兔；b. 使用前应使疫苗达到室温，用前充分摇匀；c. 注射器械及免疫部位必须严格消毒，以免造成感染；d. 用过的疫苗瓶、器具、未用完的疫苗等应进行消毒处理；e. 疫苗严禁冻结，应避免高温或日光直射。

除了以上典型的疫苗产品，兔病毒性出血症疫苗还会与多杀性巴氏杆菌病疫苗、产气荚膜梭菌病（A 型）疫苗组成三联疫苗，其中兔病毒性出血症疫苗的抗原类型涵盖组织灭活抗原与 VP60 蛋白。

截至 2022 年 4 月 3 日，应用于兔病毒性出血症灭活疫苗的毒株包括 YT 株、LQ 株、SD-1 株、AV-34 株、AV33 株、CD85-2 株。应用于蛋白类疫苗的毒株（杆状病毒）包括 BAC-VP60 株、VP60 株、RHDV-VP60 株、re-Bac VP60 株。

参考文献

[1] Thouvenin E, Laurent S, Madelaine M F, et al. Bivalent binding of a neutralising antibody to a calicivirus involves the torsional flexibility of the antibody hinge [J]. J Mol Biol, 1997, 270（2）：238-246.

[2] Valícek L, Smíd B, Rodák L, et al. Electron and immunoelectron microscopy of rabbit haemorrhagic disease virus（RHDV）[J]. Arch Virol, 1990, 112（3-4）：271-275.

[3] Meyers G, Wirblich C, Thiel H J. Rabbit hemorrhagic disease virus--molecular cloning and nucleotide sequencing of a calicivirus genome [J]. Virology, 1991, 184（2）：664-676.

[4] Sibilia M, Boniotti M B, Angoscini P, et al. Two independent pathways of expression lead to self-assembly of the rabbit hemorrhagic disease virus capsid protein [J]. J Virol, 1995, 69（9）：5812-5815.

[5] Boga J A, Marín M S, Casais R, et al. In vitro translation of a subgenomic mRNA from purified virions of the Spanish field isolate AST/89 of rabbit hemorrhagic disease virus（RHDV）[J]. Virus Res, 1992, 26（1）：33-40.

[6] Neill J D, Reardon I M, Heinrikson R L. Nucleotide sequence and expression of the capsid protein gene of feline calicivirus [J]. J Virol, 1991, 65（10）：5440-5447.

[7] Machín A, Martín Alonso J M, Parra F. Identification of the amino acid residue involved in rabbit hemorrhagic disease virus VPg uridylylation [J]. J Biol Chem, 2001, 276（30）：

27787-27792.

[8] Boniotti B, Wirblich C, Sibilia M, et al. Identification and characterization of a 3C-like protease from rabbit hemorrhagic disease virus, a calicivirus [J]. J Virol, 1994, 68（10）: 6487-6495.

[9] König M, Thiel H J, Meyers G. Detection of viral proteins after infection of cultured hepatocytes with rabbit hemorrhagic disease virus [J]. J Virol, 1998, 72（5）: 4492-4497.

[10] Wirblich C, Thiel H J, Meyers G. Genetic map of the calicivirus rabbit hemorrhagic disease virus as deduced from in vitro translation studies [J]. J Virol, 1996, 70（11）: 7974-7983.

[11] Goodfellow I, Chaudhry Y, Gioldasi I, et al. Calicivirus translation initiation requires an interaction between VPg and eIF 4 E [J]. EMBO Rep, 2005, 6（10）: 968-972.

[12] Mitro S, Krauss H. Rabbit hemorrhagic disease: a review with special reference to its epizootiology [J]. Eur J Epidemiol, 1993, 9（1）: 70-78.

[13] Marques R M, Costa E S A, Aguas A P, et al. Early acute depletion of lymphocytes in calicivirus-infected adult rabbits [J]. Vet Res Commun, 2010, 34（8）: 659-668.

[14] Ferreira P G, Costa E S A, Monteiro E, et al. Liver enzymes and ultrastructure in rabbit haemorrhagic disease（RHD）[J]. Vet Res Commun, 2006, 30（4）: 393-401.

[15] Ramiro-ibáñez F, Martín-alonso J M, García palencia P, et al. Macrophage tropism of rabbit hemorrhagic disease virus is associated with vascular pathology [J]. Virus Res, 1999, 60（1）: 21-28.

2.6.2 水貂病毒性肠炎（细小病毒病）疫苗

2.6.2.1 水貂病毒性肠炎简介

水貂病毒性肠炎是一种急性、高度接触性，以剧烈腹泻为主要特征的严重危害养貂业的重要传染病之一。本病于 1947 年在加拿大安大略省威廉堡地区首次发生，1949 年加拿大学者 Schofield 将其命名为水貂传染性肠炎[1]。1952 年 Wills 提出是一种病毒引起本病的流行，称其为水貂细小病毒（mink enteritis parvo virus，MEV）[2]。1981 年，姜延秀等人首次报道我国发现疑似水貂病毒性肠炎疫情，随后该病在国内各水貂养殖省份逐渐蔓延，给水貂养殖业造成巨大经济损失，并成为水貂养殖业重点防控的传染病之一[3-5]。

水貂病毒性肠炎是由细小病毒科（Parvoviridae）细小病毒亚科（Parvovirinae）的成员水貂细小病毒引起，与之同属病毒还包括猫细小病毒（feline parvovirus，FPV）、犬细小病毒（canine parvovirus，CPV）等多种肉食兽细小病毒，亲缘关系极为密切[6]。MEV 的病毒颗粒形态为等轴对称的二十面体，电镜观察形状为六边形或近似圆形，直径为 18～26nm，病毒颗粒分为由 VP1、VP2、VP3 这 3 种结构蛋白质构成衣壳蛋白的实心颗粒和仅由 VP1 和 VP2 这 2 种结构蛋白质构成衣壳蛋白的空心颗粒[7,8]。MEV 为单股 DNA 病毒，病毒衣壳蛋白表面不含有囊膜（无脂类和糖基化的蛋白质成分），因此，MEV 对外界环境有着较强的抵抗力，能够抵抗四氯化碳、乙醇等脂溶性有机溶剂，但对次氯酸、漂白粉等强氧化剂不耐受[9]。MEV 能在含 50% 的甘油的生理盐水中低温保存 4 个月；耐热性较强，经 56℃ 100min 或 80℃ 30min 的处理后依然不失活；在外界环境中的细小病毒能存活 1 年以上，并能保持毒力不减弱，甲醛、紫外线及氧化剂等在一定条件下处理可灭活 MEV[10]。MEV 为自主复制性病毒，其基本特征、基因组结构、复制方式及转录方式与同属其他细小病毒相似，病毒的增殖需要依赖处于增殖旺盛期的细胞，与细胞内复制的因子具有相关性[11]。基因组全长约为 5000bp，具有 2 个开放阅读框分别编码非结构蛋白和结构蛋白。非结构蛋白（non-structural protein）包括 NS1 和 NS2，其中 NS1 蛋白分子质量为 83kDa，在病毒的复制、转录过程中起重要作用；NS2 与病毒 DNA 的扩增调控及衣壳蛋白的转录、组装过程相关[12]。结构蛋白（structural protein）主要包括衣壳蛋白 VP1 和 VP2，VP1 蛋白在病毒的复制和组装以及病毒发挥感染能力等方面具有重要作用；VP2 蛋白是组成 MEV 核衣壳的主要蛋白，在 MEV 的遗传进化及致病性等方面具有决定性的作用，可以诱导水貂产生 MEV 特异性中和抗体[13,14]。

MEV 具有很强的传染性，不同品种和不同年龄的水貂均可感染，而幼貂尤其是刚断奶的幼貂发病率极高，发病后耐过的水貂可获得长时间的免疫力。MEV 的传播方式为通过直接接触或间接接触传播，患病动物的粪便等排泄物是本病的主要传染源，可经污染的饲养器具、工作人员和饲料等传播。另外还发现昆虫、鼠类和鸟类也可作为机械传播媒介进行传播[15]。流行病学调查结果显示，水貂病毒性肠炎的暴发具有季节性、地方性和周期性的流行特点，常发生于每年的 6～9 月份，如果在貂群中开始传播，会引起地方性流行，由于 MEV 对外界环境抵抗力较强，在没有及时采取有效防治措施的条件下，MEV 在被污染的笼具和土壤中可存活一年以上，通常会在次年分窝前后的幼貂群中再次流行[16,17]。MEV 的潜伏期一般是 4～9d，但多为 4～5d，患病水貂从一开始的精神沉郁、食欲下降到最后死亡一般不超过 2 周。腹泻是患病水貂的主要临床症状，MEV 分为最急性型、急性型、亚急性型和慢性型四种类型。最急性型水貂会很快死亡，甚至没有表现出 MEV 的临床病症，有时仅发现食欲下降；急性型水貂的临床症状明显，精神沉郁、采食量下降、趴窝不动、行为懒散，病情重的出现呕吐情况，伴有体温升高情况出现，可达 41℃左右，一般会在 5d 内死亡；亚急性型水貂一般可活 7～10d，临床上出现腹泻，精神萎靡，饮食下降，被毛粗糙无光泽，身体迅速消瘦、抵抗力下降，敏感性降低，蜷缩在笼里睡觉等情况。慢性型多由急性转归或开始就取慢性经过。病貂表现精神沉郁、食欲缺乏、反应迟钝、被毛蓬乱无光泽，呕吐腹泻，粪便常混有血液，呈灰白色、粉红色、灰绿色或煤焦油状。有的病貂逐渐恢复健康，但长期带毒，且生长发育迟缓，有的病貂最后衰竭而死。

水貂肠炎细小病毒能够在细胞核内自行复制，只需要处于有丝分裂过程（S 期）并且增殖能力旺盛的宿主细胞（骨髓干细胞、肠黏膜、淋巴组织等）的复制机制的辅助，但不需要辅助病毒的帮助。细小病毒的生活周期包括四个主要阶段，也是细小病毒在侵染宿主细胞到子代带病毒释放过程中的主要阶段，包括病毒的吸附与侵入、脱壳、病毒成分的合成及装配与释放[18]。

侵染宿主细胞的过程，主要发挥病毒感染作用的是 MEV 与细胞表面的转铁蛋白受体（transferrin receptor protein，TfR）的结合。TfR 是一种在细小病毒入侵细胞过程中起到决定性作用的膜蛋白，并且由宿主细胞基因组编码。MEV 通过内吞作用进入 CRFK 细胞，就是由于病毒与细胞表面的 TfR 结合形成的复合体，激活了网格蛋白介导的内吞结构[19]。在研究鼠细小病毒感染过程中，发现鼠细小病毒通过两种内吞作用进入宿主细胞，分别是依赖网格蛋白介导的和小窝蛋白介导的内吞作用[20]。MEV 在细胞质中，需要微管蛋白等细胞骨架的蛋白参与病毒粒子到宿主细胞核的转运过程[21]。在内吞小体的运输过程中，VP1 蛋白暴露的核定位序列指导病毒粒子通过细胞核上的核孔复合物进入细胞核，完成后续的感染过程。VP2 蛋白在病毒的遗传进化及病毒的跨种间传播过程中也起到重要作用。研究证实，VP2 蛋白上几个氨基酸的改变就会影响病毒的生物学特性。VP2 蛋白的 300 位氨基酸突变频率最高，该位点的突变能导致犬细小病毒宿主特异性发生变化，从而使得犬细小病毒能感染猫[22]。

2.6.2.2　水貂病毒性肠炎疫苗研究进展

MEV 感染水貂后，病情发展极为迅速，致死率高，而且具有很强的传染性，因此对于此类疾病来说，预防大于治疗。早在 20 世纪 50 年代初 Wills 和 Pzidham 等把感染病毒水貂的肠内容物和含毒脏器研磨后制成组织灭活疫苗对健康水貂进行免疫，能够有效保护水貂不被病毒感染，取得很好的免疫保护效果。组织灭活苗是当时唯一可用于预防 MEV 的疫苗。1977 年 Vacek 等人开展了水貂犬瘟热、细小病毒性肠炎和肉毒梭菌三联苗方面的研究。1987 年，猫细小病毒（FPV）疫苗被 Rivera 研制成功，这种疫苗不仅能保护猫不被 FPV 感染还能帮助水貂抵抗 MEV 攻击，对预防 MEV 起到重要作用。吴威通过单克隆抗体技术，成功对我国 MEV 进行系统分型，筛选出毒力稳定、免疫原性良好的毒株，并成功研制出 MEV 灭活疫苗，对我国水貂养殖业的健康发展起了巨大作用。Vacek 和 Winans 等将 MEV 在 CRFK 细胞上连续传代，使其致弱，成功制备了 MEV 弱毒疫苗，该疫苗能诱导全面的免疫应答，具有免疫原性好、接种次数少、保护率高等特点。

近几年随着分子生物学技术的不断进步，有关 MEV 的新型疫苗包括亚单位疫苗、表位疫苗、DNA 疫苗和合成肽疫苗等逐渐出现。与传统疫苗相比，这些疫苗具有成本低、安全性好、免疫程序简单等优点。利用基因重组技术，Christensen 等使用昆虫细胞-杆状病毒表达系统成功表达了 MEV VP2 蛋白，不仅可使水貂产生抵抗病毒的抗体，且本身对水貂无毒副作用。倪佳等利用昆虫细胞表达系统表达的 MEV VP2 可在昆虫细胞内直接组装成病毒样颗粒（virus like particle，VLP），用该颗粒免疫大耳白兔后发现其可激发兔产生特异性抗体，证实了 VLP 具有良好的免疫原性。Langeveld 等应用 $150\mu g$ 合成肽或 $3\mu g$ 重组 VP2 蛋白免疫一次水貂，即可收到良好的免疫保护效果。Dalsgaard 等成功将 MEV VP2 蛋白的短线性表位插入豇豆花叶病毒的感染性克隆 cDNA 中，并在黑眼豆中增殖，从而获得嵌合病毒颗粒，使用 1mg 该嵌合病毒颗粒即可诱导水貂产生抗 MEV 抗体，而免疫动物接种强毒后无临床症状，且不排毒。

2.6.2.3　主要上市疫苗产品研究进展

目前市场上在售的水貂病毒性肠炎疫苗可分为灭活疫苗和弱毒活疫苗 2 类，均可以有效预防水貂病毒性肠炎的发生。其中灭活疫苗主要是利用 F81 细胞或 CRFK 细胞对水貂细小病毒进行扩增培养后，使用适当的灭活剂对病毒液进行灭活，并与相应的免疫佐剂按照一定比例混合，进而制备出水貂病毒性肠炎灭活疫苗。灭活疫苗具有安全性高、对动物刺激性小、易于存放等优点；但同时存在免疫效力差，不能诱导机体产生细胞免疫，需要对水貂进行多次免疫等缺点。截至 2021 年，我国市场上在售的水貂病毒性肠炎灭活疫苗主要有水貂细小病毒性肠炎灭活疫苗（MEVB 株）、水貂病毒性肠炎灭活疫苗（MEV-RC1 株）。

弱毒疫苗株是制备弱毒活疫苗的前提条件，而水貂病毒性肠炎弱毒疫苗株可以通过 2 种方法获得，一是将 MEV 在 CRFK 细胞或 F81 细胞上连续传代培养，从而获得 MEV 致弱株；二是利用 MEV 与猫细小病毒（FPV）具有较好的抗原交叉保护性，以 FPV 弱毒直接作为水貂病毒性肠炎的弱毒疫苗株。在获得了弱毒疫苗株的基础上，利用 F81 细胞或 CRFK 细胞对该弱毒株进行扩增培养，将病毒液去除杂质后，与其他疫苗组分混合，即可获得水貂毒性肠炎二联、三联弱毒活疫苗。弱毒活疫苗是活的病毒，具有能够在动物体内增殖、可诱导全面的免疫应答反应、免疫原性好、保护率高等优点，但同时弱毒活疫苗可能存在毒力返祖或可与野生毒株发生基因重组。我国市场上在售的水貂病毒性肠炎弱毒活疫苗主要有水貂犬瘟热、病毒性肠炎二联活疫苗（CL08 株＋NA04 株），水貂犬瘟热、病毒性肠炎二联活疫苗（JTM 株＋JLM 株），水貂犬瘟热、细小病毒性肠炎二联活疫苗（CDV3-CL 株＋FPV-A 株）等。

（1）水貂细小病毒性肠炎灭活疫苗（MEVB 株）　该疫苗是由中国农业科学院特产研究所开发并研制，于 2009 年 12 月获得了国家三类新兽药注册证书。该疫苗应用免疫原性良好的水貂细小病毒 MEVB 株，接种于猫肾传代细胞系（CRFK 或 F81）进行培养，收获细胞培养液，经甲醛溶液灭活后，加氢氧化铝胶制成。经肌内或皮下接种断乳 21 日后仔貂或配种前 30～60d 种貂，每只 1mL。疫苗免疫期为 6 个月，在 2～8℃保存，有效期为 10 个月。在使用该疫苗时应注意以下事项：a. 用前应将疫苗充分摇匀；b. 启封后应当日用完；c. 疫苗严禁冻结，在冷藏条件下运输和保存。

（2）水貂犬瘟热、病毒性肠炎二联活疫苗（JTM 株+ JLM 株）　该疫苗以犬瘟热病毒 JTM 株和细小病毒 JLM 株分别接种非洲绿猴肾细胞（Vero 细胞）和猫肾细胞（CRFK 或 F81 细胞）进行扩增培养，收获细胞培养物后，按适当比例与冻干保护剂混合，经真空冷冻干燥制成。每头份疫苗含犬瘟热病毒不低于 102.5 $TCID_{50}$，细小病毒不低于 103.5 $TCID_{50}$，接种分窝 2～3 周（7～8 周龄）健康水貂，或于配种前 3 周加强免疫，每只水貂背部皮下接种 1mL（含 1 头份）。免疫期为 6 个月，2～8℃保存，有效期为 18 个月。在使用该疫苗时应注意以下事项：a. 疫苗经稀释后应充分摇匀，限一次用完；b. 应使用无菌注射器进行接种；c. 注射部位应严格消毒；d. 使用后的疫苗瓶和相关器具应严格消毒，未使用完的疫苗应及时销毁。

参考文献

[1] Schofield F W. Virus enteritis in mink[J]. North American veterinarian, 1949, 30: 651-654.

[2] Wills C G. Notes on infectious enteritis of mink and its relationship to feline enteritis[J]. Can J Comp Med Vet Sci, 1952, 16（12）: 419-420.

[3] 姜廷秀，朴厚坤，王喜龙，等. 疑似水貂病毒性肠炎初报[J]. 毛皮动物饲养，1981（02）: 4-6.

[4] 高云，宋纯林，吴玉林，等. 水貂病毒性肠炎（MEV）流行病学调查及防治[J]. 特产科学实验，1984（04）: 35-36.

[5] 于永红，高云，韩慧民，等. 我国"水貂病毒性肠炎"研究初报——国内首次分离获得本病病毒株[J]. 特产科学实验，1984（02）: 2.

[6] Carmichael L E. An annotated historical account of canine parvovirus[J]. J Vet Med B Infect Dis Vet Public Health, 2005, 52（7-8）: 303-311.

[7] Cotmore S F, Tattersall P. Parvoviruses: Small Does Not Mean Simple[J]. Annu Rev Virol, 2014, 1（1）: 517-537.

[8] 王建科，程世鹏，闫喜军，等. 水貂肠炎病毒分子检测技术与基因工程疫苗研究进展[J]. 动物医学进展，2008, 29（10）: 69-73.

[9] 殷震，刘景华. 动物病毒学[M]. 2 版. 北京: 科学出版社，1997.

[10] 饶家辉，王玉平，雷连成. 猫细小病毒、犬细小病毒、貂细小病毒的特征比较[J]. 中国畜牧兽

医，2009，36（07）：166-168.

[11] Cotmore S F, Agbandje-McKenna M, Chiorini J A, et al. The family Parvoviridae[J]. Arch Virol, 2014, 159（5）: 1239-1247.

[12] Ruiz Z, Mihaylov I S, Cotmore S F, et al. Recruitment of DNA replication and damage response proteins to viral replication centers during infection with NS2 mutants of Minute Virus of Mice（MVM）[J]. Virology, 2011, 410（2）: 375-384.

[13] Gallo C M, Wilda M, Boado L, et al. Study of canine parvovirus evolution: comparative analysis of full-length VP2 gene sequences from Argentina and international field strains [J]. Virus Genes, 2012, 44（1）: 32-39.

[14] Tu M, Liu F, Chen S, et al. Role of capsid proteins in parvoviruses infection [J]. Virol J, 2015, 12（1）: 114.

[15] 扈荣良. 现代动物病毒学[M]. 北京：中国农业出版社，2014.

[16] Hoelzer K, Parrish C R. The emergence of parvoviruses of carnivores[J]. Veterinary research, 2010, 41（6）: 39.

[17] 聂金珍，吴威. 水貂病毒性肠炎[J]. 中国兽医杂志，1989，15（08）：46-48.

[18] Halder S, Ng R, Agbandje M. Parvoviruses: structure and infection[J]. Future Virol, 2012, 2（7）: 253-278.

[19] Park G S. Two mink parvoviruses use different cellular receptors for entry into CRFK cells [J]. Virology Journal, 2005, 1（340）: 1-9.

[20] Garcin P O, Pante N. The minute virus of mice exploits different endocytic pathways for cellular uptake[J]. Virology Journal, 2015, 4（82）: 157-166.

[21] Lyi S M, Tan M J, Parrish C R. Parvovirus particles and movement in the cellular cytoplasm and effects of the cytoskeleton[J]. Virology Journal, 2014, 4（5）: 342-352.

[22] Lamas-Saiz A L, Agbandje-McKenna M, Parker J S, et al. Structural analysis of a mutation in canine parvovirus which controls antigenicity and host range [J]. Virology. 1996, 1（225）: 65-71.

2.6.3　水貂出血性肺炎疫苗

2.6.3.1　水貂出血性肺炎简介

水貂出血性肺炎是由铜绿假单胞菌（*Pseudomonas aeruginosa*，PA）又称绿脓杆菌引起的水貂急性传染病，多发生于秋季，尤其是水貂换毛时，以出血性肺炎为主要特征，发病急，死亡快，常呈地方性暴发性流行，也有个别慢性发病的病例，该病死亡率为10%～50%，给养貂业造成了较大的经济损失。1953 年 Knox 等在丹麦首次报道了水貂出血性肺炎，之后在欧洲的其他国家、北美洲、南美洲、亚洲也有该病的发生[1-3]。我国1983 年潘锛生等首次报道了该病[4]，随着水貂养殖规模和集约化程度的提高，山东、吉林、黑龙江、河北、内蒙古等地的水貂养殖场相继暴发了水貂出血性肺炎，给我国水貂养殖业带来了巨大危害，目前该病已成为危害水貂养殖的主要传染病之一。

水貂出血性肺炎主要是由铜绿假单胞菌又称绿脓杆菌引起的。铜绿假单胞菌是一种革兰氏阴性需氧杆菌，为 γ-变形菌纲类假单胞菌科假单胞菌属的成员，宽 0.5～0.7μm、长1.5～3.0μm，呈单个、成双或短链存在，端生单鞭毛。DNA 的（G＋C）含量为 67.2%，呼吸性代谢方式，营养需求简单[5]。PA 可产生三种类型菌落，第一种分离自土壤或水的

PA 分离株，通常为小而粗糙型的菌落；第二种分离自人及动物的临床样本，通常为大而光滑、边缘扁平的煎蛋样菌落；第三种分离自人的呼吸道和尿道分泌物，通常为表面光滑的黏液样菌落，产生黏液样菌落的原因为 PA 能够产生海藻泥而使菌落具有黏液样外观，此类型菌具有较强的定植和致病作用。大多数 PA 菌株能产生水溶性的蓝色或粉色荧光素。PA 具有代谢多样性特点，可以在 70 多种有机化合物中生长，能适应各种复杂的物理条件（42℃、高浓度的盐和染料、弱防腐剂等），并且对许多常用的抗生素（氯霉素类药物等）产生天然耐药。正是因为 PA 的基因组特点决定了 PA 具有较强的环境生存能力，该菌广泛存在于水、土壤、植物及腐物中，并且越来越被认为是一种新出现的临床机会致病菌，可感染众多哺乳动物、禽类、爬行类和鱼类，引起牛乳腺炎、流产、犬外耳炎、马角膜溃疡和子宫炎、家禽死胚、绵羊烂羊毛、水貂出血性肺炎等疾病。

铜绿假单胞菌含有 O-抗原、菌毛抗原、鞭毛抗原等成分，其中 O-抗原分为原内毒素蛋白质（original endotoxin protein，OPE）和内毒素两种成分[5]。内毒素中的脂多糖（lipopolysaccharide，LPS）具有群特异性，是铜绿假单胞菌血清学分型的重要表型依据。国际抗原分型系统（International Antigentic Typing System，IATS）依据脂多糖的不同分为 20 个血清型[6]。一些国家依据自己国家的常见流行菌株统合整理，创建了自己的血清分型系统，目前我国最常用的分型血清是日生研株式会社生产的铜绿假单胞菌血清分型鉴定试剂盒，是以日本学者 Homma 根据 O-抗原将铜绿假单胞菌分成 14 个血清型（A～N）为基础建立的[7,8]。研究发现，我国各地水貂出血性肺炎病原 PA 的血清型种类均一致，流行血清型最多的为 G（6 型）、B（2 型、5 型、16 型），偶尔发现 C（7 型、8 型）、D、E、I 和 F 型血清型（括号内对应的数字为国际血清分型系统，IATS）[2,9]，与欧洲国家流行的 PA 血清型种类一致[10]。

水貂出血性肺炎多发于秋季，尤其是水貂换毛时，脱落的毛对动物呼吸系统的刺激较大且铜绿假单胞菌易在毛发中繁殖滋生，一旦水貂的抵抗力下降，大量繁殖的铜绿假单胞菌趁机感染水貂引起水貂发病。铜绿假单胞菌污染的肉类饲料和水源及病貂的粪便、尿、分泌物等都是本病的传染源，本病感染的主要途径是口腔和鼻。幼龄貂较成年貂更易感，且幼公貂的感染率高于幼母貂[11]。本病自然感染潜伏期一般为 19～48h，少数可达 4～5d。最急性型病程仅为几小时，感染水貂未见明显症状即突然死亡；急性型病程一般为 1～2d，也有的为 4～5d，临床上大多数病例为急性型。急性型者一般表现为精神沉郁、体温升高、食欲减退、采食减少或完全停止采食、呼吸困难、呈腹式呼吸并伴有异常的叫声、鼻镜干燥、背毛粗糙，个别病貂眼部分泌物增多，爪子肿大。病程后期病貂出现神经症状，运动失调、全身抽搐、尖叫，鼻孔流出红色泡沫性液体、咯血，常于咳嗽和痉挛后死亡。粪便稀薄，呈黄绿色或者黑色，尿液呈铁锈色。多数病貂在出现病状后 1～3d 内死亡[12,13]。病理变化主要表现为肺部病变，整个肺区瘀血、充血、出血、水肿，有暗红色出血斑，肺叶呈棕褐色或深红色肝样病变，切开时流出大量泡沫状血样液体，严重的呈现大理石外观，投入水中下沉，肺门淋巴结肿大；胸腔内充满浆液性渗出液、胸膜有纤维素沉积；气管和支气管黏膜呈桃红色；心肌松弛、表面有出血点；脾脏肿大、整个呈暗红色、表面有黑色出血点或出血斑；肝脏肿胀、略微发黄、质脆、充血；肾脏稍肿、表面有针尖大出血点或出血斑、肾脏被膜易被剥落、皮质髓质均呈暗红色；胃和小肠前段含有血样内容物、胃肠黏膜脱落、胃黏膜潮红、有溃疡灶，肠黏膜有散在出血点、肠系膜淋巴结肿胀、出血；膀胱有出血点[14-16]。

2.6.3.2 水貂出血性肺炎疫苗研究进展

由于铜绿假单胞菌极易产生耐药性，抗生素治疗往往效果不佳，因此疫苗接种是其防治的理想方法，主要包含菌体灭活疫苗、组分疫苗和基因工程疫苗等。组分疫苗包括外膜蛋白（OMP）疫苗、胞外黏液多糖疫苗、脂多糖疫苗等，但因其提取工艺复杂、产量少，往往仅局限于实验室研究；而基因工程疫苗产量虽多，但是存在免疫原性弱、免疫期短、免疫次数多等缺点，无法满足兽医临床应用。目前菌体灭活疫苗是世界各国防治水貂出血性肺炎的主要产品，即将流行血清型的铜绿假单胞菌菌株灭活后制备成单价、多价灭活疫苗，可有效预防同类血清型菌株引发的该病。美国联合疫苗公司生产的铜绿假单胞菌灭活疫苗 P-vactm 于 2003 年批准上市，现今该公司研制开发的水貂肉毒梭菌、犬瘟热、肠炎、出血性肺炎四联疫苗和肉毒梭菌、肠炎、出血性肺炎三联疫苗均已上市；另外，先灵葆雅公司和俄罗斯也研制出了水貂肉毒梭菌、犬瘟热、肠炎、出血性肺炎四联疫苗。渠坤丽等利用 G+B+C 型三价灭活苗在山东、辽宁、河北等地的水貂养殖场进行了免疫接种，仅个别水貂出现由铝胶引起的化脓现象，保护率 100%。张海威等利用 E、G、D 型铜绿假单胞菌和 H11 基因型高致病性大肠杆菌，成功制备了水貂二联四价灭活疫苗，经过临床免疫试验，表明该疫苗可有效预防水貂肺炎的发生，保护率 100%。

2.6.3.3 主要上市疫苗产品研究进展

目前我国均采用灭活疫苗产品来预防水貂出血性肺炎的发生，即将流行血清型的铜绿假单胞菌菌株大规模培养后，应用适当灭活剂进行灭活，并与免疫佐剂按照一定比例混合，进而制备成单价、多价灭活疫苗，该疫苗可有效预防同类血清型菌株引发的该病。我国市场上在售的水貂出血性肺炎疫苗主要有水貂出血性肺炎二价灭活疫苗（G 型 DL15 株+B 型 JL18 株），水貂出血性肺炎二价灭活疫苗（G 型 WD005 株+B 型 DL007 株），水貂出血性肺炎、多杀性巴氏杆菌病、肺炎克雷伯杆菌病三联灭活疫苗（血清 G 型 DL1007 株+RC1108 株+ZC1108 株），水貂出血性肺炎三价灭活疫苗（G 型 RH01 株+B 型 PL03 株+C 型 RH12 株）等。

水貂出血性肺炎二价灭活疫苗（G 型 DL15 株+B 型 JL18 株） 该疫苗是由中国农业科学院特产研究所开发并研制，于 2016 年 06 月获得了国家二类新兽药注册证书，该产品每个菌株细菌含量不低于 $4×10^9$CFU/mL，用于预防 G 型、B 型血清型铜绿假单胞菌引起的水貂出血性肺炎。该疫苗免疫期为 5 个月，保护率 80% 以上，保存期 12 个月，于每年 7 月中下旬开始接种，接种部位为后肢内侧肌肉，每只水貂接种 1mL。在使用该疫苗时应注意以下事项：a. 仅用于接种 2 月龄以上健康水貂；b. 妊娠母貂禁用；c. 用前应将疫苗充分摇匀，一次用完；d. 疫苗严禁冻结，在冷藏条件下运输和保存；e. 注射时应使用灭菌器械，并且更换针头；f. 注射完毕后，疫苗瓶和剩余的疫苗及用具应经消毒后废弃。

参考文献

[1] Hammer A S, Pedersen K, Andersen T H. Comparison of Pseudomonas aeruginosa isolates from mink by serotyping and pulsed-field gel electrophoresis[J]. J Veterinary Microbiology, 2003, 94（3）: 237-243.

[2] 白雪，柴秀丽，闫喜军. 水貂出血性肺炎流行病学调查及绿脓杆菌疫苗研究进展 [J]. 现代农业科

技，2011（15）：317-318.

[3] Knox B. Pseudomonas aeruginosa som årsag til enzootiske infektioner hos mink（Pseudomonas aeruginosa as the cause of enzootic infections in mink）[J]. Nord Vet Med, 1953, 5: 731.

[4] 潘镰生，孟令新，郑丽敏. 水貂假单胞菌脂多糖菌苗研制初报 [J]. 毛皮动物饲养，1984（01）：1-4.

[5] 陆承平. 兽医微生物学 [M]. 3版. 北京：中国农业出版社，2007.

[6] Liu P V, Wang S. Three new major somatic antigens of Pseudomonas aeruginosa[J]. J Clin Microbiol, 1990, 28（5）: 922-925.

[7] 韩明明. 绿脓杆菌比色 LAMP 检测法的建立及水貂出血性肺炎绿脓杆菌三价灭活疫苗的研制[D]. 长春：吉林大学，2014.

[8] Homma J Y. Designation of the thirteen O -group antigens of Pseudomonas aeruginosa : an amendment for the tentative proposal in 1976[J]. Jpn J Exp Med , 1982, 52（6）: 317-320.

[9] 杨海燕，王颖，张传美，等. 貂源绿脓杆菌分离株的鉴定、血清学分型及药敏试验[J]. 动物医学进展，2014, 35（7）: 127-131.

[10] Salomonsen C M, Themudo G E, Jelsbak L, et al. Typing of Pseudomonas aeruginosa from hemorrhagic pneumonia in mink （Neovison vison）[J]. Veterinary microbiology, 2013, 163: 103-109.

[11] 初秀，隋慧萍. 貂假单胞菌性肺炎的研究近况[J]. 中兽医医药杂志，1999, 3: 36-37.

[12] 汤天学，王建平，曲光宪. 一起水貂绿脓杆菌性肺炎的诊治[J]. 特种经济动植物，2013, 11: 15-16.

[13] 柴秀丽，闫喜军，罗国良. 水貂出血性肺炎的防治[J]. 特种经济动植物，2008, 6: 13-14.

[14] 于超，刘海龙，邵芹，等. 一例水貂出血性肺炎的诊治[J]. 养殖技术顾问，2013, 12: 203.

[15] 宋荣华，沈双，水貂出血性肺炎的诊断与治疗[J]. 畜禽业，2011, 272 : 60-61.

[16] 宋雪梅. 水貂出血性肺炎的诊治[J]. 兽医导刊，2011, 10: 59.

2.6.4　马传染性贫血病疫苗

2.6.4.1　马传染性贫血病简介

马传染性贫血是由马传染性贫血病病毒（equine infectious anemia virus，EIAV）引起的马属动物以发热、贫血、出血、黄疸、消瘦、水肿和心脏衰弱等症状为特征的传染性疾病。通过不懈努力，我国已整体控制马传染性贫血，并致力于该病的根除，但该病在其他国家仍有流行。我国根据全国马传贫流行程度及其防治现状，将全国划分为历史无疫区、达标区、未达标区三类区域。本病在 1843 年首次发现于法国，后传遍世界各国。1931 年日本侵华时把此病带进了东北及华北等地，后来由苏联进口马匹时又再次传入，造成我国疫情严重。我国于 1965 年由中国人民解放军兽医大学首次成功分离马传贫病毒，进而研制成功了马传贫补体结合反应和琼脂扩散反应两种特异诊断法，1975 年中国农业科学院哈尔滨兽医研究所又研制成功了马传贫驴白细胞弱毒疫苗[1-8]。

马传贫病毒（EIAV）又称为沼泽热病毒，为 RNA 病毒。属于反转录病毒科慢病毒亚科。病毒粒子直径为 80～140nm。病毒粒子常呈圆形。有囊膜，膜厚约 9nm。病毒粒子中心有一个直径 40～60nm、电子密度高的锥形或杆形类核体。类核的外周有壳膜，壳膜外被亮晕包绕，其外面是囊膜，有纤突（球形突起）。病毒粒子存在于感染细胞的胞质、细胞表面和细胞间隙。细胞核内无马传贫病毒粒子。病毒主要在胞膜上以出芽方式成熟和释放，也可由胞质内的空泡膜上出芽成熟。马传贫病毒核酸型为 RNA，但病毒增殖有赖于 DNA。马传贫病毒有群特异性抗原（病毒内部可溶性核蛋白抗原），用补体结合反应和琼脂扩散反应可以检出，它主要用于本病的诊断。本病至少有 14 个型。表明马传贫病毒有多向性抗原漂移，这与病毒糖蛋白的结构改变有关。病毒只在马属动物白细胞及驴胎骨髓、肺、脾、皮肤、胞腺等细胞培养时才可复制。马属动物以外的其它动物人工感染和进行细胞培养均未获成功。也有报道美国用狗、猫细胞培养本病毒获得成功[5,9-13]。

马传贫主要发生于马、驴、骡，其它家畜、家禽及野生动物均无自然感染的报告，但有人工感染的记载。本病主要通过吸血昆虫（虻、厩螫蝇、蚊及蠓）对健康马多次叮咬而传染。污染的针头、用具、器械等，通过注射、采血、手术、梳刷及投药等均可引起本病传播。此外，经消化道、呼吸道、交配、胎盘也可发生感染。病马和带毒马是本病的主要传染源。病畜在发热期内，血液和内脏含毒浓度最高，排毒量最大，传染力最强（慢性病马）。而隐性感染马则终身带毒长期传播本病。本病主要呈地方流行或散发。一般无严格的季节性和地区性，但在吸血昆虫较多的夏秋季节及森林、沼泽地带发病较多。在新疫区以急性型多见，病死率较高，老疫区则以慢性型、隐性型为多，病死率较低。本病潜伏期长短不一，人工感染病例平均 10～30 天，长的可达 90 天。

根据临床表现，常将马传贫病马分为急性、亚急性、慢性和隐性四种病型。急性型，特征为高温稽留，病程短，死亡率高。病马体温突然升高 40℃ 以上，一般稽留 8～15 天不等，而后下降至常温，不久又升至 40℃ 以上，稽留不降，直到死亡。病程一般不超过一个月，最短 3～5 天死亡。高温期各种症状明显。发热初期，可视黏膜潮红，随病程发展表现苍白，黄染。在舌底面、口腔、鼻腔、阴道黏膜及眼结膜处，常见大小不一的鲜红色至暗红色的出血点（斑）。亚急性型，特征为反复发作的间歇热。一般发热 39℃ 以上持续 3～5 天退热至常温。经 3～15 天的间歇期又复发。有的病马出现温差倒转现象。病程1～2 个月。慢性型，特征为不规则发热。一般为微热及中热。病程可达数月及数年。临床症状及血液变化发热期明显，无热期减轻或消失，但心功能和使役能力降低，长期贫血、黄疸、消瘦。

急性型主要表现败血变化，舌下、齿龈、鼻腔、阴道黏膜、眼结膜，以及回肠、盲肠、大结肠的浆膜和黏膜常见鲜红色或暗红色出血点。亚急性和慢性贫血、黄染和单核内皮细胞增生反应明显，而败血性变化轻微。

本病据典型临床症状和病理变化可做出初步诊断，确诊需进一步做实验室诊断。在国际贸易中，指定诊断方法为琼脂凝胶免疫扩散试验（AGID），替代诊断方法为酶联免疫吸附分析试验。

2.6.4.2 马传染性贫血病疫苗研究进展

迄今为止，我国使用的马传染性贫血疫苗均为中国农业科学院哈尔滨兽医研究所研制的驴白细胞弱毒疫苗。该疫苗的毒株为强毒 $EIAV_{DV117}$，由中国农业科学院哈尔滨兽医研究所科研人员将 $EIAV_{LN40}$ 在驴体内传代 120 代获得，历时 8 年时间。此后，将 $EIAV_{DV117}$ 在驴白细胞经 121～130 代传代获得弱毒，至 1975 年研制成功。

该疫苗累计免疫马属动物六千万匹以上，可刺激马、驴产生明显的保护作用，马的保护率达 85% 以上，驴的保护率达到 100%。此外，国外也有以 $EIAV_{Wyoming}$ 株研制的灭活疫苗，但该疫苗只对同源毒株起保护作用，无法抵抗异源毒株。

2.6.4.3 主要上市疫苗产品研究进展

我国使用马传染性贫血疫苗为马传染性贫血驴白细胞活疫苗。该疫苗为微黄色的澄清液体。冻干疫苗为微黄色海绵状疏松团块，易与瓶壁脱离，加稀释液后迅速溶解。该疫苗为皮下注射，可用于马、驴、骡，免疫期为 2 年。使用时应注意：a. 液体疫苗在保存和运送时，应保持在冻结状态；b. 个别家畜注射疫苗后可能出现过敏反应，其症状（如头部浮肿、嘴肿、流涎、疝痛以及微热反应等）一般不需要治疗，重者可注射盐酸肾上腺素；c. 体质极度瘦弱和患有严重疾病的家畜，不宜注苗；d. 疫苗使用前宜先做小区试验，证明安全后再进行注射。

参考文献

[1] Barros M L, Borges A M C, Oliveira De A C S, et al. Spatial distribution and risk factors for equine infectious anaemia in the state of Mato Grosso, Brazil [J]. Rev Sci Tech, 2018, 37（3）：971-983.

[2] Cursino A E, Vilela A P P, Franco-luiz A P M, et al. Equine infectious anemia virus in naturally infected horses from the Brazilian Pantanal [J]. Arch Virol, 2018, 163（9）：2385-2394.

[3] Deshiere A, Berthet N, Lecouturier F, et al. Molecular characterization of Equine Infectious Anemia Viruses using targeted sequence enrichment and next generation sequencing [J]. Virology, 2019, 537: 121-129.

[4] De Liberato C, Magliano A, Autorino G L, et al. Seasonal succession of tabanid species in equine infectious anaemia endemic areas of Italy [J]. Med Vet Entomol, 2019, 33（3）：431-436.

[5] Dong J B, Zhu W, Cook F R, et al. Identification of a novel equine infectious anemia virus field strain isolated from feral horses in southern Japan [J]. J Gen Virol, 2013, 94（Pt 2）：360-365.

[6] Dorey-robinson D L W, Locker N, Steinbach F, et al. Molecular characterization of equine infectious anaemia virus strains detected in England in 2010 and 2012 [J]. Transbound Emerg Dis, 2019, 66（6）：2311-2317.

[7] Bueno B L, Câmara R J F, Moreira M V L, et al. Molecular detection, histopathological analysis, and immunohistochemical characterization of equine infectious anemia virus in naturally infected equids [J]. Arch Virol, 2020, 165（6）：1333-1342.

[8] Malossi C D, Fioratti E G, Cardoso J F, et al. High genomic variability in equine infectious anemia virus obtained from naturally infected horses in pantanal, brazil: An endemic region case [J]. Viruses, 2020, 12（2）：207.

[9] Quinlivan M, Cook F, Kenna R, et al. Genetic characterization by composite sequence analysis of a new pathogenic field strain of equine infectious anemia virus from the 2006 outbreak in Ireland [J]. J Gen Virol, 2013, 94（Pt 3）：612-622.

[10] Perry S T, Flaherty M T, Kelley M J, et al. The surface envelope protein gene region of equine infectious anemia virus is not an important determinant of tropism in vitro [J]. J Virol, 1992, 66（7）：4085-4097.

[11] Tu Y B, Zhou T, Yuan X F, et al. Long terminal repeats are not the sole determinants of virulence for equine infectious anemia virus [J]. Arch Virol, 2007, 152（1）：209-218.

[12] Weiland F, Matheka H D, Coggins L, et al. Electron microscopic studies on equine infectious anemia virus（EIAV）. Brief report [J]. Arch Virol, 1977, 55（4）：335-340.

[13] Cook R F, Leroux C, Cook S J, et al. Development and characterization of an in vivo pathogenic molecular clone of equine infectious anemia virus [J]. J Virol, 1998, 72（2）：1383-1393.

2.6.5　草鱼出血病疫苗

2.6.5.1　草鱼出血病简介

草鱼（*Ctenopharyngodon idellus*）是我国最重要的淡水经济鱼，其产量约占全国淡水鱼生产总量的 20%[1]，产值稳居我国淡水鱼养殖首位。而由草鱼呼肠孤病毒（grass carp reovirus，GCRV）引起的草鱼出血病（grass carp hemorrhage disease，GCHD），一直被认为是致病性最强的水产病毒病[2,3]，其以导致草鱼苗和一年龄的草鱼发生出血病为特征，造成 60%～100% 的死亡率，严重地阻碍了草鱼养殖业的健康发展[4]。1983 年，GCHD 的病原体才被确定为呼肠孤病毒家族的一个新成员。

GCRV 是呼肠孤病毒科（Reoviridae），水生呼肠孤病毒属（*Aquareovirus*）的重要成员。GCRV 为无囊膜具有双层衣壳的正二十面体球形颗粒，跟轮状病毒类似，直径 55～82nm，内衣壳厚约 5.2nm，外衣壳厚约 9nm，核心直径约为 50nm[5]。成熟的无囊膜病毒粒子主要由蛋白质和核酸组成，对氯仿和乙醚等有机溶剂具有较低敏感性。持续高温和反复低温冻融对病毒活性都有较大影响，但因为病毒有双层衣壳的保护，对常规环境具有完美的耐受性。

GCRV 的基因组由 11 个线性 dsRNA 片段（S1～S11）组成，总大小约为 24kb。根据 RdRP 和 VP6 基因序列，已建立的系统发育分析表明，中国至少有三个基因型，分别为基因型 I（GCRV-I，GCRV-873）、基因型 II（GCRV-II，GCRV-HZ08），以及基因型 III（GCRV-III，GCRV-104 或 HGDRV）[6]。

GCRV 的 11 条 dsRNA 片段编码 12 种病毒蛋白，其中 7 种为结构蛋白[7]，命名为 VP1～VP7，5 种为非结构多肽，命名为 NS1～NS5，也有人以 V1～V12 命名[8]。病毒粒子含双层衣壳，内衣壳为 VP1、VP2、VP3、VP4[9]、VP6[10]，其中 VP2（137kDa）和 VP4（79kDa）是微量结构蛋白[11]。VP5 和 VP7 为病毒外衣壳组分。此外 5 种非结构蛋白分别是 NS80/NS1[12]、NS38/NS2、NS31/NS3、NS26/NS4、NS16/NS5[13]。

VP1 由 dsRNA 基因组 S1 片段编码而成，与哺乳动物呼肠孤病毒（mammalian orthoreovirus，MRV）结构蛋白 λ2 具有较高的同源性，其结构分析显示具有一个呼肠孤病毒 L2 保守结构域。研究发现，5 个 VP1 分子形成一个圆柱形五聚体，跨越内外两层核衣壳，呈钉状突起，每个病毒粒子含有 12 个这样的钉状五聚体（turret protein）。在结构上可分为 4 个功能区：1 个 mRNA 鸟苷酸转移酶活性区（guanylyl transferase domain）；2 个甲基化酶活性区（methylase domain）；一个免疫球蛋白分叉结构域（immunoglobulin-like flap domain）。主要功能是参与病毒反义链 RNA 的转录和 5′ 加帽[14]。

VP2 是由 dsRNA 基因组 S2 编码的一种微量的核衣壳蛋白，与 MRV 结构蛋白 λ3 具有较高同源性，具有 RNA 依赖的 RNA 聚合酶活性，主要功能是合成 GCRV 11 个基因的 mRNA[15]。mRNA 合成的模板是 dsRNA 中的负链，合成的 mRNA 没有 poly（A），但携带完整的病毒 5′ 和 3′ 端非编码区（non-coding region，NCR）。对 VP2 结构分析显示，其具有一个 RdRP（RNA-dependent RNA polymerase）结构域。

VP3 是病毒的内层核衣壳蛋白，通过分子间相互作用形成二聚体构建核心骨架，每个病毒颗粒的内层核衣壳是由 120 个 VP3 蛋白分子构成，与 MRV 结构蛋白 λ1 具有较高同源性。对 VP3 结构分析，显示具有呼肠孤病毒 λ1 超家族保守结构域和锌结合位点，具有核苷三磷酸酶活性、5′三磷酸酶活性和 RNA 解旋酶活性[16]。其主要功能是参与病毒基因组的转录、RNA合成时双链RNA的解链、RNA加帽和5'-磷酸化。该蛋白不仅与外层核衣壳蛋白的VP1和VP6蛋白相连，还同由VP2与VP4组成的RdBP复合体、dsR-NA基因组具有结合作用，在转录和颗粒组装过程具有重要作用。同时，VP3存在VP3A和VP3B两种构象。

VP4是由dsRNA基因组 S5 编码的约80kDa病毒蛋白，与MRV的μ2蛋白具有22%的氨基酸同源性，对其结构分析显示具有一个呼肠孤病毒Mμ2超家族保守结构域，具有NTPase酶和RTPase酶活性，是病毒基因组复制过程中重要的辅助因子，能与GCRV非结构蛋白NS80参与病毒加工场所——包涵体的形成[17]。

VP6是由 S8 片段编码而成的结构蛋白，与MRV的σ2蛋白具有较高的同源性，二级结构分析表明存在呼肠孤病毒超家族保守结构域。3D结构模型研究表明，每个病毒含有120个VP6蛋白分子嵌合在内外层核衣壳之间并通过其相互作用。VP6对内层核衣壳蛋白VP3分子起稳定其结构的作用，并能与钉状通道蛋白VP1有微弱的相互作用。与VP3相对应，VP6有两个构象体：VP6A和VP6B，它们分别位于五倍轴和三倍轴不对称单元的两个不同位置。

VP5和VP7分别由 S6 和 S11 片段编码而成，其蛋白构成异源二聚体分子，组成病毒粒子的外层衣壳。每个完整的病毒粒子含有200个VP5-VP7二聚体分子，每个二聚体分子都含有3个VP5和3个VP7分子。对VP5结构分析发现具有一个呼肠孤病毒M2保守结构域，主要功能是介导病毒粒子进入宿主细胞。GCRV病毒粒子通过细胞的内吞作用进入宿主细胞，外衣壳蛋白的逐级降解与构象改变促进侵入细胞过程。VP5存在Asn42-Pro43自切割位点，对控制病毒粒子的跨膜行为具有重要意义[18]，酶解产生的N-端小片段通过穿孔作用，协助病毒进入细胞[19]。细胞表面的唾液酸分子可以非特异性地结合病毒粒子促进内吞作用，细胞溶酶体的蛋白酶和吞噬小体的酸解作用促进GCRV在细胞内的跨膜运动。VP7可以结合dsRNA，与病毒的细胞吸附有关。近年来，研究发现VP5通过阻断干扰素作用信号通路，VP7通过抑制双链RNA依赖的蛋白激酶（dsR-NA-dependent protein kinase，PKR）的活化，影响抗病毒基因表达，共同促进病毒的免疫逃逸[20]。

NS80两个coiled-coil片段，可以形成肌球蛋白（myosin）骨架，形成包涵体生产病毒蛋白，与MRV的非结构蛋白μNS具有较高同源性。NS80蛋白C端较为保守，是其发挥功能的主要蛋白区域。NS80还可以与其他病毒蛋白NS38、VP4和VP6产生相互作用[12,21]。病毒蛋白质在细胞质中合成后，可能首先由NS80形成球状包涵体，它可结合VP3和NS38，通过结合VP3在包涵体内富集病毒蛋白和病毒基因组。通常呼肠孤病毒在形成包涵体后的前30min只组装病毒内层核衣壳，外衣壳蛋白在接下来的30min才进入包涵体进行外层衣壳的组装[22]。

S7 基因编码两个非结构蛋白：NS31和NS16。Poggioli的研究认为这两个非结构蛋白可能与宿主细胞分裂的终止有关[23]。近期研究表明 NS16 编码一个跨膜蛋白，属于典型的FAST（fusion-associated small transmembrane）蛋白家族，该蛋白家族通过跨膜结构域（transmembrane domain，TMD）和多元碱性区域（polybasic region，PB）促进细胞与细胞之间的膜融合，与病毒感染导致的细胞融合密切相关。同时，该蛋白在病毒复制晚期改变宿主细胞膜结构的稳定性，影响细胞膜渗透性，参与病毒粒子的释放过程[24-26]。

NS38有一个ploy（C）依赖的ploy（G）酶活性结构域，具有单链RNA（ss RNA）结合活性，常在病毒包涵体中与NS80相互作用，参与病毒mRNA的合成和病毒粒子的组装与复制。近期研究表明，NS38 在转染和感染的细胞中，与 VP1、VP4、VP6 等内层核蛋白和 NS80-RNA 复合物发生相互作用，siRNA 敲除后，病毒感染和 mRNA、蛋白质产量下降，其与宿主细胞的真核翻译启动因子 3 亚单位 A（eIF3A）存在直接相互作用，这可能是 NS38 参与病毒感染的直接证据[27]。

NS26 是水生呼肠孤病毒特有的病毒蛋白，与其他呼肠孤病毒没有同源性。王浩等研究发现 NS26 与脂多糖诱导 TNFα 因子（lipopolysaccharide-induced TNF-α factor，LITAF）相互作用，可能与宿主细胞的先天免疫有关[28]。方勤等报道 NS26 与 NS16 共转染宿主细胞，能够提高宿主细胞的融合效率，因此 NS26 可能与病毒引起宿主细胞融合有关[26]。进一步研究发现，NS26 中的 TLPK 基序发挥溶酶体结合活性，介导 NS16 发挥细胞融合功能[29]。

GCHD 在华中、华南和华东地区广泛分布，尤其在长江沿岸，湖北、广东、江西、江苏、湖南、浙江和河南时有暴发，目前为止，我国已经报道超过 25 株病毒毒株，可划分为三个基因型，分别是以 GCRV-873 为代表的基因 I 型，以 GCRV-HZ08 株为代表的基因 II 型，以 HGDRV 为代表的基因 III 型。GCHD 在我国最早可追溯到 20 世纪 70 年代的湖北，通过理化性质分析确定了 GCRV 是其病原，这也被认为是中国首个鱼类病毒分离株。随后，相继分离获得了 GCHV854、GCRV875、GCRV861 和 GCRV873 等毒株。2000 年前后，GCHD 再次在我国长江和珠江流域暴发，GCRV-991、GCRV-JX2007、GCRV-JX2008、GCRV-HZ08 等具有较高毒力的毒株相继被发现。而 2009 年在湖北发现的毒株 GCRV-104（后被称为 HGCRV）被认为是一种新型 GCRV 毒株。将分离毒株根据基因型统计，不难发现基因 II 型仍然是我国的主要流行毒株。

有研究表明，2012～2016 年对我国 16 个省，共计 698 个 GCRV 阳性草鱼样品的流行病学分析发现，42.4% 的病毒分离株来自华中地区，而且呈明显的季节性暴发[30]。

2.6.5.2　草鱼出血病疫苗研究进展

目前，该病的疫苗研究主要集中在灭活疫苗、弱毒疫苗、亚单位疫苗和 DNA 疫苗 4 个方面。

灭活疫苗研究：随着 CIK 细胞系的建立，FR-836-w 和 FR-854 等 CGRV 强毒株的分离成为可能，经过甲醛灭活后表现出大于 50% 的相对免疫保护率。随后，在 1987～1989 期间，大量毒株被分离鉴定，优化的灭活工艺和保护剂提高平均相对存活率（RPS）至 79.5%±5.7%，与对照组相比大幅提升。然而，通过浸浴方式免疫却并没有带来更好的结果。尤其是在 1992 年批准了我国第一个水产疫苗新兽药——草鱼出血病灭活疫苗（ZV8909 株），其通过草鱼肾脏细胞系（CIK）传代、扩增后，经甲醛和热灭活后制成，免疫期为 12 个月。主要可以应用于体长 3cm 左右的草鱼，通过补充 10mg 山莨菪，放入含有 0.5% 疫苗的充氧尼龙袋中浸浴 3h；或体长 10cm 左右的草鱼，肌内/腹腔注射 10 倍稀释的疫苗，用量为 0.2～0.5mL/尾。这也成为 2007 年发布的中国水产行业标准《草鱼出血病细胞培养灭活疫苗》（SC 7701—2007）核心基础。

然而，近年流调发现我国 GCRV II 型成为主要流行毒株，交叉保护效果并不理想，所以我国研究人员利用吻端成纤维细胞系（proboscis snout fibroblasts，PSF）分离 GCRV-HuNan1307（GCRV II）毒株，通过 1% β-丙内酯在 4℃ 下连续灭活 60h，在 $10^{5.5}$TCID$_{50}$ 的攻毒剂量下可以实现 80% 以上的保护效果，与商品化弱毒疫苗基本一致。

弱毒疫苗：商品化草鱼出血病疫苗则主要采用了弱毒疫苗策略，通过将 GCRV 接种草鱼吻端成纤维细胞系（PSF）连续传代 53～59 代，选择 55～57 代作为疫苗免疫可以产生 100% 的保护。后来，通过向培养基中加入桉树叶子提取物，成功在第 19 代致弱了 GCHV-892 株，并在 29 代以前均能保持稳定而不返强，而且使用 25～29 代的毒株进行了免疫测试，相对存活率为 100%，在 1997 年该研究提交了新兽药的申请，并于 2010 年获得了国家一类新兽药证书（2010 新兽药证字 51 号），并且也是我国第一个获得生产批号的草鱼出血病疫苗产品，成为世界范围内第一个获得生产批准的弱毒水产疫苗。

亚单位疫苗：2010 年以前，亚单位疫苗的研究仍然集中在基因 I 型的研究。大肠杆菌所表达的 VP5 蛋白证明了其免疫原性，而注射 VP7 蛋白亚单位疫苗也能有效提高 RPS。2010 年以后，研究则转向 II 型 GCRV 的研究，以 3mg/g 剂量注射免疫重组 VP4 蛋白，可获得 82% RPS，免疫重组 VP56 可提供 71%～75% 的保护力，而 VP35 亚单位疫苗的免疫能在 21 天后的攻毒提供 66.7% 的 RPS（高于对照组 16.7%）。使用杆状病毒表达的 II 型 GCRV 病毒样颗粒也能通过不同结构蛋白组合，产生 58.33%、83.33% 和 79.17% 的 RPS。由于孢子的超强耐受特性使得其非常适合用于黏膜疫苗的制备，因此以枯草芽孢杆菌为载体构建的重组 VP4 和 NS38，也能提供 30%～47% 的 RPS，成为该疫苗可能的发展方向之一。

DNA 疫苗：在鱼类疾病防控中，DNA 疫苗被证明是一种有效的疫苗。利用 pcDNA3.1 表达 VP35 和 VP56 都表现出良好的保护效果，RPS 不低于 60%。不同于其他系统，DNA 疫苗的递送系统可以显著提高其效果，如利用单壁碳纳米管制备的 pcDNA-vp7 疫苗 RPS 达 100%，另一个表达 VP5 的 DNA 疫苗也利用相似原理，获得了接近 100% 的 RPS。而通过表达 VP4 和 NS38 B 细胞表位的 DNA 疫苗也能在裸 DNA 口服免疫的情况下获得 66.7% 的 RPS。另一种应用菌影来递送 DNA 疫苗的方法，也能够提升 RPS 接近 50%，达到 90% 的保护效果。

2.6.5.3　主要上市疫苗产品研究进展

目前上市的草鱼出血病疫苗只有中国水产科学研究院珠江水产研究所研制的弱毒疫苗 GCHV-892 [兽药生字（2014）190026031]。尽管 1992 年，草鱼出血病灭活疫苗（ZV8909 株）最早获得一类新兽药证书，但是并未获得生产批号。

该疫苗是利用草鱼细胞体外培养病毒后，经过减毒处理、冷冻干燥等一系列生产工艺制备而成，预防草鱼呼肠孤病毒引起的草鱼出血病。草鱼弱毒疫苗较好地保留了病毒的免疫原性，因而比灭活疫苗具有更好的免疫保护效果。该疫苗为冷冻真空干燥产品，呈淡黄色海绵状疏松团块，以肌内或腹腔注射为主要接种方式，一般用量为体重 12～250g 草鱼，单次用量 0.2mL/尾；体重 250～750g 草鱼，单次用量 0.3mL/尾，疫苗稀释后 2h 用完，－10℃ 以下保存 18 个月，4℃ 保存 6 个月。注射后第 5 天开始产生免疫保护，15 天免疫保护率达 90% 以上，免疫期为 15 个月。该疫苗使用时注意事项：a. 仅用于预防，凡鱼体瘦弱、鱼池发病出现死鱼或有寄生虫寄生、病毒、细菌感染的草鱼，不能接种疫苗；b. 养殖水质恶化时，如溶氧在 3mg/L 以下、pH 值 6.5 以下或 8.5 以上，以及其他有害物质危害鱼类生存的水环境时，不能使用本疫苗；c. 疫苗注射后养殖水体应用消毒剂全池泼洒 1 次，预防由于操作不慎使鱼体受伤而造成细菌感染；d. 使用后的疫苗瓶、器具和剩余的疫苗应消毒后妥善处理。

草鱼出血病灭活疫苗（ZV8909 株）于 2020 年更新了使用说明：可以用浸泡法和注

射法预防草鱼出血病，免疫期 12 个月。浸泡法：体长 3.0cm 左右草鱼采用尼龙袋充氧浸泡法。浸泡时疫苗浓度为 0.5％，并在每升浸泡液中加入 10mg 山莨菪，充氧浸泡 3 小时。注射法：体长 10cm 左右草鱼采用注射法。先将疫苗用生理盐水稀释 10 倍，肌内或腹腔注射，每尾 0.3～0.5mL。使用时注意事项：a. 切忌冻结，冻结过的疫苗严禁使用；b. 使用前，应将疫苗恢复至室温，并充分摇匀；c. 疫苗开启后，限 12 小时内用完；d. 接种时，应作局部消毒处理；e. 用过的疫苗瓶、器具和未用完的疫苗等应进行无害化处理。

参考文献

[1] 王金龙，付青山. 草鱼抗出血病研究进展 [J]. 当代水产，2020，45（7）：2.

[2] Ahne W. Viral infections of aquatic animals with special reference to Asian aquaculture [J]. Annu Rev Fish Dis, 1994, 4: 375-388.

[3] Rangel A A C, Rockemann D D, Hetrick F M, et al. Identification of grass carp haemorrhage virus as a new genogroup of aquareovirus [J]. The Journal of general virology, 1999, 80（Pt 9）: 2399-2402.

[4] Brudeseth B E, Wiulsrod R, Fredriksen B N, et al. Status and future perspectives of vaccines for industrialised fin-fish farming [J]. Fish & shellfish immunology, 2013, 35（6）: 1759-1768.

[5] Attoui H, Fang Q, Jaafar F M, et al. Common evolutionary origin of aquareoviruses and orthoreoviruses revealed by genome characterization of Golden shiner reovirus, Grass carp reovirus, Striped bass reovirus and golden ide reovirus（genus Aquareovirus, family Reoviridae）[J]. The Journal of general virology, 2002, 83（Pt 8）: 1941-1951.

[6] Wang Q, Zeng W, Liu C, et al. Complete genome sequence of a reovirus isolated from grass carp, indicating different genotypes of GCRV in China [J]. Journal of virology, 2012, 86（22）: 12466.

[7] Fang Q, Shah S, Liang Y, et al. 3D reconstruction and capsid protein characterization of grass carp reovirus [J]. Sci China C Life Sci, 2005, 48（6）: 593-600.

[8] Fang Q, Attoui H, Cantaloube J F, et al. Sequence of genome segments 1, 2, and 3 of the grass carp reovirus（Genus Aquareovirus, family Reoviridae）[J]. Biochemical and biophysical research communications, 2000, 274（3）: 762-766.

[9] He Y, Xu H, Yang Q, et al. The use of an in vitro microneutralization assay to evaluate the potential of recombinant VP5 protein as an antigen for vaccinating against Grass carp reovirus [J]. Virology journal, 2011, 8（1）: 1-6.

[10] Martella V, Ciarlet M, Pratelli A, et al. Molecular analysis of the VP7, VP4, VP6, NSP4, and NSP5/6 genes of a buffalo rotavirus strain: identification of the rare P[3] rhesus rotavirus-like VP4 gene allele [J]. Journal of clinical microbiology, 2003, 41（12）: 5665-5675.

[11] 张超. 草鱼呼肠孤病毒 HZ08 株的分离鉴定与全基因组分子特征分析 [D]. 上海：上海海洋大学，2010.

[12] Fan C, Shao L, Fang Q. Characterization of the nonstructural protein NS80 of grass carp reovirus [J]. Archives of virology, 2010, 155（11）: 1755-1763.

[13] Mohd Jaafar F, Goodwin A E, Belhouchet M, et al. Complete characterisation of the American grass carp reovirus genome（genus Aquareovirus: family Reoviridae）reveals an evolutionary link between aquareoviruses and coltiviruses [J]. Virology, 2008, 373（2）: 310-321.

[14] Cheng L, Fang Q, Shah S, et al. Subnanometer-resolution structures of the grass carp reovirus core and virion [J]. Journal of molecular biology, 2008, 382（1）: 213-222.

[15] Benavente J, Martinez-Costas J. Avian reovirus: structure and biology [J]. Virus research, 2007, 123 (2): 105-119.

[16] Bisaillon M. Characterization of the nucleoside triphosphate phosphohydrolase and helicase activities of the reovirus λ1 protein [J]. Journal of Biological Chemistry, 1997, 272 (29): 18298-18303.

[17] Yan L, Guo H, Sun X, et al. Characterization of grass carp reovirus minor core protein VP4 [J]. Virology journal, 2012, 9: 1-7.

[18] Danthi P, Coffey C M, Parker J S, et al. Independent regulation of reovirus membrane penetration and apoptosis by the mu1 phi domain [J]. PLoS pathogens, 2008, 4 (12): e1000248.

[19] Zhang L, Agosto M A, Ivanovic T, et al. Requirements for the formation of membrane pores by the reovirus myristoylated micro1N peptide [J]. Journal of virology, 2009, 83 (14): 7004-7014.

[20] Tyler K L, Clarke P, Debiasi R L, et al. Reoviruses and the host cell [J]. Trends in microbiology, 2001, 9 (11): 560-564.

[21] Cai L, Sun X, Shao L, et al. Functional investigation of grass carp reovirus nonstructural protein NS80 [J]. Virology journal, 2011, 8: 1-10.

[22] 郭帅, 李家乐, 吕利群. 草鱼呼肠孤病毒的致病机制及抗病毒新对策 [J]. 渔业现代化, 2010 (1): 6.

[23] Poggioli G J, Keefer C, Connolly J L, et al. Reovirus-induced G (2)/M cell cycle arrest requires sigma1s and occurs in the absence of apoptosis [J]. Journal of virology, 2000, 74 (20): 9562-9570.

[24] Racine T, Hurst T, Barry C, et al. Aquareovirus effects syncytiogenesis by using a novel member of the FAST protein family translated from a noncanonical translation start site [J]. Journal of virology, 2009, 83 (11): 5951-5955.

[25] Clancy E K, Duncan R. Reovirus FAST protein transmembrane domains function in a modular, primary sequence-independent manner to mediate cell-cell membrane fusion [J]. Journal of virology, 2009, 83 (7): 2941-2950.

[26] Guo H, Sun X, Yan L, et al. The NS16 protein of aquareovirus-C is a fusion-associated small transmembrane (FAST) protein, and its activity can be enhanced by the nonstructural protein NS26 [J]. Virus research, 2013, 171 (1): 129-137.

[27] Zhang J, Guo H, Zhang F, et al. NS38 is required for aquareovirus replication via interaction with viral core proteins and host eIF3A [J]. Virology, 2019, 529: 216-225.

[28] Wang H, Shen X, Xu D, et al. Lipopolysaccharide-induced TNF-alpha factor in grass carp (Ctenopharyngodon idella): evidence for its involvement in antiviral innate immunity [J]. Fish & shellfish immunology, 2013, 34 (2): 538-545.

[29] Guo H, Chen Q, Yan L, et al. Identification of a functional motif in the AqRV NS26 protein required for enhancing the fusogenic activity of FAST protein NS16 [J]. The Journal of general virology, 2015, 96 (Pt 5): 1080-1085.

[30] Zhang K, Ma J, Fan Y. Epidemiology of the grass carp reovirus [M]. Singapore: Springer, 2021.

2.6.6　迟钝爱德华氏菌病疫苗

2.6.6.1　迟钝爱德华氏菌病简介

大菱鲆腹水病是影响大菱鲆养殖的重要传染病，以肾脏水肿、腹部隆起、内有大量腹水为主要特征。迟钝爱德华氏菌（*Edwardsiella tarda*，Et），又称迟缓爱德华氏菌或缓慢爱德华氏菌是引起该病的主要病原。迟钝爱德华氏菌属于肠杆菌目哈夫尼亚菌科的爱德华氏菌属（*Edwardsiell*a），是爱德华氏菌属的第一个物种，以著名微生物学家 Edwards（1901—1966）名字命名[1]。

迟钝爱德华氏菌是一种具有周身鞭毛的革兰氏阴性菌，直径约为 $1\mu m$，长 $2\sim3\mu m$，可以感染多种淡水鱼及海水鱼类[2]。其具有兼性厌氧特性，细胞色素氧化阴性、吲哚检测阳性；自然环境下产 H_2S 气体，在 Rimler-Shotts 琼脂培养基中出现黑心菌落；葡萄糖发酵阳性，乳糖发酵阴性；氧化酶阴性，过氧化氢酶阳性；无法在 D-甘露醇或 D-山梨醇中生长，不产生尿素酶[3,4]。

迟钝爱德华氏菌基因组大小为 $3.6\sim3.8$Mbp，少部分含有 $1\sim3$ 个质粒，目前美国国家生物技术信息中心（NCBI）记录的含有完整基因组序列的 Et 只有 7 株，其中 EIB202 为我国分离的菌株，包含一条染色质和一个质粒 pEIB202，GC 含量分别为 59.7% 和 57.3%，包含 3480 个基因。

最初，McWhorter 等根据菌体（O）型抗原（61 种）和鞭毛（H）型抗原（45 种）区分迟钝爱德华氏菌[5]，随后 Park 等进一步将迟钝爱德华氏菌分为 A、B、C、D 四种血清型，其中 A 血清型菌体为具有肾毒性的主要病原菌血清型[6]。

目前，有少量研究对迟钝爱德华氏菌的致病因素进行了解析，有研究通过差异蛋白质组方法比较有毒型和无毒型迟钝爱德华氏菌，发现了鞭毛蛋白和三型分泌系统效应蛋白 SseB 影响细菌毒力。Srinivasa Rao 等也报道了 fimA、gadB、isor、katB、ompS2、ssrB、pst、astA、phoU 等 14 个重要的毒力基因及产物，共同参与包括磷酸盐转运、分泌系统调控、鞭毛蛋白合成、酶活性调控等生物过程[7]。同时，hlyA、citC、fimA、gadB、katB、mukF 的表达增强了迟钝爱德华氏菌侵染宿主的能力[8]。迟钝爱德华氏菌还可以通过三型分泌系统（T3SS）输入毒性蛋白到细胞内[9]，一些胞外蛋白复合体（如 EseB、EseC 和 EseD）除了自身由 T3SS 分泌以外，还可以修饰分泌蛋白，增强毒力。为了阻止宿主血清补体的凝集素作用，迟钝爱德华氏菌也进化出了某种锌金属蛋白酶（Sip1）抵抗宿主的免疫清除作用，当将其作为亚单位疫苗使用时，纯化的重组 Sip1（rSip1）有效地保护比目鱼使其免受 *E. tarda* 感染。*E. tarda* 产生的溶血素和皮肤坏死毒素是对宿主造成损伤的主要毒力因子，往往由于体内铁含量无法满足毒力型迟钝爱德华氏菌生长，诱导表达出所谓的细胞相关溶血素（cell-associated hemolysin）破坏红细胞释放血红蛋白，因此，Et 感染多以出血性败血症为主要特征，影响宿主健康[10]。

爱德华氏菌是一种水生细菌，在全世界范围内广泛分布，其携带在水生环境中生存的必需基因（如促进生物膜形成的 *AroC*、*HutZ*[11,12]，适应酸性、低盐、氧化应激和低营养水平等的相关基因[13-15]），还通过Ⅲ型、Ⅳ型、Ⅵ型分泌系统产生致病性，携带抗性基因、重金属耐受基因等。可与其他水生菌群发生水平基因转移，获得毒力基因，进一步影响致病性。由于进化分析方法的不断更新，人们一直认为迟钝爱德华氏菌是爱德华氏菌属中唯一的病原物种，但根据最近的研究发现 *E. tarda* 和 *E. piscicida* 都存在致病性，之前的文献可能是没有办法将这两者进行区分，因此，我们这里所讨论的迟钝爱德华氏菌（Et）包括具有细菌毒力的所有爱德华氏菌属成员。

在水产养殖中，Et 主要是淡水和微咸水水生生物的病原体，但在冷水物种中存在散发性传播[16-18]。可在不同鱼种中，引起败血症、广泛的皮肤病变和各种内脏器官的病变，导致高死亡率和散发流行性。2007年10月至2008年5月期间，在位于印度东海岸的安得拉邦 Bhimavaram 地区的一个养殖场的鱼中，首次分离并记录了致病性 *E. tarda*，该菌采样自养殖的带鱼。与冬季相比，夏季的感染率较高。少数爱德华氏菌病流行的记录表明其可能对鱼群造成破坏，但如果感染早期被发现，可以很容易避免危害[19]。2013年10月和2014年7月，在位于希腊东部 Saronikos 海湾的一个商业养鱼场，笼养的海鲷暴发了两次爱德华氏菌病，这也是该物种和该地区笼养鱼爱德华氏菌病的首次报道。2013年的研究发现，基因分型方面的进展导致了以前被归类为 *E. tarda* 的鱼类分离株可被归类为 *E. piscicida*[20]。将表型与基因分型结合起来，可以评估细菌对环境的适应性变化，也为寻找具有通用属性的抗原疫苗提供思路。事实上，已经有报道，通过构建随机基因组片段，根据基因型寻找潜在抗原位点，开发高效保护性疫苗[16,21]。

1980年，该属 *E. hoshinae* 在鸟、爬行类、人类粪便和水样品中发现或分离获得[22-24]。同时，它也是部分地区人类肠道菌群的组成成分之一，长期接触受污染的水、免疫力低下、幼龄和衰老都能成为增加其感染风险的因素。最近的研究表明，即使生活在水生系统之外的南极野生动物，也存在 Et 感染的情况。在2000年和2002年从棕头鸥、南极燕鸥、鞘嘴鸥、阿德利企鹅、巴布亚企鹅获得的1855个南极野生动物样本中，有281个（15.1%）分离出典型的 Et[25]。也就是说，*E. tarda* 已经成为南极鸟类和哺乳动物粪便中的一种常见细菌，而且没有明显的地区和季节差异性。

Et 可以引起胃肠炎、结肠炎等人类疾病[24]，造成伤口感染、与黏膜表面的创伤有关的气性坏疽，以及系统性疾病，如败血症和脑膜炎[26]。这些胃肠炎病例通常被误诊，并被归咎于其他病原体。在分娩过程中 Et 也可以从母体转移到婴儿身上，Mowbray 等报道一个6天大的男孩从出生起就有迟钝爱德华氏菌在其胃肠道内生长。根据指纹和抗生素敏感性分析，迟钝爱德华氏菌株与在母亲的阴道和胃肠道区域发现的菌株相同。2003年以前，只有两例已知的由迟钝爱德华氏菌引起的新生儿败血症。然而，到2003年，总共有300例迟钝爱德华氏菌感染，其中83%的病人有胃肠炎，这表明其在人类的流行性正在不断增强[27]。

2.6.6.2　迟钝爱德华氏菌病疫苗研究进展

Et 疫苗绝大部分都来自中国、日本和韩国等的相关研究，为了获得最佳抗原性，大量使用甲醛 Et 灭活疫苗、Et 脂多糖、Et 胞外蛋白、弱毒疫苗、强毒株的菌影、外膜蛋白、DNA 疫苗等的制备策略。有研究表明灭活菌苗和 LPS 提取物都无法获得优秀的保护效果，而实验室数据观察发现，菌影技术和弱毒疫苗往往能够带来更好的保护效果，基本在80%保护率以上。而利用重组表达毒力因子制备的重组亚单位疫苗，诱导免疫产生的相对存活率为40%～60%。重组 DNA 疫苗是近年的研究热点，尤其是基于壳聚糖纳米颗粒构建的 DNA 载体递送系统，能够辅助完成 DNA 疫苗的免疫，配合 IRES 双表达盒实现抗原＋佐剂＋递送系统的多重免疫效果，将 RPS 提升10个点左右，而且也能用于浸浴免疫，增强其应用的可行性。多联多价疫苗的研究则是 Et 疫苗的另一个努力方向，尤其是基于体外同源重组技术、免疫原蛋白文库技术的高通量筛选方法，能针对不同流行株快速构建疫苗提供保护。也有大量研究发现，比目鱼的 IFN-γ、IL-1β、IL-8、TNF-α、G-CSF 等，对亚单位疫苗具有佐剂效应。目前研究的疫苗如表2-20所示。

表 2-20　迟钝爱德华氏菌病疫苗研究简表

抗原	佐剂	免疫途径	相对保护率/%	国家	年份
重组 DnaJ 蛋白疫苗	氢氧化铝	腹腔注射	62	中国	2011
重组外膜蛋白疫苗		腹腔注射	54.3	印度	2011
天然外膜囊泡疫苗		腹腔注射	70	韩国	2011
双基因缺失 Et 菌苗		腹腔注射	100	韩国	2011
重组 Eta2 蛋白疫苗	氢氧化铝	腹腔注射	83	中国	2011
DNA 疫苗 pCEta2		肌内注射	67	中国	2011
DNA 疫苗 pCEsa1		腹腔注射	57	中国	2011
表达 Esa1 重组菌	氢氧化铝	口服免疫	52	中国	2010
表达 Esa1 重组菌	氢氧化铝	腹腔注射	79	中国	2010
活菌苗 E22		腹腔注射	45	日本	2010
DNA 疫苗 N163		肌内注射	70.2	中国	2010
重组单链抗体疫苗	弗氏不完全佐剂	腹腔注射	88	中国	2010
重组 EseD 疫苗	弗氏完全佐剂	腹腔注射	62.5	中国	2010
重组 DegPEt 疫苗	弗氏不完全佐剂	腹腔注射	89	中国	2010
重组 Et49 疫苗	弗氏不完全佐剂	腹腔注射	47	中国	2010
活菌疫苗 ATCC15947		腹腔注射	100	中国	2010
外膜蛋白疫苗	弗氏不完全佐剂	腹腔注射	71	中国	2010
重组 Eta21 疫苗	*Bacillus* spp. B187 株	腹腔注射	69	中国	2009
组成性表达 Eta21 大肠杆菌疫苗		腹腔注射	100	中国	2009
DNA 疫苗 pEta6		肌内注射	50	中国	2009
重组 Eta6 疫苗	*Bacillus* spp. B187 株	腹腔注射	53	中国	2009
重组 Et18 疫苗	*Bacillus* spp. B187 株	腹腔注射	61	中国	2009
重组 EseD 疫苗	*Bacillus* spp. B187 株	腹腔注射	51.3	中国	2009
ACC35.1 甲醛灭活疫苗	Montanide ISA 763 AVG	腹腔注射	100	西班牙	2008
减毒活疫苗 esrB 突变株		腹腔注射	93.3	中国	2007
菌影疫苗		口服免疫	85.7	韩国	2007
OMP 亚单位疫苗		腹腔注射	70	日本	2006
甲醛灭活细菌素疫苗		侵入免疫	98	印度	2004

2.6.6.3　主要上市疫苗产品研究进展

目前批准上市的只有大菱鲆迟钝爱德华氏菌活疫苗（EIBAV1）（2015）新兽药证字 30 号。EIBAV1 株为 2008 年从 5 尾罹患爱德华氏菌病的山东烟台大菱鲆脾脏匀浆中，梯度稀释后涂布胆硫乳琼脂（DHL）30℃过夜培养分离获得，其中两株为特殊无黑心菌落，将这两个单克隆株命名为 EIB311 和 EIB312，经系统鉴定发现均为爱德华氏菌。随后，将单克隆 EIB311 命名为迟钝爱德华氏菌 EIBAV1（*Edwardsiella tarda* EIBAV1），并于 2011 年 11 月 13 日保藏于中国典型培养物保藏中心（CCTCC）（中国武汉武汉大学），保藏号为 CCTCC NO：M 2011388。与 EIB202 等高毒力毒株相比，天然缺失了包括 eseB、eseC 和 eseD 等在内的大部分与其毒力紧密相关的三型分泌系统元件，导致其在斑马鱼疾病模型中毒力减弱为原来的 1/100000，对攻毒状态下的大菱鲆和剑尾鱼，分别产生高达 90% 和 83% 的相对免疫保护率（RPS）。EIBAV1 为一株天然弱毒疫苗株，基因结构稳定，抗原性良好，总体保护率达 70% 以上，通过临床前效力及安全试验证明 EIBAV1 是一株良好的疫苗候选株。该产品用量为每尾份疫苗含活的迟钝爱德华氏菌 EIBAV1 株不少于

3.0×10^5 CFU，灰白或微黄色疏松团块，易与瓶壁脱离，加入无菌生理盐水稀释液后迅速溶解。按比例稀释后，4～5 月龄健康大菱鲆（体重 30g 左右）每尾腹腔注射疫苗溶液 0.1mL，免疫期为 3 个月。使用时注意事项：a. 仅用于接种健康大菱鲆；b. 免疫接种前及接种后 10 日内不可使用抗生素；c. 免疫前后 48 小时禁食；d. 用过的疫苗瓶、器具和未使用完的疫苗等应进行无害化处理。

参考文献

[1] Ewing W H, McWhorter A C, Escobar M R, et al. Edwardsiella, a new genus of Enterobacteriaceae based on a new species, E. tarda [J]. International Bulletin of Bacteriological Nomenclature and Taxonomy, 1965, 15（1）: 33-38.

[2] Woo P T, Bruno D. Fish diseases and disorders. Volume 3: viral, bacterial and fungal infections [M]. New York: CAB International, 1999.

[3] Plumb J A. Infectious diseases of striped bass [J]. Developments in Aquaculture and Fisheries Science, 1997, 30: 271-313.

[4] 闫一剑. 迟钝爱德华氏菌平衡致死系统的构建及其在新型疫苗开发中的应用 [D]. 上海: 华东理工大学, 2013.

[5] Tamura K, Sakazaki R, McWhorter A C, et al. Edwardsiella tarda serotyping scheme for international use [J]. Journal of clinical microbiology, 1988, 26（11）: 2343-2346.

[6] Park S I, Wakabayashi H, Watana Be Y. Serotypes and virulence of Edwardsiella tarda isolated from eels and their environment [J]. Fish Pathology, 1983, 85-89.

[7] Srinivasa Rao P S, Yamada Y, Leung K Y. A major catalase（KatB）that is required for resistance to H_2O_2 and phagocyte-mediated killing in Edwardsiella tarda [J]. Microbiology（Reading）, 2003, 149（Pt 9）: 2635-2644.

[8] Wang I K, Kuo H L, Chen Y M, et al. Extraintestinal manifestations of Edwardsiella tarda infection [J]. Int J Clin Pract, 2005, 59（8）: 917-921.

[9] Zheng J, Tung S L, Leung K Y. Regulation of a type III and a putative secretion system in Edwardsiella tarda by EsrC is under the control of a two-component system, EsrA-EsrB [J]. Infection and immunity, 2005, 73（7）: 4127-4137.

[10] Janda J M, Abbott S L. Expression of an iron-regulated hemolysin by Edwardsiella tarda [J]. FEMS microbiology letters, 1993, 111（2-3）: 275-280.

[11] Liu R, Gao D, Fang Z, et al. AroC, a Chorismate Synthase, is Required for the Formation of Edwardsiella tarda biofilms [J]. Microbes Infect, 2022, 104955.

[12] Shi Y J, Fang Q J, Huang H Q, et al. HutZ is required for biofilm formation and contributes to the pathogenicity of Edwardsiella piscicida [J]. Veterinary research, 2019, 50（1）: 76.

[13] Wang K, Liu E, Song S, et al. Characterization of Edwardsiella tarda rpoN: roles in sigma（70）family regulation, growth, stress adaption and virulence toward fish [J]. Archives of microbiology, 2012, 194（6）: 493-504.

[14] Swain B, Powell C T, Curtiss R, 3rd. Pathogenicity and immunogenicity of Edwardsiella piscicida ferric uptake regulator（fur）mutations in zebrafish [J]. Fish & shellfish immunology, 2020, 107（Pt B）: 497-510.

[15] Akgul A, Lawrence M L. Stress-related genes promote Edwardsiella ictaluri pathogenesis [J]. PloS one, 2018, 13（3）: e0194669.

[16] Patrick T W, David B. Fish diseases and disorders, volume 3, viral, bacterial and fungal infections [M]. Cambridge: CABI, 1999.

[17] Shetty M, Maiti B, Venugopal M N, et al. First isolation and characterization of Edwardsiella tarda from diseased striped catfish, Pangasianodon hypophthalmus（Sauvage）[J]. J Fish

Dis, 2014, 37（3）：265-271.

[18] Ullah A, Arai T. Pathological activities of the naturally occurring strains of Edwardseilla tarda [J]. Fish Pathology, 1983, 18（2）：65-70.

[19] Yousuf R M, How S H, Amran M, et al. Edwardsiella tarda septicemia with underlying multiple liver abscesses [J]. Malays J Pathol, 2006, 28（1）：49-53.

[20] Abayneh T, Colquhoun D J, Sorum H. Edwardsiella piscicida sp. nov. a novel species pathogenic to fish [J]. Journal of applied microbiology, 2013, 114（3）：644-654.

[21] Bothammal P, Ganesh M, Vigneshwaran V, et al. Construction of genomic library and screening of Edwardsiella tarda immunogenic proteins for their protective efficacy against Edwardsiellosis [J]. Frontiers in immunology, 2021, 12: 764662.

[22] Grimont P, Grimont F, Richard C, et al. Edwardsiella hoshinae, a new species of enterobacteriaceae [J]. Current microbiology, 1980, 4（6）：347-351.

[23] Castro N, Toranzo A E, Nunez S, et al. Development of an effective Edwardsiella tarda vaccine for cultured turbot（Scophthalmus maximus）[J]. Fish & shellfish immunology, 2008, 25（3）：208-212.

[24] Janda J M, Abbott S L, Kroske-Bystrom S, et al. Pathogenic properties of Edwardsiella species [J]. Journal of clinical microbiology, 1991, 29（9）：1997-2001.

[25] Leotta G A, Pineyro P, Serena S, et al. Prevalence of Edwardsiella tarda in Antarctic wildlife [J]. Polar Biology, 2009, 32（5）：809-812.

[26] Janda J M, Abbott S L. Infections associated with the genus Edwardsiella: the role of Edwardsiella tarda in human disease [J]. Clinical infectious diseases : an official publication of the Infectious Diseases Society of America, 1993, 17（4）：742-748.

[27] Mowbray E E, Buck G, Humbaugh K E, et al. Maternal colonization and neonatal sepsis caused by Edwardsiella tarda [J]. Pediatrics, 2003, 111（3）：296-298.

第 3 章
兽用生物
制品的生产

兽用生物制品的生产应遵循《兽药生产质量管理规范》[1]，兽药生产条件由过去的"作坊式"生产环境、陈旧落后的设备，转变为与国际标准接轨的净化环境和自动化控制生产设备；兽药生产管理由粗放式、凭经验管理转变为生产过程按规程执行、通过风险评估降低风险、采取偏差处理和纠正预防措施防范质量风险；兽药质量控制从起初单纯的终端"检验合格"转变为生产全过程控制；兽用生物制品的生产人员由落后的生产观念转变为强调要树立质量目标的主体责任意识，同时随着《中华人民共和国生物安全法》的颁布实施，兽用生物制品的生产也更加注重生产过程中生物安全的保障和对含毒废弃物的无害化处理。

3.1

选址布局要求

3.1.1　选址前提

厂房的选址、设计、布局、建造、改造和维护必须符合兽药 GMP 要求，应当能够最大限度地避免污染和交叉污染，便于清洁、操作和维护。

3.1.2　选址计划

应当根据厂房及生产防护措施综合考虑选址，厂房所处的环境应当能够最大限度地降低物料或产品遭受污染的风险。

3.1.3　布局规定

兽用生物制品生产应具备专用的厂房，生产厂房不得用于生产非兽药产品。体外诊断制品执行《兽医诊断制品生产质量管理规范》要求，在不影响产品质量的前提下，允许使用多层厂房中的一层或多层进行生产、检验等活动。

3.1.4　厂区总体布局

应在总体规划的基础上，根据工厂的性质、规模、生产流程、交通运输、环境保护、消防、生物安全、卫生防疫、施工、检修、生产经营管理、厂容厂貌及厂区发展等要求，结合场地自然条件布置各建筑的具体位置。

3.1.4.1　总体布局要求

① 应符合国家有关用地控制指标的规定和所在地城市规划主管部门的有关规定。

② 建（构）筑物应符合生产流程、操作规程、使用功能、消防、安全及卫生等要求。

③ 厂区、功能分区及建（构）筑物的外形应尽可能规整。

④ 行政办公及生活服务设施，应根据使用功能要求进行平面和空间组合。

⑤ 相对污染较大的建筑或者设施，应处于厂区常年主导风向的下风向位置，避免对主生产区域带来影响。

3.1.4.2　总体布局原则

① 厂区总平面应按功能分区布置，可分为生产区、辅助生产区、仓储区、动力公用设施区、行政办公和生活服务区。辅助生产和动力公用设施也可布置在生产区内。

② 厂区建筑间距应符合消防、安全、卫生的要求；应满足各种管线、管廊、道路、运输设施、竖向设计、绿化等布置要求；应符合施工、安装、检修的要求；同时宜满足建筑高度、造型和厂区空间塑造的需要。

③ 总平面布置应防止或减少有害气体、烟、雾、粉尘、强烈震动和强噪声对周围环境的污染和危害。

④ 应当有整洁的生产环境；厂区的地面、路面等设施及厂内运输等活动不得对兽药的生产造成污染；生产、行政、生活和辅助区的总体布局应当合理，不得互相妨碍；厂区和厂房内的人、物流走向应当合理。

3.1.5　厂房的设计要求

3.1.5.1　厂房建筑要求

① 厂房的建筑平面和空间布局应根据企业生产规模、生产工艺等要求确定。洁净厂房的主体结构宜采用大空间及大跨度柱网，不宜采用内墙承重结构形式。

② 对兼有一般生产、洁净生产的综合性洁净厂房的平面布局和构造处理，应避免人流、物流、防火、隔震等方面对洁净生产带来不利的影响。

③ 洁净厂房的建筑造型、装饰设计应简洁、安全、实用，并应符合洁净室（区）的布局要求。

④ 洁净厂房围护结构的材料选择和构造设计，应满足使用的安全性以及维护、清洁的便利性，并应符合保温、隔热、防火、少产尘等要求。外围护结构热工设计应符合现行国家标准 GB 51245—2017《工业建筑节能设计统一标准》中有关节能的要求。

⑤ 洁净室（区）内应尽量减少各类工业管道的敷设。工艺管道的干管宜敷设在技术夹层或技术夹道内，在满足工艺要求的前提下宜简短敷设。需要拆洗和消毒的管道应明敷，宜采用在线清洗和在线灭菌系统。可燃、易爆、有毒、有腐蚀性的物料管道应明敷，当需穿越技术夹层时，应采取可靠的安全措施。

3.1.5.2 厂房使用要求

① 洁净厂房内的通道宽度应满足人员操作、物料运输、设备安装和检修的要求，物流通道宜设置防撞构件。

② 生产厂房应按工艺流程进行布局，尽量减少人流与物流的交叉和往返。生产不同类别兽药的洁净室（区）设计还应符合相应的洁净度要求。

③ 需根据企业的环境和实际情况配置适宜的防虫措施，包括风幕、灭虫灯、黏虫胶；防鼠措施包括灭鼠板、超声波驱鼠器、捕鼠笼、外门密封条、挡鼠板等。禁止使用药物防鼠。

④ 易燃、易爆和其他危险品的生产和贮存的厂房设施应符合国家有关规定。兽用麻醉药品、精神药品、毒性药品的贮存设施应符合有关规定。

3.1.6 车间的设置与要求

3.1.6.1 动物相关车间的设置要求

① 兽用生物制品应按微生物类别、性质的不同分开生产。活疫苗与灭活疫苗分不同车间进行生产。病毒与细菌类制品分不同生产线进行生产。灭活前与灭活后、脱毒前与脱毒后其生产操作区域和储存设备等应严格分开。

② 以动物血、血清或脏器、组织为原料生产的制品的特有生产阶段应当使用专用区域和设施设备，与其他制品的生产严格分开。

③ 质量控制实验室通常应当与生产区分开。根据生产品种，应有相应符合无菌检查、微生物限度检查和抗生素微生物检定等要求的实验室。生物检定和微生物实验室还应当彼此分开。

④ 实验动物房应当与其他区域严格分开，其设计、建造应当符合国家有关规定，并设有专用的空气处理设施以及动物的专用通道。如需采用动物生产兽用生物制品，生产用动物房必须单独设置，并设有专用的空气处理设施以及动物的专用通道。

3.1.6.2 诊断制品车间的设置要求

① 分子生物学类诊断制品的生产应有独立区域，阳性组分的操作与阴性组分操作的功能间及其人流、物流应分开设置；其中阳性对照组分生产操作间的空调净化系统或生物安全柜的排风应采取直排，不能回风循环。

② 核酸电泳操作应有独立的房间，有排风和核酸污染物处理设施，并设置缓冲间，不能设在生产区域。

③ 配制分装阶段的洁净级别应符合以下要求。

a. 抗原、血清等的处理操作应当在10000级净化环境下或在100000级净化环境下设置的超净台或生物安全柜中进行。质粒/核酸等的处理操作与相邻区域应保持相对负压，应当在10000级净化环境下或在100000级净化环境下设置的生物安全柜中进行。

b. 酶联免疫吸附分析试验试剂、免疫荧光试剂、免疫发光试剂、聚合酶链反应（PCR）试剂、金标试剂、干化学法试剂、细胞培养基、标准物质、酶类、抗体和其他活性类组分的配液、包被、分装、点膜、干燥、切割、贴膜等工艺环节，至少应在100000

级净化环境中进行操作。

④ 生产中涉及三、四类动物病原微生物操作的，应在 10000 级背景下的局部 100 级的负压环境进行或在 10000 级净化环境下设置的生物安全柜中进行。

3.1.7 仓储区的设置与要求

兽用生物制品生产企业应具备独立的仓储区。同一企业如同时具备人用原料药和兽用原料药生产资质，且设置在同一生产地址的，在不影响兽药生产和产品质量的前提下，允许其共用原辅料仓储区。

3.1.7.1 仓储区的分类和设置

兽用生物制品生产企业应按物料的性质，将其贮存在不同的仓库或仓库的不同区域内。一般应设有原料、辅料、包装材料、中间产品（半成品）、成品、特殊品（易燃易爆、毒性药材、兽用麻醉药品及兽用精神药品）仓库。从建筑方面，又可分为平地堆放和货架式的仓库。从兽药生产发展上考虑，在资金许可的情况下，对一些固体物料和产品以尽量设货架式仓库为好。货架式仓库空间利用系数高，减少物料搬运频率，而且便于电脑化管理。

3.1.7.2 仓储区的布局要求

① 仓库的设置应考虑进出物料的方便性，同时应考虑接近生产区位置，方便物料的运输。另外从安全考虑，一些特殊物料，特别是危险品（易燃、易爆、强腐蚀）仓库，应设置在独立建筑或设在相对独立区域。厂房为多层结构时，一般将仓库设在底层，生产区设在上层，主要考虑减轻楼板承重以及对生产减少干扰。

② 建设仓库不仅要考虑它的面积，更应考虑它的容量，仓库的容量应与生产规模相适应，并留有适当的余地，以免生产发展后仓库容量不够。设计仓库的容量时，不仅考虑它的储存空间、运输空间、消防空间，还需考虑仓库的工艺布局，即各种物料和产品的分类、有序存放，间距恰当。同时还应考虑仓库的状态空间，即各种物料和产品应按待检、合格、不合格的状态分类堆放。

③ 兽用生物制品的活性原材料、半成品和成品的保存均有特定条件要求，仓储设施应满足生产和检验的需要，如有 2~8℃、−15℃等冷库。

④ 仓储区域应有以下相关记录：

a. 仓储环境、设施和温湿度监测装置及相关记录；

b. 仓储区物料存放情况及相应的标识、记录。

3.1.7.3 仓储区的设施

仓储区的设施设置应符合以下要求：

① 通风防潮仓库建筑层高恰当，具有自然通风或机械通风设施。地面和墙面应有隔潮层，平地堆放仓库应有垫仓板。对湿度有特殊要求的物料或产品应有防潮措施。

② 一般物料和产品可在常温下保存，对温度有特殊要求的物料或产品应有控温措施。

③ 照明应符合仓储要求。

④ 地面承重能力应符合仓储要求。同时应耐压、不易裂缝、不起尘、易清洁。货架式仓库的货架强度、货位尺寸应符合要求。

⑤ 易燃、易爆等危险品生产和贮存的厂房设施应符合国家其他有关规定。

a. 仓库建筑的防火、防爆设施应达到消防部门的标准并验收合格。

b. 有机溶媒等易燃易爆物料、液体强酸强碱物料储罐的选材与加工均应符合使用和安全要求。必要时在液体储罐周围设有防泄漏的措施。

c. 不同类型的危险物料、理化性质不稳定的物料应隔离储存。

d. 物料和产品的堆放应留有消防通道。

e. 易燃易爆物料仓库的电气设施应采用防爆型。

f. 仓库应有避雷设施。

⑥ 仓库应有防鼠、防昆虫、防鸟的设施或措施。

3.1.8 质量控制区的设置与要求

兽用生物制品生产企业应具备独立的质检设施设备，同一企业如同时具备非兽用生物制品类兽药、药品、饲料及饲料添加剂生产资质，且设置在同一生产地址的，可共用质检相关设施设备。同一兽药生产企业的兽用生物制品、非兽用生物制品类兽药的质量控制实验室可分区域设置在同一厂房内。

3.1.8.1 基本要求

① 兽用生物制品质量控制实验室的设施、设备和环境洁净要求应当与产品性质和生产规模相适应，根据检验的要求设置各类实验室（如无菌检验室、支原体检验室、分子生物学检验室、剩余水分检测室、常规检验室、留样观察室等）。

② 实验室的洁净度、温湿度根据需要进行控制。冻干制品剩余水分检测实验室应满足温湿度要求。进入外源病毒检验、检验菌毒液制备等实验室宜设置缓冲。

③ 无菌检验应在至少 D 级背景下的生物安全柜中进行。

④ 支原体检验过程中涉及阳性对照支原体培养，处理不当会造成实验室环境污染，影响其他实验结果，因此支原体检验室必须与其他实验室分开，实验室内宜保持负压，进入工作区域前应设置缓冲间，有支原体污染风险的相关活动都应在生物安全柜中进行。每次实验结束后要对整个实验室环境进行消毒。

⑤ 对测定有特殊环境要求的，应设置专门的仪器室或实验室。

⑥ 兽用生物制品检验中还应注意生物安全，尤其涉及病原微生物操作的，应在与其微生物类别相适应的生物安全实验室内进行，避免对人员和环境造成危害。

⑦ 分子生物学检验应在单独的区域内进行，区域内至少应包括样品制备区、扩增区和产物分析区，为工作方便可设试剂准备区。进入各操作区应分别设置缓冲间，且样品制备区、扩增区和产物分析区应设置为负压。样品制备区、扩增区和产物分析区应依次设置，且物品应通过传递窗单向传递。各操作区应依次设定压差梯度，且负压值依次增加。扩增产物分析区是最主要的扩增产物污染来源，应防止气溶胶污染其它操作间。分子生物学实验室没有净化要求，但是为避免各个实验区域间交叉污染的可能性，宜采用全送全排的气流组织形式。含有核酸的操作应在生物安全柜内进行，且相应的生物安全柜应100％

外排。

3.1.8.2 动物房的平面布局

（1）设计原则

a. 动物房的设计、建造应符合国家标准 GB 14925—2010《实验动物　环境及设施》、GB 50447—2008《实验动物设施建筑技术规范》等规定。涉及生物安全操作的实验动物房还应符合国家标准 GB 19489—2008《实验室　生物安全通用要求》、GB 50346—2011《生物安全实验室建筑技术规范》及《兽用疫苗生产企业生物安全三级防护标准》（农业部公告第 2573 号）中有关动物房的相关规定[2]。

b. 兽药生产企业的生产动物房和检验用动物实验室应与其他区域严格分开，且生产动物房和检验用动物实验室分别单独设置，并不在同一厂房（即建筑物）内。

c. 检验用动物实验室应根据检验需要设置安全检验区、免疫接种区和强毒攻击区。

d. 根据对微生物控制的程度，实验动物房可分为开放系统、屏障系统和隔离系统 3 类。开放系统饲养普通动物，无洁净级别要求；屏障系统饲养无特定病原动物（SPF 动物），空气洁净度等级为 ISO 7 级。

e. 动物房应有独立的空气处理设施，须满足生物安全要求和环保要求。

f. 布局的关键在于人员、物品、动物以及污物进出不能相互污染，同时还应考虑消防逃生路线。

g. 动物房的设计还应符合动物福利的相关规定。

（2）实验动物设施

① 检验用动物实验室

a. 检验用动物实验室通常由办公区、配套区和实验区组成。配套区主要包括空调机房、中控室、配电室、污水处理间、污物处理间等，实验区是检验用动物实验室的主要功能区，应根据检验需要设置安检区、免疫区和攻毒区。动物入口、检疫区、安检区、免疫区为常压实验区；攻毒区应设置为负压实验区，可参考国家标准 GB 19489—2008《实验室　生物安全通用要求》、GB 50346—2011《生物安全实验室建筑技术规范》及《兽用疫苗企业生物安全三级防护标准》（农业部公告第 2573 号）。

b. 检验用动物实验室的实验动物入口通常会设置检疫区，动物在此区通常会饲养一段时间，用来观察动物是否健康，是否适合用来做动物实验。经过检疫合格的动物进入安检区和免疫区。

c. 免疫区和攻毒区是兽用疫苗效力检验的两个实验单元，实验动物首先在免疫区接种疫苗，需攻毒时进入攻毒区进行攻毒实验，由免疫区进入攻毒区的路线和方式应合理。攻毒区的平面设计应参照动物生物安全二（三）级实验室的标准进行设计，国家标准 GB 19489—2008《实验室　生物安全通用要求》中对动物生物安全实验室的建设进行了规定。动物饲养间应与建筑物内的其他区域隔离，动物饲养间应根据风险评估确定前后缓冲的设置，应在邻近区域配备高压蒸汽灭菌器。排风需要设置两级高效过滤器过滤后高空排放，排水需经过高温消毒处理后排放，污物和动物残体均应经过双扉高压蒸汽灭菌器高温灭菌后运出动物设施。涉及生物安全三级防护要求的动物房（如口蹄疫等），实验动物残体可通过专用动物残体处理装置处理后转运出设施，国内常见的动物残体处理装置有碱裂解和炼制两种。

d. 根据相关国家规范和使用要求，动物房要有合理的人员流线、动物流线、动物饲料垫料流线、实验物品流线、废弃物流线等，尽量减少交叉污染。

② 生产动物房

a. 生产动物房应单独设置，并设有专用的空气处理设施（须满足生物安全要求和环保要求）以及动物专用通道。生产动物房的设计应满足生产中涉及的病原微生物的生物安全管理要求，通常生产动物房中动物饲养区应设置为负压。

b. 生产动物房应根据风险评估确定缓冲和压差梯度的设置，动物饲养区邻近区域应配备高压蒸汽灭菌器。应根据所涉及病原微生物的生物安全管理要求，确定排风是否需要经高效过滤器过滤后排放，排水应经过高温消毒处理后排放，污物和动物残体均应经过双扉高压蒸汽灭菌器高温灭菌后运出。

3.1.9　辅助区

3.1.9.1　更衣间

① 洁净区更衣间应具备互锁系统，防止有两扇或两扇以上的门同时打开。

② 产生粉尘较多的生产区，以及生产中接触有毒、有害物料时，更衣间内应有淋浴设施。

③ 洁净区（室）不同级别区域应分别设立更衣间。

④ 防护区更衣间内应设置强制淋浴。

⑤ 实验室应设有工作人员更衣设施。接触有毒有害物料、强毒微生物检验工作的，更衣间应设有淋浴设施。

⑥ 更衣间内应具有足够的空间，放置个人防护装备和必需的辅助设置。

⑦ 退更设置。出入高洁净级别、高污染或高风险区域，可考虑将进入和离开洁净区的更衣间分开设置，建议 A/B 级洁净区单独设置退更间。

3.1.9.2　盥洗室

① 盥洗室不得与生产区和仓储区直接相通。厕所、淋浴室可根据需要设置，应当方便人员进出，并与使用人数相适应。

② 盥洗室不得与生产区及仓储区直接相连，要保持干净，通风，无积水。盥洗室应根据实际使用情况提供足够的洗手、消毒和干燥设施。

③ 盥洗室应方便人员出入，面积与使用人员数量相适应。

④ 盥洗室须设置在洁净更衣室外，设计时需考虑员工方便使用。

⑤ 盥洗室可设置在总更衣间外；盥洗室亦可设置在总更衣间区域内，与之相连；也可设置在总更衣后的一般区内，方便外包装区域和（或）仓储区人员进出。

3.1.9.3　休息室

休息室的设置不得对生产区、仓储区和质量控制区造成不良影响。

3.1.9.4　维修间

维修间应当尽可能远离生产区。存放在洁净区内的维修用备件和工具，应当放置在专门的房间或工具柜中。

3.1.10 厂房设施的维护和清洁

3.1.10.1 基本要求

① 应制定厂房设施日常检查程序，定期对厂房设施进行维护、保养，保持良好的GMP状态，将厂房设施对生产活动的潜在不良影响降到最低程度。

② 日常检查范围包括：生产车间地面、墙面、吊顶、建筑缝隙（如外窗、外门、喷淋头、空调风口、灯具等）、建筑物外墙、屋面防水、技术夹层和空调机房等。

③ 在生产环境下进行的作业，应有相应的环境保护措施。施工时可能会产生交叉污染，如大的粉尘、异味和噪声，都必须得到质量管理部门评估批准，并完成相关培训后方可进行施工。

④ 对可能引起质量风险的厂房设施的变更，应按照变更管理流程，经过相关部门综合评估后，方可实施。

3.1.10.2 厂房设施的维护

（1）日常维护要求　一是保证厂房内洁净室（区）的洁净度，二是保证温度和相对湿度，要达到这两个要求，必须要做好以下措施。

a. 过滤器的定期检漏　空气净化系统在运行中所使用的各级空气过滤器，应完好、无破损和无泄漏。为防止送风系统将尘粒带进室内，必须对系统中使用的初效、中效及末端（高效）空气过滤器进行定期的泄漏检查。

b. 空气净化系统的送风量　保证空调系统的送风量就是保证厂房设施内的换气次数，以满足室内气流组织的需要。如果系统送风量过低，则会使洁净室内送风口处的气流速度降低，从而破坏室内的气流组织形式，使室内受到污染的空气无法排出，达不到所要求的洁净度级别。

c. 厂压差控制　维持压差的目的就是保证洁净室（区）内空气按照预先设定的气流流向流动，以减少对产品的污染或防止生产操作中的有毒、有害物质外泄。

d. 产尘量控制　仅从空气净化系统的运行和管理方面来考虑，解决影响厂房设施内洁净度的外部条件是不够的，还应解决影响洁净度的内部原因。在厂房设施内产生尘埃的因素有两个：一是设备和物料的运转，二是生产操作人员的活动。应从两方面控制厂房设施的产尘量：

人员净化措施，洗手，换衣、鞋；

物料净化措施，物料在进入厂房设施之前，应进行清洁和必要的净化处理。

（2）维护保养内容

① 厂房的维护保养

a. 厂房设施顶棚的清洁卫生；

b. 回风夹道内的清洁卫生；

c. 玻璃面、彩钢板面的清洁擦洗，地面清扫，灭菌柜、消毒洗手池等清洗；

d. 室内设备和灯具表面的擦洗。

② 空气净化系统的维护保养

a. 净化空调机组定期清洗，每年不少于一次。

b. 检查风机、风阀等传动、转动部位、轴承及轴承座润滑情况，定期加注油脂确保传动灵活。

　　c. 运行两年后，应使用化学方法清除热交换器铜管内水垢，用压缩空气或水冲洗换热器表面的污物，直至干净为止。

　　d. 定期检查空调箱、水箱、风管等内部有无锈蚀脱漆现象，及时清除和补漆；检查各部位的空气调节阀门有无损坏，及时修复；检查各电控箱、配电盘、电器接线有无松脱发热现象，仪表运作是否正常等，并及时修复；定期检验、校正测量和控制仪表设备保证其控制准确可靠。

　　e. 初、中效过滤袋使用一段时间后需更换，或取出进行拍打和压缩空气反吹后，用肥皂水清洗干净，太阳晒干后方能重新使用（重复使用次数最多为 3 次）。

　　f. 运转一段时间后，应停机，调整皮带的松紧。皮带受损或缺少应及时更换与配齐。

　　g. 常规情况下，初、中、高效空气过滤器在终阻力达到初阻力 1.5～2 倍时，应清洗（初、中效过滤器）或更换（高效过滤器），空调机新风口过滤膜无纺布应根据不同室外环境条件，经验证确认更换周期。

　　③ 检修与值班人员　应对厂房设施和有关设备、备件的运行、检查、检修、更换、维护、保养等情况作好记录，便于以后查阅与管理。

3.2

空气净化系统

　　作为兽药生产质量控制系统的重要组成部分，空气净化系统（heating ventilation and air conditioning，HVAC 系统）主要通过对兽药生产环境的空气温度、湿度、悬浮粒子、微生物等的控制和监测，确保环境参数符合兽药质量的要求，避免空气污染和交叉污染的发生。

　　兽药洁净厂房空气净化系统应符合国家标准 GB 50019—2015《工业建筑供暖通风与空气调节设计规范》和 GB 51245—2017《工业建筑节能设计统一标准》的有关规定。生产车间的洁净级别设置应符合《兽药生产质量管理规范（2020 年修订）》各附件中的相关规定，对于其中未规定的各类通用性指标，可参照 T/CECS 805—2021《兽药工业洁净厂房设计标准》等相关要求。

3.2.1　《兽药生产质量管理规范（2020 年修订）》的相关规定

　　应当根据兽药品种、生产操作要求及外部环境状况等配置空气净化系统，使生产区有效通风，并有温度、湿度控制和空气净化过滤设施，保证兽药的生产环境符合要求。

3.2.1.1　洁净区与非洁净区之间、不同级别洁净区之间的压差

　　应当不低于 10Pa。必要时，相同洁净度级别的不同功能区域（操作间）之间也应当

保持适当的压差梯度，并应有指示压差的装置和（或）设置监控系统。

3.2.1.2 应当根据制品品种、生产操作要求及外部环境状况等配置空气净化系统

使生产区有效通风，并有温度、湿度控制和空气净化过滤设备，保证兽药的生产环境符合要求。生产洁净室（区）分为 A 级、B 级、C 级和 D 级 4 个级别。生产不同类别兽药的洁净室（区）设计应当符合相应的洁净度要求，包括达到"静态"和"动态"的标准。

① A 级：高风险操作区，如灌装区、放置胶塞桶和与无菌制剂直接接触的敞口包装容器的区域及无菌装配或连接操作的区域，应当用单向流操作台（罩）维持该区的环境状态。单向流系统在其工作区域应当均匀送风，风速为 0.45m/s，不均匀度不超过±20%（指导值）。应当有数据证明单向流的状态并经过验证。

在密闭的隔离操作器或手套箱内，可使用较低的风速。

② B 级：指无菌配制和灌装等高风险操作 A 级洁净区所处的背景区域。

③ C 级和 D 级：指无菌兽药生产过程中重要程度较低操作步骤的洁净区。

以上各级别空气悬浮粒子的标准规定见表 3-1。

表 3-1 各级别空气悬浮粒子的标准规定

| 洁净度级别① | 悬浮粒子最大允许数/m³ | | | |
| | 静态 | | 动态③ | |
	≥0.5μm	≥5.0μm②	≥0.5μm	≥5.0μm
A 级	3520	不作规定	3520	不作规定
B 级	3520	不作规定	352000	2900
C 级	352000	2900	3520000	29000
D 级	3520000	29000	不作规定	不作规定

① A 级洁净区（静态和动态）、B 级洁净区（静态）空气悬浮粒子的级别为 ISO 5，以≥0.5μm 的悬浮粒子为限度标准。B 级洁净区（动态）的空气悬浮粒子的级别为 ISO 7。对于 C 级洁净区（静态和动态）而言，空气悬浮粒子的级别分别为 ISO 7 和 ISO 8。 D 级洁净区（静态）空气悬浮粒子的级别为 ISO 8。测试方法可参照 ISO 14644-1: 2015。

② 在确认级别时，应当使用采样管较短的便携式悬浮粒子计数器，避免≥5.0μm 悬浮粒子在远程采样系统的长采样管中沉降。在单向流系统中，应当采用等动力学的取样头。

③ 动态测试可在常规操作、培养基模拟灌装过程中进行，证明达到动态的洁净度级别，但培养基模拟灌装试验要求在"最差状况"下进行动态测试。

3.2.1.3 制品的生产操作应当在符合规定的相应级别洁净区内进行

未列出的操作可参照表 3-2 在适当级别的洁净区内进行。

表 3-2 规定的相应级别的洁净区

洁净度级别	制品生产操作示例
B 级背景下的局部 A 级	有开口暴露操作的细胞的制备、半成品制备中的接种、收获；灌装前不经除菌过滤制品的混合、配制；分装（灌封）、冻干、加塞；在暴露情况下添加稳定剂、佐剂、灭活剂等
C 级背景下的局部 A 级	胚苗的半成品制备；组织苗的半成品制备（含脏器组织的采集）
C 级	半成品制备中的培养过程，包括细胞的培养、接种后鸡胚的孵化、细菌的培养；灌装前需经除菌过滤制品的配制、精制、除菌过滤、超滤等
D 级	采用生物反应器密闭系统；可通过密闭管道添加且可在线灭菌、无暴露环节的生产操作；鸡胚的前孵化、溶液或稳定剂的配制与灭菌；血清等的提取、合并、非低温提取和分装前的巴氏消毒；卵黄抗体生产中的蛋黄分离过程；球虫苗的制备、配制、分装过程；口服制剂的制备、分装、冻干等过程；轧盖①；制品最终容器的精洗、消毒等

① 指轧盖前产品处于较好密封状态下。如处于非完全密封状态，则轧盖活动需设置在与分装或灌装活动相同的洁净度级别下。

3.2.1.4 生产操作全部结束

操作人员撤出生产现场并经 15～20min（指导值）自净后，洁净区的悬浮粒子应当达到表中的"静态"标准。

3.2.1.5 高污染风险的操作宜在隔离操作器中完成

隔离操作器及其所处环境的设计，应当能够保证相应区域空气的质量达到设定标准。传输装置可设计成单门或双门，也可是同灭菌设备相连的全密封系统。物品进出隔离操作器应当特别注意防止污染。隔离操作器所处环境取决于其设计及应用，无菌生产的隔离操作器所处的环境至少应为 D 级洁净区。

3.2.1.6 隔离操作器只有经过适当的确认后方可投入使用

确认时应当考虑隔离技术的所有关键因素，如隔离系统内部和外部所处环境的空气质量、隔离操作器的消毒、传递操作以及隔离系统的完整性。

3.2.1.7 隔离操作器和隔离用袖管或手套系统应当进行常规监测

包括经常进行必要的检漏试验。

3.2.1.8 气流方式

应当能够证明所用气流方式不会导致污染风险并有记录（如烟雾试验的录像）。

3.2.2 气流流型和风量的要求

根据《兽药生产质量管理规范（2020 年修订）》要求，洁净室工作区的气流应均匀分布，气流流速应满足生产工艺要求。A 级采用单向流，B～D 级采用非单向流。单向流为通过洁净区整个断面、风速稳定，大致平行的受控气流；非单向流为送入洁净区的空气以诱导方式与区内空气混合的一种气流分布。

在无特殊工艺要求情况下，洁净厂房的气流流型及送风量，可按表 3-3 中推荐的有关数据进行计算。

表 3-3　气流流型和送风量（推荐）

空气洁净度级别	气流流型	平均风速/(m/s)	参考换气次数/(次/h)
A	单向流	0.45±0.09	—
B	非单向流	—	40～60
C	非单向流	—	≥20
D	非单向流	—	15～20

A 级截面风速的目标值为 0.45m/s，范围可在设定点周围的±20％。《兽药生产质量管理规范（2020 年修订）》第一次提出不均匀度的要求，从多年来对国内各类洁净室ISO 5 级的检测结果来看，由于设计或安装不合理，相当比例局部 ISO 5 级截面风速不均匀，虽然平均值达到规范要求，但实际上存在极小或无风速区域，会产生较大扰流，即使静态下洁净度检测勉强达标，其在动态工况抗干扰能力非常有限。因此希望通过不均匀度这一指标对 ISO 5 级的设计、建造和运维管理提出控制要求。

另外，A 级区若采用密闭隔离器、手套箱或其他密闭 A 级操作设备，风速可适当降低，但其动静态的粒子数应可验证。B～D 级换气次数为推荐值，实际计算过程中还应结合房间热、湿负荷计算出的送风量、根据自净时间确定的送风量三者取最大值。

3.2.3 净化原理

① A 级送风为垂直单向流送风，其净化原理为挤压、置换原理；而 B～D 级送风为非单向流（乱流）送风，其净化原理为充分稀释原理。

生产中还多见由单向流和非单向流组合的混合流房间，如非最终灭菌的无菌兽药制剂车间中的灌装间，为 B 级背景环境下的 A 级，就是典型的混合流房间代表。设计阶段要注意混合流房间的背景环境送风不应影响 A 级区域，应保证单向流气流相对于房间区域的正压送风。实践中可通过烟气流型测试确保 A 级边界不会因气流的扰动而对单向流区域产生负面影响。

② 在确定"静态"条件下的设计参数时，应同时考虑抵消"动态"条件下房间内增加的粒子值。

当生产停止并且人员离开生产区域时，洁净区将开始恢复自净，房间将从"动态"变到"静态"，理论上房间将恢复到送风洁净状态。

洁净室在其空气净化系统运行之后，室内含尘浓度从一个较高的数值（动态）下降到稳定的值（静态），所需的时间即为自净时间，这个时间虽然越短越好，但与房间换气次数有着明确的负相关关系，即根据工艺要求确定的自净时间越短，则所需的换气次数越大。生产操作人员应根据工艺流程、使用要求和生产操作中的发尘浓度特点等因素来确定洁净室的自净时间，设计人员根据不同动、静态目标浓度和规定的自净时间计算换气次数。自净时间与换气次数的计算关系可详见《空气洁净技术原理（第四版）》中相关内容。

3.2.4 空气净化系统划分

① 划分为不同的空气净化系统，应符合以下原则：

a. 生产工艺中某工序散发的物质或气体对其他工序的产品质量有影响；

b. 生产使用时间或生产工艺要求不同；

c. 涉及活病原微生物操作区域；

d. 温、湿度基数和精度不同；

e. 需要冬季供冷或夏季供热的区域；

f. 根据分级分类设置及防止交叉污染的原则，不同洁净级别的空气净化系统宜分开设置。

② 空气净化系统应采用全空气系统，风机宜采取变频措施。根据生产工艺、生物安全风险等情况，可采用直流式空调系统或回风空调系统、正压空调系统或负压空调系统等。

③ 空气净化系统至少应设置初效、中效、高效三级空气过滤，并应符合下列规定：

a. 直流式空调系统的初效过滤器可设置在空调箱内，对于带回风的空调系统，初效过滤器宜设置在新风口且便于检修处；

b. 中效过滤器宜设置在空气处理机组的正压段；

c. 高效过滤器应设置在系统的末端或紧靠末端，不宜设在空调箱内。

严寒及寒冷地区的新风系统应设置防冻保护措施。

④ 新风口的设置应符合下列规定：

a. 新风口应具有防止雨水倒灌的措施，在易遭受台风的地区，新风口内侧应设置可靠接水措施；

b. 新风口处应安装防鼠、防昆虫、阻挡绒毛等的保护网，材质应防水、不易生锈，且易于拆装；

c. 新风口一般应高于室外地面2.5m以上，并应远离污染源。

⑤ 兽药洁净厂房空气净化系统的送风和排风机应连锁，有正压要求的洁净室，送风应先于排风机开启，后于排风机关闭；有负压要求的洁净室，排风机应先于送风机开启，后于送风机关闭。

⑥ 空气净化系统应满足环境消毒的要求，且应能够抵御消毒剂的腐蚀。

⑦ 应采取适宜的措施，避免动物侵入空调系统。

3.2.5 洁净区的压差设置

① 洁净区的压差应符合《兽药生产质量管理规范（2020年修订）》、《兽用疫苗生产企业生物安全三级防护检查验收评定标准》中有关压差的规定。空气净化系统应有维持系统风量、保持室内压力和系统压力梯度稳定的措施，并符合下列规定：

a. 功能房间较多或工艺生产对压差平衡干扰较大的洁净生产区，可采用压差自动控制系统；

b. 无菌兽药的洁净生产区，可采用压差自动控制系统；

c. 有生物安全三级防护要求的洁净生产区，应采用压差自动控制系统。

② 下列区域在面向人流进入方向的入口明显位置，应设置压差监测装置，压差监测装置应有明确的合理区间提示，作为警戒限和纠偏限的标识范围：

a. 洁净室与非洁净室之间；

b. 不同级别的洁净室之间；

c. 相同洁净级别，但有明确要求需保持压力梯度的不同功能区域（操作间）之间；

d. 操作有致病作用微生物的洁净室与相邻的洁净室之间。

③ 下列洁净室应与相邻房间保持相对负压：

a. 生产过程中散发粉尘的洁净室；

b. 生产中使用有机溶媒的洁净室；

c. 生产中产生大量有害物质、热湿气体和异味的洁净室。

④ 特殊产品的精制、干燥、包装室以及其制剂产品的分装室，操作有致病作用微生物的洁净区应保持绝对负压。

3.2.6 空气热湿处理

冷源宜采用人工冷源；空气冷却宜采用表面冷却器，不应采用淋水式空调处理器。空气净化系统空气加热介质宜采用热水。

有蒸汽可利用时，宜采用干蒸汽加湿器；无蒸汽热源时，宜采用电极式或电热式蒸汽加湿方式；不应采用淋水式加湿器、高压喷雾或湿膜式加湿器。

工艺对环境无特殊要求的空气净化系统宜采用冷却除湿的方式；低湿环境要求的兽药洁净区宜采用冷却除湿与其他除湿方式对空气进行联合除湿处理。

3.2.7 供暖、排风和防排烟

3.2.7.1 设置原则

① 生产车间洁净度级别高于 D 级的，不应采用散热器供暖。

② 室外排风口应安装保护网和防雨罩。

③ 如果生产车间部分区域会产生粉尘及有害气体，应设置局部排风或除尘装置。在排风介质中含有毒性气体、易燃气体、易爆气体，应设置独立的排风系统；当排风介质混合后会产生或加剧排风介质毒性、燃烧危险性、爆炸危险性、腐蚀性及交叉污染的可能性时，应设置独立的排风系统；当排风介质中含有两种及两种以上不同的病原微生物时，宜设置独立的排风系统。

④ 应在排风出口位置设置防止室外气流倒灌的措施；在排风介质中的有害物质浓度及排放速率超过国家或当地环保规定时，应采取无害化处理措施；当排风介质中含有易燃、易爆物质时，应按排风介质的物理性质或化学性质采取相应的防火、防爆处理措施；当排风介质中含有水蒸气和凝结性物质时，应设置相应的坡度及排放口。

⑤ 车间入口的更鞋间、更外衣间、清洗间及淋浴间等生产辅助用房应采取通风措施，静压值应略低于洁净生产区。

⑥ 需设置事故排风系统的车间或机（站）房，事故排风系统应同时设置有自动及手动控制开关，且手动控制开关应分别设置在房间内外便于操作的地方。

3.2.7.2 相关规定

消防排烟系统应符合现行国家标准 GB 50016—2014《建筑设计防火规范（2018 年版）》、GB 50222—2017《建筑内部装修设计防火规范》、GB 51251—2017《建筑防烟排烟系统技术标准》、GB 50457—2019《医药工业洁净厂房设计标准》有关规定。

3.2.8 风管和附件

空气净化系统的风管应根据使用条件、施工条件要求设置，并应符合下列规定：

① 风管内壁应易于清洁，并应采用不易脱落颗粒物质、不易被消毒剂等介质接触腐蚀的材料；

② 输送含有对人体有致病危险生物气溶胶的风管，不得有开口，确有必要的开口或连接口应设在负压污染区；

③ 风管用于收集物料时，材质性质应无毒、不吸附、耐腐蚀，宜采用低碳不锈钢；

④ 有防静电措施要求的风管应采用金属材料制作，法兰间应有跨接导线；

⑤ 产品及涉及物料对温度和相对湿度无特殊要求，但有产尘工序的，其回风可经中效和亚高效处理，新风经初效和中效过滤器后灰尘和大部分颗粒已经除去，为保证送风清洁度，可在 AHU（空气处理机组）出风口安装 F9 中效过滤器；

⑥ 为了减少噪声，应在送风、回风、排风管上分别安装消声器。

3.3

生产过程控制

兽药生产过程是一个以工序生产为基础的过程，任何一个工序出现波动（如人员、设备、原辅料、工艺、环境等），必然引起兽药产品的质量波动。因此，通过生产过程的控制来保证制品质量，就是采取有效措施，最大限度地降低兽药生产过程中污染、交叉污染以及混淆、差错等风险，确保生产按照验证批准的生产工艺和其他相关程序要求进行。

3.3.1 常规疫苗

3.3.1.1 胚培养病毒

胚培养病毒是由病毒接种鸡（鸭）胚培养，收获感染胚液或胚体等，经合理处理后，制备成抗原。

胚培养病毒活/灭活疫苗生产环境的空气洁净度级别应当与制品和生产操作相适应，各生产工序操作应在洁净区内分区域（室）进行。胚培养病毒活/灭活疫苗半成品制备生产环境要求为 C 级背景下的局部 A 级（有暴露环节）和 C 级（无暴露环节），产品配制（灌装前不经除菌过滤的 B 级背景下的局部 A 级，灌装前需经除菌过滤制品的配制为 C 级）、乳化为 C 级，灌装为 B 级背景下的局部 A 级，轧盖为 D 级。

（1）前孵化

① 核对来蛋信息，确认无误后按操作规程进行种蛋熏蒸消毒，种蛋消毒后入孵化机孵化。

② 孵化机温湿度等参数设定应符合生产工艺要求，孵化过程中应定期观察并记录。

③ 待孵化时间达到工艺要求应全部照胚，将合格胚蛋拣出并摆放至接种专用蛋盘，待用。

（2）毒种配制　核对生产用毒种信息，确认无误后按操作规程进行配制操作，毒种稀释倍数应符合工艺规程要求。

应使用无菌溶液进行毒种配制，无菌溶液预冷至 $2\sim8℃$。

配制毒种应规定最长使用时间，毒种配制后使用时间超过最长使用时间，剩余毒种应无害化处理。

（3）接种（以尿囊腔和绒毛尿囊膜途径接种为例）

尿囊腔途径　取 9～11 日龄的鸡胚，将气室向上放于蛋盘中，将气室距边缘 0.5cm 处无大血管的位置作为接种部位，垂直刺入针头约 1cm，接种 0.1～0.2mL 病毒液，封口后继续孵化。

绒毛尿囊膜途径　取 10～12 日龄的鸡胚，在灯光照射下画出气室及胚胎位置，将鸡胚横放在蛋盘上，胚胎位置向上，用钝头锥或螺丝钉在胚胎附近处打一小孔，但不能损伤绒毛尿囊膜，在气室处也打一小孔，然后用吸球紧贴气室小孔处轻轻吸气，造成负压，使破孔处的绒毛尿囊膜下陷，形成人工气室。接种时在人工气室孔处呈 30°角刺入针头约 0.5cm，接种 0.1～0.2mL 病毒液，封口后继续孵化。

（4）后孵化　孵化机温湿度等参数设定应符合生产工艺要求，孵化过程中应定期观察并记录。

孵化过程中应按照生产工艺规程要求间隔抽照，抽照应达到规定数量。抽照过程中发现的不合格鸡胚应及时挑出并进行无害化处理。待孵化时间达到工艺要求应全部照胚。

（5）收获　按工艺要求观察期结束，所有胚冷却处理。

按工艺要求收获尿囊液或绒毛尿囊膜和胚体等。

3.3.1.2　细胞培养病毒（转瓶/悬浮培养工艺）

是由病毒接种细胞通过转瓶或悬浮工艺培养，收获感染细胞或培养液等，经合理处理后，制备成抗原。

细胞培养病毒（转瓶/悬浮培养工艺）活/灭活疫苗生产环境的空气洁净度级别应当与制品和生产操作相适应，各生产工序操作应在洁净区内分区域（室）进行。细胞培养病毒过程中的有开口暴露操作的细胞制备（细胞复苏、细胞扩繁）、接种、收获、配苗、分装、冻干生产环境要求均为 B 级背景下的局部 A 级，轧盖为 D 级。有毒操作区与无毒操作区应有各自独立的空气净化系统，且人流、物流应分开设置，健康细胞制备间如果设置在有毒区，应有独立的空气净化系统。

（1）细胞复苏　核对生产用细胞信息，包括细胞名称、批号、代次。确认无误后按操作规程进行细胞复苏。

（2）细胞扩繁　细胞传代次数应符合生产工艺要求，确保细胞传代次数与已批准注册材料中的规定一致。

每次扩繁前应进行细胞挑选，挑选标准为肉眼观察营养液清亮、细胞贴壁均匀，镜下观察细胞轮廓清晰，形态符合细胞特性。

操作人员应按操作规程进行操作，确保扩繁比例、培养条件等关键参数符合工艺要求。

（3）接种　核对生产用毒种信息，确认无误后按操作规程进行配制操作。

按照工艺要求配制细胞营养液，经除菌过滤后按接种比例加入毒种，确保接种比例符合工艺规程要求。

对于悬浮培养工艺，调节生物反应器培养温度、溶氧、pH 值，达到设定值后，加入毒种开始培养，培养过程中根据工艺要求，如果需要补料，按相应 SOP（标准操作规范）进行补料操作，培养结束后，将物料导出。

接种后应在生产工艺规程规定条件下进行培养，并及时记录。

（4）**收获** 培养时间符合工艺要求后，应观察病变情况。

细胞圆缩、拉网、少量细胞脱落等即为细胞病变，收获时应确保病变程度达到工艺要求。

3.3.1.3 培养基培养细菌

（1）**生产种子制备**

① 核对生产用菌种信息和培养基信息，确认无误后按操作规程进行菌种稀释，稀释比例应符合工艺规程要求。

② 将菌种接种至适宜培养基中进行培养，培养条件等应符合工艺规程要求。

③ 培养至规定时长且培养后生产菌种形态、OD值等均达到工艺要求后收获。

④ 生产种子制备过程包含多级种子繁殖，整个制备过程应严格执行工艺要求。

（2）**细菌培养与收获**

① 核对生产种子信息和培养基信息，确认无误后按操作规程进行接种，接种比例应符合工艺规程要求。

② 按照操作规程进行细菌发酵培养，整个细菌培养过程应严格执行工艺要求。

③ 达到收获条件时根据操作规程组装高速管式离心机，离心收获菌体。

3.3.1.4 组织毒（以猪瘟活疫苗（兔源）为例）

（1）**生产用毒种制备**

① 家兔的选择：选用营养良好，体重2～3kg家兔。购入家兔应隔离饲养观察30d以上。家兔在接种前，至少应测温观察3d，每日上、下午各测体温一次。选用体温正常、温差波动不大的家兔。

② 接种：将冻干毒种用灭菌生理盐水制成20倍稀释的乳剂，每兔耳静脉注射1mL。

③ 测温观察：家兔接种后，上午、下午各测体温一次，24h后，每隔6h测体温一次。

④ 热型判定：接种家兔的体温反应分为四类。

a. 定型热反应（＋＋）：潜伏期24～48h，体温上升呈明显曲线，超过常温1℃以上，至少有3个温次，并稽留18～36h。

b. 轻热反应（＋）：潜伏期24～72h，体温上升有一定曲线，超过常温0.5℃以上，至少有2个温次，稽留12～36h。

c. 可疑反应（±）：潜伏期不到24h，或超过72h，体温曲线起伏不定，或稽留不到12h，或稽留超过36h而不下降。

d. 无反应（－）：体温正常者。

常温：家兔接种前3d所测体温的平均温度。

潜伏期：由接种时算起，到体温上升超过常温0.5℃以上的间隔时间。

稽留期：由体温上升超过0.5℃算起，到体温下降到常温或接近常温的间隔时间。

⑤ 毒种收获：选择定型热反应兔，在体温下降及其后的24h内剖杀，以无菌操作采取脾脏冷冻或冻干保存，作为生产用毒种。

⑥ 毒种对家兔不致特征性病变，各脏器可以有轻度充血、出血，脾淋可能有不同程度的肿胀。如发现有异样病变或任何时期死亡的兔，均不得使用。

⑦ 毒种鉴定：应符合规定，符合标准的毒种作为生产用种子。

（2）制苗用抗原的制备

① 制备脾淋苗抗原病毒的繁殖

a. 接种：将检验合格的生产用种子用无菌生理盐水制成 20 倍稀释乳剂，每兔耳静脉注射 1.5mL，观察和判定。

b. 收获：选择定型热和轻热反应兔，在体温下降及其后的 24h 内剖杀，以无菌手术采取脾脏和淋巴结。采毒时，切勿剪破胃、肠、食管，以免污染。

② 采集的制苗组织应立即配苗或迅速冻结保存，−70℃ 以下保存，兔脾淋组织毒应不超过 3 个月。

3.3.1.5　球虫（以鸡球虫活疫苗为例）

（1）化学致弱　取相当于疫苗使用剂量两倍的孢子化卵囊，离心洗涤，去除 $K_2Cr_2O_7$。

将球虫的孢子化卵囊沉淀分别浸没于环磷酰胺溶液中，于室温 25℃ 下处理 2 小时。在整个致弱过程中要间歇摇动，使卵囊充分接触诱变剂。处理结束后，立即离心除去诱变剂，然后以生理盐水离心洗涤 6～7 次，每次以 3000r/min 离心 5 分钟，最后用生理盐水稀释，进行卵囊计数，为 20000 个/mL。

（2）传代　将这三种浓度均为 20000 个/mL 的致弱卵囊分别接种 7 日龄健康无球虫雏鸡，每羽口服 0.5mL（含 10000 个卵囊）。接种柔嫩艾美耳球虫卵囊和毒害艾美耳球虫卵囊的鸡于接种后 7 天剖杀取盲肠，接种巨型艾美耳球虫的鸡于接种后 6.5d 剖杀取小肠中段。将肠管纵向剪开，放入 60 目铜网内，加入少量盐水研磨，依次通过 80 目、100 目、200 目铜网。逐级过滤纯化（用大量盐水冲洗研磨物），以 3000r/min 离心洗涤三次，每次离心 5min。将沉淀物用 pH 值 8.0、0.01mol/L PBS 稀释（内含 1% 胰酶和 5% 胆汁），41℃ 消化 1h，消化期间间歇摇动。

（3）培养　将上述消化后的卵囊以 3000r/min 离心 5 分钟，离心洗涤三次。将沉淀物搅匀后加入 10 倍量 2.5% $K_2Cr_2O_7$，使卵囊分散均匀。然后在 28℃ 下培养 72～96h，保持一定湿度并间歇摇动。

（4）收获卵囊　取上述卵囊进行孢子化计数，在显微镜下观察计数 100 个卵囊。孢子化形成率达到 80% 即可收集，进行卵囊计数 10 次（在磁力搅拌器下取样），取平均值为每毫升卵囊数，保存于 4℃ 冰箱。孢子化形成率＝孢子化卵囊/（未孢子化卵囊＋孢子化卵囊）×100%。

（5）物理致弱　将以上三种化学诱变剂处理并传一代的卵囊分别离心去除 $K_2Cr_2O_7$。然后用重蒸水配成浓度为 50 万个/mL 的卵囊悬液，置于 15W/s（波长 254nm）的紫外线下照射 270s，要求紫外光源预开 15min，卵囊悬液距离紫外光源 27cm，照射过程中卵囊悬液处于流动状态，照射结束后，卵囊返回 10 倍量的 2.5% $K_2Cr_2O_7$ 中。

3.3.2　疫苗生产工艺

3.3.2.1　灭活工艺

（1）抗原灭活的主要方法

a. 物理学灭活。包括加热及射线照射等方法。加热方法简单易行，但加热杀死微生物的方法比较粗糙，容易造成菌体蛋白质变性，因而免疫原性受到明显影响，所以一般少用。

b. 化学灭活。该法目前采用最多。用于灭活微生物的化学试剂或药物称为灭活剂。化学灭活剂的种类很多，作用的机理也不同，而且灭活的效果受多种因素影响。

（2）常用灭活剂和灭活机理

a. 甲醛溶液，甲醛的灭活作用机理是甲酸的醛基作用于微生物蛋白质的氨基产生羟甲基胺，作用于羧基形成亚甲基二醇单酯，作用于羟基生成羟基甲酚，作用于疏基形成亚甲基二醇。上述反应生成的羟甲基等代替敏感的氢原子，破坏生命体的基本结构，导致微生物死亡。甲醛还可与微生物核糖体中的氨基结合，使两个亚单位间形成交联链，亦可抑制微生物的蛋白质合成。近年来研究发现，甲醛对病毒和细菌等核酸的烷化作用比对蛋白质的作用更强，并有利于杀灭微生物。

适当浓度的甲醛可使微生物丧失增殖力或毒性，保持抗原性和免疫原性。

b. 二乙烯亚胺（BEI）可以破坏核酸代谢、合成，达到杀灭微生物的目的。

c. 苯酚。本品对微生物的灭活机制是使其蛋白质变性、抑制特异酶系统（如脱氢酶和氧化酶等），从而使其失去活性。但芽孢、真菌和病毒对苯酚的耐受性强。

d. β-丙内酯。一种良好的病毒灭活剂。灭活机理为作用于微生物 DNA 或 RNA，改变病毒核酸结构达到灭活目的。有对抗原的破坏小，极易水解，灭活时间短的优点。

3.3.2.2　疫苗保护工艺

保护剂又称稳定剂。冻干保护剂是指冷冻真空干燥的兽医生物制品中除抗原活性物质以外的添加物，能防止制品在冻干过程中活性物质失去结构水及阻止结构水形成结晶，保护微生物活性物质的活性与抗原性，降低细胞内外渗透压差，保持干燥状态下弱毒疫苗微生物的活力和复苏时迅速恢复活力。兽医生物制品生产中常用的保护剂如下。

① 保护细菌常用的有 10％蔗糖、5％蔗糖脱脂乳、5％蔗糖、1.5％明胶、10％脱脂乳、20％脱脂乳、含 1％谷氨酸钠的 10％脱脂乳、含 5％BSA（牛血清白蛋白）的蔗糖、灭活马血清等。

② 保护厌氧菌常用的有 10％脱脂乳、7.5％葡萄糖血清、0.1％谷氨酸钠、10％乳糖溶液。

③ 保护支原体常用的有 50％马血清、1％BSA、5％脱脂乳、7.5％葡萄糖和马血清等。

④ 保护立克次氏体常用的有 10％脱脂乳。

⑤ 保护酵母菌常用的有马血清或含 7.5％葡萄糖的马血清、含 1％谷氨酸钠的 10％脱脂乳等。

⑥ 保护病毒类常用的有：明胶、血清、谷氨酸钠、蛋白胨、蔗糖、乳糖、山梨醇、葡萄糖、BSA、PVP（聚乙烯吡咯烷酮）、水解乳蛋白、乳酸钙、海藻糖和硫脲等。上述物质常按不同浓度或不同比例混合组成冻干保护剂发挥保护作用。

3.3.2.3　疫苗乳化工艺

（1）疫苗乳化剂

① 免疫佐剂　是指先于抗原或与抗原同时注入动物体内，能非特异性地改变或增强

机体对抗原特异性免疫应答的一类物质。主要包括氢氧化铝胶佐剂、钾明矾佐剂、弗氏佐剂、矿物油佐剂和蜂胶佐剂等，目前使用较多的是氢氧化铝胶和矿物油佐剂，免疫佐剂除具有免疫增强效应外，还须符合的标准是：无致癌性，不是辅助致癌物，不能诱导、促进肿瘤形成；无毒性，通过肌内注射、皮下注射等各种途径进入动物体后无任何副作用，对动物安全；纯度高，杂质越少越优；有一定吸附力，最好吸附力强；在动物体内能被降解吸收，不宜长时间留存而诱发组织损伤；不含有交叉反应的抗原物质；不诱发自身超敏性，也不与血清抗体结合形成有害的免疫复合物；稳定，佐剂抗原混合物储存 1 年以上不分解、不变质、不产生不良物质。

② 乳化剂　乳化剂是一种两亲分子，能够在油水混合物中把疏水部分吸引到油相中，把亲水部分吸引到水相中，在油水界面处形成单分子层。乳化剂是可溶性脂，当浓度增加时，在水中倾向于形成微团，亲水部分朝外，疏水部分则聚集在中心。搅拌油水混合物时，大堆的油可分散成细小微滴，如果无乳化剂，油滴就会很快聚集成原来的油层。然而当有乳化剂时，油滴被裹上一层乳化剂分子，即油滴处于微团中，这样油滴作为亲水物质悬于水中而成乳胶，此过程称为乳化。从能量角度看，乳化剂是一种表面活性剂，能降低油滴的界面张力，也就是在不改变界面面积（即不改变分散度）的情况下，降低系统的表面能，使分散系统得以稳定。乳化剂已广泛应用于食品、农药、医药等各个领域，尤其在制备药用乳剂时，乳化剂是乳剂的重要组成部分，乳化剂乳化能力大小对乳剂的形成及保持乳剂的稳定性起决定性作用。主要包括白油、司盘-80、吐温-80 等物质。

a. 白油，是一种矿物油（国外有 Marcol-52 等，国产白油的型号分 5、7、10、15 号等）。应为无色透明的油状液体；无臭、无味；在日光下不显荧光；相对密度为 0.818～0.880；在 40℃时的运动黏度（毛细管内径为 1.0mm）应为 4～13mm^2/s；酸度应为中性；重金属、铅和砷等物质的含量应符合规定。

b. 司盘-80，学名为山梨醇酐单油酸酯，属于多元醇型非离子表面活性剂。应为浅棕色黏稠液体；相对密度为 0.98～1.00；运动黏度（25℃下，毛细管内径 3.4～4.2mm）为 800～1400mm^2/s；酸值不大于 7.0，皂化值为 145～160，羟值为 190～210；含水分不得超过 1.0%。

c. 吐温-80，学名为聚氧乙烯山梨糖醇酐单油酸酯，又名 T-80 乳化剂。为淡黄色至橙黄色的黏稠液体；微有特臭，味微苦略涩，有温热感；在水、甲醇、乙醇或醋酸乙酯中易溶，在矿物油中极微溶解；相对密度为 1.06～1.09；运动黏度（25℃下，毛细管内径 3.4～4.2mm）为 350～550mm^2/s；酸值不大于 2.2，皂化值 45～60，羟值 65～80，碘值 18～24。

（2）乳化技术　乳状液是由水相和油相所组成的，乳状液的制备一般是先分别制备出水相和油相，然后再将它们混合，进而得到乳状液。

① 水相制备　按照配方将水溶性物质如甘油、胶质原料等尽可能溶于水中。制备水相的温度很大程度上取决于油相中各成分的物理性质，水相的温度应接近油相的温度，如低于油相的温度，则不宜超过 10℃。制备乳状液时，乳化剂的加入方式有多种，将乳化剂加入水中构成水相，然后在剧烈搅拌下加入油相，形成乳状液的方法，通常叫作剂在水中法。

② 油相制备　根据配方将全部油相成分一起溶解于一容器内，如油相成分中有高熔点的蜡、脂肪酸、醇等，则这时需要加热，融化油性成分，使其保持液体状态。若油相溶液在冷却时，趋于凝固或冻结，则这时应使油相的温度保持在凝固温度以上至少 10℃，

以使油相保持液体状态，便于与水相进行乳化。当乳化剂使用非离子型表面活性剂时，常将亲水性或亲油性乳化剂溶于油相中。用这种方法制备乳状液，通常叫作剂在油中法。若乳状液配方中有脂肪酸，则将脂肪酸溶于油相中，而将碱溶于水中，两相混合，即在界面形成皂，从而得到稳定的乳状液。这种制备乳状液的方法叫作初生皂法，是一种较传统的制备乳状液的方法。

（3）乳化的方法

① 油、水混合法　通常此法是水、油两相分别在两个容器内进行，将亲油性的乳化剂溶于油相，而乳化在第三容器内（或在流水作业线之内）进行。每一相少量而交替地加于乳化容器中，直至其中某一相加完，另一相余下部分以细流加入。如使用流水作业系统，则水、油两相按其正确比例连续投入系统中。

② 转相乳化法　在一较大容器中制备好内相，乳化就在此容器中进行（如若要制取O/W 型乳状液，就在乳化容器中制备油相）。将已制备好的另一相（外相，此例中为水相）按细流形式或一份一份地加入。最初形成 W/O 型乳状液，随水相继续增加，乳状液逐渐增稠，但在水相加至 66％以后，乳状液就突然变稀，并转变成 O/W 型乳状液，继续将余下的水相快速加完，而最终得到 O/W 型乳状液。类似本例可制得 W/O 型乳状液。此种方法称为转相乳化法，由此法得到的乳状液其颗粒分散得很细且均匀。

③ 低能乳化法（简记为 LEE）　通常的乳化方法大都是将外相、内相加热到 80℃左右（75～90℃）进行乳化，然后搅拌、冷却，在这过程中需要消耗大量能量。但从理论上看进行乳化并不需要这么多能量，乳化需要的能量只影响乳状液的分散度和由表面活性剂引起的表面张力的降低，理论上可以计算出所需的能量，它与通常乳化所消耗的能量相比少很多，即表明通常的乳化方法存在着大量能量浪费的问题，如冷却水所带走的热量。因此林约瑟夫提出了低能乳化法。其方法原理是，在进行乳化时，外相不全部加热，而是将外相分成两部分 α 相与 β 相，α 和 β 分别表示 α 相与 β 相的质量分数（此处 a＋β＝1），只是对 β 相部分进行加热，由内相与 β 相进行乳化，制成浓缩乳状液，然后用常温的 α 外相进行稀释，最终得到乳状液。这种乳化方法节省了许多能量，节能效率随外相/内相和α/β 的比值增大而增大。这种方法不仅节约了能源，而且还可提高乳化产品的效率，如缩短了制造时间（因为可大大缩短冷却过程），可减少冷却水的使用，节约了能量。这种低能乳化法不仅用于制造乳液和膏霜，还可以用于制造香波，但它主要适用于制备 O/W 型乳状液。上述所介绍的低能乳化法其实只是一个基本原理。实际应用时，可依据乳状液的类型、油相和水相的比例及其黏度等具体要求，设计出可行的低能乳化方案，其具体操作过程，对乳状液的质量也有影响。

（4）影响乳化的各种因素

① 乳化设备　制备乳状液的机械设备主要是乳化机，它是一种使油、水两相混合均匀的乳化设备，目前乳化机的类型主要有 3 种：乳化搅拌机、胶体磨、均质器。乳化机的类型及结构、性能等与乳状液微粒的大小（分散性）及乳状液的质量（稳定性）有很大关系，如现在还在化妆品厂广泛使用的搅拌式乳化机，所制得的乳状液其分散性差，微粒大且粗糙，稳定性也较差，也较易产生污染，但其制造简单，价格便宜，只要注意选择机器的合理结构，使用得当，也能生产出符合质量要求的大众化的化妆品。胶体磨和均质器是比较好的乳化设备。近年来，乳化机械有很大进步，如真空乳化机制备出的乳状液的分散性和稳定性极佳。

② 温度　乳化温度对乳化好坏有很大的影响，但对温度并无严格的限制，如若油、

水皆为液体时，就可在室温下依靠搅拌达到乳化。一般乳化温度取决于两相中所含有的高熔点物质的熔点，还要考虑乳化剂种类及油相与水相溶解度等因素。此外，两相温度需保持近似相同，尤其是对含有较高熔点（70℃以上）的蜡、脂油相成分，进行乳化时，不能将低温的水相加入，以防止在乳化前将蜡、脂结晶析出，造成块状或粗糙不均匀乳状液。一般来说，进行乳化时，油、水两相的温度皆可控制在 75~85℃，如油相有高熔点的蜡等成分，则此时乳化温度就要高一些。另外，在乳化过程中如黏度增大、太稠影响搅拌，则可适当提高乳化温度。若使用的乳化剂具有一定的转相温度，则乳化温度也最好选在转相温度左右。乳化温度对乳状液微粒大小有时亦有影响，如一般用脂肪酸皂阴离子乳化剂，用初生皂进行乳化时，乳化温度控制在 80℃时，乳状液微粒大小为 1.8~20μm，如若在 60℃进行乳化，这时微粒大小约为 6μm。而用非离子乳化剂进行乳化时，乳化温度对微粒大小影响较弱。

③ 乳化时间　乳化时间显然对乳状液的质量有影响，而乳化时间要根据油相水相的容积比、两相的黏度及生成乳状液的黏度、乳化剂的类型及用量，还有乳化温度来确定。但乳化时间的多少（为使体系充分乳化）是与乳化设备的效率紧密相连的，可根据经验和试验来确定，如用均质器（3000r/min）进行乳化，仅需 3~10min。

④ 搅拌速度　乳化设备对乳化有很大影响，其中之一是搅拌速度对乳化的影响。搅拌速度适中可使油相与水相充分混合，搅拌速度过低显然达不到充分混合的目的，搅拌速度过高会将气泡带入体系，使之成为三相体系，而使乳状液不稳定。因此，搅拌中必须避免空气的进入，真空乳化机具有很优越的性能。

⑤ 其他因素　乳状液中的内相在重力作用下发生沉降或上升，可致使内相和外相分离，从而造成乳状液不稳定。乳状液分散介质的黏度越大，则分散相液滴运动的速度越慢，从而有利于维持乳状液的稳定性。因此，往往在分散介质中加入增稠剂（一般为能溶于分散介质的高分子物质），以此来提高乳状液的稳定性。沉降速度与分散液滴的半径之平方成正比。因此，为了提高乳状液的稳定性，必须设法使分散相液滴充分小，也就是要提高乳状液的分散度，一般要求分散相液滴的直径小于 3μm。分散相与分散介质的密度差也影响乳状液的稳定性，两相的密度差愈小，乳状液愈稳定。

3.3.2.4　疫苗浓缩和纯化工艺

① 离心法

a. 离心法原理，离心技术是利用物体高速旋转时产生强大的离心力，使置于旋转体中的悬浮颗粒发生沉降或漂浮，从而使某些颗粒达到浓缩或与其他颗粒分离之目的。这里的悬浮颗粒往往是指制成悬浮状态的细胞、病毒和生物大分子等。离心机转子高速旋转时，当悬浮颗粒密度大于周围介质密度时，颗粒将向离开轴心方向移动，发生沉降；如果颗粒密度低于周围介质密度时，则颗粒向轴心方向移动而发生漂浮。常用的离心机有多种类型，一般低速离心机的最高转速不超过 6000r/min，高速离心机转速在 25000r/min 以下，超速离心机的最高速度达 30000r/min 以上。

b. 将样品放入离心机转头的离心管内，离心机驱动时，样品液就随离心管做匀速圆周运动，于是就产生了一向外的离心力。由于不同颗粒的质量、密度、大小及形状等彼此各不相同，因此在同一固定大小的离心场中沉降速度也就不相同，由此便可以相互分离。

② 沉淀法　沉淀法是最经典的分离和纯化生物物质的方法，目前已广泛应用在实验

室和工业生产中。由于其浓缩作用常大于纯化作用，因而沉淀法通常作为初步分离的一种方法，用于从去除菌体或细胞碎片的发酵液中沉淀出生物物质，然后再利用色谱分离等方法进一步提高其纯度。由于沉淀法成本低、收率高（不会使蛋白质等大分子失活）、浓缩倍数高（可达 10～50 倍）、操作简单等优点，现已成为生物下游加工过程中应用最广泛的纯化方法。

沉淀法分离提纯的基本原理是基于在不同条件下，性质各异的蛋白质具有溶解度的差异或热稳定性的差异，而发生某些蛋白质的沉淀，从而起到分离、纯化的作用。

沉淀法的目的主要有三个方面：一是对目的产物进行浓缩；二是有选择地沉淀，起到一定的纯化作用；三是将已纯化的产品由液态变成固态，加以保存或进一步处理。

根据加入沉淀剂的不同，沉淀法可以分为盐析法、等电点沉淀法、有机溶剂沉淀法、其他沉淀法等。

a. 盐析法多用于各种蛋白质和酶的分离纯化。在高浓度的中性盐存在下，蛋白质（酶）等生物大分子物质在水溶液中的溶解度降低，产生沉淀。

b. 等电点沉淀法适用于疏水性较强的蛋白质，用于氨基酸、蛋白质等两性物质的沉淀。但该法单独应用较少，多与其他方法结合使用。

c. 有机溶剂沉淀法多用于生物小分子、多糖及核酸产品的分离纯化，有时也用于蛋白质沉淀。在含有溶质的水溶液中加入一定量亲水的有机溶剂，降低溶质的溶解度，使其沉淀析出。

d. 非离子型聚合物沉淀法用于分离生物大分子，常用 PEG 20000、PEG 4000、PEG 6000。

e. 聚电解质沉淀法是生物分离工程中常用的一种方法，利用架桥和静电等原理，借助于离子型多糖聚合物或者合成的聚合物具有电解质和高分子的特性，如聚丙烯酸（pH2.8，可使 90％蛋白质沉淀）、聚苯乙烯季铵盐（pH10.4，可使 95％蛋白质沉淀）、聚甲基丙烯酸、聚乙烯亚胺等，利用聚电解质带有电离基团的长链分子，在极性溶剂中会发生电离的特性，使高分子链带电荷，稳定结构且相互作用，从而使蛋白质沉淀。

f. 高价金属离子沉淀法用于多种化合物，特别是小分子物质的沉淀。金属离子能与生物大分子中的特殊部位起反应，从而降低溶解度。

g. 亲和沉淀法是利用蛋白质与特定的生物合成分子（免疫配位体、基质、辅酶等）之间高度专一的相互作用而设计出来的一种特殊选择性的分离技术。

h. 选择性沉淀法多用于除去某些不耐热的和在一定 pH 下易变性的杂蛋白。选择一定条件使溶液中存在的某些杂蛋白等杂质变性沉淀下来，从而与目的物分开。

③ 盐析法（以此为例）

a. 盐析法原理　蛋白质在溶液中能保持不聚集和稳定的主要原因，其一是蛋白质周围的水化层能阻碍蛋白质凝聚，其二是蛋白质分子周围双电层使蛋白质分子间具有静电排斥作用。当向蛋白质溶液中逐渐加入中性盐时，会产生两种现象。低盐情况下，随着中性盐离子强度的增高，蛋白质溶解度增大，称之为盐溶现象；但是，在高盐浓度时，蛋白质溶解度随之减小，发生盐析。产生盐析作用的一个原因是，盐离子与蛋白质分子表面具相反电性的离子基团结合形成离子对，因而盐离子部分中和了蛋白质的电性，使蛋白质分子之间静电排斥作用减弱而能相互靠拢，聚集起来。产生盐析作用的另一个原因是中性盐的亲水性比蛋白质大，盐离子在水中发生水化而使蛋白质脱去了水化膜，暴露出疏水区域，由于疏水区域的相互作用，使其沉淀。

b. 盐析法操作　无论是在实验室中，还是在大生产上，除少数有特殊要求的盐析外，大多数情况下都采用硫酸铵进行盐析。可按两种方式将硫酸铵加入溶液中：一种是直接加入固体硫酸铵粉末，工业生产中常采用这种方式，加入时应充分搅拌，使其完全溶解，防止局部浓度过高；另一种是加入硫酸铵饱和溶液，在实验室和小规模生产中或硫酸铵浓度不需太高时，常采用这种方式，它可防止溶液局部过浓。

④ 膜分离法　膜分离技术是20世纪60年代以后发展起来的高新技术，目前已成为一种重要的分离手段。与传统的分离方法相比，膜分离法具有设备简单、节约能源、分离效率高、容易控制等优点。由于具有突出优点，因此膜分离技术在生化领域的应用正越来越受到关注。在下游过程中，膜分离主要用于完整细胞的回收、发酵液的澄清、蛋白质的浓缩和纯化。

兽医生物制品的绝大多数抗原来源于微生物的发酵液或细胞的培养液。发酵液或细胞培养液的成分复杂，有效抗原成分的浓度往往很低，且不稳定，对温度、pH、离子强度、溶剂和剪切力敏感。一些传统的分离和纯化方法正在逐渐被膜分离方法取代。

膜分离类型，膜分离过程可以认为是一种物质被透过或被截留于膜的过程，近似于筛分过程，依据滤膜孔径的大小而达到物质分离的目的，故可按分离的粒子或分子的大小予以分类。根据分离物质的不同，膜分离技术可分为以下几种：

a. 微滤　其膜孔径为 $0.05 \sim 2.0 \mu m$，所需压力为 $100 kPa$ 左右，适用于细菌、微粒等的分离。

b. 超滤　以压力差为推动力，膜孔径为 $0.0015 \sim 0.02 \mu m$，所需压力为 $100 \sim 1000 kPa$。

c. 纳滤　以压力差为推动力，膜孔径平均为 $2 nm$，所需压力一般低于 $1 MPa$，适用于从水溶液中分离除去小分子物质。

d. 反渗透　以压力差为推动力，膜孔径小于 $0.002 \mu m$，所需压力为 $0.1 \sim 10 MPa$，适用于低分子无机物和水溶液的分离。

e. 渗析　以浓度差为推动力，适用于水溶液中无机盐和酸的脱出。

f. 电渗析　以电位差为推动力，适用于从溶液中脱出或富集电解质的过程。

⑤ 色谱法　色谱法是一种物理的分离方法。它是利用混合物中各组分的物理化学性质的差别（如吸附力、分子极性、分子形状和大小、分子亲和力、分配系数等），使各组分以不同程度分布在两个相中，其中一个相为固定的（称为固定相），另一个相则流过此固定相（称为流动相），并使各组分以不同速度移动，从而达到分离的目的。色谱法是近代生物化学中最常用的分析方法之一，运用这种方法可以分离性质极为相似而用一般化学方法难以分离的各种化合物，如各种氨基酸、核苷酸、糖、蛋白质等。色谱法一般用在蛋白质精制后工序。因此，蛋白质在进行色谱法纯化之前，需经过适当预处理。色谱法纯化效果好，纯化倍数一般在几倍到几百倍。生产规模的色谱柱体积为几升至几十升，而用于实验室科学研究的色谱柱体积为几毫升至十几毫升。

按照分离机理，可将色谱法分为以下几类：

a. 排阻色谱　利用凝胶色谱介质（固定相）交联度的不同所形成的网状孔径的大小，在色谱分析时能阻止比网孔直径大的生物大分子通过。利用流动相中溶质的分子量大小差异而进行分离的一种方法，称之为排阻色谱。

b. 离子交换色谱　利用固定相球形介质表面的活性基团，经化学键合方法，将具有交换能力的离子基团键合在固定相上，这些离子基团可以与流动相中的离子发生可逆性离子交换反应而分离。

c. 吸附色谱　利用吸附色谱介质表面的活性分子或活性基团，对流动相中不同溶质产生吸附作用，利用其对不同溶质吸附能力的强弱而进行分离的一种方法，称之为吸附色谱。

d. 分配色谱　被分离组分在固定相和流动相中不断发生吸附和解吸附的作用，在移动的过程中物质在两相之间进行分配。利用被分离物质在两相中分配系数的差异而进行分离的一种方法，称之为分配色谱。

e. 亲和色谱　在固定相载体表面耦联具有特殊亲和作用的配基，这些配基可以与流动相中溶质分子发生可逆的特异性结合而进行分离的一种方法，称之为亲和色谱。

f. 金属螯合色谱　利用固定相载体上耦联的亚氨基乙二酸为配基，与二价金属离子发生螯合作用，结合在固定相上，二价金属离子可以与流动相中含有的半胱氨酸、组氨酸、咪唑及其类似物发生特异螯合作用而进行分离的方法，称之为金属螯合色谱。

g. 疏水色谱　利用固定相载体上耦联的疏水性配基与流动相中的一些疏水分子发生可逆性结合而进行分离的方法，称之为疏水色谱。

h. 反向色谱　利用固定相载体上耦联的疏水性较强的配基，在一定非极性的溶剂中能够与溶剂中的疏水分子发生作用。以非极性配基为固定相，极性溶剂为流动相来分离不同极性的物质的方法，称之为反相色谱。

i. 聚焦色谱　利用固定相载体上耦联的载体两性电解质分子，在色谱分析过程中所形成的 pH 梯度，并与流动相中不同等电点的分子发生聚焦反应进行分离的方法，称之为聚焦色谱。

j. 灌注色谱　利用刚性较强的色谱介质颗粒中具有的不同大小贯穿孔与流动相中溶质分子分子量的差异进行分离的方法，称之为灌注色谱。

3.3.3　治疗制品生产过程

为确保工艺流程的顺利进行，厂房及各区内工艺流程布局要合理，要按工序流程布局。卵黄抗体生产须具备与其生产相适应的洁净厂房和设施，包括空气净化系统、照明、卫生清洁设施、灭菌设施、污水处理系统等。

卵黄抗体生产环境的空气洁净度级别应当与产品和生产操作相适应，各生产工序操作应在洁净区内分区域（室）进行。卵黄抗体生产中的蛋黄分离过程生产环境要求为 D 级，灭活、萃取、过滤、浓缩为 C 级，无开口操作的产品配制为 C 级，需开口操作的产品配制、灌装为 B 级背景下的局部 A 级，轧盖为 D 级。有毒操作区与无毒操作区应有各自独立的空气净化系统，且人流、物流应分开设置。

3.3.3.1　抗体制备

（1）免疫原制备（以法氏囊卵黄抗体为例）

① 核对免疫原生产用毒种信息，确认无误后按操作规程进行配制操作，毒种稀释倍数应符合工艺规程要求，配制过程执行双人复核，并及时记录。

② 接种后应及时观察 SPF 鸡发病情况，按时采集具有典型病理变化的病料，严防污染。

③ 操作人员按操作规程进行免疫原制备，制备过程中物料添加应符合工艺规程要求，计算和添加过程执行双人复核，并及时记录。

④ 免疫原应有标识标明免疫原名称、批号、生产日期和有效期等。

（2）免疫

① 免疫前应观察免疫用鸡的状态，状态异常应弃用。

② 操作人员按照操作规程进行免疫，确保免疫用鸡日龄、免疫途径和免疫剂量符合工艺规程要求。

③ 免疫结束后，操作人员应及时记录。

（3）蛋壳消毒和蛋黄分离

① 将收集的合格高免蛋按工艺要求用消毒液消毒，消毒条件和时间应满足要求。高免蛋应确保在消毒液液面以下，及时挑出表面有污渍的蛋。

② 浸泡消毒完毕后取出并将高免蛋再次喷洒消毒，最后经风淋吹干后进行蛋黄分离。挑出的脏蛋最后集中清洗干净风淋吹干后进行蛋黄分离，破损蛋应计数废弃。

③ 高免蛋经消毒后，用洗蛋磕蛋机将蛋黄、蛋清分离，充分除去蛋清、胚盘和系带，收集蛋黄并剪切后，称重。操作结束后记录蛋黄液总重。

3.3.3.2 灭活Ⅰ

灭活Ⅰ使用的注射用水，应符合注射用水质量标准要求。

操作人员按操作规程将收集的蛋黄液导入罐体内，计量加入注射用水，注射用水加入比例符合工艺规程要求，计量加入过程执行双人复核，并及时记录。

将蛋黄液升温灭活，灭活温度达到规定温度开始计时，灭活条件符合工艺规程要求。

（1）萃取

① 萃取使用的注射用水，应符合注射用水质量标准要求。

② 操作人员按操作规程提前将注射用水导入酸化罐内，注射用水加入比例符合工艺规程要求，计量加入过程执行双人复核，并及时记录。

③ 调节注射用水 pH 使其符合工艺要求，降温后加入灭活后蛋黄液，持续搅拌。

④ 罐内蛋黄液温度达到工艺要求时关闭搅拌，开始计时进行萃取。萃取时间符合工艺规程要求。

（2）灭活Ⅱ

① 无菌管道连接收取上清液，经高速离心导入另一反应罐中，离心参数符合生产工艺规程要求。

② 收取时应随时观察硅胶管里上清液的颜色，当颜色变得发黄或浑浊时，立即停止收取。

③ 操作人员按操作规程进行灭活剂用量计算和添加，确保灭活剂添加比例符合工艺规程要求，计算和添加过程执行双人复核，并及时记录。

④ 搅拌均匀后关闭搅拌，开始灭活，确保灭活时长符合工艺规程要求。

（3）过滤浓缩

① 用除菌过滤的纯化水对中空纤维超滤膜进行冲洗，直至 pH 值达到 6.4～7.0 停止冲洗。

② 按照操作规程对中空纤维超滤膜进行安装。

③ 应确保浓缩至生产工艺规程规定的浓缩终点。

④ 浓缩结束后，应及时对中空纤维超滤膜进行清洗消毒。

（4）灭活Ⅲ

① 操作人员按操作规程进行灭活剂用量计算和添加，确保灭活剂添加比例符合工艺规程要求，计算和添加过程执行双人复核，并及时记录。

② 灭活时间达到工艺要求的灭活时长后灭活结束。确认灭活罐内中间产品名称、批号、灭活量，灭活后中间产品按照工艺规程规定的贮存条件进行贮存并有状态标识。

（5）产品配制

① 用除菌过滤的纯化水对中空纤维超滤膜进行冲洗，直至 pH 值达到 6.4～7.0 停止冲洗。

② 按照操作规程对中空纤维超滤膜进行安装，将灭活后中间产品用中空纤维超滤膜过滤，计量称重最终过滤液，并及时记录。

③ 操作人员按操作规程进行吐温-20 用量计算和添加，确保吐温-20 添加比例符合工艺规程要求，计算和添加过程执行双人复核，并及时记录。

④ 充分搅拌，混合均匀。经 $0.22\mu m$ 滤器过滤后按照操作规程无菌取样待检，准备灌装。

（6）灌装、轧盖

① 灌装机上的容器、管件、针头、软管等使用前用去离子水清洗干净并经消毒。应选用不脱落微粒的材质，特殊品种的设备及器具应专用。

② 灌装初期应检查装量，调整至灌装量符合要求后，正式开始灌装操作。

③ 灌装过程中应定时进行装量检查，装量出现偏差时，应及时进行调整。

④ 每批产品应在规定时间内灌装完毕。按要求检查压塞严密性。

⑤ 轧盖紧密度应随时检查，剔除不合格品，出现异常时，及时调整。同时注意铝塑组合盖在轨道上的运行情况，发现卡盖、掉盖情况、设备报警时需及时处理。

3.3.4　诊断制品生产过程

3.3.4.1　活性物质制备

（1）血凝抑制试验抗原生产工艺　血凝抑制试验抗原通常用病毒株接种 SPF 鸡胚，收获感染鸡胚液，经甲醛溶液灭活后，加入适宜稳定剂冻干制成。其主要生产工艺如下。

① 病毒培养　将生产用病毒毒株毒种用灭菌生理盐水稀释至 10^{-4} 或 10^{-5}，尿囊腔内接种 10 日龄 SPF 鸡胚，0.1mL/胚。将接种后 72～96h 死亡鸡胚和 96h 活胚取出，置 4℃左右冷却过夜后，碘酊消毒气室部位，然后以无菌手术收集鸡胚绒毛尿囊液，置 4℃保存。

② 病毒抗原灭活及浓缩　取出含病毒的鸡胚尿囊液，通过 1 层铜纱、4 层纱布的漏斗过滤，按 0.1％的最终浓度加入甲醛溶液。混合，37℃左右灭活 16h，期间摇动 3～4 次。灭活的尿囊液取出后 1000r/min 离心 15min，除去残渣。上清液中加入 10％（质量浓度）PEG6000 和 2％（质量浓度）氯化钠。轻轻摇动使 PEG 和 NaCl 完全溶解，4℃放置 3h，1000r/min 离心 15min，收集上清液后，再 8000r/min 4℃离心 30min。去掉上清液，沉淀抗原中加入原体积 1/20 的 PBS（pH 7.0），使之悬浮，用超声波裂解器处理 2min（MSE

的 Soniprep150），使病毒团块散开。最后按 25% 的终浓度（体积比）加入甘油和 1/10000 的终浓度（质量浓度）加入硫柳汞。定量分装后 4℃ 或冻结保存。

③ 分装　将一定效价的病毒抗原与稳定剂按合适比例混合，再按每瓶 2mL 分装。

（2）酶联免疫吸附分析试验

① ELISA 原理　ELISA 是酶联免疫吸附分析（enzyme-linked immunosorbent assay）的简称[2]。它是在免疫酶技术的基础上发展起来的一种新型免疫测定技术。

ELISA 的基础是抗原或抗体的固相化及抗原或抗体的酶标记。结合在固相载体表面的抗原或抗体仍保持其免疫学活性，酶标记的抗原或抗体既保留其免疫学活性，又保留酶的活性。在测定时，受检标本（测定其中的抗体或抗原）与固相载体表面的抗原或抗体起反应。用洗涤的方法使固相载体上形成的抗原抗体复合物与液体中的其他物质分开。再加入酶标记的抗原或抗体，也通过反应而结合在固相载体上。此时固相上的酶量与标本中受检物质的量呈一定的比例。加入酶反应的底物后，底物被酶催化成为有色产物，产物的量与标本中受检物质的量直接相关，故可根据呈色的深浅进行定性或定量分析。由于酶的催化效率很高，间接地放大了免疫反应的结果，使测定方法达到很高的敏感度。

② ELISA 类型　通常分为四种类型：直接法、间接法、夹心法、竞争法等。

a. 直接法（direct ELISA）。仅需要抗原和酶标一抗，操作简便，可避免交叉反应，然而该方法要求酶标一抗有较高的特异性，同时也并非所有的一抗都适合标记处理。直接法在实际运用中并不多见，它并不能对样本中抗体进行定量分析，因为样本中抗体是非酶标抗体，无法进行后续显色。该法经过改进就是竞争法。

b. 间接法（indirect ELISA）。使用了二抗增加信号强度，也使抗体的选择多样化，然而间接法容易产生交叉反应。间接法只能用于测定抗体，主要用于疾病的诊断，其优点是只需要改变包被抗原，酶标抗体是通用的。

c. 夹心法（sandwich ELISA）。夹心法分为双抗体夹心法和双抗原夹心法。

双抗体夹心法中抗原被两个抗体——捕捉抗体和检测抗体，结合于不同位点。捕捉抗体固定于载体上，检测抗体通过结合抗原进行显色分析。应用于双抗体夹心法检测的抗体须是单抗，而且对同一抗原结合位点不同，如此才能避免交叉反应或两种抗体竞争性结合同一位点。夹心法具有高灵敏度、高专一性的优势，但该法只适用于有多个结合位点的抗原检测，主要用于检测各种大分子抗原——例如在医学检测中测定 HBsAg、HBeAg、AFP 等。由于双抗体夹心法特异性高，在检测过程中有时会将样本和酶标抗体同时加入进行反应（一步法），此时如果样本中抗原含量过高会导致其与固相抗体和酶标抗体均有结合而不形成"夹心复合物"，此时测出的结果将低于实际含量甚至是阴性结果（钩状效应）。因此，如果使用一步法测定样本中抗原含量时要注意测量的线性范围，另外使用高亲和力的单抗也可削弱钩状效应。

双抗原夹心法中抗原被包被于固相，检测样本中的抗体结合于抗原后，使用酶标的抗原进行结合及后续反应，可以用来测定样本中的抗体。双抗原夹心法的关键在于酶标抗原的制备，需要根据抗原结构进行设计，在医学检验上测定抗 HBsAg 抗体采用的就是此法，检测时被测样本不需要稀释即可直接进行测定，故此灵敏度相对而言高于间接法。

d. 竞争法（competitive ELISA）。用样本中的游离抗体/抗原与固相的酶标抗体/抗原竞争性结合的分析方法。当游离抗体（或抗原）浓度越高，则能与固定抗原（或抗体）结合的酶标抗体（或抗原）就越少，后续显色就越浅，即与对照相比，显色越浅，表示检测样本中抗体（或抗原）含量越高。该法适合比较不纯的样本，且重复性好，但是检测的灵敏度和专一性较差。竞争法测抗体常常用于检测某些干扰物质不易去除的样本及难以纯化得到抗原等情况。竞争法测抗原常用于检测小分子抗原及半抗原，这类抗原通常缺乏两个以上的识别位点，不适用于双抗夹心法进行测定。

兽用诊断制品中 ELISA 检测试剂盒虽然原理不尽相同，但是 ELISA 检测试剂盒中主要成分基本一致：都有包被板、酶标志物、阴性对照、阳性对照、样品稀释液、20 倍浓缩洗涤液、底物显色液、终止液。

③ ELISA 生产工艺

a. 包被板的制备（以病毒和蛋白抗原为例）

病毒抗原制备。病毒液先 8000r/min 离心 10min，去除细胞碎片；每 100mL 加入 45g 固体硫酸铵，搅拌均匀，4℃过夜。然后 8000r/min 离心 30min，弃上清，用 PBS 重悬后在 PBS 中 4℃透析过夜。取重悬病毒液，20000r/min 离心 2h，弃上清，沉淀用 PBS 重悬，再进行蔗糖梯度离心，35000r/min 离心 1h，取不同梯度蔗糖分界面的白色层，验证后用于生产。

蛋白抗原制备。原核表达蛋白是将构建好的质粒转化表达载体，按照相关参数进行诱导表达，然后过柱纯化；真核表达（例如杆状病毒表达系统）蛋白是将重组杆状病毒感染昆虫细胞，当蛋白表达后进行过柱纯化。纯化后的蛋白经过浓度测定、纯度检验、活性检验合格后可用于生产。

b. 包被酶标板及封闭。将纯化的病毒抗原或蛋白抗原用包被液稀释至所需浓度，按每孔 100μL 加入酶标板孔中，置 2～8℃下作用 15～18h；弃去孔中溶液，拍干，每孔加 200μL 封闭液，置 37℃下作用 2h；拍干，再置 37℃下干燥 2h，用包装膜将抗原包被板密封，置 2～8℃下保存备用。

c. 酶标志物的制备（以辣根过氧化物酶标记为例）。取 5.0mg 辣根过氧化物酶（HRP）溶于 1mL 注射用水中，加入 0.5mL 高碘酸钠溶液，2～8℃反应 30min，再加入 0.5mL 乙二醇，混匀后室温避光反应 30min。然后加入 5.0mg 纯化的抗体，碳酸盐缓冲液中 2～8℃透析 15h。向溶液中加入新配制的硼氢化钠溶液 0.2mL，混匀后 2～8℃反应 2h，再加入等体积的饱和硫酸铵溶液，2～8℃静置 30min，7000r/min 离心 10min，弃上清，用 PB 溶液重悬，在 PB 溶液中 2～8℃透析 15h。收集透析袋中溶液加入等体积甘油即为酶标志物贮备液。用保护剂将酶标志物贮备液稀释至所需倍数，用 0.22μm 滤膜过滤除菌，即为试剂盒酶标志物。

d. 阴性对照的制备。筛选合适年龄的健康动物（相应的核酸、抗体为阴性），进行无菌采血，分离血清，56℃灭活 30min，用抗体保护剂进行适当稀释，0.22μm 滤膜过滤除菌，即为试剂盒阴性对照。

e. 阳性对照的制备。筛选合适年龄的健康动物（相应的核酸、抗体为阴性），选取合适的免疫原（例如疫苗），按照常规免疫程序进行免疫，免疫两次，中间间隔 28d。检测合格之后，进行无菌采血，分离血清，56℃灭活 30min，用抗体保护剂进行适当稀释，0.22μm 滤膜过滤除菌，即为试剂盒阳性对照。

f. 样品稀释液的制备。酚红 0.1g、氯化钠（NaCl）8.0g、十二水磷酸氢二钠（$Na_2HPO_4 \cdot 12H_2O$）2.9g、磷酸二氢钾（KH_2PO_4）0.2g、氯化钾（KCl）0.2g、硫柳汞钠 0.1g，加注射用水至 1000mL，应为红色澄清液体。

g. 浓缩洗涤液的制备（以 20 倍浓缩洗涤液为例）。取 NaCl 160g、KCl 4g、$Na_2HPO_4 \cdot 12H_2O$ 58g、KH_2PO_4 4g、吐温-20 10mL，加灭菌纯化水溶解，并定容至

1000mL。按终浓度 0.01％加入硫柳汞，0.22μm 滤膜过滤除菌，无菌分装。应为无色澄清液体。

h. 底物显色液的制备（以单组分为例）。柠檬酸盐-磷酸盐缓冲液（pH 5.0）制备：0.1mol/L 柠檬酸盐（$C_6H_8O_7 \cdot H_2O$）和 0.2mol/L 磷酸盐（$Na_2HPO_4 \cdot 12H_2O$），按 6.1mL：6.4mL 混合配制而成。

TMB 贮存液制备：TMB 溶于二甲基亚砜（DMSO），终浓度为 32mmol/L。

底物显色液配制：取 TMB 贮存液用柠檬酸盐-磷酸盐缓冲液作 1：20 倍稀释，再加入终浓度 7.5mmol/L 聚乙二醇（PEG）、100mmol/L 葡萄糖和 2.94mmol/L H_2O_2。完全溶解后，0.22μm 滤器过滤除菌，分装，避光保存。

i. 终止液的制备（OD_{450nm} 为例）。取 27.2mL 硫酸溶液（浓度 98％，18.4mol/L）缓慢加到 900mL 注射用水中，充分搅拌后加注射水至 1000mL，应为澄清液体。

j. 试剂盒分装。将阴性对照、阳性对照、样品稀释液、浓缩洗涤液、底物显色液、终止液按试剂盒所规定剂量分装。

k. 试剂盒组装。按每个试剂盒组分规定数量，将上述组分置于试剂盒内支架，贴好外标签和侧标签。

（3）胶体金免疫色谱试纸条原理及生产工艺　胶体金免疫色谱试纸条技术是结合胶体金标记技术和免疫色谱技术，以单克隆抗体技术和新型材料技术为手段发展起来的一种新型体外诊断技术[3]。该法现已发展成为诊断试纸条，使用十分方便。目前该技术已广泛应用在动物病原微生物的检测之中。

胶体金是氯金酸的水溶胶，氯金酸在还原剂的作用下，聚合成特定大小的金颗粒，并由于静电作用成为一种稳定的胶体状态。胶体金颗粒由一个基础金核（原子金 Au）及包围在外的双离子层构成，紧连在金核表面的是内层负离子，外层双层正离子层 H^+ 则分散在胶体间溶液中，以维持胶体金游离于溶胶间的悬液状态（见图 3-1）。

图 3-1　胶体金颗粒示意图

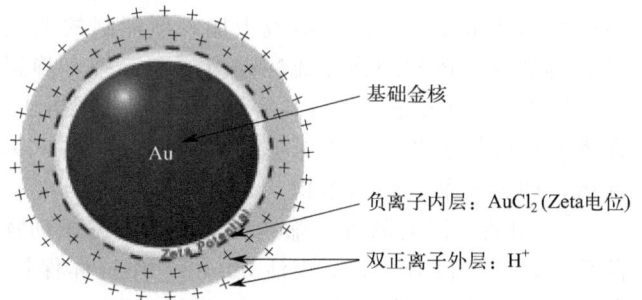

基础金核

负离子内层：$AuCl_2^-$（Zeta电位）

双正离子外层：H^+

胶体金颗粒对蛋白质有很强的吸附功能，但不破坏其生物活性，可以与蛋白质（葡萄球菌 A 蛋白、免疫球蛋白）等非共价结合，形成胶体金标志物。胶体金颗粒可以呈现一定的颜色，微小颗粒胶体呈红色，但不同大小的胶体呈色有一定的差别。最小的胶体金（2～5nm）是橙黄色的，中等大小的胶体金（10～20nm）是酒红色的，较大颗粒的胶体金（30～80nm）则是紫红色的。所以可以把胶体金理解为一种显色标志物，然后就可以将胶体金作为示踪标志物应用于抗原抗体反应。

将特异性的抗原或抗体以条带状固定在膜上，胶体金标记试剂（抗体或单克隆抗体）吸附在结合垫上，当待检样本加到试纸条一端的样本垫上后，通过毛细作用向前移动，溶解结合垫上的胶体金标记试剂后相互反应，再移动至固定的抗原或抗体的区域时，待检物与金标试剂的结合物又与之发生特异性结合而被截留，聚集在检测带上，可通过肉眼观察到显色结果（胶体金红色）（见图 3-2）。有三种反应模式：夹心法，间接法，竞争抑制法。

图 3-2　胶体金免疫色谱试纸条

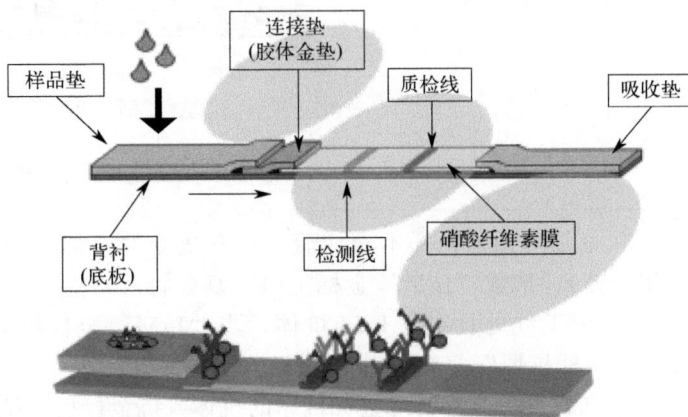

① 双抗体夹心法（测抗原）胶体金试纸原理　以新型冠状病毒为抗原，试纸上有两种针对新型冠状病毒的抗体存在，在试纸不同的位置上。而胶体金标记的抗体是其中一种针对抗原的抗体，在试纸的结合垫上，见图 3-3。

图 3-3　双抗体夹心模式示意图

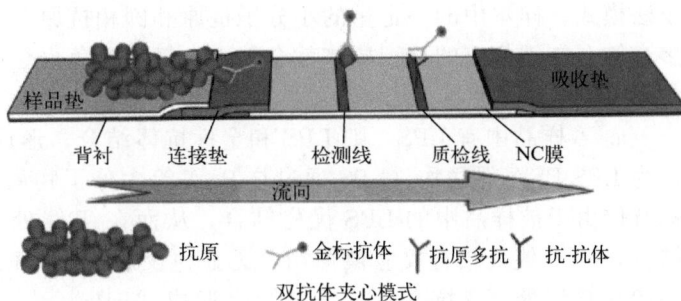

a. 当咽拭子、鼻拭子、肺泡灌洗液的样本滴入加样孔之后，再滴加几滴流动介质，当临床样本里面有特异性病毒抗原（antigen）时，在连接垫处的金标抗体（比如识别冠状病毒单抗和胶体金偶联）会识别并结合病毒抗原，形成"新型冠状病毒-金标抗体"复合物。

b. 样品在色谱作用下往前移动，当到达 T 线时（检测线），T 线处具有 T 线抗体（另一种针对新型冠状病毒的抗体，比如多抗，和金标单抗识别的抗原表位不同，可以识别同一抗原），则会形成"T 线抗体-待测抗原-胶体金偶联抗体"复合物，所以 T 线处胶体金大量聚集从而显现红色（阳性）。

c. 过量的金标抗体会继续从 T 线处流向 C 线处（质检线），C 线处具有专门针对金标抗体的抗体（抗-抗体），当过量的胶体金颗粒到达 C 线后，C 线抗体就会与金标抗体结合形成"C 线抗体-金标抗体"复合物，大量积聚后显红色。C 线抗体识别金标抗体的能力极强，所以质检线一定会显红色，如果这条线没有显色，那么这次检测结果是无效的。

② 间接法（测抗体）胶体金试纸原理　还是以新型冠状病毒为例，不过相较前面咽拭子、肺泡灌洗液的样本，此处需要的是血液（血清）样本。划重点当病原侵入机体最早产生的抗体是 IgM（IgM 大约一周后产生）。所以机体会产生针对新型冠状病毒的 IgM

（就叫 IgM*），见图 3-4。

图 3-4 间接法胶体金试纸原理

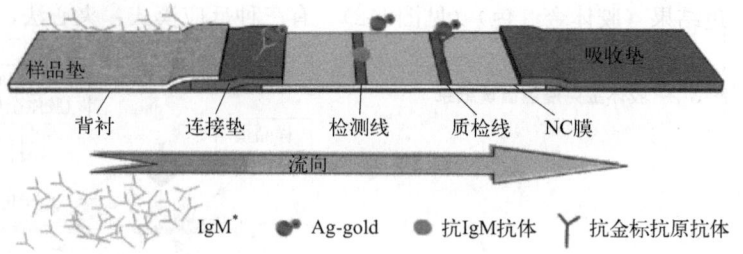

a. 血液（血清）样本滴加后，结合垫处的金标抗原（比对金标新型冠状病毒某体外重组蛋白），形成"IgM*-金标抗原"复合物。

b. 在 T 线处具有抗 IgM 抗体，当"IgM*-金标抗原"到达后，形成"抗 IgM 抗体-IgM*-金标抗原"复合物，大量聚集显红色。

c. 在 C 线处具有针对金标抗原的抗体（抗金标抗原抗体），不管样本里面有没有 IgM*，过量的金标抗原会到达 C 线处，与抗金标抗原抗体结合，形成"抗金标抗原抗体-金标抗原"复合物显红色。

③ 竞争法（小分子物质检测）胶体金试纸原理 小分子抗原或半抗原（比如小分子激素或药物）缺乏可作夹心法的两个以上位点，因此不能采用双抗体夹心法，可以采用竞争法模式。样本中的一定量的小分子抗原和固相抗原竞争结合金标抗体，样本中抗原量越多，结合在固相上的标记抗体就会越少，最后显色也会越浅。为方便大家理解，我们以脂多糖（LPS）为例，见图 3-5。

a. 若样品中有 LPS，则 LPS 和金标抗体结合，形成"LPS-金标抗体"复合物。T 线处为 LPS-BSA 偶联物（LPS 通过与 BSA 等大分子物质偶联从而能够固定于 NC 膜），金标抗体由于被样品中的 LPS 优先结合，从而在 T 线处与不能与 BSA 偶联并固定的 LPS 结合，故 T 线处结合反应被抑制，无显色反应；而"LPS-金标抗体"复合物继续向后泳动，在 C 线处（含抗金标抗体）结合形成"LPS-金标抗体-抗金标抗体"复合物显红色（T 线无色，C 线红色）。

b. 若样品中没有 LPS，则金标抗体随无 LPS 样品液体流动至 T 线处时，与通过 BSA 固定在 NC 膜上的 LPS 结合，形成"金标抗体-LPS-BSA"，从而出现红色显色反应；而过剩的"金标抗体"继续向后泳动，在 C 线处（含抗金标抗体）结合形成"金标抗体-抗金标抗体"复合物显红色（T 线红色，C 线红色）。

图 3-5 抗原竞争法原理

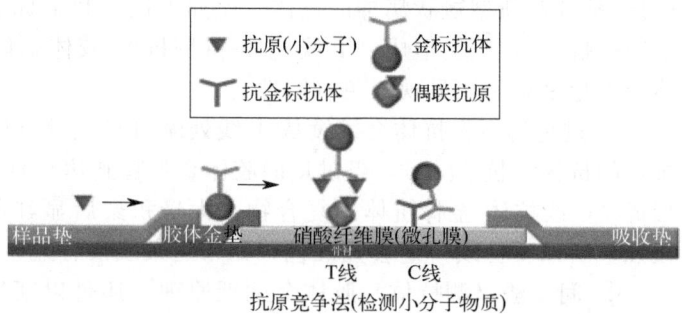

抗原竞争法(检测小分子物质)

④ 胶体金法优缺点 胶体金的最大优点就是快速，方便。但是缺点也很明显——通量不高而且试纸的准确性高度依赖于抗体的特异性（抗体特异性不好，容易有交叉反应）。

⑤ 胶体金试纸条生产工艺　胶体金试纸条通常系用 PVC 胶板、硝酸纤维素膜、样品垫、吸水垫、胶体金垫和塑料外壳组合制成，其中硝酸纤维素膜上有检测线和质检线，胶体金垫则含有蛋白-金复合体。以双抗体夹心检测抗原的胶体金试纸条为例，生产工艺简述如下。

a. 胶体金制备。采用柠檬酸三钠还原法或其他方法制备胶体金，胶体金颗粒大小应符合规定，胶体金标志物在 $510\sim560nm$ 波长处应有最大吸收值，柠檬酸三钠还原法具体操作步骤为：准确量取 130mL 超纯水加入洁净锥形瓶中，然后加入 1.0mL1％氯金酸溶液，加热至沸腾，沸腾后迅速加入新鲜配制的用 $0.45\mu m$ 滤器过滤的 1.0％的柠檬酸三钠 1.5mL，并充分混匀，溶液由黄变黑、紫直至酒红色后，继续加热 5min，冷却至室温。加入超纯水定容至 100mL，$0.45\mu m$ 滤器过滤，装入洁净的玻璃瓶中，$2\sim8℃$ 保存备用，在规定的保存期内使用。

b. 蛋白-金复合体制备。取制备好的胶体金溶液 100mL，用 $0.2mol/L\ K_2CO_3$ 调 pH 至 9.0；在磁力搅拌器上边搅拌边缓慢加入适量纯化后的抗体 A，加入抗体时应逐滴加入，搅拌 90min，然后在磁力搅拌下加入终浓度为 1％的牛血清白蛋白（BSA），继续搅拌 60min。停止搅拌，将标记好的金标复合物于 $2\sim8℃$ 以 2000r/min 离心 20min，将上清转移至另一离心管中，$2\sim8℃$ 以 8000r/min 离心 40min，小心弃去上清，沉淀用重悬液重悬。过程中需核对配方量，严格按配方量称取物料，溶液充分混匀。

c. 胶体金垫制备。将蛋白-金复合体溶液用仪器均匀地喷洒在释放垫上，固定喷量，37℃ 干燥后密封保存备用。过程中需监控仪器喷膜浓度参数设定及工作环境。

d. 硝酸纤维素膜的制备。硝酸纤维素膜在湿度 45％～65％平衡 （30±5）min，并粘贴到 PVC 底板上。用包被缓冲液将抗体 B 稀释到固定浓度，调整机器，喷涂在硝酸纤维素（NC）膜上为检测线（T 线），T 线靠近金标垫端，用包被缓冲液将质控抗体稀释到固定浓度，调整机器，喷涂在硝酸纤维素（NC）膜上为控制线（C 线），C 线靠近吸收垫，两线距离 5～8mm，线应细致、均匀。37℃烘干，封装备用。过程中监控仪器划线浓度及速度的参数设定。

e. 样品垫制备。将样品垫浸泡于适当缓冲液中 60 分钟，取出干燥 24 小时。然后将样品垫裁成适当尺寸，备用。

⑥ 试纸条组装。按每个试剂盒组分规定数量，将上述试纸条贴好标签，与其他组分如塑料吸头、样品处理液一起装入试剂盒中。入库备用。

3.3.4.2　分子诊断原理及生产工艺

分子诊断技术是用分子生物学方法针对人体、动植物及各种病原体的遗传物质的表达及结构进行检测，从而达到预测及诊断疾病的目的。近年来，随着分子诊断技术的升级迭代，分子诊断的临床应用越来越广泛和深入，分子诊断市场进入快速发展期。

总结当前市场上常见的分子诊断技术，可总体分为三类，PCR 技术、核酸等温扩增技术、测序技术。

（1）PCR 技术[4]　PCR（polymerase chain reaction）聚合酶链反应，是体外 DNA 扩增技术之一，已有超过 30 年的使用历史。

① PCR 基本原理　在微量离心管中，加入适量的缓冲液、微量的模板 DNA、4 种脱氧单核苷酸、耐热性多聚酶、1 对与靶序列匹配的引物。高温变性、低温退火和适温延伸三个阶段为一个循环，每一次循环使特异区段的基因拷贝数放大一倍，一般经过 30 次循

环，最终使基因放大了数百万倍，扩增了特异区段的 DNA 带（见图 3-6）。

图 3-6   PCR 原理

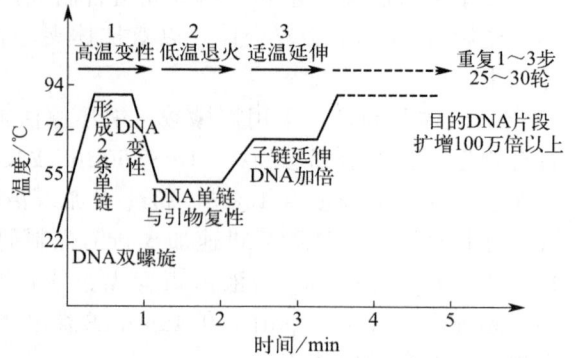

② PCR 分类   目前为止，PCR 可以分为三类：普通 PCR、荧光定量 PCR 和数字 PCR。

a. 第一代普通 PCR。采用特异性设计的一对或几对引物，使用普通 PCR 扩增仪扩增靶基因，扩增产物用琼脂糖凝胶电泳进行检测，通过分子量差异来识别靶标基因。

优点：敏感、特异，技术成熟，是当前诊断技术中最基本和普遍使用的技术。

缺点：是一种终点测定方法，只能定性不能定量，耗时也较长。

b. 第二代荧光定量 PCR。荧光定量 PCR（real-time PCR），也叫作 qPCR，通过在反应体系中加入荧光基团，利用荧光信号累积实时检测 PCR 扩增反应中每一个循环扩增产物量的变化，通过 Ct 值（循环阈值）和标准曲线的分析对起始模板进行定量分析，实时监测整个 PCR 进程，对起始模板进行定量分析。

qPCR 技术由于操作过程在封闭体系中进行，降低了污染概率，并且可以通过对荧光信号监测从而进行定量检测，因此临床应用最为广泛，已成为 PCR 中的主导技术。

依据实时荧光定量 PCR 所使用的荧光物质可分为三种类型：荧光染料法、TaqMan 荧光探针和分子信标。

A. SYBR Green 荧光染料。在 PCR 反应体系中包含一对特异性引物，另外加入荧光染料 SYBR Green 或 EvaGreen。SYBR Green 只有和双链 DNA 结合后才发荧光，变性时，DNA 双链分开，无荧光。复性和延伸时，形成双链 DNA，SYBR Green 发荧光，在此阶段采集荧光信号。荧光信号的增加与 PCR 产物的增加完全同步，通过荧光 PCR 仪采集荧光信号从而实现对扩增过程的实时监控（见图 3-7）。SYBR Green 与双链 DNA 结合没有特异性，因此需要通过熔解曲线判定反应的特异性。

图 3-7   SYBR Green 荧光染料
示意图

B. TaqMan 荧光探针。PCR 扩增时在一对引物序列之间加入一段特异性的荧光探针，该探针为一寡核苷酸，5′ 端标记有报告基团，如 FAM、VIC 等，3′ 端标记有淬灭基团。探针完整时，报告基团发射的荧光信号被淬灭基团吸收；PCR 扩增时，Taq 酶的 5′→3′ 外切酶活性将探针酶切降解，使报告荧光基团和淬灭荧光基团分离，从而荧光监测系统可接收到荧光信号。即每扩增一条 DNA 链，就有一个荧光分子形成，实现了荧光信号的累积与 PCR 产物形成完全同步，见图 3-8。

图 3-8　TaqMan 荧光探
针原理

R=报告荧光基团
Q=淬灭荧光基团

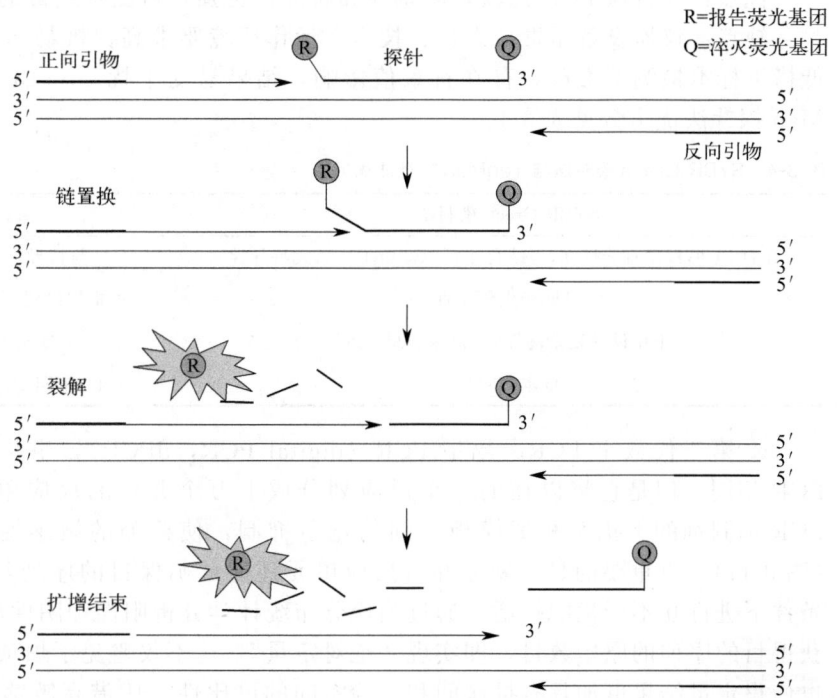

C. 分子信标。是一种在 5′ 和 3′ 末端自身形成一个 8 碱基左右的发夹结构的茎环双标记寡核苷酸探针，两端的核酸序列互补配对，导致荧光基团与淬灭基团紧紧靠近，不会产生荧光，见图 3-9。

图 3-9　分子信标

PCR 产物生成后，退火过程中，分子信标中间部分与特定 DNA 序列配对，荧光基因与淬灭基因分离产生荧光，见图 3-10。

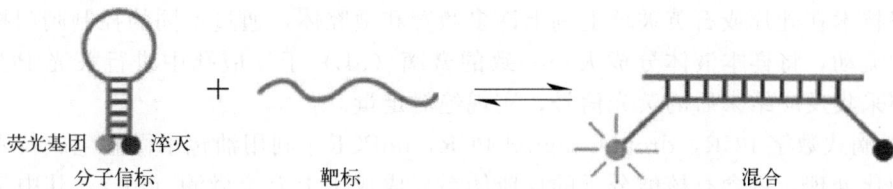

图 3-10　分子信标作用原理

优点：与普通 PCR 比较，敏感性和特异性更强，可测定病毒的含量。

缺点：仪器设备昂贵，人员、技术、运作环境要求高；极易污染；灵敏度还有欠缺，低拷贝标本检测不准确，存在背景值影响，结果易受干扰。SYBR Green 染料法与 Taq-Man 探针法优劣势见表 3-4。

表 3-4　SYBR Green 染料法与 TaqMan 探针法优劣势

SYBR Green 染料法	TaqMan 探针法
对 DNA 模板没有选择性，可结合于任意双链 DNA，无特异性	与特异性探针杂交，特异性好
可能产生假阳性	可根据设置不同的探针进行多重 PCR
不用设计复杂的探针，检测任意序列	准确度更高，灵敏度好
成本相对低	检测不同序列需要设计特定引物

c. 第三代数字 PCR。数字 PCR（digital PCR，dPCR），生化反应原理与实时定量 PCR 相同，但是它将以往的一个反应划分成上万个并行的反应单元，可以极大地避免 PCR 抑制剂的干扰及相似模板之间的竞争抑制，使检测的敏感性得到更进一步的提升（图 3-11）。更重要的是，划分并行反应单元还能够确保目的序列与参考序列在同一反应条件下进行互不干扰的扩增，通过泊松分布统计学分析阳性和阴性反应单元的数目，可以获得目的序列的原始数目，即实现"绝对定量"，这不仅避免了烦琐费时的标准曲线分析，也使得定量结果更加具有批次间和实验室间的可比性。凭借高敏感性和绝对定量的优势，数字 PCR 在荧光定量 PCR 的现有应用中将有更完美的技术表现，尤其是在荧光定量 PCR 不擅长的肿瘤液体活检、无创产前筛查、病毒载量分析，以及单细胞转录本定量等领域具有令人期待的应用前景。

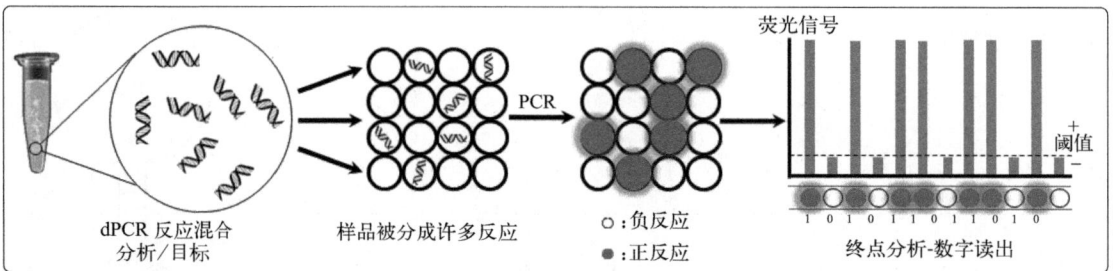

图 3-11　数字 PCR 原理

根据反应单元的不同形式，主要可分为微流体控芯片式和微滴式两大类系统。

① 微流体控芯片式数字 PCR 仪　基于微流控技术对 DNA 模板进行分液，利用集成流体通路技术在硅片或石英玻璃上刻上许多微管和微腔体，通过不同的控制阀门控制溶液在其中的流动，将样本液体分成大小一致的微滴（nL）于反应孔中进行荧光 PCR 反应，通过拍照采集反应结束后的荧光信号，实现绝对定量。

② 微滴式数字 PCR，droplet digital PCR，ddPCR　利用油包水微滴生成技术对样品进行微滴化处理，将含有核酸分子的反应体系分成成千上万个微滴（nL），其中每个微滴或不含待检核酸靶分子，或者含有一个至数个待检核酸靶分子。通过流式细胞技术获取每个微滴 PCR 终点结果的荧光信号，并用泊松分布原理纠正结果。

缺点：仪器和试剂昂贵；模板质量要求较高，模板量超过微体系量将导致无法定量，过少则定量准确度降低；当存在非特异性扩增时也会产生假阳性。

③ 胶体金试纸条组装

a. 吸收垫的粘贴。将 PVC 板平铺于工作台面上，轻轻揭开 PVC 板上吸收垫粘贴处的保护膜，将吸收垫黏附于其上，确保吸收垫一侧与底板的顶端对齐，另一侧则部分接触 NC 膜。

b. 样品垫的粘贴。将 PVC 板平铺于工作台面上，轻轻揭开 PVC 板上样品垫粘贴处的保护膜，将样品垫黏附于其上，确保样品垫正面朝上且一端覆盖在 NC 膜上（2±1）mm。

c. 切条与装卡。将粘贴好的大板切成 3.5mm 宽的试纸条。将每一试纸条平整装入塑料卡内，将每一试剂卡置于铝膜袋中，并加入 1g 干燥剂 1 包，热合封口，作为半成品。确定工作环境温度为 18～26℃、湿度＜30％，操作过程中不可以触碰 NC 膜和结合垫。

d. 吸水垫制备。吸水纸裁剪：将吸水纸裁为（20±1）mm×（300±10）mm 大小加入干燥剂，封口，待用，储存效期 2 年。使用前，放入 37℃烘箱中干燥 8～16h 后，取出 18～26℃平衡 30min 后，即可使用。

（2）核酸等温扩增技术[5]

① 等温扩增技术　无可否认，PCR（聚合酶链反应）已经成为分子生物学研究中最闪亮的星。除了常见的 PCR 扩增方法，还有一个新兴的扩增技术——等温扩增（见表 3-5）。等温扩增基于其强劲的扩增能力，可在恒温下对核酸进行指数扩增，而无需热循环仪。等温扩增技术适合用于病原体检测、痕量 DNA 的扩增，其灵敏度与其它 PCR 技术相当甚至更加灵敏。

表 3-5　等温扩增方法汇总

NASBA	核酸依赖性扩增（nucleicacid sequence-based amplification）是一项以 RNA 作为模板进行等温核酸扩增的技术
LAMP	滚环扩增（rolling circle amplification）以环状 DNA 为模板，通过一个短的 DNA 或 RNA 引物，扩增得到长单链分子
HDA	依赖解旋酶恒温扩增（helicase-dependent amplification）基于解旋酶的双链 DNA 解链活性，在恒温下进行体外 DNA 扩增
MDA	多重置换扩增（multiple displacement amplification）开始于多个随机引物，吸附于 DNA 模板，通过 DNA 聚合酶在恒温下进行 DNA 扩增
WGA	全基因组扩增（whole genome amplification）。当 MDA 用于从单个细胞中扩增整个基因组，即为 WGA（其它全基因组扩增的方法还有 MALBAC、DOP-PCR 等）
RPA	重组聚合酶扩增（recombinase polymerase amplification）可在较低温度下对 DNA 或 RNA 进行扩增

不同于常规 PCR 在高温下进行解链，等温扩增利用了一些 DNA 聚合酶的高链置换活性，如 Bst 或 Phi29 DNA 聚合酶，这类 DNA 聚合酶当合成互补链时可直接解链 DNA。使用此类 DNA 聚合酶，可在一小时内完成靶标扩增，某些情况下甚至 10 分钟内就可以完成扩增。等温扩增一般使用序列特异性引物来检测靶基因，或者使用随机引物来进行全基因组扩增。

② 环介导等温扩增（LAMP）　环介导等温扩增是一种高效、低成本的特异性 DNA 检测方法，检测结果可通过肉眼观察。LAMP 特别适用于植物病原体或诸如疟疾、寨卡病毒或结核等传染性疾病的快速检测。

表 3-6 总结了普通 PCR 和 LAMP 之间的差异。

表 3-6　普通 PCR 和 LAMP 之间的差异

特点	PCR	LAMP
扩增	3 步循环： 95℃变性，约 60℃引物退火，约 72℃聚合延伸	通常在 60～65℃下恒温进行
变性	需要通过高温来进行解链，以便引物结合	变性步骤通过链置换活性 DNA 聚合酶来完成
所需设备	需要热循环仪	无需专用的热循环仪，可用简单的水浴锅
反应时间	至少需要 90min 获得结果	一般可在 30min 内获得结果
灵敏度	ng 靶标	fg 靶标
特异性	引物需要精心设计，以避免引物二聚体和非特异性扩增	兼容多种引物组合，特异性更高
观察结果	通过凝胶电泳后才能观察到 DNA	通过比色/目视比浊法可直接观察结果
DNA 模板制备	进行核酸纯化或特殊处理，以便获得高灵敏度和高特异性	耐受现场样本中的固有杂质和抑制剂，灵敏度和特异性更高

由于 LAMP 针对 6 个位点使用 4 条引物（普通 PCR 使用 2 条引物），所以基因组序列上的多个区域可作为特异性的靶标。相比大多数基于普通 PCR 的检测方法，这种 DNA 合成起始点的增加使得检测特异性和灵敏度增强。当合成开始后，引物对形成环状结构，加速后续的扩增。

LAMP 反应会产生副产物焦磷酸镁，其从溶液中沉淀出来，使溶液变得浑浊。可以通过浊度分析或染料来监测反应。色酚兰（KNB）会由紫色变为蓝色。钙黄绿素，当镁离子存在时，经锰淬火，由橙色变为黄绿色。SYBR Green、EvaGreen®（Biotium）和 berberine 为核酸特异性染料，在紫外线下可发射荧光信号。通过比色检测简单快速，但不能提供准确定量。可根据检测需求，选用最佳的检测方法。

优点：扩增效率高，能够在 1h 内有效的扩增 1～10 个拷贝的目的基因，扩增效率为普通 PCR 的 10～100 倍；反应时间短，特异性强，不需要特殊的设备。

缺点：对引物的要求特别高；扩增产物不能用于克隆测序，只能用于判断；其敏感性强，容易形成气溶胶，造成假阳性，影响检测结果。

③ 滚环核酸扩增（RCA）　滚环核酸扩增（rolling circle amplification，RCA）是通过借鉴病原生物体滚环复制 DNA 的方式而提出的，指在恒温下以单链环状 DNA 为模板，在特殊的 DNA 聚合酶（比如 Phi29）的作用下，进行滚环式 DNA 合成，实现目的基因的扩增。

RCA 可分为线性扩增与指数扩增两种形式，线性 RCA 的效率可达到 10^5 倍，而指数 RCA 的效率可达到 10^9 倍。简单区分，如图 3-12 所示，线性扩增只用 1 条引物，指数扩增则有 2 条引物。

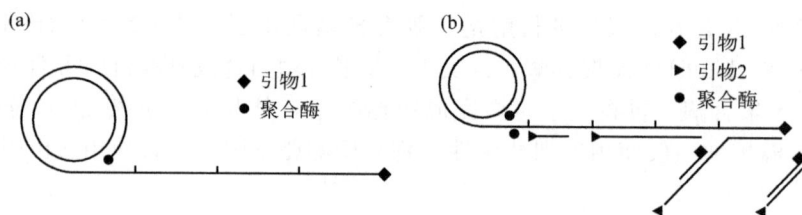

图 3-12　滚环核酸扩增原理

线性 RCA 又称为单引物 RCA，一条引物结合到环状 DNA 上，在 DNA 聚合酶作用下被延伸，产物为单环长度数千倍的大量重复序列的线状单链。由于线性 RCA 的产物始终连接在起始引物上，所以信号易于固定是它的一大优势。

指数 RCA，也被称作超分支扩增 HRCA（hyper branched RCA），在指数 RCA 中，一条引物扩增出 RCA 产物，第二条引物与 RCA 产物杂化并延伸，置换已经结合在 RCA 产物上的下游引物延伸链，反复进行延伸和置换，产生树状的 RCA 扩增产物，见图 3-13。

图 3-13 指数 RCA 原理

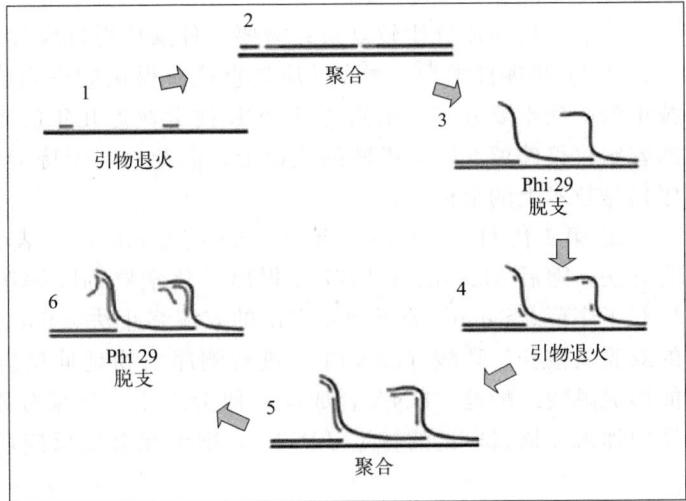

优点：灵敏度高，特异性好，易操作。

缺点：信号检测时的背景问题。在 RCA 反应过程中未成环的锁式探针和未结合探针的模板 DNA 或者 RNA 可能产生一些背景信号。

④ 依赖核酸序列的扩增技术　依赖核酸序列的扩增技术（nucleic acid sequence-based amplification，NASBA）是在 PCR 基础上发展起来的一种新技术，是由 1 对带有 T7 启动子序列的引物引导的连续、等温的核酸扩增技术，可以在 2h 左右将模板 RNA 扩增约 10^9 倍，比常规 PCR 法高 1000 倍，不需特殊的仪器。该技术一出现就被用于疾病的快速诊断，目前有不少公司的 RNA 检测试剂盒都用此方法，其原理见图 3-14。

尽管 RNA 的扩增也可以使用反转录 PCR 技术，但 NASBA 有自己的优势：可以在相对恒温的条件下进行，相对传统的 PCR 技术更为稳定、准确。在 41℃下反应，需要 AMV 逆转录酶、RNA 酶 H、T7 RNA 聚合酶和一对引物来完成。其过程主要包括：

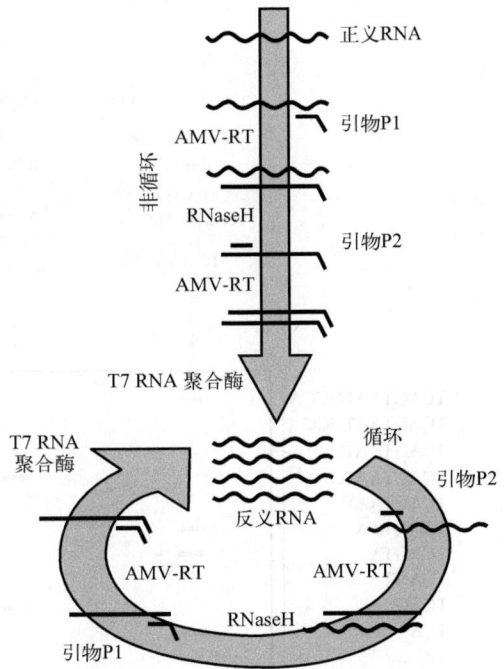

图 3-14 依赖核酸序列的扩增技术原理

正向引物包含 T7 启动子互补序列，反应过程中正向引物与 RNA 链结合，由 AMV 酶催化形成 DNA-RNA 双链。

RNA 酶 H 消化杂交双链中的 RNA，保留 DNA 单链。

在反向引物与 AMV 酶的作用下形成含有 T7 启动子序列的 DNA 双链。

在 T7 RNA 聚合酶的作用下完成转录过程，产生大量目的 RNA。

优点：它的引物上带有 T7 启动子序列，而外来双链 DNA 无 T7 启动子序列，不可能被扩增，因此该技术具有较高的特异性和灵敏度；NASBA 将反转录过程直接合并到扩增反应中，缩短了反应时间。

缺点：反应成分比较复杂；需要 3 种酶使得反应成本较高。

（3）测序技术 [6]　测序反应是直接获得核酸序列信息的唯一技术手段，是分子诊断技术的一项重要分支。虽然定量 PCR 技术在近几年已得到了长足的发展，但其对于核酸的鉴定仅仅停留在间接推断的假设上，因此对基于特定基因序列检测的分子诊断，核酸测序仍是技术上的金标准。

① 第 1 代测序 [7]　1975 年 Sanger 与 Coulson 发表了使用加减法进行 DNA 序列测定的方法，随后 Maxam 在 1977 年提出了化学修饰降解法的模型，为核酸测序时代的来临拉开了序幕。Sanger 等于同年提出的末端终止法（Sanger 测序法）利用 2′ 与 3′ 不含羟基的双脱氧核苷三磷酸（ddNTP）进行测序引物延伸反应，ddNTP 在 DNA 合成反应中不能形成磷酸二酯键，DNA 合成反应便会终止。如果分别在 4 个独立的 DNA 合成反应体系中加入经核素标记的特定 ddNTP，则可在合成反应后对产物进行聚丙烯酰胺凝胶电泳

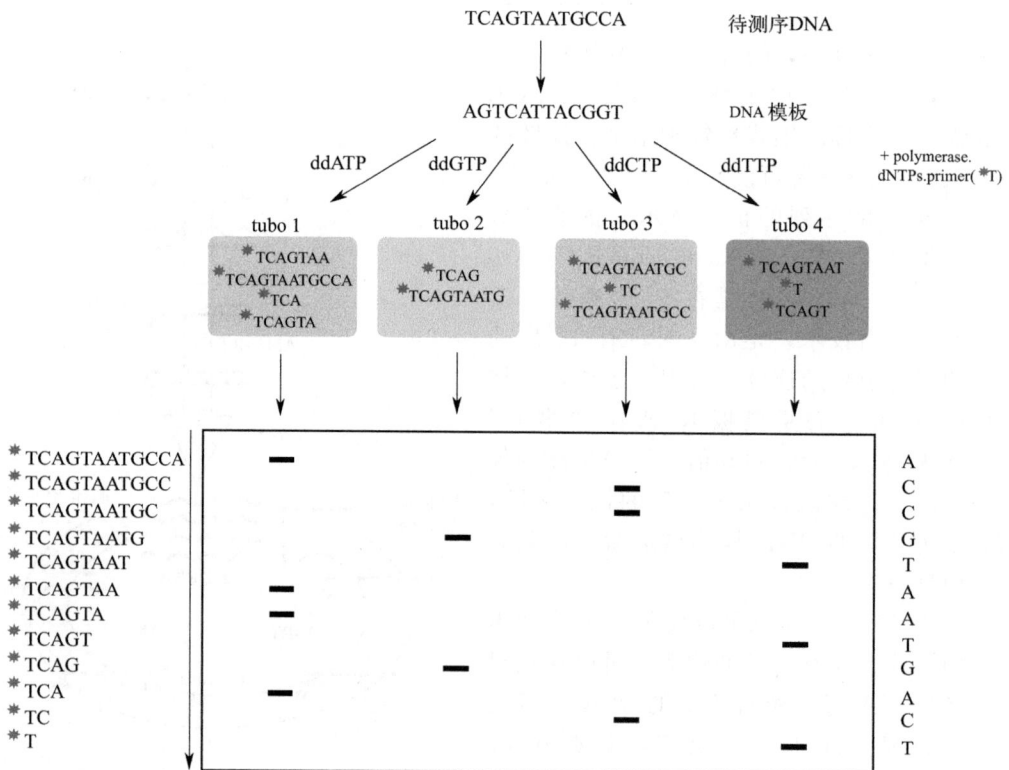

图 3-15　第 1 代测序示意图

(polyacrylamide gel electrophoresis，PAGE）及放射自显影，根据电泳条带确定待测分子的核苷酸序列。Appied Biosystems 公司在 Sanger 法的基础上，于 1986 年推出了首台商业化 DNA 测序仪 PRISM 370A，并以荧光信号接收和计算机信号分析代替了核素标记和放射自显影检测体系。该公司于 1995 年推出的首台毛细管电泳测序仪 PRISM 310 更是使测序的通量大大提高。Sanger 测序是最为经典的一代测序技术，仍是目前获取核酸序列最为常用的方法。见图 3-15。

② 第 2 代测序[8]

a. 焦磷酸测序（pyro-sequencing）。不同于 Sanger 测序法所使用的合成后测序理念，Ronaghi 分别于 1996 年与 1998 年提出了在固相与液相载体中边合成边测序的方法——焦磷酸测序。其基本原理是利用引物链延伸时所释放的焦磷酸基团激发荧光，通过峰值高低判断与其相匹配的碱基数量。由于使用了实时荧光监测的概念，焦磷酸测序实现了对特定位点碱基负荷比例的定量，因此在 SNP 位点检测、等位基因（突变）频率测定、细菌和病毒分型检测方面应用广泛。由于荧光报告原理不同，其对于序列变异的检测灵敏度从 Sanger 测序的 20% 提高到了 5%。但由于该技术的仪器采购与单次检测成本较高，目前尚未得到大规模的临床使用。见图 3-16。

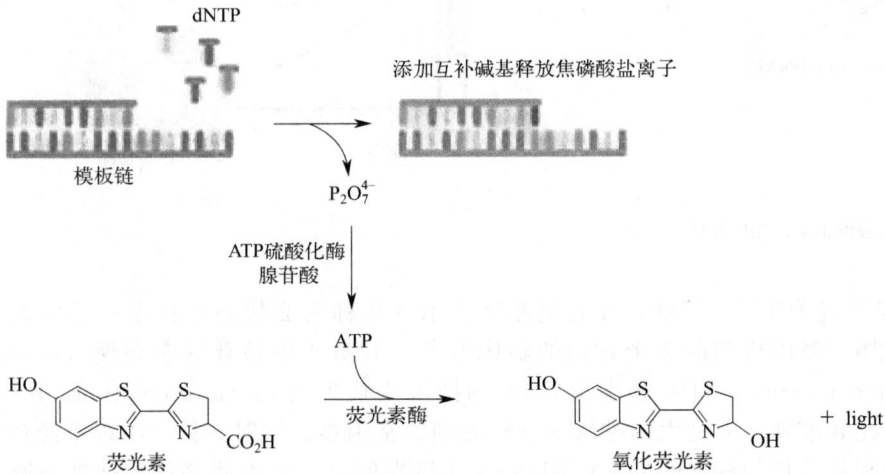

图 3-16　焦磷酸测序原理

b. 高通量第 2 代测序。目前常见的高通量第 2 代测序平台主要有 Roche 454、Illumina Solexa、ABI SOLiD 和 Life Ion Torrent 等，其均为通过 DNA 片段化构建 DNA 文库、文库与载体交联进行扩增、在载体面上进行边合成边测序反应，使得第 1 代测序中最高基于 96 孔板的平行通量扩大至载体上百万级的平行反应，完成对海量数据的高通量检测。该技术可以对基因组、转录组等进行真正的组学检测，在指导疾病分子靶向治疗、绘制药物基因组图谱指导个体化用药、感染性疾病的病原微生物宏基因组鉴定及通过母体中胎儿 DNA 信息进行产前诊断等方面已经取得了喜人的成绩。然而，由于该技术需要对 DNA 进行片段化处理，测序反应读长较短（Solexa 与 SOLiD 系统单次读长仅 50bp），需要对数据进行大规模拼接，因此对分子诊断工作者生物信息学知识掌握提出了更高要求，以利于后期的测序数据分析。见图 3-17。

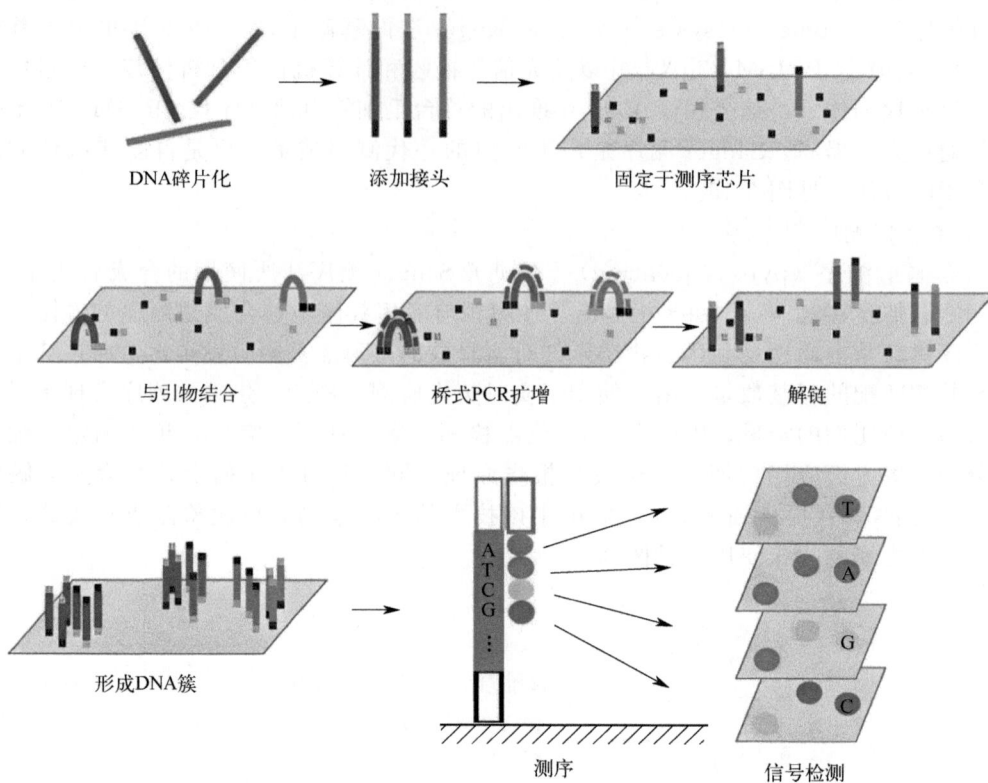

图 3-17　高通量第 2 代测序原理

③ 第 3 代测序[9]　当前，高通量测序技术（也称为 2 代测序技术）迅猛发展，已逐步广泛应用于基因检测的多个方面的临床服务，其对于单核苷酸多态性（single nucleotide polymorphism，SNP）和小于 50bp 的插入或缺失（insertion-deletion，InDel）变异检测相对比较准确，但是大的结构变异检测却非常困难。同时，另一类以不经过扩增的单分子测序和长读长为标志的 DNA 测序技术也随即问世，这类测序技术被称为第三代测序技术。因其测序时 DNA 分子无需 PCR 扩增，实现了对每一条 DNA 分子的单独测序，也称为单分子测序技术。

Helicos 公司于 2008 年推出了世界上第一款单分子测序平台 HeliScope，但其读长较短（35bp），系统整体测序错误率较高（5%）。之后出现了单分子的长读长测序技术，目前长读长测序是指单分子测序长度不少于 kb 级别测序读长的技术平台。目前已经实现商业化的长读长测序平台主要有 Oxford Nanopore Technologies 的纳米孔测序平台（Nanopore）和 PacBio 的单分子实时（SMRT）测序平台。

a. 单分子实时测序技术（SMRT）。美国太平洋生物公司（Pacific Biosciences，PacBio）开发的三代测序技术称为 SMRT 测序（single molecule real-time sequencing），该技术建立在两项重要的发明基础之上，从而攻克了测序领域测序读长短的重大难题。第一，零模波导孔技术（zero-mode waveguides，ZMWs）使激发光被限定在单分子纳米孔底部一定范围内，过滤了背景噪声。第二，荧光基团结合在核苷酸的磷酸基团上，帮助 DNA 聚合酶完成一个全天然的 DNA 链合成过程。

基于该原理的具体产品有 PacBio Sequel 测序仪、PacBio Sequel Ⅱ 测序仪。PacBio Sequel 测序仪是首个商业化应用的第三代测序技术平台，其打破传统短读长测序诸多技术瓶颈。PacBio Sequel Ⅱ 测序仪是 PacBio Sequel 的升级款，可提供 CLR Library 和 CCS library（HIFI）两种测序模式。测序芯片上的导孔（ZMW）由 100 万个提升至 800 万个，理论通量提升 8 倍。CCS reads 单碱基准确性有了极大提升，同一片段测序 4 次后，单一 read 的准确性可达 99%。

b. 纳米孔单分子测序技术（Nanopore）。纳米孔单分子测序是基于电信号测序的技术，原理是通过电场力驱动单链核酸分子穿过纳米尺寸的蛋白孔道，由于不同的碱基通过纳米孔道时产生了不同阻断程度和阻断时间的电流信号，由此可根据电流信号识别每条核酸分子上的碱基信息，从而实现对单链核酸分子的测序。由于其原理与其他平台有较大差异，亦被称为第 3.5 代或四代测序技术。Nanopore 测序仪的具体产品种类很多，均为基于 Nanopore 芯片来搭建的平台，大到由多个芯片阵列组成的 PromehION、GridION 系列测序仪，小到可以连接手机的 Type C、电脑 USB 的 MnION 系列便携式测序仪。其中 PromethION 是一款高通量、高样本数的台式系统，基于模块化设计（多达 48 个测序芯片，各有多达 3000 个纳米孔通道，总计达 144000 个），测序芯片既可单独也可同时运行，尤其适合于大样本量、具有庞大数据量的项目。

④ 第三代测序平台特点比较　这两类第三代测序平台均具有长读长、无 GC 偏好性及可直接检测甲基化修饰等优点。相较而言，纳米孔单分子测序技术读长更长，可达到 Mb 级别；MnION 测序仪如手机大小，较为便携；单分子实时测序技术（SMRT）平台，无错误偏好，可通过增加数据纠错以提高测序准确性。

目前长读长测序的三代测序平台，已广泛应用于复杂动植物基因组、微生物基因组、全长转录组、微生物群体研究及人类基因组变异检测等领域的科研项目中，以解决这些科研领域检测技术瓶颈的问题。

在疾病检测方面，三代测序基于其单分子检测与长读长测序的特点，在基因组结构变异、短串联重复/微卫星、单体型分析、真假基因区分、甲基化检测等相关的检测中具有独特的优势。例如，目前许多基于高通量测序技术的基因诊断产品已基本成熟；但因二代测序技术存在读长短、对基因组覆盖不均匀等局限，对 SNVs 和 InDels 检测尚可，对复杂结构变异的检测无能为力。第三代测序技术用于遗传病及肿瘤基因的检测，凭借长读长、无 PCR、无 GC 偏好性等优势，进行长片段序列测定，可以检测缺失、重复、倒位、易位等结构变异（>50bp），可进一步提高疾病的检出率，弥补二代测序技术对结构变异检测的不足。

长读长测序的三代测序平台，较二代测序将读长提升了万倍，但由于错误率、成本及样本要求都较高，算法、软件、数据库等配套的技术需要研发等问题，目前尚处于科研项目应用阶段。针对这些问题，各技术平台也不断优化技术以解决问题，例如 PacBio 测序仪的 HIFI 技术模式可有效提高数据准确性，纳米孔测序平台也通过对 PromethION 进行设备上的升级以提高准确度。

随着三代测序平台的不断发展，其未来在医学领域的转化应用，可以有效弥补目前基于结构变异、短串联重复/微卫星、单体型分析等变异的基因相关疾病的检测手段的空白。

（4）荧光 PCR 检测试剂盒生产工艺　荧光 PCR 试剂盒通常采用 TaqMan 探针技术。试剂盒主要由 PCR 反应液、DNA 酶混合液、阳性对照、阴性对照组成，用于病毒核酸的检测。

荧光 PCR 检测试剂盒生产工艺如下：

① 生产用菌种重组大肠杆菌（含目的基因）的制备，用接种环挑取适量基础菌种，接种于含终浓度 $50\mu g/mL$ 氨苄青霉素的 LB 琼脂平板上，置 37℃ 下静置培养 10～12h。按菌种标准进行检验，置 2～8℃ 保存，应不超过 15d，即为生产用菌种。

② 生产用重组大肠杆菌的培养，用接种环挑取生产用菌种单菌落接种于 5mL 含终浓度 $50\mu g/mL$ 氨苄青霉素的 LB 培养基中，200r/min，37℃ 摇床振荡培养 8～10h，肉眼观察呈明显浑浊状。

a. 阳性质粒的制备。收获培养的重组大肠杆菌菌液，按照商品化质粒提取纯化试剂盒提取质粒，置 -70℃ 以下保存。

b. 阳性对照的配制。根据质粒拷贝数，用 TE 缓冲液稀释至 5.0×10^{6} copies/mL，即为阳性对照。

c. 阴性对照制备。试剂盒所用的阴性对照为 DEPC 水。按所需规格分装。

③ PCR 反应液的制备

a. 扩增引物、探针的配制。根据病毒目的基因设计的一对引物与一条荧光探针，由生物公司合成。

b. 反应液配制。将上游引物、下游引物和荧光探针使用 TE 缓冲液溶解，分别配成浓度为 $20\mu mol/L$、$20\mu mol/L$ 和 $10\mu mol/L$ 的溶液。

c. dNTP 的配制。将浓度均为 100mmol/L 的商品化 dATP、dTTP、dCTP、dGTP 溶液等体积混合，配成无色溶液。

d. $2\times$PCR 缓冲液的配制。三羟甲基氨基甲烷（Tris base）36.3g、氯化镁（$MgCl_2$）0.76g、氯化钾（KCl）7.5g、硫酸铵 $[(NH_4)_2SO_4]$ 1.3g、甘油 80mL，加 DEPC 水溶解，pH 调至 8.3，定容至 1000mL。

e. PCR 反应液的制备。每 1000mL 的 PCR 反应液按以下配方配制（见表 3-7）。

表 3-7　PCR 反应液配制

试剂名称	添加量/mL	试剂名称	添加量/mL
上游引物	20	dNTP	16
下游引物	20	$2\times$PCR 缓冲液	667
荧光探针	13	DEPC 水	补足至 1000

④ DNA 酶混合液的制备　试剂盒所用的 DNA 酶混合液为商品化的热启动 Taq 酶，为无色液体。按所需规格分装。

⑤ 试剂盒的组装　将检验合格的各试剂盒组分按说明书规格分装并组装成试剂盒。

3.4

质量控制

兽用生物制品的质量与动物和人类的健康和生命息息相关。质量好的兽用生物制品可增强动物免疫力，防治疾病，造福人类，质量差的兽用生物制品不但不能保障动物健康，还可能造成严重的经济损失，甚至危害人类生命安全。质量控制是保证兽用生物制品稳定、安全、有效的重要手段。目前，我国兽用生物制品生产通过实施《兽药生产质量管理规范》（简称兽药 GMP）发生了革命性变化，兽药质量控制已从起初单纯的终端"检验合格"转变为生产全过程的控制，从过去"作坊式"生产转变为与国际标准接轨的净化环境和生产设备，从"经验式"管理转变为有法可依、行为可追溯、风险要评估的管理模式，从落后的生产观念转变为树立质量目标的主体责任意识。这些转变基本实现了兽用生物制品质量控制关口前移，全面实现了高素质人员、符合要求的硬件和强有力软件支持的质量管理体系。《兽药生产质量管理规范》对质量控制进行了明确的规定，涵盖兽药生产、取样、检验、放行的全过程，包括原辅料、包材、工艺用水、中间产品（半成品）及成品的质量标准和分析方法的建立、取样和检验，以及产品稳定性考察、产品放行等工作，其职责也涵盖产品过程控制。全过程控制最大限度地降低生产过程中的污染、混淆和差错。生物制品是采用生物技术制备而成的具有活性的制品，其生产工艺复杂且易受多种因素影响；生产过程中使用的各种材料来源复杂，可能引入外源因子或毒性化学材料；制品组成成分复杂且一般不能进行终端灭菌，制品的质量控制仅靠成品检定难以保证其安全性和有效性。因此降低制品中外源因子或有毒杂质污染风险对于兽用疫苗质量控制尤为重要。本节将从技术角度阐述影响兽用生物制品质量的核心环节及其质量控制要点。

兽用疫苗生产用原材料系指生物制品生产过程中使用的所有生物原材料和化学原材料。生物原材料包括来源于微生物、动物细胞、组织、体液等成分，以及采用重组技术或生物合成技术生产的生物原材料。其中动物源性原材料，系指直接来源于动物的组织、体液、细胞或经分离提取的衍生物，经过充分的安全评价，能够在兽用生物制品生产中使用的，具体包括动物组织、体液、直接来源于动物的物质（包括鸡胚、血清）等；细胞（包括原代细胞、传代细胞）；通过制造过程从动物材料中获得的物质（包括透明质酸、胶原、明胶、单克隆抗体、壳聚糖、白蛋白、胰酶、水解乳蛋白等）。另一类为化学原材料，包括无机和有机化学材料。

对于生产用原材料的分级和质量控制在《中国兽药典》（2020 年版三部）[10] 中进行了明确规定，这也是我国首次将生产用原材料的要求列入国家标准，这将对我国兽用生物制品的质量提高提供强有力的保障。根据原材料的来源、生产以及对生物制品潜在的毒性和外源因子污染风险等将生物制品生产用原材料按风险级别从低到高分为以下四级。第一级为较低风险的原材料。包括已获得上市许可的生物制品或无菌制剂。第二级为低风险的原材料。这类原材料为已有国家标准、取得国家批准文号并按照中国现行《兽药生产质量管理规范》生产的作为兽用生物制品培养基成分以及提取、纯化、灭活等过程中使用的化学原料药和药用非动物来源的蛋白水解酶等。第三级为中等风险的原材料。包括非药用的培养基成分，非动物来源蛋白水解酶、用于靶向纯化的单克隆抗体，以及用于生物制品提取、纯化、灭活的化学试剂等。第四级为高风险的原材料。包括已知具有生物作用机制的毒性化学物质（如细菌毒素），以及大部分成分复杂的动物源性组织和体液（如用于细胞培养的培养基中的成分牛血清、用于细胞消化或蛋白质水解的动物来源的酶以及用于选择或去除免疫靶向性成分的腹水来源的抗体或蛋白质等）。

原材料用于兽用生物制品生产时，应进行质量控制。不同风险等级的原材料应充分考虑来源于动物的生物原材料可能带来的外源因子污染的安全性风险。对于第一、二、三级应进行关键项目的检测，包括鉴别、微生物限度、细菌内毒素、异常毒性检查等。动物组织、体液、细胞及其衍生物等原材料不得来源于口蹄疫、牛海绵状脑病、非洲猪瘟等疫病流行区域、存在风险区域及国家禁止进口区域。

3.5

废弃物处理

3.5.1　污水的无害化处理

兽药生物制品企业的污水可能含有感染性微生物及其他病原微生物、化学污染物、放射性同位素等有毒有害的污染物，若不对其进行严格的消毒灭菌处理，将会对水资源、生态环境造成严重污染甚至引起疾病流行，严重危害人类和动物健康。

3.5.1.1　污水的来源

污水主要来自生产车间排出的细菌菌液和病毒液、消毒液、动物的尿粪液、笼器具洗刷、试验中废弃的试剂等。此类污水来源与成分复杂，可含有病原性微生物、有毒有害的物理化学污染物和放射性污染物等，具有急性传染和潜伏性传染等特征，未经有效处理排放则会对环境造成严重污染。若含有酸、碱、重金属、有机溶剂、消毒剂等有毒有害物质，则可能具有三致（致畸、致癌或致突变）作用。

3.5.1.2　污水的处理

排出的污水应首先收集至密闭的贮水池管中进行消毒，目的是杀灭污水中的各种致病菌。常用消毒方法有化学消毒法和加热消毒法。化学消毒法有氯消毒（如氯气、二氧化氯、次氯酸钠）、氧化剂消毒（如臭氧、过氧乙酸）、辐射消毒（如紫外线、γ射线）。最简便方法是向污水中通以氯气（1000～2000mg/L，作用2～6h）或通以臭氧（100～750mg/L，作用30～90min）。臭氧通过氧化作用，除可杀菌外还可使其他污物无害化，故常被使用。但一般认为，加热处理法更为可靠，将污水加热至93℃作用30min，如有炭疽杆菌芽孢存在，则需加热至127℃作用10min，然后方可排入公用下水管道。

对于含有活毒的废水或是动物感染实验所产生的污水，则必须先彻底灭菌后方可排入污水贮水池进行消毒。对于生产或检验中产生的废弃试剂，则应该按照有关规定对其分类处理。对于安全的废弃试剂，如氯化钠、氯化钾溶液等，则可直接排入下水道；对于有毒有害的废弃试剂，则需分类回收，妥善安置，由有关部门或无害化处理中心定期回收、集中处理；对于含有微生物的培养液及试剂，则需进行集中高温高压（121℃，30min）灭菌后方可排放。总之，所有污水经处理均应达到《污水综合排放标准》（GB 8978—1996）

的要求后方可排放。

3.5.2 污物（包括动物尸体）

动物实验过程中会产生许多废弃物，主要包括带毒粪便、残渣和垫草等，这些都必须按照国家有关规定进行妥善处理，以达到不污染环境的目的。动物实验过程中，也会产生废弃的动物和实验后的尸体，这些废弃物一般都有感染性。由于其携带有各种病原，因此若未经有效的无害化处理，不仅会造成严重的环境污染，还可能引起重大动物疫情，影响生产和食品安全，特别是一旦流入消费市场，将直接威胁人民群众身体健康，引发严重的食品安全事件和公共卫生安全事件。

无害化处理是指用物理、化学等方法处理动物尸体及相关动物产品，消灭其所携带的病原体，消除动物尸体危害的过程。一般包括焚烧法、化制法、掩埋法和发酵法。

实验结束后，活体动物应安乐死。动物尸体不得随意丢弃或乱放，应装入专用尸体袋中，然后经蒸汽高温高压灭菌，较大受试动物尸体需经适当肢解后再进行消毒，最后放入冰柜冷冻保存，由持有许可证的商业化医疗垃圾处置机构定期进行无害化处理。动物尸体最终都要经高压焚烧处理。若动物尸体含有放射性物质，则须按有关部门制定的放射性废弃物处理方法进行处理。

3.5.3 废气的无害化处理

生产车间或生物实验室带菌、带毒的废气排放到大气中，将会对人群和动物造成感染，引起疾病的暴发，甚至威胁到人类生命健康。因此，生产车间或生物实验室产生的废气必须经过严格的消毒后方可排放。

3.5.3.1 废气的来源

废气主要来自生产车间和实验室的空调、生物安全柜、负压通风橱、动物舍负压隔离器、干/湿热消毒灭菌柜、离心机排风罩等易产生带毒、带菌气溶胶的设备的排风，以及焚烧炉排放的烟尘、动物呼出的废气和排泄物产生的废气（由动物粪尿发酵分解产生的具有特殊气味的有害气体，主要含有氨、氯、硫化氢和硫醇等气体）、化学消毒剂的挥发和试剂样品的挥发物等。

3.5.3.2 废气的处理

一般实验室中直接产生有毒有害气体的试验均要求在通风橱内进行，通过通风系统对这些气体进行无害化处理。兽医生物制品生产车间或实验室排出的废气必须经无害化处理，达到国家允许的排放标准后，再利用通风设备排入大气。生产车间和实验室的排风应经高效过滤装置过滤后由排风机向空中排放。须控制排风系统与其他排风设备（生物安全柜、负压通风橱、动物舍负压隔离器、离心机排风罩等）排风的压力平衡和响应速度匹配。可安装自动连锁装置，以确保实验室内不出现正压和确保其他排风设备气流不倒流。在送风和排风总管处应安装气密型密封阀，必要时可完全关闭排风设备并对室内或风管进行化学熏蒸或循环消毒灭菌。

3.6
生产管理与生物安全

3.6.1　人员管理

企业应当配备足够数量并具有相应能力（含学历、培训和实践经验）的管理和操作人员，应当明确规定每个部门和每个岗位的职责。岗位职责不得遗漏，交叉的职责应当有明确规定。每个人承担的职责不得过多。所有人员应当明确并理解自己的职责，熟悉与其职责相关的要求，并接受必要的培训，包括上岗前培训和继续培训。

质量管理负责人和生产管理负责人不得互相兼任。企业应当制定操作规程确保质量管理负责人独立履行职责，不受企业负责人和其他人员的干扰。

企业负责人是兽药质量的主要责任人，全面负责企业日常管理。为确保企业实现质量目标并按照规范要求生产兽药，企业负责人负责提供并合理计划、组织和协调必要的资源，保证质量管理部门独立履行其职责。

3.6.1.1　生产管理负责人

（1）资质　生产管理负责人应当至少具有药学、兽医学、生物学、化学等相关专业本科学历（中级专业技术职称），具有至少三年从事兽药（药品）生产或质量管理的实践经验，其中至少有一年的兽药（药品）生产管理经验，接受过与所生产产品相关的专业知识培训。

（2）主要职责

① 确保兽药按照批准的工艺规程生产、贮存，以保证兽药质量。

② 确保严格执行与生产操作相关的各种操作规程。

③ 确保批生产记录和批包装记录已经指定人员审核并送交质量管理部门。

④ 确保厂房和设备的维护保养，以保持其良好的运行状态。

⑤ 确保完成各种必要的验证工作。

⑥ 确保生产相关人员经过必要的上岗前培训和继续培训，并根据实际需要调整培训内容。

3.6.1.2　质量管理负责人

（1）资质　质量管理负责人应当至少具有药学、兽医学、生物学、化学等相关专业本科学历（中级专业技术职称），具有至少五年从事兽药（药品）生产或质量管理的实践经验，其中至少一年的兽药（药品）质量管理经验，接受过与所生产产品相关的专业知识培训。

（2）**主要职责** 确保原辅料、包装材料、中间产品和成品符合工艺规程的要求和质量标准。

确保在产品放行前完成对批记录的审核。

确保完成所有必要的检验。

批准质量标准、取样方法、检验方法和其他质量管理的操作规程。

审核和批准所有与质量有关的变更。

确保所有重大偏差和检验结果超标已经过调查并得到及时处理。

监督厂房和设备的维护，以保持其良好的运行状态。

确保完成各种必要的确认或验证工作，审核和批准确认或验证方案和报告。

确保完成自检。

评估和批准物料供应商。

确保所有与产品质量有关的投诉已经过调查，并得到及时、正确的处理。

确保完成产品的持续稳定性考察计划，提供稳定性考察的数据。

确保完成产品质量回顾分析。

确保质量控制和质量保证人员都已经过必要的上岗前培训和继续培训，并根据实际需要调整培训内容。

企业应当采取适当措施，避免体表有伤口、患有传染病或其他疾病可能污染兽药的人员从事直接接触兽药的生产活动。

参观人员和未经培训的人员不得进入生产区和质量控制区，特殊情况确需进入的，应当经过批准，并对进入人员的个人卫生、更衣等事项进行指导。

任何进入生产区的人员均应当按照规定更衣。工作服的选材、式样及穿戴方式应当与所从事的工作和空气洁净度级别要求相适应。

进入洁净生产区的人员不得化妆和佩戴饰物。

生产区、检验区、仓储区应当禁止吸烟和饮食，禁止存放食品、饮料、香烟和个人用品等非生产用物品。

操作人员应当避免裸手直接接触兽药以及与兽药直接接触的容器具、包装材料和设备表面。

3.6.2 物料管理

兽药生产所用的原辅料、与兽药直接接触的包装材料应当符合兽药标准、药品标准、包装材料标准或其他有关标准。兽药上直接印字所用油墨应当符合食用标准要求。

进口原辅料应当符合国家相关的进口管理规定。

应当建立相应的操作规程，确保物料和产品的正确接收、贮存、发放、使用和销售，防止污染、交叉污染、混淆和差错。物料和产品的处理应当按照操作规程或工艺规程执行，并有记录。

物料供应商的确定及变更应当进行质量评估，并经质量管理部门批准后方可采购。必要时对关键物料进行现场考察。

物料和产品的运输应当能够满足质量和安全的要求，对运输有特殊要求的，其运输条件应当予以确认。

原辅料、与兽药直接接触的包装材料和印刷包装材料的接收应当有操作规程，所有到货物料均应当检查，确保与订单一致，并确认供应商已经质量管理部门批准。物料的外包装应当有标签，并注明规定的信息。必要时应当进行清洁，发现外包装损坏或其他可能影响物料质量的问题，应当向质量管理部门报告并进行调查和记录。

每次接收均应当有记录，内容包括：

① 交货单和包装容器上所注物料的名称；

② 企业内部所用物料名称和（或）代码；

③ 接收日期；

④ 供应商和生产商（如不同）的名称；

⑤ 供应商和生产商（如不同）标识的批号；

⑥ 接收总量和包装容器数量；

⑦ 接收后企业指定的批号或流水号；

⑧ 有关说明（如包装状况）；

⑨ 检验报告单等合格性证明材料。

物料接收和成品生产后应当及时按照待验管理，直至放行。

物料和产品应当根据其性质有序分批贮存和周转，发放及销售应当符合先进先出和近效期先出的原则。

使用计算机化仓储管理的，应当有相应的操作规程，防止因系统故障、停机等特殊情况而造成物料和产品的混淆和差错。

应当制定相应的操作规程，采取核对或检验等适当措施，确认每一批次的原辅料准确无误。

一次接收数个批次的物料，应当按批取样、检验、放行。

仓储区内的原辅料应当有适当的标识，并至少标明下述内容：

① 指定的物料名称或企业内部的物料代码；

② 企业接收时设定的批号；

③ 物料质量状态（如待验、合格、不合格、已取样）；

④ 有效期或复验期。

只有经质量管理部门批准放行并在有效期或复验期内的原辅料方可使用。

原辅料应当按照有效期或复验期贮存。贮存期内，如发现对质量有不良影响的特殊情况，应当进行复验。

中间产品应当在适当的条件下贮存。

中间产品应当有明确的标识，并至少标明下述内容：

① 产品名称或企业内部的产品代码；

② 产品批号；

③ 数量或重量（如毛重、净重等）；

④ 生产工序（必要时）；

⑤ 产品质量状态（必要时，如待验、合格、不合格、已取样）。

物料应符合《中国兽药典》和制品规程标准、包装材料标准和其他有关标准，不对制品质量产生不良影响。

生产用菌（毒、虫）种应当建立完善的种子批系统（基础种子批和生产种子批）。菌（毒、虫）种种子批系统的建立、维护、保存和检定应当符合《中国兽药典》的要求。

生产用细胞需建立完善的细胞库系统（基础细胞库和生产细胞库）。细胞库系统的建立、维护和检定应当符合《中国兽药典》的要求。

应当通过连续批次产品的一致性确认种子批、细胞库的适用性。种子批和细胞库建立、保存和使用的方式，应当能够避免污染或变异的风险。

种子批或细胞库和成品之间的传代数目（倍增次数、传代次数）应当与已批准注册资料中的规定一致，不得随生产规模变化而改变。

应当在适当受控环境下建立种子批和细胞库，以保护种子批、细胞库以及操作人员。在建立种子批和细胞库的过程中，操作人员不得在同一区域同时处理不同活性或具有传染性的物料（如病毒、细菌、细胞）。

种子批与细胞库的来源、制备、贮存、领用及其稳定性和复苏情况应当有记录。储藏容器应当在适当温度下保存，并有明确的标签。冷藏库的温度应当有连续记录，液氮贮存条件应当有适当的监测。任何偏离贮存条件的情况及纠正措施都应记录。库存台账应当长期保存。

不同种子批或细胞库的贮存方式应当能够防止差错、混淆或交叉污染。

在贮存期间，基础种子批贮存条件应不低于生产种子批贮存条件；基础细胞库贮存条件应不低于生产细胞库贮存条件。一旦取出使用，不得再返回库内贮存。

应按规定对菌（毒、虫）种、种细胞、标准物质进行使用和销毁。

生产用动物源性原材料的来源应有详细记录。

用于禽类活疫苗生产的鸡和鸡胚应符合 SPF 级标准。

与兽药直接接触的包装材料以及印刷包装材料的管理和控制要求与原辅料相同。

包装材料应当由专人按照操作规程发放，并采取措施避免混淆和差错，确保用于兽药生产的包装材料正确无误。

应当建立印刷包装材料设计、审核、批准的操作规程，确保印刷包装材料印制的内容与畜牧兽医主管部门核准的一致，并建立专门文档，保存经签名批准的印刷包装材料原版实样。

印刷包装材料的版本变更时，应当采取措施，确保产品所用印刷包装材料的版本正确无误。应收回作废的旧版印刷模板并予以销毁。

印刷包装材料应当设置专门区域妥善存放，未经批准，人员不得进入。切割式标签或其他散装印刷包装材料应当分别置于密闭容器内储运，以防混淆。

印刷包装材料应当由专人保管，并按照操作规程和需求量发放。

每批或每次发放的与兽药直接接触的包装材料或印刷包装材料，均应当有识别标志，标明所用产品的名称和批号。

过期或废弃的印刷包装材料应当予以销毁并记录。

成品放行前应当待验贮存。

成品的贮存条件应当符合兽药质量标准。

易制毒化学品及易燃、易爆和其他危险品的验收、贮存、管理应当执行国家有关规定。

不合格的物料、中间产品和成品的每个包装容器或批次上均应当有清晰醒目的标志，并在隔离区内妥善保存。

不合格的物料、中间产品和成品的处理应当经质量管理负责人批准，并有记录。

产品回收需经预先批准，并对相关的质量风险进行充分评估，根据评估结论决定是否回收。回收应当按照预定的操作规程进行，并有相应记录。回收处理后的产品应当按照回收处理中最早批次产品的生产日期确定有效期。

企业应当建立兽药退货的操作规程，并有相应的记录，内容至少应包括：产品名称、批号、规格、数量、退货单位及地址、退货原因及日期、最终处理意见。同一产品同一批号不同渠道的退货应当分别记录、存放和处理。

只有经检查、检验和调查，有证据证明退货产品质量未受影响，且经质量管理部门根据操作规程评价后，方可考虑将退货产品重新包装、重新销售。评价考虑的因素至少应当包括兽药的性质、所需的贮存条件、兽药的现状、历史，以及销售与退货之间的间隔时间等因素。对退货产品质量存疑时，不得重新销售。

3.6.3 生物安全

3.6.3.1 对非生物安全三级防护灭活疫苗车间要求

① 带活病原微生物操作区域的空调系统应为负压，负压区空调系统应设置独立的送排风系统，并应满足车间正常运行时房间压力、气流流向的要求。根据兽药GMP（2020年修订）要求，排风须设置高效过滤器，所安装的高效过滤器应可进行原位消毒和检漏，应有可安全更换的措施。

② 负压区空调系统排风机宜设置备用风机，车间空气应经至少一道高效过滤器过滤后排出室外，排风口的标高宜高出所在建筑物屋面2m以上。

③ 车间的墙壁、天花板、地面应有较好的密闭性及坚固性。

④ 车间给水进口应设防回流装置。车间内负压区排水应与正压区排水分别设置。负压区排水管道的坡度、排量应确保管道不存水。负压区产生的含活微生物的废水应通过管道收集在密闭的罐体内进行无害化处理。活毒废水间建议设置为封闭空间，房间有独立的机械送排风系统，根据风险评估确定房间压力梯度及排风是否设置高效过滤装置。

⑤ 带活病原微生物操作区域生产操作结束后的污染物品可通过双扉高压蒸汽灭菌器灭菌后移出生产单元。

⑥ 车间应设置门禁系统，平时正常工作时，相关人员应通过门禁系统进出车间。

⑦ 操作一、二、三类动物病原微生物应在专门的区域内进行，并保持绝对负压，空气应通过高效过滤后排放，滤器的性能应定期检查。生产操作结束后的污染物品应在原位消毒、灭菌后，方可移出生产区。

⑧ 有菌（毒）操作区与无菌（毒）操作区应有各自独立的空气净化系统且人流、物流应分开设置。来自一、二、三类动物病原微生物操作区的空气不得再循环或仅在同一区内再循环。

⑨ 用于加工处理活生物体的生产操作区和设备应当便于清洁和去污染，清洁和去污染的有效性应当经过验证。

⑩ 应具有对制品生产、检验过程中产生的污水、废弃物等进行无害化处理的设施设备。产生的含活微生物的废水应收集在密闭的罐体内进行无害化处理。

⑪ 对特殊生物制品的生物安全要求。布鲁氏菌病活疫苗生产操作区（含细菌培养、疫苗配制、分装、冻干、轧盖）应使用专用设备和功能区，生产操作区应设为负压，空气

排放应经高效过滤，回风不得循环使用，培养应使用密闭系统，通气培养、冻干、高压灭菌过程中产生的废气应经除菌过滤或经验证确认有效的方式处理后排放。疫苗瓶在进入贴签间前，应有对疫苗瓶外表面进行消毒的设施设备。

布鲁氏菌病活疫苗生产中涉及活菌操作的所有环节应在生物安全柜或其他有效防止扩散的隔离措施下进行。

操作高致病性病原微生物、牛分枝杆菌以及特定微生物（如高致病性禽流感灭活疫苗生产用毒株）应在专用的厂房内进行，其生产设备须专用，并有符合相应规定的防护措施和消毒灭菌、防散毒设施。生产操作结束后的污染物品应在原位消毒、灭菌后，方可移出生产区。

生产炭疽芽孢疫苗应当使用专用设施设备。致病性芽孢菌（如肉毒梭状芽孢杆菌、破伤风梭状芽孢杆菌）操作直至灭活过程完成前应当使用专用设施设备。芽孢菌类微生态制剂、干粉制品应当使用专用的车间，产尘量大的工序应经捕尘处理。

3.6.3.2 对生物安全三级防护灭活疫苗车间要求

① 根据农业农村部规定，兽用疫苗生产应达到生物安全三级防护要求的，其生产、检验过程中涉及活病原微生物操作的生产车间、检验用动物房、质检室、污物处理、活毒废水处理设施以及防护措施等应满足《兽用疫苗生产企业生物安全三级防护标准》（农业部公告第 2573 号）要求。

② 生产车间应明确区分防护区、辅助工作区和一般工作区，应在建筑物中设置为相对独立区域或为独立建筑物，应有出入控制。防护区至少应包括防护服更换间、淋浴间、缓冲间、核心工作区及活毒废水处理间；生产车间辅助工作区至少应包括监控室、洗涤间、清洁物品暂存间；一般工作区包括抗原灭活后的操作工作间和接毒前的健康细胞培养间或鸡胚前孵化间等。

③ 应将生产车间防护区内气压控制为绝对负压。核心工作区中涉及活毒操作的工作间的气压（负压）与室外大气压的压差值应不小于 40Pa，与相邻洁净走廊（或缓冲间）的压差（负压）应不小于 15Pa。车间（生产单元）洁净区最外围与非洁净区相通的辅助工作间应设置为正压，以保护车间内的洁净级别。

④ 生产车间防护区内围护结构的所有缝隙和贯穿处的接缝都应可靠密封。在空气净化系统正常运行状态下，采用烟雾测试等目视方法检查其围护结构的严密性时，所有缝隙应无可见泄漏（测试方法参见 GB 19489—2008）。

⑤ 防护区应安装独立的送排风系统，应确保在生产区域运行时气流由低风险区向高风险区流动。

⑥ 防护区空气只能通过双高效过滤器过滤后经专用的排风管道排出。涉及人畜共患病病原微生物操作的，防护区空气不应循环利用。不涉及人畜共患病病原微生物操作的，防护区空气不宜循环利用，如需循环利用，应仅在本区域内循环，回风必须经高效过滤，高效过滤器性能应定期检测。

⑦ 生产车间的外部排风口应设置在主导风的下风向（相对于新风口），与新风口的直线距离应大于 12m，应至少高出本生产车间所在建筑的顶部 2m，应有防风、防雨、防鼠、防虫设计，但不应影响气体向上空排放。

⑧ 高效过滤器的安装位置应尽可能靠近送风管道在生产车间防护区内的送风口端和排风管道在生产车间防护区内的排风口端。防护区排风高效过滤器应可以在原位进行消毒

灭菌和检漏。

⑨ 生物型密闭阀的设置应与消毒方式匹配，采用系统消毒时应在生产车间防护区送风（或新风）和排风总管道的关键节点安装，采用房间密闭消毒时应在防护区房间送风和排风管道的关键节点安装。

⑩ 生物型密闭阀与生产车间防护区相通的送风管道和排风管道应牢固、易消毒灭菌、耐腐蚀、抗老化，宜使用不锈钢管道；管道的密封性应达到在关闭所有通路并维持管道内的温度在设计范围上限的条件下，若使空气压力维持在 500Pa 时，管道内每分钟泄漏的空气量应不超过管道内净容积的 0.2%。

⑪ 防护区应有备用排风机，宜有备用送风机。尽可能减少排风机后排风管道正压段的长度，该段管道不应穿过其他房间。

⑫ 防护区的给水管道应设置倒流防止器或其他有效的防止回流污染装置，并且这些装置应设置在辅助工作区。

⑬ 进出防护区的液体和气体管道系统应牢固、不渗漏、防锈、耐压、耐温（冷或热）、耐腐蚀。应有足够的空间清洁、维护和维修防护区内暴露的管道，应在关键节点安装截止阀、防回流装置或高效过滤器等。

⑭ 应在生产车间防护区和辅助区之间设置双扉高压灭菌器。高压灭菌器应为生物安全型或有专门的排水、排气生物安全处理措施。其主体应安装在易维护的位置，与围护结构的连接之处应可靠密封。应对灭菌效果进行监测，以确保达到相关要求。

⑮ 防护区内淋浴间的地面液体收集系统应有防液体回流的装置。

⑯ 应设活毒废水处理系统处理防护区排水，且该系统应与生产规模相匹配，并设有备用处理装置。活毒废水处理系统应设置在密闭区域且与室外大气压的压差值（负压）应不小于 20Pa。该区域应设置人流、物流通道及淋浴间，其排风应设可进行原位消毒灭菌和检漏的高效过滤器。应定期对活毒废水处理系统消毒灭菌效果进行监测，以确保达到安全要求。

⑰ 电力供应应满足生产车间的所有用电要求，并应有不低于 20% 冗余。除车间内部设备的电控设备之外，车间区域的专用配电箱应设置在辅助区域的安全位置，便于维护人员检修维护。

⑱ 生物安全柜、送风机和排风机、照明、自控系统、监视和报警系统等应配备双路供电和 UPS（不间断电源），保证电力供应。其中生物安全柜、送风机和排风机、自控系统、监视和报警系统的 UPS 电力供应应至少维持 30min。

⑲ 互锁门附近应设置紧急手动解除互锁的按钮，应急需要时，应可立即解除互锁系统，以保证生产车间应急出口安全畅通。

⑳ 启动生产车间通风系统时，应先启动防护区排风，后启动送风；关停时，应先关闭送风，后关排风。

㉑ 应在生产车间防护区的关键部位设置监视器，需要时，可实时监视并录制生产车间活动情况和生产车间周围情况。监视设备应有足够的分辨率，影像存储介质应有足够的数据存储容量。有关数据应保存至产品有效期后一年。

3.6.3.3　设施设备管理

设备的设计、选型、安装、改造和维护必须符合预定用途，应当尽可能降低产生污染、交叉污染、混淆和差错的风险，便于操作、清洁、维护以及必要时进行的消毒或灭菌。

应当建立设备使用、清洁、维护和维修的操作规程，以保证设备的性能，应按规程使用设备并记录。

主要生产和检验设备、仪器、衡器均应建立设备档案，内容包括：生产厂家、型号、规格、技术参数、说明书、设备图纸、备件清单、安装位置及竣工图，以及检修和维修保养内容及记录、验证记录、事故记录等。

生产设备应当避免对兽药质量产生不利影响。与兽药直接接触的生产设备表面应当平整、光洁、易清洗或消毒、耐腐蚀，不得与兽药发生化学反应、吸附兽药或向兽药中释放物质而影响产品质量。

生产、检验设备的性能、参数应能满足设计要求和实际生产需求，并应当配备有适当量程和精度的衡器、量具、仪器和仪表。相关设备还应符合实施兽药产品电子追溯管理的要求。

应当选择适当的清洗、清洁设备，并防止这类设备成为污染源。

设备所用的润滑剂、冷却剂等不得对兽药或容器造成污染，与兽药可能接触的部位应当使用食用级或级别相当的润滑剂。

生产用模具的采购、验收、保管、维护、发放及报废应当制定相应操作规程，设专人专柜保管，并有相应记录。

主要生产和检验设备都应当有明确的操作规程。

生产设备应当在确认的参数范围内使用。

生产设备应当有明显的状态标识，标明设备编号、名称、运行状态等。运行的设备应当标明内容物的信息，如名称、规格、批号等，没有内容物的生产设备应当标明清洁状态。

与设备连接的主要固定管道应当标明内容物名称和流向。

应当制定设备的预防性维护计划，设备的维护和维修应当有相应的记录。

设备的维护和维修应保持设备的性能，并不得影响产品质量。

经改造或重大维修的设备应当进行再确认，符合要求后方可继续使用。

不合格的设备应当搬出生产和质量控制区，如未搬出，应当有醒目的状态标识。

用于兽药生产或检验的设备和仪器，应当有使用和维修、维护记录，使用记录内容包括使用情况、日期、时间、所生产及检验的兽药名称、规格和批号等。

兽药生产设备应保持良好的清洁卫生状态，不得对兽药的生产造成污染和交叉污染。

已清洁的生产设备应当在清洁、干燥的条件下存放。

应当根据国家标准及仪器使用特点对生产和检验用衡器、量具、仪表、记录和控制设备以及仪器制定检定（校准）计划，检定（校准）的范围应当涵盖实际使用范围。应按计划进行检定或校准，并保存相关证书、报告或记录。

应当确保生产和检验使用的衡器、量具、仪器仪表经过校准，控制设备得到确认，确保得到的数据准确、可靠。

仪器的检定和校准应当符合国家有关规定，应保证校验数据的有效性。

自校仪器、量具应制定自校规程，并具备自校设施条件，校验人员具有相应资质，并做好校验记录。

衡器、量具、仪表、用于记录和控制的设备以及仪器应当有明显的标识，标明其检定或校准有效期。

在生产、包装、仓储过程中使用自动或电子设备的，应当按照操作规程定期进行校准和检查，确保其操作功能正常。校准和检查应当有相应的记录。

制药用水应当适合其用途，并符合《中国兽药典》的质量标准及相关要求。制药用水至少应当采用饮用水。

水处理设备及其输送系统的设计、安装、运行和维护应当确保制药用水达到设定的质量标准。水处理设备的运行不得超出其设计能力。

纯化水、注射用水储罐和输送管道所用材料应当无毒、耐腐蚀；储罐的通气口应当安装不脱落纤维的疏水性除菌滤器；管道的设计和安装应当避免死角、盲管。

纯化水、注射用水的制备、贮存和分配应当能够防止微生物的滋生。纯化水可采用循环，注射用水可采用70℃以上保温循环。

应当对制药用水及原水的水质进行定期监测，并有相应的记录。

应当按照操作规程对纯化水、注射用水管道进行清洗消毒，并有相关记录。发现制药用水微生物污染达到警戒限度、纠偏限度时应当按照操作规程处理。

3.6.3.4 厂房设施的清洁和消毒

（1）基本要求

① 洁净厂房内表面必要时可采用化学、物理或其他方式进行定期的清洁和消毒，杀灭病原微生物，使微生物控制在洁净环境日常监测的范围内，以防止微生物对生产车间环境可能的影响和污染。

② 消毒剂应具有高效、环保、残留少、水溶性强等特征。使用符合国家卫生健康委员会颁布的《消毒管理办法》要求的消毒剂，每月轮换交替使用，以防止微生物产生耐受性。

③ 清洁标准

a. 无尘：指墙面、地面、设施的表面无灰尘、粉尘。

b. 无痕：指地面、墙面、设施无施工遗留痕迹，地面无行车痕迹。

c. 无脱落物：指无纤维、墙皮等脱落物。

d. 整洁：指清洁过程有条不紊，清洁现场、使用的工器具自身洁净，摆放齐整。

④ 制定消毒剂配制的标准操作程序。消毒剂应现配现用。

⑤ 针对不同的消毒对象制定适宜的清洁/消毒方法和频次。清洁/消毒对象包括：墙面、地面、门、传递窗、设备、地漏、洗手池、空调风口等。

⑥ 厂房设施的清洁应在每次生产操作结束后进行，清洁用拖把、抹布等清洁用具，不应使用易掉纤维的织物材料。

⑦ 清洁/消毒工作结束后应及时进行记录。

⑧ 通过季度和年度环境监测报告的数据分析，评估清洁/消毒方法的有效性。

（2）常用消毒方法

① 紫外线消毒

a. 杀菌原理与作用。当微生物被紫外线照射时，可引起细胞内成分，特别是核酸、蛋白质与酶的化学变化，从而使其死亡。一般多以 2.537Å 作为杀菌紫外线波长。

b. 使用方法。将灯固定吊装在天花板或墙壁上，离地面 2.5m 左右。灯管下安装金属反光罩，使光线反射到天花板上。安装在墙壁上的，反光罩斜向上方，使紫外线照射在与水平面成 3°至 80°角范围内。这样上部空气受到紫外线的直接照射，而当上下层空气对流交换（人工或自然）时，整个空气都会得到消毒。

c. 注意事项

（a）灯管表面应经常用酒精棉球轻轻擦拭，除去灰尘与油垢，以减少对紫外线穿透的影响。

（b）紫外线肉眼看不见，灯管放射出的蓝紫色光线并不代表紫外线强度。有条件的应定期测量灯管的输出强度；没有条件的可逐日记录使用时间，以便判断是否达到使用期限。

（c）消毒时房间内应保持清洁、干燥。空气中不应有灰尘和水雾，温度保持在 20℃以上，相对湿度不宜超过 50％。

（d）不透紫外线的表面（如纸、布等），只有直接照射的一面才能达到消毒目的，因此要按时翻动，使各个表面都能得到一定剂量的照射。

（e）勿直视紫外线光源。

d. 使用评价

紫外线消毒的优点：

（a）方法多样化，可用于处理空气、水液与污染表面；

（b）对多数物品无损害；

（c）使用方便；

（d）可作为永久性设备；

（e）不必专人照看。

紫外线消毒的不足之处为：

（a）穿透力差；

（b）难以达到灭菌要求；

（c）需要一定设备与电源。

② 过氧乙酸消毒

a. 杀菌原理与作用。过氧乙酸既具有酸的特性，也具有氧化剂的特性，但其杀菌作用远较一般的酸与过氧化物强。

b. 使用方法。消毒前应进行清洁处理，充分暴露拟消毒的表面，以利于药物蒸气接触污染表面，取出怕腐蚀的物品，将洁净室所有出口封闭，安放火源（或加热源）与容器，倒入过氧乙酸，退出室外，关严房门。如室外不能控制火源（或加热源开关）应在药物蒸气蒸发将完时，戴防毒面具进入，将火源熄灭（或关闭加热源），以免损坏容器。达到规定时间，通风换气。

c. 注意事项。稀释的水溶液，用前新鲜配制效果最好。配制时，要用清洁水，因金属离子与还原性物质可加速药物分解。

过氧乙酸不稳定，应储存于通风阴凉处，用前应先测定有效含量。

使用高浓度药液时，谨防溅到眼内或皮肤、衣服上。

金属器材与天然纺织品经浸泡消毒后，应尽快用清水将药物冲洗干净，以防漂白或腐蚀。对于需要反复处理的场所，每次熏蒸后应将有关物品刷洗，或用湿布将沾有的药物擦净。

d. 使用评价

过氧乙酸消毒的优点：

（a）可分解成为无毒成分，无残留毒性；

（b）为透明无色液体，无染色之弊害；

（c）杀菌能力强，可作为灭菌剂；

（d）易溶于水，使用方便。

过氧乙酸消毒的不足之处：

（a）易分解，不稳定；

（b）对物品有漂白与腐蚀作用；

（c）药物未分解前对人有一定刺激性或毒性。

③ 甲醛消毒

a. 杀菌原理与作用。凝固蛋白质，还原氨基酸，使蛋白质分子烷基化。

b. 使用方法。消毒前应进行清洁处理，充分暴露拟消毒的表面，以利于药物蒸气接触污染表面，取出怕腐蚀的物品，将实验室所有出口封闭，安放甲醛蒸气发生器，可选用加热法或化学反应法，待产生甲醛气体并稳定后，退出室外，关严房门。如使用加热法，室外不能控制火源的应在药物蒸气蒸发将完时，戴防毒面具进入，作适当处理后退出。到达规定时间，通风换气。消毒时，最好能使甲醛气体在短时间内充满整个房间。产生甲醛气体的具体方法如下。

福尔马林加热法：将福尔马林置于玻璃、陶瓷或金属容器中，直接在火上加热蒸发。药液蒸发完毕后，撤除火源。

福尔马林化学反应法：福尔马林为强有力的还原剂，当与氧化剂反应时，可产生大量的热将甲醛蒸发。常用的氧化剂有高锰酸钾、漂白粉。

多聚甲醛加热法：将多聚甲醛干粉放在平底容器中，均匀铺开，置于火源上加热（150℃）即可产生甲醛蒸气。

蒸气喷雾法：以蒸气作为动力，通过雾化器，将福尔马林喷成气溶胶，使之扩散与空气蒸发气化。

c. 注意事项

甲醛对人有一定毒性与刺激性，使用时应注意防护。

温度湿度对甲醛的杀菌效果影响较大，处理时应保持在要求的范围内。

甲醛气体穿透性差，拟消毒物品的排放要互相间隔一定的距离，污染表面尽量暴露在外面。

d. 使用评价

甲醛消毒的优点：

（a）杀菌谱广，可作为灭菌剂；

（b）性质稳定，耐贮存；

（c）受有机物影响小。

甲醛消毒的不足之处：

（a）有一定的毒性与刺激性；

（b）受温度影响大。

④ 过氧化氢消毒　过氧化氢广泛应用于制药和生物安全设施设备的灭菌消毒。其中雾化法设备的核心是初始液滴的直径和速度，使其扩散特性有极大的改善。与甲醛相同，过氧化氢消毒可达到真正的灭菌效果，即满足 6log 的消毒灭菌效果。

a. 杀菌原理与作用。过氧化氢是强氧化剂，通过复杂的自由基反应原理对微生物产生杀灭作用。因其杀菌方式的非特异性，不会使微生物产生抗性。

气相过氧化氢（VPHP）技术分为气化过氧化氢技术（VHP）和过氧化氢气体技术（HPV），即干法和湿法工艺。干法与湿法工艺均是利用闪蒸工艺，将过氧化氢溶液迅速气化。干法工艺对环境的温湿度控制或要求更精准，因此消毒的重复性会更好，这也是其在制药领域应用多的原因。

b. 使用方法。现今过氧化氢消毒产品已经非常成熟，以VHP闪蒸技术为例，设备可置于消毒房间进行消毒，也可设置在空调机房。供气管与空调系统管道旁通连接，在系统消毒时，关闭空调系统送、排风阀，形成自循环系统进行循环消毒。过氧化氢消毒方式对消毒环境的温度、相对湿度和换气次数均有一定要求。

c. 注意事项。雾化方法通常使用低浓度的过氧化氢（通常低于8%），气化法使用高浓度的过氧化氢（通常大于30%）。对于普通的彩钢板，气化法工艺带来的潜在腐蚀性更高。

围护结构和循环管道应耐过氧化氢腐蚀，房间消毒时有一定温湿度要求，需要提前考虑设施设置。

d. 使用评价

过氧化氢消毒的优点：

（a）毒性小；

（b）不易燃易爆；

（c）消毒周期短；

（d）无残留，分解成水和氧气。

过氧化氢消毒的不足之处：

（a）系统形式复杂；

（b）初投资高、运行费用高，需考虑过氧化氢价格；

（c）围护结构和循环管道需考虑防腐蚀。

（3）消毒方法的选择　微生物的种类不同，对各种消毒处理的耐受性也不一样。细菌芽孢对大多数消毒处理的耐受性比其他微生物强得多，只有使用较强的热力与辐射处理或灭菌剂，才能取得较好的效果，结核分枝杆菌、真菌芽孢、肠道病毒、肉毒杆菌毒素等对有的消毒措施比较敏感，对有的消毒剂则具有较强的耐受力。例如结核分枝杆菌对热力消毒很敏感，而对某些消毒剂的耐受力却较其它细菌繁殖体强得多。

同样的消毒方法对不同性质的物品，效果往往不同。例如，对垂直墙面的消毒，药物不易停留，使用消毒药物擦拭的方法效果较好。粉刷的粗糙表面，较易濡湿，喷雾方法最好。此外，还要考虑消毒法对处理对象的损害问题。例如过氧乙酸对金属表面具有一定的腐蚀性。

消毒现场的环境对消毒效果是有影响的。例如，房屋密闭性好的，可使用熏蒸消毒进行室内表面消毒；密闭性差的，只能使用液体消毒剂处理；对空气进行消毒，当室内无人时，可使用刺激性较强的消毒剂处理，当室内有人时，只能选用对人体无危害并且刺激性较小的消毒剂处理。

（4）各区域卫生工具的管理要求

a. 在各生产区域设置专用的卫生工具室，卫生工具摆放应整齐有序。

b. 不同区域的卫生工具禁止共用。

c. 应定期检查卫生工具的使用情况，并及时更换卫生工具。

d. 防护区废弃的卫生工具应采取相应的消毒灭菌措施，且不可回收继续使用。

3.6.4 质量管理

企业应当建立符合兽药质量管理要求的质量目标，将兽药有关安全、有效和质量可控的所有要求，系统地贯彻到兽药生产、控制及产品放行、贮存、销售的全过程中，确保所生产的兽药符合注册要求。

企业高层管理人员应当确保实现既定的质量目标，不同层次的人员应当共同参与并承担各自的责任。

企业配备的人员、厂房、设施和设备等条件，应当满足质量目标的需要。

企业应当建立质量保证系统，同时建立完整的文件体系，以保证系统有效运行。

企业应当对高风险产品的关键生产环节建立信息化管理系统，进行在线记录和监控。

3.6.4.1 质量保证系统

应当确保：

① 兽药的设计与研发体现本规范的要求；

② 生产管理和质量控制活动符合本规范的要求；

③ 管理职责明确；

④ 采购和使用的原辅料和包装材料符合要求；

⑤ 中间产品得到有效控制；

⑥ 确认、验证的实施；

⑦ 严格按照规程进行生产、检查、检验和复核；

⑧ 每批产品经质量管理负责人批准后方可放行；

⑨ 在贮存、销售和随后的各种操作过程中有保证兽药质量的适当措施；

⑩ 按照自检规程，定期检查评估质量保证系统的有效性和适用性。

3.6.4.2 兽药生产质量管理的基本要求

① 制定生产工艺，系统地回顾并证明其可持续稳定地生产出符合要求的产品。

② 生产工艺及影响产品质量的工艺变更均须经过验证。

③ 配备所需的资源，至少包括：

a. 具有相应能力并经培训合格的人员；

b. 足够的厂房和空间；

c. 适用的设施、设备和维修保障；

d. 正确的原辅料、包装材料和标签；

e. 经批准的工艺规程和操作规程；

f. 适当的贮运条件。

④ 应当使用准确、易懂的语言制定操作规程。

⑤ 操作人员经过培训，能够按照操作规程正确操作。

⑥ 生产全过程应当有记录，偏差均经过调查并记录。

⑦ 批记录、销售记录和电子追溯码信息应当能够追溯批产品的完整历史，并妥善保存、便于查阅。

⑧ 采取适当的措施，降低兽药销售过程中的质量风险。

⑨ 建立兽药召回系统，确保能够召回已销售的产品。

⑩ 调查兽药投诉和质量缺陷的原因，并采取措施，防止类似投诉和质量缺陷再次发生。

质量风险管理是在整个产品生命周期中采用前瞻或回顾的方式，对质量风险进行识别、评估、控制、沟通、审核的系统过程。

应当根据科学知识及经验对质量风险进行评估，以保证产品质量。

质量风险管理过程所采用的方法、措施、形式及形成的文件应当与存在风险的级别相适应。

质量控制实验室的人员、设施、设备和环境洁净要求应当与产品性质和生产规模相适应。

质量控制负责人应当具有足够的管理实验室的资质和经验，可以管理同一企业的一个或多个实验室。

质量控制实验室的检验人员至少应当具有药学、兽医学、生物学、化学等相关专业大专学历或从事检验工作 3 年以上的中专、高中以上学历，并经过与所从事的检验操作相关的实践培训且考核通过。

质量控制实验室应当配备《中国兽药典》、兽药质量标准、标准图谱等必要的工具书，以及标准品或对照品等相关的标准物质。

质量控制实验室的文件应当符合下列要求。

① 质量控制实验室应当至少有下列文件：

质量标准；

取样操作规程和记录；

检验操作规程和记录（包括检验记录或实验室工作记事簿）；

检验报告或证书；

必要的环境监测操作规程、记录和报告；

必要的检验方法验证方案、记录和报告；

仪器校准和设备使用、清洁、维护的操作规程及记录。

② 每批兽药的检验记录应当包括中间产品和成品的质量检验记录，可追溯该批兽药所有相关的质量检验情况。

③ 应保存和统计（宜采用便于趋势分析的方法）相关的检验和监测数据（如检验数据、环境监测数据、制药用水的微生物监测数据）。

④ 除与批记录相关的资料信息外，还应当保存与检验相关的其他原始资料或记录，便于追溯查阅。

取样应当至少符合以下要求。

① 质量管理部门的人员可进入生产区和仓储区进行取样及调查。

② 应当按照经批准的操作规程取样，操作规程应当详细规定：

a. 经授权的取样人；

b. 取样方法；

c. 取样用器具；

d. 样品量；

e. 分样的方法；

f. 存放样品容器的类型和状态；

g. 实施取样后物料及样品的处置和标识；

h. 取样注意事项，包括为降低取样过程产生的各种风险所采取的预防措施，尤其是无菌或有害物料的取样以及防止取样过程中污染和交叉污染的取样注意事项；

i. 贮存条件；

j. 取样器具的清洁方法和贮存要求。

③ 取样方法应当科学、合理，以保证样品的代表性。

④ 样品应当能够代表被取样批次的产品或物料的质量状况，为监控生产过程中最重要的环节（如生产初始或结束），也可抽取该阶段样品进行检测。

⑤ 样品容器应当贴有标签，注明样品名称、批号、取样人、取样日期等信息。

⑥ 样品应当按照被取样产品或物料规定的贮存要求保存。

物料和不同生产阶段产品的检验应当至少符合以下要求：

① 企业应当确保成品按照质量标准进行全项检验。

② 有下列情形之一的，应当对检验方法进行验证：

a. 采用新的检验方法；

b. 检验方法需变更的；

c. 采用《中国兽药典》及其他法定标准未收载的检验方法；

d. 法规规定的其他需要验证的检验方法。

③ 对不需要进行验证的检验方法，必要时企业应当对检验方法进行确认，确保检验数据准确、可靠。

④ 检验应当有书面操作规程，规定所用方法、仪器和设备，检验操作规程的内容应当与经确认或验证的检验方法一致。

⑤ 检验应当有可追溯的记录并应当复核，确保结果与记录一致。所有计算均应当严格核对。

⑥ 检验记录应当至少包括以下内容：

a. 产品或物料的名称、剂型、规格、批号或供货批号，必要时注明供应商和生产商（如不同）的名称或来源；

b. 依据的质量标准和检验操作规程；

c. 检验所用的仪器或设备的型号和编号；

d. 检验所用的试液和培养基的配制批号、对照品或标准品的来源和批号；

e. 检验所用动物的相关信息；

f. 检验过程，包括对照品溶液的配制、各项具体的检验操作、必要的环境温湿度；

g. 检验结果，包括观察情况、计算和图谱或曲线图，以及依据的检验报告编号；

h. 检验日期；

i. 检验人员的签名和日期；

j. 检验、计算复核人员的签名和日期。

⑦ 所有中间控制（包括生产人员所进行的中间控制），均应当按照经质量管理部门批准的方法进行，检验应当有记录。

⑧ 应当对实验室容量分析用玻璃仪器、试剂、试液、对照品以及培养基进行质量检查。

⑨ 必要时检验用实验动物应当在使用前进行检验或隔离检疫。

质量控制实验室应当建立检验结果超标调查的操作规程。任何检验结果超标都必须按照操作规程进行调查，并有相应的记录。

企业按规定保存的、用于兽药质量追溯或调查的物料、产品样品为留样。用于产品稳定性考察的样品不属于留样。

⑩ 留样应当至少符合以下要求。

a. 应当按照操作规程对留样进行管理。

b. 留样应当能够代表被取样批次的物料或产品。

c. 成品的留样：

每批兽药均应有留样，如果一批兽药分成数次进行包装，则每次包装至少应当保留一件最小市售包装的成品；

留样的包装形式应当与兽药市售包装形式相同，大包装规格或原料药的留样如无法采用市售包装形式的，可采用模拟包装；

每批兽药的留样量一般至少应当能够确保按照批准的质量标准完成两次全检（无菌检查和热原检查等除外）；

如果不影响留样的包装完整性，保存期间内至少应当每年对留样进行一次目检或接触观察，如发现异常，应当调查分析原因并采取相应的处理措施；

留样观察应当有记录；

留样应当按照注册批准的贮存条件至少保存至兽药有效期后一年；

企业终止兽药生产或关闭的，应当告知当地畜牧兽医主管部门，并将留样转交授权单位保存，以便在必要时可随时取得留样。

d. 物料的留样：

制剂生产用每批原辅料和与兽药直接接触的包装材料均应当有留样，与兽药直接接触的包装材料（如安瓿），在成品已有留样后，可不必单独留样；

物料的留样量应当至少满足鉴别检查的需要；

除稳定性较差的原辅料外，用于制剂生产的原辅料（不包括生产过程中使用的溶剂、气体或制药用水）的留样应当至少保存至产品失效后，如果物料的有效期较短，则留样时间可相应缩短；

物料的留样应当按照规定的条件贮存，必要时还应当适当包装密封。

试剂、试液、培养基和检定菌的管理应当至少符合以下要求：

① 商品化试剂和培养基应当从可靠的、有资质的供应商处采购，必要时应当对供应商进行评估。

② 应当有接收试剂、试液、培养基的记录，必要时，应当在试剂、试液、培养基的容器上标注接收日期和首次开口日期、有效期（如有）。

③ 应当按照相关规定或使用说明配制、贮存和使用试剂、试液和培养基。特殊情况下，在接收或使用前，还应当对试剂进行鉴别或其他检验。

④ 试液和已配制的培养基应当标注配制批号、配制日期和配制人员姓名，并有配制（包括灭菌）记录。不稳定的试剂、试液和培养基应当标注有效期及特殊贮存条件。标准液、滴定液还应当标注最后一次标准化的日期和校正因子，并有标准化记录。

⑤ 配制的培养基应当进行适用性检查，并有相关记录。应当有培养基使用记录。

⑥ 应当有检验所需的各种检定菌，并建立检定菌保存、传代、使用、销毁的操作规程和相应记录。

⑦ 检定菌应当有适当的标识，内容至少包括菌种名称、编号、代次、传代日期、传代操作人。

⑧ 检定菌应当按照规定的条件贮存，贮存的方式和时间不得对检定菌的生长特性有不利影响。

标准品或对照品的管理应当至少符合以下要求：

① 标准品或对照品应当按照规定贮存和使用。

② 标准品或对照品应当有适当的标识，内容至少包括名称、批号、制备日期（如有）、有效期（如有）、首次开启日期、含量或效价、贮存条件。

③ 企业如需自制工作标准品或对照品，应当建立工作标准品或对照品的质量标准以及制备、鉴别、检验、批准和贮存的操作规程，每批工作标准品或对照品应当用法定标准品或对照品进行标准化，并确定有效期，还应当通过定期标准化证明工作标准品或对照品的效价或含量在有效期内保持稳定。标准化的过程和结果应当有相应的记录。

应当分别建立物料和产品批准放行的操作规程，明确批准放行的标准、职责，并有相应的记录。

物料的放行应当至少符合以下要求：

① 物料的质量评价内容应当至少包括生产商的检验报告、物料入库接收初验情况（是否为合格供应商、物料包装完整性和密封性的检查情况等）和检验结果。

② 物料的质量评价应当有明确的结论，如批准放行、不合格或其他决定。

③ 物料应当由指定的质量管理人员签名批准放行。

产品的放行应当至少符合以下要求：

① 在批准放行前，应当对每批兽药进行质量评价，并确认以下各项内容。

已完成所有必需的检查、检验，批生产和检验记录完整；

所有必需的生产和质量控制均已完成并经相关主管人员签名；

确认与该批相关的变更或偏差已按照相关规程处理完毕，包括所有必要的取样、检查、检验和审核；

所有与该批产品有关的偏差均已有明确的解释或说明，或者已经过彻底调查和适当处理，如偏差还涉及其他批次产品，应当一并处理。

② 兽药的质量评价应当有明确的结论，如批准放行、不合格或其他决定。

③ 每批兽药均应当由质量管理负责人签名批准放行。

④ 兽用生物制品放行前还应当取得批签发合格证明。

持续稳定性考察的目的是在有效期内监控已上市兽药的质量，以发现兽药与生产相关的稳定性问题（如杂质含量或溶出度特性的变化），并确定兽药能够在标示的贮存条件下，符合质量标准的各项要求。

持续稳定性考察主要针对市售包装兽药，但也需兼顾待包装产品。此外，还应当考虑对贮存时间较长的中间产品进行考察。

持续稳定性考察应当有考察方案，结果应当有报告。用于持续稳定性考察的设备（即稳定性试验设备或设施）应当按要求进行确认和维护。

持续稳定性考察的时间应当涵盖兽药有效期，考察方案应当至少包括以下内容：

① 每种规格、每种生产批量兽药的考察批次数；

② 相关的物理、化学、微生物和生物学检验方法，可考虑采用稳定性考察专属的检验方法；

③ 检验方法依据；

④ 合格标准；

⑤ 容器密封系统的描述；

⑥ 试验间隔时间（测试时间点）；

⑦ 贮存条件（应当采用与兽药标示贮存条件相对应的《中国兽药典》规定的长期稳定性试验标准条件）；

⑧ 检验项目，如检验项目少于成品质量标准所包含的项目，应当说明理由。

考察批次数和检验频次应当能够获得足够的数据，用于趋势分析。通常情况下，每种规格、每种内包装形式至少每年应当考察一个批次，除非当年没有生产。

某些情况下，持续稳定性考察中应当额外增加批次数，如重大变更或生产和包装有重大偏差的兽药应当列入稳定性考察。此外，重新加工、返工或回收的批次，也应当考虑列入考察，除非已经过验证和稳定性考察。

应当对不符合质量标准的结果或重要的异常趋势进行调查。对任何已确认的不符合质量标准的结果或重大不良趋势，企业都应当考虑是否可能对已上市兽药造成影响，必要时应当实施召回，调查结果以及采取的措施应当报告当地畜牧兽医主管部门。

应当根据获得的全部数据资料，包括考察的阶段性结论，撰写总结报告并保存。应当定期审核总结报告。

企业应当建立变更控制系统，对所有影响产品质量的变更进行评估和管理。

企业应当建立变更控制操作规程，规定原辅料、包装材料、质量标准、检验方法、操作规程、厂房、设施、设备、仪器、生产工艺和计算机软件变更的申请、评估、审核、批准和实施。质量管理部门应当指定专人负责变更控制。

企业可以根据变更的性质、范围、对产品质量潜在影响的程度进行变更分类（如主要、次要变更）并建档。

与产品质量有关的变更由申请部门提出后，应当经评估、制定实施计划并明确实施职责，由质量管理部门审核批准后实施，变更实施应当有相应的完整记录。

改变原辅料、与兽药直接接触的包装材料、生产工艺、主要生产设备以及其他影响兽药质量的主要因素时，还应当根据风险评估对变更实施后最初至少三个批次的兽药质量进行评估。如果变更可能影响兽药的有效期，则质量评估还应当包括对变更实施后生产的兽药进行稳定性考察。

变更实施时，应当确保与变更相关的文件均已修订。

质量管理部门应当保存所有变更的文件和记录。

各部门负责人应当确保所有人员正确执行生产工艺、质量标准、检验方法和操作规程，防止偏差的产生。

企业应当建立偏差处理的操作规程，规定偏差的报告、记录、评估、调查、处理以及所采取的纠正、预防措施，并保存相应的记录。

企业应当评估偏差对产品质量的潜在影响。质量管理部门可以根据偏差的性质、范围、对产品质量潜在影响的程度进行偏差分类（如重大、次要偏差），对重大偏差的评估应当考虑是否需要对产品进行额外的检验以及产品是否可以放行，必要时，应当对涉及重大偏差的产品进行稳定性考察。

任何偏离生产工艺、物料平衡限度、质量标准、检验方法、操作规程等的情况均应当有记录，并立即报告主管人员及质量管理部门，重大偏差应当由质量管理部门会同其他部门进行彻底调查，并有调查报告。偏差调查应当包括相关批次产品的评估，偏差调查报告应当由质量管理部门的指定人员审核并签字。

质量管理部门应当保存偏差调查、处理的文件和记录。

3.6.4.3　纠正措施和预防措施

企业应当建立纠正措施和预防措施系统，对投诉、召回、偏差、自检或外部检查结果、工艺性能和质量监测趋势等进行调查并采取纠正和预防措施。调查的深度和形式应当与风险的级别相适应。纠正措施和预防措施系统应当能够增进对产品和工艺的理解，改进产品和工艺。

企业应当建立实施纠正和预防措施的操作规程，内容至少包括：

① 对投诉、召回、偏差、自检或外部检查结果、工艺性能和质量监测趋势以及其他来源的质量数据进行分析，确定已有和潜在的质量问题；

② 调查与产品、工艺和质量保证系统有关的原因；

③ 确定需采取的纠正和预防措施，防止问题的再次发生；

④ 评估纠正和预防措施的合理性、有效性和充分性；

⑤ 对实施纠正和预防措施过程中所有发生的变更应当予以记录；

⑥ 确保相关信息已传递到质量管理负责人和预防问题再次发生的直接负责人；

⑦ 确保相关信息及其纠正和预防措施已通过高层管理人员的评审。

实施纠正和预防措施应当有文件记录，并由质量管理部门保存。

质量管理部门应当对生产用关键物料的供应商进行质量评估，必要时会同有关部门对主要物料供应商（尤其是生产商）的质量体系进行现场质量考察，并对质量评估不符合要求的供应商行使否决权。

应当建立物料供应商评估和批准的操作规程，明确供应商的资质、选择的原则、质量评估方式、评估标准、物料供应商批准的程序。

如质量评估需采用现场质量考察方式的，还应当明确考察内容、周期、考察人员的组成及资质。需采用样品小批量试生产的，还应当明确生产批量、生产工艺、产品质量标准、稳定性考察方案。

质量管理部门应当指定专人负责物料供应商质量评估和现场质量考察，被指定的人员应当具有相关的法规和专业知识，具有足够的质量评估和现场质量考察的实践经验。

现场质量考察应当核实供应商资质证明文件。应当对其人员机构、厂房设施和设备、物料管理、生产工艺流程和生产管理、质量控制实验室的设备、仪器、文件管理等进行检查，以全面评估其质量保证系统。现场质量考察应当有报告。

必要时，应当对主要物料供应商提供的样品进行小批量试生产，并对试生产的兽药进行稳定性考察。

质量管理部门对物料供应商的评估至少应当包括：供应商的资质证明文件、质量标准、检验报告、企业对物料样品的检验数据和报告。如进行现场质量考察和样品小批量试生产的，还应当包括现场质量考察报告，以及小试产品的质量检验报告和稳定性考察报告。

改变物料供应商，应当对新的供应商进行质量评估；改变主要物料供应商的，还需要对产品进行相关的验证及稳定性考察。

质量管理部门应当向物料管理部门分发经批准的合格供应商名单，该名单内容至少包括物料名称、规格、质量标准、生产商名称和地址、经销商（如有）名称等，并及时更新。

质量管理部门应当与主要物料供应商签订质量协议，在协议中应当明确双方所承担的质量责任。

质量管理部门应当定期对物料供应商进行评估或现场质量考察，回顾分析物料质量检验结果、质量投诉和不合格处理记录。如物料出现质量问题或生产条件、工艺、质量标准和检验方法等可能影响质量的关键因素发生重大改变时，还应当尽快进行相关的现场质量考察。

企业应当对每家物料供应商建立质量档案，档案内容应当包括供应商资质证明文件、质量协议、质量标准、样品检验数据和报告、供应商检验报告、供应商评估报告、定期的质量回顾分析报告等。

企业应当建立产品质量回顾分析操作规程，每年对所有生产的兽药按品种进行产品质量回顾分析，以确认工艺稳定可靠性，以及原辅料、成品现行质量标准的适用性，及时发现不良趋势，确定产品及工艺改进的方向。

企业至少应当对下列情形进行回顾分析：

① 产品所用原辅料的所有变更，尤其是来自新供应商的原辅料；

② 关键中间控制点及成品的检验结果以及趋势图；

③ 所有不符合质量标准的批次及其调查；

④ 所有重大偏差及变更相关的调查、所采取的纠正措施和预防措施的有效性；

⑤ 稳定性考察的结果及任何不良趋势；

⑥ 所有因质量原因造成的退货、投诉、召回及调查；

⑦ 当年执行法规自查情况；

⑧ 验证评估概述；

⑨ 对该产品该年度质量评估和总结。

应当对回顾分析的结果进行评估，提出是否需要采取纠正和预防措施，并及时、有效地完成整改。

应当建立兽药投诉与不良反应报告制度，设立专门机构并配备专职人员负责管理。

应当主动收集兽药不良反应，对不良反应应当详细记录、评价、调查和处理，及时采取措施控制可能存在的风险，并按照要求向企业所在地畜牧兽医主管部门报告。

应当建立投诉操作规程，规定投诉登记、评价、调查和处理的程序，并规定因可能的产品缺陷发生投诉时所采取的措施，包括考虑是否有必要从市场召回兽药。

应当有专人负责进行质量投诉的调查和处理，所有投诉、调查的信息应当向质量管理负责人通报。

投诉调查和处理应当有记录，并注明所查相关批次产品的信息。

应当定期回顾分析投诉记录，以便发现需要预防、重复出现以及可能需要从市场召回兽药的问题，并采取相应措施。

企业出现生产失误、兽药变质或其他重大质量问题，应当及时采取相应措施，必要时还应当向当地畜牧兽医主管部门报告。

质量管理部门应当定期组织对企业进行自检，监控本规范的实施情况，评估企业是否符合本规范要求，并提出必要的纠正和预防措施。

自检应当有计划，对机构与人员、厂房与设施、设备、物料与产品、确认与验证、文件管理、生产管理、质量控制与质量保证、产品销售与召回等项目定期进行检查。

应当由企业指定人员进行独立、系统、全面的自检，也可由外部人员或专家进行独立的质量审计。

自检应当有记录。自检完成后应当有自检报告，内容至少包括自检过程中观察到的所有情况、评价的结论以及提出纠正和预防措施的建议。有关部门和人员应立即进行整改，自检和整改情况应当报告企业高层管理人员。

参考文献

[1] 中华人民共和国农业农村部. 兽药生产质量管理规范.

[2] Tabatabaei M S, Ahmed M. Enzyme-linked immunosorbent assay（ELISA）[J]. Methods Mol Biol, 2022, 2508: 115-134.

[3] 刘丽. 胶体金免疫层析技术[M]. 郑州：河南科学技术出版社，2017.

[4] 王恒樑. PCR最新技术原理、方法及应用（第三版）[M]. 北京：化学工业出版社，2021.

[5] Boonbanjong P, Treerattrakoon K, Waiwinya W, et al. Isothermal amplification technology for disease diagnosis [J]. Biosensors（Basel），2022, 12（9）：677.

[6] Heather J M, Chain B. The sequence of sequencers: The history of sequencing DNA [J]. Genomics, 2016, 107（1）: 1-8.

[7] Sanger F, Nicklen S, Coulson A R. DNA sequencing with chain-terminating inhibitors[J]. Proc Nat 1 Acad Sci U S A, 1977, 74（12）：5463-5467.

[8] Liu L, Li Y, Li S, et al. Comparison of next-generation sequencing systems[J]. Biomed Biotechnol, 2012, 2012: 251364.

[9] Athanasopoulou K, Boti M A, Adamopoulos P G, et al. Third-Generation sequencing: The spearhead towards the radical transformation of modern genomics[J]. Life（Basel），2021, 12（1）：30.

[10] 中国兽药典委员会. 中华人民共和国兽药典：2020年版[M]. 北京：中国农业出版社，2020.

第 4 章
兽用生物制品的存储和运输

4.1

兽用生物制品的存储

兽用生物制品的存储，要根据疫苗、抗体、诊断制品、微生态制剂和生化制品等不同特性，满足其特定要求，并由专人负责管理。管理人员应熟悉和掌握兽用生物制品的种类、性状、保存条件、运输方式和使用注意事项等，存储地方应干燥、通风和阴凉，避免日光照射，并配有冷冻、冷藏等相应设备。兽用生物制品到达后，先留样和选册登记，并按照不同种类、不同品种、不同毒株和血清型、不同规格和有效期等进行分类，然后根据兽用生物制品使用说明书中的存储要求放入冷冻或冷藏柜/库里，并定时检查存储设备和记录存储温度。

对于兽用生物制品的存储，在2020年版《中国兽药典》三部中有相关的规定。

各兽用生物制品生产企业、经营和使用单位应严格按各制品的要求进行贮藏、运输和使用。

各兽用生物制品生产企业和经营、使用单位应配置相应的冷藏设备，指定专人负责，按各制品的要求条件严格管理，每日检查和记录贮藏温度。

生产企业内的各种成品、半成品应分开贮存，并有明显标志，注明品种、批号、规格、数量及生产日期等。

有疑问的半成品或成品须加明显标志，待决定后再作处理。

检验不合格的成品或半成品，应专区存放，并及时予以销毁。

超过规定贮藏时间的半成品或已过有效期的成品，应及时予以销毁。

生物制品入库和分发，均应详细登记。

具体落实到各兽药经营企业的管理，在《兽药经营质量管理规范》里中有对于兽药（含兽用生物制品）的陈列和储存的相关规定：

第二十一条　陈列、储存兽药应当符合下列要求：

按照品种、类别、用途以及温度、湿度等储存要求，分类、分区或者专库存放；

按照兽药外包装图示标志的要求搬运和存放；

与仓库地面、墙、顶等之间保持一定间距；

内用兽药与外用兽药分开存放，兽用处方药与非处方药分开存放；易串味兽药、危险药品等特殊兽药与其他兽药分库存放；

待验兽药、合格兽药、不合格兽药、退货兽药分区存放；

同一企业的同一批号的产品集中存放。

第二十二条　不同区域、不同类型的兽药应当具有明显的识别标识。标识应当放置准确、字迹清楚。

不合格兽药以红色字体标识；待验和退货兽药以黄色字体标识；合格兽药以绿色字体标识。

第二十三条　兽药经营企业应当定期对兽药及其陈列、储存的条件和设施、设备的运行状态进行检查，并做好记录。

4.1.1 留样和台账管理

兽用生物制品到达后,对疫苗进行分类管理。管理人员应对同一批次的各个品种的兽用生物制品进行留样,每个批次取出 2 瓶,并详细登记兽用生物制品名称、生产企业、生产批号、生产日期、失效日期等,以备查验。

对兽用生物制品进行台账管理,设立专门台账,做好出入库记录,详细记录入库和领用兽用生物制品的名称、生产企业、生产批号、生产日期、失效日期、规格、数量等,对临近失效日期的兽用生物制品先安排领发使用。定期对兽用生物制品库存进行盘点核对,对已过失效日期和出现异常的兽用生物制品,要及时登记,并按照相关规章制度要求来进行无害化处理。

4.1.2 分类存储

兽用生物制品主要包括血清制品、疫苗、诊断制品和微生态制品等,不同品种的存储各有其特殊的方法和要求。各种兽用生物制品的存储温度均应符合说明书要求,通常情况下,兽用生物制品应存放在干燥、通风、阴凉的地方,避免遭受阳光的直射,同时还要认真做好防潮和防寒工作。

血清制品和诊断制品等一般要求在 2~8℃下存储,不允许冷冻,在北方严寒地区,要避免冻结,否则会影响使用效果。

当前常用的疫苗一般可分为活疫苗和灭活苗两大类。活疫苗,一般包括弱毒力、中等偏弱毒力、中等毒力活疫苗这几种,大多是冻干类活疫苗,对温度十分敏感,往往温度越低其活性保存就越久,所以通常要求在零下 15℃条件下存储,以维持疫苗的生物活性,如猪瘟活疫苗、鸡新城疫活疫苗等,放置在冷冻库、冰柜或电冰箱的冷冻室中。当然,有些活疫苗,自身已经添加了耐热保护剂,如耐热保护剂活疫苗以及国外进口冻干活疫苗一般要求在 2~8℃下存储。灭活疫苗,一般包括油乳剂灭活疫苗、铝胶剂灭活疫苗、蜂胶剂灭活疫苗等,对温度不是十分敏感,通常要求在 2~8℃条件下存储,如口蹄疫灭活疫苗、重组禽流感灭活疫苗等,严防冻结,此类疫苗冻结后,其油包水或水包油等物理结构受到破坏,导致疫苗不均一而失效报废。通常灭活疫苗存放时不靠壁,有的还用硬纸皮隔垫,以防冻结。部分细胞结合毒疫苗(如鸡马立克氏病活疫苗),一般须在液氮(−196℃)下存储才能保持良好的疫苗效果。

疫苗开封后应尽快一次用完;如未能一次用完,也应尽量在低温条件下存储并尽快在 3~6 小时内使用。

兽用生物制品的存储需要配备各种不同的仓库及设备,如液氮罐、电冰箱、冰柜、冷藏柜、冷冻库和冷藏库等,用于不同种类、不同品种的兽用生物制品存放。

4.1.2.1 冷藏库

按冷藏设计温度可将冷藏库分为高温、中温、低温和超低温四大类。一般高温冷库的冷藏设计温度在 −2℃ 至 8℃;中温冷库的冷藏设计温度在 −23℃ 至 −10℃;低温在 −23℃ 至 −30℃;超低温在 −80℃ 至 −30℃。

冷藏仓库一般由冷冻间、冷却货物冷藏间、冷冻库房、分发间以及货物传输设备、压缩机房、配电房、制冰间和氨库等组成。

（1）**冷冻间** 冷冻间是对进入冷库的商品进行冷冻加工的场所。货物在进入冷藏或者冷冻库房以前，应先在冷冻间进行冷冻处理，使货物均匀降温至预定的温度，否则，当货物温度较高、湿度较大时，直接进入冷藏或冷冻库会产生雾气，影响库房的结构。对于冷藏货物，一般降至 $2\sim4℃$，冷冻货物则迅速降至 $-20℃$ 使货物冻结。为便于维修，冷冻间一般在库外单独设立。

（2）**冷藏间** 冷却货物冷藏间是温度保持在 $0℃$ 左右的冷藏库，用于储存冷却保存的商品。货物经预冷后，达到均匀的保藏温度时送入冷藏库堆码存放，或者少量货物直接送入冷藏间冷藏。因为冷藏品特别是果蔬类货品对温度有较高的要求，不允许有较大的波动，所以冷藏间还需要进行持续的冷处理。冷藏间一般采用风冷式制冷。为防止货垛内升温，保持货物间新鲜空气的流通，冷藏间一般采用列垛的方式堆码。另外，还需要安装换气装置，以满足货物呼吸的要求。

（3）**冷冻库房** 冷冻库房是温度控制在 $-18℃$ 左右、相对湿度在 $95\%\sim98\%$ 之间的冷藏库，这类冷藏库房能够较长时间地保存经过预冷的货物。货物经预冷后，转入冷冻库房堆码存放。

（4）**分发间** 冷库由于低温不便于货物分拣、成组、计量、检验等人工作业，此外为了控制冷冻库和冷藏库的温度、湿度，减少冷量耗损，需要尽量缩短开门时间和次数，以免造成库内温度波动太大，因此货物出库时应迅速地将货物从冷藏或冷冻库移到分发间，在分发间进行作业，从分发间装运。分发间尽管温度也低，但其直接向库外作业，温度波动较大，因而分发间不能存放货物。

（5）**传输设备** 货物传输设备用于货物在冷库内的位移，垂直位移主要用电梯，水平位移主要用皮带输送机。货物传输设备的数量应根据冷藏仓库的货物吞吐量以及货物周转频率确定。

（6）**其他设施** 压缩机房是冷库的制冷动力中心，一般为单层建筑。由于机房内温度较高，故机房应设在自然通风较好的位置，以确保压缩机运行安全。配电间应有较好的通风条件，以保证变压器产生的热量及时扩散。冷冻库内温度一般控制在 $-8\sim-4℃$，库内墙壁及柱子需要防护，以防冰块对其撞击。

（7）**制冷系统** 风冷机组 CA-1000、吊顶冷风机 DL/125、风冷机组 4STW-2000（20P）、吊顶冷风机 DD/160、膨胀阀 TEX、电磁阀 EVR、制冷剂 R22、辅材（减震垫、铝排支吊架、角铁等）、管路工程，系统设备：连接制冷管道、辅材（焊条、铜管配件、支吊架等）。

（8）**冷库门**

① 聚氨酯发泡内外不锈钢手动平移冷库门。

② 低温库的冷库门框内埋设电加热装置，防结露、冻黏和冷冻封门现象，采用电压和电热保护装置。

③ 冷库的冷库门上设有空气幕以阻断冷热空气的对流。

④ 冷库门库内外均能开启，装有脱锁装置，低温库设呼叫报警装置。

⑤ 库门都开闭灵活，轻便，无变形，门框及门本身密封接触平面光滑、平整，使密封胶条能够贴实门框周边。

同时，为了保障仓库的消防安全，必须根据存储商品的种类及性质配备相应的消防器材和设备。常见的消防设备有消防栓、消防管道、烟雾报警器、灭火器、防烟面具、防护服等等，见图 4-1。

图 4-1　冷库示意图

4.1.2.2　液氮罐

　　液氮罐按照用途，一般可分为液氮贮存罐、液氮运输罐两种。

　　液氮贮存罐主要是用来储存液氮，用于后期的低温实验或储存需要低温保存的样品如细胞、鸡马立克氏病活疫苗等（用于室内液氮的静置贮存，不宜在工作状态下作远距离运输使用）。

　　液氮运输罐是用于低温样品转运的。为了满足运输的条件，作了专门的防震设计。其除可静置贮存外，还可在充装液氮状态下，作运输使用，但也应避免剧烈的碰撞和震动。

　　液氮罐（图 4-2）的使用：

图 4-2　液氮罐

　　（1）使用前的检查　液氮罐在充填液氮之前，首先要检查外壳有无凹陷，真空排气口是否完好。若被碰坏，真空度则会降低，严重时进气不能保温，这样罐上部会结霜，液氮损耗大，失去继续使用的价值。其次，检查罐的内部，若有异物，必须取出，以防内胆被腐蚀。

（2）**液氮的填充** 填充液氮时要小心谨慎。对于新罐或处于干燥状态的罐一定要缓慢填充并进行预冷，以防降温太快损坏内胆，减少使用年限。填充液氮时不要将液氮倒在真空排气口上，以免造成真空度下降。盖塞是用绝热材料制造的，既能防止液氮蒸发，也能起到固定提筒的作用，所以开关时要尽量减少磨损，以延长使用寿命。

（3）**使用过程中的检查** 使用过程中要经常检查。可以用眼观测也可以用手触摸外壳，若发现外表挂霜，应停止使用；特别是颈管内壁附霜结冰时不宜用小刀刮去，以防颈管内壁受到破坏，造成真空不良，而是应将液氮取出，让其自然融化。

4.1.2.3 兽用生物制品保温箱（包）

保温箱（包）在医药冷链运输中具有非常重要的作用，因其温度稳定、携带方便、运输安全等特点，被广泛运用。常用的保温箱有泡沫保温箱、保温包和温度监控冷藏箱。

泡沫箱一般是由可发性聚苯乙烯泡沫塑料制作而成，可发性聚苯乙烯泡沫塑料是一种树脂与物理性发泡剂和其它添加剂的混合物，保温材料。它具有优异持久的保温隔热性、独特的缓冲抗震性、抗老化性和防水性、密度轻、耐冲击、易成型、造型美观、色泽鲜艳、高效节能、价格低廉、用途广泛等优点。使用时，只需要将冰箱内的冰袋放入家用冰箱中充分冷冻，再将冰袋放入泡沫箱内就可以制冷了，非常方便，一般能够持续保持低温72小时以上。配合冰袋使用可长距离冷藏运输各种兽用生物制品。

保温包材料为高密度抗磨损牛津布或尼龙布面料，是一种布质环保材料，密度高、保冷保热性极强、轻便、质地硬、无毒、颜色明亮，被称为环境友好材料。配置防水胶底，底部配有防滑垫。仓内里采用铝箔材质，通过 PE 棉隔热兼具保冷保热的保温功能，闭合封面附加橡胶密封拉链。产品配合冰袋使用，保冷效果超过美国同行业标准。

医用液体保温箱，主要用于医疗机构单位使用的各种液体运输过程中的保温。一般根据实际要求分为冷冻（−18℃）、冷藏（2～8℃）、阴凉（0～20℃）等不同标准。它是通过内部放置冰排、冰盒的方式制冷。国家市场监督管理总局要求箱子必须带有数据记录、超限告警、数据打印等功能。一般是在普通箱子基础上增加温湿度记录仪来实现此功能。

医用保温箱在医药冷链运输中具有非常重要的作用，因其温度稳定、携带方便、运输安全等特点，被广泛运用。冷藏车运输非常大的局限性就是，在运输过程中，一旦出现制冷故障，将会造成无法挽回的损失，如果短时间内没有找到维修人员，将使所运输的物品变质失效从而造成巨大损失。相比于冷藏车，使用冷藏箱运输，可以避免此类事件，医用保温箱内的温度是由冰排控制的，适用于药品、疫苗、血液等物品的运输和周转。

医用保温箱外层是优质塑料，起到抗摔、抗压、抗氧化、抗紫外线的作用，内部为阻热性能好的 PU 发泡材料，与保温箱匹配的冰排用于保持箱内温度稳定，外部安装有具显示功能的温湿度记录仪，可实时监测箱体内部的温湿度情况，温湿度记录仪应该满足新版药品供应规范（GSP）的要求，能设定记录间隔，具有无线上传功能，将温湿度情况上传云平台并保存，可供随时查看，以及形成运输温湿度记录报告并具有打印功能。

目前用于运输或短途防疫的兽用生物制品温度监控冷藏箱均为无源设备，通常以高效绝缘材料为保温箱箱体，水或水溶液等相变贮能材料为冷媒，利用相变转换释冷以保持箱内长时间处于较低温度。兽用疫苗温度监控冷藏箱基本结构由箱本体、冷媒和温度监测装置三个部分组成。为了便于运输携带，箱体通常设计为便于码放的长方体，为了便于拿取疫苗一般设计为上开口，箱盖与箱体采用合页绞合，用搭扣闭合；冷媒通常靠近冷藏箱内壁摆放，如空间允许，冷媒应放置于箱内底部、顶部和四周；容积较大的冷藏箱内通常配有隔离冰盒与贮存物质的隔离架。兽用疫苗温度监控冷藏箱的保温性能是最基本也是最重要的一项技术指标，箱内的环境温度直接关系到疫苗的质量。保温性能主要是两方面要求即箱内温度范围及保温时长。绝大多数兽用疫苗的储运温度范围为 2～8℃。此类疫苗冷藏箱主要用于当天短途运输，保温时间为 24h 便可以满足疫苗保存要求[1]。

保温箱运输冷藏生物制品时的装箱操作：当用保温箱运输冷藏药品时，保温箱需提前至少 30min 放入对应的冷藏库内开箱预冷（目的是使箱内温度与运输的目标温度一致）。一般需要将冰排提前至少 48h 放入到－18℃以下的冰箱内冷冻，装箱时提前将冰排从冰箱内取出放入室温或冷库内释冷，当冰排释冷到合适温度时装箱，装箱操作需在冷库内完成，装箱完成后封闭箱门，开启温湿度记录仪后按要求运输。保温箱见图 4-3。

图 4-3 保温箱示意图

4.1.2.4 冰袋

冰袋是一种新颖冷冻介质，其解冻融化时没有水质污染，可反复使用、冷热使用，其有效使用冷容量为同体积冰的 6 倍，可代替干冰、冰块等。其分为重复使用冰袋和一次性冰袋。

（1）**重复使用型** 四层科技冰由两个非编织的纺织材料层组成，它们结合商业机密公式，压缩成一个特殊形式的交链多元丙烯酸多元醇的聚合体制冷剂。里面两个起关键作用的塑料层运用了单向的细微穿孔技术，使得塑料层结合到纺织材料层上，确保这个新模型可以抵挡运输过程中最恶劣的天气，这种性能无疑是一种革新。其是当今世界上质量最好、耐用性最强、安全性最高、质量最轻的高科技产品。已获得 ISO 9001 国际质量认证。经美国独立机构测试，其是世界上所有冰中保温时间最长的（是同体积大小普通冰保温时间的 6 倍）。可以重复使用无数次，冷热双用，可以任意折叠、裁剪，最低可以被冷冻到－190℃，最高可以被加热到 180℃，在－190℃仍保持其柔韧性。

（2）**一次性型** 标准型科技冰一面是高密度塑料，一面是无纺布。

主要是用于易腐产品、生物制剂及所有需要冷藏运输的产品（如果运输时科技冰随产品一起运走，不能收回来重复使用，建议用标准型二层的），标准型的科技冰虽然设计的是一次性使用，但是在仔细谨慎的情况下，也可使用多次（注：但是不能和 HDR 型四层的科技冰相比，HDR 型四层可重复使用、冷热双用）。目前该类型的冰袋种类有：①速冷冰袋，外包装采用复合材料，里面装有制冷剂，需使用时用手捏破内袋发生吸热反应进而制冷的新型降温环保袋；②生物冰袋，外包装采用复合材料，里面装有制冷剂，选用高新技术生物材料配制而成，干净无毒，富有一定的弹性，呈胶状体，保冷性能极好，使用时需放置冰箱冷冻；③注水冰袋，外包装采用复合材料，里面装有粉状制冷剂，使用时需先注水，注水后呈胶体状，使用方法与生物冰袋相同。冰袋见图 4-4。

图 4-4　冰袋示意图

4.1.2.5　冰排（冰盒）

冰盒，外壳为塑料 PE 材料，里面装有制冷剂，选用高新技术生物材料配制而成，干净无毒，保冷性能极好，可反复使用。

可塑性好，冷冻后形变较小，其有效使用冷容量为冰的 3～5 倍，可代替冰作为热交换载体传递热量，使用时需放置冰箱冷冻。又称冰排或冰壶。

特性：可塑性好，冷冻后形变较好，外壳坚硬，冷容量高，释放冷量均衡，并可重复循环使用。

使用方法：

① 将冰盒冷冻 12 小时以上，该时间长短与设备冷冻能力有关，直到冰盒完全冻结成固体。

② 运输前将货物预先冷却到要求保持的温度以下，有条件的话将保温箱也预冷半小时以上，这样将会延长保温时间。

③ 把预冷好的货物移入保温箱内并将冻结好的冰盒置于保温箱上部，尽量避免冰盒与货物直接接触，盖上箱盖并扣好锁扣。

④ 对温度要求很精确的应用场合，应先将冰盒放入空的蓄冷箱内，等待温度表测得的箱内温度达到要求温度后再把货物放入箱内。

嵌入式冷链保温箱在使用前，要保证箱体内外清洁，在存放、搬运、运输的过程中要避免激烈撞击和挤压，在使用后冰排要妥善放置，和保温箱一起放在阴凉处，避免太阳直射，远离高温热源，防止加剧塑料老化。

注意事项：

① 使用前请检查冰盒有无渗漏，一旦破损请停止使用。

② 不要把未经预冷的货物搬进保温箱，这样会缩短保冷时间。

③ 冻结温度，在低于冰盒冰点温度以下冻结，如果采用家用冰箱冷冻室冻结冷冻型冰盒，请将冷藏室中的温控器开到大。

④ 冻结时间，温度越低，冻结时间越短，货物越少，冻结时间越短。

⑤ 门封是保温箱的密封件，要保持完好，避免损坏或掉落。

⑥ 可以用中性皂液和湿布擦洗箱体，保持箱内清洁干爽，禁止用有机溶剂擦洗或接触箱体内胆。

⑦ 冰盒内的蓄冷材料为无毒无害物质，但不可食用，如不慎接触眼睛、伤口等敏感部位，请用清水冲洗。

⑧ 请将冰盒完全冻结后再使用，并避免直接用手接触冷冻后的冰盒以防冻伤。

⑨ 如果药品要求0℃以上保存运输，为避免冻结药品，请先把冻结好的冰盒放置在室温环境中释冷30分钟左右，再放入保温箱与药品一起密封包装并应避免药品与冰盒直接接触。

⑩ 如有可能请用塑料袋把物品密封起来，以免冰盒泄漏对样本产生不必要的影响。

⑪ 冰盒尽量放置在保温箱的上部或者侧面，以达到一个理想的保冷效果。

⑫ 包装好冰盒与物品后，如保温箱还有剩余空间请用泡沫、报纸、塑料袋等填充空隙，以免运输途中因晃动而磕碰损坏物品。

⑬ 个人携带登机不需要做特别申明即可同机托运。如有问及申报为冰袋或者水冰即可通过安检。冰盒见图4-5。

图4-5 冰盒

4.1.2.6 冰箱/冰柜

兽用生物制品存储使用最广泛的仪器设备是冰箱/冰柜，一般可分为立式、卧式和台式。冰箱/冰柜放置的位置应该避免阳光直接照射、利于通风，同时与墙面要保持一定距离，以便于冰箱/冰柜运作时产生的热量可以散发。冰箱/冰柜内不应装得过满，应留有适当空间，以利于冷气穿透全部存品。要经常检查冰箱/冰柜封条的密封性，如果封条出现变形，就会影响关闭的程度，造成冷气外泄，从而增加耗电量。假如变形严重，应及时维修更换。此外，冰箱/冰柜要定期消毒。3～4周要用稀漂白粉水或0.1%高锰酸钾水擦拭一次，同时要定期清洗冰箱/冰柜，包括各板层，特别是过滤网，此处常常是污垢和病菌的积聚场所。

清洁冰箱/冰柜的9个步骤：

① 清洁冰箱/冰柜外壳最好每天进行，用微湿柔软的布每天擦拭冰箱/冰柜的外壳和拉手。

② 清理内胆前先切断电源，取出冰箱冷藏室内的物品。

③ 软布蘸上清水或食具洗洁精，轻轻擦洗，然后蘸清水将洗洁精拭去。

④ 拆下箱内附件，用清水或洗洁精清洗。

⑤ 清洁冰箱/冰柜的"开关"、"照明灯"和"温控器"等设施时，请把抹布或海绵拧得干一些。

⑥ 内壁做完清洁后，可用软布蘸取甘油（医用开塞露）擦一遍冰箱/冰柜内壁，下次擦的时候会更容易。

⑦ 用酒精浸过的布清洁擦拭密封条。如果手边没有酒精，用1∶1醋水擦拭密封条，消毒效果很好。

⑧ 用吸尘器或软毛刷清理冰箱背面的通风栅，不要用湿布，以免生锈。

⑨ 清洁完毕，插上电源，检查温度控制器是否设定在正确位置。

定期适当保养可以延长冰箱/冰柜的使用寿命。保养冰箱/冰柜前务必拔下电源插头。

① 经常清理冰箱/冰柜背面或底部冷凝器和压缩机上的灰尘。可使用吸尘器或毛刷除尘。注意不要用湿布擦冷藏器和压缩机上灰尘。

② 冰箱/冰柜长期停用时，应先切断电源，取出箱内一切物品，将箱内外清理干净，敞开箱门数日，使箱内充分干燥并散去冰箱内的异味。

③ 检查排水管。如果排水管堵塞，水就会漏到冰箱/冰柜内。要用铁丝疏通排水管，除去排水管内积压的东西。

④ 不要忽略门封胶条的清洗，将漂白剂用10倍的水稀释后用牙刷蘸湿清洗，最后用水将漂白剂冲去。胶条脏污易老化，会影响冰箱/冰柜的密封性，增加耗电量。

⑤ 检查振动、噪声以及压缩机的温度。运行中摸压缩机外壳，不应有明显的振动感，白天不应听到压缩机明显启动的声音。

⑥ 注意检查电源线上是否有裂缝，防止漏电。

⑦ 用温水或中性洗涤剂将冰箱内外清洗并擦干，敞开冰箱/冰柜门通风干燥一天。冰箱与冰柜见图4-6。

图4-6 冰箱与冰柜

4.1.3　定期检查

疫苗存储过程中，管理人员要定期对液氮罐、电冰箱、冰柜、冷藏柜、冷冻库和冷藏库等设备设施进行检查、清理、维护和保养，查验存储设备设施是否正常运行，并做好检查记录，加强监控管理，发现异常情况及时维修处理，确保设备设施能够维持正常工作状态，并使冰箱、冷柜、冷库等始终保持恒温状态，液氮罐里面始终充满足量的液氮。如果一旦断电时间过长、反复断电，或者出现问题没有察觉，将会导致疫苗反复冻融，并严重影响疫苗的稳定性和使用效果。一般情况下，一旦停电，尽量不开冷库库门和冰箱门；或者在停电前，先在冰箱内和冷库内放置一定数量的冰袋。当然最好的是进行双路供电，或者有备用电源、UPS不间断电源。

冰箱、冷柜、冷库等制冷设备应放置不同种类的温度计，如冷藏柜和冷藏库放置常规温度计，冷冻柜和冷冻库放置低温温度计，管理人员定时检查和记录冷藏和冷冻设备内温度是否符合存储要求，如未达到要求要及时调整，确保存储条件符合疫苗的保存要求。冷冻库和冷藏库中还应配备温湿度自动监测系统，由测点终端、管理主机、不间断电源以及相关软件等组成，各测点终端能够对周边环境温湿度进行数据的实时监测和传递数据，管理主机能够对各测点终端监测的数据进行收集、处理和记录，发生异常情况时及时报警。定期对各类制冷设备进行校准，平时做好温度检查和记录，有效监控，以备查验。

4.2

兽用生物制品的运输

兽用生物制品的运输，要依照疫苗、抗体、诊断制品、微生态制剂和生化制品等不同特性，并根据疫苗等兽用生物制品的品种、数量、运输距离、运输时间、外界温度等实际情况选择合适的运输工具，进行"冷链"运输。"冷链"是指疫苗等生物制品从生产到使用全过程的相关环节，为保证疫苗等生物制品在贮存、运输和接种过程中都能保持在规定的、恒定的存储温度条件下而装备的一系列设备和转运过程的总称[2]。在运输前，要核查疫苗等兽用生物制品的品种、批号、规格、数量、生产企业、有效期等，检查运输工具和设备等，确保包括装卸在内的整个运输环节中的存储温度都符合兽用生物制品规定的要求，到达后第一时间检查温度记录和外包装等，确认无误后将疫苗等兽用生物制品取出并分类妥善存储。

对于兽用生物制品的运输，在2020年版《中国兽药典》三部中有相关的规定：

应采用最快的运输方法，尽量缩短运输时间。

凡要求在2~8℃下贮存的兽用生物制品，宜在同样温度下运输。

凡要求在冷冻条件下贮存的兽用生物制品，应在规定的条件下进行包装和运输。

运输过程中须严防日光暴晒，如果在夏季运送时，应采用降温设备，在冬季运送液体制品时，则应注意防止制品冻结。

具体落实到各兽药经营企业的管理，《兽用生物制品经营管理办法》对于兽用生物制品的运输有相关的规定。

兽用生物制品生产、经营企业应当遵守《兽药生产质量管理规范》和《兽药经营质量管理规范》各项规定，建立真实、完整的贮存、销售、冷链运输记录，经营企业还应当建立真实、完整的采购记录。贮存记录应当每日记录贮存设施设备温度；销售记录和采购记录应当载明产品名称、产品批号、产品规格、产品数量、生产日期、有效期、供货单位或收货单位和地址、发货日期等内容；冷链运输记录应当记录起运和到达时的温度。

兽用生物制品生产、经营企业自行配送兽用生物制品的，应当具备相应的冷链贮存、运输条件，也可以委托具备相应冷链贮存、运输条件的配送单位配送，并对委托配送的产品质量负责。冷链贮存、运输全过程应当处于规定的贮藏温度环境下。

为了保持兽用生物制品运输、储存全程冷链，就需要一系列的设施设备来保持恒定的温度。储存、运输疫苗的设备主要有液氮罐（−196℃）、超低温冰箱（−80℃）、低温冰箱（−20℃）、普通冰箱（2～8℃）、冷藏箱（包）、冰袋、冰排等，可根据不同的用途和兽用生物制品特性来选择不同的设施设备。

运输兽用生物制品时，应严格执行用兽用生物制品的运输要求，根据运输量的大小，按实际情况选用冷藏车、冷藏箱（包）等设施设备。使用冷藏车时，要在规定温度条件下运输，并全程监控冷藏车内温度情况。

根据 2023 年发布的《道路运输　易腐食品与生物制品　冷藏车安全要求及试验方法》（GB 29753—2023），冷藏车是指装备有隔热结构的车厢及温度调节装置、用于冷藏运输的专用车辆。根据温度调节装置型式的不同，冷藏车分为非机械制冷冷藏车、机械制冷冷藏车、机械制冷及加热冷藏车三类。

当环境温度为 30℃ 时，按冷藏车车厢内平均温度保持的温度范围，将运输生物制品的机械制冷冷藏车分为 2 类，分类见表 4-1。

表 4-1　运输生物制品的机械制冷冷藏车分类

单位：℃

冷藏车类别	G	H
车厢内温控范围	2～8	≤−20

《道路运输　易腐食品与生物制品　冷藏车安全要求及试验方法》（GB 29753—2023）并对冷藏车各方面做出了一定要求。

（1）行驶温度记录仪

① 冷藏车应配备行驶温度记录仪，其应具备温度记录、存储和卫星定位及远程信息传输等功能。

② 行驶温度记录仪应能真实反映并准确记录厢体内部装货区温度及对应的时间等数据，温度记录时间间隔应不大于 5min，运输生物制品的冷藏车测量精度应不低于 ±0.5℃。温度记录数据应被可靠保护，不可更改且应读取方便，数据存储时间不少于 3 个月。

③ 运输生物制品的冷藏车所装备的行驶温度记录仪，在车厢内部温度超出允许的波动范围时，应能通过一个明显的信号装置（例如声或光信号）提示驾驶人。

④ 行驶温度记录仪应与车辆温度控制系统相互独立，并应固定牢靠。

⑤ 行驶温度记录仪应具备运行自检功能，并自动记录全部检测信息。

⑥ 行驶温度记录仪主电源应为车辆电源（对于挂车其主电源为牵引车辆电源），同时

应配备备用电源。在主电源无法供电时应能自动切换至备用电源供电，备用电源可支持其正常工作时间不小于 8h。断电期间，记录的数据不应丢失。

⑦ 行驶温度记录仪应至少包含两个温度传感器，多温冷藏车所配备的行驶温度记录仪的每个冷藏单元内应至少具有两个温度传感器。车厢（多温冷藏车的单个冷藏单元）容积超过 20m³ 的，每增加 20m³ 至少增加 1 个温度传感器，不足 20m³ 的按 20m³ 计算。温度传感器应布置在车厢内部能够真实反映装货区温度实际状况的区域。温度传感器应固定牢靠，避免储运作业及人员活动对温度传感器造成影响或损坏。

温湿度记录仪（RS-WS temperature and humidity data logger）是温湿度测量仪器中温湿度计中的一种。其具有内置温湿度传感器或可连接外部温湿度传感器测量温度和湿度的功能。记录仪主要用于监测记录食品、医药品、化学用品等产品在存储和运输过程中的温湿度数据，广泛应用于仓储、物流冷链的各个环节，如冷藏集装箱、冷藏车、冷藏包、冷库、实验室等（图 4-7）。

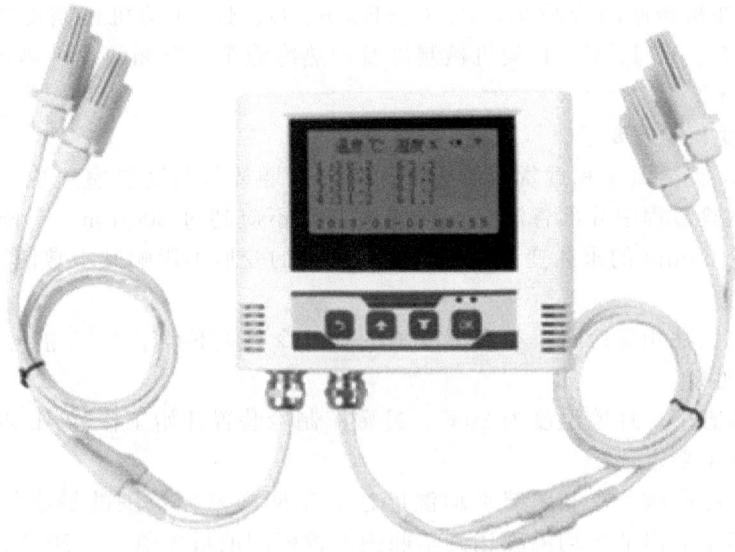

图 4-7　温度记录仪

（2）车厢

① 车厢总体要求

a. 车厢应选用吸水性低、透气性小、导热系数小、抗腐蚀性好的隔热材料。隔热材料不应选用对运输货物造成污染的泡沫塑料，且不应选用一氟二氯乙烷（HCFC-141b）作为发泡剂、六溴环十二烷（HBCD）作为阻燃剂的泡沫塑料。

b. 车厢内应设置保证气密性能的排水孔。

c. 车厢外部应设置防止操作人员被封闭在车厢内的紧急报警装置，其操作按钮应设置在车厢内靠近门的侧壁上且标识明显。

d. 车厢应具有良好的防雨密封性。在进行防雨密封性能试验时，车厢内顶部、侧壁、门及制冷机与车厢连接处不应有渗漏现象。

② 车厢气密性能

冷藏车的车厢漏气倍数要求应符合表 4-2 的规定。

表 4-2　漏气倍数限值要求

厢体的传热面积(S)/m²	漏气倍数/h⁻¹
$S>40$	$\leqslant 3.0$
$20\leqslant S\leqslant 40$	$\leqslant 3.8$
$S<20$	$\leqslant 6.3$

③ 车厢隔热性能

a. 冷藏车的车厢总传热系数应符合表 4-3 的规定。

表 4-3　车厢隔热性能限值要求　　　　　　　　　　　　　　　　单位：W/(m²·℃)

类别	高级隔热(R)	普通隔热(N)
总传热系数 K	$K\leqslant 0.4$	$0.4<K\leqslant 0.7$

b. B、C 类非机械制冷冷藏车，B、C、E、F、G、H、I 类机械制冷冷藏车，B、C、D、E、F、G、H、I、J、K、L 类机械制冷及加热冷藏车，车厢的总传热系数应小于或等于 0.4W/(m²·℃)。

④ 车厢强度和刚度要求

冷藏车（N₁ 类冷藏车和载货部位的结构为封闭厢体且与驾驶室连成一体的冷藏车除外）车厢强度试验过程中外部各测试面的最大变形不应超过 300mm，车厢强度试验完成后，不应有大于 20mm 的永久变形，并且试验部件的变形不影响其正常使用功能。

（3）制冷量

机械制冷装置在相应冷藏车类别温度下的总制冷量应不小于 1.75 倍的传热量。

（4）降温性能

车辆空载状态下，环境温度为 30℃，冷藏车制冷装置开始工作后 4h 内，车厢内部平均温度应符合如下要求：

G 类机械制冷冷藏车车厢内部平均温度达到车厢内温控范围的最小值（2℃），H 类机械制冷冷藏车车厢内部平均温度达到车厢内温控范围的最大值（-20℃）。

（5）保温性能

车辆空载状态下，环境温度为 30℃，冷藏车车厢内部平均温度在达到要求的温度后，保持制冷装置连续工作 12h，车厢内部平均温度应持续符合要求。

（6）标志

冷藏车应在厢体外部两侧易见部位上喷涂或粘贴明显的"冷藏车"字样和规定的冷藏车识别标志的英文字母（G 类高级隔热的生物制品冷藏冷藏车 FRG；H 类高级隔热的生物制品冷藏冷藏车 FRH）。喷涂的中文及字母应清晰，高度应大于或等于 80mm，中文字应为黑体字。

冷藏车是低温冷链物流中的一个重要环节的关键设备。主要结构包括隔热保温厢体（一般由聚氨酯材料和玻璃钢等材料组成）、制冷机组、车厢内温度记录仪等部件，冷藏车的厢体不同于普通的厢式货车，它需要有很好的密封性能和隔热保温效果，这样才能保证冷藏货物在一个稳定的温度环境中。

冷藏车厢设计最重要的是气密性能和保温性能，通常冷藏车采用三层结构，内外蒙皮采用复合材料，如玻璃钢板、铝合金、不锈钢等材质。内板材质应因运输货物不同而采取不同材质，最贵的内材板应该是不锈钢板。中间夹层为保温材料，主要采用聚氨酯发泡材料。四侧用高强度胶将玻璃钢板与聚氨酯泡沫材料黏合在一起，形成一种封闭性板块。冷藏车的厢体不同于普通的厢式货车，它需要有很好的密封性能和隔热保温效果，这样才能保证冷藏货物在一个稳定的温度环境中。车厢各板均为复合板结构，内、外蒙板及芯材经胶黏剂压合成型为三明治复合大板。车厢外蒙皮材质为玻璃钢板，厚度为 2.6mm，内蒙皮材质为覆膜防腐平铝板，厚度为 1.2mm，保温材料为硬质聚氨酯泡沫板（密度 $45\sim48kg/m^3$），导热系数为 $0.018\sim0.023W/(m\cdot K)$，抗压强度为 $\geqslant0.2MPa$，适应温度为 $-50\sim70℃$，胶黏剂为双组分结构胶。后门框的设计保证后门能 270°开启。后门框材料为不锈钢板，与厢体连接外部采用半圆头螺钉连接，内部采用沉头螺钉和铆钉双重加固连接，后门框与各板之间用 ABS 塑料材料隔断，以防止产生冷桥。

车厢密封的设计：可靠的密封性是保证车厢漏气量、漏热率处于高水平的重要条件，同时可靠密封能阻止车厢在使用过程中漏热率的升高。

① 结构密封。车厢厢板拼装处均设计有台阶以增加拼装断面的密封长度，并提高拼装处的结构强度，各厢板结合面间（包括后门框与各厢板间）均涂覆厢体组装胶实现可靠密封。

② 车厢内底板密封。底板周边与侧板、前板接缝处采用聚氨酯结构胶黏接密封。

③ 门与门框密封。后门与门框采用通用的迷宫式胶条和门间隙的有效控制实现可靠密封。

④ 厢内灯具开口处及开关处涂密封胶后进行安装。

⑤ 制冷机组安装密封。制冷机组按照产品要求在与厢体接口处加装密封圈及涂密封胶，制冷机组穿过厢板的管、线在每一个通过处都要用密封胶密封，机组的固定螺钉穿过厢板处也要用密封胶密封。

冷藏车示例见图 4-8。

图 4-8 冷藏车

（1）美国冷藏车结构工艺　外板：美国冷藏车的外板一直为铝板铆接结构，在美国的冷藏车外侧墙面均有数千个可见铆钉。

内板：美国冷藏车的内板为食品级热塑板，热塑板韧性和弹性较好，能够很好地弥补玻璃钢的缺点。目前，美国冷藏车已全部使用铝板铆接结构，该结构优点如下：

① 强度和寿命比玻璃钢好；

② 铝板质轻，结构坚固，抗老化性强；

③ 墙板的可操作性强，可随意在钢板表面钻孔、打铆钉等；

④ 改善了工人工作环境，有利于环保。

铝板回收利用价值高，防腐蚀、耐酸碱性强。其底层金属具有良好的防腐蚀性。

（2）**欧洲冷藏车结构工艺**　外板：欧洲冷藏车的外板为镀锌钢板结构，表面是平整的大板，易制作宣传广告。

内板：欧洲冷藏车的内板为食品级镀锌钢板；目前，欧洲冷藏车已全部使用内外镀锌板咬接的结构，该结构优点如下：

① 钢板的强度和寿命均要比玻璃钢好；

② 钢板可回收再利用；

③ 钢板机械咬接形成大板，生产效率提高，使车辆的成本降低；

④ 改善了工人工作环境，有利于环保；

⑤ 钢板表面油漆的附着力增加，油漆不容易脱落；

⑥ 钢板墙板的可操作性强，可随意在钢板表面钻孔、打铆钉等。

（3）**国内冷藏车结构工艺**　国内主流厂家的箱体结构技术大多数来自15年前引进的欧洲技术或与欧洲制造商合资建厂。在设备投资上，玻璃钢墙板的生产无需专业的设备，投资少，所以国内很多小厂都可以做玻璃钢墙板的冷藏车；但镀锌钢板墙板的冷藏车需要大量的、专业的、一整套的生产设备，投资较大。

目前，国内主流厂家以玻璃钢为墙板，但该技术已经落后，主要缺点如下：

① 内外蒙皮采用玻璃钢结构，因在生产过程中使用了大量的玻璃纤维和胶水，产生大量的玻璃纤维颗粒和刺激性气味，被工人吸入呼吸道后容易致癌；

② 环保：玻璃纤维和胶水是不可回收利用的，也不会被分解消化，它的存在对大气、土壤和水均会造成污染，对环保的要求越来越高，势必需要技术上的更新换代；

③ 强度：玻璃钢墙板在初期可能会显现出好的弹性和韧性，但一般几年后，玻璃纤维和胶水由于受环境的腐蚀，玻璃钢加速老化，强度迅速降低，玻璃钢表面裂痕，如果受外力撞击，撞击点断裂的玻璃纤维会迅速向四周蔓延、粉化，造成保温层内进水，保温效果差；

④ 寿命：玻璃钢墙板的寿命一般在5年左右，然后强度和韧性会迅速降低，而且一旦有裂痕，会迅速蔓延变长；

⑤ 可操作性：玻璃钢墙板的可再操作性不强，即不可以在玻璃钢墙板上钻孔、打铆钉，孔的四周会很快粉化，使孔加大，铆钉脱落，除非事先在要钻孔、打铆钉的位置预埋钢板；

⑥ 效率：玻璃钢墙板的生产效率很低，需要不停地铺玻璃纤维，刷胶水，黏接保温层，然后再需要2~3h的时间来使胶水固化，所以效率很低，不适于工厂批量流水线生产；

⑦ 涂油漆：玻璃钢表面油漆的附着力很差，油漆容易脱落。

（4）**叉车**　叉车是工业搬运车辆，是指对成件托盘货物进行装卸、堆垛和短距离运输作业的各种轮式搬运车辆。国际标准化组织工业车辆技术委员会（ISO/TC110）称为工业车辆。常用于仓储大型物件的运输，通常使用燃油机或者电池驱动。工业搬运车辆广泛应用于港口、车站、机场、货场、工厂车间、仓库、流通中心和配送中心等，在船舱、车厢和集装箱内进行托盘货物的装卸、搬运作业，是托盘运输、集装箱运输中必不可少的设备。叉车示例见图 4-9。

图 4-9　叉车示意图

一些兽用生物制品的包装容易破损，装卸时要轻拿轻放、平搬平放、不拖不拉、双手搬运；装车时，兽用生物制品必须放平放稳，排列紧凑，严禁歪倒放置，以防晃动；运输工具的选择以快速、安全为主。无论选择何种运输工具，都要尽快运输，运输过程中防止雨淋、日晒、灰尘和震动。卸货堆码时，以"井"字形摆放为宜，并放置"不可倒置""勿压""轻拿轻放"等警示标志（见图 4-10）。

图 4-10　警示标志

4.3
兽用生物制品的应用

4.3.1　器械（针具、接种机、雾化机）

工欲善其事必先利其器，免疫程序要发挥良好作用，除了要有优秀的疫苗，还要有合适的免疫接种用具和器械。家禽（主要是鸡群）个体小，群体大，群体免疫可以大大减轻劳动力负担，常用的免疫接种用具和器械有滴瓶、饮水器、刺种针器、连续注射器、喷雾器等；家畜（主要是猪群）个体较大，群体小，要确保逐头精准免疫到位，常用的免疫接种器械主要有普通金属注射器、连续注射器和喷雾器等。宠物（主要是犬猫）一般都是个体免疫，往往使用一次性注射器进行免疫接种。

4.3.1.1　一次性灭菌注射器

一次性灭菌注射器以灭菌规范、造价便宜、取用方便等优势被广泛应用于临床。但由于是一次性，往往只在宠物上使用，不宜在家禽家畜上使用（见图 4-11）。

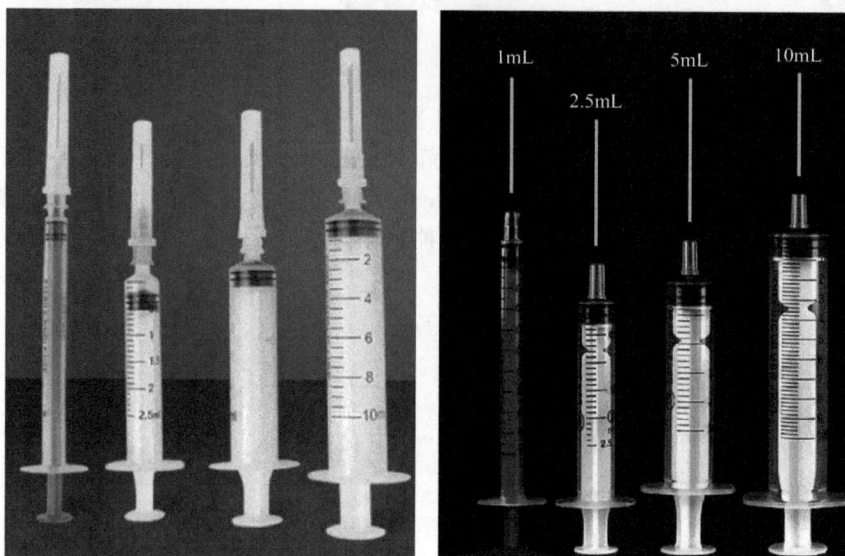

图 4-11　一次性灭菌注射器

4.3.1.2　普通金属注射器

普通金属注射器结构简单，清洗、消毒方便，常见的量程有 5mL、10mL 等。一般小散养猪户使用这种普通金属注射器较多（图 4-12）。

图 4-12　普通金属注射器

4.3.1.3 连续注射器

连续注射器主要由支架、玻璃管、金属活塞及单向导流阀等组件组成。单向导流阀在进、出液口分别设有自动阀门，当活塞推进时，出口阀打开而进口阀关闭，液体由出口阀射出，当活塞后退时，出口阀关闭而进口阀打开，液体由进口吸入玻璃管。一般养鸡场和中型养猪场使用连续注射器较多（图 4-13）。

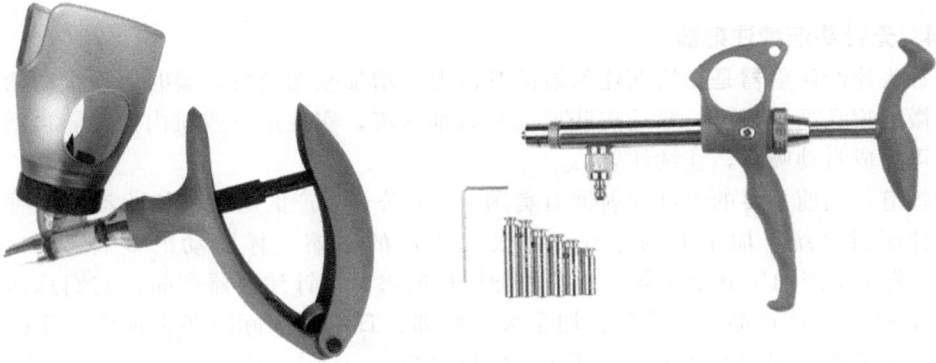

图 4-13 连续注射器

连续注射器的特点是轻便、效率高，剂量一旦设定可以连续注射而保持剂量不变，目前常见的最大量程有 0.5mL、1mL、2mL 和 5mL 等。一般小鸡接种疫苗多采用 0.5mL 量程的连续注射器，而大鸡接种疫苗多采用 1mL 量程的连续注射器；肉猪接种疫苗多采用 2mL 量程的连续注射器，而公猪母猪接种疫苗多采用 5mL 量程的连续注射器。

（1）连续注射器的安装和调试

① 用胶管连接注射器疫苗输入头和吸液针头，并将吸液针头插入疫苗瓶中。为保证吸药效果，将排气针插入疫苗瓶盖，注意勿插入疫苗中。如果疫苗直接插到注射器疫苗输入头，则无需胶管连接。

② 在疫苗输出头插上一次性（或经清洗消毒的）针头，连续注射 10 次，检查注射剂量，应正好是要求注射剂量的十倍。如果剂量不对，松开锁紧螺母，调节螺杆至恰当位置，拧紧锁紧螺母。再次检查剂量，如果剂量还不对，重复调节螺杆位置。

③ 剂量调整完毕后即可开始注射。

④ 在注射过程经常检查注射剂量。可通过每瓶疫苗注射鸡只数量来验证，如注射一羽份/只、一瓶一千羽份的疫苗，注射的数量应该是（1000±20）只鸡。

⑤ 最好免疫一只动物更换一个针头，但实际操作中往往做不到，建议注射每头公猪或母猪更换一个针头，注射每栏肉猪更换一个针头，注射每一百只鸡更换一个针头。

（2）连续注射器的清洗、消毒

① 将剩余的疫苗丢弃在专门盛放危险品的容器内处理。

② 在一塑料盆内放入热水（40℃左右），如果是注射灭活疫苗还要加入洗涤剂，混合均匀。将胶管、吸液针头、排气针头等置于热水中，反复注射，彻底洗净注射器内的残留疫苗。

③ 在塑料盆中拆开胶管、注射器疫苗输入头、输出头、吸液针头、钢珠、弹簧、密封圈、玻璃管、活塞、排气针头等，彻底清洗干净。钢珠、弹簧、密封圈等零配件细小，

玻璃管易碎，均需小心处置。注意玻璃管、活塞只能一一配对，不同注射器之间玻璃管、活塞不可混淆。

④ 在清水中把胶管、注射器疫苗输入头、输出头、吸液针头、钢珠、弹簧、密封圈、玻璃管、活塞、排气针头等再次洗干净。

⑤ 将注射器煮沸消毒 15 到 30 分钟后烘干，不能煮沸消毒和烘干的部件浸没于 75% 的消毒酒精中，直至下次使用前。

4.3.1.4　无针头连续注射器

无针头连续注射器是在活塞注射器的基础上，增加驱动装置，瞬时爆发推动活塞，将液体从微型喷孔高速喷出，穿透皮肤形成超微细射流，实现皮下或肌内注射。再增加吸液装置，可完成自动吸液，连续注射。

据报道，当前主要的无针注射器有美国 Pulse 公司生产的压缩气体驱动的三种规格的兽医无针注射系统，加拿大的 Agro-jet 公司生产的压缩气体驱动的 9 种规格的产品，Acushot 公司生产的压电传动器驱动的两种规格的兽医无针注射器产品，它们总体量程为 0.1~5.0mL。这些产品已在美国、加拿大、欧洲、日本等国际市场上推广，现已进入我国市场，主要在东部沿海地区推广试用，价格较高。

传统针头注射器注射疫苗液时，疫苗液将周围组织挤走，在组织中沉积成"池"形，组织从与疫苗液池接触的边界开始逐步向中心进行疫苗液吸收，由于接触边界有限，吸收速度慢。相比较而言，无针注射器是一种更加安全、快速、可靠、准确、简便的注射方式。疫苗液呈雾状或喷射状在真皮、皮下和肌肉组织中扩散，疫苗的微小流体颗粒与吸收组织密切接触，疫苗的吸收率随扩散面积扩大而增加，对皮肤的创伤随喷射孔的缩小而减少，而且还能避免交叉感染，减少动物疼痛，符合动物福利要求，又能提高肉的品质。无针头注射器也有缺点，如气动式的需背负动力气瓶，操作人员易疲劳；操作需要经过培训，确保注射器和皮肤表面垂直，否则影响注射效果；价格较高，一般养殖场难以接受。

4.3.1.5　一日龄自动连续注射器

一日龄自动连续注射器，主要有单针头和双针头两种。双针头一日龄自动连续注射器和单针头一日龄自动连续注射器的工作原理基本一致，都用于一日龄雏鸡皮下注射，主要区别在于多了一个针头，可以同时注射两种疫苗。当前，在规模化鸡场的孵化房里面进行马立克病活疫苗免疫大多采用一日龄自动连续注射器。如果只免疫马立克病活疫苗，则只需单针头的自动连续注射器；如果既要免疫马立克病活疫苗，又要免疫新城疫系列多联多价灭活疫苗，就要用到双针头的自动连续注射器（图4-14）。

图 4-14　一日龄自动连续注射器

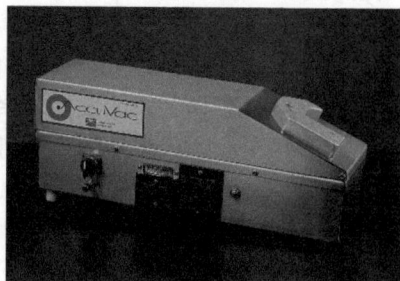

鸡马立克病活疫苗 1 日龄注射接种参考操作流程如下。

（1）自动连续注射器安装和调试

① 准备好空气压缩机。一日龄自动连续注射器往往以压缩空气为动力，工作压力视不同仪器设备而定。在空气压缩机的压缩空气输出口必须配备空气过滤器，过滤压缩空气中的水汽，以保护一日龄自动连续注射器内部的气动元件。

② 准备操作台。操作台可以是木制，覆以不锈钢台面以利于每天的清洗，也可以全由不锈钢制成。将操作台和空气压缩机安排在适当的位置，二者之间由压缩空气管相连。如果操作台和空气压缩机的位置能固定下来，建议压缩空气管安排成硬管架空布置，避免影响地面操作。

③ 将一日龄自动连续注射器放置在操作台适当位置，并将疫苗管和止回阀的疫苗输入孔相联，注射器和注射孔相联，固定针头并与疫苗输出孔相联。排除疫苗管内的空气泡，并将止回阀和注射器固定在自动连续注射器上。

④ 将压缩空气管连接在空气输入孔上，并调节空气压力，符合仪器设备要求。

⑤ 手动状态下启动自动连续注射器 10 次，把疫苗注射入量筒中，检查 10 次的注射剂量是否为需注射剂量的 10 倍。调节进入自动操作挡，并调节好总计数器和操作计数器。

⑥ 在自动连续注射器全部安装调试完毕之后才能稀释疫苗。每次都用新的一次性注射器、针头、点滴管和疫苗管。

（2）**疫苗配制**　在专门的疫苗配制区域配制鸡马立克病活疫苗，液氮疫苗要在 27℃ 的水中解冻，参考操作流程如下。

① 配制间和配制员的消毒：消毒工作台和配制员的双手。

② 配制器械/物品的准备：严格灭菌的 10mL 或 5mL 注射器（带 12 号针头）5 只，水银温度计，计时器，蒸馏水或冷开水，冰块（夏天）/热开水（冬天），解冻用的塑料盆（直径大于 40cm），手套，防护眼镜，干净的一次性纸巾，记号笔等。

③ 拿出马立克病活疫苗稀释液，观察是否澄清，如有变色或絮状沉淀应丢弃。每一瓶稀释液用一支 10mL 或 5mL 注射器（带 12 号针头）吸取 3mL 稀释液放置在工作台上。

④ 穿戴好防护工具，从液氮储存罐中取出 1 支马立克病液氮活疫苗，捏住安瓿头尖放入 27℃ 水中顺/逆时针轻柔划动至疫苗完全溶解。

⑤ 从水浴盆中取出安瓿，用干净一次性纸巾擦拭干疫苗瓶和双手，从安瓿颈部折断安瓿，用已经准备好的吸有 3mL 稀释液的注射器伸入安瓿底部，慢慢吸取完疫苗，然后轻柔地注入稀释液瓶中，轻轻晃动混合疫苗，来回抽动注射器活塞漂洗一次，轻轻晃动混合疫苗，然后再抽取 3mL 稀释液漂洗安瓿和安瓿头，漂洗液轻柔地注入稀释液瓶中，轻轻晃动混合疫苗，再抽取 3mL 稀释液第 2 次漂洗安瓿和安瓿头，最好重复上述漂洗操作至少 2 次。

⑥ 最后轻轻晃动疫苗瓶混合疫苗，在疫苗瓶标签上写上配制完成的准确时间，这样做能准确计算注射完疫苗所用的时间。

⑦ 配制好的疫苗必须立即送注射房使用。

⑧ 也可在疫苗液中加入蓝色染色剂，用于检查注射的效果。

（3）**注射**

① 用右手的拇指和食指捏住小鸡颈部右侧的皮毛，用手掌固定小鸡的身体和翅膀，以免小鸡乱动。注意不要用力过猛，或者捏到小鸡的脖颈，否则容易导致小鸡死亡。

② 将小鸡的头部放到开关的拐弯处，颈部轻触到触电开关，稍微用力，注射器将启动并注射，注射时要正确放置小鸡，使小鸡的头部正处于接种开关的拐弯处，不能留太多空隙，也不能让小鸡头部过度弯曲。

③ 要经常检查压缩空气的压力是否符合要求。每天至少检查三遍，自动连续注射器的每次注射剂量是否准确，小鸡的注射部位是否正确。可在疫苗液中加入蓝色染色剂，用于检查注射的效果。

（4）注射后清洗消毒　每次工作结束，将剩下的疫苗倒出丢弃并彻底清洗自动连续注射器的各部分装置。为了避免自动连续注射器误动引起意外伤害，清洗以前请将压缩空气与自动连续注射器的空气输入口断开。

① 将剩余的疫苗丢弃在专门盛放危险品的容器内处理。

② 拆下点滴管、一次性注射器、针头和疫苗管一起丢弃于指定的容器内。

③ 松开三个锁紧螺丝，用湿抹布擦洗操作板和气动元件箱，注意空气接口处不得进水。

④ 清洗止回阀并消毒。止回阀包含的小零件容易丢失，清洗时须注意。

⑤ 如果注射油苗，首先用洗涤剂将止回阀内外的油剂洗干净。

a. 在水中把止回阀拆开，把输入套和输出套从主体卸下。

b. 洗涤止回阀时要用软毛刷，并把每个部位冲洗干净。

c. 将止回阀及所有配件全部浸入消毒酒精中待用。

d. 再次使用前彻底洗去止回阀及所有零件上的消毒酒精。

⑥ 清洗双触点盘。

a. 松开通双触点盘的空气管。

b. 松开紧固双触点盘的两个螺丝，用湿抹布将双触点盘和不锈钢面擦洗干净。

c. 如果双触点操作不灵活或只按一个触点机器就动作，将双触点拆开清洗；如双触点塑料珠有变形，更换塑料珠。

⑦ 安装双触点盘，接上空气管。

⑧ 将整个自动连续注射器用湿抹布擦洗干净，再用酒精擦拭一遍。

4.3.1.6　连续刺种针器

连续刺种针器是在连续注射器基础上，省去连接疫苗瓶的部件和装置，并把针头改造成刺针，一般有用于雏鸡的单刺针头和中大鸡的双刺针头两种（图4-15）。由于连续刺种针器不需要像普通刺针那样反复蘸液，因此操作简单和方便快捷。刺种前，先打开刺种器的前旋帽，直接向管中注入疫苗液，然后旋紧前旋帽。刺种时，挤压手柄，朝下打出针尖，垂直刺入鸡翅翼膜上。接种结束后，打开前旋帽，先用清水冲洗，再煮沸消毒后备用。

图 4-15　连续刺种针器

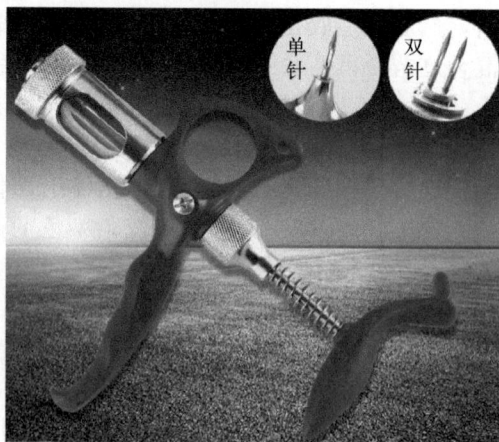

4.3.1.7 喷鼻器

喷鼻器一般接在一次性注射器或连续注射器上（图 4-16），在田间主要用于仔猪出生后猪伪狂犬病活疫苗和猪肺炎支原体活疫苗等喷鼻免疫接种。喷鼻前，先将疫苗稀释好，然后把仔猪保定好，让仔猪鼻孔都保持向上。喷鼻时，喷鼻器对准仔猪鼻孔，再按压注射器手柄，疫苗液经过喷鼻器后以雾化液体形式分散进入仔猪鼻孔内。为确保疫苗被充分吸收利用，一般两个鼻孔都喷，各喷一半剂量，并且喷鼻后稍作停留，防止从鼻孔流出。

图 4-16　喷鼻器

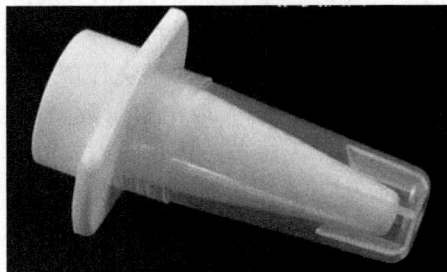

4.3.1.8　一日龄自动喷雾器

一日龄自动喷雾器是设计用于大型孵化场对一日龄雏鸡进行新城疫和支气管炎喷雾免疫的设备，可以同时对一筐雏鸡（100 只）进行免疫，每小时可免疫 3 万只雏鸡，能大大减轻劳动负担，提高免疫接种效率。喷雾器产生的雾滴较大，只能进入雏鸡上呼吸道，符合雏鸡的要求。当前，在规模化鸡场的孵化房里面进行鸡新城疫、传染性支气管炎二联活疫苗免疫接种，大多采用一日龄自动喷雾器（图 4-17）。

图 4-17　一日龄自动喷雾器

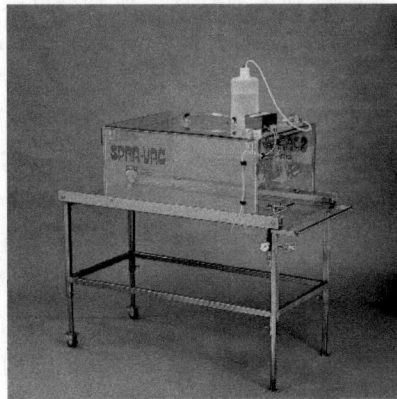

鸡新城疫、传染性支气管炎二联活疫苗一日龄喷雾参考操作流程。

（1）喷雾器准备

① 蒸馏水冲洗。掀起盖布，往疫苗胶瓶内加入 400～600mL 蒸馏水，把疫苗胶瓶、疫苗胶管清洗干净，并反复打开底部开关，彻底冲洗不少于 40 次，冲洗管道，保证酒精已彻底清除。

② 检查气压、剂量。检查压缩空气的压力，是否符合设备要求；检查喷雾剂量，每个喷头每次的喷雾剂量是否准确；检查喷雾的形状，应为倒"V"形。

（2）疫苗配制

① 物品准备。疫苗的稀释过程最好在无菌的环境中完成，需要一个专用的、干净的疫苗配置间，没有灰尘，没有昆虫及其它可能引起污染的因素。配制疫苗前准备好以下物品：5mL或10mL的一次性灭菌注射器或者高温消毒过的玻璃注射器，一次性纸巾，胶手套，适量的蒸馏水，量筒（200至500mL），小烧杯（100至200mL）。

② 蒸馏水量取。按照1筐鸡苗7～10mL的量计算，不同的仪器设备所需水量有所不同，算得的总量再加上40mL（残留在管中的，垫底用）即为要量取的蒸馏水量。使用量筒量取蒸馏水，量取后将大部分蒸馏水倒入疫苗胶瓶，剩余的小部分蒸馏水倒入小烧杯。稀释过程中，注射器从小烧杯中吸取蒸馏水，冲洗疫苗后，将疫苗液注入疫苗胶瓶。

③ 疫苗稀释。取出相应数量的疫苗，用一次性灭菌注射器从小烧杯中抽取2～3mL蒸馏水，注入疫苗瓶内进行溶解。溶解后，用注射器抽取疫苗液注入疫苗胶瓶。再用注射器抽取2～3mL蒸馏水，注入疫苗瓶内对剩余疫苗进行溶解和冲洗，冲洗后再用注射器抽取全部疫苗液注入疫苗胶瓶。最后将小烧杯里面剩余的蒸馏水倒入疫苗胶瓶中，并轻轻摇动以使疫苗彻底混合均匀。

④ 疫苗稀释完毕后要立即使用，最长时间不得超过半小时。因此，只在喷雾器准备好以后才开始配制疫苗。

（3）喷雾

① 喷雾时操作。喷雾器准备好之后，再配置疫苗。疫苗液配置好以后，开始喷雾，喷雾要在没有风的地方进行。首先拿起一筐雏鸡苗，一只手将里面的雏鸡拨均匀，然后平稳地将鸡苗筐推进到喷雾器里面，不急不缓。碰到感应器（底部开关）后，立即松手，等候10s后拉出来，放在无风处。喷雾过程中要经常留意疫苗管道是否出现气泡，如有气泡要立即停止喷雾，并检查疫苗胶瓶里面的疫苗液是否充足。

② 喷雾后处理。所有鸡群喷雾完毕后，一方面要按照"喷雾结束前操作"进行操作，另一方面鸡群要再停留15～30min，让鸡群充分吸收疫苗液，以及防止鸡群受冷，等雏鸡鸡身干了以后再装车运走。

（4）喷雾结束前操作

① 剩余再喷。全部鸡群喷雾完成后，如果有疫苗液剩余，将最初喷雾的鸡群再喷一次，最后只剩下残留在疫苗管道中小部分疫苗液。

② 蒸馏水冲洗。往疫苗胶瓶内加入300～500mL蒸馏水，反复打开底部开关，彻底冲洗不少于30次，冲洗管道；然后用蒸馏水将疫苗胶瓶清洗干净，清洗过程产生的废弃液一定要丢弃在专门盛放危险品的容器内处理。

③ 酒精冲洗和保存。把之前放在疫苗胶瓶里面的疫苗胶管放入装有75％医用消毒酒精瓶内，反复打开底部开关，直至从喷嘴喷出的全为酒精，此时疫苗管道内已全部是酒精。保留酒精在喷雾器内，直至下次再用喷雾器。

④ 毛巾擦干。用清水将整个一日龄自动喷雾器清洗干净，然后用毛巾擦干，尤其是塑料箱内，要洁净无水珠、鸡毛等。

⑤ 疫苗胶管保存。疫苗胶管可以保留在酒精瓶里面，也可以保留在疫苗胶瓶里面。如果保留在酒精瓶里面，要慎防酒精挥发而导致浓度降低，影响消毒效果；如果保留在疫苗胶瓶里面，下次使用前一定要彻底把胶管和疫苗胶瓶清洗干净，慎防酒精残留污染，影响疫苗效价。

⑥ 盖布保存。用布将整个喷雾器盖住，防尘保存，直至下次再使用喷雾器。

4.3.1.9 喷雾器

喷雾器一般在鸡场使用，对压力、喷嘴、雾滴的大小都有要求，比较常见的喷雾设备有梅里亚的 Solo Vac、诗华的 Desvac Sprayer ELEC KIT。喷雾器产生的雾滴越小，它们越能进入呼吸道深部，因此造成更大的免疫刺激。对于一些毒力稍强的疫苗毒株，反而会产生免疫副反应的风险。喷雾器见图 4-18。

图 4-18 喷雾器

在进行喷雾免疫前，先要关闭鸡舍门窗，密封鸡舍以减少鸡舍的通风，并将鸡舍灯光调暗，让鸡群在喷雾免疫期间保持安静。如果遇到炎热天气，需在清晨进行喷雾免疫。开始喷雾时，将喷雾器的喷嘴保持在鸡头顶上方 1 米处，并在鸡舍内缓慢行走，从一端开始，完整走一个来回。

喷雾免疫结束后，要清洁消毒喷雾器。先用蒸馏水对喷雾器进行冲洗，然后用肥皂水清洗喷雾器内外表面。排空水分后，用酒精消毒喷嘴，喷雾器喷洒酒精。倒置喷雾器晾干后，在远离灰尘和无阳光直射的地方存放。

4.3.2　不同类型兽用生物制品使用方法

4.3.2.1　活疫苗使用方法

根据疫病和疫苗的特性来选择恰当的免疫途径，活疫苗一般模拟自然感染途径，以更快和有效到达靶位，常见的活疫苗使用方法有点眼、喷鼻、刺种、饮水、注射和气雾等。

（1）点眼法　点眼是家禽预防呼吸道类疾病常用的免疫接种途径，能够刺激呼吸道黏膜产生分泌型 IgA 等抗体，并产生黏膜保护力，提高家禽抵御野毒入侵的能力。一般在雏鸡阶段采用点眼法接种，免疫新城疫活疫苗、传染性支气管炎活疫苗和传染性后气管炎活疫苗等这几类疫苗。但中大鸡、产蛋鸡等日龄大的家禽在免疫操作时，会需要大量劳动力来给家禽保定和点眼等，还可能造成一定的应激。

给小鸡点眼时，通常一只手一次只抓一只鸡，拇指和食指抓住头颈，把鸡头颈摆成水平状态，一侧眼鼻朝天，另一侧眼鼻朝地。然后用另一只手将稀释好的疫苗液悬空滴入小鸡眼内，滴头要与鸡眼睛保持 1～2cm 的距离，不能碰到鸡眼睛，以免污染疫苗和戳伤鸡眼睛等。疫苗液滴入眼内后，要稍稍停顿一两秒钟，待小鸡眨眼，吸收疫苗液并且无疫苗液外流后，才轻轻将禽放回。一般疫苗在溶解稀释后最好在 1～2h 内用完，因此生产上往往将 1 瓶 30 毫升疫苗液分成 2～4 瓶，给 200～400 只鸡点眼。疫苗不能在开始点眼接种免疫时就全部溶解和稀释，宜在用了 1 瓶后再溶解和稀释另外 1 瓶，即将使用但尚未稀释的疫苗要放在冰箱或冰盒里面，以避免疫苗失效。如果要进行多次点眼免疫接种，建议这一次点左眼，下一次点右眼，以减轻应激。

（2）喷鼻法　仔猪出生后常采用喷鼻法来接种猪伪狂犬病活疫苗和猪肺炎支原体活疫苗等。一般在仔猪出生后 1～3d 内进行猪伪狂犬病活疫苗或猪肺炎支原体活疫苗喷鼻免疫。常用连续注射器套上专用喷鼻器，但如果猪数量很少，也可以采用一次性注射器套上喷鼻器。结合疫苗厂家推荐的免疫剂量和仔猪数量来稀释疫苗，建议每头仔猪喷鼻 1mL，每个鼻孔各喷 0.5mL。

给仔猪喷鼻，双人操作比单人操作要方便一些。喷鼻前，先将仔猪腹部朝天，腹部卷曲，并做好安抚和保定工作。继而握住猪嘴，喷鼻器对准仔猪鼻孔，在仔猪吸气时，按压注射器手柄，疫苗液经过喷鼻器后以雾化液体形式分散进入仔猪鼻孔内，注意每个鼻孔都要喷一次，以提高免疫效果。轻轻拍猪背几下，稍作停留后再轻轻把仔猪放下。注意喷鼻时动作宜稳不宜快，要确保疫苗液喷入鼻腔，防止仔猪把疫苗液喷出。避免采用掐住猪颌骨，使猪鼻上扬、猪嘴张开呼吸的方法，因为该方法虽然容易操作，但会使气道被强制性张开，疫苗易通过咽部进入口腔，而且放下仔猪时疫苗液可能会从鼻孔漏出。

（3）刺种法　刺种免疫是将疫苗刺种于家禽翅膀内侧无血管处皮肤的一种接种方法，主要用于鸡群免疫接种鸡痘活疫苗，鸡传染性喉气管炎重组鸡痘二联活疫苗和禽脑脊髓炎、鸡痘二联活疫苗等。

刺种时，双人操作比单人操作要方便一些，尤其是对大鸡进行刺种免疫。其中一个人负责保定，一手握住鸡双腿，另一手握住一只翅膀，使鸡仰卧。另外一个人负责接种，左手握住另一翅尖，右手持刺种针。用已经消过毒的刺种针蘸取稀释后的疫苗液，在鸡翅内侧无血管且无毛或少毛的翼膜内垂直刺入。注意每蘸取一下疫苗液刺种一只鸡，并确保每次蘸取的疫苗液足量，切忌刺种针上挂带羽毛，否则羽毛会沾染疫苗液造成浪费。待疫苗液被完全吸收后，才可把鸡放回。

采用连续刺种针器进行刺种，不需要反复蘸取疫苗液，操作简易，方便快捷，还能防止刮到羽毛。刺种一周后检查接种点是否出现结痂，出现结痂说明接种成功，否则需要补种。

（4）饮水法　饮水免疫避免了逐只抓捉，可减少劳动力和应激，适合群体免疫，但不太适合初次免疫。家禽免疫鸡新城疫活疫苗、传染性支气管炎活疫苗和法氏囊活疫苗等都可以采用饮水方式进行免疫接种。新城疫和传染性支气管炎活疫苗除了首免采用点眼或喷雾免疫，其它时候基本可以采用饮水方法免疫，以减轻人员的体力负担。

一般在上午进行饮水免疫，早晨先将饮水器等清洗干净，再根据天气情况停水 $2\sim4h$，使每一只禽在短时间内均能摄入足量的疫苗。按家禽数量计算所需的疫苗数量，并进行溶解。稀释疫苗所用的水量应根据家禽的日龄及当时的室温来确定，使疫苗稀释液在 $1\sim2h$ 内全部饮完。准备好足够的饮水器，使禽群三分之二以上的鸡只同时有饮水的位置，让禽群得到比较均匀的免疫效果。使用的饮水应是清凉的、水质良好的，水中不应含有任何污染或能杀灭疫苗病毒或细菌的物质，有条件的可采用凉开水，使用深井水时应先静置，使其更接近室温且确保水中的杂质沉降下来，不宜使用自来水。在水中加入 $0.1\%\sim0.3\%$ 脱脂奶粉，保护疫苗效价，疫苗液要在 $1\sim2h$ 内全部饮完，避免疫苗失效。疫苗溶解和稀释要在凉爽地方进行，不宜在阳光直射下进行。饮水器不用金属容器，应置于不受日光照射的凉爽地方。注意在饮水免疫期间，饲料中也不应含有能杀灭疫苗的病毒和细菌的药物。停水时间视当时环境温度而定，一般夏天停水 $1\sim2h$，冬天 $3\sim4h$。养禽场能够用饮水器，就不用饮水线或自动饮水器。

（5）注射法　鸡方面，主要有鸡新城疫活疫苗、鸡马立克病活疫苗、鸡病毒性关节炎活疫苗和禽脑脊髓炎活疫苗可用于注射免疫；猪方面，基本上大多数活疫苗都可以采用注射方式进行免疫接种。鸡主要有胸部肌内注射和颈部皮下注射两种方式，猪主要有肌内注射和胸腔注射。在注射时，最好注射一只动物更换一个针头，但实际操作中往往做不到，建议注射每头公猪或母猪更换一个针头，注射每栏肉猪更换一个针头，注射每一百只鸡更换一个针头。

① 鸡胸部肌内注射　接种人员一手抓住鸡翅膀或背部，另一手打针。针头呈 $30°\sim45°$ 倾斜，于鸡龙骨突出旁即胸肌最厚处进针，插入 $0.5\sim1cm$。针头宜进入浅层肌肉内，不能穿透过骨骼进入胸腹腔，更不能刺入内脏器官。插入针头后，推动连续注射器的手柄将疫苗液推入鸡体内，手柄应推尽为止。拔针时，针头应慢慢拔出，待针头拔出来后再松开手柄，以防疫苗液漏出。注意在注射过程中，要摇匀疫苗。

② 鸡颈部皮下注射　颈部皮下注射是家禽常用的免疫接种途径，颈部皮下血管比较丰富，疫苗比较容易吸收。一般注射部位选在颈部背侧后三分之一段，先用左手拇指和食指抓住鸡颈部，并捏起颈背侧皮肤，使皮肤和颈部肌肉之间产生气窝，将针头扎过皮肤刺入该气窝，针头进入颈部皮肤后应朝向鸡尾部，并与颈部纵轴基本平行，插入深度约 0.5 厘米。针头进入皮肤后，两个固定的手指会感觉到针头的进入，并且注射疫苗后会有波动

感。注意针头不能冲出皮肤也不能碰到骨骼等，以免疫苗失效和对鸡造成损伤等。注意在注射过程中，要摇匀疫苗。

③ 猪肌内注射　猪肌内注射部位一般选择在肌肉丰满的颈部或臀部。颈部肌内注射常常选择猪耳后根颈部的上 1/3 处，在注射前先对注射部位进行消毒，常用的消毒剂为酒精和碘酊，然后将注射器针头扎入猪颈部肌肉内，随后注射入疫苗。牛选择颈侧部或后臀部肌肉较厚的部位；羊选择肌肉较丰满的颈部。

④ 猪胸腔注射　有些疫苗需要采用胸腔注射方式才能获得较好的免疫效果，如猪肺炎支原体活疫苗，一般在仔猪 7～14 日龄进行接种。先将仔猪轻轻托起，使仔猪呈放松状态，暴露右侧肋骨。注射部位选在右侧胸腔肩胛骨后缘第二、三肋骨间，在注射前先对注射部位进行消毒。一般使用 2 厘米的特定针头，以避免扎到心脏。注射时，从第二、三肋骨间垂直进针，穿透胸壁后注射。注意如果针头插到肋骨，微倾斜针头即可顺利插入。

（6）气雾或喷雾法　气雾免疫或喷雾免疫，是利用气泵将空气压缩，再通过气雾发生器，使稀释的疫苗溶液形成雾化粒子，均匀悬浮在空气中。雾滴通过接触鸡窦部、气管黏膜和哈德腺，能够刺激呼吸道黏膜产生分泌型 IgA 等抗体，并产生局部黏膜保护力。另外，雏鸡通过啄食疫苗雾滴，还能产生体液免疫；而且还适用于群体免疫，避免逐只抓捉。对呼吸道有亲嗜性的鸡新城疫活疫苗、传染性支气管炎活疫苗和鸡新城疫、传染性支气管炎二联活疫苗等，进行气雾或喷雾免疫有较好效果，但也要注意防应激，如果雏鸡苗质量不好，不能做到无支原体状态，喷雾免疫之后可能会出现较严重的免疫反应。

喷雾免疫要根据鸡群的日龄和抵抗力来考虑喷雾雾滴的大小，一般来说，直径 $100\mu m$ 以上的大雾滴只能进入鸡只的上呼吸道，无法到达下呼吸道和肺部，只能刺激上呼吸道产生局部的黏膜免疫，而不能刺激下呼吸道产生黏膜保护力；直径 $40\mu m$ 以下的小雾滴既能进入鸡只的上呼吸道，又能到达下呼吸道，能够刺激上下呼吸道产生黏膜免疫，获得较好的免疫效果。大雾滴喷雾适合雏鸡免疫，因为雏鸡抵抗力弱，对安全性要求高，一旦雾滴进入下呼吸道或肺部，反而可能会引起较大的免疫副反应。小雾滴喷雾适合大鸡，虽然小雾滴的免疫效果更好一些，但是对小鸡，尤其是雏鸡造成的应激很大。另外，使用疫苗毒株的毒力和安全性也要慎重考虑和选择，疫苗的免疫效力固然重要，但应用于喷雾免疫，毒株的安全性要放在第一位，一般选取毒力弱、无呼吸道副反应或轻微、免疫原性较好的弱毒株。

目前最常见的气雾或喷雾免疫是在孵化房进行一日龄喷雾，如鸡新城疫和传染性支气管炎二联活疫苗、球虫苗等，也有在产蛋舍、青年鸡舍等进行气雾免疫。

① 一日龄喷雾　孵化场一日龄雏鸡喷雾免疫是通过气缸压力将大量含有疫苗的雾滴喷洒到鸡只的鼻腔、眼睛、口腔内，通过挤蹭、啄食、黏膜占位等方式使疫苗到达鸡的免疫靶细胞，从而诱导免疫应答。喷雾免疫可以使活疫苗到达鸡只上呼吸道黏膜和哈德腺，产生黏膜免疫和细胞免疫，也能被吞噬细胞吞噬后转运到淋巴器官或血液，进入网状内皮系统产生体液免疫。一日龄喷雾免疫能起到较好的免疫效果，但也可能会引起应激，在操作时要注意以下细节。

a. 喷雾环境要求：温度 18～25℃、湿度 50%～70%，室内无粉尘。温度太高会增加雾滴的蒸发，降低疫苗的利用率。如果室内多粉尘，粉尘黏附疫苗雾滴进入呼吸道会造成雏鸡强烈的副反应，影响免疫效果。

b. 喷雾器喷头宜在雏鸡头部上方 30cm 左右。喷头喷出的雾滴要均匀一致、大小合适，合适的雾滴直径为 $150～200\mu m$，喷雾剂量大概是每筐雏鸡 7～10mL。

c. 使用 18～25℃ 的蒸馏水或纯净水来稀释疫苗，作为喷雾免疫的稀释液，以确保疫苗效价稳定。疫苗配制后，建议在 30min 内使用完毕。

d. 喷雾时要平稳、轻拿轻放鸡雏筐，减少应激；喷雾后鸡雏筐停留 5～10s 后，拉出鸡雏筐，保证免疫效果。

e. 喷雾结束后应静置 15～20min，使沉降到雏鸡羽毛上的疫苗被雏鸡啄食，待润湿的羽毛干燥后再装车运走。

② 鸡舍内气雾免疫　鸡舍内气雾免疫在国外开展较多，国内应用较少。但近年来国内家禽养殖规模化、集约化程度不断提高，逐只免疫由于工作量大、操作不方便等缺点越来越不能适应行业的发展。而气雾免疫操作简便、省时省力，但操作不当会引起免疫失败，甚至严重的免疫副反应。

a. 免疫前准备。气雾免疫前关注鸡群精神状态，夜间进行呼吸道听诊，如果呼吸道听诊严重，要推延活疫苗气雾免疫。天气炎热时，一般在早晨 6 点或晚上 10 点进行，其他时间选择在下午晚些时候进行。提前清洗气雾设备并进行调试，检查设备是否可正常使用。稀释容器一般使用玻璃瓶，用温水浸泡冲洗干净，瓶口朝下空置 30 分钟后，放入 100℃ 烘箱中高温灭菌 1h，取出冷却后即可使用。一般采用蒸馏水或纯净水作稀释液，每 2000 只鸡需要 500mL。接种人员要经过专业培训，免疫前根据鸡只数量确定好免疫人数。

b. 气雾流程。先调试气泵压力及气雾枪喷雾雾滴，雾滴以 1m 距离的纸板均匀分布为宜。雾滴大小非常关键，8 周龄内的小鸡采用直径 80μm 以上的粗雾滴，8 周龄以上的大鸡采用直径 30～40μm 的小雾滴。配制好所需要的疫苗，同时密闭鸡舍，关闭通风系统和部分照明设备，以防鸡炸群。接种人员分区域开始喷雾，气雾枪喷头在鸡群头部上方 1m 处，让雾滴自由下落，使每只鸡都能吸到疫苗，注意从疫苗溶解到喷雾完成时间不要超过 30min，以保持疫苗最佳效价。气雾免疫结束后先打开照明设备，待雾滴悬浮于空中 15～20min 后再打开门窗，确保鸡群吸入足量雾滴。检查风机和设备进风口，确保正常运行，然后恢复正常通风。

c. 注意事项。疫苗必须现用现配，以免时间过长影响疫苗效价。鸡舍内保持适宜的温度和湿度，尽量无或少灰尘。理想温度为 18～25℃，温度过高，疫苗雾滴蒸发过快，鸡群吸收疫苗较少，造成浪费，不能产生理想效果。湿度应该为 60%～70%，湿度低蒸发快，影响效果，如舍内过于干燥，在免疫前应对舍内进行清水喷雾；地面平养鸡舍应对垫料洒水，沉降舍内空气中的灰尘，提高舍内湿度，同时也降低疫苗雾滴的蒸发速度，提高免疫效果。鸡舍内灰尘会黏附于疫苗雾滴上，并随之进入呼吸道，会引起呼吸道疾病，降低疫苗效力，因此要减少舍内灰尘。气雾免疫后，两天内禁止带鸡消毒，七天内不得使用抗病毒药物，以免影响免疫效果。

在注射油乳化疫苗时，应使用 9 号针头。

4.3.2.2　灭活疫苗使用方法

注射免疫接种是灭活疫苗最常用和最主要的免疫接种方式，广泛应用于家禽和家畜的免疫接种中。基本上，家禽家畜各种灭活疫苗都是采用注射方式进行免疫接种，只不过是注射部位不同而已。

（1）**家禽注射免疫接种**　家禽注射免疫的接种部位主要有胸部肌肉和颈部皮下，也有选择腿部肌肉和翅内肌肉的。一般注射灭活油乳剂疫苗采用 9 号针头，在注射时，先拔针头出来后再松开手柄以防疫苗液漏出，并尽量在注射过程中，摇匀疫苗和勤换针头。

① 颈部皮下注射　颈部皮下注射是家禽常用的免疫接种途径。颈部皮下活动区域大，血管比较丰富，疫苗比较容易吸收，尤其适合胸部肌肉不发达的小鸡进行注射免疫。一般注射部位选在颈部背侧后三分之一段，先用左手拇指和食指抓住鸡颈部，并捏起颈背侧皮肤，使皮肤和颈部肌肉之间产生气窝，将针头扎过皮肤刺入该气窝，针头进入颈部皮肤后应朝向鸡尾部，并与颈部纵轴基本平行，插入深度约 0.5cm。针头进入皮肤后，两个固定的手指会感觉到针头的进入，并且注射疫苗后会有波动感。

颈部皮下注射要注意，针头不能刺穿或刮破皮肤，也不能刺到头部、颈部肌肉内或刺伤颈椎。如果颈部皮肤被刺穿，疫苗注射到体外；皮肤被刮开，疫苗外流，都会影响免疫效果，要在其他部位再补注射一次。如果灭活油乳剂疫苗注射到颈部肌肉，会引起家禽颈部肌肉肿胀，颈部不能伸直，影响颈部活动，从而影响家禽正常的采食、饮水等，造成家禽生长发育受阻，逐渐消瘦，甚至死亡。如果灭活油乳剂疫苗注射到头部附近，疫苗会游离到头和脸部皮下，造成肿头、肿脸。

② 胸部肌内注射　由于雏鸡胸部肌肉不发达，一般半斤以上的鸡只才考虑注射胸肌，半斤以下的鸡只往往采用颈部皮下注射的方式进行免疫。对小鸡进行注射，一个人操作即可，接种人员一手抓住鸡翅膀或背部，另一手打针。对大鸡进行注射，需要两个人操作。保定人员应一手抓住双翅，另一手抓住双腿，将鸡固定，胸部向上，方便接种人员打针。进针时，针头呈 30°～45°倾斜，从鸡龙骨突出旁即胸部肌肉最厚处进入，小鸡插入 0.5～1cm，大鸡插入 1～2cm。插入针头后，推动连续注射器的手柄将疫苗液推入鸡体内，手柄应推尽为止。

胸部肌内注射要注意，针头宜进入胸部浅层肌肉内，不能穿透骨骼进入胸腹腔，更不能刺伤心脏、肝脏等内脏器官。如果针头刺穿胸腔，刺入腹腔，从而刺破心脏、肝脏等内脏器官，会引起鸡只意外死亡。

③ 翅内肌内注射　由于雏鸡翅内肌肉很不发达，一般半斤甚至一斤以上的鸡只才考虑注射翅内肌肉，半斤以下的鸡只往往采用颈部皮下注射的方式进行免疫。接种人员一只手抓住鸡两只翅膀，同时拇指向上拨，露出翅内肌肉，另一只手进针，针头呈 30°～45°倾斜，插入 0.5～1cm，插入针头后，推动连续注射器的手柄将疫苗液推入鸡体内，手柄应推尽为止。

翅内肌内注射要注意，小鸡此部位肌肉不发达，注射时容易刺到骨骼，甚至嗉囊，造成免疫失败。

④ 腿部肌内注射　腿部肌内注射最大优势在于只需抓住一只脚，无需抓住整只鸡，相比其他注射方式操作方便快捷。腿部肌内注射部位多选择腿部外侧肌肉，接种人员一只手抓住鸡腿部，另一只手打针。针头方向应与腿骨大致平行，插入 0.5～2cm，插入针头后，推动连续注射器的手柄将疫苗液推入鸡体内，手柄应推尽为止。

腿部肌内注射要注意，避免刺到腿部骨骼，防止刺伤腿部神经，否则造成灭活油乳剂疫苗吸收不良，腿部肿胀，甚至跛行，形成残疾。

（2）家畜注射免疫接种　由于家畜肌肉内血管丰富，注入的疫苗液吸收较快，另外由于肌肉内感觉神经分布较少，所以引起的疼痛较轻，因此肌内注射是最常用的灭活疫苗接种方法。家畜注射免疫的接种部位主要在颈部或臀部，往往根据家畜个体大小选择恰当的针头。在注射时，先拔针头出来后再松开手柄以防疫苗液漏出，并尽量在注射过程中，一头家畜换一个针头。

猪肌内注射部位一般选择在肌肉丰满的颈部或臀部。颈部肌内注射常常选择猪耳后根颈部的上 1/3 处，在注射前先对注射部位进行消毒，常用的消毒剂为酒精和碘酊，然后将注射器针头扎入猪颈部肌肉内，随后注射入疫苗。牛选择颈侧部或后臀部肌肉较厚的部位；羊选择肌肉较丰满的颈部。

4.3.2.3 剩余及过期生物制品处置办法

在临床生产中，免疫接种结束后，往往会有疫苗剩余。这些剩余的疫苗，有的可以马上重复免疫，如鸡新城疫、传染性支气管炎二联活疫苗一日龄喷雾免疫，在喷雾结束后，如果有疫苗液剩余，将最初喷雾的鸡群再喷一次；有的就要销毁处理，如大多数疫苗。在养殖场，除了免疫接种后产生剩余的疫苗不能使用要销毁外，也会有过期的疫苗要销毁处理。这些剩余的疫苗和过期的疫苗都不能使用，要用恰当的方法销毁处置。

剩余的、过期的疫苗属于兽医医疗废弃物，这些废弃物通常含玻璃碎片、针头、液体以及病毒或细菌残留等，往往可能具有直接或间接感染性、毒性以及其他危害性。我国是养殖业大国，动物存栏量巨大，产生的兽医医疗废弃物数量大。这些废弃物危害大，如果处理不恰当、管理不到位，将会成为重要的动物疫病和环境污染源，威胁动物群体健康，破坏生态环境，甚至会对人类的健康和生命造成危害。

多数中小规模养殖场针对剩余或过期的生物制品中的疫苗，注射器、针头进行煮沸或化学药物消毒，消毒后常与其他生活垃圾混合在一起做简单处理。部分小型养殖场对疫苗、诊断制品等可能具有感染性的兽医医疗废弃物不做任何生物安全处理，直接在场内就近倾倒或简单掩埋，给养殖场生物安全造成极大危害。只有少数规模养殖场将兽医医疗废弃物联系或送往具有资质的医疗废弃物处理机构处理。养殖场一般分布偏远、分散，中小规模养殖场日常产生的剩余的、过期的疫苗等废弃物数量小，养殖场较难找到兽医医疗废弃物处理机构，就地掩埋或焚烧成了中小养殖场普遍采用的方法。要对不同养殖场的兽医医疗废弃物集中、科学规范处理，实现难度很大。

参照《医疗废物分类目录》的方法，剩余的、过期的疫苗属于兽医医疗废弃物，归类为药物性废弃物。剩余的、过期的生物制品这类药物性废弃物的无害化处理如下：报损或过期生物制品先煮沸 20min 或经 121℃、15min 高压蒸汽消毒，再到指定的兽用医疗废弃物集中处理点作深埋或焚烧处理；完全使用完的生物制品包装，先煮沸 20min 或经 121℃、15min 高压蒸汽消毒，然后作为生活垃圾处理；未使用完的生物制品及包装，先煮沸 20min 或经 121℃、15min 高压蒸汽消毒，再到指定的兽用医疗废弃物集中处理点作深埋或焚烧处理。兽用医疗废弃物集中处理点应远离学校、公共场所、居民住宅区、村庄、动物饲养和屠宰场所、饮用水源地及河流等。兽用医疗废弃物在集中处理点经消毒无害化处理后，应完善相关记录记载。

4.3.3 免疫程序制定方法

科学合理的免疫程序的制定，必须结合本地本场实际情况，并根据动物饲养周期、传染病流行情况和各类疫苗的特性等因素，合理安排免疫接种次数和间隔。一般来说，制定免疫程序要考虑多种因素制约，再选择合适的疫苗，并确定免疫次数和时间间隔。

4.3.3.1 制定免疫程序的考虑因素和依据

（1）当地疫病流行情况 不同地方、不同养殖场流行的传染病也有所不同，制定免疫程序时，先要了解本场的发病史以及周围的疫病流行情况，尤其是发生过或正在流行的传染病及其毒株的血清型、毒力、基因分支等信息。哪些疫病是主流，哪些疫苗就必须免疫预防，而且是重点预防。有些疫病是非主流、次要的，还有些疫病是本地不流行，或很少见的。

一般来说，当地没发生过，从外地传入的可能性很小，这类传染病就没有必要进行免疫接种，尤其是容易散毒的活疫苗。如鸡喉气管炎活疫苗，本地没有发生过鸡喉气管炎一般就不需要预防接种，一旦免疫了就要一直免疫下去。

（2）本场的饲养实际　本养殖场饲养动物的品种及其数量、饲养日龄、饲养方式、管理水平等情况，是制定免疫程序的出发点。品种不同、饲养日龄不同、饲养管理水平不同，需要免疫预防的疫病也有所不同。

一般从本场所饲养动物的品种及其上市日龄出发，结合本场及周围疫病流行情况，初步确定主流和重点预防，以及选择预防的疫病，以合理有效利用有限的免疫接种时间，让接种的疫苗能发挥出最大的保护效力。

（3）疫病的流行病学及其相应疫苗的特性　不同疫病有不同的流行和发病规律，有的疫病对畜禽各个生长阶段都有致病性，有的疫病只危害某个生长阶段的畜禽。如各种日龄的畜禽都易感猪瘟、新城疫，而日本乙型脑炎主要危害母猪，鸭病毒性肝炎主要危害雏鸭幼鸭。相同品种的动物，在不同生长阶段或不同上市日龄，要预防的疫病也不一样。

各种疫病相应的疫苗也有所不同，有的疫病既有活疫苗又有灭活疫苗，有的疫病只有灭活疫苗；有的疫苗是单价，有的疫苗是多价；有的疫苗毒力较弱，有的疫苗毒力稍强。比如新城疫既有活疫苗又有灭活疫苗，口蹄疫和禽流感只有灭活疫苗；鸡传染性支气管炎活疫苗有毒力较弱的 H120 株和毒力相对较强的 H52 株。各种疫苗的免疫作用和免疫期不同，因此不同疫苗的免疫程序也有所不同。一般来说，先用毒力较弱的 H120 株活疫苗作基础免疫，然后再用毒力稍强的 H52 株活疫苗进行加强免疫，以巩固和提高免疫效果；而活疫苗加上灭活疫苗，其免疫作用比单纯的灭活疫苗免疫要大得多，如鸡新城疫一般采用活疫苗点眼、喷雾或饮水加上灭活疫苗注射的方式来免疫预防。

（4）母源抗体情况及抗体在体内的消长规律　畜禽的母源抗体水平是确定首免日龄的主要依据。免疫过早会导致疫苗被母源抗体中和而造成免疫失败，免疫过迟会让病原微生物有机可乘而引起畜禽发病。监测畜禽的母源抗体的水平、抗体的均匀度和抗体消长变化，有助于确定首免日龄。一般情况下，猪瘟是 25～35 日龄进行首免，鸡高致病性禽流感是 5～18 日龄进行首免。

疫苗免疫后，会在一定的时间内产生相应的抗体，并不断升高，达到高峰后再逐渐下降，过一段时间后降到保护范围以下，这个时候就需要重新进行免疫。所以要根据抗体的消长规律，来确定疫苗免疫的间隔时间和次数。一般情况下，首免属于基础免疫，主要刺激机体产生识别和应答的能力，产生的抗体较少，维持时间较短，二免和再免产生的抗体维持时间逐渐延长。

（5）疫苗免疫次序和间隔　制定免疫程序时，一般优先考虑重大的烈性传染病作为基础免疫。当两种疫苗接种时间有冲突，危害较小的疫病免疫要避让危害大的烈性传染病预防接种。另外，在使用两种以上弱毒活疫苗时，应间隔适当的时间，以免前一种活疫苗影响后一种活疫苗的免疫效果。

（6）季节性因素　有些传染病是季节性流行，发病具有一定的季节性和阶段性，比如高温高湿的夏季，猪丹毒、猪肺疫、链球菌等细菌病多发，寒冷的冬春季节腹泻多发，因此一般在夏天采用猪三联活疫苗（猪瘟、猪丹毒、猪肺疫）免疫预防，冬季加强腹泻免疫防控。

（7）经济适用性原则　疫苗免疫种类要少而精，免疫接种操作方法要方便且现实可行。确定主流和重点预防的疫病，减少不必要的疫苗免疫，让接种的疫苗能发挥良好的保护效果，毕竟能预防接种的时间和动物机体的免疫系统资源有限。接种的疫苗种类太多，免疫间隔时间短，加大免疫操作难度，可能还会影响免疫效果。

一般在保证养殖场最大效益的前提下，尽量少接种疫苗。免疫操作既要方便，也要现实可行效果好，比如开放式的鸡舍，不能密封，不宜进行喷雾免疫。

（8）安全性原则　制定免疫程序，尤其免疫操作方面，要避开敏感期，减少应激，降低风险。比如点眼接种和注射免疫次数较多，可以这次免疫点左眼打左胸，下次免疫点右眼打右胸这样分开，以减少应激和残留，加快疫苗吸收和抗体产生。免疫程序有更改，如首次改用新厂家或新品种疫苗时，建议最好先进行小群试验，确定免疫安全后再修订免疫程序以及大群使用。

4.3.3.2　免疫程序的制定步骤

免疫接种需要优质的疫苗、正确地接种方法、熟练的免疫技术，还要制定科学合理的免疫程序。根据养殖场饲养方式和管理水平、饲养动物情况，结合本地流行疫病动态、疫苗特性，合理安排免疫接种的疫苗及其剂量、接种次数、间隔时间等，制定科学的免疫程序。

① 首先确定免疫保护对象，也就是饲养的动物及其品种、饲养日龄等。根据本养殖场实际情况，鸡可以分为种鸡、肉鸡和蛋鸡，黄羽鸡和白羽鸡。猪可分为肉猪、后备猪、母猪和种公猪等。

② 然后确定主次要保护疫病，并选择相应疫苗。根据本场及当地疫病流行情况，先确定重点预防的疫病，然后再考虑选择免疫的疫病。比如60日龄左右上市的黄羽肉鸡，主要预防马立克病、鸡新城疫、传染性支气管炎、禽流感、禽腺病毒感染、传染性法氏囊炎，根据本地实际情况选择考虑鸡痘。比如6个月上市的肉猪，重点预防猪瘟、伪狂犬病、口蹄疫，根据本场实际情况选择免疫蓝耳病疫苗和圆环病毒疫苗。

③ 各种疫病免疫方法的制定。先制定重点预防疫病的免疫程序，然后再考虑选择免疫疫病的免疫程序。比如母猪，重点预防猪瘟、伪狂犬病、口蹄疫，根据本场实际情况调整蓝耳病、腹泻等免疫。猪瘟是一年免疫2次、3次还是4次，是"跟胎免疫"还是"一刀切"，先确定下来。伪狂犬病、口蹄疫也类似。对于蓝耳病，要根据本场实际来确定是否免疫，如何免疫。一般来说，阴性场不主张免疫，如果一定要免疫就打灭活疫苗。阳性不稳定场建议免疫，根据本场发病和流行毒株情况选择毒株匹配性高且安全有效的活疫苗来免疫接种。腹泻在冬春季节多发，一般建议母猪采用活疫苗和灭活疫苗结合的方式免疫，尤其是在冬春季节来临前先接种。蛋鸡主要考虑马立克病、鸡新城疫、传染性支气管炎、鸡痘、禽流感、禽腺病毒感染、传染性法氏囊炎、传染性喉气管炎、传染性鼻炎、脑脊髓炎、减蛋综合征等，其中重点是在产蛋前新城疫灭活疫苗、禽流感灭活疫苗分别要免疫几次，三次还是四次，新城疫是否采取"两次活疫苗一次灭活疫苗的方式"进行免疫等。

④ 各种疫病的免疫日龄汇总和调整，制定总的免疫程序。先把各种疫病的免疫日龄汇总一起，看各种疫病的免疫接种日龄有没有冲突和相互干扰，并适当调整。一般情况

下，先照顾重点预防的基础疾病免疫，适当调整非主流疫病免疫的日龄等。

⑤ 不断完善免疫程序。科学合理的免疫程序，还要操作方便，现实可行，并定期更新和不断完善，以符合本场实际需求的变化。免疫接种操作容易执行和开展，是免疫有效的前提。随着免疫接种工作的开展，本地流行疫病的变化，要预防的主次要疫病也会有所变化，免疫的疫苗也要随着变化，免疫程序要重新制定，也就是及时更新，不断完善。

4.3.4 免疫效果监测方法

接种疫苗是为了提高动物对流行疫病的抵抗力，免疫后效果如何，免疫效果如何评价和监测，要采取科学的方法。一般来说，评价免疫效果、衡量疫苗保护力的主要方法有临床生产评估、血清学检测、攻毒保护实验等。为了能够准确评价疫苗效果，往往能够进行攻毒保护试验就不用血清学检测，能够血清学检测就不用临床评估。而免疫效果的监测，则常用血清学检测方法，通常在动物免疫特定疫苗后，抽样采集血清，利用血凝-血凝抑制试验、ELISA、中和试验等方法检测免疫动物体内针对病原的抗体，来判断动物群体免疫后的保护力如何。在出生后到出栏前，定期对动物进行抗体水平监测，绘制抗体变化曲线，结合免疫保护要求来判断保护力。

4.3.4.1 采样方法

一般来说，单次免疫的评估往往是在免疫后 28d 或一个月进行，或采血检测抗体，或进行攻毒保护实验。而两次免疫，一般是在免疫前、一免后且二免前、二免后过一个月分别采血检测，然后在二免后过一个月或推迟至出栏前进行攻毒保护实验。如果对某种疫苗或某种病进行全程的动态监测，建议每个生长阶段都采样检测，或者每隔两周到四周采样检测。如果对猪场各种疫病都监测抗体消长变化，研究分析免疫程序是否得当，需要对每个生长阶段，最好是每周或者每两到四周进行采样监测。采样间隔时间越短，数据越多，就越能反映出动态变化，分析就越清楚，但工作量就越大，动物受到的刺激也大。

采样数量也有讲究，数量太少没有代表性，数量太多现实难以执行。一般养鸡场一栋鸡舍采 16 份到 30 份，每只鸡采血 1mL 左右，采样总数不宜低于存栏的 1%；养猪场一栋猪舍采样应占该阶段猪群的 5%～10%，最少应不少于 5 份，每头猪采血 3～5mL，采样总数不宜低于存栏的 3%。常用 1～2mL 的一次性灭菌注射器在鸡翅下静脉采血，5～10mL 的一次性灭菌注射器在猪前腔静脉采血。采血后室温静置，待凝固后分离血清，用离心管装好，如果不能马上检测，就要在 −20℃冷冻保存备用。

4.3.4.2 检测项目和方法

免疫程序中疫苗种类多，要监测的疫病也不少，但往往只对重点或主要的疫病进行监测。如养鸡场一般重点监测鸡新城疫和禽流感抗体水平，养猪场主要监测猪瘟、伪狂犬、口蹄疫、蓝耳等抗体和病原的变化。

评价免疫效果、衡量疫苗效力的主要方法有临床生产评估、血清学检测、攻毒保护实验等，血清学检测方法能够比较方便和准确有效地评估疫苗的作用，所以临床上一般常用血清学检测方法，在免疫后抽血检测相关抗体水平。一般免疫后，对动物个体来说，抗体水平在免疫后有一个比较明显的提升，或者达到某个阈值，就说明免疫后抗体转阳，或抗体水平升高了，甚至达到保护水平了。而对动物群体来说，主要看抗体阳性率，或者抗体水平不低于某个阈值的比例，是否达到一定水平，比如90%以上或80%以上。

目前常用的血清学检测免疫效果方法，一般以检测抗体为主，由于检测技术的发展，以及养殖场对疫病控制要求的提高，病原检测也提上日程。

常用的抗体检测方法如下。

（1）**凝集试验**　颗粒性抗原（完整的病原微生物或红细胞等）与相应抗体结合，经过一定时间，出现肉眼可见的凝集小块，由于常在玻片上进行反应，又称玻片凝集试验。比如鸡白痢净化和猪布鲁氏杆菌病净化，就常用凝集试验来剔除抗体阳性者。

（2）**血凝抑制试验**　有血凝素的病毒能凝集动物的红细胞，称为血凝现象，血凝现象能被相应抗体抑制称为血凝抑制试验。通过血凝抑制试验能够测定具有血凝素的病毒的抗体水平，养鸡场常用血凝抑制试验来定期监测鸡新城疫和各种亚型禽流感的抗体水平。

（3）**间接血凝试验**　将抗原（或抗体）包被于红细胞表面，成为致敏的红细胞，然后与相应的抗体（或抗原）结合，从而使红细胞凝聚在一起，出现可见的凝集反应。用已知的血凝抗原检测未知血清抗体的试验，称为正向间接血凝试验，也称间接血凝。如猪 O 型口蹄疫间接血凝检测试剂盒，免疫后血清的血凝效价≥1∶128 为免疫合格。

（4）**酶联免疫吸附分析试验（ELISA）**

常见有间接法和竞争（或称阻断）法两种方法。

间接 ELISA 是将抗原连接到固相载体上，样品中待测抗体与之结合成固相抗原受检抗体复合物，再用酶标二抗（针对受检抗体的抗体）与固相免疫复合物中的抗体结合，形成固相抗原-受检抗体-酶标二抗复合物，用分光光度计定量测定加底物后的显色程度，确定待测抗体含量。目前市场上检测猪蓝耳病抗体的 ELISA 试剂盒大多采用间接法。

竞争法，也称阻断法，是将抗原包被于固相载体表面，样品中待测抗体与之结合成固相抗原受检抗体复合物，再加入酶标单克隆抗体与未结合的抗原反应，最后加底物显色，呈色反应的深浅与样品中的抗体含量成反比。目前市场上检测猪伪狂犬病 gE 抗体的 ELISA 试剂盒大多采用竞争法。

（5）**中和试验**　病毒或毒素与相应的抗体结合后，失去对易感动物的致病力。常用固定病毒稀释血清法来测定抗病毒血清的中和效价，往往在细胞上进行反应，又称细胞中和试验。由于中和试验是针对活病毒测定的，因此比 ELISA、血凝抑制等方法测定的结果更贴近应用实际，更具参考意义，但相对来说，操作要求和难度也大。

常用的病原检测方法主要是各种 PCR 检测技术。目前 PCR 等核酸检测技术手段不断更新和完善，已经成为病原检测的主流，但病原分离才是最准确和可靠的。PCR、RT-PCR、荧光定量 PCR 等核酸检测方法，灵敏度高，特异性强，可以测出动物唾液、排泄物、血液等有没有病毒核酸存在。如采集鸡的喉拭子和肛拭子来检测鸡新城疫和禽流感病毒，分离猪的血清来检测猪蓝耳病病毒和圆环病毒。

4.3.5　免疫失败原因分析

接种疫苗是有效预防与控制动物疫病的重要手段，正确选择、保存和使用疫苗，是保证免疫效果的基础。但在实际生产中，往往由于各种因素的影响，部分动物免疫后，出现免疫效果不佳甚至免疫失败的情况。导致动物免疫失败的因素有很多种，主要包括疫苗因素、免疫方法因素、动物个体因素、饲养管理及外界环境因素和其他不良因素等。深入分析和了解造成免疫失败的各种因素，采取相应措施，对防止和避免免疫失败，保证动物群体成功免疫有重要意义。

（1）疫苗因素

① 疫苗质量欠佳。疫苗质量是免疫成败的关键，疫苗质量不合格，免疫效果差。疫苗中的有效抗原效价低下，产生的免疫保护力自然也不足够。如伪狂犬病活疫苗（Bartha-K61株）的效力检验国家标准是每头份病毒含量5000TCID$_{50}$以上；而猪伪狂犬病活疫苗（Bartha-K61株，传代细胞源）的效力检验国家标准是每头份病毒含量10^6TCID$_{50}$以上。后者的抗原含量是前者的200倍，前者的抗原效价比后者低很多，免疫效果也比后者差。活疫苗接种后在动物机体内要有一个适度繁殖的过程才会产生更好的免疫保护力，不然免疫效果会大打折扣。灭活疫苗接种后在动物机体内没有繁殖过程，需要足够大的抗原量，抗原浓缩后的灭活疫苗比非浓缩的灭活疫苗免疫后产生的抗体和保护力都要高和强。

② 疫苗不稳定。比如某些活疫苗的毒种免疫原性不太稳定，有时候过强，有时候偏弱，毒力过强容易使动物产生免疫副反应甚至出现该病，毒力偏弱则无法提供足够保护力。灭活疫苗灭活不彻底，有残留毒力，动物免疫后可能会产生较大的免疫副反应，甚至直接出现该病。

③ 疫苗污染。疫苗在生产、运输等过程中受到外源致病性微生物污染，带有外源致病性微生物，导致动物免疫后发病。

④ 疫苗运输和保存不当。疫苗从出厂到使用前都必须按规定条件保存，通常弱毒活疫苗需要冷冻保存于$-20\sim-15$℃，灭活疫苗需冷藏保存于$2\sim8$℃。运输过程要保证在"冷链"条件下进行，确保包括装卸在内的整个运输环节中的存储温度都符合疫苗规定的要求，才能保证疫苗的活性和使用效果不受影响。

⑤ 疫苗过期。疫苗过了失效日期，使用效果降低，甚至无效，因此要在疫苗有效期内使用，通常对临近失效日期的疫苗优先安排领发使用。

⑥ 疫苗变质。疫苗瓶破损，轧盖不严，使疫苗受到污染而变质失效；或疫苗稀释后高温下长时间放置而变质失效。

（2）免疫方法因素

① 免疫程序不当，首免日龄制定不够合理。如母源抗体过高，疫苗中的抗原被母源抗体中和而导致免疫失败；而母源抗体过低，又有野毒感染风险。如断奶仔猪首次进行猪瘟活疫苗注射免疫，如果其母源抗体在1:32以上，就会影响猪瘟活疫苗的免疫；如果其母源抗体在1:16以下，感染野毒的风险就大大增加。

② 免疫日龄不当，同一种病不同疫苗株的先后免疫顺序不当。第一次免疫，应选择毒力较弱的疫苗株才安全，如选择毒力较强或稍强的疫苗株，可能不但起不到免疫保护作用，反而免疫后会引发该病。比如，鸡传染性支气管炎首免时只用H120株，一月龄后才用毒力较强的H52株。

③ 疫苗之间干扰和排斥，如相互干扰或排斥的两种或多种疫苗同时接种，或间隔较短时间内接种，动物机体对受干扰的疫苗的免疫应答降低或推迟，导致免疫效果受到影响。

④ 疫苗株选择不当。不少传染病的病原微生物有多个亚型或血清型，且不同亚型或血清型之间交叉保护低，如果选用的疫苗株的亚型或血清型与当地流行株不匹配，产生的

免疫保护力有限，就无法提供足够的保护。

⑤ 免疫途径不当，各种疫苗的组织亲嗜性和感染途径不尽相同，所采用的免疫途径也有所不同。如某些疫苗适宜喷鼻，肌内注射无效；有些疫苗适宜点眼，不能饮水。比如鸡喉气管活疫苗适合点眼免疫，不能饮水。

⑥ 疫苗剂量不当，不足够或太大量。免疫剂量不足够，相当于疫苗有效抗原含量低，免疫后产生的抗体和保护力都低下。免疫剂量太大，可能会超过动物机体承受范围，并引起一系列免疫副反应。

⑦ 免疫操作时间过长，导致后面疫苗效价降低，免疫效果打折扣。疫苗自稀释后15℃以下 4h、15～25℃ 2h、25℃以上 1h 内用完，以保证疫苗效价和免疫效果。如鸡新城疫活疫苗点眼免疫，一个滴瓶里的 30mL 疫苗液，分成四份让四个人点眼使用，以缩短免疫操作时间，避免疫苗效价和免疫效果降低。

⑧ 免疫操作太快，导致疫苗吸收不良，不能产生应有作用。如喷鼻后，完全吸收疫苗需要时间，因此要有一定的停留时间；疫苗注射后，要先拔出针头后松开手柄，以防疫苗液倒流。

⑨ 疫苗稀释不当，使用的稀释液或稀释器具含有影响疫苗效价的成分，导致疫苗效价降低，免疫效果受影响。

⑩ 疫苗回温不当，疫苗温度过低容易产生冷应激，并影响机体吸收疫苗和产生抗体及保护力；温度过高容易杀灭疫苗中的有效抗原成分，导致疫苗效价降低，免疫效果受影响。

⑪ 注射器等工具器械消毒不当，残留其他疫苗或化学消毒药物等，会杀灭疫苗中的有效抗原成分，导致疫苗效价降低，免疫效果受影响。

（3）动物个体因素

① 免疫系统机能被抑制。猪蓝耳病和圆环病毒病，鸡传染性法氏囊炎和传染性贫血等免疫抑制性疾病，以及磺胺类、四环素类、氯霉素、糖皮质激素、抗病毒化学药物等，霉菌毒素（发霉饲料）这些因素都可导致免疫系统受到破坏或抑制，影响动物机体对疫苗的免疫应答，使动物机体无法产生足够的保护力，从而影响疫苗的免疫效果，造成免疫失败。

② 营养不良。维生素、微量元素、氨基酸等与免疫功能有关，这些营养成分过低或缺乏，可导致动物机体免疫系统功能下降，从而影响疫苗的免疫效果。

③ 体质差，老弱病残幼，或先天性免疫缺陷。日龄过小，免疫器官尚未发育成熟，产生免疫应答的能力差；感染了其他疾病，个体不健康，影响免疫效果。

④ 带毒免疫，动物处于疾病潜伏期或隐性感染、持续感染和先天性感染中。如本身处于疾病的潜伏感染期，或早已先天性感染，或一直处于隐性感染或持续感染状态，都会影响疫苗的免疫效果，甚至免疫后还会诱发疾病。

（4）饲养管理、外界环境因素 饲养管理不当、外界环境影响等各种不良因素刺激导致应激反应等，动物机体可能处于健康与疾病之间的一种亚健康状态，机体免疫系统功能衰退或受抑制，免疫应答效果受影响。

① 断奶，断喙剪尾，各种免疫操作等应激。

② 转栏换群，换料限料等应激。

③ 气温骤变，环境温度过冷过热等应激。

④ 饲养密度过大拥挤，通风不良，湿度不宜等应激。

⑤ 长途运输、机械噪声等应激。

⑥ 养殖环境不卫生，野毒太多。养殖场要定期进行养殖环境卫生消毒，杀灭存在于栏舍及周围环境中的各种病原微生物。如果动物生活在不卫生的环境中，野毒太多，动物随时遭到野毒攻击，机体免疫系统处于疲惫状态，难以产生坚强的免疫应答，或者在还没有产生较好抵抗力的空窗期被野毒侵袭，动物容易发病，而且可能发病会更严重。

（5）其他不良因素影响

参考文献

[1] 金闻名，张旭，张晶声，等．兽用疫苗温度监控冷藏箱主要性能及检测验证概述[J]．中国兽药杂志，2020，54（05）：68-72.

[2] 白美丽．疫苗的冷链运输与保存[J]．中国临床医生，2006（05）：4-5.